Jürgen Göbel
Kommunikationstechnik

In der Reihe *Fachwissen Telekommunikation*
sind erschienen und lieferbar:

Christoph P. Wrobel
Optische Übertragungstechnik in der Praxis
Grundlagen, Komponenten, Installation, Anwendungen
2., überarbeitete und erweiterte Auflage, 1998. 307 S. Broschiert.
ISBN 3-7785-2638-3,   DM 78,– öS 569,– sFr 70,50

Kai-Oliver Detken
ATM in TCP/IP-Netzen
Grundlagen und Migration zu High Speed Networks
1998. 401 S. Geb.
ISBN 3-7785-2611-1,   DM 88,– öS 642,– sFr 80,–

Roland Kiefer
Meßtechnik in digitalen Netzen
Troubleshooting für PDH, SDH, ISDN und ATM
1997. 291 S. Broschiert.
ISBN 3-7785-2527-1,   DM 78,– öS 569,– sFr 70,50

Gerd Siegmund (Hrsg.)
Intelligente Netze
Technik, Dienste, Vermarktung
1999. 346 S. 140 Abb. Broschiert.
ISBN 3-7785-3908-6,   DM 78,– öS 569,– sFr 70,50

Gerd Siegmund
Technik der Netze
4., neubearbeitete und erweiterte Auflage 1999. 1103 S. Geb.
ISBN 3-7785-2637-5,   DM 138,– öS 1007,– sFr 122,–

Gerd Siegmund
ATM – Die Technik
Grundlagen · Netze · Schnittstellen · Protokolle
3., neubearbeitete und erweiterte Auflage 1997. 562 S. Geb.
ISBN 3-7785-2541-7,   DM 118,– öS 861,– sFr 105,–

Andreas Kanbach, Andreas Körber
ISDN – Die Technik
Schnittstellen – Protokolle – Dienste – Endsysteme
3., neubearbeitete und stark erweiterte Auflage 1999. 559 S. Broschiert.
ISBN 3-7785-2288-4,   DM 98,– öS 715,– sFr 89,–

Erich Pehl
Digitale und analoge Nachrichtenübertragung
Signale · Codierung · Modulation · Anwendungen
1998. 432 S. Broschiert. Mit Diskette.
ISBN 3-7785-2469-0,   DM 88,– öS 642,– sFr 80,–

Jürgen Göbel

Kommunikationstechnik

Grundlagen und Anwendungen

 Hüthig Verlag Heidelberg

Dipl.-Ing. Jürgen Göbel studierte Elektrotechnik mit Schwerpunkt Hochfrequenztechnik an der Universität Hannover. Nach zehn Jahren in der Entwicklung von Funksystemen im Hoch- und Höchstfrequenzbereich arbeitet er derzeit als Systemingenieur bei der DaimlerChrysler Aerospace AG in Ulm. Seit 1992 ist er nebenberuflich als Lehrbeauftragter an der Berufsakademie Stuttgart (Staatliche Studienakademie) tätig.

Diejenigen Bezeichnungen von im Buch genannten Erzeugnissen, die zugleich eingetragene Warenzeichen sind, wurden nicht besonders kenntlich gemacht. Es kann also aus dem Fehlen der Markierung ® nicht geschlossen werden, daß die Bezeichnung ein freier Warenname ist. Ebensowenig ist zu entnehmen, ob Patente oder Gebrauchsmusterschutz vorliegen.
Autor und Verlag haben alle Texte und Abbildungen mit großer Sorgfalt erarbeitet. Dennoch können Fehler nicht ausgeschlossen werden. Deshalb übernehmen weder Autor noch Verlag irgendwelche Garantien für die in diesem Buch gegebenen Informationen. In keinem Fall haften Autor oder Verlag für irgendwelche direkten oder indirekten Schäden, die aus der Anwendung dieser Informationen folgen.

Die Deutsche Bibliothek – CIP-Einheitsaufnahme
Göbel, Jürgen:
Kommunikationstechnik:
Grundlagen und Anwendungen /
Jürgen Göbel – Heidelberg: Hüthig 1999
    (Reihe „Fachwissen Telekommunikation")
    ISBN 3-7785-3904-3

Das Werk ist urheberrechtlich geschützt. Die dadurch begründeten Rechte, insbesondere die der Übersetzung, des Nachdrucks, der Entnahme von Abbildungen, der Funksendung, der Wiedergabe auf photomechanischem oder ähnlichem Wege und der Speicherung in Datenverarbeitungsanlagen, bleiben, auch bei nur auszugsweiser Verwertung, vorbehalten. Bei der Vervielfältigung für gewerbliche Zwecke ist gemäß § 54 UrhG eine Vergütung an den Verlag zu zahlen, deren Höhe mit dem Verlag zu vereinbaren ist.

© 1999 Hüthig Verlag, Heidelberg
Printed in Germany
Satz: Jürgen Göbel, Dr. Michael Zillgitt
Druck: Neumann Druck, Heidelberg
Bindung: Wilh. Osswald & Co., Neustadt/Weinstraße

Vorwort

Dieses Buch ist aus dem Skript einer Vorlesung entstanden, die ich seit 1992 an der Berufsakademie Stuttgart (Staatliche Studienakademie) halte. Bis 1997 lautete der Titel der Vorlesung „Einführung in die Nachrichtentechnik", und seit 1998 lautet er „Grundlagen der Kommunikationstechnik".

Neben einer Übersicht über die wichtigsten Gebiete der Nachrichten- und Kommunikationstechnik werden auch einige grundlegende Zusammenhänge etwas tiefergehender behandelt. Insbesondere handelt es sich dabei um die Informationstheorie, die Nachrichtenübertragung über Leitungen und über den Funkweg, die analogen und digitalen Modulationsverfahren sowie die Kommunikationsnetze. Da jedoch nur ein begrenzter Raum für ein sehr umfassendes Gebiet zur Verfügung steht, können viele – ebenfalls wichtige und interessante – Bereiche nur ansatzweise betrachtet werden. Daher wird bereits an dieser Stelle auf das umfangreiche Literaturverzeichnis hingewiesen, das nicht nur zum ergänzenden Lernen anreizen will, sondern dem interessierten Leser einige Tips für das weitergehende Literaturstudium vermitteln soll.

Dieses Buch wird hoffentlich nicht nur Studenten als Begleitmaterial zu entsprechenden Vorlesungen dienen, sondern soll vielmehr auch dem im Berufsleben stehenden Nachrichtentechniker als „kleines" Nachschlagewerk zur Verfügung stehen.

Neu-Ulm, im Februar 1999   *Jürgen Göbel*

I wish thee as much pleasure in the reading as I had in the writing.

Francis Quarles (1592–1644)

Inhalt

Teil A   Einleitung und Übersicht 1
A.1   Einleitung 2
    A.1.1   Was ist Nachrichtentechnik? 2
    A.1.2   Nachrichtenübermittlung 4
        A.1.2.1   Einleitung 4
        A.1.2.2   Einteilung der Nachrichtenübermittlung 6
    A.1.3   Nachrichtenverarbeitung 7
    A.1.4   Kommunikationstechnik als Teil der Nachrichtentechnik 9
    A.1.5   Das elektromagnetische Spektrum 11
A.2   Wichtige Standardisierungsgremien 14
    A.2.1   Deutschland 14
    A.2.2   Europa 15
    A.2.3   Welt 15

Teil B   Grundlagen 17
B.1   Signale und Systeme 18
    B.1.1   Einleitung 18
    B.1.2   Übertragungsverhalten eines Zweitores 20
        B.1.2.1   Zeitbereich 21
        B.1.2.2   Frequenzbereich 21
    B.1.3   Signalklassen – zwei wichtige Definitionen 23
    B.1.4   Energie- und Leistungssignale 25
        B.1.4.1   Definition der Energie und der Leistung von reellen und von komplexen Signalen 25
        B.1.4.2   Energiesignale 29
        B.1.4.3   Leistungssignale 29
        B.1.4.4   Leistungsdichtespektrum und Energiedichtespektrum 31
    B.1.5   Bandbreite 35
    B.1.6   Elementarsignale 37
        B.1.6.1   Kontinuierliche Elementarsignale 37
        B.1.6.2   Diskrete Elementarsignale 39
    B.1.7   Das Faltungsintegral 41
    B.1.8   Der ideale Tiefpaß 44
    B.1.9   Orthogonale Funktionen 45
B.2   Das Zeitgesetz der Nachrichtentechnik 48
B.3   Basisband- und Bandpaßsignale 50
    B.3.1   Einleitung 50
    B.3.2   Übertragung von Basisband- und Bandpaßsignalen 50
    B.3.3   Besonderheiten des digitalen Basisbandsignals 52
    B.3.4   Theoretische Grundlagen 54
    B.3.5   Grundlegende Schaltungsstrukturen 57

B.4 Logarithmierte Verhältnisgrößen 60
　B.4.1　Einleitung 60
　B.4.2　Die verschiedenen Formen von
　　　　　logarithmierten Verhältnisgrößen 60
　　　B.4.2.1　Die allgemeine Form der
　　　　　　　　logarithmierten Verhältnisgrößen 60
　　　B.4.2.2　Zusammenhang zwischen Feld- und Leistungsgrößen 60
　　　B.4.2.3　Logarithmierte Verhältnisgröße mit der Basis e 61
　　　B.4.2.4　Logarithmierte Verhältnisgröße mit der Basis 10 61
　B.4.3　Verwendung von logarithmierten Verhältnisgrößen
　　　　　in der Praxis 62
　B.4.4　Hinweise zum Umgang mit logarithmierten Verhältnisgrößen 63
B.5 Grundlagen der Wahrscheinlichkeitsrechnung 66
　B.5.1　Einleitung 66
　B.5.2　Kontinuierliche Zufallsgrößen 68
　B.5.3　Diskrete Zufallsgrößen 69
　B.5.4　Momente und Erwartungswerte 70
　B.5.5　Stationarität und Ergodizität 72
　B.5.6　Verbundwahrscheinlichkeit und bedingte Wahrscheinlichkeit 74
　B.5.7　Drei wichtige Wahrscheinlichkeitsdichteverteilungen 76
　B.5.8　Korrelation und Kovarianz 79
B.6 Korrelationsfunktionen und Leistungsdichtespektrum 80
　B.6.1　Korrelationsfunktionen 80
　　　B.6.1.1　Einleitung 80
　　　B.6.1.2　Die Autokorrelationsfunktion (AKF) 81
　　　B.6.1.3　Die Kreuzkorrelationsfunktion (KKF) 82
　B.6.2　Das Leistungsdichtespektrum 84
　B.6.3　Einige Anwendungen 87
B.7 Übungsaufgaben 88

Teil C Informations- und Codierungstheorie 91
C.1 Informationstheorie 92
　C.1.1　Einleitung 92
　C.1.2　Einige Begriffe der Informationstheorie 93
　C.1.3　Redundanz und Relevanz 97
　　　C.1.3.1　Einführung 97
　　　C.1.3.2　Relevanz 98
　　　C.1.3.3　Redundanz 98
　　　C.1.3.4　Nachrichtenreduktion 100
　C.1.4　Nachrichtenquellen 101
　　　C.1.4.1　Einleitung 101
　　　C.1.4.2　Gedächtnisbehaftete Quellen 102
　　　C.1.4.3　Markow-Quellen 103
　C.1.5　Nachrichtenkanäle 106
　　　C.1.5.1　Einleitung 106

	C.1.5.2 Der diskrete, gedächtnislose Kanal	109
	C.1.5.3 Der binäre, symmetrische Kanal (BSK)	111
	C.1.5.4 Der Kanal mit Bündelfehlern	112
	C.1.6 Kanalweite und Kanalkapazität	114
	C.1.7 Der Nachrichtenquader	120
C.2	Quellencodierung	122
	C.2.1 Einleitung	122
	C.2.2 Präfixcodes	126
	C.2.3 Der Huffman-Code	128
	C.2.3.1 Einleitung	128
	C.2.3.2 Die einfache Huffman-Codierung	128
	C.2.3.3 Die erweiterte Huffman-Codierung	131
	C.2.4 Der Fano-Code	135
C.3	Kanalcodierung	136
	C.3.1 Einleitung	136
	C.3.2 Übersicht	139
	C.3.3 Shannons Codierungstheorem	141
	C.3.4 Einige Grundbegriffe	143
	C.3.4.1 Wichtige Definitionen	143
	C.3.4.2 Verkettete Codes	145
	C.3.4.3 Restfehlerwahrscheinlichkeit	145
	C.3.4.4 Der Codierungsgewinn	147
	C.3.5 Lineare Blockcodes	148
	C.3.5.1 Die Linearität eines Codes	148
	C.3.5.2 Gewicht und Distanz	149
	C.3.5.3 Der Codierungsvorgang	152
	C.3.5.4 Der Decodierungsvorgang mit der Paritätskontrollmatrix	153
	C.3.5.5 Einsatz von Blockcodes zur Fehlererkennung und -korrektur	154
	C.3.6 Hamming-Codes	154
	C.3.6.1 Grundlagen	154
	C.3.6.2 Die Restfehlerwahrscheinlichkeit beim Hamming-Code	155
	C.3.6.3 Der (7,4)-Hamming-Code	158
	C.3.7 Faltungscodes	161
	C.3.7.1 Einführung	161
	C.3.7.2 Das Schema der Faltungscodierung	162
	C.3.7.3 Möglichkeiten zur Darstellung eines Faltungscodes	165
	C.3.7.4 Decodierung von Faltungscodes	168
	C.3.7.5 Terminierte Faltungscodes	170
	C.3.7.6 Punktierte Faltungscodes	171
	C.3.7.7 Optimale Faltungscodes (in Verbindung mit Viterbi-Decodierung)	172
	C.3.7.8 Anwendungen	173

		C.3.8 Interleaving	174

C.4 Anhang zu Teil C 177
    C.4.1 Maximum der Entropie 177
    C.4.2 Galois-Felder 178
    C.4.3 Die Metrik 178
C.5 Übungsaufgaben 181

Teil D   Übertragung digitaler Signale 189

D.1 Grundlagen der Übertragung digitaler Signale 190
    D.1.1 Einleitung 190
    D.1.2 Regenerativverstärker (Repeater) 192
    D.1.3 Der AWGN-Kanal 193
    D.1.4 Ein einfaches System zur Übertragung digitaler Signale 194
D.2 Das Leistungsdichtespektrum von statistischen, binären Signalen 196
D.3 Basisbandcodierung 199
    D.3.1 Einleitung 199
    D.3.2 Balancierte Codes 200
    D.3.3 Die wichtigsten Basisbandcodierungen 201
        D.3.3.1 Einfache Basisbandcodes 201
        D.3.3.2 BNZS-Codes 204
        D.3.3.3 HDBN-Codes 205
D.4 Scrambler und Descrambler 206
D.5 Intersymbolinterferenzen 208
    D.5.1 Einleitung 208
    D.5.2 Das erste Nyquist-Kriterium 211
    D.5.3 Das zweite Nyquist-Kriterium 215
    D.5.4 Das dritte Nyquist-Kriterium 216
D.6 Optimalfilterung 218
D.7 Statistische Störungen und Bitfehlerwahrscheinlichkeit 221
    D.7.1 Statistische Störungen 221
    D.7.2 Bestimmung der Bitfehlerwahrscheinlichkeit 224
D.8 Entzerrung 228
    D.8.1 Einleitung 228
    D.8.2 Entzerrung mit Transversalfilter 230
D.9 Das Augendiagramm 234
D.10 Betriebsarten der Übertragung 237
    D.10.1 Point-to-Point- und Point-to-Multipoint-Übertragung 237
    D.10.2 Simplex- und Duplex-Übertragung 237
    D.10.3 Parallele und serielle Übertragung 239
        D.10.3.1 Einleitung 239
        D.10.3.2 Serielle Übertragung 240
        D.10.3.3 Parallele Übertragung 242
D.11 Prinzip der Datenkommunikation 243
    D.11.1 Einleitung 243

	D.11.2 Datenrate und Symbolrate	244
D.12	Der AWGN-Kanal	245
D.13	Übungsaufgaben	246

Teil E   Der Übertragungskanal 251

E.1	Einführung	252
E.2	Leitungen	253
	E.2.1 Einleitung	253
	E.2.2 Leitungstheorie	254
	E.2.2.1 Einleitung	254
	E.2.2.2 Wellenwiderstand und Ausbreitungskoeffizient	257
	E.2.2.3 Die Leitungsgleichungen	260
	E.2.2.4 Die Leitung als Vierpol	261
	E.2.2.5 Näherungen für die Leitungsparameter	263
	E.2.3 Der Skin-Effekt	266
	E.2.4 Der Reflexionsfaktor	268
	E.2.5 Die wichtigsten Leitungstypen	272
	E.2.5.1 Doppelleitung	272
	E.2.5.2 Koaxialleitung	275
	E.2.5.3 Streifenleitung	278
	E.2.5.4 Hohlleiter	281
	E.2.5.5 Lichtwellenleiter	287
E.3	Antennen	294
	E.3.1 Einleitung	294
	E.3.2 Wichtige Eigenschaften von Antennen	297
	E.3.2.1 Richtcharakteristik und Gewinn	298
	E.3.2.2 Der Antennenwiderstand	301
	E.3.2.3 Strahlungsleistung	303
	E.3.2.4 Antennenwirkungsgrad	305
	E.3.2.5 Effektive Antennenlänge und Antennenwirkfläche	305
	E.3.2.6 Polarisation	305
	E.3.2.7 Bandbreite	307
	E.3.3 Zwei elementare Antennentypen	307
	E.3.3.1 Der Hertzsche Dipol	307
	E.3.3.2 Der schlanke Dipol	310
	E.3.4 Gruppen von Dipolantennen	313
	E.3.4.1 Dipollinie (Dipolreihe)	313
	E.3.4.2 Dipolzeile	314
	E.3.4.3 Dipolebene	319
	E.3.4.4 Yagi-Uda-Antennen	320
	E.3.5 Langdrahtantennen	321
	E.3.6 Aperturantennen	323
E.4	Das Funkfeld	327
	E.4.1 Einleitung	327

	E.4.1.1 Das idealisierte Funkübertragungssystem	327

- E.4.1.1 Das idealisierte Funkübertragungssystem 327
- E.4.1.2 Das ideale Funkfeld 328
- E.4.1.3 Das reale Funkübertragungssystem 330
- E.4.2 Einfluß der Atmosphäre 331
  - E.4.2.1 Einleitung 331
  - E.4.2.2 Aufbau der Atmosphäre 331
  - E.4.2.3 Bodenwelle und Raumwelle 333
  - E.4.2.4 Troposphäre 334
  - E.4.2.5 Troposcatter-Verbindungen 336
  - E.4.2.6 Ionosphäre 338
- E.4.3 Verhalten elektromagnetischer Wellen an Hindernissen 340
- E.4.4 Der Doppler-Effekt 342
- E.4.5 Mehrwegeausbreitung 344
- E.4.6 Diversity-Verfahren 348
  - E.4.6.1 Übersicht 348
  - E.4.6.2 Combiner-Schaltungen 350
- E.5 Der gestörte Übertragungskanal 351
  - E.5.1 Einleitung und Übersicht 351
  - E.5.2 Lineare und nichtlineare Verzerrungen 354
    - E.5.2.1 Lineare Verzerrungen 354
    - E.5.2.2 Nichtlineare Verzerrungen 355
  - E.5.3 Nebensprechen 357
  - E.5.4 Rauschen 358
    - E.5.4.1 Einleitung 358
    - E.5.4.2 Rauschquellen 359
    - E.5.4.3 Thermisches Rauschen 361
    - E.5.4.4 Rauschparameter 364
- E.6 Anhang zu Teil E 376
  - E.6.1 Die Leitungsgleichungen 376
  - E.6.2 Der Poyntingsche Vektor 380
  - E.6.3 Tabelle der Norm-Hohlleiter 382
  - E.6.4 Das Zweiwegemodell für die Mehrwegeausbreitung 383
  - E.6.5 Die spektrale Leistungsdichte bei thermischem Rauschen 385
- E.7 Übungsaufgaben 386

Teil F   Elemente der Nachrichtentechnik 401
- F.1 Verstärker 402
  - F.1.1 Übersicht 402
  - F.1.2 Der ideale und der reale Verstärker 404
  - F.1.3 Wichtige Parameter von Verstärkern 406
- F.2 Oszillatoren 408
  - F.2.1 Übersicht 408
  - F.2.2 Die wichtigsten Typen von Sinus-Oszillatoren 409
  - F.2.3 Der Vierpol-Oszillator 412

F.3	Filter	414
	F.3.1 Einleitung	414
	F.3.2 Amplitudenfilter	415
	F.3.3 Zeitfilter	416
	F.3.4 Frequenzfilter	417
	F.3.5 Mechanische Filter	420
	F.3.6 Digitale Filter	422
F.4	Frequenzumsetzung	425
	F.4.1 Einleitung	425
	F.4.2 Die nichtlineare Kennlinie	426
	F.4.3 Der Mischer	430
F.5	Schall und Sprache	434
	F.5.1 Schallfeldgrößen	434
	F.5.2 Die Lautstärke als subjektive Meßgröße	435
	F.5.3 Sprachverständlichkeit	438
	F.5.4 Elektroakustische Wandler	443
F.6	Übungsaufgaben	449

Teil G Modulations- und Multiplexverfahren 453

G.1	Grundlagen	454
	G.1.1 Einleitung	454
	G.1.2 Kurzbezeichnungen	456
	G.1.3 Das Zustandsdiagramm	457
	G.1.4 Der Sinusträger und seine Beschreibung	458
G.2	Analoge Modulationsverfahren	461
	G.2.1 Amplitudenmodulation	461
	G.2.1.1 Einleitung	461
	G.2.1.2 Theorie	462
	G.2.1.3 Demodulationsverfahren	470
	G.2.1.4 Einseitenband-Amplitudenmodulation (ESB-AM)	474
	G.2.1.5 Restseitenbandmodulation (VSB)	479
	G.2.1.6 Zeitfunktionen von amplitudenmodulierten Signalen	481
	G.2.2 Winkelmodulation	483
	G.2.2.1 Einleitung	483
	G.2.2.2 Frequenzmodulation	484
	G.2.2.3 Phasenmodulation	492
	G.2.2.4 Zeitfunktionen von winkelmodulierten Signalen	495
	G.2.2.5 Störungen bei Frequenzmodulation	497
	G.2.2.6 Preemphase und Deemphase	499
	G.2.2.7 Modulator und Demodulator für Frequenzmodulation und Phasenmodulation	501
	G.2.3 Quadraturamplitudenmodulation	505
G.3	Digitale Modulationsverfahren	507
	G.3.1 Einleitung	507

G.3.2	Übersicht	509
	G.3.2.1 Amplitudentastung (ASK)	509
	G.3.2.2 Phasentastung (PSK)	510
	G.3.2.3 Frequenztastung (FSK)	512
	G.3.2.4 Amplituden-/Phasentastung (APK)	513
G.3.3	Störungen	513
G.3.4	Bandbreitenausnutzung	516
G.3.5	Amplitudentastung (ASK)	519
G.3.6	Phasentastung (PSK)	525
	G.3.6.1 Binäre Phasentastung (BPSK)	525
	G.3.6.2 Quaternäre Phasentastung (QPSK)	528
	G.3.6.3 Offset-QPSK (OQPSK)	532
	G.3.6.4 Minimum Shift Keying (MSK)	533
	G.3.6.5 M-wertige Phasentastung (MPSK)	535
	G.3.6.6 Differentiell codierte Phasentastung	540
G.3.7	Quadraturamplitudentastung (QASK)	543
G.3.8	Frequenztastung	548
G.3.9	Gaussian Minimum Shift Keying (GMSK)	554
G.3.10	Kombinierte Codierung und Modulation	558
G.3.11	Polybinär-Codierung	560
G.3.12	Synchronisationsverfahren	562
	G.3.12.1 Einleitung	562
	G.3.12.2 Trägerrückgewinnung	563
	G.3.12.3 Symbolsynchronisation	565
G.4 Modulationsverfahren mit Pulsträger		568
G.4.1	Einleitung	568
G.4.2	Der Abtastvorgang	568
	G.4.2.1 Einleitung	568
	G.4.2.2 Der ideale Abtaster	569
	G.4.2.3 Der reale Abtaster	570
	G.4.2.4 Das Shannonsche Abtasttheorem	572
G.4.3	Pulsamplitudenmodulation (PAM)	574
G.4.4	Pulscodemodulation (PCM)	576
	G.4.4.1 Das Prinzip der Pulscodemodulation	576
	G.4.4.2 Das Quantisierungsgeräusch bei PCM	579
	G.4.4.3 Kompandierung	584
G.4.5	Prädiktive Codierung	586
	G.4.5.1 Einleitung	586
	G.4.5.2 Deltamodulation	587
	G.4.5.3 Differenz-Pulscodemodulation	590
G.5 Multiplexverfahren		591
G.5.1	Einleitung	591
G.5.2	Frequenzmultiplex (FDM)	594
G.5.3	Zeitmultiplex (TDM)	598

G.5.4 Wellenlängenmultiplexverfahren 601
G.6 Anhang zu Teil G 602
    G.6.1 Berechnung des Leistungsdichtespektrums von
           PSK und 2-ASK 602
    G.6.2 Berechnung des Spektrums von abgetasteten Signalen 604
        G.6.2.1 Das Spektrum bei idealer Abtastung 604
        G.6.2.2 Das Spektrum des Rechteckimpulses 605
        G.6.2.3 Das Spektrum bei Abtastung mit Rechteckimpulsen 606
    G.6.3 Abtastung von Bandpaßsignalen (Sub Sampling) 606
G.7 Übungsaufgaben 610

Teil H   Systeme der Nachrichtentechnik 615
H.1 Trägerfrequenztechnik 616
    H.1.1 Einleitung 616
    H.1.2 Frequenzumsetzung 616
    H.1.3 Hierarchie der Trägerfrequenztechnik 618
H.2 Digitale Übertragungstechnik 621
    H.2.1 Einleitung 621
    H.2.2 Die plesiochrone digitale Hierarchie (PDH) 622
    H.1.3 Die synchrone digitale Hierarchie (SDH) 627
H.3 Rundfunk 633
    H.3.1 Einleitung 633
    H.3.2 Frequenzbereiche 634
    H.3.3 Hörfunk 635
        H.3.3.1 FM-Hörfunk 635
        H.3.3.2 Digitaler Hörfunk 637
    H.3.4 Fernsehfunk 638
        H.3.4.1 Bildabtastung und Bildwiedergabe 638
        H.3.4.2 Das Videosignal 640
        H.3.4.3 Fernsehnormen, Übersicht 641
        H.3.4.4 Sonderdienste 642
        H.3.4.5 Übertragung von Fernsehsignalen 643
        H.3.4.6 Aktuelle Entwicklungen 643
        H.3.4.7 Sender und Empfänger in der Funktechnik 647
H.4 Richtfunk 651
    H.4.1 Einleitung 651
    H.4.2 Antennen 652
    H.4.3 Analoge Richtfunksysteme 654
    H.4.4 Digitale Richtfunksysteme 657
H.5 Satellitenfunk 660
    H.5.1 Einleitung 660
    H.5.2 Satellitenbahnen 662
    H.5.3 Vielfachzugriffsverfahren 666
        H.5.3.1 Einleitung 666

			H.5.3.2 Das TDMA-Verfahren	668

```
              H.5.3.2  Das TDMA-Verfahren ..................................................  668
              H.5.3.3  Festgeschaltete und bedarfsweise Zuordnung ..............  670
H.6  Mobilkommunikation ...............................................................................  670
     H.6.1  Einführung ....................................................................................  670
     H.6.2  Geschichtlicher Hintergrund ........................................................  671
     H.6.3  Der zellulare Mobilfunk ...............................................................  672
     H.6.4  Wichtige Standards .......................................................................  674
     H.6.5  Das GSM-System .........................................................................  675
              H.6.5.1  Geschichte ......................................................................  675
              H.6.5.2  Aufbau des Netzes .........................................................  675
              H.6.5.3  Die Luftschnittstelle (Air Interface) .............................  678
              H.6.5.4  Handover und Roaming ................................................  688
H.7  Optische Übertragungstechnik ................................................................  689
     H.7.1  Einleitung .......................................................................................  689
     H.7.2  Der Lichtwellenleiter in der optischen Übertragungstechnik ......  691
     H.7.3  Leistungsbilanz .............................................................................  691
     H.7.4  Halbleiterdioden als Sender und Empfänger ..............................  693
              H.7.4.1  Sendedioden ....................................................................  693
              H.7.4.2  Empfangsdioden .............................................................  696
     H.7.5  Koppelstellen .................................................................................  697
              H.7.5.1  Sender – Faser ................................................................  697
              H.7.5.2  Faser – Faser ..................................................................  698
              H.7.5.3  Faser – Empfänger ........................................................  701
H.8  Radar ..........................................................................................................  701
     H.8.1  Einleitung .......................................................................................  701
     H.8.2  Grundprinzip ..................................................................................  702
     H.8.3  Die Radargleichung .......................................................................  703
     H.8.4  Entfernungs-, Winkel- und Geschwindigkeitsmessung ................  704
     H.8.5  Entdeckungswahrscheinlichkeit ....................................................  706
     H.8.6  Darstellungsformen .......................................................................  708
     H.8.7  Einige Anwendungen ....................................................................  709
H.9  Übungsaufgaben .......................................................................................  710

Teil I    Das OSI-Referenzmodell ....................................................................  713
I.1  Einleitung ...................................................................................................  714
I.2  Das OSI-Architekturmodell ......................................................................  723
     I.2.1  Das OSI-Dienstmodell ...................................................................  723
     I.2.2  OSI-Managementfunktionen ..........................................................  724
     I.2.3  Protokolle .......................................................................................  725
I.3  Die sieben Schichten des OSI-Referenzmodells ......................................  726
     I.3.1  Bitübertragungsschicht (Physical Layer) .....................................  726
              I.3.1.1  Einleitung .......................................................................  726
              I.3.1.2  Die Dienstprimitive der Bitübertragungsschicht ........  727
     I.3.2  Sicherungsschicht (Data Link Layer) ..........................................  728
```

	I.3.2.1	Einleitung 728
	I.3.2.2	Flußkontrolle und Überlastkontrolle 729
	I.3.2.3	Die Dienstprimitive der Sicherungsschicht 731
	I.3.2.4	Protokolle der Sicherungsschicht 732

I.3.3 Vermittlungsschicht (Network Layer) 736
    I.3.3.1 Einleitung 736
    I.3.3.2 Aufgaben der Vermittlungsschicht 737

I.3.4 Transportschicht (Transport Layer) 740
    I.3.4.1 Einleitung 740
    I.3.4.2 Fehlerbehandlung durch die Transportschicht 742
    I.3.4.3 Die Dienstprimitive der Transportschicht 744
    I.3.4.4 Protokolle der Transportschicht 745

I.3.5 Kommunikationssteuerungsschicht (Session Layer) 745
    I.3.5.1 Einleitung 745
    I.3.5.2 Die Dienstprimitive der Kommunikations-
             steuerungsschicht 746

I.3.6 Darstellungsschicht (Presentation Layer) 747
    I.3.6.1 Einleitung 747
    I.3.6.2 Datenkomprimierung 748
    I.3.6.3 Datenverschlüsselung 748
    I.3.6.4 Die Dienstprimitive der Darstellungsschicht 749

I.3.7 Anwendungsschicht (Application Layer) 750

I.4 Übungsaufgaben 753

Teil J   Zwei wichtige Protokolle 755

J.1 Einleitung 756
J.2 Das X.25-Protokoll 757
    J.2.1 Einleitung 757
    J.2.2 Ebene 1: X.21-Protokoll 758
        J.2.2.1 Einleitung 758
        J.2.2.2 Die Eigenschaften der Schnittstelle 759
        J.2.2.3 Aufbau eines X.21-Rahmens 760
        J.2.2.4 Die Beschreibung der Schnittstelle durch
                Zustandsdiagramme 760
    J.2.3 Ebene 2: HDLC 763
    J.2.4 Ebene 3: X.25-Paketvermittlung 763
    J.2.5 Übersicht 766
    J.2.6 Frame Relay 767

J.3 Die Protokoll-Familie TCP/IP 768
    J.3.1 Einleitung 768
    J.3.2 Das Internet Protocol (IP) 770
        J.3.2.1 Einleitung 770
        J.3.2.2 Die Adressierung im IP (Version IPv4) 771
        J.3.2.3 Fragmentierung von IP-Datagrammen 773

	J.3.2.4	Der Aufbau von IP-Datagrammen	773

		J.3.2.4	Der Aufbau von IP-Datagrammen	773
		J.3.2.5	Die Dienstprimitive des IP	775
		J.3.2.6	Die Version 6 des IP	775
	J.3.3	Das Internet Control Message Protocol (ICMP)		776
	J.3.4	Das Transmission Control Protocol (TCP)		776
		J.3.4.1	Einleitung	776
		J.3.4.2	Die Adressierung im TCP	777
		J.3.4.3	Der Aufbau von TCP-Datagrammen	778
		J.3.4.4	Dienstprimitive des TCP	779
	J.3.5	Das User Datagram Protocol (UDP)		779
		J.3.5.1	Einleitung	779
		J.3.5.2	Der Aufbau von UDP-Datagrammen	780
		J.3.5.3	Dienstprimitive des UDP	780
	J.3.6	Einige Anwenderprozesse		781
J.4	Übungsaufgaben			782

Teil K   Grundlagen der Vermittlungstechnik 785
K.1 Einführung in die Vermittlungstechnik 786
K.2 Netzstrukturen 787
    K.2.1 Einleitung 787
    K.2.2 Verzweigungsnetz 789
    K.2.3 Maschennetz 790
    K.2.4 Verbundnetz 790
K.3 Koppeleinrichtungen 791
    K.3.1 Koppeleinrichtung im Raumvielfach 791
        K.3.1.1 Einleitung 791
        K.3.1.2 Mehrstufige Koppeleinrichtungen 792
        K.3.1.3 Realisierung der Koppelelemente 793
    K.3.2 Koppeleinrichtung im Zeitvielfach 794
    K.3.3 Realisierung von digitalen Koppeleinrichtungen 794
K.4 Prinzipien der Vermittlungstechnik 795
    K.4.1 Übersicht 795
    K.4.2 Durchschaltevermittlung 797
    K.4.3 Teilstreckenvermittlung 799
    K.4.4 Paketvermittlung 801
K.5 Grundlagen der Verkehrstheorie 803
    K.5.1 Einleitung 803
    K.5.2 Einige Definitionen 803
    K.5.3 Verlustsysteme 807
    K.5.4 Wartesysteme 809

Teil L   Netze für die Sprach- und Datenkommunikation 813
L.1 Einleitung 814
L.2 Öffentliche Netze 819

	L.2.1	Einleitung	819
	L.2.2	Fernsprechen	821
		L.2.2.1 Einleitung	821
		L.2.2.2 Datenübertragung im analogen Fernsprechnetz	823
		L.2.2.3 Das digitale Fernsprechnetz	826
	L.2.3	Telex	827
	L.2.4	Datex-L	828
	L.2.5	Datex-P	832
	L.2.6	ISDN	834
		L.2.6.1 Einleitung	834
		L.2.6.2 Normung	836
		L.2.6.3 Kanaltypen	837
		L.2.6.4 Nutzerzugang	838
		L.2.6.5 Datenübertragung im ISDN	841
		L.2.6.6 Schnittstellen und Netzendeinrichtungen	841
		L.2.6.7 Der S_0-Bus	843
		L.2.6.8 Terminal-Adapter	844
		L.2.6.9 Signalisierung	845
L.3	Private Netze		846
	L.3.1	Einleitung	846
	L.3.2	Lokale Netze (LAN)	846
		L.3.2.1 Einleitung	846
		L.3.2.2 Standardisierung	847
		L.3.2.3 Netzstrukturen	854
		L.3.2.4 Segmentierung von lokalen Netzen	858
		L.3.2.5 Zugriffsverfahren	859
		L.3.2.6 Leitungen (Medien)	866
		L.3.2.7 Modulationsverfahren	866
		L.3.2.8 Beispiele	867
	L.3.3	Corporate Networks (CN)	879
L.4	Metropolitan Area Networks (MAN)		879
L.5	ATM-Netze		881
	L.5.1	Einleitung	881
	L.5.2	Netzstruktur und Schnittstellen	882
	L.5.3	Funktionsweise des ATM	883
	L.5.4	ATM-Switches	886
	L.5.5	Zellverlust- und Zellfehlerrate	889
	L.5.6	Die drei Schichten des ATM-Netzes	890
		L.5.6.1 Einleitung	890
		L.5.6.2 Schicht 1: ATM-Übertragungsschicht	890
		L.5.6.3 Schicht 2: ATM-Zellschicht	891
		L.5.6.4 Schicht 3: ATM-Anpassungsschicht	893
	L.5.7	Übertragung von ATM-Zellen	894
	L.5.8	ATM-Netze und lokale Netze	895

L.6	Kopplung von Netzwerken	895
	L.6.1 Einleitung	895
	L.6.2 Repeater	896
	L.6.3 Hub	897
	L.6.4 Bridge	898
	L.6.5 Switch	902
	L.6.6 Router	903
	L.6.7 Gateway	905
	L.6.8 Server	907
L.7	Das Internet	907
L.8	Übungsaufgaben	911

Teil M Anhang 915

M.1 Abkürzungen 916
M.2 Wichtige Formelzeichen 923
M.3 Physikalische Konstanten und Zahlenfaktoren 926
M.4 Die komplexe Kreisfrequenz 927
M.5 Einige mathematische Funktionen 929
    M.5.1 Die Bessel-Funktionen 929
        M.5.1.1 Einleitung 929
        M.5.1.2 Tabelle der Bessel-Funktion erster Art (Ausschnitt) 930
    M.5.2 Die Spaltfunktion 931
    M.5.3 Fresnel-Integrale 932
    M.5.4 Die Error-Funktion und das Gaußsche Fehlerintegral 933
        M.5.4.1 Einleitung 933
        M.5.4.2 Tabelle des Gaußschen Fehlerintegrals (Ausschnitt) 934
M.6 Wegbereiter der Nachrichtentechnik 935
M.7 Literaturhinweise 936
M.8 Sachregister 949

Farbtafeln 971

Teil A

Einleitung und Übersicht

A.1 Einleitung

A.1.1 Was ist Nachrichtentechnik?

Die Nachrichtentechnik ist ein Teilgebiet der Elektrotechnik, das sich mit der Erzeugung, Übertragung, Speicherung und Verarbeitung von Signalen im Dienste der Nachrichtenübermittlung (z. B. Fernsprechen, Telegrafie) bzw. der Nachrichtenverteilung (z. B. Hörfunk, Fernsehen) befaßt.

Das Gebiet der (elektrischen) Nachrichtentechnik wird i. a. in drei Teilgebiete gegliedert:

♦ Nachrichten-*Übertragung*,

♦ Nachrichten-*Vermittlung*,

♦ Nachrichten-*Verarbeitung*.

Heutzutage sind die Übertragung und die Vermittlung von Nachrichten so eng miteinander verzahnt, daß häufig zusammenfassend von Nachrichten-*Übermittlung* gesprochen wird. Der Schwerpunkt dieses Buches liegt im Bereich der Nachrichtenübermittlung.

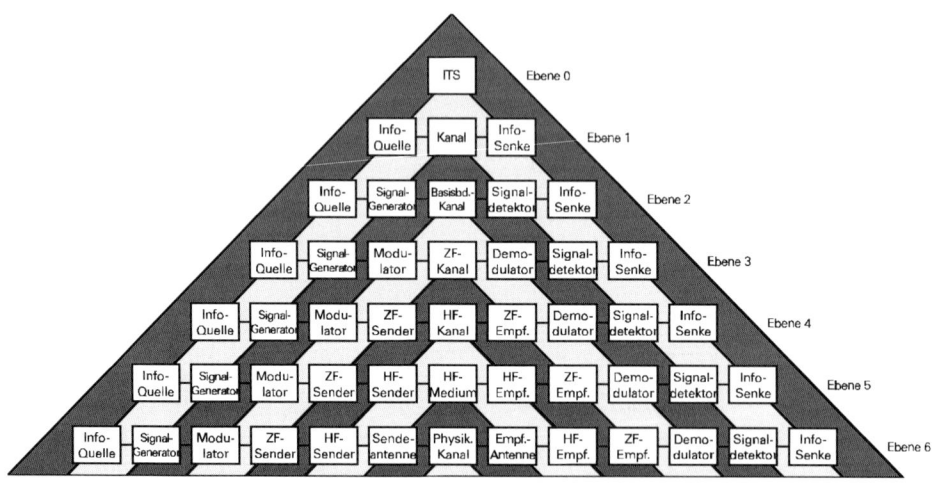

Abb. A.1-1   *Pyramide des* Information Transportation System *(ITS) nach [Simon et al 95]*

Die Abb. A.1-1 zeigt die Pyramide des *Information Transportation System* (ITS) nach [Simon et al 95], deren Aufbau sich am OSI-Schichtenmodell orientiert, das im Teil E ausführlich vorgestellt wird. In dieser „Pyramide" wird auf unterschiedlichen Abstraktionsebenen der prinzipielle Aufbau von Systemen zur Informationsübertragung gezeigt. Ausgehend von der höchsten Abstraktions-

A.1.1 Was ist Nachrichtentechnik?

ebene (Ebene 1), die nur aus Informationsquelle, -kanal und -senke besteht, wird das Modell in den weiteren Ebenen der Pyramide immer weiter verfeinert. In Ebene 6 schließlich ist bereits eine sehr weitgehende Aufgliederung des Übertragungssystems zu erkennen.

Einige der in dieser Ebene dargestellten Funktionsblöcke werden in diesem Buch näher betrachtet. So wird der physikalische Kanal im Teil E behandelt, Sende- bzw. Empfangsantenne im Kapitel E.3 und Modulator bzw. Demodulator im Teil G. Eine eher abstrakt mathematische Untersuchung von Informationsquelle, Informationssenke und Informationsfluß erfolgt im Rahmen einer Einführung in die Informationstheorie im Teil C.

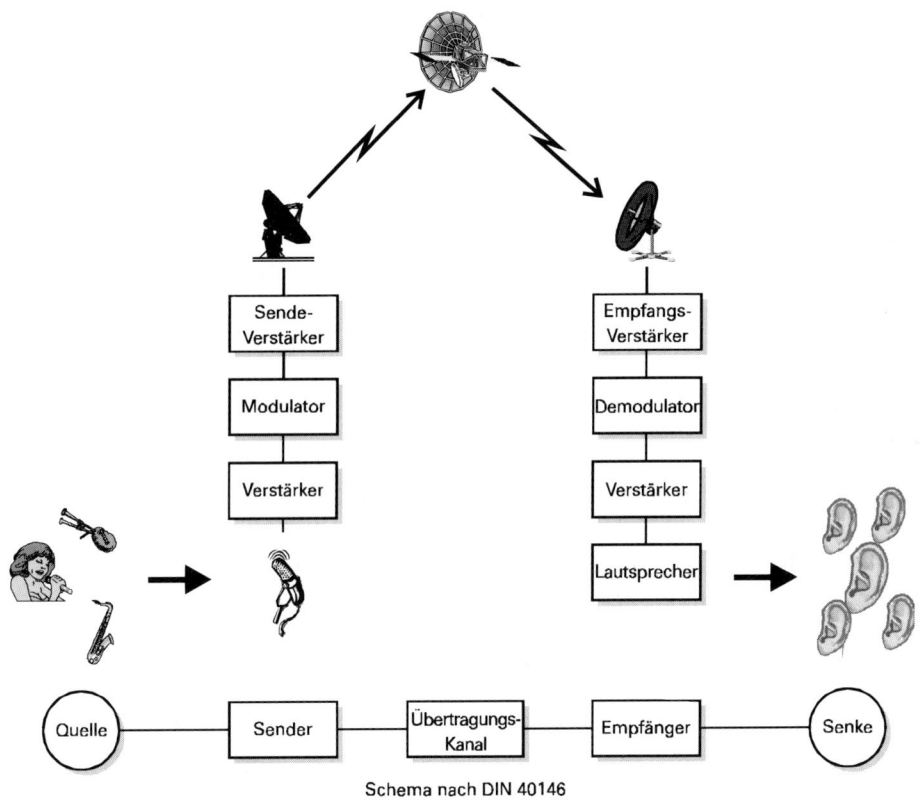

Abb. A.1-2   Rundfunk als Beispiel eines Nachrichtenübertragungssystems

In Abb. A.1-2 wird ein stark vereinfachtes Blockschaltbild einer (satellitengestützten) Rundfunkübertragung als Beispiel für ein Nachrichtenübertragungssystem dargestellt. Im unteren Teil der Abbildung ist dabei ein stark abstrahiertes Schema eines solchen Systems nach DIN 40146 zu sehen. Der Quelle sind dabei in diesem Fall die Schallquellen (Sängerin, Instrumente) und der Senke das (menschliche) Ohr des Zuhörers zuzuordnen. Der Sender hat im wesentlichen die Aufgabe, aus dem akustischen Signal ein elektrisches Signal zu erzeugen (Mikrofon), dies in „geeigneter Weise" zu verändern und beispielsweise über eine Antenne in den Kanal einzuspeisen. Der Kanal, der hier willkürlich als Funkkanal dargestellt ist, kann ebensogut in Form einer elektrischen Leitung (Koaxialkabel, Lichtwellenleiter u. ä.) vorliegen. Der Empfänger soll das Signal vom Kanal entgegennehmen, die vom Sender vollzogene Veränderung des Signals möglichst weitgehend rückgängig machen und schließlich aus dem elektrischen Signal wieder ein akustisches Signal generieren (Lautsprecher).

Das Ziel der Übertragung wird i. a. sein, daß das beim Empfänger vorliegende Signal mit dem vom Sender abgegebenen Signal identisch ist bzw. – da dieser Ansatz aus wirtschaftlichen wie auch aus technischen Gründen unrealistisch ist – nur Abweichungen unterhalb einer definierten Grenze aufweist. Diese Grenze wird vor allem bestimmt durch die Art des zu übertragenden Signals sowie die gegebenen Güteanforderungen.

A.1.2 Nachrichtenübermittlung

A.1.2.1 Einleitung

Unter Nachrichtenübermittlung wird die Verknüpfung von Nachrichtenübertragung und Nachrichtenvermittlung verstanden. Da diese beiden, ursprünglich getrennten Bereiche im Laufe der letzten Jahre immer weiter zusammengewachsen sind, so daß eine Trennung heute nicht mehr sinnvoll ist, werden beide in der Nachrichtenübermittlung zusammengefaßt.

Um eine Übermittlung von Nachrichten realisieren zu können, müssen diese Nachrichten sendeseitig in ein (elektrisches oder optisches) Signal gewandelt werden, wobei dieser Vorgang auf der Empfangsseite wieder umgekehrt werden muß; siehe Abb. A.1-3.

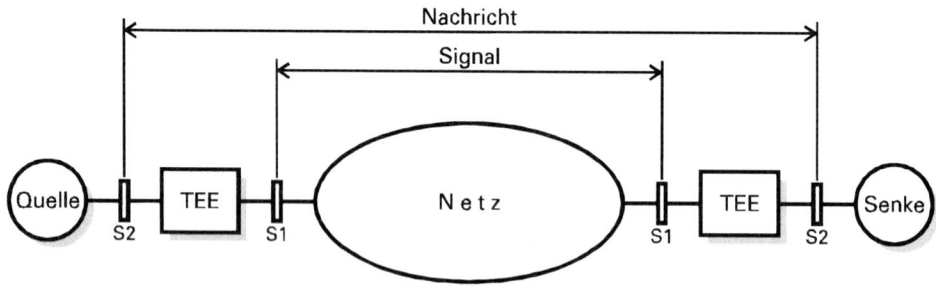

S1 Netzschnittstelle
S2 Benutzerschnittstelle

Abb. A.1-3   Übermittlung von Nachricht und Signal

A.1.2 Nachrichtenübermittlung

Die von der Quelle stammende Nachricht wird über die Benutzerschnittstelle (S2) an die Teilnehmerendeinrichtung TEE geleitet, in der die Umsetzung in ein entsprechendes Signal stattfindet. Das Signal wird von der TEE über die Netzschnittstelle (S1) an das Übermittlungsnetz gegeben, von dem das Signal über die entsprechende Netzschnittstelle an die TEE des empfangenden Teilnehmers geschickt wird. Dort erfolgt wieder die Umsetzung von der „Signalebene" in die „Nachrichtenebene", so daß über die Benutzerschnittstelle eine Nachricht für die Senke zur Verfügung steht.

Die Signalübermittlung stellt die (physikalische) Basis dar für die Übermittlung einer („logischen") Nachricht. Auf der Übermittlung von Nachrichten baut wiederum die – für den Benutzer letztlich interessante – Anwendung auf. Hierbei kann es sich um die verschiedensten Arten der Kommunikation handeln, wie z. B. Fernsprechen, Telefax, Datenfernübertragung usw.

Die Abb. A.1-4 zeigt diesen hierarchischen Aufbau, der im Teil I im Rahmen der Betrachtung des OSI-Referenzmodells noch einmal aufgegriffen wird.

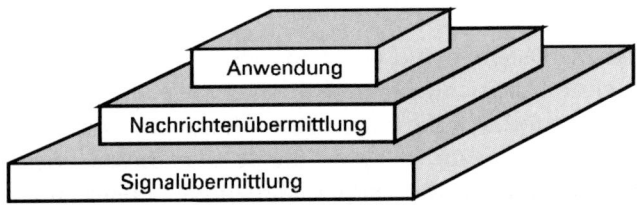

Abb. A.1-4   *Signalübermittlung, Nachrichtenübermittlung und Anwendung*

Die Anwendung stellt für das Netz die Quelle bzw. Senke einer Nachricht bzw. allgemeiner der Kommunikation dar, während das Netz für die Anwendung einen „Dienst" erbringt, nämlich die Übermittlung der Nachrichten bzw. die Durchführung der Kommunikation.

Die Abb. A.1-5 zeigt die Beziehungen zwischen einer Anwendung und dem Netz. Bei der später folgenden Betrachtung von Kommunikationsnetzen und Telekommunikationsdiensten wird dieser Zusammenhang weiter konkretisiert.

Abb. A.1-5   *Beziehungen zwischen Anwendung und Netz*

A.1.2.2 Einteilung der Nachrichtenübermittlung

Die Nachrichtenübermittlung selbst kann prinzipiell auf zwei verschiedene Arten erfolgen:

- Die konventionelle verbindungsorientierte Nachrichtenübermittlung stellt eine direkte Verbindung zwischen zwei Teilnehmern her. Dabei ist zwischen drei Phasen zu unterscheiden:
  - Verbindungsaufbau,
  - Übertragung,
  - Verbindungsabbau.

  Unter einer Verbindung wird dabei die Kopplung zweier Endeinrichtungen zum Austausch von Informationen verstanden. Zu unterscheiden ist zwischen Festverbindungen (zwei Teilnehmer sind ständig, ohne daß ein Wählvorgang notwendig ist, miteinander verbunden) und Wählverbindungen (eine Verbindung wird, aufgrund von Zielvorgaben des rufenden Teilnehmers, für einen gewissen Zeitraum hergestellt).

- In moderneren Systemen (vorwiegend der Datenübermittlung) wird eine verbindungslose Nachrichtenübermittlung eingesetzt. Hierbei werden Daten durch den Transport von Datenpaketen übermittelt, ohne daß eine direkte (physikalische) Verbindung zwischen Quelle und Senke hergestellt wird. Ein Beispiel hierfür sind die paketvermittelnden Datennetze wie z. B. Datex-P. Nachteilig kann sich hierbei auswirken, daß es keine Garantie für eine ordnungsgemäße Übertragung gibt.

  Für beide Verfahren werden im Rahmen dieses Buches Beispiele gezeigt, auf die dann zum Teil auch ausführlicher eingegangen wird.

Eine wesentliche Unterscheidung, die sich sowohl auf die Technologie als auch auf wirtschaftliche Aspekte auswirkt, muß zwischen der analogen und der digitalen Nachrichtenübermittlung gemacht werden.

- Die analoge Nachrichtenübermittlung ist dadurch charakterisiert, daß die zu übertragenden Signale analoge, formgetreue Abbilder des eigentlichen nachrichtentragenden Signals darstellen (z. B. sind elektrische Sprachsignale formgetreue Abbilder der zugehörigen akustischen Schallsignale). Eine Grundvoraussetzung für eine Übertragung analoger Signale ist, daß alle beteiligten Einrichtungen der Übertragungstechnik eine verzerrungsfreie Übertragung mittels linearer Kennlinien ermöglichen. Abweichungen von dieser Voraussetzung verursachen Verzerrungen; inwieweit diese toleriert werden können, hängt vor allem vom verwendeten Übertragungssystem und der Art der zu übertragenden Signale ab. So sind z. B. die Anforderungen an die Übertragung von Stereo-Hörfunksignalen wesentlich höher als an die Übertragung im Fernschreibverkehr.

Charakteristisch für die analoge Nachrichtenübertragung ist, daß Störungen eine stetige qualitative Verschlechterung der Qualität bewirken. Dies wird üblicherweise durch den Störabstand (im logarithmischen Maßstab berechnetes Verhältnis der Leistung des Nutzsignals zur Leistung von Störsignalen) ausgedrückt.

- Bei der digitalen Nachrichtenübermittlung sind die zu übertragenden Signale „codierte" Abbilder des eigentlichen nachrichtentragenden Signals. Dies steht nicht im Widerspruch zur Datenübertragung – die zu übertragenden Daten können meist als Repräsentant eines auch analog darstellbaren Faktums angesehen werden. Die Codierung ist im allgemeinen – jedoch nicht zwangsläufig – umkehrbar eindeutig, wobei die codierten Signale einem endlichen Wertevorrat entstammen. Bei Überschreitung einer bestimmten Länge der Übertragungsstrecke muß der Kanal – mit Hilfe von Zwischenverstärkern (*Repeater*) – Signale in bestimmten Abständen auffrischen können.

Charakteristisch für die digitale Nachrichtenübermittlung ist, daß sich der Einfluß von Störungen erst oberhalb eines Schwellwerts bemerkbar macht, dann allerdings relativ schnell zum kompletten Ausfall einer Verbindung führt (Schwellwerteffekt). Ein übliches Maß für die Qualität ist die Fehlerwahrscheinlichkeit – der zulässige Wert ist, wie bei der analogen Nachrichtenübermittlung, abhängig von der Anwendung. Der Einsatz von Analog-Digital- und Digital-Analog-Umsetzern (*Analog Digital Converter*, ADC, bzw. *Digital Analog Converter*, DAC) erlaubt die digitale Übertragung von analogen Signalen. Aus der Umsetzung resultieren jedoch Quantisierungsverzerrungen, die prinzipiell zu einer Verschlechterung der Signalqualität führen. Um diesen Effekt in akzeptablen Grenzen zu halten, muß der ADC bestimmte Kriterien bzgl. Dynamik, Geschwindigkeit usw. einhalten. Der Nachteil der deutlich höheren notwendigen Bandbreite des digitalisierten Signals gegenüber dem analogen Signal kann heute durch den Einsatz von datenreduzierenden Verfahren in vielen Fällen kompensiert werden (auf diesen Aspekt wird im Kapitel C.2 näher eingegangen). Aufgrund der verschiedenen Vorteile gewinnt die digitale Nachrichtenübermittlung immer weiter an Bedeutung.

A.1.3 Nachrichtenverarbeitung

Die Nachrichtenverarbeitung ist ein vergleichsweise neues Teilgebiet der Nachrichtentechnik. Bis vor einem halben Jahrhundert war die Nachrichtentechnik nahezu ausschließlich mit der Übertragung von Nachrichten befaßt, während die Verarbeitung und Auswertung dem Menschen überlassen wurde. Insbesondere durch die Entdeckung des Halbleiters und die wachsende Verfügbarkeit von Halbleiterschaltungen und des damit verbundenen technologischen Fortschritts ist seitdem die wirtschaftliche Realisierung von programmierbaren nachrichtenverarbeitenden Anlagen möglich. Hiermit können größte Nachrichtenmengen verarbeitet werden, wodurch einerseits der Mensch von eintönigen Routinearbeiten befreit wird und andererseits Geschwindigkeiten erzielt werden, die von einer endlichen Anzahl von Menschen nicht erreicht werden könnten. Die Bedeutung der Mikroelektronik wird bereits an dieser kurzen Betrachtung deutlich. Der Anteil der Mikroelektronik gerade im Bereich der Nachrichtenverarbeitung, aber auch der Nachrichtenvermittlung wird in absehbarer Zeit weiter ansteigen und zu weiteren Evolutionsschritten, wenn nicht sogar zu „Revolutionen" führen.

Ein wesentlicher Anteil der Nachrichtenverarbeitung ist die Datenverarbeitung, für die das Kürzel DV bzw. EDV (elektronische Datenverarbeitung) eingeführt ist. Entsprechend werden Anlagen zur Nachrichten- bzw. Datenverarbeitung auch als NVA bzw. DVA bezeichnet. Eine nachrichtenverarbeitende Anlage muß zur Erfüllung ihrer Aufgaben mit ihrer Peripherie, anderen nachrichtenverarbeitenden Anlagen sowie ggf. diversen Nachrichtenquellen und -senken kommunizieren können (Abb. A.1-6). Hierzu ist es notwendig, daß eine Vereinbarung bzgl. einer gemeinsamen Sprache bzw. einer konsistenten Codierung der Nachrichten getroffen wird.

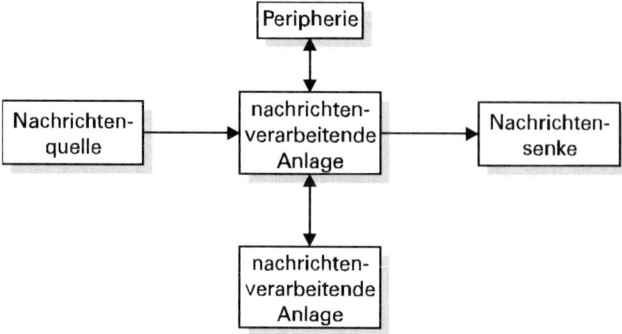

Abb. A.1-6   *Kommunikation einer nachrichtenverarbeitenden Anlage*

Wesentliche Aufgabenstellungen der Nachrichtenverarbeitung sind die Darstellung von Nachrichten, die Messung ihres Informationsgehalts (siehe dazu Kapitel C.1), die Entwicklung von Methoden zu ihrer Verarbeitung sowie der Entwurf und die Realisierung von nachrichtenverarbeitenden Anlagen. Im allgemeinen bestehen drei Forderungen an nachrichtenverarbeitende Anlagen:
- Ausführung von Rechenoperationen mit vorgegebener Geschwindigkeit;
- verlustlose Informationsspeicherung von Daten und ggf. Befehlen;
- Echtzeit-Verarbeitung von Nachrichten.

Während früher – insbesondere wegen zuerst bestehender Vorteile bei der Geschwindigkeit – auch analoge Anlagen eingesetzt wurden, sind heute überwiegend digitale Anlagen zu finden. Diese bieten hohe Geschwindigkeiten, nahezu unbegrenzte Möglichkeiten der Informationsspeicherung sowie in weiten Bereichen eine Echtzeit-Verarbeitung.

Das umfangreiche Gebiet der Nachrichtenverarbeitung wird in diesem Buch nur in einigen Bereichen am Rande gestreift (wie z. B. bei der Informationstheorie).

A.1.4 Kommunikationstechnik als Teil der Nachrichtentechnik

Definition A.1-1 ▼

Kommunikation [lat.], in der Sozialwissenschaft und in der Psychologie die Bezeichnung für den Informationsaustausch als grundlegende Notwendigkeit menschlichen Lebens in drei Hauptformen:
1. intrapersonale Kommunikation,
2. interpersonale Kommunikation,
3. mediengebundene Kommunikation (Massenkommunikation).

(nach [Meyers Großes Taschenlexikon, 1983])

▲

Wie man an dieser Definition leicht erkennen kann, stellt die Kommunikationstechnik das wichtigste Teilgebiet der Nachrichtentechnik dar. Es beschäftigt sich mit der interpersonalen Kommunikation (d. h. der Kommunikation zwischen zwei Individuen – Beispiel Fernsprechen) sowie mit der mediengebundenen oder Massenkommunikation (d. h. der Kommunikation zwischen einem oder mehreren Individuen auf der einen Seite und einer größeren Anzahl von Individuen auf der anderen Seite – Beispiel Rundfunk). In diesem Zusammenhang wird auch von Dialogsystemen bzw. Verteilsystemen gesprochen.

Definition A.1-2 ▼

Die *Kommunikationstechnik* umfaßt die technischen Mittel für die Durchführung von Kommunikation bzw. im weiteren Sinne Festlegungen und Verfahren zur Anwendung dieser Mittel. Die Kommunikationstechnik ist ein Teilgebiet der Nachrichten- bzw. der Informationstechnik.

▲

Die Art der Kommunikation hängt wesentlich von der Frage ab, in welcher Form Informationen zwischen den kommunizierenden Teilnehmern zu übertragen sind.

Die vier grundlegenden Möglichkeiten sind:

- Übertragung von Sprache (oder allgemeiner Schallsignalen, wie beispielsweise Musik);
- Übertragung von Text;
- Übertragung von Bildern (unbewegte oder bewegte Bilder);
- Übertragung von Daten, wobei Daten im weiteren Sinne auch wieder Sprache, Text oder Bilder repräsentieren können; im engeren Sinne wird hierunter allerdings nur die Übertragung von „reinen" Daten verstanden.

Wie man hier erkennt, bestehen im Rahmen der Kommunikationstechnik eine Reihe unterschiedlicher Anforderungen, die u. a. von der Art der zu übertragenden Informationen abhängt. Tab. A.1-1 zeigt typische Beispiele für die verschiedenen Kommunikationsarten, wobei jeweils unterschieden wird zwischen Einweg- und Zweiwegkommunikation. Während die Einwegkommunikation eine reine Verteilaufgabe darstellt (wie z. B. der Rundfunk in seinen unterschiedlichen Ausformungen), steht bei der Zweiwegkommunikation auch ein Rückkanal zur Verfügung, mit dessen Hilfe ein beiderseitiger Informationsaustausch stattfinden kann.

Kommunikation							
Sprache		Text		Bild		Daten	
Einweg	Zweiweg	Einweg	Zweiweg	Einweg	Zweiweg	Einweg	Zweiweg
Hörfunk	Telefon	Videotext	Bildschirmtext	Fernsehen (Videotext)	Bildfernsprechen	Telemetrie	Fernwirken
Fernsehen (Ton)	Sprechfunk		Fernschreiben		Fernkopieren	Datenerfassung	Fernsteuern
Ansagedienste	Bildfernsprechen		Fernkopieren				Bildschirmtext
							Datenfernverarbeitung
							Rechnerdialog

Tab. A.1-1   *Formen der Kommunikation (nach [Bärwald 96])*

Weiter muß – wie bereits im Abschnitt A.1.2 beschrieben – eine entscheidende Trennung in der Kommunikationstechnik bzgl. der Signalform eingeführt werden. Auf der einen Seite steht die Übertragung von Informationen in Form analoger Signale, auf der anderen Seite in Form digitaler Signale. Die Nutzung von Kommunikationsnetzen erfolgt im Rahmen von sogenannten Telekommunikationsdiensten.

Definition A.1-3 ▼

(Tele-)Kommunikationsdienst, wird abgewickelt über öffentliche oder private Netze. Ein Kommunikationsdienst steht einem berechtigten Nutzer (Mensch bzw. Maschine) auf Anforderung zur Verfügung. Er kann charakterisiert werden durch technische, betriebliche und benutzungsrechtliche Dienstmerkmale (Kommunikationsprotokolle).

▲

A.1.5 Das elektromagnetische Spektrum

Von besonderer Bedeutung für den Nachrichtentechniker ist der Frequenzbereich, in dem ein System arbeitet. Dies gilt in verstärktem Maße in der Funktechnik, ist aber auch bei leitungsgebundener Übertragung von großem Interesse.

Während Abb. A.1-1 die Verteilung wichtiger Systeme der Nachrichtentechnik im elektromagnetischen Spektrum zeigt, enthält Tab. A.1-2 für die wichtigsten Frequenzbereiche (der Nachrichtentechnik) des Spektrums neben den englischen und deutschen Bezeichnungen eine Auswahl der dort vorhandenen oder geplanten wesentlichen Anwendungen. Einige Frequenzbereiche weisen hierbei Anwendungen auf, die heute noch gar nicht oder nur auf experimenteller Ebene existieren. Aufgeführt sind in diesem Fall diejenigen Anwendungen, denen Frequenzbänder innerhalb des jeweiligen Bereichs zugewiesen worden sind.

Der grundlegende Zusammenhang zwischen Frequenz und Wellenlänge lautet:

$$c = \lambda f \qquad (A.1\text{-}1)$$

mit der Lichtgeschwindigkeit c, der Wellenlänge λ und der Frequenz f. Die Lichtgeschwindigkeit ist von dem Medium abhängig, in dem die Wellenausbreitung stattfindet. Im Vakuum und in guter Näherung in Luft gilt für die Lichtgeschwindigkeit

$$c_0 = 2{,}997925 \cdot 10^8 \, \frac{\text{m}}{\text{s}} \qquad (A.1\text{-}2)$$

wobei in vielen Fällen zur Vereinfachung mit $c_0 \approx 3 \cdot 10^8$ m/s gerechnet werden kann.

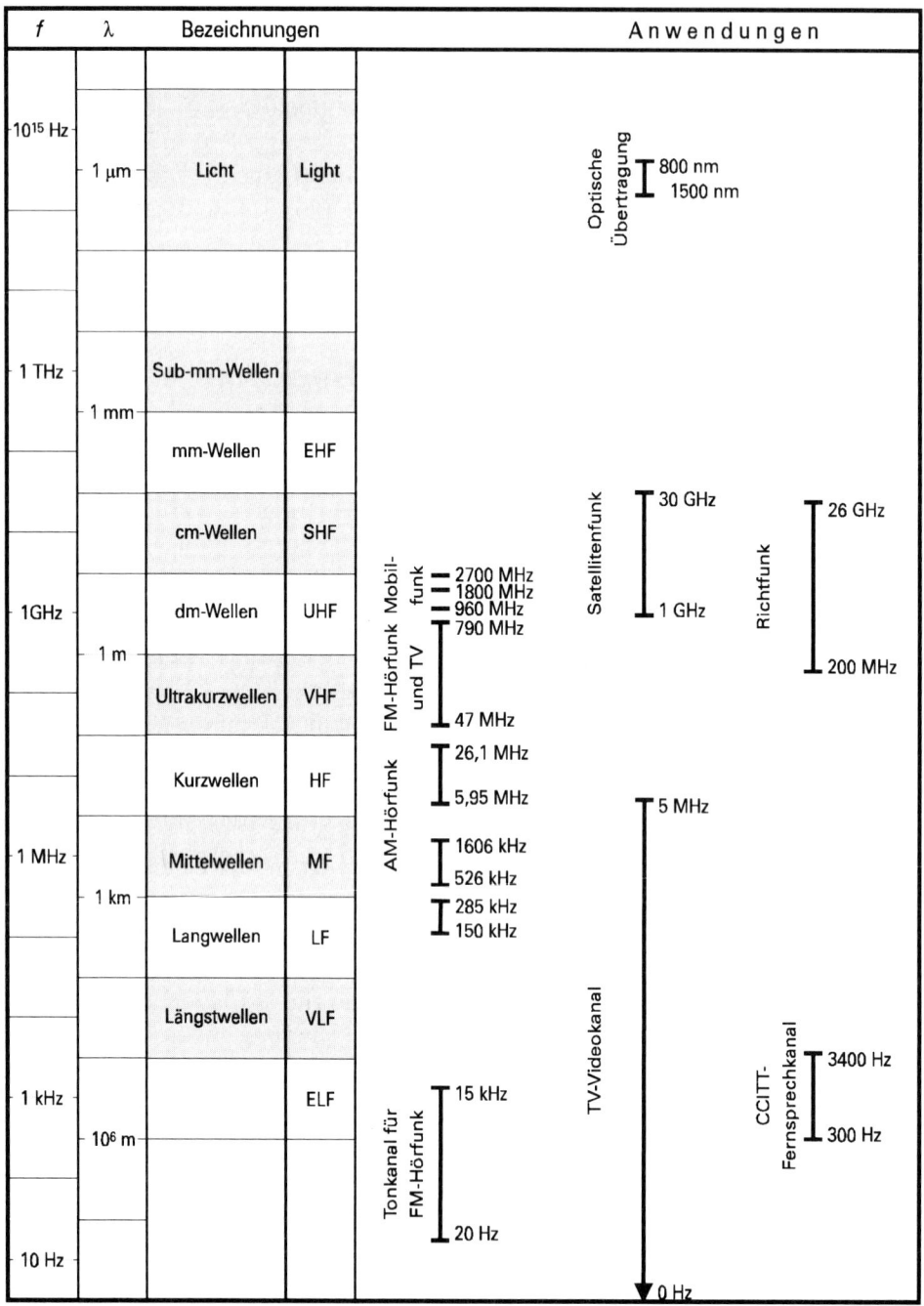

Abb. A.1-7   Spektrum der elektromagnetischen Wellen

A.1.5 Das elektromagnetische Spektrum

Frequenz	Wellen-länge	Bezeichnung englisch	Bezeichnung deutsch	Anwendungen
< 3 kHz	> 100 km	ELF	–	Rundfunk (submarin)
3...30 kHz	100...10 km	VLF	Längst-wellen	Rundfunk (submarin), Navigation, Telegrafie
30...300 kHz	10...1 km	LF	LW	Rundfunk, Navigation, feste Funkdienste, bewegliche Seefunkdienste
0,3...3 MHz	1...0,1 km	MF	MW	Navigation, Rundfunk, Schiffs-, Amateur-, Polizeifunk, Flugfunk, feste Funkdienste, bewegliche See- und Landfunkdienste
3...30 MHz	100...10 m	HF	KW	Küsten-, Flug-, Amateur-, Rundfunk, Elektromedizin, Weltraumfunk, feste Funkdienste, bewegliche Funkdienste
30...300 MHz	10...1 m	VHF	UKW	Polizei-, Rund-, Küstenfunk, Flugnavigation, Elektromedizin, Raumfahrt, Radioastronomie, drahtlose Mikrofone, Amateurfunk, Troposcatterfunk, Modellfernsteuerung, Flugfunk
0,3...3 GHz	1...0,1 m	UHF	dm-Wellen	Flugnavigation, TV-Übertragung, Richtfunk, Raumfahrt, Satellitenkommunikation (milit.), Erd-Erkundung, Radioastronomie, Wetterfunk, Telemetrie, Personenruf, Radar
3...30 GHz	10...1 cm	SHF	cm-Wellen	Navigationshilfe, Radar, Satellitenkommunikation, Richtfunk, Erderkundung, Amateurfunk, feste Funkdienste, Radioastronomie, Flugnavigation, bewegliche Funkdienste
> 30 GHz	< 1 cm	EHF	mm-Wellen	Radar, Experimentelle Systeme, Radioastronomie, Erderkundung, Interstellarer Funk, Navigation, Amateurfunk

Tab. A.1-2 *Frequenzbereiche: Bezeichnungen und eine kleine Auswahl der (vorgesehenen) Anwendungen*

A.2 Wichtige Standardisierungsgremien

Eine Vielzahl von verschiedenen Gremien für Standardisierung und Normung befassen sich mit der (elektrischen) Kommunikationstechnik. In diesem Kapitel werden die wichtigsten Gremien vorgestellt und ihre Arbeit kurz beschrieben.

A.2.1 Deutschland

Bundesamt für Post und Telekommunikation (BAPT), Mainz

Dem BAPT obliegen die hoheitsrechtlichen Aufgaben, die früher von den Oberpostdirektionen sowie dem Fernmeldetechnischen Zentralamt (FTZ) wahrgenommen wurden. Hierbei handelt es sich vor allem um die Erteilung von Genehmigungen, die Lizenzvergabe, Standardisierungen, die Erstellung von Zulassungsvorschriften sowie die Zuteilung von Funkfrequenzen. Außerdem wurde das Bundesministerium für Post und Telekommunikation (BMPT) vom BAPT bei Planungsvorhaben sowie durch die Mitarbeit in internationalen Gremien unterstützt.

Deutsches Institut für Normung (DIN), Berlin

Das DIN ist die (vertraglich vereinbarte) für Deutschland zuständige Normenorganisation sowie die nationale Vertretung Deutschlands bei internationalen Normenorganisationen. In über hundert Ausschüssen werden Normen erarbeitet und, nach Prüfung durch die Normenprüfstelle, als DIN-Norm in das Deutsche Normenwerk aufgenommen.

Deutsche Elektrotechnische Kommission in DIN und VDE (DKE), Frankfurt/Main und Berlin

Die DKE (ein Organ von DIN und VDE, getragen vom VDE) erarbeitet Normen und Sicherheitsbestimmungen auf dem Gebiet der Elektrotechnik in Deutschland. Außerdem gehören Fragen des Umweltschutzes sowie Verbraucherfragen zu ihren Aufgabengebieten. Die Resultate der Arbeit der DKE fließen hauptsächlich in entsprechende DIN-Normen ein.

Technisch-Wissenschaftlicher Verband der Elektrotechnik, Elektronik, Informationstechnik e. V. (VDE), Frankfurt/Main

Der seit 1893 bestehende technisch-wissenschaftliche Verein (bis 1998 Verband deutscher Elektrotechniker e. V.) hat heute ca. 35 000 Ingenieure, Naturwissenschaftler und Studenten als persönliche Mitglieder, ferner alle namhaften Unternehmen der Elektroindustrie und der Elektrizitätsversorgung sowie entsprechende Behörden als korporative Mitglieder.

Neben der Mitarbeit in der DKE ist die Erarbeitung und Herausgabe von VDE-Bestimmungen und -Richtlinien einer der Schwerpunkte der Aufgaben des VDE. Breiten Kreisen ist der VDE durch das VDE-Prüfzeichen, das bei Einhaltung bestimmter (Sicherheits-)Anforderungen vom VDE-Prüf- und Zertifizierungsinstitut vergeben wird, bekannt. Ein weiterer Schwerpunkt der Arbeit des VDE ist die fachliche und berufliche Beratung seiner Mitglieder.

Die fachliche Betreuung der Mitglieder erfolgt in fünf Fachgesellschaften, die zum Teil gemeinsam mit dem Verein Deutscher Ingenieure (VDI) getragen werden. Diese Fachgesellschaften sind:
- ITG, Informationstechnische Gesellschaft im VDE,
- ETG, Energietechnische Gesellschaft im VDE,
- GME, VDE/VDI-Gesellschaft Mikroelektronik,
- GMA, VDI/VDE-Gesellschaft für Meß- und Automatisierungstechnik,
- GMF, VDI/VDE-Gesellschaft Mikro- und Feinwerktechnik.

A.2.2   Europa

Conférence Européenne des Administrations des Postes et des Télécommunications (CEPT), Bern

Der 1959 gegründeten CEPT gehören derzeit Verwaltungsbehörden des Post- und Fernmeldewesens aus 26 europäischen Staaten an. Zu den Aufgaben der CEPT zählt in erster Linie die Vereinheitlichung von Bestimmungen und Verfahren im Bereich von Post und Telekommunikation in Europa.

European Telecommunication Standards Institute (ETSI), Sophia Antipolis (Frankreich)

Diese europäische Normungsorganisation wurde 1988 mit der Zielsetzung der Vereinheitlichung des europäischen Telekommunikationsmarkts gegründet. In Zusammenarbeit mit anderen Normungsgremien soll das ETSI Standards entwickeln, die für ganz Europa die Möglichkeit einheitlicher Telekommunikationsnetze und Dienste sowie kooperierender Endgeräte schaffen.

A.2.3   Welt

International Electrotechnical Commission (IEC), Genf

Die IEC, die von nationalen Komitees getragen wird, ist unterteilt in rund 200 Technische Komitees, in denen IEC-Publikationen erstellt werden. Diese werden anschließend von den nationalen Komitees in nationale Normen übernommen.

Das Ziel der Arbeit der IEC ist die Standardisierung auf den unterschiedlichsten Gebieten der Elektrotechnik, die von der Nachrichtentechnik über die Elektromagnetische Verträglichkeit bis hin zur Hochspannungstechnik reichen.

International Organization for Standardization (ISO), Genf

In der ISO (dies steht für die frühere Bezeichnung *International Standardizing Organization*) arbeiten nationale Normungsorganisation aus rund 90 Ländern, wobei Deutschland vom DIN vertreten wird. Die wichtigste Aufgabe der ISO ist die Schaffung von international vereinheitlichten Normen, um den Handel sowie die technisch-wirtschaftliche und ökonomische Zusammenarbeit zu erleichtern. Die von der ISO erstellten internationalen Normen werden von den nationalen Normungsorganisationen als nationale Normen übernommen, wobei ein bekanntes Beispiel die ISO-Normenreihe 900X zum Thema Qualitätsmanagement ist.

International Telecommunication Union (ITU), Genf

Die Arbeit der ITU gliedert sich in drei Bereiche, die durch die ITU-R (*Radiocommunication*, vormals CCIR), die ITU-T (*Telecommunication*, vormals CCITT) und die ITU-D (Development – Förderung der Entwicklungsländer) vertreten sind, wobei ITU-R und ITU-T auch Standards erarbeiten. Die ITU ist zuständig für die internationale Zusammenarbeit auf dem Gebiet der Funk- und Telekommunikation zwischen den Mitgliedsstaaten. Neben der Optimierung der technischen Zusammenarbeit und der Verbesserung von Systemen der Kommunikationstechnik ist die Beratung von Entwicklungsländern auf dem Gebiet der Kommunikationstechnik (Bereich ITU-D) Ziel der ITU.

Teil B

Grundlagen

B.1 Signale und Systeme

B.1.1 Einleitung

In der Nachrichtentechnik wird unter einem System eine Anordnung von einem oder mehreren Bauelementen (im weiteren Sinne) verstanden. In Abb. B.1-1 ist solch ein System in Form einer Black Box gezeigt, das beschrieben wird durch seine Reaktion (sein Ausgangssignal $y(t)$) auf ein „Ereignis" am Eingang (sein Eingangssignal). Durch die Black Box wird zum Ausdruck gebracht, daß es im Rahmen dieser Betrachtung i. a. uninteressant ist, was im Inneren dieser Box vor sich geht. Die Reaktion des Systems wird mit der Funktion F (Transformation) bezeichnet.

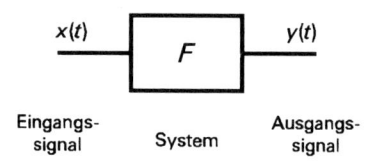

Abb. B.1-1 Beschreibung eines Systems im Zeitbereich

Im allgemeinsten Fall kann das Ausgangssignal $y(t)$ als Transformation Tr des Eingangssignals $x(t)$ gemäß

$$y(t) = Tr\{x(t)\} \qquad (B.1\text{-}1)$$

angesehen werden [Lüke 92].

Bevor auf die verschiedenen Möglichkeiten der Beschreibung von Systemen eingegangen wird, sollen im folgenden einige Definitionen betrachtet werden, die bei der Klassifizierung von besonderem Interesse sind.

Linearität

Ein System wird als linear bezeichnet, wenn mit den Eingangsfunktionen $x_i(t)$ und den Ausgangsfunktionen $y_i(t)$ gemäß

$$x_1(t) \to y_1(t) \qquad x_2(t) \to y_2(t) \qquad (B.1\text{-}2)$$

das Superpositionsgesetz

$$x_1(t) + x_2(t) \to y_1(t) + y_2(t) \qquad (B.1\text{-}3)$$

sowie das Proportionalitätsgesetz

$$A x_1(t) \to A y_1(t) \qquad \forall \; A \in \mathbb{R}, A = \text{const} \qquad (B.1\text{-}4)$$

gilt. Andernfalls ist das System nichtlinear.

Zeitinvarianz

Ein System ist zeitinvariant, wenn gilt

$$x(t-t_0) \rightarrow y(t-t_0) \qquad \forall \; t_0 \in \mathbb{R}, \; t_0 = \text{const} \tag{B.1-5}$$

Andernfalls ist das System zeitvariant. Das einfachste und zugleich wichtigste System im Bereich der Nachrichtentechnik ist das lineare, zeitinvariante System, das häufig als LTI-System bezeichnet wird (*Linear Time Invariant*). Bei den Betrachtungen in diesem Buch wird – soweit nicht ausdrücklich anders erwähnt – immer von LTI-Systemen ausgegangen.

Gedächtnis

Wenn ein Funktionswert des Ausgangssignals $y(t_0)$ zum Zeitpunkt t_0 nur vom gegenwärtigen Funktionswert des Eingangssignals $x(t_0)$ und vom System selbst abhängt, so liegt ein System ohne Gedächtnis vor – diese Systeme werden auch als statisch bezeichnet. Hängt hingegen der Funktionswert $y(t_0)$ des Ausgangssignals auch von Funktionswerten des Eingangssignals $x(t)$ mit $t \neq t_0$ ab, so handelt es sich um ein System mit Gedächtnis bzw. ein dynamisches System.

Kausalität

Ein System ist kausal, wenn nur vorhergehende und ggf. der gegenwärtige Funktionswert des Eingangssignals das Ausgangssignal beeinflussen. Wird diese Bedingung verletzt, so liegt ein nichtkausales System vor – hierbei „reagiert das System" auf den Funktionswert eines Eingangssignals, der erst zu einem späteren Zeitpunkt vorhanden sein wird. Alle realen physikalischen Systeme sind kausal. Anders gesagt: Nichtkausale Systeme sind physikalisch nicht realisierbar und daher nur theoretisch von, wenn auch großem, Interesse. So ist aufgrund der Voraussetzung der Kausalität z. B. der ideale Tiefpaß nicht realisierbar. Eine Beschreibung des idealen Tiefpasses ist im Abschnitt B.1.8 zu finden.

Stabilität

Von den verschiedenen gebräuchlichen Definitionen für die Stabilität eines Systems werde an dieser Stelle nur eine wiedergegeben. Demnach ist ein System stabil, wenn für jedes beschränkte Eingangssignal

$$|x(t)| \leq M_1 < \infty \qquad \forall \, t \tag{B.1-6}$$

ein ebenfalls beschränktes Ausgangssignal

$$|y(t)| \leq M_2 < \infty \qquad \forall \, t \tag{B.1-7}$$

entsteht. Ist diese Bedingung, die als *Bounded Input - Bounded Output* (BIBO) bezeichnet wird, nicht erfüllt, so ist das System instabil.

Eine prinzipielle Forderung an alle Systeme der Nachrichtenübertragung resultiert aus der Tatsache, daß alle Signale beim Durchlaufen von beliebigen Systemen Veränderungen erfahren – gewollt oder ungewollt. Um eine brauchbare Übertragung zu gewährleisten, darf der Nachrichteninhalt nicht oder nur innerhalb vorgegebener Grenzen verändert werden. Die Bestimmung dieses Nachrichteninhalts wird im Kapitel C.1 im Rahmen der Informationstheorie behandelt.

B.1.2 Übertragungsverhalten eines Zweitores

Grundsätzlich kann ein System sowohl im Zeit- als auch im Frequenzbereich beschrieben werden (Abb. B.1-2). Beide Beschreibungsweisen sind äquivalent und weisen je nach Anwendung ihre spezifischen Vor- und Nachteile auf. Die Beschreibung im Zeitbereich erfolgt i. a. über die Impulsantwort, die die Reaktion eines LTI-Systems auf den Dirac-Impuls (siehe Abschnitt B.1.6.1) darstellt. Im Frequenzbereich stehen mehrere unterschiedliche Funktionen zur Verfügung, von denen die Übertragungsfunktion i. a. die größte Bedeutung aufweist. Sie kann aus der Impulsantwort abgeleitet werden, wobei für die notwendige Transformation beispielsweise die Fourier-Transformation Anwendung findet.

$x(t)$ $h(t)$ / $\underline{H}(f)$ $y(t) = x(t) * h(t)$

$\underline{X}(f)$ $\underline{Y}(f) = \underline{X}(f) \cdot \underline{H}(f)$

Eingangssignal   LTI-System   Ausgangssignal

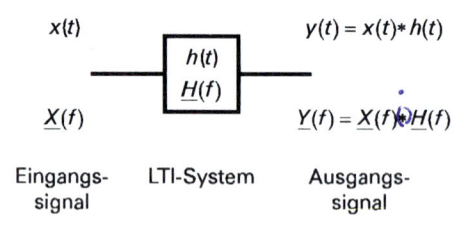

Abb. B.1-2 *Beschreibung eines Systems im Zeit- bzw. im Frequenzbereich*

Im Rahmen dieses Buches wird bevorzugt die Übertragungsfunktion $\underline{H}(\omega)$ im Frequenzbereich[1] sowie die Impulsantwort $h(t)$ im Zeitbereich zur Beschreibung von Systemen verwendet.

Die im folgenden vorgestellten Größen sind allgemein zur Beschreibung von Systemen geeignet. Da häufig mit Zweitoren gearbeitet wird, werden die Definitionen dieser Größen für ein Zweitor angegeben. Sie können jedoch relativ einfach auf mehrtorige Schaltungen erweitert werden, wobei dann ein doppelter Index die jeweils betrachteten Tore eines Mehrtores angibt.

---

1 Funktionen im Frequenzbereich können sowohl als Funktion der Kreisfrequenz $\underline{H}(\omega)$ als auch als Funktion der Frequenz $\underline{H}(f)$ angegeben werden – beide Schreibweisen sind äquivalent.

B.1.2.1 Zeitbereich

Impulsantwort (Gewichtsfunktion)

Die Impulsantwort $h(t)$ stellt die Reaktion eines LTI-Systems auf den Dirac-Impuls als Eingangssignal dar. Sie ist auch unter den Begriffen Stoßantwort oder Gewichtsfunktion bekannt und bildet die Grundlage der Betrachtung von LTI-Systemen im Zeitbereich. Mit Hilfe der im Abschnitt B.1.7 beschriebenen Faltung kann mit der Beziehung

$$y(t) = h(t) * x(t) \qquad \text{(B.1-8)}$$

die Reaktion $y(t)$ eines LTI-Systems auf ein (nahezu) beliebiges Eingangssignal $x(t)$ berechnet werden. Auf die Herleitung dieser Beziehung wird hier verzichtet – der interessierte Leser findet sie beispielsweise in [Lüke 92, Abschnitt 1.7].

Unter der Voraussetzung, daß LTI-Systeme vorliegen – und davon wird hier ausgegangen – gelten die bei der Faltung angegebenen Regeln des Kommutativ-, des Distributiv- und des Assoziativgesetzes.

Sprungantwort

Die Sprungantwort $g(t)$ bezeichnet die Reaktion eines LTI-Systems auf den Einheitssprung $\varepsilon(t)$. Da – wie in Abschnitt B.1.6 gezeigt wird – der Einheitssprung als Integral über den Dirac-Impuls berechnet werden kann, ergibt sich die Möglichkeit, auch hier über die Sprungantwort mit Einsatz von Differentiation bzw. Integration die Reaktion eines Systems auf ein Eingangssignal zu bestimmen.

B.1.2.2 Frequenzbereich

Übertragungsfunktion

Es sei $\underline{X}(\omega)$ eine beliebige Eingangsgröße (Ursache) und $\underline{Y}(\omega)$ die zugehörige Ausgangsgröße (Wirkung) eines Zweitores. Das Verhältnis

$$\underline{H}(\omega) = \frac{\underline{Y}(\omega)}{\underline{X}(\omega)} \qquad \text{(B.1-9)}$$

wird als Übertragungsfunktion bezeichnet. Geht die Betrachtung vom Zeitbereich aus, so ergibt sich die Übertragungsfunktion alternativ als Transformation der Impulsantwort.

Dämpfungsfunktion

Als Kehrwert der Übertragungsfunktion ist die Dämpfungsfunktion definiert:

$$\underline{D}(\omega) = \frac{\underline{X}(\omega)}{\underline{Y}(\omega)} = \frac{1}{\underline{H}(\omega)} \qquad \text{(B.1-10)}$$

Übertragungsmaß

Die Logarithmierung der Dämpfungsfunktion führt auf das Übertragungsmaß

$$\underline{g}(\omega) = a(\omega) + jb(\omega) = \ln \underline{D}(\omega) = -\ln \underline{H}(\omega) \qquad (B.1-11)$$

mit dem Dämpfungsmaß $a(\omega)$ und dem Phasenmaß $b(\omega)$.

Phasen- und Gruppenlaufzeit

Die Phasen- bzw. Gruppenlaufzeit ist definiert als

$$\tau_p(\omega) = -\frac{\varphi(\omega)}{\omega} \qquad \text{bzw.} \qquad \tau_g(\omega) = -\frac{d\varphi(\omega)}{d\omega} \qquad (B.1-12)$$

Bei einem reinen Sinussignal wird die frequenzabhängige Verzögerung (Laufzeit) beim Durchlaufen eines Zweitores durch die Phasenlaufzeit ausgedrückt. Wird hingegen ein Bandpaßsignal (siehe Kapitel B.3) betrachtet, so gewinnt die sogenannte Hüllkurve an Bedeutung, auf die im Teil G bei der Betrachtung der Modulationsverfahren ausführlich eingegangen wird. Die Laufzeit, die das Maximum dieser Hüllkurve benötigt, wird als Gruppenlaufzeit bezeichnet. Ein verzerrungsfreies System weist innerhalb des betrachteten Frequenzbereichs konstante Phasen- und Gruppenlaufzeit ($\tau_p = \tau_g = t_0$) auf. Ist dies bei breitbandigen Signalen nicht der Fall, so treffen diejenigen Signalanteile mit einer geringeren Gruppenlaufzeit früher am Empfänger ein als Signalanteile mit einer höheren Gruppenlaufzeit. Das bedeutet, daß das zu übertragende Signal eine Verzerrung erfährt. Bei schmalbandigen Signalen kann näherungsweise davon ausgegangen werden, daß die Hüllkurve bei der Frequenz des Trägers um die Gruppenlaufzeit verzögert wird, während die Trägerschwingung selbst eine Verzögerung um die Phasenlaufzeit erfährt.

Alle realen, bei der Übertragung von Bandpaßsignalen eingesetzten Zweitore (Leitungen, Filter, Verstärker usw.) weisen frequenzabhängige Gruppenlaufzeiten auf. Ein Ziel beim Entwurf derartiger Baugruppen muß ggf. darin liegen, die Schwankungen der Gruppenlaufzeit innerhalb der Übertragungsbandbreite zu minimieren.

Unterschiedliche Laufzeiten führen im Bereich der Übertragung digitaler Signale zur Aufweitung von Impulsen. Bei analogen Signalen sind Gruppenlaufzeitschwankungen innerhalb der Übertragungsbandbreite häufig von etwas geringerer Bedeutung, da das menschliche Gehör gegenüber Phasenverzerrungen (die durch unterschiedliche Gruppenlaufzeiten hervorgerufen werden) weitgehend unempfindlich ist. Dieser Effekt ist beispielsweise auch bei Hohlleitern und Lichtwellenleitern zu beobachten, wobei hier von Dispersion gesprochen wird (siehe auch Abschnitt E.2.5).

Im Gegensatz zur Phasengeschwindigkeit sind bei der Gruppengeschwindigkeit bei bestimmten Systemen aus konzentrierten Elementen auch negative Werte möglich. Das bedeutet, daß der Abstand zwischen dem Beginn der Hüllkurve und ihrem Maximum am zweiten Tor geringer ist als am ersten Tor – die Hüllkurve wird „komprimiert". Im allgemeinen muß jedoch davon ausgegangen werden, daß beim Durchlaufen eines Zweitores eine zeitliche Streckung der Hüllkurve zu beobachten ist.

Phasen- und Gruppengeschwindigkeit

Die Phasen- bzw. Gruppengeschwindigkeit ist definiert als

$$v_p(\omega) = \frac{\omega}{l\,\varphi(\omega)} \quad \text{bzw.} \quad v_g(\omega) = \frac{d\omega}{d[l\,\varphi(\omega)]} \quad \text{(B.1-13)}$$

Die Phasengeschwindigkeit ist nur für reine Sinusschwingungen definiert; sie ist diejenige Geschwindigkeit, mit der sich ein bestimmter Ordinatenwert (z. B. eine Nullstelle oder ein Extremum) ausbreitet.

B.1.3 Signalklassen – zwei wichtige Definitionen

Um eine übersichtliche Beschreibung von Signalen aus den unterschiedlichen Bereichen der Nachrichtentechnik zu erhalten, ist es sinnvoll, zwei wichtige Unterscheidungsmerkmale für Signale einzuführen.

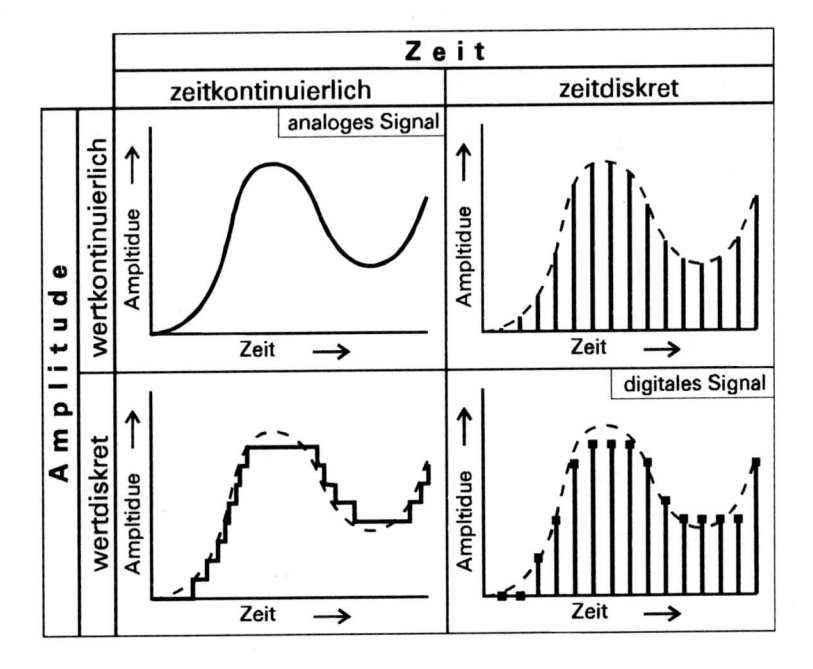

Abb. B.1-3   *Zeitfunktionen – kontinuierlich / diskret*

Eine wichtige Unterscheidung bzgl. des Signaltyps ist die „Form" der Zeit- bzw. Amplitudenachse: kontinuierlich bzw. diskret. Eine Übersicht über die vier möglichen Signalklassen zeigt Abb. B.1-3.

Während ein zeit- und wertdiskretes Signal als digitales Signal bezeichnet wird, ist ein analoges Signal zeit- und wertkontinuierlich. Darüber hinaus sind auch die Bezeichnungen Treppensignal (zeitkontinuierlich und wertdiskret) und Abtastsignal (wertkontinuierlich und zeitdiskret) gebräuchlich.

Wie hier bereits auf den ersten Blick zu erkennen sein sollte, geht beim Übergang von zeitkontinuierlich zu zeitdiskret bzw. von wertkontinuierlich zu wertdiskret Information verloren, da die „Zwischenwerte" nicht mehr vorhanden sind. Man spricht hierbei im Amplitudenbereich von Quantisierung. Die zeitliche Diskretisierung wird durch die sogenannte Abtastung realisiert und bildet zusammen mit der Amplitudenquantisierung die Grundlage der Pulsmodulationsverfahren (Kapitel G.4).

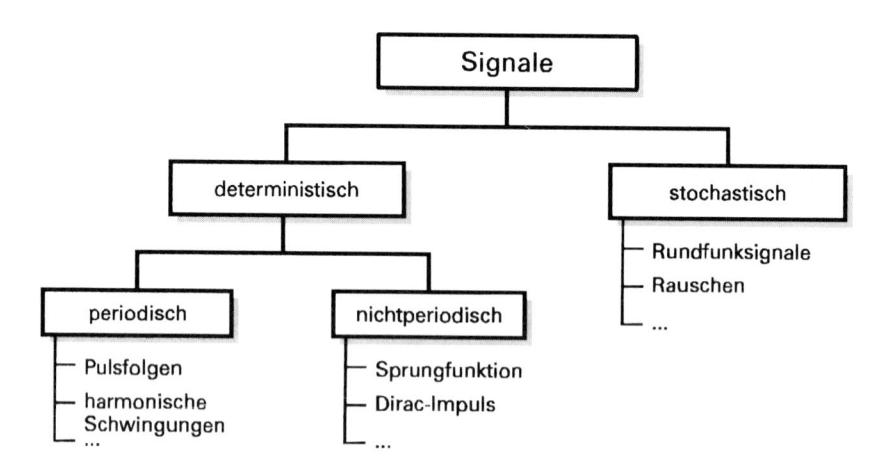

Abb. B.1-4 *Deterministische und stochastische Signale*

Ein Signal wird als deterministisch bezeichnet, wenn es vollkommen vorhersagbar ist. Das heißt, daß zu einem Zeitpunkt $t = t_0$ der Verlauf des Signals für alle Zeitpunkte $t > t_0$ angegeben werden kann. Ein deterministisches Signal enthält keine Information, der Informationsgehalt ist gleich null. Ein stochastisches Signal ist nicht vollkommen determiniert – es besteht also eine gewisse Unsicherheit bzw. Wahrscheinlichkeit über das Eintreten eines bestimmten Ereignisses. Nur stochastische Signale können Informationen beinhalten; andererseits ist nicht gesagt, daß ein stochastisches Signal immer auch eine „sinnvolle" (interpretierbare) Nachricht enthält. So ist z. B. auch das thermische Rauschen eines elektrischen Widerstands ein stochastischer Prozeß. Die Beschreibung von stochastischen Signalen erfolgt mit Hilfe der Methoden der Statistik.

Die Statistik ist ein Teilgebiet der angewandten Mathematik, das sich mit der Erfassung und Auswertung von Massenerscheinungen befaßt. Statistische Methoden beruhen auf der Erfahrung, daß bei gewissen Massenerscheinungen Gesetzmäßigkeiten nachweisbar sind, die für Einzelergebnisse nicht formuliert werden können. Massenerscheinungen dieser Art werden zufallsartig genannt, da sie aus zufälligen Ereignissen bestehen, die unter bestimmten Bedingungen stets eintreten können, aber nicht notwendigerweise eintreten müssen. Statistische Aussagen beziehen sich nie auf ein Einzelereignis, sondern immer auf Gesamtheiten vieler Ereignisse; die Anwendung statistischer Resultate auf einen Einzelfall ist unzulässig. Jede statistische Aussage ist mit einer zwar abschätzbaren, aber prinzipiell unvermeidlichen Unsicherheit behaftet.

Stochastisch – zufällig; stochastische Ereignisse – zufallsabhängige Ergebnisse von statistischen Versuchen, Werte von Zufallsgrößen; stochastischer Prozeß – Zufallsprozeß, ein beliebiger, nicht völlig determinierter Vorgang, dessen Verlauf sich durch eine von der Zeit t (oder einem anderen Parameter) abhängige Zufallsgröße beschreiben läßt

B.1.4 Energie- und Leistungssignale

B.1.4.1 Definition der Energie und der Leistung von reellen und von komplexen Signalen

Bevor auf den Begriff der Energie- und Leistungssignale eingegangen wird, soll hier zunächst definiert werden, wie die Energie bzw. die Leistung von reellen und komplexen Signalen berechnet werden kann. Hierzu wird zuerst das reelle Signal $s(t)$ betrachtet.

Allgemein wird für die (mittlere) Leistung des Signals $s(t)$ die Beziehung

$$P = \lim_{T \to \infty} \frac{1}{2T} \int_{-T}^{+T} s^2(t)\, dt \qquad (B.1\text{-}14)$$

verwendet, wobei als Dimension für das Signal $\sqrt{\text{Energie}}$ angesetzt wird. Häufig wird die Leistung nur während eines begrenzten Zeitintervalls $[t_1, t_2]$ betrachtet, so daß sich für diesen Zeitraum die mittlere Leistung

$$P = \frac{1}{t_2 - t_1} \int_{t_1}^{t_2} s^2(t)\, dt \qquad (B.1\text{-}15)$$

ergibt. Eine Weiterführung dieser Überlegung führt zur Definition der Momentan- oder Augenblicksleistung

$$P(t) = s^2(t) \qquad (B.1\text{-}16)$$

womit die mittlere Leistung über die bekannte Beziehung für die Mittelwertbildung

$$P = \lim_{T \to \infty} \frac{1}{2T} \int_{-T}^{+T} P(t)\, dt \qquad (B.1\text{-}17)$$

berechnet werden kann. Die Energie eines reellen Signals ist als

$$E = \int_{-\infty}^{+\infty} s^2(t)\, dt = \int_{-\infty}^{+\infty} P(t)\, dt \qquad \text{(B.1-18)}$$

definiert, wobei auch hier für die Dimension des Signals die bereits bei der Leistung gemachten Bemerkungen zutreffen. Entsprechend der Leistung wird auch die Energie häufig nur in einem begrenzten Zeitraum betrachtet, so daß sich entsprechend ergibt:

$$E = \int_{t_1}^{t_2} s^2(t)\, dt \qquad \text{(B.1-19)}$$

Bei der Betrachtung der Beziehung (B.1-18) ist der allgemeine Zusammenhang

$$\frac{dE(t)}{dt} = P(t) \qquad \text{bzw.} \qquad E(t) = \int P(t)\, dt \qquad \text{(B.1-20)}$$

zwischen der Leistung und der Energie eines Signals zu erkennen.

Beispiel B.1-1

Zu berechnen sind Leistung und Energie eines Sinussignals (A weist die Dimension $\sqrt{\text{Energie}}$ auf)

$$s(t) = A \sin \omega_0 t$$

innerhalb eines Zeitintervalls $[0, t_0 = 2\pi/\omega_0]$. Für die Energie gilt mit (B.1-19)

$$E = \int_0^{t_0} A^2 \sin^2 \omega_0 t\, dt = \frac{A^2}{2}\left[t - \frac{\sin 2\omega_0 t}{2\omega_0}\right]_0^{t_0} = \frac{A^2 t_0}{2}$$

und für die mittlere Leistung innerhalb des Intervalls mit (B.1-15):

$$P = \frac{E(t_1, t_2)}{t_2 - t_1} = \frac{A^2}{2}$$

Die Momentanleistung kann entsprechend (B.1-16) mit

$$P(t) = A^2 \sin^2 \omega_0 t = \frac{A^2}{2}(1 - \cos 2\omega_0 t)$$

angegeben werden. Wie man hier erkennt, entspricht – in diesem Fall – der Mittelwert der Leistung dem Gleichanteil der Momentanleistung, während sich der Wechselanteil aufgrund seiner Sinusform sowie der Länge des Intervalls (ganz-

B.1.4 Energie- und Leistungssignale

zahlige Vielfache der Periodendauer) „ausmittelt". Eine graphische Darstellung dieser Zusammenhänge ist in Abb. B.1-5 zu finden.

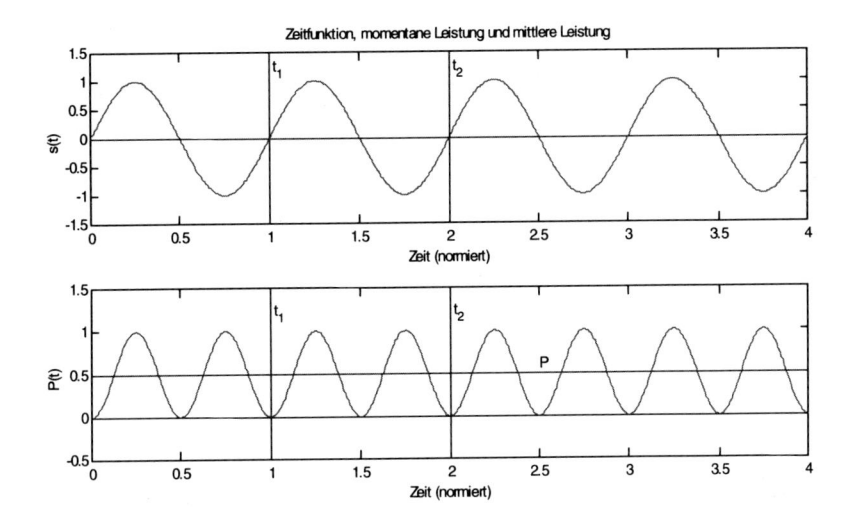

Abb. B.1-5   Verlauf der Funktion $\underline{s}(t)$, $P(t)$ und P

Die bisher für reelle Signale angestellten Überlegungen sollen jetzt auf komplexe Signale erweitert werden. Das komplexe Signal wird mit

$$\underline{s}(t) = \Re\{\underline{s}(t)\} + j\Im\{\underline{s}(t)\} \tag{B.1-21}$$

dargestellt. Für die Leistung gilt in Abwandlung von (B.1-14)

$$P = \lim_{T \to \infty} \frac{1}{2T} \int_{-T}^{+T} |\underline{s}(t)|^2 \, dt \tag{B.1-22}$$

Mit dem Quadrat des Betrags des Signals

$$|\underline{s}(t)|^2 = \underline{s}(t)\,\underline{s}^*(t) = \Re\{\underline{s}(t)\}^2 + \Im\{\underline{s}(t)\}^2 \tag{B.1-23}$$

ergibt sich dann

$$P = \underbrace{\lim_{T \to \infty} \frac{1}{2T} \int_{-T}^{+T} \Re\{\underline{s}(t)\}^2 \, dt}_{P^{(r)}} + \underbrace{\lim_{T \to \infty} \frac{1}{2T} \int_{-T}^{+T} \Im\{\underline{s}(t)\}^2 \, dt}_{P^{(i)}} = P^{(r)} + P^{(i)} \tag{B.1-24}$$

Wie bei den reellen Signalen bereits erläutert wurde, ist diese Darstellung im Prinzip unabhängig von der physikalischen Dimension des Signals. Wie leicht zu erkennen ist, kann hier auch für die Energie eines komplexen Signals sofort

$$E = E^{(r)} + E^{(i)} \qquad (B.1\text{-}25)$$

angegeben werden. Auch die entsprechenden Beziehungen für Energie und Leistung in einem Zeitintervall sowie für die Momentanleistung können analog (B.1-24) bzw. (B.1-25) übernommen werden, ohne daß die Herleitung hier noch einmal durchgeführt werden muß.

Die Resultate (B.1-24) und (B.1-25) sind insbesondere insofern von Bedeutung, als sich bei der „einfachen" Addition zweier Signale i. a. als Ergebnis nicht einfach die Summe der Einzelleistungen bzw. -energien ergibt. Die Begründung dieser Besonderheit liegt in der Orthogonalität von Real- und Imaginärteil.

Beispiel B.1-2

An einem „einfachen" komplexen Signal

$$\underline{s}(t) = A + jB \sin \omega_0 t$$

soll der soeben aufgezeigte Sachverhalt anhand der Momentanleistung verdeutlicht werden. Für dieses Signal ergibt sich mit (B.1-16) die Momentanleistung zu

$$P(t) = \underline{s}^2(t) = A^2 + B^2 \sin^2 \omega_0 t = P^{(r)}(t) + P^{(i)}(t)$$

Wird hingegen ein entsprechendes reelles Signal der Form

$$s(t) = A + B \sin \omega_0 t$$

betrachtet, so resultiert hier für die Momentanleistung

$$P(t) = s^2(t) = A^2 + 2AB \sin \omega_0 t + B^2 \sin^2 \omega_0 t$$

Durch den mittleren Term im Ausdruck rechts vom Gleichheitszeichen ergibt sich also eine Abweichung gegenüber der Momentanleistung des entsprechenden komplexen Signals. Führt man die Rechnung fort und bestimmt die mittlere Leistung bzw. die Energie innerhalb des Zeitraums $[0, t_0 = 2\pi/\omega_0]$, so erhält man sowohl für das komplexe als auch für das entsprechende reelle Signal dieselben Werte. Dieser Sonderfall stellt eine Ausnahme von der obigen Feststellung dar, da auf Grund der „speziellen" Form der Signale (Sinus) und der Wahl des Intervalls (ganzzahlige Vielfache der Periodendauer) das Integral über den mittleren Term verschwindet. Dies kommt aber, wie gesagt, nur in Ausnahmefällen vor, so daß i. a. auch bei den Mittelwerten davon ausgegangen werden muß, daß diese für das komplexe und das entsprechende reelle Signal *nicht* übereinstimmen.

B.1.4.2 Energiesignale

Zur Übertragung von Nachrichten muß ein Signal „in einer nicht zu kleinen, endlichen Zeitspanne" eine endliche Signalenergie liefern bzw. liefern können [Steinbuch u. Rupprecht 82]. Bei der Darstellung eines elektrischen Signals als Strom $i(t)$ bzw. Spannung $u(t)$ wird innerhalb eines Zeitintervalls $[t_1, t_2]$ in einem ohmschen Widerstand R folgende elektrische Energie – vergleiche hierzu (B.1-18) – umgesetzt:

$$E = \frac{1}{R}\int_{t_1}^{t_2} u^2(t)\, dt = R \int_{t_1}^{t_2} i^2(t)\, dt \qquad (B.1\text{-}26)$$

Definition B.1-1 ▼

Signale, die an einem Ohmschen Widerstand während ihrer gesamten Dauer eine endliche Energie umsetzen, heißen *Energiesignale*. Für sie gilt

$$0 < E = \int_{-\infty}^{+\infty} s^2(t)\, dt < \infty \qquad (B.1\text{-}27)$$

wobei Signale mit endlicher Dauer als mit dem Wert null ins Unendliche fortgesetzt angenommen werden.

▲

Wenn $s(t)$ an dem ohmschen Widerstand $R = 1\,\Omega$ auftritt, so weisen E und E_{el} den gleichen Zahlenwert, jedoch unterschiedliche Einheiten auf.

Beschränkte Signale endlicher Dauer, die auf einem endlichen Intervall von null verschieden sind, sind stets Energiesignale – ein Beispiel hierfür sind einzelne Pulse. Beschränkte Signale unendlicher Dauer müssen nach (B.1-27) zwar nicht Energiesignale sein, sie können es aber sein.

B.1.4.3 Leistungssignale

Bei der elektrischen Darstellung eines elektrischen Signals als Strom $i(t)$ bzw. Spannung $u(t)$ wird innerhalb eines Zeitintervalls $[t_1, t_2]$ in einem ohmschen Widerstand R folgende mittlere elektrische Leistung – vergleiche hierzu (B.1-14) – umgesetzt:

$$P_{el} = \frac{1}{R}\frac{1}{t_2 - t_1}\int_{t_1}^{t_2} u^2(t)\, dt = R\frac{1}{t_2 - t_1}\int_{t_1}^{t_2} i^2(t)\, dt \qquad (B.1\text{-}28)$$

Definition B.1-2 ▼

Signale, die im unendlichen Zeitintervall $-\infty \leq t \leq +\infty$ an einem ohmschen Widerstand eine nicht verschwindende mittlere elektrische Leistung umsetzen, heißen *Leistungssignale* – für sie gilt

$$0 < P = \lim_{T \to \infty} \frac{1}{2T} \int_{-T}^{+T} s^2(t)\, dt < \infty \qquad (B.1\text{-}29)$$

▲

Wenn $s(t)$ an dem ohmschen Widerstand $R = 1\,\Omega$ auftritt, so weisen P und P_{el} den gleichen Zahlenwert, jedoch unterschiedliche Einheiten auf.

Für Energiesignale gilt immer $P = 0$; sie sind somit keine Leistungssignale. Andererseits ist für Leistungssignale immer $E = 0$; sie stellen also keine Energiesignale dar. Für die Nachrichtenübertragung haben nur diese beiden Signalklassen eine praktische Bedeutung.

Beispiel B.1-3 ▽

Es ist zu untersuchen, ob es sich bei dem reellen Signal

$$s(t) = A \cos \omega t$$

um ein Leistungs- oder Energiesignal handelt. Nach (B.1-27) gilt

$$E = A^2 \int_{-\infty}^{+\infty} \cos^2 \omega t\, dt \;\to\; \infty$$

d. h. es handelt sich nicht um ein Energiesignal. Definition B.1-2 liefert hingegen

$$P = \lim_{T \to \infty} \frac{1}{2T} \int_{-T}^{+T} A^2 \cos^2 \omega t\, dt = \lim_{T \to \infty} A^2 \left(\frac{1}{2} + \frac{\sin 2\omega T}{4\omega T} \right) = \frac{A^2}{2}$$

d. h. es liegt ein Leistungssignal vor. Anschaulich kann dies auch ohne Rechnung leicht erkannt werden: Einerseits ist das Signal endlich und zeitlich nicht begrenzt, wodurch sich automatisch eine unendliche Energie ergibt. Andererseits ist die mittlere Leistung von null verschieden und endlich, woraus sofort die Aussage „Leistungssignal" folgt.

△

B.1.4.4 Leistungsdichtespektrum und Energiedichtespektrum

Bei der Übertragung von (elektrischen) Signalen in der Nachrichtentechnik ist die „Verteilung" der Leistung bzw. der Energie bzgl. der Frequenz ein ganz entscheidendes Merkmal. Daher wird an dieser Stelle die Berechnung der Leistungsdichte- bzw. Energiedichtespektren ausführlicher vorgestellt. Zu unterscheiden ist dabei zwischen den in den vorangegangenen Abschnitten vorgestellten Leistungs- bzw. Energiesignalen. Ein Leistungssignal besitzt nur ein Leistungsdichtespektrum, und entsprechend weist ein Energiesignal nur ein Energiedichtespektrum auf.

Während für statistische Signale auf Kapitel D.2 verwiesen sei, werden hier die Spektren von deterministischen Signalen betrachtet. Dabei wird zuerst davon ausgegangen, daß ein periodisches, deterministisches Signal $s(t)$ vorliegt – gemäß obiger Definition handelt es sich dabei um ein Leistungssignal.

Das Amplituden-/Phasenspektrum eines Leistungssignals kann mit Hilfe der Fourier-Reihe

$$s(t) = \sum_{k=-\infty}^{+\infty} \underline{c}_k \, e^{jk\omega_0 t} \qquad (B.1\text{-}30)$$

mit den Fourier-Koeffizienten

$$\underline{c}_k = \frac{1}{T_0} \int_{-T_0/2}^{T_0/2} s(t) e^{-jk\omega_0 t} \, dt \qquad (T_0 \omega_0 = 2\pi) \qquad (B.1\text{-}31)$$

ermittelt werden. Voraussetzung hierfür ist, daß die sogenannten Dirichletschen Bedingungen (siehe z. B. [Oppenheim u. Willsky 92]) erfüllt sind, wovon jedoch bei technischen Systemen praktisch immer ausgegangen werden kann. Das Amplituden-/Phasenspektrum besteht also aus äquidistanten diskreten Linien mit den Amplituden $|\underline{c}_k|$ und den Phasen $\angle(\underline{c}_k)$ im Abstand f_0. Die spektrale Leistungsdichte berechnet sich dann zu

$$\Phi^{(P)}(f) = \sum_{k=-\infty}^{+\infty} |\underline{c}_k|^2 \delta(f - k f_0) \qquad (B.1\text{-}32)$$

womit sich zeigt, daß auch das Leistungsdichtespektrum aus äquidistanten, diskreten Linien im Abstand f_0 besteht. Hierbei handelt es sich um eine spezifische Eigenschaft von periodischen Signalen. Auch wenn beispielsweise in statistischen Signalen periodische Anteile vorhanden sind, erscheinen im Leistungsdichtespektrum diskrete Anteile bei den jeweiligen Frequenzen. Hieraus kann man bereits erkennen, daß eine mögliche Anwendung dieser Überlegungen im Feststellen von – mit dem „bloßen Auge" nicht erkennbaren – Periodizitäten in regellosen Vorgängen besteht.

Nachdem mit (B.1-14) die Berechnungsvorschrift für die (mittlere) Leistung des Signals im Zeitbereich angegeben wurde, kann mit

$$P = \sum_{k=-\infty}^{+\infty} |\underline{c}_k|^2 \qquad (B.1\text{-}33)$$

die Leistung im Frequenzbereich bestimmt werden. Im Gegensatz zum periodischen, deterministischen Signal liegt beim nichtperiodischen, zeitbegrenzten, deterministischen Signal ein Energiesignal vor. Aufgrund der endlichen zeitlichen Ausdehnung wird hier mitunter auch von Impulssignalen gesprochen. Unter der Voraussetzung, daß das Signal betrags-integrierbar ist, kann das Amplituden-/Phasenspektrum mit Hilfe der Fourier-Transformation

$$\underline{S}(f) = \text{FT}\{s(t)\} = \int_{-T_0/2}^{T_0/2} s(t)\, e^{-j\omega t}\, dt \qquad (B.1\text{-}34)$$

gewonnen werden. Die spektrale Energiedichte ergibt sich hieraus durch Bildung des Betragsquadrats zu

$$\Phi^{(E)}(f) = |\underline{S}(f)|^2 = |\text{FT}\{s(t)\}|^2 \qquad (B.1\text{-}35)$$

und entsprechend die gesamte Energie zu

$$E = \int_{-\infty}^{\infty} s^2(t)\, dt = \int_{-\infty}^{\infty} |S(f)|^2\, df \qquad (B.1\text{-}36)$$

Die Beziehung (B.1-36) ist als Parsevalsches Theorem bekannt und zeigt, daß die Signalenergie sowohl im Zeit- als auch im Frequenzbereich berechnet werden kann.

Sowohl beim Energiedichte- als auch beim Leistungsdichtespektrum muß beachtet werden, daß zwei unterschiedliche Definitionen möglich sind, die jeweils ihre Berechtigung haben. In den obigen Beziehungen wird jeweils mit positiven *und* negativen Frequenzen gerechnet – dementsprechend wird von der zweiseitigen oder mathematischen Energie- bzw. Leistungsdichte gesprochen. Für theoretische Überlegungen ergeben sich hieraus Vorteile, die im weiteren Verlauf noch deutlich werden. Auf der anderen Seite können bei technischen Anwendungen nur positive Frequenzen vorkommen, so daß man hier zur einseitigen oder physikalischen Energie- bzw. Leistungsdichte kommt. Da es sich bei beiden Dichtespektren um gerade Funktionen handelt, kann die Umrechnung zwischen beiden Formen sehr einfach mit der Kenntnis der Beziehung $\Phi(f) = \Phi(-f)$ erfolgen. Es ist stets darauf zu achten, daß bekannt ist, ob es sich bei einem Spektrum um das einseitige oder das zweiseitige Spektrum handelt, da ansonsten ein Fehler um den Faktor 2 eingeführt wird. Im allgemeinen – so auch im Rahmen dieses Buches – wird mit der zweiseitigen Energie- bzw. Leistungsdichte gerechnet. Beim Vergleich mit Meßergebnissen ist natürlich zu berücksichtigen, daß der Faktor 2 (entsprechend 3 dB) umgerechnet werden muß.

Beispiel B.1-4

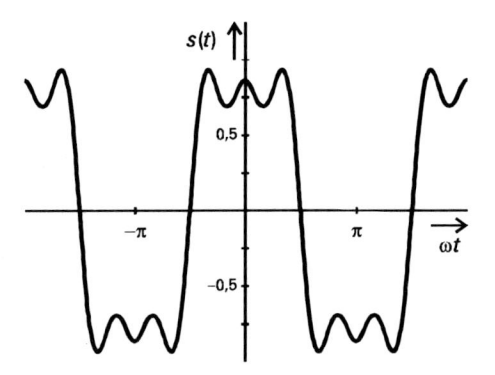

Abb. B.1-6   Zeitverlauf des Signals $s(t)$

Gesucht sind das Amplituden-/Phasenspektrum, das Leistungsdichtespektrum sowie die mittlere Leistung für das in Abb. B.1-6 dargestellte Signal mit der mathematischen Beschreibung

$$s(t) = A\left[\cos\omega t - \frac{1}{3}\cos 3\omega t + \frac{1}{5}\cos 5\omega t\right]$$

Im ersten Schritt wird mit Hilfe der Beziehung (B.1-31) das Amplituden-/Phasenspektrum des Signals bestimmt. Somit ergibt sich für die Fourier-Koeffizienten

$$\underline{c}_1 = \underline{c}_{-1} = \frac{A}{2} \qquad \underline{c}_3 = \underline{c}_{-3} = -\frac{A}{6} \qquad \underline{c}_5 = \underline{c}_{-5} = \frac{A}{10}$$

wobei anzumerken ist, daß bei einer derartigen Überlagerung von Sinusschwingungen die entsprechenden Koeffizienten auch durch einfache Überlegung ohne die etwas aufwendige Berechnung der Fourier-Reihe erfolgen kann. Das resultierende Amplitudenspektrum ist in Abb. B.1-7a zu sehen, wobei auf die Darstellung des Phasenspektrums verzichtet wurde.

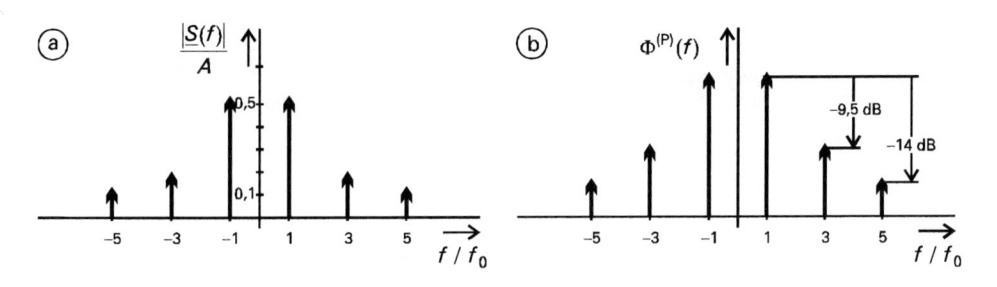

Abb. B.1-7   Amplitudenspektrum (a) sowie (logarithmisches) Leistungsdichtespektrum (b) des Signals $s(t)$

Die zweiseitige spektrale Leistungsdichte berechnet sich mit (B.1-32) zu

$$\Phi^{(P)}(f) = A\left[\frac{1}{4}\delta(f-f_0) + \frac{1}{4}\delta(f+f_0)\right.$$
$$+ \frac{1}{36}\delta(f-3f_0) + \frac{1}{36}\delta(f+3f_0)$$
$$\left. + \frac{1}{100}\delta(f-5f_0) + \frac{1}{100}\delta(f+5f_0)\right]$$

Die – hierbei übliche – logarithmische Darstellung des Leistungsdichtespektrums ist in Abb. B.1-7b zu finden. Bei der einseitigen Leistungsdichte entfallen entsprechend die Anteile bei negativen Frequenzen, und die Anteile bei positiven Frequenzen weisen jeweils die doppelte Amplitude auf.

Abschließend kann die (mittlere) Leistung des Signals mit der Beziehung

$$P = \sum_{k=-\infty}^{+\infty} |\underline{c}_k|^2 = 0{,}576\, A^2$$

ermittelt werden. Das gleiche Resultat ergibt sich – wie es nach dem Parsevalschen Theorem auch sein muß – bei der entsprechenden Berechnung im Zeitbereich.

Beispiel B.1-5

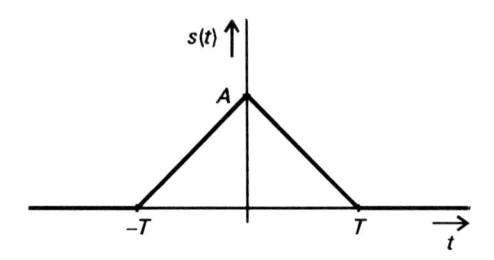

Abb. B.1-8 Zeitverlauf des Signals $s(t)$

Zu berechnen sind das Amplituden-/Phasenspektrum, das Energiedichtespektrum sowie die gesamte Energie des in Abb. B.1-8 dargestellten Signals mit der Beschreibung

$$s(t) = \begin{cases} 1 - \dfrac{|t|}{T} & |t| \leq T \\ 0 & \text{sonst} \end{cases}$$

Da es sich hier um ein nichtperiodisches, zeitbegrenztes Signal handelt, ist das Amplituden-/Phasenspektrum mit der Fourier-Transformation gemäß

$$\underline{S}(f) = \text{FT}\{s(t)\} = \int_{-T_0/2}^{T_0/2} s(t) e^{-j\omega t} \, dt$$

$$= A \left\{ \int_{-T/2}^{0} \left(1 + \frac{t}{T}\right) e^{-j\omega t} \, dt + \int_{0}^{T/2} \left(1 - \frac{t}{T}\right) e^{-j\omega t} \, dt \right\}$$

$$= AT \, \text{si}^2(\pi f T)$$

zu berechnen (Abb. B.1-9a). Das Energiedichtespektrum ergibt sich hieraus mit (B.1-35) zu

$$\Phi^{(E)}(f) = |\underline{S}(f)|^2 = A^2 T^2 \, \text{si}^4(\pi f T)$$

Es ist in Abb. B.1-9b dargestellt.

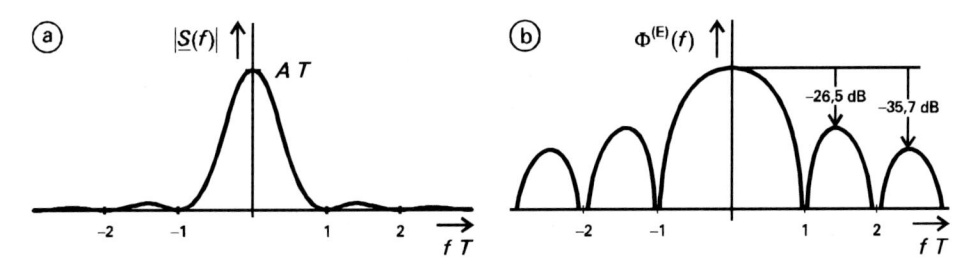

Abb. B.1-9 Amplitudenspektrum (a) sowie (logarithmisches) Energiedichtespektrum (b) des Signals $s(t)$

Die Berechnung der gesamten Signalleistung kann mit dem Parsevalschen Theorem (B.1-36) einerseits im Zeit- und andererseits im Frequenzbereich erfolgen und liefert

$$E = \int_{-\infty}^{\infty} s^2(t) \, dt = \int_{-\infty}^{\infty} |\underline{S}(f)|^2 \, df$$

$$= \frac{2}{3} A^2 T^3$$

B.1.5 Bandbreite

Die Bandbreite ist sowohl bei Signalen als auch bei Systemen ein wesentliches Merkmal zur Charakterisierung eines Signals bzw. eines Systems. Im weiteren Verlauf dieses Buches wird der Begriff der Bandbreite häufiger auftreten, wobei auch ein Problem deutlich werden wird. Es gibt für die Bandbreite eine Reihe unterschiedlicher Definitionen, weshalb die Angabe der Bandbreite ohne Angabe der Definition, auf der sie beruht, i. a. wertlos ist. Eine Ausnahme hiervon sind die Bereiche, bei denen aufgrund der Thematik bekannt ist, welche Definition (üblicherweise!) verwendet wird.

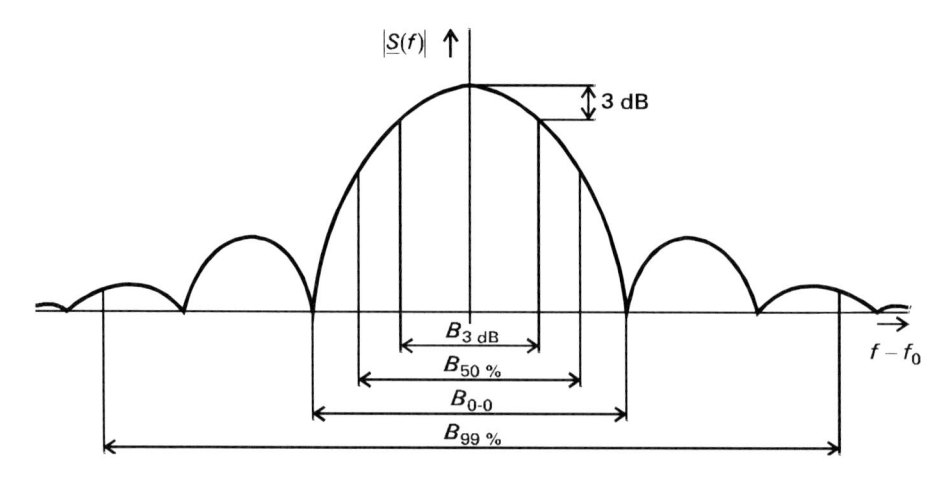

Abb. B.1-10 Zur Definition der Bandbreite

Anhand des (mit logarithmischer Ordinate dargestellten) Leistungsdichtespektrums in Abb. B.1-10 werden hier die verbreitetsten Bandbreitedefinitionen vorgestellt, wobei f_0 die Mittenfrequenz bezeichnen soll.

$B_{3\,dB}$ Abstand zwischen den Frequenzen, bei denen die Leistungsdichte um 3 dB gegenüber dem Maximalwert abgefallen ist.

$B_{50\,\%}$ Bandbreite, innerhalb derer 50 % des gesamten Leistungsinhalts des Signals enthalten sind (auch $B_{0,5}$).

$B_{0\text{-}0}$ Abstand zwischen den ersten Nullstellen im Spektrum.

$B_{99\,\%}$ Bandbreite, innerhalb derer 99 % des gesamten Leistungsinhalts des Signals enthalten sind (auch $B_{0,99}$).

Anzumerken ist, daß diese Definitionen selbstverständlich auch bei asymmetrischem Verlauf des Spektrums ihre Gültigkeit bewahren. Außerdem sind noch eine Anzahl weiterer Definitionen möglich und auch in einigen Bereichen üblich, ohne daß sie hier explizit vorgestellt werden. Die Tatsache, daß die Definitionen hier auf der Basis der spektralen Leistungsdichte eingeführt werden, trägt lediglich dem weiteren Verlauf der Betrachtung Rechnung. Natürlich sind entsprechende Definitionen auch auf der Basis z. B. der Übertragungsfunktion eines Zweitores (oder allgemeiner eines Systems) möglich.

Neben der bisher eingeführten absoluten Bandbreite ist, z. B. in der Filtertechnik, auch der Begriff der relativen Bandbreite von Bedeutung. Dabei wird die absolute Bandbreite B auf die Mittenfrequenz f_0 bezogen und liefert somit die relative Bandbreite

$$b = \frac{B}{f_0} \qquad (0 < b \leq 2) \qquad \text{(B.1-37)}$$

die häufig auch in Prozent angegeben wird.

B.1.6 Elementarsignale

B.1.6.1 Kontinuierliche Elementarsignale

In diesem Abschnitt werden die wichtigsten Elementarsignale aus dem Bereich der kontinuierlichen (Zeit-)Funktionen eingeführt. Die grundlegende Funktion ist dabei der Einheitssprung, aus dem der Rechteckimpuls und der Dirac-Impuls hergeleitet werden können. Auch die Sinusfunktion kann prinzipiell als eine Folge von Einheitssprüngen mit der entsprechenden Sprunghöhe sowie den entsprechenden zeitlichen Verschiebungen dargestellt werden.

Alle Elementarsignale können durch Multiplikation der Amplitude mit einem konstanten Faktor sowie durch eine beliebige zeitliche Verschiebung t_0 variiert werden.

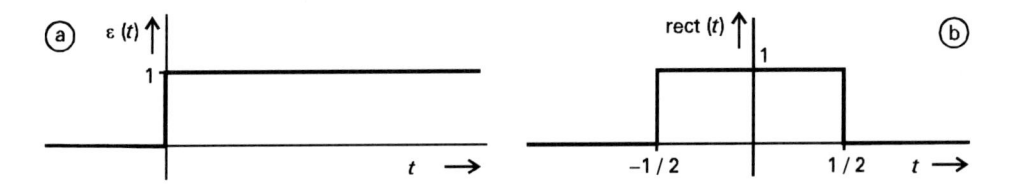

Abb. B.1-11 *Einheitssprung (a) und symmetrischer Rechteckimpuls (b)*

Einheitssprung

Der Einheitssprung $\varepsilon(t)$ stellt das einfachste Elementarsignal dar, das zum Zeitpunkt $t = 0$ von null auf eins springt (Abb. B.1-11a).

$$\varepsilon(t) = \begin{cases} 1 & t \geq 0 \\ 0 & t < 0 \end{cases} \qquad \text{(B.1-38)}$$

Symmetrischer Rechteckimpuls

Der Rechteckimpuls ist insbesondere im Bereich der Übertragung digitaler Signale von großer Bedeutung. Eine Sonderform hiervon ist der symmetrische Rechteckimpuls (Abb. B.1-11b) mit der Beschreibung

$$\text{rect}(t) = \begin{cases} 1 & |t| \leq 1/2 \\ 0 & \text{sonst} \end{cases} \qquad (\text{B.1-39})$$

Den Rechteckimpuls kann man sich als Überlagerung von zwei Einheitssprüngen mit entgegengesetzter Amplitude im Abstand T_0 vorstellen, so daß gilt

$$\text{rect}(t) = \varepsilon(t + 1/2) - \varepsilon(t - 1/2) \qquad (\text{B.1-40})$$

Für einen skalierten, symmetrischen Rechteckimpuls der Dauer T_0 gilt entsprechend

$$\text{rect}(t/T_0) = \begin{cases} 1 & |t| \leq T_0/2 \\ 0 & \text{sonst} \end{cases} \qquad (\text{B.1-41})$$

Dieser Rechteckimpuls ist symmetrisch zu $t = 0$ und hat die Dauer T_0. Die Amplitude hat den Wert eins.

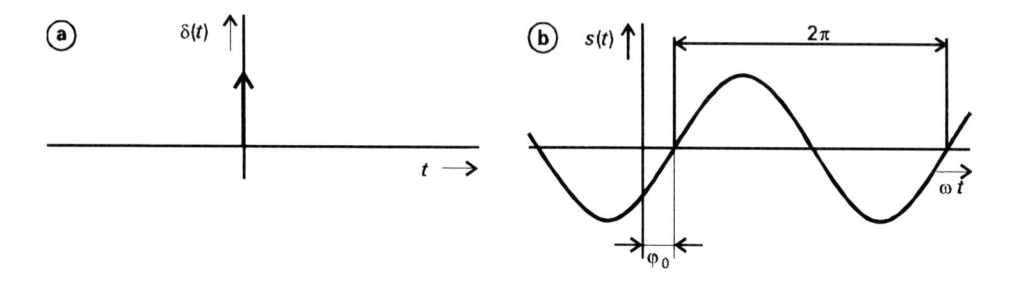

Abb. B.1-12 Dirac-Impuls (a) und Sinussignal (b)

Dirac-Impuls

Der Dirac-Impuls (Abb. B.1-12a) kann aus der Einheitssprungfunktion $\varepsilon(t)$ abgeleitet werden, wobei zuerst der Differenzenquotient an der Stelle $t = 0$ ermittelt wird. Anschließend wird durch Grenzübergang $\Delta t \to 0$ der Differentialquotient

$$\delta(t) = \lim_{\Delta t \to 0} \frac{\varepsilon(t) - \varepsilon(t - \Delta t)}{\Delta t} \qquad (\text{B.1-42})$$

gebildet. Auf diese Weise entsteht ein unendlich schmaler, unendlich hoher Impuls bei $t = 0$ mit der Fläche eins und der Beschreibung

$$\delta(t) = \frac{d\varepsilon(t)}{dt} \quad ; \quad \int_{-\infty}^{+\infty} \delta(t)\, dt = 1 \quad ; \quad \delta(t) = \begin{cases} \infty & t = 0 \\ 0 & t \neq 0 \end{cases} \qquad (\text{B.1-43})$$

Der Dirac-Impuls spielt – obwohl er nicht realisierbar ist – aufgrund seiner Eigenschaften eine sehr wichtige Rolle bei der theoretischen Behandlung von Systemen der Nachrichtentechnik.

Sinussignal

Das Sinussignal (Abb. B.1-12b) hat eine herausragende Bedeutung in der Beschreibung aller Vorgänge, die mit harmonischen Schwingungen arbeiten. Das Sinussignal gemäß

$$s(t) = \sin(\omega t + \varphi_0) \tag{B.1-44}$$

weist die Kreisfrequenz $\omega = 2\pi f$ sowie die Verschiebung φ_0 gegenüber der Nullphase (Nullphasenwinkel) auf. An dieser Stelle sei auf die Fourier-Reihe bzw. auf die Fourier-Transformation verwiesen, die sehr wichtig bei der Beschreibung von Vorgängen sind, in denen Sinussignale auftreten. Insbesondere die Tatsache, daß auch eine Folge des oben erwähnten Rechteckimpulses aus Sinussignalen zusammengesetzt werden kann, zeigt die Bedeutung dieses Elementarsignals.

B.1.6.2 Diskrete Elementarsignale

Alle diskreten Elementarsignale können – wie auch bei den kontinuierlichen Elementarsignalen – durch Multiplikation (der Amplitude) mit einem konstanten Faktor sowie durch eine beliebige zeitliche Verschiebung nT bzw. n variiert werden. Zur Vereinfachung wird im folgenden die verkürzte Schreibweise $f(n) = f(nT)$ verwendet, wobei der Ausdruck $\{f(n)\}$ für die gesamte Folge steht, während $f(n)$ für einen bestimmten Folgenwert steht.

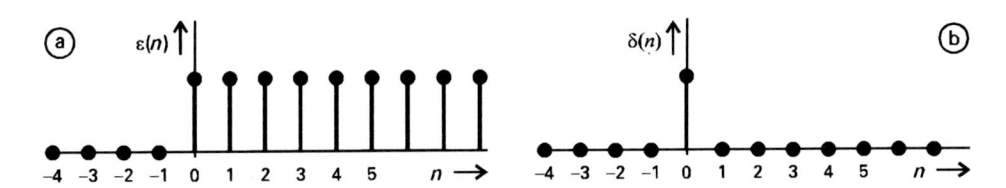

Abb. B.1-13   *Einheitssprungfolge (a) und Einheitsimpulsfolge (b)*

Einheitssprungfolge

Die Einheitssprungfolge $\{\varepsilon(n)\}$ stellt das einfachste Elementarsignal dar, dessen Impulse zum Zeitpunkt $t = 0$ bzw. $n = 0$ von 0 auf 1 springt (Abb. B.1-13a).

$$\varepsilon(n) = \begin{cases} 1 & n \geq 0 \\ 0 & n < 0 \end{cases} \tag{B.1-45}$$

Einheitsimpulsfolge

Die Einheitsimpulsfolge $\{\delta(n)\}$ entspricht dem Dirac-Stoß im kontinuierlichen Bereich (Abb. B.1-13b).

Dafür gilt:

$$\delta(n) = \begin{cases} 1 & n = 0 \\ 0 & \text{sonst} \end{cases} \qquad (B.1\text{-}46)$$

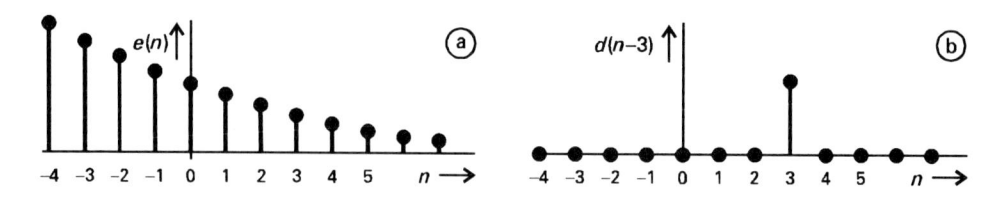

Abb. B.1-14 Exponentialfolge (a) und zeitlich verschobene Folge (hier: zeitlich verschobene Einheitsimpulsfolge) (b)

Exponentialfolge

Die Exponentialfolge (Abb. B.1-14a) besteht aus einer Folge von Impulsen, deren Amplitude einem exponentiellen Bildungsgesetz folgt

$$e(n) = a^{-n} \qquad (B.1\text{-}47)$$

Zeitlich verschobene Folge

Wird eine Impulsfolge $\{f(n)\}$ um $n_0 T$ bzw. n_0 verschoben, so ergibt sich die zeitlich verschobene Folge $\{f(n - n_0)\}$. In Abb. B.1-14b ist die um n_0 verschobene Einheitsimpulsfolge gezeigt.

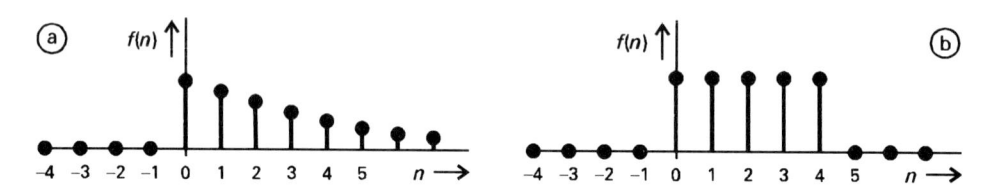

Abb. B.1-15 Kausale Folge (hier: kausale Exponentialfolge) (a) und endliche Folge (von Impulsen mit konstanter Amplitude) (b)

Kausale Folge

Die kausale Folge ist von großer Bedeutung für die Beschreibung von Signalen und Systemen, da bekanntlich nur kausale Systeme realisierbar sind. Die kausale Folge ist derart definiert, daß gilt:

$$f(n) \equiv 0 \qquad \text{für} \qquad n < 0 \qquad (B.1\text{-}48)$$

Aus jeder Impulsfolge kann durch Multiplikation mit der Einheitssprungfolge eine kausale Folge erzeugt werden (Abb. B.1-15a).

Endliche Folge

Für eine endliche Folge gilt (Abb. B.1-15b)

$$f(n) \equiv \begin{cases} 0 & \text{für} & n > n_2 \\ f(n) & \text{für} & n_2 \geq n \geq n_1 \\ 0 & \text{für} & n_1 > n \end{cases} \qquad (B.1\text{-}49)$$

Das bedeutet, daß die Folge nur innerhalb definierter Grenzen Werte ungleich null annehmen kann.

B.1.7 Das Faltungsintegral

Ohne an dieser Stelle auf die Herleitung einzugehen (für die auf die entsprechende Literatur verwiesen wird, z. B. [Lüke 92]), sei hier das sogenannte Faltungsintegral

$$g(t) = \int_{-\infty}^{+\infty} s(\tau) h(t-\tau) \, d\tau \qquad (B.1\text{-}50)$$

angegeben. Die Funktion $g(t)$ beschreibt dabei die Reaktion eines LTI-Systems mit der Impulsantwort (Gewichtsfunktion) $h(t)$ auf eine im Prinzip beliebige Eingangsfunktion $s(t)$. Das bedeutet, daß das Faltungsintegral die Möglichkeit bietet, für ein bekanntes System dessen Antwort im Zeitbereich auf ein beliebiges Eingangssignal zu berechnen. Somit stellt das Faltungsintegral (im Zeitbereich) das Pendant zur Fourier-Transformation (im Frequenzbereich) bei der Beschreibung von LTI-Systemen dar.

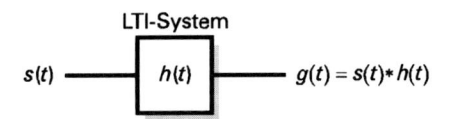

Abb. B.1-16 Beschreibung eines Zweitores im Zeitbereich

In der verkürzten symbolischen Schreibweise (siehe auch Abb. B.1-16)

$$g(t) = s(t) * h(t) \qquad (B.1\text{-}51)$$

spricht man vom Faltungsprodukt oder kurz von der Faltung. Das entsprechende Symbol wird als Faltungsstern bezeichnet. Im folgenden werden kurz (ohne Beweis) einige wichtige Gesetze der Faltungsalgebra wiedergegeben.

♦ Kommutativgesetz

$$g(t) = s(t) * h(t) = h(t) * s(t) \qquad (B.1\text{-}52)$$

♦ Assoziativgesetz

$$f(t) * s(t) * h(t) = [f(t) * s(t)] * h(t) = f(t) * [s(t) * h(t)] \qquad \text{(B.1-53)}$$

♦ Distributivgesetz

$$f(t) * [s(t) + h(t)] = [f(t) * s(t)] + [f(t) * h(t)] \qquad \text{(B.1-54)}$$

Entsprechend der hier vorgestellten kontinuierlichen Faltung existiert auch eine diskrete Faltung, bei der – vereinfacht gesagt – das Faltungsintegral durch eine Faltungssumme ersetzt wird. Abgesehen davon entsprechen die Eigenschaften der diskreten Faltung derjenigen der kontinuierlichen Faltung. Für die Darstellung der diskreten Faltung sei auf die Literatur (z. B. [Oppenheim u. Willsky 92]) verwiesen.

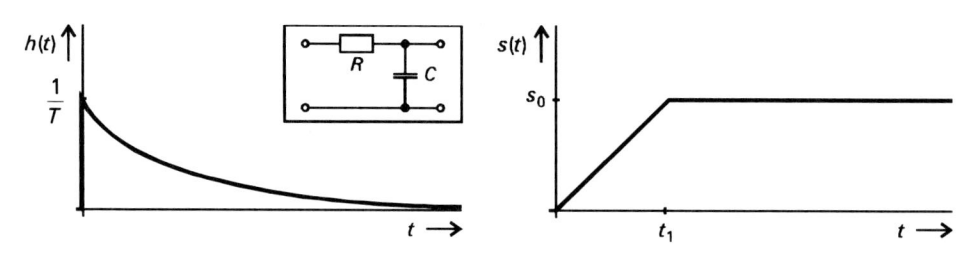

Beispiel B.1-6

Abb. B.1-17   RC-Glied und seine Impulsantwort (a) – Eingangsfunktion $s(t)$ (b)

Gesucht ist die Reaktion $g(t)$ dieses Systems auf die in Abb. B.1-17a dargestellte Eingangsfunktion

$$s(t) = \begin{cases} 0 & t \leq 0 \\ s_0 t/t_1 & 0 < t < t_1 \\ s_0 & t \geq t_1 \end{cases}$$

Da die Eingangsfunktion abschnittsweise definiert ist, muß auch bei der Berechnung des Ausgangssignals abschnittsweise vorgegangen werden. Um die Ausgangsfunktion zu bestimmen, wird das Faltungsintegral nach (B.1-50) angewandt. Da die graphische Veranschaulichung häufig eine große Hilfe bei der Auswertung des Faltungsintegrals sein kann, sind in Abb. B.1-18 die entsprechenden Schritte zur Berechnung wiedergegeben.

Abschnitt I: ($t \leq 0$, Abb. B.1-18a)

Wie in der graphischen Darstellung zu sehen ist, ist das Produkt aus $s(\tau)$ und $h(t-\tau)$ (und somit auch das Integral darüber) hier ständig null.

$$g^I(t) = 0$$

B.1.7 Das Faltungsintegral

Abschnitt II: ($0 < t < t_1$, Abb. B.1-18b)

Da einerseits in der Impulsantwort des Systems die Sprungfunktion enthalten ist und andererseits die Eingangsfunktion für $t \leq 0$ verschwindet, können die Integrationsgrenzen entsprechend von $-\infty$ bis $+\infty$ auf 0 bis t geändert werden, ohne daß sich das Ergebnis des Integrals ändert.

$$g^{II}(t) = \int_{-\infty}^{+\infty} s(\tau) h(t-\tau) \, d\tau \overset{\text{hier}}{=} \int_0^t s(\tau) h(t-\tau) \, d\tau = \frac{1}{T} \int_0^t s_0 \frac{\tau}{T} e^{(t-\tau)/T} \, d\tau$$

$$= \frac{s_0}{T^2} \int_0^t \tau \, e^{t/T - \tau/T} \, d\tau = \frac{s_0}{T^2} e^{t/T} \left[T^2 e^{\tau/T} \left(-\frac{\tau}{T} - 1 \right) \right]_0^t = s_0 \left(e^{t/T} - 1 - \frac{t}{T} \right)$$

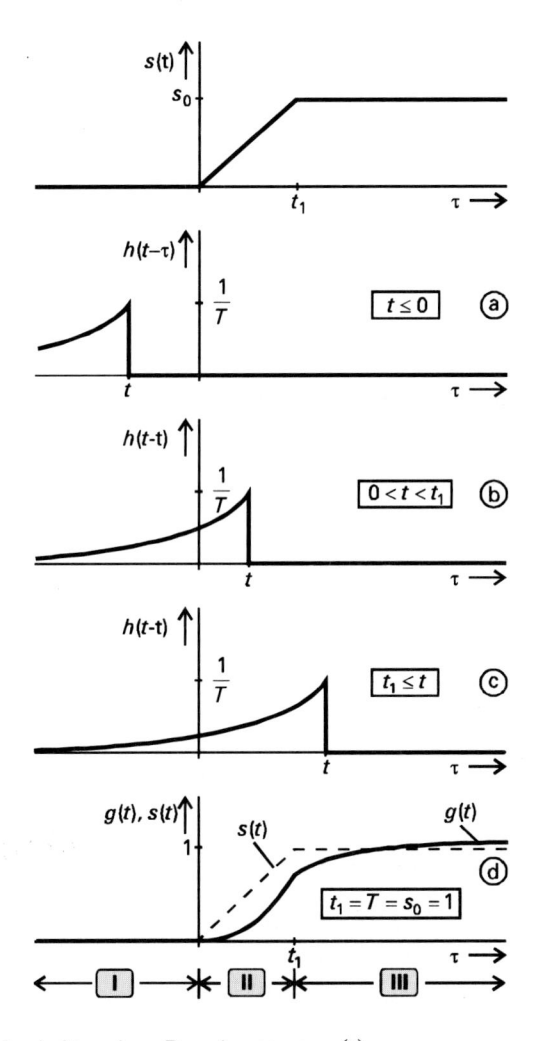

Abb. B.1-18 *Zur abschnittsweisen Berechnung von $g(t)$*

Abschnitt III: ($t \geq t_1$, Abb. B.1-18c)

Das Faltungsintegral kann hier in zwei Teile unterteilt werden, wobei sich das Ergebnis des ersten Teilintegrals aus dem Resultat des Abschnitts II an der Stelle $t = t_1$ ergibt.

$$g^{III}(t) = \int_{-\infty}^{+\infty} s(\tau)h(t-\tau)\,d\tau \stackrel{hier}{=} \underbrace{\int_0^{t_1} s(\tau)h(t-\tau)\,d\tau}_{g^{II}(t=t_1)} + \int_{t_1}^{t} s(\tau)h(t-\tau)\,d\tau$$

$$= g^{II}(t=t_1) + \frac{s_0}{T}\int_0^t e^{-\tau/T}\,d\tau = g^{II}(t=t_1) - \frac{s_0}{T}\left[\frac{T}{\tau}e^{-\tau/T}\right]_{t_1}^{t}$$

$$= g^{II}(t=t_1) - s_0\left[\frac{1}{t}e^{-t/T} - \frac{1}{t_1}e^{-t_1/T}\right]$$

$$= s_0\left(e^{t_1/T} - 1 - \frac{t_1}{T} - \frac{1}{t}e^{-t/T} + \frac{1}{t_1}e^{-t_1/T}\right)$$

Die Antwort des Systems resultiert dann aus der Überlagerung der für die drei Abschnitte berechneten Ergebnisse (Abb. B.1-18d).

B.1.8 Der ideale Tiefpaß

Die Übertragungsfunktion des idealen Tiefpaß mit der Laufzeit t_0 und der Grenzfrequenz $f_g = \omega_g/2\pi$ lautet

$$\underline{H}(\omega) = \begin{cases} e^{-j\omega t_0} & \text{für} \quad |\omega| < \omega_g \\ 0 & \text{für} \quad |\omega| \geq \omega_g \end{cases} \tag{B.1-55}$$

Somit ergibt sich die Impulsantwort zu

$$h(t) = \frac{1}{2\pi}\int_{-\infty}^{+\infty} \underline{H}(\omega)e^{j\omega t}\,d\omega = \frac{1}{2\pi}\int_{-\infty}^{+\infty} e^{j\omega(t-t_0)}\,d\omega$$

$$= \frac{1}{\pi(t-t_0)}\sin[\omega_g(t-t_0)] = 2f_g\,\text{si}[2\pi f_g(t-t_0)] \tag{B.1-56}$$

Der ideale Tiefpaß (Abb. B.1-19) ist ein lineares, zeitinvariantes System. Wie der Impulsantwort entnommen werden kann, stellt er jedoch ein nichtkausales System dar, da die Bedingung für die Kausalität

$$h(t) \equiv 0 \quad \text{für} \quad t < 0 \tag{B.1-57}$$

nicht erfüllt ist. Obwohl dies bedeutet, daß der ideale Tiefpaß praktisch nicht realisierbar ist, hat er im Bereich der theoretischen Untersuchungen von Systemen der Nachrichtentechnik große Bedeutung erlangt.

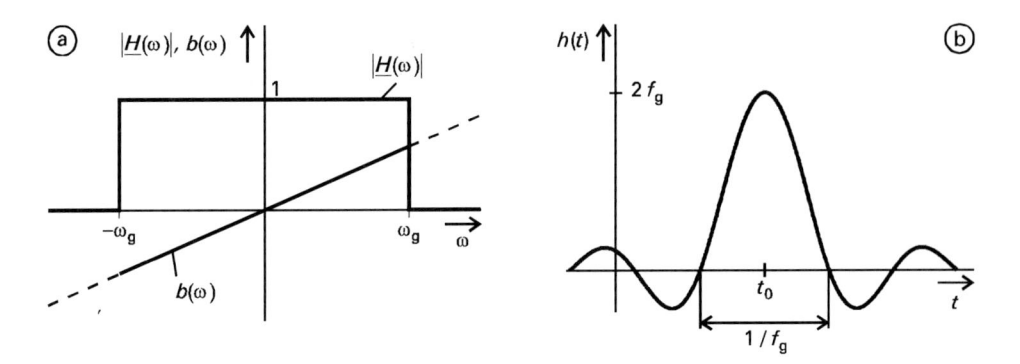

Abb. B.1-19 Der ideale Tiefpaß – Übertragungsfunktion (a) und Impulsantwort (b)

In der Praxis kann ggf. ein idealer Tiefpaß dadurch angenähert werden, daß die Laufzeit t_0 als so groß angenommen wird, daß die sogenannten Vorschwinger der Impulsantwort für $t < 0$ vernachlässigbar sind (d. h. $t_0 f_g \gg 1$). Das hiermit entstandene Filter kann beispielsweise als digitales Filter approximiert werden, wobei die Approximation entweder über den Zeitbereich (Impulsantwort) oder über den Frequenzbereich (Übertragungsfunktion) erfolgen kann.

B.1.9   Orthogonale Funktionen

Zwei reelle Funktionen $f_m(t)$ und $f_n(t)$ sind zueinander orthogonal im Intervall $[t_1, t_2]$ (mit $t_1 \neq t_2$), wenn für das Integral (das innere Produkt der beiden Funktionen)

$$\int_{t_1}^{t_2} f_m(t) f_n(t)\,\mathrm{d}t = 0 \qquad \text{(B.1-58)}$$

gilt, wobei $f_m(t) \neq f_n(t)$ und $f_m(t), f_n(t) \not\equiv 0$. Ein Orthogonalsystem (ein System orthogonaler Funktionen) wird vollständig genannt, wenn keine weitere Funktion existiert, die die Bedingung (B.1-58) erfüllt.

Beispiel B.1-7

Es soll ein Satz von Funktionen ($f_k(t) = t^k$) auf seine Orthogonalität untersucht werden. Im ersten Schritt sollen $f_0(t) = 1$ und $f_1(t) = t$ untersucht werden, d. h.

$$\int_{t_1}^{t_2} t \, dt = \frac{t^2}{2}\bigg|_{t_1}^{t_2} = \frac{1}{2}\left(t_2^2 - t_1^2\right)$$

Nur unter der Voraussetzung, daß $t_2 = -t_1$ (symmetrisches Intervall zu $t = 0$) ist, sind diese Funktionen orthogonal. Im nächsten Schritt werden $f_0(t) = 1$ und $f_2(t) = t^2$ betrachtet; damit gilt nach (B.1-58)

$$\int_{t_1}^{t_2} t^2 \, dt = \frac{t^3}{3}\bigg|_{t_1}^{t_2} = \frac{1}{3}\left(t_2^3 - t_1^3\right)$$

Hier wird die Forderung der Orthogonalität nach (B.1-58) nicht erfüllt. Demzufolge stellt der Satz von Funktionen $(f_k(t) = t^k)$ keine orthogonalen Funktionen dar.

Eine Erweiterung der orthogonalen Funktionen stellen die orthonormierten Funktionen dar, für die neben (B.1-58) außerdem

$$\int_{t_1}^{t_2} f_m^2(t) \, dt = 1 \quad \text{und} \quad \int_{t_1}^{t_2} f_n^2(t) \, dt = 1 \qquad \text{(B.1-59)}$$

gilt. Für den – i. a. interessanteren – Fall, daß die Orthogonalität nicht nur in einem begrenzten Bereich untersucht werden soll, verändern sich die Kriterien (B.1-58) bzw. (B.1-59) zu

$$\lim_{T \to \infty} \frac{1}{T} \int_{-T/2}^{T/2} f_m(t) f_n(t) \, dt = 0 \qquad \text{(B.1-60)}$$

bzw.

$$\lim_{T \to \infty} \frac{1}{T} \int_{-T/2}^{T/2} f_m^2(t) \, dt = 1 \quad \text{und} \quad \lim_{T \to \infty} \frac{1}{T} \int_{-T/2}^{T/2} f_n^2(t) \, dt = 1 \qquad \text{(B.1-61)}$$

Drei im Bereich der Nachrichtentechnik wichtige orthogonale Funktionen sind:
- zwei um 90° gegeneinander phasenverschobene Sinusschwingungen;
- harmonische Schwingungen mit unterschiedlichen Frequenzen;
- äquidistante Folgen von Dirac-Impulsen mit gleicher Grundfrequenz, aber unterschiedlichen Nullphasenwinkeln.

Die Bedeutung dieser unterschiedlichen orthogonalen Funktionen wird späteren Kapiteln anhand einiger Beispiele verdeutlicht, daher seien hier nur einige

Stichworte zu den einzelnen Funktionen angegeben. Die phasenverschobenen Sinusschwingungen werden u. a. in sogenannten Quadraturnetzwerken, z. B. bei der Erzeugung von quadraturmodulierten Signalen verwendet. Harmonische Schwingungen (Träger) mit unterschiedlichen Frequenzen werden z. B. eingesetzt zur Mehrfachausnutzung (Bündelung) von Übertragungskanälen mit dem Frequenzmultiplex-Verfahren (FDM). Entsprechend werden äquidistante Folgen von Dirac-Impulsen zur Mehrfachausnutzung von Übertragungskanälen mit dem Zeitmultiplex-Verfahren (TDM) verwendet.

Beispiel B.1-8 ▽

In diesem Beispiel wird gezeigt, daß die ersten oben aufgeführten Funktionen $f_1(t) = \sin\omega_0 t$ und $f_2(t) = \cos\omega_0 t$ orthogonal sind. Nach (B.1-60) gilt

$$\lim_{T \to \infty} \frac{1}{T} \int_{-T/2}^{T/2} \sin\omega_0 t \cos\omega_0 t \, dt = \lim_{T \to \infty} \frac{1}{T} \left[-\frac{\cos 2\omega_0 t}{2\omega_0} \right]_{-T/2}^{T/2}$$

$$= \lim_{T \to \infty} \frac{\cos\omega_0 T}{\omega_0 T} \to 0$$

und somit ist bewiesen, daß diese Funktionen tatsächlich orthogonal sind. Weiterhin soll getestet werden, ob die Funktionen darüber hinaus auch noch orthonormiert sind. Zu diesem Zweck werden die Integrale nach (B.1-61) ausgewertet, d. h.

$$\lim_{T \to \infty} \frac{1}{T} \int_{-T/2}^{T/2} \sin^2\omega_0 t \, dt = \lim_{T \to \infty} \frac{1}{2T} \int_{-T/2}^{T/2} (1 - \cos 2\omega_0 t) \, dt$$

$$= \lim_{T \to \infty} \frac{1}{2T} \left[t - \frac{\sin 2\omega_0 t}{2\omega_0} \right]_{-T/2}^{T/2} = 0{,}5$$

Die entsprechende Berechnung liefert für $f_2(t) = \cos\omega_0 t$ den gleichen Wert 0,5. Somit sind die Funktionen $\sin\omega_0 t$ und $\cos\omega_0 t$ zwar orthogonal, jedoch nicht orthonormiert – allerdings können hieraus (wie man leicht erkennen kann) durch Voranstellen eines Faktors $\sqrt{2}$ orthonormierte Funktionen erzeugt werden, d. h. $f_1(t) = \sqrt{2}\sin\omega_0 t$ und $f_2(t) = \sqrt{2}\cos\omega_0 t$.

△

Auf eine weitere wichtige Gruppe orthogonaler Funktionen, die sogenannten Walsh- oder auch Mäander-Funktionen, sei an dieser Stelle nur hingewiesen.

B.2 Das Zeitgesetz der Nachrichtentechnik

Für die Nachrichtentechnik ist der Zusammenhang zwischen
- (mittlerer) Impulsbreite τ_m

und
- zugehöriger (mittlerer) spektraler Bandbreite ω_m bzw. f_m

eines Signals von fundamentaler Bedeutung. In diesem Kapitel wird dieser Zusammenhang etwas näher beleuchtet sowie das sich daraus ergebende *Zeitgesetz der Nachrichtentechnik* erläutert.

Für eine allgemeine (gerade) Impulsfunktion $f(t)$ ergibt sich die mittlere Impulsbreite zu

$$\tau_m = \frac{1}{f(0)} \int_{-\infty}^{+\infty} f(t)\,dt \tag{B.2-1}$$

Das zugehörige Frequenzspektrum liefert die Fourier-Transformation

$$F(\omega) = \mathrm{FT}\{f(t)\} \tag{B.2-2}$$

mit dem Maximalwert

$$F(0) = \int_{-\infty}^{+\infty} f(t)\,dt \tag{B.2-3}$$

woraus sich mit (B.2-1)

$$F(0) = f(0)\,\tau_m \tag{B.2-4}$$

ergibt. Entsprechend (B.2-1) kann die (mittlere) spektrale Bandbreite mit

$$\omega_m = \frac{1}{2 f(0)\,\tau_m} \int_{-\infty}^{+\infty} F(\omega)\,d\omega \tag{B.2-5}$$

angegeben werden. Hiermit kann der bereits 1924 von Küpfmüller gefundene Zusammenhang zwischen der Impulsbreite und der spektralen Bandbreite

$$f(0) = \frac{1}{2\pi} \int_{-\infty}^{+\infty} F(\omega)\,d\omega = \frac{\omega_m\, f(0)\,\tau_m}{\pi} \tag{B.2-6}$$

bzw.

$$\omega_m \tau_m = \pi \tag{B.2-7}$$

B.2 Das Zeitgesetz der Nachrichtentechnik

dargestellt werden. Das bedeutet, daß die Impulsbreite (die zeitliche Dauer) und die spektrale Bandbreite eines Impulses reziprok zueinander sind. Häufig wird, gerade im technischen Bereich, statt ω_m die spektrale Bandbreite B verwendet, so daß sich anstelle von (B.2-7)

$$B\tau_m = \frac{1}{2} \tag{B.2-8}$$

ergibt.

Dieses Zeitgesetz der Nachrichtentechnik kann auch als Unschärferelation verstanden werden. Die Zeitdauer eines Vorganges mit begrenzter Bandbreite B des Spektrums ist um den Zeitbetrag τ_m „unscharf" und umgekehrt.

Die Beziehung (B.2-8) stellt insofern einen idealisierten Fall dar, als i. a. das Produkt größer als ½ sein wird. Nur im digitalen Bereich, wo „lediglich" die Erkennung des Signals von Bedeutung ist und nicht die exakte Signalform, liegt näherungsweise dieser ideale Fall vor.

Beispiel B.2-1

Betrachtet wird die Zeitfunktion

$$f(t) = \begin{cases} 1 - \dfrac{|t|}{t_0} & |t| \leq t_0 \\ 0 & \text{sonst} \end{cases}$$

die in Abb. B.2-1a dargestellt ist. Dazu gehört das in Abb. B.2-1b gezeigte Frequenzspektrum, das sich zu

$$F(j\omega) = t_0 \, \text{si}^2\!\left(\frac{\omega t_0}{2}\right)$$

ergibt.

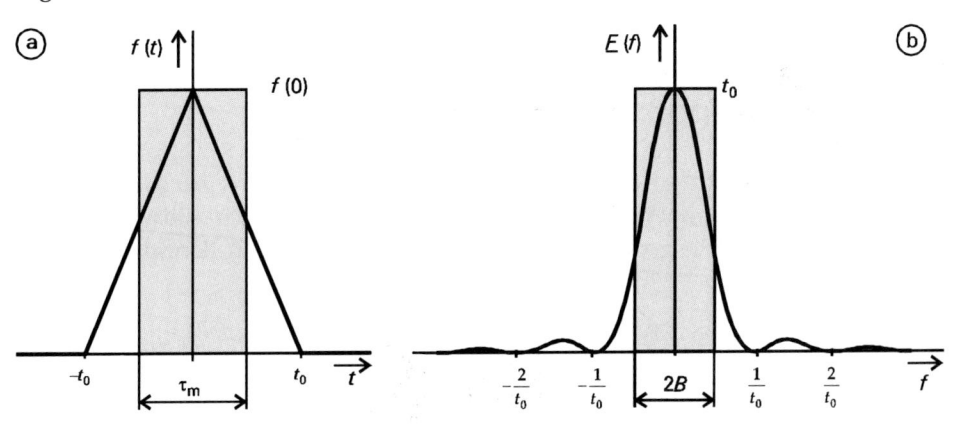

Abb. B.2-1   (a) Impulsfunktion $f(t)$ und (b) zugehöriges Frequenzspektrum $F(\omega)$

Die Beziehung (B.2-1) liefert eine mittlere Impulsbreite von $\tau_m = t_0$, während sich für die mittlere spektrale Bandbreite mit (B.2-5) der Wert $\omega_m = \pi/t_0$ ergibt. Das Produkt dieser beiden Größen ergibt dann – wie oben festgestellt – $\omega_m \tau_m = \pi$.

B.3 Basisband- und Bandpaßsignale

B.3.1 Einleitung

Das Spektrum eines Signals weist immer eine gewisse Bandbreite auf. (Ein reines Sinussignal stellt hierbei nur theoretisch eine Ausnahme dar. Praktisch weist auch jedes „reine" Sinussignal aufgrund der nicht idealen Realisierung eine von null verschiedene Bandbreite auf.) Die Bandbreite kann theoretisch auch gegen unendlich gehen; praktisch sind jedoch nur diejenigen Anteile von Interesse, deren Leistung oberhalb einer vorgegebenen Schwelle liegt. Das bedeutet, daß i. a. von einem Spektrum mit $f_u \leq f \leq f_o$ ausgegangen werden kann, wobei für das Betragsspektrum gilt:

$$|\underline{S}(f)| \cong 0 \qquad \forall \qquad f \leq f_u \;\vee\; f \geq f_o \qquad \text{(B.3-1)}$$

Von einem Basisband- oder auch Tiefpaßsignal wird gesprochen, wenn $f_u = 0$ (z. B. TV-Videosignal) oder $f_u \ll f_o$ (z. B. FM-Hörfunk mit $f_u = 20\,\text{Hz}$ sowie $f_o = 15\,\text{kHz}$).

Ein Bandpaßsignal weist eine Spektrums-Mittenfrequenz $f_m = (f_o + f_u)/2$ auf, die groß ist gegen die Bandbreite $B = f_o - f_u$ des Signals.

B.3.2 Übertragung von Basisband- und Bandpaßsignalen

Die Abb. B.3-1 zeigt den prinzipiellen Aufbau eines Systems zur Übertragung von Basisbandsignalen. Wie hier bereits zu erkennen ist, ist der Aufwand relativ gering und wesentlich geringer als bei der Übertragung von Bandpaßsignalen; siehe Abb. B.3-2.

Basisbandsignale liegen typischerweise als Quellensignale vor (Sprache, Musik, Video, …). Sie sind für die Übertragung weniger geeignet, da ein Signal einen kompletten Übertragungsweg beansprucht, obwohl i. a. nur ein Bruchteil seiner Übertragungskapazität genutzt wird. Das bedeutet, daß eine Übertragung von Basisbandsignalen in den meisten Fällen wenig effektiv ist.

B.3.2 Übertragung von Basisband- und Bandpaßsignalen

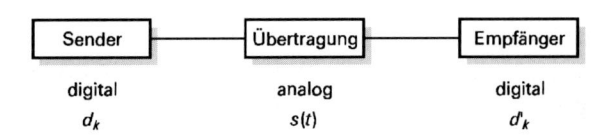

```
[Sender] ── [Übertragung] ── [Empfänger]
 digital       analog         digital
  d_k           s(t)            d'_k
```

Abb. B.3-1   Übertragung von Basisbandsignalen

In Tab. B.3-1 sind die Frequenzbereiche einiger typischer analoger Basisbandsignale zusammengestellt.

Basisbandsignal	Frequenzbereich
Musik (FM-Hörfunk)	20 Hz ... 15 kHz
Fernsprechen	300 Hz ... 3400 Hz
TV (PAL)	0 Hz ... 5 MHz

Tab. B.3-1   Frequenzbereiche typischer Basisbandsignale

Um dem Nachteil der schlechten Ausnutzung der Übertragungswege zu begegnen, werden aus den Basisbandsignalen entsprechende Bandpaßsignale erzeugt. Hierbei wird eine Frequenzumsetzung des Basisbandsignals in eine andere Frequenzlage durchgeführt, so daß die obige Bedingung für ein Bandpaßsignal erfüllt ist. Durch geschickte Wahl dieses Frequenzversatzes (bzw. der neuen Mittenfrequenz) können eine Vielzahl verschiedener Bandpaßsignale einen Übertragungsweg nutzen – erforderlich ist „lediglich" bei jedem Quellensignal die entsprechende Einrichtung zur Umsetzung. Hierbei kann es sich beispielsweise um ein Paar von Mischern handeln (einer im Sender und ein Abwärtsmischer im Empfänger) oder ein Paar von Modems (*Mod*ulator – *Dem*odulator) handeln.

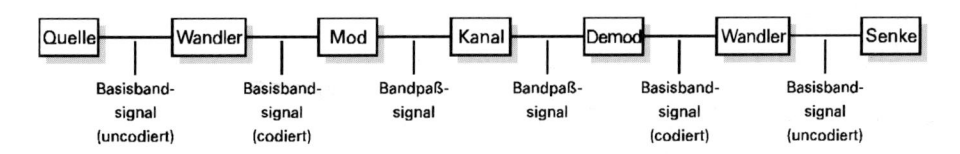

```
[Quelle]─[Wandler]─[Mod]─[Kanal]─[Demod]─[Wandler]─[Senke]
   │        │        │      │       │        │        │
Basisband- Basisband- Bandpaß- Bandpaß- Basisband- Basisband-
 signal    signal    signal   signal    signal     signal
(uncodiert)(codiert)                   (codiert) (uncodiert)
```

Abb. B.3-2   Übertragung von Bandpaßsignalen

Die Abb. B.3-2 zeigt den prinzipiellen Aufbau eines Systems zur Übertragung von Bandpaßsignalen. Das von der Quelle kommende Basisbandsignal wird in einem (nicht immer vorhandenen) Wandler in eine Form gebracht, die als Eingangssignal für den Modulator geeignet ist. Der Modulator setzt das Signal (u. a.) in eine andere Frequenzlage um. Das so entstandene Bandpaßsignal wird nach der Übertragung im Demodulator wiederum in ein Basisbandsignal umgesetzt. Gegebenenfalls sorgt der Wandler wieder für eine dem sendeseitigen Wandler entsprechende Anpassung des Signals an die Senke.

Dem Nachteil des höheren Aufwands steht der entscheidende Vorteil der wesentlich effizienteren Nutzung der Übertragungskapazität gegenüber. Zu beachten ist natürlich, daß – wie bei allen Bestandteilen der Übertragung – durch Modulation und Demodulation keine unerlaubten Verzerrungen des Signals erfolgen dürfen. Die eigentliche Nachrichtenübertragung findet (nahezu) ausschließlich mittels Bandpaßsignalen statt, während Basisbandsignale i. a. nur innerhalb von Sender und Empfänger, bei Übertragungen über kurze Strecken sowie bei Speicherung u. ä. anzutreffen sind.

Die speziellen Eigenschaften der verschiedenen Modulationsarten werden im Teil G vorgestellt. Durch die mit der Modulation verbundene Frequenzumsetzung wird der Einsatz des Frequenzmultiplexverfahrens (siehe Kapitel G.5) ermöglicht. Dieses erlaubt die sehr effiziente Verwendung der Übertragungswege durch Unterteilung eines ggf. sehr breiten Frequenzbandes des Kanals in eine Vielzahl schmalerer Frequenzkanäle, die wiederum zur unabhängigen Nutzung von unterschiedlichen Signalen genutzt werden können.

B.3.3 Besonderheiten des digitalen Basisbandsignals

Das digitale Basisbandsignal weist einige Besonderheiten auf, auf die an dieser Stelle kurz hingewiesen werden soll. Die Nachricht in digitaler Form liegt i. a. als 0-1-Folge, d. h. in Form von diskreten Daten vor, die hier als d_k mit $d_k \in \{0,1\}$ und $k = \ldots, -2, -1, 0, 1, 2, \ldots$ bezeichnet werden. Das Signal $s(t)$, das für die Übertragung verwendet wird, ist hingegen prinzipiell analoger Natur. Das bedeutet, daß sendeseitig aus der digitalen Datenfolge d_k ein analoges Signal $s(t)$ erzeugt werden muß, aus dem empfangsseitig wieder die Datenfolge – möglichst fehlerfrei – reproduziert werden kann. Das erfolgt grundsätzlich dadurch, daß im Sender die Datenfolge d_k mit einer Impulsform $g(t)$ multipliziert wird. Im Empfänger wird dann festgestellt, zu welchem Datum d_k der empfangene Impuls mit der größten Wahrscheinlichkeit „paßt". Ein Beispiel hierfür ist der – technisch nicht realisierbare, dafür im Rahmen theoretischer Betrachtungen um so wichtigere – Rechteckimpuls mit der Beschreibung

$$g(t) = \begin{cases} 1 & 0 \leq t < T_s \\ 0 & \text{sonst} \end{cases} \qquad (\text{B.3-2})$$

wobei T_s die Dauer eines Symbols ist. Für das analoge Signal folgt damit

$$s(t) = \sum_k d_k g(t - kT_s) \qquad (\text{B.3-3})$$

wobei jeweils einer „1" ein Impuls zugewiesen wird und einer „0" kein Impuls. Abb. B.3-3 zeigt den Zeitverlauf einer Übertragung von digitalen Daten mit Hilfe von Rechteckimpulsen.

B.3.3 Besonderheiten des digitalen Basisbandsignals

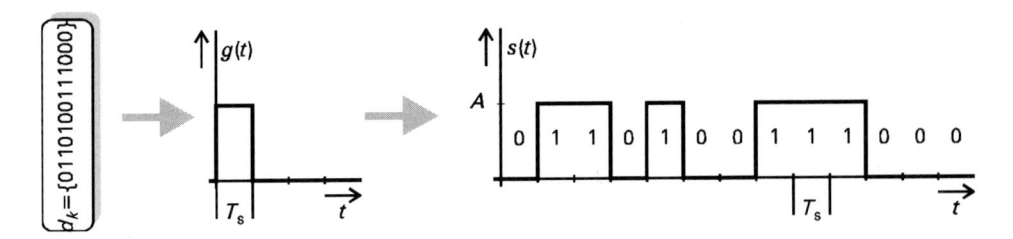

Abb. B.3-3 Übertragung von Daten mit Rechteckimpulsen

Das Spektrum dieser – statistischen – Funktion kann relativ einfach mit Methoden der Theorie statistischer Signale berechnet werden (siehe z. B. in [Lee 82]).

Der prinzipielle Verlauf des Spektrums ist in Abb. B.3-4 dargestellt. Dabei zeigt sich u. a., daß ein nicht verschwindender Anteil bei der Frequenz $f = 0$ Hz vorhanden ist. Dies ist in vielen Fällen unerwünscht, da für die Übertragung eines Gleichanteils eine galvanische Kopplung zwischen Sender und Empfänger notwendig ist, die jedoch häufig nicht oder nur mit großem Aufwand realisiert werden kann.

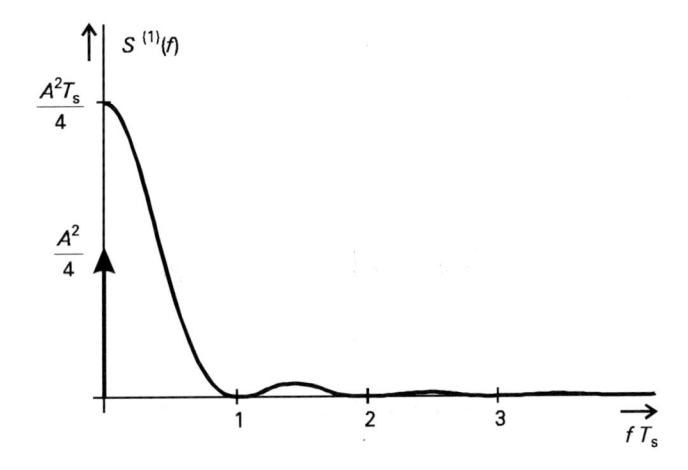

Abb. B.3-4 Spektrum einer statistischen Rechteckimpulsfolge

Außerdem ist der Verlauf des Spektrums nicht optimal, was sich beispielsweise in der relativ hohen für die Übertragung notwendigen Bandbreite äußert. Die Beseitigung des Gleichanteils ist in diesem Fall relativ einfach durch die Verwendung bipolarer (antipodaler) Impulse möglich.

B.3.4 Theoretische Grundlagen

Die Unterscheidung zwischen Basisband- und Bandpaßsignal erfolgt anhand des Frequenzspektrums der Signale. Basisbandsignale beinhalten die Frequenz „0" (Abb. B.3-5a),[2] während Bandpaßsignale ein Spektrum aufweisen, dessen betragsmäßig niedrigste Frequenz oberhalb der Frequenz „0" liegt (Abb. B.3-5b). Im Rahmen dieses Abschnittes wird – der einfacheren Schreibweise wegen – auf die sprachliche Unterscheidung zwischen Frequenz und Kreisfrequenz verzichtet. Statt dessen wird praktisch ausschließlich mit der Kreisfrequenz ω gearbeitet. Auf die bekannte Verknüpfung $\omega = 2\pi f$ sei an dieser Stelle noch einmal hingewiesen.

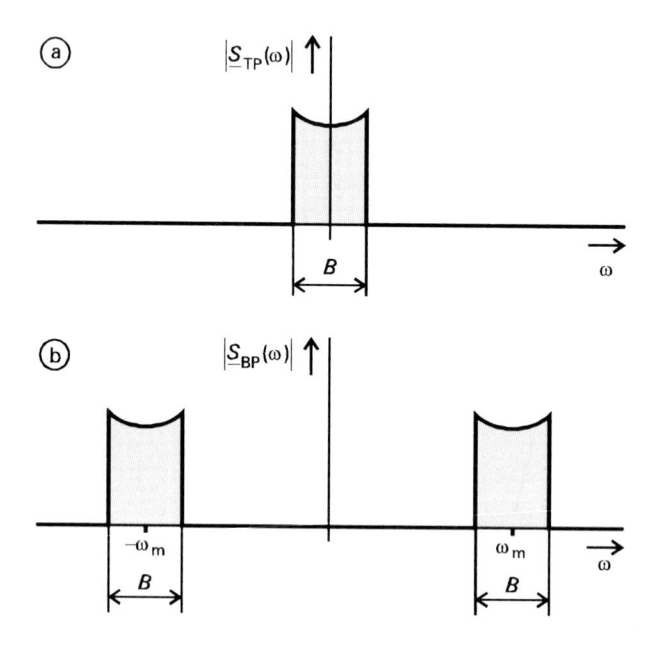

Abb. B.3-5 Frequenzspektren von Basisband- (a) und Bandpaßsignalen (b)

Prinzipiell unterscheidet sich die Behandlung von Bandpaßsignalen nicht von der der Basisbandsignale, d. h. die Berechnungen, die bei der Theorie der Modulationsverfahren durchgeführt werden, ließen sich auch direkt ausführen. Der Nachteil dieser Vorgehensweise ist der erhöhte Rechenaufwand, der mit Hilfe der nachfolgend beschriebenen Methode umgangen werden kann. Um die Berechnung zu vereinfachen, wird aus dem Bandpaßsignal ein äquivalentes Basisbandsignal erzeugt. Dieser Vorgang sowie die sich daraus ergebenden Konsequenzen sollen in diesem Abschnitt aufgezeigt werden.

---

2 Hier liegt also eine gegenüber Abschnitt B.3.1 etwas engere Definition des Basisbandsignals vor.

B.3.4 Theoretische Grundlagen

Ausgegangen wird von einem reellen Bandpaßsignal $s(t)$ mit dem Frequenzspektrum (Abb. B.3-6a)

$$\underline{S}(j\omega) = \underline{S}^*(-j\omega) \tag{B.3-4}$$

womit das Frequenzspektrum einen geraden Realteil und einen ungeraden Imaginärteil aufweist, wie es allgemein für das Frequenzspektrum reeller Zeitfunktionen gilt. Wie sich im folgenden herausstellen wird, läßt es sich mit einem komplexen Bandpaßsignal einfacher rechnen als mit dem reellen Signal, weshalb das sogenannte analytische Signal

$$\underline{s}^+(t) = s(t) + j\,\hat{s}(t) \tag{B.3-5}$$

eingeführt wird. Das reelle Signal $s(t)$ wird dabei mit einem „geeigneten" Imaginärteil ergänzt, wobei sich dieser Imaginärteil $\hat{s}(t)$ als die Hilbert-Transformierte des Realteils berechnet, also $\hat{s}(t) = \mathbf{H}\{s(t)\}$. Die Hilbert-Transformation und ihre wichtigsten Eigenschaften sind im Anhang zu finden.

Die Betrags- und Phasendarstellung des analytischen Signals nach (B.3-5) lautet

$$\underline{s}^+(t) = \left|\underline{s}^+(t)\right| e^{j\psi(t)} \tag{B.3-6}$$

wobei der Betrag

$$a(t) = \left|\underline{s}^+(t)\right| = \sqrt{s^2(t) + \mathbf{H}^2\{s(t)\}} \tag{B.3-7}$$

als (reelle) Hüllkurve bezeichnet wird. Für die Momentanphase des analytischen Signals gilt

$$\psi(t) = \arctan\frac{\mathbf{H}\{s(t)\}}{s(t)} \tag{B.3-8}$$

und entsprechend für die Augenblicks- oder Momentanfrequenz

$$f(t) = \frac{1}{2\pi}\frac{d\psi(t)}{dt} \tag{B.3-9}$$

Das Frequenzspektrum (Abb. B.3-6b)

$$\underline{S}^+(j\omega) = \begin{cases} 2\underline{S}(j\omega) & \omega \geq 0 \\ 0 & \omega < 0 \end{cases} \tag{B.3-10}$$

des analytischen Signals entsteht anschaulich aus dem reellen Signal, indem die Anteile bei negativen Frequenzen auf die Anteile bei positiven Frequenzen gespiegelt werden. Anders gesagt: Das Spektrum wird auf positive Frequenzen begrenzt und seine Amplitude verdoppelt.

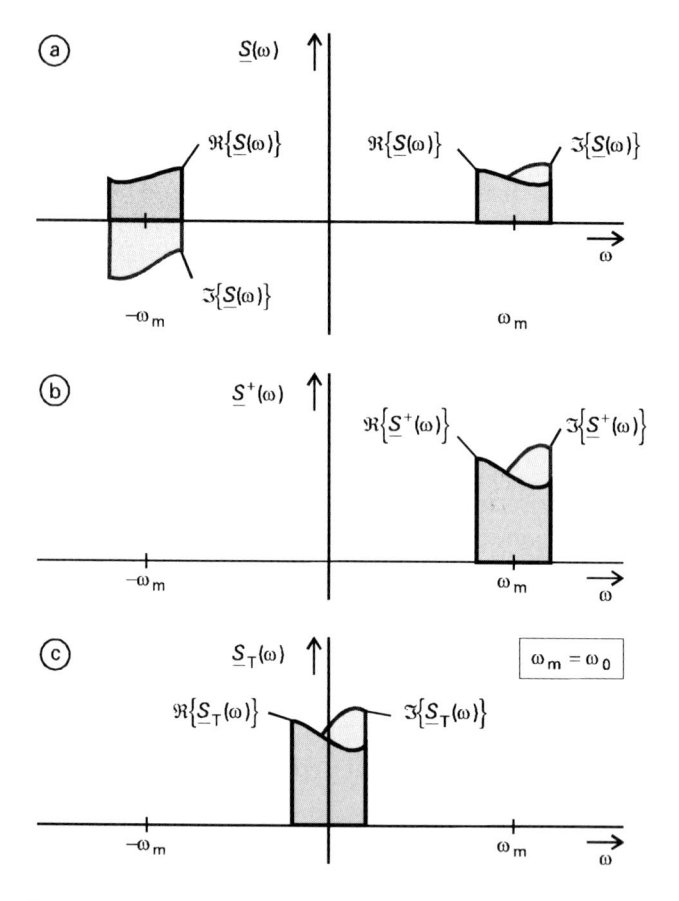

Abb. B.3-6 Frequenzspektren eines reellen Bandpaßsignals (a), des analytischen Signals (b) sowie des äquivalenten Basisbandsignals (c)

Dieser Vorgang beruht auf der Definition des Hilbert-Transformators im Frequenzbereich

$$\underline{\hat{S}}(j\omega) = \underline{H}(j\omega)\,\underline{S}(j\omega) \quad \text{mit} \quad \underline{H}(j\omega) = -j\,\text{sgn}(\omega) \tag{B.3-11}$$

Somit kann das Spektrum des analytischen Signals auch mit

$$\underline{S}^{+}(j\omega) = \underline{S}(j\omega) + j\underline{\hat{S}}(j\omega) = (1+\text{sgn}(\omega))\underline{S}(j\omega) \tag{B.3-12}$$

dargestellt werden. Aus dem analytischen Signal kann schließlich mit

$$\underline{s}_T(t) = \underline{s}^{+}(t)\,e^{-j\omega_0 t} \tag{B.3-13}$$

das äquivalente Basisbandsignal (äquivalente Tiefpaßsignal) bezüglich ω_0 bestimmt werden, wobei sich das Frequenzspektrum gemäß

$$\underline{S}_T(j\omega) = \underline{S}^{+}\left[j(\omega+\omega_0)\right] \tag{B.3-14}$$

ergibt (Abb. B.3-6c). Genau genommen gehört in (B.3-13) noch der Nullphasenwinkel φ in den Exponenten, der jedoch im folgenden der Einfachheit halber stillschweigend zu null gesetzt wird. Dies bringt keine Einschränkung der Allgemeinheit mit sich, da er problemlos jederzeit wieder aufgenommen werden kann.

Die Frequenz ω_0 muß dabei nicht mit der Mittenfrequenz des Bandpaßsignals ω_m übereinstimmen, auch wenn dies häufig der Fall ist. Das äquivalente Basisbandsignal stellt i. a. kein analytisches Signal dar, es sei denn, die Frequenz ω_0 erfüllt die Bedingung $\omega_0 \leq \omega_m - B/2$, d. h. die Trägerfrequenz liegt unterhalb des Frequenzbandes des Bandpaßsignals. In diesem Fall entsteht aus dem Spektrum des analytischen Signals das Spektrum eines um die Frequenz ω_0 verschobenen Bandpaßsignals mit der Mittenfrequenz $\omega_m - \omega_0 \geq B/2$. Ein derartiger Vorgang läuft z. B. in einem Abwärtsmischer ab, bei dem das (Bandpaß-)Signal aus einer relativ hohen in eine niedrigere Frequenzlage umgesetzt wird.

B.3.5 Grundlegende Schaltungsstrukturen

Mit den Beziehungen (B.3-5), (B.3-11) und (B.3-12) kann eine Schaltungsstruktur aufgestellt werden, mit der sich ein beliebiges reelles Bandpaßsignal in das äquivalente Basisbandsignal transformieren läßt (Abb. B.3-7a). Dabei wird im unteren Zweig aus dem reellen Bandpaßsignal in einem Hilbert-Transformator der Imaginärteil des analytischen Signals bestimmt, während im oberen Zweig ein Verzögerungsglied vorgesehen ist, das die im Hilbert-Transformator stets vorhandene Laufzeit ausgleicht.

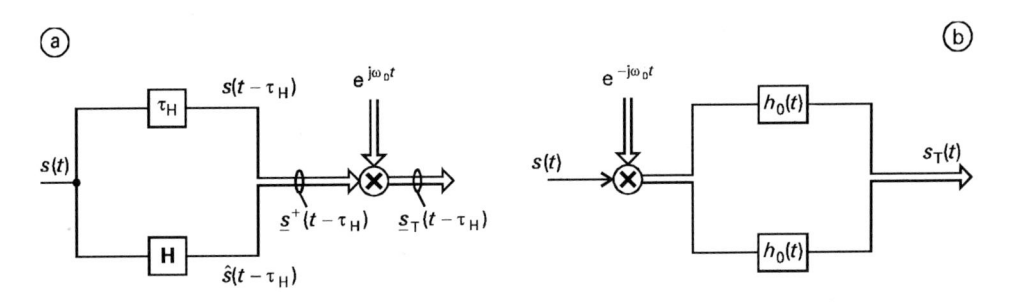

Abb. B.3-7 Schaltungsstrukturen zur Transformation eines Bandpaßsignals in das äquivalente Basisbandsignal

Es läßt sich zeigen, daß eine zweite, äquivalente Schaltungsstruktur ermittelt werden kann, die in Abb. B.3-7b dargestellt ist. Hierbei erfolgt zuerst durch komplexe Multiplikation die Umsetzung des Bandpaßsignals in ein Basisbandsignal, aus dem mittels einer komplexen Filterung das äquivalente Basisbandsignal gewonnen werden kann.

Dabei beschreibt $h_0(t)$ die Impulsantwort eines Tiefpasses mit der Eigenschaft

$$\underline{H}_0(j\omega) = \begin{cases} 2 & \text{für } |\omega| < B/2 \\ 0 & \text{für } |\omega| > 2\omega_0 - B/2 \\ \text{beliebig} & \text{sonst} \end{cases} \quad \text{(B.3-15)}$$

Wird nun bei bekanntem äquivalentem Basisbandsignal das zugehörige reelle Bandpaßsignal gesucht, so ergibt sich dieses aus der Beziehung

$$s(t) = \Re\{\underline{s}^+(t)\} = \Re\{\underline{s}_T(t)\,e^{j\omega_0 t}\} \quad \text{(B.3-16)}$$

wobei insbesondere im Bereich der Modulationsverfahren die Bezeichnungen komplexe Hüllkurve für das äquivalente Basisbandsignal sowie (komplexer) Träger für den Term $e^{j\omega_0 t}$ gebräuchlich sind. Bei näherer Betrachtung der Beziehung (B.3-16) führt eine andere Schreibweise auf eine für Modulation und Demodulation sehr wichtige Schaltung, nämlich den Quadraturmodulator und -demodulator (Abb. B.3-8).

$$\begin{aligned} s(t) &= \Re\{\underline{s}_T(t)\,e^{j\omega_0 t}\} \\ &= \Re\{\underline{s}_T(t)\}\cos\omega_0 t - \Im\{\underline{s}_T(t)\}\sin\omega_0 t \\ &= s_{T,R}(t)\cos\omega_0 t - s_{T,I}(t)\sin\omega_0 t \end{aligned} \quad \text{(B.3-17)}$$

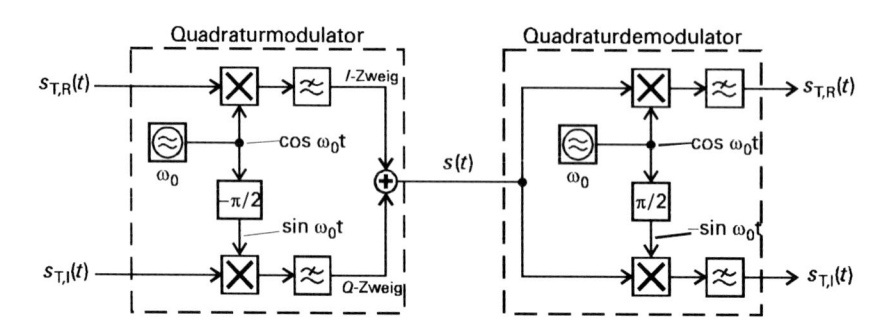

Abb. B.3-8 Blockschaltbild von Quadraturmodulator und Quadraturdemodulator

Der Name für diese Schaltungen rührt daher, daß der Real- bzw. Imaginärteil des analytischen Signals auch als seine In-Phase- bzw. seine Quadratur-Phase-Komponente bezeichnet werden. In Abb. B.3-8 wird daher auch vom I- bzw. Q-Zweig gesprochen. Aufgrund der Phasendifferenz von 90° (bzw. aufgrund der Tatsache, daß es sich um Real- und Imaginärteil handelt) sind die I- und die Q-Komponente orthogonal zueinander. Ein Vergleich mit Abb. B.3-7b zeigt die prinzipiell gleiche Struktur, d. h. der Quadraturdemodulator stellt eine mögliche Realisierung der in Abb. B.3-7 gezeigten Schaltungsstrukturen für die Transformation eines Bandpaßsignals in das äquivalente Basisbandsignal dar.

B.3.5 Grundlegende Schaltungsstrukturen

Eine andere Betrachtungsweise zeigt, daß die Quadraturmodulation auf einer speziellen Eigenschaft der Fourier-Transformation beruht. Hierbei handelt es sich um die Verschiebung im Frequenzbereich, wonach

$$\underline{s}(t)\,e^{j\omega_0 t} \quad \bullet\!\!-\!\!\circ \quad \underline{S}(f-f_0) \tag{B.3-18}$$

gilt; d.h. die Multiplikation im Zeitbereich mit einer komplexen Schwingung der Frequenz f_0 entspricht einer Verschiebung im Frequenzbereich um f_0 zu höheren Frequenzen.

Eine spezielle Anwendungsmöglichkeit dieser Schaltung stellt die Quadraturamplitudenmodulation (QAM bzw. QASK) dar, bei der Real- und Imaginärteil des äquivalenten Basisbandsignals zwei voneinander unabhängige Signale darstellen, so daß mit Hilfe eines Signals $s(t)$ zwei unterschiedliche, unabhängige informationstragende Signale übertragen werden können. Hierauf wird bei der Behandlung von QAM und insbesondere QASK ausführlicher eingegangen. Es sei jedoch bereits hier darauf hingewiesen, daß die Mehrzahl aller digitalen Modulationsverfahren mit Hilfe von Quadraturschaltungen moduliert und demoduliert werden können.

In (B.3-17) wird das (komplexe) äquivalente Basisbandsignal nach Real- und Imaginärteil getrennt und mit den entsprechenden Komponenten des komplexen Trägers multipliziert. Zusammengefaßt ergibt sich dann daraus das äquivalente Basisbandsignal. Der Betrag der komplexen Hüllkurve

$$\left|\underline{s}_T(t)\right| = \sqrt[+]{s_{T,R}^2(t) + s_{T,I}^2(t)} \tag{B.3-19}$$

mit

$$\underline{s}_T(t) = \left|\underline{s}_T(t)\right| e^{j\Theta_T t} \tag{B.3-20}$$

bzw.

$$s(t) = \left|\underline{s}_T(t)\right| \cos(\omega_0 t + \Theta_T t) \tag{B.3-21}$$

wird auch als Einhüllende (des Bandpaßsignals) bezeichnet und spielt zum Beispiel bei der Amplitudenmodulation eine große Rolle. Eine wichtige Demodulatorschaltung wertet die Einhüllende des Modulationssignals aus und trägt daher den Namen Hüllkurvendemodulator.

B.4 Logarithmierte Verhältnisgrößen

B.4.1 Einleitung

In der Nachrichtentechnik wird das Verhältnis zweier elektrischer Größen gleicher Einheit zueinander vielfach in einem logarithmischen Maß angegeben und als Pegel bezeichnet. Beim absoluten Pegel ist die Nennergröße eine festgelegte Bezugsgröße, während beim relativen Pegel eine beliebige Bezugsgröße des betrachteten Systems im Nenner steht.

Als Vorteile der logarithmierten Verhältnisgrößen sind zu nennen:
- Bei der Kettenschaltung von Übertragungssystemen tritt an die Stelle der Multiplikation der Übertragungsfunktionen eine Addition der Logarithmen.
- Bei großen Zahlenbereichen ist eine übersichtlichere Darstellung möglich.
- Naturgesetz mit logarithmischer Kennlinie.

Hierbei sind je nach Anwendungsbereich insbesondere die beiden ersten Punkte von Bedeutung.

B.4.2 Die verschiedenen Formen von logarithmierten Verhältnisgrößen

B.4.2.1 Die allgemeine Form der logarithmierten Verhältnisgrößen

Der Quotient zweier gleichartiger reeller Größen A_1 und A_2 wird als Verhältnisgröße bezeichnet. Sollen zwei komplexe Größen aufeinander bezogen werden, so sind ihre Beträge einzusetzen. Die logarithmierte Verhältnisgröße hat die allgemeine Form

$$a = k \log_b \frac{A_1}{A_2} \qquad \text{(B.4-1)}$$

B.4.2.2 Zusammenhang zwischen Feld- und Leistungsgrößen

In der Nachrichtentechnik sind die Zeitfunktionen, die durch lineare Systeme verknüpft werden, physikalische Größen wie Spannungen, Ströme, Schalldrücke, usw. Diese Größen werden als Feldgrößen bezeichnet. Im eingeschwungenen Zustand können die elektrischen Verhältnisse an einem Tor auch durch die Leistung beschrieben werden.

In Anlehnung an die Definition der Scheinleistung läßt sich zwischen Leistungs- und Feldgrößen die Beziehung

$$P_i = C_i F_i^2 \qquad (B.4\text{-}2)$$

herstellen. Als Feldgröße F_i kann beispielsweise eine Spannung vorliegen, woraus sich dann mit einem Widerstand als Proportionalitätsfaktor C_i die entsprechende elektrische Leistung P_i ergibt. Wenn die beiden Vergleichsgrößen als Ursache und Wirkung eines physikalischen Systems einander zugeordnet sind, wird die logarithmierte Größe durch Anhängen der Silbe „maß" gekennzeichnet (z. B. Übertragungsmaß, Dämpfungsmaß).

B.4.2.3   Logarithmierte Verhältnisgröße mit der Basis e

Wird der natürliche Logarithmus (Basis e) verwendet, so wird von Feldgrößen ausgegangen und der Logarithmus mit dem Zusatz „Neper" bzw. durch das Kurzzeichen Np gekennzeichnet.

$$a = \ln \frac{F_1}{F_2} \, \text{Np} = \frac{1}{2} \ln \frac{P_1}{P_2} \, \text{Np} \qquad (B.4\text{-}3)$$

B.4.2.4   Logarithmierte Verhältnisgröße mit der Basis 10

Bei Verwendung des dekadischen oder Briggschen Logarithmus (Basis 10) erfolgt die Kennzeichnung „Dezibel" mit dem Kurzzeichen dB (die eigentliche Grundeinheit, das „Bel" mit der Abkürzung B, ist ungebräuchlich).

$$a = 10 \log \frac{P_1}{P_2} \, \text{dB} = 20 \log \frac{F_1}{F_2} \, \text{dB} \qquad (B.4\text{-}4)$$

Anmerkung: Der Unterschied im Proportionalitätsfaktor (Faktor 2) ist durch eine Eigenschaft des Rechnens mit logarithmischen Größen zu erklären, wonach eine Exponenzierung des Arguments durch einen entsprechenden Faktor vor dem Logarithmus ersetzt werden kann. Dies läßt sich hier einfach durch Einsetzen von (B.4-2) in (B.4-4) verifizieren.

Logarithmierte Verhältnisgrößen mit den Bezeichnungen dB und Np können ineinander umgerechnet werden. Es gilt dann

$$a = 20 \log \frac{F_1}{F_2} \, \text{dB} = \ln \frac{F_1}{F_2} \, \text{Np} \qquad (B.4\text{-}5)$$

Hieraus folgt mit

$$1 \, \text{Np} = 20 \log e \, \text{dB} \qquad (B.4\text{-}6)$$

die Beziehung

$$1 \, \text{Np} = 8{,}686 \, \text{dB} \quad \text{bzw.} \quad 1 \, \text{dB} = 0{,}115 \, \text{Np} \qquad (B.4\text{-}7)$$

B.4.3 Verwendung von logarithmierten Verhältnisgrößen in der Praxis

Der Bezeichnung „dB" können noch Zeichen hinzugefügt werden, die nähere Informationen enthalten, z. B. über die Bezugsgröße. In der Nachrichtentechnik sind folgende Pegel von besonderer Bedeutung:

Absolute Pegel

- dBm – Leistungspegel, bezogen auf 1 mW (entspricht 0,775 V an 600 Ω)

$$0 \text{ dBm} \;\hat{=}\; 1 \text{ mW}$$
$$30 \text{ dBm} \;\hat{=}\; 1 \text{ W}$$
$$-30 \text{ dBm} \;\hat{=}\; 1 \text{ µW}$$

- dBW – Leistungspegel, bezogen auf 1 W
- dBu – Spannungspegel, bezogen auf 0,775 V
- dBV – Spannungspegel, bezogen auf 1 V
- dBµV – Spannungspegel, bezogen auf 1 µV

$$0 \text{ dBµV} \;\hat{=}\; 1 \text{ µV}$$
$$60 \text{ dBµV} \;\hat{=}\; 1 \text{ mV}$$
$$-60 \text{ dBµV} \;\hat{=}\; 1 \text{ nV}$$

- dBK – „Temperaturpegel", bezogen auf 1 K
- dBHz – „Frequenzpegel", bezogen auf 1 Hz

Relative Pegel

- dBr – charakterisiert die betrachtete Stelle eines Übertragungssystems – Bezugspunkt ist in der Übertragungstechnik oft der Anfang der Fernleitung
- dBc – bezogen auf den Träger (*Carrier*) des Signals

Beispiel B.4-1 ▽

Die Abb. B.4-1 zeigt exemplarisch den Verlauf der Nutzleistung über einer vereinfacht dargestellten Übertragungsstrecke. Der Übertragungskanal kann neben einer Funkstrecke ebensogut eine beliebige Leitung sein, da an dieser Stelle nur das Prinzip der Darstellungsweise interessiert. Aus demselben Grund sind sowohl Sender als auch Empfänger stark schematisiert.

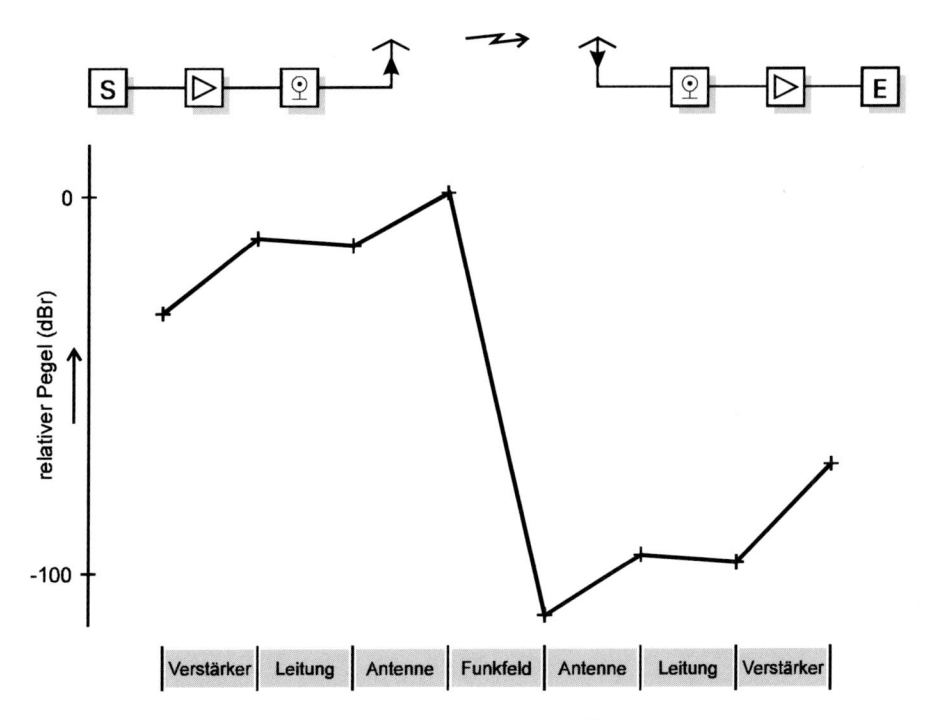

Abb. B.4-1 Verlauf des relativen Pegels im Verlauf einer Übertragungsstrecke

B.4.4 Hinweise zum Umgang mit logarithmierten Verhältnisgrößen

Die bekannten „Besonderheiten" des Rechnens mit Logarithmen führen dazu, daß die Berechnungen bei Verwendung von logarithmierten Verhältnisgrößen z. T. deutlich vereinfacht werden. Hierbei ist aber unbedingt zu beachten, ob eine bestimmte Formel für den Einsatz mit linearen oder mit logarithmischen Größen ausgelegt ist. Wie aus der Mathematik bekannt ist, wird bei Verwendung von logarithmischen Größen anstelle von linearen Größen aus einer Multiplikation bzw. Division zweier Größen entsprechend eine Addition bzw. Subtraktion. Hingegen kann eine Addition bzw. Subtraktion im linearen Bereich nicht direkt in den logarithmischen Bereich umgesetzt werden.

Aufgrund der logarithmischen Darstellung können logarithmische Größen (mit gewissen Einschränkungen) einfach addiert werden, obwohl sie auf verschiedenen Bezugsgrößen basieren.

Zusammenfassend ist bei der Verwendung logarithmischer Größen anzumerken, daß einerseits in vielen Bereichen der Nachrichtentechnik eine deutliche

Vereinfachung der Berechnungen ermöglicht wird, andererseits aber gerade für den „Neuling" große Sorgfalt beim Umgang mit diesen Größen geboten ist.

Beispiel B.4-2

An zwei Beispielen aus dem Bereich der Leistungspegel soll kurz der Umgang mit den logarithmischen Verhältnisgrößen gezeigt werden. Zu beachten ist hierbei die Schreibweise: Soll im Rahmen dieses Buches hervorgehoben werden, daß es sich um eine Berechnung im logarithmischen Bereich handelt, so wird die „Einheit" (dB, dBm usw.) unterhalb eines Trennstrichs angegeben.

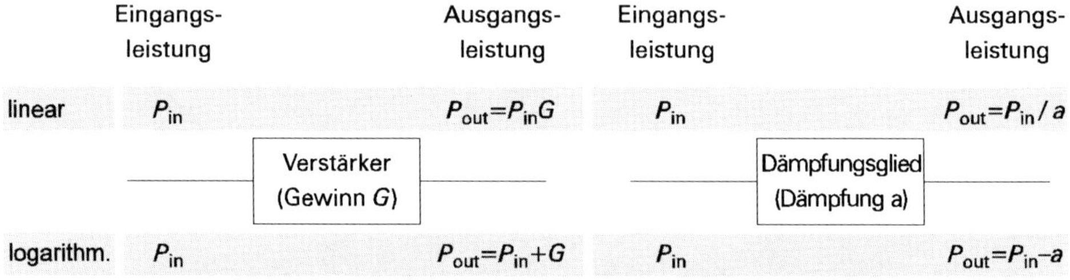

	Eingangs-leistung	Ausgangs-leistung	Eingangs-leistung	Ausgangs-leistung
linear	P_{in}	$P_{out} = P_{in} G$	P_{in}	$P_{out} = P_{in}/a$
	Verstärker (Gewinn G)		Dämpfungsglied (Dämpfung a)	
logarithm.	P_{in}	$P_{out} = P_{in} + G$	P_{in}	$P_{out} = P_{in} - a$

Abb. B.4-2 *Lineare und logarithmische Beschreibung von Verstärker und Dämpfungsglied*

So kann beispielsweise der Gewinn G (die Leistungsverstärkung) eines Verstärkers mit Hilfe der Beziehung

$$G = \frac{P_{out}}{P_{in}}$$

aus einer Messung der Eingangsleistung P_{in} bzw. der Ausgangsleistung P_{out} bestimmt werden. Im logarithmischen Bereich ergibt sich daraus

$$\frac{G}{dB} = \frac{P_{out}}{dBm} - \frac{P_{in}}{dBm}$$

Entsprechend gilt bei einem Dämpfungsglied mit der Dämpfung a für die Eingangsleistung

$$P_{in} = a\, P_{out}$$

Im logarithmischen Bereich folgt dann in diesem Falle

$$\frac{P_{in}}{dBm} = \frac{a}{dB} + \frac{P_{out}}{dBm}$$

B.4.4 Hinweise zum Umgang mit logarithmierten Verhältnisgrößen

1 kW	–	60 dBm	30 dBW
1 W	–	30 dBm	0 dBW
1 mW	–	0 dBm	–30 dBW
1 µW	–	–30 dBm	–60 dBW
1 nW	–	–60 dBm	–90 dBW
1 pW	–	–90 dBm	–120 dBW

1 kV	–	180 dBµV	60 dBV
1 V	–	120 dBµV	0 dBV
1 mV	–	60 dBµV	–60 dBV
1 µV	–	0 dBµV	–120 dBV
1 nV	–	–60 dBµV	–180 dBV
1 pV	–	–120 dBµV	–240 dBV

Tab. B.4-1   Leistungspegel (links) und Spannungspegel (rechts)

Lineares Verhältnis		Leistung	Spannung
10,0	–	10 dB	20 dB
7,94	–	9 dB	18 dB
6,31	–	8 dB	16 dB
5,01	–	7 dB	14 dB
3,98	–	6 dB	12 dB
3,16	–	5 dB	10 dB
2,51	–	4 dB	8 dB
2,00	–	3 dB	6 dB
1,58	–	2 dB	4 dB
1,26	–	1 dB	2 dB
1,00	–	0 dB	0 dB

Lineares Verhältnis		Leistung	Spannung
0,100	–	–10 dB	–20 dB
0,126	–	–9 dB	–18 dB
0,158	–	–8 dB	–16 dB
0,200	–	–7 dB	–14 dB
0,251	–	–6 dB	–12 dB
0,316	–	–5 dB	–10 dB
0,398	–	–4 dB	–8 dB
0,501	–	–3 dB	–6 dB
0,631	–	–2 dB	–4 dB
0,794	–	–1 dB	–2 dB
1,00	–	0 dB	0 dB

Tab. B.4-2   Verhältnisse bei Spannungs- und Leistungspegeln

Die Tabellen B.4-1 und B.4-2 geben eine Übersicht, mit deren Hilfe der Umgang mit logarithmischen Verhältnisgrößen etwas einfacher gestaltet werden kann. Mit den in den Tabellen angegebenen Zahlenwerten können Pegel ohne weitere Hilfsmittel abgeschätzt werden.

Die grobe Annäherung der Leistungs- bzw. Spannungspegel erfolgt dabei nach Tab. B.4-1, während die genauere Berechnung nach Tab. B.4-2 erfolgen kann. In dieser Tabelle sind die „wichtigsten" Zwischenstufen fett wiedergegeben. Um schnell eine grobe Abschätzung bei der Umrechnung zwischen linearen und logarithmischen Größen zu ermöglichen, sollten diese Werte sowie der Inhalt der Tab. B.4-1 ständig parat sein. Dies ist insbesondere bei Abschätzungen wichtig, sowie um ein Gefühl für die Größenordnungen zu bekommen.

Beispiel B.4-3

Gesucht werden (geschätzte) Werte für die Leistungspegel in dBm, die den Leistungen 20 pW bzw. 7 W entsprechen.

Ausgangspunkt ist jeweils Tab. B.4-1, wobei als erster Ansatz 1 pW entsprechend –90 dBm bzw. 1 W entsprechend 30 dBm gewählt wird. Tab. B.4-2 liefert dann für 20 pW den additiven Faktor 10 dB + 3 dB (entsprechend dem multiplikativen Faktor 20 im linearen Bereich) bzw. für 7 W den additiven Faktor von ca. 8,5 dB (entsprechend dem multiplikativen Faktor 7 im linearen Bereich). Zusammengefaßt ergibt sich somit für 20 pW ein Pegel von –77 dBm bzw. für 7 W ein Pegel von ca. 38,5 dBm. Die exakte Berechnung liefert für 7 W ein Ergebnis von 38,451 dBm.

B.5 Grundlagen der Wahrscheinlichkeitsrechnung

B.5.1 Einleitung

Signale können unterteilt werden in deterministische, vorhersagbare Signale und in stochastische oder zufällige Signale (siehe Kapitel B.1). Stochastische Signale sind einerseits vertreten durch Störsignale (thermisches Rauschen, Störsender), andererseits aber auch durch Nutzsignale (Sprache, Bilder). Die Beschreibung stochastischer Funktionen beruht auf den Gesetzen der Statistik. Eine für die Nachrichtentechnik wichtige Einteilung unterscheidet kontinuierliche (stetige) und diskrete Zufallsgrößen. Man bezeichnet eine Größe als Zufallsgröße oder statistische Größe X (hervorgehend aus einem Zufallsprozeß bzw. einem statistischen Prozeß), wenn sie bei verschiedenen, unter gleichen Bedingungen durchgeführten Versuchen verschiedene Werte annehmen kann, von denen dann jeder Wert x ein zufälliges Ereignis ist. Im folgenden werden die wichtigsten Begriffe und Formeln für die Beschreibung von kontinuierlichen und diskreten Zufallsgrößen angegeben. Zu beachten ist hierbei, daß im Rahmen dieser Betrachtung davon ausgegangen wird, daß die Zufallsprozesse zeitinvariant sind und daher die Zeit als Parameter nicht einbezogen werden muß. Dies ist jedoch nicht allgemeingültig, so daß ggf. der Zeitpunkt der Betrachtung zu berücksichtigen ist.

Zu Beginn wird hier der Begriff der Wahrscheinlichkeit definiert. Ein Versuch mit zufälligem Ausgang wird N-mal durchgeführt, wobei der mögliche Ver-

B.5.1 Einleitung

suchsausgang mit a_k und die Anzahl der auftretenden a_k mit $n(a_k)$ bezeichnet wird. Die relative Häufigkeit berechnet sich dann mit

$$h(a_k) = n(a_k)/N \tag{B.5-1}$$

wobei natürlich gilt

$$\sum_i n(a_i) \equiv N \tag{B.5-2}$$

bzw.

$$\sum_i h(a_i) \equiv 1 \tag{B.5-3}$$

Aus (B.5-1) ergibt sich für eine gegen unendlich gehende Anzahl von Versuchen die Wahrscheinlichkeit des Auftretens von a_k zu

$$P(a_i) = \lim_{N \to \infty} h(a_i) = \lim_{N \to \infty} \frac{n(a_i)}{N} \tag{B.5-4}$$

Entsprechend (B.5-3) gilt hier

$$\sum_i P(a_i) \equiv 1 \tag{B.5-5}$$

Wichtig bei der Definition der Wahrscheinlichkeit nach (B.5-4) ist der Grenzübergang für $N \to \infty$. Das bedeutet, daß strenggenommen unendlich viele Versuche benötigt werden. In der Praxis begnügt man sich – gezwungenermaßen – mit einer endlichen, aber möglichst großen Anzahl, wobei dies ggf. als mögliche Fehlerquelle oder genauer gesagt als Quelle endlicher Genauigkeit berücksichtigt werden muß.

Das heißt aber auch, daß der Begriff Wahrscheinlichkeit nur in theoretischen Untersuchungen sinnvoll verwendet werden kann. Bei der Auswertung von Messungen, Simulationen usw. (endliche Anzahl!) sollte also immer der Begriff der relativen Häufigkeit Anwendung finden.

Beispiel B.5-1

Bei einem idealen Würfel ergeben sich entsprechend der Augenzahl sechs verschiedene – zufällige – Versuchsausgänge, wobei jeweils ein Wurf des Würfels als Versuch bezeichnet wird. Bei insgesamt 200 Versuchen haben sich folgende Häufigkeiten der verschiedenen Versuchsausgänge ergeben:

$$n(1) = 28 \quad n(2) = 34 \quad n(3) = 32$$
$$n(4) = 26 \quad n(5) = 42 \quad n(6) = 38$$

Da es sich hier um einen idealen Würfel handeln soll, würde sich bei unendlich vielen Versuchen für alle Versuchsausgänge die gleiche Wahrscheinlichkeit (ca. 0,16) ergeben. Aufgrund der Tatsache, daß hier eine (im Vergleich zu „unendlich") relativ geringe Anzahl von Versuchen durchgeführt wurde, ergeben sich Abweichungen von diesem theoretischen Wert, wie in der folgenden Liste der relativen Häufigkeiten zu erkennen ist.

$$n(1) = 0{,}14 \quad n(2) = 0{,}17 \quad n(3) = 0{,}16$$
$$n(4) = 0{,}13 \quad n(5) = 0{,}21 \quad n(6) = 0{,}19$$

Eine ausführliche, mit zahlreichen Beispielen versehene Behandlung von Wahrscheinlichkeitsrechnung und Statistik ist in [Beichelt 95] zu finden.

B.5.2 Kontinuierliche Zufallsgrößen

Die Wahrscheinlichkeitsdichteverteilung $p(x)$ beschreibt die Wahrscheinlichkeit, daß die Zufallsgröße X den Wert x annimmt. Sie ist so definiert, daß gilt

$$\int_{-\infty}^{+\infty} p(x)\,dx = 1 \tag{B.5-6}$$

mit

$$p(x) \geq 0 \quad \forall x \tag{B.5-7}$$

Dies ist sofort einleuchtend, da die Zufallsgröße auf jeden Fall einen Wert im Bereich von $-\infty$ bis $+\infty$ annehmen muß. Die Wahrscheinlichkeitsverteilung

$$F(x) = P(X \leq x) = \int_{-\infty}^{x} p(\xi)\,d\xi \tag{B.5-8}$$

gibt die Wahrscheinlichkeit P an, daß die Zufallsgröße X die Schwelle x nicht überschreitet. Für die Wahrscheinlichkeitsverteilung existieren die Grenzübergänge

$$\lim_{x \to -\infty} F(x) = 0 \quad \text{und} \quad \lim_{x \to +\infty} F(x) = 1 \tag{B.5-9}$$

die besagen, daß für sehr kleine bzw. sehr große Werte für die Schwelle x die Wahrscheinlichkeit, daß sie nicht überschritten wird, sehr klein bzw. sehr groß wird. Die Wahrscheinlichkeitsverteilung ist eine monoton nicht abnehmende Funktion, d. h. für $x_1 < x_2$ gilt $F(x_1) \leq F(x_2)$. Entsprechend läßt sich die Wahrscheinlichkeit, daß x im Intervall $[a, b]$ liegt, mit Hilfe folgendes Integrals ausdrücken:

$$F(b) - F(a) = P(a \leq x \leq b) = \int_{a}^{b} p(x)\,dx \tag{B.5-10}$$

Beispiel B.5-2

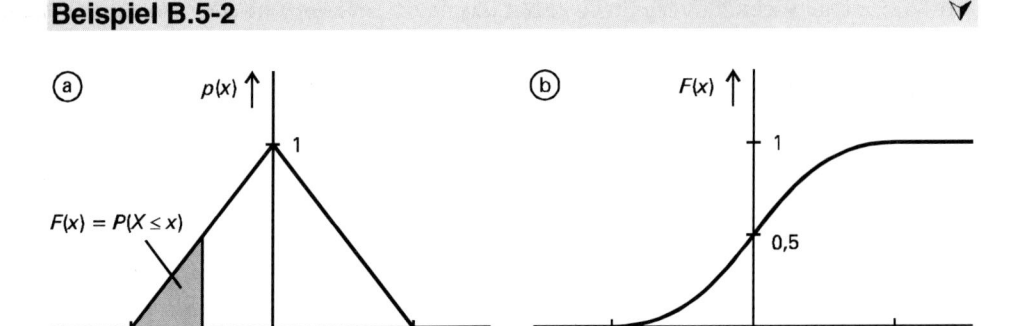

Abb. B.5-1 Dreieckförmige Wahrscheinlichkeitsdichteverteilung (a) und zugehörige Wahrscheinlichkeitsverteilung (b)

In Abb. B.5-1a ist die (normierte) dreieckförmige Wahrscheinlichkeitsdichteverteilung

$$p(x) = \begin{cases} 1-|x| & |x|<1 \\ 0 & \text{sonst} \end{cases}$$

einer kontinuierlichen Zufallsgröße dargestellt. Die Wahrscheinlichkeitsverteilung kann daraus mit (B.5-8) berechnet werden – das Ergebnis dieser Berechnung zeigt Abb. B.5-1b. Man erkennt hier den bei jedem Zufallsprozeß vorhandenen Sachverhalt, daß einerseits die beiden Grenzwerte (B.5-9) für $x \to -\infty$ sowie für $x \to +\infty$ eingehalten werden und daß andererseits zwischen diesen beiden Grenzwerten ein – für den jeweiligen Zufallsprozeß charakteristischer – monoton steigender Übergang erfolgt.

Im Kapitel B.5.7 werden einige der wichtigsten Wahrscheinlichkeitsdichteverteilungen sowie die zugehörigen Wahrscheinlichkeitsverteilungen dargestellt.

B.5.3 Diskrete Zufallsgrößen

Eine diskrete Zufallsgröße X liegt vor, wenn „endlich oder abzählbar unendlich viele Werte" $x_1, x_2, \ldots$ mit den Wahrscheinlichkeiten

$$p_i = P(X = x_i), \quad \sum_i p_i = 1 \tag{B.5-11}$$

vorliegen.

Die Wahrscheinlichkeitsverteilung lautet dann

$$F(x) = P(X \leq x) = \sum_{x_i < x} p_i \qquad (B.5\text{-}12)$$

Hierbei handelt es sich um eine Treppenfunktion mit den Sprungstellen x_i und den Sprunghöhen p_i. Für sie gelten ansonsten die entsprechenden Aussagen wie bei der kontinuierlichen Zufallsgröße.

Beispiel B.5-3

Ein Beispiel für einen (diskreten) Zufallsprozeß mit einer diskreten Zufallsgröße ist der Würfel, wie bereits im Beispiel B.5-1 gezeigt. Hier werden die dort angegebenen Häufigkeiten der einzelnen Augenzahlen weiter verwendet. Mit diesen Häufigkeiten ergibt sich die in Abb. B.5-2a dargestellte Wahrscheinlichkeitsdichteverteilung und bei Anwendung von (B.5-12) die in Abb. B.5-2b gezeigte Wahrscheinlichkeitsverteilung. Wie zu erkennen ist, zeigt sich auch hier wieder ein monoton steigender Übergang zwischen den Grenzwerten „0" und „1", wobei im Falle der diskreten Zufallsgrößen dieser Übergang stufenweise erfolgt.

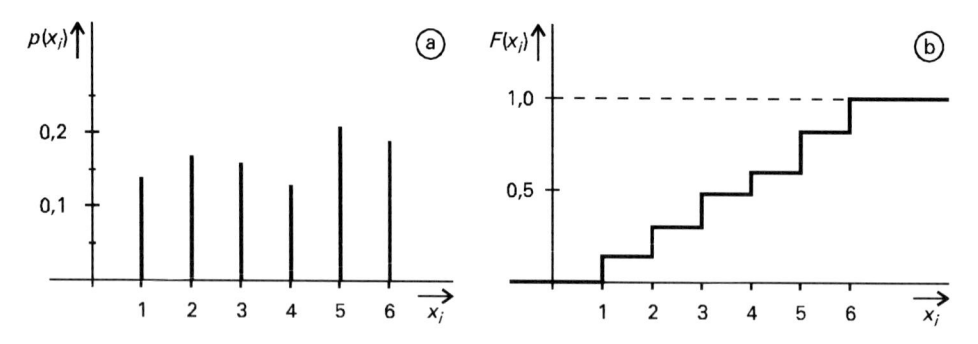

Abb. B.5-2 Wahrscheinlichkeitsdichteverteilung (a) und Wahrscheinlichkeitsverteilung (b) einer diskreten Zufallsgröße

B.5.4 Momente und Erwartungswerte

Für Zufallsgrößen (stochastische Funktionen) sind eine Reihe von Momenten („Mittelwerten") definiert, die – z. T. unter anderen Bezeichnungen – in verschiedenen Bereichen der Nachrichtentechnik eine große Bedeutung haben. Im folgenden werden die Momente und Zentralmomente für kontinuierliche und diskrete Zufallsgrößen definiert sowie mit einigen Erläuterungen versehen.

B.5.4 Momente und Erwartungswerte

Das i-te Moment der kontinuierlichen Zufallsgröße X ist definiert als

$$\alpha_i \stackrel{\text{def}}{=} \int_{-\infty}^{+\infty} x^2 p(x)\,dx \qquad \text{(B.5-13)}$$

während sich das entsprechende i-te Zentralmoment zu

$$\mu_i \stackrel{\text{def}}{=} \int_{-\infty}^{+\infty} (x-\alpha_1)^2 p(x)\,dx \qquad \text{(B.5-14)}$$

ergibt, wobei ein Zentralmoment als mittelwertfreies Moment der Zufallsgröße angesehen werden kann. Analog zu den Beziehungen (B.5-13) und (B.5-14) ergibt sich die entsprechende Definition für das Moment einer diskreten Zufallsgröße zu

$$\alpha_i \stackrel{\text{def}}{=} \sum_k x_k^2 p_k \qquad \text{(B.5-15)}$$

bzw. für das Zentralmoment zu

$$\mu_i \stackrel{\text{def}}{=} \sum_k (x_k-\alpha_1)^2 p_k \qquad \text{(B.5-16)}$$

Von besonderem Interesse sind i. a. das erste Moment von X, das auch als Erwartungswert

$$E\{X\} = \alpha_1 \qquad \text{(B.5-17)}$$

bezeichnet wird, sowie das zweite Zentralmoment von X

$$D\{X\} = \mu_2 \qquad \text{(B.5-18)}$$

wofür i. a. die Bezeichnung Varianz verwendet wird. Die Wurzel aus der Varianz heißt auch Streuung oder Standardabweichung

$$\sigma \stackrel{\text{def}}{=} \sqrt{D\{X\}} \qquad \text{(B.5-19)}$$

und stellt ein Maß für die Streuung einer Zufallsgröße um den Erwartungswert dar. Zwischen dem Erwartungswert und der Varianz einer Zufallsgröße besteht dabei der Zusammenhang

$$D\{X\} = E\{X - E\{X\}\}^2 = E\{X^2\} - E\{X\}^2 \qquad \text{(B.5-20)}$$

und zwischen den Erwartungswerten zweier Zufallsgrößen die Beziehung

$$E\{X_1 + X_2\} = E\{X_1\} + E\{X_2\} \qquad \text{(B.5-21)}$$

Beispiel B.5-4

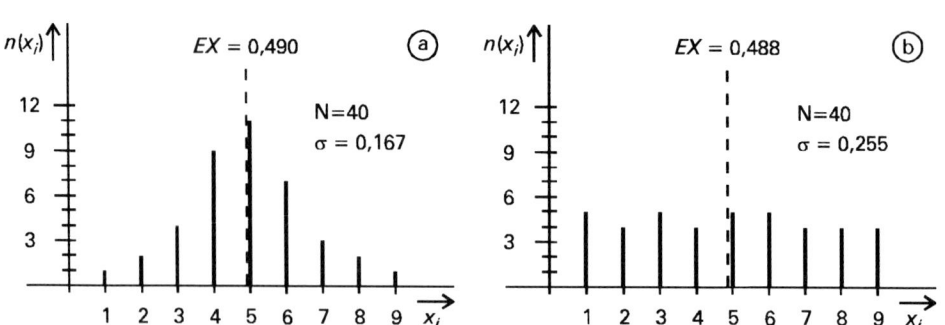

Abb. B.5-3 Histogramm (Häufigkeitsverteilung) zweier diskreter Zufallsprozesse

Anhand zweier diskreter Zufallsgrößen (Abb. B.5-3) soll die Bedeutung des Erwartungswertes und der Varianz (bzw. der Standardabweichung) gezeigt werden. Es werde zuerst der Zufallsprozeß nach Abb. B.5-3a betrachtet – mit Anwendung von (B.5-15) ergibt sich als Erwartungswert des Zufallsprozesses $E\{X\} = 0{,}490$ bzw. für die Varianz mit (B.5-16) $D\{X\} = 0{,}0279$. Daraus resultiert dann eine Streuung dieses Prozesses von $\sigma = 0{,}167$ um den Erwartungswert. Im Vergleich dazu liefert die Anwendung von (B.5-15) bzw. (B.5-16) auf den Zufallsprozeß nach Abb. B.5-3b zwar einen ähnlichen Erwartungswert, nämlich $E\{X\} = 0{,}488$, jedoch eine deutlich höhere Streuung von $\sigma = 0{,}255$; dies ist bereits bei Betrachtung des Histogramms leicht zu erkennen.

B.5.5 Stationarität und Ergodizität

Stationäre Prozesse haben die Eigenschaft, daß Erwartungswert und Varianz unabhängig sind vom Beobachtungszeitpunkt bzw. daß die Wahrscheinlichkeitsdichteverteilung zu allen Zeitpunkten gleich ist (Abb. B.5-4).

Ergodische Prozesse haben die Eigenschaft, daß die sogenannten Scharmittelwerte (die Mittelwerte über eine „Schar" oder ein Ensemble von Zufallsgrößen) gleich den zeitlichen Mittelwerten sind, also z. B. für das erste Moment

$$\alpha_1 = \int_{-\infty}^{+\infty} x\, p(x)\, \mathrm{d}x$$

$$= \lim_{T \to \infty} \frac{1}{2T} \int_{-T}^{+T} x(t)\, \mathrm{d}t$$

(B.5-22)

B.5.5 Stationarität und Ergodizität

bzw. für das zweite Zentralmoment

$$\sigma^2 = \int_{-\infty}^{+\infty} (x-\mu_1)^2 \, p(x) \, \mathrm{d}x$$

$$= \lim_{T \to \infty} \frac{1}{2T} \int_{-T}^{+T} \tilde{x}^2(t) \, \mathrm{d}t = x_{\mathrm{eff}}^2$$

(B.5-23)

Dabei kennzeichnet $\tilde{x}(t)$ den Wechselanteil von $x(t)$.

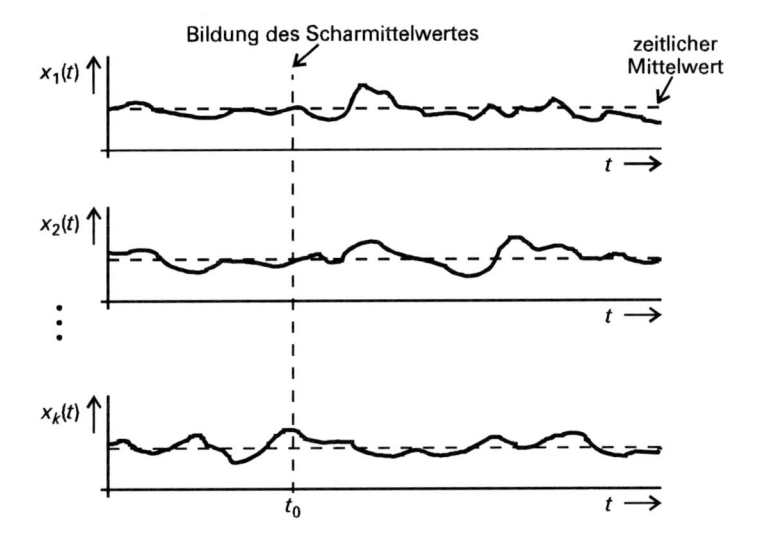

Abb. B.5-4   Scharmittelwerte und zeitliche Mittelwerte

Unterschieden wird dabei zwischen schwach ergodischen Prozessen, bei denen nur die Bedingungen (B.5-22) und (B.5-23) eingehalten werden, sowie zwischen ergodischen Prozessen, bei denen alle Scharmittelwerte (d. h. auch die Momente höherer Ordnung) gleich den entsprechenden zeitlichen Mittelwerten sind.

Die Frage der Ergodizität hat in der Praxis eine wesentliche Bedeutung bei der Untersuchung von statistischen Vorgängen, da bei ergodischen Prozessen eine große Zahl von parallel laufenden Messungen von vielen Prozessen durch viele aufeinanderfolgende Messungen eines Prozesses ersetzt werden kann. In der Nachrichtentechnik sind überwiegend stationäre, ergodische Zufallsgrößen wie z. B. das thermische Rauschen eines ohmschen Widerstands anzutreffen.

B.5.6 Verbundwahrscheinlichkeit und bedingte Wahrscheinlichkeit

In den bisherigen Betrachtungen wurde die Frage der sogenannten statistischen Abhängigkeiten (statistische Bindungen) nicht berücksichtigt. Statistisch voneinander abhängig sind zwei oder mehr Ereignisse, wenn der Ausgang eines Ereignisses mit dem Ausgang eines oder mehrerer anderer Ereignisse zusammenhängen. Entsprechend werden Ereignisse als statistisch unabhängig bezeichnet, bei denen keinerlei derartige Zusammenhänge existieren. Zur Beurteilung der Stärke der statistischen Abhängigkeit dient u. a. der Korrelationskoeffizient, der im Abschnitt B.5.8 eingeführt wird.

Ein typisches Beispiel für Zufallsprozesse mit statistisch unabhängigen Ereignissen sind die Würfe von idealen Würfeln. Auf der anderen Seite ist z. B. die Sprache sehr stark mit statistischen Abhängigkeiten behaftet.

Soll nun die statistische Abhängigkeit mehrerer Ereignisse $u_1,\ldots,u_N$ aus dem Ensemble U betrachtet werden, so kann hierzu die Verbundwahrscheinlichkeit N-ter Ordnung $P(u_1,\ldots,u_N) \leq 1$ angegeben werden. Hierfür gilt

$$\sum_{u_1}\cdots\sum_{u_N} P(u_1,\ldots,u_N) \equiv 1 \tag{B.5-24}$$

d. h. die Summe der Wahrscheinlichkeiten über alle Ereignis-Kombinationen muß stets eins ergeben. Die Verbundwahrscheinlichkeit mehrerer Ereignisse gibt die Wahrscheinlichkeit an, daß diese Ereignisse gemeinsam auftreten – ist sie gleich eins, so treten sie immer gemeinsam auf.

Eng damit verbunden ist die bedingte Wahrscheinlichkeit $(N-1)$-ter Ordnung $P(u_N|u_1,\ldots,u_{N-1}) \leq 1$, für die entsprechend (B.5-24)

$$\sum_{u_N} P(u_N|u_1,\ldots,u_{N-1}) \equiv 1 \tag{B.5-25}$$

gilt. Die bedingte Wahrscheinlichkeit gibt die Wahrscheinlichkeit dafür an, daß auf eine Reihe von (bekannten, da vorhergehenden) Ereignissen $u_1,\ldots,u_{N-1}$ das Ereignis u_N folgt.

Verbund- und bedingte Wahrscheinlichkeit sind über die Beziehungen

$$P(u_1,\ldots,u_N) = P(u_N|u_1,\ldots,u_{N-1})P(u_1,\ldots,u_{N-1}) \tag{B.5-26}$$

und

$$P(u_1,\ldots,u_{N-1}) \leq P(u_N|u_1,\ldots,u_{N-1}) \tag{B.5-27}$$

miteinander verknüpft. Für den einfachsten Fall, daß nur jeweils zwei Ereignisse voneinander statistisch abhängig sind ($N=2$), vereinfachen sich diese Gleichungen zu

B.5.6 Verbundwahrscheinlichkeit und bedingte Wahrscheinlichkeit

$$\sum_{u_1}\sum_{u_2} P(u_1, u_2) \equiv 1 \quad \text{mit} \quad P(u_1, u_2) \leq 1 \quad \text{(B.5-28)}$$

und

$$\sum_{u_1} P(u_2 | u_1) \equiv 1 \quad \text{mit} \quad P(u_2 | u_1) \leq 1 \quad \text{(B.5-29)}$$

bzw.

$$P(u_1, u_2) = P(u_2 | u_1) P(u_1) \quad \text{mit} \quad P(u_1) \leq P(u_2 | u_1) \quad \text{(B.5-30)}$$

Der Sonderfall der statistischen Unabhängigkeit liegt vor, wenn gilt

$$P(u_N | u_{N-1}) = P(u_N) \quad \text{(B.5-31)}$$

d. h. die Wahrscheinlichkeit des Auftretens von u_N hängt nicht vom Auftreten von u_{N-1} ab. Außerdem gilt dann

$$P(u_N, u_{N-1}) = P(u_{N-1}, u_N) = P(u_N) P(u_{N-1}) \quad \text{(B.5-32)}$$

und

$$P(u_{N-1} | u_N) = P(u_{N-1}) \quad \text{(B.5-33)}$$

Dies ist praktisch die Umkehrung der Beziehung (B.5-34). Hier kann gleich darauf hingewiesen werden, daß die kausalen Zusammenhänge bzgl. $u_N | u_{N-1}$ usw. nicht von evtl. vorhandenen temporalen Zusammenhängen abhängt.

Eine Möglichkeit zur Bestimmung statistischer Unabhängigkeit ist daher die Anwendung der Beziehung

$$P(u_1, \ldots, u_N) = \prod_{i=1}^{N} P(u_i) \quad \text{(B.5-34)}$$

Ist (B.5-34) erfüllt, so handelt es sich um statistisch unabhängige Ereignisse. Auf die Frage der statistischen Abhängigkeit wird in Abschnitt B.5.8 bei der Betrachtung der Kovarianz und des Korrelationskoeffizienten näher eingegangen.

Beispiel B.5-5

Die deutsche Sprache ist – wie jede andere Sprache – ein gutes Beispiel für die statistische Abhängigkeit mehrerer aufeinanderfolgender Ereignisse (in diesem Falle Zeichen). Anhand einiger Zusammenhänge aus dem Bereich der deutschen Schriftsprache sollen hier die Begriffe der Verbund- und der bedingten Wahrscheinlichkeit erläutert werden. Basis hierfür sind die Ergebnisse von umfangreiche Untersuchungen, bei denen eine Vielzahl von Schriftstücken aus den unterschiedlichsten Themengebieten bearbeitet und auf ihre statistischen Eigenschaften bzgl. der Verteilung der einzelnen Zeichen analysiert wurden.

So wurde z. B. in der Dissertation von E. Hecker mit dem Thema „Die deutsche Schriftsprache als mehrstufiger Prozeß grammatischer Elemente" (TU Hannover, 1977) eine Analyse von Buchtexten mit rund 4,5 Millionen Buchstaben durchgeführt. Um nur einen Buchstaben herauszugreifen, werde an dieser Stelle das „c" betrachtet, das mit einer Wahrscheinlichkeit von rund 2,76 % auftritt, Bei der Untersuchung der Resultate der o. g. Arbeit zeigen sich starke statistische Abhängigkeiten.

Bei der bedingten Wahrscheinlichkeit erster Ordnung $P(u|'c')$ ergibt sich, daß in mehr als 95 % aller Fälle einem „c" ein „h" folgt. Die restlichen Fälle verteilen sich auf die Buchstaben „k", „s" und „d", während die sonstigen Buchstaben vernachlässigbar sind. Ein ähnliches Bild bietet sich bei der Betrachtung der Verbundwahrscheinlichkeit erster Ordnung $P('c',u)$. Ganz anders hingegen das Resultat bei Vertauschung der Reihenfolge – bei $P(\text{„}c\text{"}|u)$ bzw. $P(u,\text{„}c\text{"})$ ergibt sich eine leichte „Bervorzugung" von „i" und „s", während die Buchstaben „a", „e", „l", „o", „u" sowie das Leerzeichen relativ gleichverteilt sind. In einer zweiten Dissertation (B. Bongo, „Segmentierung diskreter stochastischer Signale am Beispiel der deutschen Schriftsprache", Universität Hannover, 1980) sind weitere Ergebnisse zu diesem Thema zu finden.

Wie im Kapitel C.1 im Rahmen der Informationstheorie noch gezeigt wird, spielt die Wahrscheinlichkeit für das Auftreten eines Zeichens (mit oder ohne Berücksichtigung der statistischen Bindungen) eine fundamentale Rolle bei der Aussage darüber, „wieviel" Information dieses Zeichen trägt. Wie vielleicht schon gefühlsmäßig zu ahnen ist, ist dabei eine indirekte Proportionalität vorhanden: Je unwahrscheinlicher ein Zeichen bzw. eine Zeichenfolge, desto mehr „Information" trägt dieses Zeichen bzw. diese Zeichenfolge. Diese Zusammenhänge werden bei der Behandlung der Informationstheorie noch ausführlich betrachtet.

B.5.7 Drei wichtige Wahrscheinlichkeitsdichteverteilungen

Drei der wichtigsten und am häufigsten vorkommenden Wahrscheinlichkeits(dichte)verteilungen sind die Gleichverteilung, die Exponentialverteilung und die Gaußsche Verteilung (Normalverteilung).

Für die Wahrscheinlichkeitsdichteverteilung gilt hier (Abb. B.5-5):

$$p(x) = \begin{cases} 1/2a & \text{für } x \leq |a| \\ 0 & \text{sonst} \end{cases} \qquad (B.5\text{-}35)$$

B.5.7 Drei wichtige Wahrscheinlichkeitsdichteverteilungen

und somit für die Wahrscheinlichkeitsverteilung

$$F(x) = P(X \leq x) = \begin{cases} 0 & x < -a \\ (a+x)/2a & -a \leq x \leq a \\ 1 & x > a \end{cases} \qquad (B.5\text{-}36)$$

Gleichverteilung

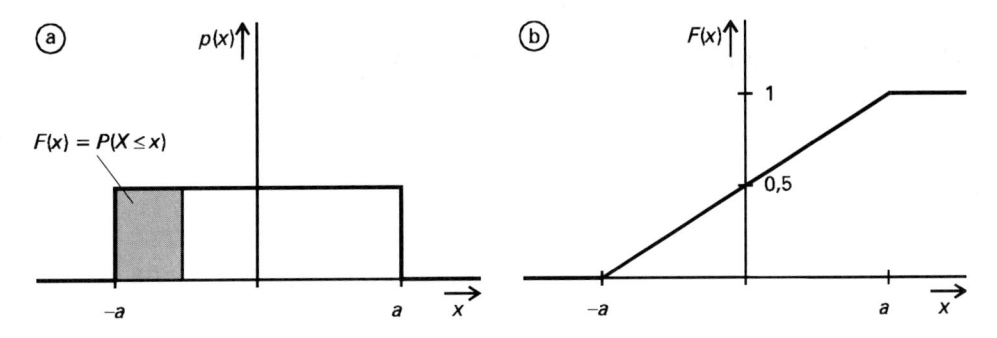

Abb. B.5-5 Gleichverteilung

Ein Beispiel für eine (diskrete) Gleichverteilung ist der ideale Würfel; hier weisen alle sechs Augenzahlen die gleiche Wahrscheinlichkeit auf (vgl. dazu das Beispiel B.5-1).

Exponentialverteilung

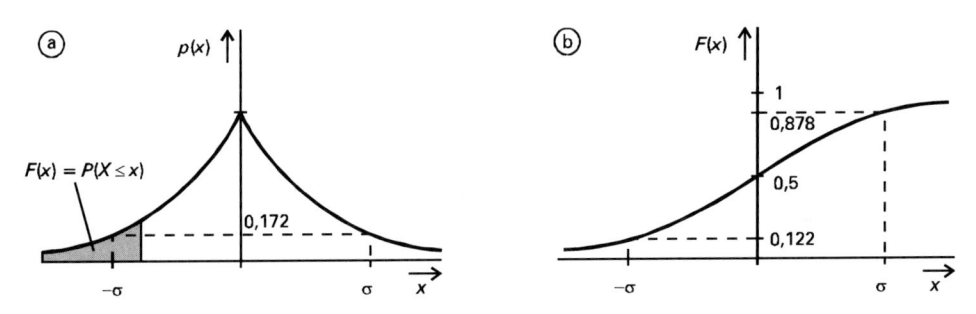

Abb. B.5-6 Exponentialverteilung

Für die Wahrscheinlichkeitsdichteverteilung gilt hier (Abb. B.5-6)

$$p(x) = \frac{1}{\sqrt{2}\sigma} e^{-\frac{\sqrt{2}|x|}{\sigma}} \qquad (B.5\text{-}37)$$

und somit für die Wahrscheinlichkeitsverteilung

$$F(x) = P(X \leq x) = \begin{cases} \dfrac{1}{2} e^{\frac{\sqrt{2}x}{\sigma}} & x < 0 \\ 1 - \dfrac{1}{2} e^{-\frac{\sqrt{2}x}{\sigma}} & x \geq 0 \end{cases} \qquad (B.5\text{-}38)$$

Die Lebensdauer von herkömmlichen Glühbirnen weist in guter Näherung eine Exponentialverteilung auf.

Gaußsche Verteilung (Normalverteilung)

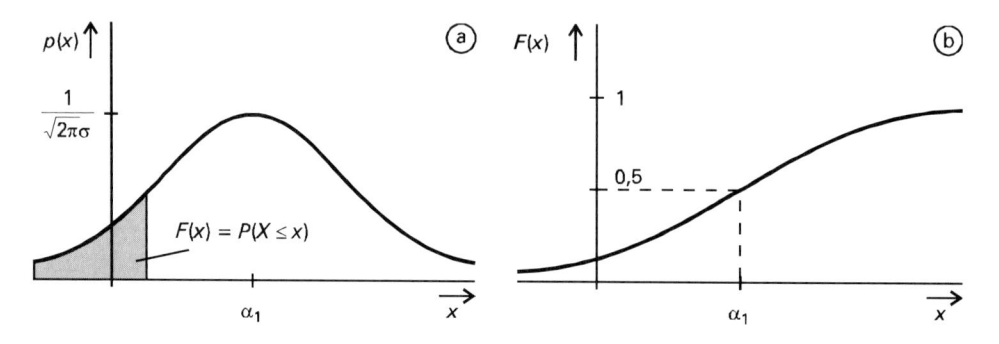

Abb. B.5-7   *Gaußsche Verteilung (Normalverteilung)*

Für die Gaußsche Wahrscheinlichkeitsdichteverteilung (Abb. B.5-7) gilt mit $\alpha_1 = E\{X\}$ und $\sigma = D\{X\}$

$$p(x) = \frac{1}{\sqrt{2\pi}\,\sigma} e^{-\frac{(x-\alpha_1)^2}{2\sigma^2}} \qquad (B.5\text{-}39)$$

womit sich für die Wahrscheinlichkeitsverteilung der in geschlossener Form nicht lösbare Ausdruck

$$F(x) = P(X \leq x) = \frac{1}{\sqrt{2\pi}\,\sigma} \int_{-\infty}^{+\infty} e^{-\frac{(x-\alpha_1)^2}{2\sigma^2}} \, d\xi \qquad (B.5\text{-}40)$$

ergibt. In Tabellenwerken ist häufig das Integral der normierten Normalverteilung ($\alpha_1 = 0$, $\sigma = 1$)

$$\Phi(x) = \frac{1}{\sqrt{2\pi}} \int_0^x e^{-\frac{\xi^2}{2}} \, d\xi \qquad (B.5\text{-}41)$$

aufgeführt.

Die Normalverteilung ist von größter Bedeutung im Bereich der Nachrichtentechnik; auf den zentralen Grenzwertsatz sei an dieser Stelle nur hingewiesen.

B.5.8 Korrelation und Kovarianz

Eine wichtige Frage bei der Betrachtung zweier statistischer Prozesse ist die Frage, inwieweit diese Prozesse untereinander korreliert sind bzw. inwieweit die Prozesse statistisch voneinander abhängig sind. Zu diesem Zweck werden die Kovarianz und der Korrelationskoeffizient eingeführt. Die Kovarianz zweier Zufallsgrößen ist dabei definiert als

$$\mu_{xy} = E\{XY\} - E\{X\}E\{Y\} \tag{B.5-42}$$

Wenn die beiden Zufallsprozesse statistisch unabhängig sind, ist die Kovarianz gleich null ($\mu_{xy} = 0$); das ist gleichbedeutend mit der Aussage, daß bei statistisch unabhängigen Prozessen der Erwartungswert des Produkts der Prozesse gleich dem Produkt der Erwartungswerte der Prozesse ist ($E\{XY\} = E\{X\}E\{Y\}$) sowie dem Zusammenhang zwischen den Varianzen $D^2\{X+Y\} = D^2\{X\} + D^2\{Y\}$. Der Umkehrschluß ist jedoch *nicht* zulässig, d. h. aus $\mu_{xy} = 0$ läßt sich nicht auf statistisch unabhängige Größen schließen.

Normiert man die Kovarianz auf das Produkt der Streuungen der beiden Zufallsgrößen, so erhält man den Korrelationskoeffizienten

$$\rho_{xy} = \frac{E\{(X-E\{X\})(Y-E\{Y\})\}}{\sqrt{E\{(X-E\{X\})^2\}E\{(Y-E\{Y\})^2\}}} = \frac{\mu_{xy}}{\sigma_x \sigma_y} \tag{B.5-43}$$

Ohne Beweis sei hier festgehalten, daß sich der Korrelationskoeffizient im Bereich von –1 bis +1 bewegen kann. Je nach der Größe des Korrelationskoeffizienten kann ein Rückschluß auf die statistischen Abhängigkeiten der untersuchten Zufallsprozesse gezogen werden: bei $|\rho_{xy}| = 1$ besteht eine maximale statistische Abhängigkeit, während bei $\rho_{xy} = 0$ unkorrelierte Prozesse vorliegen (entsprechend der Kovarianz). Auch hier gilt jedoch wieder, daß von $\rho_{xy} = 0$ nicht auf statistische Unabhängigkeit der Prozesse geschlossen werden darf.

Beispiel B.5-6

In Abb. B.5-8 sind drei Beispiele für zwei Zufallsgrößen dargestellt, wobei sich einerseits eine negative Korrelation (links) bzw. eine positive Korrelation (Mitte) ergibt, andererseits sind rechts zwei statistisch vergleichsweise unabhängige Zufallsgrößen dargestellt.

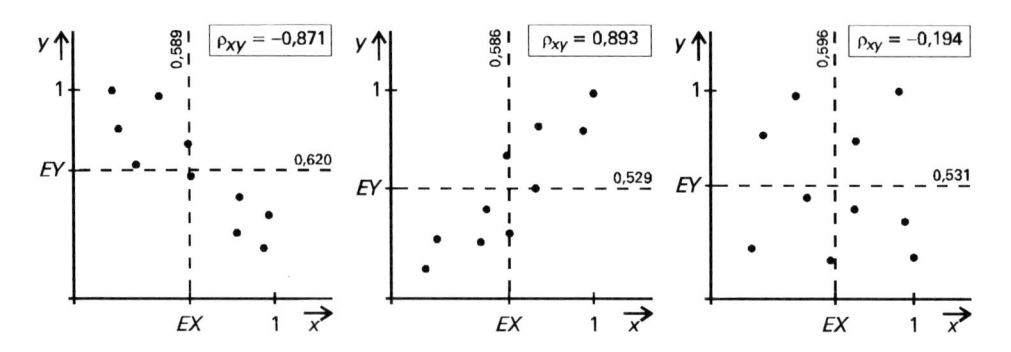

Abb. B.5-8 Drei Beispiele für die Anwendung des Korrelationskoeffizienten zur Überprüfung der Korrelation von Zufallsgrößen (jeweils 10 Wertepaare)

B.6 Korrelationsfunktionen und Leistungsdichtespektrum

B.6.1 Korrelationsfunktionen

B.6.1.1 Einleitung

Bei der Korrelationsfunktion $R(\tau)$ handelt es sich um eine Form der Mittelwertbildung im Zeitbereich. Die allgemeine Definition der Korrelationsfunktion für einen stationären Prozeß lautet

$$R(\tau) = \lim_{T \to \infty} \frac{1}{2T} \int_{-T}^{+T} x_1(\tau) x_2(\tau + t) \, dt \qquad (B.6-1)$$

wobei τ die zeitliche Verschiebung von $x_1(t)$ gegenüber $x_2(t)$ angibt; dabei ist $0 \leq \tau \leq \infty$. Die Korrelationsfunktion stellt ein Maß für die statistische Abhängigkeit der verschiedenen Werte eines Zufallssignals (oder zweier) dar. Man unterscheidet dabei zwischen der sogenannten Autokorrelationsfunktion und der Kreuzkorrelationsfunktion, deren Definitionen und wichtigste Eigenschaften im folgenden gezeigt werden.

In Abb. B.6-1 ist das Prinzipschaltbild zur Bestimmung der Autokorrelationsfunktion bzw. der Kreuzkorrelationsfunktion dargestellt. Im allgemeinen kann dabei die gleiche Schaltung verwendet werden, wobei lediglich die Ansteuerung verändert werden muß.

B.6.1 Korrelationsfunktionen

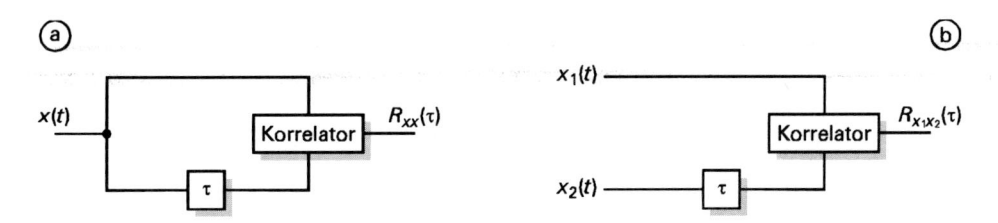

Abb. B.6-1 Bestimmung der Autokorrelationsfunktion (a) bzw. der Kreuzkorrelationsfunktion (b)

B.6.1.2 Die Autokorrelationsfunktion (AKF)

Um einige statistische Eigenschaften einer Funktion zu bestimmen, kann die Autokorrelationsfunktion (AKF) verwendet werden. Bei der Autokorrelationsfunktion gilt $x_1(t) = x_2(t) = x(t)$ und somit für die Korrelationsfunktion

$$R_{xx}(\tau) = \lim_{T \to \infty} \int_{-T}^{+T} x(\tau)\, x(t+\tau)\, \mathrm{d}t \qquad (\text{B.6-2})$$

Einige wichtige Eigenschaften der Autokorrelationsfunktion sind:

1. Das Maximum der Autokorrelationsfunktion erscheint immer bei $\tau = 0$ und ist gleich dem quadratischen Mittelwert.

$$R_{xx}(0) = \max\{R_{xx}(\tau)\} = E\{x^2\} \qquad (\text{B.6-3})$$

2. Weit auseinanderliegende stochastische Ereignisse sind statistisch unabhängig.

$$\lim_{\tau \to \infty} R_{xx}(\tau) = 0 \qquad (\text{B.6-4})$$

3. Die Autokorrelationsfunktion ist eine gerade Funktion bzgl. $\tau = 0$.

$$R_{xx}(\tau) = R_{xx}(-\tau) \qquad (\text{B.6-5})$$

Wird die Autokorrelationsfunktion normiert auf den Maximalwert $R_{xx}(0)$, so erhält man den Autokorrelationskoeffizienten

$$\rho_{xx}(0) = \frac{R_{xx}(\tau)}{R_{xx}(0)} \qquad (\text{B.6-6})$$

Beispiel B.6-1

Es sei die Autokorrelationsfunktion des folgenden (deterministischen) Signals zu berechnen (siehe Abb. B.6-2a):

$$x(t) = \begin{cases} A & |t| < t_0/2 \\ 0 & \text{sonst} \end{cases}$$

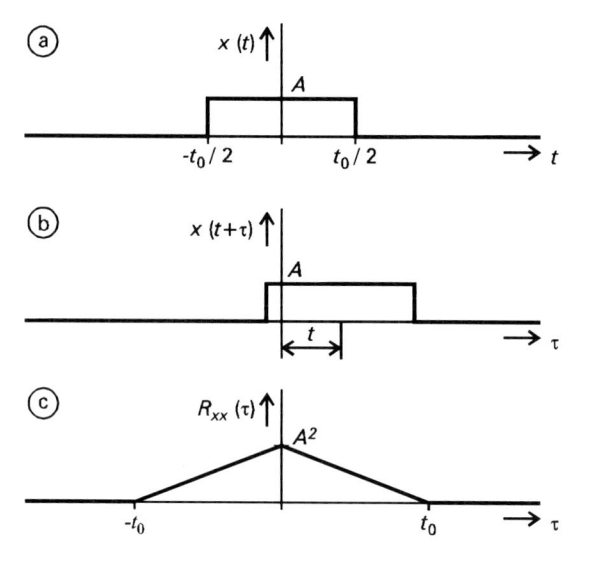

Abb. B.6-2 Signal $x(t)$ (a), verschobenes Signal $x(\tau + t)$ (b) sowie die Autokorrelationsfunktion $R_{xx}(\tau)$ des Signals (c)

Ausgehend von (B.6-2) kann die Autokorrelationsfunktion aus der Integration des Produkts der ursprünglichen Funktion $x(t)$ mit der um t verschobenen Funktion $x(\tau+t)$ (Abb. B.6-2b) berechnet werden. Das Ergebnis dieser Rechnung lautet

$$R_{xx}(t) = \begin{cases} A^2(t_0 - |t|) & |t| < t_0 \\ 0 & \text{sonst} \end{cases}$$

und ist in Abb. B.6-2c dargestellt.

B.6.1.3 Die Kreuzkorrelationsfunktion (KKF)

Zur Überprüfung der statistischen Abhängigkeit zweier verschiedener Zeitfunktionen berechnet man die Kreuzkorrelationsfunktion

$$R_{x_1 x_2}(\tau) = \lim_{T \to \infty} \int_{-T}^{+T} x_1(\tau) x_2(t+\tau)\,dt \tag{B.6-7}$$

wobei die Eigenschaften der Kreuzkorrelationsfunktion teilweise von denen der Autokorrelationsfunktion abweichen:

B.6.1 Korrelationsfunktionen

1. Weit auseinanderliegende stochastische Ereignisse sind statistisch unabhängig.

$$\lim_{\tau \to \infty} R_{x_1 x_2}(\tau) = 0 \qquad (B.6\text{-}8)$$

2. Bei Vertauschung von x_1 und x_2 gilt

$$R_{x_1 x_2}(\tau) = R_{x_2 x_1}(-\tau) \qquad (B.6\text{-}9)$$

Der für die praktische Anwendung entscheidende Unterschied zur Autokorrelationsfunktion liegt darin, daß das Maximum der Kreuzkorrelationsfunktion nicht mehr unbedingt bei $\tau = 0$ liegt. Auf die Bedeutung dieser Tatsache wird weiter unten kurz hingewiesen. Bei kontinuierlichen Zeitfunktionen sind die Korrelationsfunktionen i. a. nur meßbar, während sie für diskrete Funktionen mit den o. a. Formeln zu berechnen sind.

Beispiel B.6-2

Entsprechend dem Beispiel zur Autokorrelationsfunktion werden hier zwei (deterministische) Signale $x_1(t)$ (Abb. B.6-3a) und $x_2(\tau+t)$ (Abb. B.6-3b) betrachtet. Mit (B.6-7) ergibt sich dann die in Abb. B.6-3c dargestellte Kreuzkorrelationsfunktion.

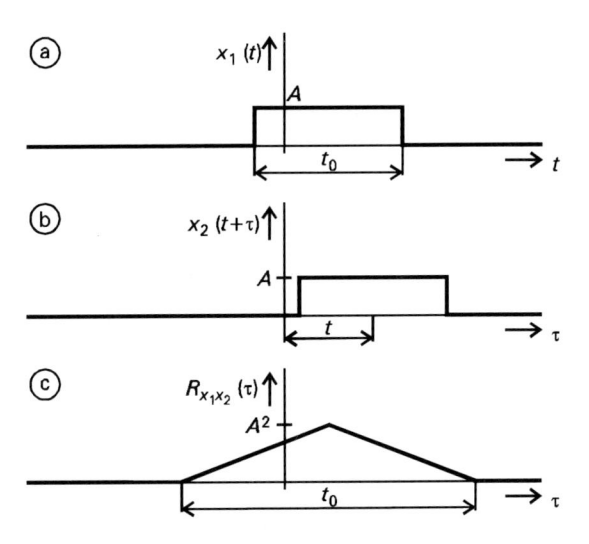

Abb. B.6-3 Signal $x_1(t)$ (a), verschobenes Signal $x_2(\tau + t)$ (b) sowie die Kreuzkorrelationsfunktion $R_{x_1 x_2}(\tau)$ des Signals (c)

B.6.2 Das Leistungsdichtespektrum

Einen wichtigen Zusammenhang enthält der Satz von Wiener-Khintchine. Vereinfacht gesagt, stellt er die Verbindung zwischen der Autokorrelationsfunktion und dem Leistungsdichtespektrum eines Signals durch die Fourier-Transformation her. Die Autokorrelationsfunktion und das Leistungsdichtespektrum entsprechen einander wie eine deterministische Zeitfunktion und ihre Amplitudendichte in der klassischen Fourier-Analyse. Der fundamentale Unterschied hierbei ist, daß im deterministischen Fall die Zeitfunktion aus der Fourier-Transformierten gewonnen werden kann. Dies ist bei stochastischen Funktionen (wie der Autokorrelationsfunktion) nicht möglich, da das Leistungsdichtespektrum definitionsgemäß keine Phaseninformation enthält.

Die Fourier-Transformierte der Autokorrelationsfunktion lautet

$$\Phi^{(P)}(\omega) = \int_{-\infty}^{+\infty} R_{xx}(\tau) e^{-j\omega\tau} \, d\tau \tag{B.6-10}$$

wobei $\Im\{\Phi^{(P)}(\omega)\} = 0$ ist, da $R_{xx}(\tau)$ eine gerade Funktion ist. Der Gleichanteil der Fourier-Transformierten des stochastischen Signals berechnet sich mit

$$\Phi^{(P)}(0) = \int_{-\infty}^{+\infty} R_{xx}(0) \, d\tau \tag{B.6-11}$$

Die Umkehrung der Fourier-Transformation erlaubt die Berechnung der Autokorrelationsfunktion aus dem Leistungsdichtespektrum mittels

$$R_{xx}(\tau) = \frac{1}{2\pi} \int_{-\infty}^{+\infty} \Phi^{(P)}(\omega) e^{j\omega\tau} \, d\tau \tag{B.6-12}$$

Unter der Voraussetzung, daß $\tau R_{xx}(\tau)$ absolut integrierbar ist, d. h. mit

$$\int_{-\infty}^{+\infty} \left| \tau R_{xx(\tau)} \right| d\tau < \infty \tag{B.6-13}$$

gilt [Papoulis 88]:

$$\Phi^{(P)}(\omega) = \lim_{T \to \infty} \frac{1}{2T} \left| \int_{-\infty}^{+\infty} x(t) e^{-j\omega t} \, dt \right|^2 \tag{B.6-14}$$

Eine Übersicht der Verknüpfung zwischen einem (stochastischen) Signal, seiner Autokorrelationsfunktion und dem zugehörigen Leistungsdichtespektrum (mit Angabe der betreffenden Formel) zeigt Abb. B.6-4, wobei auch hier noch einmal dargestellt ist, daß weder von der Autokorrelationsfunktion noch vom Lei-

B.6.2 Das Leistungsdichtespektrum

stungsdichtespektrum ein Weg zum Signal zurückführt, da bei den Umwandlungen nach (B.6-2) bzw. (B.6-14) Informationen verlorengehen.

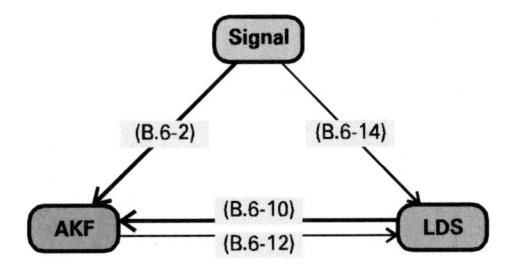

Abb. B.6-4 Zusammenhang zwischen einem Signal, seiner Autokorrelationsfunktion und seinem Leistungsdichtespektrum

Beispiel B.6-3

Es sei ein statistisches Signal zu untersuchen, aus dessen Zeitfunktion in Abb. B.6-5 ein Ausschnitt dargestellt ist. Es handelt sich dabei um ein aus zwei Sinustönen mit unterschiedlichen Frequenzen und Amplituden bestehendes Signal, dem ein Rauschanteil überlagert worden ist. Aus der Zeitfunktion ist das Erkennen der im Signal vorhandenen Periodizitäten kaum möglich.

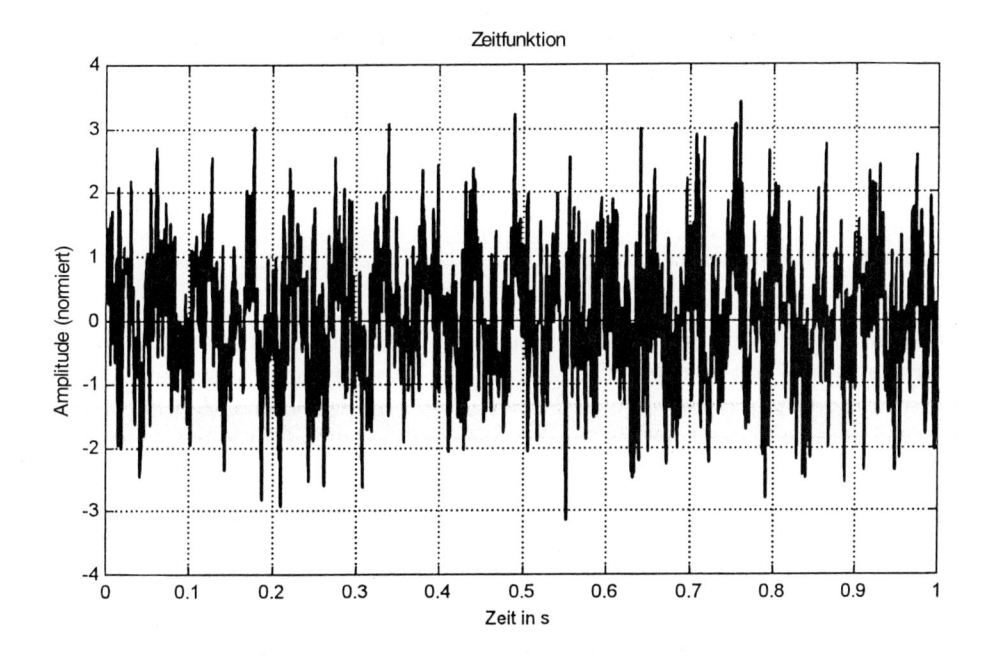

Abb. B.6-5 Zeitfunktion $x(t)$ eines statistischen Signals

Zur Untersuchung auf evtl. vorhandene periodische Anteile wird im ersten Schritt mit (B.6-2) die Autokorrelationsfunktion berechnet (Abb. B.6-6). Bereits hier ist anschaulich eine Periodizität deutlich zu erkennen. Der dreieckförmige Verlauf der Autokorrelationsfunktion ist auf die – unvermeidliche – zeitliche Begrenzung des Signalausschnitts zurückzuführen. Dies entspricht einem zeitlich unbegrenzten Signal, das mit einer Rechteckfunktion multipliziert (gewichtet) wird. Dieses Rechtecksignal weist eine dreieckförmige Autokorrelationsfunktion auf, die in Überlagerung mit der Autokorrelationsfunktion des zeitlich unbegrenzten Signals die in Abb. B.6-6 gezeigte Autokorrelationsfunktion erzeugt.

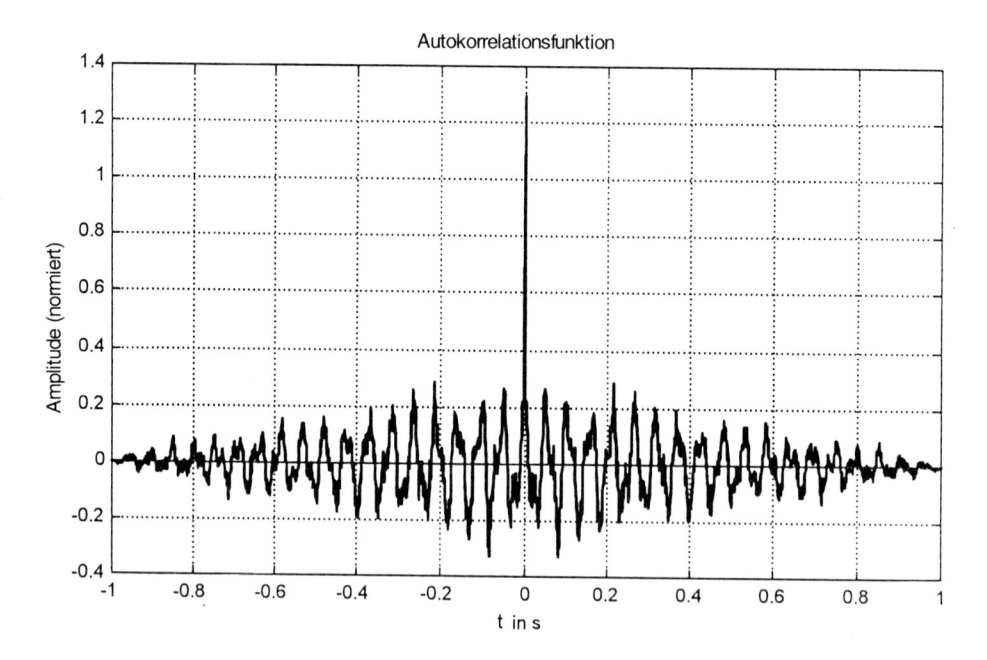

Abb. B.6-6 *Autokorrelationsfunktion $R_{xx}(t)$ des statistischen Signals $x(t)$ aus Abb. B.6-5*

Anschließend erfolgt die Ermittlung des Leistungsdichtespektrums mit (B.6-10) oder wahlweise mit (B.6-14). Die graphische Darstellung des Leistungsdichtespektrums ist in Abb. B.6-7 zu finden. Hier ist jetzt das Vorhandensein der periodischen Anteile mit einer Frequenz von ca. 20 Hz (exakt 18,8 Hz) bzw. von ca. 40 Hz (exakt 41,3 Hz) deutlich zu erkennen.

Anmerkung: Festzuhalten ist, daß hier jeweils nur Näherungen verwendet werden können, da in den Berechnungsvorschriften über die gesamte Zeitdauer (von $-\infty$ bis $+\infty$) integriert wird. Bei den dargestellten Ergebnissen wird die Integrationsdauer auf den in Abb. B.6-5 dargestellten, willkürlich gewählten Ausschnitt beschränkt. Dadurch wird natürlich ein gewisser Fehler eingeführt (s. o.). Zu beachten ist jedoch, daß dieser Fehler in der Praxis unvermeidlich ist, da stets eine zeitliche Beschränkung vorhanden ist.

B.6.3 Einige Anwendungen

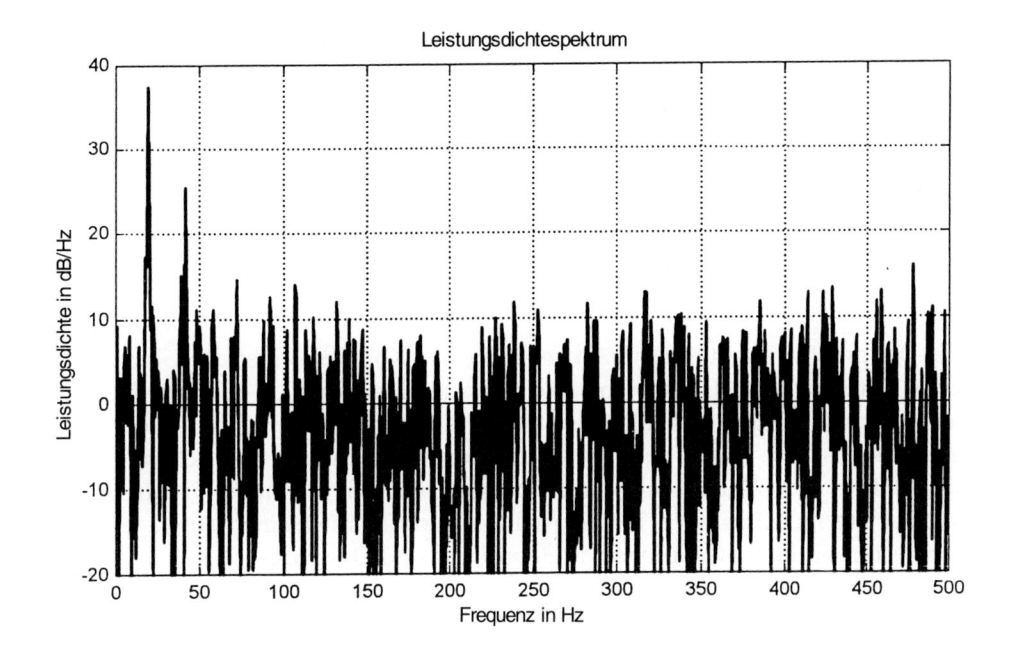

Abb. B.6-7   Leistungsdichtespektrum $\Phi^{(P)}(\omega)$ des statistischen Signals $x(t)$ aus Abb. B.6-5

Auf die Berechnung des Leistungsdichtespektrums wird im Zusammenhang mit der Übertragung digitaler Signale im Kapitel D.2 ausführlicher eingegangen.

B.6.3   Einige Anwendungen

Eine Anwendung der Korrelation stellt der Korrelationsprozeß zweier unterschiedlicher stochastischer Funktionen (KKF) dar, wobei das Ziel der Untersuchung die Feststellung der statistischen Abhängigkeit zwischen den beiden Funktionen ist. Das Ergebnis ist der Korrelationskoeffizient φ, der betragsmäßig zwischen 0 und 1 liegt und den Grad der Korrelation angibt. Dabei werden zwei Grenzfälle unterschieden:

- $|\varphi| = 1$ die Funktionen sind maximal korreliert;
- $\varphi = 0$ die Funktionen sind unkorreliert und statistisch unabhängig.

Anmerkung: Die Tatsache, daß Funktionen korreliert sind, ist nicht gleichbedeutend mit statistischer Abhängigkeit. Auf der anderen Seite sind statistisch unabhängige Funktionen immer auch unkorreliert.

Die Definition des (Kreuz-) Korrelationskoeffizienten lautet

$$\varphi_{x_1 x_2}(\tau) = \frac{R_{x_1 x_2}(\tau)}{\sqrt{x_1^2 x_2^2}} \quad \text{(B.6-15)}$$

mit

$$x_i^2 = \lim_{T \to \infty} \int_{-T/2}^{+T/2} |x_i(t)|^2 \, dt = R_{x_i x_i}(0) \quad \text{(B.6-16)}$$

Ein Beispiel für eine typische Anwendung der Korrelation ist die Überprüfung eines Empfangssignals (insbesondere in der Funktechnik), ob darin ein bestimmtes, bekanntes Signal enthalten ist (Radar, *Spread Spectrum*). Eine weitere Anwendung ist die Suche nach Periodizitäten in einem stochastischen Vorgang durch Kreuzkorrelation mit einer Suchfunktion mit variabler Frequenz. Einsatzgebiete hierfür sind z. B. die Analyse von Gehirnströmen sowie die Meßwertverarbeitung in Geophysik, Meteorologie und Ozeanographie.

B.7   Übungsaufgaben

Aufgabe B-1

1. Berechnen Sie die folgenden Pegel

   $P = 500$ nW → dBm

   $P = 4$ W → dBm

   $U = 20$ mV → dBµV

   $U = 100$ mV an $50\,\Omega$ → dBm

2. a) Welcher Spannung entsprechen 10 dBµV?

   b) Welcher Spannung an $50\,\Omega$ entsprechen -25 dBm?

   c) Welcher Leistung entsprechen -27 dBm?

Aufgabe B-2

1. Durch einen ohmschen Widerstand ($R = 100\,\Omega$) fließt ein Strom von 100 mA. Berechnen Sie die Spannung U in dBµV und die Leistung P in dBm sowie in dBW.
2. Erläutern Sie den Unterschied zwischen absoluten und relativen Pegeln.

Aufgabe B-3

Erläutern Sie den Unterschied zwischen deterministischen und statistischen Signalen und geben Sie jeweils ein Beispiel an (mit Begründung).

Aufgabe B-4

Gegeben seien drei Systeme I bis III, die jeweils durch ihre Sprungantwort charakterisiert werden (siehe Abb. B.7-1). Unter welchen Bedingungen für die Parameter a, b und τ sind die hierdurch beschriebenen Systeme stabil (BIBO) bzw. kausal (mit Begründung)?

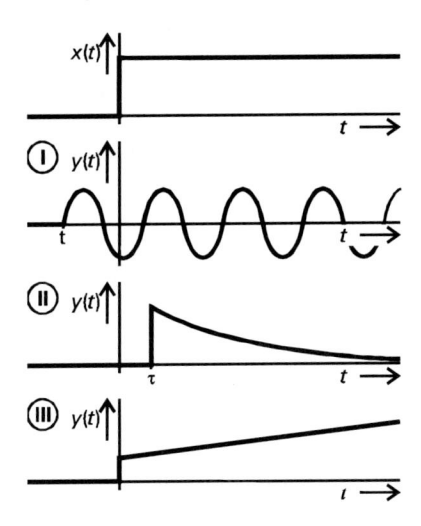

Abb. B.7-1 Die Systeme I, II und III

Eingangsfunktion: $\quad x(t) = \varepsilon(t)$ (Einheitssprungfunktion)

Ausgangsfunktion: $\quad y(t) = x(t) * h(t)$

System I: $\quad y(t) = \begin{cases} a \sin[\omega(t-\tau)] & t \geq \tau \\ 0 & \text{sonst} \end{cases}$

System II: $\quad y(t) = \begin{cases} e^{b(t-\tau)} & t \geq \tau \\ 0 & \text{sonst} \end{cases}$

System III: $\quad y(t) = [a + bt]\,\varepsilon(t)$

Aufgabe B-5

Von einem Kartenstapel (mit unendlich vielen Karten), in dem die vier Kartenfarben ♣, ♠, ♥ und ♦ gleichmäßig verteilt sind, werden nacheinander einzeln Karten gezogen, und es wird die Kartenfarbe festgehalten. Nach 10, 100, 1000, 10000 Karten wird Bilanz gezogen. Die ermittelten Anzahlen der mit den verschiedenen Kartenfarben gezogenen Karten sind in Tab. B.7-1 aufgeführt.

1. Berechnen Sie die relativen Häufigkeiten.
2. Geben Sie die Wahrscheinlichkeiten $P(\clubsuit), P(\spadesuit), P(\heartsuit)$ und $P(\diamondsuit)$ an.

3. Stellen Sie den Verlauf der relativen Häufigkeiten in Abhängigkeit von der Anzahl der Versuche (gezogenen Karten) graphisch dar.

N	n(♣)	n(♠)	n(♥)	n(♦)
10	1	4	2	3
100	19	30	24	27
1000	224	269	239	268
10000	2488	2497	2495	2520

Tab. B.7-1 Auftreten der verschiedenen Kartenfarben bei N Versuchen

Aufgabe B-6

In einer Fabrik muß der Durchmesser einer Reihe von Achsen vermessen werden, um zu beurteilen, wie „gut" die Herstellung dieser Bauteile durchgeführt wurde und ob bestimmte Anforderungen an die Toleranz eingehalten werden können. Zu diesem Zweck werden die Meßergebnisse zur leichteren Verarbeitung in elf „Kategorien" eingeteilt (Tab. B.7-2). Die Gesamtzahl der Messungen beträgt $N = 3600$.

x_i	−5	−4	−3	−2	−1	0	1	2	3	4	5
$n(x_i)$	109	205	305	452	643	587	543	306	214	139	97
$h(x_i)$											

Tab. B.7-2 Statistik der Meßergebnisse

1. Berechnen Sie die relative Häufigkeit in den elf Kategorien, tragen Sie sie in Tab. B.7-2 ein und stellen Sie den Verlauf graphisch dar.
2. Berechnen Sie den Erwartungswert des Durchmessers.
3. Berechnen Sie die Varianz und die Streuung des Durchmessers.

x_i	−5	−4	−3	−2	−1	0	1	2	3	4	5
$n(x_i)$	14	53	155	396	819	847	809	330	135	35	7
$h(x_i)$											

Tab. B.7-3 Statistik der Meßergebnisse

Durch eine Änderung im Herstellungsprozeß verändert sich die Statistik der Meßergebnisse gemäß Tab. B.7-3. Die Gesamtzahl der Messungen beträgt wiederum $N = 3600$.

4. Geben Sie die Varianz und die Streuung des Durchmessers an und vergleichen Sie das Ergebnis mit dem unter Punkt 3.

Teil C

Informations- und Codierungstheorie

C.1 Informationstheorie

C.1.1 Einleitung

Wie bereits in Teil A dargestellt, können Nachrichtenübertragungssysteme weitgehend abstrahiert werden. Im Extremfall reduziert sich ein derartiges System auf das in Abb. C.1-1 gezeigte Modell, bestehend aus der (Nachrichten-)Quelle, dem (Übertragungs-)Kanal und der (Nachrichten-)Senke – dies entspricht der Ebene 1 im *Information Transportation System* in Abb. A.1-1. Die Informationstheorie befaßt sich dabei mit den quantitativen Aspekten der Übertragung von Nachrichten in einem derartigen System.

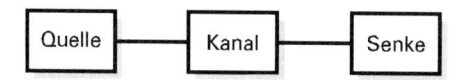

Abb. C.1-1 *Einfachstes Schema eines Nachrichtenübertragungssystems*

Anmerkung: Der „Kanal" in Abb. C.1-1 kann grundsätzlich die verschiedensten Formen annehmen. So ist z. B. auch die Speicherung auf einem Medium eine Möglichkeit. Aus informationstheoretischer Sicht ist der Typ des Kanals unerheblich. Daher wird dieser Aspekt in diesem Kapitel nicht weiter betrachtet.

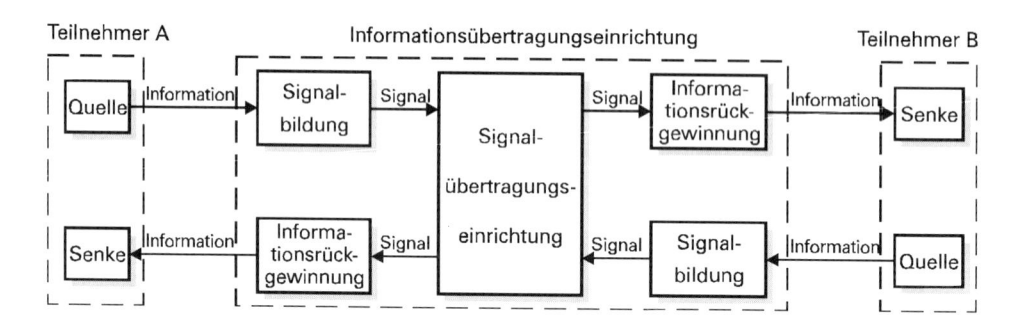

Abb. C.1-2 *Informations- und Signalübertragung (nach [Spiegel 90])*

Die Abb. C.1-2 zeigt den Zusammenhang zwischen der Informationsübertragung und der Signalübertragung. Teilnehmer A und Teilnehmer B stellen in dieser abstrahierten Betrachtung jeweils Quelle und Senke für die Information dar (hierbei wird von Zweiwegkommunikation ausgegangen, bei Einwegkommunikation entfällt entsprechend eine Quelle und eine Senke). Zwischen den Teilnehmern befindet sich eine Informationsübertragungseinrichtung, die über jeweils zwei Wandler Information → Signal bzw. Signal → Information verfügt. Das Herzstück der eigentlichen Übertragung bildet dann die Signalübertragungseinrichtung.

Im allgemeinen Sprachgebrauch ist der Begriff der Information häufig gleichbedeutend mit dem Begriff der Nachricht, wobei im Bereich der Nachrichtentechnik der Begriff Information verwendet wird, wenn es um den rein quantitativen Aspekt einer Nachricht geht – der Inhalt der Nachricht interessiert in diesem Zusammenhang also nicht. Man kann dies auch so ausdrücken, daß die Nachricht sowohl eine Darstellungs- als auch eine Bedeutungskomponente aufweist [Rohling 95]. Während die Darstellungskomponente dem quantitativen Aspekt entspricht, der in der Informationstheorie betrachtet wird, stellt die subjektive Bedeutungskomponente den qualitativen Aspekt dar, der hier nicht untersucht werden soll.

Die Informationstheorie wurde 1928 mit Arbeiten von Hartley begonnen und 1949 von Shannon [Shannon u. Weaver 49] begründet und bildet u. a. eine wesentliche Grundlage zur Beurteilung der „Güte" von verschiedenen Verfahren der Nachrichtentechnik, z. B. der Codierung und der Modulation. Ein wesentliches Ergebnis der Arbeiten von Shannon ist die Bestimmung der Grenzen dafür, was mit einem bestimmten technischen Nachrichtenübertragungssystem erreicht werden kann. Diese Grenzen beziehen sich im wesentlichen auf die Möglichkeiten der Quellen- und Kanalcodierung, die in den Kapiteln C.2 und C.3 behandelt werden. Es muß jedoch bereits an dieser Stelle darauf hingewiesen werden, daß die Informationstheorie keinerlei Antworten zu der Frage liefert, inwieweit und auf welche Weise diese Grenzen in der Praxis zu erreichen sind.

Im Zuge der immer größeren zu übertragenden Datenmengen gewinnt die Informationstheorie zunehmend an Bedeutung. Sie bildet z. B. die Grundlage für die verschiedenen Verfahren der Datenkomprimierung. Es bleibt zu beachten, daß die Informationstheorie „nur" theoretische Aussagen über prinzipielle Grenzen bzw. Möglichkeiten bereitstellt (z. B. welche Datenraten über einen gegebenen Kanal übertragen werden können), jedoch keine Hinweise auf die dazu notwendigen Verfahren liefert.

C.1.2   Einige Begriffe der Informationstheorie

Im Rahmen dieser Einleitung in die Informationstheorie sollen zuerst einige wichtige Begriffe definiert werden, die z. T. in der Umgangssprache mit einer gewissen „Unschärfe" verwendet werden. Anschließend werden einige Größen eingeführt, die für die Informationstheorie von zentraler Bedeutung sind.

Nachricht (*Message*) – Eine Zusammenstellung von Zeichen oder Zuständen, die zur Übermittlung von Information dient.
> *Anmerkung:* Die Informationstheorie faßt die Nachricht auf als eine Folge von nicht determinierten Ereignissen (im Sinne der Wahrscheinlichkeitsrechnung).

Signal (*Signal*) – Die physikalische Repräsentation einer Nachricht.

Symbol (*Symbol*) – Element zur Darstellung von Nachrichten.

Alphabet (*Alphabet*) – Eine durch Übereinkunft festgelegte Liste von Symboltypen (z. B. die Ziffern 0 bis 9).

Zeichen (*Character*) – Eine Kombination von Symbolen.

Code (*Code*) – Eine nicht notwendigerweise eindeutig umkehrbare Zuordnung zwischen zwei Mengen von Zeichen oder Symbolen.

Bit (*Bit*) – Einheit für die Anzahl der Binärentscheidungen.
Anmerkungen:
Alle logarithmisch definierten Größen der Informationstheorie wie Entscheidungsgehalt, Informationsgehalt, Redundanz usw. erhält man in bit, wenn der Logarithmus zur Basis zwei genommen wird.
Das Wort Bit ist eine Abkürzung für *Binary Digit* (Binärziffer). Es wird als Hauptwort groß, als Kurzzeichen klein geschrieben.

Nachrichtenquelle (*Information Source*) – Der Teil eines Nachrichtensystems, dem man die Entstehung der Nachricht zuordnet.
Anmerkungen:
Eine diskrete stationäre Nachrichtenquelle verfügt über ein Alphabet mit einer endlichen Anzahl von Symbolen, aus denen sie eine ggf. unendliche Folge von Symbolen (mit der Möglichkeit der Wiederholung) so auswählt, daß ein stationärer stochastischer Prozeß entsteht.
Bei einer Nachrichtenquelle ist jeder endlichen Folge von Symbolen eine bestimmte Wahrscheinlichkeit zugeordnet.

Entscheidungsgehalt (*Decision Content*) – Der Entscheidungsgehalt H_0 einer Menge von n einander ausschließenden Ereignissen (z. B. eines Alphabets von n Symbolen) ist gegeben durch

$$H_0 = \operatorname{ld} n \tag{C.1-1}$$

mit der Einheit bit/Symbol. Darin ist $\operatorname{ld} n$ der duale Logarithmus von n zur Basis 2, der auch als binärer Logarithmus $\operatorname{lb} n$ bezeichnet wird ($\operatorname{ld} n = \log n / \log 2$, $\log 2 = 0{,}3010300$).

Bei kontinuierlichen Signalen gilt (unter der Voraussetzung, daß Signal und Rauschen gauß-verteilt und statistisch unabhängig sind):

$$H_0 = \operatorname{ld} \sqrt{1 + \frac{P_s}{P_r}} = \frac{1}{2} \operatorname{ld}\left[1 + \frac{P_s}{P_r}\right] \tag{C.1-2}$$

mit der Einheit bit/Abtastwert. Hierbei ist P_s die (mittlere) Signalleistung und P_r die (mittlere) Rauschleistung – eine nähere Erläuterung dieser Größen ist im Kapitel E.5 zu finden. Bei kontinuierlichen Signalen wird H_0 auch als Dynamik bezeichnet. Der Term P_s/P_r wird Signalrauschleistungsverhältnis genannt und ebenfalls im Kapitel E.5 ausführlich behandelt. Da die Signalleistung i. a. deutlich größer ist als die Rauschleistung ($P_s > P_r$), kann vereinfachend auch $H_0 \approx \operatorname{ld}(P_s/P_r)$ geschrieben werden.

C.1.2 Einige Begriffe der Informationstheorie

Informationsgehalt (*Information Content*) – Der Informationsgehalt I_i eines statistisch nicht von anderen Ereignissen abhängigen Ereignisses x_i (z. B. das Auftreten eines Symbols) ist der Logarithmus des Kehrwerts der Wahrscheinlichkeit $P(x_i)$ für sein Auftreten, also

$$I_i = \operatorname{ld} \frac{1}{P(x_i)} \qquad (C.1\text{-}3)$$

mit der Einheit bit/Symbol.

Dies bedeutet, daß der Informationsgehalt (die „Aussagekraft") eines Symbols um so größer ist, je seltener es auftritt – hierauf wurde bereits in Kapitel B.5 hingewiesen.

Mittlerer Informationsgehalt, Entropie (*Average Information Content, Entropy*) – Der mittlere Informationsgehalt H – auch Entropie genannt – einer Menge von n statistisch unabhängigen Ereignissen $x_1 \ldots x_n$ mit den Wahrscheinlichkeiten $P(x_i)$ ist der Erwartungswert (Mittelwert) des mit den Auftretenswahrscheinlichkeiten gewichteten Informationsgehalts der einzelnen Ereignisse gemäß

$$H = \sum_{i=1}^{n} P(x_i) I_i = \sum_{i=1}^{n} P(x_i) \operatorname{ld} \frac{1}{P(x_i)} \qquad (C.1\text{-}4)$$

mit der Einheit bit/Symbol. Die Grenzwerte für die Entropie sind 0 bit/Symbol bzw. H_0, d. h.

$$H_0 \geq H \geq 0 \text{ bit/Symbol} \qquad (C.1\text{-}5)$$

Der mittlere Informationsgehalt ist am größten, wenn das Auftreten aller Symbole gleich wahrscheinlich ist – er ist dann gleich dem Entscheidungsgehalt H_0. Der Beweis für diese Behauptung wird im Abschnitt C.4.1 für den relativ einfachen Fall der binären Symbole gezeigt.

Für die Größen H und H_0 gilt jeweils die Einheit bit/Symbol. Bei Multiplikation mit der Anzahl n_s der betrachteten Symbole ergibt sich die gesamte Entropie (in bit)

$$H_{\text{ges}} = n_s \cdot H \qquad (C.1\text{-}6)$$

bzw. der gesamte Entscheidungsgehalt (in bit)

$$H_{0,\text{ges}} = n_s \cdot H_0 \qquad (C.1\text{-}7)$$

Anmerkung: Der Begriff Entropie ist hier genaugenommen etwas unglücklich gewählt. Der Zusammenhang zwischen der hier eingeführten Entropie der Information und dem „älteren" Begriff der Entropie aus der statistischen Thermodynamik ist rein formal-mathematischer Natur und entsteht nur auf der gemeinsamen Grundlage der statistischen Berechnung – jedoch ohne daß physikalische Zusammenhänge existieren. (Zur ausführlicheren Behandlung dieses Aspekts siehe z. B. [Fast u.

Stumpers 56].) Trotzdem hat sich der Begriff der Entropie in der Informationstheorie weitgehend durchgesetzt und wird daher auch hier weiterhin verwendet. Durch die Verwendung derselben Bezeichnung wollte Shannon also eine formale Analogie, nicht aber eine physikalische Identität ausdrücken [Peters 68].

Informationsfluß (*Information Rate per Time*) – Als Informationsfluß H' wird der mittlere Informationsgehalt H bezeichnet, der während der Dauer eines Symbols T_s abgegeben wird. Er berechnet sich somit zu

$$H' = \frac{H}{T_s} = R_s\, H \tag{C.1-8}$$

mit der Einheit bit/s, wobei R_s die Anzahl der Symbole pro Sekunde angibt (Symbolrate). In der Praxis wird für die Einheit bit/s häufig die aus dem Englischen stammende Bezeichnung bps (*Bits per Second*) verwendet.

Entscheidungsfluß (*Decision Rate per Time*) – Als Entscheidungsfluß H'_0 wird der Entscheidungsgehalt H_0 bezeichnet, der während der Dauer T_s eines Symbols abgegeben wird. Er wird auch als scheinbarer Informationsfluß bezeichnet und ergibt sich mit der Einheit bit/s zu:

$$H'_0 = \frac{H_0}{T_s} = R_s\, H_0 \tag{C.1-9}$$

Die Bezeichnung „scheinbarer Informationsfluß" rührt daher, daß der Entscheidungsfluß quantitativ dem maximal möglichen Informationsfluß entspricht, der unter den gegebenen Randbedingungen übertragen werden kann. Die tatsächlich je Zeiteinheit übertragene Informationsmenge wird aber durch den Informationsfluß H' nach (C.1-8) ausgedrückt. Entsprechend der Diskussion bei Entscheidungsgehalt und Entropie gilt auch hier, daß der Informationsfluß höchstens den Wert des Entscheidungsflusses annehmen kann – jedoch nur im Falle der Gleichverteilung der Symbole. In allen anderen Fällen bleibt der Informationsfluß unter dem Entscheidungsfluß; somit wird der Kanal nicht optimal genutzt. Eine Konsequenz aus dieser wichtigen Feststellung ist die Einführung der Quellencodierung, die im folgenden Kapitel etwas näher betrachtet wird.

Beispiel C.1-1

Bei den 26 Buchstaben des deutschen Alphabets beträgt der Entscheidungsgehalt nach (C.1-1)

$$H_0 = \operatorname{ld} 26 \text{ bit/Symbol} = 4{,}70 \text{ bit/Symbol}$$

und bei einer angenommenen Gleichverteilung der Buchstaben kann der Informationsgehalt eines einzelnen (statistisch unabhängigen) Symbols mit (C.1-1) zu

$$I_i = \operatorname{ld} \frac{1}{1/26} \text{ bit/Symbol} = 4{,}70 \text{ bit/Symbol}$$

angegeben werden. Die Entropie ergibt sich dann mit (C.1-4) zu

$$H = 26 \frac{1}{26} \text{ld} \frac{1}{1/26} \text{bit/Symbol} = 4{,}70 \text{ bit/Symbol}$$

Das bedeutet, daß Entropie und Entscheidungsgehalt gleich sind – wie es für gleichwahrscheinliche Symbole oben bereits behauptet wurde.

Bei der deutschen Sprache ergibt sich bei Berücksichtigung der tatsächlich auftretenden Wahrscheinlichkeiten eine Entropie von $H \approx 4{,}15 \text{ bit/Symbol}$. Verwendet man darüber hinaus die Kenntnis der statistischen Abhängigkeiten der Buchstaben, so verringert sich die Entropie auf $H \approx 1 \text{ bit/Symbol}$. Auf diesen Zusammenhang wird noch einmal im Abschnitt C.1.4.2 eingegangen.

Unter der Annahme, daß ein Sprecher im Durchschnitt fünfzehn Zeichen pro Sekunde erzeugt, ergibt sich, unter Berücksichtigung der statistischen Abhängigkeiten, ein Informationsfluß von $H' \approx 15 \text{ bps}$.

C.1.3 Redundanz und Relevanz

C.1.3.1 Einführung

Jede Nachricht kann bzgl. zweier Kriterien unterteilt werden. Einerseits wird unterschieden zwischen einem relevanten (zur Sache gehörenden) und einem irrelevanten (nicht zur Sache gehörenden) Teil, andererseits zwischen einem redundanten (d. h. einem im Prinzip bekannten) Teil sowie einem nicht redundanten (unbekannten) Teil. Diese Unterteilung einer Nachricht in vier Teile wird mit Hilfe der Abb. C.1-3 in der sogenannten Nachrichtenebene graphisch dargestellt.

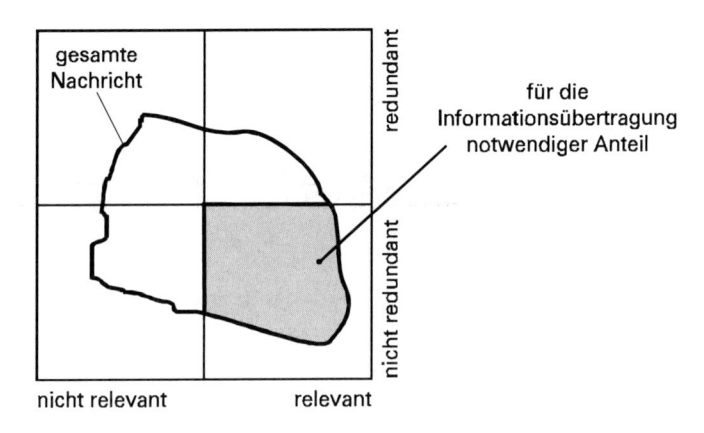

Abb. C.1-3 *Die Nachrichtenebene*

Lediglich der in Abb. C.1-3 markierte nicht redundante, aber relevante Teil der Nachricht ist für den Empfänger von Bedeutung – der Rest ist „überflüssiger Ballast". Demzufolge wird man bemüht sein, die Nachricht durch geeignete Verfahren auf den relevanten und nicht redundanten Teil zu beschränken, um die zur Verfügung stehenden Übertragungskanäle möglichst effizient zu nutzen. Diese Verfahren werden unter dem Oberbegriff der Quellencodierung zusammengefaßt (Kapitel C.2). Bei den Verfahren der Kanalcodierung wird, vor allem zum Zwecke der sicheren Übertragung, gezielt Redundanz hinzugefügt – auf diesen Punkt wird im Kapitel C.3 ausführlich eingegangen.

C.1.3.2 Relevanz

Nachrichten werden vom Menschen im wesentlichen über Augen und Ohren aufgenommen. Aufgrund physiologischer Gesetzmäßigkeiten sind diese Sinne nur in gewissen Grenzen aufnahmefähig und daher für bestimmte Teile der Nachricht unempfindlich – diese Teile sind irrelevant. Werden diese Teile der Nachricht nicht übertragen, so bedeutet dies eine Reduktion der Irrelevanz. Auf ein Beispiel (das Gehör mit seinem begrenztem Frequenzbereich und verschiedenen Verdeckungsmechanismen) wird im Kapitel F.5 hingewiesen, während an anderer Stelle auf die technische Nutzung dieser Zusammenhänge eingegangen wird.

Im Gegensatz zur Redundanz ist bei der Relevanz keine einfache Berechnung des irrelevanten Anteils bzw. der Reduktionsmöglichkeiten gegeben.

C.1.3.3 Redundanz

Redundant ist der Teil der Nachricht, der sich aus dem Informationsgehalt vorhersagen läßt. Diese Vorhersagbarkeit (Prädiktion) macht es möglich, die reduzierte Redundanz im Empfänger wieder zuzusetzen. Bei störungsfreiem Kanal wird daher die Nachricht trotz Redundanzreduktion fehlerfrei zum Empfänger übertragen, wenn die Redundanz dort wieder zugesetzt werden kann. Bei gestörter Übertragung ist allerdings auch die zugesetzte Redundanz fehlerhaft, was zu einer Fehlerfortpflanzung und somit i. a. zu einer erhöhten Anfälligkeit gegenüber Fehlern führt. Ein redundanzreduziertes Signal ist in vielen Fällen empfindlicher gegen Übertragungsstörungen als ein Signal ohne Redundanzreduktion. Ein Beispiel hierfür ist die Differenz-Pulscode-Modulation, die im Kapitel G.4 vorgestellt wird.

Anmerkung: Eine anschauliche Erläuterung dieses Begriffs erlaubt die Übersetzung als „Weitschweifigkeit".

Im Zusammenhang mit der Definition der Redundanz soll an dieser Stelle noch einmal auf den bereits im vorigen Kapitel angesprochenen Unterschied zwischen dem Entscheidungs- und dem Informationsgehalt eingegangen werden.

C.1.3 Redundanz und Relevanz

Bei der Übertragung einer Nachricht mit Hilfe eines aus n Symbolen bestehenden Alphabets wird eine Datenmenge benötigt, die durch den Entscheidungsgehalt

$$H_{0,\text{ges}} = n_s \cdot H_0 \qquad \text{(C.1-10)}$$

ausgedrückt wird. Dies ist jedoch „nur" eine Angabe über den maximalen (scheinbaren) Informationsgehalt, der mit diesem Alphabet, d. h. mit dieser Anzahl von Symbolen, übertragen werden kann. Der tatsächlich übertragene Informationsgehalt ergibt sich mit (C.1-4) bzw. (C.1-6) zu

$$H_{\text{ges}} = n_s \sum_{i=1}^{n} P(x_i) \, \text{ld} \, \frac{1}{P(x_i)} \qquad \text{(C.1-11)}$$

wobei gilt $H_{\text{ges}} \leq H_{0,\text{ges}}$. Die Differenz zwischen diesen beiden Größen, d. h. der nicht zur Informationsübertragung genutzte Teil des Entscheidungsgehalts, wird als (gesamte) Redundanz

$$R_{\text{ges}} = H_{0,\text{ges}} - H_{\text{ges}} \qquad \text{(C.1-12)}$$

bzw.

$$R = H_0 - H \qquad \text{(C.1-13)}$$

bezeichnet. Die relative Redundanz

$$r = \frac{R}{H_0} = \frac{H_0 - H}{H_0} \qquad \text{(C.1-14)}$$

wird auf H_0 bezogen und gibt den Anteil der Redundanz am gesamten übertragenen Entscheidungsgehalt an. Die relative Angabe ist häufig interessanter als der absolute Wert der Redundanz.

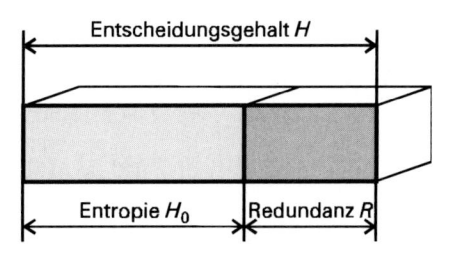

Abb. C.1-4 *Redundanz als Differenz zwischen Entscheidungsgehalt und Entropie*

Anzumerken ist hierbei, daß die obigen Beziehungen natürlich nicht nur für die Übertragung von Informationen gelten, sondern z. B. auch bei der informationstheoretischen Beurteilung der von einer Quelle erzeugten Symbole. Da jedoch diese Symbole prinzipiell auch wieder zur Übertragung in irgendeiner Form (worunter auch die Speicherung verstanden wird) vorgesehen sind, handelt es sich hierbei lediglich um einen anderen Aspekt des gleichen Sachverhalts.

Beispiel C.1-2 ▽

Für die deutsche Sprache ergibt sich mit dem Beispiel C.1-1 (unter Berücksichtigung der statistischen Abhängigkeit) mit einer Entropie von 1 bit/Symbol und einem Entscheidungsgehalt von 4,7 bit/Symbol eine Redundanz von

$$R = H_0 - H = 3{,}7 \text{ bit/Symbol}$$

Das bedeutet, daß aus informationstheoretischer Sicht ein Anteil von

$$r = \frac{R}{H_0} = 78{,}7 \%$$

der Zeichen der deutschen Sprache redundant ist.

In der Praxis macht sich das dadurch bemerkbar, daß für das Verständnis von ganzen Sätzen i. a. nicht zwangsläufig alle Zeichen erkannt werden müssen. Auf den Zusammenhang zwischen Silben-, Wort- und Satzverständlichkeit wird im Kapitel F.5 ausführlicher eingegangen.

▲

C.1.3.4 Nachrichtenreduktion

Die Nachrichtenreduktion (*Data Compression*), d. h. die Verringerung der zu übertragenden Datenmenge, spielt, wie bereits erwähnt wurde, bei den immer schneller wachsenden Bedürfnissen der Telekommunikation eine immer größere Rolle. Die Verfahren der Nachrichtenreduktion können unterteilt werden in die

♦ Irrelevanzreduktion (Entropiereduktion)

und die

♦ Redundanzreduktion.

Wesentliche Eigenschaften dieser Verfahren sind in Tab. C.1-1 zusammengestellt.

Die Maßnahmen zur Irrelevanzreduktion wirken i. a. nicht nur irrelevanz-, sondern gleichzeitig auch redundanzreduzierend. Im Gegensatz zur Irrelevanzreduktion ist die Redundanzreduktion ein reversibles Verfahren, das so ausgelegt ist, daß die Information vollständig erhalten bleibt (unabhängig davon, ob sie relevant ist oder nicht). Die Aufgabe der Nachrichtenreduktion wird i. a. von Quellenencoder und -decoder übernommen. Auf die Quellencodierung wird im folgenden Kapitel C.2 noch etwas ausführlicher eingegangen, wobei ein relativ einfaches Verfahren zur Redundanzreduktion exemplarisch untersucht wird.

C.1.4 Nachrichtenquellen

Quelle	Merkmale und Beispiele	
Quelle	Unabhängige Kriterien zur Unterteilung des Informationsgehalts der Nachricht: ♦ *relevant* (zur Sache gehörend) – *irrelevant* (nicht zur Sache gehörend) ♦ *redundant* (bekannt) – *nicht redundant* (unbekannt)	
Quellen-codierung	Nachrichtenreduktion	
	Weglassen von Irrelevanz (irreversibel) *Irrelevanzreduktion*	Weglassen von Redundanz (reversibel) *Redundanzreduktion*
	Voraussetzung: Mit Nachrichtensenke vereinbartes Maß für geforderte Wiedergabegüte, z. B. maximal zulässiger mittlerer quadratischer Fehler. Beispiel: Filterung, Quantisierung	Voraussetzung: Eindeutig umkehrbare Zuordnung zwischen reduzierter und unreduzierter Nachricht. Beispiel: Huffman-Code, DPCM, DM

Tab. C.1-1   Quellencodierung

Weitere Verfahren der Redundanzreduktion in Form der Differenz-Pulscodemodulation (DPCM) bzw. der Deltamodulation (DM) werden bei der Behandlung der Modulationsverfahren im Kapitel G.4 vorgestellt.

Die in Tab. C.1-1 angegebenen Beispiele für die Irrelevanzreduktion werden im Kapitel F.3 (Filterung) bzw. im Kapitel G.4 (Quantisierung) untersucht.

C.1.4 Nachrichtenquellen

C.1.4.1 Einleitung

Das einfachste Quellenmodell ist die diskrete gedächtnislose Quelle, die Symbolfolgen von statistisch unabhängigen Symbolen abgibt. Bei der diskreten gedächtnisbehafteten Quelle sind die Symbole nicht mehr unabhängig voneinander. Diese beiden Quellen werden im folgenden etwas näher betrachtet. Weiterhin gibt es kontinuierliche Quellen, die zur Behandlung mit den hier vorgestellten Methoden eine Umwandlung mit einem vorgegebenen Gütekriterium (maximal zulässiger Fehler) erfordern. Während auf die Umwandlung (Abtastung – Quantisierung – Codierung) im Rahmen der Pulsmodulationsverfahren (Kapitel G.4) noch ausführlich eingegangen wird, soll der informationstheoretische Aspekt der kontinuierlichen Quellen hier nicht weiter verfolgt werden.

In der Praxis existieren – im Gegensatz zu den bisher gemachten Annahmen – häufig Quellen, deren Symbole nicht unabhängig voneinander sind – sogenannte gedächtnisbehaftete oder Markow-Quellen. Der Zufallsprozeß, der diese Symbolfolgen beschreibt, läßt sich mit Hilfe der bedingten Wahrscheinlichkeiten $P(y|x)$ und der Verbundwahrscheinlichkeiten $P(x,y)$ beschreiben – man verwendet hierfür auch die Bezeichnung Markowsche Prozesse. Die darauf beruhenden sogenannten Markow-Quellen werden im Abschnitt C.1.4.3 vorgestellt.

C.1.4.2 Gedächtnisbehaftete Quellen

Die informationstheoretische Beschreibung der diskreten gedächtnislosen Quelle wurden bereits in Abschnitt C.1.2 die Berechnungsgrundlagen zur Verfügung gestellt. Hier sollen daher die entsprechenden Beziehungen für den einfachsten Fall der gedächtnisbehafteten Quelle angegeben werden, bei der ein Quellensymbol jeweils nur vom letzten vorhergehenden Symbol abhängt (Markow-Quelle erster Ordnung). Eine Erweiterung auf Markow-Quellen höherer Ordnung, d. h. auf Quellen, die nicht nur von einem vorhergehenden Symbol abhängen, kann relativ einfach durchgeführt werden.

Zuerst wird die Verbundentropie zweier Symbole (x,y) als

$$H(X,Y) = -\sum_{i=1}^{n} \sum_{j=1}^{m} P(x_i, y_j) \operatorname{ld} P(x_i, y_j) \qquad \text{(C.1-15)}$$

definiert, wobei die beiden Symbole von verschiedenen Quellen stammen können oder aber zwei (aufeinanderfolgende) Symbole einer Quelle darstellen.

Für den Zusammenhang zwischen der Verbundentropie zweier Symbole sowie der Summe der Einzelentropien der beiden Symbole gilt

$$H(X,Y) = \begin{cases} = H(X) + H(Y) & \text{gedächtnislos} \\ < H(X) + H(Y) & \text{gedächtnisbehaftet} \end{cases} \qquad \text{(C.1-16)}$$

Je stärker die statistische Abhängigkeit zwischen den Symbolen ist, desto mehr nähert sich die Verbundwahrscheinlichkeit $H(X,Y)$ der Entropie $H(Y)$ an.

Nur wenn die bedingten Wahrscheinlichkeiten $P(y_j|x_i)$ für das Auftreten von y_j bei bekanntem x_i kleiner als eins sind, kann das Symbol y neue Information beinhalten. Ein bekanntes Beispiel hierzu aus der deutschen Sprache ist die hohe Wahrscheinlichkeit, daß nach einem „q" ein „u" auftritt. Das bedeutet, daß das „u" in diesem Fall nur einen geringen Informationsgehalt aufweist.

Die bedingte Entropie berechnet sich analog zu den bisherigen Entropiedefinitionen zu

$$H(Y|X) = -\sum_{i=1}^{n} \sum_{j=1}^{m} P(x_i, y_j) \operatorname{ld} P(y_j|x_i) \qquad \text{(C.1-17)}$$

C.1.4 Nachrichtenquellen

Die Beziehung zwischen der bedingten Entropie $H(X|Y)$ und der Entropie $H(Y)$ ist abhängig davon, ob die Quelle gedächtnisbehaftet ist, oder allgemeiner davon, ob die Symbole statistisch voneinander abhängig sind. Damit ergibt sich

$$H(X|Y) = \begin{cases} = H(Y) & \text{gedächtnislos} \\ < H(Y) & \text{gedächtnisbehaftet} \end{cases} \qquad (C.1\text{-}18)$$

Je stärker die statistische Abhängigkeit zwischen den Symbolen ist, desto mehr nähert sich die Verbundwahrscheinlichkeit $H(X,Y)$ der Entropie $H(Y)$ an.

Die Verbundentropie läßt sich durch die bedingte Entropie ausdrücken mit

$$H(X,Y) = H(X) + H(Y|X)$$
$$\text{bzw.} \qquad (C.1\text{-}19)$$
$$H(X,Y) = H(Y) + H(X|Y)$$

woraus sich für den Fall, daß die Symbole statistisch unabhängig sind, wiederum (C.1-19) ergibt.

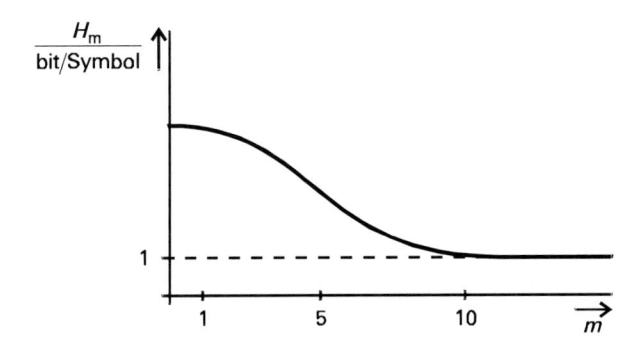

Abb. C.1-5   Typischer Verlauf der mittleren Entropie der deutschen Schriftsprache

Der Informationsgehalt (je Symbol) nimmt als Funktion der „Vorgeschichte" oder Gedächtnislänge m ab, bis ein Grenzwert H_∞ erreicht ist, der auch bei weiter wachsendem m näherungsweise konstant bleibt (Abb. C.1-5). Dieser Grenzwert wird typischerweise nach ca. 10 Symbolen erreicht, so daß $H_\infty \approx H_{10}$ gilt. Das bedeutet, daß typischerweise bis zu zehn Symbole statistisch voneinander abhängig sind. Der Grenzwert ist die tatsächliche Quellenentropie für eine gedächtnisbehaftete Quelle.

C.1.4.3   Markow-Quellen

Bei einer Markow-Quelle hängt die Folge der Quellensymbole sowohl von der momentanen Verteilung der Zustandswahrscheinlichkeiten als auch von der Verteilung der Übergangswahrscheinlichkeiten ab. Aufgrund der Abhängigkeit von der *momentanen* Verteilung sind die Zustandswahrscheinlichkeiten i. a. veränderlich (im Gegensatz zu Quellen mit statistisch unabhängigen Ereignissen). Unter Zustand wird hierbei die Folge der letzten m Quellensymbole verstanden.

$$Z = \left(u^{(1)}, \ldots, u^{(m)}\right) \tag{C.1-20}$$

In Abhängigkeit von der Zahl m wird dabei von einer Markow-Quelle m-ter Ordnung gesprochen. Eine Markow-Quelle m-ter Ordnung mit k verschiedenen Quellensymbolen kann $N = k^m$ unterschiedliche Zustände annehmen. Die zeitliche Folge der Zustandswahrscheinlichkeiten wird auch als Markow-Kette bezeichnet. Zur Berechnung wird auf die Erkenntnisse des Kapitels B.5 zurückgegriffen. Damit ergibt sich allgemein

$$P\left(Z_j^{(q+1)}\right) = \sum_{i=1}^{N} \underbrace{P\left(Z_j^{(q+1)} \middle| Z_i^{(q)}\right)}_{\substack{\text{Übergangswahr-}\\\text{scheinlichkeiten}}} \underbrace{P\left(Z_i^{(q)}\right)}_{\substack{\text{Zustandswahr-}\\\text{scheinlichkeiten}}}$$

$$\tag{C.1-21}$$

$$j = 1, \ldots, N \,;\, q = 1, 2, \ldots$$

wobei der Index q für die Zahl der erfolgten Übergänge steht. Für die (von der praktischen Bedeutung her wichtigste) Markow-Quelle erster Ordnung vereinfacht sich diese Beziehung zu

$$P\left(u_j^{(q+1)}\right) = \sum_{i=1}^{N} P\left(u_j^{(q+1)} \middle| u_i^{(q)}\right) P\left(u_i^{(q)}\right) \tag{C.1-22}$$

$$j = 1, \ldots, N \,;\, q = 1, 2, \ldots$$

Hiermit kann die Markow-Kette sukzessive berechnet werden, was anhand des folgenden Beispiels gezeigt werden soll.

Beispiel C.1-3

Es sei eine Markow-Quelle erster Ordnung mit vier Zuständen $Z_1, \ldots, Z_4$ gegeben. Der Initialisierungs- oder Startvektor (d. h. die Zustandswahrscheinlichkeiten zu Beginn der Markow-Kette) sei

$$\left(P(Z^{(0)})\right)^T = \left(P(Z_1^{(0)}) \;\; P(Z_2^{(0)}) \;\; P(Z_3^{(0)}) \;\; P(Z_4^{(0)})\right) = (0{,}1 \;\; 0{,}2 \;\; 0{,}3 \;\; 0{,}4)$$

und die Matrix der Übergangswahrscheinlichkeiten lautet

$$\left(P\left(Z_j^{(q+1)} \middle| Z_i^{(q)}\right)\right) = \begin{pmatrix} 0{,}1 & 0{,}2 & 0{,}0 & 0{,}8 \\ 0{,}2 & 0{,}3 & 0{,}2 & 0{,}1 \\ 0{,}3 & 0{,}4 & 0{,}4 & 0{,}0 \\ 0{,}4 & 0{,}1 & 0{,}4 & 0{,}1 \end{pmatrix}$$

In Tab. C.1-2 sind die Zustandswahrscheinlichkeiten für die ersten 10 Übergänge dargestellt. Nach den ersten sieben Übergängen ändern sich die Zustandswahrscheinlichkeiten (im Rahmen der dargestellten Genauigkeit) nicht mehr. Die Markow-Quelle befindet sich im stationären Zustand. Hieraus folgt eine wesentliche Eigenschaft der Markow-Quellen, die Stationarität. Darüber hinaus weisen die meisten Markow-Quellen die Eigenschaft der Ergodizität auf, d. h. die Verteilung der Zustandswahrscheinlichkeiten bei Erreichen des stationären Zustands ist unabhängig vom gewählten Initialisierungsvektor.

	0	1	2	3	4	5	6	7	8	9	10
1	0,100	0,370	0,249	0,288	0,273	0,278	0,276	0,277	0,277	0,277	0,277
2	0,200	0,180	0,196	0,192	0,193	0,193	0,193	0,193	0,193	0,193	0,193
3	0,300	0,230	0,275	0,263	0,268	0,267	0,267	0,267	0,267	0,267	0,267
4	0,400	0,220	0,280	0,257	0,265	0,262	0,263	0,263	0,263	0,263	0,263

Tab. C.1-2   *Markow-Kette (Zustandswahrscheinlichkeiten für die ersten zehn Übergänge)*

Dies kann in diesem Fall exemplarisch leicht dargestellt werden, indem als neuer Initialisierungsvektor z. B.

$$\left(P\left(Z^{(0)}\right)\right)^T = \left(P\left(Z_1^{(0)}\right) \quad P\left(Z_2^{(0)}\right) \quad P\left(Z_3^{(0)}\right) \quad P\left(Z_4^{(0)}\right)\right) = \begin{pmatrix}1 & 0 & 0 & 0\end{pmatrix}$$

gewählt wird. Es läßt sich zeigen, daß nach acht Übergängen (bei der gegebenen Genauigkeit) die gleichen stationären Zustandswahrscheinlichkeiten wie bei dem zuerst verwendeten Initialisierungsvektor erreicht werden. Das deutet darauf hin (ohne daß diese Vorgehensweise als Beweis angesehen werden könnte), daß es sich bei diesem Beispiel um eine ergodische Quelle handelt.

Für den Fall der ergodischen Markow-Quelle besteht die Möglichkeit, die ergodischen Zustandswahrscheinlichkeiten $\overline{P}$ direkt (d. h. nicht iterativ) aus der Lösung eines linearen Gleichungssystems (LGS) zu gewinnen. Dieses lineare Gleichungssystem wird gebildet aus (C.1-21) mit der Kenntnis, daß die Summe aller von einem Zustand ausgehenden Übergangswahrscheinlichkeiten

$$\sum_{i=1}^{N} P\left(Z_j^{(q+1)} \middle| Z_i^{(q)}\right) \equiv 1 \quad \forall\, i = 1,\ldots,N \qquad (C.1\text{-}23)$$

gleich eins sein muß, da mit Sicherheit ein Übergang zu einem neuen Zustand erfolgen muß. Hierbei handelt es sich um ein überbestimmtes Gleichungssystem, da eine Gleichung mehr zur Verfügung steht, als Unbekannte vorhanden sind. Somit kann eine der Gleichungen aus (C.1-21) durch (C.1-23) ersetzt werden.

Im einfachsten Fall der binären Markow-Quelle erster Ordnung ergeben sich die ergodischen Zustandswahrscheinlichkeiten zu

$$\overline{P}(u_1) = \frac{P(u_2|u_1)}{P(u_1|u_2) + P(u_2|u_1)}$$

$$\overline{P}(u_2) = \frac{P(u_1|u_2)}{P(u_2|u_1) + P(u_1|u_2)}$$

$$\overline{P}(u_1) + \overline{P}(u_2) = 1$$

(C.1-24)

Abschließend soll hier an drei Beispielen die graphische Darstellung einer Markow-Quelle durch Zustandsdiagramme (Markow-Diagramme) gezeigt werden. In Abb. C.1-6 sind die Markow-Diagramme einer binären Markow-Quelle erster, zweiter bzw. dritter Ordnung dargestellt. Die Zweige repräsentieren dabei jeweils die möglichen Übergänge von einem Zustand in einen anderen bzw. deren Wahrscheinlichkeiten, während die Knoten die Zustände bzw. deren Wahrscheinlichkeiten darstellen.

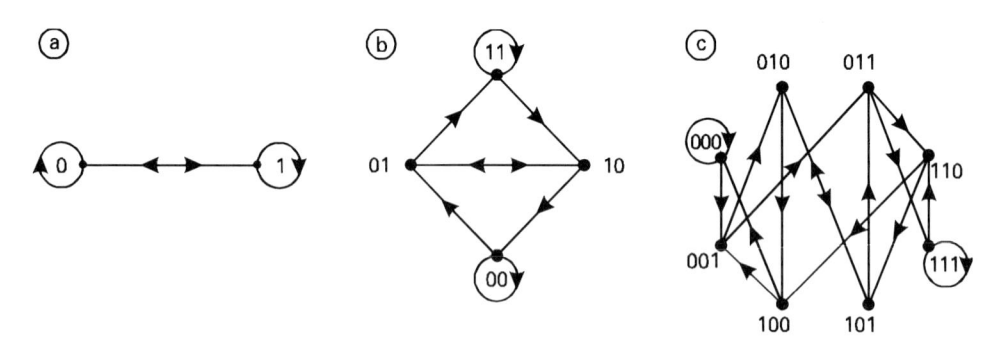

Abb. C.1-6 *Zustandsdiagramme einer binären Markow-Quelle erster (a), zweiter (b) bzw. dritter Ordnung (c)*

C.1.5 Nachrichtenkanäle

C.1.5.1 Einleitung

Der Kanal (Nachrichtenkanal, Übertragungskanal) weist eine zentrale Bedeutung für die Übertragung von Nachrichten auf, da seine Eigenschaften für die Auslegung der Übertragungssysteme und ihrer Baugruppen bestimmend sind. Bevor eine informationstheoretische Beschreibung eines Kanals durchgeführt wird, sollen hier zuerst einige Definitionen folgen und anschließend ein kurzer Überblick über die verschiedenen Kanäle bzw. Kanalmodelle gegeben werden.

Für die Realisierung von Kanälen gibt es prinzipiell zwei Möglichkeiten: die leitungsgebundene Übertragung (Kapitel E.2) sowie die nicht leitungsgebundene Übertragung (Kapitel E.3 bzw. E.4). Auf die dabei auftretenden Störungen wird im Kapitel E.5 ausführlich eingegangen, nachdem hier die Betrachtung des Kanals aus der Sicht der Informationstheorie gezeigt wird.

Nachrichtenkanal (*Channel*) – Eine Anordnung, die an ihrem Eingang Nachrichten aufnehmen und an ihrem Ausgang entsprechende Nachrichten abgeben kann.

Anmerkungen:
Ein diskreter Kanal ist gekennzeichnet durch seine bedingten Wahrscheinlichkeiten für jede endliche Ausgangsfolge bei gegebener entsprechender Eingangsfolge.
Wenn jedes Eingangssymbol nur ein Ausgangssymbol beeinflußt, heißt der Kanal nachwirkungsfrei oder gedächtnislos (*memoryless*). Wenn jedes Eingangssymbol mehrere Ausgangssymbole beeinflußt, hat der Kanal eine Nachwirkung oder ein Gedächtnis.

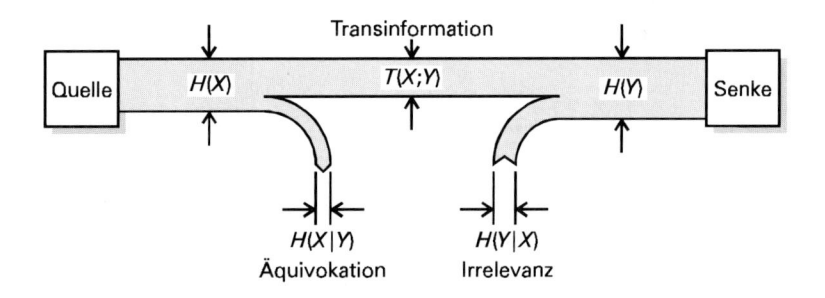

Abb. C.1-7   Der gestörte Übertragungskanal (Bergersches Entropiemodell)

Für den allgemeinen gestörten Übertragungskanal existiert das Bergersche Entropiemodell (Abb. C.1-7). Betrachtet wird dabei ein Übertragungskanal zwischen Quelle und Senke aus informationstheoretischer Sicht. Neben der Entropie $H(X)$ des von der Quelle abgegebenen Signals bzw. der Entropie $H(Y)$ des von der Senke aufgenommenen Signals werden im folgenden drei weitere Größen definiert.

Äquivokation – Störungen auf dem Kanal führen zu einer Veränderung der Verhältnisse, und dies führt wiederum dazu, daß ein Teil der Information verlorengeht. Dieser wird als Äquivokation $H(X|Y)$ bezeichnet.

Irrelevanz – Aufgrund der Störungen auf dem Kanal stammt ein Teil der an der Senke empfangenen Entropie (der Information) nicht von der Quelle, sondern von Störern. Dieser Teil wird als Irrelevanz $H(Y|X)$ bezeichnet.

Transinformation *(Mutual Information)* – Die Transinformation ist diejenige Entropie, die an der Senke eintrifft und von der Quelle stammt. Ausgedrückt mit der Entropie der Quelle und der Äquivokation bzw. der Entropie der Senke und der Irrelevanz ergibt sich die (mittlere) Transinformation zu

$$T(X;Y) = H(X) - H(X|Y) = H(Y) - H(Y|X) \qquad \text{(C.1-25)}$$

Wichtig hierbei ist die Feststellung, daß aufgrund dieser Beziehung die Transinformation abhängig ist von der Wahrscheinlichkeitsverteilung der Symbole der Quelle.

Die Beziehung (C.1-25) ist zwar die häufiger angewandte Form, es handelt sich dabei jedoch nicht um die ursprüngliche Definition, die hier noch kurz angegeben werden soll. Die Transinformation, die mit der Übertragung von x_i und dem Empfang von y_j verbunden ist, ist gegeben durch

$$T(x_i; y_j) = \log(P(y_j | x_i)) - \log(P(y_j)) \qquad \text{(C.1-26)}$$

Die mittlere Transinformation ergibt sich dann entsprechend durch Mittelwertbildung über alle Quellen- und Senkensymbole zu

$$T(X;Y) = \sum_{i=1}^{M} \sum_{j=1}^{N} P(x_i, y_j) \log \frac{P(y_j | x_i)}{P(y_j)} \qquad \text{(C.1-27)}$$

Aus dieser Darstellung kann die Beziehung (C.1-25) abgeleitet werden, die im i. a. die handlichere und auch anschaulichere Darstellung bietet.

Nachdem bisher die rein informationstheoretische Beschreibung des (gestörten) Kanals dargestellt wurde, wird im folgenden auf einige für theoretische Untersuchungen und insbesondere auch für Simulationen von Übertragungssystemen wichtige Kanäle bzw. Kanalmodelle eingegangen.

Für die Beschreibung eines Kanals existieren verschiedene Kanalmodelle. Der einfachste Fall ist der diskrete gedächtnislose Kanal – ein empfangenes Symbol hängt nur von einem gesendeten Symbol statistisch ab. Die Störungen des Kanals können durch Übergangswahrscheinlichkeiten beschrieben werden, wie im folgenden Kapitel am diskreten Kanal gezeigt wird.

Hängt ein empfangenes Symbol von mehr als einem gesendeten Symbol statistisch ab, so liegt ein diskreter gedächtnisbehafteter Kanal vor (Kanal mit Nachwirkung). Dieser Fall tritt in der Praxis i. a. auf, ist allerdings bei der Behandlung ggf. relativ aufwendig, insbesondere wenn die sogenannte Gedächtnislänge (d. h. die Anzahl der Eingangssymbole, die sich auf ein Ausgangssymbol auswirken) größere Werte annimmt.

C.1.5.2 Der diskrete, gedächtnislose Kanal

Eine anschauliche graphische Darstellung der statistischen Zusammenhänge zwischen Quelle und Senke bei einem diskreten, gedächtnislosen Kanal (*Discrete Memoryless Channel* – DMC) zeigt Abb. C.1-8, wobei aus Gründen der Übersichtlichkeit nur einige der auftretenden Übergangswahrscheinlichkeiten eingetragen sind.

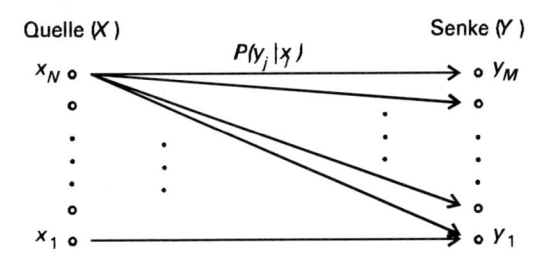

Abb. C.1-8 *Graphische Darstellung des diskreten Kanals*

Die in Abb. C.1-8 vorkommenden Wahrscheinlichkeiten stehen dabei für:

$P(x_i)$ Wahrscheinlichkeit für das Auftreten des Symbols x_j der Quelle

$P(y_j)$ Wahrscheinlichkeit für das Auftreten des Symbols y_j der Senke

$P(y_j | x_i)$ bedingte Wahrscheinlichkeit für das Auftreten des Symbols y_j der Senke, wenn von der Quelle das Symbol x_j abgegeben wurde

Eine fehlerfreie Übertragung liegt dann vor, wenn $N = M$ gilt und die Bedingung

$$\begin{aligned} P(y_j | x_i) &= 1 & i = j \\ P(y_j | x_i) &= 0 & i \neq j \end{aligned} \qquad \text{(C.1-28)}$$

für alle i, j erfüllt ist. Dies ist gleichbedeutend mit der Forderung, daß die Matrix der Übergangswahrscheinlichkeiten eine Einheitsmatrix ist.

Zur mathematischen Beschreibung können die Wahrscheinlichkeiten der Quelle und der Senke als Vektoren sowie die Übergangswahrscheinlichkeiten des Kanals als $(M \times N)$-Matrix dargestellt werden.

$$(P(x_i)) = \begin{pmatrix} P(x_1) \\ \vdots \\ P(x_N) \end{pmatrix} \qquad (P(y_j)) = \begin{pmatrix} P(y_1) \\ \vdots \\ P(y_M) \end{pmatrix} \qquad \text{(C.1-29)}$$

$$\left(P\!\left(y_j | x_i\right)\right) = \begin{pmatrix} P(y_1 | x_1) & \cdots & P(y_1 | x_N) \\ \vdots & \ddots & \vdots \\ P(y_M | x_1) & \cdots & P(y_M | x_N) \end{pmatrix} \qquad (\text{C.1-30})$$

Der Zusammenhang zwischen den Auftretenswahrscheinlichkeiten der Symbole der Quelle und der Symbole der Senke sowie der Übergangswahrscheinlichkeiten des Kanals kann dann mit

$$\left(P\!\left(y_j\right)\right) = P\!\left(y_j | x_i\right)\!\left(P(x_i)\right) \qquad (\text{C.1-31})$$

ausgedrückt werden. Entsprechend können die Werte für die Irrelevanz

$$H(Y|X) = -\sum_{i=1}^{N} P(x_i) \sum_{j=1}^{M} P\!\left(y_j | x_i\right) \operatorname{ld} P\!\left(y_j | x_i\right) \qquad (\text{C.1-32})$$

bzw. für die Äquivokation

$$H(X|Y) = -\sum_{j=1}^{M} P\!\left(y_j\right) \sum_{i=1}^{N} P\!\left(x_i | y_j\right) \operatorname{ld} P\!\left(x_i | y_j\right) \qquad (\text{C.1-33})$$

sowie die Transinformation (gemäß dem Bergerschen Entropiemodell; siehe Abb. C.1-7)

$$T(X;Y) = X(Y) - H(Y|X) = H(X) - H(X|Y) \qquad (\text{C.1-34})$$

mit der Entropie der Quelle

$$H(X) = -\sum_{i=1}^{N} P(x_i) \operatorname{ld} P(x_i) \qquad (\text{C.1-35})$$

bzw. mit der Entropie der Senke

$$H(Y) = -\sum_{j=1}^{M} P\!\left(y_j\right) \operatorname{ld} P\!\left(y_j\right) \qquad (\text{C.1-36})$$

berechnet werden.

Einen Sonderfall des diskreten, gedächtnislosen Kanals stellt der binäre, symmetrische Kanal dar, der im folgenden Kapitel vorgestellt wird. Eine weitere Konstellation des DMC, die von besonderem Interesse ist, weist zwei Symbole auf der Eingangsseite sowie $M = 2^n$ Symbole auf der Ausgangsseite auf. Hierbei handelt es sich um ein Modell für einen binären Kanal mit einem Demodulator mit *Soft Decision*. Meistens werden dabei ausgangsseitig drei Bit ($n = 3$) entsprechend acht Symbolen verwendet.

C.1.5.3 Der binäre, symmetrische Kanal (BSK)

Ein häufig verwendetes, grundlegendes Kanalmodell (Abb. C.1-9) ist das des binären symmetrischen Kanals (BSK, *Binary Symmetric Channel* – BSC). Man geht hierbei von zwei Signalpfaden aus, die beide mit der gleichen Wahrscheinlichkeit $0 \leq p \leq 1$ gestört werden.

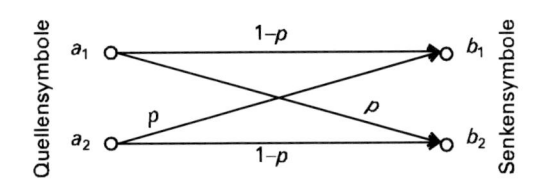

Abb. C.1-9   Binärer Symmetrischer Kanal (BSK)

Eine Störung bedeutet in diesem Fall, daß bei der Übertragung beispielsweise aus einer „0" eine „1" bzw. aus einer „1" eine „0" wird. Für $p=0$ ergibt sich damit ein ungestörter (idealer) Kanal, für $p=0{,}5$ hingegen ein „maximal gestörter Kanal". $p=1$ stellt einen Sonderfall dar, da hier aus *jeder* sendeseitigen „1" eine „0" beim Empfänger wird und umgekehrt – das heißt, daß der Kanal invertierend wirkt, jedoch im engeren Sinne keine Fehler bei der Übertragung auftreten. Die Wahrscheinlichkeiten der Symbole der Quelle werden mit $p(a_1) = p_1$ bzw. $p(a_2) = 1 - p_1$ angegeben. Mit (C.1-31) ergeben sich dann die Wahrscheinlichkeiten der Symbole der Senke zu

$$p(b_1) = p_1 + p - 2pp_1 \qquad \text{(C.1-37)}$$

bzw.

$$p(b_2) = 1 - (p_1 + p - 2pp_1) \qquad \text{(C.1-38)}$$

Die Entropie der Quelle berechnet sich mit (C.1-4) zu

$$H_Q = p_1 \,\text{ld}\, p_1 - (1 - p_1) \,\text{ld}\, (1 - p_1) \qquad \text{(C.1-39)}$$

mit der Einheit bit/Symbol. Diese Beziehung wird auch als Shannonsche Funktion

$$S(p) = -p \,\text{ld}\, p - (1-p) \,\text{ld}\, (1-p) \qquad \text{(C.1-40)}$$

bezeichnet. Die graphische Darstellung des Verlaufs dieser Funktion ist in Abb. C.1-10 auf der nächsten Seite gezeigt.

Die Berechnung der Kanalweite des binären, symmetrischen Kanals wird im folgenden Kapitel gezeigt.

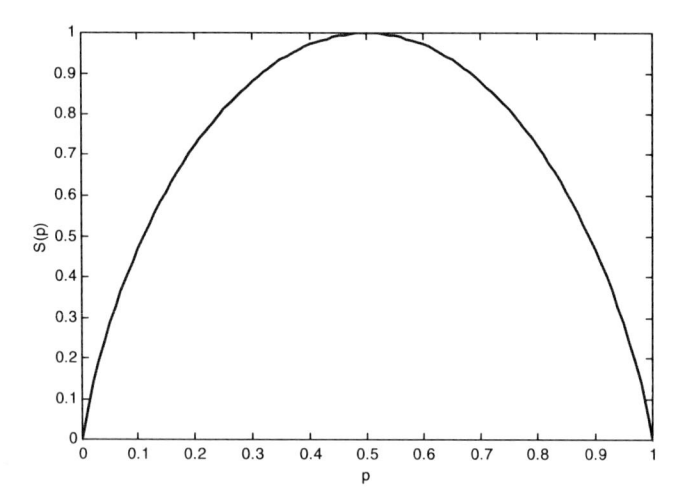

Abb. C.1-10   *Die Shannonsche Funktion S(p)*

C.1.5.4   Der Kanal mit Bündelfehlern

Ein spezieller Kanal, der insbesondere im Bereich der Funkübertragung häufig vorliegt, ist der Kanal mit Bündelfehlern (*Burst Errors*). Man kann sich leicht vorstellen, daß bei mobilen Funkstationen (z. B. Autoradio, Mobiltelefon) die direkte Verbindung zwischen den Stationen zeitweilig verdeckt ist (z. B. durch Gebäude, Bäume usw.), so daß in diesem Zeitraum der Empfänger keine oder nur eine sehr geringe Empfangsleistung aufweist. Zwischen diesen Abschattungen besteht hingegen eine direkte Verbindung, so daß die Empfangsleistung wesentlich höher ist und eine (bei Vernachlässigung anderer Störungen wie z. B. der Mehrwegeausbreitung) einwandfreie Übertragung gewährleistet ist. Weil dieser Kanal heute eine vergleichsweise große Bedeutung aufweist, sollen hier in kurzer Form der Bündelfehler sowie ein entsprechendes Kanalmodell beschrieben werden.

Anhand von Abb. C.1-11 wird hier eine von mehreren möglichen Definitionen von Bündelfehlern erläutert:

- Jeder Bündelfehler (in diesem Zusammenhang kann auch von Fehlerbündeln gesprochen werden) beginnt mit einem Symbolfehler.
- Ein Bündelfehler ist beendet, wenn nach ihm mindestens a fehlerfreie Symbole folgen.
- Ein Bündelfehler hat die Länge l_i und beinhaltet alle Symbole (fehlerhafte wie fehlerfreie) innerhalb der Grenzen des Bündelfehlers (siehe Abb. C.1-11).
- Die Anzahl der gestörten Symbole in einem Bündelfehler wird als Gewicht m_i des Bündelfehlers bezeichnet.

C.1.5 Nachrichtenkanäle

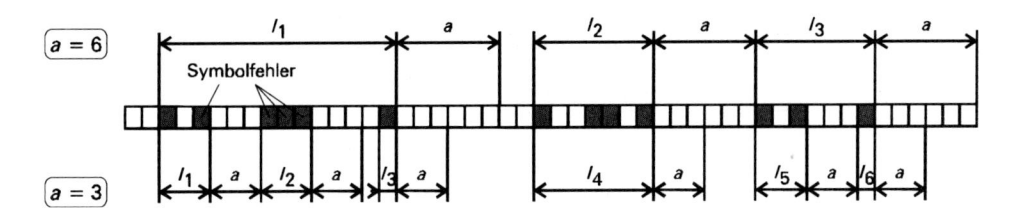

Abb. C.1-11 Zur Definition von Bündelfehlern

In dem Datenstrom (50 Symbole) in Abb. C.1-11 sind für $a = 6$ drei Bündelfehler mit $l_i = (14,7,7)$ und $m_i = (6,4,3)$ bzw. für $a = 3$ sechs Bündelfehler mit $l_i = (3,3,1,7,3,1)$ und $m_i = (2,3,1,4,2,1)$ vorhanden. Die Summe der Gewichte der Bündelfehler ist natürlich unabhängig vom Parameter a und ist gleich der Anzahl der Symbolfehler (hier $\sum m_i = 13$).

Diese Definition erlaubt eine Trennung des Kanals in zwei Zustände: einen Bündelfehlerzustand sowie einen fehlerfreien Zustand zwischen den Störungen. Während im fehlerfreien Zustand die Bitfehlerrate null ist, wird dieser Wert im Bündelfehlerzustand im wesentlichen vom Gewicht des Bündelfehlers bestimmt. Das im folgenden vorgestellte Modell basiert auf dieser Definition, führt aber eine endliche Bitfehlerrate für den fehlerfreien Zustand ein und kommt somit dem realen Kanal mit Bündelfehlern noch etwas näher.

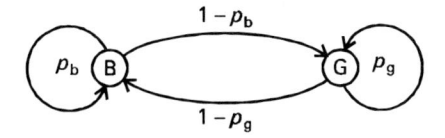

Abb. C.1-12 Gilbert-Elliot-Kanalmodell für einen Kanal mit Bündelfehlern

Das Gilbert-Elliot-Kanalmodell (Abb. C.1-12) [Gilbert 60] ist ein einfaches Modell, das aber trotzdem eine gute Beschreibung für einen Kanal mit Bündelfehlern bietet. In diesem Modell existieren für den Kanal zwei Zustände: „gut" (G) und „schlecht" (B). Im „guten" Zustand (entsprechend dem fehlerfreien Zustand nach obiger Definition) weist der Kanal eine Fehlerwahrscheinlichkeit $p_{e,g} = 0$ auf, im „schlechten" Zustand („Bündelfehlerzustand") dagegen eine vergleichsweise hohe $p_{e,b}$. In Abweichung vom Originaltext [Gilbert 60] wird auch im „guten" Zustand eine endliche Fehlerwahrscheinlichkeit $p_{e,g} > 0$ verwendet.

Der Übergang zwischen den Zuständen erfolgt mit der Wahrscheinlichkeit $1 - p_b$ vom „schlechten" in den „guten" Zustand bzw. mit $1 - p_g$ vom „guten" in den „schlechten" Zustand. Bei entsprechender Wahl von p_g, p_b, $p_{e,g}$ sowie $p_{e,b}$ läßt sich relativ einfach ein Kanal mit Bündelfehlern simulieren. Werden für den „guten" bzw. „schlechten" Zustand noch entsprechende Bitfehlerraten

(z. B. aus Messungen) gewählt, so ergibt sich ein realer Kanal (*Compound Channel*), der für viele Bereiche (so z. B. im Mobilfunk) eine ausreichend exakte, d. h. realitätsnahe, Simulation erlaubt.

C.1.6   Kanalweite und Kanalkapazität

Der entscheidende Parameter bei der Beurteilung eines Kanals ist seine Fähigkeit, Informationen zu übertragen. Diese Fähigkeit wird in der sogenannten Kanalkapazität (*Channel Capacity*) ausgedrückt. Die Kanalkapazität, d. h. die „Informationsmenge", die in einem bestimmten Zeitraum über einen bestimmten Kanal übertragen werden kann, stellt eine, zumindest in den theoretischen Betrachtungen, wichtige Kenngröße eines Kanals dar.

Im ersten Schritt bei der Berechnung der Kanalkapazität wird die sogenannte Symbolkapazität oder auch Kanalweite definiert. Sie ergibt sich als Maximum der Transinformation über alle möglichen Wahrscheinlichkeitsverteilungen der Symbole der Quelle zu

$$C = \max_{P(X)}(T(X;Y)) \qquad \text{(C.1-41)}$$

mit der Einheit bit/Symbol. Von i. a. wesentlich größerer Bedeutung ist allerdings die Frage, wieviel Informationen (Bit) je Zeiteinheit (Sekunde) über einen bestimmten Kanal übertragen werden können. Hierzu wird die Kanalkapazität

$$C' = C\, R_s \qquad \text{(C.1-42)}$$

mit der Einheit bit/s als Produkt der Kanalweite C (in bit/Symbol) mit der Symbolrate R_s (in Symbole/s) eingeführt.

Das Abtasttheorem von Shannon, auf das im Kapitel G.4 näher eingegangen wird, besagt, daß ein Signal mit der maximalen Frequenz f_s durch äquidistante Abtastwerte (Abstand T_A) eindeutig dargestellt werden kann, solange T_A die Forderung

$$T_A = \frac{1}{2 f_s} \qquad \text{(C.1-43)}$$

erfüllt. Anders gesagt: Für die Übertragung von R_s Symbolen je Sekunde wird also (mindestens) die Bandbreite $2B = 2f_s$ benötigt. Setzt man diese Beziehung sowie (C.1-41) in (C.1-42) ein, so erhält man für die Kanalkapazität die Beziehung

$$C' = 2B \max_{P(X)}(T(X;Y)) \qquad \text{(C.1-44)}$$

in bit/s. Eine der zentralen Fragen der Informationstheorie ist, unter welchen Bedingungen eine fehlerfreie Übertragung von Informationen über einen

C.1.6 Kanalweite und Kanalkapazität

bestimmten Kanal möglich ist. Das Shannon-Hartley-Theorem (auf dessen Herleitung an dieser Stelle verzichtet wird) gibt nun mit

$$C' = B \operatorname{ld}\left(1 + \frac{P_s}{P_r}\right) \tag{C.1-45}$$

eine allgemeine Beziehung für diese Grenze für die fehlerfreie Übertragung in bit/s über einen gegebenen Kanal an. Dabei ist P_s bzw. P_r die Signal- bzw. die Rauschleistung. Die Beziehung (C.1-45) beruht auf drei Voraussetzungen:

- Signal und Rauschen sind bandbegrenzt auf die Bandbreite B und innerhalb dieser Bandbreite gleichverteilt („weiß").
- Signal und Rauschen stammen von statistisch unabhängigen, stationären Zufallsprozessen und überlagern sich im betrachteten Kanal linear.
- Das empfangene Signal ist leistungsbegrenzt.

Sind diese Bedingungen erfüllt, so spricht man auch von einem AWGN-Kanal (*Additive White Gaussian Noise*). Dieser ist von fundamentaler Bedeutung, da viele Kanäle in guter Näherung als AWGN-Kanäle betrachtet werden können. Darüber hinaus stellt dieser spezielle Kanal einen sinnvollen Grenzwert für nicht-AWGN-Kanäle dar.

Für große Werte des Signalrauschleistungsverhältnisses P_s/P_r kann (C.1-45) in vereinfachter und sehr handlicher Form mit der zugeschnittenen Größengleichung

$$\frac{C'}{[\text{bps}]} \approx \frac{1}{3} \frac{B}{[\text{Hz}]} \frac{P_s/P_r}{[\text{dB}]} \tag{C.1-46}$$

angegeben werden. Unter Ausnutzung der Tatsache, daß sich die Rauschleistung unter den hier angenommenen Voraussetzungen als Produkt der einseitigen Rauschleistungsdichte N_0 und der Bandbreite B ergibt, kann (C.1-45) zu

$$C' = B \operatorname{ld}\left(1 + \frac{P_s}{B N_0}\right) \tag{C.1-47}$$

umgeformt werden. Bei der Übertragung digitaler Signale ist das Signalrauschleistungsverhältnis in Form der Signalenergie je Bit

$$E_b = P_s T_b \tag{C.1-48}$$

zur Rauschleistungsdichte N_0 von besonderer Bedeutung. T_b ist dabei die Zeitdauer, die zur Übertragung eines Bits benötigt wird; sie ist (maximal) gleich dem Kehrwert der Kanalkapazität, d. h.

$$E_b = P_s T_b = \frac{P_s}{C'} \tag{C.1-49}$$

Setzt man diese Beziehungen in (C.1-47) ein, so erhält man

$$\frac{C'}{B} = \mathrm{ld}\left(1 + \frac{E_b}{N_0}\frac{C'}{B}\right) \qquad \text{(C.1-50)}$$

woraus sich nach Auflösen nach dem gewünschten Signalrauschleistungsverhältnis ergibt:

$$\frac{E_b}{N_0} = \frac{2^{C'/B} - 1}{C'/B} \qquad \text{(C.1-51)}$$

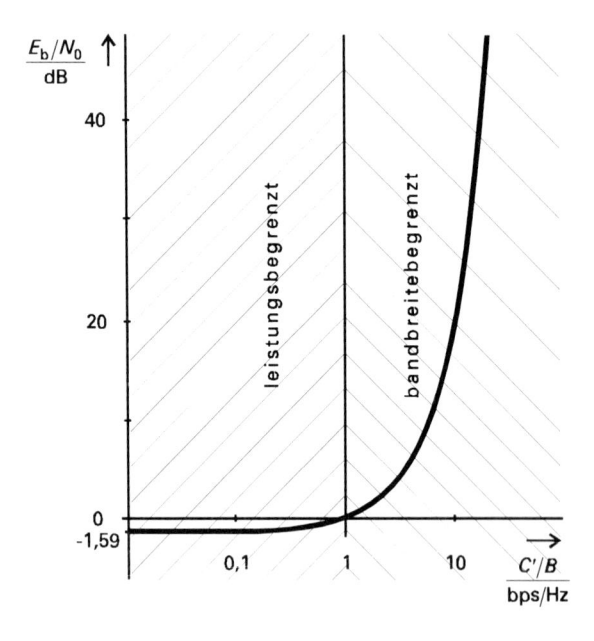

Abb. C.1-13 Signalrauschabstand in Abhängigkeit von der Kanalkapazität (normiert auf die Bandbreite)

Die Abb. C.1-13 zeigt die graphische Darstellung von (C.1-51) als Abhängigkeit des Signalrauschabstands von der auf die Bandbreite bezogene Kanalkapazität. Der Grenzwert für gegen null gehende Kanalkapazität (oder gegen unendlich gehende Bandbreite) kann mit Hilfe der Beziehung

$$\lim_{n \to \infty}\left[\ln\left(1 + \frac{x}{n}\right)^n\right] = x \qquad \text{(C.1-52)}$$

aus (C.1-47) zu

$$\frac{E_b}{N_0} \geq -1{,}59 \text{ dB} \qquad \text{(C.1-53)}$$

berechnet werden. Dieser Wert wird auch als Shannon-Grenze bei digitaler Übertragung bezeichnet. Unterhalb dieses Wertes ist prinzipiell keine fehlerfreie Übertragung möglich, während oberhalb davon – theoretisch(!) – eine Übertragung mit beliebig geringer Fehlerrate möglich ist.

Eine Übertragung, die mit einem Verhältnis $C'/B < 1$ arbeitet, wird als leistungsbegrenzt (*power limited*) bezeichnet, während es sich bei einem Verhältnis $C'/B > 1$ um eine bandbreitenbegrenzte (*bandwidth limited*) Übertragung handelt.

Wie man in Abb. C.1-13 erkennt, ist die bzgl. der Sendeleistung effizienteste Übertragung möglich, wenn $B \gg C'$ ist. In diesem Fall geht das benötigte Verhältnis E_b/N_0 gegen die Shannon-Grenze von –1,59 dB. In der Praxis ist man, wie auch im Kapitel G.3 noch verdeutlicht wird, relativ weit von dieser Grenze entfernt. Das Problem bei einer Übertragung in der leistungsbegrenzten Region ist, daß die Forderung $B \gg C'$ in der Praxis i. a. zu Problemen führt. Nur bei wenigen Ausnahmen stehen beliebige (bzw. sehr große) Bandbreiten zur Verfügung, um hiermit der Shannon-Grenze nahe zu kommen (so z. B. bei sogenannten *Deep Space Missions* – Raumsonden, die tief ins Weltall vorstoßen). Meist sind jedoch die Bandbreiten beschränkt, so daß die Übertragung im bandbegrenzten Bereich stattfindet.

Die Frage, wie nahe man in der Praxis an den Grenzwert in (C.1-53) herankommt und wie ggf. die Übertragung zu realisieren ist, gehört nicht zum Bereich der Informationstheorie, sondern zur Codierungs- bzw. zur Modulationstheorie. Die Informationstheorie liefert lediglich Angaben über diese theoretischen Grenzen, die z. B. bei der Bewertung der Leistungsfähigkeit von Codierungs- und Informationsverfahren von Bedeutung sind. Im Kapitel C.3 wird noch einmal auf diese Zusammenhänge eingegangen.

Beispiel C.1-4

Für den in Abschnitt C.1.5.3 vorgestellten binären, symmetrischen Kanal (BSK) mit der Fehlerwahrscheinlichkeit p soll die Kanalweite in Abhängigkeit von p bestimmt werden. Nach (C.1-41) gilt für die Kanalweite

$$C_{BSK} = \max_{P(X)}(T(X;Y))$$

mit der Transinformation nach (C.1-34)

$$T(X;Y) = H(Y) - H(Y|X)$$

Somit müssen also die Entropie der Senke sowie die Irrelevanz in Abhängigkeit von der Fehlerwahrscheinlichkeit des Kanals bestimmt werden. Für die Entropie ergibt sich mit (C.1-4):

$$H(Y) = \sum_{j=1}^{M} P(y_j) \operatorname{ld} \frac{1}{P(y_j)}$$
$$= -\{[(1-p)P(a_1) + pP(a_2)] \operatorname{ld} [(1-p)P(a_1) + pP(a_2)] +$$
$$[(1-p)P(a_2) + pP(a_1)] \operatorname{ld} [(1-p)P(a_2) + pP(a_1)]\}$$

und für die Irrelevanz mit (C.1-32):

$$H(Y|X) = -\sum_{i=1}^{N} P(x_i) \sum_{j=1}^{M} P(y_j|x_i) \operatorname{ld} P(y_j|x_i)$$
$$= -\{P(a_1)[p \operatorname{ld} p + (1-p) \operatorname{ld} (1-p)] +$$
$$P(a_2)[p \operatorname{ld} p + (1-p) \operatorname{ld} (1-p)]\}$$

bzw. wegen $P(a_1) + P(a_2) \equiv 1$

$$H(Y|X) = -[p \operatorname{ld} p + (1-p) \operatorname{ld} (1-p)] = S(p)$$

Zusammengefaßt ergibt sich somit die Transinformation zu

$$T(X;Y) = [p \operatorname{ld} p + (1-p) \operatorname{ld} (1-p)] -$$
$$\{[(1-p)P(a_1) + pP(a_2)] \operatorname{ld} [(1-p)P(a_1) + pP(a_2)] +$$
$$[(1-p)P(a_2) + pP(a_1)] \operatorname{ld} [(1-p)P(a_2) + pP(a_1)]\}$$

Für eine „Fehlerwahrscheinlichkeit" $p = 0,5$ kann am Ausgang des BSK nicht mehr entschieden werden, welches Quellensymbol vorgelegen hat. Für eine geringe Fehlerwahrscheinlichkeit ($p \to 0$) geht die Transinformation gegen den idealen Wert 1 bit/Symbol, ebenso für große Werte für die Fehlerwahrscheinlichkeit ($p \to 1$), wobei dieser Wert eine i. a. eher theoretische Bedeutung aufweist, da jedes Symbol invertiert ist. Für praktische Kanäle sind die Werte für die Fehlerwahrscheinlichkeit i. a. sehr gering (10^{-3} und kleiner), so daß die Transinformation meist dicht an den idealen Wert heranreicht.

Für die Bestimmung der Kanalweite müssen sämtliche möglichen Verteilungen der Wahrscheinlichkeiten der Quellensymbole ($0 \leq P(x_1) \leq 1$) in die Berechnung einbezogen werden. Der Maximalwert der sich daraus ergebenden Transinformation stellt dann die Kanalweite dar. In Abb. C.1-14 ist der Verlauf der Transinformation in Abhängigkeit von der Auftretenswahrscheinlichkeit $P(x_1)$ mit der Fehlerwahrscheinlichkeit des Kanals als Parameter dargestellt.

C.1.6 Kanalweite und Kanalkapazität

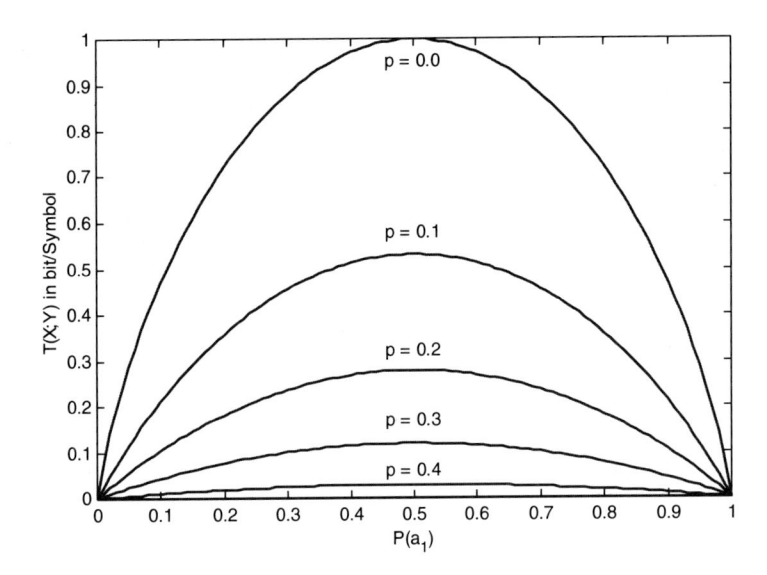

Abb. C.1-14 Transinformation des binären symmetrischen Kanals in Abhängigkeit von der Fehlerwahrscheinlichkeit

Wie man hier erkennt (und auch analytisch nachweisen kann), ergibt sich das Maximum der Transinformation beim binären symmetrischen Kanal für gleichwahrscheinliche Quellensymbole. In diesem Fall berechnet sich die Kanalweite in bit/Symbol zu

$$C_{BSK} = 1 + (1-p)\,\mathrm{ld}(1-p) + p\,\mathrm{ld}\,p = 1 - S(p)$$

Die Kanalkapazität ergibt sich dann als Produkt der Kanalweite mit der Übertragungsgeschwindigkeit (Symbolrate).

Eine weitere wichtige Konsequenz im Zusammenhang mit der hier betrachteten Kanalkapazität ist die Feststellung, daß nur dann eine fehlerfreie Übertragung möglich ist, wenn die Bitrate nicht größer als die Kanalkapazität ist, d. h. wenn gilt:

$$R_b \leq C' \qquad \text{(C.1-54)}$$

Auf diesen Punkt, der zu Shannons Codierungstheorem führt, wird in Kapitel C.3 noch einmal eingegangen.

Wie bereits betont, gibt die Kanalkapazität „lediglich" die theoretische Grenze an, ohne Rücksicht darauf zu nehmen, ob bzw. mit welchem Aufwand diese Grenze erreicht werden kann. Ein für die Praxis besser geeigneter Parameter ist die *Cutoff Rate* R_0 des Kanals. Hierbei handelt es sich um eine Größe, die mit der Kanalkapazität eng verwandt ist, bei deren Berechnung (auf die hier nicht näher eingegangen wird – siehe hierzu z. B. [Michelson 85]) aber auf praktische Belange geachtet wird. Hiermit ergibt sich beispielsweise für den binären AWGN-Kanal ein Wert von $R_0 = 1{,}41$ dB, d. h. 3 dB höher als die Kanalkapazität. Es kann gezeigt werden, daß es Systeme gibt, bei denen mit vertretbarem Aufwand eine Übertragung in diesem Bereich realisiert werden kann.

Kanal (System)	Bandbreite B	Kanalkapazität C' bit/s	SNR dB
Telegraphie (50 Bd)	25 Hz	75	15
Fernsprechen	3,1 kHz	$4{,}1 \cdot 10^4$	40
MW-Rundfunk	6 kHz	$1{,}0 \cdot 10^5$	50
UKW-Rundfunk	15 kHz	$3{,}0 \cdot 10^5$	60 ... 70
Fernsehen	5 MHz	$7{,}5 \cdot 10^7$	35 ... 40

Tab. C.1-3 Kanalkapazität einiger Übertragungskanäle (SNR: Signalrauschabstand)

Wie bereits dargestellt, ist die Kanalkapazität die obere theoretische Grenze für den Informationsfluß in einem Nachrichtenkanal. Ein wichtiges Ziel der Nachrichtentechnik ist es, Codierungs- und Modulationsverfahren zu finden, die es erlauben, die vorhandene Kanalkapazität möglichst vollständig auszunutzen bzw. der *Cutoff Rate* möglichst nahe zu kommen. Der Begriff der spektralen Effizienz (*Spectrum Efficiency*) erlaubt den Vergleich von Übertragungssystemen in Bezug auf den Umgang mit der Ressource „Spektrum". Eine mögliche Definition der spektralen Effizienz bezieht die übertragene Information auf den „*Spectrum Space*", wobei hierunter das Produkt aus Bandbreite, physischem Raum und Zeit verstanden wird. Einige Beispiele für die Kapazität von Übertragungskanälen zeigt Tab. C.1-3, wobei anzumerken ist, daß die Kanalkapazität von den Systemen nicht zwangsläufig auch vollständig ausgenutzt wird.

C.1.7 Der Nachrichtenquader

Abschließend soll noch einmal ein Blick auf die im vorangegangenen Abschnitt definierte Kanalweite geworfen werden. Die Umstellung von (C.1-42) führt mit der für die Informationsübertragung benötigten Zeitdauer T auf die Beziehung

$$C = T\,C' = 2BT\,\operatorname{ld}\!\left(1 + \frac{P_s}{P_r}\right) \qquad \text{(C.1-55)}$$

in der drei für die Nachricht charakteristische Größen zusammengefaßt sind. Eine anschauliche Darstellung der hiermit zum Ausdruck gebrachten Quantität einer Nachricht ist der sogenannte Nachrichten- oder auch Informationsquader.

C.1.7 Der Nachrichtenquader

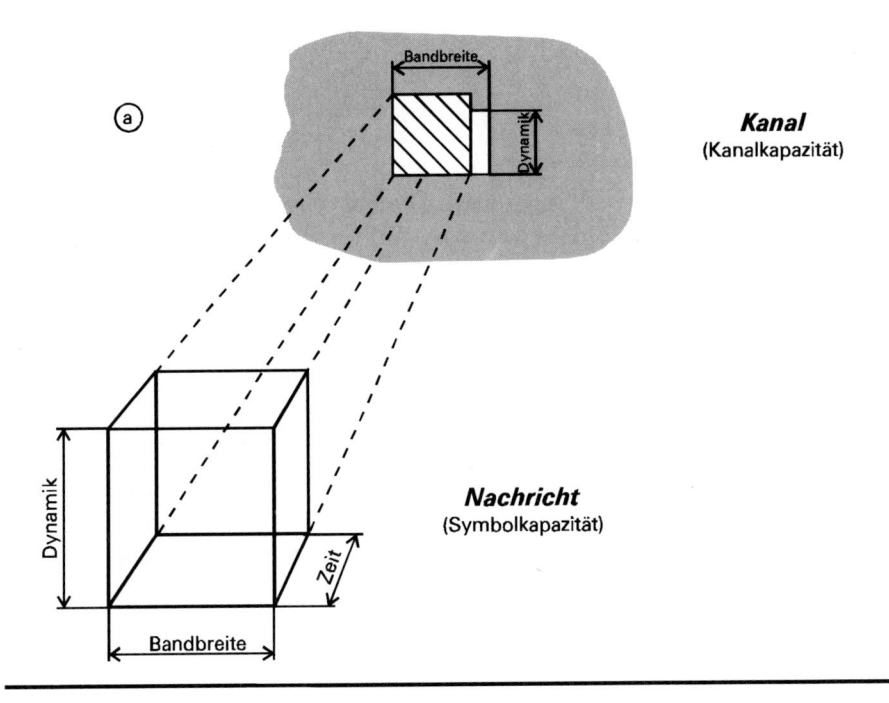

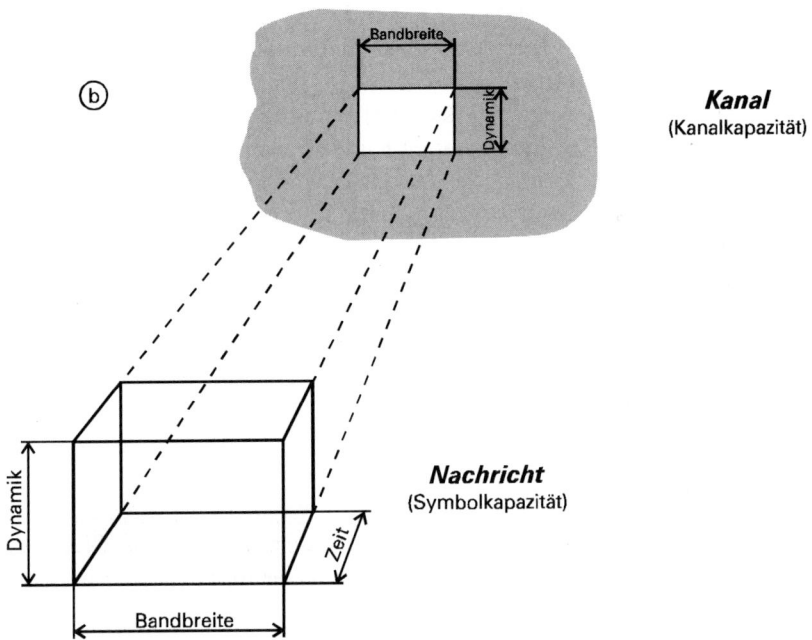

Abb. C.1-15 *Der Nachrichtenquader*

Wie die Abb. C.1-15 zeigt, spannen die drei Größen
- Dynamik $\operatorname{ld}(1+(P_s/P_r))$,
- Bandbreite B,
- Zeitdauer T

einen Quader auf, dessen Volumen der Symbolkapazität entspricht. Unter der Symbolkapazität kann anschaulich das „informationstheoretische Volumen" einer Nachricht verstanden werden.

Soll ein durch die Symbolkapazität charakterisiertes Signal über einen Kanal übertragen werden, so muß dieser eine entsprechende Übertragungskapazität aufweisen. Innerhalb gewisser Grenzen ist es möglich, das Signal an den Kanal anzupassen. Stellt der Kanal z. B. eine zu niedrige Dynamik zur Verfügung, bietet aber andererseits eine höhere Bandbreite (Abb. C.1-15a), so kann das Signal entsprechend umgeformt (codiert bzw. moduliert) werden. Bei konstantem Volumen des Nachrichtenquaders kann das Signal durch Optimierung der drei Parameter Dynamik, Bandbreite und Zeitdauer an den Kanal angepaßt werden (Abb. C.1-15b). Eine wesentliche Einschränkung ist jedoch, daß die Zeitdauer hierfür oftmals nicht zur Verfügung steht, da bei Echtzeitbetrieb (z. B. Fernsprechen) keine störenden Verzögerungen entstehen dürfen. Im allgemeinen können also nur die Bandbreite und die Dynamik zur Optimierung verwendet werden. Eine weitere Möglichkeit ist die Reduzierung der Symbolkapazität durch den Einsatz von Verfahren der Datenkomprimierung, wie sie im Abschnitt C.1.3.4 aufgezeigt werden. Die Suche nach geeigneten Verfahren, um das Signal (genauer gesagt, die Signalform) an den i. a. vorhandenen und nicht oder nur geringfügig zu beeinflussenden Kanal anzupassen, ist eine der wesentlichen Aufgaben der Codierungstheorie und vor allem der Modulationstheorie. In den Kapitel D.3 (Basisbandcodierung) und G.3 (digitale Modulationsverfahren) wird dieser Aspekt noch ausführlicher behandelt.

C.2 Quellencodierung

C.2.1 Einleitung

Eine der wesentlichen Aufgaben der Quellencodierung ist die bereits in Kapitel C.1 angesprochene Datenreduktion zur Verminderung der zu übertragenden Datenrate. In Abhängigkeit von der Art der zu codierenden Signale stehen dafür unterschiedliche Verfahren zur Verfügung: Deltamodulation und adaptive Differenz-Pulscodemodulation bei Sprachsignalen, Lauflängencodierung bei Bildsignalen usw.

Da heute, wie bereits mehrfach herausgestellt wurde, die Menge der zu übertragenden Daten immer schneller anwächst, wird im gleichen Zug der Bedarf an immer besseren Verfahren zur Datenkomprimierung deutlich. Hierbei werden i. a. mehrere unterschiedliche Verfahren miteinander kombiniert, wodurch z. T. sehr komplexe Algorithmen entstehen.

Bei kontinuierlichen Quellen folgt die Symboldauer (bei bandbegrenzten Systemen, wovon i. a. ausgegangen werden kann) aus dem Abtasttheorem (siehe Kapitel G.4), während die Symbolmenge und somit der Informationsfluß von der Quantisierung und somit von den zulässigen Verzerrungen (allgemeiner: von den vorhandenen Gütekriterien) abhängt. Die zentrale Frage hierbei ist, wieviel Information mindestens übertragen werden muß, um ein festgelegtes Gütemaß zu garantieren – diese Problematik wird in der *Rate-Distortion Theory* behandelt, zu der beispielsweise auf [Berger 71] verwiesen sei. Die Aufgabe der Quellencodierung besteht dann darin, dieser Grenze möglichst nahe zu kommen, d. h. den Informationsfluß auf das absolut nötige Minimum zu reduzieren.

An dieser Stelle soll auf die Verfahren zur Irrelevanzreduktion, wie sie z. B. die Pulscodemodulation (PCM) darstellt, nicht näher eingegangen werden. Hingegen werden exemplarisch zwei Codes zur Redundanzreduktion ausführlich behandelt.

In Abb. C.2-1 ist der Einsatz der Quellencodierung in einem Übertragungssystem schematisiert dargestellt. Die von der Quelle stammenden Informationen weisen i. a. eine von null verschiedene Redundanz auf. Der Quellenencoder ist bestrebt, diese Redundanz möglichst vollständig zu entfernen, um auf diese Weise den Bedarf an Kanalkapazität zu minimieren. Nach dem Kanal, der in diesem Fall (idealisiert) als störungsfrei angenommen wird, fügt der Quellendecoder die vom Quellenencoder entfernte Redundanz wieder zu, so daß der Senke wiederum eine redundanzbehaftete Information zur Verfügung steht.

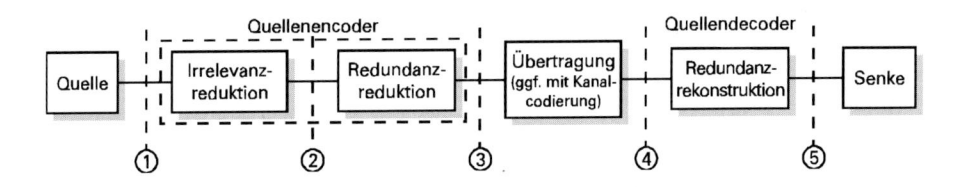

Abb. C.2-1   *Quellencodierung*

Eine genauere Betrachtung der Abb. C.2-1 verdeutlicht noch einmal den typischen Ablauf beim Einsatz von Quellencodierung.

Ebene 1   Der Entscheidungsfluß (der Quelle) setzt sich zusammen aus dem Informationsfluß und der Redundanz.

$$H'_{0,1} = H'_1 + R'_1 \qquad (C.2\text{-}1)$$

Ebene 2 Der Informationsfluß wird durch (teilweises) Entfernen der Irrelevanz reduziert, so daß der Entscheidungsfluß geringer ist als in der Ebene 1.

$$H_2' \leq H_1' \quad , \quad R_2' = R_1'$$
$$\rightarrow$$
$$H_{0,2}' = H_2' + R_2' \leq H_{0,1}' \quad \quad (C.2\text{-}2)$$

Ebene 3 Die Redundanz wird reduziert (im Idealfall auf null), wodurch sich wiederum eine Verringerung des Entscheidungsflusses ergibt.

$$H_3' = H_2' \quad , \quad R_3' \leq R_2'$$
$$\rightarrow$$
$$H_{0,3}' = H_3' + R_3' \leq H_{0,2}' \quad \quad (C.2\text{-}3)$$

Ebene 4 Unter der Annahme einer fehlerfreien Übertragung (ggf. durch den Einsatz einer Kanalcodierung) wird am Quellendecoder der gleiche Entscheidungsfluß anstehen, wie ihn der Quellenencoder abgegeben hat.

$$H_4' = H_3' \quad , \quad R_4' = R_3'$$
$$\rightarrow$$
$$H_{0,4}' = H_4' + R_4' \leq H_{0,3}' \quad \quad (C.2\text{-}4)$$

Ebene 5 Durch den Quellendecoder wird die im Encoder entfernte Redundanz wieder hinzugefügt, wodurch (im Idealfall) der gleiche Entscheidungsfluß wie in Ebene 2, also nach Entfernen der Irrelevanz, zur Verfügung steht.

$$H_5' = H_4' \quad , \quad R_5' = R_2' \geq R_4'$$
$$\rightarrow$$
$$H_{0,5}' = H_5' + R_5' = H_{0,2}' \geq H_{0,4}' \quad \quad (C.2\text{-}5)$$

Bei diskreten Quellen liegt sowohl eine endliche Symboldauer als auch eine endliche Symbolmenge (Alphabet) vor, d. h. die zu übertragende Nachricht liegt quantitativ fest. Die Redundanzreduktion beschränkt sich somit auf die Suche nach einem der Quellenstatistik angepaßten Code.

Am Modell einer diskreten, gedächtnislosen Quelle soll die redundanzmindernde Quellencodierung betrachtet werden. Die Quelle weist die Entropie $H(X)$ auf. Die Quellensymbole $x_1, \ldots, x_K$ aus dem Symbolvorrat X, die mit der Wahrscheinlichkeit $P(x_k)$ auftreten, sollen durch jeweils ein Codewort, bestehend aus binären Codeelementen („0" und „1") dargestellt werden. Das heißt, daß jedes Symbol x_k ($k = 1, \ldots, K$) mit m_k Codeelementen (Bits) codiert wird. Hieraus ergibt sich dann der Mittelwert der Codewortlänge zu

$$\overline{m}(X) = E\{m_k\} = \sum_{k=1}^{K} P(x_k) m_k \quad \quad (C.2\text{-}6)$$

C.2.1 Einleitung

Wie hier sofort zu erkennen ist, ist für eine optimale (d. h. minimale) mittlere Codewortlänge die Länge der einzelnen Codewörter abhängig von der Auftretenswahrscheinlichkeit der Quellensymbole. Sofern die Quellensymbole nicht gleichwahrscheinlich sind, werden also i. a. Codewörter unterschiedlicher Länge vorliegen.

Eine wesentliche Forderung an die redundanzreduzierende Quellencodierung ist, daß hierbei kein Informationsverlust auftreten darf. Daraus folgt aber, daß die Codierung eindeutig umkehrbar sein muß. Werden Codewörter unterschiedlicher Länge verwendet, so kann bei der Decodierung ein Problem auftreten: Die empfangenen Codewörter müssen voneinander getrennt werden können. Dies erfolgt bei Codes mit Codewörtern konstanter Länge durch eine entsprechende (Codewort-)Synchronisation. Dieser Weg steht hier jedoch nicht zur Verfügung, so daß andere Maßnahmen ergriffen werden müssen, um diese Trennung zu garantieren. Entweder müssen die Codewörter durch ein spezielles „Trennzeichen" voneinander separiert werden oder sie müssen andere Eigenschaften aufweisen, die eine eindeutige Trennung gewährleisten.

Ein Beispiel für die erste Möglichkeit ist der im Jahre 1837 vorgestellte Morse-Code mit dem bekannten Punkt-Strich-Alphabet. Hierbei werden zur Trennung Pausen (auch als Komma bezeichnet) verwendet, so daß aus dem eigentlich binären Code (Punkt, Strich) ein ternärer Code (Punkt, Strich, Komma) wird. Der Nachteil dieses Verfahrens ist die zusätzlich notwendige Übertragungskapazität, da durch das Einfügen der – vom Informationsgehalt her nicht notwendigen – Pausen zusätzliche Redundanz hinzugefügt wird.

Ein Beispiel für die zweite Möglichkeit, bei der keine Redundanz hinzugefügt wird, sind die sogenannten Präfixcodes. Diese sind dadurch charakterisiert, daß kein Codewort gleichzeitig den Beginn (Präfix) eines anderen Coderworts darstellt. An einem Beispiel sollen hier drei verschiedene Quellencodierungen betrachtet werden. In Tab. C.2-1 sind die Quellensymbole einer diskreten, gedächtnislosen Quelle mit ihren Auftretenswahrscheinlichkeiten aufgeführt.

Quellensymbol	$P(x_k)$	Code I	Code II	Code III
x_1	0,5000	0	0	0
x_2	0,2500	0	1	10
x_3	0,1250	1	01	110
x_4	0,0625	01	00	1110
x_5	0,0625	10	11	1111

Tab. C.2-1   *Diskrete, gedächtnislose Quelle mit drei verschiedenen Quellencodierungen*

Die drei dort angegebenen Quellencodierungen sollen jetzt kurz im Hinblick auf ihre Decodierbarkeit betrachtet werden.

- Der Code I ist nicht eindeutig, da die Quellensymbole x_1 und x_2 das gleiche Codewort aufweisen und eine eindeutige Decodierung somit nicht möglich ist.
- Der Code II ist eindeutig, aber ohne zusätzliche Maßnahmen nicht decodierbar, da z. B. $x_1 x_1$ die gleiche Folge von Codeelementen liefert wie x_4.
- Beim Code III handelt es sich um einen Präfixcode (kein Codewort entspricht dem Beginn eines anderen Codeworts), der somit einwandfrei decodiert werden kann.

Es sind weitere Codes denkbar, die umkehrbar eindeutig sind. Es kann jedoch gezeigt werden, daß diese Codes auch als Präfixcodes darstellbar sind. Daher beschränken sich die folgenden Überlegungen auf Präfixcodes.

C.2.2 Präfixcodes

Die Decodierung eines Präfixcodes kann am einfachsten anhand des sogenannten Codebaums nachvollzogen werden, wie er in Abb. C.2-2 dargestellt ist (er entspricht dem Code III aus Tab. C.2-1). Hierbei wird von der Wurzel des Codebaums ausgegangen und die empfangene Folge von Codeelementen sukzessive abgearbeitet. Da alle Endknoten mit (zulässigen) Codewörtern besetzt sind, kann die Decodierung vergleichsweise einfach durchgeführt werden. An den Entscheidungsknoten wird jeweils in Abhängigkeit vom vorliegenden Codeelement (0 oder 1) ein Pfad gewählt. Sobald ein Endknoten erreicht ist, ist auch das Ende eines Codeworts erreicht und der Decodiervorgang kann an der Wurzel des Codebaums mit dem nächsten Codeelement fortgesetzt werden. Die Frage, wie ein derartiger Codebaum für einen Präfixcode entworfen werden kann, wird weiter unten anhand eines Beispiels geklärt.

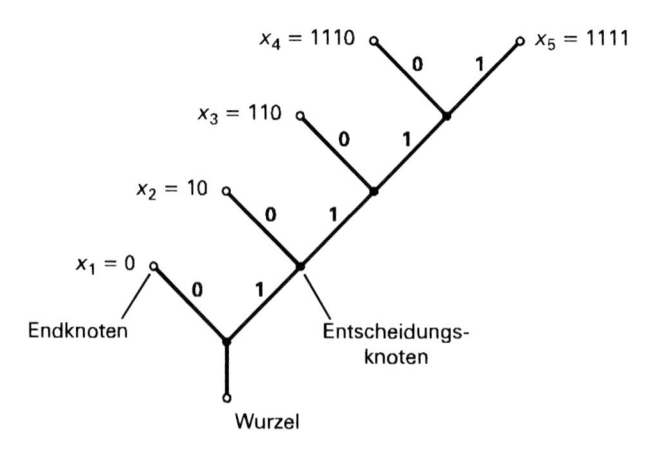

Abb. C.2-2   Codebaum eines Präfixcodes

C.2.2 Präfixcodes

Wie bereits oben – rein anschaulich – vermutet wurde, ist die Redundanz einer Quellencodierung (bzw. die mittlere Codewortlänge nach (C.2-6)) dann besonders gering, wenn häufig auftretende Quellensymbole mit kurzen Codewörtern codiert werden und umgekehrt. Dieser Sachverhalt wird im sogenannten Theorem der Quellencodierung festgehalten. Es besagt, daß die mittlere Codewortlänge $\overline{m}(X)$ stets so gewählt werden kann, daß die Forderung

$$H(X) \leq \overline{m}(X) < H(X) + 1 \qquad (C.2\text{-}7)$$

erfüllt ist. Die linke Ungleichung bedeutet, daß die mittlere Codewortlänge einer Quellencodierung nicht kleiner als die Entropie der Quelle werden kann. Die rechte Ungleichung berücksichtigt die erforderliche Aufrundung der Codewortlänge auf ganzzahlige Werte. Wesentliches Ziel der Quellencodierung ist es, den Wert für die mittlere Codewortlänge $\overline{m}(X)$ der Entropie $H(X)$ anzunähern. Von Shannon, Fano und Huffman wurden verschiedene redundanzmindernde Präfixcodes vorgeschlagen, wobei der von Huffman angegebene Codierungsalgorithmus auf den Code mit der geringsten mittleren Codewortlänge (entsprechend der geringsten Redundanz) führt. Daher wird der Huffman-Code im folgenden Abschnitt eingehender untersucht. Anschließend wird noch kurz das Prinzip des relativ eng verwandten Fano-Codes aufgezeigt.

Die mittlere Codewortlänge tritt hier an die Stelle des Entscheidungsgehalts; sie gibt ebenso wie diese die (mittlere) Anzahl von Bit je Symbol an, die im codierten Signal vorliegen. Für jede „sinnvolle" Quellencodierung gilt selbstverständlich

$$\overline{m}(X) < H_0(X) \qquad (C.2\text{-}8)$$

Wird z. B. eine Quellencodierung auf gleichwahrscheinliche Quellensymbole angewandt, so ist dies nicht „sinnvoll", da bereits die (in Bezug auf den informationstheoretischen Aspekt der Übertragung) optimale Gleichverteilung vorliegt. Während sich die relative Redundanz der uncodierten Nachricht bekanntermaßen zu

$$r = \frac{H_0 - H}{H_0} \qquad (C.2\text{-}9)$$

berechnet, gilt bei der quellencodierten Nachricht entsprechend

$$r^{(QC)} = \frac{\overline{m}(X) - H(X)}{\overline{m}(X)} \qquad (C.2\text{-}10)$$

Daraus folgt mit (C.2-8) sofort

$$r^{(QC)} < r \qquad (C.2\text{-}11)$$

was aber nicht verwundern kann, denn genau dies ist das Ziel der redundanzreduzierenden Quellencodierung.

C.2.3 Der Huffman-Code

C.2.3.1 Einleitung

Der Huffman-Code liefert – aus informationstheoretischer Sicht – die optimale Codierung für die statistisch unabhängigen Symbole einer diskreten, gedächtnislosen Quelle. In den folgenden Abschnitten wird das Prinzip der einfachen sowie der erweiterten Huffman-Codierung dargelegt. Zur Vereinfachung wird die Erläuterung jeweils anhand eines Beispiels vorgenommen.

C.2.3.2 Die einfache Huffman-Codierung

Gegeben sei eine diskrete, gedächtnislose Quelle mit acht Quellensymbolen, deren Auftretenswahrscheinlichkeiten in der Tab. C.2-2 aufgeführt sind. Die Entropie der Quelle beträgt $H(X) = 2{,}82 \text{ bit}/\text{Symbol}$. Für die Durchführung der einfachen Huffman-Codierung ist dann die im folgenden beschriebene Vorgehensweise erforderlich.

Quellensymbol	x_1	x_2	x_3	x_4	x_5	x_6	x_7	x_8
$P(x_k)$	0,20	0,10	0,05	0,15	0,25	0,08	0,07	0,10

Tab. C.2-2 Quellensymbole und ihre Auftretenswahrscheinlichkeiten

I. Die Quellensymbole werden in der Reihenfolge abnehmender Auftretenswahrscheinlichkeit geordnet (Tab. C.2-3).

Quellensymbol	x_5	x_1	x_4	x_2	x_8	x_6	x_7	x_3
$P(x_k)$	0,25	0,20	0,15	0,10	0,10	0,08	0,07	0,05

Tab. C.2-3 Quellensymbole, sortiert nach ihrer Auftretenswahrscheinlichkeit

II. Die beiden Quellensymbole mit der geringsten Auftretenswahrscheinlichkeit werden zu einem Hilfssymbol zusammengefaßt und dessen Auftretenswahrscheinlichkeit berechnet. Dieser Schritt wird so lange wiederholt, bis ein Symbol mit der Wahrscheinlichkeit eins auftritt (d. h. bis alle Quellensymbole zusammengefaßt sind).

III. Die Zusammenfassungen werden jeweils durch Linien gekennzeichnet. Somit entsteht der Codebaum eines Präfixcodes, dessen Endknoten den Quellensymbolen zugeordnet sind.

C.2.3 Der Huffman-Code

Die Schritte II und III sind in Tab. C.2-4 bzw. Abb. C.2-3 dargestellt, wobei in der Tabelle bereits die entstehenden Codewörter eingetragen sind. Hierbei werden i. a. den Zweigen mit der größeren Wahrscheinlichkeit jeweils die „1" zugeordnet, während entsprechend die anderen Zweige mit der „0" gekennzeichnet werden. Eine Verletzung dieser Konvention führt lediglich zu einer anderen Zuordnung von „0" und „1", ohne daß jedoch der Code veränderte Eigenschaften aufweisen würde.

Quellensymbol	$P(x_k)$	Codewort	m_k
x_5	0,25	10	2
x_1	0,20	00	2
x_4	0,15	110	3
x_2	0,10	010	3
x_8	0,10	1111	4
x_6	0,08	1110	4
x_7	0,07	0111	4
x_3	0,05	0110	4

Tab. C.2-4   Huffman-Codierung der Quellensymbole nach Tab. C.2-3

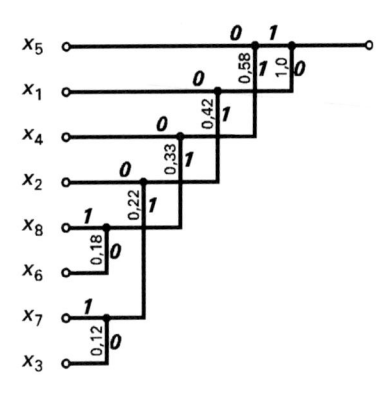

Abb. C.2-3   Codebaum für den Huffman-Code nach Tab. C.2-4

Mit der Beziehung (C.2-6) ergibt sich für den Huffman-Code nach Tab. C.2-4 bzw. Abb. C.2-3 eine mittlere Codewortlänge von $\overline{m}(X) = 2{,}85 \text{ bit / Symbol}$. Bei einer Entropie der Quelle von $H(X) = 2{,}82 \text{ bit / Symbol}$ resultiert daraus eine Redundanz von $R = 0{,}03 \text{ bit / Symbol}$. Ohne redundanzmindernde Quellencodierung wären hier (bei acht Quellensymbolen) drei Bit pro Symbol notwendig gewesen – entsprechend einer Redundanz von $R = 0{,}18 \text{ bit / Symbol}$. Das heißt, daß durch die hier angewandte Huffman-Codierung die Redundanz um über 80 % reduziert werden konnte. Dieser Effekt fällt dabei in diesem Beispiel noch relativ gering aus, da die Anzahl der Quellensymbole eine Zweierpotenz darstellt und somit – ohne Einsatz redundanzmindernder Quellencodierung – alle möglichen Codewörter auch verwendet werden.

Beispiel C.2-1

Zur Veranschaulichung soll hier die Decodierung anhand des Codebaums nach Abb. C.2-4 gezeigt werden.

Hierbei handelt es sich um die Umstellung des Codebaums in Abb. C.2-3 gemäß der Darstellung in Abb. C.2-2. Zu Decodieren sei die empfangene Folge „0001001101101011001111111". Durch den Beginn bei der Wurzel des Codebaums liefert der Anfang der Folge nach dem zweiten Symbol den Weg zu einem Endknoten und somit das Quellensymbol x_1. Anschließend werden die folgenden Symbole der Empfangsfolge – wiederum von der Wurzel ausgehend – durch den Codebaum verfolgt und liefern das Symbol x_2. Die entsprechende Behandlung der restlichen Empfangsfolge führt schließlich (eindeutig!) auf die komplette Folge von Quellensymbolen $x_1 x_2 x_3 x_4 x_5 x_6 x_7 x_8$.

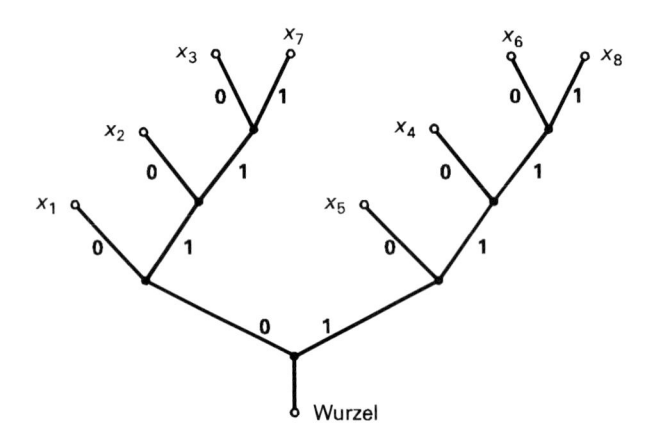

Abb. C.2-4 Umgestellter Codebaum für den Huffman-Code nach Tab. C.2-4

Abschließend soll hier noch ein Sonderfall betrachtet werden, für den das Gleichheitszeichen in (C.2-7) exakt erfüllt wird. In dem Fall, daß für alle Symbole x_k die Wahrscheinlichkeiten als Potenzen von 2 darstellbar sind (wie beispielsweise in Tab. C.2-1), kann die jeweilige Codewortlänge zu

C.2.3 Der Huffman-Code

$$m_k = -\operatorname{ld} P(x_k) \qquad k = 1, \ldots, K \qquad \text{(C.2-12)}$$

bestimmt werden. Damit folgt

$$\overline{m}(X) = \sum_{k=1}^{K} P(x_k) \cdot m_k = H(X) \qquad \text{(C.2-13)}$$

C.2.3.3 Die erweiterte Huffman-Codierung

Während mit der bisher vorgestellten „einfachen" Huffman-Codierung bereits eine deutliche Reduzierung der Redundanz erzielt werden kann, wird in diesem Abschnitt ein häufig eingesetztes Verfahren vorgestellt, das – zumindest prinzipiell – ein beliebig gute Annäherung der mittleren Codewortlänge an die Entropie (und somit eine gegen null gehende Redundanz) für Quellensymbole mit beliebigen Auftretenswahrscheinlichkeiten erlaubt. Hierbei werden nicht einzelne Quellensymbole, sondern jeweils Ketten von L Quellensymbolen in ein Codewort umgesetzt.

Betrachtet werden Zeichenketten $\mathbf{x}_k = (x_1, x_2, \ldots, x_M)$, die aus jeweils M einzelnen Symbolen bestehen. Auf die gesamte Zeichenkette bzw. auf die 2^M möglichen Kombinationen von M Quellensymbolen wird eine Huffman-Codierung gemäß dem im vorhergehenden Abschnitt gezeigten Schema angewandt. Mit den sich hieraus ergebenden Codewortlängen $m_k = m(\mathbf{x}_k)$ resultiert eine mittlere Codewortlänge $\overline{m}(X)$, für die gilt

$$H(X) \le \overline{m}(X) < H(X) + \frac{1}{M} \qquad \text{(C.2-14)}$$

Das bedeutet, daß sich mit dieser erweiterten Huffman-Codierung die mittlere Codewortlänge prinzipiell(!) beliebig nahe der Entropie annähern läßt. Anders gesagt kann prinzipiell(!) die Redundanz beliebig reduziert werden. Anhand eines einfachen Beispiels soll die Redundanzreduktion mit Hilfe der erweiterten Huffman-Codierung demonstriert werden.

Beispiel C.2-2

Es liege eine diskrete, gedächtnislose Quelle vor, deren drei Quellensymbole α, β und γ mit den Wahrscheinlichkeiten $P(\alpha) = 0{,}60$, $P(\beta) = 0{,}30$ und $P(\gamma) = 0{,}10$ statistisch unabhängig voneinander auftreten. Die Entropie der Quelle beträgt $H(X) = 1{,}295\ \text{bit/Symbol}$. Für den Fall, daß keine redundanzmindernde Quellencodierung verwendet wird, werden für die drei Quellensymbole Codewörter mit der Länge zwei benötigt, d. h. $\overline{m}_0(X) = 2\ \text{bit/Symbol}$ entsprechend einer Redundanz von $R_0 = 0{,}705\ \text{bit/Symbol}$ bzw. einer relativen Redundanz von $r_0 = 35{,}3\ \%$.

A Einfache Huffman-Codierung ($M = 1$)

Quellensymbol	$P(x_k)$	Codewort	m_k
α	0,600	1	1
β	0,300	01	2
γ	0,100	00	2

Tab. C.2-5   Huffman-Codierung für $M = 1$

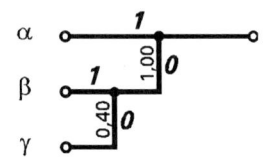

Abb. C.2-5   Huffman-Codierung für $M = 1$

Die einfache Huffman-Codierung, bei der je ein Quellensymbol in ein Codewort umgesetzt wird, liefert die mittlere Codewortlänge $\overline{m}_1(X) = 1{,}40$ bit/Symbol, entsprechend einer Redundanz von $R_1 = 0{,}105$ bit/Symbol bzw. einer relativen Redundanz von $r_1 = 7{,}50$ %.

B Erweiterte Huffman-Codierung ($M = 2$)

Quellensymbol-Kombination	$P(x_k)$	Codewort	m_k
αα	0,360	0	1
αβ	0,180	101	3
βα	0,180	100	3
ββ	0,090	1111	4
αγ	0,060	1101	4
γα	0,060	1100	4
βγ	0,030	11100	5
γβ	0,030	111011	6
γγ	0,010	111010	6

Tab. C.2-6   Huffman-Codierung für $M = 2$

C.2.3 Der Huffman-Code

Bei der erweiterten Huffman-Codierung, bei der jeweils zwei Quellensymbole in ein Codewort zusammengefaßt werden, ergibt sich eine mittlere Codewortlänge von $\overline{m}_2(X) = 1{,}335$ bit/Symbol.

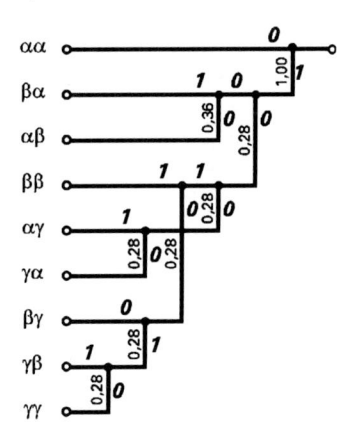

Abb. C.2-6 Huffman-Codierung für $M = 2$

Das entspricht einer Redundanz von $R_2 = 0{,}040$ bit/Symbol bzw. einer relativen Redundanz von $r_2 = 3{,}00$ %.

C Erweiterte Huffman-Codierung ($M = 3$)

Symbol-Kombination	$P(x_k)$	Codewort	m_k
ααα	0,216	11	2
ααβ	0,108	011	3
αβα	0,108	101	3
βαα	0,108	100	3
αββ	0,054	0101	4
βαβ	0,054	00111	5
ββα	0,054	00110	5
ααγ	0,036	00101	5
αγα	0,036	00011	5

Tab. C.2-7 Huffman-Codierung für $M = 3$ (erster Teil)

γαα	0,036	00010	5
βββ	0,027	001001	6
αβγ	0,018	000011	6
γαβ	0,018	000010	6
βγα	0,018	000001	6
αγβ	0,018	000000	6
γβα	0,018	010011	6
βαγ	0,018	010010	6
ββγ	0,009	0100011	7

Tab. C.2-7 *(Forts.)* Huffman-Codierung für M = 3 *(zweiter Teil)*

Bei der erweiterten Huffman-Codierung, bei der jeweils drei Quellensymbole in ein Codewort zusammengefaßt werden, ergibt sich eine mittlere Codewortlänge von $\overline{m}_3(X) = 1{,}295$ bit/Symbol.

M	$\overline{m}(X)$ [bit/Symbol]	R [bit/Symbol]	r [%]
0	2,00	0,705	35,3
1	1,40	0,105	7,50
2	1,335	0,040	3,00
3	1,309	0,014	1,10

Tab. C.2-8 Vergleich der Huffman-Codierungen

Das entspricht einer Redundanz von $R_3 = 0{,}014$ bit/Symbol bzw. einer relativen Redundanz von $r_3 = 1{,}10$ %. Auf die Darstellung des recht umfangreichen Codebaums wird hier aus Platzgründen verzichtet.

Wie an diesem Beispiel deutlich zu erkennen ist (Tab. C.2-8), kann durch die Zusammenfassung mehrerer Quellensymbole bei der Quellencodierung die Redundanz der Quelle sowohl gegenüber dem „uncodierten" Fall als auch gegenüber der einfachen Huffman-Codierung signifikant reduziert werden. Da sich aber gleichzeitig mit steigendem M Probleme anderer Art ergeben (z. B.

C.2.4 Der Fano-Code

Fehlerempfindlichkeit) muß auch hier wieder ein Kompromiß gefunden werden zwischen der Redundanzreduktion und anderen Faktoren.

C.2.4 Der Fano-Code

Die Grundidee beim Fano-Code ähnelt im Prinzip der beim Huffman-Code; lediglich die Reihenfolge der Vorgehensweise wird sozusagen umgedreht. Auch hier werden im ersten Schritt die (Quellen-)Symbole nach fallender Auftretenswahrscheinlichkeit angeordnet. Im zweiten Schritt werden dann die Symbole in zwei „Gruppen" unterteilt, wobei die Summe der Auftretenswahrscheinlichkeiten in beiden Gruppen möglichst gleich sein sollte. Sind zwei Unterteilungen möglich, so wird beliebig eine der Möglichkeiten gewählt. Den Symbolen in den beiden so entstandenen Gruppen werden jeweils die „0" bzw. die „1" als erstes Codeelement zugeordnet.

Quellensymbol	$P(x_k)$	Codewort	m_k
x_5	0,25	01	2
x_1	0,20	00	2
x_4	0,15	101	3
x_2	0,10	100	3
x_8	0,10	1111	4
x_6	0,08	1110	4
x_7	0,07	1101	4
x_3	0,05	1100	4

Tab. C.2-9   Fano-Codierung der Quellensymbole nach Tab. C.2-2

Der zweite Schritt wird dann wiederum auf diese beiden Gruppen angewendet und solange wiederholt, bis alle entstandenen Gruppen nur noch aus einem Symbol bestehen. In Tab. C.2-9 ist der Fano-Code für die bereits beim Huffman-Code untersuchten Quellensymbole nach Tab. C.2-2 dargestellt. Abb. C.2-7 zeigt den dabei entstehenden Codebaum.

Wie dort zu erkennen ist, wird im Gegensatz zum Huffman-Code bei der Wurzel des Codebaums begonnen, die Codeelemente den Symbolen zuzuordnen. Hierbei wurde jeweils der Symbolgruppe mit der höheren Summe der Auftretenswahrscheinlichkeiten das Codeelement „1" und der anderen das Codeelement „0" zugeordnet.

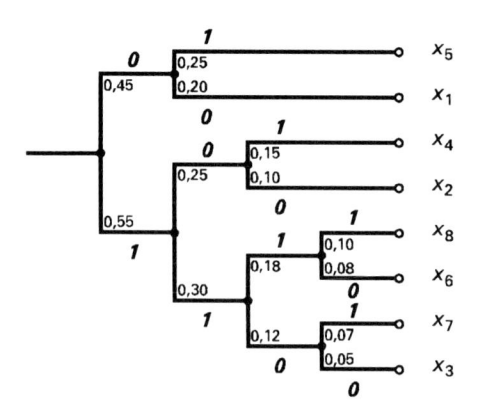

Abb. C.2-7   *Zur Entstehung des Fano-Codes nach Tab. C.2-9*

Ein Vergleich mit dem Huffman-Code zeigt, daß zwar ein anderer Code entstanden ist, der jedoch die gleiche Verteilung der Codewortlängen aufweist und somit natürlich auch wieder die gleiche mittlere Codewortlänge von $\overline{m}(X) = 2,85$ bit / Symbol. Dies ist jedoch nicht immer der Fall, vielmehr wird in vielen Fällen der Fano-Code eine geringfügig höhere mittlere Codewortlänge liefern (wie z. B. in der Übungsaufgabe C-9). Es kann auch gezeigt werden, daß der Huffman-Code immer die geringste Codewortlänge aller einwandfrei decodierbaren Quellencodierungen liefert. Ohne daß hier die Vorgehensweise noch einmal erläutert werden soll, sei darauf hingewiesen, daß durch Zusammenfassung mehrerer Quellensymbole beim erweiterten Fano-Code ebenso wie beim erweiterten Huffman-Code eine weitere Verringerung der Redundanz erreicht werden kann.

C.3   Kanalcodierung

C.3.1   Einleitung

Die Abb. C.3-1 zeigt idealisiert den Einsatz der Kanalcodierung im Rahmen eines Nachrichtenübertragungssystems. Hierbei wird der eigentlich gestörte Kanal von Kanalencoder und -decoder „eingerahmt" und bildet zusammen im Idealfall(!) einen störungsfreien Kanal. In der Praxis führt jedoch die Kanalcodierung „lediglich" zu einer mehr oder minder starken Reduzierung der Fehlerrate des Kanals, wobei diese Reduzierung häufig im Bereich von mehreren Größenordnungen liegt.

Das Ziel der Codierung zur Fehlererkennung bzw. -korrektur ist die Suche nach Methoden zur Übertragung von Informationen von der Quelle zur Senke mit einem Minimum an Fehlern – im Idealfall fehlerfrei. Die Codierung ist ein Teil der Informationstheorie, und eine im Kapitel C.1 vorgestellt Größe spielt hier eine große Rolle: die Kanalkapazität C'. Shannon hat gezeigt, daß für den Fall, daß die Übertragungsrate geringer als die Kanalkapazität ist, mit Hilfe einer geeigneten Codierung/Modulation die Fehlerrate prinzipiell beliebig klein gemacht werden kann (Shannonsches Codierungstheorem). Auf der anderen Seite führt die Anwendung von fehlererkennender/-korrigierender Codierung bei einer Übertragungsrate oberhalb der Kanalkapazität im allgemeinen zu einer Verschlechterung des Fehlerverhaltens.

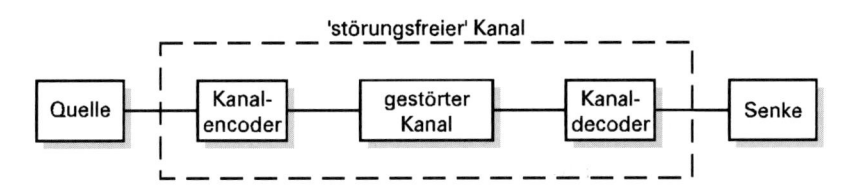

Abb. C.3-1   *Kanalcodierung*

Der Schwerpunkt der gegenwärtigen Anstrengungen liegt i. a. eher auf der Verbesserung der fehlerkorrigierenden Eigenschaften der Codes als auf der – theoretisch möglichen – Erreichung der Kanalkapazität. Das Ziel ist also die Verringerung der Fehlerrate und/oder der benötigten Sendeleistung. Im Rahmen der hier vorgestellten Betrachtung wird nur die sogenannte *Forward Error Correction* (FEC), die Vorwärts-Fehlerkorrektur, etwas näher behandelt. Das bedeutet, daß davon ausgegangen wird, daß bei der Übertragung Fehler auftreten, so daß sendeseitig Redundanz zugesetzt wird, mit deren Hilfe empfangsseitig Fehler erkannt bzw. korrigiert werden können. Für die andere Möglichkeit, die Mehrfachübertragung (*Automatic Repeat Request* – ARQ), sei auf die entsprechende Spezialliteratur hingewiesen.

Ein spezieller Aspekt ist vorhanden, wenn das Auftreten von Fehlern subjektiv keine Rolle spielt, da sie von der signaleigenen Redundanz „maskiert" werden. Dies ist jedoch kein Thema der Kanalcodierung und wird deshalb hier nicht weiter behandelt.

Bei der Wahl der Codierung ist auch die Zusammenarbeit der Codierung mit der Modulation zu beachten, wobei dies insbesondere bei Verwendung von mehr als höherwertigen Symbolen von Bedeutung ist. Da hier lediglich binäre Symbole betrachtet werden, soll auf diesen Aspekt nicht weiter eingegangen werden.

Ein wesentlicher zu berücksichtigender Punkt ist weiterhin die Art des Übertragungskanals.

Hierbei sind vor allem die folgenden Kanalmodelle von Interesse:
- gedächtnisloser Kanal;
- Kanal mit additivem weißem Gaußschem Rauschen (AWGN) – siehe Teil D;

- Kanal mit bündelweise auftretenden Fehlern (*Burst Channel*);
- realer Kanal mit gemischten Fehlern (*Compound Channnel*).

Bei der Demodulation ist ein Punkt von besonderer Bedeutung, der hier kurz erläutert werden soll. Bei der Demodulation wird unterschieden zwischen

- *Hard Decision* (vom Demodulator wird nur der Wert eines erkannten Symbols ohne die Wahrscheinlichkeit der Korrektheit dieser Entscheidung an den Decodierer weitergegeben)

und

- *Soft Decision* (Vom Demodulator wird neben dem ermittelten Symbol auch die Wahrscheinlichkeit für die Korrektheit dieser Entscheidung an den Decodierer weitergegeben.).

Auch wenn *Soft Decision* aufgrund der zusätzlich vorhandenen Informationen Vorteile gegenüber der *Hard Decision* aufweist, wird – insbesondere bei Verwendung von Block-Codes – häufiger *Hard Decision* eingesetzt. Auf das informationstheoretische Modell eines „*Soft-Decision*-Kanals" wurde bereits im Kapitel C.1 hingewiesen.

Die Aufgabe des Decoders ist es, aus den empfangenen – i. a. gestörten – Symbolen die ursprünglich zu übertragende Information zurückzugewinnen. Da bei einem redundanten Code nur bestimmte Codewörter erlaubt sind und, bei entsprechender Auslegung, die Verfälschung eines Codeworts nicht auf ein anderes Codewort führt, können Übertragungsfehler erkannt und ggf. sogar korrigiert werden, solange eine bestimmte Anzahl von verfälschten Symbolen je Codewort nicht überschritten wird. Dabei wird, vereinfacht gesagt, das empfangene Codewort mit allen korrekten Codewörtern verglichen, und dasjenige Codewort, das dem empfangenen Codewort am „ähnlichsten" ist, wird als decodiertes Codewort vom Decodierer weitergegeben. Eine graphische Veranschaulichung dieses Vorgehens wird anhand der Abb. C.3-8 gezeigt werden.

Im allgemeinen existieren drei Bewertungskriterien für die Kanalcodierung, deren Priorität häufig in der folgenden Reihenfolge vorliegt:

- kleine Restfehlerwahrscheinlichkeit (unterhalb eines gegebenen Grenzwerts);
- geringe Redundanz (möglichst effiziente Ausnutzung des Frequenzbands);
- niedriger (technischer und finanzieller) Aufwand bei der Realisierung.

Als Restwahrscheinlichkeit wird die Wahrscheinlichkeit bezeichnet, daß trotz störungsgeschützter Codierung ein zu übertragendes Codewort in ein anderes Codewort verfälscht wird. (siehe Abschnitt C.3.4.3)

Eine gute Übersicht über verschiedene Anwendungen von Verfahren der Kanalcodierung sowie ein Ausblick auf zukünftige Entwicklungen sind z. B. in [Imai 90] zu finden.

C.3.2 Übersicht

In Abb. C.3-2 sind die wichtigsten für die Kanalcodierung verwendeten Verfahren zusammengestellt. Im folgenden sollen die vier Gruppen (Mehrfachübertragung, Zuordnungscode, Algebraischer Code und Gespreizter Code) kurz vorgestellt werden. In den anschließenden Abschnitten wird dann auf einige der für die Praxis besonders interessanten Verfahren näher eingegangen.

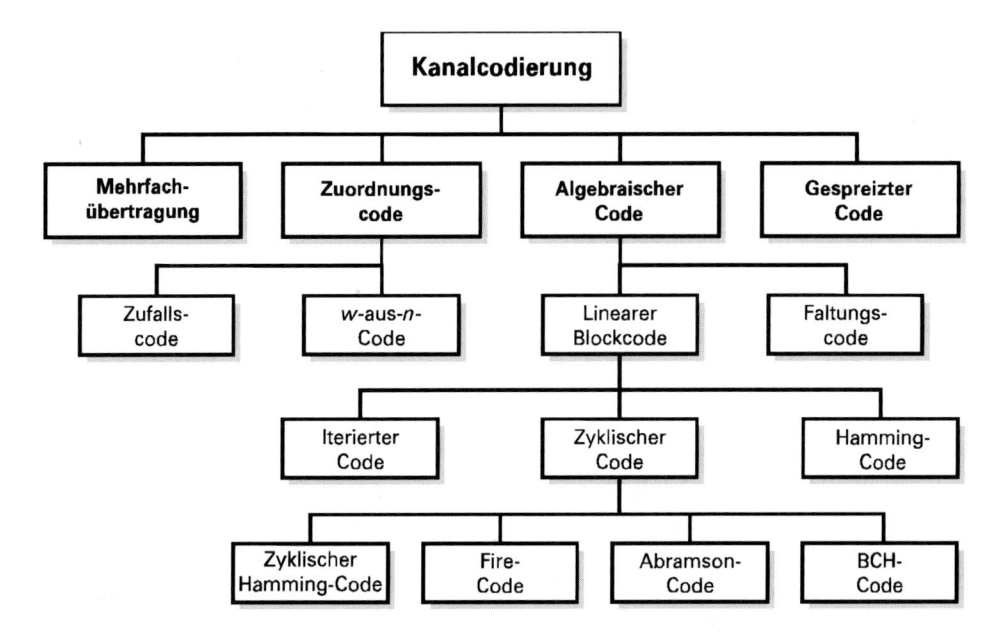

Abb. C.3-2 Übersicht über die verschiedenen Formen der Kanalcodierung

Mehrfachübertragung

Die Mehrfachübertragung (*Automatic Repeat Request* – ARQ) bietet verschiedene Möglichkeiten der Fehlererkennung und -korrektur. Zwei Verfahren hierbei sind:

- Informationsrückmeldung
  Der Empfänger sendet die empfangene Information komplett an den Sender zurück. Dort erfolgt ein Vergleich der gesendeten und der empfangenen Daten und auf der Basis dieses Vergleichs die Entscheidung, ob eine neue Übertragung zu erfolgen hat.

- Entscheidungsrückmeldung
  Der Kanaldecoder kann anhand der vom Kanalencoder hinzugefügten Kontrollinformation feststellen, ob die Übertragung fehlerfrei war oder ob eine

neue Übertragung notwendig ist. Diese Entscheidung wird dem Sender zurückgemeldet.

Aufgrund der hohen Redundanz sind die Verfahren mit Mehrfachübertragung i. a. ineffizient und werden nur für spezielle Anwendungen eingesetzt. Ein wesentlicher Unterschied zu den anderen hier betrachteten Verfahren ist darin zu sehen, daß bei den ARQ-Verfahren die Übertragungsqualität konstant bleibt, während der Datendurchsatz vom Zustand des Kanals abhängt. Bei den anderen Verfahren liegt hingegen ein konstanter Datendurchsatz vor, während die Übertragungsqualität vom Zustand des Kanals abhängt.

Zuordnungscode

Einem eingangsseitigen Codewort wird dabei ein ausgangsseitiges Codewort zugeordnet, wobei die Zuordnung durch eine Zuordnungsliste („Codebuch") erfolgt, für die nicht notwendigerweise eine Systematik erforderlich ist.

- Zufallscode
  Hier ist die Zuordnungsliste zufällig entstanden. Diese Codes haben nur eine theoretische Bedeutung. So hat z. B. Shannon anhand von Zufallscodes den Beweis seines Codierungstheorems geführt.

- w-aus-n-Code
  Dieser Code enthält $C(n,w)$ Codewörter, die alle das gleiche Gewicht aufweisen. ($C(n,w)$ ist der Binomialkoeffizient „n über w".) Ein Beispiel hierfür ist das internationale Alphabet Nr. 3, das aus einem 5-stelligen Codewort (internationales Alphabet Nr. 2) ein 7-stelliges Codewort erzeugt, wobei diese Codewörter jeweils das Gewicht drei aufweisen. Das Gewicht ist die Anzahl der von null verschiedenen Codeelemente innerhalb eines Codeworts (siehe Abschnitt C.4.3).

Algebraischer Code

Die Bildung eines Codeworts erfolgt durch eine algebraische Vorschrift. Es handelt sich hierbei um eine sehr effektive Methode zur Erzeugung eines störungsgeschützten Kanalcodes.

- Lineare Blockcodes
  Lineare Blockcodes weisen als Charakteristikum Codewörter der gleichen Länge auf, wobei die Codierungsvorschrift nur lineare Operationen enthält. Die Summe zweier Codewörter ist wiederum ein Codewort. Da die Codewörter eines linearen Blockcodes die Eigenschaften einer Gruppe (im Sinne einer algebraischen Struktur) erfüllen, werden sie auch als Gruppencodes bezeichnet. Die bekanntesten Vertreter dieser Familie von Kanalcodes sind die Hamming-Codes, die im Abschnitt C.3.6 etwas näher betrachtet werden. Eine interessante, weitergehende Einführung in diese Codegruppe bietet beispielsweise der Artikel von Hamming aus dem Jahre 1950 [Hamming 50].

- Faltungscode (*Convolutional Code*)
  Im Gegensatz zu den Blockcodes wird hier die redundante Kontrollinformation kontinuierlich in die von der Quelle (genauer vom Quellenencoder) stammende Information eingefügt (i. a. mit Hilfe eines Schieberegisters). Diese hinzugefügte Kontrollinformation wird vom Decoder zur Fehlerkorrektur verwendet.

Das einfachste Beispiel für einen algebraischen Code ist die Codierung eines Eingangs-Codeworts durch Hinzufügen eines Paritätsbits. Hierbei wird mit Hilfe des Paritätsbits in jedem Codewort eine gerade (bzw. ungerade) Anzahl von Einsen erzeugt. Das bedeutet, daß nach dem Encoder nur noch Codewörter mit geradem (bzw. nur noch Codewörter mit ungeradem) Gewicht auftreten können. Alle auftretenden Codewörter unterscheiden sich demnach an mindestens zwei Stellen – der Code weist eine sogenannte Codedistanz von 2 auf. Das bedeutet, daß einzelne Fehler (in diesem Fall allgemein eine ungerade Fehlerzahl) zwar erkannt, nicht jedoch korrigiert werden können. Das entstehende Codewort ist nämlich einerseits nicht im Alphabet der zulässigen Codewörter enthalten (da es ein ungerades Gewicht aufweist), andererseits besitzt es den gleichen Abstand zu mehreren zulässigen Codewörtern, so daß es nicht eindeutig einem zulässigen Codewort zugeordnet werden kann. Bei zwei Fehlern (allgemein: bei einer geraden Fehlerzahl) kann hingegen nicht festgestellt werden, ob die Übertragung fehlerhaft war, da durch die Fehler aus einem zulässigen Codewort in jedem Fall wieder ein zulässiges Codewort entsteht. Die Möglichkeiten dieses Codes sind also beschränkt; gleichzeitig weist er jedoch den Vorteil einer einfachen Realisierung von Codierung und Decodierung sowie einer i. a. geringen hinzugefügten Redundanz auf.

Gespreizter Code

Ein spezielles Verfahren zur Verringerung der negativen Auswirkungen von Bündelfehlern ist der Einsatz von gespreizten Codes, i. a. auch als *Interleaving* bezeichnet. Hierbei handelt es sich sendeseitig um ein zeitliches Verschachteln von Symbolen aus aufeinanderfolgenden Rahmen, wobei diese Verschachtelung empfangsseitig wieder rückgängig gemacht werden muß. Im Abschnitt C.3.6 folgt eine Beschreibung des wichtigsten Interleaving-Verfahrens, des Block-Interleavings. Im Gegensatz zu allen anderen Verfahren der Kanalcodierung wird hier keine Redundanz hinzugefügt. Zugleich spielt dieser Code praktisch nur in Verbindung mit anderen Verfahren ein (große) Rolle (Stichwort: „verkettete Codes").

C.3.3 Shannons Codierungstheorem

Gegeben sei eine binäre Quelle mit der Entropie H in bit/Symbol sowie ein diskreter, gedächtnisloser Kanal mit der Kanalkapazität C' in bit/s. Dann existiert ein Code mit der Coderate $R_c = k_0/n_0$ (mit der Länge n_0 eines Codeworts und der Anzahl k_0 der Informationsstellen je Codewort), für den die obere Grenze der Fehlerwahrscheinlichkeit gegeben ist durch

$$P_e \leq e^{-n_0 E(R)} \qquad (C.3-1)$$

mit der Datenübertragungsrate

$$R = R_c H \qquad (C.3-2)$$

wobei der Zufallsfehlerexponent (*Random Coding Error Exponent*) $E(R)$ eine konvexe, abnehmende, positive Funktion ist, die allein durch die Charakteristik des Kanals bestimmt wird. Jeder beliebige Code hat einen spezifischen Verlauf des Zufallsfehlerexponenten, wobei der typische Verlauf dieser Funktion in Abb. C.3-3a dargestellt ist.

Die erste wesentliche Aussage des Shannonschen Codierungstheorems lautet jetzt, daß für eine Datenübertragungsrate, die kleiner ist als die Kanalkapazität ($R < C'$), ein Wert $E(R) > 0$ und somit eine von eins verschiedene Fehlerwahrscheinlichkeit erreichbar ist.

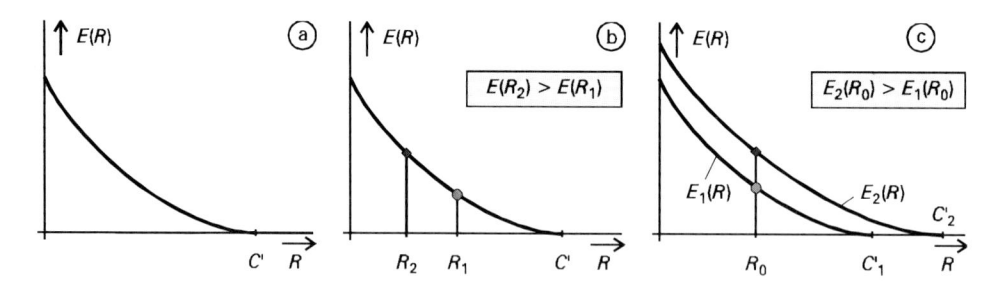

Abb. C.3-3 Typischer Verlauf der Funktion $E(R)$

Ausgehend von (C.3-1) und (C.3-2) sind drei Wege denkbar, um die Leistung des Übertragungssystems zu verbessern. Diese Wege sollen im folgenden kurz aufgezeigt werden.

- Eine Reduzierung der Coderate R_c führt nach (C.3-2) zu einer Verringerung der Datenübertragungsrate (von R_1 nach $R_2 < R_1$) und somit zu einer Erhöhung des Zufallsfehlerexponenten $E(R_2) > E(R_1)$. Daher wird die Grenze für die Fehlerwahrscheinlichkeit nach (C.3-1) kleiner (Abb. C.3-3b).

- Vergrößern der Kanalkapazität (von C_1' nach $C_2' > C_1'$) durch Erhöhen der Dynamik (z. B. durch erhöhte Sendeleistung) führt, bei gleichbleibender Datenübertragungsrate $R = R_0$, ebenfalls zu einer Erhöhung des Zufallsfehlerexponenten $E_2(R_0) > E_1(R_0)$ (Abb. C.3-3c) und somit zu einem Absinken der Grenze für die Fehlerwahrscheinlichkeit nach (C.3-1).

- Bei konstant gehaltener Coderate R_c wird der Parameter n_0 (d. h. die Blocklänge des Codes) vergrößert. Es wird somit keine Änderung von Bandbreite oder Dynamik des Kanals erforderlich. Das bedeutet, daß mit i. a. vergleichsweise geringem Aufwand – ohne Änderungen am Kanal(!) – nur durch Erhöhung der Blocklänge die Qualität der Übertragung (ausgedrückt durch die Fehlerwahrscheinlichkeit) gesteigert werden kann. Die Nachteile stecken bei dieser Variante in ggf. aufwendigerer Hard- und/oder Software für Encodierung/Decodierung sowie in einer erhöhten Laufzeit, die sich bei Echtzeitanwendungen wie z. B. Sprachübertragung störend bemerkbar machen kann. Eine ähnliche Beziehung gilt entsprechend für Faltungscodes, wobei die „Blocklänge" durch die „Beeinflussungslänge" ersetzt wird.

Die zweite wesentliche Aussage des Shannonschen Codierungstheorems basiert auf der letzten angesprochenen Möglichkeit: Für $R < C'$ kann die Fehlerwahrscheinlichkeit beliebig reduziert werden, indem die Blocklänge "ausreichend" erhöht wird. Anzumerken ist einerseits, daß das Kanalcodierungstheorem hierzu keine praktischen Hinweise liefert. Andererseits ergeben sich für sehr niedrige Fehlerraten sehr große Blocklängen, die ggf. zu einem entsprechend hohen Aufwand bei der Realisierung führen können.

C.3.4 Einige Grundbegriffe

C.3.4.1 Wichtige Definitionen

Abb. C.3-4 zeigt den Einsatz von Kanalencoder und -decoder bei Verwendung eines linearen Blockcodes. In Anlehnung an [Friedrichs 95] werden zur besseren Unterscheidung die nicht codierten Wörter als *Info*-Wörter (*Information Sequence*) und die codierten Wörter als *Code*wörter (*Encoded Sequence*) bezeichnet.

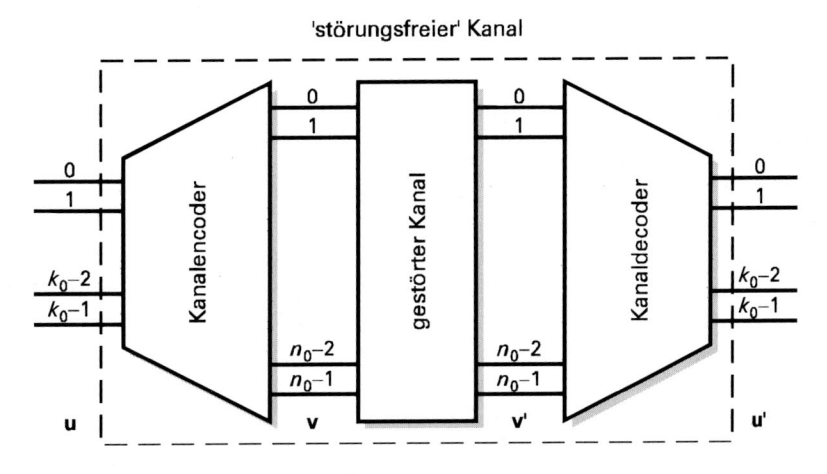

Abb. C.3-4   *Kanalencoder und Kanaldecoder*

Am Eingang eines Encoders (Abb. C.3-4) stehen also Infowörter **u** mit jeweils k_0 Symbolen zur Verfügung; ausgangsseitig werden Codewörter **v** mit jeweils n_0 Symbolen erzeugt. Für den Fall, daß aus jeweils einem Infowort ein Codewort gebildet wird, spricht man von einem (n_0, k_0)-Blockcode. Beeinflussen neben dem aktuellen Infowort auch vorhergehende Infowörter ein Codewort, so handelt es sich um einen Faltungscode (*Convolutional Code*), der im Abschnitt C.3.7 behandelt wird.

Nach der ggf. fehlerbehafteten Übertragung („gestörter Kanal"), bei der die sendeseitigen Codewörter **v** in die empfangsseitigen Codewörter **v'** verfälscht werden, hat der Decoder die Aufgabe, aus diesen wiederum die Infowörter **u'** zu gewinnen. Diese sind im Idealfall identisch mit den sendeseitigen Infowörtern **u**, während jedoch i. a. davon ausgegangen werden muß, daß für einen gewissen Anteil an den insgesamt übertragenen Infowörtern auch **u' ≠ u** gelten kann. In diesem Fall hat der Einsatz der Kanalcodierung nicht ausgereicht, um einen Übertragungsfehler zu verhindern. Man spricht dann von einem „Restfehler" (siehe auch Abschnitt C.3.4.3).

Das Verhältnis

$$R_c = \frac{k_0}{n_0} \leq 1 \qquad (C.3-3)$$

wird als Coderate bezeichnet. Je kleiner diese ist, desto mehr Redundanz wird hinzugefügt, und dementsprechend stehen potentiell bessere Möglichkeiten zur Fehlererkennung/-korrektur zur Verfügung. Auf der anderen Seite wird die Ausnutzung des Übertragungskanals schlechter, da pro Informationssymbol mehr redundante Symbole übertragen werden müssen. Der Sonderfall $R_c = 1$ entspricht der uncodierten Übertragung. Die durch die Kanalcodierung hinzugefügte relative Redundanz ergibt sich zu

$$r_K = \frac{n_0 - k_0}{n_0} \qquad (C.3-4)$$

Die Parameter n_0 und k_0 bestimmen wesentlich, aber nicht nur, die fehlererkennenden bzw. -korrigierenden Eigenschaften eines Codes. Je geringer der Anteil der Informationsstellen an einem Codewort ist, desto größer wird, bei gleichbleibender Codewortlänge der „Abstand" – bei anschaulicher Darstellung – zwischen den zulässigen Codewörtern. Man spricht hierbei auch von der Distanz zweier Codewörter und bezeichnet das Minimum der Distanz, über das gesamte Codealphabet betrachtet, als Codedistanz. Dieser entscheidende Parameter wird im Abschnitt C.3.5.2 (für lineare Blockcodes) sowie im Abschnitt C.4.3 etwas genauer betrachtet.

Die Effektivität eines Kanalcodes bzgl. der Ausnutzung des Kanals ist um so größer, je kleiner die relative Redundanz bei vorgegebener Codedistanz ist. Dies erlaubt jedoch keine Aussagen zu den Fähigkeiten eines Codes bzgl. Fehlererkennung bzw. -korrektur. Wird ein (uncodiertes) Signal mit der Datenrate R_b übertragen, so ergibt sich für die codierte Übertragung

$$R_b^{(c)} = R_b \frac{1}{R_c} \qquad (C.3\text{-}5)$$

d. h. die Datenrate wird um den Faktor $1/R_c$ erhöht. Dies ist sofort einleuchtend, da aufgrund der hinzugefügten Redundanz mehr Symbole je Zeiteinheit übertragen werden müssen. Bei konstanter Sendeleistung wird somit die für jedes Bit zur Verfügung stehende Energie entsprechend geringer. Auf eine wichtige Konsequenz dieses Aspekts wird später in diesem Kapitel noch einmal eingegangen.

C.3.4.2 Verkettete Codes

Da die verschiedenen Kanalcodierungen, die z. T. in den folgenden Abschnitten vorgestellt werden, unterschiedliche Eigenschaften aufweisen und speziell für unterschiedliche Fehlertypen eingesetzt werden (Einzelfehler, Bündelfehler), liegt es nahe, die günstigen Eigenschaften verschiedener Codes miteinander zu kombinieren. Zu diesem Zweck werden verkettete Codes (*Concatenated Codes*) eingesetzt, deren Eigenschaften sich in gewünschter Weise ergänzen. Man spricht dabei von einem inneren und einem äußeren Code ; siehe Abb. C.3-5.

Abb. C.3-5   *Codeverkettung*

Ein häufig vorkommender Fall ist, daß der innere Code Bündelfehler in statistisch verteilte Einzelfehler umwandelt (*Interleaver*), die der äußere Code korrigieren kann (z. B. Blockcode). Weiterhin werden vielfach zwei Reed-Solomon-Codes oder ein innerer Faltungscode mit einem äußeren Reed-Solomon-Code verkettet. Die Anzahl der miteinander verketteten Codes ist dabei nicht begrenzt, so daß beispielsweise zwei Interleaver zusammen mit einem Faltungscode und einem RS-Code eingesetzt werden können. Durch sinnvolle Verkettung von Codes können sehr leistungsfähige Kanalcodierungen entstehen, so daß diese Anwendung relativ häufig anzutreffen ist.

C.3.4.3 Restfehlerwahrscheinlichkeit

Bei der Übertragung wird durch Störungen auf dem Kanal aus dem Codewort **v** das – ggf. verfälschte – Codewort **v'**. Diese Änderung wird repräsentiert durch das n_0-stellige Fehlermuster (den Fehlervektor) **e** .

Dabei ist

$$\mathbf{v}' = \mathbf{v} \oplus \mathbf{e} \qquad \mathbf{E} = \{\mathbf{e}_1, \mathbf{e}_2, \ldots, \mathbf{e}_N\} \qquad N = 2^{n_0} \qquad \text{(C.3-6)}$$

Das Gewicht $e = w(\mathbf{e})$ des Fehlermusters entspricht der Anzahl der bei der Übertragung verfälschten Stellen des gesendeten Codeworts. Das Alphabet E enthält neben dem Nullwort (fehlerfreie Übertragung, $\mathbf{v}' = \mathbf{v}$) $2^{n_0} - 1$ verschiedene Fehlermuster, die zu einer Verfälschung des Codeworts führen.

Der Decoder erzeugt wiederum aus dem Codewort $\mathbf{v}'$ das Infowort $\mathbf{u}'$ (siehe Abb. C.3-4). Unter der Voraussetzung, daß das Gewicht des Fehlermusters $e = w(\mathbf{e})$ nicht größer ist als die Codedistanz, gilt $\mathbf{u}' = \mathbf{u}$. Andernfalls tritt ein Wortfehler auf, d. h. das decodierte Infowort ist gegenüber dem zu übertragenden Infowort verfälscht, und es ist $\mathbf{u}' \neq \mathbf{u}$.

Die Wahrscheinlichkeit, daß ein Infowort bei der Übertragung über den nicht durch Kanalcodierung geschützten Kanal verfälscht wird, wird als Wortfehlerwahrscheinlichkeit

$$p_\text{w} = \frac{\text{Anzahl der verfälschten Infowörter}}{\text{Anzahl der übertragenen Infowörter}} \qquad \text{(C.3-7)}$$

bezeichnet. Das wichtigste Ziel der Kanalcodierung ist es, die Wortfehlerwahrscheinlichkeit zu minimieren bzw. unter einen gegebenen Wert zu drücken. Der Anteil der trotz fehlergeschützter Codierung fehlerhaft übertragenen Codewörter wird ausgedrückt durch die Restfehlerwahrscheinlichkeit (Abb. C.3-6)

$$p_\text{w,Rest} = \frac{\text{Anzahl der nicht als fehlerhaft erkannten Codewörter}}{\text{Anzahl der übertragenen Codewörter}} \qquad \text{(C.3-8)}$$

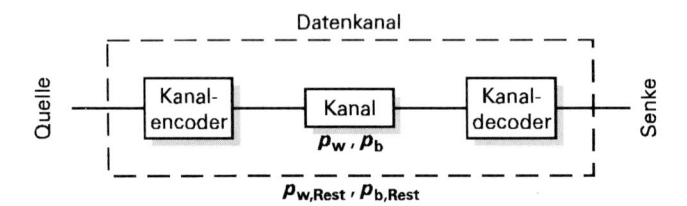

Abb. C.3-6 *Restfehlerwahrscheinlichkeit*

Die Restfehlerwahrscheinlichkeit wird im Abschnitt C.3.6 am Beispiel der Hamming-Codes näher untersucht. Der Reduktionsfaktor

$$r_\text{erk} = \frac{p_\text{w,Rest}}{p_\text{w}} \qquad \text{(C.3-9)}$$

ist das Verhältnis der Anzahl der vom Decoder nicht erkannten fehlerhaften Codewörter zur Anzahl der fehlerhaft übertragenen Infowörter und sollte möglichst klein sein. Es kommen jedoch auch Fälle vor, in denen der Reduktionsfaktor größer als eins wird, d. h. durch die Kanalcodierung wird der Anteil der fehlerhaft übertragenen Daten erhöht. Ein typisches Beispiel hierfür ist, wenn ein ungünstig ausgewählter Code auf einem Kanal mit einer schlechten Übertragungsqualität eingesetzt wird.

C.3.4.4 Der Codierungsgewinn

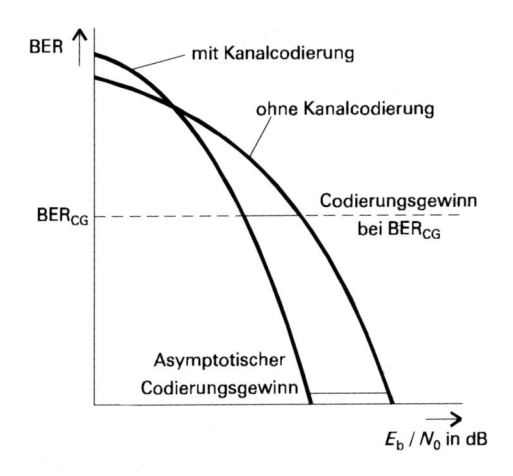

Abb. C.3-7 *Definition des Codierungsgewinns*

Der Begriff des Codierungsgewinns (*Coding Gain*) ist eng verknüpft mit dem des Reduktionsfaktors aus dem vorigen Abschnitt. Zur Definition des Codierungsgewinns muß zuerst ein Vorgriff auf einen später diskutierten Zusammenhang erfolgen. In Kapitel D.7 wird gezeigt, wie die Bitfehlerwahrscheinlichkeit (*Bit Error Rate – BER*) vom Verhältnis der Signalenergie je Bit zur Rauschleistungsdichte (E_b/N_0) abhängt. An dieser Stelle sei nur festgehalten, daß sich im allgemeinen Fall ein Verlauf gemäß der Abb. C.3-7 ergibt. Anschaulich läßt sich daraus ablesen, welches Verhältnis E_b/N_0 erforderlich ist, um eine bestimmte Bitfehlerwahrscheinlichkeit zu gewährleisten. Wird nun die Übertragung durch den Einsatz von Kanalcodierung geschützt, so wird das erforderliche E_b/N_0 verändert. Für hinreichend große Werte von E_b/N_0 ergibt sich eine in dB ausgedrückte Verringerung von E_b/N_0, die als Codierungsgewinn bezeichnet wird. Für sehr kleine Werte von E_b/N_0 hingegen (d.h. für einen „schlechten" Kanal) wird die Übertragung mit Kanalcodierung schlechter (d. h. es treten mehr Fehler auf) als bei der ungeschützten Übertragung.

Dieser Effekt führt dazu, daß der Codierungsgewinn nicht nur vom verwendeten Codierungsverfahren abhängt, sondern wesentlich auch von der angestrebten Bitfehlerwahrscheinlichkeit. Für große Werte von E_b/N_0 ergibt sich der asymptotische („theoretische") Codierungsgewinn, der tatsächlich nur vom Codierungsverfahren bestimmt wird. Für die typischen Bitfehlerwahrscheinlichkeiten, die bei der Übertragung auftreten (z. B. 10^{-5}), muß dagegen mit einem Abschlag vom asymptotischen Codierungsgewinn von zumindest einigen Zehntel dB gerechnet werden.

Ein ganz wesentlicher Punkt muß bei der Berechnung und Verwendung des Codierungsgewinns bzw. allgemein beim Einsatz von Kanalcodierung berücksichtigt werden: Sollen (effektive) Datenrate und Sendeleistung konstant bleiben, was i. a. der Fall ist, so ergibt sich durch den Einsatz von redundanzbehafteter Kanalcodierung eine erhöhte Datenrate auf dem Kanal. Da die Sendeleistung sozusagen auf die einzelnen Bits (oder Symbole) aufgeteilt wird, ergibt sich entsprechend eine geringere Signalenergie je Bit und somit (da die Rauschleistungsdichte N_0 konstant bleibt) ein vermindertes Verhältnis E_b/N_0. Das bedeutet aber, daß durch die Codierung zuerst dieser Verlust ausgeglichen werden muß, bevor überhaupt eine Verbesserung gegenüber der uncodierten Übertragung eintreten kann. Bei einer Coderate von ½ resultiert ein um 3 dB vermindertes Verhältnis E_b/N_0. Um überhaupt einen Vorteil gegenüber der uncodierten Übertragung zu erzielen, muß also der Codierungsgewinn bei der geforderten Bitfehlerwahrscheinlichkeit (deutlich) größer sein als 3 dB. Für den Fall, daß der Codierungsgewinn (bei einer Coderate ½) kleiner als 3 dB ist, ergibt sich (bei konstanter Datenrate und Sendeleistung) sogar eine Verschlechterung der Übertragung, d. h. eine Erhöhung der Bitfehlerwahrscheinlichkeit. Alternativ dazu könnte auch die Nutzdatenrate entsprechend der Coderate reduziert oder die Sendeleistung entsprechend angehoben werden. Da diese jedoch meist vorgegebene und nicht variable Werte sind, stehen diese Wege i. a. nicht zur Verfügung.

C.3.5   Lineare Blockcodes

C.3.5.1   Die Linearität eines Codes

Die Blockcodes stellen die wichtigste Gruppe der zur Kanalcodierung verwendeten Codes dar. Ihre mathematische Behandlung erfolgt am sinnvollsten auf der Grundlage der Galois-Felder (GF), deren Grundlagen im Anhang B.4 zusammengefaßt sind.

Die Linearität eines Codes soll an dieser Stelle pragmatisch und ohne Rücksicht auf mathematische Exaktheit definiert werden. Ein linearer Code liegt demnach vor, wenn folgende Eigenschaften erfüllt sind [Sweeney 92]:

1. Bei der (symbolweisen) Addition zweier Infowörter ist das Codewort gleich der Summe der zu den einzelnen Infowörtern korrespondierenden Codewörter.

$$\mathbf{u}_i \to \mathbf{v}_i \qquad \mathbf{u}_j \to \mathbf{v}_j$$
$$\mathbf{u}_i + \mathbf{u}_j \to \mathbf{v}_i + \mathbf{v}_j$$

2. Bei der Skalierung eines Eingangswerts durch einen gültigen Symbolwert entspricht das Infowort am Ausgang dem skalierten originalen Codewort.

$$\mathbf{u}_i \rightarrow \mathbf{v}_i$$
$$f\mathbf{u}_i \rightarrow f\mathbf{v}_i$$

Dieser Aspekt spielt bei binären Codes keine Rolle, da nur zwei Symbolwerte (0 und 1) vorhanden sind.

Aus diesen Überlegungen folgt, daß jeder lineare Code ein Nullwort enthalten muß, da sich bei der Addition eines Codeworts mit sich selbst das Nullwort ergibt. Hieraus ergibt sich eine weitere Eigenschaft eines linearen Codes: die Codedistanz d_{min} ist gleich dem kleinsten Gewicht aller Codewörter, ausgenommen natürlich das Nullwort.

C.3.5.2 Gewicht und Distanz

Der Encoder erzeugt aus dem Infowort **u** das Codewort **v**, wobei gilt

Infowort $\quad \mathbf{u}_i = (u_{i1}, u_{i2}, \ldots, u_{ik_0}) \quad U = (\mathbf{u}_1, \mathbf{u}_2, \ldots, \mathbf{u}_K) \quad K \leq 2^{k_0}$

Codewort $\quad \mathbf{v}_i = (v_{i1}, v_{i2}, \ldots, v_{in_0}) \quad V = (\mathbf{v}_1, \mathbf{v}_2, \ldots, \mathbf{v}_N) \quad N \leq 2^{n_0}$

mit $k_0 < n_0$. Im allgemeinen gilt $K = 2^{k_0}$, d. h. das vom Quellenencoder stammende Signal ist redundanzfrei. Da der Kanalencoder Redundanz hinzufügt, gilt außerdem $N < 2^{n_0}$, d. h. das Alphabet der Codewörter umfaßt nicht alle möglichen Symbolfolgen.

Da hier lediglich binäre Codes betrachtet werden sollen, gilt $u_{ij} \in \{0,1\}$ bzw. $v_{ij} \in \{0,1\}$. Das Gewicht $w(\mathbf{v}_i)$ eines Codeworts $\mathbf{v}_i$ (entsprechendes gilt natürlich ebenso für das Gewicht eines Infoworts) ist dann die Anzahl der von null verschiedenen Stellen

$$w(\mathbf{v}_i) = \sum_{j=1}^{n_0} v_{ij} \qquad (C.3\text{-}10)$$

Die Grundlage für die vorgestellten Parameter Gewicht und Distanz ist die aus der Geometrie des Euklidischen Raums bekannte Metrik. Die Verbindung zwischen diesen Größen wird im Abschnitt D.4.3 etwas eingehender betrachtet.

An dieser Stelle soll lediglich eine etwas anschaulichere Betrachtung des Begriffs Distanz versucht werden. Hierzu wird die Abb. C.3-8 verwendet, in der in abstrakter, geometrischer Form ein beliebiger Code dargestellt ist. Jeder Schnittpunkt zweier Geraden repräsentiert dabei eine mögliche Kombination von Codeelementen, unabhängig davon, ob sie dem Alphabet V angehören oder nicht. Die großen Kreise stellen sogenannte „Korrekturkugeln" dar (hier in zweidimensionaler Form, allgemein jedoch in n-dimensionaler Form), in deren Mittelpunkt sich jeweils ein gültiges Codewort befindet. Man erkennt hier, daß die Verteilung der Codewörter in der Ebene einer bestimmten Gesetzmäßigkeit folgt. Diese Verteilung wird i. a. so gewählt, daß der geometrische Abstand (die „Euklidische Distanz") zwischen jeweils zwei benachbarten Codewörtern möglichst groß ist. Innerhalb der Korrekturkugeln befinden sich neben dem korrekten Codewort noch weitere (in diesem Fall acht) Kombinationen von Codeelementen, die jedoch keine zulässigen Codewörter darstellen.

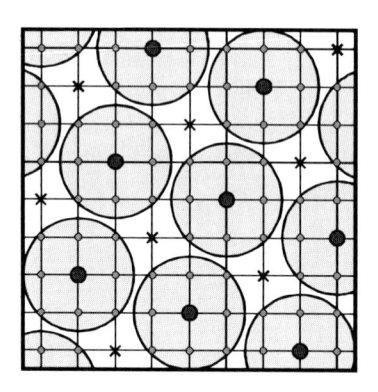

Abb. C.3-8 *Graphische Darstellung der Decodierung*

Bei der Decodierung wird dann folgendermaßen vorgegangen: Alle Kombinationen stellen die möglichen empfangenen Wörter dar, die aus den gesendeten (zulässigen) Codewörtern durch Störungen auf dem Kanal entstehen. Der Decoder hat dann genaugenommen zwei Aufgaben: Zuerst muß aus dem empfangenen (verfälschten) Wort wieder ein zulässiges Codewort gewonnen werden, aus dem anschließend wiederum das ursprüngliche Infowort entsteht. Während der zweite Teil dieser Aufgabe relativ trivial ist und darum hier nicht weiter betrachtet wird, ist der erste Teil der ausschlaggebende Faktor für die Qualität des Decoders. Hierbei geht es genaugenommen um die Schätzung, welches Codewort mit der größten Wahrscheinlichkeit gesendet wurde, wenn eine bestimmte Kombination von Codeelementen empfangen wird. Diese Schätzung wird auch mit dem Begriff *Maximum Likelihood Estimation* (MLE) bezeichnet, aus dem dann entsprechend der *Maximum Likelihood Decoder* (MLD) resultiert. Die ausführliche theoretische Behandlung zu diesem Thema ist umfangreich und aufwendig, so daß an dieser Stelle auf die Literatur verwiesen sei.

Die sogenannte Hamming-Distanz zweier Codewörter $\mathbf{v}_i, \mathbf{v}_j$

$$d(\mathbf{v}_i, \mathbf{v}_j) = \sum_{g=1}^{n_0} v_{ig} \oplus v_{jg} \qquad (C.3\text{-}11)$$

ist die Anzahl der Positionen, in denen sie sich unterscheiden, oder anders gesagt, das Gewicht der Modulo-2-Summe der Codewörter.

C.3.5 Lineare Blockcodes

Die minimale Hamming-Distanz eines Codes wird als Codedistanz

$$d_{\min} = \min[d(\mathbf{v}_i, \mathbf{v}_j)] \qquad \forall \; i,j \; \text{mit} \; i \neq j \qquad \text{(C.3-12)}$$

bezeichnet. Anhand der Codedistanz können die Möglichkeiten der (garantierten) Fehlererkennung/-korrektur eines Codes bestimmt werden. Es gilt

$$d_{\min} \geq s + t + 1 \qquad \text{(C.3-13)}$$

mit der Anzahl s der erkennbaren Fehler und der Anzahl t der korrigierbaren Fehler, wobei $s \geq t$ ist. Bei der Korrektur der Maximalzahl von Fehlern gilt mit $s = t$:

$$d_{\min} \geq 2t + 1 \qquad \text{(C.3-14)}$$

Die Codedistanz hängt direkt mit der Anzahl $n_0 - k_0$ der redundanten Stellen zusammen. Für einen vorgegebenen Wert von $d_{\min}$ ergibt sich die minimale Anzahl der benötigten redundanten Stellen mit dem Binomialkoeffizienten $C(p,q)$ zu (Hamming-Grenze)

$$2^{n_0 - k_0} \geq \sum_{i=0}^{\frac{d_{\min}-1}{2}} C(n_0, i) = \sum_{i=0}^{t} C(n_0, i) \qquad \text{(C.3-15)}$$

Das Gleichheitszeichen ist hierbei nur für bestimmte Tupel von $d_{\min}$, k_0 und n_0 möglich. Diese Codes heißen dicht-gepackt oder perfekt und weisen die Eigenschaft auf, daß jede Binärkombination genau einem Codewort zugeordnet ist und somit die Redundanz vollkommen ausgenutzt wird. Es sind nur wenige perfekte Codes bekannt, nämlich die Hamming-Codes sowie der (23,12)-Golay-Code.

Bevor im folgenden Abschnitt die in diesem Abschnitt begonnenen Überlegungen fortgeführt werden, sollen hier an einem willkürlich gewählten Code einige der eingeführten Definitionen exemplarisch betrachtet werden.

u_i	$\mathbf{v}_i$	$w(\mathbf{v}_i)$	u_i	$\mathbf{v}_i$	$w(\mathbf{v}_i)$
0000	0000 000	0	1000	1000 110	3
0001	0001 111	4	1001	1001 001	3
0010	0010 011	3	1010	1010 101	4
0011	0011 100	3	1011	1011 010	4
0100	0100 101	3	1100	1100 011	4
0101	0101 010	3	1101	1101 100	4
0110	0110 110	4	1110	1110 000	3
0111	0111 001	4	1111	1111 111	7

Tab. C.3-1   Tabelle der Codewort-Zuordnung

Beispiel C.3-1

Der in Tab. C.3-1 gezeigte Code weist den Infowörtern **u** mit der Länge $k_0 = 4$ ausgangsseitig Codewörter **v** mit der Länge $n_0 = 7$ zu. Mit diesen Werten ergibt sich eine Coderate von $R_c = 4/7$ sowie nach (C.3-4) eine vom Encoder hinzugefügte relative Redundanz von

$$r_K = \frac{n_0 - k_0}{n_0} = \frac{3}{7} \approx 42{,}9\ \%$$

Mit dem Code U sind $K = 2^4 = 16$ Infowörter möglich, die in diesem Fall auch alle verwendet werden, während der Code V von $2^7 = 128$ möglichen Codewörtern nur $N = 16$ verwendet.

Das sich mit (C.3-10) ergebende Gewicht der einzelnen Codewörter aus dem Code V ist in Tab. C.3-1 eingetragen. Die Codedistanz des hier untersuchten Codes ergibt sich relativ einfach aus (C.3-11) und (C.3-12), d. h. es wird eine paarweise Modulo-2-Addition aller möglichen Codewörter aus dem Code V mit anschließender Bildung des Gewichts des Additionsergebnisses durchgeführt.

Hieraus ergibt sich in diesem Fall eine Codedistanz von $d_{\min} = 3$. Das bedeutet aber mit (C.3-13), daß dieser Code entweder einen Fehler erkennen und korrigieren ($s = 1, t = 1$) oder aber zwei Fehler erkennen (aber nicht korrigieren) kann ($s = 2, t = 0$).

Bei der Betrachtung der Hamming-Grenze ergibt sich für die linke Seite der Ungleichung (C.3-15): $2^{n_0 - k_0} = 8$, und für die rechte Seite ist ebenfalls $C(7,1) + C(7,0) = 8$.

Das bedeutet, daß hier einer der wenigen perfekten, dichtgepackten Codes vorliegt. Von dieser Codeklasse existieren weitere Codes, die unter dem Namen Hamming-Codes weite Verbreitung gefunden haben und im Abschnitt C.3.6 etwas eingehender behandelt werden.

C.3.5.3 Der Codierungsvorgang

Für die Codierung eines Infoworts besteht prinzipiell die Möglichkeit, zu jedem eingangsseitigen Infowort das zugehörige ausgangsseitige Codewort einer Tabelle zu entnehmen. Dies wäre jedoch nur für kleine Alphabete sinnvoll. Eine weitaus praktikablere Vorgehensweise beruht darauf, daß sich ein Infowort mit k Informationsstellen aus k linear unabhängigen Infowörtern zusammensetzen läßt. Der einfachste Weg, k linear unabhängige Infowörter zu erhalten, besteht darin, daß die ausgewählten Infowörter die Form

C.3.5 Lineare Blockcodes

$$\mathbf{u}_i = (u_{i1}, u_{i2}, \ldots, u_{ik})$$

mit (C.3-16)

$$u_{ij} = \begin{cases} 1 & \text{für } i = j \\ 0 & \text{für } i \neq j \end{cases} \qquad i = 1, \ldots, k$$

aufweisen. Das Codewort $\mathbf{v}$ ergibt sich dann aus dem Infowort $\mathbf{u}$ und der Generatormatrix $\mathbf{G}$ zu

$$\mathbf{v} = \mathbf{uG} \qquad (C.3\text{-}17)$$

wobei sich die $k \times n$-Generatormatrix aus einer $k \times k$-Einheitsmatrix $\mathbf{E}_k$ und einer $k \times (n-k)$-Paritätskontrollbitmatrix $\mathbf{P}$ gemäß

$$\mathbf{G} = (\mathbf{E}_k \;\vdots\; \mathbf{P}) \qquad (C.3\text{-}18)$$

zusammensetzt. Hierbei handelt es sich um einen systematischen Code; das bedeutet, daß die Symbole des Infoworts (die Informationsstellen) am Beginn eines jeden Codeworts stehen, gefolgt von den Paritätsstellen.

C.3.5.4 Der Decodierungsvorgang mit der Paritätskontrollmatrix

Nachdem das mit (C.3-17) erzeugte Codewort $\mathbf{v}$ übertragen worden ist, soll der Decodierer aus dem möglicherweise verfälschten Codewort $\mathbf{v}'$ wieder ein Infowort $\mathbf{u}'$ aus dem Alphabet U zurückgewinnen.

Dies erfolgt im ersten Schritt mit Hilfe der Paritätskontrollmatrix $\mathbf{H}$, die definiert ist als

$$\mathbf{GH}^T = \mathbf{0} \qquad (C.3\text{-}19)$$

woraus sich

$$\mathbf{H} = (\mathbf{P}^T \;\vdots\; \mathbf{E}_{n-k}) \qquad (C.3\text{-}20)$$

ergibt. Damit gilt dann

$$\mathbf{s} = \mathbf{v}'\mathbf{H}^T \qquad (C.3\text{-}21)$$

wobei $\mathbf{s}$ das sogenannte Syndrom ist. Mit dem Zusammenhang

$$\mathbf{v}' = \mathbf{v} \oplus \mathbf{e} \qquad (C.3\text{-}22)$$

und dem Fehlermuster $\mathbf{e}$ ergibt sich aus (C.3-21)

$$\mathbf{s} = \mathbf{vH}^T \oplus \mathbf{eH}^T \qquad (C.3\text{-}23)$$

Da mit (C.3-17) und (C.3-19) $\mathbf{vH}^T = \mathbf{uGH}^T = \mathbf{0}$ ist, gilt somit gleichzeitig

$$\mathbf{s} = \mathbf{eH}^T \qquad (C.3\text{-}24)$$

Für den Fall $\mathbf{s} = 0$ ist das empfangene Codewort ein Element des Alphabets V. Dies kann einerseits dadurch geschehen, daß bei der Übertragung keine Fehler aufgetreten sind ($\mathbf{e} = 0$), oder andererseits dadurch, daß aufgrund des Fehlermusters $\mathbf{e}$ das Codewort $\mathbf{v}$ in ein anderes Codewort $\mathbf{v}'$ verfälscht wurde, das ebenfalls dem Alphabet V angehört. Damit der letztere Fall eintreten kann, muß bei einem Code mit der Codedistanz $d_{\min}$ das Gewicht $e = w(\mathbf{e})$ des Fehlermusters mindestens $d_{\min}$ betragen. Aus (C.3-24) kann noch eine weitere wichtige Schlußfolgerung gezogen werden. Das Syndrom hängt lediglich von dem bei der Übertragung auftretenden Fehlermuster ab, nicht jedoch vom übertragenen Codewort. Um aus einem empfangenen Codewort $\mathbf{v}'$ das zugehörige Codewort $\mathbf{v}$ zu erhalten, wird das Syndrom mit der Paritätskontrollmatrix $\mathbf{H}$ verglichen. Dieser Vergleich liefert die Stelle(n), an der die Fehler aufgetreten sind und somit das Fehlermuster $\mathbf{e}$. Durch Modulo-2-Addition des Fehlermusters mit dem empfangenen Codewort $\mathbf{v}'$ erhält man das Codewort $\mathbf{v}$. Genaugenommen ist hierzu die Subtraktion durchzuführen, aber aufgrund der Eigenschaften des Galois-Feldes GF(2) liefern bei binären Codes die Subtraktion und die Modulo-2-Addition die gleichen Ergebnisse.

C.3.5.5 Einsatz von Blockcodes zur Fehlererkennung und -korrektur

Zur Fehlererkennung werden meistens Blockcodes mit großer Länge (typ. 100 bis 1000 Symbole) und vergleichsweise geringer relativer Redundanz (typ. 0,01 bis 0,1) eingesetzt. Deutlich geringer ist die Länge bei Blockcodes zur Fehlerkorrektur, die dagegen eine wesentlich höhere Redundanz aufweisen (typ. 0,3 bis 0,7). Die Decodierung von Blockcodes zur Fehlerkorrektur ist mit relativ hohem Aufwand verbunden, weshalb in diesem Bereich häufig Faltungscodes verwendet werden. Typische Einsatzgebiete von Blockcodes sind die Magnetband- und Magnetplattenaufzeichnung, die Aufzeichnung auf Compact Disc (zwei verschachtelte Reed-Solomon-Codes, innen (32,28), außen (28,24) jeweils mit 8 Bit-Symbolen) sowie die Übertragung von Daten über MARISAT (binärer (63,36)-Bose-Chaudhuri-Hoquenghem-Code).

C.3.6 Hamming-Codes

C.3.6.1 Grundlagen

Die Anzahl der Informations- oder Nutzstellen k_0, die Anzahl der Prüfstellen $n_0 - k_0$ sowie die Länge der Codewörter n_0 ist bei Hamming-Codes über den Zusammenhang

$$n_0 = 2^{n_0 - k_0} - 1 \qquad \text{(C.3-25)}$$

verknüpft.

C.3.6 Hamming-Codes

Die durch die Kanalcodierung hinzugefügte Redundanz kann hierbei mit

$$r = \frac{n_0 - k_0}{n_0} \qquad (C.3\text{-}26)$$

angegeben werden (siehe auch (C.3-4)). In Tab. C.3-2 sind die Parameter der wichtigsten Hamming-Codes für $n_0 - k_0 = 2, \ldots, 7$ sowie deren relative Redundanz aufgeführt. Bei Hamming-Codes – mit der Fähigkeit, einen Fehler innerhalb eines Codeworts der Länge n_0 zu korrigieren – könnten prinzipiell auch Codewörter mit sehr großen Werten für n_0 und entsprechend geringer Redundanz Verwendung finden. Hierbei tritt jedoch ein Effekt auf, der die Wahl von k_0 bzw. n_0 nach oben hin begrenzt. Je mehr Codeelemente (Bits) in einem Codewort enthalten sind, desto größer wird die Wahrscheinlichkeit, daß mehr als ein Bit verfälscht ist und somit das Codewort nicht mehr korrigiert werden kann. Um diesen Effekt rechnerisch darstellen zu können, wird zuerst die Restfehlerwahrscheinlichkeit bei der Kanalcodierung bestimmt. Dabei handelt es sich um den Anteil von verfälschten Codewörtern an der Gesamtzahl der Codewörter, die bei der Kanaldecodierung nicht entdeckt bzw. korrigiert werden können (siehe Abschnitt C.3.4.3).

$n_0 - k_0$	2	3	4	5	6	7
n_0	3	7	15	31	63	127
k_0	1	4	11	26	57	120
r	0,667	0,429	0,267	0,161	0,095	0,055

Tab. C.3-2   *Parameter von Hamming-Codes*

C.3.6.2 Die Restfehlerwahrscheinlichkeit beim Hamming-Code

Bei der Betrachtung der Restfehlerwahrscheinlichkeit muß unterschieden werden zwischen der Wortfehlerwahrscheinlichkeit, also der Wahrscheinlichkeit, daß innerhalb eines Codeworts ein oder mehrere Bit verfälscht sind, und der Bitfehlerwahrscheinlichkeit selbst. Wie leicht nachgeprüft werden kann, ist die Wortfehlerwahrscheinlichkeit – ohne Einsatz von fehlerkorrigierenden Verfahren – immer mindestens so groß wie die Fehlerwahrscheinlichkeit für jedes einzelne Bit.

Zur Berechnung der Restfehlerwahrscheinlichkeit wird die Übertragung von Codewörtern der Länge n_0 über einen diskreten, gedächtnislosen Kanal mit der Bitfehlerwahrscheinlichkeit P_b betrachtet. Mit dieser Annahme kann man davon ausgehen, daß innerhalb eines Codeworts die einzelnen Bits mit der

Wahrscheinlichkeit P_b statistisch unabhängig voneinander verfälscht werden. Somit ergibt sich die mittlere Anzahl von Fehlern je Codewort zu

$$E\{\ell\} = n_0 \cdot P_b \qquad (C.3\text{-}27)$$

Ohne an dieser Stelle die Herleitung durchzuführen, soll hier nur die Wahrscheinlichkeit für das Auftreten von einer bestimmten Anzahl ℓ von Fehlern in einem Codewort der Länge n_0 mit

$$P_\ell = C(n_0, l) \cdot P_b^\ell \cdot (1 - P_b)^{n_0 - \ell} \qquad (C.3\text{-}28)$$

angegeben werden. In Tab. C.3-3 sind die Werte der Wahrscheinlichkeit des Auftretens von $\ell = 0,\ldots,4$ Fehlern in einem Codewort der Länge $n_0 = 15$ bei einer Bitfehlerwahrscheinlichkeit von $P_b = 10^{-3}$ aufgeführt.

ℓ	0	1	2	3	4
P_ℓ	0,9851	0,01479	$1{,}036 \cdot 10^{-4}$	$4{,}500 \cdot 10^{-7}$	$1{,}350 \cdot 10^{-9}$

Tab. C.3-3 Wahrscheinlichkeit für das Auftreten von ℓ Fehlern in einem Codewort der Länge $n_0 = 15$ bei einer Bitfehlerwahrscheinlichkeit von $P_b = 10^{-3}$

Da der Hamming-Code definitionsgemäß einen Fehler korrigieren kann, sind alle Codewörter ohne oder mit einem Fehler als korrekt bzw. als korrigierbar anzusehen. Das bedeutet, daß die Restwortfehlerwahrscheinlichkeit in diesem Fall mit

$$\begin{aligned}P_{w,\text{Rest}} &= \sum_{\ell=2}^{n_0} C(n_0, l) \cdot P_b^\ell \cdot (1 - P_b)^{n_0 - \ell} \\ &= 1 - \underbrace{(1 - P_b)^{n_0}}_{P_0} - \underbrace{n_0 \cdot P_b (1 - P_b)^{n_0 - 1}}_{P_1}\end{aligned} \qquad (C.3\text{-}29)$$

berechnet werden kann. Für das oben erwähnte Beispiel ergibt sich somit eine Restwortfehlerwahrscheinlichkeit von $P_{w,\text{Rest}} = 1{,}041 \cdot 10^{-4}$. Verallgemeinert man die Beziehung (C.3-29) – unter den anfangs getroffenen Annahmen – auf Codes mit der Fähigkeit, t Fehler zu korrigieren, so resultiert daraus die Beziehung

$$\begin{aligned}P_{w,\text{Rest}} &= \sum_{\ell=t+1}^{N} \binom{N}{\ell} \cdot P_b^\ell \cdot (1 - P_b)^{N - \ell} \\ &= 1 - \sum_{\ell=0}^{t} \binom{N}{\ell} \cdot P_b^\ell \cdot (1 - P_b)^{N - \ell}\end{aligned} \qquad (C.3\text{-}30)$$

Wie oben bereits erwähnt wurde, muß für die Wahl der Länge der Codewörter N ein Kompromiß gefunden werden zwischen der Restwortfehlerwahrschein-

C.3.6 Hamming-Codes

lichkeit nach der Kanalcodierung sowie der durch die Kanalcodierung hinzugefügten Redundanz. Die Restwortfehlerwahrscheinlichkeit ist jedoch entscheidend abhängig von der auf dem Kanal vorhandenen Bitfehlerwahrscheinlichkeit, so daß auch die Länge der Codewörter hiervon abhängt. Anhand eines Beispiels soll dieser Zusammenhang verdeutlicht werden.

Beispiel C.3-2

Es liegt ein diskreter, gedächtnisloser Kanal mit der Bitfehlerwahrscheinlichkeit $P_b = 10^{-3}$ vor. Untersucht werden Hamming-Codes mit $n_0 - k_0 = 2,\ldots,7$ Prüfstellen, entsprechend Codewortlängen von $n_0 = 3,\ldots,127$. Berechnet und in der Abb. C.3-9 aufgetragen sind jeweils die Restwortfehlerwahrscheinlichkeit $P_{w,Rest}$ und die relative Redundanz r in Abhängigkeit von der Anzahl der Prüfstellen.

Wie deutlich zu erkennen ist, nimmt einerseits mit zunehmender Anzahl der Prüfstellen bzw. zunehmender Codewortlänge die relative Redundanz deutlich ab, andererseits steigt jedoch die Restwortfehlerwahrscheinlichkeit ebenso deutlich an. In der Praxis ist häufig eine bestimmte maximale Restwortfehlerwahrscheinlichkeit gefordert (z. B. $P_{w,Rest} = 10^{-4}$), so daß sich hieraus eine maximale Codewortlänge (hier $n_0 - k_0 = 4$) ergibt und entsprechend eine relative Redundanz von $r = 0{,}267$.

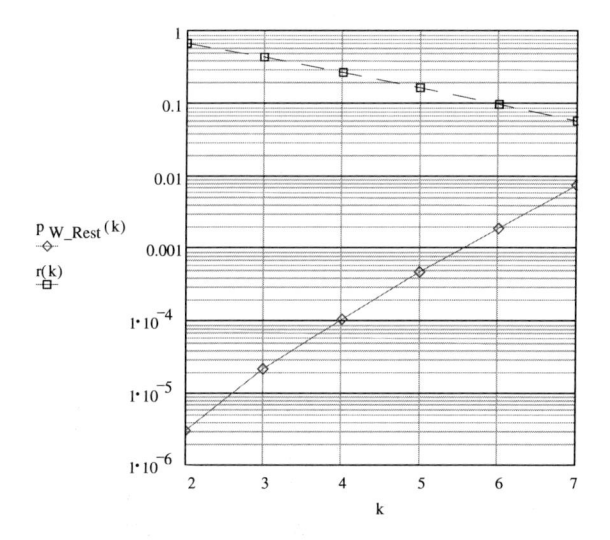

Abb. C.3-9 *Restwortfehlerwahrscheinlichkeit $P_{w,Rest}$ und relative Redundanz r eines Hamming-Codes in Abhängigkeit von der Anzahl $k = n_0 - k_0$ der Prüfstellen bei einer Bitfehlerwahrscheinlichkeit von $P_b = 10^{-3}$*

Ein weiterer Effekt, der in Abb. C.3-9 zu erkennen ist, zeigt, daß bei relativ großen Werten für die Codewortlänge die Restwortfehlerwahrscheinlichkeit $P_{w,Rest}$ größer als die ursprüngliche Bitfehlerwahrscheinlichkeit P_b ist. Wie oben bereits festgestellt wurde, muß unterschieden werden zwischen Bitfehlerwahrscheinlichkeit und Wortfehlerwahrscheinlichkeit. Geht man jedoch davon aus (bei einem Code mit konstanter Codewortlänge, wie z. B. dem hier vorliegenden Hamming-Code), daß die Codewörter wieder in einen Bitstrom umgesetzt und die in nicht korrigierbaren Codewörtern enthaltenen Bits als fehlerhaft angesehen werden, so gilt hier $P_{b,Rest} = P_{w,Rest}$. Das heißt dann aber auch, daß für eine relativ große Anzahl von Prüfstellen $n_0 - k_0$ bzw. eine relativ große Codewortlänge n_0 (in diesem Beispiel für $n_0 - k_0 \geq 6$) die Bitfehlerwahrscheinlichkeit mit Kanalcodierung $P_{b,Rest}$ größer ist als die ursprünglich auf dem Kanal vorhandene Bitfehlerwahrscheinlichkeit P_b.

Kanalcodierung führt also nicht zwangsläufig zu einer Verbesserung der Kanalverhaltens, vielmehr müssen beim Entwurf die Eigenschaften des Kanals sowie die spezifischen Eigenheiten der unterschiedlichen Kanalcodierungen berücksichtigt werden.

C.3.6.3 Der (7,4)-Hamming-Code

Anhand dieses relativ einfachen Codes sollen die in den vorhergehenden Abschnitten erarbeiteten Ergebnisse verdeutlicht werden.

Die Tab. C.3-4 zeigt die Eingangs-Codewörter **u** und die korrespondierenden Ausgangs-Codewörter **v**. Die Codedistanz dieses Codes ist $d_{min} = 3$, d. h. es kann nach Abschnitt C.3.5.2 maximal ein Fehler korrigiert werden.

u	v	u	v
0000	0000 000	1000	1000 110
0001	0001 111	1001	1001 001
0010	0010 011	1010	1010 101
0011	0011 100	1011	1011 010
0100	0100 101	1100	1100 011
0101	0101 010	1101	1101 100
0110	0110 110	1110	1110 000
0111	0111 001	1111	1111 111

Tab. C.3-4   Tabelle der Codewort-Zuordnung

C.3.6 Hamming-Codes

Als Generatormatrix **G** für den systematischen Code in Tab. C.3-4 wurde

$$\mathbf{G} = \begin{pmatrix} 1 & 0 & 0 & 0 & 1 & 1 & 0 \\ 0 & 1 & 0 & 0 & 1 & 0 & 1 \\ 0 & 0 & 1 & 0 & 0 & 1 & 1 \\ 0 & 0 & 0 & 1 & 1 & 1 & 1 \end{pmatrix}$$

verwendet. Die entsprechende Paritätskontrollmatrix **H** ergibt sich zu

$$\mathbf{H} = \begin{pmatrix} 1 & 1 & 0 & 1 & 1 & 0 & 0 \\ 1 & 0 & 1 & 1 & 0 & 1 & 0 \\ 0 & 1 & 1 & 1 & 0 & 0 & 1 \end{pmatrix} \quad \text{bzw.} \quad \mathbf{H}^\mathrm{T} = \begin{pmatrix} 1 & 1 & 0 \\ 1 & 0 & 1 \\ 0 & 1 & 1 \\ 1 & 1 & 1 \\ 1 & 0 & 0 \\ 0 & 1 & 0 \\ 0 & 0 & 1 \end{pmatrix}$$

Am Beispiel des Infoworts $\mathbf{u} = (1101)$ soll nun das Verhalten des Codes bei einem bzw. zwei Übertragungsfehlern innerhalb eines Codeworts demonstriert werden. Mit (C.3-17) ergibt sich

$$\mathbf{v} = \mathbf{uG} = (1101100)$$

Fall 1:   Codewort mit einem verfälschten Symbol

Das gesendete Codewort $\mathbf{v} = (1101100)$ wird bei der Übertragung zu $\mathbf{v}' = (1100100)$ verändert, das Fehlermuster hat also die Form $\mathbf{e} = (0001000)$. Mit (C.3-21) kann dann das Syndrom zu

$$\mathbf{s} = \mathbf{v}'\mathbf{H}^\mathrm{T} = (111)$$

berechnet werden. Der Vergleich des Syndroms mit der Paritätskontrollmatrix liefert als Fehlermuster $\mathbf{e} = (0001000)$ und somit durch Modulo-2-Addition von Fehlermuster und verfälschtem Codewort das korrigierte Codewort $\mathbf{v}''$, das in diesem Fall gleich dem ursprünglichen Codewort $\mathbf{v}$ ist. Das bedeutet, daß der Code den bei der Übertragung aufgetretenen Einzelfehler – wie zu erwarten war – korrigieren konnte.

Fall 2:   Codewort mit zwei verfälschten Symbolen

Das gesendete Codewort $\mathbf{v} = (1101100)$ wird bei der Übertragung zu $\mathbf{v}' = (1100101)$ verändert, das Fehlermuster hat also die Form $\mathbf{e} = (0001001)$. Mit (C.3-21) kann dann das Syndrom zu

$$\mathbf{s} = \mathbf{v}'\mathbf{H}^\mathrm{T} = (110)$$

berechnet werden. Der Vergleich des Syndroms mit der Paritätskontrollmatrix liefert als Fehlermuster $\mathbf{e} = (1000000)$ und somit durch

Modulo-2-Addition von Fehlermuster und verfälschtem Codewort das korrigierte Codewort

$$\mathbf{v}'' = \mathbf{v}' \oplus \mathbf{e} = (0100101)$$

Der Vergleich mit dem gesendeten Codewort $\mathbf{v} = (1101100)$ zeigt, daß in diesem Fall durch die Codierung aus den durch die Übertragung verfälschten zwei Symbolen ein an drei Stellen verfälschtes Codewort entstanden ist. Da durch die Codedistanz $d_{\min} = 3$ jedoch bekannt war, daß mit diesem Code nicht mehr als ein Fehler zu korrigieren ist, kann dieses Ergebnis nicht überraschen.

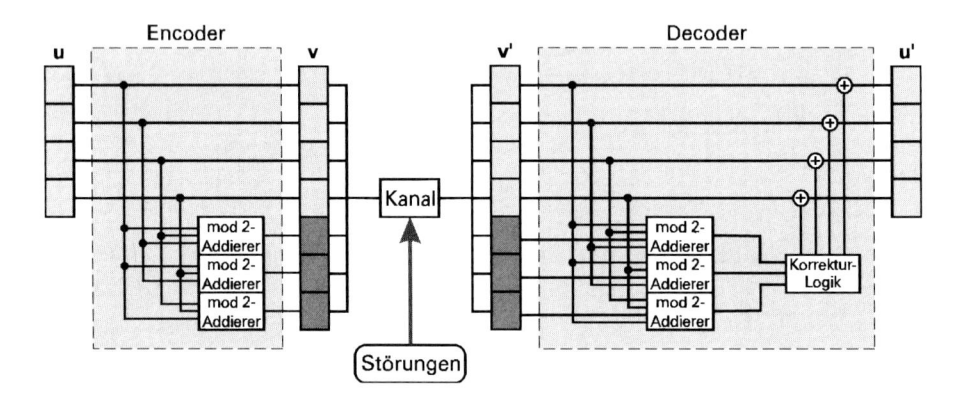

Abb. C.3-10 Encoder und Decoder für den (7,4)-Hamming-Code

Die Abb. C.3-10 zeigt einen möglichen Aufbau eines Encoders bzw. Decoders für den (7,4)-Hamming-Code. Hierbei wurde Gebrauch gemacht von den im folgenden angegebenen Beziehungen für die Bestimmung der Prüfstellen aus den Nutzstellen (im Encoder) bzw. für die Bestimmung des Syndroms $\mathbf{s}$ aus dem empfangenen Codewort (im Decoder).

Für den Encoder gelten die Beziehungen

$$v_5 = v_1 \oplus v_2 \oplus v_3 \qquad \text{(C.3-31a)}$$

$$v_6 = v_1 \oplus v_2 \oplus v_4 \qquad \text{(C.3-31b)}$$

$$v_7 = v_1 \oplus v_3 \oplus v_4 \qquad \text{(C.3-31c)}$$

wobei $\oplus$ jeweils für die Modulo-2-Addition steht. v_5 bis v_7 sind dabei die Prüfstellen, die aus den Nutzstellen v_1 bis v_4 gebildet werden.

Im Decoder werden über die Beziehungen

$$s_1 = v_1 \oplus v_2 \oplus v_3 \oplus v_5 \qquad \text{(C.3-32a)}$$

$$s_2 = v_1 \oplus v_2 \oplus v_4 \oplus v_6 \qquad \text{(C.3-32b)}$$

$$s_3 = v_1 \oplus v_3 \oplus v_4 \oplus v_7 \qquad \text{(C.3-32c)}$$

die drei Stellen des Syndroms gebildet. Wie oben beschrieben, wird in dem als Korrektur-Logik bezeichneten Block aus dem Syndrom s, sofern von (000) verschieden, das Fehlermuster bestimmt und mit den empfangenen Nutzstellen addiert (mittels Modulo-2-Addition).

C.3.7 Faltungscodes

C.3.7.1 Einführung

Neben den Blockcodes bilden die konvolutionellen oder Faltungscodes (*Convolutional Codes*) die zweite wichtige Gruppe von Codes zur Fehlererkennung und -korrektur. Im Gegensatz zu den Blockcodes lassen sie sich nicht durch eine Vorschrift berechnen, wenn geforderte Eigenschaften zu erfüllen sind. Statt dessen wird hier Simulationen zurückgegriffen, mit deren Hilfe die Eigenschaften bestimmter Codes ermittelt werden können. Die Faltungscodes stellen eine Untermenge der Baumcodes dar (Abb. C.3-11), und viele Betrachtungen, die hier für Faltungscodes angestellt werden, können auch direkt auf Baumcodes angewandt oder entsprechend übertragen werden. Von Bedeutung für die Praxis sind allerdings gegenwärtig nur die Faltungscodes.

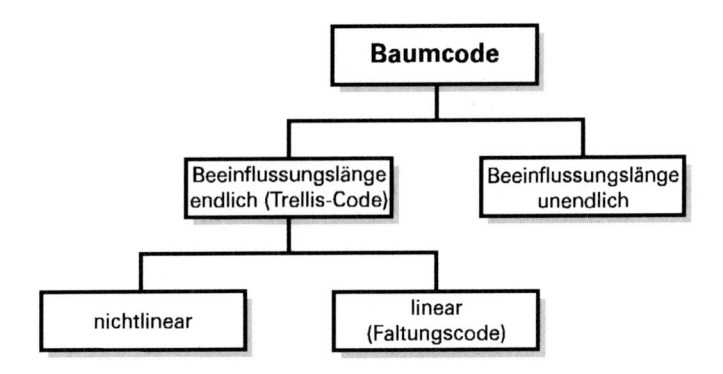

Abb. C.3-11 *Faltungscode als Untergruppe der Baumcodes*

Eine Besonderheit der Faltungscodes soll hier nur kurz erwähnt werden. Es handelt sich dabei um die sogenannte lawinenartige oder katastrophale Fehlerfortpflanzung (*Catastrophic Errors*). Darunter versteht man den Effekt, daß bei „ungünstiger" Form des Encoders eine endliche Anzahl von Kanalfehlern eine unendliche Anzahl von Decodierfehlern und somit einen Zusammenbruch der Kommunikation bewirken kann.

In den folgenden Abschnitten werden die wichtigsten Eigenschaften der Faltungscodes, die Beschreibung des Codes bzw. der Encoder vorgestellt sowie der Viterbi-Algorithmus als Beispiel für die Decodierverfahren betrachtet.

C.3.7.2 Das Schema der Faltungscodierung

Zur Vereinfachung, ohne daß dadurch die Allgemeingültigkeit verloren ginge, werden hier nur binäre Informationen (Bits) betrachtet. Ein Infowort **u** besteht dabei aus k_0 Bits (*Input Frame*, Eingangsrahmen). Der Faltungscode wird erzeugt durch ein Schieberegister (Speicherordnung m, *Memory Order*) mit der Länge $k = (m+1)k_0$ sowie durch ein Netzwerk, das lineare Verknüpfungen enthält (Abb. C.3-12); k wird als Eingangs-Beeinflussungslänge (*Input Constraint Length*) bezeichnet. Bei dieser Darstellung wird die Zwischenspeicherung des Eingangsrahmens dem Schieberegister zugeschlagen. Pro Taktzyklus wird ein Infowort (k_0 Bit) in das Schieberegister geschoben und im linearen Netzwerk mit den anderen mk_0 Bits zu n_0 Codebits **v** verknüpft (*Output Frame*, Ausgangsrahmen), wobei der Anfangszustand des Encoders definitionsgemäß „00...00" ist. Die Größe $v = mk_0$ wird als Gedächtnis des Encoders bzw. Speicher-Beeinflussungslänge (*Memory Constraint Length*) bezeichnet. Die Ausgangs-Beeinflussungslänge (*Output Constraint Length*), d. h. die Zahl der Ausgangsbits, die bei Eingang eines beliebigen Bits beeinflußt werden, ergibt sich zu $n = (m+1)n_0$. Hierbei ist zu beachten, daß die Bezeichnung *Constraint Length* (Beeinflussungslänge) für unterschiedliche Größen verwendet wird.

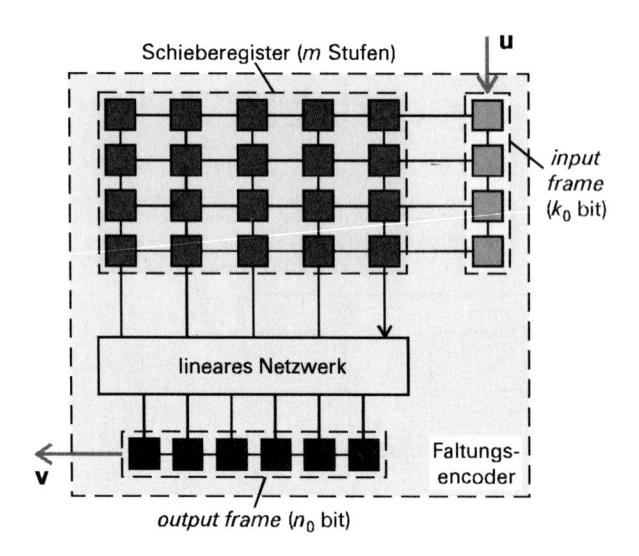

Abb. C.3-12 Schema eines Faltungsencoders

Ausgehend von dieser Beschreibung wird ein Faltungscode mit der Eingangsrahmenlänge k_0, der Ausgangsrahmenlänge n_0 und der Anzahl der Stufen des Schieberegisters m als (n_0, k_0, m)-Code bzw. als (n,k)-Faltungscode bezeichnet.

C.3.7 Faltungscodes

Die Coderate des Faltungscodes wird entsprechend der Definition bei den Blockcodes mit

$$R = k/n = k_0/n_0 \qquad (\text{C.3-33})$$

berechnet. Mögliche Beschreibungsformen sollen im folgenden anhand des Beispiels C.3-3 vorgestellt und erläutert werden, wobei es sich neben der mathematischen Beschreibung mit Hilfe von Polynomen bzw. einer Generatormatrix um drei graphische Methoden (Codebaum, Netz- oder Trellis-Diagramm und Zustandsdiagramm) handelt.

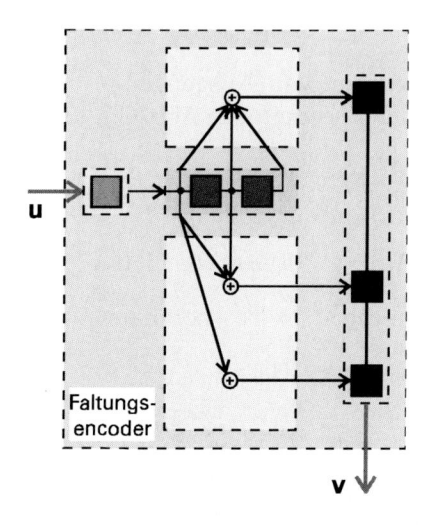

Abb. C.3-13   Encoder für einen Faltungscode mit der Coderate 1/3

Beispiel C.3-3

In Abb. C.3-13 ist das Schaltbild eines Faltungsencoders ($k_0 = 1$, $n_0 = 3$, $m = 2$, $k = 3$) dargestellt, der aus einer Folge **u** eine Folge **v** mit einem (3,1,2)-Code erzeugt. Die Coderate dieses Codes beträgt gemäß obiger Vereinbarung $R = 1/3$.

Aus der Eingangsfolge

$$\mathbf{u} = \{10011101...\}$$

wird durch diesen Faltungsencoder folgende codierte Bitfolge erzeugt:

$$\mathbf{v} = \{111\ 011\ 001\ 111\ 100\ 101\ 010\ 110\ ...\},$$

Für die Speicher-Beeinflussungslänge gilt hier $v = mk_0 = 2$, während sich die Ausgangs-Beeinflussungslänge zu $n = (m+1)n_0 = 9$ ergibt.

Die Darstellung nach Abb. C.3-12 bzw. Abb. C.3-13 führt zu der Feststellung, daß ein Faltungsencoder auch als lineares Filter angesehen werden kann. Hierfür ergeben sich dann zwischen den Ausgängen des Encoders und seinen Eingängen funktionale Zusammenhänge, wie anschließend in einem Beispiel demonstriert wird. Um zu einer übersichtlicheren mathematischen Darstellung zu gelangen, werden die zeitlichen Verzögerungen im Schieberegister und die Modulo-2-Additionen im linearen Netzwerk zu Polynomen zusammengefaßt. Auch dies wird im anschließenden Beispiel etwas ausführlicher gezeigt.

Beispiel C.3-4

Der Zusammenhang zwischen den Ausgängen $v^{(1)}$, $v^{(2)}$ und $v^{(3)}$ und dem Eingang $u^{(1)}$ lautet für den Encoder nach Abb. C.3-13

$$\begin{aligned} v^{(1)}(n) &= u^{(1)}(n) \\ v^{(2)}(n) &= u^{(1)}(n) \oplus u^{(1)}(n-1) \\ v^{(3)}(n) &= u^{(1)}(n) \oplus u^{(1)}(n-1) \oplus u^{(1)}(n-2) \end{aligned} \qquad \text{(C.3-34)}$$

Daraus ergibt sich entsprechend die Polynomdarstellung zu

$$\begin{aligned} g^{(1)}(D) &= 1 \\ g^{(2)}(D) &= D+1 \\ g^{(3)}(D) &= D^2 + D + 1 \end{aligned} \qquad \text{(C.3-35)}$$

wobei die Größe D einer zeitlichen Verzögerung von einem Takt entspricht. Eine stark verkürzte Schreibweise erhält man, indem nur die Koeffizienten der Polynome verwendet werden, was auf die Form

$$\begin{aligned} g^{(1)}(D) &= 001_2 \\ g^{(2)}(D) &= 011_2 \\ g^{(3)}(D) &= 111_2 \end{aligned} \qquad \text{(C.3-36)}$$

führt. Eine noch weitergehende Verkürzung wird schließlich durch die Einführung der oktalen Schreibweise für die Koeffizienten-Tupel erreicht, womit sich schließlich für den Faltungscode nach Abb. C.3-13 die Form

$$g^{(1)}(D) = 1_8 \;,\; g^{(2)}(D) = 3_8 \;,\; g^{(3)}(D) = 7_8 \qquad \text{(C.3-37)}$$

oder (1,3,7) ergibt. Der Vorteil dieser Schreibweise macht sich insbesondere bei Codes mit hohen Potenzen von D bemerkbar.

Aus den Polynomen kann auch die semi-infinite Generatormatrix des Codes abgeleitet werden, die sich in diesem Fall aus den drei Untermatrizen

$$\mathbf{G}_1 = \begin{bmatrix} 0 & 0 & 1 \end{bmatrix} \;,\; \mathbf{G}_2 = \begin{bmatrix} 0 & 1 & 1 \end{bmatrix} \;,\; \mathbf{G}_3 = \begin{bmatrix} 1 & 1 & 1 \end{bmatrix} \qquad \text{(C.3-38)}$$

zu (C.3-39)

$$\mathbf{G}_\infty = \begin{bmatrix} \mathbf{G}_1 & \mathbf{G}_2 & \cdots & \mathbf{G}_N & & & & \\ & \mathbf{G}_1 & \mathbf{G}_2 & \cdots & \mathbf{G}_N & & & \\ & & \mathbf{G}_1 & \mathbf{G}_2 & \cdots & \mathbf{G}_N & & \\ & & & \mathbf{G}_1 & \mathbf{G}_2 & \cdots & \mathbf{G}_N & \\ & & & & \ddots & & & \ddots \end{bmatrix}$$

$$= \begin{bmatrix} 0 & 0 & 1 & 0 & 1 & 1 & 1 & 1 & 1 & 0 & 0 & 0 & 0 & \cdots \\ 0 & 0 & 0 & 1 & 0 & 1 & 1 & 1 & 1 & 1 & 0 & 0 & 0 & \cdots \\ 0 & 0 & 0 & 0 & 1 & 0 & 1 & 1 & 1 & 1 & 1 & 0 & 0 & \cdots \\ 0 & 0 & 0 & 0 & 0 & 1 & 0 & 1 & 1 & 1 & 1 & 1 & 0 & \cdots \\ \cdots & \cdots & \cdots & \cdots & \cdots & \cdots & \cdots & \cdots & \cdots & \cdots & \cdots & \cdots & \cdots & \cdots \end{bmatrix}$$

ergibt. Die nicht besetzten Plätze in der Matrix $\mathbf{G}_\infty$ werden mit Nullen ausgefüllt. Ist die Generatormatrix bekannt, so kann die codierte Bitfolge aus der Ursprungsfolge mit

$$\mathbf{v} = \mathbf{u}\,\mathbf{G}_\infty \qquad (C.3\text{-}40)$$

ermittelt werden.

Die Generatormatrix wird bei Faltungscodes seltener verwendet; daher werden für die Beschreibung im folgenden die oben aufgeführten Generatorpolynome verwendet.

C.3.7.3 Möglichkeiten zur Darstellung eines Faltungscodes

Eine Möglichkeit der graphischen Darstellung eines Faltungscodes ist der Codebaum, wie er für den Code aus Beispiel C.3-3 in Abb. C.3-14 gezeigt wird.

Der Codebaum enthält Zweige mit Anfangs- und Endknoten, wobei zu jedem Endknoten eine andere Eingangsfolge gehört. Anders gesagt, erzeugt jede Eingangsfolge einen anderen Pfad im Codebaum. An jedem Knoten führt eine „0" auf den oberen Zweig, während eine „1" auf den unteren Zweig weist. Bei den Knoten ist der jeweilige Zustand des Encoders angegeben, während an den Zweigen die Ausgangssymbolfolge zu finden ist, die der Encoder beim Übergang vom Anfangsknoten zum Endknoten dieses Zweiges erzeugt. Eingetragen ist in Abb. C.3-14 der Pfad zu dem Knoten, der mit der Eingangsfolge {10011...} erreicht wird.

Ein wesentliches und leicht zu erkennendes Problem bei dieser Darstellung ist, daß die Komplexität des Codebaumes für längere Eingangsfolgen bzw. größere Beeinflussungslängen exponentiell ansteigt. Bei genauerer Betrachtung wird sehr schnell deutlich, daß der Codebaum selbstähnlich ist (Stichwort: Fraktale). Anders gesagt: Der Codebaum enthält Redundanz. Dies führt zu der Überlegung, daß eine andere Darstellungsart ggf. günstiger ist, wie im folgenden gezeigt wird.

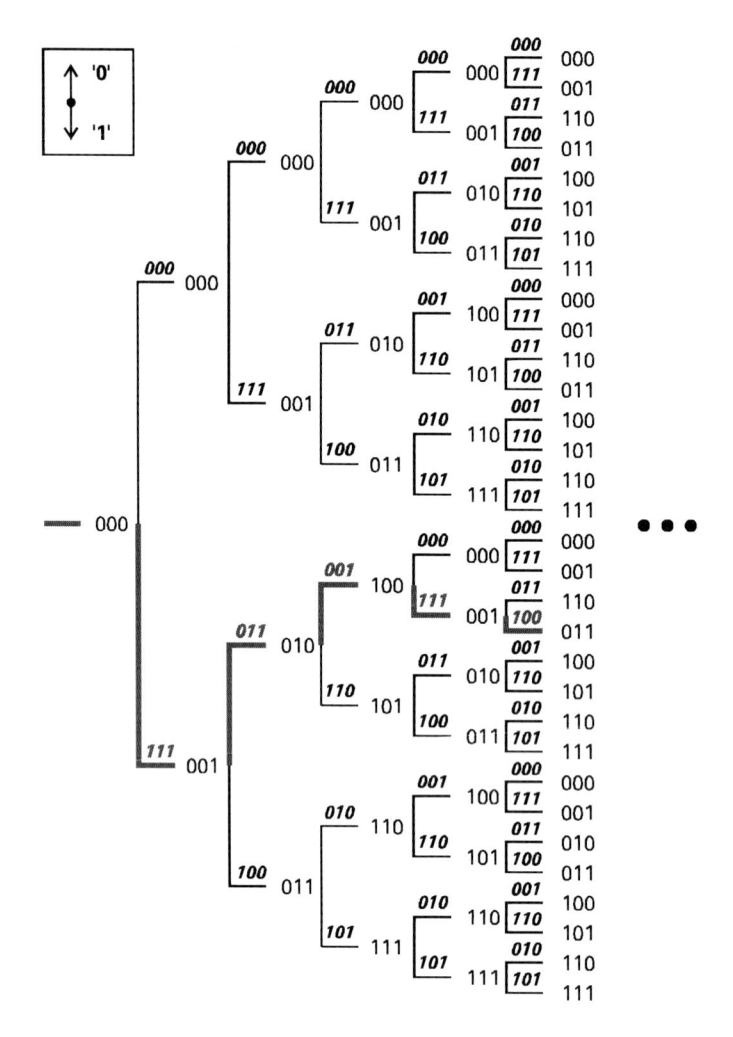

Abb. C.3-14 Codebaum des Encoders nach Abb. C.3-13; markiert ist der Pfad für die Folge {10011...}

Aus dem Codebaum kann, sozusagen durch „Zusammenlegen" der redundanten Zweige, das Netz- oder Trellis-Diagramm (kurz „der Trellis") erstellt werden, das für den Faltungscode nach Abb. C.3-13 in Abb. C.3-15 dargestellt ist.

Eingezeichnet sind die Knoten, die jeweils einen der Zustände, die das Gedächtnis des Encoders annehmen kann, repräsentieren, sowie die Zweige, die

C.3.7 Faltungscodes

jeweils für einen zulässigen Übergang von einem Zustand zu einem anderen stehen (von jedem Knoten gehen 2^{k_0} Zweige aus). Dabei ist in waagerechter Richtung die Eindringtiefe, entsprechend den Taktzyklen, aufgetragen, während übereinander die $2^k = 8$ Zustände dargestellt sind. Als Eindringtiefe wird die Anzahl der Symbole bezeichnet, die notwendig ist, um einen bestimmten Knoten zu erreichen. Ausgehend vom Zustand „000", der definitionsgemäß am Anfang vorliegt, können die Pfade für die unterschiedlichen Eingangsfolgen verfolgt werden. Bei jedem Zustand (Knoten) bestehen zwei Möglichkeiten: bei einer „0" wird der obere Pfad gewählt, bei einer „1" der untere. Dargestellt ist in diesem Trellis der Pfad für die oben vorgestellte Beispielfolge {1001110 ...}, wobei sich die Ausgangsfolge aus den an den Übergängen notierten Einzelfolgen ergibt. In Abb. C.3-15 ist zu erkennen, daß einige Übergänge nicht direkt möglich sind. So benötigt der Coder, um aus dem Zustand „111" in den Zustand „000" zu gelangen mindestens drei Eingabesymbole. Nachteil des Trellis ist – ebenso wie beim Codebaum – die mit zunehmender Beeinflussungslänge rasch wachsende Komplexität (Unübersichtlichkeit) der Darstellung. Große Bedeutung hat der Trellis insbesondere im Rahmen der Decodierung mit Hilfe des Viterbi-Decoders, wie in Abschnitt C.3.7.4 noch ausgeführt wird.

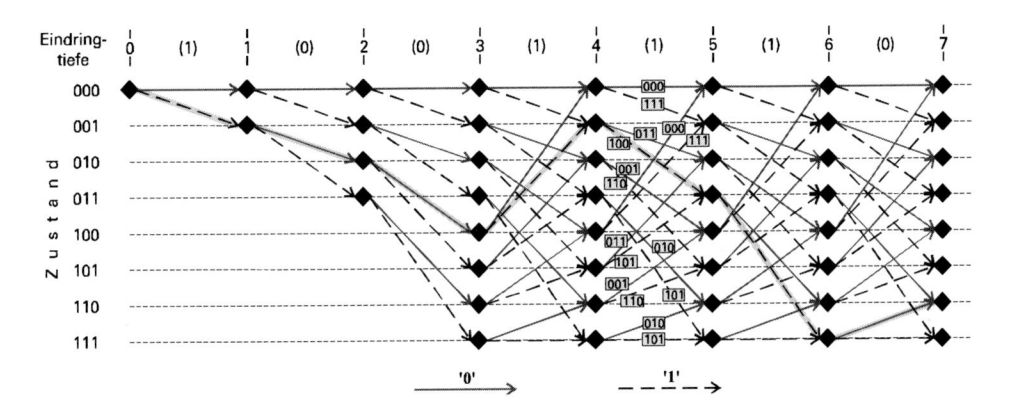

Abb. C.3-15 *Netzdiagramm (Trellis) des Encoders nach Abb. C.3-13; markiert ist der Pfad für die Folge {1001110...}*

Wie man erkennt, wiederholt sich der Trellis ab einer bestimmten Eindringtiefe (hier ab der Eindringtiefe 3); diese Feststellung führt dann zu der in Abb. C.3-16 gezeigten Darstellungsmöglichkeit des Zustandsdiagramms.

Dieses Zustandsdiagramm (auch Übergangsgraph genannt) entsteht durch Reduktion des Trellis, wobei jeder Zustand nur einmal mit allen möglichen Übergängen aufgetragen wird. Anders gesagt: Hier liegt eine redundanzfreie Beschreibung des Faltungscodes vor, allerdings unter Verzicht auf eine relativ übersichtliche Darstellung des zeitlichen Ablaufs. Dargestellt ist hier jeweils der

Übergang von einem Zustand in den nächsten, abhängig vom aktuellen Eingangssymbol „0" oder „1".

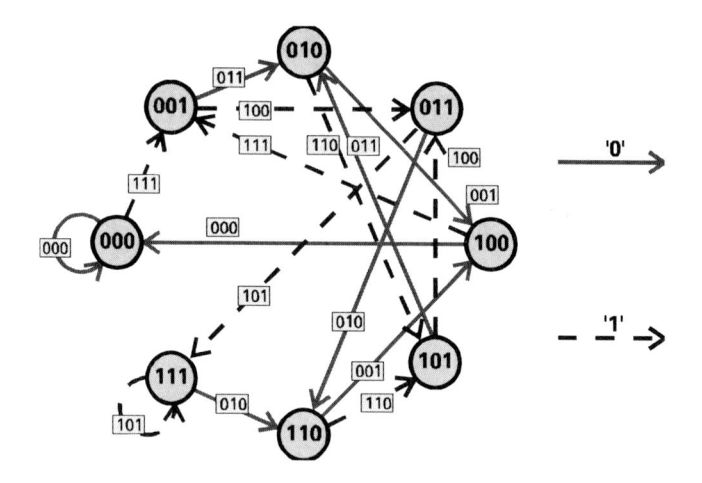

Abb. C.3-16 *Zustandsdiagramm des Encoders nach Abb. C.3-13*

Aus dem Zustandsdiagramm kann man z. B. ablesen, daß der Encoder, um aus dem Zustand „000" wieder in diesen Zustand zu gelangen, entweder ein Eingangssymbol („0") oder mindestens vier Eingangssymbole benötigt. Ohne an dieser Stelle näher darauf einzugehen, ist festzuhalten, daß diese Art der Darstellung besonders dazu geeignet ist, Eigenschaften des Faltungscodes abzuleiten.

C.3.7.4 Decodierung von Faltungscodes

Einführung

Wie bei anderen Verfahren der Kanalcodierung, so steckt auch bei der Faltungscodierung der für die Performance wichtige Anteil nicht im Encoder, sondern im Decoder. Im Abschnitt C.3.7.2 wurde bereits deutlich, daß der Aufbau eines Faltungsencoders relativ einfach ist. In diesem Abschnitt wird sich hingegen zeigen, daß die (möglichst „günstige") Decodierung der empfangenen und ggf. gestörten Symbolfolge den wesentlich anspruchsvolleren und aufwendigeren Teil beim Einsatz von Faltungscodes darstellt.

Bei der Decodierung von Faltungscodes wird mit der empfangenen Symbolfolge ein Pfad im Trellis durchlaufen, der in dem Fall, daß bei der Übertragung ein Fehler aufgetreten ist, nicht mehr mit einem zulässigen Pfad übereinstimmt. Zur Schätzung der Folge, die diesen Pfad mit der höchsten Wahrscheinlichkeit erzeugt hat (also wiederum *Maximum Likelihood Estimation* – MLE), muß nun im Prinzip der Abstand (die Metrik) zwischen dem empfangenen und allen anderen Pfaden bestimmt werden. Die Art und Weise, wie diese Metrik bestimmt wird, führt zu unterschiedlichen Decodier-Algorithmen, von denen vor allem

- sequentielle Decodierung (Fano-Metrik),
- Stack-Decodierung,
- Viterbi-Decodierung

technische Bedeutung erlangt haben. Im Rahmen dieser kurzen Darstellung soll lediglich der dritte dieser Decoder betrachtet werden, dessen Algorithmus im Jahre 1970 von A. Viterbi erarbeitet wurde und der seitdem den verbreitetsten und in manchen Beziehungen besten Faltungs-Decoder darstellt. Der Vorteil der sequentiellen Decodierung gegenüber dem Viterbi-Decoder ist der wesentlich geringere Speicherbedarf, so daß auch größere Beeinflussungslängen möglich sind ($K \leq 100$), während diese bei Viterbi-Decodern auf relativ kleine Werte begrenzt ist (z. Z. typisch $K \leq 8$).

Anhand von Simulationen kann gezeigt werden, daß sequentieller Decoder, Stack-Decoder und Viterbi-Decoder bei einem AWGN-Kanal hinsichtlich der Restfehlerwahrscheinlichkeit vergleichbare Ergebnisse liefern [Bossert 92]. Dies sollte nicht überraschen, da, wie bereits gesagt, diese drei Verfahren lediglich unterschiedliche (bzw. unterschiedliche gute) Annäherungen an den *Maximum Likelihood Decoder* darstellen.

Der Viterbi-Algorithmus

Wie bereits im Abschnitt C.3.7.3 angedeutet, kann der Viterbi-Algorithmus am einfachsten anhand des Trellis erläutert werden. Bevor an einem Beispiel der Viterbi-Algorithmus vorgeführt wird, soll zuerst eine kurze Beschreibung des Algorithmus erfolgen, wobei darauf verzichtet wird, auf den theoretischen Hintergrund näher einzugehen. Als Hinweis sei hier nur angegeben, daß es sich um einen Detektor auf der Basis der bereits von den Blockcodes bekannten *Maximum Likelihood Estimation* (MLE) handelt. Hierfür kann man zeigen, daß für den binären, symmetrischen Kanal diejenige Codefolge am wahrscheinlichsten ist, die von der empfangenen Folge die kleinstmögliche (Hamming-)Distanz aufweist. Die hier verwendete Metrik wird zu

$$\lambda_i = \begin{cases} 1 & x_i \neq y_i \\ 0 & x_i = y_i \end{cases} \qquad \text{(C.3-41)}$$

definiert, wobei $\mathbf{x} = \{x_0, x_1, ..., x_i, ..., x_n\}$ und $\mathbf{y} = \{y_0, y_1, ..., y_i, ..., y_n\}$ zwei beliebige Wörter aus jeweils n Codeelementen darstellen.

Für jede mögliche Folge wird $\Lambda = \sum \lambda_i$ gebildet; und die Codefolge mit minimalem Λ stellt dann die mit der größten Wahrscheinlichkeit gesendete Folge dar. Der Algorithmus nach Viterbi stellt nun eine (angenäherte) Umsetzung des eben kurz beschriebenen *Maximum Likelihood Detectors* für einen Faltungscode dar.

In jedem Zustand kommen 2^{k_0} Pfade an; zu jedem wird die Metrik berechnet. Der Pfad mit der kleinsten Metrik wird gespeichert („*Survivor*"). Von diesem Zustand ausgehend (nur noch ein Pfad kommt an) werden für die Folgezustände wiederum die jeweils 2^{k_0} ankommenden Pfade betrachtet und der *Survivor* gespeichert. In dem Fall, daß zwei Pfade die gleiche Metrik aufweisen, wird entweder zufällig ausgewählt, welcher Pfad weiterverfolgt wird, oder aber es werden beide Pfade gespeichert.

Diese Vorgehensweise bedeutet, daß die Entscheidung über die (wahrscheinlich) gesendete Folge nicht unmittelbar nach der Bearbeitung des „entsprechenden" Bits getroffen werden kann, sondern erst mit einer gewissen Verzögerung. Bei der Implementierung des Decoders müssen so lange alle Übergänge zwischen den Zuständen gespeichert werden, bis eine Entscheidung getroffen wurde. Um den Aufwand in realistischen Grenzen zu halten, muß die gespeicherte Pfadlänge (*Survivor Length*) beschränkt werden, wobei als typischer Wert das Fünffache der Speicher-Beeinflussungslänge anzusetzen ist. In diesem Fall ergibt sich eine Reduzierung des Codierungsgewinns gegenüber einer unendlich langen Pfadlänge in der Größenordnung von (0,1 ... 0,2) dB.

Ein wesentlicher Vorteil des Viterbi-Algorithmus, auf den an dieser Stelle jedoch nicht näher eingegangen wird, ist die Tatsache, daß ein mit diesem Algorithmus arbeitender Decoder problemlos auch *Soft-Decision*-Eingangsfolgen decodieren kann. Hierdurch kann der zu erzielende Codierungsgewinn um bis zu ca. 2 dB gesteigert werden. Daher werden Viterbi-Decoder sehr häufig mit Demodulatoren eingesetzt, die *Soft-Decision*-Informationen zur Verfügung stellen.

C.3.7.5 Terminierte Faltungscodes

Der Faltungscode, wie er bisher hier vorgestellt wurde, erzeugt aus einem Infowort ein Codewort, wobei noch nichts über die Länge ausgesagt wurde. Eine spezielle Klasse der Faltungscodes stellen die terminierten Faltungscodes dar, bei denen durch einen Eingriff im Infobitstrom eine Blockstruktur erzwungen wird. Formal betrachtet entspricht ein terminierter Faltungscode einem Blockcode. Zu diesem Zweck werden nach jeweils L Infobits m sogenannten *Tail Bits* (i. a. „0") in den Infobitstrom eingefügt. Das bedeutet, daß $L+m$ Infobits genau $L+m$ Codeblocks beeinflussen; dies entspricht einem Blockcode, bei dem L Infobits auf $(L+m)n$ Codebits abgebildet werden. Ein Nachteil hierbei ist, daß sich die ursprüngliche Coderate R_c des nicht terminierten Codes auf die Coderate

$$R_c^{(t)} = \frac{L}{L+m} R_c < R_c \qquad (C.3-42)$$

des terminierten Codes erhöht. Je größer L ist (im Vergleich zu m), desto geringer fällt die Verringerung der Coderate aus. Der Vorteil der Blockstruktur beruht auf der Tatsache, daß eine Fehlerfortpflanzung über die Blockgrenzen hinweg nicht möglich ist. Terminierte Faltungscodes werden bevorzugt in allen Übertragungssystemen eingesetzt, bei denen die Daten in eine Rahmenstruktur eingepaßt werden müssen, wie z. B. bei Systemen, die mit TDMA-Verfahren (siehe Kapitel G.5 bzw. H.5) arbeiten.

Die Decodierung mittels des Viterbi-Algorithmus erfolgt im Prinzip wie im Abschnitt C.3.7.4 beschrieben, wobei jedoch die gespeicherte Pfadlänge (*Memory Length*) häufig gleich der Blocklänge $(L+m)n$ gewählt wird. Der Vorteil ist dann, daß der Decoder den Endpunkt des Pfades („0...0") definitiv kennt. Der Trellis für den terminierten Faltungscode nach Abb. C.3-13 ist in Abb. C.3-17 dargestellt.

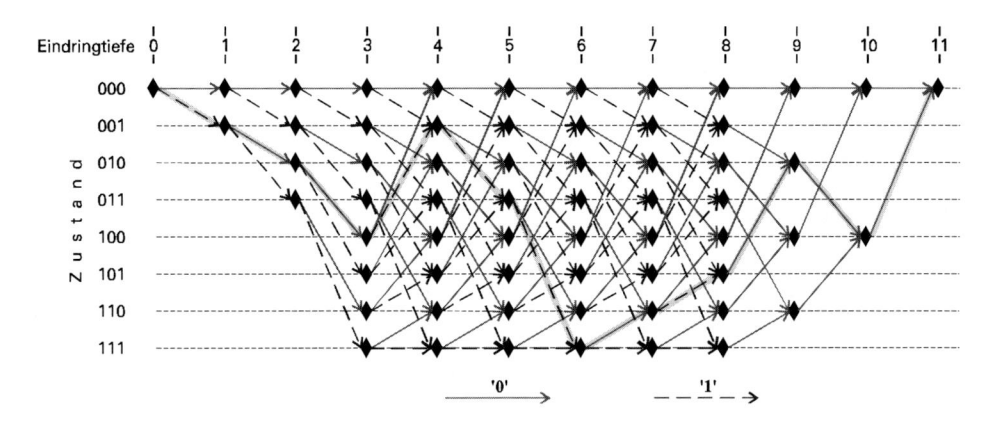

Abb. C.3-17   Trellis für einen terminierten Faltungscode (Faltungsencoder Abb. C.3-13). Eingetragen sind hier nur diejenigen Pfade, die für eine Eingangsfolge der Länge acht möglich sind. Markiert ist der (korrekte) Pfad für die Eingangsfolge {10011101}

C.3.7.6   Punktierte Faltungscodes

Nachdem bereits weiter oben darauf hingewiesen wurde, daß ein Faltungscode mit einer Rate $R_c \neq 1/n$ im allgemeinen über eine indirekte Methode generiert wird, folgt nun die Beschreibung dieser sogenannten Punktierung. Durch das Entfernen (Punktieren) einer festgelegten Anzahl von Codebits aus der Codebitfolge wird eine Erhöhung der Coderate (gleichbedeutend mit einer Verringerung der Redundanz) erreicht.

Aus einer Anzahl von Codewörtern (angegeben durch die Punktierungslänge) wird nach einem Punktierungsschema eine bestimmte Anzahl von Codebits gestrichen – dadurch vergrößert sich die Coderate. Bei größeren Werten der Punktierungslänge können im Prinzip alle Brüche (mit ganzzahligem Nenner und Zähler) zwischen der Coderate des „Muttercodes" $R_c^{(m)} = 1/n$ und 1 eingestellt werden.

Also ist

$$R_c^{(m)} < R_c < 1 \qquad (C.3\text{-}43)$$

Wird z. B. als Muttercode ein Code mit $R_c^{(m)} = 1/2$ verwendet, so werden die sich daraus ergebenden punktierten Code mit $R_c = 2/3$ bzw. $R_c = 3/4$ häufig eingesetzt. Der Vorteil hierbei ist, daß auf der einen Seite die Eigenschaften punktierter Codes nur geringfügig schlechter sind als bei den nicht punktierten Codes mit der entsprechenden Coderate, auf der anderen Seite aber der Viterbi-Algorithmus des Muttercodes durch das Punktieren nicht verändert wird, da dieser nur durch den Muttercode bestimmt wird.

Eine besondere Weiterführung hiervon sind die sogenannten RCPC-Codes (*Rate Compatible Punctured Convolutional Codes*), bei denen aus einem Muttercode eine ganze Reihe von punktierten Codes mit unterschiedlichen Coderaten abgeleitet werden. Zwischen diesen Codes kann ohne Datenverlust und ohne die Notwendigkeit, Änderungen an Encoder oder Decoder vornehmen zu müssen, umgeschaltet werden, so daß z. B. eine Übertragung (innerhalb gewisser Grenzen) an Schwankungen des Kanals angepaßt werden kann.

C.3.7.7 Optimale Faltungscodes (in Verbindung mit Viterbi-Decodierung)

In Tab. C.3-5 bzw. Tab. C.3-6 sind die Generatorpolynome (in dualer bzw. oktaler Form) für optimale Faltungscodes der Coderate 1/2 bzw. 1/3 enthalten [Michelson u. Levesque 85]. Hierbei ist insbesondere der bereits erwähnte Code mit der Beeinflussungslänge $k = 7$ und der Coderate 1/2 von Bedeutung („Industriestandard").

k	$(g_1, g_2)_2$	$(g_1, g_2)_8$
3	111,101	7,5
4	1111,1101	17,15
5	11101,10011	35,23
6	111101,101011	75,53
7	1111001,1011011	171,133
8	11111001,10100111	371,247

Tab. C.3-5   *Optimale Faltungscodes der Rate 1/2*

Die Suche nach optimalen Codes beschränkt sich selbstverständlich auf nichtkatastrophale Codes, wobei diejenigen Codes als optimal angesehen werden, die die größte freie Distanz gewährleisten. Ohne auf die Definition dieser freien Distanz (*Free Distance*) hier näher einzugehen, sei festgehalten, daß es sich dabei um das Pendant zur Codedistanz bei den Blockcodes handelt und diese eine entsprechend große Bedeutung für die fehlerkorrigierenden Eigenschaften eines Faltungscodes aufweist. Kurz gesagt ist der Code um so besser (bzgl. der Möglichkeiten der Fehlerkorrektur), je größer seine freie Distanz ist.

k	$(g_1, g_2, g_3)_2$	$(g_1, g_2, g_3)_8$
3	111,111,101	7,7,5
4	1111,1101,1011	17,15,13
5	11111,11011,10101	37,35,25
6	111101,101011,100111	75,53,47
7	1111001,1110101,1011011	171,165,133
8	11110111,11011001,10010101	367,331,225

Tab. C.3-6   Optimale Faltungscodes der Rate 1/3

Umfangreiche Tabellen mit den Polynomen der besten Faltungscodes für eine gegebene Coderate und gegebene Beeinflussungslänge sind in einer Vielzahl von Literaturstellen zu finden, so z. B. in [Dholakia 94].

C.3.7.8   Anwendungen

Relativ einfach aufgebaute Faltungscodes haben heute in vielen Bereichen der Übertragungstechnik Einzug gehalten. Der bereits in Abschnitt C.3.7.7 erwähnte Industriestandard wird beispielsweise in der Satellitenkommunikation (Intelsat) zusammen mit einem äußeren Blockcode eingesetzt, wobei der Decoder mit dem Viterbi-Algorithmus und *Soft Decision* arbeitet. Mit dem gleichen Code arbeitet auch die Raumsonde Voyager im Rahmen einer sogenannten *Deep Space Mission*. Ebenfalls mit einem Faltungscode der Coderate $R_c = 1/2$, allerdings mit einer Beeinflussungslänge $K = 5$, mit einem *Soft Decision*-Viterbi-Decoder ist das europäische Mobilfunknetz (D-Netz) ausgerüstet. Die typische Bitfehlerwahrscheinlichkeit bei diesen Übertragungen liegen in der Größenordnung von 10^{-5}.

Für den Industriestandard-Code, wie auch für eine Reihe anderer Faltungscodes sind auf dem Markt integrierte Schaltkreise erhältlich, so daß aus technologischer Sicht der Einsatz von Faltungscodes keine Schwierigkeiten bereitet. Ein Nachteil der Faltungscodecs ist, daß die maximal verarbeitbare Datenrate derzeit noch geringer ist als bei vergleichbaren Blockcodecs. Trotzdem ist der Faltungscode mit relativ kurzer Beeinflussungslänge und Viterbi-Decodierung das heute wohl verbreitetste Verfahren im Bereich der *Forward Error Correction*.

C.3.8 Interleaving

Der in vielen grundlegenden Überlegungen angenommene AWGN-Kanal – ein Kanal mit zufällig verteilten, statistisch unabhängigen Fehlern – stellt einen Sonderfall dar. Lediglich bei einer Verbindung Satellit–Satellit kann dieses Modell als geeignet angenommen werden. Bei allen anderen Funkkanälen spielen jedoch weitere Effekte eine Rolle (wie z. B. Schwund durch Mehrwegeausbreitung, Abschattungen, Interferenzen, Pulsstörer usw.), auf die an dieser Stelle nicht weiter eingegangen werden soll. Diese Störeinflüsse erzeugen Fehler, die statistisch nicht mehr unabhängig sind, sondern in Form sogenannter Fehlerbündel auftreten. Ein solches Fehlerbündel, wie es in Abb. C.3-18a gezeigt ist, muß nicht zwangsläufig nur aus fehlerhaften Daten bestehen – sowohl in Abb. C.3-18a als auch in Abb. C.3-18b ist ein Fehlerbündel mit der Bündellänge 11 dargestellt.

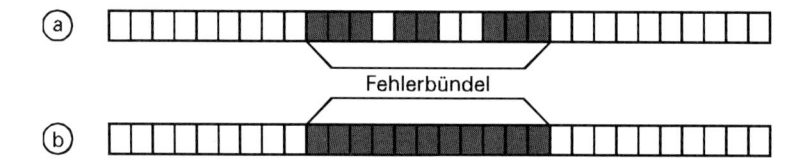

Abb. C.3-18 *Fehlerbündel mit der Bündellänge 11*

Die Fehler in Abb. C.3-18a können dabei auch als drei Fehlerbündel mit den Längen drei, zwei, drei angesehen werden. Zur Vereinfachung – ohne daß dadurch ein Fehler in die Betrachtung eingeführt würde – wird im folgenden davon ausgegangen, daß ein Fehlerbündel durchgehend aus fehlerhaften Daten besteht. (Eine etwas ausführlichere Behandlung des Kanals mit Bündelfehlern ist im Abschnitt C.1.4.2 zu finden.)

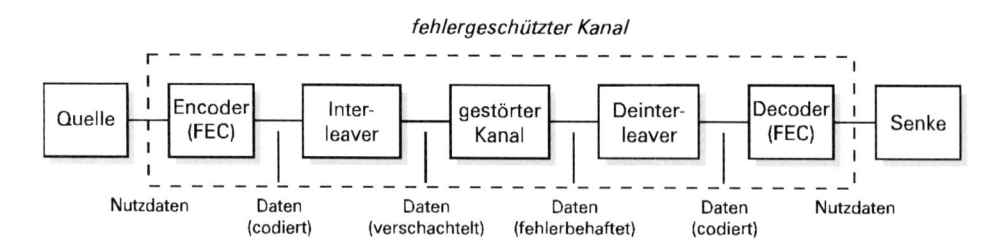

Abb. C.3-19 *Interleaving zum Schutz gegen Bündelfehler*

Eine Möglichkeit zur Korrektur von Bündelfehlern ist der Einsatz von Reed-Solomon-Codes, auf die an dieser Stelle jedoch nicht näher eingegangen werden soll. Abb. C.3-19 zeigt die prinzipielle Anordnung von Interleaver und Deinterleaver in einem Übertragungssystem. Bei dieser Betrachtung wird vorausgesetzt, daß die Daten, die zum Interleaver kommen, mit einem fehlerkorrigierenden Code (mit der Fähigkeit, t Fehler zu korrigieren) codiert wurden. Im Interleaver werden die Daten verschachtelt (s. u.) und nach der (fehlerbehafteten) Übertragung im Deinterleaver entschachtelt. Nach der anschließenden Decodierung stehen die Daten (im Idealfall) wieder in der ursprünglichen Form zur Verfügung. Dieser Aufbau entspricht einer Codeverkettung, wie sie bereits in Abschnitt C.3.4.2 vorgestellt wurde. Hier wird lediglich der Block-Interleaver vorgestellt, der von der Anschauung her einfacher zugänglich ist als der Faltungs-Interleaver.

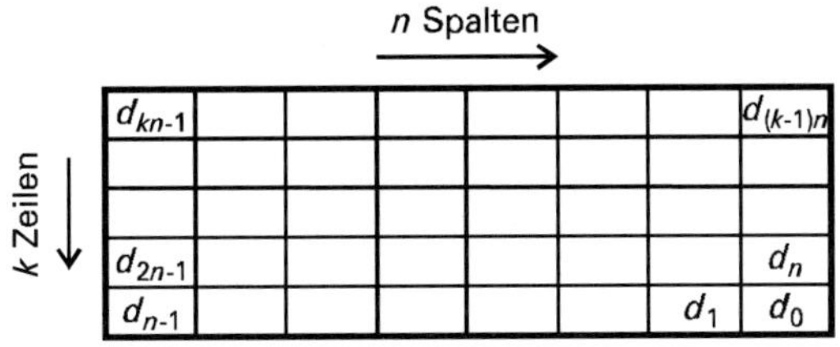

Abb. C.3-20   *Anordnung der Daten innerhalb der Speicherzellen des Interleavers*

Dieses Verschachteln bzw. Entschachteln im Interleaver bzw. im Deinterleaver soll anhand der Abb. C.3-20 erläutert werden. Interleaver und Deinterleaver bestehen aus in n Spalten (entspricht häufig der Codewort-Länge) und k Zeilen (Grad der Verschachtelung) angeordneten Speicherzellen, deren Inhalt sowohl spalten- als auch zeilenweise ausgelesen werden kann. Beim Interleaver werden die Daten zeilenweise in den Speicher geschrieben und spaltenweise wieder ausgelesen. Das bedeutet, daß die Reihenfolge der Daten verändert wird und somit eventuell auftretende Bündelfehler nach dem Entschachteln im Deinterleaver als quasi-zufällige Einzelfehler erscheinen (siehe Beispiel C.3-5).

In den Entwurf des Interleavers gehen vor allem die statistischen Eigenschaften des Kanals ein. So hängt der Grad der Verschachtelung in erster Linie von der (mittleren) Länge der Bündelfehler ab. Zu berücksichtigen ist hierbei auch die Tatsache, daß sich eine zeitliche Verzögerung (in Abhängigkeit von der Speichergröße) dadurch ergibt, daß immer erst der Speicherblock gefüllt sein muß, ehe die Daten ausgelesen werden können.

Beispiel C.3-5

In der Abb. C.3-21 ist an einer (sehr kurzen) Bitfolge dargestellt, wie sich das Interleaving bei Vorhandensein von Bündelfehlern auf dem Kanal auswirkt. Am Punkt 1 sei eine Bitfolge vorhanden, die aus fünf Codewörtern à acht Bit besteht. Diese stellen Codewörter eines fehlerkorrigierenden Codes dar, der maximal zwei Bitfehler korrigieren kann ($t = 2$). Mittels des Interleavers wird die Reihenfolge der Bits – wie oben beschrieben – innerhalb der Bitfolge geändert, so daß die Bitfolge an Punkt 2 entsteht. Am Punkt 3 ist die Bitfolge dargestellt, wie sie nach der Übertragung aussieht, bei der ein Fehlerbündel der Länge 9 auftritt (d. h. hier werden neun aufeinanderfolgende Bits gestört). Das anschließende „Entschachteln" im Deinterleaver führt zu der Bitfolge am Punkt 4, bei der zwar alle Codewörter Bitfehler aufweisen, jedoch kein Codewort mehr als zwei verfälschte Bit enthält. Da der hier eingesetzte fehlerkorrigierende Code maximal zwei Fehler korrigieren kann, können diese Fehler aus den Daten entfernt werden. Die Übertragung ist (in diesem Fall) fehlerfrei.

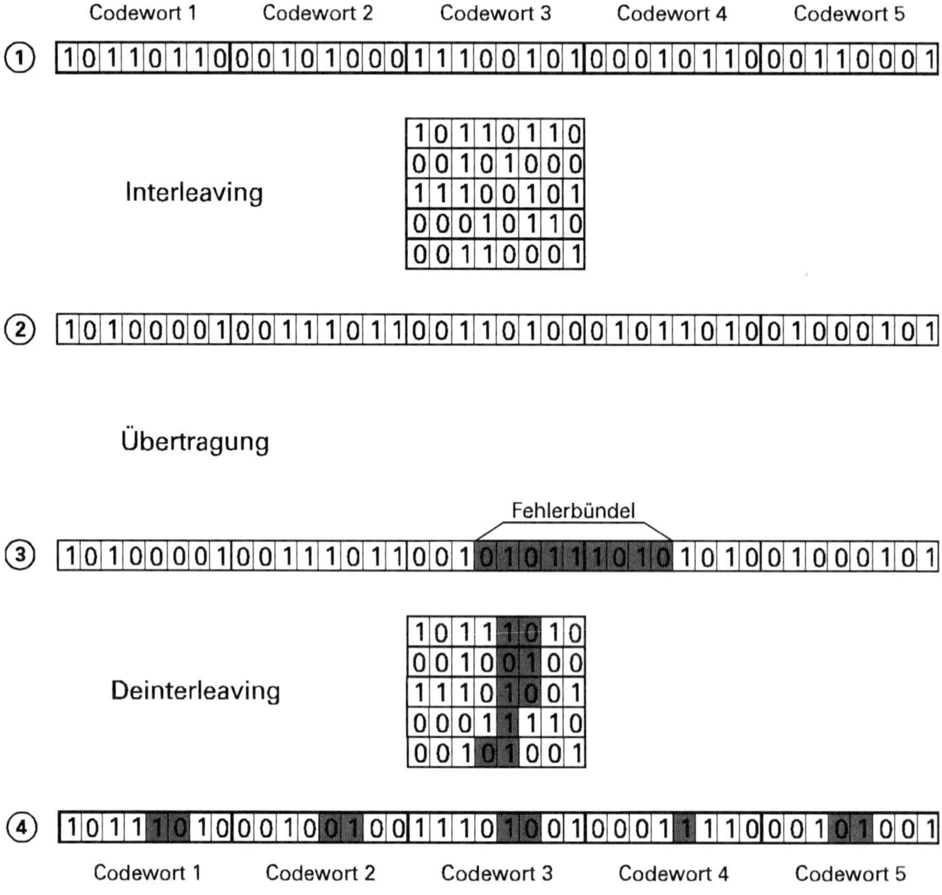

Abb. C.3-21 Übertragung von fünf Codewörtern à acht Bit über einen Kanal mit Bündelfehlern, geschützt durch Interleaving

Anders sieht es aus, wenn hier kein Interleaving eingesetzt wird. Dann werden nämlich das dritte und das vierte Codewort irreparabel gestört, da fünf bzw. vier der acht Bit verfälscht sind und somit keine fehlerfreie Rückgewinnung des korrekten Codeworts mehr möglich ist.

C.4　Anhang zu Teil C

C.4.1　Maximum der Entropie

In Kapitel C.1 wurde die Behauptung aufgestellt, daß das Maximum der Entropie gleich dem Entscheidungsgehalt ist. Das soll jetzt bewiesen werden.

Für binäre Symbole gilt für die Entropie

$$H(X) = -\sum_{i=1}^{2} P(x_i)\,\text{ld}\,P(x_i)$$

$$= -\frac{1}{\ln 2}\sum_{i=1}^{2} P(x_i)\ln P(x_i) \qquad \text{(C.4-1)}$$

Zur Vereinfachung der Schreibweise wird $P(x_1) = P$ und $P(x_2) = 1-P$ gesetzt, so daß folgt

$$H(X) = -\frac{1}{\ln 2}\{P\ln P + (1-P)\ln(1-P)\} \qquad \text{(C.4-2)}$$

Zur Berechnung des Maximums der Entropie in Abhängigkeit von der Wahrscheinlichkeit P wird die erste Ableitung der Entropie nach P bestimmt und gleich null gesetzt.

$$\begin{aligned}\frac{dH(X)}{dP} &= -\frac{1}{\ln 2}\{\ln P + 1 - \ln(1-P) - 1\} \\ &= \frac{1}{\ln 2}\ln\frac{(1-P)}{P} \\ &= \text{ld}\frac{(1-P)}{P} \overset{!}{=} 0 \qquad 0 \leq P \leq 1\end{aligned} \qquad \text{(C.4-3)}$$

Diese Bedingung liefert den Extremwert

$$P|_{H(X)\to\text{Extr.}} = 0{,}5 \qquad \text{(C.4-4)}$$

wobei man sich durch Betrachtung der zweiten Ableitung (ebenso wie durch eine rein anschauliche Überlegung) davon überzeugen kann, daß es sich hierbei um das Maximum handelt.

Das bedeutet also, daß das Maximum der Entropie für gleichwahrscheinliche Symbole erreicht wird. In diesem Fall gilt aber auch, daß die Entropie gleich dem Entscheidungsgehalt ist. – Somit ist der Beweis für die in Kapitel C.1 gemachte Aussage für den Fall binärer Symbole erbracht. Die Erweiterung dieser Berechnung auf höherwertige Symbole ist wesentlich aufwendiger, liefert aber, was nicht sehr überraschend ist, das gleiche Ergebnis.

C.4.2 Galois-Felder

Bei einem Galois-Feld handelt es sich um eine definierte Menge von Werten mit zwei definierten Operationen sowie deren Inversen, die als Ergebnis wiederum nur Werte innerhalb des Feldes liefern. Galois-Felder weisen folgende Eigenschaften auf:

1. Es existieren zwei definierte Operationen: Addition, Multiplikation.
2. Das Ergebnis einer solchen Operation mit zwei Elementen des Feldes führt wiederum auf ein Element des Feldes.
3. Das Feld enthält das Element 0 als neutrales Element bzgl. der Addition.
4. Das Feld enthält das Element 1 als neutrales Element bzgl. der Multiplikation.
5. Für jedes Element a existiert ein additiv inverses Element $-a$, so daß deren Summe 0 ist; hiermit ist die Definition der Subtraktion als Addition des inversen Elementes möglich.
6. Für jedes Element a ungleich 0 existiert ein multiplikativ inverses Element a^{-1}, so daß deren Produkt 1 ist; hiermit ist die Definition der Division als Multiplikation des inversen Elementes möglich.
7. Es gelten das Assoziativ-, das Kommutativ- und das Distributivgesetz.

+	0	1
0	0	1
1	1	0

×	0	1
0	0	0
1	0	1

Tab. C.4-1   Addition und Multiplikation für GF(2)

Galois-Felder können nur in bestimmten Größen konstruiert werden. Im einzelnen sind dies die Primzahlen sowie geradzahlige Potenzen von Primzahlen. Da sich die Darstellung im Rahmen dieser Betrachtung auf binäre Codes beschränkt, sind hier nur die Tabellen für die Arithmetik eines Galois-Feldes der Größe 2 angegeben.

C.4.3 Die Metrik

Die Metrik ist ein Begriff aus der Vektorrechnung und spielt in der Codierungstheorie eine wichtige Rolle. Im zweidimensionalen Euklidischen Raum ist jeder Punkt **v** definiert durch ein Paar von reellen Zahlen (x,y); siehe Abb. C.4-1. Der Punkt $\mathbf{0} = (0,0)$ ist dabei der Ursprung des Raumes.

C.4.3 Die Metrik

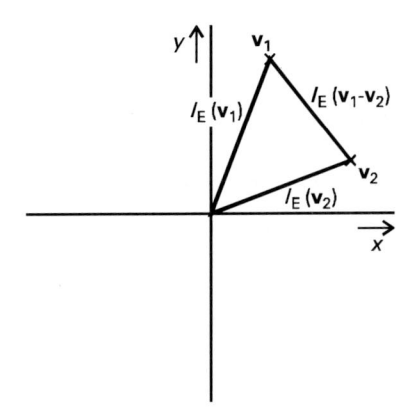

Abb. C.4-1   Metrik im zweidimensionalen Euklidischen Raum

Die Länge des Vektors $\mathbf{v} = (x,y)$ ist gegeben durch

$$l_E(\mathbf{v}) = \sqrt{x^2 + y^2} \qquad \text{(C.4-5)}$$

Die Differenz von zwei Vektoren $\mathbf{v}_1 = (x_1, y_1)$ und $\mathbf{v}_2 = (x_2, y_2)$ ist wiederum ein Vektor

$$\mathbf{v}_1 - \mathbf{v}_2 = (x_1 - x_2, y_1 - y_2) \qquad \text{(C.4-6)}$$

Somit kann die Euklidische Distanz zwischen zwei Punkten mit

$$d_E(\mathbf{v}_1, \mathbf{v}_2) = \sqrt{(x_1 - x_2)^2 + (y_1 - y_2)^2} = l_E(\mathbf{v}_1 - \mathbf{v}_2) \qquad \text{(C.4-7)}$$

angegeben werden. Daraus folgt, daß die Länge eines Vektors $\mathbf{v}$ auch als Euklidische Distanz zwischen dem Punkt $\mathbf{v} = (x,y)$ und dem Ursprung $\mathbf{0} = (0,0)$ gemäß

$$l_E(\mathbf{v}) = d_E(\mathbf{v}, \mathbf{0}) \qquad \text{(C.4-8)}$$

berechnet werden kann. Die so definierte Euklidische Distanz ist eine Metrik für den Euklidischen Raum und weist folgende Eigenschaften auf:

„positiv definit" $d_E(\mathbf{u}, \mathbf{v}) \begin{cases} > 0 & \mathbf{u} \neq \mathbf{v} \\ = 0 & \mathbf{u} = \mathbf{v} \end{cases}$ (C.4-9)

„symmetrisch" $d_E(\mathbf{u}, \mathbf{v}) = d_E(\mathbf{v}, \mathbf{u})$ (C.4-10)

„Dreiecksungleichung" $d_E(\mathbf{u}, \mathbf{v}) + d_E(\mathbf{v}, \mathbf{w}) \geq d_E(\mathbf{u}, \mathbf{w})$ (C.4-11)

Wenn nun ein Code als Untermenge des Euklidischen Raums definiert ist, so kann die Euklidische Distanz verwendet werden, um die fehlerkorrigierenden bzw. -erkennenden Fähigkeiten des Codes zu beschreiben. Wird ein Codewort $\mathbf{v}$ über einen gestörten Kanal übertragen, so wird beispielsweise der Vektor

$\mathbf{v}' = \mathbf{v} + \mathbf{e}$ empfangen, wobei $\mathbf{e}$ der durch den Kanal eingeführte Fehler mit der Länge $l_E(\mathbf{e})$ ist. Anschaulich betrachtet, wird dann mit einem *Maximum-Likelihood-Decoding*-Algorithmus dasjenige Codewort $\mathbf{v}$ gesucht, das zu $\mathbf{v}'$ die geringste Euklidische Distanz aufweist. Ein Fehler tritt dann auf, wenn das derart ermittelt Codewort $\mathbf{v}''$ nicht dem ursprünglichen gesendeten Codewort $\mathbf{v}$ entspricht (d. h. $\mathbf{v}'' \neq \mathbf{v}$)

Um diesen Sachverhalt kürzer formulieren zu können, wird die sogenannte Codedistanz

$$d_{\min} = \{d_E(\mathbf{v}_i, \mathbf{v}_j) \quad \forall \quad \mathbf{v}_i \neq \mathbf{v}_j\} \tag{C.4-12}$$

eingeführt. Hiermit wird ein Decodierfehler nach der oben beschriebenen Methode nicht auftreten, solange gilt

$$l_E(\mathbf{e}) < \frac{d_{\min}}{2} \tag{C.4-13}$$

d. h. solange sich der Empfangsvektor innerhalb der n-dimensionalen Korrekturkugeln um das korrekte Codewort befindet. Eine graphische Darstellung für den zweidimensionalen Fall ist in Abb. B.3-8 zu finden. Das Konzept der Codedistanz kann problemlos, wenn auch unter Verlust der Anschaulichkeit, auf den n-dimensionalen Euklidischen Raum erweitert werden.

Die bisher für den zwei- bzw. n-dimensionalen Euklidischen Raum durchgeführten Überlegungen werden nun auf binäre Codes angewendet, die hier als ein Satz von binären n-Tupeln betrachtet werden, die einen n-dimensionalen Vektorraum aufspannen. Jeder Vektor in diesem Raum ist gegeben durch $\mathbf{v} = (v_1, v_2, \ldots, v_n)$, wobei $v_i \in GF(2) \; \forall \; i$. Vergleichbar mit der Länge eines Vektors im Euklidischen Raum ist hier das (Hamming-)Gewicht $w(\mathbf{v})$ eines Codeworts, das definiert ist als die Anzahl der von null verschiedenen Elemente des Codeworts $\mathbf{v}$. Genauso entspricht die Hamming-Distanz der Euklidischen Distanz; diese ist definiert als

$$d_H(\mathbf{v}_1, \mathbf{v}_2) = w(\mathbf{v}_1 - \mathbf{v}_2) \tag{C.4-14}$$

Hierbei ist zu beachten, daß gemäß den Rechenregeln für Galois-Felder (siehe Abschnitt C.4.2) die Subtraktion der Addition entspricht. Vereinfacht gesagt, ist also die Hamming-Distanz zweier Codewörter gleich der Anzahl der unterschiedlichen Elemente der Codewörter.

Das Gewicht eines Codeworts ist mit (C.4-14) wieder die Distanz zwischen dem Codewort und dem Nullwort $\mathbf{0}$, d. h.

$$w(\mathbf{v}) = d_H(\mathbf{v}, \mathbf{0}) \tag{C.4-15}$$

Wenn man die Hamming-Distanz auf die oben angegebenen drei Eigenschaften einer Metrik hin untersucht, so wird man schnell feststellen, daß diese erfüllt sind. Somit handelt es sich also auch bei der Hamming-Distanz um eine Metrik, was aufgrund der Herleitung nicht überraschen kann.

Die Erweiterung der hier für binäre Codeelemente hergeleiteten Hamming-Distanz auf m-wertige Codeelemente ist relativ einfach, spielt aber andererseits nur eine relativ geringe Rolle, da die meisten wichtigen Codierungsverfahren (abgesehen von den Reed-Solomon-Codes) nur binäre Codeelemente verwenden. Aus diesem Grund wird an dieser Stelle darauf verzichtet und auf die entsprechende Literatur verwiesen.

C.5 Übungsaufgaben

Aufgabe C-1

1. Was sind Entropie (mittlerer Informationsgehalt) und Entscheidungsgehalt? Machen Sie den Unterschied zwischen den beiden Größen deutlich.
2. Geben Sie für diskrete Signale die Formeln für Entropie und Entscheidungsgehalt an.
3. Was sind Redundanz und Relevanz? Erläutern Sie deren Bedeutung in der Nachrichtentechnik.

Aufgabe C-2

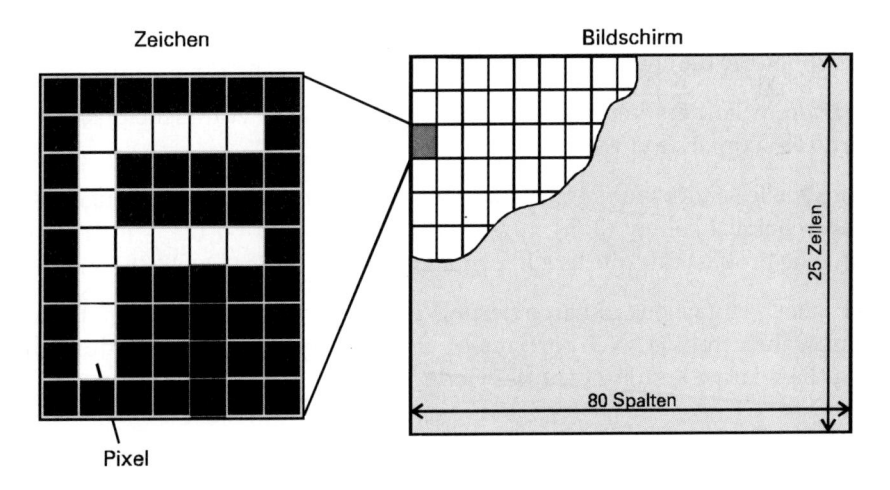

Abb. C.5-1   Darstellung eines Zeichens

Auf einem Bildschirm (schwarz-weiß) sollen in 25 Zeilen jeweils 80 Zeichen dargestellt werden. Ein Zeichen besteht aus einer Matrix von jeweils 7×9 Bildpunkten (Abb. C.5-1).

1. Bestimmen Sie den mittleren Informationsgehalts eines Bildpunktes, wenn Weiß und Schwarz mit gleicher Wahrscheinlichkeit auftreten.
2. Bestimmen Sie den mittleren Informationsgehalt eines Zeichens.
3. Bestimmen Sie den mittleren Informationsgehalt eines Bildschirms.
4. Wie groß ist der Informationsfluß bei einer Bildwiederholfrequenz von $f_{Bild} = 80\,Hz$?
5. Um die Zeichen voneinander zu trennen, sind bei jeder Matrix die jeweils äußeren Bildpunkte immer schwarz. Wie groß ist der Anteil der redundanten Information beim Informationsgehalt nach Punkt 2?

Aufgabe C-3

1. Berechnen Sie die Entropie der Dezimalziffern 0,...,9 bei einer angenommenen Gleichverteilung.
2. Wieviele Stellen werden bei der Darstellung der Dezimalziffern durch Binärzeichen benötigt?
3. Wie groß sind Redundanz und relative Redundanz bei dieser Codierung?

Aufgabe C-4

1. Eine Binärquelle ($N = 2$) sendet das Zeichen 0 mit der Wahrscheinlichkeit $P(0) = P_0$ und das Zeichen 1 mit der Wahrscheinlichkeit $P(1) = 1 - P_0$ aus. Berechnen Sie den mittleren Informationsgehalt H je Zeichen.
2. Skizzieren Sie den Verlauf von $H(p_0)$. Für welche Wahrscheinlichkeit P_0 wird H maximal, und wie groß ist H_{max}?
3. Eine Quelle sendet vier verschiedene Zeichen (a, b, c, d) mit den zugehörigen Wahrscheinlichkeiten ($P(a) = 0{,}5$, $P(b) = 0{,}25$, $P(c) = 0{,}125$, $P(d) = 0{,}125$) aus. Wie groß ist der mittlere Informationsgehalt H der Quelle?
4. Bei einer „einfachen" Binärcodierung mit zwei Zeichen liegt ein Entscheidungsgehalt von $H_0 = 2\,bit/Symbol$ vor. Wie groß sind die Redundanz R und die relative Redundanz r des Codes?

Aufgabe C-5

1. Berechnen Sie die Wahrscheinlichkeiten $P_{S,i}$ der Symbole der Senke.
2. Berechnen Sie

    a) den mittleren Informationsgehalt (die Entropie) H_Q der Quelle,

b) den Entscheidungsgehalt $H_{Q,0}$ der Quelle,

c) die Redundanz R_Q und die relative Redundanz r_Q der Quelle.

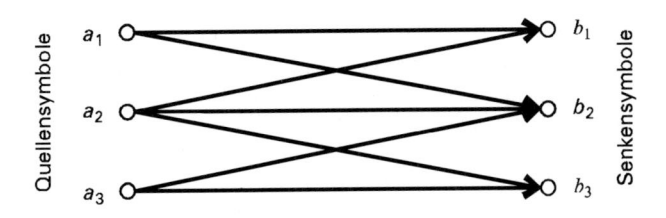

Abb. C.5-2 Übertragungskanal

$P_{S,i}$ \ $P_{Q,i}$		a_1	a_2	a_3
b_1	0,3	0,8	0,1	0,1
b_2	0,4	0,4	0,6	0,0
b_3	0,3	0,4	0,5	0,1

Tab. C.5-1 Übergangs- und Quellenwahrscheinlichkeiten

Aufgabe C-6

Gegeben ist ein diskreter Kanal nach Abb. C.5-3 mit der Übergangswahrscheinlichkeit $P = 0{,}02$. Die Symbole a_1, a_2 der Quelle seien gleichwahrscheinlich.

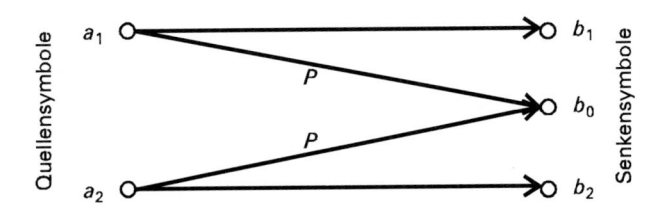

Abb. C.5-3 Binärer Kanal mit Auslöschung

1. Berechnen Sie die Wahrscheinlichkeit der Symbole b_0, b_1, b_2.
2. Wie groß ist die Redundanz der Symbole der Quelle?
3. Wie groß ist die Redundanz der Symbole der Senke?

Die Auftretenswahrscheinlichkeiten der Symbole a_1, a_2 der Quelle seien jetzt variabel.

4. Berechnen Sie die Kanalkapazität bei einer Übertragungsgeschwindigkeit von 2400 bit/s.

Anmerkung: Dieser Kanal stellt ein Modell für eine binäre Übertragung dar, bei der der Empfänger neben den Alternativen „0" und „1" zusätzlich die Möglichkeit hat, nicht sicher erkannte Symbole von der weiteren Verarbeitung auszuschließen (auszulöschen). Man spricht daher auch vom binären Kanal mit Auslöschung bzw. vom *Binary Erasure Channel* (BEC).

Aufgabe C-7

Gegeben ist ein binärer symmetrischer Kanal gemäß Abb. C.5-4 mit $P = 0{,}9$. Die Wahrscheinlichkeiten der Symbole der Quelle betragen $P(a_1) = 0{,}2$ sowie $P(a_2) = 0{,}8$.

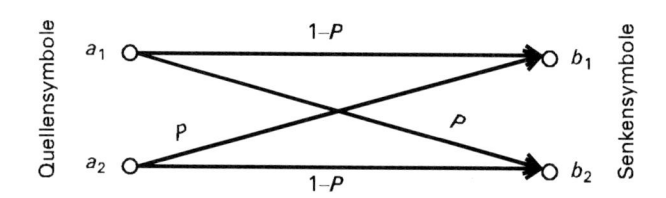

Abb. C.5-4 Binärer symmetrischer Kanal

1. Berechnen Sie die Wahrscheinlichkeiten der Symbole der Senke.
2. Wie groß ist die relative Redundanz der Quelle?
3. Wie groß ist die relative Redundanz der Senke?

Aufgabe C-8

Eine Quelle erzeugt statistisch unabhängige Symbole x_i mit den in Tab. C.5-2 angegebenen Auftretenswahrscheinlichkeiten.

x_i	x_1	x_2	x_3	x_4	x_5	x_6
$P(x_i)$		0,31	0,07	0,06	0,05	0,03

Tab. C.5-2 Auftretenswahrscheinlichkeiten der Quellensymbole

1. Vervollständigen Sie die Tab. C.5-2.

Die Quellensymbole sollen unabhängig von ihrer Auftretenswahrscheinlichkeit eindeutig mit gleich langen Codewörtern codiert werden.

2. Geben Sie die Länge der Codewörter an.

3. Wie groß ist die relative Redundanz dieser Codierung?

Zur Redundanzreduktion soll eine einfache Huffman-Codierung durchgeführt werden.

4. Bestimmen Sie den Huffman-Code und stellen Sie den Codebaum dar.

5. Wie groß ist die relative Redundanz dieser Codierung?

Aufgabe C-9

Die Quellensymbole mit den in Tab. C.5-3 angegebenen Auftretenswahrscheinlichkeiten sollen mit einer redudanzreduzierenden Quellencodierung versehen werden.

x_i	„A"	„B"	„C"	„D"	„E"	„F"	„G"
$P(x_i)$	0,38	0,18	0,17	0,13	0,08	0,04	0,02

Tab. C.5-3   Auftretenswahrscheinlichkeiten der Quellensymbole

1. Berechnen Sie die Entropie sowie den Entscheidungsgehalt der Quelle.

2. Erstellen Sie für die Quellensymbole den Huffman-Code.

3. Erstellen Sie für die Quellensymbole den Fano-Code.

4. Vergleichen Sie die mittlere Codewortlänge und die relative Redundanz der beiden Codes miteinander sowie mit der uncodierten Übertragung.

Aufgabe C-10

Über einen binären Kanal ($E_b/N_0 = 8$ dB) soll mit einer Bitrate von 8 kbit/s ein Signal übertragen werden, wobei eine Bitfehlerwahrscheinlichkeit von 10^{-4} einzuhalten ist. Die Abhängigkeit der Bitfehlerwahrscheinlichkeit vom Signalrauschleistungsverhältnis für den hier verwendeten Kanal ist in Abb. C.5-5 dargestellt.

1. Welches Signalrauschleistungsverhältnis wäre hier bei uncodierter Übertragung notwendig, um die geforderte Bitfehlerwahrscheinlichkeit zu erreichen?

Im folgenden wird davon ausgegangen, daß Kanalcodierung eingesetzt wird, um die Forderungen erfüllen zu können. Der Code weise die Parameter $k_0 = 3$ und $n_0 = 6$ auf.

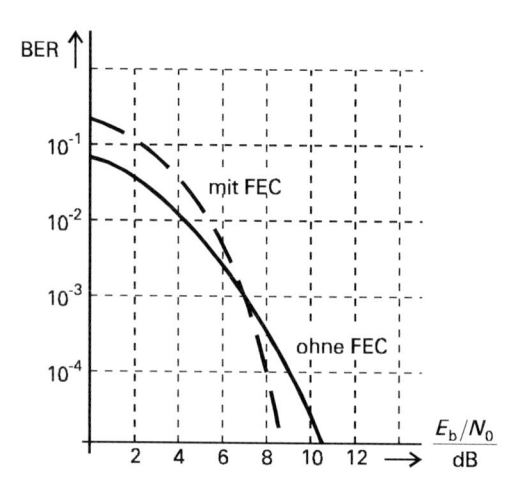

Abb. C.5-5 Bitfehlerwahrscheinlichkeit in Abhängigkeit vom Signalrauschleistungsverhältnis

2. Wie groß ist die durch die Codierung hinzugefügte relative Redundanz?
3. Wie groß ist die Bitrate des codierten Signals?
4. Wie groß ist der Codierungsgewinn bei 10^{-3} bzw. bei 10^{-5}?
5. Weshalb kann – wie z. B. in Abb. C.5-5 – für einen gewissen Bereich von E_b/N_0 ein „negativer Codierungsgewinn" entstehen?

Aufgabe C-11

Es liegt ein Kanal mit einer Bitfehlerrate von 10^{-3} vor, über den ein Signal mit einer Bitrate von 2,4 kbit/s übertragen werden soll. Für die Übertragung soll eine Fehlerrate von maximal $5 \cdot 10^{-5}$ garantiert werden. Für die Fehlerkorrektur wurde die Gruppe der Hamming-Codes ausgewählt.

1. Geben Sie an, welcher Hamming-Code mit der geringsten Redundanz die obige Forderung erfüllt.
2. Geben Sie die Länge eines Codeworts sowie dessen Aufteilung nach Nutz- und Prüfstellen an.
3. Wie groß ist die relative Redundanz dieses Hamming-Codes?
4. Wie groß ist die Dauer eines Bits des codierten Datensignals, und wie groß ist seine Bitrate?

Aufgabe C-12

Zu untersuchen ist ein Faltungsencoder, dessen Aufbau in Abb. C.5-6 dargestellt ist.

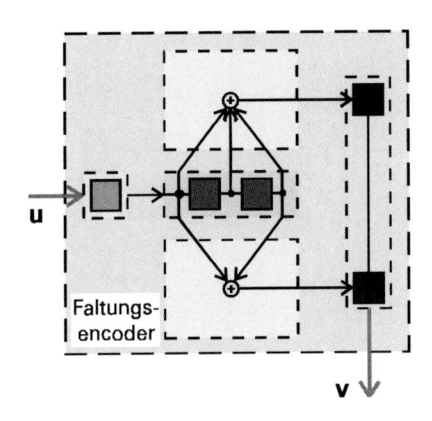

Abb. C.5-6 *Faltungsencoder*

1. Geben Sie die unterschiedlichen Beeinflussungslängen an.
2. Geben Sie die Polynomdarstellung für diesen Encoder an.

Die Informationsfolge am Eingang des Encoders laute $\mathbf{u} = \{11010001\}$.

3. Stellen Sie im Codebaum die Eingangsfolge dar (bis zum vierten Symbol)?
4. Skizzieren Sie das Trellis-Diagramm und stellen Sie darin die komplette Eingangsfolge dar.
5. Geben Sie die Codefolge v am Ausgang des Encoders an.

Teil D

Übertragung digitaler Signale

D.1 Grundlagen der Übertragung digitaler Signale

D.1.1 Einleitung

Die Übertragung digitaler Signale (Daten, digitalisierte Analogsignale) gewinnt immer größere Bedeutung, während gleichzeitig die für die Übertragung zur Verfügung stehende Kapazität beschränkt bleibt. Aus diesem Grund wächst auch die Bedeutung der Quellen- und Kanalcodierung sowie der sogenannten digitalen Modulationsverfahren.

Der Entwurf eines Systems der digitalen Übertragungstechnik besteht im Prinzip daraus, ein kostengünstiges System für die Übertragung von Information von einem Sender zu einem Empfänger mit einer (i. a. vom Nutzer) vorgeschriebenen Datenrate und Übertragungsqualität zu erstellen. Die wesentlichen Parameter dabei sind die Übertragungsbandbreite, die Sendeleistung sowie der Realisierungsaufwand. Die beiden ersten dieser Parameter wurden bereits bei der Vorstellung des Nachrichtenquaders eingeführt, wobei die Dynamik hier quasi durch den Begriff der Sendeleistung ersetzt wird. Der Parameter Zeit beim Nachrichtenquader steht, wie dort bereits hervorgehoben, häufig nicht zur Disposition, so daß er auch bei den hier durchgeführten Überlegungen nicht berücksichtigt wird. Insofern unterscheiden sich die Systeme der digitalen Übertragungstechnik nicht grundlegend von denen der analogen Übertragungstechnik.

Die Bandbreite eines Systems steht bei seinem Entwurf nicht immer zur Verfügung, da sie teilweise von anderen Seiten, wie z. B. internationalen Gremien, vorgegeben wird. Auf der anderen Seite gibt es jedoch Anwendungen, wie beispielsweise Raumsonden, die im „tiefen Raum" (*Deep Space Mission*) operieren. Hierbei gibt es sehr wenige Verbindungen, die sich gegenseitig beeinflussen könnten, und die daher auf eine (im Prinzip) frei wählbare Bandbreite zugreifen können.

Die Punkte Sendeleistung und Komplexität des Systems stehen i. a. beim Entwurf zur Verfügung, um die geforderten Eigenschaften des Systems sicherzustellen. Somit gibt es meist zwei Möglichkeiten, um die geforderten Gütekriterien des Systems zu erfüllen: entweder die Sendeleistung erhöhen (bei gleichbleibender Störleistung entspricht dies einer Erhöhung der Dynamik) oder die Komplexität des Systems (durch Einsatz von Kanalcodierung) vergrößern, wobei natürlich auch eine Kombination dieser Maßnahmen vorgesehen werden kann. Welche dieser Möglichkeiten im Einzelfall realisiert wird, hängt von den jeweiligen Gegebenheiten ab. So ist z. B. die maximale Sendeleistung durch Fragen der Technologie ebenso begrenzt wie ggf. durch Beschränkungen, die durch Berücksichtigung der Störungen von anderen Systemen (die i. a. direkt mit der

D.1.1 Einleitung

Sendeleistung zusammenhängen) vorhanden sind. Der Einsatz von Kanalcodierung und damit eine Erhöhung der Komplexität sind z. T. durch die damit verbundenen Kosten, z. T. aber auch durch andere Parameter wie z. B. zusätzliche zeitliche Verzögerungen durch Encoder und Decoder (dies ist beispielsweise beim Fernsprechen nur bedingt tolerierbar) begrenzt. Da der Einsatz von Kanalcodierung gleichbedeutend ist mit dem Hinzufügen von Redundanz und somit gleichzeitig mit der Erhöhung der Übertragungsbandbreite, muß auch dieser Parameter in die Überlegungen einbezogen werden.

Man sieht also, daß bei der Auslegung von Systemen der (digitalen) Übertragungstechnik diese drei zentralen Aspekte berücksichtigt werden müssen. Während auf die Kanalcodierung bereits im Kapitel C.3 ausführlich eingegangen wurde, wird die Bandbreite im Zusammenhang mit der Anwendung digitaler Modulationsverfahren im Kapitel G.3 behandelt. Der Aspekt der Sendeleistung wird nur kurz bei der Vorstellung der Verstärker im Kapitel F.1 gestreift. Hierbei muß allerdings festgehalten werden, daß lineare Systeme bzgl. der Sendeleistung skaliert werden können und die (absolute) Sendeleistung somit i. allg. von geringerer Bedeutung ist – ganz im Gegensatz zu den nichtlinearen Systemen. Diese Vereinfachung ist natürlich nicht anwendbar, wenn das Verhältnis von (variabler) Sendeleistung zu (konstanter) Störleistung, wie z. B. beim AWGN-Kanal, entscheidend für das Systemverhalten ist. Hierauf wird einleitend im Kapitel D.7 sowie etwas anwendungsbezogener im Kapitel G.3 eingegangen.

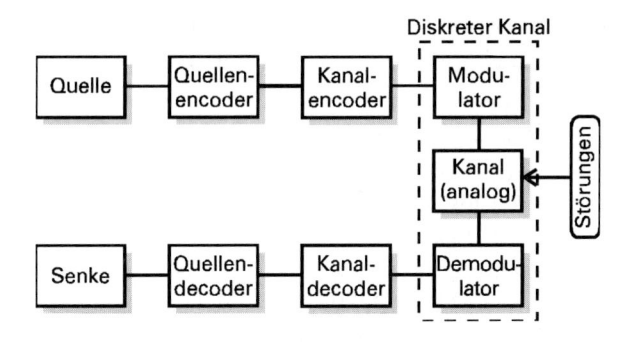

Abb. D.1-1 *Aufbau eines Systems der digitalen Übertragungstechnik*

Der in Abb. D.1-1 gezeigte prinzipielle Aufbau eines Systems der digitalen Übertragungstechnik besteht (natürlich) auch wieder aus den Teilen Sender, Kanal, Empfänger, wobei in diesem Fall aber die Frage, welche Blöcke welchem Teil zuzuordnen sind, davon abhängt, welche Aspekte des Systems untersucht werden sollen. So werden hier i. a. der Modulator, der analoge Kanal sowie der Demodulator zum (diskreten) Kanal zusammengefaßt. Der Sender beinhaltet dann neben der Datenquelle den Quellen- und den Kanalencoder, der Empfänger entsprechend Datensenke, Quell- und Kanaldecoder.

Wie bereits im Kapitel C.1 dargelegt, dient die sendeseitige Umsetzung des Signals der effektiven Ausnutzung der zur Verfügung stehenden Übertragungskapazität. Empfangsseitig werden, ebenfalls in zwei Schritten, diese Signale wieder umgewandelt in von der Senke zu verarbeitende Nachrichten. Die Quellencodierung dient der (möglichst „effektiven") Umsetzung des Nachrichtenflusses der Quelle in ein binäres Signal (siehe Kapitel C.2). Das wichtigste Ziel hierbei ist die Reduzierung der Datenmenge, um die zur Verfügung stehende Übertragungskapazität möglichst effizient nutzen zu können. Die Reduzierung ist z. B. bei der Bildübertragung sehr „erfolgreich" – das Videosignal kann von 140 Mbit/s auf ca. 2 Mbit/s reduziert werden (d. h. um den Faktor 70), ohne daß ein für den Menschen spürbarer Qualitätsverlust auftritt. Ein weiteres Signal, das einerseits häufig zu übertragen ist und andererseits gute Möglichkeiten für die Nachrichtenreduktion bietet, ist das Sprachsignal.

Allgemein wird hier von einer Datenrate von 64 kbit/s ausgegangen, wie sie sich z. B. nach der Pulscodemodulation ergibt (siehe Kapitel G.4). Heutzutage kann die notwendige Datenrate aber auf bis zu 4,8 kbit/s reduziert werden, bei immer noch nahezu unveränderter Sprachverständlichkeit. Geht man einen Schritt weiter, so erhält man die Möglichkeit der Reduzierung der Datenrate auf 2,4 kbit/s, allerdings unter Einsatz sogenannter Vocoder (*Voice Coder*). Hierbei wird, vereinfacht ausgedrückt, nicht das Sprachsignal an sich übertragen. Statt dessen gewinnt der Vocoder bestimmte Parameter aus dem zu übertragenden Sprachsignal, die nach der Übertragung in einer synthetischen Sprachausgabeeinheit wieder in ein Sprachsignal umgesetzt werden.

Der diskrete Kanal kann auf der Grundlage seiner statistischen Eigenschaften beschrieben werden. Hierzu dienen beispielsweise Messungen zur Ermittlung dieser Eigenschaften, die auf teilweise recht komplizierte Modelle führen. In der Praxis hat sich jedoch gezeigt, daß es i. a. durchaus möglich ist, Berechnungen bzw. Simulationen mit Hilfe von vereinfachten Modellen durchzuführen, ohne daß sich daraus wesentliche Verfälschungen der Ergebnisse ergeben. Typische Kanalmodelle (wie z. B. der BSK) werden im Kapitel C.1 untersucht, wobei die physikalischen Hintergründe des analogen Kanals einerseits für die Erstellung des Modells natürlich von Bedeutung sind, andererseits aber nach der Erstellung des Modells für den Betrachter keine Rolle mehr spielen.

D.1.2 Regenerativverstärker (Repeater)

Bei der Übertragung von digitalen Signalen über weite Entfernungen besteht aufgrund der Tatsache, daß digitale Signale sowohl zeit- als auch wertdiskret sind, die Möglichkeit, die Signale trotz einer „gewissen" Veränderung der Form (solange diese Änderungen innerhalb vorgegebener Grenzen bleiben) bei der Übertragung wieder in ihre ursprüngliche Form umzuwandeln. Diese Tatsache ist ein wesentlicher Vorteil gegenüber der Übertragung analoger Signale über große Entfernungen und wird im Kapitel E.5 noch einmal angesprochen.

D.1.3 Der AWGN-Kanal

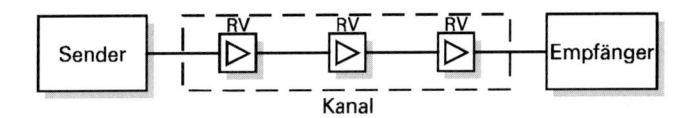

Abb. D.1-2   *Digitale Übertragungsstrecke mit Regenerativverstärkern (RV)*

Eine wichtige Aufgabe hierbei hat der Regenerativverstärker (*Repeater*), dessen Aufbau und Funktionsweise anhand des in Abb. D.1-3 dargestellten Blockschaltbildes kurz erklärt werden soll.

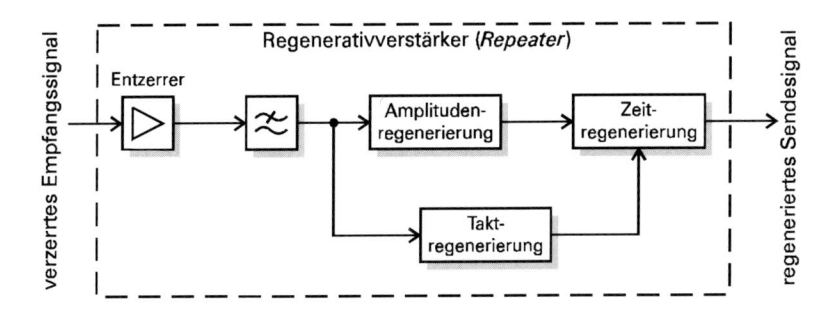

Abb. D.1-3   *Blockschaltbild eines Regenerativverstärkers*

Am Eingang des Regenerativverstärkers steht das durch die Übertragung verzerrte Empfangssignal an, das zuerst in einem Entzerrer verstärkt und – soweit möglich – entzerrt wird. Im nächsten Schritt erfolgt eine Bandbegrenzung des durch nichtlineare Effekte verbreiterten Signals. Anschließend wird die Amplitude regeneriert und ein rechteckförmiges Signal erzeugt. Somit liegt ein Signal vor, das im Prinzip schon dem angestrebten ursprünglichen Signal nahekommt, dessen zeitliches Verhalten allerdings noch insofern „willkürlich" ist, als es nicht einem Taktsignal gehorcht.

Dieser Takt wird aus dem Empfangssignal in der Taktregenerierung gewonnen (vergleiche hierzu die Symbolsynchronisation bei den digitalen Modulationsverfahren, die im Abschnitt G.3.12 kurz beschrieben wird). In der sogenannten Zeitregenerierung werden schließlich mit Hilfe des wiedergewonnenen Taktes die äquidistanten Pulse erzeugt, die als Sendesignal für die nächste Übertragungsstrecke dienen können. Am Ende einer Übertragungsstrecke wird im Empfänger ein im Prinzip ähnlicher Aufbau vorhanden sein, um eine möglichst fehlerarme Rückgewinnung der übertragenen Daten zu gewährleisten.

D.1.3   Der AWGN-Kanal

Für die theoretische Behandlung der Übertragung digitaler Signale wird häufig von einem Kanal mit additivem weißem Gaußschem Rauschen (AWGN) ausgegangen, wie er in Abb. D.1-4 dargestellt ist. Außerdem wird angenommen, daß die Fehler statistisch unabhängig auftreten (gedächtnisloser Kanal) und der Kanal zudem symmetrisch ist, d. h. „0" und „1" gleichmäßig gestört werden. Die mathematische Beschreibung dieses Kanals wird in Kapitel D.7 gegeben.

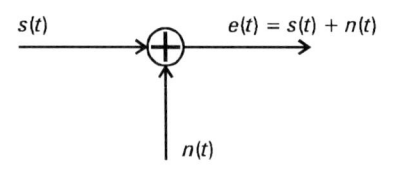

Abb. D.1-4   Kanal mit AWGN

Dieser binäre, symmetrische Kanal mit additivem weißem Gaußschem Rauschen stellt das einfachste „sinnvolle" Modell für die digitale Übertragung dar und ist gleichzeitig der klassische Referenzkanal für Modulations- und Codierungsverfahren. Reale Kanäle, für die dieses Modell in guter Näherung zutrifft, sind vor allem Verbindungen Satellit–Satellit und Satellit–Erdfunkstelle. Die meisten anderen Kanäle weisen in der Regel neben AWGN noch andere Störquellen auf, wie z. B. Impulsstörungen, Schwund durch Mehrwegeausbreitung usw. Das führt beispielsweise dazu, daß die Fehler nicht mehr statistisch unabhängig auftreten, sondern konzentriert in Form von sogenannten Burst- oder Bündelfehlern. Die Frage der fehlererkennenden bzw. fehlerkorrigierenden Codierung bei Kanälen mit Bündelfehlern wird in Kapitel C.3 behandelt.

D.1.4   Ein einfaches System zur Übertragung digitaler Signale

Für theoretische Untersuchungen und Simulationen der Übertragung digitaler Signale wird i. a. von dem in Abb. D.1-5 dargestellten System ausgegangen.

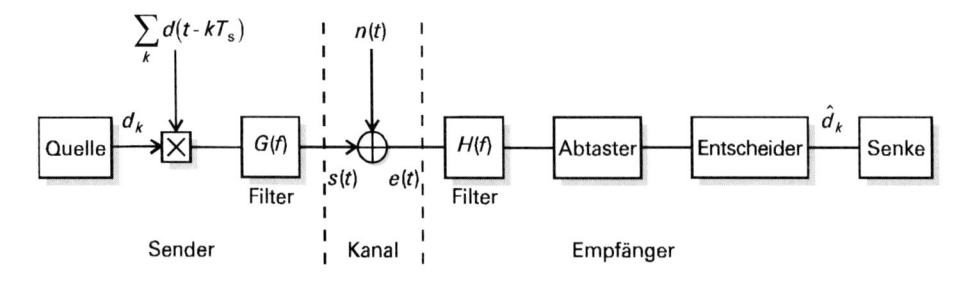

Abb. D.1-5   System zur Übertragung digitaler Signale

D.1.4 Ein einfaches System zur Übertragung digitaler Signale

Anhand von Abb. D.1-6 kann der Ablauf der Signalübertragung verdeutlicht werden. Sendeseitig wird die von der Quelle abgegebene Datenfolge d_k (hier pseudozufällig) mit einer Folge von Dirac-Impulsen multipliziert. Die so entstandenen Impulse werden in einem Filter in eine Form gebracht, die für die Übertragung besonders vorteilhaft ist (Impulsformung).

Die Übertragung erfolgt hier über einen AWGN-Kanal, wie er in Abb. D.1-4 beschrieben wird. Im Empfänger wird das Signal erneut gefiltert, abgetastet und dem Entscheider zugeführt. Die entstehende Datenfolge $\hat{d}_k$ (die im Idealfall gleich der Datenfolge d_k der Quelle ist) wird abschließend an die Datensenke weitergeleitet. Auf die typische Gestaltung der Filter $G(f)$ und $H(f)$ wird in Kapitel D.5 eingegangen.

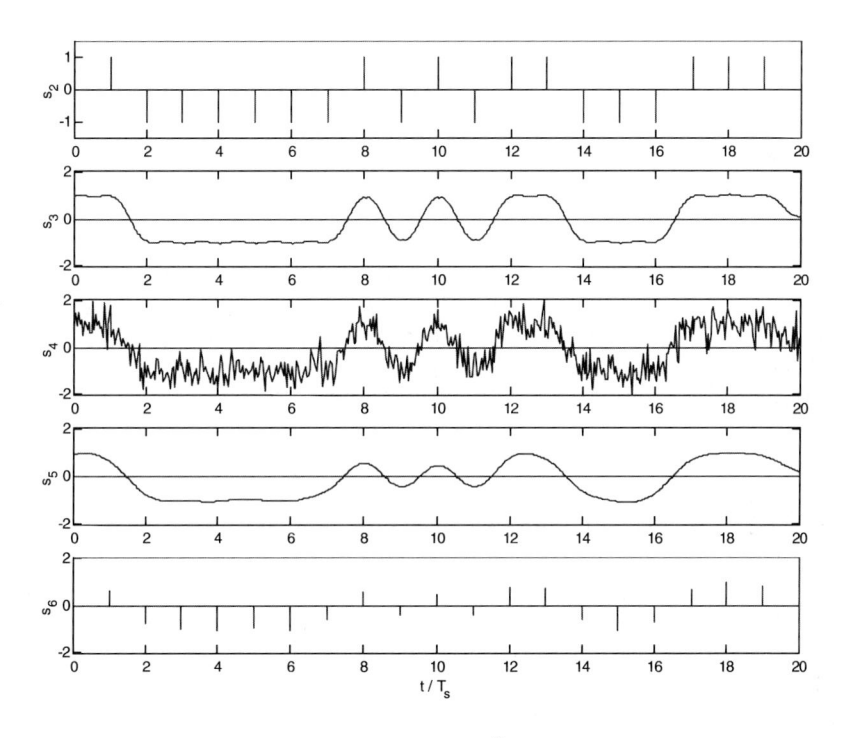

Abb. D.1-6   *Prinzipieller Verlauf der Signale bei der Übertragung*

Ein Vergleich der Signale s_2 und s_6 zeigt, daß einerseits keine Symbolfehler (in diesem Fall gleichbedeutend mit Bitfehlern) vorliegen, andererseits die Symbole unterschiedlich große Abstände zur Entscheiderschwelle (hier „null") aufweisen.

D.2 Das Leistungsdichtespektrum von statistischen, binären Signalen

Die spektrale Verteilung der Leistung eines Signals ist ein (häufig entscheidendes) Kriterium bei der Beurteilung der Einsatzmöglichkeiten von speziellen Signalformen. An dieser Stelle soll daher, ohne allzu tief in die mathematischen Herleitungen einzusteigen, gezeigt werden, wie das Leistungsdichtespektrum von statistischen, binären Signalen berechnet werden kann. Das Signal werde dabei mittels

$$s(t) = d(t) * g(t)$$
$$= \left(A \sum_k d_k \, g(t - kT_s) \right) * g(t) \quad \text{(D.2-1)}$$
$$= A \sum_k d_k \, g(t - kT_s)$$

beschrieben, wobei d_k die statistisch unabhängigen binären Daten darstellt und die Impulsform durch $g(t)$ angegeben wird. Es wird davon ausgegangen, daß die beiden Symbole gleichwahrscheinlich sind. Der Impuls $g(t)$ sei nur während der Impulsdauer von null verschieden ($g(t) \equiv 0$ für $t < 0$ und $t > T_s$). Gemäß Abschnitt B.1.4 wird das Betragsquadrat der Fourier-Transformierten der Impulsform

$$|\underline{G}(f)|^2 = |\text{FT}\{g(t)\}|^2 \quad \text{(D.2-2)}$$

als Energiedichtespektrum oder spektrale Energiedichte des Signals bezeichnet. Auf der Basis der statistischen Eigenschaften des Signals kann anhand der Autokorrelationsfunktion das Leistungsdichtespektrum berechnet werden (siehe Kapitel B.6). Die recht umfangreiche Herleitung würde den Umfang dieser kurzen Einführung sprengen. Daher werden hier nur die Ergebnisse für den diskreten sowie den kontinuierlichen Anteil des Leistungsdichtespektrums wiedergegeben. Demnach gilt für den diskreten Anteil, d. h. für die Spektrallinien, die Beziehung

$$\Phi_{\text{dis}}^{(P)}(f) = \left(\frac{E\{A\}}{T_s} \right)^2 \sum_{m=-\infty}^{\infty} |\underline{G}(f)|^2 \, \delta\!\left(f - \frac{m}{T_s} \right) \quad \text{(D.2-3)}$$

woraus sich sofort ablesen läßt, daß für ein mittelwertfreies Signal ($E\{A\}$) keine diskreten Anteile im Leistungsdichtespektrum existieren. Der kontinuierliche Anteil berechnet sich entsprechend zu

$$\Phi_{\text{kon}}^{(P)}(f) = \frac{\sigma_A^2}{T_s} \, |\underline{G}(f)|^2 \quad \text{(D.2-4)}$$

D.2 Das Leistungsdichtespektrum von statistischen, binären Signalen

Da es sich einerseits um diskrete Spektrallinien handelt, andererseits um eine spektrale Dichte, weisen die beiden Anteile unterschiedliche Einheiten auf. Der diskrete Anteil wird dabei in W angegeben, während für den kontinuierlichen Anteil W/Hz verwendet wird.

Beispiel D.2-1

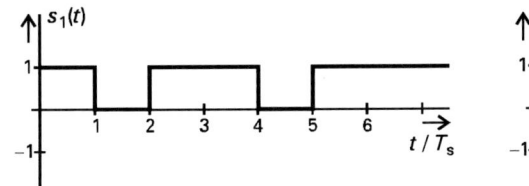

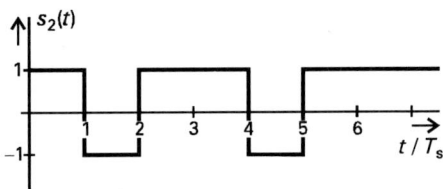

Abb. D.2-1 Zeitverlauf der Signale $s_1(t)$ (links) und $s_2(t)$ (rechts)

Gesucht werden die Leistungsdichtespektren der beiden in Abb. D.2-1 dargestellten Rechteckimpulsfolgen. Es handelt sich dabei um statistische Folgen von Rechteckimpulsen mit der Impulsform

$$g(t) = \begin{cases} 1 & 0 < t \leq T_s \\ 0 & \text{sonst} \end{cases} \quad \text{(D.2-5)}$$

und

$$d_k^{(1)} \in \{0,1\} \quad \text{(D.2-6)}$$

für das Signal $s_1(t)$ bzw.

$$d_k^{(2)} \in \{\pm 1\} \quad \text{(D.2-7)}$$

für das Signal $s_2(t)$, wobei die beiden Symbole jeweils gleichwahrscheinlich und statistisch unabhängig sind. Für den Betrag der Fourier-Transformierten des Impulses $g(t)$ gilt

$$|\underline{G}(f)| = T_s \, \text{si}(\pi f T_s) \quad \text{(D.2-8)}$$

Die Signale

$$s_1(t) = A \sum_k d_k^{(1)} g(t - kT_s) \quad \text{(D.2-9)}$$

und

$$s_2(t) = A \sum_k d_k^{(2)} g(t - kT_s) \quad \text{(D.2-10)}$$

haben die Erwartungswerte

$$E_1\{A\} = \frac{A}{2} \qquad \text{bzw.} \qquad E_2\{A\} = 0 \qquad \text{(D.2-11)}$$

und die Varianzen

$$\sigma_A^{(1)} = \frac{A}{2} \qquad \text{bzw.} \qquad \sigma_A^{(2)} = A \qquad \text{(D.2-12)}$$

Mit (D.2-3) ergibt sich somit für den diskreten Anteil des Leistungsdichtespektrums für das Signal $s_1(t)$

$$\Phi_{\text{dis},1}^{(P)}(f) = \frac{A^2}{4T_s^2} \sum_{m=-\infty}^{\infty} T_s^2 \,\text{si}^2(\pi f T_s)\, \delta\!\left(f - \frac{m}{T_s}\right)$$
$$= \frac{A^2}{4}\delta(0) \qquad \text{(D.2-13)}$$

bzw. für das Signal $s_2(t)$

$$\Phi_{\text{dis},2}^{(P)}(f) = 0 \qquad \text{(D.2-14)}$$

Entsprechend berechnet sich der kontinuierliche Anteil des Leistungsdichtespektrums für das Signal $s_1(t)$ mit (D.2-4) zu

$$\Phi_{\text{kon},1}^{(P)}(f) = \frac{A^2 T_s}{4} \,\text{si}^2(\pi f T_s) \qquad \text{(D.2-15)}$$

bzw. für das Signal $s_2(t)$ zu

$$\Phi_{\text{kon},2}^{(P)}(f) = A^2 T_s \,\text{si}^2(\pi f T_s) \qquad \text{(D.2-16)}$$

Die sich ergebenden Leistungsdichtespektren sind in Abb. D.2-2 dargestellt.

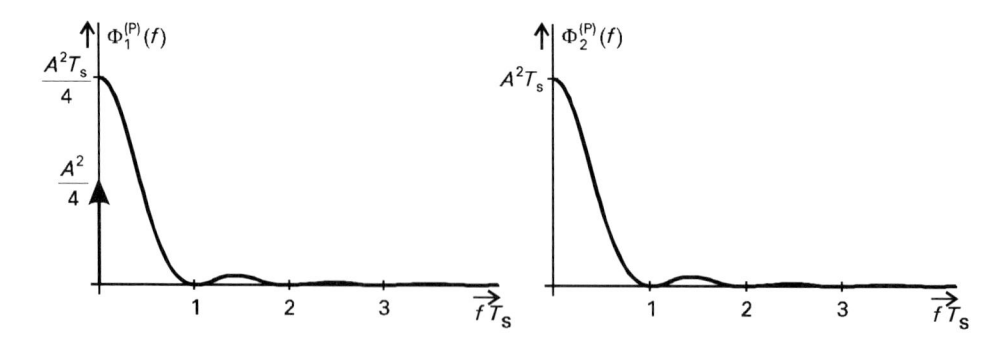

Abb. D.2-2 Die Leistungsdichtespektren der Signale $s_1(t)$ (links) und $s_2(t)$ (rechts)

D.3 Basisbandcodierung

D.3.1 Einleitung

Die Abb. D.3-1 deutet den Einsatz von Basisbandcodierung bei der Übertragung einer von einer beliebigen Datenquelle stammenden Binärfolge an. Entsprechend dem Basisbandencoder auf der Sendeseite steht auf der Empfängerseite ein Basisbanddecoder zur Verfügung, der die Codierung wieder rückgängig macht.

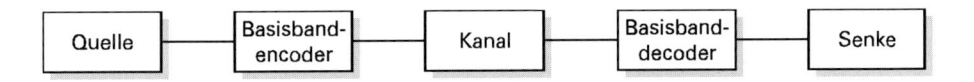

Abb. D.3-1 *Schematischer Aufbau einer Übertragungsstrecke mit Basisbandcodierung*

Bei der folgenden Betrachtung soll nicht der z. T. recht einfache Aufbau von Encoder und Decoder im Mittelpunkt stehen, sondern vielmehr die Eigenschaften der verschiedenen Basisbandcodierungen sowie die Vorteile, die deren Einsatz liefert. Nachdem in dieser Einleitung zuerst die wesentlichen Eigenschaften der Basisbandcodierung vorgestellt werden, folgt anschließend auf dieser Basis eine nähere Betrachtung einiger häufig verwendeter Codierungen.

Die wesentlichen Eigenschaften der Basisbandcodierung sind:

- Verbesserung der in den Daten bzw. in deren physikalischer Darstellung in Form eines Signals enthaltenen „Zeitinformation"

  Einige Basisbandcodierungen erhöhen die Anzahl bzw. die Dichte der Datenübergänge, wodurch die Leistung der Takt- und Symbolsynchronisation im Empfänger verbessert werden kann.

- Fehlerdetektion

  Viele der hier betrachteten Basisbandcodierungen beinhalten Möglichkeiten zur Fehlererkennung (nicht zur Fehlerkorrektur), da die Anzahl der jeweils möglichen Wechsel zwischen zwei Zuständen begrenzt ist. Das bedeutet, daß bei Vorliegen eines nicht erlaubten Zustandswechsels ein Fehler bei der Übertragung aufgetreten sein muß.

- Verringerung der Bandbreite

  Durch Filterung und/oder den Einsatz von mehrwertigen Verfahren kann die Bandbreite des Basisbandsignals reduziert werden. Der Nachteil hierbei ist, daß das benötigte Signalrauschleistungsverhältnis (*Signal to Noise Ratio – SNR*) höher wird oder aber die Intersymbolinterferenzen (siehe Kapitel D.5) zunehmen. Charakteristisch für alle hier gezeigten Codes ist die Tatsache, daß die zugehörige Leistungsdichte im wesentlichen auf den Bereich $f \leq 2/T$ beschränkt ist

♦ Spektralformung

Die Form des Leistungsdichtespektrums des Signals kann durch *Scrambling* (Kapitel D.4) oder Filterung gezielt verändert werden. Dies ist beispielsweise sinnvoll, um das Signal an die Eigenschaften des Kanals anzupassen (Gleichstromkopplung oder -trennung) oder um die Störungen zwischen verschiedenen Kanälen, die sogenannte *Inter Channel Interference* (ICI), zu verbessern.

♦ Unabhängigkeit von speziellen Bitfolgen

Ein besonders wichtiger Aspekt bei der Wahl von Codes für die Basisbandcodierung ist die Forderung, daß die Eigenschaften des codierten Signals (wie z. B. die spektrale Form) unabhängig sein müssen von der Statistik der Quellensymbole. Anders gesagt: Der Encoder muß jede angebotene (zulässige) Bitfolge codieren können, wobei das resultierende codierte Signal die gleichen statistischen Eigenschaften aufweist (bei Betrachtung über einen hinreichend langen Zeitraum).

D.3.2 Balancierte Codes

Für die Trägerrückgewinnung (Bestimmung der Trägerschwingung im Empfänger, hierauf wird näher im Abschnitt G.3.12 eingegangen) ist die Übergangsdichte (*Transition Density*) von Bedeutung, die als mittlere Anzahl von Zustandswechseln bzw. Übergängen je Bit definiert ist. Für die Größe des spektralen Anteils bei der Frequenz null (Gleichstromkomponente) ist der Begriff des balancierten Codes wichtig. Ein balancierter Code enthält – innerhalb eines definierten Beobachtungszeitraums – ebenso viele Nullen wie Einsen (bei einem binären Code). Als Disparität wird dabei die Differenz zwischen der Anzahl der übertragenen Nullen und Einsen bezeichnet. Ein balancierter Code weist demnach die Disparität null auf.

Die Anzahl von aufeinanderfolgenden gleichen Symbolen muß bei der Übertragung i. a. begrenzt werden, da ansonsten einerseits Probleme bei der Synchronisation im Empfänger auftreten können und andererseits ggf. die spektralen Eigenschaften des Codes ungünstig beeinflußt werden.

Eine Meßgröße für die Disparität ist die laufende digitale Summe (*Running Digital Sum* – RDS)

$$\text{RDS}(k) = \sum_{i=-\infty}^{+\infty} a_i \qquad \text{(D.3-1)}$$

wobei a_i die Gewichte sind, die den einzelnen Symbolen zugeordnet werden. Die Variation der RDS wird als *Digital Sum Variation* (DSV) bezeichnet und als

$$DSV = \max\{RDS\} - \min\{RDS\} \qquad (D.3\text{-}2)$$

definiert. Bei einem nicht balancierten Code geht die DSV für $k \to \infty$ ebenfalls gegen unendlich, woraus sich ein Leistungsdichtespektrum ergibt, das für die Frequenz null nicht-verschwindende Anteile enthält.

Andererseits gilt für einen balancierten Code zum Ende jedes Blocks $RDS = 0$, woraus wiederum eine verschwindende Gleichstromkomponente resultiert. Dieser letzte Punkt ist u. a. überall dort von Interesse, wo im Übertragungsweg eine DC-Trennung vorhanden ist, z. B. in Form eines Koppelkondensators oder eines Transformators. Findet während der Übertragung oder durch die Wahl eines ungeeigneten Codes eine Verschiebung der Nullinie statt, so verschlechtert sich i. a. die Leistungsfähigkeit des Empfängers, da die Reserve gegenüber Störungen wie z. B. Rauschen oder Fading verringert wird. (Siehe hierzu Kapitel D.7 – Statistische Störungen und Bitfehlerwahrscheinlichkeit.)

D.3.3 Die wichtigsten Basisbandcodierungen

D.3.3.1 Einfache Basisbandcodes

Bei den einfachen Basisbandcodierungen (siehe Tab. D.3-1 bzw. Abb. D.3-2) wird die vorliegende Bitfolge (Bitdauer T_b) in ein binäres oder pseudoternäres Signal umgesetzt, ohne daß z. B. lange „0"- oder „1"-Folgen speziell bearbeitet werden. Die wohl einfachste Basisbandcodierung ist der unipolare NRZ-L-Code (*No Return to Zero*). Hierbei wird jeder „1" (*Mark*) ein positiver Impuls der Länge T_b zugeordnet, während bei einer „0" (*Space*) kein Impuls vorliegt.

Der Nachteil dieser einfachen Codierung ist, daß es sich um einen nicht balancierten und somit nicht gleichstromfreien Code handelt. Unter der – nicht zwangsläufig zutreffenden – Annahme, daß „0" und „1" gleichwahrscheinlich sind, kann durch eine einfache Modifikation jedoch ein gleichstromfreier Code erreicht werden. Hierzu wird die „0" in einen negativen Impuls (Länge T_b) gleicher Amplitude umgesetzt. Das Ergebnis wird als bipolarer NRZ-L-Code bezeichnet.

Um eine höhere Dichte von Zustandswechseln zu erreichen, können die NRZ-Codes in entsprechende RZ-Codes (*Return to Zero*) umgewandelt werden. Das resultierende Signal entspricht dabei weitgehend dem NRZ-Signal, wobei jedoch die Impulse nicht mehr die Länge T_b aufweisen, sondern nach der halben Impulsdauer $T_b/2$ auf den Wert „0" zurückgehen. Hierdurch wird beim bipolaren RZ-Code erreicht, daß das codierte Signal nach jeweils $T_b/2$ einen Übergang zwischen zwei Zuständen aufweist. Eine Alternative zum bipolaren NRZ-L-Code bieten der NRZ-M- bzw. der NRZ-S-Code, bei denen ein Pegelwechsel jeweils bei einer „1" (*Mark*) bzw. bei einer „0" (*Space*) erfolgt.

Code	„1" (Mark)	„0" (Space)
NRZ-Level (unipolar)	Pegel +1	Pegel 0
NRZ-Level (bipolar)	Pegel +1	Pegel −1
RZ (unipolar)	Puls mit der Breite $T/2$, Pegel +1	kein Puls
RZ (bipolar)	Puls mit der Breite $T/2$, Pegel +1	Puls mit der Breite $T/2$, Pegel −1
NRZ-Mark (bipolar)	Wechsel des Pegels	kein Wechsel des Pegels
NRZ-Space (bipolar)	kein Wechsel des Pegel	Wechsel des Pegels
Bi-Phase-Level (bipolar) „Manchester-Code"	Puls-Sequenz +1/−1, wobei jeder Puls die Breite $T/2$ aufweist	Puls-Sequenz −1/+1, wobei jeder Puls die Breite $T/2$ aufweist
Bi-Phase-Mark (bipolar)	Wechsel des Pegels zu Beginn eines Symbols und nach $T/2$	Wechsel des Pegels zu Beginn eines Symbols
NRZ AMI (pseudoternär, bipolar)	abwechselnd Pegel +1 und −1	Pegel 0

Tab. D.3-1   Einfache Basisbandcodierungen

Balancierte Codes sind der bipolare Bi-Phase-Level- und der bipolare Bi-Phase-Mark-Code, wobei jeder Impuls in zwei Hälften der Breite $T_b/2$ unterteilt ist, die entweder den Pegel +1 oder −1 aufweisen. Beim Bi-Phase-Level-Code wird dabei für eine „1" die erste Hälfte mit positivem Pegel, die zweite mit negativem Pegel codiert, während bei einer „0" genau umgekehrt verfahren wird. Dieser Code wird auch als Manchester-Code bezeichnet. Beim Bi-Phase-Mark-Code erfolgt bei einer „0" der Wechsel zwischen den beiden Pegeln nur zu Beginn einer Impulsdauer, während bei einer „1" ein Wechsel sowohl zu Beginn als auch in der Mitte der Impulsdauer stattfindet.

Der AMI-Code (*Alternate Mark Inversion*) weist gegenüber den anderen Codes in Abb. D.3-2 eine Besonderheit auf: Es handelt sich strenggenommen nicht mehr um einen binären, sondern um einen pseudoternären Code, da neben der „0" sowohl die Pegel „+1" als auch „−1" auftreten können. Eine „0" wird bei diesem Code als Pegel „0" dargestellt, während eine „1" abwechselnd mit positivem bzw. negativem Pegel codiert wird.

Auch bei diesem Code handelt es sich um einen gleichstromfreien Code, da durch den ständigen Wechsel zwischen positivem und negativem Pegel eine Disparität null erzwungen wird. Allerdings bietet der AMI-Code nur eine relativ geringe Dichte von Übergängen, so daß eine empfangsseitige Taktsynchronisation hierdurch nicht unterstützt wird.

D.3.3 Die wichtigsten Basisbandcodierungen

Ein wesentlicher Nachteil der bisher hier vorgestellten Codes ist darin zu sehen, daß bei einer langen Folge von Nullen keine Wechsel im Signal auftreten. Das bedeutet, daß in diesem Fall die Schaltungen für die Taktsynchronisation nicht mehr korrekt arbeiten können und im schlimmsten Fall die Synchronisation komplett ausfällt. Um dies zu verhindern, werden Codes eingeführt, die lange Folgen von Nullen dadurch vermeiden, daß derartige Folgen umcodiert werden.

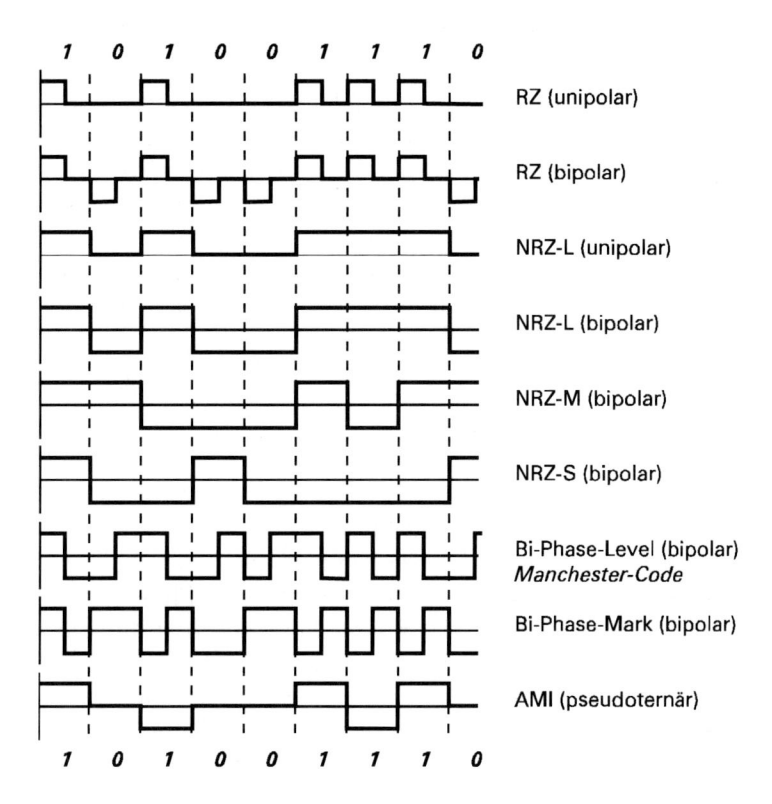

Abb. D.3-2   *Einfache Basisbandcodierungen*

Die beiden gebräuchlichsten dieser Codegruppen sollen im folgenden Abschnitt vorgestellt werden. Es handelt sich dabei einerseits um die

♦ BNZS-Codes (*Bipolar N-Zero Substitution*)

und andererseits um die

♦ HDBN-Codes (*High Density Bipolar N*).

Während hier nur ein Blick auf einen kleinen Ausschnitt aus der großen Vielfalt der Basisbandcodes geworfen werden kann, ist beispielsweise in [Bluschke 92] eine ausführliche und umfassende Behandlung derartiger Codes zu finden.

D.3.3.2 BNZS-Codes

Alle Ketten von N Nullen werden durch eine spezielle, N Bit lange Sequenz ersetzt, die zumindest eine Verletzung der „Bipolarität" enthält, wobei jedoch diese Sequenz auch wieder eine gleiche Anzahl von Nullen und Einsen beinhaltet. Somit ist sichergestellt, daß auch dieser Code gleichstromfrei ist.

Zu unterscheiden bzgl. der Art der Substitution sind die Fälle $N \geq 4$ und $N < 4$. Im ersten Fall ($N \geq 4$) kann ein balancierter Code durch Verwendung eines sogenannten nicht modalen Codes erzielt werden. Ein derartiger Code ist dadurch gekennzeichnet, daß eine Substitution unabhängig ist von den vorhergehenden Substitutionen. Es werden zwei unterschiedliche Ersatzfolgen eingesetzt, wobei die Wahl der Ersatzfolge allein von der Polarität des der zu substituierenden Nullfolge direkt vorhergehenden Bits abhängt. Die Ersatzfolgen von nichtmodalen Codes enthalten gleich viele positive wie negative Impulse (und somit automatisch eine gerade Anzahl von Pulsen). Außerdem ist die Polarität des letzten Bits der Ersatzfolgen gleich der Polarität des der zu substituierenden Nullfolge direkt vorangehenden Impulses.

Für $N < 4$ muß ein modaler Code eingesetzt werden. Dieser ist dadurch gekennzeichnet, daß die Wahl der Ersatzfolge sowohl vom vorhergehenden Impuls als auch von der letzten eingesetzten Ersatzfolge abhängig ist. Um die Anforderungen nach einem balancierten Code zu erfüllen, müssen mehr als zwei (nämlich vier) Ersatzfolgen verwendet werden, die wechselweise eingesetzt werden.

BNZS	Impulsfolge	Polarität des vorhergehenden Impulses	Anzahl von B-Pulsen seit letzter Substitution	
			ungerade	gerade
B3ZS	B0V / 00V	−	00− (00V)	+0+ (B0V)
		+	00+ (00V)	−0− (B0V)
B6ZS	0VB0VB	−	0−+0+−	
		+	0+−0−+	
B8ZS	000VB0VB	−	000−+0+−	
		+	000+−0−+	

Tab. D.3-2   Drei Beispiele für BNZS-Codes

An drei Beispielen soll die Funktionsweise der BNZS-Codes erläutert werden. Tab. D.3-2 zeigt den Aufbau des B3ZS-, des B6ZS- sowie des B8ZS-Codes. Dabei repräsentiert „B" einen regulären bipolaren Impuls, während „V" eine Verletzung dieser Regel charakterisiert; „0" bedeutet, daß kein Impuls vorliegt.

D.3.3.3 HDBN-Codes

Beim HDBN-Code wird die Anzahl aufeinanderfolgender Nullen dadurch auf N begrenzt, daß die $(N+1)$-te Null durch einen Impuls ersetzt wird, der einer Verletzung der Regeln entspricht („V"). Außerdem erzwingt dieser Code abwechselnde Polarität der „V"-Impulse, so daß das Entstehen einer Gleichstromkomponente vermieden wird. Wie Tab. D.3-3 zeigt, existieren insgesamt vier unterschiedliche Ersatzfolgen. Zwei häufig verwendete HDBN-Codes sind der HDB2-Code (identisch mit dem B3ZS-Code) sowie der HDB3-Code, der z. B. im Rahmen der plesiochronen digitalen Hierarchie eingesetzt wird.

BNZS	Impulsfolge	Polarität des vorher-gehenden Impulses	Anzahl von B-Pulsen seit letzter Substitution	
			ungerade	gerade
HDB3	B0...0V / 0....0V	−	000−	+00+
		+	000+	−00−

Tab. D.3-3 HDB3-Codes

Beispiel D.3-1

In Tab. D.3-4 ist für eine willkürlich gewählte Bitfolge die resultierende, codierte Bitfolge für die in Tab. D.3-2 vorgestellten BNZS-Codes, den HDB3-Code sowie als Vergleich den AMI-Code dargestellt.

Wie man hier erkennt, werden beim AMI-Code die Nullfolgen lediglich verschoben, bleiben jedoch von der Länge her erhalten. Hingegen weisen die mit den BNZS- bzw. HDBN-Codes umgesetzten Bitfolgen nur noch stark verkürzte, d. h. auf eine bestimmte Länge begrenzte Nullfolgen auf. Betrachtet man nun längere Bitfolgen, so kann man feststellen, daß alle in diesem Beispiel verwendeten Codes balanciert sind – die Anzahl der positiven („+") und der negativen Impulse („−") unterscheidet sich maximal um den Wert eins.

uncodiert	1 1 0 1 0 0 0 1 0 1 1 0 0 0 0 0 0 1 0 1 1 1 0 0 0 0 0 0 0 0
AMI	+ − 0 + 0 0 0 − 0 + − 0 0 0 0 0 + 0 − + − 0 0 0 0 0 0 0 0
B3ZS	+ − 0 + 0 0 + − 0 + − 0 0 − + 0 + − 0 + − + 0 0 + − 0 − 0 0
B6ZS	+ − 0 + 0 0 0 − 0 + − 0 − + 0 + − + 0 − + − 0 − + 0 + − 0 0
B8ZS	+ − 0 + 0 0 0 − 0 + − 0 0 0 0 0 + 0 − + − 0 0 0 − + 0 + −
HDB3	+ − 0 + 0 0 0 − 0 + − 0 0 0 − 0 0 + 0 − + − + 0 0 + − 0 0 −

Tab. D.3-4 Basisbandcodierung einer Bitfolge zur Vermeidung langer Nullfolgen

D.4 Scrambler und Descrambler

Eine wichtige Forderung, die an ein Datenübertragungssystem gestellt wird, ist die Unabhängigkeit seiner Eigenschaften von den zu übertragenden Daten. So können z. B. sich ständig wiederholende Bitfolgen oder lange Folgen von „Nullen" oder „Einsen" zu deutlichen Unterschieden im Empfangspegel führen, zu Problemen bei der Taktrückgewinnung und ggf. auch zu Schwierigkeiten bei einer adaptiven Entzerrung. Alle diese Probleme treten jedoch nicht auf, wenn die Bitfolgen pseudozufällig (*Pseudo Noise* – PN) sind, d. h. wenn keine erkennbaren Bitmuster vorhanden sind. Das führt dazu, daß viele Übertragungssysteme einen *Data Scrambler* (Verwürfler) aufweisen, der aus jeder beliebigen Eingangsbitfolge eine pseudozufällige Ausgangsbitfolge erzeugt. Nach der Übertragung muß im Empfänger mit Hilfe eines *Descramblers* diese Verwürflung wieder rückgängig gemacht werden.

Die weitaus häufigste Realisierung von *Scrambler* und *Descrambler*, das rückgekoppelte Schieberegister (*Shift Register with Feedback / Feedforward Connections*) soll hier etwas näher betrachtet werden.

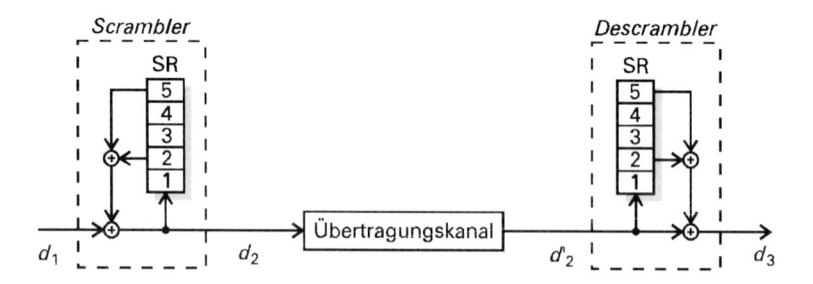

Abb. D.4-1 Scrambler *und* Descrambler *in einem Übertragungssystem (SR: Schieberegister)*

Üblicherweise ist dabei der *Scrambler* rückgekoppelt, während der *Descrambler* vorwärtsgekoppelt ist. Eine typische Konstellation mit zwei Schieberegistern (SR) der Länge fünf ist in Abb. D.4-1 dargestellt. Die Bitfolge am Ausgang des *Scramblers* ergibt sich hier aus der Eingangsbitfolge gemäß den Rückkopplungszweigen zu

$$d_2 = d_1 \oplus z^{-2} d_2 \oplus z^{-5} d_2 \qquad \text{(D.4-1)}$$

Auflösen dieses Zusammenhangs nach d_2 führt zu

$$d_2 = d_1 \frac{1}{1 \oplus z^{-2} \oplus z^{-5}} \qquad \text{(D.4-2)}$$

D.4 Scrambler und Descrambler

Ein einzelnes Bit am Eingang ruft eine relativ lange Bitsequenz am Ausgang hervor. Anders gesagt beeinflußt (d. h. verfälscht) ein einzelner Bitfehler eine relativ lange Bitfolge. Bei der Übertragung, bei der Fehler auftreten können, wird aus der Bitfolge d_2 die Folge d'_2, die im Idealfall der fehlerfreien Übertragung gleich d_2 ist.

Für den *Descrambler* gilt analog zum *Scrambler*

$$d_3 = d'_2 \left(1 \oplus z^{-2} \oplus z^{-5}\right) \qquad \text{(D.4-3)}$$

Mit der Einführung der Übertragungsfunktion $G(z^{-1})$ bzw. $H(z^{-1})$ für den *Scrambler* bzw. *Descrambler* gilt für die (fehlerfreie) Zusammenschaltung

$$G(z^{-1})H(z^{-1}) = 1 \qquad \text{(D.4-4)}$$

Dieser Zusammenhang bringt die Forderung zum Ausdruck, daß eine Bitfolge (im fehlerfreien Fall) nach Durchlaufen von *Scrambler* und *Descrambler* wieder der ursprünglichen Bitfolge entsprechen muß. Zu beachten ist, daß bei Vorliegen von Fehlern und der daraus folgenden, bereits angesprochenen Konsequenz der großen Einflußdauer ggf. zusätzliche Maßnahmen zur Fehlersicherung ergriffen werden müssen.

Jedes Paar von vorwärts bzw. rückwärts gekoppelten Schieberegistern, das die Bedingung (D.4-4) erfüllt, kann prinzipiell als *Scrambler* bzw. *Descrambler* eingesetzt werden. Dies bedeutet aber auch, daß der *Scrambler* vorwärts gekoppelt sein kann und der *Descrambler* rückwärts. Der Grund dafür, daß diese Kombination schlechtere Eigenschaften aufweist und daher i. a. nicht eingesetzt wird, ist die Fehlerfortpflanzung.

Ein einzelner Bitfehler verfälscht bei einem vorwärts gekoppelten Schieberegister eine der Länge des Schieberegisters entsprechende Anzahl von Bits. Bei einem rückgekoppelten Schieberegister kann (und wird im allgemeinen) ein Fehler eine deutlich größere Anzahl von Bits beeinflussen. Für eine gegebene Schieberegisterlänge M gibt es 2^M mögliche lineare Modulo-2-Summen, die aus ihrem Inhalt erzeugt werden können. Aber nicht alle dieser Kombinationen erzeugen auch „gute" PN-Sequenzen.

Darüber hinaus ist der Ausgang jedes linearen Schieberegisters (*Linear Shift Register* – LSR) mit M Stufen periodisch mit der Periode $2^M - 1$ *oder weniger*. Ausgangssequenzen mit der (maximalen) Periode $2^M - 1$ werden als *Maximal-Length Linear Shift Register Sequence* bezeichnet und haben beispielsweise im Bereich der *Spread-Spectrum*-Technik große Bedeutung.

D.5 Intersymbolinterferenzen

D.5.1 Einleitung

Beim ersten Ansatz zur Betrachtung der Übertragung von (in digitaler Form vorliegenden) Daten wird i. a. von rechteckförmigen Impulsen ausgegangen. In dieser Einleitung wird gezeigt, welche Schlußfolgerungen aus dieser Annahme zu ziehen sind und welche Problematik in der Praxis dabei auftaucht. In den folgenden Abschnitten werden die drei von Nyquist aufgestellten Kriterien vorgestellt, und es wird ihre Bedeutung für die Übertragung digitaler Signale untersucht.

Bei Verwendung von rechteckförmigen Impulsen ergibt sich im Frequenzbereich ein unendlich breites Spektrum (siehe Kapitel B.1). Somit müßte zur unverfälschten Übertragung derartiger Impulse eine unendliche (oder zumindest sehr große) Bandbreite zur Verfügung stehen. Aufgrund technischer Randbedingungen ist diese Forderung jedoch nicht zu erfüllen. In der Praxis liegen immer Baugruppen (Leitungen, Verstärker, Antennen usw.) vor, die eine bandbegrenzende Wirkung aufweisen. Diese Bandbreiten können zwar im Einzelfall ausreichend breit sein, um eine angenäherte Rechteckform des Impulses zu gewährleisten. Ein zweiter, immer wichtiger werdender Aspekt ist jedoch die Wirtschaftlichkeit bei der Übertragung von Daten – genauer gesagt, die Forderung nach möglichst effektiver Ausnutzung der Ressource Frequenzspektrum. Während bei der leitungsgebundenen Übertragung ggf. zusätzliche Leitungen eingesetzt werden können (verbunden mit zusätzlichen Kosten!), steht bei der Übertragung auf dem Funkwege prinzipiell nur ein begrenzter, nicht erweiterbarer „Platz" im Spektrum zur Verfügung. Daraus folgt die Bestrebung, für die Übertragung von Daten solche Impulsformen zu verwenden, die einen möglichst geringen „Platz" im Spektrum benötigen, d. h. eine möglichst geringe Bandbreite aufweisen. Auf diese Problematik wird u. a. im Abschnitt G.3.4 (Bandbreitenausnutzung bei digitalen Modulationsverfahren) noch einmal eingegangen. Hier soll zuerst neben anderen Aspekten untersucht werden, wie die Impulsform zu wählen ist, damit eine möglichst geringe Bandbreite im Frequenzspektrum benötigt wird.

Die Bandbegrenzung von Rechteckimpulsen führt zu einer Verschleifung der Impulse. Dieser Effekt kann anhand von Abb. D.5-1 schematisch dargestellt werden. Abb. D.5-1a zeigt einen einzelnen, idealen, auf die Amplitude „1" normierten Rechteckimpuls der Länge T_s. In der Mitte zwischen den beiden Werten „0" und „1" liege die Entscheiderschwelle S. Dieser Impuls weist im Frequenzbereich ein unendlich breites Spektrum auf, dessen Betrag zu den Seiten hin mit $(\sin f)/f$ abfällt. Nach dem Durchlaufen eines Übertragungssystems (auf dessen Aufbau noch eingegangen wird) mit einer begrenzten Bandbreite wird der Impuls eine in Abb. D.5-1b schematisiert dargestellte Form aufweisen.

D.5.1 Einleitung

Die Laufzeit τ entsteht durch die endliche Ausbreitungsgeschwindigkeit des Signals auf der Leitung bzw. auf dem Funkweg sowie durch die in den verschiedenen Baugruppen vorliegenden Laufzeiten. Über die Größe dieser Laufzeit kann und muß hier keine Aussage gemacht werden.

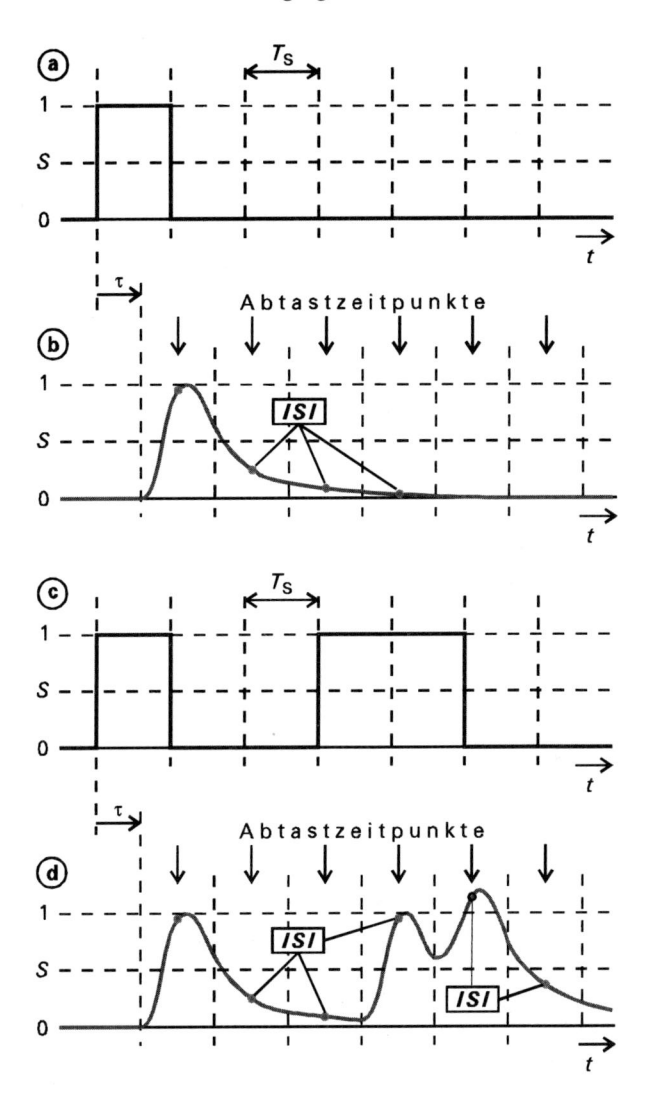

Abb. D.5-1   Entstehen von Intersymbolinterferenz

Das Signal in Abb. D.5-1b wird dem Entscheider zugeführt, der hieraus die abgesendete „10"-Folge zurückgewinnen soll. Wie zu erkennen ist, ist das in diesem Fall zwar eindeutig möglich, jedoch ist gleichzeitig festzustellen, daß die nach dem eigentlichen Impuls folgenden Zeitintervalle auch noch beeinflußt werden. In diesem Fall wird von *Intersymbol Interference* (ISI) oder auch von

Nachbarzeichenbeeinflussung gesprochen. Abb. D.5-1c zeigt eine Folge von einzelnen Rechteckimpulsen und Abb. D.5-1d die daraus folgende Überlagerung der einzelnen Impulsantworten des Übertragungssystems. Hier tritt natürlich auch wieder ISI auf, wobei aber deutlich wird, daß beim letzten dargestellten Abtastzeitpunkt der Abtastwert bereits recht nahe an der Entscheiderschwelle liegt. Das bedeutet, daß bei zusätzlichen Störungen, wie z. B. bei dem immer vorhandenen additiven Rauschen, die Schwelle überschritten werden kann, woraus eine falsche Entscheidung und somit ein sogenannter Symbolfehler resultiert. Dazu kann jetzt eine Forderung aufgestellt werden, die zur Vermeidung von Intersymbolinterferenzen führt. Die Impulsform muß die Bedingung

$$g(nT_s + \tau) = \begin{cases} g_0 & n = 0 \\ 0 & n \neq 0 \end{cases} \tag{D.5-1}$$

erfüllen, wobei $g_0 \neq 0$ und $n = 0, \pm 1, \pm 2, \ldots$. In Worten bedeutet dies, daß jeweils zu den Abtastzeitpunkten der benachbarten Impulse (d. h. zu den Zeitpunkten $t = nT_s$) der Funktionswert null vorliegen muß, während zum Zeitpunkt $t = 0$ der Funktionswert ungleich null sein muß.

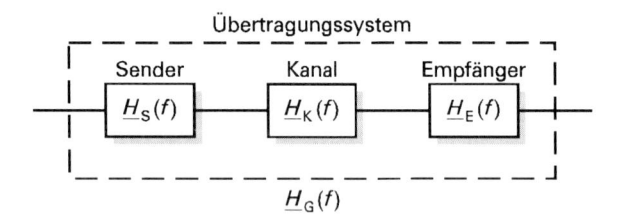

Abb. D.5-2 Schematische Darstellung eines Übertragungssystems

Wie oben bereits erwähnt, muß die Bedingung (D.5-1) für die Impulsform am Eingang des Entscheiders (im Empfänger) erfüllt sein. Das bedeutet aber, daß beim Vorgang der Impulsformung im Prinzip das komplette Übertragungssystem „mitwirkt". Diese Kette ist, stark vereinfacht, in Abb. D.5-2 dargestellt, wobei im Rahmen dieser Betrachtung die Unterteilung in Sender (mit der Übertragungsfunktion $\underline{H}_S(f)$), Übertragungskanal ($\underline{H}_K(f)$) und Empfänger ($\underline{H}_E(f)$) ausreicht. Insgesamt ergibt sich damit die Übertragungsfunktion des gesamten Übertragungssystems zu

$$\underline{H}_G(f) = \underline{H}_S(f) \cdot \underline{H}_K(f) \cdot \underline{H}_E(f) \tag{D.5-2}$$

Im folgenden wird angenommen, daß die Übertragungsfunktionen rein reell sind. Während die Übertragungsfunktion des Kanals i. a. durch physikalische Gegebenheiten definiert ist und nicht (oder nur in engen Grenzen) beeinflußt werden kann, stehen Sender und Empfänger zur Verfügung, um eine resultierende Übertragungsfunktion zu erzeugen, die am Entscheider eine der Bedingung (D.5-1) genügende Impulsform erzeugt.

In den folgenden Betrachtungen wird davon ausgegangen, daß die Datenquelle (ideale) Dirac-Impulse bereitstellt, so daß die Impulsantwort der Übertragungsstrecke der Impulsform am Eingang des Entscheiders entspricht. Insofern kann hier eine Einschränkung der Betrachtung auf die Impulsantwort bzw. die Übertragungsfunktion des Systems erfolgen. Sollten beim Sender andere (reale) Impulse $g_S(t)$ vorliegen, so kann die entsprechende Impulsform am Entscheider $g_E(t)$ durch die Faltung der Zeitfunktionen ($g_E(t) = h_G(t) * g_S(t)$) bzw. im Frequenzbereich durch die entsprechende Multiplikation der Übertragungsfunktionen ($G_E(f) = H_G(f) \cdot G_S(f)$) berechnet werden.

Die entscheidende Frage ist jetzt, wie die beiden Forderungen nach Begrenzung der Bandbreite einerseits und gleichzeitiger Vermeidung von Intersymbolinterferenzen andererseits realisiert werden können. Dieses Problem wurde zum ersten Mal 1928 von Nyquist untersucht, woraus schließlich die im folgenden vorgestellten Nyquist-Kriterien entstanden.

D.5.2 Das erste Nyquist-Kriterium

Das 1928 von Nyquist aufgestellte Kriterium stellt eine Bedingung für die Schrittfrequenz und die (Tiefpaß-)Charakteristik des Übertragungssystems dar, mit der eine verzerrungsfreie Übertragung von Pulsen möglich ist. Im Frequenzbereich kann die Übertragungsfunktion des sogenannten Nyquist-Filters angegeben werden, die auf eine ISI-freie Impulsform führt. Diese ergibt sich (mit der Grenzfrequenz f_g des Filters)

$$H_0(f) = Y(f) + \begin{cases} \text{rect}(f/2f_g) & |f < 2f_g| \\ 0 & \text{sonst} \end{cases} \qquad \text{(D.5-3)}$$

als Summe einer Rechteckfunktion $\text{rect}(f/2f_g)$ und einer im Prinzip beliebigen reellen Funktion $Y(f)$, die gerade Symmetrie bzgl. $f = 0$

$$Y(f) = Y(-f) \qquad |f| < 2f_g \qquad \text{(D.5-4)}$$

und abschnittsweise ungerade Symmetrie bzgl. $f = \pm 2f_g$

$$Y(-f + f_g) = -Y(f + f_g) \qquad |f| < f_g \qquad \text{(D.5-5)}$$

aufweisen muß (Abb. D.5-3).

Das bedeutet, daß zur Charakteristik des idealen Tiefpasses ein Frequenzgang addiert wird, der eine ungerade Symmetrie bzgl. der Grenzfrequenz aufweist. Die so entstehende Flanke wird auch als Nyquist-Flanke bezeichnet. Eine weitere Anwendung der Nyquist-Flanke ist bei der Restseitenbandmodulation (Kapitel G.3) zu finden.

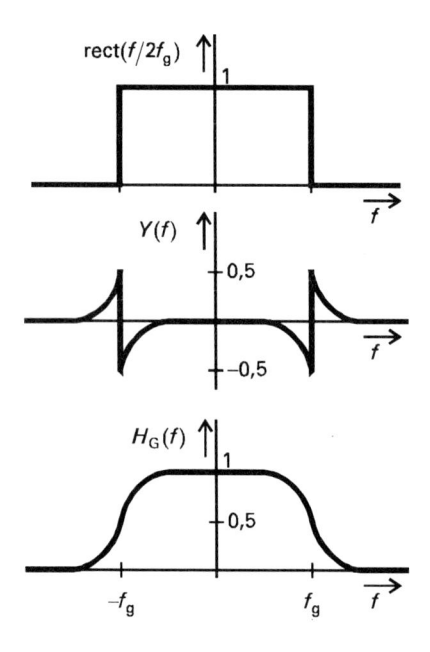

Abb. D.5-3 Übertragungsfunktion eines Nyquist-Filters

Unter der Voraussetzung, daß die Grenzfrequenz des Filters gleich der halben Symbolrate ist, tritt bei der somit entstehenden Impulsform keine Intersymbolinterferenz auf. Für diese Grenzfrequenz

$$f_N = \frac{f_g}{2} \qquad (D.5\text{-}6)$$

ist daher auch die Bezeichnung Nyquist-Bandbreite üblich.

Für die Funktion $Y(f)$ stehen prinzipiell beliebig viele Alternativen zur Verfügung, so daß entsprechend viele Nyquist-Filter denkbar sind. Einen häufig verwendeten Ansatz für die Realisierung eines Nyquist-Filters stellt das cos-Roll-off-Filter dar. Für die Beschreibung im Frequenzbereich wird die Funktion

$$Y(f) = \frac{T_s h_{G,0}}{2} \begin{cases} \sin\left[\frac{\pi}{2r}\left(1-\frac{f}{f_N}\right)\right]-1 & \text{für} \quad 1-r \le \frac{|f|}{f_N} \le 1 \\ \sin\left[\frac{\pi}{2r}\left(1-\frac{f}{f_N}\right)\right]+1 & \text{für} \quad 1 \le \frac{|f|}{f_N} \le 1+r \\ 0 & \text{sonst} \end{cases} \qquad (D.5\text{-}7)$$

verwendet, wobei r der sogenannte *Roll-off*-Faktor und $h_{G,0}$ der Wert der Impulsantwort $h_G(t)$ zum Zeitpunkt $t = 0$ ist.

D.5.2 Das erste Nyquist-Kriterium

Damit ergibt sich dann die Übertragungsfunktion des cos-*Roll-off*-Filters zu

$$\underline{H}_G(f) = T_s h_{G,0} \begin{cases} 1 & \text{für} \quad 0 \leq \dfrac{|f|}{f_N} \leq 1-r \\ \dfrac{1}{2}\left(1+\sin\left[\dfrac{\pi}{2r}\left(1-\dfrac{f}{f_N}\right)\right]\right) & \text{für} \quad 1-r < \dfrac{|f|}{f_N} < 1+r \\ 0 & \text{für} \quad 1+r \leq \dfrac{|f|}{f_N} < \infty \end{cases} \quad \text{(D.5-8)}$$

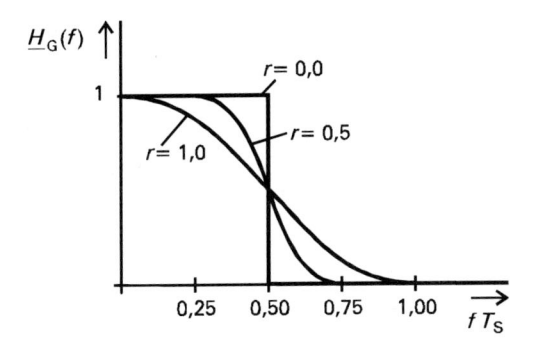

Abb. D.5-4 Tiefpaß-Charakteristik des cos-*Roll-off*-Filters, normiert auf $T_s h_{G,0} = 1$

In Abb. D.5-4 bzw. Abb. D.5-5 sind der Frequenzverlauf $\underline{H}_G(f)$ bzw. die Impulsantwort $h_0(t)$ für verschiedene Werte von r dargestellt. Wie hier zu erkennen ist, wird auf diese Weise dem rechteckigen Frequenzspektrum eine symmetrisch abgerundete Flanke gegeben. Dies führt dazu, daß die Bandbreite, die das Signal nach der Filterung aufweist, mit steigendem r immer größer wird und im Maximalfall auf das Doppelte des bzgl. der Bandbreitenausnutzung optimalen Wertes für $r = 0$ steigt.

Dieser über die Nyquist-Bandbreite hinausgehende Anteil wird auch *Excess Bandwidth* bezeichnet und ergibt sich zu

$$\Delta f = f_g - f_N = r f_N \quad \text{(D.5-9)}$$

wobei f_g die tatsächliche Grenzfrequenz des Filters ist.

Die Impulsantwort zeigt, daß (im ungestörten Fall) zu allen Abtastzeitpunkten entweder eine „0" (für $t \neq 0$ bzw. $k \neq n$) oder eine „1" (für $t = 0$ bzw. $k = n$) vorhanden ist. Außerdem findet sich in Abb. D.5-5 noch die Bestätigung für eine wichtige Eigenschaft des cos-*Roll-off*-Filters: die relative Größe der Anteile außerhalb des „eigentlichen" Impulsintervalls wird mit wachsendem r kleiner.

Die zugehörige Impulsantwort kann mit

$$h_G(t) = h_{G,0} \, \text{si}\left(\frac{\pi t}{T_s}\right) \frac{\cos\frac{\pi t r}{T_s}}{1-\left(\frac{2tr}{T_s}\right)^2} \qquad (D.5\text{-}10)$$

berechnet werden. Das Verhältnis der Symbolrate $R_s = 1/T_s$ zur Grenzfrequenz f_g des Tiefpasses lautet

$$\frac{R_s}{f_g} = \frac{2}{1+r} \frac{\text{bit}/\text{s}}{\text{Hz}} \qquad (D.5\text{-}11)$$

wobei beim Grenzfall $r = 0$ die Bandbreitenausnutzung 2 bit/s/Hz beträgt; dies stellt die sogenannte Nyquist-Rate dar. Angestrebt wird für eine gute Bandbreitenausnutzung also ein möglichst geringer *Roll-off*-Faktor. Der Nachteil ist jedoch, daß dann die Abtastzeitpunkte genauer eingehalten werden müssen, da die „Überschwinger" deutlich größer werden (siehe Abb. D.5-4). Aus diesem Grund ist der Drang zu geringen Werten für den *Roll-off*-Faktor begrenzt (derzeit bei ca. 0,1 bis 0,2). Der Grenzwert der Bandbreitenausnutzung von 2 bit/s/Hz ist in der Praxis nur bei Einsatz von sogenannten *Partial-Response*-Verfahren erreichbar (Abschnitt G.3.11).

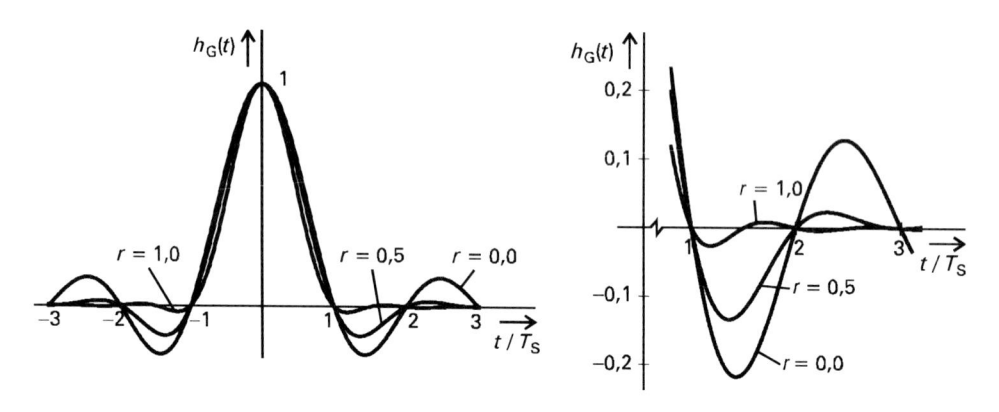

Abb. D.5-5 Impulsantwort des cos-Roll-off-Filters für verschiedene Werte des Roll-off-Faktors r, normiert auf $h_{G,0} = 1$ *(links)*

Zusammenfassend ist also festzustellen, daß eine Verbreiterung der Pulse auf die doppelte Schrittdauer sowie Ausschwinger zulässig sind; allerdings müssen die Ausschwinger zu den Abtastzeitpunkten Nulldurchgänge aufweisen. Dies ist notwendig, damit der gesendete Funktionswert zum Abtastzeitpunkt durch die Übertragung benachbarter Impulse nicht verändert wird. Diese Forderung wurde bereits im Kapitel D.5.1 aufgestellt.

D.5.3 Das zweite Nyquist-Kriterium

Wie bereits das erste Nyquist-Kriterium beinhaltet auch das zweite eine Bedingung für die Intersymbolinterferenz-Freiheit. Der Unterschied liegt jedoch im Zeitpunkt der Betrachtung – hier werden die Momente des Schwellwertdurchgangs bei der Signalregenerierung untersucht. Somit ist die Einhaltung des zweiten Nyquist-Kriteriums besonders von Bedeutung für die Taktsynchronisation, da diese in der Regel aus den Flanken des Signals nach dem Schwellwertentscheider gewonnen wird.

Die Forderung an die Impulsantwort des Übertragungssystems für die Einhaltung des zweiten Nyquist-Kriteriums lautet

$$h_G\left(k\frac{T_s}{2}\right) = \begin{cases} 1 & \text{für } k = 0 \\ 1/2 & \text{für } |k| = 1 \\ 0 & \text{sonst} \end{cases} \qquad (D.5\text{-}12)$$

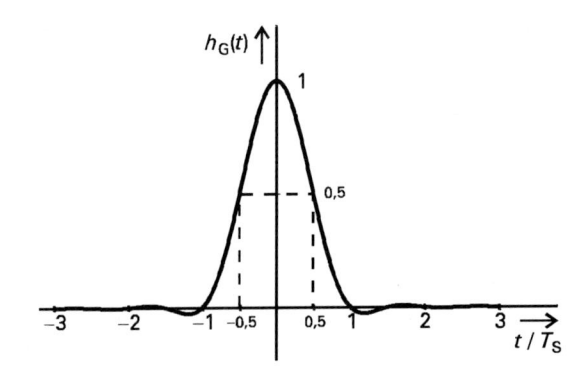

Abb. D.5-6 Impulsantwort des Filters mit einer Übertragungsfunktion nach (D.5-14)

Das bedeutet, daß z. B. für eine zweiwertige Übertragung $d_k \in \{\pm 1\}$ das Datensignal zu den mittig zwischen den Abtastzeitpunkten liegenden Zeitpunkten $t = kT_s \pm T_s/2$ gemäß

$$a\left(kT_s \pm \frac{T_s}{2}\right) = \begin{cases} 1 & \text{für } d_k = d_{k\pm 1} = 1 \\ -1 & \text{für } d_k = d_{k\pm 1} = -1 \\ 0 & d_k = -d_{k\pm 1} \end{cases} \qquad (D.5\text{-}13)$$

nur drei mögliche Werte annehmen kann. Ein Tiefpaß, der das erste Nyquist-Kriterium erfüllt, erfüllt i. a. nicht gleichzeitig das zweite Nyquist-Kriterium. Ein Sonderfall ist das cos-*Roll-off*-Filter mit $r = 1$, bei dem sowohl das erste als auch das zweite Nyquist-Kriterium erfüllt werden. Die Übertragungsfunktion lautet dann

$$\underline{H}_G(f) = \begin{cases} \dfrac{T_s h_{G,0}}{2}\left(1+\sin\left[\dfrac{\pi}{2r}\left(1-\dfrac{f}{f_N}\right)\right]\right) & \text{für } 0\leq |f| \leq 2f_N \\ 0 & \text{sonst} \end{cases}$$
(D.5-14)

Damit ergibt sich die in Abb. D.5-6 dargestellte Impulsform, bei der, wie gefordert, nicht nur zu den Abtastzeitpunkten der Nachbarsymbole der Funktionswert null eingehalten wird, sondern auch zu den für die Taktrückgewinnung wichtigen Zeitpunkten mit Ausnahme von $|t/T_s|=0{,}5$.

D.5.4   Das dritte Nyquist-Kriterium

Das dritte Nyquist-Kriterium ist aus der Forderung nach der Intersymbolinterferenz-Freiheit für den Entscheider bzw. für die Signalregenerierung bei Verwendung eines *Integrate-and-Dump*-Filters (Integrationsintervall gleich Schrittdauer T_s) entstanden.

Die Integration über den „Hauptteil" des Impulses

$$-\frac{T_s}{2} \leq t \leq +\frac{T_s}{2}$$
(D.5-15)

liefert einen Wert, der die durch diesen Impuls übertragene Information charakterisiert. In allen anderen (vorhergehenden bzw. nachfolgenden) Integrationsintervallen der Länge T_s mit

$$-\frac{T_s}{2} \leq t \pm kT_s \leq +\frac{T_s}{2} \qquad k=1,2,3,\ldots$$
(D.5-16)

soll das Integral (über das Vor- bzw. Nachschwingen) zu null werden. Zusammengefaßt bedeutet das, daß die Impulsantwort für das dritte Nyquist-Kriterium die Bedingung

$$I_k = \int_{\left(k-\frac{1}{2}\right)T_s}^{\left(k+\frac{1}{2}\right)T_s} h_G(t)\,\mathrm{d}t = \begin{cases} I_0 \neq 0 & k=0 \\ I_k = 0 & k\neq 0 \end{cases}$$
(D.5-17)

erfüllen muß.

Es läßt sich zeigen, daß eine Übertragungsfunktion, die das erste Nyquist-Kriterium erfüllt, geteilt durch $\mathrm{si}(\pi f/2f_N)$ eine Übertragungsfunktion liefert, die das dritte Nyquist-Kriterium erfüllt.

D.5.4 Das dritte Nyquist-Kriterium

Beispiel D.5-1

Ein einfaches Beispiel hierfür kann vom idealen Tiefpaß abgeleitet werden:

$$\underline{H}_G(f) = T_s h_{G,0} \begin{cases} \dfrac{1}{\operatorname{si}\dfrac{\pi}{2}\dfrac{f}{f_N}} & \text{für } |f| \leq 2f_N \\ 0 & \text{sonst} \end{cases} \qquad (D.5\text{-}18)$$

Abb. D.5-7 zeigt die graphische Darstellung von Übertragungsfunktion (a) und Impulsantwort (b) eines Tiefpasses nach (D.5-18), der das dritte Nyquist-Kriterium erfüllt.

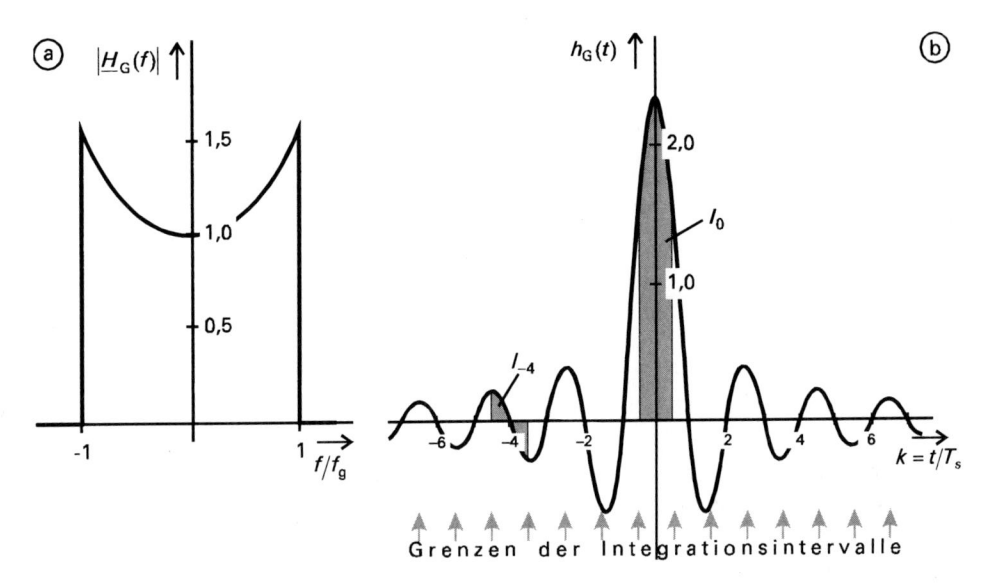

Abb. D.5-7 Übertragungsfunktion (a) und Impulsantwort (b) des Tiefpasses nach (D.5-18)

Bei der Darstellung der Impulsantwort (Abb. D.5-7b) ist das Integral für zwei Integrationsintervalle (für $k = -4$ und $k = 0$) eingezeichnet. Wie deutlich zu sehen ist, ergibt das Integral für $k = 0$ im Gegensatz zu $k = -4$ einen von null verschiedenen Wert.

D.6 Optimalfilterung

Beim Optimalfilter handelt es sich um ein Empfängermodell, das durch Verwertung statistischer Informationen hinsichtlich bestimmter Optimierungskriterien eine Störunterdrückung verwirklicht. Für die dazu notwendigen Gütemaße oder Optimierungskriterien gibt es keine generellen Festlegungen. Insbesondere im Bereich der Übertragung digitaler Signale sind Optimalfilter von Bedeutung, weil hier empfangsseitig keine exakte, sondern nur eine hinreichende Signalerkennung gefordert ist.

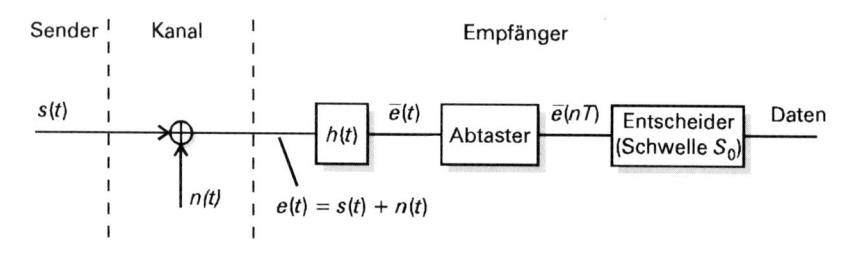

Abb. D.6-1 Modell zur Beschreibung eines optimalen Empfängers

Anhand des in Abb. D.6-1 gezeigten Modells eines Empfängers im Anschluß an einen mit additivem weißem Gaußschem Rauschen gestörten Übertragungskanal soll die Berechnung des Optimalfilters durchgeführt werden. Aufgabe des mit der Impulsantwort $h(t)$ bezeichneten Zweitores (LTI-System) ist es, das durch additives weißes Gaußsches Rauschen $n(t)$ gestörte, aber unverzerrt übertragene Nutzsignal $s(t)$ optimal zu empfangen bzw. den Einfluß des Rauschens zu minimieren. Die Form des Nutzsignals (genauer gesagt, die Impulsform) sei dem Empfänger bekannt.

Mit den Bezeichnungen aus Abb. D.6-1 gilt am Ausgang des Empfangsfilters

$$\begin{aligned}\bar{e}(t) &= e(t) * g(t) \\ &= s(t) * g(t) + n(t) * g(t) \\ &= s_e(t) + n_e(t)\end{aligned} \quad \text{(D.6-1)}$$

Der Abtaster entnimmt jeweils zu den Zeitpunkten $t = nT$ eine Signalprobe, so daß an seinem Ausgang entsprechend

$$\bar{e}(nT) = s_e(nT) + n_e(nT) \quad \text{(D.6-2)}$$

gilt. Zur Vereinfachung der Schreibweise, ohne daß darunter die Allgemeingültigkeit leidet, wird im folgenden mit $n = 1$ weitergerechnet, so daß sich

$$\bar{e}(T) = s_e(T) + n_e(T) \quad \text{(D.6-3)}$$

D.6 Optimalfilterung

ergibt. Die Forderung nach „optimalem Empfang" soll auf der Basis des Signalrauschverhältnisses am Ausgang des Abtasters beurteilt werden. Zu diesem Zweck wird das Signal an diesem Punkt als Faltungsprodukt zu

$$s_e(T) = h(T) * s(T)$$
$$= \int_{-\infty}^{+\infty} h(\tau) s(T-\tau) \, d\tau \qquad \text{(D.6-4)}$$

mit der Leistung (am Einheitswiderstand 1 Ω)

$$S = [s_e(T)]^2 = \left[\int_{-\infty}^{+\infty} h(\tau) s(T-\tau) \, d\tau \right]^2 \qquad \text{(D.6-5)}$$

berechnet[1]. Die Rauschleistung (am Einheitswiderstand 1 Ω) erhält man für weißes Gaußsches Rauschen, das einen ergodischen Prozeß darstellt, entsprechend zu

$$N = N_0 \int_{-\infty}^{+\infty} h^2(t) \, dt \qquad \text{(D.6-6)}$$

so daß sich das Signalrauschleistungsverhältnis am Ausgang des Empfängers zu

$$\frac{S}{N} = \frac{\left[\int_{-\infty}^{+\infty} h(\tau) s(T-\tau) \, d\tau \right]^2}{N_0 \int_{-\infty}^{+\infty} h^2(t) \, dt} \qquad \text{(D.6-7)}$$

ergibt. Eine Erweiterung mit der Energie eines Symbols (am Einheitswiderstand 1 Ω)

$$E_s = \int_{-\infty}^{+\infty} s^2(t) \, dt \equiv \int_{-\infty}^{+\infty} s^2(T-\tau) \, d\tau \qquad \text{(D.6-8)}$$

führt dann zu

$$\frac{S}{N} = \frac{E_s}{N_0} \frac{\left[\int_{-\infty}^{+\infty} h(\tau) s(T-\tau) \, d\tau \right]^2}{\int_{-\infty}^{+\infty} h^2(t) \, dt \int_{-\infty}^{+\infty} s^2(T-\tau) \, dt} = \frac{E_s}{N_0} \rho^2 \qquad \text{(D.6-9)}$$

---

1 Aus dem Englischen werden die Formelzeichen S für die Signalleistung (*Signal Power*) und N für die Rauschleistung (*Noise Power*) übernommen.

wobei $\max(\rho^2) = 1$ gilt. Das bedeutet, daß das optimale (maximale) Signalrauschleistungsverhältnis am Ausgang des Empfängers vorliegt, wenn $|\rho| = 1$ ist. Für das Verhältnis von Signalleistung zu Rauschleistung folgt damit

$$\frac{S}{N} = \frac{E_s}{N_0} \qquad (D.6\text{-}10)$$

Dies ist jedoch genau dann der Fall, wenn gilt

$$h(t) = \pm k\, s(T-t) \qquad k > 0,\ \text{reell} \qquad (D.6\text{-}11)$$

das heißt, wenn das Filter an das Signal angepaßt ist. In diesem Fall wird von einem *Matched Filter* oder im deutschen Sprachgebrauch von einem Optimalfilter gesprochen. Das Optimalfilter nach (D.6-11) ist nur dann kausal (und somit realisierbar), wenn T größer oder gleich der Dauer des Sendesignals $s(t)$ ist.

Ein Optimalfilter mit der Gewichtsfunktion gemäß (D.6-11) hebt durch Korrelation das Nutzsignal zum Zeitpunkt T maximal aus der Störung heraus. Dieses auch als Korrelationsfilter bezeichnete Filter ist somit eine wesentliche Baugruppe zur Signalerkennung bei verrauschten Signalen. Da aber, insbesondere bei der drahtlosen Übertragungstechnik, immer von verrauschten Signalen ausgegangen werden muß, kommt dem Entwurf von Optimalfiltern eine wesentliche Bedeutung zu.

Bei ungestörter Übertragung $n(t) = 0$ erscheint am Ausgang die (um T verschobene) Autokorrelationsfunktion des Sendesignals, die jeweils in ihrem Maximum abgetastet wird. Ist $s(t)$ zeitbegrenzt, so kann die Kombination von Korrelationsfilter und Abtaster auch durch einen Korrelator ersetzt werden.

Wenn die Sendefunktion Rechteckimpulse verwendet, dann ergibt sich als Optimalfilter das sogenannte *Integrate-and-Dump*-Filter (I&D). Auch wenn die Rechteckimpulse bei der Übertragung (z. B. durch Frequenzbandbegrenzung) mehr oder weniger stark verformt werden, kann das I&D-Filter trotzdem erfolgreich eingesetzt werden. Die geringfügige Degradation gegenüber dem exakt angepaßten Filter (bzw. dem nicht verzerrten Fall) wird durch die Vorteile der einfachen Realisierung aufgehoben.

In den folgenden Betrachtungen wird die große Bedeutung der Beziehung (D.6-10) deutlich werden. Sofern keine anderen Angaben gemacht werden, wird immer davon ausgegangen, daß – zumindest näherungsweise – ein Optimalfilter vorliegt und somit die Verwendung von (D.6-10) für die Übertragung digitaler Signale zulässig ist. Falls diese Voraussetzung nicht erfüllt wird, muß ein entsprechender „Verlust" (d. h. $|\rho| < 1$) berücksichtigt werden.

Beispiel D.6-1

Eine typische Impulsform ist der $\cos^2$-Impuls, wie er in Abb. D.6-2a zu sehen ist; für seine Beschreibung gilt

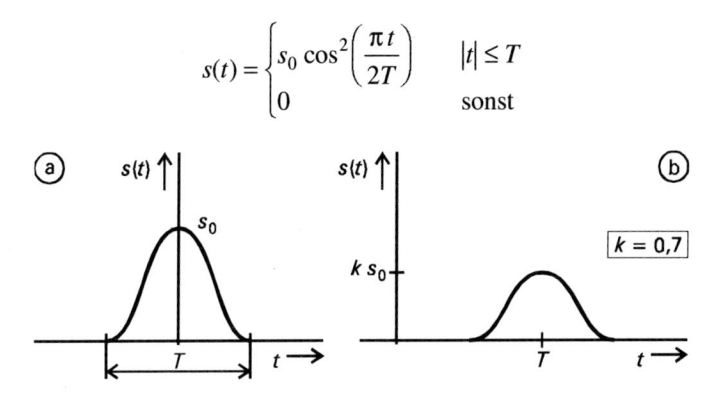

$$s(t) = \begin{cases} s_0 \cos^2\left(\dfrac{\pi t}{2T}\right) & |t| \leq T \\ 0 & \text{sonst} \end{cases}$$

Abb. D.6-2 Sendeimpuls (a) und Impulsantwort (b) des Optimalfilters

Unter Berücksichtigung von (D.6-11) kann dann unmittelbar die Impulsantwort $g(t) = k\,s(T-t)$ angegeben werden, die in Abb. D.6-2b dargestellt ist. Da es sich in diesem Fall um einen bzgl. des Abtastzeitpunkts symmetrischen Puls handelt – wie er häufig eingesetzt wird –, wird die Zeitumkehr in der Impulsantwort nicht sichtbar.

D.7 Statistische Störungen und Bitfehlerwahrscheinlichkeit

D.7.1 Statistische Störungen

Die Beeinflussung der Übertragungsgüte eines digitalen Kanals in Abhängigkeit vom verwendeten Modulationsverfahren wird häufig durch seine Bitfehlerwahrscheinlichkeit ausgedrückt. Andere Begriffe für die Bitfehlerwahrscheinlichkeit sind Bitfehlerhäufigkeit[2] und Bitfehlerrate, wobei als Abkürzung i. a. das aus dem Englischen abgeleitete Akronym BER für *Bit Error Rate* gebräuchlich ist. Anhand des einfachen Modells eines binären symmetrischen Kanals mit additivem weißem Gaußschem Rauschen (AWGN) soll die Bitfehlerwahrscheinlichkeit untersucht werden.

---

[2] An dieser Stelle sei noch einmal auf den signifikanten Unterschied zwischen Wahrscheinlichkeit und Häufigkeit hingewiesen. Eine Bitfehlerwahrscheinlichkeit kann nur aufgrund von analytischen Berechnungen angegeben werden, wie in diesem Kapitel gezeigt wird. Werden hingegen entsprechende Werte aus Messungen oder Simulationen übernommen, so handelt es sich stets um Häufigkeiten. Der Begriff der Bitfehlerrate (BER) umgeht diese Problematik elegant, da hier wertungsfrei „nur" ein Verhältnis angegeben wird.

Zu unterscheiden ist prinzipiell zwischen Bitfehlern (ein einzelnes Zeichen eines Binärsignals wird bei der Übertragung verfälscht) und Symbolfehlern (ein oder mehrere Bits eines Symbols werden bei der Übertragung verfälscht). Da hier nur der einfachste Fall der binären Signale betrachtet wird, sei für die Symbolfehler auf das Kapitel G.3 (Digitale Modulationsverfahren) verwiesen.

Gemäß Abschnitt D.1.3 setzt sich das Empfangssignal $\underline{e}(t)$ additiv aus dem Sendesignal $\underline{s}(t)$ (das für die folgenden Betrachtungen die Übertragung unverzerrt überstanden haben soll bzw. einen idealen Entzerrer durchlaufen hat) und dem Rauschsignal $\underline{n}(t)$ gemäß

$$\underline{e}(t) = \underline{s}(t) + \underline{n}(t) \tag{D.7-1}$$

zusammen, wobei Empfangs- und Störsignal statistisch voneinander unabhängig seien. Da bei praktisch allen Anwendungen digitaler Modulationsverfahren davon ausgegangen werden kann, daß der Schmalbandfall mit der Mittenfrequenz ω_0 vorliegt, können die Ergebnisse vom Anhang D.12 übernommen und das Rauschen mit

$$n(t) = n_\mathrm{I}(t) \cos \omega_0 t - n_\mathrm{Q}(t) \sin \omega_0 t \tag{D.7-2}$$

bzw. das Empfangssignal mit

$$e(t) = s(t) + n_\mathrm{I}(t) \cos \omega_0 t - n_\mathrm{Q}(t) \sin \omega_0 t \tag{D.7-3}$$

beschrieben werden. Für die Rauschleistung P_r gilt

$$P_\mathrm{r} = \frac{\sigma^2}{1\,\Omega} = N_0 B \tag{D.7-4}$$

mit der Varianz σ^2, der äquivalenten Rauschbandbreite B und dem Normierungswiderstand $1\,\Omega$. Zur Definition der äquivalenten Rauschbandbreite siehe Abschnitt E.5.4. An dieser Stelle sei nur festgehalten, daß es sich hierbei um die „für den Rauschprozeß wirksame" Bandbreite des Übertragungssystems handelt.

Da es hier um die Übertragung digitaler Signale geht, kann (zur Vereinfachung der Schreibweise) der Übergang $f(t) \rightarrow f(nT_\mathrm{A})$ eingeführt werden, wobei T_A der Abstand der äquidistanten Abtastzeitpunkte sei.

Die Gleichung (D.7-1) bzw. (D.7-3) kann nun folgendermaßen interpretiert werden: Zu jedem Abtastzeitpunkt $t = nT_\mathrm{A}$ stellt das Signal die Summe zweier Vektoren dar, des Nutzsignals $s(nT_\mathrm{A})$ und des Störsignals $n(nT_\mathrm{A})$, wobei das Störsignal eine schwankende Amplitude und Phase aufweist (Abb. D.7-1). Gemäß Anhang D.12 ist die Amplitude gauß-verteilt mit dem Mittelwert null und der Varianz σ^2, während die Phase gleichverteilt in $[0, 2\pi)$ ist. Abhängig von der Lage der Entscheidungsschwelle wird nun das empfangene Signal einem Zustand zugeordnet. Die Wahrscheinlichkeit dafür, daß es sich hierbei um eine korrekte Entscheidung handelt, hängt im wesentlichen vom Verhältnis der Amplitude des Störers zur Amplitude des Nutzsignals (bzw. dem Verhältnis der Leistungen) sowie vom vorliegenden Modulationsverfahren ab.

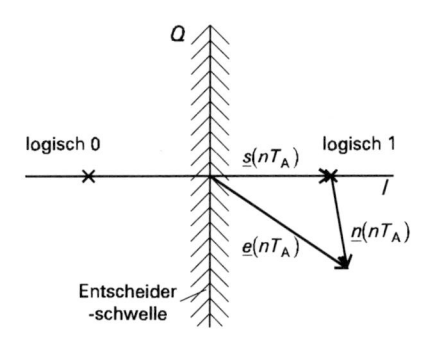

Abb. D.7-1 Darstellung des gestörten Empfangssignals als Vektorsumme von Nutz- und Störsignal

Zur Beschreibung des Verhältnisses der Amplituden bzw. Leistungen von Nutz- und Störsignal gibt es eine Reihe verschiedener Definitionen. Nachstehend sind die wichtigsten zusammengestellt, wobei sich die Angaben jeweils auf den Ausgang des Empfangsfilters beziehen.

- Signalrauschleistungsverhältnis

$$\frac{P_s}{P_r} = \frac{\hat{s}_0^2/2}{\sigma^2/1\Omega} = \frac{E_b}{N_0}\frac{R_b}{B} \qquad \text{(D.7-5)}$$

- Signalenergie je Symbol / Rauschleistungsdichte

$$\frac{E_s}{N_0} = \frac{T_s\,\hat{s}_0^2/2}{N_0} = \frac{B}{R_s}\frac{P_s}{P_r} \qquad \text{(D.7-6)}$$

- Signalenergie je Bit / Rauschleistungsdichte

$$\frac{E_b}{N_0} = \frac{1}{\text{ld}\,M}\frac{E_s}{N_0} = \frac{B}{R_b}\frac{P_s}{P_r} \qquad \text{(D.7-7)}$$

- Bei modulierten Signalen kann das Trägerrauschleistungsdichteverhältnis C/N_0 definiert werden, womit sich

$$\frac{E_b}{N_0} = \frac{C/N_0}{R_b} \qquad \text{(D.7-8)}$$

ergibt. Die Größe C/N_0 findet regelmäßig z. B. im Satellitenfunk Anwendung.

Bei diesen Definitionen ist $\hat{s}_0$ die Amplitude des ungestörten Nutzsignals, T_s die Symbol- oder Schrittdauer, R_b die Bitrate, E_b bzw. E_s die Signalenergie je Bit bzw. Symbol und M die Anzahl der möglichen Zustände je Schritt.

Die Signalenergie je Schritt ergibt sich unter der Annahme, daß die Sendedaten nur die Werte ±1 annehmen können, aus der Impulsform des Sendesignals $g(t)$ zu

$$E_s = \int_{-\infty}^{+\infty} |g(t)|^2 \, dt \qquad (D.7\text{-}9)$$

Zu den Beziehungen (D.7-5) bis (D.7-7) ist anzumerken, daß – vereinfachend, wenn auch nicht ganz korrekt – das Verhältnis aus Bandbreite zu Bit- bzw. Symbolrate als einheitenlos betrachtet wird.

D.7.2   Bestimmung der Bitfehlerwahrscheinlichkeit

Bei der Übertragung von digitalen Signalen ist die Fehlerwahrscheinlichkeit häufig der entscheidende Parameter. Im Rahmen der hier erfolgenden Behandlung wird dabei insbesondere die binäre Übertragung mit der sich daraus ergebenden Bitfehlerwahrscheinlichkeit (BER) betrachtet. Als Ursachen für die Verfälschung von Symbolen (Bits) kommen insbesondere (thermisches) Rauschen, Nebensprechen, Schwund (u. a. durch Mehrwegeausbreitung) in Frage. Hier soll speziell die Beeinträchtigung der digitalen Übertragung durch das immer vorhandene Rauschen genauer untersucht werden. Die zu untersuchende Übertragung findet im Basisband ohne spezielle Codierung statt. Das bedeutet, daß sowohl eine „0" als auch eine „1" durch einen NRZ-Impuls dargestellt wird. Dazu wird Bezug genommen auf Abb. D.7-1, in der ein Binärsignal $s(t)$ mit additivem weißem Gaußschem Rauschen (AWGN) $n(nT_A)$ gestört wird und somit am Empfänger das Empfangssignal $e(nT_A) = s(nT_A) + n(nT_A)$ bereitsteht.[3]

Der (optimale) Empfänger besteht aus einem Optimalfilter, einem Abtaster und einem anschließenden Entscheider, der als Kriterium das Unter- bzw. Überschreiten einer Schwelle S_0 verwendet. Im einzelnen soll hier davon ausgegangen werden, daß für $e(nT_A) > S_0$ eine „1" gesendet wurde und für $e(nT_A) \leq S_0$ eine „0". Für den Fall, daß eine „0" gesendet wird und durch Rauschen die Schwelle im Entscheider zum Abtastzeitpunkt trotzdem überschritten wird, wird fälschlicherweise auf „1" entschieden. In diesem Fall (und entsprechend für den Fehler „0" → „1") wird also das gesendete Bit verfälscht – es tritt ein Bitfehler auf.[4]

---

[3] Zur Vereinfachung der Betrachtung wird davon ausgegangen, daß die Signale reell sind. Dies bedeutet keine Einschränkung der Allgemeingültigkeit.

[4] Verallgemeinert, d. h. bei Verzicht auf die Einschränkung auf binäre Signale, handelt es sich hierbei um einen Symbolfehler.

D.7.2 Bestimmung der Bitfehlerwahrscheinlichkeit

Bisher wurde keine Aussage dazu gemacht, in welcher Form eine „0" bzw. eine „1" gesendet wird. Im folgenden soll eine „0" durch die Amplitude $s^{(0)}$ bzw. eine „1" durch die Amplitude $s^{(1)}$ charakterisiert werden. Vorausgesetzt wird hierbei die Erfüllung des ersten Nyquist-Kriteriums, d. h. Intersymbolinterferenz-Freiheit. Damit, und mit der Kenntnis, daß das Rauschen gauß-verteilt (mit dem Mittelwert $\alpha_1 = s^{(0)}$ und der Varianz σ^2) ist, kann die Wahrscheinlichkeitsdichteverteilung der beiden Zustände am Empfänger angegeben werden. Für den Fall „0 gesendet" gilt somit (siehe Anhang D.12):

$$p\left(e|s=s^{(0)}\right) = \frac{1}{\sqrt{2\pi}\,\sigma}\, e^{-\frac{\left(e-s^{(0)}\right)^2}{2\sigma^2}} \qquad (D.7\text{-}10)$$

bzw. für den Fall „1 gesendet":

$$p\left(e|s=s^{(1)}\right) = \frac{1}{\sqrt{2\pi}\,\sigma}\, e^{-\frac{\left(e-s^{(1)}\right)^2}{2\sigma^2}} \qquad (D.7\text{-}11)$$

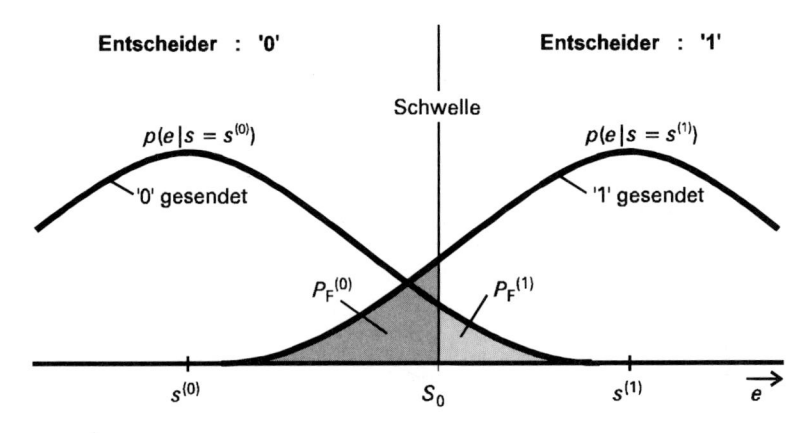

Abb. D.7-2 *Wahrscheinlichkeitsdichteverteilungen des mit AWGN überlagerten Binärsignals am Empfänger*

Diese Verteilungen sind zusammen mit der Schwelle S_0 in Abb. D.7-2 dargestellt, wobei e die Amplitude des Empfangssignals zum Abtastzeitpunkt darstellt. Die tatsächliche Lage der Schwelle sei zu diesem Zeitpunkt der Betrachtung nicht von Interesse. Später wird auf diesen Aspekt jedoch noch einmal eingegangen.

Um jetzt die Berechnung der Bitfehlerwahrscheinlichkeit durchzuführen, werden vier Hypothesen aufgestellt:

1) Gesendet wird eine „0" ($s^{(0)}$) – Entscheider detektiert eine „0" ($e(nT_A) \leq S_0$)

2) Gesendet wird eine „1" ($s^{(1)}$) – Entscheider detektiert eine „1" ($e(nT_A) > S_0$)

3) Gesendet wird eine „0" ($s^{(0)}$) – Entscheider detektiert eine „1" ($e(nT_A) > S_0$)

4) Gesendet wird eine „1" ($s^{(1)}$) – Entscheider detektiert eine „0" ($e(nT_A) \leq S_0$)

Wie sofort zu erkennen ist, ist die Detektion bei den Hypothesen 1 und 2 korrekt, während sie bei den Hypothesen 3 und 4 jeweils zu einem Bitfehler führt. Zur Berechnung der Bitfehlerwahrscheinlichkeit muß also die Wahrscheinlichkeit ermittelt werden, mit der die Fälle 3 und 4 (bezogen auf die Gesamtzahl aller Fälle, d. h. aller übertragenen Bits) eintreten. Diese Berechnung erfolgt über das Integral der Verteilungsdichtefunktionen $w^{(0)}(e)$ bzw. $w^{(1)}(e)$, wie sie bereits in Abb. D.7-2 als schraffierte Flächen angedeutet sind.

Die Hypothese 3 führt dabei zu

$$P_e^{(1)} = \frac{1}{\sqrt{2\pi}\,\sigma} \int_{-\infty}^{S_0} e^{-\frac{(e-s^{(1)})^2}{2\sigma^2}}\,de = \frac{1}{2}\,\text{erfc}\,\frac{s^{(1)} - S_0}{\sqrt{2}\,\sigma} \qquad (D.7\text{-}12)$$

und die Hypothese 4 entsprechend zu

$$P_e^{(0)} = \frac{1}{\sqrt{2\pi}\,\sigma} \int_{-\infty}^{S_0} e^{-\frac{(e-s^{(0)})^2}{2\sigma^2}}\,de = \frac{1}{2}\,\text{erfc}\,\frac{s^{(0)} - S_0}{\sqrt{2}\,\sigma} \qquad (D.7\text{-}13)$$

Die gesamte Bitfehlerwahrscheinlichkeit ergibt sich jetzt aus der Mittelung von $P_e^{(0)}$ und $P_e^{(1)}$ entsprechend ihren Auftretenswahrscheinlichkeiten, der sogenannten A-priori-Wahrscheinlichkeiten $P^{(0)}$ bzw. $P^{(1)}$ für das sendeseitige Auftreten von „0" bzw. „1" zu

$$P_e = P^{(0)} P_e^{(0)} + P^{(1)} P_e^{(1)} \qquad (D.7\text{-}14)$$

Im allgemeinen wird davon ausgegangen, daß die Zustände „0" und „1" gleich häufig auftreten. Dann gilt für die Bitfehlerhäufigkeit

$$P_e = \frac{P_e^{(0)} + P_e^{(1)}}{2} \qquad (D.7\text{-}15)$$

Ohne Beweis, aber bei Betrachtung der Abb. D.7-2 aufgrund der Symmetrie auf den ersten Blick einleuchtend, soll an dieser Stelle festgehalten werden, daß die optimale Schwelle exakt in der Mitte der beiden Amplituden liegt:

$$S_{0,\text{opt}} = \frac{s^{(1)} - s^{(0)}}{2} \qquad (D.7\text{-}16)$$

In diesem (optimalen) Fall gilt für die Bitfehlerwahrscheinlichkeit

$$P_e = \frac{1}{2}\,\text{erfc}\,\frac{s^{(1)} - s^{(0)}}{2\sqrt{2}\,\sigma} \qquad (D.7\text{-}17)$$

D.7.2 Bestimmung der Bitfehlerwahrscheinlichkeit

Im folgenden soll nur zwischen der unipolaren und der bipolaren (symmetrischen bzw. antipodalen) Übertragung unterschieden werden.

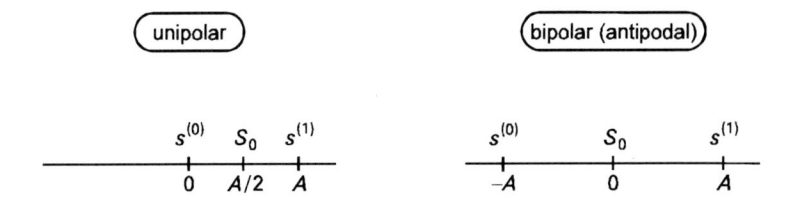

Abb. D.7-3 Unipolar (links) und bipolar bzw. antipodal (rechts)

- Unipolar ($s^{(0)} = 0$; $s^{(1)} = A$; $S_0 = A/2$)

  Die mittlere Energie je Bit berechnet sich zu

  $$E_b = \frac{A^2}{2} \qquad (D.7\text{-}18)$$

  wobei wiederum von gleichen A-priori-Wahrscheinlichkeiten ausgegangen wurde. Für die Fehlerwahrscheinlichkeit kann dann die Beziehung

  $$P_e = \frac{1}{2} \operatorname{erfc} \sqrt{\frac{E_b}{4N_0}} \qquad (D.7\text{-}19)$$

  angegeben werden, wobei beim Einsatz eines Optimalfilters $E_b/N_0 = \text{SNR}$ gilt.

- Bipolar ($s^{(0)} = -A$; $s^{(1)} = A$; $S_0 = 0$)

  Hier berechnet sich die mittlere Energie je Bit zu

  $$E_b = A^2 \qquad (D.7\text{-}20)$$

  womit sich die Fehlerwahrscheinlichkeit dann entsprechend zu

  $$P_e = \frac{1}{2} \operatorname{erfc} \sqrt{\frac{E_b}{2N_0}} \qquad (D.7\text{-}21)$$

  ergibt.

In Abb. D.7-4 sind die Verläufe der Bitfehlerwahrscheinlichkeit bei unipolarer bzw. bei bipolarer Übertragung wiedergegeben. Bei der unipolaren Übertragung tritt bei $E_b/N_0 \approx 18$ dB ein Schwelleneffekt auf, d. h. die Bitfehlerwahrscheinlichkeit geht oberhalb dieses Wertes relativ schnell gegen sehr kleine Werte. Für die Praxis sind i. a. nur Bitfehlerwahrscheinlichkeiten von 10^{-10} und höher von Bedeutung; dies würde bei einer Bitrate von 1 Mbit/s einem Bitfehler ca. alle 167 Minuten entsprechen.

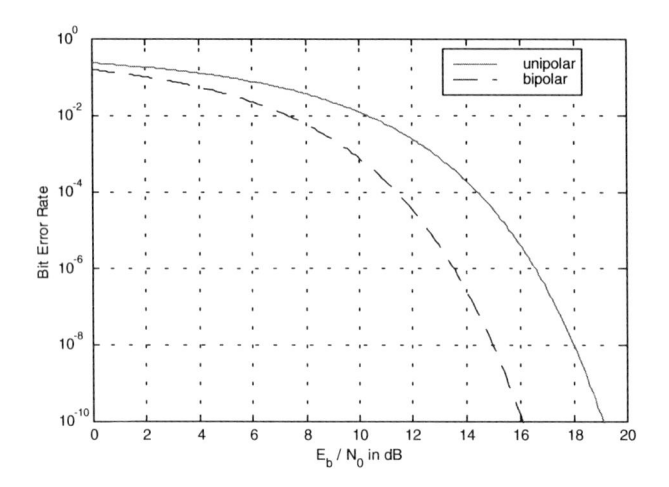

Abb. D.7-4 Abhängigkeit der Bitfehlerwahrscheinlichkeit vom Signalrauschabstand bei bipolarer bzw. unipolarer Übertragung

Die bipolare Übertragung ist bzgl. des Signalrauschabstands um ca. 3 dB besser bzw. die Bitfehlerwahrscheinlichkeit ist entsprechend geringer. Bei extrem starker Störung geht der Wert für die Bitfehlerwahrscheinlichkeit gegen 0,5.

Zu beachten ist hier, daß es sich um theoretische Minimalwerte der Bitfehlerwahrscheinlichkeit bei Einsatz von Optimalfiltern und Entscheidern mit optimierter Schwelle handelt; in der Praxis werden die Werte i. a. (geringfügig) höher sein (sogenannte Realisierungsverluste), abhängig u. a. von der eingesetzten Filterung.

D.8 Entzerrung

D.8.1 Einleitung

Bei der Übertragung digitaler (bzw. allgemein zeitdiskreter) Signale müssen gewisse Bedingungen berücksichtigt werden, die in Form der Nyquist-Kriterien vorliegen. Aus diesen Bedingungen ergeben sich Forderungen an die Übertragungsfunktion bzw. an die Impulsantwort des zu verwendenden Kanals. Da diese Anforderungen von realen Kanälen häufig nicht erfüllt werden können, muß innerhalb der Übertragung eine Korrektur vorgenommen werden. Für den Ort, an dem diese Korrektur erfolgt, existieren prinzipiell drei Möglichkeiten (Abb. D.8-1): vor dem Kanal, hinter dem Kanal oder verteilt auf beiden Seiten des Kanals.

D.8.1 Einleitung

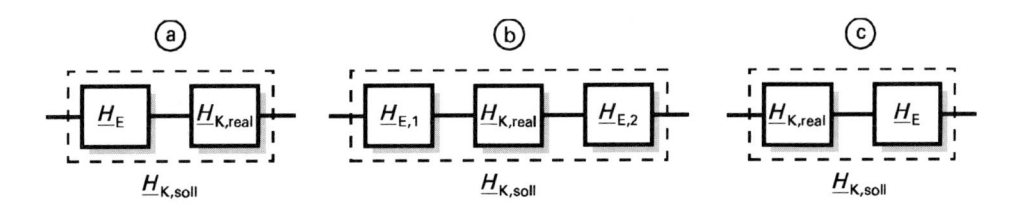

Abb. D.8-1 Möglichkeiten zur Anordnung des Entzerrers (a: vor dem Kanal, b: verteilt, c: nach dem Kanal)

Die Baugruppe, in der diese Korrektur realisiert wird, wird als Entzerrerfilter oder kurz als Entzerrer (*Equalizer*) bezeichnet. Unterschieden wird dabei zwischen der

- Entzerrung im Frequenzbereich (Amplituden- und Phasengang der Übertragungsfunktion $\underline{H}(f)$ als Entwurfsgröße) und der
- Entzerrung im Zeitbereich (Impulsantwort $h(t)$ bzw. Einschwingverhalten als Entwurfsgröße).

Wie aus den vorhergehenden Abschnitten bereits deutlich wurde, ist die Impulsform bei der Auswertung(!) digitaler Signale prinzipiell nicht von Interesse, solange die durch die Nyquist-Kriterien beschriebenen Forderungen erfüllt sind, d. h. zu bestimmten (Abtast-)Zeitpunkten ein „definierter" Wert vorliegt. Dies bedeutet aber auch, daß bei der Entzerrung nur die Signalwerte zu eben diesen Abtastzeitpunkten betrachtet werden müssen. Dieser Punkt ist insbesondere für den Entwurf von Entzerrern im Zeitbereich von entscheidender Bedeutung.

Trotzdem soll an dieser Stelle kurz auf die Darstellung im Frequenzbereich eingegangen werden. Wenn für die Übertragungsfunktion des idealen Kanals bzw. des Sollkanals $\underline{H}_{K,\text{soll}}(f)$ und für die Übertragungsfunktion des realen Kanals $\underline{H}_{K,\text{real}}(f)$ gesetzt wird, so muß für die Übertragungsfunktion des Entzerrers

$$\underline{H}_{K,\text{soll}}(f) = \underline{H}_{K,\text{real}}(f) \, \underline{H}_E(f) \qquad (\text{D.8-1})$$

gelten. Hieraus kann die Übertragungsfunktion unter Beachtung der Realisierbarkeit, die ggf. Kompromisse erfordert, bestimmt werden. Bezüglich der Anordnung des Entzerrers zum Kanal (Abb. D.8-1) stellt das additive Rauschen den entscheidenden Aspekt dar. Bei der verteilten Anordnung (Abb. D.8-1b) ergibt sich die Übertragungsfunktion des Entzerrers als Übertragungsfunktion der beiden „Einzelteile" gemäß

$$\underline{H}_{El}(f) = \underline{H}_{E,1}(f) \, \underline{H}_{E,2}(f) \qquad (\text{D.8-2})$$

Allgemein ist zu unterscheiden zwischen *Partial-Response*-Übertragung und *Full-Response*-Übertragung (siehe auch Abschnitt G.3.11). *Partial-Response* bedeutet, daß eine Übertragung mit kontrollierter Nachbarzeichenbeeinflussung stattfindet, d. h. von einem Datensymbol wird ein Impuls „beeinflußt", der sich über mehrere Symbolintervalle erstreckt. Diese Form der Übertragung wird hier (unter dem Aspekt der Entzerrung) nicht weiter betrachtet werden; statt dessen wird im folgenden von *Full-Response*-Übertragung ausgegangen. Das bedeutet aber, daß ein Symbol nur auf einen Impuls von der Länge eines Symbolintervalls wirkt, abgesehen von den nicht zu verhindernden Nachschwingern.

Wie im Kapitel E.4 ausführlich erläutert wird, sind Funksignale u. a. der Mehrwegeausbreitung, dem sogenannten Schwund, unterworfen. Diese Mehrwegeausbreitung führt im einfachsten Fall dazu, daß nach dem „direkten" Signal ein weiteres Signal (das „Umwegsignal") mit einer Laufzeitdifferenz und einer relativen Amplitude beim Empfänger eintrifft. Das bedeutet bei der Übertragung digitaler Signale, daß Intersymbolinterferenzen auftreten und die Nyquist-Kriterien nicht mehr erfüllt sind. Demzufolge tritt bei der Entscheidung, welche Symbole vorliegen, eine höhere Fehlerwahrscheinlichkeit auf – im Extremfall bricht die Verbindung ganz zusammen. Die Mehrwegeausbreitung hat die Eigenschaft, daß sie auch bei stationären Systemen (wie beim Richtfunk) nur mit hohem Aufwand – und auch dann nicht vollständig – unterdrückt werden kann. Daher werden in Richtfunksystemen Entzerrer eingesetzt, die dafür sorgen, daß die verspätet (ggf. auch verfrüht) eintreffenden Impulse nicht destruktiv, sondern neutral bzw. sogar konstruktiv wirken.

Bei der Ausführung der Entzerrer wird zwischen zwei Prinzipien unterschieden. Für die Übertragung von nicht zu hohen Datenraten auf bekannten, konstanten Kanälen können sogenannte fest eingestellte Kompromißentzerrer verwendet werden. Diese erfordern zwar einerseits einen geringen Aufwand, bieten andererseits aber keine Möglichkeit der Entzerrung bei einer Veränderung der Übertragungscharakteristik des Kanals. Zumal die Entzerrung kann, da es sich bei der Einstellung der Koeffizienten um einen Kompromiß handelt, nicht optimal sein. Daher ist dieser Entzerrertyp auf den Einsatz bei niedrigen Datenraten beschränkt. Auf der anderen Seite können adaptive Entzerrer verwendet werden, die sich automatisch auf die jeweilige Übertragungsfunktion des Kanals einstellen. Bei diesem Entzerrertyp werden im Prinzip die Koeffizienten des Entzerrers adaptiv nach der „Güte" der Entzerrung der vorhergehenden Symbole variiert. Da bei Funkkanälen immer mit (z. T. stark) variierenden Eigenschaften des Übertragungskanals gerechnet werden muß, kommen bei Funksystemen bevorzugt adaptive Entzerrer zum Einsatz.

D.8.2   Entzerrung mit Transversalfilter

Bei der Entzerrung eines Übertragungskanals mit Hilfe eines Transversalfilters gemäß Abb. D.8-2 hat die Impulsantwort die Form

$$h(t) = \sum_{i=-N}^{M} c_i \, \delta(t - iT_s) \qquad \text{(D.8-3)}$$

D.8.2 Entzerrung mit Transversalfilter

bzw. in der zeitdiskreten Darstellung

$$h(n) = \sum_{i=-N}^{M} c_i \, \delta(n-i) \qquad (D.8\text{-}4)$$

mit $N+M+1$ Koeffizienten c_i. Das Impulsmaximum liege dabei definitionsgemäß bei c_0, das Eingangssignal $s_e(t)$ sei treppenförmig oder werde durch eine Abtast-Halte-Schaltung (*Sample & Hold*) in Treppenform gebracht.

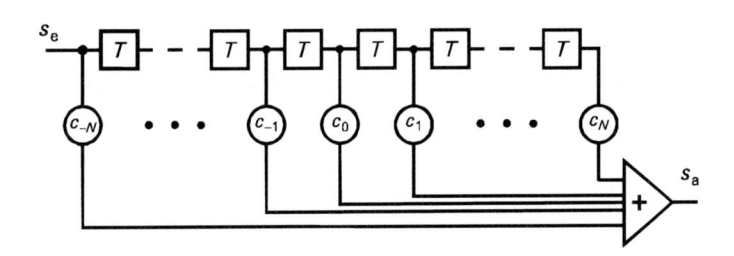

Abb. D.8-2   *Struktur eines Transversalfilters*

Anhand eines einfachen Beispiels soll im folgenden gezeigt werden, wie im Prinzip(!) die Entzerrung eines Übertragungskanals mit einem Transversalfilter abläuft. In Abb. D.8-3a ist das ideale Signal gezeigt, wie es am Ausgang eines idealen Kanals vorliegen würde. Ein realer Kanal verzerrt jedoch das Signal und führt im Zeitbereich zu Vor- und Nachschwingern, wie sie in Abb. D.8-3b dargestellt sind. Zur Vereinfachung sei in diesem Beispiel davon ausgegangen, daß die additiven Störungen auf dem Kanal vernachlässigbar seien.

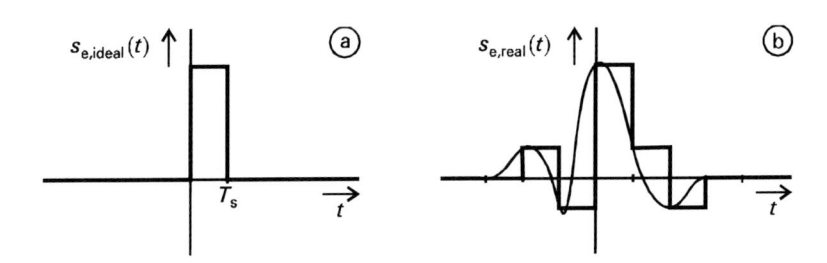

Abb. D.8-3   *Ideales Eingangssignal (a) und reales Eingangssignal mit Vor- und Nachschwingern (b)*

Der Entzerrer soll – durch geeignete Wahl der Koeffizienten c_i – dafür sorgen, daß das Ausgangssignal $s_a(t)$ dem idealen Signal $s_{e,ideal}(t)$ möglichst nahekommt. Dieses Prinzip soll anhand des folgenden Beispiels erläutert werden.

Mit einem Entzerrer mit der Impulsantwort nach Abb. D.8-4a soll das in der Abb. D.8-3b gezeigte verzerrte Signal $s_{e,real}(t)$ entzerrt werden. Das Ausgangssignal ergibt sich aus der Faltung des Eingangssignal mit der Impulsantwort des Entzerrers, d. h.

$$s_a(t) = h(t) * s_e(t) = \sum_{i=-N}^{M} c_i \, s_e(t - iT_s) \qquad (D.8\text{-}5)$$

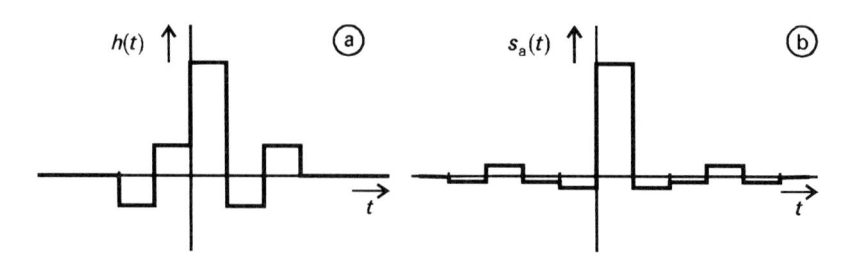

Abb. D.8-4 Impulsantwort des Entzerrers (a) und teilweise entzerrtes Signal am Ausgang des Entzerrers (b)

Wie an dem Beispiel zu erkennen ist (Abb. D.8-4b), ist die Entzerrung nicht ideal, da nach wie vor neben dem „Hauptwert" ($0 \leq t \leq T_s$) weitere Anteile (Vor- und Nachschwinger) existieren. Deren Amplitude ist allerdings im Vergleich zum verzerrten Eingangssignal deutlich kleiner geworden. Allgemein gilt, daß zur idealen Entzerrung eines beliebigen Signals ein Transversalfilter unendlicher Länge erforderlich wäre, was jedoch in der Praxis natürlich durch Transversalfilter mit einer endlichen Anzahl von Koeffizienten c_i nachgebildet werden muß.

Zur Bestimmung der Koeffizienten wird von unterschiedlichen Optimierungskriterien ausgegangen. Häufig ist dabei das Minimum der quadratischen Abweichung zwischen unverzerrtem Signal $s(t)$ und entzerrtem Signal $s_a(t)$. Für die Fehlerfunktion (bei treppenförmigem Verlauf mit $t = nT$) gilt demnach

$$F = \sum_{n=-\infty}^{+\infty} [s(n) - s_a(n)]^2 \rightarrow \text{Min.} \qquad (D.8\text{-}6)$$

bzw.

$$\frac{\partial F}{\partial c_j} = 2 \sum_{n=-\infty}^{+\infty} \left[s(n) - \sum_{i=-N}^{M} c_i s_e(n-i) \right]^2 s_e(n-j) = 0 \qquad (D.8\text{-}7)$$

oder

$$\sum_{n=-\infty}^{+\infty} s(n) \, s_e(n-j) = \sum_{i=-N}^{M} c_i \sum_{n=-\infty}^{+\infty} s_e(n-i) \, s_e(n-j) \qquad (D.8\text{-}8)$$

Die Sendefunktion $s(n)$ bzw. die empfangene Funktion $s_e(n)$ können i. a. als Zufallsprozesse angesehen werden, deren Kreuzkorrelationsfunktion als

D.8.2 Entzerrung mit Transversalfilter

$$R_{ss_e}(j) = \lim_{k \to \infty} \frac{1}{2k} \sum_{i=-k}^{+k} s(i)\, s_e(i-j) \qquad (D.8\text{-}9)$$

definiert ist, während die Autokorrelationsfunktion der empfangenen Funktion mit

$$R_{s_e s_e}(j) = \lim_{k \to \infty} \frac{1}{2k} \sum_{i=-k}^{+k} s_e(i)\, s_e(i-j) \qquad (D.8\text{-}10)$$

berechnet werden kann. Setzt man (D.8-9) und (D.8-10) in (D.8-8) ein, so resultiert (näherungsweise)

$$\sum_{i=-N}^{+M} c_i R_{s_e s_e}(j-i) = R_{s\tilde{s}_e}(j) \qquad \text{mit} \qquad -N \leq j \leq M \qquad (D.8\text{-}11)$$

Das bedeutet, daß sich auf diese Weise die Möglichkeit ergibt, aus der Autokorrelationsfunktion des Sendesignals bzw. der Kreuzkorrelationsfunktion von Sendesignal und Eingangssignal ein lineares Gleichungssystem zur Bestimmung der optimalen Koeffizienten c_i aufzustellen. In den bisherigen Betrachtungen wurde davon ausgegangen, daß mit $s_e(t)$ bzw. $s_e(n)$ ein zwar verzerrtes, aber ansonsten ungestörtes Empfangssignal zur Verfügung steht. In der Praxis werden jedoch i. a. Störungen überlagert sein, so daß nur das gestörte Empfangssignal $\tilde{s}_e(t)$ bzw. $\tilde{s}_e(n)$ vorhanden ist. (D.8-11) wird dadurch dahingehend verändert, daß sich die Korrelationsfunktionen auf $\tilde{s}_e(n)$ beziehen:

$$\sum_{i=-N}^{+M} c_i R_{\tilde{s}_e \tilde{s}_e}(j-i) = R_{s\tilde{s}_e}(j) \qquad \text{mit} \qquad -N \leq j \leq M \qquad (D.8\text{-}12)$$

Um das in (D.8-12) enthaltene lineare Gleichungssystem aufzustellen, werden die Autokorrelationsfunktion und die Kreuzkorrelationsfunktion benötigt, die gemessen werden müssen. Während die Autokorrelationsfunktion von $\tilde{s}_e(n)$ problemlos ermittelt werden kann, müßte für die Kreuzkorrelationsfunktion die Sendefunktion $s_e(n)$ dem Empfänger zur Verfügung stehen, wovon nicht ausgegangen werden kann. Eine Lösung dieses Problems besteht darin, daß vor dem Beginn der eigentlichen Datenübertragung eine sogenannte Präambel gesendet wird, die aus einer Pseudozufallsfolge besteht. Diese Präambel ist dem Empfänger bekannt und somit kann eine Kreuzkorrelation mit der Empfangsfunktion $\tilde{s}_e(n)$ erfolgen. Dann muß allerdings dafür gesorgt werden, daß das Sendesignal von den spektralen Eigenschaften her auch als gleichverteilt („weiß") angesehen werden kann. Dies muß ggf. durch entsprechende Codierungsmaßnahmen sichergestellt werden.

Eine weitergehende Behandlung der Parameterschätzung erfolgt mit Methoden der statistischen Nachrichtentheorie, von denen hier als eines der bekanntesten Verfahren nur die *Maximum Likelihood Estimation* (MLE) erwähnt werden soll.

D.9 Das Augendiagramm

Das sogenannte Augendiagramm oder auch Augenmuster (*Eye Pattern, Eye Diagram*) dient – insbesondere aus meßtechnischer Sicht – zur Beurteilung der Qualität der Übertragung isochroner digitaler Signale. So gibt es z. B. Aufschluß über die erforderliche Genauigkeit von Abtastzeitpunkt und Entscheidungsschwelle bei der Detektion. Ein typisches Beispiel für die meßtechnische Darstellung ist die Erzeugung mit Hilfe eines Oszilloskops. Hierbei wird bei einer digitalen Übertragungsstrecke sendeseitig ein pseudozufälliges Signal eingespeist und das Empfangssignal auf dem Oszilloskop dargestellt. Zu diesem Zweck wird die x-Ablenkung des Oszilloskops mit der halben Schrittgeschwindigkeit des Senders getriggert, und die eintreffenden Pulsformen werden übereinandergeschrieben. Die „Länge" der Darstellung entspricht meist (ein bis) zwei Impuls- bzw. Symbollängen, wobei diese aus einem kompletten Symbol sowie jeweils (bis zu) einer halben Symbollänge Vor- und Nachschwingen besteht.

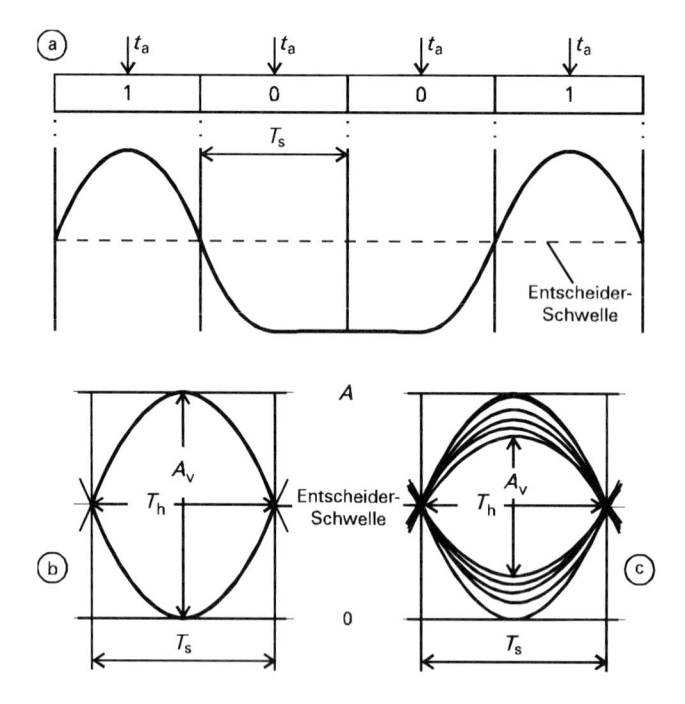

Abb. D.9-1   Entstehung des Augendiagramms

Auf diese Art entsteht ein Diagramm (Abb. D.9-1), dessen Öffnung i. a. die Form eines Auges aufweist. Form und Größe der Öffnung erlauben eine Beurteilung der Qualität des empfangenen Signals und im Zusammenhang mit der

D.9 Das Augendiagramm

Kenntnis des Sendesignals eine Beurteilung der Übertragungsstrecke. In der Abb. D.9-1b ist das ideale Augendiagramm einer ungestörten Übertragung zu sehen. Eingetragen sind die vertikale Augenöffnung A_v sowie die horizontale Augenöffnung T_h. Die Abb. D.9-1c zeigt den realen Fall einer gestörten Übertragung, bei der sowohl die horizontale als auch die vertikale Augenöffnung geringer als beim Idealfall sind.

Der Entscheidungszeitpunkt für den Symbolentscheider ist meist der Punkt maximaler vertikaler Augenöffnung, wobei es sich häufig um die Augen- bzw. Impulsmitte handelt. Das bedeutet, daß eine große vertikale Augenöffnung einer hohen Entscheidungssicherheit bzw. einer geringen Bitfehlerwahrscheinlichkeit entspricht. Um unabhängig von den Absolutwerten der Symboldauer T_s bzw. der Signalamplitude A eine Aussage machen zu können über die Güte der empfangenen Pulse, werden zwei relative Parameter eingeführt. Einerseits läßt die relative vertikale Augenöffnung

$$v = \frac{A_v}{A} \tag{D.9-1}$$

Rückschlüsse zu auf die zu erwartende Bitfehlerwahrscheinlichkeit bzw. auf die optimale Lage der Entscheiderschwelle. Auf der anderen Seite stellt die relative horizontale Augenöffnung

$$h = \frac{T_h}{T_s} \tag{D.9-2}$$

ein Maß dar für die erforderliche Genauigkeit des Abtastzeitpunkts. Bei Verwendung eines cos-*Roll-off*-Filters wird die relative horizontale Augenöffnung immer größer, je kleiner der *Roll-off*-Faktor, d. h. je steilflankiger das Filter wird. Ein Sonderfall ist der ideale Tiefpaß (*Roll-off*-Faktor 0), bei dem kein Jitter vorliegt und somit die horizontale Augenöffnung gleich der Symboldauer ist.

Abb. D.9-2 *Typisches Augendiagramm bei Erfüllung des ersten Nyquist-Kriteriums (links) bzw. bei Erfüllung des zweiten Nyquist-Kriteriums (rechts)*

Bei Erfüllung des ersten Nyquist-Kriteriums verlaufen alle Einschwingvorgänge einer M-wertigen Übertragung durch einen der M Werte (Punkte). Somit ist in diesem Fall die vertikale Augenöffnung maximal (Abb. D.9-2).

Bei Erfüllung des zweiten Nyquist-Kriteriums verlaufen alle Einschwingvorgänge durch die Impulsgrenzen (d. h. es liegt kein Jitter vor), und die horizontale Augenöffnung ist maximal (Abb. D.9-2).

Ein mögliches Augendiagramm bei der Erfüllung des ersten *und* des zweiten Nyquist-Kriteriums zeigt Abb. D.9-3; hierbei liegt einerseits kein Jitter vor, andererseits verlaufen alle Einschwingvorgänge durch einen der (in diesem Fall zwei) möglichen Werte.

Abb. D.9-3 *Typisches Augendiagramm bei Erfüllung des ersten und des zweiten Nyquist-Kriteriums (links) und bei Vorliegen von Jitter (rechts)*

Im Fall der ungestörten Übertragung lassen sich die Augendiagramme bei gegebener Übertragungsfunktion berechnen und z. B. zur Abschätzung von Toleranzproblemen auswerten.

In Abb. D.9-2 und Abb. D.9-3 (links) sind die Augendiagramme für den Idealfall der ungestörten Übertragung dargestellt. In der Realität treten jedoch eine Reihe von Störungen auf, vor allem Amplitudenrauschen sowie zeitlicher Jitter (hervorgerufen z. B. durch das Phasenrauschen von Oszillatoren).

Die Folgen des Amplitudenrauschens sind (bei hinreichend geringem Signalrauschverhältnis) fehlerhafte Bitentscheidungen, da die Augenöffnung (primär in vertikaler Richtung) kleiner wird und sich ggf. das Auge vollkommen schließt. Durch Jitter wird ebenfalls die Augenöffnung geringer, wobei jedoch in erster Linie die horizontale Augenöffnung betroffen ist – auch hier können falsche Bitentscheidungen auftreten (Abb. D.9-3 rechts).

D.10 Betriebsarten der Übertragung

D.10.1 Point-to-Point- und Point-to-Multipoint-Übertragung

Ein wichtiger Aspekt bei der Übermittlung von Informationen ist die Unterscheidung zwischen *Point-to-Point-* und *Point-to-Multipoint*-Übertragung.

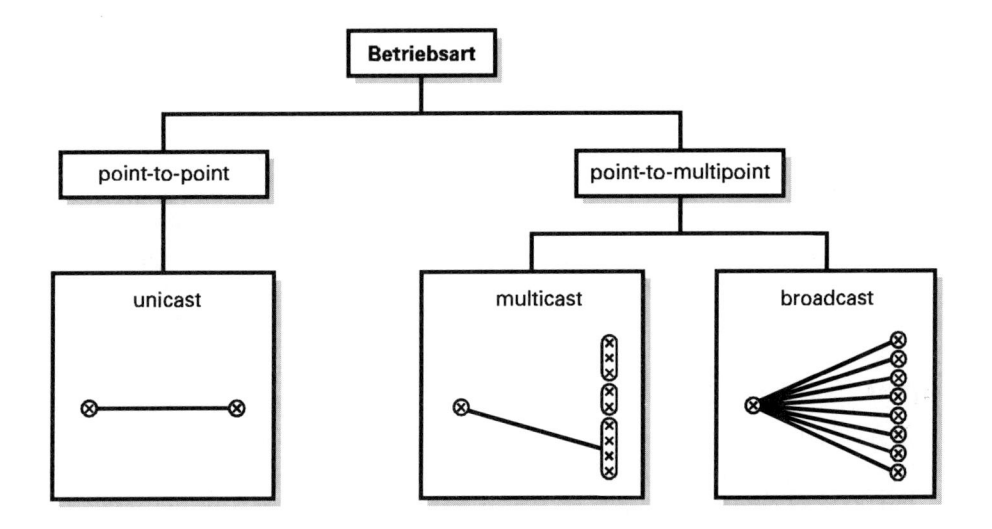

Abb. D.10-1   Point-to-Point- und Point-to-Multipoint-Übertragung

Während bei der *Point-to-Point*-Übertragung ein Informationsaustausch zwischen genau zwei Teilnehmern stattfindet, nehmen bei der *Point-to-Multipoint*-Übertragung drei oder mehr Stationen teil. Bei der zweiten Form ist weiter zu unterscheiden zwischen dem sogenannten Multicast-Betrieb, bei dem eine Station jeweils eine fest umrissene Gruppe von anderen Teilnehmern anspricht, und dem Broadcast-Betrieb, bei dem sich eine Station an alle angeschlossenen Teilnehmer wendet. Entsprechend wird der *Point-to-Point*-Betrieb mitunter auch als *Unicast*-Betrieb bezeichnet. Der *Broadcast*-Betrieb (auch Rundspruch) wird u. a. in Nachrichtenverteilsystemen (wie beispielsweise beim Rundfunk) verwendet.

D.10.2 Simplex- und Duplex-Übertragung

Die Betriebsarten Simplex, Halbduplex und Duplex legen die Möglichkeiten zum Austausch von Informationen zwischen Sender und Empfänger fest.

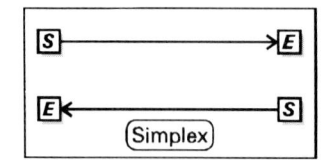

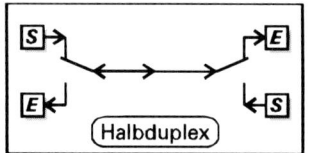

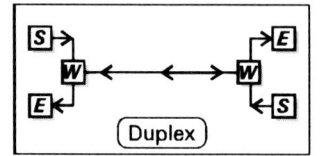

Abb. D.10-2 Betriebsarten

Simplex (Richtungsverkehr)

Die Information kann nur in einer Richtung übertragen werden – die Endstationen stellen jeweils einen reinen Sender bzw. Empfänger dar. Zum zweiseitigen Informationsaustausch (Zweikanal-Gegenverkehr) sind zwei komplette Übertragungssysteme erforderlich (Abb. D.10-2a). Beispiel: Richtfunkstrecken.

Halbduplex (Wechselverkehr)

Hierbei kann über einen Übertragungskanal ein zweiseitiger Informationsaustausch stattfinden – allerdings nur abwechselnd (Abb. D.10-2b). Endgeräte müssen sowohl als Sender als auch als Empfänger arbeiten können, zudem benötigt jedes Endgerät einen Sende-Empfangs-Umschalter. Beispiel: Fernschreibnetz.

Duplex (Gegenverkehr)

Zum zweiseitigen Informationsaustausch ist nur ein Übertragungskanal erforderlich; die Endgeräte benötigen jeweils Sender und Empfänger (Abb. D.10-2c). Zudem enthält jedes Endgerät eine Sende-Empfangs-Weiche. Duplex ermöglicht als einzige Betriebsart einen echten Dialog zwischen den Endgeräten. Duplex wird – um den Gegensatz zum Halbduplex-Verfahren zu betonen – auch als Vollduplex bezeichnet. Beispiel: Fernsprechnetz

Für die Realisierung einer Duplex-Verbindung bestehen generell zwei verschiedene Möglichkeiten:

♦ Vierdrahttechnik
  Hierbei werden für jede Richtung zwei „Drähte" vorgesehen. Vorteil dieses Verfahrens ist die einfache Realisierung (insbesondere auch der Verstärker), als Nachteil sind die hohen Leistungskosten zu nennen.

♦ Zweidrahttechnik
  Beide Richtungen werden über ein Aderpaar geführt, wobei für die Richtungstrennung eines der im folgenden genannten Verfahren genutzt wird (Abb. D.10-3).

♦ Zeitgetrenntlage
  Hier findet – für den Teilnehmer unbemerkt – eine zeitliche Trennung der beiden Richtungen statt. Damit trotzdem eine kontinuierliche Kommunikation möglich ist, müssen bei Sender und Empfänger Speicher (*first in first out*, FIFO) vorhanden sein.

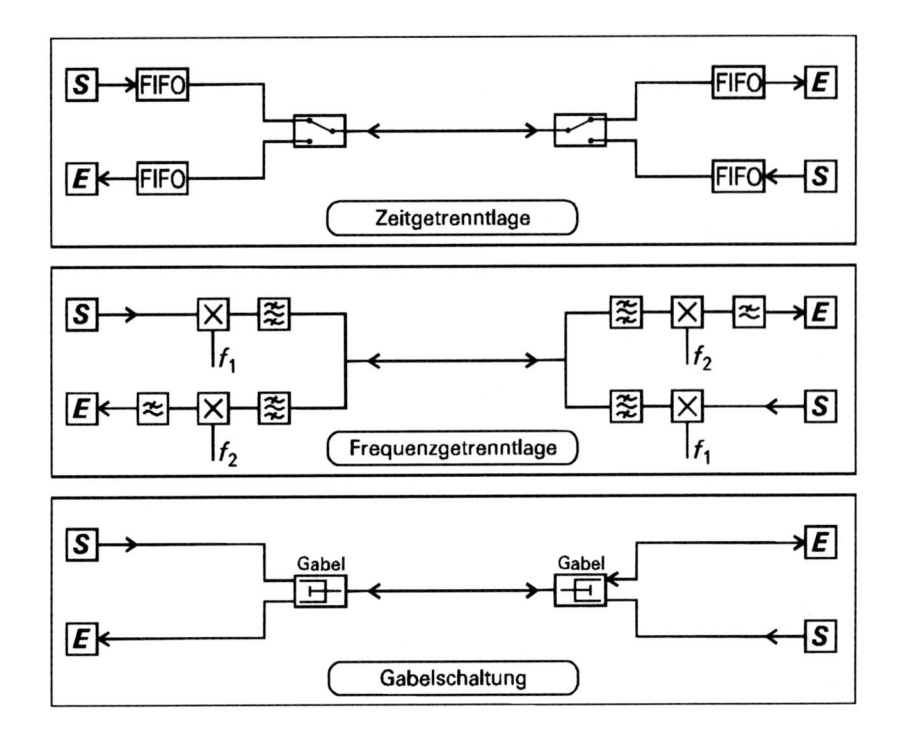

Abb. D.10-3   Zweidrahttechnik (FIFO: first in first out)

- Frequenzgetrenntlage
  Die Trennung zwischen den beiden Richtungen erfolgt durch Verwendung unterschiedlicher Frequenzen. Nachteilig hierbei sind die i. a. unterschiedlichen Übertragungseigenschaften in beiden Richtungen.

- Gabelschaltung
  Die Gabelschaltung dient der Trennung von Sende- und Empfangssignal sowie der Unterdrückung von Störsignalen (Echo). Sie wird entweder mit Übertragern oder mit Operationsverstärkern realisiert.

D.10.3   Parallele und serielle Übertragung

D.10.3.1   Einleitung

Die Frage, ob die Kommunikation zwischen zwei (oder mehr) Teilnehmern seriell oder parallel erfolgen soll, ist von grundlegender Bedeutung. Sie kann i. a. relativ einfach beantwortet werden, da einerseits die serielle Übertragung von Information vergleichsweise langsam erfolgt, andererseits aber die parallele Übertragung einen wesentlich höheren Aufwand erfordert. Das bedeutet, daß die parallele Übertragung fast ausschließlich auf sehr kurze Entfernungen (bis zu wenigen Metern) anzutreffen ist, während in allen anderen Fällen serielle

Übertragung verwendet wird. Das bedeutet aber auch, daß alle Kommunikationsnetze auf der seriellen Übertragung von Daten aufbauen. Beide Möglichkeiten – die serielle und die parallele Übertragung – werden in den folgenden Abschnitten betrachtet.

D.10.3.2 Serielle Übertragung

Anhand von Abb. D.10-4 kann das Prinzip der seriellen Übertragung von Daten einfach erläutert werden. Durch gleichzeitiges (synchrones) Verschieben von Empfangs- und Sende-Schieberegister wird ein Zeichen (in diesem Beispiel aus acht Symbolen bestehend) vom Sender zum Empfänger übertragen.

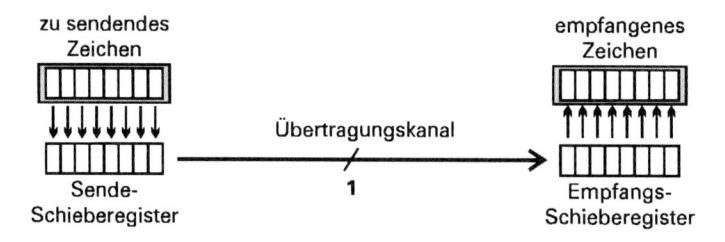

Abb. D.10-4   Serielle Übertragung von aus acht Symbolen bestehenden Zeichen

Von entscheidender Bedeutung hierbei ist, daß eine Synchronisation von Sender und Empfänger hergestellt werden muß, d. h. eine Übereinstimmung des Taktsignals bzgl. Frequenz und Phase. Zu diesem Zweck ist es erforderlich, daß der Sender dem Empfänger Informationen über seinen Takt zur Verfügung stellt.[5] Unterschieden wird zwischen der synchronen Übertragung und der asynchronen Übertragung, wobei selbstverständlich auch bei letzterer ein „gewisses Maß" an Synchronität existiert.

Asynchrone serielle Übertragung

Bei der asynchronen Übertragung wird die Synchronisation jeweils nur für die Dauer der Übertragung eines Zeichens hergestellt, wobei mit jedem Beginn der Übertragung eines Zeichens erneut synchronisiert werden muß. Zu diesem Zweck müssen zwischen Sender und Empfänger Vereinbarungen getroffen werden über die Anzahl der Bits pro Zeichen, die Art des Paritätsbits (sofern vorhanden), die Taktfrequenz sowie die Länge des Stopbits.

In Abb. D.10-5 wird an einem aus acht Bit (Dauer jeweils T_b) bestehenden Zeichen der typische Aufbau eines Rahmens bei asynchroner Übertragung gezeigt. Dargestellt ist hier ein binäres Signal mit den Zuständen „High" und „Low",

---

[5] Prinzipiell ist es auch möglich, daß der Sender seinen Takt vom Empfänger ableitet. Dies ist jedoch nur in Sonderfällen von Interesse und wird daher hier nicht weiter betrachtet.

D.10.3 Parallele und serielle Übertragung

wobei in Sendepausen (d. h., wenn keine Übertragung stattfindet) der Zustand „*High*" vorliegt. Der Beginn eines jeden Rahmens wird durch ein Startbit angezeigt (genauer gesagt durch eine fallende Flanke). Der Takt des Empfängers wird während der Dauer des Startbits auf den Sender synchronisiert, wobei aufgrund der relativ kurzen Dauer eines Rahmens die Anforderungen an die Genauigkeit der Synchronisation relativ gering sind. Mit der Detektion des Startbits wird gleichzeitig ein Zähler auf die (vereinbarte) Anzahl der Bits je Zeichen gesetzt. Mit jedem Takt wird ein Bit übernommen und entsprechend der Zähler um eins reduziert – steht der Zähler auf „null", so wird das Ende des Zeichens erkannt.

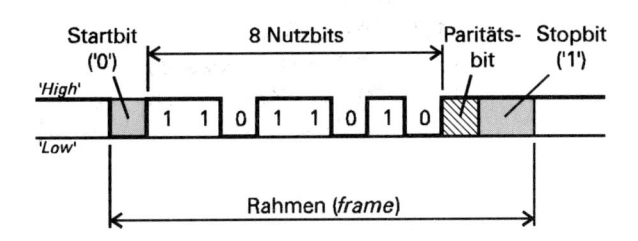

Abb. D.10-5   *Typischer Aufbau eines Rahmens bei asynchroner Übertragung*

Das abschließende Stopbit (Dauer typischerweise T_b, $1,5\,T_b$ oder $2\,T_b$) dient also nicht der Erkennung des Endes eines Rahmens, sondern dazu, nach der Übertragung wiederum einen definierten „*High*"-Pegel sicherzustellen. Erst dann kann – wiederum mit einem Startbit – mit der Übertragung eines neuen Zeichens begonnen werden (Abb. D.10-6). Der Abstand zweier Rahmen ist beliebig, solange sich Start- und Stopbit von aufeinanderfolgenden Rahmen nicht überschneiden. Das bedeutet gleichzeitig, daß die Übertragung nicht sonderlich effizient ist, da ein im Vergleich zu der anschließend vorgestellten synchronen Übertragung großer Overhead vorhanden ist. Andererseits bietet die asynchrone Übertragung den Vorteil des relativ geringen Aufwands (vor allem aufgrund der niedrigeren Anforderungen an die Genauigkeit und Stabilität der Taktfrequenzen), so daß sie vorwiegend bei einfacheren Systemen mit geringerer Übertragungsrate (bis 19,2 kBd) zum Einsatz kommt. Es sind jedoch auch Systeme mit höheren Übertragungsraten realisierbar, wie im Kapitel L.3 am Beispiel des Ethernet dargestellt wird.

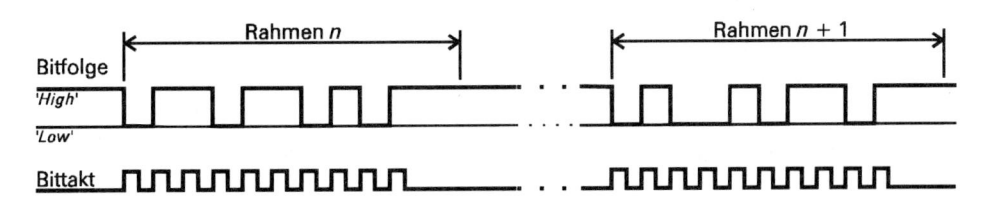

Abb. D.10-6   *Verhalten des Bit-Taktes bei asynchroner Übertragung*

Synchrone serielle Übertragung

Hier wird die Synchronisation – im Gegensatz zur asynchronen Übertragung – nicht kurzfristig für wenige Takte, sondern langfristig (bis hin zu „Dauersendungen") aufgebaut. Die Schwierigkeit dabei ist, daß mit vertretbarem Aufwand eine dauerhafte Synchronisation mit freilaufenden Taktgeneratoren nicht mit der erforderlichen Genauigkeit realisierbar ist. Es muß daher dafür gesorgt werden, daß der Empfänger den Takt des Senders dauerhaft(!) nutzen kann, um seinen eigenen Takt zu synchronisieren.

Für die Übertragung des Sendetaktes zum Empfänger bestehen prinzipiell zwei Möglichkeiten. Einerseits kann (über eine weitere Leitung) ein zusätzliches Signal übertragen werden, andererseits kann aber auch der Empfänger die für die Synchronisation notwendigen Informationen dem Nutzsignal entnehmen (*Data-derived Synchronisation*). Da der Einsatz einer zusätzlichen Leitung i. a. nicht akzeptabel ist (hoher Aufwand, ineffizient), ist die Ableitung der Synchronisation aus dem Nutzsignal von wesentlich größerer Bedeutung.

Bei der synchronen Übertragung muß der Beginn einer Sendung durch eine sogenannte Präambel, d. h. eine definierte Bitfolge angezeigt werden. Da die Taktsynchronisation auf der Auswertung von Zustandswechseln (Flanken) des Signals beruht, muß dafür Sorge getragen werden, daß keine langen Perioden ohne Zustandswechsel auftreten, wie z. B. bei Sprechpausen in einer Sprachübertragung.

Erfolgt die Übertragung mit Basisbandcodes, bei denen während eines Bits nicht zwangsweise ein Zustandswechsel erfolgt, so muß durch einen *Scrambler* dafür gesorgt werden, daß keine langen Null- oder Eins-Folgen auftreten können. Die somit erzeugte „Verwürflung" des Signals wird empfangsseitig durch einen *Descrambler* wieder rückgängig gemacht (siehe Kapitel D.4). Die andere Möglichkeit besteht in der Verwendung spezieller Basisbandcodes (siehe auch Kapitel D.3), die bestimmte spektrale Verteilungen der Signalleistung hervorrufen. Hierdurch kann dem Empfänger die Synchronisation erleichtert werden.

D.10.3.3 Parallele Übertragung

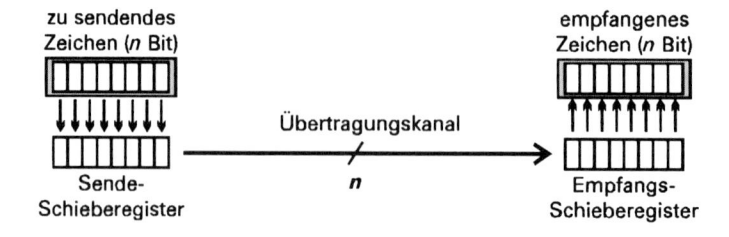

Abb. D.10-7   Parallele Übertragung

Die parallele Übertragung von Daten (Abb. D.10-7) ist – wie bereits in der Einleitung angesprochen – auf kurze Entfernungen beschränkt. Ein typisches Einsatzgebiet ist der Anschluß peripherer Geräte, wie z. B. Drucker, Scanner usw. an Datenverarbeitungsanlagen.

Parallele Verbindungen verfügen häufig über getrennte Leitungen für Daten- und für Steuersignale, wobei die Schnittstellen (Interfaces) i. a. durch Normungen festgelegt sind. Diese Schnittstellen-Normen legen vor allem die Steuersignale, die Signalpegel sowie die konstruktiven Bedingungen fest.

D.11 Prinzip der Datenkommunikation

D.11.1 Einleitung

In Abb. D.11-1 wird der prinzipielle Aufbau einer Verbindung für die Datenkommunikation gezeigt, wobei das hier allgemein als Netzwerk bezeichnete Übertragungsmedium im einfachsten Fall auch aus einer direkten Leitung zwischen den beiden Teilnehmern bestehen kann.

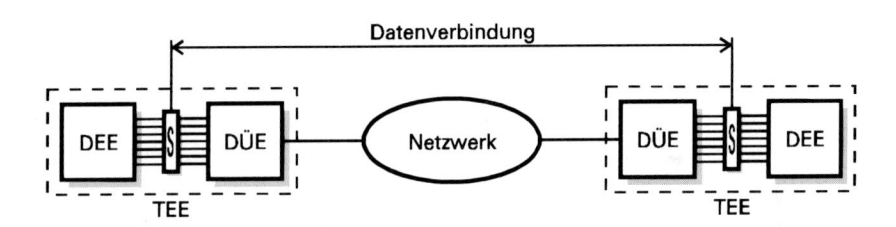

Abb. D.11-1 *Prinzip einer Verbindung für die Datenkommunikation*

Die Teilnehmer verfügen jeweils über eine Teilnehmerendeinrichtung TEE, die sich aus zwei Einrichtungen zusammensetzt.

- Datenendeinrichtung DEE (*Data Terminal Equipment* – DTE)
  Die Datenendeinrichtung stellt dem Teilnehmer ein System zur Übertragung (zum Senden und/oder Empfangen) von Nachrichten zur Verfügung. Hierbei kann es sich beispielsweise um einen Rechner handeln, um dessen Peripherie (z. B. Drucker), um Meßwertgeber usw.

- Datenübertragungseinrichtung DÜE
  (*Data Circuit-terminating Equipment* – DCE)
  Die Datenübertragungseinrichtung stellt die Anpassung zwischen den Signalen der Datenendeinrichtung und des Netzes sicher. Hierbei kann es

sich beispielsweise um ein einfaches Modem[6] handeln. In einigen Fällen wird die Datenübertragungseinrichtung auch vom Netz zur Verfügung gestellt.

Zwischen diesen beiden Einrichtungen existiert eine Schnittstelle (*Interface*), die die physikalischen Eigenschaften der Verbindungsleitungen sowie die auf diesen Leitungen ausgetauschten Signale mit ihren Bedeutungen definiert. Eine Datenverbindung wird zwischen zwei Datenendeinrichtungen aufgebaut, d. h. sie besteht von der DEE-DÜE-Schnittstelle in einer Teilnehmerendeinrichtung zur entsprechenden Schnittstelle in der anderen Teilnehmerendeinrichtung.

D.11.2 Datenrate und Symbolrate

Eine wesentliche Größe bei der Beurteilung einer Datenverbindung bezüglich ihrer Eignung für die Datenkommunikation ist die „Datenmenge", die je Zeiteinheit übertragen werden kann. Hierbei muß sehr sorgfältig zwischen zwei Größen unterschieden werden, die häufig verwechselt werden. Mitschuldig daran ist die Tatsache, daß eine Vielzahl von verschiedenen Begriffen verwendet werden, die leicht zu Konfusion führen können und leider z. T. auch in der Literatur etwas leichtfertig eingesetzt werden.

- Der in den meisten Bereichen wichtigere Begriff ist die (Daten-)Übertragungsrate oder kurz Datenrate.[7] Sie ist definiert als die Anzahl von Bits, die je Zeiteinheit übertragen werden und trägt die Einheit bit/s oder auch häufig die englische Bezeichnung bps (*Bit per Second*) sowie die entsprechenden abgeleiteten kbit/s, Mbit/s und Gbit/s bzw. kbps, Mbps und Gbps.

  Die Datenrate gibt das Maximum der je Zeiteinheit übertragbaren Bits an, das bei einem gegebenen System möglich ist – unabhängig davon, ob es beim vorliegenden Verfahren typisch ist. Die Bedeutung der Bits, d. h. ob es sich dabei um Daten-, Steuer- oder Prüfbits handelt, ist dabei unerheblich.

- Die Symbolrate oder Schrittgeschwindigkeit (*Signaling Rate*) gibt die Anzahl der übertragenen Symbole je Zeiteinheit an. Als Einheit wird das Baud[8] (Kurzzeichen Bd bzw. kBd, MBd und GBd) oder seltener Symbole/s verwendet. Wichtig hierbei ist, daß die Symbolrate kein direktes Maß für die übertragene Information darstellt.

Der Zusammenhang zwischen der Datenrate R_b und der Symbolrate R_s kann mit der einfachen Beziehung

$$R_b = n R_s \qquad (D.11\text{-}1)$$

hergestellt werden. Dabei ist n die Anzahl der Bits je Symbol.

---

6 Modem: Kombination von *Mo*dulator und *Dem*odulator
7 Auch der Begriff „Übertragungsgeschwindigkeit" ist gebräuchlich. Im Rahmen dieses Buches wird durchgehend der Begriff Datenrate verwendet.
8 Das Baud ist benannt nach dem französischen Telegraphentechniker Emile Baudot (1845–1903).

D.11.2 Datenrate und Symbolrate

Unabhängig davon, ob die Symbolrate oder die Datenrate verwendet wird, muß beachtet werden, worauf sich die jeweiligen Angaben beziehen. Wenn beispielsweise auf einer Strecke aus prinzipiellen Überlegungen heraus eine Datenrate von 10 Mbit/s möglich ist (z. B. aufgrund der verwendeten Datenübertragungs- und Datenendeinrichtungen), so heißt dies noch lange nicht, daß im Betrieb diese Datenrate auch tatsächlich erreicht wird. Eine Reihe von Aspekten sind zu berücksichtigen, wenn aus der theoretisch möglichen Datenrate Rückschlüsse auf die in der Praxis erreichbare Datenrate gezogen werden sollen. Hier werden nur zwei wichtige vorgestellt.

- Durch den Zusatz von notwendigen Signalisierungs- und Steuerungsinformationen ergibt sich gegenüber der sogenannten Brutto-Datenrate eine niedrigere Netto- oder Nutz-Datenrate.

- Bei einigen Netzen (z. B. bei lokalen Netzen) teilen sich die Teilnehmer ein gemeinsames Übertragungsmedium (*Shared Medium*), so daß einem Teilnehmer nur ein mehr oder weniger großer Anteil an der gesamten Datenrate zur Verfügung steht.

Um die Übertragungskapazität von Netzen anzugeben, wird mitunter auch vom (Daten-)Durchsatz gesprochen. Dieser kann absolut (in bit/s) oder auch relativ, bezogen auf die maximal mögliche Datenrate, angegeben werden.

D.12 Der AWGN-Kanal

Der diskrete Kanal mit additivem weißem Gaußschem Rauschen (AWGN) stellt das mit Abstand wichtigste Kanalmodell dar.

Das weiße Gaußsche Rauschen (WGN) ist ein Zufallsprozeß mit dem Mittelwert $\alpha_1 = 0$ und weißer (d. h. frequenzunabhängiger) spektraler Leistungsdichte für $-\infty < f < +\infty$, die zweiseitig zu $N_0/2$ bzw. einseitig zu N_0 definiert ist. Bei der Betrachtung eines reellen Tiefpaßsignals kann der (eindimensionale) AWGN-Kanal mit dem Eingang $s(t)$, dem Ausgang $e(t)$ und der Gaußschen Zufallsgröße $n(t)$ (Mittelwert $\alpha_1 = 0$, Varianz σ^2) mit

$$e(t) = s(t) + n(t) \qquad (\text{D.12-1})$$

beschrieben werden. Beim diskreten Kanal kann die Eingangsgröße *per definitionem* nur M diskrete Werte annehmen, d. h. es ist

$$s(t) = s_i(t) \qquad , \qquad 0 \leq i \leq M-1 \qquad (\text{D.12-2})$$

Die bedingte Wahrscheinlichkeitsdichtefunktion des Ausgangs $e(t)$ bei gegebenem Eingang $s(t)$ berechnet sich dann zu

$$p(e|s = s_i) = \frac{1}{\sqrt{2\pi}\,\sigma}\, e^{-\frac{(e-s_i)^2}{2\sigma^2}} \qquad (D.12\text{-}3)$$

wobei hier zur Vereinfachung der Schreibweise auf die explizite Angabe der zeitlichen Abhängigkeit verzichtet wird, die jedoch natürlich weiterhin vorhanden ist. Die Erweiterung dieser Betrachtung auf reelle Bandpaßsignale (bzw. äquivalente Tiefpaßsignale), wie sie im Teil F behandelt werden, kann für schmalbandige Signale relativ einfach erfolgen. Da für die Mehrzahl der Anwendungen von einem Schmalbandsystem ausgegangen werden kann, soll an dieser Stelle diese Einschränkung akzeptiert werden. Das bedeutet, daß die spektrale Rauschleistungsdichte nur innerhalb eines Intervalls $f_0 \pm B/2$ von null verschieden sein kann, wobei $B \ll f$ die Bandbreite des Systems sei. Ohne daß hier auf die Herleitung eingegangen werden soll, kann festgehalten werden, daß die Beschreibung des Rauschens in diesem Fall mit

$$n(t) = n_I(t)\cos(2\pi f_0 t) - n_Q(t)\sin(2\pi f_0 t) \qquad (D.12\text{-}4)$$

angegeben werden kann, wobei $n_I(t)$ und $n_Q(t)$ die Quadraturkomponenten von $n(t)$ sind. Mit

$$n(t) = \Re\left\{\underline{z}(t)\, e^{j2\pi f_0 t}\right\} \qquad (D.12\text{-}5)$$

ist die komplexe Einhüllende $\underline{z}(t) = n_I(t) + j n_Q(t)$ definiert.

Die Zufallsgrößen $n_I(t)$ und $n_Q(t)$ sind dabei statistisch unabhängig und weisen die gleiche einseitige Rauschleistungsdichte N_0 sowie die Varianz σ^2 auf. Die Amplitude $n(t) = \sqrt{n_I^2(t) + n_Q^2(t)}$ wiederum ist gauß-verteilt mit dem Mittelwert $\alpha_1 = 0$ und der Varianz σ^2, während die Phase $\varphi(t) = \arctan(n_Q(t)/n_I(t))$ gleichverteilt in $[0, 2\pi]$ ist. Die Leistung des Rauschprozesses kann mit dem Normierungswiderstand $1\,\Omega$ und der Bandbreite B zu

$$P_r = \frac{\sigma^2}{1\Omega} = N_0 B \qquad (D.12\text{-}6)$$

berechnet werden. Dies ist natürlich nur in dem Fall möglich, daß von einer begrenzten Bandbreite $B < \infty$ ausgegangen wird. Aber dies wurde einerseits zu Beginn der Betrachtung angenommen („Schmalbandsystem"), andererseits ist es für jedes praktisch interessante System unabdingbare Voraussetzung.

D.13 Übungsaufgaben

Aufgabe D-1

1. Tragen Sie in Abb. D.13-1 die fehlenden Bezeichnungen ein.

D.13 Übungsaufgaben

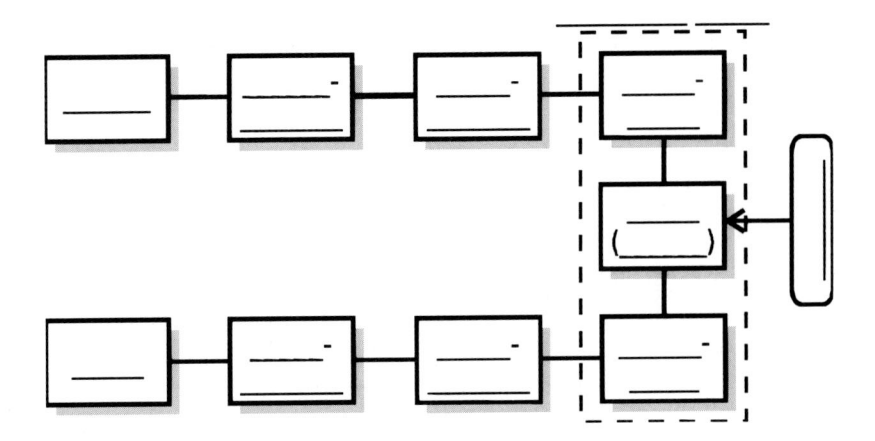

Abb. D.13-1 Aufbau eines Systems der digitalen Übertragungstechnik

2. Erläutern Sie kurz die Funktion bzw. die Aufgabe der einzelnen Elemente des Blockschaltbildes in Abb. D.13-1.

3. Zeigen Sie die Bedeutung des Regenerativverstärkers (*Repeater*) im Rahmen der digitalen Signalübertragung sowie im Zusammenhang damit einen wesentlichen Unterschied zwischen der analogen und der digitalen Signalübertragung (Stichwort: Rauschstörungen).

Aufgabe D-2

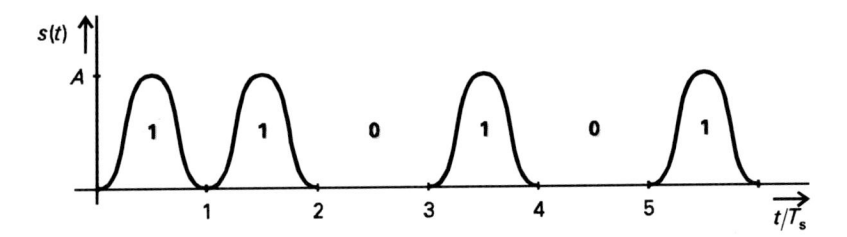

Abb. D.13-2 Funktion $s(t)$

Berechnen Sie das Leistungsdichtespektrum der in Abb. D.13-2 dargestellten Funktion $s(t)$. Es handelt sich dabei um eine statistische Folge von Impulsen mit der Impulsform

$$g(t) = \begin{cases} \dfrac{A}{2}\left[1 - \cos\left(\dfrac{2t\pi}{T_s}\right)\right] & 0 \leq t \leq T_s \\ 0 & \text{sonst} \end{cases}$$

und $d_k \in \{0,1\}$, wobei die beiden Symbole gleichwahrscheinlich und statistisch unabhängig sind.

Aufgabe D-3

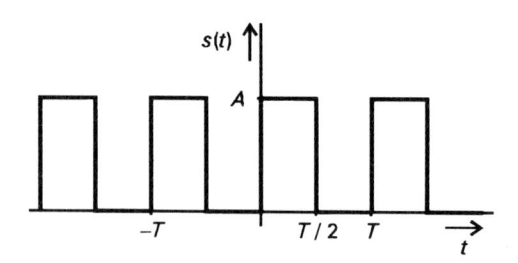

Abb. D.13-3 Rechteckimpulsfolge $s(t)$

Zu untersuchen ist die in Abb. D.13-3 dargestellte Rechteckimpulsfolge mit der Beschreibung

$$s(t) = \begin{cases} 1 & 0 \leq t < T/2 \\ 0 & T/2 \leq t < T \end{cases} \qquad s(t-nT) = s(t) \quad \forall n$$

1. Berechnen und skizzieren Sie (für $|fT| \leq 10$) das Amplitudenspektrum der Funktion $s(t)$.

2. Berechnen und skizzieren Sie (für $|fT| \leq 10$) das (zweiseitige) Leistungsdichtespektrum von $s(t)$.

3. Berechnen Sie die mittlere Leistung von $s(t)$ im Zeit- und im Frequenzbereich.

Aufgabe D-4

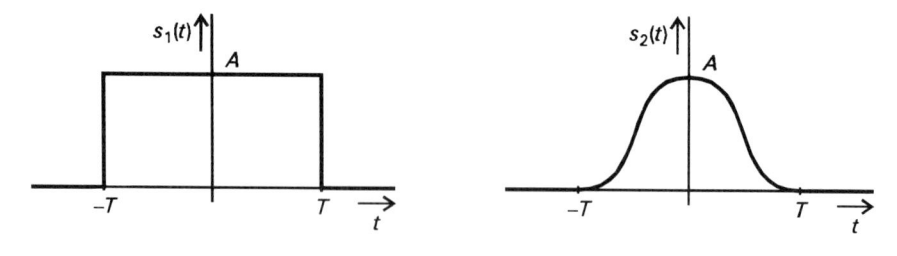

Abb. D.13-4 Rechteckimpuls $s_1(t)$ und Cosinusimpuls $s_2(t)$

Untersucht werden sollen die spektralen Eigenschaften der beiden in der Abb. D.13-4 dargestellten Impulse.

$$s_1(t) = \begin{cases} A & |t| \leq T \\ 0 & \text{sonst} \end{cases}$$

und

$$s_2(t) = \frac{A}{2} \begin{cases} 1 + \cos\frac{\pi t}{T} & |t| \leq T \\ 0 & \text{sonst} \end{cases}$$

1. Berechnen und skizzieren Sie (für $|fT| \leq 10$) die Amplitudenspektren der beiden Impulse.
2. Berechnen und skizzieren Sie (für $|fT| \leq 10$) die (zweiseitigen) Energiedichtespektren der beiden Impulse.
3. Berechnen Sie die Energie der beiden Impulse im Zeit- und im Frequenzbereich.

Aufgabe D-5

Gegeben sei die binäre Datenfolge

$\mathbf{d} = \{0100\ 0001\ 0111\ 1010\ 1111\ 1100\ 0010\ 1011\ 1010\ 1010\ 0000\}$.

1. Es werde davon ausgegangen, daß es sich hier um einen repräsentativen Ausschnitt handelt. Ist diese Datenfolge – hinsichtlich der Verteilung der Symbole – balanciert?
2. Skizzieren Sie für die ersten 30 Symbole den Verlauf der entsprechenden Manchester-Codierung.
3. Geben Sie die codierte Bitfolge bei Verwendung des B6ZS-Codes an.
4. Geben Sie die codierte Bitfolge bei Verwendung des HDB3-Codes an.
5. Zeigen Sie, daß die Codierungen nach Punkt 3 bzw. nach Punkt 4 balanciert sind.

Aufgabe D-6

Gegeben sei die binäre Datenfolge

$\mathbf{d} = \{0100\ 0001\ 0111\ 1010\ 1111\ 1100\ 0010\ 1011\ 1010\ 1010\ 0000\}$,

die zur Vermeidung von Problemen bei der Synchronisation des Empfängers verwürfelt werden soll. Als Scrambler wird die Schaltung gemäß Abb. D.4-1 verwendet.

1. Stellen Sie die Datenfolge d_2 dar.

2. Stellen Sie unter der Annahme einer fehlerfreien Übertragung, d. h. mit $d_2 = d_2'$, die Datenfolge d_3 dar.

Im folgenden werde angenommen, daß bei der Übertragung die Bits 4, 17, 19, 27 und 36 der Datenfolge verfälscht werden ($d_2 \neq d_2'$).

3. Wie sieht jetzt die Datenfolge d_3 aus?

Aufgabe D-7

1. Erläutern Sie – möglichst anhand einer Skizze – das Zustandekommen von Intersymbolinterferenzen auf einem bandbegrenzten Übertragungskanal.
2. Wie lauten die Forderungen des ersten und des zweiten Nyquist-Kriteriums?
3. Welche Bedeutung hat der *Roll-off*-Faktor *r* für das cos-*Roll-off*-Filter? Welche Aspekte beeinflussen die Wahl des *Roll-off*-Faktors?

Aufgabe D-8

Es sei ein binäres Signal zu untersuchen, das folgende Daten aufweist:

$P_s = 1$ W

$P_r = 20$ nW

$R_b = 384$ kbps

$B = 220$ kHz

1. Berechnen Sie das Signalrauschleistungsverhältnis.
2. Berechnen Sie das Verhältnis E_b/N_0.
3. Wie groß ist die Fehlerwahrscheinlichkeit für ein unipolares bzw. für ein bipolares Signal mit obigen Daten?

Hinweis: Eine Tabelle mit Werten der erfc-Funktion ist im Abschnitt M.5.4 zu finden.

Aufgabe D-9

1. Welche Aufgabe hat ein Entzerrer?
2. Zeigen Sie den Unterschied zwischen einem Kompromißentzerrer und einem adaptiven Entzerrer und erläutern Sie die unterschiedlichen Einsatzgebiete.

Eine typische Realisierungsform eines Entzerrers stellt das Transversalfilter dar.

3. Skizzieren Sie den Aufbau eines Transversalfilters.
4. Zeigen Sie anhand eines Beispiels den prinzipiellen Ablauf der Entzerrung.

Teil E

Der Übertragungs-kanal

E.1 Einführung

Der Übertragungskanal stellt in der Nachrichtentechnik allgemein die Verbindung zwischen zwei Teilnehmern dar. In Abb. E.1-1 sind zwei Teilnehmer A und B dargestellt, die (hier nur in einer Richtung) über einen Übertragungskanal miteinander kommunizieren können. Der ideale Übertragungskanal, der das Eingangssignal unverzerrt und ohne Störungen als Ausgangssignal liefert, ist für einige Untersuchungen ein sinnvolles Modell.

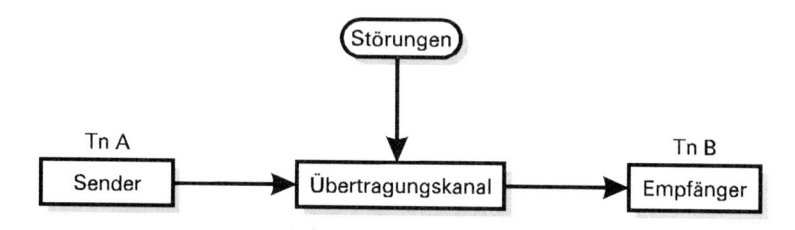

Abb. E.1-1   Einsatz des Übertragungskanals in der Nachrichtenübertragung

In der Praxis weist jeder realisierte Übertragungskanal Störungen auf, wobei die Art und die Stärke der Störungen vom Übertragungsmedium, von der Länge des Kanals, vom Frequenzbereich und vielen anderen Parametern abhängen. Anzumerken ist, daß die Störungen, die in Sender und Empfänger entstehen, nicht dem Übertragungskanal zugeschlagen werden dürfen, da sie i. a. unabhängig von diesem entstehen.

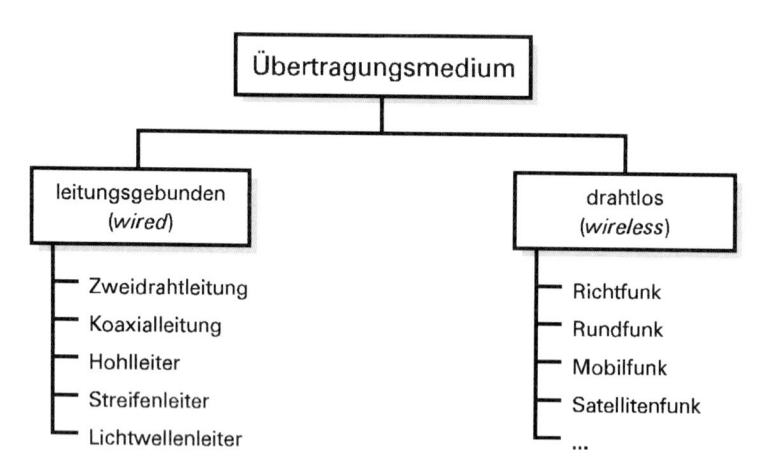

Abb. E.1-2   Übersicht über die Übertragungsmedien

Prinzipiell kann die Übertragung von elektrischen Signalen auf zwei unterschiedliche Arten erfolgen: leitungsgebunden (*wired*) und nicht leitungsgebunden bzw. drahtlos (*wireless*). Abb. E.1-2 zeigt die wichtigsten Leitungstypen sowie die wesentlichen Anwendungsgebiete der drahtlosen Übertragung im Bereich der Kommunikationstechnik.

E.2 Leitungen

E.2.1 Einleitung

Beim Einsatz von Leitungen in der Elektrotechnik muß in erster Linie unterschieden werden zwischen der

- Energietechnik, bei der die Aufgabe der Leitung im Energietransport besteht, wobei i. a. große Leistungen und geringe Verluste kennzeichnend sind,

und der

- Nachrichtentechnik, bei der die Nachrichtenübertragung im Vordergrund steht, charakterisiert durch geringe Leistungen und eine möglichst verzerrungsarme Übertragung.

Im Rahmen dieses Abschnitts werden eine Reihe von Leitungstypen vorgestellt, die zusammen mit wichtigen Anwendungen in der Tab. E.2-1 zusammengefaßt sind.

Definition E.2-1 ▼

Eine elektrische Leitung ist ein technisches Gebilde zum Transport von Signalen und/oder Energie.

▲

Bevor jedoch einzelne Leitungstypen näher beschrieben werden, müssen zuerst einige theoretische Überlegungen folgen, die eine Zusammenfassung der sogenannten Leitungstheorie darstellen (Abschnitt E.2.2).

Darüber hinaus wird das Phänomen des Skin-Effekts betrachtet (Abschnitt E.2.3) sowie der Reflexionsfaktor als Größe zur Beschreibung von Störstellen eingeführt (Abschnitt E.2.4).

Doppelleitung [E.2.5.1]	♦ NF-Übertragung (nicht pupinisiert[1]) ♦ TF-Übertragung[2] bis 120 Sprachkanäle entsprechend 552 kHz (pupinisiert)
Koaxialkabel [E.2.5.2]	Mehrkanal- und TV-Übertragung (300 bis 10800 Sprachkanäle oder gleichzeitig Sprache und TV; 1,3 MHz bis 60 MHz)
Streifenleiter [E.2.5.3]	Aufbau integrierter Schaltungen, Sender- und Empfängerschaltungen – kein Einsatz bei der Weitverkehrsübertragung von Signalen
Hohlleiter [E.2.5.4]	Radar, Richtfunk, insbesondere in Antennenzuleitungen (1 GHz bis über 100 GHz) – kein Einsatz bei der Weitverkehrsübertragung von Signalen
Lichtwellenleiter [E.2.5.5]	Übertragung von Signalen mit sehr hohen Bandbreiten bzw. Datenraten (bis zu einigen Gbit/s)

Tab. E.2-1 Wichtige Leitungstypen und deren Anwendungen

E.2.2 Leitungstheorie

E.2.2.1 Einleitung

Definition E.2-2 ▼

Die Leitungstheorie ist die Lehre von den Gesetzen, die für eine Leitung allein oder für das Zusammenspiel Sender–Leitung–Empfänger aufgestellt werden können, wobei auf die Kenntnis weniger wichtiger Details des Aufbaus des Leitungssystems verzichtet werden kann. (nach [Fritzsche 84])

▲

Die Notwendigkeit für die Einführung einer eigenen Theorie zur Behandlung der Leitungen ergibt sich aus der Tatsache, daß insbesondere im Bereich der Nachrichtentechnik i. a. Leitungen vorliegen, die als elektrisch lang bezeichnet werden, d. h. deren Längenausdehnung groß gegen die Wellenlänge der auf ihr transportierten Signale ist. Eine Ausnahme hiervon bilden ggf. die Übertragung von Audiosignalen (Musik, Sprache) sowie der Einsatz von Leitungen in der

---

[1] Pupinisierung (Bespulung): In bestimmten Abständen (Spulenfeldlänge, klein gegen die Wellenlänge) werden punktförmig Spulen in die Leitung eingebaut. Durch diese Bespulung kann die Dämpfung gegenüber der unbespulten Leitung merklich herabgesetzt werden, d. h. eine entsprechend erhöhte Reichweite erreicht werden.

[2] TF-Technik: Trägerfrequenztechnik: Verfahren zur Übertragung analoger Signale, z. B. Fernsprechsignale (siehe Abschnitt H.1).

Energietechnik. Bei elektrisch langen Leitungen kann nicht mehr davon ausgegangen werden, daß ein Signal, das am Eingang der Leitung vorliegt, zum gleichen Zeitpunkt auch am Ausgang vorhanden ist. Vielmehr wird sich durch die Laufzeit $\tau = l/c$ (mit l: Leitungslänge, c: Lichtgeschwindigkeit) eine zeitliche Verzögerung des Signals ergeben.

Neben dieser Tatsache muß berücksichtigt werden, daß es sich bei den Vorgängen auf der Leitung um elektromagnetische Wellen handelt. Das bedeutet, daß eine Ortsabhängigkeit der Vorgänge auf der Leitung vorliegt. Diese Überlegungen sollen im folgenden anhand eines Modells in eine mathematisch-physikalische Beschreibung von Leitungen umgesetzt werden.

Um den (mathematischen) Aufwand in Grenzen zu halten, werden die folgenden vereinfachenden Voraussetzungen als erfüllt angenommen:

- Die Leitung ist linear und zeitinvariant.
- Die Leitung ist homogen, d. h. die Leitungsparameter sind über der Länge der Leitung konstant.
- Die Länge der Leitung ist groß gegen die „Querausdehnung" des die Leitung umgebenden Feldes.
- Es werden harmonische, eingeschwungene Vorgänge betrachtet, d. h. das Verhalten der Leitung beim Ein- bzw. Ausschalten (z. B. des Generators) bleibt hier unbeachtet.

Für die Beschreibung von Leitungen existieren (nach [Fritzsche 84]) drei Modelle, die einerseits eine unterschiedlich gute Nachbildung der Leitungen zur Verfügung stellen, andererseits aber auch entsprechend unterschiedlichen Aufwand erfordern. Während die beiden ersten (relativ groben) Modelle hier nur kurz vorgestellt werden, sollen anhand des dritten, exaktesten Modells die grundlegenden Beziehungen der Leitungstheorie aufgezeigt werden.

1) Aufbau mit konzentrierten Schaltelementen für die Gesamtlänge l

   Hier handelt es sich um eine sehr grobe Näherung, da die Tatsache der Wellenausbreitung auf einer elektrisch langen Leitung vollkommen vernachlässigt wird. Daher ist dieses Modell nur für elektrisch kurze Leitungen wie z. B. in der Energietechnik zulässig. Die Darstellung in Abb. E.2-1 ist willkürlich als π-Schaltung gewählt, kann aber ebensogut als T-Schaltung erfolgen, wobei die im Schaltbild vorkommenden Schaltelemente meßtechnisch relativ einfach ermittelt werden können.

   Vom physikalischen Standpunkt her treten hier I und U als reine Schwingungen und nicht als Wellen auf. Mathematisch führt dies auf gewöhnliche Differentialgleichungen mit konstanten Koeffizienten.

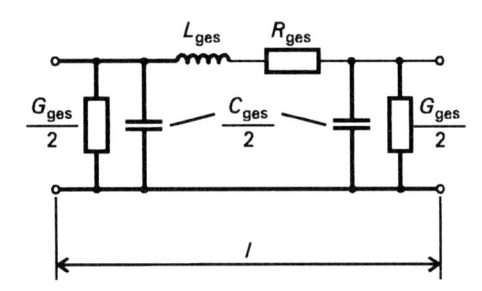

Abb. E.2-1   Leitungsersatzschaltbild für Modell 1

2) Aufbau mit konzentrierten Schaltelementen für die endliche Teillänge Δl

Hierbei wird eine Leitung der Länge l in endlich viele Teilstücke der Länge Δl unterteilt, die beispielsweise durch das π-Ersatzschaltbild (Abb. E.2-2) nachgebildet werden. Die Länge Δl hängt vom Einsatz der Leitung sowie der Frequenz des zu übertragenden Signals ab. Die gesamte Leitung wird dann durch die Kettenschaltung von n angepaßten Teilvierpolen ersetzt.

Entsprechend der Aufteilung treten I und U als Schwingungen mit diskreter Ortsabhängigkeit auf. Die mathematische Beschreibung führt auf gewöhnliche Differentialgleichungen höherer Ordnung mit konstanten Koeffizienten.

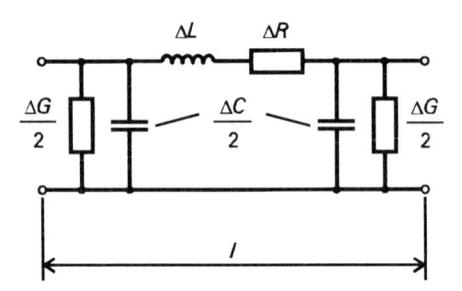

Abb. E.2-2   Leitungsersatzschaltbild für Modell 2

3) Beschreibung durch verteilte Elemente für die unendlich kleine Elementarlänge $dl = dx$

Die Leitung wird hier durch unendlich viele – „verteilte" – unendlich kurze Leitungsstücke nachgebildet. Auch hier ist das in Abb. E.2-3 gezeigte Ersatzschaltbild wieder willkürlich als T-Halbglied gewählt.

Die hier gewählte Beschreibungsweise führt auf die physikalische Darstellung von I und U als eine elektromagnetische Welle, während die mathematische Darstellung partielle Differentialgleichungen mit konstanten Koeffizienten liefert.

E.2.2 Leitungstheorie

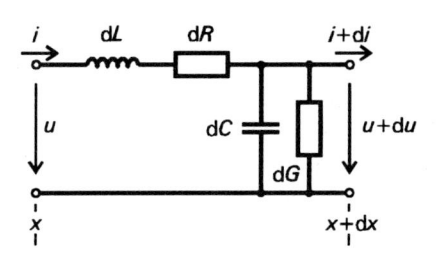

Abb. E.2-3   Leitungsersatzschaltbild für Modell 3

Das dritte Modell ist das einzige, das eine exakte Beschreibung der physikalischen Vorgänge auf einer Leitung (unter den obigen Voraussetzungen) liefert. Daher wird im folgenden dieses Modell verwendet, um die grundlegenden Zusammenhänge der Leitungstheorie abzuleiten.

E.2.2.2   Wellenwiderstand und Ausbreitungskoeffizient

Unter Vorgriff auf spätere Ergebnisse wird hier eine Aufteilung der Welle in je einen hin- und rücklaufenden Anteil durchgeführt. Mit den Indices „h" für hinlaufend bzw. „r" für rücklaufend ergibt sich dann die orts- und zeitabhängige Funktion für Strom bzw. Spannung zu

$$u(x,t) = u_h(x,t) + u_r(x,t) \quad \text{bzw.} \quad i(x,t) = i_h(x,t) + i_r(x,t) \qquad \text{(E.2-1)}$$

In Abb. E.2-3 repräsentieren die einzelnen Elemente Größen zur Beschreibung bestimmter elektrischer bzw. magnetischer Vorgänge:

dL	magnetisches Feld um die Leiter
dC	elektrisches Feld zwischen den Leitern
dR	elektrischer Widerstand der Leiter
dG	endliche Isolation zwischen den Leitern
u	„elektrisches Feld"
i	„magnetisches Feld"

Aus der Geometrie der Anordnung und den Eigenschaften der verwendeten Materialien ergeben sich die Werte für die einzelnen Elemente bezogen auf eine Längeneinheit. Diese werden als Leitungsbeläge bezeichnet und mit

$$\frac{L'}{\text{H/m}} = \frac{\text{d}L}{\text{d}x} \qquad \frac{C'}{\text{F/m}} = \frac{\text{d}C}{\text{d}x} \qquad \frac{R'}{\Omega/\text{m}} = \frac{\text{d}R}{\text{d}x} \qquad \frac{G'}{\text{S/m}} = \frac{\text{d}G}{\text{d}x}$$

benannt. Auf der Basis dieser Leitungsbeläge können zwei Größen bestimmt werden, die für die Leitungstheorie von fundamentaler Bedeutung sind. Die Herleitung wird im Anhang (Abschnitt E.6.1) durchgeführt.

Bei diesen Größen handelt es sich einerseits um den Ausbreitungskoeffizienten

$$\underline{\gamma} = \sqrt{(R' + j\omega L')(G' + j\omega C')} = \alpha + j\beta \qquad \text{(E.2-2)}$$

der aufgeteilt wird in den Realteil α (Dämpfungskoeffizient, -belag) und den Imaginärteil β (Phasenkoeffizient, -belag). Die Einheit für $\underline{\gamma}$ (und somit auch für α und β) ist $1/m$.

Die Bezeichnung und Bedeutung der einzelnen Komponenten läßt sich anschaulich gut erklären. Dazu wird einmal nur die ortsabhängige Amplitude der hinlaufenden Welle

$$\underline{U}_h(x) = \underline{U}' e^{-\underline{\gamma} x} = \underline{U}' e^{-(\alpha + j\beta)x} = \underline{U}' e^{-\alpha x} e^{-j\beta x} \qquad \text{(E.2-3)}$$

mit

$$\underline{u}(x,t) = \underline{U}_h e^{j\omega t} \qquad \text{(E.2-4)}$$

betrachtet. Der Term $e^{-\alpha x}$ gibt die relative Größe der Amplitude an der Stelle x an, wobei sich in Abhängigkeit von der Größe des Dämpfungskoeffizienten folgendes Verhalten für die Amplitude ergibt.

$\alpha > 0$ Die Amplitude geht mit wachsendem x exponentiell gegen null (verlustbehaftete Leitung).

$\alpha = 0$ Die Amplitude der Schwingung bleibt für alle x konstant (Idealfall der verlustlosen Leitung).

$\alpha < 0$ Die Amplitude geht für wachsendes x theoretisch gegen unendlich (dieser Fall kann bei rein passiven Netzwerken, also z. B. Leitungen, nicht auftreten).

Der Term $e^{-j\beta x}$ gibt die Phase an der Stelle x an, wobei das Verhalten der Phase nur davon abhängt, ob der Phasenkoeffizient gleich oder ungleich null ist.

$\beta = 0$ Die Phase bleibt für alle x konstant.

$\beta \neq 0$ Die Phase läuft mit x.

Vergleiche hierzu die Darstellung der komplexen (Kreis-)Frequenz $\underline{s} = \sigma + j\omega$ im Anhang.

Bei einer Leitung der mechanischen Länge l wird

$$\varphi = \beta l \qquad \text{(E.2-5)}$$

auch als die elektrische Länge der Leitung (bei einer bestimmten Frequenz!) bezeichnet.

E.2.2 Leitungstheorie

Multipliziert man die Koeffizienten $\underline{\gamma}, \alpha$ und β mit der Gesamtlänge der Leitung, so erhält man:

$\underline{g} = \underline{\gamma} l = a + jb$ Fortpflanzungsmaß

$a = \alpha l$ Dämpfungsmaß

$b = \beta l$ Phasenmaß

Die Größen a, b und $\underline{g}$ sind einheitenlos.

Bei der Betrachtung der Beziehung (E.2-2) können die Terme unter dem Wurzelzeichen folgendermaßen gedeutet werden:

$R' + j\omega L'$ Summe der Längswiderstände aller differentiellen Leitungsstücke pro Längeneinheit

$G' + j\omega C'$ Summe der Querleitwerte aller differentiellen Leitungsstücke pro Längeneinheit

Die Wurzel aus dem Quotienten dieser beiden Ausdrücke wird als (komplexer) Wellenwiderstand

$$\underline{Z}_w = \sqrt{\frac{R' + j\omega L'}{G' + j\omega C'}} \qquad (\text{E.2-6})$$

bezeichnet. Ein Beispiel für den typischen Verlauf des Wellenwiderstands einer Leitung über der Frequenz ist in Abb. E.2-4 dargestellt. Wie hier zu erkennen ist, ist der Wellenwiderstand sowohl für sehr niedrige als auch für sehr hohe Frequenzen näherungsweise rein reell, während er für den Bereich dazwischen eine (häufig kapazitive) reaktive Komponente enthält.

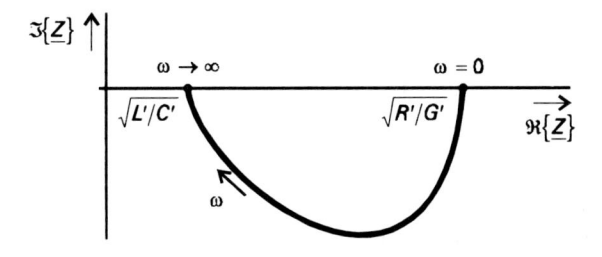

Abb. E.2-4   Typischer Verlauf des Wellenwiderstands einer Leitung über der Frequenz

Bisher wurden die Beläge als konstante, d. h. frequenzunabhängige Größen betrachtet – in der Realität trifft das jedoch nicht zu. Das bedeutet, daß der reale Verlauf des Wellenwiderstands i. a. weitaus komplizierter ist, als hier dargestellt.

Beispiel E.2-1 ▾

Eine Leitung weise bei einer Frequenz von 900 MHz die Leitungsbeläge $R' = 1\,\mu\Omega/m$, $L' = 5\,nH/m$, $G' = 1\,mS/m$, $C' = 2\,pF/m$ auf. Damit ergibt sich nach (E.2-2) der Ausbreitungskoeffizient $\underline{\gamma} = (0{,}0250 + j0{,}565)\,m^{-1} = \alpha + j\beta$, d. h. die Welle erfährt auf der Leitung eine Dämpfung gemäß $e^{-\alpha x}$ und die Phase läuft mit $e^{-j\beta x}$. Mit (E.2-6) berechnet sich der Wellenwiderstand zu $\underline{Z}_w = 49{,}9\,\Omega\angle 2{,}5°$.

▴

Für die Behandlung der verschiedenen Leitungstypen ist ein Merkmal von besonderer Bedeutung, das in der vereinfachten Darstellung der Leitungstheorie nicht berücksichtigt wird. Daher soll hier eine kurze anschauliche Erklärung folgen. Eine elektromagnetische Welle besitzt prinzipiell sechs Komponenten, jeweils drei magnetische und drei elektrische, die untereinander durch die Maxwellschen Gesetze verknüpft sind.

Bei Leitungen wird im allgemeinen unterschieden zwischen den Leitungstypen, die auf der sogenannten reinen TEM-Welle basieren (Doppelleitung, Koaxialleitung, symmetrische Streifenleitung), und solchen, die auf TE- oder TM-Wellen basieren (Hohlleiter, Lichtwellenleiter). „TEM" steht dabei für „transversal elektromagnetisch". Das heißt, daß es sich hierbei um eine Welle handelt, die nur (elektrische oder magnetische) Komponenten in transversaler Richtung, d. h. senkrecht zur Ausbreitungsrichtung besitzt.

Ein wesentliches Merkmal von TEM-Wellen ist die Tatsache, daß sie eine untere Grenzfrequenz null aufweisen, d. h. auf TEM-Leitungen kann ein Gleichstromsignal übertragen werden. „TE" bzw. „TM" steht dann entsprechend für transversal elektrisch bzw. transversal magnetisch, d. h. die Welle weist keine elektrische bzw. keine magnetische Komponente in Ausbreitungsrichtung auf. Bei der Behandlung der Hohlleiter wird dieser Punkt noch einmal angesprochen. Das in Abb. E.2-3 vorgestellte Modell ist nur für TEM-Wellen gültig. Das Phänomen der TEM-Wellen wird erneut im Abschnitt E.3.2.3 bei der Behandlung des Fernfeldes elektromagnetischer Wellen in Erscheinung treten.

E.2.2.3   Die Leitungsgleichungen

Während die etwas umfangreichere Ableitung der Leitungsgleichungen im Anhang (Abschnitt E.6.1) durchgeführt wird, sollen an dieser Stelle lediglich die für die Berechnung des Spannungs- bzw. Stromverlaufs auf der Leitung notwendigen Beziehungen angegeben werden.

Dabei wird unterschieden zwischen der mathematischen Form der Leitungsgleichungen

$$\underline{U}(x) = \underline{U}_1 \underbrace{\left(\frac{1}{2}e^{-\underline{\gamma}x} + \frac{1}{2}e^{\underline{\gamma}x}\right)}_{\cosh\underline{\gamma}x} + \underline{Z}_w \underline{I}_1 \underbrace{\left(\frac{1}{2}e^{-\underline{\gamma}x} - \frac{1}{2}e^{\underline{\gamma}x}\right)}_{-\sinh\underline{\gamma}x}$$

$$= \underline{U}_1 \cosh\underline{\gamma}x - \underline{Z}_w \underline{I}_1 \sinh\underline{\gamma}x$$

(E.2-7)

$$\underline{I}(x) = \frac{\underline{U}_1}{\underline{Z}_w} \underbrace{\left(\frac{1}{2}e^{-\underline{\gamma}x} - \frac{1}{2}e^{\underline{\gamma}x}\right)}_{-\sinh\underline{\gamma}x} + \underline{I}_1 \underbrace{\left(\frac{1}{2}e^{-\underline{\gamma}x} + \frac{1}{2}e^{\underline{\gamma}x}\right)}_{\cosh\underline{\gamma}x}$$

$$= \frac{\underline{U}_1}{\underline{Z}_w} \sinh\underline{\gamma}x + \underline{I}_1 \cosh\underline{\gamma}x$$

und der physikalischen Form der Leitungsgleichungen

$$\underline{U}(x) = \underline{U}_h(x) + \underline{U}_r(x)$$
$$= \underline{U}' e^{-\underline{\gamma}x} + \underline{U}'' e^{\underline{\gamma}x}$$

(E.2-8)

$$\underline{I}(x) = \underline{I}_h(x) + \underline{I}_r(x)$$
$$= \frac{1}{\underline{Z}_w}\left(\underline{U}' e^{-\underline{\gamma}x} - \underline{U}'' e^{\underline{\gamma}x}\right)$$

E.2.2.4 Die Leitung als Vierpol

Betrachtet man die Leitung als Vierpol (Zweitor), so kann man die Vierpolkettengleichungen der Leitung angeben. An der Stelle $x = 0$ (Leitungsanfang) erhält man

$$\underline{U}_1 = \underline{U}_2 \cosh\underline{\gamma}l + \underline{Z}_w \underline{I}_2 \sinh\underline{\gamma}l$$
$$\underline{I}_1 = \frac{\underline{U}_2}{\underline{Z}_w} \sinh\underline{\gamma}l + \underline{I}_2 \cosh\underline{\gamma}l$$

(E.2-9)

Dies läßt sich natürlich auch als Kettenmatrix des Vierpols „Leitung" mit

$$\begin{pmatrix} \underline{U}_1 \\ \underline{I}_1 \end{pmatrix} = \underline{\mathbf{A}} \begin{pmatrix} \underline{U}_2 \\ \underline{I}_2 \end{pmatrix} \quad \text{mit} \quad \underline{\mathbf{A}} = \begin{pmatrix} \cosh\underline{\gamma}l & \underline{Z}_w \sinh\underline{\gamma}l \\ \frac{1}{\underline{Z}_w}\sinh\underline{\gamma}l & \cosh\underline{\gamma}l \end{pmatrix}$$

(E.2-10)

schreiben. Die Matrix $\underline{\mathbf{A}}$ gehört wegen

$$|\underline{\mathbf{A}}| = \cosh^2\underline{\gamma}l - \sinh^2\underline{\gamma}l = 1 \quad \text{und} \quad \underline{A}_{11} = \underline{A}_{22}$$

(E.2-11)

zu einem widerstands- und übertragungssymmetrischen Vierpol, zu dessen Beschreibung zwei Kenngrößen ausreichend sind. Dabei handelt es sich um den

Wellenwiderstand $\underline{Z}_w$ und das Fortpflanzungsmaß $\underline{g} = \underline{\gamma} l$. Zu beachten ist, daß dies jeweils frequenzabhängige Größen sind, auch wenn diese Tatsache hier nicht explizit in der Schreibweise zum Ausdruck gebracht wird.

Der frequenzabhängige Eingangswiderstand einer Leitung ergibt sich hiermit zu

$$\underline{Z}_e = \frac{\underline{U}_1}{\underline{I}_1} = \frac{\underline{U}_2 \cosh \underline{\gamma} l + \underline{Z}_w \underline{I}_2 \sinh \underline{\gamma} l}{\dfrac{\underline{U}_2}{\underline{Z}_w} \sinh \underline{\gamma} l + \underline{I}_2 \cosh \underline{\gamma} l}$$

(E.2-12)

$$= \underline{Z}_L \frac{1 + \dfrac{\underline{Z}_w}{\underline{Z}_L} \tanh \underline{\gamma} l}{1 + \dfrac{\underline{Z}_L}{\underline{Z}_w} \tanh \underline{\gamma} l}$$

wobei in der Praxis die in Tab. E.2-12 zusammengestellten Sonderfälle von Bedeutung sind.

Anpassung	$\underline{Z}_L = \underline{Z}_w$	$\underline{Z}_e = \underline{Z}_w = \underline{Z}_L$	
„sehr lange" Leitung	$l \to \infty$	$\underline{Z}_e \to \underline{Z}_w$	da $\lim\limits_{l \to \infty}[\tanh \underline{\gamma} l] = 1$
stark gedämpfte Leitung	$\alpha l \gg 1$	$\underline{Z}_e \approx \underline{Z}_w$	da $\tanh \underline{\gamma} l \approx 1$ für $\alpha l \gg 1$

Tab. E.2-2 Wichtige Sonderfälle des Eingangswiderstands einer Leitung

Beispiel E.2-2

Auch hier wird wieder die bereits im Beispiel E.2-1 verwendete Leitung der Länge $l = 10$ m betrachtet. Um die Rechnung zu vereinfachen, wird jedoch davon ausgegangen, daß die Leitung verlustlos sei, d. h. $\alpha = 0$ und $\beta = 0{,}565 \text{ m}^{-1}$. Für den Wellenwiderstand gilt entsprechend $\underline{Z}_w = 50 \, \Omega$. Mit (E.2-10) ergibt sich dann die Kettenmatrix zu

$$\underline{\mathbf{A}} = \begin{pmatrix} 0{,}806 & -\mathrm{j}29{,}6 \, \Omega \\ -\mathrm{j}11{,}8 \text{ mS} & 0{,}806 \end{pmatrix}$$

Dabei wurde verwendet: $\sinh \mathrm{j}\beta l = \mathrm{j} \sin \beta l = -\mathrm{j}\, 0{,}592$, $\cosh \mathrm{j}\beta l = \cos \beta l = 0{,}806$ und $\tanh \mathrm{j}\beta l = \mathrm{j} \tan \beta l = -\mathrm{j} 0{,}734$. Am Ende der Leitung werde eine Last mit einem Wert von $\underline{Z}_L = 70 \, \Omega$ angeschlossen. Der Eingangswiderstand der Leitung berechnet sich dann mit (E.2-12) zu $\underline{Z}_L = 55{,}1 \, \Omega \angle 18{,}1° = (52{,}4 + \mathrm{j}\, 17{,}1) \Omega$.

E.2.2.5 Näherungen für die Leitungsparameter

Die verlustlose Leitung

Ein wichtiges Kriterium beim Einsatz von Leitungen in der Praxis ist die Frage nach den Verlusten. Wird eine Leitung als verlustlos (idealisiert) bezeichnet, so vereinfachen sich die bekannten Formeln für die Ausbreitungskonstante und den Wellenwiderstand. Zur Beurteilung für „verlustlos" werden dabei die Forderungen $R'=0$ und $G'=0$ verwendet (jeweils im betrachteten Frequenzband).

Diese Voraussetzungen sind insbesondere bei Leitungen in der Hochfrequenztechnik erfüllt, so daß hier oft mit den unten angegebenen Näherungen gerechnet werden kann. Sind die Bedingungen erfüllt, so ergibt sich aus den Leitungsgleichungen

$$\underline{\gamma} = \sqrt{j\omega L' \, j\omega C'} = j\omega\sqrt{L'C'}$$
$$\Downarrow$$
$$\alpha = 0 \qquad \beta = \omega\sqrt{L'C'} \qquad \text{(E.2-13)}$$

bzw.

$$\underline{Z}_w = \sqrt{\frac{L'}{C'}} \qquad \text{(E.2-14)}$$

Ohne auf die Herleitung einzugehen, sei hier die Phasengeschwindigkeit einer verlustlosen Leitung

$$v_p = \frac{1}{\sqrt{L'C'}} = \frac{c_0}{\sqrt{\mu_r \varepsilon_r}} \qquad \text{(E.2-15)}$$

angegeben, wobei

$$c_0 = \frac{1}{\sqrt{\mu_0 \varepsilon_0}} \qquad \text{(E.2-16)}$$

die Lichtgeschwindigkeit des Vakuums ist. Für $\varepsilon_r = 1$ und $\mu_r = 1$ gilt $v_p = c_0$. Da aber alle Leitungen von einem Medium ($\varepsilon_r > 1$) umgeben sind, gilt allgemein $v_p < c_0$.

Die verlustarme Leitung

Bei der verlustarmen Leitung gilt

$$R' \ll \omega L' \qquad \text{und} \qquad G' \ll \omega C' \qquad \text{(E.2-17)}$$

Für den Wellenwiderstand ergibt sich in guter Näherung wiederum (E.2-14).

Dagegen läßt sich die Ausbreitungskonstante umformen zu

$$\underline{\gamma} = j\omega\sqrt{L'C'}\sqrt{\left(1+\frac{G'}{j\omega C'}\right)\left(1+\frac{R'}{j\omega L'}\right)}$$

$$= j\omega\sqrt{L'C'}\sqrt{1+\frac{R'}{j\omega L'}+\frac{G'}{j\omega C'}-\frac{R'G'}{\omega^2 L'C'}}$$

(E.2-18)

Aufgrund der in (E.2-17) angegebenen Voraussetzungen für die verlustarme Leitung kann der letzte Term unter der Wurzel vernachlässigt werden, so daß sich

$$\underline{\gamma} = j\omega\sqrt{L'C'}\sqrt{1+\frac{R'}{j\omega L'}+\frac{G'}{j\omega C'}}$$

(E.2-19)

ergibt. Nach einer einfachen Reihenentwicklung, die nach dem linearen Term abgebrochen wird,[3] folgt schließlich die Näherungsgleichung (mit in der Praxis meist ausreichender Genauigkeit) für die Ausbreitungskonstante

$$\underline{\gamma} \approx j\omega\sqrt{L'C'}\sqrt{1+\frac{1}{j\omega}\left(\frac{R'}{L'}+\frac{G'}{C'}\right)}$$

$$\approx j\omega\sqrt{L'C'}+\frac{1}{2}\left(R'\sqrt{\frac{C'}{L'}}+G'\sqrt{\frac{L'}{C'}}\right)$$

(E.2-20)

Daraus ergeben sich die Dämpfungskonstante

$$\alpha \approx \frac{1}{2}\left(R'\sqrt{\frac{C'}{L'}}+G'\sqrt{\frac{L'}{C'}}\right)$$

(E.2-21)

und der Phasenkoeffizient

$$\beta \approx \omega\sqrt{L'C'}$$

(E.2-22)

der verlustarmen Leitung.

Übersicht

Der Vergleich von (E.2-13) und (E.2-22) zeigt, daß die Phasenkoeffizienten der verlustarmen und der verlustlosen Leitung nahezu übereinstimmen und proportional zur Frequenz sind (damit ist auch die Phasengeschwindigkeit der beiden Leitungsarten gleich). Da außerdem die Wellenwiderstände näherungs-

---

3 Aus der Reihenentwicklung $(1+x)^{1/2} = 1+x/2-x^2/8+3x^3/48-+...$

folgt bei Abbruch nach dem linearen Term die häufig verwendete Näherungsgleichung $\sqrt{1+x} \approx 1+(x/2)$ mit einem Fehler von kleiner als 0,1 % für $|x| < 0{,}089$.

weise gleich sind, besteht der Unterschied zwischen diesen beiden Näherungen lediglich im Dämpfungsbelag. Eine Übersicht über verschiedene Näherungen für Leitungsparameter wird in Tab. E.2-3 gegeben.

Übertragungstechnik		Höchstfrequenztechnik
stark gedämpfte Leitung	verlustarme Leitung	verlustlose Leitung
$G' \ll \omega C'$ $R' \gg \omega L'$	$G' \ll \omega C'$ $R' \ll \omega L'$	$G' \approx 0$ $R' \approx 0$
$\alpha \approx \sqrt{\dfrac{\omega R' C'}{2}}$ $\beta = \alpha$ $\underline{Z}_w \approx \sqrt{\dfrac{R'}{j\omega C'}}$	$\alpha \approx \dfrac{1}{2}\left(R'\sqrt{\dfrac{C'}{L'}} + G'\sqrt{\dfrac{L'}{C'}}\right)$ $\beta \approx \omega\sqrt{L'C'}$ $\underline{Z}_w \approx \sqrt{\dfrac{L'}{C'}}$	$\alpha \approx 0$ $\beta \approx \omega\sqrt{L'C'}$ $\underline{Z}_w \approx \sqrt{\dfrac{L'}{C'}}$

Tab. E.2-3   Leitungsparameter, Übersicht

Beispiel E.2-3

Gegeben sei eine Leitung mit den Leitungsbelägen $R' = 1\,\mu\Omega/\text{m}$, $L' = 5\,\text{nH}/\text{m}$, $G' = 1\,\text{mS}/\text{m}$, $C' = 2\,\text{pF}/\text{m}$ bei 900 MHz. Die exakten Werte für den Wellenwiderstand ($\underline{Z}_w = 49{,}9\,\Omega \angle 2{,}5° = (49{,}85 + j2{,}20)\,\Omega$) und den Ausbreitungskoeffizienten ($\underline{\gamma} = (0{,}0250 + j0{,}565)\,\text{m}^{-1}$) wurden bereits im Beispiel E.2-1 angegeben. Hier soll nun geprüft werden, inwieweit die Ergebnisse der o. a. Näherungen von den exakten Werten abweichen.

Die verlustlose Näherung liefert für den Wellenwiderstand einen reellen Wert ($\underline{Z}_w = 50{,}0\,\Omega$), während für den Ausbreitungskoeffizienten $\underline{\gamma} = j0{,}565\,\text{m}^{-1}$ berechnet wird.

Die verlustarme Näherung liefert, insbesondere für den Ausbreitungskoeffizienten, bereits bessere Werte, die der exakten Rechnung mit

$$\underline{Z}_w = 50{,}0\,\Omega \quad \text{und} \quad \underline{\gamma} = (0{,}0250 + j0{,}565)\,\text{m}^{-1}$$

mit i. a. hinreichender Genauigkeit nahekommen.

Die in der Tab. E.2-3 angegebenen Kriterien für den Einsatz der verschiedenen Näherungen ergeben hier $G' = 1\,\text{mS/m} \ll \omega C' = 11{,}3\,\text{mS/m}$ sowie $R' = 1\,\mu\Omega/\text{m} \ll \omega L' = 28{,}3\,\mu\Omega/\text{m}$. Das bedeutet, daß die verlustarme Leitung eine zulässige Näherung darstellt, wie es nach den Werten für Wellenwiderstand und Ausbreitungskoeffizient bereits angenommen wurde.

E.2.3 Der Skin-Effekt

Die bei der Beschreibung von Leitungen verwendeten Leitungsbeläge R', L', G' und C' sind frequenzabhängig. Die Ursache hierfür ist der Skin-Effekt, der auch als Stromverdrängung bezeichnet wird. Während bei Gleichstrom der ganze Querschnitt des Leiters gleichmäßig vom Strom erfüllt ist, wird bei Wechselstrom mit höher werdender Frequenz der Stromfluß auf eine immer dünner werdende Schicht an der Oberfläche des Leiters zusammengedrückt.[4]

Da der Widerstand umgekehrt proportional zur Querschnittsfläche ist, wird durch den Skin-Effekt der Widerstand vergrößert. Zur Verdeutlichung ist der Effekt der Stromverdrängung qualitativ(!) in Abb. E.2-5 für Gleichstrom (DC), niedrige Frequenzen (NF) und hohe Frequenzen (HF) dargestellt.

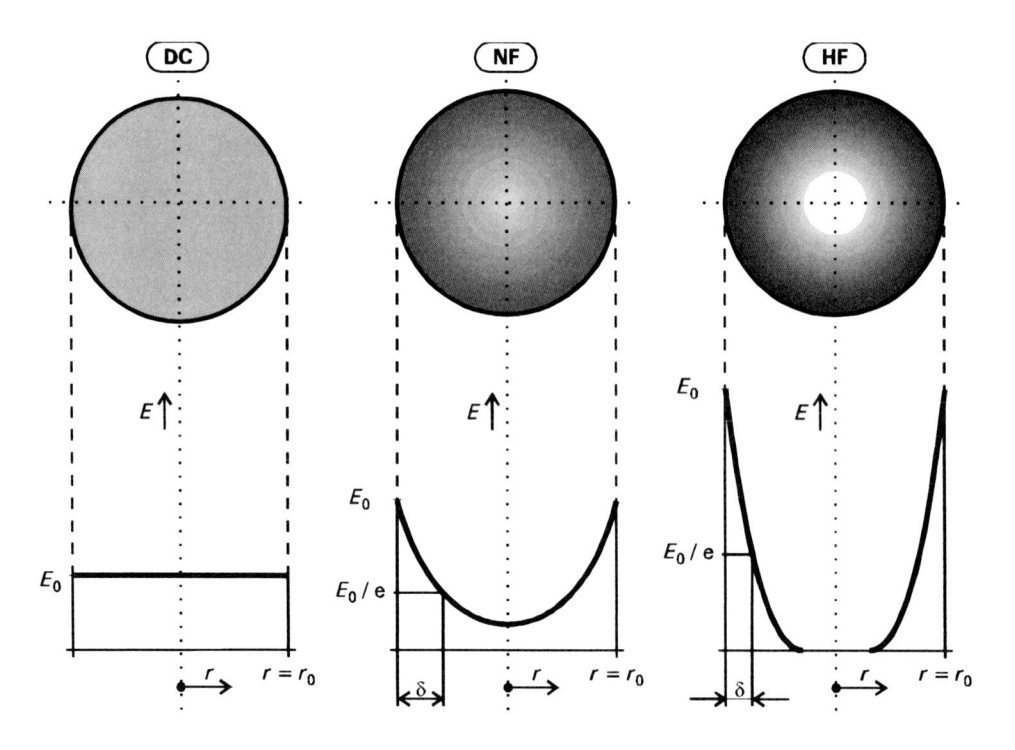

Abb. E.2-5 Schematische Darstellung des Skin-Effekts bei Gleichstrom (DC), niedrigen Frequenzen (NF) bzw. hohen Frequenzen (HF)

---

[4] Ursache hierfür ist die Wechselwirkung zwischen dem magnetischen Feld im Leiter-Inneren sowie dem hierdurch hervorgerufenen elektrischen Wirbelfeld. Eine ausführliche Beschreibung des Skin-Effekts ist z. B. in [Lehner 94] zu finden.

E.2.3 Der Skin-Effekt

Ein sich im freien Raum befindender, langer, gerader, zylindrischer Leiter mit dem Radius r_0 und der spezifischen elektrischen Leitfähigkeit κ hat den Gleichstrom-Widerstandsbelag

$$R'_0 = \frac{1}{r_0^2 \pi \kappa} \quad (E.2\text{-}23)$$

Der Widerstandsbelag verändert sich mit zunehmender Frequenz infolge des Skin-Effekts zu

$$R'_v + j\omega L'_i = R'_0 \frac{k r_0}{2} \frac{J_0(k r_0)}{J_1(k r_0)} \quad (E.2\text{-}24)$$

mit

$$k = \sqrt{-j\omega\mu\kappa} \quad (E.2\text{-}25)$$

Hierbei bedeuten:

    L_i innere Induktivität des Leiters

    J_0, J_1 Bessel-Funktion 0. bzw. 1. Ordnung

    $k r_0$ Argument der Bessel-Funktion

    κ spezifische elektrische Leitfähigkeit

Als Eindringtiefe („Dicke der äquivalenten Leitschicht")

$$\delta = \sqrt{\frac{1}{\pi f \mu \kappa}} \quad (E.2\text{-}26)$$

wird der Abstand von der Oberfläche bezeichnet, bei dem die Amplitude des elektrischen Feldes auf den Faktor 1/e abgefallen ist (Abb. E.2-5).

Verwendet man für die Bessel-Funktionen Potenzreihenansätze, so kann man für den Widerstandsbelag R'_v bzw. den Induktivitätsbelag L'_i (bei Vernachlässigung der äußeren Induktivität) die folgenden Näherungen verwenden [Philippow 78].

$$R'_v \approx \begin{cases} R'_0 & \frac{r_0}{\delta} < 1 & \text{'tiefe' Frequenzen} \\ R'_0\left[1+\frac{1}{3}\left(\frac{r_0}{2\delta}\right)^4\right] & 1 \leq \frac{r_0}{\delta} < 2 & \text{'niedrige' Frequenzen} \\ R'_0\left[\frac{r_0}{2\delta}+\frac{1}{4}+\frac{3}{64}\frac{2\delta}{r_0}\right] & 2 \leq \frac{r_0}{\delta} < 20 & \text{'höhere' Frequenzen} \\ R'_0 \frac{r_0}{2\delta} & 20 \leq \frac{r_0}{\delta} & \text{'hohe' Frequenzen} \end{cases} \quad (E.2\text{-}27)$$

$$L_i' \approx \begin{cases} \dfrac{\mu}{4\pi} & \dfrac{r_0}{\delta} < 1 & \text{'tiefe' Frequenzen} \\[2mm] \dfrac{\mu}{4\pi}\left[1-\dfrac{1}{6}\left(\dfrac{r_0}{2\delta}\right)^4\right] & 1 \leq \dfrac{r_0}{\delta} < 2 & \text{'niedrige' Frequenzen} \\[2mm] \dfrac{\mu}{4\pi}\left[\dfrac{2\delta}{r_0} - \dfrac{3}{64}\left(\dfrac{2\delta}{r_0}\right)^2 + \dfrac{3}{128}\left(\dfrac{2\delta}{r_0}\right)^4\right] & 2 \leq \dfrac{r_0}{\delta} < 20 & \text{'höhere' Frequenzen} \\[2mm] \dfrac{\mu}{4\pi}\dfrac{2\delta}{r_0} & 20 \leq \dfrac{r_0}{\delta} & \text{'hohe' Frequenzen} \end{cases}$$

(E.2-28)

Beispiel E.2-4

Ein Golddraht mit dem Durchmesser $D = 100$ μm und der Länge $l = 1{,}5$ mm wird in der Spannungsversorgung eines bei einer Frequenz von $f = 30$ GHz arbeitenden Mikrowellentransistors eingesetzt. Zu untersuchen ist hier die Impedanz des Drahtes bei der Signalfrequenz. Die Impedanz kann mit den hier vorgestellten Formeln berechnet werden. Zuerst wird mit (E.2-26) die Eindringtiefe zu $\delta = 417$ nm berechnet. Der Gleichstromwiderstandsbelag ist mit (E.2-23) zu $R_0' = 2{,}63$ Ω/m zu berechnen. Mit dem Verhältnis $r_0/\delta = 120$ kann dann mit (E.2-27) bzw. mit (E.2-28) der Widerstands- bzw. der Induktivitätsbelag $R_v' = 157$ Ω/m bzw. $L_i' = 1{,}67$ nH/m bestimmt werden. Zusammengefaßt ergibt sich mit der Länge des Drahtes dessen Impedanz schließlich $\underline{Z} = l(R_v' + j\omega L_i') = (236 + j472)$ mΩ.

E.2.4 Der Reflexionsfaktor

Eine wichtige Kenngröße jeder Übertragung ist die Anpassung bzw. der Reflexionsfaktor einer Stoßstelle, d. h. eines Übergangs zwischen zwei Zweitoren. Der Reflexionsfaktor kann allgemein verwendet werden und ist nicht auf Leitungen beschränkt. In Abschnitt E.2.2.3 wurde bereits festgestellt, daß es eine hin- und eine rücklaufende Welle gibt. Der komplexe Reflexionsfaktor $\underline{r}$ (im englischen Sprachraum auch $\underline{\Gamma}$) ist ein Maß für das Verhältnis der beiden Wellen zueinander:

$$\underline{r}(x) = \frac{\underline{U}_r(x)}{\underline{U}_h(x)} \tag{E.2-29}$$

Zur Veranschaulichung: Ist an einen Generator eine unendlich lange Leitung angeschlossen, so kann es keine rücklaufende Welle geben, d. h. $\underline{r}(x) = 0$. Die

E.2.4 Der Reflexionsfaktor

(hinlaufende) Welle sieht an jedem Ort x den Wellenwiderstand $\underline{Z}_w$. Wird nun anstatt einer unendlich langen Leitung eine Leitung der endlichen Länge l mit einem Lastwiderstand $\underline{Z}_L = \underline{Z}_w$ verwendet, so tritt weiterhin keine rücklaufende Welle auf. Dieser technisch wichtige Fall wird als Anpassung bezeichnet. In der Praxis wird jedoch immer eine rücklaufende Welle existieren, da der Lastwiderstand nur im (praktisch nicht realisierbaren) Idealfall exakt nachgebildet werden kann;[5] man spricht dann von Fehlanpassung. Zur Bestimmung des Reflexionsfaktors an der Stelle $x = l$ gilt $\underline{U}_2 = \underline{I}_2 \underline{Z}_L$ und somit

$$\underline{U}(x) = \frac{1}{2}(\underline{U}_2 + \underline{Z}_w \underline{I}_2) e^{\underline{\gamma}(l-x)} + \frac{1}{2}(\underline{U}_2 - \underline{Z}_w \underline{I}_2) e^{-\underline{\gamma}(l-x)}$$

$$= \frac{1}{2}\underline{I}_2 (\underline{Z}_L + \underline{Z}_w) e^{\underline{\gamma}(l-x)} + \frac{1}{2}\underline{I}_2 (\underline{Z}_L - \underline{Z}_w) e^{-\underline{\gamma}(l-x)} \qquad \text{(E.2-30)}$$

$$= \underline{U}_h(x) + \underline{U}_r(x)$$

Bildet man nun den Reflexionsfaktor mit (E.2-29), so erhält man

$$\underline{r}(x) = \frac{\underline{Z}_L - \underline{Z}_w}{\underline{Z}_L + \underline{Z}_w} e^{-2\underline{\gamma}(l-x)} \qquad \text{(E.2-31)}$$

Für Anfang ($x = 0$) und Ende ($x = l$) der Leitung ergeben sich die zugehörigen Reflexionsfaktoren zu

$$\underline{r}(x = 0) = \frac{\underline{Z}_L - \underline{Z}_w}{\underline{Z}_L + \underline{Z}_w} e^{-2\underline{\gamma}l} \qquad \text{(E.2-32)}$$

bzw.

$$\underline{r}(x = l) = \frac{\underline{Z}_L - \underline{Z}_w}{\underline{Z}_L + \underline{Z}_w} \qquad \text{(E.2-33)}$$

Besonders in der Hochfrequenztechnik wird die Ortskoordinate häufig vom Leitungsende aus gerechnet und mit $z = l - x$ bezeichnet. Damit verändert sich (E.2-31) zu

$$\underline{r}(z) = \frac{\underline{Z}_L - \underline{Z}_w}{\underline{Z}_L + \underline{Z}_w} e^{-2\underline{\gamma}z} = \underline{r}(z = 0) e^{-2\underline{\gamma}z} \qquad \text{(E.2-34)}$$

wobei für den Reflexionsfaktor am Leitungsende ($z = 0$) gilt:

$$\underline{r}(z = 0) = \frac{\underline{Z}_L - \underline{Z}_w}{\underline{Z}_L + \underline{Z}_w} \qquad \text{(E.2-35)}$$

---

[5] Eine Ausnahme hiervon liegt für den Sonderfall der Bandbreite null vor. Für eine einzelne Frequenz kann die Anpassung prinzipiell ideal erfolgen. In der Praxis bedeutet das, daß bei einer sehr geringen relativen Bandbreite häufig eine nahezu ideale Anpassung erreicht werden kann.

Da die Leistung einer Welle proportional zum Quadrat der Spannung ist, stellt der Reflexionsfaktor gleichzeitig ein Maß dar für den Anteil der an einer Inhomogenität reflektierten Leistung P_r bzw. der transmittierten Leistung P_t einer Welle, gemäß

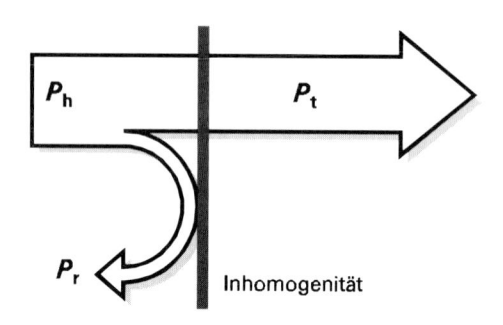

$$P_r = |\underline{r}|^2 P_h \qquad \text{und} \qquad P_t = \left(1 - |\underline{r}|^2\right) P_h \qquad \text{(E.2-36)}$$

Abb. E.2-6 Leistungen an einer Inhomogenität

In Abb. E.2-6 ist dieser Zusammenhang zwischen der hinlaufenden, der reflektierten sowie der transmittierten Leistung an einer Inhomogenität dargestellt. Die drei wichtigen Sonderfälle des Reflexionsfaktors sind in Tab. E.2-4 aufgeführt.

Anpassung	$\underline{Z}_L = \underline{Z}_W$	$\underline{r}(z=0) = 0$	$P_r = 0$	$P_t = P_h$
Leerlauf	$\underline{Z}_L \to \infty$	$\underline{r}(z=0) = 1$	$P_r = P_h$	$P_t = 0$
Kurzschluß	$\underline{Z}_L = 0$	$\underline{r}(z=0) = -1$	$P_r = P_h$	$P_t = 0$

Tab. E.2-4 Sonderfälle des Reflexionsfaktors

Drei andere Möglichkeiten, ein Maß für die Anpassung anzugeben, sollen hier nur kurz erwähnt werden. Festzuhalten ist, daß diese drei Größen prinzipiell austauschbar sind und, u. a. historisch bedingt, in speziellen Bereichen der Nachrichtentechnik häufiger anzutreffen sind. So ist beispielsweise der *Return Loss* insbesondere in der Hochfrequenztechnik zu finden, während das VSWR (*Voltage Standing Wave Ratio*, Stehwellen-Verhältnis) z. B. in der Antennentechnik häufiger Verwendung findet.

♦ Anpassungsfaktor

$$m = \left|\frac{1-\underline{r}}{1+\underline{r}}\right| \qquad \text{(E.2-37)}$$

E.2.4 Der Reflexionsfaktor

- VSWR

$$\rho = \frac{1}{m} = \left|\frac{\underline{U}_{max}}{\underline{U}_{min}}\right| = \left|\frac{\underline{I}_{max}}{\underline{I}_{min}}\right| \qquad (E.2\text{-}38)$$

Hierbei sind $|\underline{U}_{max}| = |\underline{U}_h| + |\underline{U}_r|$ bzw. $|\underline{U}_{min}| = |\underline{U}_h| - |\underline{U}_r|$ der Maximal- bzw. der Minimalwert der Spannung auf der Leitung. Diese Werte können teilweise meßtechnisch mit Hilfe einer Meßleitung gemessen werden.

- *Return Loss* (Rückfluß-Dämpfung)

$$RL = -20 \log|\underline{r}| \qquad (E.2\text{-}39)$$

Zu beachten ist hierbei, daß es sich bei allen drei Angaben um Beträge handelt, d. h. es wird keine Aussage über die Phasenlage gemacht.

Beispiel E.2-5

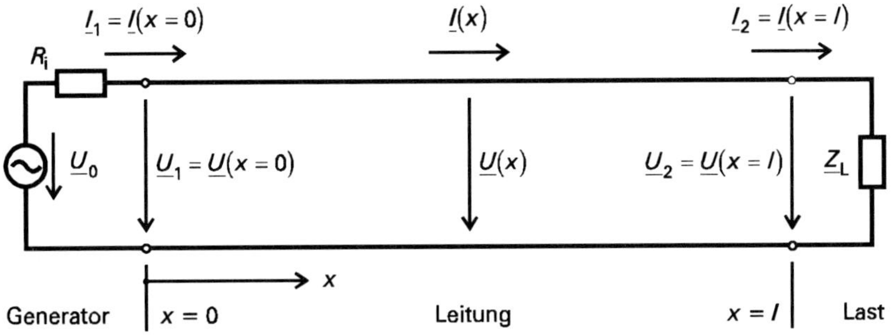

Abb. E.2-7 Leitung mit Abschluß

Gegeben ist eine ideale Leitung (d. h. $\gamma = j\beta$) der Länge l mit dem Leitungswellenwiderstand $\underline{Z}_w = 50\,\Omega$, die mit einer Last $\underline{Z}_L = (20 + j30)\,\Omega$ abgeschlossen ist (Abb. E.2-7). Die elektrische Länge der Leitung beträgt $\varphi = \pi/4$. Gesucht ist der Reflexionsfaktor $\underline{r}_1$ bzw. $\underline{r}_2$ in der Ebene 1 (Schnittstelle Leitung–Last) und in der Ebene 2 (Anfang der Leitung). Die Anwendung von (E.2-32) führt für die Ebene 1 mit $2\underline{\gamma} l = j2\beta l = j\pi/2$ zu

$$\underline{r}_1 = \underline{r}(z=0) = \frac{\underline{Z}_L - \underline{Z}_w}{\underline{Z}_L + \underline{Z}_w} = 0{,}557 \angle 112°$$

bzw. für die Ebene 2 zu

$$\underline{r}_2 = \underline{r}(z=l) = \underline{r}_1\, e^{-2\underline{\gamma} l} = \underline{r}_1\, e^{-j\pi/2} = 0{,}557 \angle 22{,}0°$$

E.2.5 Die wichtigsten Leitungstypen

E.2.5.1 Doppelleitung

Doppelleitungen (Zweidrahtleitungen) stellen den einfachsten und ältesten Leitungstyp dar. Er besteht aus zwei parallel laufenden Adern, über die das zu übertragende Signal geführt wird (Abb. E.2-8). Die Anwendungen der Zweidrahtleitung sind – trotz diverser Nachteile – sehr vielfältig, auch wenn sie in vielen Anwendungsbereichen von anderen Leitungstypen, wie z. B. der Koaxialleitung verdrängt worden ist.

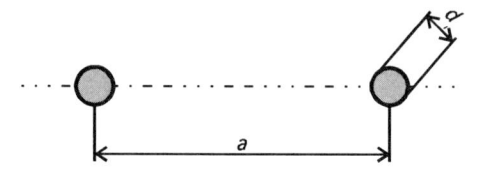

Abb. E.2-8 Geometrie der Doppelleitung

Die exakte Formel für den Kapazitätsbelag ergibt sich zu

$$C' \approx \frac{\pi \varepsilon}{\ln\left[\frac{a}{d} + \sqrt{\left(\frac{a}{d}\right)^2 - 1}\right]} \qquad (E.2\text{-}40)$$

Das vereinfacht sich für den im allgemeinen gültigen Fall $a \gg d$ zu

$$C' \approx \frac{\pi \varepsilon}{\ln \frac{2a}{d}} \qquad (E.2\text{-}40a)$$

Für ausreichend hohe Frequenzen kann der Induktivitätsbelag ausgedrückt werden durch

$$L' \approx \frac{\mu}{\pi} \ln \frac{2a}{d} \qquad (E.2\text{-}41)$$

Das Produkt aus Kapazitäts- und Induktivitätsbelag ist somit $L'C' = \varepsilon\mu$. Dies gilt für alle zylindrischen Anordnungen mit TEM-Wellen (Doppelleitung, Koaxialleitung). Ist die Frequenz niedriger, so muß der Anteil der inneren Induktivität der Leiter berücksichtigt werden. Der Widerstandsbelag errechnet sich für niedrige Frequenzen und Gleichstrom zu (Hin- und Rückleiter):

$$R'_0 = \frac{8}{d^2 \pi \kappa} \qquad (E.2\text{-}42)$$

E.2.5 Die wichtigsten Leitungstypen

Bei höheren Frequenzen muß der Skin-Effekt (Abschnitt E.2.3) berücksichtigt werden.

An dieser Stelle sollen nur drei sehr unterschiedliche Anwendungen vorgestellt werden.

- Für die Nachrichtenübertragung in dünn besiedelten oder weniger entwickelten Gebieten wurden und werden z. T. immer noch Freileitungen verwendet. Hierbei handelt es sich um Zweidrahtleitungen, die an Telegrafenmasten Fernsprech- oder Fernschreibverbindungen ermöglichen. Je Leitung können zwölf Fernsprechkanäle übertragen werden, wobei der Frequenzbereich von 0 Hz bis 160 kHz reicht. Die elektrischen Eigenschaften der Leitung hängen einerseits von der Geometrie der Anordnung, andererseits aber auch von den Eigenschaften der „Isolation" – d. h. der Luft zwischen den Leitern – ab.

  Wie leicht zu erkennen ist, ergibt sich daraus eine starke Abhängigkeit der Übertragungseigenschaften von der Witterung (feuchte Luft, Eisbesatz, …). Weitere Nachteile sind ausgeprägtes Nebensprechen zwischen benachbarten Zweidrahtleitungen (eine Strecke wird häufig mit mehr als einer Freileitung betrieben), hoher Platzbedarf sowie die – subjektive – Einstufung als „häßlich". Diese Aspekte sowie der technische Fortschritt haben dazu geführt, daß diese Überlandleitungen zur Nachrichtenübertragung immer stärker verdrängt werden durch unterirdisch verlegte Kabel bzw. durch Satellitenverbindungen.

  Der Ableitungsbelag G' ist einerseits frequenzabhängig und andererseits (bei Freileitungen) stark witterungsabhängig (Tab. E.2-5). Daher werden seine Werte in der Regel empirisch gewonnen.

	Frequenz / kHz			Ableitungs-belag	Frequenz / kHz			Dämpfungs-koeffizienten
	1	10	100	G'	1	10	100	α
Trock. Wetter	0,09	0,8	8	µS/km	0,035	0,053	0,15	dB/km
Regen	0,8	7,5	45	µS/km	0,037	0,071	0,25	dB/km
Rauhreif	3,0	24	200	µS/km	0,043	0,12	0,67	dB/km

Tab. E.2-5   Typische Werte für den Ableitungsbelag G' und den Dämpfungskoeffizienten α. *[Steinbuch u. Rupprecht 82]*

Der Dämpfungskoeffizient berechnet sich zu

$$\alpha \approx \frac{1}{2}\left(R'\sqrt{\frac{C'}{L'}} + G'\sqrt{\frac{L'}{C'}}\right) \qquad \text{(E.2-43)}$$

Typische Werte hierfür sind ebenfalls in Tab. E.2-5 angegeben. Die Abmessungen von typischen Doppelleitungen (Freileitungen) liegen im Bereich von $d = (2 \ldots 5)\,\text{mm}$ und $a = (150 \ldots 400)\,\text{mm}$. Am Beispiel einer Cu-Freileitung soll hier die Größenordnung der zu erwartenden Werte für die Leitungsbeläge gezeigt werden.

$$a = 250\,\text{mm} \qquad \kappa = 57\,\frac{\text{S m}}{\text{mm}^2} \qquad R_0' = 4{,}9\,\frac{\Omega}{\text{km}} \qquad Z_0 = 615\,\Omega$$

$$d = 3\,\text{mm} \qquad C' = 5{,}4\,\frac{\text{S m}}{\text{mm}^2} \qquad L' = 2\,\frac{\text{mH}}{\text{km}}$$

- Bei Zweidrahtkabeln ist zu unterscheiden zwischen Kabeln für den niederfrequenten Bereich (NF-Kabel) und Kabeln für die Anwendung in Trägerfrequenzsystemen (TF-Kabel). Der Frequenzbereich von NF-Kabeln reicht bis 252 kHz (entsprechend 60 Fernsprechkanälen), während die etwas aufwendiger ausgelegten TF-Kabel bis 552 kHz genutzt werden können (120 Fernsprechkanäle). In der Übertragungstechnik sind in einem Kabel i. a. mehrere (bis zu einigen hundert) Leitungen zusammengefaßt. Dabei werden zuerst aus einzelnen Adern Verseilgruppen (Vierer) gebildet, wobei meistens Sternvierer oder Dieselhorst-Martin-Vierer verwendet werden (Abb. E.2-9).

Beim Sternvierer werden vier einzelne Adern miteinander verseilt (jeweils zwei gegenüberliegende Adern bilden einen „Stamm"), während beim Dieselhorst-Martin-Vierer zuerst zwei Adern zu einem Paar („Stamm") verseilt werden, die dann durch nochmaliges Verseilen eine Verseilgruppe bilden. Aus den so entstandenen Verseilgruppen werden wiederum Lagen aufgebaut, die um einen Kern (z. B. ein Stahlseil zur mechanischen Stabilisierung) angeordnet einen Verseilverband bilden. Die geforderte Anzahl der Leitungen im Kabel legt die Anzahl der Lagen und somit die Kabelgröße fest. Ein wesentlicher Nachteil dieses Aufbaus ist ein erhebliches Nebensprechen zwischen den Leitern, bedingt durch den geringen Abstand und die ungenügende Isolation gegeneinander.

- Bei der Verbindung über kurze Entfernungen (z. B. im Teilnehmeranschlußbereich) hat die verdrillte Zweidrahtleitung (*Twisted Pair*) eine gewisse Be-

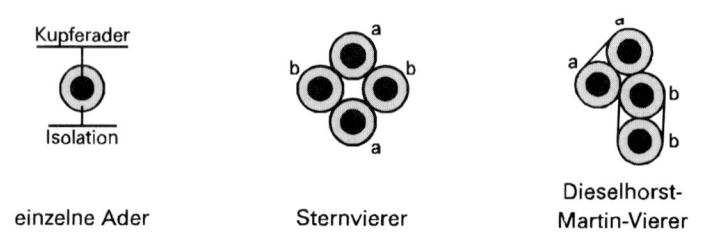

Abb. E.2-9 Verseilgruppen

deutung erlangt. Hierbei handelt es sich um eine Zweidrahtleitung, deren Adern in Längsrichtung eine definierte Verdrehung erfahren haben. Hierdurch wird insbesondere die nutzbare Bandbreite deutlich heraufgesetzt, so daß der Frequenzbereich bis an 1 MHz heranreicht. Somit können je Leitung bis zu 120 Fernsprechkanäle übertragen werden.

Als Nachteil ist jedoch das weiterhin vorhandene Nebensprechen sowie eine zu hohen Frequenzen hin deutlich zunehmende Dämpfung zu nennen. Die Abmessungen sind wesentlich geringer als bei Freileitungen. Um das Nebensprechen zwischen benachbarten *Twisted-Pair*-Leitungen sowie die Empfindlichkeit gegen sonstige Störsignale zu reduzieren, werden neben ungeschirmten (*unshielded Twisted Pair* – UTP) auch geschirmte Zweidrahtleitungen (*shielded Twisted Pair* – STP) verwendet (Abb. E.2-10). Diese werden häufig symmetrisch betrieben, d. h. beide Adernpotentiale verlaufen gegensinnig, bezogen auf die Masse (Schirmung).

Abb. E.2-10 Aufbau einer ungeschirmten bzw. einer geschirmten Zweidrahtleitung

E.2.5.2 Koaxialleitung

Für die Leitungsbeläge der Koaxialleitung (mit einer Geometrie gemäß der Abb. E.2-11.a, b) gelten folgende Formeln:

$$R' = \frac{1}{2\pi r_i \delta_i \kappa_i} + \frac{1}{2\pi r_a \delta_a \kappa_a} \qquad (E.2\text{-}44)$$

$$L' = \frac{\mu_0 \mu_r}{2\pi} \ln \frac{r_a}{r_i} \qquad f > f_0 \qquad (E.2\text{-}45)$$

$$C' = \frac{2\pi \varepsilon_0 \varepsilon_r}{\ln \frac{r_a}{r_i}} \qquad (E.2\text{-}46)$$

$$G' = \omega C' \tan \delta \qquad (E.2\text{-}47)$$

Hierbei stehen δ_i bzw. δ_a für die Eindringtiefe (Skin-Effekt) beim Innen- bzw. beim Außenleiter. Der Verlustfaktor $\tan\delta$ (kein Zusammenhang mit der Eindringtiefe!) ergibt sich aus Messungen oder aus den Eigenschaften des Isoliermaterials. Für Wellenwiderstand und Ausbreitungskonstante gilt

$$\underline{Z}_w = \sqrt{\frac{L'}{C'}} = \frac{1}{2\pi}\sqrt{\frac{\mu}{\varepsilon}}\ln\frac{r_a}{r_i} \qquad f > f_0$$
$$\Downarrow$$
$$\frac{Z_w}{\Omega} = 60\sqrt{\frac{\mu_r}{\varepsilon_r}}\ln\frac{r_a}{r_i} \qquad f > f_0 \qquad \text{(E.2-48)}$$

bzw.

$$\beta = \omega\sqrt{L'C'} = \omega\sqrt{\mu\varepsilon} \qquad \text{(E.2-49)}$$

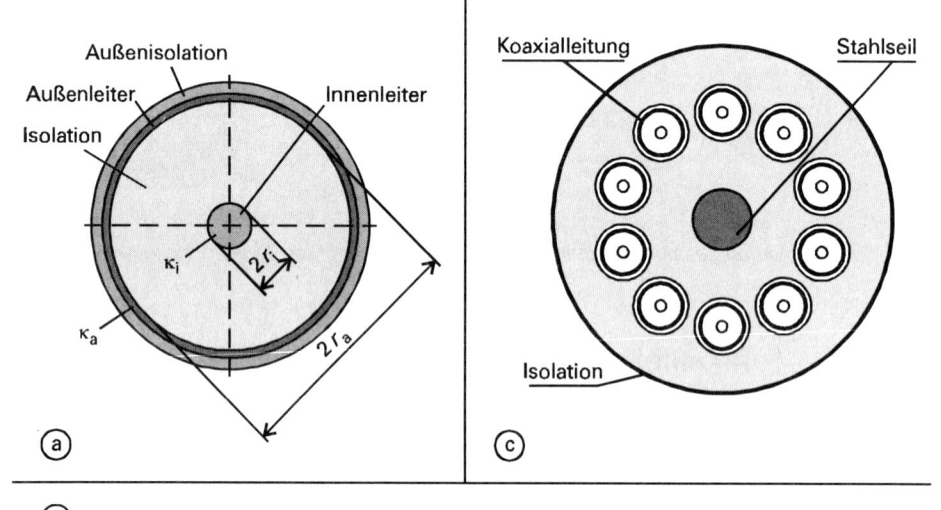

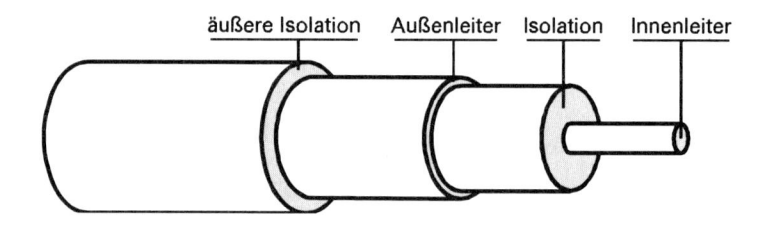

Abb. E.2-11 Geometrie einer Koaxialleitung (a) und (b) – Aufbau eines Koaxialkabels mit zehn Koaxialleitungen (c)

E.2.5 Die wichtigsten Leitungstypen

Die Grenzfrequenz f_0, ab der die hier angegebenen Formeln gültig sind, liegt im allgemeinen bei ca. 10 MHz. Das bedeutet, daß bei vielen Anwendungen mit einem reellen Wellenwiderstand gerechnet werden kann. Diese Grenzfrequenz kommt durch die Forderung für eine verlustlose Leitung zustande. Für den Dämpfungskoeffizient gilt

$$\alpha \approx \sqrt{\frac{\pi f \varepsilon}{\kappa}} \frac{1 + \frac{r_a}{r_i}}{2 r_a \ln \frac{r_a}{r_i}} + \pi f \tan \delta \sqrt{\mu \varepsilon} \qquad \text{(E.2-50)}$$

wobei dieser für ein bestimmtes Durchmesserverhältnis $q = r_a / r_i$ minimal wird.

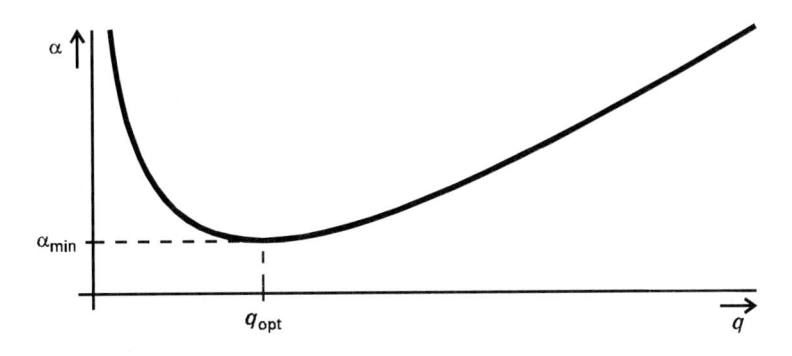

Abb. E.2-12 Verlauf des Dämpfungskoeffizienten einer Koaxialleitung in Abhängigkeit vom Durchmesserverhältnis (schematisch)

Dieses Verhältnis läßt sich zu $q = 3{,}6$ berechnen. Für diesen Fall ergibt sich dann der Wellenwiderstand zu

$$\frac{Z_w}{\Omega} \approx 77 \sqrt{\frac{\mu_r}{\varepsilon_r}} \qquad \text{(E.2-51)}$$

und der Dämpfungskoeffizient zu

$$\alpha \approx \pi f \tan \delta \sqrt{\mu \varepsilon} \qquad \text{(E.2-52)}$$

Für $\mu_r = 1$ und $\varepsilon_r \approx 1$ ergibt sich ein typischer Wellenwiderstand von ca. 75 Ω. In der modernen Übertragungstechnik wird beispielsweise ein Koaxialkabel 9,5/2,6 ($D = 9{,}5$ mm, $d = 2{,}6$ mm) mit Abstandshalterung durch Polyethylenscheiben verwendet.

Es weist einen Wellenwiderstand von ca. 75 Ω für Frequenzen bis zu 60 MHz auf und ermöglicht somit eine gleichzeitige Übertragung von 10800 Sprachkanälen.

Für die Halterung des Innenleiters werden vorwiegend drei Varianten verwendet:
- Voll-Isolierung,
- Abstandsscheiben,
- Isolierfäden.

In Tab. E.2-6 sind die Daten einiger typischer Isolierstoffe angegeben.

Isolationsmaterial	Verlustfaktor tan δ	rel. Permittivität ε_r
Papier	$60 \cdot 10^{-4}$	1,335
Styroflex	$1 \cdot 10^{-4}$	1,15 ... 1,18
Styropor	$1 \cdot 10^{-4}$	1,09
Teflon	$3 \cdot 10^{-4}$	2,1

Tab. E.2-6 Daten wichtiger Isolierstoffe

E.2.5.3 Streifenleitung

Eine Alternative zu den konventionellen Leitungen (Koaxial-, Doppelleitung) bilden die Streifenleitungen, die in zunehmendem Maße in integrierten Hochfrequenz- und Mikrowellenschaltungen eingesetzt werden. Darüber hinaus dienen sie in „schnellen" Datenverarbeitungsanlagen (hohe Bitraten) als Verbindungsleitungen mit definiertem Wellenwiderstand und definierten Laufzeiten. Zwei der wichtigsten Bauformen, die geschirmte Streifenleitung (*Triplate*) und die offene (oder ungeschirmte) Streifenleitung (*Microstrip*), sind in Abb. E.2-13 dargestellt, während Tab. E.2-7 eine kleine Übersicht über die wichtigsten Trägermaterialien enthält.

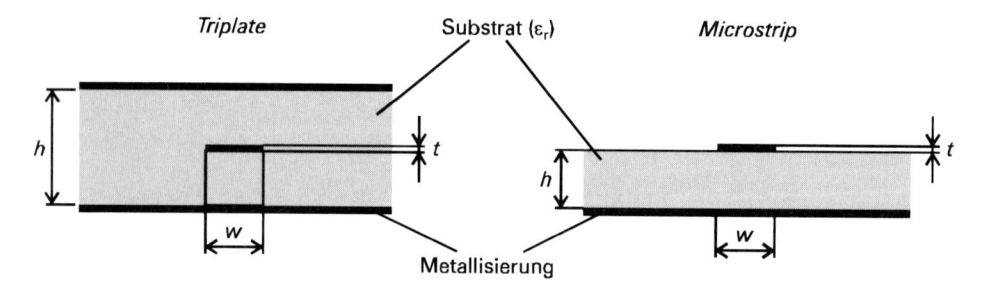

Abb. E.2-13 Geometrie der geschirmten und der ungeschirmten Streifenleitung

Die aus Silber oder Kupfer bestehenden streifenförmigen Leiterzüge werden aufgedampft, durch Siebdruck aufgebracht oder durch Ätzverfahren realisiert und anschließend meist verzinnt oder vergoldet.

E.2.5 Die wichtigsten Leitungstypen

Material	rel. DK ε_r	Verlustfaktor (10 GHz) tan δ	TK von ε_r 10^{-6}/K	Bemerkung
Quarzglas	3,78	0,0001	+13	anisotrop
Keramik (BeO)	6,3	0,006	+107	anisotrop
Keramik (Al$_2$O$_3$)	9,8	0,001	+136	anisotrop
PTFE (z. B. Teflon)	2 ... 12	0,002	−350 ... −100	Kunststoff
semiisol. GaAs	12,9	0,002	0	Halbleiter

Tab. E.2-7 Die wichtigsten Trägermaterialien für Streifenleitungen (DK: Dielektrizitätskonstante, TK: Temperaturkoeffizient)

In der Rechner- und Digitaltechnik werden oft mehrere Leitersysteme übereinander angeordnet (*Multilayer*).

♦ Geschirmte Streifenleitung (*Triplate*)

Auf der geschirmten Streifenleitung breiten sich TEM-Wellen aus. Für den (Leitungs-)Wellenwiderstand $\underline{Z}_L$ lassen sich folgende Näherungsformeln angeben (Fehler < 1,2 %) [Hoffmann 83]:

$$\frac{\underline{Z}_L}{\Omega} \approx \begin{cases} \dfrac{\dfrac{94{,}15}{\sqrt{\varepsilon_r}}\left(1-\dfrac{t}{h}\right)}{\dfrac{w}{h}+\dfrac{2}{\pi}\ln\dfrac{2h-t}{h-t}-\dfrac{t}{\pi h}\ln\dfrac{t[2-(t/h)]}{h[1-(t/h)]^2}} & \text{für} \quad \dfrac{w}{h-t} > 0{,}35 \\[2ex] \dfrac{60}{\sqrt{\varepsilon_r}}\ln\dfrac{8h}{w\left[1+\dfrac{t}{\pi w}\left(1+\ln\dfrac{4\pi w}{t}\right)+0{,}51\left(\dfrac{t}{w}\right)^2\right]} & \text{für} \quad \dfrac{w}{h-t} \leq 0{,}35 \end{cases}$$

(E.2-53)

Die zur Berechnung der Wellenlänge wichtige effektive relative Dielektrizitätskonstante (DK) ist hier gleich der relativen Dielektrizitätskonstanten.

♦ Offene Streifenleitung (*Microstrip*)

Die offene Streifenleitung stellt eine Leitung mit quergeschichtetem Dielektrikum (mit unterschiedlichen Dielektrizitätskonstanten) dar. Somit enthält das elektromagnetische Feld alle sechs möglichen Komponenten ($E_x, E_y, E_z, H_x, H_y, H_z$). Bei niedrigen Frequenzen ($\lambda > 100 h$) überwiegen die Transversal-Komponenten und man kann mit den statisch ermittelten Leitungsparametern rechnen (Quasi-TEM-Wellen). Die exakte Berechnung der Leitungsparameter ist sehr aufwendig und ohne Rechnerprogramme nicht durchzuführen. Daher existieren einerseits zahlreiche Tabellenwerke und Graphiken, aus denen die gesuchten Werte entnommen werden können.

Andererseits sind empirische Näherungsformeln gefunden worden, die die gewünschten Werte mit für die Praxis i. a. ausreichender Genauigkeit liefern. Die Formeln wurden auf der Basis von Meßergebnissen mit Hilfe von Funktional-Approximationen ermittelt. Für den (Leitungs-)Wellenwiderstand Z_L gilt somit

$$\frac{Z_L}{\Omega} \approx \begin{cases} \dfrac{\dfrac{188{,}3}{\sqrt{\varepsilon_r}}}{\dfrac{w}{2h}+0{,}441+\dfrac{\varepsilon_r+1}{2\pi\varepsilon_r}\left[\ln\left(\dfrac{w}{2h}+0{,}94\right)+1{,}451+0{,}082\dfrac{\varepsilon_r-1}{\varepsilon_r^2}\right]} & \text{für} \quad \dfrac{w}{h}>1 \\[4ex] \dfrac{60}{\sqrt{(\varepsilon_r+1)/2}}\left[\ln\dfrac{8h}{w}+\dfrac{1}{32}\left(\dfrac{w}{h}\right)^2-\dfrac{1}{2}\dfrac{\varepsilon_r-1}{\varepsilon_r+1}\left(0{,}451+\dfrac{0{,}241}{\varepsilon_{r,\text{eff}}}\right)\right] & \text{für} \quad \dfrac{w}{h}\le 1 \end{cases}$$

(E.2-54)

Im Gegensatz zur geschirmten Streifenleitung weicht bei der offenen Streifenleitung die effektive relative Dielektrizitätskonstante von der relativen Dielektrizitätskonstanten ab. Im statischen Fall hängt die effektive relative Dielektrizitätskonstante von der Geometrie gemäß

$$\varepsilon_{r,\text{eff,stat}} = \frac{\varepsilon_r+1}{2}+\frac{\varepsilon_r-1}{2}\frac{1}{\sqrt{1+10(h/w)}} \qquad (\text{E.2-55})$$

ab, wobei der Einfluß der Frequenz mit

$$\varepsilon_{r,\text{eff}} = \varepsilon_r - \frac{\varepsilon_r - \varepsilon_{r,\text{eff,stat}}}{1+P} \qquad (\text{E.2-56})$$

und

$$\begin{aligned} P &= P_1 P_2 \left[10(0{,}1844+P_3 P_4)fh\right]^{1{,}5763} \\ P_1 &= 0{,}27488 + \frac{w}{h}\left[0{,}6315 + \frac{0{,}525}{(1+0{,}157fh)^{20}}\right] - 0{,}065683\,\mathrm{e}^{-8{,}7513w/h} \\ P_2 &= 0{,}33622\left(1-\mathrm{e}^{-0{,}03442\varepsilon_r}\right) \\ P_3 &= 0{,}0363\,\mathrm{e}^{-4{,}6w/h}\left(1-\mathrm{e}^{-\left(\frac{fh}{3{,}87}\right)^{4{,}97}}\right) \\ P_4 &= 1+2{,}751\left(1-\mathrm{e}^{-\left(\frac{\varepsilon_r}{15{,}916}\right)^8}\right) \end{aligned} \qquad (\text{E.2-57})$$

berücksichtigt werden kann [Hoffmann 83]. Wie leicht zu erkennen ist, ist bereits bei der Anwendung dieser Näherungsformeln eine Berechnung ohne Rechnerunterstützung nicht mehr praktikabel. Dies insbesondere, da einerseits in einer Schaltung i. a. Leitungen mit verschiedenen Leiterbahnbreiten (und somit Wellenwiderständen) verwendet werden und andererseits jede Schaltung nicht nur bei einer Frequenz betrachtet werden sollte, sondern über eine gewisse, von der Anwendung abhängige Bandbreite.

Die FARBTAFEL I zeigt eine ungehäuste *Microstrip*-Schaltung, auf der ein 60-GHz-Verstärker mit integriertem Vorverstärker (obere Hälfte der Schaltung) realisiert wurde.

In FARBTAFEL II ist eine *Microstrip*-Schaltung in einem Gehäuse mit koaxialen Anschlüssen zu sehen. Aufgabe dieser Schaltung ist die Aufteilung der im linken Tor eintreffenden Signalleistung auf die drei anderen Tore. Der Frequenzbereich dieser Schaltung umfaßt 6 GHz bis 18 GHz.

Als weiterführende Literatur zur Theorie der Streifenleitungen sowie der Praxis von Streifenleitungsschaltungen sei hier beispielsweise [Hoffmann 83] empfohlen.

E.2.5.4 Hohlleiter

Hohlleiter sind Rohre aus leitendem Material mit – im Prinzip – beliebigem, über der Länge konstantem Querschnitt. Die beiden wichtigsten Querschnittsformen sind in Abb. E.2-14 dargestellt: der Rechteck- und der Rundhohlleiter.

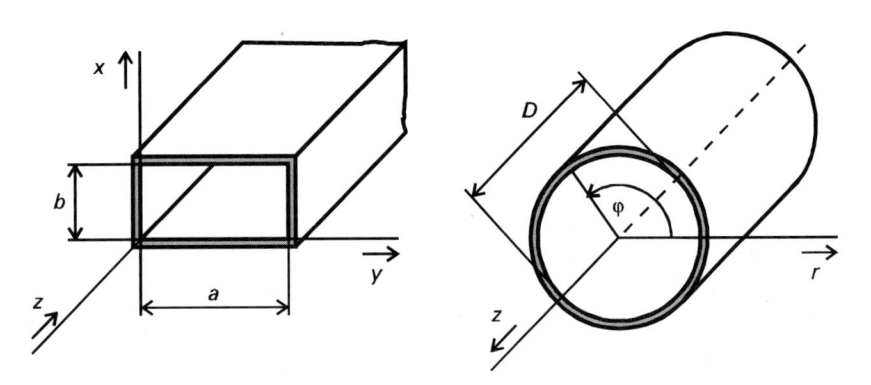

Abb. E.2-14 *Typische Hohlleiter-Querschnitte*

Die Theorie der Wellenausbreitung im Hohlleiter beruht (wie bei allen anderen Leitungstypen) auf den Maxwellschen Gesetzen und ist zu aufwendig, um hier wiedergegeben werden zu können. Der interessierte Leser sei daher auf die einschlägige Literatur verwiesen (z. B. [Marcuvitz 51]). Hier sollen nur kurz eine Beschreibung der Resultate und eine Übersicht der wichtigsten Anwendungen gegeben werden.

Entlang der z-Achse breitet sich im Inneren des Hohlleiters eine elektromagnetische Welle aus. Im Gegensatz zu den TEM-Leitungen haben die elektromagnetischen Wellen im Hohlleiter auch Feldstärke-Komponenten in Ausbreitungsrichtung z. Dabei sind zu unterscheiden:

- E-Wellen ($E_z \neq 0$), transversal-magnetisch (TM);
- H-Wellen ($H_z \neq 0$), transversal-elektrisch (TE).

Die einzelnen Schwingungsformen, Moden genannt, unterscheiden sich in den Eigenschaften ihres Feldbildes und werden durch zwei Indices m und n klassifiziert. Jeder Mode weist eine charakteristische Grenzfrequenz $f_{g,mn}$ (bzw. Grenzwellenlänge $\lambda_{g,mn}$) auf, unterhalb der dieser Mode im Hohlleiter nicht ausbreitungsfähig ist. Die Grenzfrequenz (*Cutoff Frequency*) hängt allein von der Geometrie des Leiters ab. Die Grenzwellenlänge berechnet sich für den Rechteckhohlleiter zu

$$\lambda_{g,mn} = \frac{2}{\sqrt{\left(\frac{m}{a}\right)^2 + \left(\frac{n}{b}\right)^2}} \qquad \text{(E.2-58)}$$

wobei a und b für die Höhe bzw. die Breite des Hohlleiters stehen. Die Grenzfrequenz eines Hohlleiters ergibt sich zu $f_{g,mn} = c/\lambda_{g,mn}$. Der Ausbreitungskoeffizient $\underline{\gamma}_{mn}$ berechnet sich beim verlustlosen Rechteckhohlleiter (dies ist mit guter Näherung im Rahmen des normalen Einsatzes von Hohlleitern i. a. erfüllt) zu

$$\begin{aligned}\underline{\gamma}_{mn} &= \alpha + j\beta \\ &= 2\pi \sqrt{\frac{1}{\lambda_{g,mn}^2} - \frac{1}{\lambda^2}}\end{aligned} \qquad \text{(E.2-59)}$$

Dabei ist $\lambda = c/f$ die Freiraum-Wellenlänge. An dieser Formel läßt sich erkennen, daß für $f < f_{g,mn}$ die Phasenkonstante β gleich null und zugleich die Dämpfungskonstante α größer als null ist. Das bedeutet, daß die betreffende Welle sich im Hohlleiter nicht ausbreiten kann. Für $f > f_{g,mn}$ ist hingegen $\beta > 0$ und $\alpha = 0$. Die Welle breitet sich somit ungedämpft aus. Um diese Tatsache zu verdeutlichen, ist in Abb. E.2-15 der Verlauf von Dämpfungs- und Phasenkoeffizient eines typischen Rechteckhohlleiters über der Frequenz dargestellt. Einerseits sieht man hier, daß keine idealen Verhältnisse (unterhalb bzw. oberhalb der *Cutoff*-Frequenz jeweils endliche Dämpfung) vorliegen, da das Material des Hohlleiters eine endliche Leitfähigkeit aufweist. Andererseits kann man erken-

E.2.5 Die wichtigsten Leitungstypen

nen, daß sich ein Übergangsbereich ergibt, der ca. von der 0,8-fachen *Cutoff*-Frequenz bis zur 1,25-fachen *Cutoff*-Frequenz reicht. Das bedeutet, daß erst bei ca. dem 1,25-fachen der *Cutoff*-Frequenz die Eigenschaften des Rechteckhohlleiters vom „nicht wellenführenden" in den „wellenführenden" Bereich übergegangen sind. Dies führt dazu, daß der nutzbare Bereich des Rechteckhohlleiters nach unten auf diesen Wert begrenzt ist.

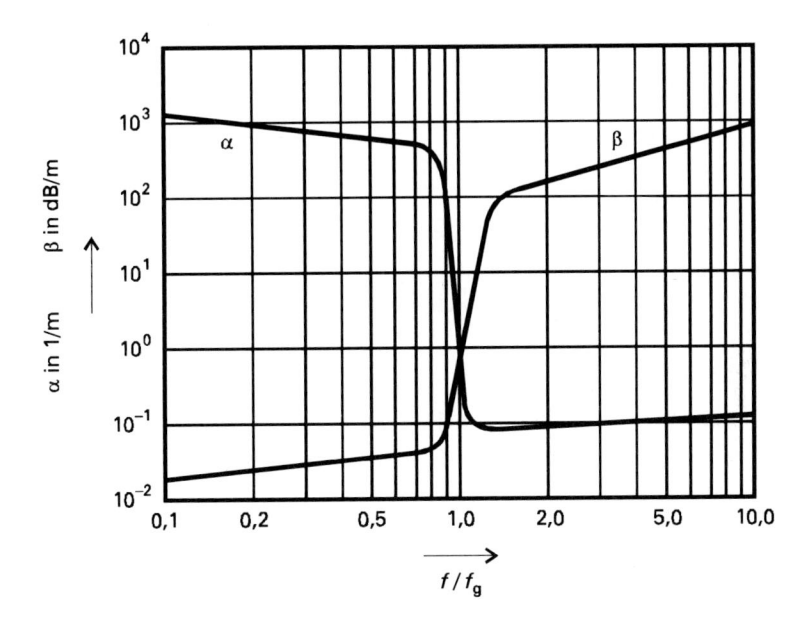

Abb. E.2-15 Ausbreitungskonstante des Grundmodes (H_{10}-Mode) im Rechteckhohlleiter ($\kappa = 58 \cdot 10^6$ S/m, $a = 2b = 25$ mm) (nach [Marquardt 86])

Die einzelnen Moden weisen nach (E.2-59) unterschiedliche Gruppengeschwindigkeiten auf (aber gleiche Phasengeschwindigkeit = Lichtgeschwindigkeit). Dies kann in der Anwendung zu Problemen führen (Stichworte: Dispersion, Impulsverbreiterung[6]). Daher wird der Bereich genutzt, in dem nur der Grundmode[7] ausbreitungsfähig ist, also der sogenannte eindeutige Bereich des Hohlleiters. Sonst besteht die Gefahr, daß an Inhomogenitäten (die aufgrund von Fertigungstoleranzen u. ä. in jeder Leitung vorhanden sind) andere Moden als der ursprünglich verwendete erregt werden (Moden-Konversion). Dies bedeutet z. B. für einen Rechteckhohlleiter eine nutzbare Bandbreite von ca. 40 %. Nimmt man einen Hohlleiter für Satelliten-Empfangsanlagen bei 10 GHz, so erhält man eine nutzbare Bandbreite von ca. 4 GHz.

---

[6] Die gleiche Problematik kann auch bei Lichtwellenleitern beobachtet werden. Im Abschnitt E.2.5.5 wird das Phänomen der Dispersion daher etwas näher betrachtet.

[7] Der Grundmode des Rechteck-Hohlleiters ist der TE_{10}-Mode, und der des Rund-Hohlleiters ist der TE_{11}-Mode.

In der Praxis weisen natürlich auch Hohlleiter geringe Verluste auf. Diese entstehen durch die Wandströme und die endliche Leitfähigkeit des Metalls, sind jedoch so gering, daß sie in den meisten Fällen vernachlässigt werden können.

Die wesentlichen Vor- und Nachteile des Hohlleiters sind in Tab. E.2-8 gegenübergestellt.

Vorteile	Nachteile
+ geringe Dämpfung	− hohes Gewicht, relativ hoher Platzbedarf
+ hohe übertragbare Leistungen	− aufwendige Verarbeitung
+ große Übertragungsbandbreiten	− starr (Ausnahme: flexibler Hohlleiter mit erhöhter Dämpfung)

Tab. E.2-8 *Vor- und Nachteile von Hohlleitern*

Der praktische Einsatz beschränkt sich daher im wesentlichen auf folgende Anwendungen:

- Übertragung hoher Leistungen;
- rauscharmer Empfang von schwachen Signalen;
- Zuführung zu Sende- und Empfangsantennen in Richtfunk- und Satelliten-Anlagen, Radar, etc.;
- fast ausschließlich für Frequenzen oberhalb ca. 1 GHz.

Rechteckhohlleiter

In Abb. E.2-16 sind die Grenzfrequenzen sowie der Bereich der Ausbreitungsfähigkeit von Moden im Rechteckhohlleiter dargestellt. Die hier gezeigten Zahlenwerte beziehen sich auf ein Verhältnis Breite zu Höhe von 2:1. Wie man hier erkennen kann, ergibt sich ein Eindeutigkeitsbereich (das heißt ein Frequenzbereich, in dem nur ein einziger Mode ausbreitungsfähig ist) von der einfachen bis zur doppelten Grenzfrequenz des Grundmodes (H_{10}). Da einerseits bei $f = f_g^{(H_{10})}$ der Ausbreitungskoeffizient nur relativ langsam ansteigt, andererseits aber z. B. Fertigungs- und Temperaturtoleranzen zu berücksichtigen sind, ergibt sich ein typisches Einsatzgebiet für den Rechteckhohlleiter mit $b/a = 0{,}5$ von ca. $1{,}25\, f_g^{(H_{10})}$ bis $1{,}9\, f_g^{(H_{10})}$. Daraus folgt eine Bandbreite von ca. 40 %. Die hierbei verwendete Formel für die Grenzfrequenz (*Cutoff Frequency*) lautet

$$f_{g,mn} = \frac{c}{\lambda_{g,mn}} = \frac{c}{2}\sqrt{\left(\frac{m}{a}\right)^2 + \left(\frac{n}{b}\right)^2} \qquad \text{(E.2-60)}$$

Die Grenzfrequenzen für die E- und die H-Moden sind gleich. Zu beachten ist jedoch, daß bei E-Moden beide Indices ungleich null sein müssen, während bei H-Moden nicht beide Indices gleich null sein dürfen.

E.2.5 Die wichtigsten Leitungstypen

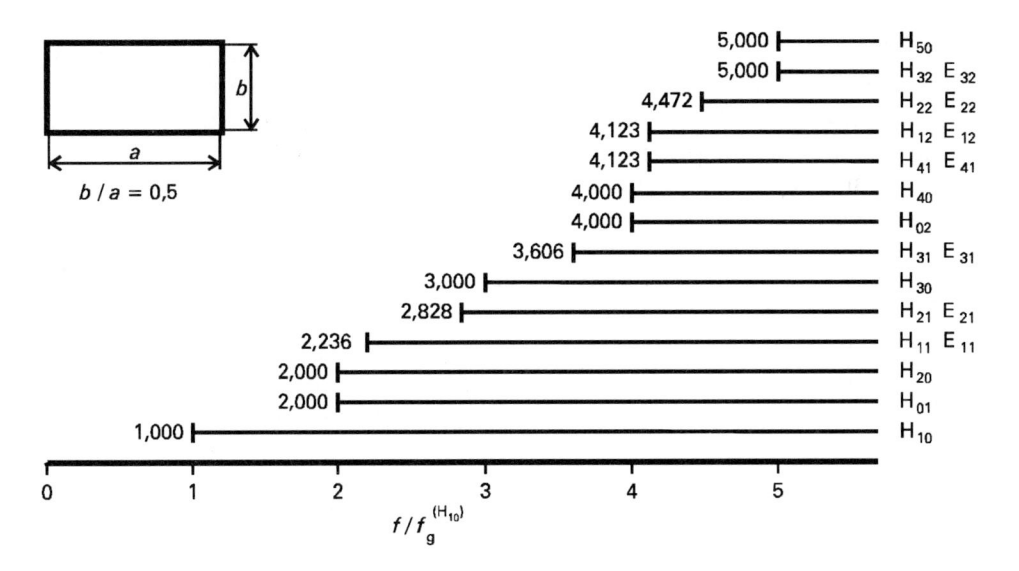

Abb. E.2-16 Frequenzbereich der Ausbreitungsfähigkeit von E- und H-Moden im Rechteckhohlleiter bei einem Breite-Höhe-Verhältnis von 2:1

In FARBTAFEL III ist eine komplexe Hohlleiter-Schaltung dargestellt.

Beispiel E.2-6

Beim Norm-Hohlleiter R120 mit der Breite $a = 19{,}05$ mm und der Höhe $b = 9{,}525$ mm (siehe Tab. E.6-1) ergibt sich mit (E.2-58) die Grenzwellenlänge zu $\lambda_g = 38{,}10$ mm bzw. mit (E.2-60) die Grenzfrequenz zu $f_g = 7{,}87$ GHz. Der nutzbare Frequenzbereich würde gemäß den o. a. Abschätzungen mit 9,8 GHz bis 15,0 GHz angegeben werden. Der Normtabelle kann die empfohlene Bandbreite von 9,54 GHz bis 15,0 GHz entnommen werden, was einer relativen Bandbreite von ca. 43 % entspricht.

Rundhohlleiter

Der Rundhohlleiter bietet – wie in Abb. E.2-17 zu erkennen ist – einen deutlich geringeren Eindeutigkeitsbereich und somit auch einen deutlich geringeren typischen Einsatzbereich als der Rechteckhohlleiter. Ein Vorteil des Rundhohlleiters ist jedoch die, selbst im Vergleich zur allgemein geringen Dämpfung von Hohlleitern, sehr niedrige Dämpfung des H_{01}-Modes. Unter der Voraussetzung, daß bei der Anregung tatsächlich nur derjenige Mode erregt wird, der für die Übertragung genutzt werden soll (dieses Problem ist heute technisch im wesentlichen gelöst), kann auf diese Art eine Signalübertragung mit extrem geringer Dämpfung realisiert werden. Beim praktischen Einsatz sind neben der Dämpfung und der Bandbreite selbstverständlich auch die Kosten für die Realisierung sowie gerade beim Hohlleiter der Aufwand für die Verlegung der Verbindung in die Auswahl des geeigneten Übertragungsmediums einzubeziehen.

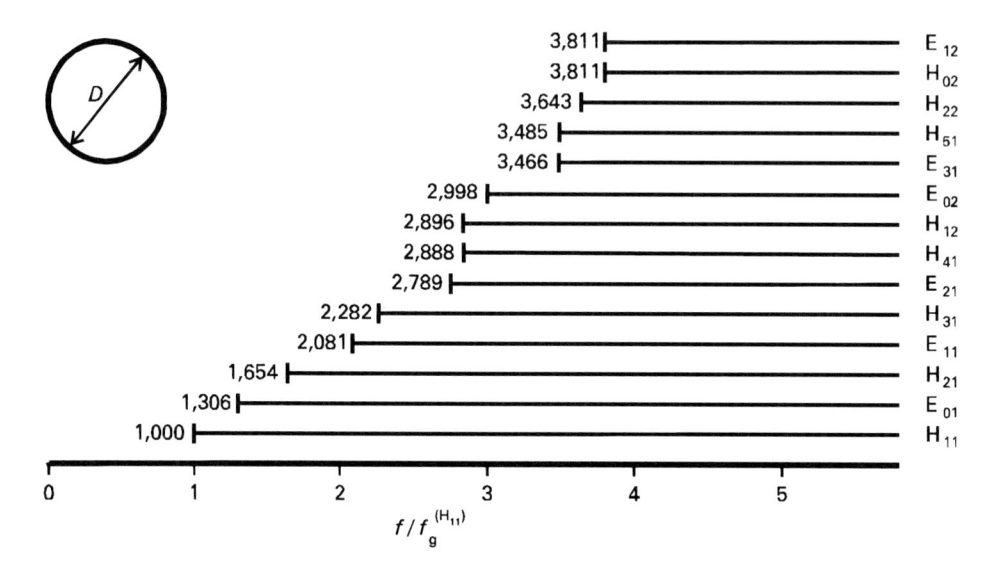

Abb. E.2-17 *Frequenzbereich der Ausbreitungsfähigkeit von E- und H-Moden im Rundhohlleiter*

Im Gegensatz zum Rechteckhohlleiter sind beim Rundhohlleiter die Grenzfrequenzen für die

H_{mn}-Moden
$$f_{g,mn}^{(H_{mn})} = \frac{c}{\lambda_{g,mn}^{(H_{mn})}} = \frac{c\, j_{mn}}{\pi D} \qquad (E.2\text{-}61)$$

bzw. für die

E_{mn}-Moden
$$f_{g,mn}^{(E_{mn})} = \frac{c}{\lambda_{g,mn}^{(E_{mn})}} = \frac{c\, j'_{mn}}{\pi D} \qquad (E.2\text{-}62)$$

unterschiedlich. Hierbei bezeichnen j_{mn} bzw. j'_{mn} die n-te Nullstelle der Bessel-Funktion m-ter Ordnung bzw. die n-te Nullstelle des ersten Differentialquotienten der Bessel-Funktion m-ter Ordnung. Eventuell vorhandene Nullstellen bei $x = 0$ werden dabei nicht gezählt.

E.2.5.5 Lichtwellenleiter

Einleitung

Der Lichtwellenleiter (LWL) besteht im Prinzip aus einem massiven kreiszylindrischen Rohr aus lichtleitendem Material: Quarzglas (SiO$_2$), dotiert mit GeO$_2$ zur Beeinflussung des Brechungsindex. Da es sich hier um einen Wellenleiter handelt, der überwiegend transversale Wellen leitet, gelten die theoretischen Erkenntnisse für Hohlleiter auch hier, und die Berechnungsverfahren können prinzipiell übernommen werden. Zur anschaulichen Beschreibung werden hier die Gesetze der Strahlenoptik genutzt. Besteht eine Glasfaser aus homogenem Material, so ist sie in der Lage, durch die Totalreflexion an der Grenzschicht Glas–Luft Licht zu führen, das unter einem entsprechend „flachen" Winkel in den Lichtwellenleiter eintritt. Technisch ist solch eine Faser jedoch nicht brauchbar, da sie an allen Berührungsstellen mit der Unterlage bzw. Halterung Lichtleistung verliert (an diesen Stellen findet keine Totalreflexion statt).

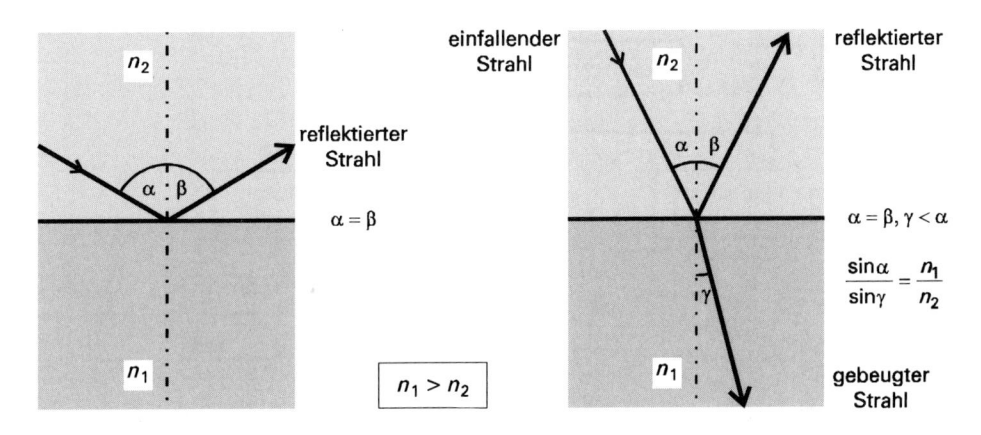

Abb. E.2-18 Reflexion an einer Grenzschicht

Für den Grenzwinkel für Totalreflexion (Abb. E.2-18) gilt

$$\Theta_g = \arcsin \frac{n_M}{n_K} \qquad (E.2\text{-}63)$$

Einige Werte für den Brechungsindex:
- Vakuum $n = n_0 = 1$
- Luft $n = n_{Luft} = 1{,}0003 \approx n_0$
- Glas $n \approx 1{,}45$

Für den Brechungsindex n gilt in guter Näherung $n \approx \sqrt{\varepsilon_r}$. Wird also die Permittivität des Glases verändert (z. B. durch Dotierung mit Fremdatomen bzw. -molekülen), so wird damit auch sein Brechungsindex verändert.

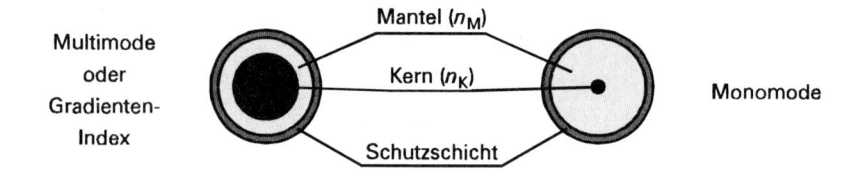

Abb. E.2-19   Prinzipieller Aufbau eines Lichtwellenleiters (nicht maßstäblich)

Der prinzipielle Aufbau eines Lichtwellenleiters ist in Abb. E.2-19 dargestellt. Auf die unterschiedlichen Typen von Lichtwellenleitern wird im weiteren Verlauf dieses Abschnitts etwas ausführlicher eingegangen.

Verschiedene Typen von Lichtwellenleitern

Die technisch wichtigsten Typen von Lichtwellenleitern sind in Abb. E.2-20 aufgeführt, wobei hier zuerst die Kern-Mantel-Faser vorgestellt wird.

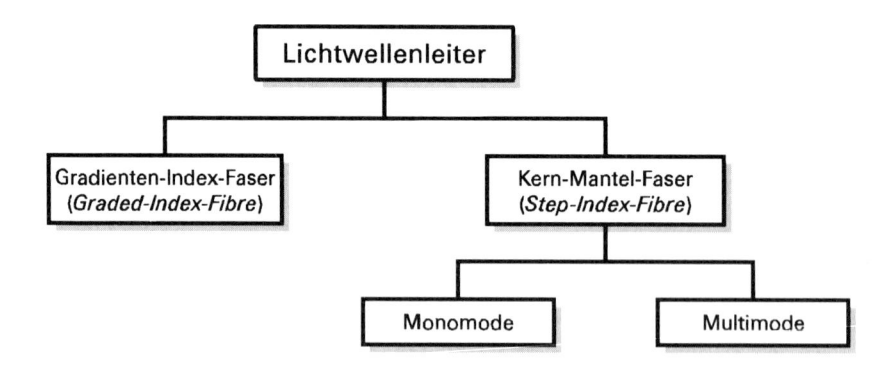

Abb. E.2-20   Lichtwellenleitertypen – Übersicht

Um das Problem der Verluste bei Berührung zu umgehen, wird der Kern der Faser ($n = n_K$) umgeben von einem Mantel, bestehend aus einem Glas mit geringfügig niedrigerem Brechungsindex ($n = n_M$). Der Parameter Brechungsindexdifferenz berechnet sich zu

$$\Delta = \frac{n_K^2 - n_M^2}{2n_K^2} \approx \frac{n_K - n_M}{n_K} \qquad \text{(E.2-64)}$$

Ein wichtiges Maß für den Einsatz eines Lichtwellenleiters ist die Größe des Öffnungswinkels des Lichtkegels, der von der Faser abgestrahlt bzw. aufgefangen werden kann. Zu seiner Charakterisierung dient die sogenannte Numerische Apertur (NA)

$$A_N = \sin \Theta_a = \sqrt{n_K^2 - n_M^2} \approx n_K \sqrt{2\Delta} \qquad \text{(E.2-65)}$$

mit dem maximalen Aufnahmewinkel der Faser Θ_a, dem Brechungsindex des Kerns n_K bzw. des Mantels n_M und der Brechungsindexdifferenz Δ.

Die Strahlen im Lichtwellenleiter lassen sich in drei Gruppen einteilen:

- Kernwellen – Für diese Strahlen, die unter einem relativ geringen Winkel auftreffen (mit obigen Zahlen z. B. $\Theta_g \approx 9{,}5°$), gilt die Totalreflexion an der Grenzschicht Kern-Mantel.
- Mantelwellen – Sie erfahren an der Grenzschicht Mantel–Umgebung eine Totalreflexion und werden im Mantel geführt.
- Raumwellen – Sie verlassen den Mantel (Leistungsverlust).

Für die Anzahl der ausbreitungsfähigen Moden gilt die Beziehung

$$N = \frac{1}{2}\left(\frac{\pi d}{\lambda}\right)^2 A_N^2 \qquad \text{(E.2-66)}$$

Beispiel E.2-7

Ein typischer Wert für die Brechungsindexdifferenz Δ ergibt sich mit $n_K = 1{,}47$ und $n_M = 1{,}45$ zu $\Delta = 0{,}0135$.

Für die Numerische Apertur resultiert somit ein Wert von $A_N = 0{,}242$ entsprechend einem maximalen Auftreffwinkel von $\Theta_a = 14{,}0°$.

Bei einem Kerndurchmesser von 5 µm und einer Wellenlänge von 850 nm berechnet sich die Modenzahl zu $N = 997$.

Der älteste Typ der Lichtwellenleiter ist die Multimode-Kern-Mantel-Faser (Abb. E.2-21), deren Bedeutung heute aus den hier besprochenen Gründen zurückgeht.

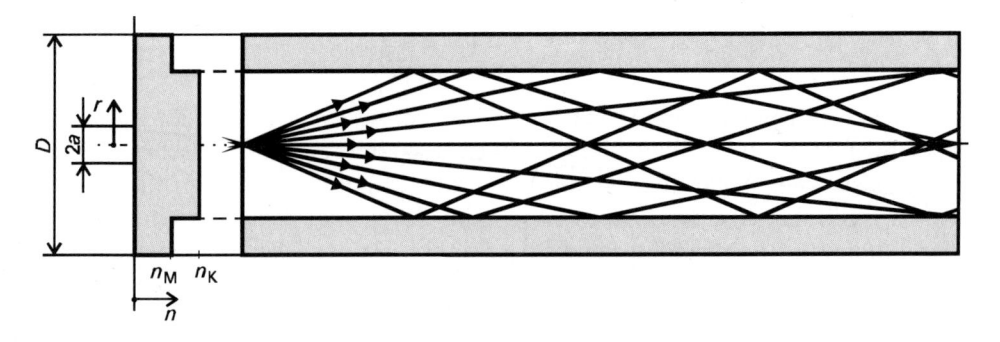

Abb. E.2-21   Kern-Mantel-Faser (Multimode)

Wie beim Hohlleiter können sich auch im Lichtwellenleiter prinzipiell mehrere Moden ausbreiten. Welche Moden erregt werden, hängt unter anderem von der Art der Einspeisung des Lichtes ab. Vereinfacht kann gesagt werden, daß sich die Moden durch ihren Laufweg bzw. ihre Laufzeit unterscheiden.

Ein zur Zeit $t = t_0$ gesendeter Impuls der Breite $(\delta t)_0$ wird aufgrund der Laufzeitunterschiede der einzelnen Moden zur Zeit $t = t_1 > t_0$ mit der Impulsbreite $(\delta t)_1 > (\delta t)_0$ am Leitungsende ankommen; siehe Abb. E.2-22.

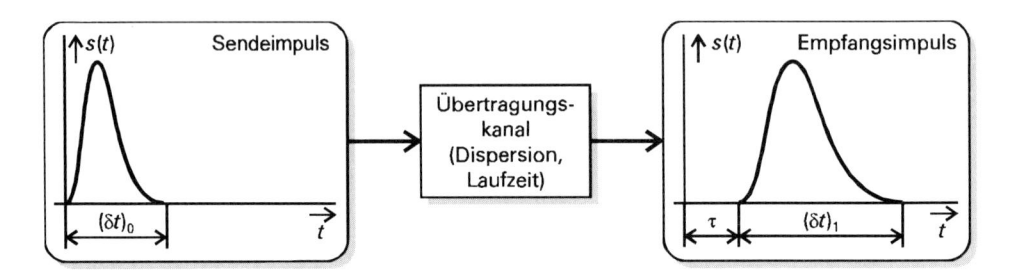

Abb. E.2-22 *Impulsverbreiterung*

Dieser Effekt der Impulsverbreiterung wird Dispersion genannt, wobei es sich hier speziell um Modendispersion (Wellenleiterdispersion) handelt. Die maximale Laufzeitdifferenz $(\mathrm{d}t)_g = (\mathrm{d}t)_1 - (\mathrm{d}t)_0$ aufgrund der Modendispersion beträgt bei der Multimode-Faser

$$(\delta t)_g = \frac{l}{c} \frac{n_M}{n_K} (n_K - n_M) = \frac{l}{c} \Delta n_M \qquad (E.2\text{-}67)$$

Eine weitere Quelle der Dispersion ist die Materialdispersion, der die Frequenzabhängigkeit des Brechungsindex n (und damit auch der Laufzeit) zugrunde liegt. Mit der Länge l des Lichtwellenleiters, der Wellenlänge λ bzw. der Bandbreite $\delta\lambda$ der Wellenlänge und dem zweifachen Gradienten des Brechungsindex des Kerns über der Wellenlänge $\mathrm{d}^2 n_K / \mathrm{d}\lambda^2$ ergibt sich die Materialdispersion zu

$$(\delta t)_{g,\text{Mat}} = \frac{l}{c} \lambda\, \delta\lambda\, \frac{\mathrm{d}^2 n_K}{\mathrm{d}\lambda^2} \qquad (E.2\text{-}68)$$

Die Materialdispersion hängt stark von der verwendeten Wellenlänge ab und verschwindet bei einer Wellenlänge von ca. 1300 nm (zweites optisches Fenster) fast vollständig. Außerdem ist die Materialdispersion (außer bei Monomode-Fasern) geringer als die Modendispersion. Aufgrund der Dispersion ist die Bandbreite des Übertragungskanals beschränkt. Da der Abstand zwischen zwei benachbarten Impulsen ausreichend groß sein muß, um auch noch die nach der Übertragung verbreiterten Impulse sauber erkennen zu können, ist die Anzahl der pro Zeiteinheit übertragbaren Impulse – also die Bandbreite – begrenzt.

E.2.5 Die wichtigsten Leitungstypen

Das Problem der Modendispersion kann dadurch beseitigt werden, daß nur ein Mode im Lichtwellenleiter ausbreitungsfähig ist. Dies erreicht man, indem der Kern-Durchmesser $2a$ bei der Monomode-Faser gegenüber der Multimode-Faser deutlich verringert wird (Abb. E.2-23). Die Bedingung hierfür lautet

$$V < 2{,}405 \qquad (E.2\text{-}69)$$

wobei sich die normierte Frequenz V zu

$$V = \frac{2\pi}{\lambda} a A_N \qquad (E.2\text{-}70)$$

berechnet. Oberhalb des Grenzwerts $V = 2{,}405$ ist der nächste Mode ausbreitungsfähig.

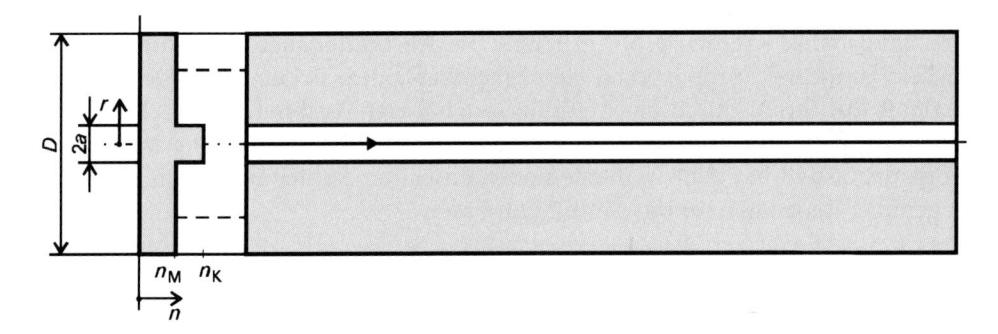

Abb. E.2-23 Kern-Mantel-Faser (Monomode)

Während ein typischer Wert für den Kerndurchmesser (Manteldurchmesser) bei Multimode-Fasern bei $2a = 50$ µm ($D = 125$ µm) liegt, beträgt er bei einer Monomode-Faser typisch $2a = 5$ µm ($D = 125$ µm). Zur sauberen Kopplung zwischen zwei Fasern bzw. zwischen einer Faser und einem Sende- oder Empfangselement werden somit jedoch Toleranzen im Bereich von 0,1 µm benötigt. Diese Problematik ist inzwischen überwunden, so daß bei geeigneten Anwendungsfällen die höhere Bandbreite der Monomode-Faser trotz des etwas höheren Aufwands zum Einsatz kommt.

Eine andere Möglichkeit zur Verringerung der Modendispersion bietet schließlich der zweite Typ des Lichtwellenleiters, die Gradientenindex-Faser (Abb. E.2-24). Hier ist der Ansatz der theoretischen Beschreibung der gleiche wie bei der Kern-Mantel-Faser mit dem wesentlichen Unterschied, daß aus dem Sprung des Brechungsindex ein kontinuierlicher Übergang mit endlichem Gradienten wird.

Typisch für die Gradientenindex-Faser ist ein (näherungsweise) quadratischer Verlauf des Brechungsindex im Kern gemäß

$$n(r) \propto \left(\frac{r}{a}\right)^2 \qquad 0 < r < a \qquad (E.2\text{-}71)$$

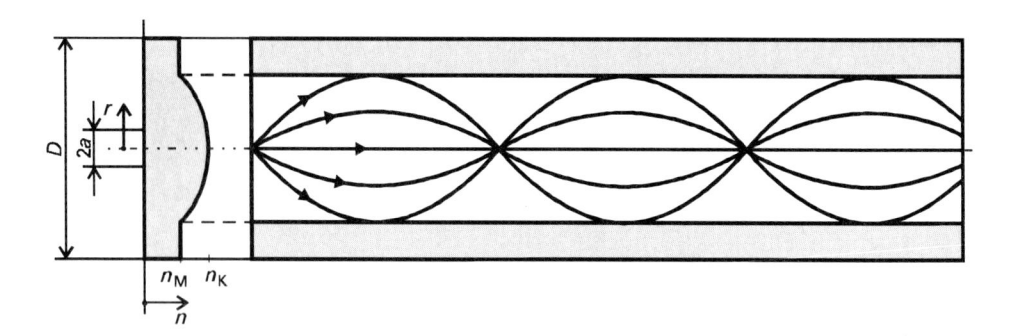

Abb. E.2-24 Gradientenindex-Faser

Bei der Gradientenindex-Faser werden die Lichtstrahlen durch den Verlauf des Brechungsindex zur Achse hin gebeugt. Die Ausbreitungsgeschwindigkeit des Lichtes ist indirekt proportional zum Brechungsindex. Bei einem längeren Weg verläuft der Strahl durch ein Medium mit höherer Ausbreitungsgeschwindigkeit, so daß die Laufzeit der ausbreitungsfähigen Moden nahezu gleich ist. Dies führt dazu, daß bei der Gradientenindex-Faser die Modendispersion klein ist gegenüber derjenigen bei der Multimode-Faser.

Die Modendispersion ist hier

$$(\delta t)_{g,\text{Mod}} = \frac{l}{c}\frac{n_K}{2}\left(\frac{n_K - n_M}{n_K}\right)^2 = \frac{l}{c}\frac{\Delta^2}{2}n_K \qquad (E.2\text{-}72)$$

bei einem Verlauf des Brechungsindex nach (E.2-71). Die mit einem Lichtwellenleiter übertragbare Bandbreite wird durch die Dispersion begrenzt. Eine charakteristische Größe für Lichtwellenleiter ist daher das Produkt aus übertragbarer Bandbreite B und Faserlänge l, das einen konstanten Wert darstellt. Typische Werte des Weg-Bandbreite-Produkts sind in Tab. E.2-9 angegeben.

In der Praxis werden heute Multimode-Fasern nur selten verwendet. Während Monomode-Fasern bei relativ hohem technischem Aufwand die größte Übertragungskapazität bieten, stellen Gradientenindex-Fasern einen häufig eingesetzten Kompromiß dar.

Fasertyp	$B\,l$ / GHz km
Multimode	0,05
Gradientenindex	≈ 2
Monomode	≈ 10

Tab. E.2-9 Typische Werte für das Weg-Bandbreite-Produkt

Dämpfung

Der Verlauf der spektralen Dämpfung einer Gradientenindex-Faser ist in Abb. E.2-25 dargestellt, wobei sich der entsprechende Verlauf bei Kern-Mantel-Fasern nicht wesentlich hiervon unterscheidet.

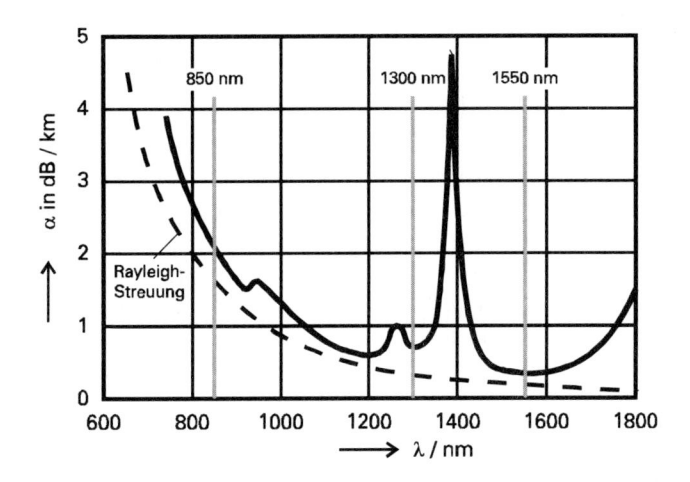

Abb. E.2-25 *Typischer Verlauf der Dämpfung einer Gradientenindex-Faser (nach [Fischbach et al 82])*

Diese Dämpfung wird durch die folgenden drei Einflüsse verursacht:

♦ Streuung

  Hier muß zwischen zwei Ursachen unterschieden werden:

  – Aufgrund der unvermeidbaren Inhomogenitäten des Materials findet an Einschlüssen, Luftblasen, Verunreinigungen, usw. eine Streuung des Lichtstrahls statt.

  – Die Ursache für die sogenannte Rayleigh-Streuung ist der amorphe Charakter des Materials. Sie ist unabhängig von dessen Reinheit und kann nicht vermieden werden.

  Die erreichbare minimale Dämpfung im Lichtwellenleiter wird somit durch die Rayleigh-Streuung bestimmt (siehe Abb. E.2-25).

♦ Absorption

  Ist das Material der Faser durch Metall- oder OH-Ionen verunreinigt, so absorbieren diese einen Teil der Strahlung und verursachen dadurch einen Leistungsverlust. Auch mit hohem technischem Aufwand lassen sich Verunreinigungen durch OH-Ionen nicht ganz ausschließen, so daß die Absorption bei bestimmten Wellenlängen (siehe Abb. E.2-25) immer eine Rolle spielt.

- Abstrahlung

  An Krümmungen mit sehr geringem Krümmungsradius können die Bedingungen für die Strahlungsführung im Lichtwellenleiter verletzt werden. Daher ist durch mechanischen Schutz und durch entsprechende Vorschriften bei der Verlegung dafür zu sorgen, daß ein gewisser minimaler Krümmungsradius nicht unterschritten wird.

Die drei in Abb. E.2-25 gekennzeichneten Wellenlängen 850 nm, 1300 nm bzw. 1550 nm werden als optische Fenster 1, 2 bzw. 3 bezeichnet. Im ersten optischen Fenster wurden zu Beginn der Nutzung der Lichtwellenleiter die ersten Übertragungen durchgeführt. Da heute auch bei anderen Wellenlängen Bauelemente zur Verfügung stehen, ist es nur noch von geringer Bedeutung. Das zweite optische Fenster umfaßt den Wellenlängenbereich, der derzeit in der Praxis vorwiegend genutzt wird, während im dritten optischen Fenster künftige (und teilweise auch schon gegenwärtige) Anwendungen anzutreffen sein werden.

E.3 Antennen

E.3.1 Einleitung

Der Zweck aller Empfangsantennen ist es, aus einer ankommenden ebenen Welle auf der Basis des Durchflutungs- und/oder Induktionsgesetzes einen (möglichst großen) Teil der Leistung auf die Anschlußleitung zu bringen. Die Sendeantennen haben dagegen unter Ausnutzung der gleichen elektromagnetischen Gesetzmäßigkeiten einen möglichst großen Teil der auf der Zuleitung gelieferten Leistung in Form einer elektromagnetischen Welle in den freien Raum abzugeben.

Definition E.3-1 ▼

Antennen ermöglichen den Übergang zwischen der leitungsgebundenen Ausbreitung elektromagnetischer Wellen und der Wellenausbreitung im freien Raum und können daher auch als Transformations-Vierpole bezeichnet werden. Der Übergang kann in beide Richtungen erfolgen (als Sende- bzw. als Empfangsantenne), da eine passive Antenne immer reziprok ist (aktive Antennen werden hier nicht betrachtet).

▲

E.3.1 Einleitung

Eine Sendeantenne formt die Leitungswelle in eine sich im freien Raum ausbreitende Welle um. Bei einer Empfangsantenne wird hingegen einer sich im freien Raum ausbreitenden Welle Energie entnommen und in einer Leitungswelle weitergeführt.

Aus diesen Überlegungen heraus lassen sich drei prinzipielle Antennenformen unterscheiden:

- Stabantennen – Durchflutungsgesetz: Elektrisches Feld regt einen Strom an.
- Schleifenantennen – Induktionsgesetz: Magnetisches Feld induziert einen Strom.
- Hohlleiterantennen – Ein Teil des äußeren Feldes wird im Hohlleiter weitergeführt.

Entsprechendes gilt gemäß der oben erwähnten Reziprozität auch für Sendeantennen. Es ist einer Antenne nicht immer sofort anzusehen, auf welchem Prinzip sie basiert. Zudem existieren auch Antennen, die eine Kombination verschiedener Prinzipien verwenden. Eine Übersicht über die wichtigsten Typen und technischen Ausführungen von Antennen wird in diesem Kapitel gegeben, beginnend mit den Stabstrahlern (Dipolantennen) bis hin zu den Aperturstrahlern.

Die Auswahl des Antennentyps hängt vom speziellen Anwendungsfall ab. Außer den gewünschten Strahlungseigenschaften spielen vor allem Gewicht, Volumen, Kosten und mechanische Stabilität eine Rolle. Die Größe einer Antenne hängt u. a. wesentlich von der Frequenz, d. h. der Wellenlänge ab: Je kleiner die Wellenlänge, desto kleiner die Antenne.

Die Theorie der Antennen beruht auf den Maxwellschen Gleichungen und ist zu komplex, um hier wiedergegeben werden zu können. Statt dessen soll hier auf die einschlägige Literatur verwiesen werden, zu denen einige Empfehlungen im Literaturverzeichnis im Teil M aufgeführt sind. An dieser Stelle werden nur wesentliche Zusammenhänge angegeben, die die Berechnung von wichtigen Kenngrößen von Antennen im Fernfeld (siehe Abschnitt E.3.2.3) ermöglichen.

Jede Sendeantenne erzeugt bei sinusförmiger Anregung – unabhängig von ihrer speziellen Ausführung – im Fernfeld eine elektromagnetische Welle, die sich in Richtung des Radiusvektors $\vec{r}$ ausbreitet und deren Komponenten $\vec{E}$ und $\vec{H}$ in jedem Moment räumlich senkrecht aufeinander und auf $\vec{r}$ stehen. Die Abhängigkeit der Ausbreitung in $\vec{r}$-Richtung ist gegeben durch

$$\underline{\vec{E}}, \underline{\vec{H}} \propto \frac{1}{r} e^{-jk|\vec{r}|} \qquad \left|\frac{\underline{\vec{E}}}{\underline{\vec{H}}}\right| = Z_0 \qquad k = \frac{2\pi}{\lambda} \qquad (E.3\text{-}1)$$

wobei k die Ausbreitungskonstante bezeichnet (vergleiche hierzu die Bedeutung der Ausbreitungskonstanten in der Leitungstheorie) und die Vektoren $\vec{E}$, $\vec{H}$ und $\vec{r}$ in dieser Reihenfolge ein Rechtssystem darstellen.

Hierbei ist

$$Z_0 = \sqrt{\frac{\mu_0}{\varepsilon_0}} \quad \rightarrow \quad \frac{Z_0}{\Omega} = 120\pi \qquad \text{(E.3-2)}$$

der Feldwellenwiderstand des freien Raumes.

Wie bereits bei der Behandlung der Ausbreitung auf Leitungen wird auch hier wieder zur Vereinfachung (ohne Einschränkung der Allgemeinheit) die Beschränkung auf stationäre Vorgänge eingeführt – somit kann die Zeitabhängigkeit ($e^{j\omega t}$) unberücksichtigt bleiben.

Die exakte Berechnung von Antennen besteht in der Lösung der Maxwellschen Gleichungen, wobei die Randbedingungen, die durch die Antenne selbst, durch die Umgebung und durch die eingeprägten Erregungen gegeben sind, erfüllt werden müssen. Diese Berechnung ist nur in den seltensten Fällen möglich, so daß überwiegend Näherungsverfahren Verwendung finden. Insbesondere ist die Erfassung und Berücksichtigung der realen, nichtidealen Umgebung (geographische Gegebenheiten, Speiseleitung usw.) nur durch das Experiment und ggf. durch Modellmessungen möglich. Auch die näherungsweise Berechnung ist nur für idealisierte Verhältnisse (z. B. Antenne im freien Raum oder über einer ideal leitenden Fläche) durchführbar. Durch die heute zur Verfügung stehenden Rechenleistungen ist die Anzahl der berechenbaren Anwendungen zwar größer geworden, trotzdem liefert erst die Überprüfung in der Praxis die endgültige Entscheidung über die Brauchbarkeit spezieller Antennen.

An dieser Stelle sollen die Polarkoordinaten (oder auch Kugelkoordinaten) eingeführt werden, die gerade im Bereich der Antennentechnik überwiegend verwendet werden. Dies hängt damit zusammen, daß sich eine ungestörte (elektromagnetische) Welle von einem Punktstrahler „kugelförmig" ausbreitet und somit die Verwendung von polaren Koordinaten naheliegt. In Abb. E.3-1 ist ein Punkt P sowohl in einem kartesischen als auch in einem Polarkoordinatensystem dargestellt, wobei hier beide Koordinatensysteme der Einfachheit halber den gleichen Ursprung aufweisen. Polarkoordinaten setzen sich zusammen aus der Entfernung r vom Ursprung, dem Winkel gegen die positive z-Achse ϑ mit $0 < \vartheta \leq \pi$ sowie dem Winkel gegen die positive x-Achse φ mit $0 < \varphi \leq 2\pi$. Die Größe φ wird häufig als Azimutwinkel oder kurz Azimut (i. a. gegen die Nordrichtung) und der Winkel $\varepsilon = \pi/2 - \vartheta$ mit $-\pi/2 \leq \varepsilon \leq \pi/2$ als Elevationswinkel oder kurz Elevation (i. a. gegen den Horizont) bezeichnet.

Die Umrechnung von kartesischen in Polarkoordinaten erfolgt über

$$x = r \sin \vartheta \cos \varphi \qquad \text{(E.3-3a)}$$

$$y = r \sin \vartheta \sin \varphi \qquad \text{(E.3-3b)}$$

$$z = r \cos \vartheta \qquad \text{(E.3-3c)}$$

Für die Umrechnung von Polar- in kartesische Koordinaten gilt

$$r = \sqrt{x^2 + y^2 + z^2} \tag{E.3-4a}$$

$$\varphi = \arctan\frac{y}{x} \tag{E.3-4b}$$

$$\vartheta = \arctan\frac{\sqrt{x^2 + y^2}}{z} \tag{E.3-4c}$$

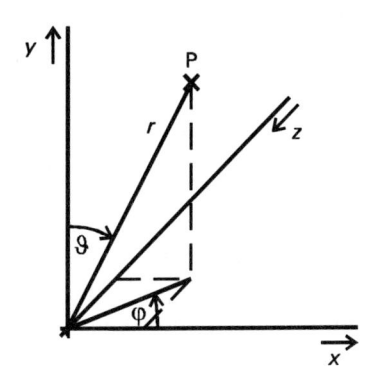

Abb. E.3-1   Polarkoordinaten

Das für die Berechnung von Flächenintegralen wichtige infinitesimale Flächenelement berechnet sich in Polarkoordinaten zu

$$\vec{dA} = r^2 \sin\vartheta \, d\vartheta \, d\varphi \, \vec{e}_r \tag{E.3-5}$$

Weitere Details zu Polarkoordinaten sind in mathematischen Standardwerken wie z. B. in [Bronstein 79] zu finden.

E.3.2   Wichtige Eigenschaften von Antennen

In diesem Abschnitt werden einige der wichtigsten Eigenschaften von Antennen relativ kurz angerissen. Es handelt sich dabei vor allem um

- die Richt- oder Strahlungscharakteristik,
- den Antennengewinn,
- die Strahlungsleistung bzw. die Strahlungsleistungsdichte,
- die Polarisation,
- den Antennenwiderstand.

Bedingt durch den knapp bemessenen Raum, der hier zur Verfügung steht, erfolgt die Behandlung relativ kurz und mehr aus phänomenologischer Sicht. Es soll lediglich versucht werden, dem Leser einen Einblick in die Grundlagen der Berechnung von Antennen mitsamt wichtiger Kenngrößen zu bieten. Für die ausführlichere Behandlung sei an dieser Stelle noch einmal auf die Literatur verwiesen.

E.3.2.1 Richtcharakteristik und Gewinn

Die Richt- oder Strahlungscharakteristik ist i. a. der wesentliche Parameter einer Antenne, da hiermit die räumliche Verteilung der ausgestrahlten bzw. empfangenen Energie beschrieben wird. Neben der Frequenz (und der Bandbreite), bei der die Antenne arbeiten soll, wird meist die Richtcharakteristik als zweiter Parameter festgelegt.

Im Prinzip sind natürlich beliebige Formen der Richtcharakteristik denkbar (und vielfach auch realisierbar), jedoch zeigt sich in der Praxis, daß einige Formen bevorzugte Verwendung finden. In erster Linie werden dabei omnidirektionale Antennen (in horizontaler Richtung gleichmäßige Verteilung, in vertikaler Richtung „gewisse" Konzentration) und sogenannte „*Pencil-Beam*"-Antennen (die sowohl horizontal als auch vertikal sehr scharf bündeln) eingesetzt. Darüber hinaus gibt es selbstverständlich eine Vielzahl von Antennen mit unterschiedlichen Richtcharakteristika, die sich aufgrund der jeweiligen Anforderungen ergeben.

Einige wichtige Anwendungen verschiedener Richtcharakteristika sind:

♦ Rundfunkantennen mit omnidirektionaler Richtcharakteristik,

♦ Richtfunkantennen mit stark bündelnder Richtcharakteristik,

♦ Radar-/Peilantennen mit Ausnutzung der speziell angepaßten Richtcharakteristik.

Neben der für alle Antennen gemeinsamen Abhängigkeit des im Fernfeld erzeugten Betrags $|\vec{E}|$ der elektrischen Feldstärke von der Entfernung gemäß (E.3-1) weist jede Antenne eine charakteristische Abhängigkeit vom Azimutwinkel φ und von ϑ auf – die absolute Richtcharakteristik

$$|\vec{E}| = f(\varphi, \vartheta)$$

Bezieht man $|\vec{E}|$ auf die Bezugsrichtung (φ_0, ϑ_0), so ergibt sich die relative Richtcharakteristik

$$C(\varphi, \vartheta) = \frac{|\vec{E}(\varphi, \vartheta)|^2}{|\vec{E}(\varphi_0, \vartheta_0)|^2} \qquad \text{(E.3-6)}$$

E.3.2 Wichtige Eigenschaften von Antennen

Gebräuchlicher ist jedoch die Richtfunktion

$$D(\varphi,\vartheta) = \frac{\left|\vec{E}(\varphi,\vartheta)\right|^2}{\left|\vec{E}(\varphi_0,\vartheta_0)\right|^2} = \frac{\left|\vec{S}(\varphi,\vartheta)\right|}{\left|\vec{S}(\varphi_0,\vartheta_0)\right|} \qquad (E.3\text{-}7)$$

mit der Strahlungsleistungsdichte $\vec{S}(\varphi,\vartheta)$; zu ihrer Definition siehe Abschnitt E.3.2.3. Als Bezugsrichtung (φ_0,ϑ_0) wird i. a. diejenige Richtung gewählt, in der die größte Feldstärke auftritt – dann gilt $0 \leq D(\varphi,\vartheta) \leq 1$. Der Schnitt durch $D(\varphi,\vartheta)$ wird als Richtdiagramm bezeichnet, wobei unterschieden wird zwischen dem Horizontaldiagramm ($D(\varphi,\vartheta)$ mit $\vartheta = \pi/2 = \text{const}$) und dem Vertikaldiagramm ($D(\varphi,\vartheta)$ mit $\varphi = \text{const}$). Überwiegend wird die Darstellung in Polarkoordinaten gewählt, oft mit logarithmischem Maßstab der r-Achse, auf der D dargestellt wird. Ein typisches Richtdiagramm ist in Abb. E.3-2 zu sehen.

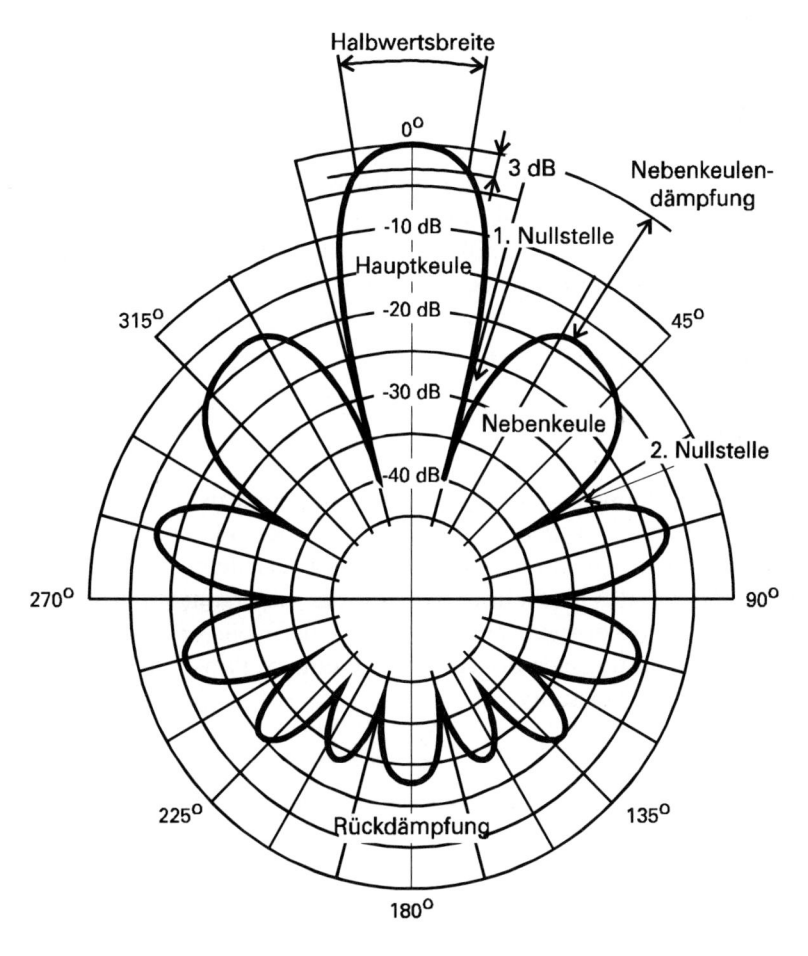

Abb. E.3-2   *Typisches Richtdiagramm mit wichtigen Parametern*

Einige wichtige, mit dem Richtdiagramm zusammenhängende Größen sind folgende (siehe Abb. E.3-2):

- Hauptkeule – Strahlungskeule mit maximalem Wert der Richtfunktion (Hauptstrahlungsrichtung);
- Halbwertsbreite – Maß für die Breite der Hauptkeule, Winkel zwischen den −3-dB-Punkten (hier ca. 15°);
- Halbwertswinkel – entspricht der halben Halbwertsbreite;
- Rückdämpfung – Verhältnis der Strahlungsdichte bei 180° zur Strahlungsdichte der Hauptkeule (hier ca. 33 dB);
- Nebenzipfel (Nebenkeulen) – Keulen außerhalb der Hauptkeule;
- Nullstelle – Winkel, bei dem die Richtfunktion auf (näherungsweise) null absinkt.

Einen Strahler, der die Energie in allen Richtungen gleichmäßig abstrahlt, nennt man isotrop – führt man ihm eine bestimmte Leistung zur Abstrahlung zu, so wäre die Leistungsdichte an jeder beliebigen Stelle auf einer die Antenne umgebenden Kugel gleich (isotroper Kugelstrahler). Weil die Antennen jedoch räumlich ausgedehnte Gebilde sind und jedes Antennenteilstück zur Strahlung beiträgt, ist immer eine Richtwirkung vorhanden. Nur dort, wo von den Teilstücken ausgehende Wellen unter Berücksichtigung der Laufzeiten phasengleich zusammentreffen, tritt eine Addition der Teilwellen auf. In den anderen Feldpunkten findet eine teilweise oder völlige Auslöschung statt. Diese Eigenschaft der Antennen wird durch den Antennengewinn G bzw. durch den Richtfaktor D erfaßt.

Definition E.3-2 ▼

Der (effektive) Antennengewinn G (*Gain*) ist definiert als das Verhältnis der einer Vergleichsantenne zugeführten Leistung zu der der untersuchten Antenne zugeführten Leistung, wenn in einem Punkt des Fernfeldes gleiche Feldstärken auftreten, bzw. als das Verhältnis der von der untersuchten Antenne hervorgerufenen Strahlungsleistungsdichte zu der durch die Vergleichsantenne hervorgerufenen Strahlungsleistungsdichte in einem Punkt des Fernfeldes bei gleicher zugeführter Leistung.

▲

Definition E.3-3 ▼

Der Richtfaktor oder Strahlungsgewinn D (*Directivity*) einer Antenne ist definiert als das Verhältnis der Strahlungsleistung der Vergleichsantenne zur Strahlungsleistung der untersuchten Antenne, wenn in einem Punkt des Fernfeldes gleiche Feldstärken auftreten bzw. als das Verhältnis der durch die untersuchte Antenne hervorgerufenen Strahlungsleistungsdichte zur der durch die Vergleichsantenne hervorgerufenen Strahlungsleistungsdichte in einem Punkt des Fernfeldes bei gleicher abgestrahlter Leistung.

▲

Der (effektive) Antennengewinn ist im allgemeinen die wichtigere Größe und wird kurz als Gewinn bezeichnet.

Gewinn G und Richtfaktor D sind miteinander verknüpft[8] über den Antennenwirkungsgrad η (siehe auch Abschnitt E.3.2.4)

$$G = \eta D \qquad (E.3-8)$$

Als Bezugsantennen werden vorwiegend der (physikalisch nicht existierende!) isotrope Kugelstrahler, der Hertzsche Dipol sowie der gestreckte, sehr dünne $\lambda/2$-Dipol verwendet. Bei der Angabe des Antennengewinns muß also immer die gewählte Bezugsantenne angegeben werden. Der Gewinn läßt sich jedoch einfach von einer auf eine andere Bezugsantenne umrechnen (Tab. E.3-1). Bei Verwendung des isotropen Kugelstrahlers als Bezugsantenne wird der Gewinn einer Antenne als G_i mit der Einheit dBi bezeichnet.

Art des Strahlers	G_0	G_0 in dBi
Isotroper Kugelstrahler	1	0
Hertzscher Dipol	1,5	1,76
$\lambda/2$-Dipol	1,64	2,15
$\lambda/4$-Strahler über Erde	3,28	5,15

Tab. E.3-1   Gewinne der gebräuchlichen Bezugsstrahler, bezogen auf den isotropen Kugelstrahler

E.3.2.2   Der Antennenwiderstand

Der Antennenwiderstand ist von besonderer Bedeutung beim Einsatz einer Antenne, da ihre Effizienz bei der Leistungsübertragung[9] direkt vom Verhältnis zwischen dem Antennenwiderstand und dem Generator-Innenwiderstand (bei einer Sendeantenne) bzw. dem Lastwiderstand (bei einer Empfangsantenne)

---

[8] G und D sind von der räumlichen Orientierung beider Antennen und vom gewählten Aufpunkt (φ, ϑ) abhängig. Der Gewinn im engeren Sinn erfordert, daß der Aufpunkt in der Hauptstrahlrichtung beider Antennen liegt.

[9] Auch im Bereich der Nachrichtentechnik spielt die Übertragung von Signalleistung eine wesentliche Rolle, da der Abstand von Signalleistung zu Rauschleistung die Qualität der Übertragung entscheidend beeinflußt.

abhängt. Besteht eine Antenne aus mehreren Elementen (siehe Abschnitt E.2.4), so hängt der Antennenwiderstand nicht nur von der Impedanz der einzelnen Elemente ab, sondern auch von der Verkopplung der Elemente untereinander sowie ggf. den Leitungsstücken, die die Elemente miteinander verbinden. Mit wenigen Ausnahmen (bei Antennen mit sehr einfachen geometrischen Strukturen) ist die analytische Berechnung des Antennenwiderstands nicht möglich. Daher beruht die Ermittlung des Antennenwiderstands i. a. auf einer numerischen Berechnung oder einer meßtechnischen Bestimmung. Selbst wenn analytische Resultate vorliegen, so sollten sie durch Messungen verifiziert werden.

Der Antennenwiderstand ist der auf eine bestimmte Stelle bezogene Scheinwiderstand der Antenne. Es ist üblich, als Bezugspunkt den Einspeisepunkt (Antennenanschluß) oder den Ort des Strommaximums zu wählen.[10]

Der Antennenwiderstand $\underline{Z}_{Ant}$ besteht stets aus einem Wirk- und einem Blindanteil (Abb. E.3-3). Der Wirkanteil R_{Ant} setzt sich zusammen aus dem Strahlungswiderstand R_S und dem nicht zur Strahlungsleistung beitragenden Verlustwiderstand R_V (Widerstand des Antennenleiters und der Abspannseile, dielektrische Verluste in Isoliermaterialien, Verluste im Erdboden usw.). Neben den Wirkwiderständen ist bei Antennen aufgrund von induktiven bzw. kapazitiven Elementen immer ein Blindwiderstand X_{Ant} vorhanden, der lediglich im Resonanzfall verschwindet.

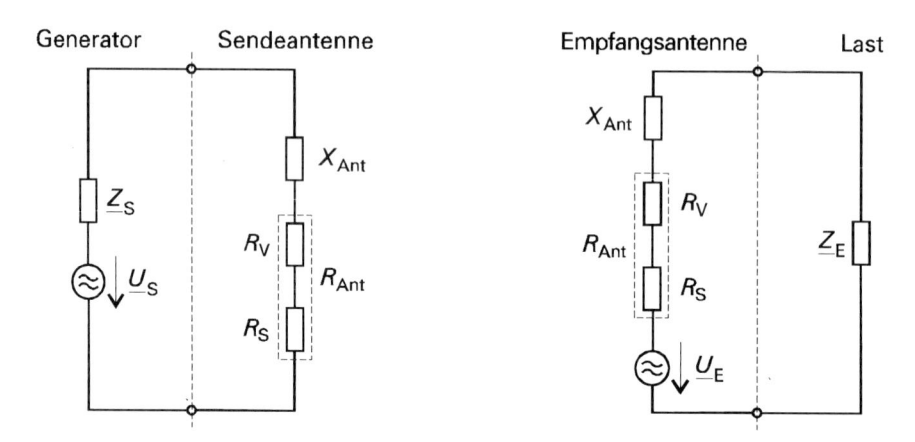

Abb. E.3-3   *Antennenwiderstand (Innenwiderstand $\underline{Z}_S$ des Generators)*

Um den Wirkungsgrad einer Antenne zu optimieren, muß der Antenneneingangswiderstand mit Abstimm-Mitteln und Transformationsgliedern an den Eingangswiderstand der Energieleitung (Speiseleitung) angepaßt werden.

---

10 Wird der Einspeisepunkt als Bezugspunkt gewählt, dann spricht man vom Antenneneingangswiderstand. Bei Dipolen wird er auch Fußpunktwiderstand genannt.

Die Bedingung für die Leistungsanpassung lautet hier

$$\underline{Z}_S = \underline{Z}^*_{Ant} \quad \text{bzw.} \quad \underline{Z}_E = \underline{Z}^*_{Ant} \tag{E.3-9}$$

Die Antennenanpassung ist erforderlich, um die Reflexion von Sendeleistung auf der Speiseleitung zu verhindern; dadurch werden Leistungsverluste und unerwünschte Abstrahlungen vermieden. Eine Antenne läßt sich in einem weiten Frequenzbereich i. a. um so besser an die Speiseleitung anpassen, je weniger sich ihr Eingangswiderstand mit der Frequenz ändert.

E.3.2.3 Strahlungsleistung

Das elektromagnetische Strahlungsfeld einer Antenne wird in zwei (zuweilen auch in drei) Regionen unterteilt. Man unterscheidet dabei zwischen dem Fernfeld, in dem die sphärischen Phasenfronten näherungsweise als eben angenommen werden können (Abb. E.3-4), und dem Nahfeld.

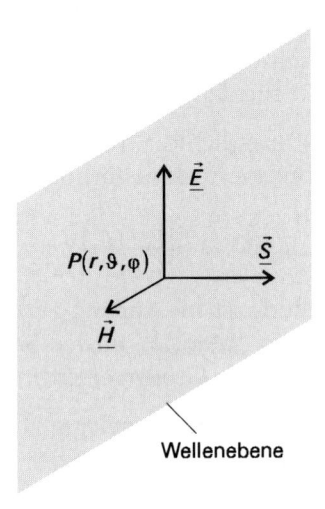

Abb. E.3-4 *Wellenebene im Fernfeld*

Die Grenze des Nahfeldes liegt (bei Quer- und Flächenstrahlern) bei

$$r_{min,Fernfeld} = \frac{2D^2}{\lambda} \tag{E.3-10}$$

mit der größten geometrischen Abmessung D der Antenne, wobei $D > \lambda$ vorausgesetzt wird. Das Nahfeld kann – wenn die Antenne als elektrisch groß angenommen werden kann – unterteilt werden in das sogenannte Blind-Nahfeld und das strahlende Nahfeld. Im Blind-Nahfeld überwiegen die reaktiven (Blind-)Komponenten, die mit r^{-2} bzw. r^{-3} abfallen. Das strahlende Nahfeld (auch als Fresnel-Region bezeichnet) zeigt im Gegensatz zum Fernfeld eine Abhängigkeit der „Winkelverteilung" der Feldstärke von der Entfernung. Liegen Antennen vor (Dipole, Schleifenantennen), die als klein gegen die Wellenlänge angenommen werden können, so entfällt das strahlende Nahfeld, und das Fernfeld beginnt bereits bei

$$r_{min,Fernfeld} = \frac{\lambda}{2\pi} \qquad (E.3\text{-}11)$$

Im Fernfeld stehen die Vektoren des elektrischen und des magnetischen Feldes senkrecht aufeinander und definieren die Wellenebene.[11] Ihr Vektorprodukt ist der Poyntingsche Vektor $\underline{S}$

$$\vec{\underline{S}} = \vec{\underline{E}} \times \vec{\underline{H}} \qquad (E.3\text{-}12)$$

wobei die Vektoren $\vec{\underline{E}}, \vec{\underline{H}}$ und $\vec{\underline{S}}$ ein Rechtssystem bilden. Der Betrag des Poyntingschen Vektors ist die Strahlungsleistungsdichte S (*Power Flux Density*), definiert als Quotient aus elektromagnetischer Leistung und der Fläche, durch die diese Leistung senkrecht hindurchtritt. Elektrische und magnetische Feldstärke nehmen im Fernfeld linear mit der Entfernung r von der Antenne ab und sind gleichfalls proportional zur Wellenlänge λ.

Somit ist die Strahlungsleistungsdichte S proportional zu λ^2/r^2. Bei Verwendung der komplexen Schreibweise für sinusförmige Größen gilt

$$\vec{\underline{S}} = \frac{1}{2} \Re\{\vec{\underline{E}} \times \vec{\underline{H}}^*\} \qquad (E.3\text{-}13)$$

Die Herleitung dieser Beziehung ist im Anhang zu finden, wobei hier nur darauf hingewiesen wird, daß der Faktor ½ in der Beziehung (E.3-13) aufgrund der Verwendung von harmonischen Größen erscheint (Stichwort: Effektivwert).

Die Integration über eine um die Antenne gelegte Hüllfläche ergibt die gesamte abgestrahlte Wirkleistung (die Strahlungsleistung)

$$P_s = \oint_A S \, dA = \frac{1}{2} \oint_A \Re\{\vec{\underline{E}} \times \vec{\underline{H}}^*\} \, dA \qquad (E.3\text{-}14)$$

Diese Integration wird vorwiegend im Fernfeld durchgeführt, wobei als Integrationsfläche meist eine Kugelfläche verwendet wird. Dies führt zu einer deutlichen Vereinfachung der Berechnung (im Fernfeld existieren keine $\underline{E}_r$- und $\underline{H}_r$-Anteile mehr).

---

[11] Als Phasenfront oder Wellenebene bezeichnet man die Flächen, denen Punkte gleichen Phasenzustands angehören.

E.3.2.4 Antennenwirkungsgrad

Das Verhältnis der Strahlungsleistung P_S zur gesamten zugeführten Leistung P_0 ist der Antennenwirkungsgrad

$$\eta = \frac{P_S}{P_0} = \frac{P_S}{P_S + P_V} \qquad \text{(E.3-15)}$$

wobei P_V die durch den Verlustwiderstand R_V hervorgerufenen Verluste beinhaltet. Dementsprechend kann der Antennenwirkungsgrad auch als Verhältnis der Widerstände

$$\eta = \frac{R_S}{R_S + R_V} \qquad \text{(E.3-16)}$$

ausgedrückt werden.

E.3.2.5 Effektive Antennenlänge und Antennenwirkfläche

Zur rechnerischen Erfassung der Strahlungsleistung und des Strahlungswiderstands ist es zweckmäßig, den Begriff der effektiven Antennenlänge l_w einzuführen. An den Enden einer Antenne geht der Leitungsstrom immer gegen null, während er im Speisepunkt oft ein Maximum aufweist. Die effektive Antennenlänge ist mit dem tatsächlichen Strom im Einspeisepunkt über ihre ganze Länge belegt und hat im Fernfeld die gleiche Wirkung wie die tatsächliche Antenne mit der durch die stehende Welle hervorgerufenen Stromverteilung. Dafür ist die effektive Länge entsprechend kürzer als die geometrische Länge. Bei Empfangsantennen wird häufig mit der Antennenwirkfläche (Absorptionsfläche) gerechnet. Hierbei handelt es sich um eine gedachte Fläche, durch die ein gleich großer Anteil des Energiestromes hindurchtritt, wie ihn die Empfangsantenne aus der ankommenden Wellenfront tatsächlich aufnimmt. Die Antennenwirkfläche A_w einer Empfangsantenne, multipliziert mit der Strahlungsleistungsdichte S am Ort der Antenne ,ergibt die optimale Empfangsleistung

$$P_{e,\max} = A_w S \qquad \text{(E.3-17)}$$

die dem Strahlungsfeld entnommen und dem Empfänger zugeführt werden kann. Gemäß dem Reziprozitätstheorem ist die Antennenwirkfläche auch für die Sendeantenne definiert, ist dort aber weniger anschaulich und auch weniger gebräuchlich.

E.3.2.6 Polarisation

Eine wichtige Eigenschaft einer elektromagnetischen Welle ist die Schwingungsrichtung des elektrischen Feldvektors, die sogenannte Polarisation. Die Polarisation einer Antenne (bzw. einer elektromagnetischen Welle) ist üblicherweise definiert als die Richtung des elektrischen Feldvektors in der Richtung maximaler Ausbreitung.

Beim Dipol haben die elektrischen Feldlinien die gleiche Richtung wie die Dipolachse. Bei einem vertikal angeordneten Dipol bewegt sich also die Spitze des elektrischen Feldvektors auf einer Geraden in vertikaler Richtung – die Welle ist linear vertikal polarisiert. Die „elektrisch wirksamen" Teile einer Antenne müssen in bezug auf die Polarisation der elektromagnetischen Welle entsprechend orientiert sein. So kann z. B. ein vertikal stehender Dipol aus einer horizontal polarisierten Welle keine Energie aufnehmen. Hieran erkennt man die Möglichkeit, mit Hilfe zweier zueinander orthogonal polarisierter Wellen zwei voneinander unabhängige Übertragungen auf der gleichen Strecke und bei der gleichen Frequenz zu erreichen (Polarisationsmultiplex). Es ist jedoch anzumerken, daß dadurch hohe Anforderungen an die Antennen und die Strecke entstehen, da die Polarisationsentkopplung (*Cross Polarisation*: vereinfacht gesagt, die Entkopplung der auf den beiden Polarisationsebenen übertragenen Signale) entscheidend für die Qualität der Übertragung ist. Ist die Polarisationsentkopplung ungenügend, so sind die beiden Übertragungskanäle nicht mehr unabhängig voneinander, und es entsteht Nebensprechen zwischen den Kanälen.

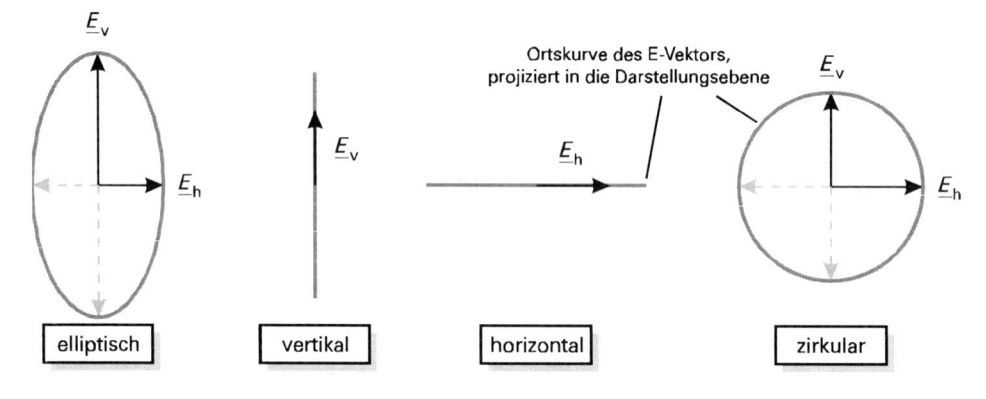

Abb. E.3-5 Polarisationsformen

Außer der linearen Polarisation gibt es noch links- und rechtsdrehende elliptisch oder zirkular polarisierte Wellen (Abb. E.3-5). Hierbei wird die Welle durch mindestens zwei nicht parallele Elementardipole erregt. Existiert eine Phasenverschiebung (zeitlich) zwischen den beiden Feldvektoren, so ergibt sich eine elliptisch polarisierte Welle. Die Projektion auf eine transversale Ebene ergibt eine Ellipse als Ortskurve des Vektors. Weisen beide Feldanteile gleiche Amplitude, aber 90° Phasenunterschied auf, so wird aus der elliptisch polarisierten eine zirkular polarisierte Welle. Die lineare und die zirkulare Polarisation können dabei als Sonderfälle der elliptischen Polarisation aufgefaßt werden. Wichtig ist hierbei die Angabe des Drehsinnes, links- oder rechtsdrehend (LHCP / RHCP:

Left Hand Circular Polarized / Right Hand Circular Polarized), der stets in Ausbreitungsrichtung der Welle definiert wird. Das führt dazu, daß eine Sendeantenne, die eine rechtsdrehende elliptisch polarisierte Welle erzeugt, als Empfangsantenne nur eine linksdrehende Welle empfangen kann.

E.3.2.7 Bandbreite

Im Gegensatz zur Definition der Bandbreite in vielen anderen Bereichen der Nachrichtentechnik kann bei einer Antenne i. a. keine eindeutige Definition angegeben werden. Abhängig vom Einsatzgebiet der Antennen sind unterschiedliche Aspekte der Antennen als bestimmend für die untere bzw. obere Grenzfrequenz denkbar. Beispielsweise können die Verringerung des Gewinns, die Veränderung des Antennenwiderstands, die Verformung der Richtcharakteristik usw. als Kriterium für die Begrenzung des Frequenzbandes für einen bestimmten Verwendungszweck sinnvoll sein. Daher wird häufig die recht allgemein gehaltene Definition für die Bandbreite einer Antenne verwendet, wonach die Bandbreite einer Antenne derjenige Frequenzbereich ist, in dem sie alle geforderten (elektrischen) Spezifikationen erfüllt.

E.3.3 Zwei elementare Antennentypen

E.3.3.1 Der Hertzsche Dipol

Der Hertzsche Dipol (Abb. E.3-6) ist ein Leitungsstück der Länge l, durch den ein rein sinusförmiger Wechselstrom fließt, der im betrachteten Zeitpunkt über dem gesamten Leitungsstück konstant ist (das ist gleichbedeutend mit der Forderung $l \ll \lambda$).

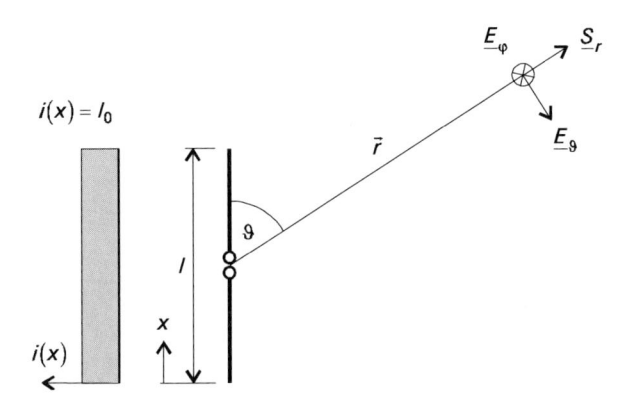

Abb. E.3-6 Der Hertzsche Dipol ($l < \lambda$)

Dies kann dadurch veranschaulicht werden, daß zwei Kugeln mit einem Leiter verbunden und mit der Frequenz der Sinusschwingung abwechselnd aufgeladen und wieder entladen werden. Praktische Bedeutung erlangt dieser Fall dadurch, daß ein beliebiges aus einer Antenne herausgegriffenes Leiterelement (mit $l \ll \lambda$) als Hertzscher Dipol betrachtet werden kann. Anders gesagt: Man kann sich jede Antenne als aus einer (großen) Anzahl von Hertzschen Dipolen zusammengesetzt vorstellen. Eine Möglichkeit der Berechnung des Fernfeldes besteht also darin, die Antennen in eine (große) Zahl von Hertzschen Dipolen aufzuteilen, deren Fernfeld zu bestimmen und diese Anteile anschließend zusammenzufassen.

Die Anwendung der Maxwellschen Gleichungen ergibt für die elektrische und die magnetische Feldstärke folgendes:

$$\underline{\vec{E}} = \begin{pmatrix} \dfrac{l\underline{I}_0 \, e^{-jkr}}{4\pi} \left[\dfrac{2Z_0}{r^2} + \dfrac{2}{j\omega\varepsilon r^3} \right] \cos\vartheta \\ \dfrac{l\underline{I}_0 \, e^{-jkr}}{4\pi} \left[\dfrac{j\omega\mu}{r} + \dfrac{1}{j\omega\varepsilon r^3} \dfrac{Z_0}{r^2} \right] \sin\vartheta \\ 0 \end{pmatrix} \qquad \text{(E.3-18a)}$$

$$\underline{\vec{H}} = \begin{pmatrix} 0 \\ 0 \\ \dfrac{l\underline{I}_0 \, e^{-jkr}}{4\pi} \left[\dfrac{jk}{r} + \dfrac{1}{r^2} \right] \sin\vartheta \end{pmatrix} \qquad \text{(E.3-18b)}$$

Für das Fernfeld vereinfachen sich diese Ausdrücke zu

$$\underline{\vec{E}} = \begin{pmatrix} 0 \\ \dfrac{l\underline{I}_0 \, e^{-jkr}}{4\pi} \dfrac{j\omega\mu}{r} \sin\vartheta \\ 0 \end{pmatrix} \qquad \text{(E.3-19a)}$$

$$\underline{\vec{H}} = \begin{pmatrix} 0 \\ 0 \\ \dfrac{l\underline{I}_0 \, e^{-jkr}}{4\pi} \dfrac{jk}{r} \sin\vartheta \end{pmatrix} \qquad \text{(E.3-19b)}$$

E.3.3 Zwei elementare Antennentypen

$\vec{E}$ und $\vec{H}$ sind also gleichphasig und stehen senkrecht aufeinander und auf dem Vektor $\vec{r}$. Das bedeutet, daß die Welle Energie in radialer Richtung transportiert. Der Poyntingsche Vektor für das Fernfeld des Hertzschen Dipols berechnet sich dann zu

$$\vec{S} = \vec{E} \times \vec{H}$$

$$= \vec{e}_r \frac{l\underline{I}_0 e^{-jkr}}{4\pi r} j\omega\mu \sin\vartheta \frac{l\underline{I}_0 e^{-jkr}}{4\pi} \frac{jk}{r} \sin\vartheta \qquad (E.2\text{-}20)$$

$$= \left(-\frac{Z_0 \underline{I}_0^2 e^{-j2kr} \sin^2\vartheta \, l^2 k}{8\pi\lambda r^2} \right) \vec{e}_r$$

Der Betrag des komplexen Poynting-Vektors ist also

$$\left|\vec{S}\right| = \frac{Z_0 |\underline{I}_0|^2}{8r^2} \left(\frac{l}{\lambda}\right)^2 \sin^2\vartheta \qquad (E.3\text{-}21)$$

womit sich die in Abb. E.3-7 abgebildete Richtfunktion zu

$$D(\vartheta) = \sin^2\vartheta \qquad (E.3\text{-}22)$$

ergibt.

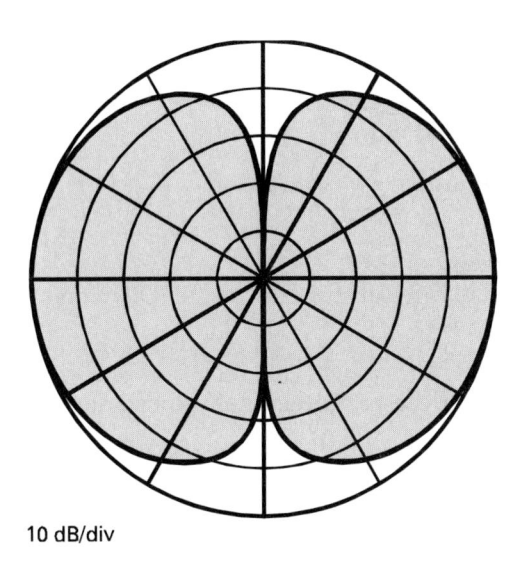

10 dB/div

Abb. E.3-7   Vertikaldiagramm des Hertzschen Dipols

Durch Integration der Strahlungsleistungsdichte über eine geschlossene Fläche (der Einfachheit halber eine Kugelfläche) ist der zeitliche Mittelwert der Strahlungsleistung des Hertzschen Dipols zu berechnen.

Der zeitliche Mittelwert der Strahlungsleistung ist also

$$P = \oint_A |\vec{S}| \, d\vec{A}$$

$$= \frac{Z_0 |\underline{I}_0|^2}{8r^2} \left(\frac{l}{\lambda}\right)^2 \int_0^{2\pi} \int_0^{\pi} r^2 \sin^2 \vartheta \, \sin \vartheta \, d\vartheta \, d\varphi \qquad \text{(E.3-23)}$$

Die hierbei auftretenden Integrale berechnen sich zu

$$\int_0^{2\pi} d\varphi = 2\pi \qquad \text{(E.3-24)}$$

bzw.

$$\int_0^{\pi} \sin^2 \vartheta \, \sin \vartheta \, d\varphi = \int_0^{\pi} \left(1 - \cos^2 \vartheta\right) \sin \vartheta \, d\vartheta = \frac{4}{3} \qquad \text{(E.3-25)}$$

Damit erhält man die Strahlungsleistung

$$P = \frac{\pi Z_0 |\underline{I}_0|^2}{3} \left(\frac{l}{\lambda}\right)^2$$

$$= 40 \pi^2 |\underline{I}_0|^2 \left(\frac{l}{\lambda}\right)^2 \qquad \text{(E.3-26)}$$

und den Strahlungswiderstand

$$R_S = \frac{2P}{|\underline{I}_0|^2} \qquad \rightarrow \qquad \frac{R_S}{\Omega} = 80 \pi^2 \left(\frac{l}{\lambda}\right)^2 \qquad \text{(E.3-27)}$$

Die effektive Antennenlänge für den Hertzschen Dipol beträgt

$$l_{w,\text{HD}} = l \qquad \text{(E.3-28)}$$

da definitionsgemäß bei dieser Antenne ein konstanter Strombelag angenommen wurde.

E.3.3.2   Der schlanke Dipol

Anhand dieses einfachen und zugleich weit verbreiteten Antennentyps (Abb. E.3-8) wird hier qualitativ die Theorie der Antennen betrachtet. Das elektrische Verhalten und alle Eigenschaften der Antennen lassen sich aus den Maxwellschen Gleichungen ableiten.

E.3.3 Zwei elementare Antennentypen

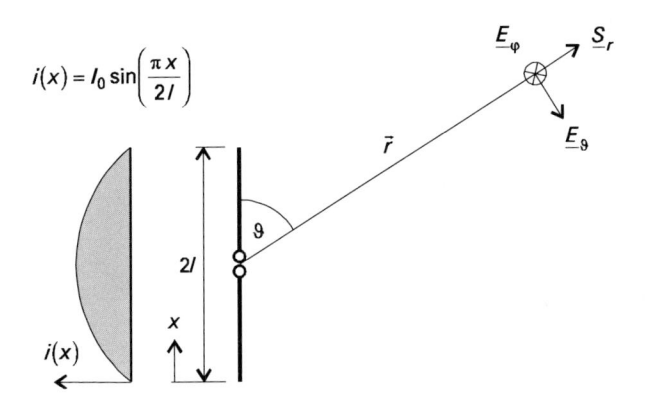

$$i(x) = I_0 \sin\left(\frac{\pi x}{2l}\right)$$

Abb. E.3-8   Der schlanke Dipol

Mit Hilfe der Abb. E.3-9 soll nun die Abstrahlung einer elektromagnetischen Welle von einem Dipol erklärt werden.

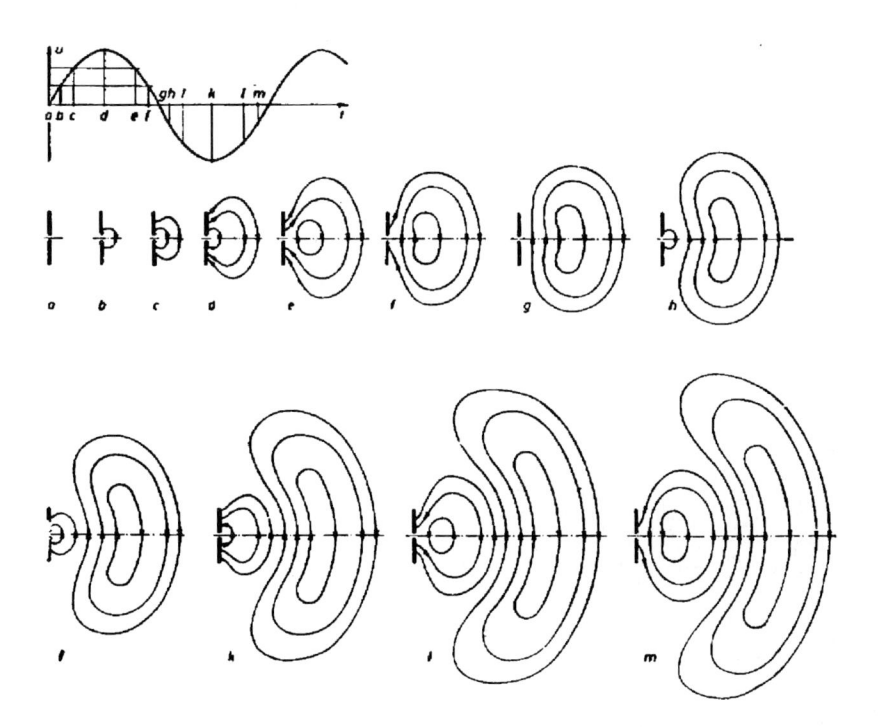

Abb. E.3-9   Die Abstrahlung einer elektromagnetischen Welle [Schröder 59]

Zum Zeitpunkt $t = 0$ wird in der Dipolmitte eine sinusförmige Erregung angeschaltet. Die Spannung im Dipol verursacht ein elektrisches Feld, der Strom ein magnetisches Feld. Beide stehen senkrecht aufeinander und wandern mit Licht-

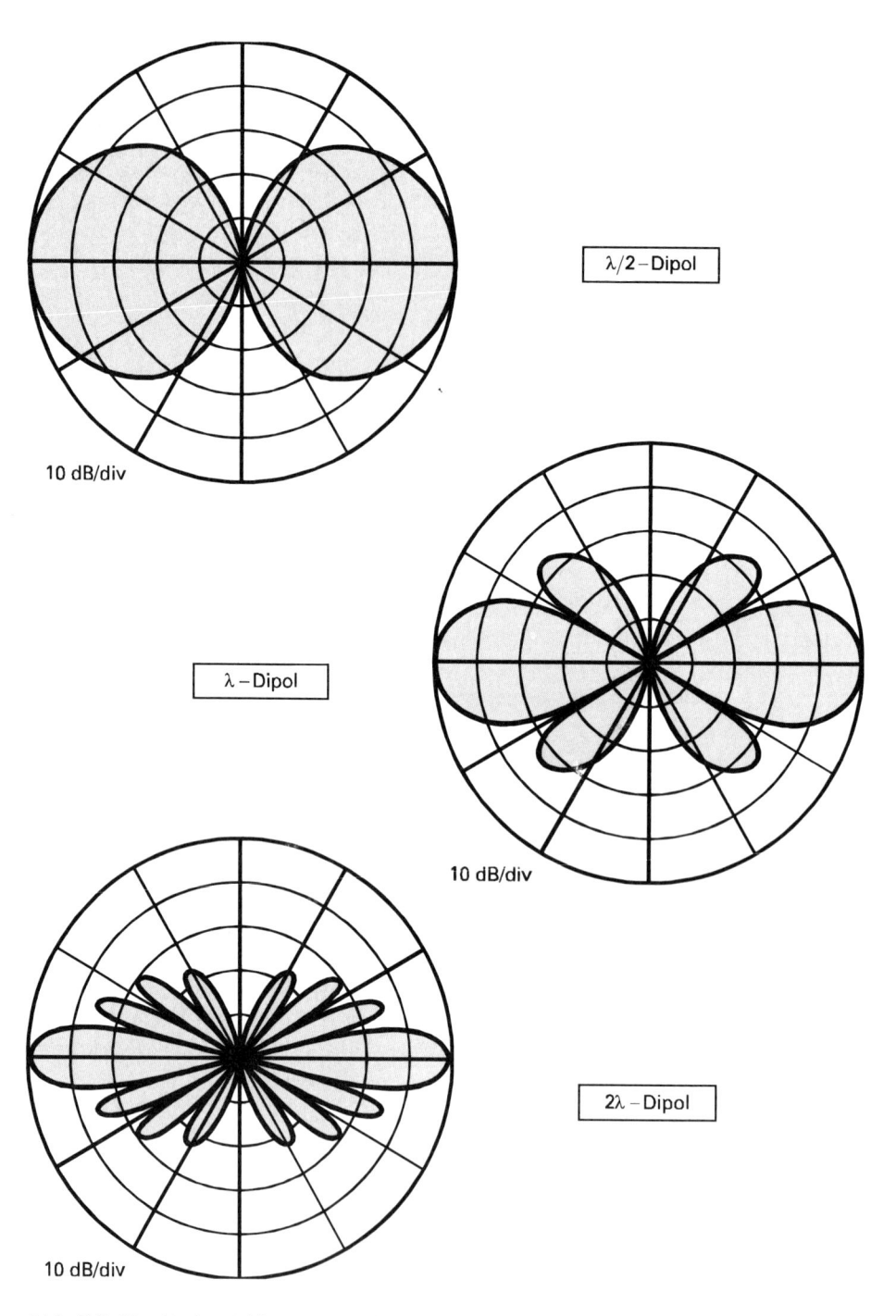

Abb. E.3-10 *Horizontaldiagramme schlanker Dipole unterschiedlicher Länge*

geschwindigkeit c_0 vom Dipol weg. Das sogenannte Abschnüren von Feldlinien (Stadium g in Abb. E.3-9) bedeutet, daß die Energie in Form einer fortschreitenden elektromagnetischen Welle in den Raum hinaustransportiert wird. Der Eingangswiderstand am Speisepunkt hat eine reelle Komponente entsprechend der abgestrahlten Wirkleistung (Strahlungswiderstand). Im stationären Zustand ergibt sich eine zeitlich und räumlich periodische Änderung der elektrischen und magnetischen Feldstärke. Der radiale Abstand zweier aufeinanderfolgender Wellenebenen wird Wellenlänge λ genannt.

Der Dipol weist (wie jede reale Antenne) eine Richtwirkung auf. Seine Hauptstrahlungsrichtung steht senkrecht auf seiner Achse, dagegen strahlt er in Richtung der Achse überhaupt nicht (Abb. E.3-10) . Im Gegensatz dazu strahlt ein isotroper Kugelstrahler in alle Richtungen gleich, so daß bei ihm die Wellenflächen im freien Raum Kugeln sind. In ausreichend großer Entfernung von der Antenne (Fernfeld) kann ein hinreichend kleiner Ausschnitt aus einer Kugelwelle als ebene Welle betrachtet werden.[12]

Ein wesentlicher Parameter eines Dipols ist sein Schlankheitsgrad $s = l/d$, wobei es sich um das Verhältnis von Länge zu Durchmesser des Dipols handelt. Für den häufig vorliegenden Fall, daß $s > 10$ ist, spricht man von einem schlanken Dipol. Das Fernfeld eines Dipols, seine Impedanz, Bandbreite usw. hängen von seinem Schlankheitsgrad ab. Bei vereinfachter Rechnung wird häufig(!) von einem gegen unendlich gehenden Schlankheitsgrad ausgegangen. Diese Ergebnisse müssen für reale Antennen, bei denen diese Voraussetzung nicht zutrifft, korrigiert werden.[13]

E.3.4 Gruppen von Dipolantennen

E.3.4.1 Dipollinie (Dipolreihe)

Bei der in Abb. E.3-11 (auf der nächsten Seite) dargestellten Dipollinie befinden sich die Dipole übereinander. Die Richtcharakteristik dieser Anordnung ist ausschließlich vom Winkel ϑ abhängig, da das Horizontaldiagramm der einzelnen Dipole Kreisform hat. Die Abbildung zeigt außerdem den Gewinn der Dipollinie in Abhängigkeit vom normierten Dipolabstand a/λ mit der Anzahl der Dipolelemente N als Parameter.

---

[12] Diese Vereinfachung wird häufig im Bereich der Antennentechnik verwendet, wobei immer zu beachten ist, daß hiermit ein „gewisser" Fehler eingeführt wird.

[13] Für einen geringen Schlankheitsgrad wird die Bandbreite größer, so daß für spezielle Breitbandantennen möglichst geringe Schlankheitsgrade verwendet werden (Stichworte: Kegeldipol, Reusendipol).

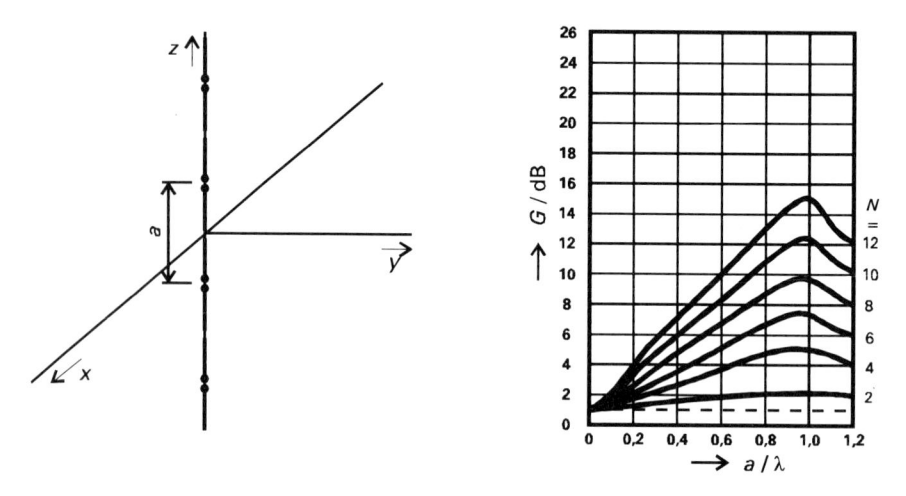

Abb. E.3-11 Dipollinie – Anordnung (links) und Gewinn (rechts)

E.3.4.2 Dipolzeile

Hier sind die Dipole parallel nebeneinander angeordnet. Die Richtwirkung hängt von der Anzahl der Dipole und ihrem Abstand voneinander (im Verhältnis zur Wellenlänge λ) ab. Die Antennendiagramme lassen sich relativ einfach berechnen, da sich die Anteile der einzelnen Dipole überlagern. Das heißt, daß sich die Feldstärke an einem beliebigen Punkt als phasenrichtige Addition der Feldstärkeanteile der einzelnen Dipole ergibt. Die Anordnung einer Dipolzeile ist zusammen mit dem Gewinn einer Dipolzeile in Abhängigkeit von dem auf die Wellenlänge normierten Abstand der Dipolelemente sowie von deren Anzahl N in Abb. E.3-12 dargestellt.

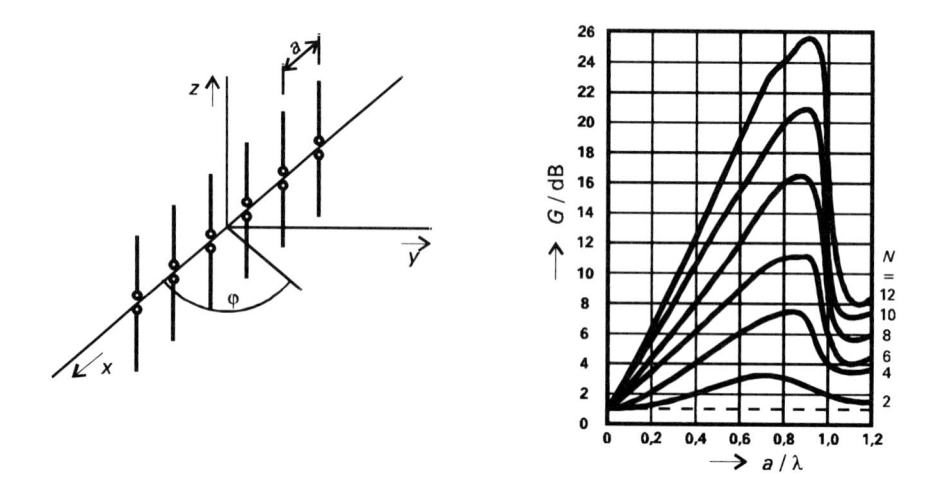

Abb. E.3-12 Dipolzeile – Anordnung (links) und Gewinn (rechts)

E.3.4 Gruppen von Dipolantennen

Wie dieser Darstellung zu entnehmen ist, weist eine Dipolzeile prinzipiell ein Strahlungsdiagramm auf, das symmetrisch zu der Ebene ist, in der sich der Dipol befindet. Soll nun die Ausstrahlung in eine Richtung unterdrückt werden, so kann dies durch einen metallischen Reflektor realisiert werden, der im Abstand $\lambda/4$ hinter der Dipolzeile angebracht wird. Dies wird typischerweise mit Hilfe eines engmaschigen Drahtnetzes (Maschendiagonale $< \lambda/10$) durchgeführt. Durch den Abstand $\lambda/4$ und durch die Tatsache, daß bei der Reflexion ein Phasensprung von 180° entsteht, wird erreicht, daß die vom Reflektor zurückgeworfene Welle phasenrichtig bei der Dipolzeile wieder eintrifft und so die Abstrahlung in die Hauptstrahlungsrichtung verstärkt.

Die Berechnung der Richtcharakteristik von beliebigen Kombinationen von Antennenelementen[14] erfolgt prinzipiell derart, daß die von jedem einzelnen Antennenelement kommenden elektromagnetischen Wellen an einem „beliebigen" Punkt überlagert werden. Allgemein ergibt sich hieraus die Richtcharakteristik einer Antennengruppe als Produkt zweier Richtcharakteristika, nämlich der Richtcharakteristik des einzelnen Antennenelements sowie der Richtcharakteristik der Gruppe.

Bei allen eingesetzten Dipolarten stellt das Horizontaldiagramm einen Kreis dar, so daß das Horizontaldiagramm der Antennenzeile nicht vom Typ des verwendeten Antennenelements abhängt. Das Vertikaldiagramm der Antennenzeile hingegen ist im wesentlichen gleich dem Vertikaldiagramm des einzelnen Antennenelements. In den folgenden Abbildungen sind einige Horizontaldiagramme dargestellt, wobei einerseits die Anzahl der Antennenelemente (Abb. E.3-13) sowie andererseits deren Abstand (Abb. E.3-14) variiert wird.

Ein weiterer Parameter bei der Auslegung von Antennenzeilen (allgemein von Antennengruppen) ist die Phasensteuerung der einzelnen Antennenelemente. Bei den bisherigen Überlegungen wurde davon ausgegangen, daß alle Elemente mit der gleichen Phasenlage angesteuert werden. In Abb. E.3-15 ist zu sehen, wie sich eine Variation der Phasendifferenz zwischen benachbarten Antennenelementen auf die Richtcharakeristik auswirkt.

Wie man hier erkennt, kann durch die Wahl der Phasendifferenz zwischen den Antennenelementen die Richtung der Hauptkeule (bzw. allgemein der Richtcharakteristik) gesteuert werden. Da dies durch Einsatz von elektronischen Phasenschiebern sehr schnell geschehen kann (im Bereich von 10 ns bis 100 ns), läßt sich auf diese Weise eine sehr gezielte und schnelle Schwenkung der Antennenkeule realisieren.

---

14 Die einzelnen Antennen einer Antennengruppe werden meist als Antennenelemente bezeichnet.

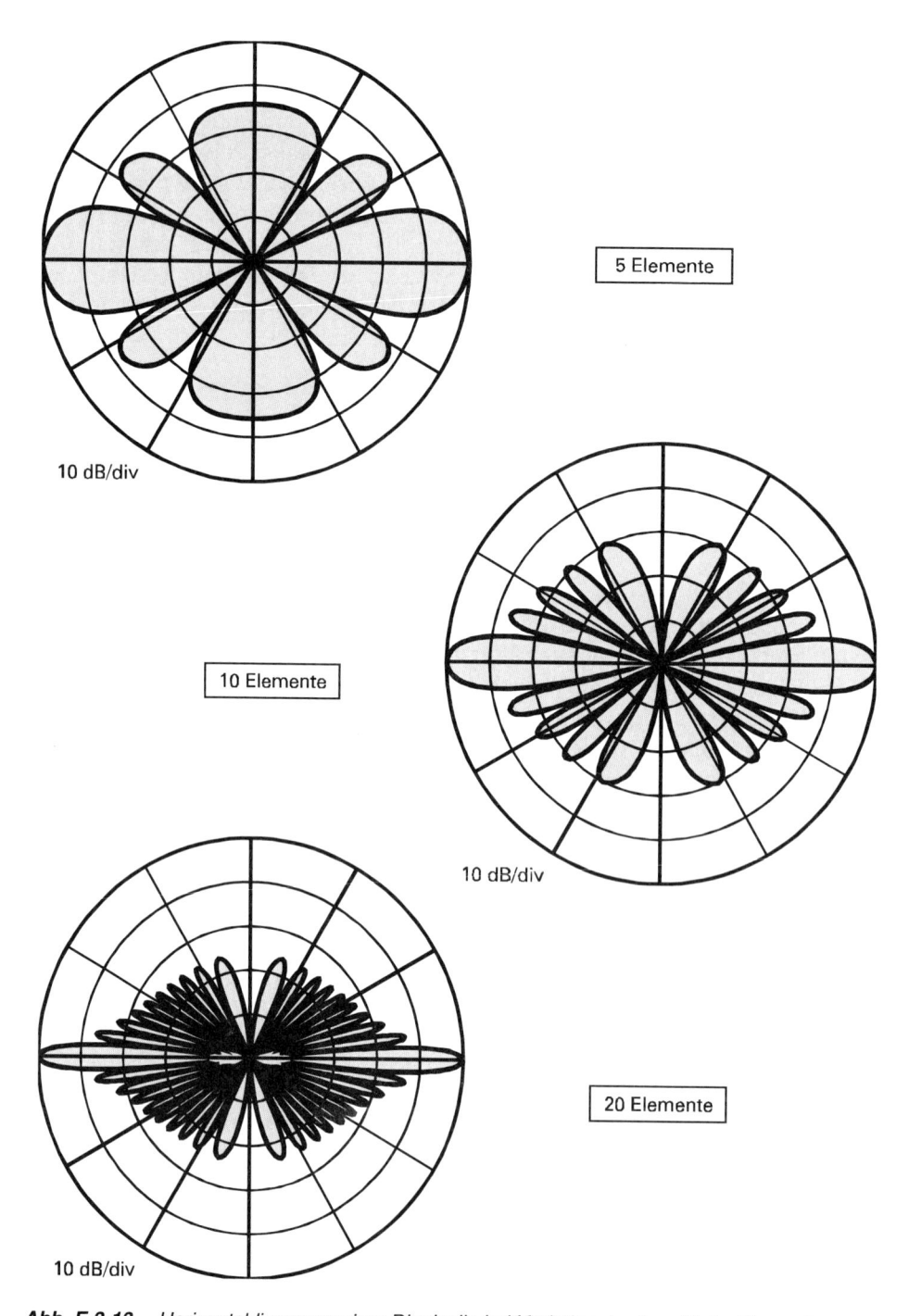

Abb. E.3-13 Horizontaldiagramm einer Dipolzeile bei Variation der Anzahl der Elemente

E.3.4 Gruppen von Dipolantennen

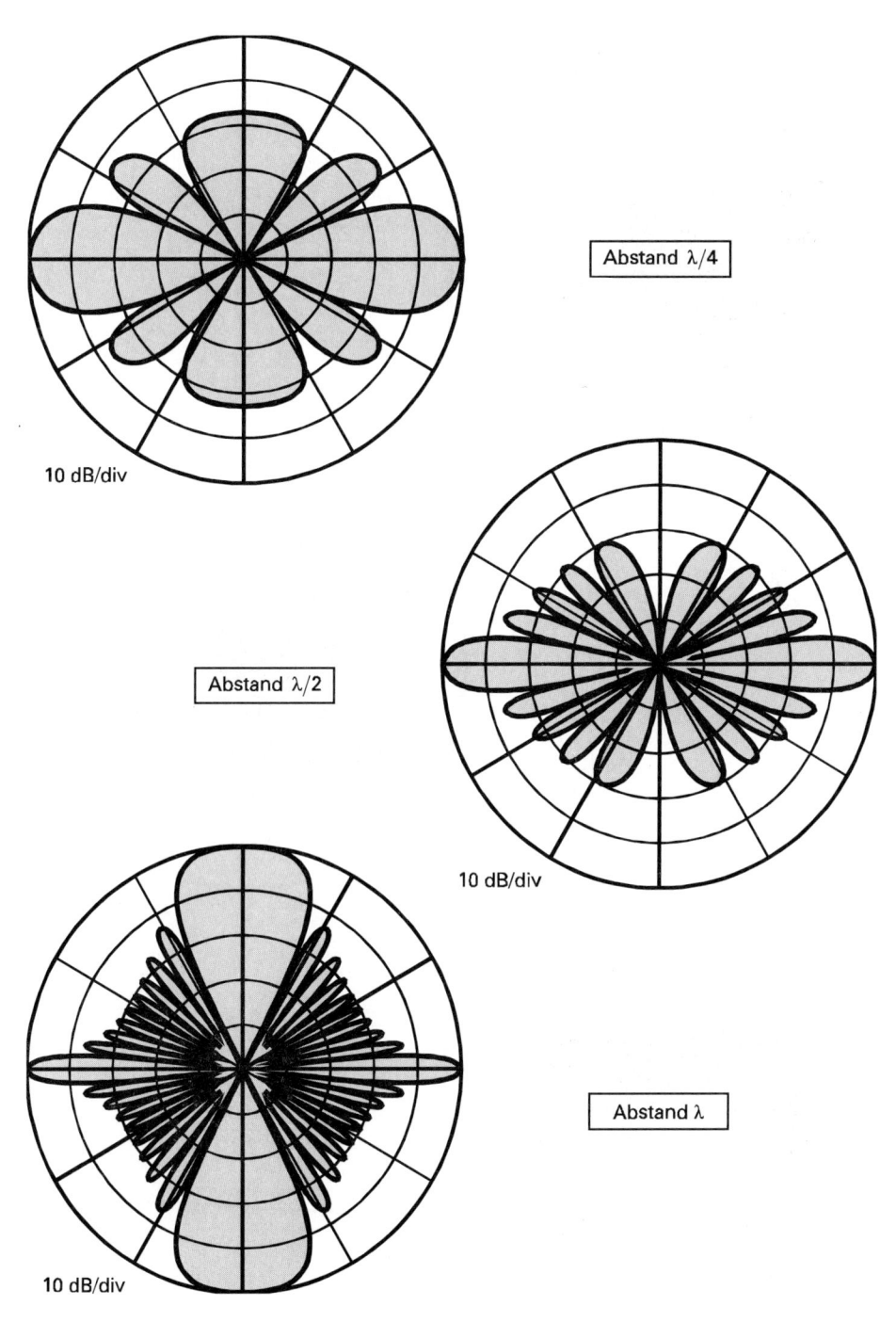

Abstand $\lambda/4$

10 dB/div

Abstand $\lambda/2$

10 dB/div

Abstand λ

10 dB/div

Abb. E.3-14 Horizontaldiagramm einer Dipolzeile bei Variation des gegenseitigen Abstands der Elemente

$\Delta\phi = 0°$

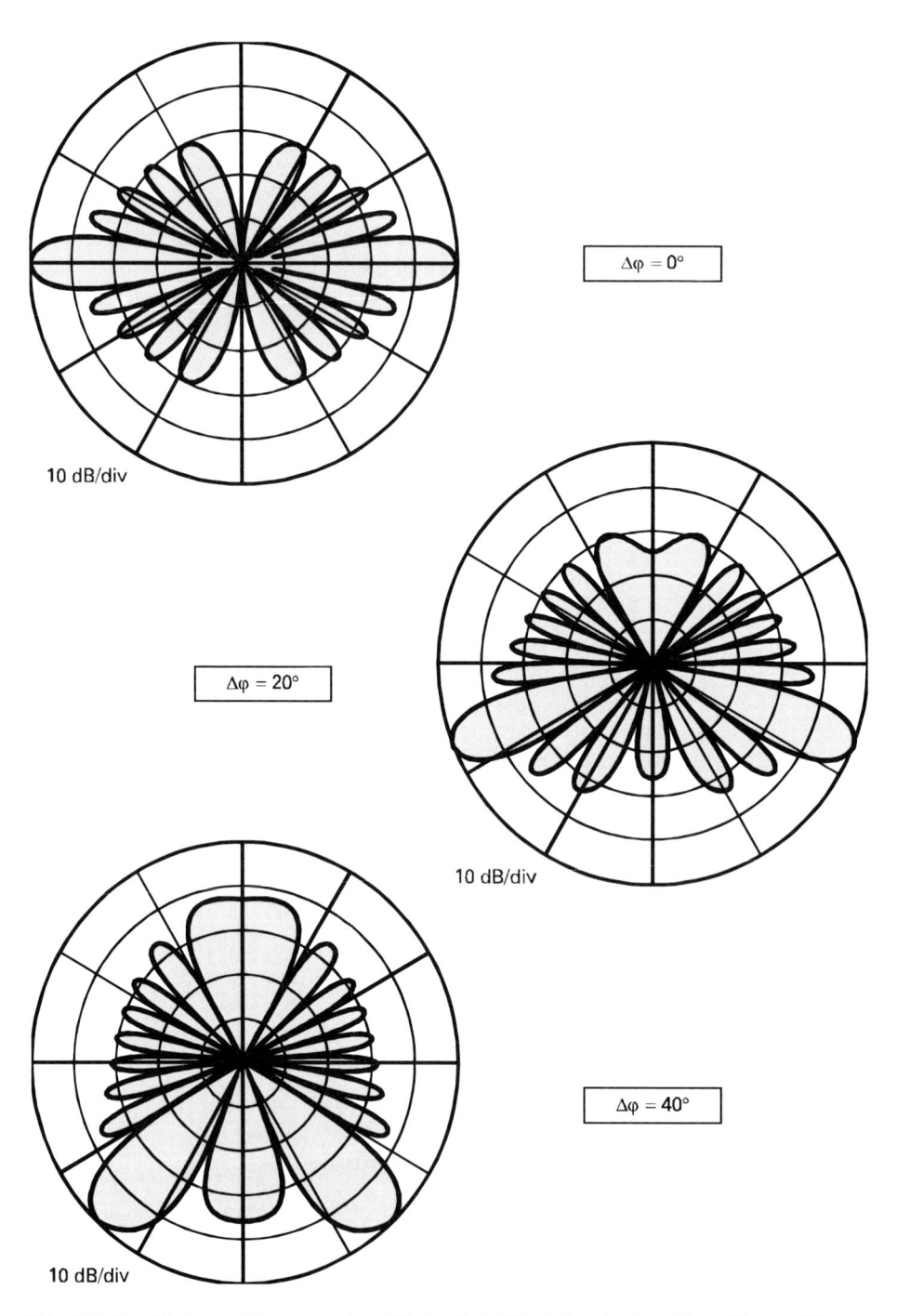

10 dB/div

$\Delta\phi = 20°$

10 dB/div

$\Delta\phi = 40°$

10 dB/div

Abb. E.3-15 *Horizontaldiagramm einer Dipolzeile bei Variation der jeweiligen Phasendifferenz zweier Elemente*

Zwei weitere Einflußmöglichkeiten, die hier nur kurz angedeutet werden sollen, sind:

- die Variation der Amplituden der eingespeisten Antennenströme zwischen den einzelnen Antennenelementen (neben der Variation der Phasenlagen)

sowie

- nicht äquidistante Antennenzeilen, die im Gegensatz zu den bisher betrachteten Anordnungen ungleichmäßige Abstände zwischen den einzelnen Antennenelementen aufweisen.

Mit Hilfe dieser Parameter kann gezielt die Form des Antennendiagramms verändert werden, um z. B. in bestimmten Richtungen Nullstellen zu erzeugen (zum Ausblenden von störenden Signalen o. ä.).

E.3.4.3 Dipolebene

Durch die Kombination von Dipolzeilen und Dipollinien entsteht eine regelmäßig mit $n \times m$ Dipolen besetzte Fläche, Dipolebene genannt (Abb. E.3-16). Sie weist aufgrund der Richtcharakteristika der Dipolzeile bzw. -linie eine Richtwirkung sowohl in der Vertikal- als auch in der Horizontalebene auf.

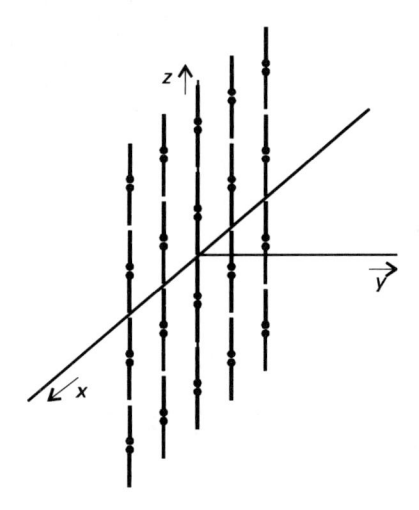

Abb. E.3-16 *Dipolebene*

Auch hier ergeben sich die Richtdiagramme wiederum durch Überlagerung der Strahlungsdiagramme der einzelnen Dipole bzw. der einzelnen Dipolzeilen und -linien.

Die FARBTAFEL IV zeigt ein Antennenfeld für den internationalen Kurzwellen-Rundfunkverkehr.

Die Richtcharakteristik läßt sich zudem durch die Art der Amplitudenbelegung (Ansteuerung) der einzelnen Dipolelemente beeinflussen. Durch Variation der Phasenlage zwischen den Dipolzeilen und/oder -linien ergibt sich eine interessante Antennenart, die phasengesteuerte oder *Phased-Array*-Antenne. Das Strahlungsdiagramm der mechanisch stationären Antenne kann sehr schnell (wesentlich schneller als bei mechanischer Bewegung) geschwenkt werden, was u. a. bei einer Vielzahl von Radar-Systemen von Bedeutung ist (siehe auch Abschnitt E.3.4.2).

E.3.4.4 Yagi-Uda-Antennen

Das Prinzip der sogenannten Yagi-Uda-Antenne[15] ist in Abb. E.3-17 dargestellt. Die Yagi-Uda-Antenne besteht aus einem gespeisten Dipol (Strahler S), einem oder mehreren Reflektoren (R) sowie einem oder mehreren Direktoren (D). Durch diese Anordnung wird in Abhängigkeit von der Zahl der Elemente eine Erhöhung der Richtwirkung erreicht. Mehr als ein Reflektor hat dabei keinen großen Einfluß, eine größere Zahl von Direktoren bringt jedoch einen deutlichen Gewinnzuwachs. Je größer die Anzahl der Direktoren wird, desto geringer wird dabei der Zuwachs je Element. Wesentliche Parameter für die Eigenschaften einer Yagi-Uda-Antenne sind die Länge der Elemente sowie der Abstand der einzelnen Elemente voneinander.[16] Typische Werte für die Elementanzahl liegen bei 10 bis 12 mit einem Antennengewinn von 12 dBi bis 14 dBi. Der Frequenzbereich, in dem Yagi-Uda-Antennen bevorzugt eingesetzt werden, reicht von 30 MHz bis 1000 MHz. Strenggenommen müßte die Yagi-Uda-Antenne schmalbandiger sein als ein vergleichbarer Dipol. Durch parasitäre Effekte tritt dies in der Praxis jedoch im allgemeinen so nicht auf; statt dessen kann eine Yagi-Uda-Antenne auch (geringfügig) breitbandiger werden.

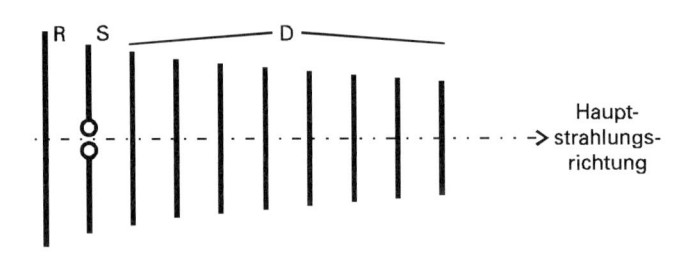

Abb. E.3-17 *Prinzipieller Aufbau einer Yagi-Uda-Antenne (S: Strahler, D: Direktor, R: Reflektor)*

---

15 Diese Antennenform wurde zuerst vom Japaner Uda (1926) beschrieben und von H. Yagi in englisch veröffentlicht (1928). Sie wird auch als Yagi-Antenne oder kurz als Yagi bezeichnet.

16 Unter Berücksichtigung weiterer Parameter, wie z. B. Bandbreite, Impedanz, Nebenkeulen, Baugröße usw., müssen bzgl. der Anordnung Kompromisse geschlossen werden. Auch hier existieren wieder keine geschlossenen Lösungen, sondern nur Näherungen, so daß die Ergebnisse mittels Messung zu überprüfen sind.

E.3.5 Langdrahtantennen

Langdrahtantennen bestehen aus einem mehrere Wellenlängen (typisch 10 λ bis 15 λ) langen Draht, der horizontal in einer Höhe von $\lambda/2$ bis λ über dem Erdboden aufgespannt und entweder mit dem Wellenwiderstand abgeschlossen oder offen ist. Der Draht (es können auch mehrere Drähte sein) bildet mit dem Erdboden eine Doppelleitung, auf der vom Speisepunkt zum Abschlußwiderstand fortschreitende Wellen entstehen, die der Abstrahlung eine Richtwirkung geben.[17]

Langdrahtantennen können auch aufgefaßt werden als mehrere linear angeordnete Dipole, die aufgrund der Anordnung gegenphasig erregt werden.

Langdrahtantennen werden häufig im Kurzwellenbereich eingesetzt, sowohl als Sende- als auch als Empfangsantennen. Zu ihren charakteristischen Eigenschaften zählen:

- relativ große Bandbreite, d. h. die Bemessung ist i. a. nicht sehr kritisch;
- geringe Baukosten, aber
- hoher Platzbedarf (Antennenlängen von 1000 m sind keine Besonderheit);
- Antennengewinn und Richtschärfe steigen mit der Länge der Antenne;
- bei ausreichender Höhe über Grund weist das Vertikaldiagramm nur einen geringen Erhebungswinkel auf, d. h. dieser Antennentyp ist gut geeignet zum Empfang von Flachstrahlung (Sendungen aus großen Entfernungen);
- der Wellenwiderstand ist u. a. abhängig vom Leiterdurchmesser und von der Höhe über der Erde.

Die drei wichtigsten Bauformen der Langdrahtantenne sind in Abb. E.3-18 zusammengestellt und werden im folgenden kurz beschrieben.

- Einfache Langdrahtantenne (Abb. E.3-18a)

  Die einfache Langdrahtantenne stellt die einfachste Bauform dieses Antennentyps und zugleich den Grundtyp für alle weiteren Formen dar. Mit zunehmender Länge nähert sich die Hauptstrahlungsrichtung mehr und mehr der Antennenlängsrichtung; außerdem ergibt sich eine zunehmende Aufzipfelung des Strahlungsdiagramms. Für eine einfache Langdrahtantenne mit einer Länge $l = 10\lambda$ gilt ein theoretischer Gewinn von $G \approx 7{,}5$ dBi mit einer Hauptstrahlungsrichtung von ca. 15° gegen die Antennenachse. Die einfache Langdrahtantenne ermöglicht einen sehr großen Bandbreitenbereich (1:20). Während Langdrahtantennen zuerst für Langwellen eingesetzt wurden, werden sie heute bevorzugt als Empfangsantennen für den Kurzwellenbereich verwendet.

---

17 Im Gegensatz zur Dipolantenne, bei der stehende Wellen vorliegen.

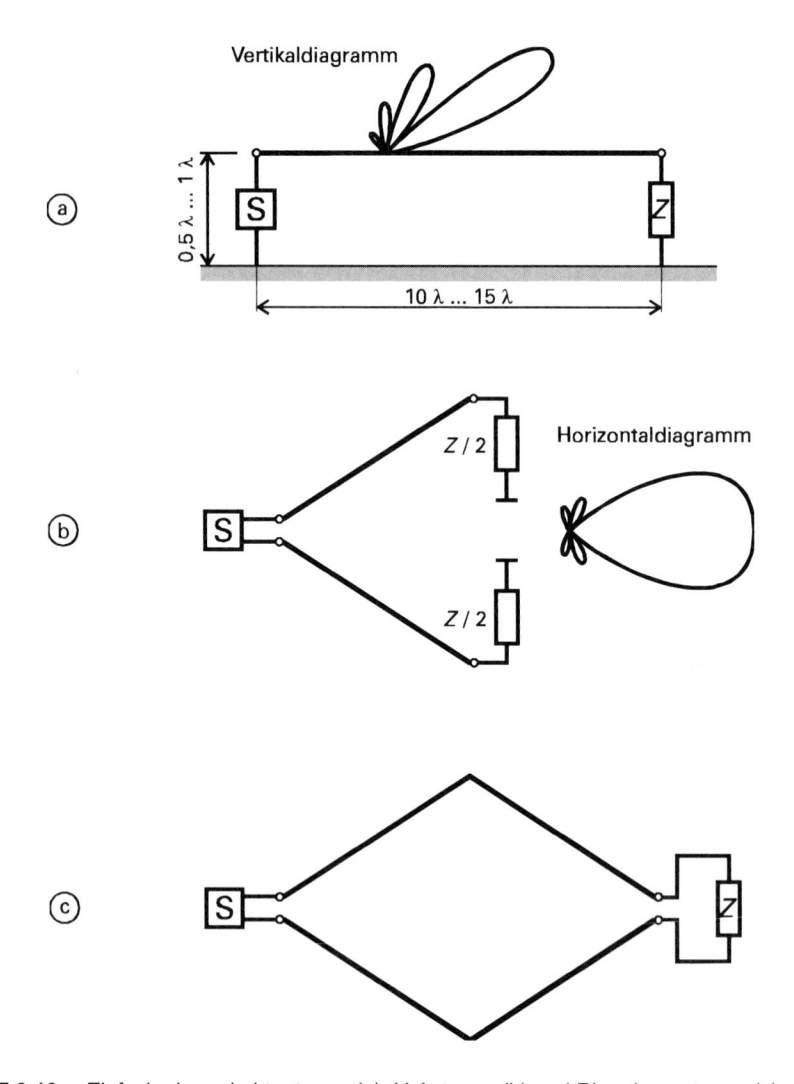

Abb. E.3-18 *Einfache Langdrahtantenne (a), V-Antenne (b) und Rhombusantenne (c)*

- V-Antenne (Carter, USA, 1930) (Abb. E.3-18b)

  Die V-Antenne ist eine Kombination zweier einfacher Langdrahtantennen, die bei optimalem Spreizwinkel (Winkel zwischen den Schenkeln des V) einen um 3 dB höheren Gewinn als die einzelnen Langdrahtantennen aufweist. Der optimale Spreizwinkel ist abhängig von der Länge der Schenkel und sinkt mit steigender Länge. Gerade bei größeren Antennenlängen ist der Spreizwinkel ein kritischer Parameter. Bei $l = 10\lambda$ ergibt sich ein optimaler Spreizwinkel von ungefähr 32° und dabei ein theoretischer Gewinn von $G \approx 10{,}5$ dBi.

♦ Rhombusantenne (Abb. E.3-18c)

Die Rhombusantenne stellt wiederum eine Verbindung zweier V-Antennen dar, wobei sie eine größere Bandbreite aufweist als eine V-Antenne mit gleicher Gesamtlänge. Der Gewinn ist geringfügig größer als der einer vergleichbaren V-Antenne. Die Rhombusantenne ist eine der leistungsstärksten Antennen für den HF-Bereich (Einsatz bis 30 MHz), insbesondere unter Beachtung des vergleichsweise geringen Aufwands, und wird in erster Linie für den weltweiten Kurzwellenfunk eingesetzt. Die Bandbreite beträgt typisch ein bis zwei Oktaven, wobei die Begrenzung weniger auf der Fehlanpassung am Eingang beruht, sondern vielmehr auf der frequenzbedingten Veränderung der Richtcharakteristik. Der praktische Wirkungsgrad beträgt 50 % bis 70 %, die Hauptkeule weist eine typische Breite von ca. 10° bei einer Nebenkeulendämpfung von ca. 10 dB auf. Für diese Bauform liegen übliche Werte für die Länge bei der zwei- bis siebenfachen Wellenlänge bei einer Höhe von ein bis zwei Wellenlängen über dem Erdboden. Der spitze Winkel liegt im allgemeinen bei 30° bis 60°.

Der wesentliche Unterschied zwischen der offenen und der (mit dem Wellenwiderstand) abgeschlossenen Langdrahtantenne ist die Tatsache, daß letztere eine unidirektionale Antenne darstellt, die nur in die Richtung „vom Einspeisepunkt weg" strahlt. Im Gegensatz dazu sind die offenen Langdrahtantennen bidirektional, d. h. sie weisen eine Richtcharakteristik auf, die auch Strahlungskeulen in Richtung zum Einspeisepunkt besitzen. Der zweite Leiter (Rückleiter) einer mit dem Abschlußwiderstand abgeschlossenen Langdrahtantenne ist die Erdoberfläche. Um hierdurch keine negativen Auswirkungen zu erhalten, müssen entweder eine gute Leitfähigkeit vorhanden sein oder aber entsprechende Maßnahmen getroffen werden. Bei Sendeantennen ist einerseits zu berücksichtigen, daß durch den Abschlußwiderstand Leistung „verlorengeht", d. h. der Wirkungsgrad sinkt; andererseits muß bei der Dimensionierung des Abschlußwiderstands darauf geachtet werden, daß ein nicht geringer Teil der Sendeleistung in diesem Widerstand in Wärme umgewandelt wird. Sehr lange abgeschlossene Langdrahtantennen, die in relativ geringer Höhe angebracht sind, werden im kommerziellen Bereich als Beverage-Antennen bezeichnet.

E.3.6 Aperturantennen

Im Gegensatz zu Linearantennen (Dipolen), bei denen als Ursache der Strahlung ein linienförmiger elektrischer (oder magnetischer) Strombelag angenommen werden kann, ist bei flächenhaft ausgedehnten Antennen i. a. mit flächenhaft verteilten Strömen zu rechnen. Die Berechnung der Felder in einem Aufpunkt P erfolgt im Prinzip dadurch, daß man die Strombelegungen auf der Antenne als unendlich viele Hertzsche bzw. magnetische Dipole auffaßt und über die von ihnen hervorgerufenen Teilfelder unter Berücksichtigung der Laufwegunterschiede (Retardierung) integriert. Der als allein strahlend angenommene Teil der Hüllfläche wird Apertur genannt und fällt meist mit der strahlenden Öffnung des Antennengebildes zusammen. Die Stromverteilung auf der Apertur wird vom jeweiligen Speisesystem bestimmt. Bei gleichphasiger Belegung ergibt der Fall der homogenen Belegung (dies entspricht der „Ausleuchtung" mit einer ebenen Welle) den größten Gewinn.

Anmerkungen:
Unter einem magnetischen Dipol versteht man analog zum Hertzschen Dipol ein kleines Wegelement ($l \ll \lambda$), das einen magnetischen Strom führt. Die Berechnung und deren Ergebnisse sind dual zum Hertzschen Dipol.
Die Schwierigkeit bei der Integration besteht darin, daß die wirkliche Belegung der Fläche nicht bekannt ist. Bis auf wenige Ausnahmen, in denen infolge geometrisch einfacher Randformen eine exakte Lösung möglich ist, wird von Näherungsberechnungen ausgegangen.

Unabhängig von der Form der Antenne gilt dann

$$G = \frac{4\pi A_a}{\lambda^2} \qquad \text{(E.3-28)}$$

bezogen auf den isotropen Kugelstrahler (A_a: geometrische Aperturfläche).

Läßt man Phasenabweichungen zu, so gibt es zwar spezielle Belegungsfunktionen, die zu einem höheren Gewinn führen, jedoch weisen diese „Supergain-Antennen" einen schlechten Wirkungsgrad und geringe Nutzbandbreiten auf, ganz abgesehen von der Schwierigkeit der Realisierung. Praktisch kommen deshalb nur gleichphasige Belegungen in Betracht. Für jede gleichphasige, aber amplitudenmäßig von der Homogenität abweichende Belegung gilt für den Antennengewinn

$$G = \frac{4\pi A_w}{\lambda^2} = q \frac{4\pi A_a}{\lambda^2} \qquad \text{(E.3-29)}$$

mit dem Flächenausnutzungsfaktor

$$q = \frac{A_w}{A_a} < 1 \qquad \text{(E.3-30)}$$

dessen Wert typisch im Bereich von 0,5 bis 0,7 liegt. Trotz des maximalen Gewinns ist die Belegung mit konstanter Amplitude infolge der geringen Nebenkeulenunterdrückung und des geringen Gesamtwirkungsgrades ungünstig.

Im folgenden werden die beiden wichtigsten Gruppen von Aperturantennen etwas näher betrachtet.

♦ Hohlleiterantennen (Hornstrahler)

Das Feld in der Apertur eines offenen Hohlleiters wird näherungsweise durch seinen ungestörten Schwingungstyp unter Berücksichtigung eines Reflexionsfaktors dargestellt. Die Energieabstrahlung wird um so besser, je geringer der Reflexionsfaktor wird, d. h. je mehr sich der Feldwellenwiderstand des Hohlleiters dem des freien Raumes nähert. Daher wird der offene

Hohlleiter, dessen Querabmessungen durch die Forderung nach Eindeutigkeit der Ausbreitung begrenzt sind, praktisch kaum verwendet. Durch Aufweitung in einer oder zwei Richtungen entstehen die typischen Bauformen von Hornstrahlern. Die Aufweitung muß allmählich erfolgen, damit an der Übergangsstelle Hohlleiter–Horn keine störenden Reflexionen entstehen (Richtwert für den Öffnungswinkel: 40° bis 60°). Typische Werte für den Gewinn liegen bei 20 dB.

♦ Spiegelantennen

Für Abstände, die sehr groß gegenüber der Wellenlänge sind, geht die von einem beliebigen Primärstrahler ausgehende Welle in eine Kugelwelle über, d. h. sie kommt scheinbar von einer punktförmigen Quelle. Befindet sich diese Quelle im Brennpunkt eines rotationsparabolischen Metallspiegels, so sind die nach optischen Gesichtspunkten am Spiegel reflektierten Teilwellen in der Aperturebene gleichphasig. Die Aperturebene steht senkrecht auf der Symmetrieachse des Spiegels. Als Primärstrahler sind (u. a. abhängig von der Frequenz) Breitbanddipole, Hornstrahler oder aufgeweitete Koaxialleitungen gebräuchlich, mit denen die Speisung von der Vorderseite der Antenne her erfolgt (Parabol-, Cassegrain- und Muschelantenne). Bei Spiegelantennen sind typische Werte für den Gewinn von über 40 dB zu erreichen (Erdfunkstellen von Satellitenverbindungen bis 58 dB).

Eine Speisung kann auch von der Rückseite her erfolgen, z. B. nach dem Cassegrain-Prinzip (Abb. E.3-19). Wenn der hyperbolische Hilfsreflektor exzentrisch gelagert ist und um die Hauptspiegelachse gedreht wird, kann das Richtdiagramm um die Drehachse geschwenkt werden. Eine Beeinflussung des Antennendiagramms ist außer durch die Ausleuchtung auch durch Ansetzen von Randkurven oder durch Verwendung sektorförmiger Ausschnitte aus dem ursprünglichen Paraboloid (Hornparabolantenne) möglich, d. h. durch Änderung der Aperturform.

Die Halbwertsbreite kann bei einer Parabolantenne mit Hilfe der Beziehung

$$\Theta_{HW} \approx 72{,}8° \frac{\lambda}{D} \qquad (E.3\text{-}31)$$

aus der Wellenlänge und der Größe der Antenne (Durchmesser D) abgeschätzt werden.[18] Zum Schutz vor Witterungseinflüssen werden Aperturstrahler häufig mit einem Radom versehen. Hierbei handelt es sich um eine Abdeckung (häufig aus glasfaserverstärktem Polyester), die das „Innere" der Antenne vor Schnee, Eis usw. schützt. Material und Formgebung des Radoms werden dadurch bestimmt, daß keine (bzw. nur eine vernachlässigbare) Beeinflussung des elektrischen Verhaltens der Antenne verursacht werden darf.

---

18 Grundsätzlich gilt diese Beziehung auch für andere Antennenformen, wobei sich mitunter die Festlegung des Antennen-„Durchmessers" (allgemeiner der Antennenabmessung) schwierig gestalten kann.

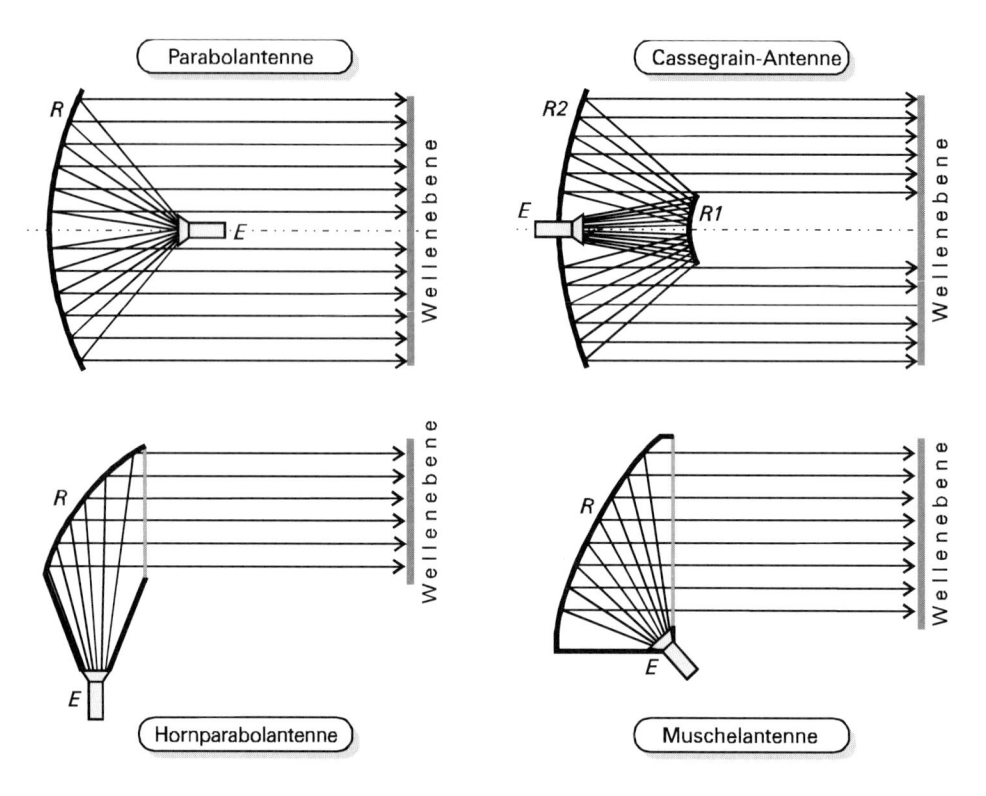

Abb. E.3-19 *Aperturantennen (E: Erreger, R: Reflektor, R1: Primär-Reflektor, R2: Sekundär-Reflektor)*

Ein Beispiel für eine Aperturantenne ist in der FARBTAFEL V zu sehen. Sie wird in einem Weitbereichsradar zur Flugverkehrsüberwachung eingesetzt. Zur Reduktion der Windlast sowie der zu bewegenden Masse wird die i. a. geschlossene Fläche der Antenne durch eine Gitterkonstruktion ersetzt.

Die FARBTAFEL VI zeigt verschiedene Aperturantennen beim Torfhaus (Harz). Die 18-m-Parabolantenne (rechts) wird bei einer Frequenz von 1,9 GHz eingesetzt. Der Antennengewinn beträgt rund 50 dBi bei einer Halbwertsbreite von ungefähr 1°. Dies ist bereits ein Grenzwert, da aufgrund der großen Antennenfläche die Windlast sehr aufwendige mechanische Konstruktionen erfordert. Die Muschelantennen (links) arbeiten im 6,2-GHz-Band. (Siehe auch FARBTAFEL VII.)

E.4 Das Funkfeld

E.4.1 Einleitung

Bevor in diesem Abschnitt auf die Grundlagen der Berechnung sowie teilweise auch auf die physikalischen Hintergründe der Übertragung auf dem Funkweg eingegangen wird, sollen hier zwei wesentliche Aspekte jedes Funkübertragungssystems herausgestellt werden:

♦ Der Funkkanal (im Sinne einer Ressource) ist nur begrenzt verfügbar; er ist prinzipiell an jedem Ort zur selben Zeit nur einmal einsetzbar.

♦ Jeder Funkkanal ist – als offenes System – hochgradig störanfällig.

Hieraus folgt einerseits, daß die Notwendigkeit besteht, Funkübertragungssysteme möglichst effizient (bezogen auf den „Verbrauch" an „*Spectrum Space*") zu entwerfen und andererseits, daß spezielle Maßnahmen getroffen werden müssen, um die Übertragung auch bei Vorliegen von Störungen sicherzustellen, u. a. durch den Einsatz von Kanalcodierungsverfahren.

E.4.1.1 Das idealisierte Funkübertragungssystem

Das verallgemeinerte Bild eines Funkübertragungssystems ist in Abb. E.4-1 gezeigt. Das Funkfeld (der Funkkanal) enthält die beiden Antennen und den freien Raum dazwischen und kann als Vierpol aufgefaßt werden.

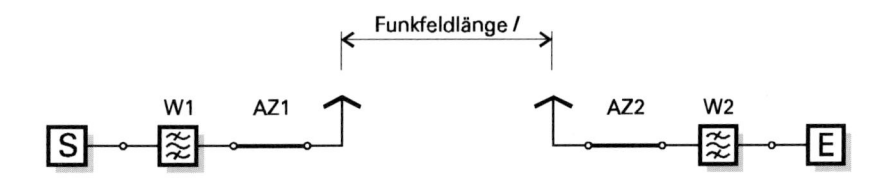

Abb. E.4-1   Das idealisierte Funkübertragungssystem (AZ: Antennenzuleitungen, W: Antennenweichen)

Eine der wesentlichen Größen eines Funkübertragungssystems ist die am Empfänger verfügbare Leistung P_e, die für eine befriedigende Übertragungsqualität in einem für das Modulationsverfahren und den Funkdienst charakteristischen Maß über der Summe der Störleistungen (Empfängerrauschen, Funkstörungen, andere Sender, etc.) liegen muß. Andererseits soll die Sendeleistung nicht unnötig hoch sein, um gegenseitige Störungen zu vermeiden und das zur Verfügung stehende Frequenzband möglichst effektiv zu nutzen (Stichwort: Frequenzökonomie). Die Beeinflussung der elektromagnetischen Wellen durch Materie jeglicher Art (d. h. Häuser, Vegetation, aber auch Regentropfen usw.) führt zur

Auslenkung der Wellen von der geradlinigen Verbindung. Im Vergleich zur ungestörten Ausbreitung im homogenen Medium (Vakuum) wird die Größe der Empfangsleistung dadurch verändert, meist verkleinert, in manchen Fällen aber auch vergrößert. Außerdem ergibt sich durch Inhomogenitäten und Reflexionen, daß Wellen auf verschiedenen Wegen vom Sender zum Empfänger gelangen können.

Der Funkkanal ist i. a. reziprok und linear, d. h. die Kanaleigenschaften sind in beiden Richtungen gleich und unabhängig von der Sendeleistung.[19] Bezieht man jedoch Funkgeräte (und Antennen) ein, so können Nichtlinearitäten wirksam werden, die u. a. zu Intermodulation durch Mischung von Signalen verschiedener Frequenzen führen können. Sie werden meist verursacht durch Nichtlinearitäten der Empfängereingangsstufe, wenn der Empfänger in der Nähe einer Sendeantenne eines anderen Funkdienstes betrieben wird und dessen Signal nicht genügend gedämpft werden kann.[20]

E.4.1.2 Das ideale Funkfeld

Beim idealen Funkfeld beschreibt die sogenannte Funkfelddämpfung die Differenz zwischen der der Sendeantenne zugeführten Sendeleistung P_s und der von der Empfangsantenne an den Empfänger weitergeleiteten Empfangsleistung P_e.

Mit (E.3-14) ergibt sich für die Strahlungsleistungsdichte am Ort der Empfangsantenne

$$S_e = \frac{G_s P_s}{4\pi l^2} \qquad \text{(E.4-1)}$$

wobei l die Entfernung zwischen den Antennen und G_s der Gewinn der Sendeantenne ist. (E.3-17) führt dann zur Empfangsleistung

$$P_e = A_{w,e} S_e = \frac{A_{w,e} G_s P_s}{4\pi l^2} \qquad \text{(E.4-2)}$$

worin die Wirkfläche $A_{w,e}$ der Empfangsantenne mit (E.3-29) durch den Gewinn G_e ausgedrückt werden kann.

---

19 Eine Ausnahme bildet z. B. die Troposcatter-Verbindung (E.4.2.5) – sie ist weder reziprok noch linear.
20 Nichtlinearitäten entstehen aber auch bei bestimmten Materialkombinationen in der Antenne oder deren näherer Umgebung, z. B. an Dachrinnen, rostigen Schrauben oder ähnlichem, wobei sich an den Grenzschichten Gleichrichterelemente bilden. In diesem Fall muß die Nichtlinearität dem Ausbreitungsmedium zugeschrieben werden. Steilflankige Filter und extreme Linearitäten an den Eingangsstufen, die üblichen Verfahren zur Vermeidung von Intermodulation, können die Störung dann nicht mehr verhindern.

E.4.1 Einleitung

Somit resultiert für die Empfangsleistung

$$P_e = \frac{\lambda^2 G_e G_s P_s}{(4\pi l)^2} \tag{E.4-3}$$

woraus letztlich die Beziehung

$$a = \frac{P_s}{P_e} = \frac{(4\pi l)^2}{\lambda^2 G_e G_s} \tag{E.4-4}$$

für die Funkfelddämpfung folgt.

Diese wird meist in der gebräuchlicheren logarithmischen Form[21]

$$\begin{aligned} a &= P_s - P_e \\ &= 20 \log \frac{4\pi l}{\lambda} - G_s - G_e \end{aligned} \tag{E.4-5}$$

angegeben und setzt sich bei einem idealen Funkfeld aus drei Anteilen zusammen. Diese sind:

- der Gewinn G_s der Sendeantenne,
- der Gewinn G_e der Empfangsantenne,
- die Ausbreitungsdämpfung zwischen den Antennen (Freiraumdämpfung a_0).

Es ist zu beachten, daß die Beziehung (E.4-5) für die Funkfelddämpfung nur für das Fernfeld gilt.

Beispiel E.4-1

Ein Richtfunksystem bei der Frequenz 13 GHz mit der Funkfeldlänge 25 km soll untersucht werden. Sende- und Empfangsantenne weisen jeweils einen Gewinn von 36 dBi auf.

Damit ergibt sich unter Verwendung von (E.4-5) eine Freiraumdämpfung von $a_0 = 143$ dB und eine Funkfelddämpfung von $a = a_0 - G_s - G_e = 71$ dB. Die Sendeleistung betrage 100 mW entsprechend 20 dBm. Die Empfangsleistung ist dann im Idealfall -51 dBm $\hat{=} 7{,}94$ nW.

---

[21] Der Faktor 20 vor dem logarithmierten Term resultiert aus einer Vereinfachung. Die eigentlich vorhandene Quadrierung des Arguments des Logarithmus wird als Faktor 2 vor den Logarithmus gezogen.

E.4.1.3 Das reale Funkübertragungssystem

Gegenüber dem idealisierten Funkübertragungssystem liegen in der Realität eine Reihe von Faktoren vor, die eine Abweichung vom oben gezeigten Verhalten bewirken.

Hierbei sind insbesondere zu nennen:
- Atmosphärische Dämpfung / Regendämpfung → Abschnitt E.4.2
- Abschattung („Fresnel-Zone") → Abschnitt E.4.3
- Schwund durch Mehrwegeausbreitung → Abschnitt E.4.5

Die Systemdämpfung des realen Funkübertragungssystems setzt sich, wie in Abb. E.4-2 dargestellt, aus folgenden Anteilen zusammen:

a	Funkfelddämpfung gemäß (E.4-5)
a_z	Zusatzdämpfung durch Abschattung
a_f	Schwundreserve
a_Atmos	Atmosphärische Dämpfung
a_Regen	Dämpfung durch Regen bzw. Nebel
a_{l1}, a_{l2}	Leitungsdämpfung (zwischen Antenne und Sender bzw. Empfänger)
a_{w1}, a_{w2}	Weichendämpfung (beim Sender bzw. Empfänger)

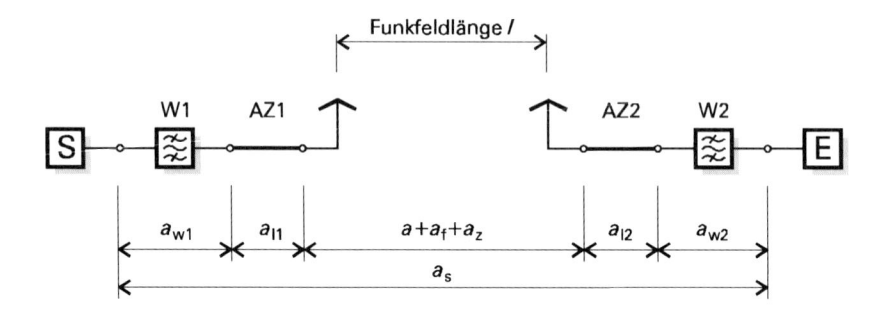

Abb. E.4-2 Das reale Funkübertragungssystem (AZ: Antennenzuleitungen, W: Antennenweichen)

Damit ergibt sich die Systemdämpfung eines realen Funkübertragungssystems in logarithmischer Schreibweise zu

$$a_s = P_s - P_e \\
= a + a_z + a_f + a_\text{Atmos} + a_\text{Regen} + (a_{l1} + a_{w1}) + (a_{l2} + a_{w2}) \tag{E.4-6}$$

Die Systemdämpfung tritt somit beim realen System an die Stelle der Funkfelddämpfung beim idealen System.

Der Funkkanal stellt einen linearen, zeitvarianten Vierpol dar; dessen Übertragungsfunktion ist

$$\underline{H}(\omega,t) = |\underline{H}(\omega,t)| \, e^{j\varphi(\omega,t)} \qquad (E.4-7)$$

Betrag und Phase von $\underline{H}$ sind also sowohl zeit- als auch frequenzabhängig,[22] wobei es sich hier um statistische Abhängigkeiten handelt. Es sind also für den Einzelfall keine definitiven Aussagen möglich.

E.4.2 Einfluß der Atmosphäre

E.4.2.1 Einleitung

Die Wellenausbreitung in Funkfernverkehrssystemen[23] hängt nicht nur von der geometrischen Anordnung von Sender und Empfänger ab, sondern ganz wesentlich von den Eigenschaften der Atmosphäre. Diese wiederum sind abhängig u. a. von der Frequenz, der geographischen Lage, der Tages- und der Jahreszeit, der Sonnenfleckenaktivität, dem Erdmagnetfeld sowie allgemein dem Zustand der Atmosphäre. Dies führt dazu, daß keine analytischen Berechnungen bzw. Vorhersagen für die Wellenausbreitung möglich sind, sondern lediglich statistische Angaben gemacht werden können. Diese beruhen auf einer Vielzahl von Messungen, die z. B. in Berichten und Empfehlungen des CCIR veröffentlicht werden.

Die Wellenausbreitung in der Atmosphäre ist ein sehr umfangreiches Gebiet, das daher in diesem Rahmen nur kurz gestreift werden kann. Nach einer kurzen Einführung sollen einige wenige spezielle Fälle aufgezeigt werden, an denen zugleich die Problematik von Funkfernverkehrssystemen wie auch deren Möglichkeiten aufgrund der Wellenausbreitung in der Atmosphäre dargelegt werden sollen.

E.4.2.2 Aufbau der Atmosphäre

Bevor auf den Einfluß der Atmosphäre auf die Ausbreitung elektromagnetischer Wellen eingegangen wird, muß zuerst der schichtenförmige Aufbau der Atmosphäre betrachtet werden. Wie in Abb. E.4-3 dargestellt, besteht die „Lufthülle" unseres Planeten aus fünf Schichten, die nach dem Temperaturverlauf aufgeteilt werden. Auf die Troposphäre, in der sich das Wettergeschehen vorwiegend abspielt und die bis in ca. 12 km Höhe reicht, folgen die Stratosphäre, die Mesosphäre, die Thermosphäre sowie die Exosphäre. Letztere geht ohne scharfe

---

[22] Die Frequenzabhängigkeit wirkt sich bei schmalbandigen Systemen auf die gesamte Übertragungsbandbreite aus, während beim breitbandigen System frequenzselektiver Schwund auftritt.

[23] Unter einem Funkfernverkehrssystem wird üblicherweise ein System verstanden, dessen Reichweite über den (Funk-)Horizont hinausreicht.

Abgrenzung in den Weltraum über, wobei eine mögliche Definition für die obere Grenze der Exosphäre (und damit auch der Atmosphäre) das Ausklingen des Erdmagnetfelds ist, das bis in ca. 60 000 km Höhe reicht.

Auch die Grenzen zwischen den anderen Schichten sind nicht konstant, sondern variieren u. a. mit der geographischen Breite, so daß beispielsweise die Troposphäre an den Polen nur bis in ca. 7 km Höhe reicht.

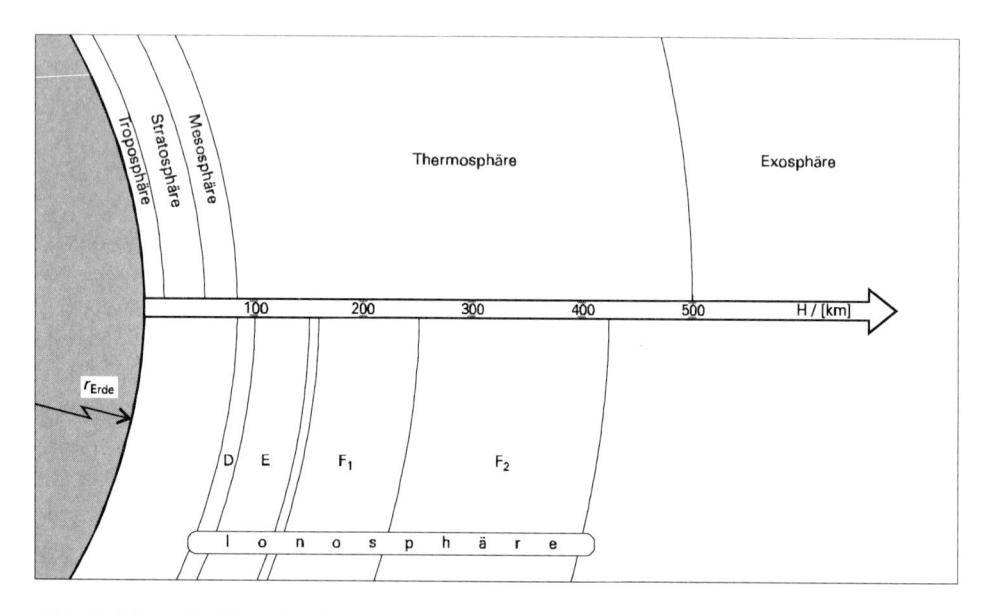

Abb. E.4-3   Schichtenförmiger Aufbau der Atmosphäre

Die für die Funkverbindungen wichtigen Schichten sind die Troposphäre (Abschnitt E.4.2.4) sowie die Ionosphäre (Abschnitt E.4.2.6), die i. a. mit der Thermosphäre übereinstimmt. In der Ionosphäre (typisch 80 km bis 1200 km Höhe) werden durch solare Strahlung in den sehr dünnen Gasen Elektronen freigesetzt. Durch diese Ionisation wird eine elektrische Leitfähigkeit dieser Gase hervorgerufen, die wiederum für die Ausbreitung elektromagnetischer Wellen von Bedeutung ist. Die Ionosphäre (siehe Tab. E.4-1) besteht wiederum aus einer Vielzahl von Schichten, durch die der Funkfernverkehr unterschiedlich beeinflußt wird.

Die von den Bedingungen in den verschiedenen Schichten der Atmosphäre abhängigen Ausbreitungseigenschaften in den unterschiedlichen Frequenzbereichen stellen ein umfangreiches Gebiet dar, das im wesentlichen mit Erfahrungs- und Meßwerten arbeitet. Gerade im Bereich des kommerziellen Lang-, Mittel- und Kurzwellenfunks sowie der unterschiedlichen Amateurfunkbänder werden derartige Effekte gezielt ausgenutzt.

Für weitere Details zu diesen Thema sei an dieser Stelle auf die Fachliteratur verwiesen, z. B. [Rothammel 91]. Im Rahmen dieses Buches werden nur einige wenige Vorgänge, die von besonderer Wichtigkeit sind, kurz angerissen.

Bezeichnung	Höhe in km	Eigenschaften
D-Schicht	80 ... 100	Diese Schicht existiert bevorzugt auf der Tageslichthälfte der Erde und ist im Sommerhalbjahr stärker ausgeprägt. Sie ist wenig stabil und bietet keine Nutzung für den Funkverkehr, sondern führt statt dessen in einigen Frequenzbereichen zu einer zusätzlichen Dämpfung der sie durchdringenden Wellen.
E-Schicht oder Kenelly-Heaviside-Schicht	100 ... 150	Auch diese Schicht ist vorwiegend auf der Tageslichthälfte zu finden, aber im Gegensatz zur D-Schicht relativ stabil. Trotzdem kann sie nur wenig genutzt werden (für Frequenzen bis 8 MHz).
F-Schicht oder Appleton-Schicht	160 ... 420	Diese nur mäßig stabile Schicht ist ganztägig verfügbar und teilt sich im Sommer in die F_1- und die F_2-Schicht auf, wobei die Grenze zwischen den Schichten bei ca. 250 km Höhe zu finden ist. Die F_2-Schicht ist für die Übertragung im Funkfernverkehr die attraktivste aller Schichten der Atmosphäre und nutzbar bis ca. 30 MHz. Auf die Mechanismen bei der Nutzung dieser Schicht wird im Abschnitt E.4.2.6 kurz eingegangen.

Tab. E.4-1   *Eigenschaften der für Funkverbindungen wichtigen Schichten der Ionosphäre*

E.4.2.3 Bodenwelle und Raumwelle

Die von einem Sender ausgestrahlte Leistung teilt sich i. a. in zwei Wellenarten auf: die Bodenwelle und die Raumwelle. Hierbei wird unter der Bodenwelle jener Teil der Strahlung verstanden, der sich entlang der Erdoberfläche ausbreitet. Ihre Reichweite sinkt mit der Wellenlänge und hängt u. a. von der Leitfähigkeit (und somit auch von der Feuchtigkeit) sowie der Dielektrizitätskonstanten des Bodens ab. So ist z. B. die Reichweite über Wasser größer als über Land.

Die Raumwelle hingegen ist derjenige Anteil der Strahlung, der so ausgestrahlt wird, daß der Boden keinen (direkten) Einfluß auf ihre Ausbreitung hat. Das bedeutet, daß die Ausbreitung in erster Näherung geradlinig stattfindet. Wie noch gezeigt werden wird, ist die Raumwelle insbesondere für Fernverkehrsverbindungen von großer Bedeutung.

Die Frage, ob die Bodenwelle oder die Raumwelle einen größeren Anteil an der Übertragung hat, hängt in erster Linie vom Frequenzbereich ab. In Tab. E.4-2 sind in einer Übersicht für die verschiedenen Frequenzbereiche die Reichweiten im Zusammenhang mit der Boden- bzw. der Raumwelle zusammengestellt. Anzumerken ist dabei, daß die Reichweite natürlich von der Sendeleistung sowie von anderen zeitveränderlichen Faktoren abhängt, so daß die hier angegebenen Werte nur Anhaltspunkte sein können.

Bezeichnung	Frequenzbereich	Ausbreitung vorwiegend als	Reichweite
Langwellen	30 kHz ... 300 kHz 10 km ... 1 km	Bodenwelle	nachts bis 1000 km tags bis 500 km
Mittelwellen	0,3 MHz ... 3 MHz 1 km ... 0,1 km	tags Bodenwelle nachts reflektierte Raumwellen	tags bis 100 km nachts bis 1000 km
Kurzwellen	3 MHz ... 30 MHz 100 m ... 10 m	Raumwelle	bei einmaliger Reflexion 3000 km ... 4000 km (tageszeitabhängig), bei mehrmaliger Reflexion weltweit
Ultrakurzwellen	30 MHz ... 300 MHz 10 m ... 1 m	Raumwelle	optische Sicht
Dezimeterwellen	0,3 GHz ... 3 GHz 1 m ... 0,1 m		
Zentimeterwellen	3 GHz ... 30 GHz 10 cm ... 1 cm		
Millimeterwellen	30 GHz ... 300 GHz 10 mm ... 1 mm		

Tab. E.4-2 *Ausbreitungseigenschaften in den einzelnen Frequenzbereichen*

E.4.2.4 Troposphäre

Zwei Punkte, die insbesondere bei höheren Frequenzen (oberhalb 1 GHz) zu beachten sind, sind die atmosphärische Dämpfung und die Regendämpfung, hervorgerufen durch Absorption in der Troposphäre bzw. Streuung an Wassertröpfchen (Regen, Nebel). Diese Einflüsse werden bei der Berechnung der Systemdämpfung berücksichtigt durch die Terme a_{Atmos} und a_{Regen}, die von der Frequenz sowie im Falle der Regendämpfung von der Stärke des Regens (Niederschlagsmenge) abhängig sind. Bei der Konzeption eines Funksystems werden häufig die in der Literatur vorliegenden Meßkurven verwendet (Abb. E.4-4 bzw. Abb. E.4-5).

E.4.2 Einfluß der Atmosphäre

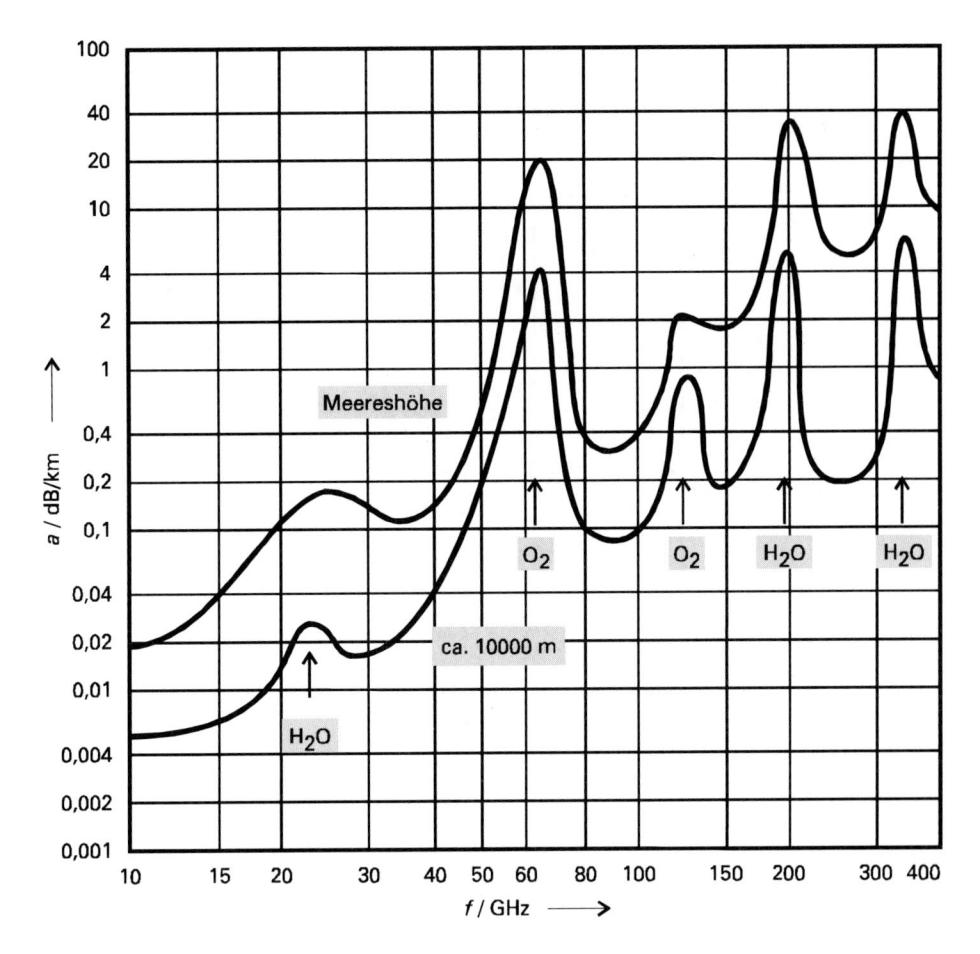

Abb. E.4-4 Spektraler Verlauf der atmosphärischen Dämpfung

Beispiel E.4-2

Für das bereits im Beispiel E.4-1 vorgestellte System soll sichergestellt werden, daß es auch noch bei mäßigem Regen auf der gesamten Funkfeldlänge bzw. bei starkem Regen auf 10 km Länge funktionsfähig ist. Die atmosphärische Dämpfung beträgt nach Abb. E.4-4 bei 12 GHz 0,06 dB/km bzw. 1,5 dB für das Funkfeld. Die Regendämpfung beträgt nach Abb. E.4-5 bei mäßigem Regen 2,5 dB und bei starkem Regen 5 dB. Zusammen müssen also mindestens 6,5 dB mehr Sendeleistung zur Verfügung stehen, bzw. es muß die Empfindlichkeit des Empfängers entsprechend erhöht werden.

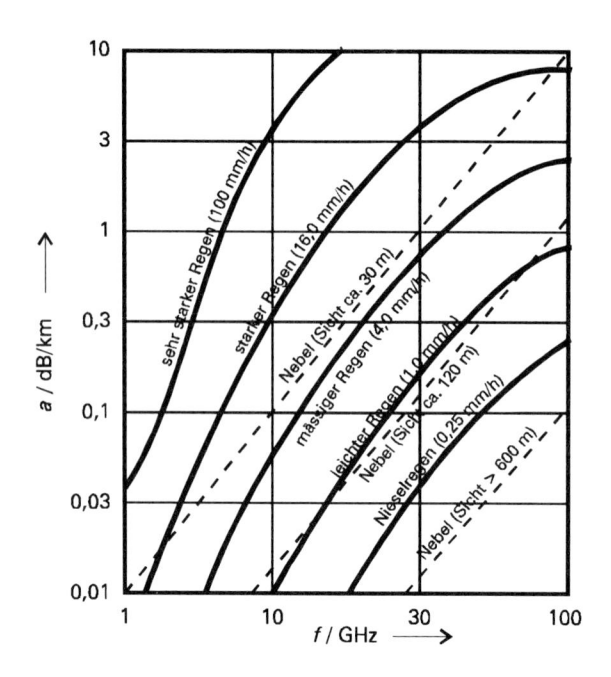

Abb. E.4-5   Spektraler Verlauf der Regendämpfung

E.4.2.5 Troposcatter-Verbindungen

Eine Troposcatter- oder auch Streustrahl-Verbindung beruht auf der gestreuten Reflexion der von einem Sender abgestrahlten elektromagnetischen Welle an einer Inhomogenität im Raum und auf dem Empfang dieser Welle durch einen Empfänger. Im Raum können sowohl künstliche als auch natürliche Inhomogenitäten in Erscheinung treten:

♦ Künstliche Inhomogenitäten

   Objekte, die speziell zum Zwecke einer Nachrichtenverbindung in den Raum gebracht worden sind:

   – großflächige metallische Körper (z. B. Ballons mit metallisierter Oberfläche);

   – Dipolwolken.

   Bei beiden Methoden wurde mit Experimenten die Funktionsfähigkeit nachgewiesen, ohne daß sie jedoch eine praktische Bedeutung erlangten.

♦ Natürliche Inhomogenitäten

   Natürliche Objekte, die in der Atmosphäre, zumindest zeitweise, vorhanden sind und für die Funkverbindung genutzt werden können.

- Meteoritenschwärme

    Da Meteoritenschwärme nur vorübergehend auftreten, kann diese Art der Übertragung nicht für konstante Verbindungen genutzt werden. Die Informationen müssen gespeichert und in einem „günstigen" Moment übertragen werden (z. B. Telegramme, Daten, usw.). Aufgrund dieser Tatsache hat dieses Verfahren ebenfalls keine praktische Bedeutung.

- Inhomogenitäten in der Troposphäre

    Diese bewirken, daß eine auf die Troposphäre auftreffende elektromagnetische Welle gestreut wird. Befindet sich der Streubereich sowohl innerhalb der Keule der Sende- als auch der Empfangsantenne, so kann eine Funkverbindung zustande kommen (Abb. E.4-6). Diese Verbindung, auch Troposcatter genannt, kommt seit vielen Jahren in der Richtfunktechnik zur Überbrückung von Strecken von 150 km bis 600 km zur Anwendung, insbesondere wenn zwischen den Endpunkten der Strecke nicht oder nur mit hohem Aufwand eine Relaisstelle eingerichtet werden kann (Frequenzbereich 100 MHz bis 5000 MHz). Ein Beispiel hierfür war jahrelang die Telefon- und Fernsehverbindung zwischen Berlin (West) und dem Bundesgebiet. Aufgrund der politischen Lage waren keine Relaisstellen auf dem Gebiet der damaligen DDR möglich, so daß die Strecke Berlin–Torfhaus/Harz mittels Troposcatter-Verbindung abgedeckt wurde. Ein heutzutage typisches Anwendungsgebiet sind Funkverbindungen zu *Offshore*-Bohrplattformen.

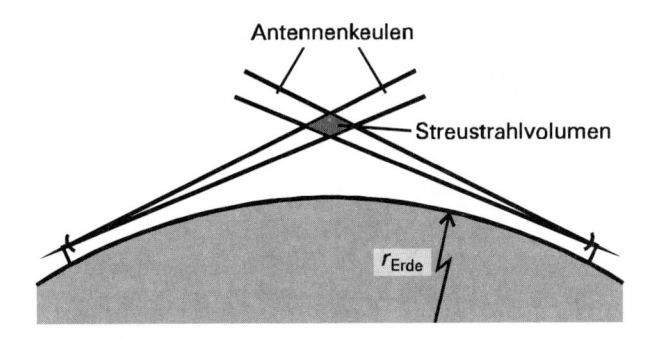

Abb. E.4-6   *Troposcatter-Verbindung*

Bei einem 200 km langen Funkfeld mit Troposcatter-Verbindung ist die Funkfelddämpfung (Systemdämpfung) um größenordnungsmäßig 70 dB höher als bei einem 50 km langen Funkfeld mit optischer Sicht. Dies erfordert die Verwendung von Antennen mit höherem Gewinn (größerem Durchmesser), Sendern mit erhöhter Sendeleistung, Empfängern mit höherer Empfindlichkeit usw. Zudem ist aufgrund des Prinzips der Troposcatter-Verbindung die Funkfelddämpfung starken Schwankungen unterworfen – der schnelle Schwund beträgt ±30 dB. Das heißt, daß das

Verhältnis von maximalem zum minimalem Empfangspegel 1000000 zu 1 beträgt. Um die Auswirkungen dieses Effekts zu verringern, wird Raum- und/oder Frequenz-*Diversity* eingesetzt.

E.4.2.6 Ionosphäre

Als Folge der Sonneneinstrahlung befindet sich in der Ionosphäre ein gewisser Anteil an Ionen (Ionisationsgrad), der neben einer örtlichen Abhängigkeit gewisse Periodizitäten aufweist: Tagesrhythmus, Jahresrhythmus und der etwa elfjährige Rhythmus der Sonnenaktivität (Sonnenflecken). Die Ionosphäre weist eine Elektronendichte mit komplizierter Höhenabhängigkeit auf, die dazu führt, daß unter bestimmten Voraussetzungen eine Reflexion von Funkwellen stattfindet, wodurch große Reichweiten zu erzielen sind. Die hierfür zur Verfügung stehenden Frequenzen beschränken sich allerdings auf den Bereich bis maximal 30 MHz.

Das Brechungsverhalten (*Refraction*) der Troposphäre ist für die Strahlablenkung von Funkwellen – und auch Licht – vom geradlinigen Verlauf verantwortlich. Zur Beschreibung dieser Verhältnisse wird der Brechungsindex $n = \sqrt{\varepsilon_r}$ herangezogen. Er ist abhängig von Druck, Temperatur und relativer Luftfeuchte.

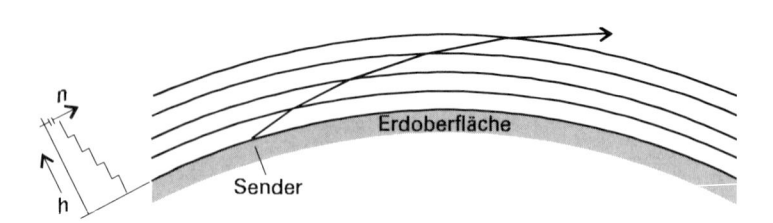

Abb. E.4-7 Brechung in den Schichten der Atmosphäre (schematisch)

Die Abb. E.4-7 veranschaulicht das Prinzip am Modell einer geschichteten Atmosphäre, und Abb. E.4-8 zeigt den Effekt der Reichweitenvergrößerung. Wenn der Brechungsindex der Troposphäre – abweichend von der Regel – mit der Höhe zunimmt, wird der Funkstrahl bei flachem Einfall nach oben abgelenkt (Temperaturinversion), wodurch sich eine ggf. stark eingeschränkte Bedeckung des Versorgungsgebiets ergeben kann.

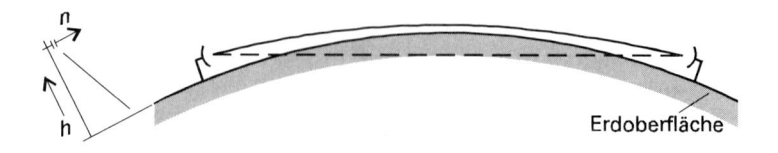

Abb. E.4-8 Reichweitenvergrößerung durch Brechung in der Troposphäre

E.4.2 Einfluß der Atmosphäre

Für den Kurzwellenbereich ist charakteristisch, daß die Wellenausbreitung vorwiegend über die Raumwelle stattfindet, während die Bodenwelle (bei einer Reichweite von bis zu zehn Kilometern) für die Funkübertragung praktisch bedeutungslos ist. In Abb. E.4-9a ist – stark vereinfacht – die Ausbreitung der Raumwelle im Kurzwellenbereich mit der charakteristischen Reflexion an der Ionosphäre (vorwiegend an der F-Schicht, teilweise auch an der E-Schicht) dargestellt.

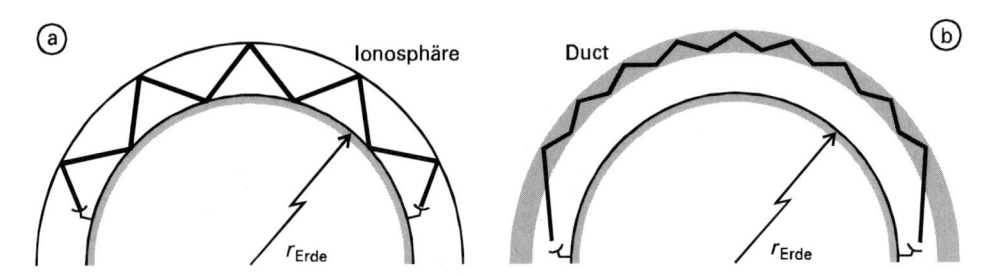

Abb. E.4-9 *Reichweitenvergrößerung durch Reflexionen an der Ionosphäre (a) bzw. durch Bildung eines Ducts (b)*

Man erkennt, daß Raumwellen, die unter einem bestimmten Winkel von der Antenne abgestrahlt werden, dank der Reflexion an der Ionosphäre wieder zur Erdoberfläche gelangen. Man spricht dann davon, daß die Raumwelle einen „Sprung" durchlaufen hat, wobei die Entfernung zwischen der Sendeantenne und dem Auftreffen der reflektierten Raumwelle auf der Erdoberfläche als Sprungentfernung bezeichnet wird. Dieser Bereich, in dem i. a. kein Funkempfang möglich ist, wird auch als tote Zone bezeichnet und erstreckt sich typisch von einigen hundert bis zu einigen tausend Kilometern Entfernung von der Sendeantenne. Erfolgt an der Erdoberfläche wiederum eine Reflexion, dann können zwei oder auch mehrere Sprünge aufeinanderfolgen (Abb. E.4-9a).

Prinzipiell besteht so die Möglichkeit des weltweiten Kurzwellenfunks. Ein wesentlicher Nachteil hierbei ist das stark tageszeitabhängige Verhalten der Ionosphäre. Das führt dazu, daß die Sprungentfernungen tags und nachts unterschiedlich sind und zur Sicherstellung der (kommerziellen) Funkversorgung einem Programm i. a. mehrere Frequenzen zugeteilt werden müssen.

Ein weiterer spezieller Effekt, der zu Funkverbindungen mit sehr großer Reichweite führen kann, wird durch sogenannte *Ducts* hervorgerufen (Abb. E.4-9b). Hierbei entsteht in der Ionosphäre ein Wellenleiter, in dem die Funkwellen ggf. sehr große Entfernungen überbrücken können.

E.4.3 Verhalten elektromagnetischer Wellen an Hindernissen

Zunächst soll hier der Vorgang der Wellenausbreitung zwischen Sender und Empfänger betrachtet werden (Abb. E.4-10).

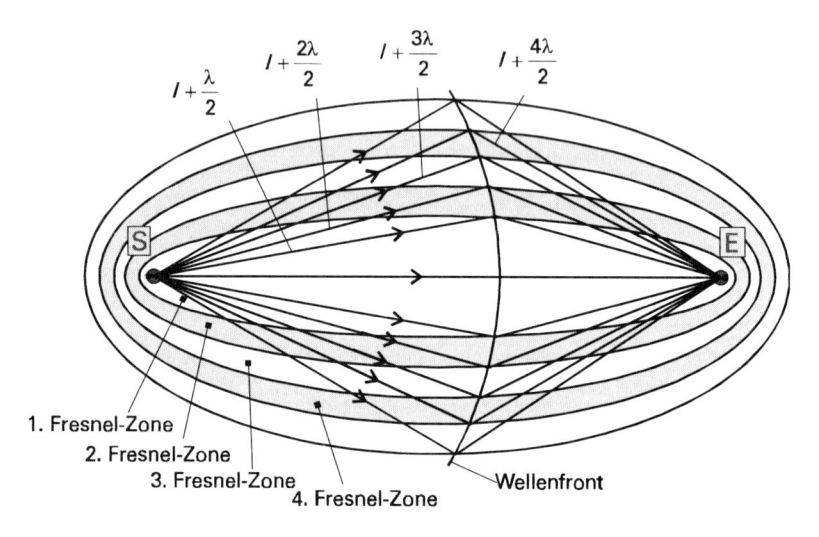

Abb. E.4-10 Fresnel-Zonen (nach [Löcherer 86])

Die Feldstärke am Empfangsort E entsteht nach dem Huygens-Fresnel-Prinzip durch die Überlagerung unendlich vieler Elementarwellen, die von den einzelnen Punkten einer Wellenfront (Punkte konstanter Phase) zwischen Sender und Empfänger ausgehen. Elementarwellen, deren Phasenunterschiede gegenüber der direkten Entfernung Sender–Empfänger $2n\pi$ betragen, addieren sich betragsrichtig am Empfangsort E, und solche mit Phasenunterschieden $(2n+1)\pi$ löschen sich aus. Wenn man die Zentren der Elementarwellen mit gleichem Phasenunterschied auf allen Wellenfronten verbindet, so ergeben sich konfokale Ellipsen mit den Brennpunkten[24] S und E. Der Bereich zwischen den Ellipsen $m-1$ und m heißt Fresnelsche Zone m-ter Ordnung oder kurz m-te Fresnel-Zone.

Man kann zeigen, daß der Hauptteil der Energie innerhalb der ersten Fresnel-Zone übertragen wird. Schirmt man alle Fresnel-Zonen bis auf die erste ab, so nimmt die nach E übertragene Energie sogar noch zu, da nur Elementarwellen zum Empfänger gelangen, die zum direkten Strahl eine Phasendifferenz von $\Delta\varphi \leq 90°$ aufweisen. Bei der Planung von Funkstrecken ist unter anderem die

---

[24] Bei diesem einfachen Modell ist ein homogenes Ausbreitungsmedium vorausgesetzt, was bei der Erdatmosphäre nicht exakt richtig ist.

E.4.3 Verhalten elektromagnetischer Wellen an Hindernissen

erste Fresnel-Zone zu betrachten.[25] Die für eine freie erste Fresnel-Zone erforderliche „lichte Weite" h_1 gegenüber der direkten Verbindungslinie erhält man anhand von Abb. E.4-11.

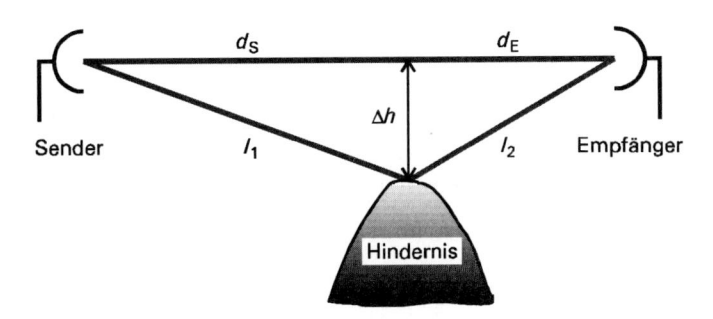

Abb. E.4-11 Zur Berechnung der ersten Fresnel-Zone

Die Forderung „Umweg < $\lambda/2$" lautet dann

$$l_1 + l_2 - (d_S + d_E) < \frac{\lambda}{2} \tag{E.4-8}$$

bzw.

$$\sqrt{(\Delta h)^2 + d_S^2} + \sqrt{(\Delta h)^2 + d_E^2} - (d_S + d_E) < \frac{\lambda}{2} \tag{E.4-9}$$

Da im allgemeinen $\Delta h \ll d_S, d_E$ gilt, folgt hieraus

$$\Delta h < \sqrt{\lambda \frac{d_S d_E}{d}} = h_1 \tag{E.4-10}$$

Für die Mitte der Verbindung gilt $d_S = d_E = d/2$, und (E.4-10) vereinfacht sich zu

$$\Delta h < \sqrt{\lambda \frac{d}{4}} = h_1 \tag{E.4-11}$$

In der Praxis ist es aus wirtschaftlichen Gründen nicht immer zu vermeiden, daß ein Hindernis in den Bereich der ersten Fresnel-Zone hineinragt. Die elektromagnetische Welle wird an diesem Hindernis gebeugt, was eine Änderung

---

[25] Bei analogen Richtfunkstrecken reicht der freie Bereich häufig bis zur zehnten Fresnel-Zone, während bei digitalen Richtfunkverbindungen ein weiterer Aspekt eine wesentliche Rolle bei der Planung spielt. Dadurch, daß ein Wegunterschied für eine Welle gleichzeitig auch einen Laufzeitunterschied bedeutet (bei konstantem ε), ergibt sich hier eine Störung benachbarter Impulse, wenn die Laufzeitunterschiede in die Größenordnung einer Symboldauer kommen (Intersymbolinterferenz). Dies führt dazu, daß bei der Auslegung digitaler Richtfunkverbindungen ganz bewußt eine „gestörte" erste Fresnel-Zone gewählt und die durch Abschattung damit verbundene Zusatzdämpfung von typisch 6 dB in Kauf genommen wird.

gegenüber der ungestörten Funkfelddämpfung bewirkt. Dieser Einfluß wird bei der Auslegung einer Funkstrecke durch Einführung der Zusatzdämpfung a_z für die Abschattung berücksichtigt.

Beispiel E.4-3

Für eine Richtfunkverbindung ($f = 13\,\text{GHz}$) soll bei einer Funkfeldlänge von $d = 25\,\text{km}$ für die Mitte des Funkfeldes ($d_S = d_E = 12,5\,\text{km}$) eine freie erste Fresnel-Zone vorhanden sein. Mit (E.4-11) ergibt sich hierfür eine erforderliche lichte Weite von $h_1 = 12,0\,\text{m}$.

E.4.4 Der Doppler-Effekt

Der physikalische Effekt der Frequenzverschiebung bei einer Relativbewegung zwischen Sender und Empfänger wurde erstmals 1842 von dem Österreicher Christian Doppler beschrieben, und die Formel zur Berechnung des Doppler-Effekts unter Berücksichtigung relativistischer Effekte wurde 1905 von Albert Einstein aufgestellt.

Für die Empfangsfrequenz gilt

$$f = f_0 \frac{\sqrt{1-\beta^2}}{1-\beta\cos\alpha} \qquad \text{mit} \qquad \beta = \frac{v}{c} \qquad \text{(E.4-12)}$$

wobei f_0 die Sendefrequenz ist, v die Relativgeschwindigkeit, α der Winkel nach Abb. E.4-12 und c die Lichtgeschwindigkeit.

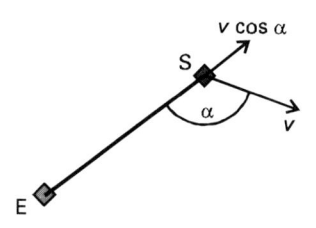

Abb. E.4-12 *Relativbewegung zwischen Sender und Empfänger*

Die Frequenzdifferenz zwischen der Sendefrequenz und der Empfangsfrequenz wird auch als Doppler-Versatz Δf bezeichnet. Wenn sich der Sender dem Empfänger nähert, so ist die Empfangsfrequenz höher als die Sendefrequenz, d. h. der Doppler-Versatz ist positiv, andernfalls ist er negativ. Bei näherer

Betrachtung dieser Formel sind einige Anmerkungen zu machen. Erstens kann der relativistische Einfluß in der Praxis bis auf wenige Sonderfälle immer vernachlässigt werden, so daß sich (E.4-12) vereinfacht zu

$$f = f_0 \left(1 + \frac{v}{c} \cos \alpha \right) \qquad \text{(E.4-13)}$$

mit dem Doppler-Versatz

$$\Delta f = f - f_0 = f_0 \frac{v}{c} \cos \alpha \qquad \text{(E.4-14)}$$

Zweitens ergibt sich für den Fall, daß sich der Sender relativ zum Empfänger rein tangential bewegt, also für $\alpha = 90°$, bei nichtrelativistischen Geschwindigkeiten keine Frequenzverschiebung. Wird hingegen die Geschwindigkeit v so groß, daß sie gegenüber der Lichtgeschwindigkeit nicht mehr vernachlässigbar ist, so tritt auch bei $\alpha = 90°$ eine Frequenzverschiebung auf, wovon man sich leicht durch Betrachtung von (E.4-12) überzeugen kann.

Der Doppler-Effekt wird z. B. bei einigen Radarverfahren sowie in der Funkpeiltechnik (Doppler-Peiler) genutzt, stellt aber i. a. einen unerwünschten Effekt dar, da er die Nutzfrequenz „verfälscht". Beim sogenannten Doppler-Radar kann anhand der Messung der Frequenzdifferenz zwischen ausgesendetem und empfangenem (reflektiertem) Signal die Radialgeschwindigkeit des Zielobjekts bestimmt werden. Ist aus anderen Messungen der Richtungsvektor des Ziels bekannt, so kann hieraus die Zielgeschwindigkeit errechnet werden. Beim Doppler-Peiler wird der Effekt in „umgekehrter" Richtung eingesetzt – hier wird die Peilantenne elektronisch oder mechanisch bewegt. Aus der resultierenden Modulation des Empfangssignals kann auf den Winkel der empfangenen Welle (Peilwinkel) geschlossen werden.

Beispiel E.4-4

Ein Doppler-Radar arbeite mit einer Sendefrequenz von $f_0 = 2{,}4\,\text{GHz}$. Wird ein reflektiertes Signal von einem Fahrzeug empfangen, das sich mit einer radialen Geschwindigkeit von $v = 80\,\text{km/h}$ auf den Empfänger zu bewegt, so wird dieses Signal einen Doppler-Versatz von $\Delta f = 178\,\text{Hz}$ aufweisen. Das entspricht einer relativen Abweichung von $\Delta f / f_0 = 7{,}42 \cdot 10^{-8}$. Wie man hieran erkennt, müssen zur Messung derartiger Geschwindigkeiten hohe Anforderungen an das Meßgerät gestellt werden, d. h. im wesentlichen an die (kurzzeitige) Frequenzkonstanz der verwendeten Oszillatoren. Bei der Messung an einem Düsenjäger, der sich mit $v = 2500\,\text{km/h}$ radial vom Empfänger entfernt, ergibt sich ein Doppler-Versatz von $\Delta f = 5{,}56\,\text{kHz}$, entsprechend $\Delta f / f_0 = -2{,}31 \cdot 10^{-6}$.

E.4.5 Mehrwegeausbreitung

Im allgemeinen können elektromagnetische Wellen die Entfernung zwischen Sender und Empfänger auf verschiedenen Wegen zurücklegen (Beugung, Brechung) – die Teilwellen überlagern sich (interferieren) am Empfänger. Die Wege weisen unterschiedliche Längen auf; daher liegen unterschiedliche Laufzeiten für die einzelnen Teilwellen vor. Dieser Effekt (der auch Fading genannt wird) und somit auch die Übertragungsfunktion des Kanals sind frequenzabhängig. Je nach Funkfeldlänge, Frequenz und geometrischer Anordnung der Inhomogenitäten im Ausbreitungsmedium sind die maximal übertragbaren Bandbreiten sehr unterschiedlich. Sie reichen von wenigen hundert Hz beim Kurzwellenweitverkehr bis zu 500 MHz bei Satellitenfunkverbindungen. Die Zeitvarianz und die Frequenzselektivität schränken den praktischen Einsatz des Funkkanals stark ein. Mit modernen Methoden der Signalprozessortechnik lassen sich durch adaptive Entzerrung die Folgen zwar vermindern, die Grenzen können jedoch nicht beliebig verschoben werden.

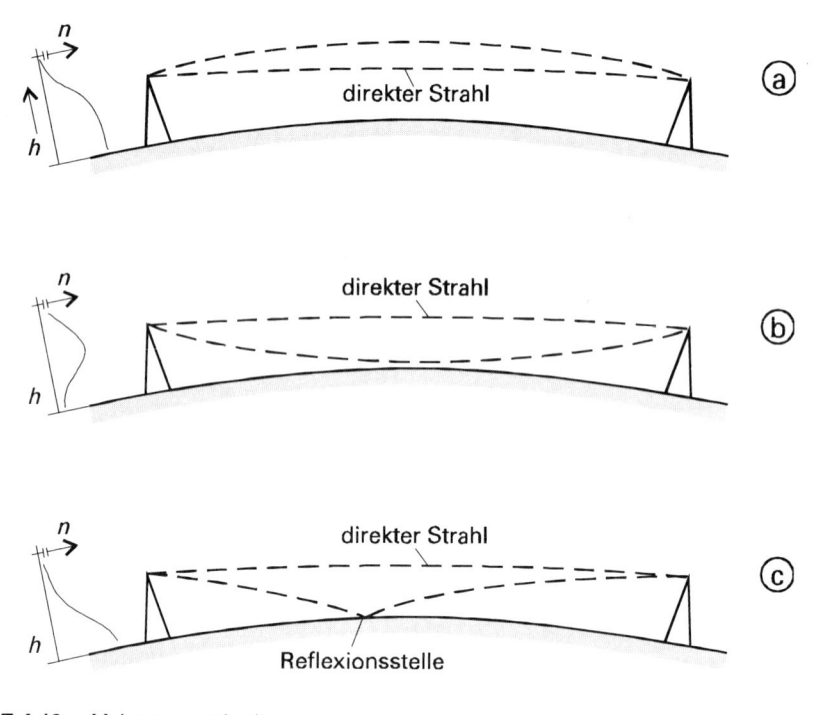

Abb. E.4-13   Mehrwegeausbreitung

Zur Erfassung des Phänomens der Mehrwegeausbreitung werden Modelle betrachtet, die den tatsächlichen Gegebenheiten nachgebildet werden. Da die Berechnung für eine höhere Anzahl von Teilwellen relativ aufwendig ist, beschränkt man sich häufig auf das Zweiwege- oder das Dreiwegemodell, d. h.

E.4.5 Mehrwegeausbreitung

man berücksichtigt nur zwei oder drei mögliche Wege vom Sender zum Empfänger. Für den Fall, daß am Empfangsort eine Phasendifferenz von 180° vorliegt, verringert sich die Empfangsfeldstärke und kann im Extremfall eine Auslöschung des Empfangssignals bewirken. Addieren sich andererseits die Teilwellen phasenrichtig, so kann es zu (bei vielen Systemen störenden) Überreichweiten kommen.

Die Interferenz des direkten Strahls mit dem indirekten bewirkt eine frequenzselektive, schnelle Schwankung der resultierenden Empfangsfeldstärke, bedingt durch die statistischen Schwankungen des Übertragungsmediums bzw. durch die Bewegung der Teilnehmer. Der Wert der idealen Funkfelddämpfung wird in 63 % der Zeit überschritten (Rayleigh-Verteilung), während in etwa 1 % der Zeit Schwundeinbrüche von mehr als 20 dB auftreten.

Bei den Fällen nach Abb. E.4-13a bzw. Abb. E.4-13b findet Mehrwegeausbreitung durch eine spezielle Verteilung des Brechungsindex in der Atmosphäre statt. Diese führt dazu, daß zwei unter verschiedenen Winkeln ausgesandte Strahlen auf verschiedenen Wegen durch unterschiedliche Brechung zum gleichen Empfänger kommen. Während im Falle a ein „normaler" Brechungsindexverlauf vorliegt, so handelt es sich im Fall b um eine sogenannte Inversionslage. Das bedeutet, daß in einem Teil der Atmosphäre der Brechungsindex mit steigender Höhe abnimmt (der Gradient ist also negativ). Das Auftreten einer Mehrwegeausbreitung hängt allerdings nicht nur von den Bedingungen in der Atmosphäre ab, sondern auch von der Geometrie des Funkfeldes (Winkel, unter dem die Strahlen die Sendeantenne verlassen bzw. bei der Empfangsantenne eintreffen – abhängig vor allem von der Länge des Funkfeldes und der Höhe der Antennen).

Gegen diese Art der Mehrwegeausbreitung gibt es aufgrund der beschriebenen Ursachen im wesentlichen folgende Gegenmaßnahmen: Die Wahl der Antennenhöhe (am Antennenträger) sollte so erfolgen, daß aufgrund der geometrischen Anordnung der Funkstrecke die oben beschriebenen Phänomene nicht auftreten können. Sofern der Winkel bei der Empfangsantenne zwischen dem direkten Strahl und dem Umwegstrahl ausreichend groß ist, kann durch einen entsprechend geringen Öffnungswinkel der Antenne der Effekt der Mehrwegeausbreitung vermindert werden. Bei der Wahl des Antennenstandorts bestehen aufgrund anderer Parameter häufig nur geringe Wahlmöglichkeiten.

Unerwünschte Reflexionen an der Erdoberfläche (Abb. E.4-13c) können bei festen Funkdiensten durch geeignete Standortwahl und ausreichende Antennenhöhe unterdrückt werden. Beim Mobilfunk jedoch (z. B. beim Autoradio) können die Reflexionen zu Problemen führen, einerseits durch die sich ständig ändernden Parameter des Funkkanals, andererseits (z. B. in bebautem Gelände) durch die große Anzahl von Reflexionen und das häufige Fehlen des direkten Strahls.

Zwei Sonderfälle des Interferenzschwundes seien hier nur kurz erwähnt:

- Flatterschwund – diese Art des Fadings tritt insbesondere bei Wellenausbreitung in der Nähe der Erdpole auf und wird erzeugt durch erdmagnetische Einflüsse (typische Schwundfrequenz 10 Hz bis 100 Hz).
- Polarisationsschwund – z. B. verändert sich bei Reflexion an der Ionosphäre oder beim Durchtritt durch sie die Polarisation einer elektromagnetischen Welle.

Die allgemeine Beschreibung liefert die elektrische Feldstärke am Empfangsort als Überlagerung von N Strahlen

$$\underline{E} = \sum_{i=1}^{N} \underline{E}_i \, e^{-j\omega\tau_{i0}} \quad \text{(E.4-15)}$$

mit der Amplitude $\underline{E}_i$ bzw. der Laufzeit τ_{i0} der einzelnen Strahlen $1,\ldots,N$.

Bei der Betrachtung des Funkkanals als Zweitor ergibt sich aus (E.4-15) auch die Übertragungsfunktion

$$\underline{H}_0(\omega) = \sum_{i=1}^{N} \underline{k}_i \, e^{-j\omega\tau_{i0}} \quad \text{(E.4-16)}$$

Das bedeutet, daß jeder Strahl eine (unterschiedliche) Dämpfung gemäß $|\underline{k}_i|$ erfährt (Abb. E.4-14).

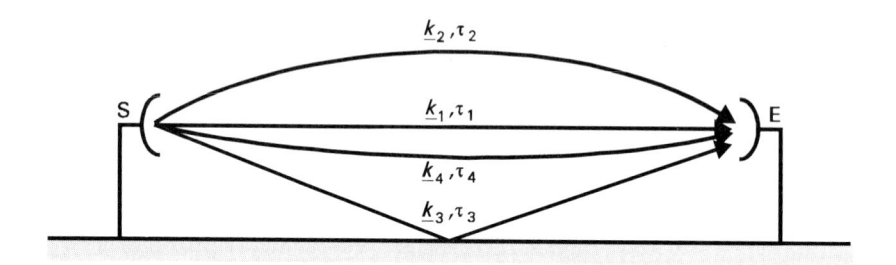

Abb. E.4-14 Überlagerung von direktem Strahl und indirekten Strahlen beim Empfänger

Zur weiteren Behandlung werden die Strahlen $2,\ldots,N$ mit Amplitude und Laufzeit auf den ersten Strahl[26] bezogen. Mit den relativen Verstärkungen $\underline{a}_i = \underline{k}_i/\underline{k}_1$ und den Laufzeitdifferenzen $\tau_i = \tau_{i0} - \tau_{10}$ ergibt sich damit aus (E.4-16) eine andere Schreibweise für die Übertragungsfunktion.

---

26 Beim ersten Strahl handelt es sich i. a. um denjenigen Strahl, der als erster beim Empfänger eintrifft. Es ist jedoch auch möglich, den stärksten Strahl als Bezug auszuwählen.

E.4.5 Mehrwegeausbreitung

Sie lautet nun:

$$\underline{H}(\omega) = 1 + \sum_{i=2}^{N} \underline{a}_i \, e^{-j\omega\tau_i} \qquad \text{(E.4-17)}$$

Ausgehend von dieser Formel werden im wesentlichen folgende Fälle unterschieden:

- $N = 1$ ein direkter Strahl von E nach S → keine Mehrwegeausbreitung
- $N = 2$ ein direkter Strahl und ein Umwegstrahl von E nach S → Mehrwegeausbreitung (Zweiwegemodell)
- $N = 3$ ein direkter Strahl und zwei Umwegstrahlen von E nach S → Mehrwegeausbreitung (Dreiwegemodell bzw. modifiziertes Dreiwegemodell nach Rummler)
- $N > 3$ ein direkter Strahl und eine Anzahl von Umwegstrahlen von E nach S → Mehrwegeausbreitung mit Rice-Verteilung (Rice-Fading)
- $N > 3$ kein direkter Strahl, dafür eine Anzahl von Umwegstrahlen von E nach S → Mehrwegeausbreitung mit Rayleigh-Verteilung (Rayleigh-Fading)

Für die theoretische Betrachtung und Simulation von Funkkanälen ist in einer Vielzahl von Fällen nicht die Berücksichtigung aller möglichen Strahlen zwischen Sender und Empfänger von Interesse. Aufgrund dieser Tatsache sind einige einfache Modelle entwickelt worden, die es erlauben, mit relativ einfachen Möglichkeiten weitgehende Aussagen über das Schwundverhalten von Funkfeldern treffen zu können. Das einfachste dieser Modelle ist das Zweiwegemodell, weiterhin sind das Dreiwegemodell sowie vor allem im Bereich des digitalen Richtfunks das von Rummler entwickelte modifizierte Dreiwegemodell von Interesse. Während die ersten beiden Modelle im Anhang E.6 vorgestellt werden, sei für das gerade im Bereich des digitalen Richtfunks wichtige Modell nach Rummler auf die Literatur verwiesen [Rummler 79].

Funkübertragungssysteme müssen mit einer Schwundreserve a_f (*Fade Margin*) ausgestattet werden, um für einen möglichst hohen zeitlichen Prozentsatz die Funktion sicherzustellen. Bei der Planung eines Funkdienstes wird diese Verfügbarkeit entweder vom Betreiber oder von internationalen Gremien festgelegt. Aus der Kenntnis der Statistik des Schwundes wird dann auf der Basis der Verfügbarkeit die Schwundreserve bestimmt. Je höher diese ausgelegt wird (vielfach gleichbedeutend mit einer höheren Sendeleistung), desto größer muß der räumliche Abstand zu einem anderen Funkübertragungssystem gewählt werden, welches das gleiche oder ein benachbartes Frequenzband störungsfrei wiederbenutzen kann. Verfügbarkeit und Frequenzökonomie sind also zwei entgegengesetzt wirkende Forderungen, die bei der Funknetzplanung Kompromisse erzwingen.

E.4.6 Diversity-Verfahren

E.4.6.1 Übersicht

Zur Verringerung der Auswirkungen der Mehrwegeausbreitung (bis hin zum vollständigen Empfangsausfall) werden verschiedene Arten von *Diversity* (Mehrfachempfang) verwendet, bei denen zwei oder mehr Kanäle zur Übertragung genutzt werden. Die Art der „Trennung" der Kanäle voneinander ist charakteristisch für das jeweilige *Diversity*-Verfahren. Der Grundgedanke aller Verfahren besteht darin, die von den verschiedenen Übertragungswegen stammenden Signale so zu kombinieren (mit Hilfe der Auswerte-Elektronik), daß der Einfluß der Mehrwegeausbreitung auf das resultierende Empfangssignal möglichst gering ist. Eine entscheidende Voraussetzung hierfür ist, daß die auf unterschiedlichen Wegen empfangenen Signale möglichst wenig korreliert sind. Ansonsten würden nämlich – vereinfacht gesagt – auf allen Wegen die gleichen Schwunderscheinungen auftreten, so daß deren Kombination zu keiner Verbesserung führen würde.

Antennen-Diversity

Hier werden voneinander unabhängige, räumlich getrennte Antennen (und Empfänger) verwendet; siehe Abb. E.3-15. Mit Hilfe dieses Verfahrens können die Auswirkungen des schnellen Schwundes vermindert oder in speziellen Fällen auch eliminiert werden. Der Abstand der meist übereinander angeordneten Antennen hängt vor allem von der verwendeten Wellenlänge und den gegebenen topographischen Verhältnissen ab. (Siehe hierzu auch Farbtafel VII.)

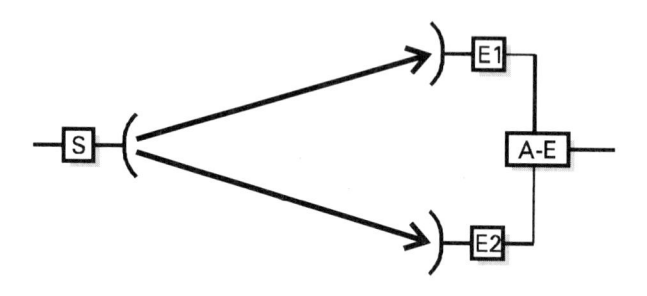

Abb. E.3-15 *Antennen-Diversity (A-E: Auswerte-Elektronik)*

Frequenz-Diversity

Hier werden für die verschiedenen Kanäle unterschiedliche Trägerfrequenzen (sog. *Diversity*-Frequenzen) eingesetzt. Durch Frequenz-*Diversity* wird die Frequenzabhängigkeit der Übertragung verringert. Der *Diversity*-Abstand (Abstand der *Diversity*-Frequenzen) hängt dabei von den topographischen Gegebenheiten sowie ggf. von der Charakteristik des Schwundes ab. Der Vorteil dieses Verfahrens ist die relativ einfache Realisierung, nachteilig ist die schlechte Frequenzökonomie, da bei N *Diversity*-Frequenzen der Frequenzbedarf um den Faktor N steigt, ohne daß zusätzliche Informationen übertragen werden.

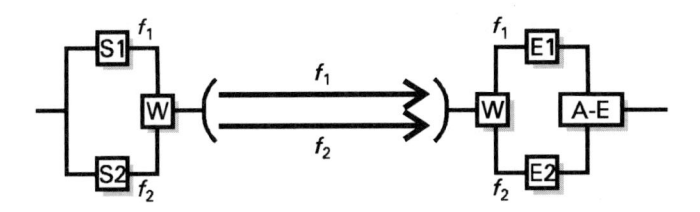

Abb. E.4-16 *Frequenz-Diversity (A-E: Auswerte-Elektronik, W: Frequenzweichen)*

Raum-Diversity

Während beim Antennen-*Diversity* die Antennen am gleichen Standort i. a. übereinander angeordnet sind, werden beim Raum-*Diversity* getrennte Standorte für die Antennen gewählt. Die Entfernung beträgt normalerweise einige Kilometer (z. B. um atmosphärischen Einflüssen, Regenzonen, u. ä. zu begegnen). Nachteilig beim Raum-*Diversity* ist der relativ hohe technische Aufwand, von Vorteil ist die relativ gute Frequenzökonomie, da die gleiche Frequenz zwar in mehreren „Räumen" verwendet wird (und somit der *Frequency Space* größer wird), aber dem System tatsächlich nur eine Frequenz (bzw. ein Frequenzband) zugeordnet werden muß.

Polarisations-Diversity

Bei diesem Verfahren werden zwei unterschiedlich polarisierte Wellen (vertikal und horizontal oder LHCP und RHCP) über eine Antenne gesendet bzw. empfangen. Die Wirkung dieses Verfahrens wird z. T. durch Depolarisationseffekte in der Atmosphäre vermindert. Außerdem ist Polarisations-*Diversity* nicht für alle Störeinflüsse geeignet, da der Effekt beispielsweise von Hindernissen teilweise abhängig von der Polarisation der auftreffenden elektromagnetischen Welle ist. Der Vorteil dieses Verfahrens ist darin zu sehen, daß es relativ einfach zu realisieren ist und eine gute Frequenzeffizienz bietet.

Winkel-Diversity

Beim Winkel-*Diversity* werden scharf bündelnde Antennen eingesetzt, die unterschiedliche „Strahlen" aufnehmen. Ähnlich dem Polarisations-*Diversity* gilt auch hier, daß dieses Verfahren nicht für alle Störer geeignet ist. Vorteilhaft ist die gute Frequenzökonomie, nachteilig die Tatsache, daß dieses Verfahren nur eine begrenzte Zuverlässigkeit aufweist.

E.4.6.2 Combiner-Schaltungen

Die oben erwähnte Auswerte-Elektronik (A-E) wird i. a. als *Combiner* bezeichnet. Prinzipiell besteht die Aufgabe der *Combiner*-Schaltung darin, aus den Signalen, die von den zwei oder mehr *Diversity*-Empfängern kommen, ein möglichst optimales Ausgangssignal zu gewinnen. Hierfür gibt es eine Reihe von Verfahren, die in vier Gruppen eingeteilt werden können (Abb. E.4-17).

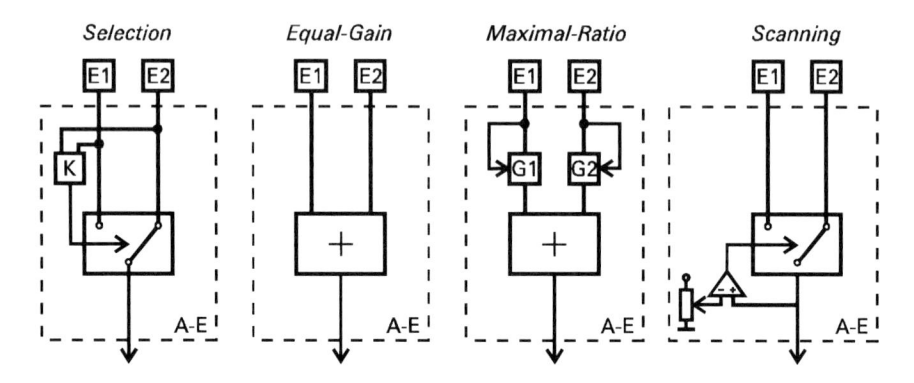

Abb. E.4-17 *Combiner-Schaltungen (E1, E2: Empfänger, G1, G2: Verstärker, Ko: Komparator)*

- *Selection-Diversity*
  Die *Diversity*-Kanäle werden ständig verglichen, und der stärkste Kanal wird durchgeschaltet.

- *Equal-Gain-Diversity*
  Die von den Empfängern kommenden Signale werden mit gleichem Gewicht (gleicher Verstärkung) addiert.

- *Maximal-Ratio-Diversity*
  Die von den Empfängern kommenden Signale werden gemäß ihrem Signalrauschleistungsverhältnis addiert.

- *Scanning-Diversity*
  Ähnlich dem *Selection-Diversity* wird hier jeweils nur ein Signal weitergeleitet, im Unterschied dazu wird jedoch immer nur ein Kanal beobachtet. Sobald in diesem Kanal eine (einstellbare) Grenze unterschritten wird, schaltet der *Combiner* auf den nächsten Kanal weiter, in der Hoffnung, daß das Signal dieses Kanals „besser" ist. An diesem Punkt wird das *Scanning-Diversity* in zwei Verfahren aufgeteilt. Beim *Continuous Scanning* wird bei Unterschreiten der Grenze ständig weitergeschaltet, wodurch bei ungünstigen Konstellationen störende Umschaltgeräusche entstehen. Die Alternative hierzu ist *Switch-and-Stay* – dabei verbleibt nach dem Weiterschalten der *Combiner* auf dem „neuen" Kanal, bis an diesem erneut die Grenze unterschritten wird. Der Vorteil ist eine deutliche Reduzierung der störenden Umschaltgeräusche.

Im Rahmen vereinfachter Untersuchungen wird häufig davon ausgegangen, daß die Kanäle gleich stark rauschen und gleiche Dämpfung bzw. Verstärkung aufweisen, so daß eine Beurteilung nach der Amplitude gleichzeitig einer Beurteilung nach dem Signalrauschleistungsverhältnis entspricht. Dies ist i. a. nicht exakt richtig; dies muß bei einer eingehenderen Betrachtung berücksichtigt werden.

Die durch das *Diversity* eingeführte Verbesserung läßt sich beispielsweise mittels der Reduzierung der Ausfallwahrscheinlichkeit der Verbindung angeben. Ein Maß hierfür ist der Fade-Reduktions-Faktor F, der sich als Verhältnis der Ausfallwahrscheinlichkeit bei der Mindestempfangsfeldstärke von Einzelkanal zu *Diversity*-Verbindung ergibt.

Für den Sonderfall unkorrelierter, gleich starker Kanäle ergibt sich folgende Bewertung der verschiedenen Verfahren. Die mit *Maximal-Ratio*, *Equal-Gain* und *Selection* erzielbaren Fade-Reduktions-Faktoren sind ähnlich (*Maximal-Ratio* ist geringfügig besser als *Equal-Gain* und dieses wiederum geringfügig besser als *Selection*). Dabei wird die Verbesserung zu kleineren Pegeln hin immer größer. Der Wert für *Scanning* liegt oberhalb davon und erreicht nur für den Sonderfall, daß die Mindestempfangsfeldstärke gleich der Umschaltschwelle ist, den gleichen Wert wie für *Selection*.

Die oben getroffene Annahme der unkorrelierten, gleich starken Kanäle wird in der Praxis selten zutreffen. Im allgemeinen liegen korrelierte Kanäle mit Korrelationskoeffizienten $0 < \rho < 1$ und unterschiedlichen Amplituden vor. (Die beschriebenen *Diversity*-Verfahren liefern Verbesserungen bis in den Bereich von $\rho \approx 0{,}7$.) Zur theoretischen Beschreibung kann die Korrelation in einen fiktiven Verstärkungsunterschied umgerechnet werden. Die Verbesserungen, bezogen auf den besseren der beiden Kanäle, sind i. a. geringer als im Sonderfall der unkorrelierten, gleich starken Kanäle. Im mittleren Pegelbereich können die *Diversity*-Ergebnisse sogar schlechter sein als der bessere der Einzelkanäle.

E.5 Der gestörte Übertragungskanal

E.5.1 Einleitung und Übersicht

In einem Nachrichtenübertragungssystem stellt der Übertragungskanal die Verbindung zwischen Sender und Empfänger dar. Eine ungestörte, unverzerrte Nachrichtenübertragung ist nur dann möglich, wenn beim Transport über den Kanal weder Nachrichteninhalt verlorengeht (Äquivokation) noch Störsignale hinzukommen (Irrelevanz). Das ist gleichbedeutend mit der Forderung, daß das gesamte Spektrum der jeweiligen Zeitfunktion ohne Amplituden- und Phasenänderungen erhalten bleibt (im Rahmen der durch das verwendete Übertragungsverfahren bestimmten Grenzen). Bei jeder realen Übertragung von Signalen entsteht jedoch durch das nichtideale Verhalten des Übertragungskanals und der beteiligten Sende- und Empfangsgeräte eine Veränderung dieser Signale. Die Aufgabe der Nachrichtenübertragung besteht darin, die auftretenden Störungen vollständig oder, da dies i. a. nicht möglich sein wird, weitgehend zu unterdrücken. Hier sollen einige Bemerkungen über die Einteilung der Störungen folgen; siehe Abb. E.5-1. Die informationstheoretische Beschreibung dieser Zusammenhänge wurde im Teil C durchgeführt (Bergersches Entropiemodell).

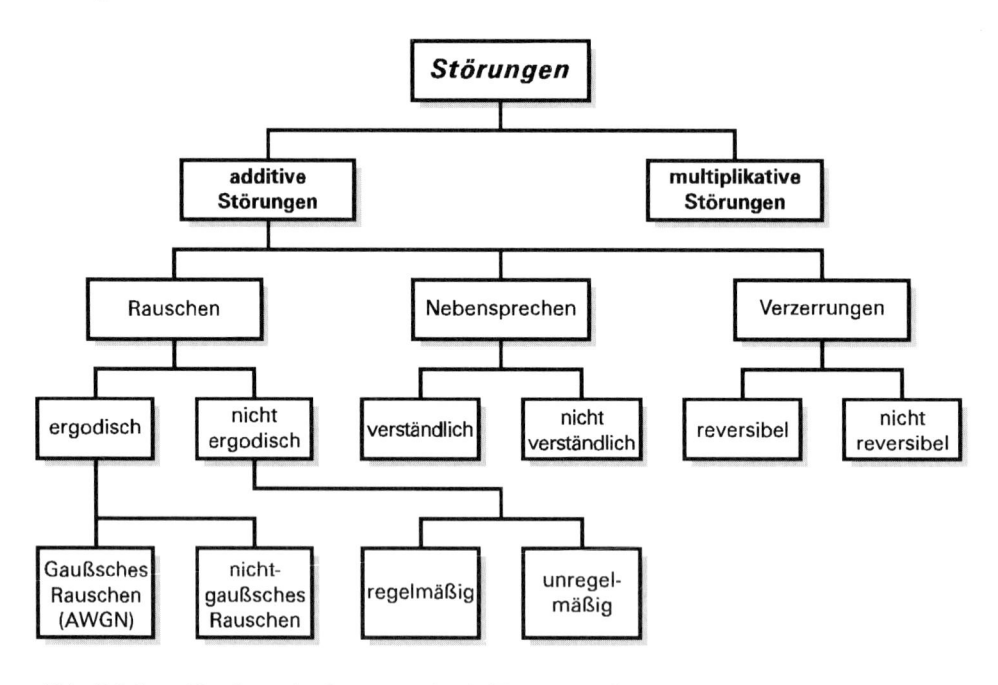

Abb. E.5-1 *Einteilung der Störungen (nach [Fritzsche 84])*

Auf die multiplikativen Störungen, die entstehen, wenn das Störsignal multiplikativ auf das Nutzsignal einwirkt, soll hier nicht weiter eingegangen werden, da sie in der Praxis eine geringere Rolle spielen. Ein Sonderfall der multiplikativen Störungen ist der Schwund (Fading), der bei der Funkübertragung z. B. durch Mehrwegeausbreitung auftritt – hierauf wurde im Abschnitt E.4.5 ausführlich eingegangen.

Bei den additiven Störungen addieren sich Nutz- und Störsignal – sie können unterteilt werden in Verzerrungen (Abschnitt E.4.2 – kohärente Störungen, die auf dem Übertragungskanal entstehen), Nebensprechen (Abschnitt E.4.3 – Störungen, die von Nachbarkanälen herrühren) und in Rauschen (Abschnitt E.4.4; hierbei handelt es sich um inkohärente, stochastische Störungen).

E.5.1 Einleitung und Übersicht

Ergodisches Rauschen ist (gemäß Definition) stationär, und seine Mittelwerte sind bekannt, d. h. vorhersagbar. Das Gaußsche Rauschen stellt hierbei wiederum einen Sonderfall dar, der für die Praxis von besonderer Bedeutung ist. Bei jedem Funksystem ist Gaußsches Rauschen (*Additive White Gaussian Noise* – AWGN) vorhanden, und bei vielen Funksystemen stellt das Gaußsche Rauschen den begrenzenden Faktor (z. B. für die Reichweite) dar. Auf diese Form der Störungen wird daher ausführlich eingegangen. Nicht-gaußsches Rauschen stellt ein ergodisches Rauschen dar, das eine nicht-gaußsche Wahrscheinlichkeitsdichteverteilung aufweist.

Beim nicht-ergodischen Rauschen wird unterschieden zwischen den regelmäßigen Störungen (diese können durch periodische Zeitfunktionen beschrieben werden, z. B. Netzbrumm, regelmäßige Zündfunken von Verbrennungsmaschinen), und den unregelmäßigen Störungen (hierbei handelt es sich im wesentlichen um unregelmäßige Impulsstörungen).

Das Nebensprechen kann differenziert werden nach verständlichem Nebensprechen (kohärente Störungen von Nachbarkanälen, die geringe Verzerrungen aufweisen) und nicht verständlichem Nebensprechen (kohärente Störungen von Nachbarkanälen mit deutlichen Verzerrungen, die eine Verständlichkeit verhindern).

Reversible Verzerrungen sind Störungen, die mit dem Nutzsignal kohärent sind (z. B. lineare Amplituden- und Phasenverzerrungen) und dadurch empfängerseitig wieder entfernt werden können, z. B. mit Hilfe eines Entzerrers (siehe Kapitel D.8). Nichtreversible Verzerrungen entstehen durch nichtlineare Vorgänge, die die Eigenschaft aufweisen, daß sie keine bzw. keine eindeutige Rücktransformation erlauben (z. B. nichtlineare Amplitudenverzerrungen bei der Gleichrichtung).

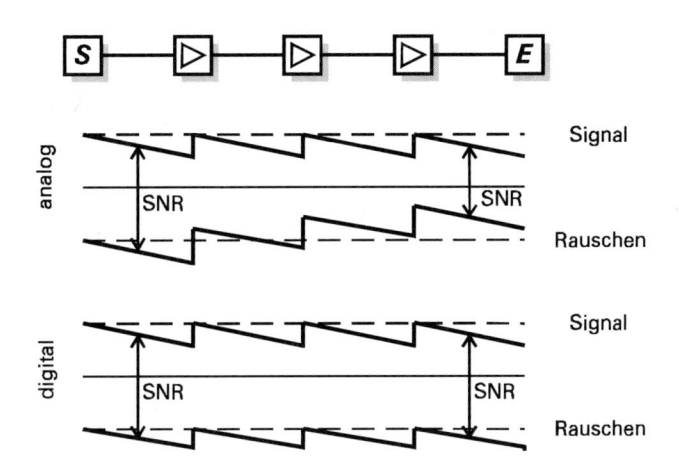

Abb. E.5-2 Schematisierter Verlauf der Signal- und Rauschleistung von kontinuierlichen und digitalen Signalen

Verluste in Wirkwiderständen (durch die endliche Leitfähigkeit der Leiter) im Übertragungskanal führen zu einer Herabsetzung der Energie längs des Kanals. Falls die Leistung so weit abgesunken ist, daß sie nicht mehr zu einer einwandfreien Aussteuerung des Empfängers ausreicht, so können Verstärker zwischengeschaltet werden (sog. Zwischenverstärker). Ein entscheidender Unterschied zwischen der Übertragung von analogen und digitalen Signalen hängt mit dieser Möglichkeit zusammen (Abb. E.5-2). Bei digitalen Signalen ist durch die Zwischenschaltung von sogenannten Regenerativverstärkern (Repeatern), die das Signal verstärken und gleichzeitig regenerieren (d. h. die ursprüngliche Signalform wiederherstellen), ein theoretisch unendlich langer Kanal möglich. Bei analogen Signalen besteht hingegen eine Einschränkung, da der Verstärker das Signalrauschleistungsverhältnis[27] nicht verbessern kann. Je länger der Kanal ist, desto mehr verschlechtert sich dieses Verhältnis,[28] so daß auch mit Zwischenverstärkern nur eine begrenzte Länge möglich ist. Die Funktionsweise von Regenerativverstärkern bei der Übertragung digitaler Signale wurde bereits im Abschnitt D.1.2 kurz dargestellt.

E.5.2 Lineare und nichtlineare Verzerrungen

Veränderungen eines übertragenen Signals aufgrund der Eigenschaften eines realen Übertragungskanals werden allgemein als Verzerrungen bezeichnet, wobei zwischen linearen und nichtlinearen Verzerrungen unterschieden wird. Die Bedeutung der verschiedenen Formen der Verzerrung hängt von verschiedenen Faktoren ab. Zwei der wichtigsten Parameter dabei sind das verwendete Übertragungsverfahren (digital/analog) sowie der Empfänger (menschliches Ohr, digitaler Empfänger, …).

E.5.2.1 Lineare Verzerrungen

Für die Übertragungsfunktion des idealen Übertragungskanals gelten – innerhalb der betrachteten Bandbreite B – folgende Beziehungen (siehe Abb. E.5-3):

$$|\underline{H}(\omega)| = \text{const} \qquad \arg\{\underline{H}(\omega)\} \propto \omega \qquad \text{(E.5-1)}$$

Ein beliebiges Eingangssignal $s_1(t)$ erzeugt dann ein Ausgangssignal $s_2(t)$, für das gilt

$$s_2(t) = A s_1(t - t_0) \qquad \text{(E.5-2)}$$

---

[27] Verhältnis der Signal- zur Rauschleistung (allgemeiner zur Störleistung) – zur Definition siehe Abschnitt E.5.4.4.
[28] In einem Zwischenverstärker werden Signal- *und* Rauschleistung gleichermaßen verstärkt, so daß das Verhältnis der Leistungen gleichbleibt. Durch das Eigenrauschen des Verstärkers und die Störungen auf dem Übertragungsweg (Rauschen usw.) wird das Verhältnis jedoch verschlechtert.

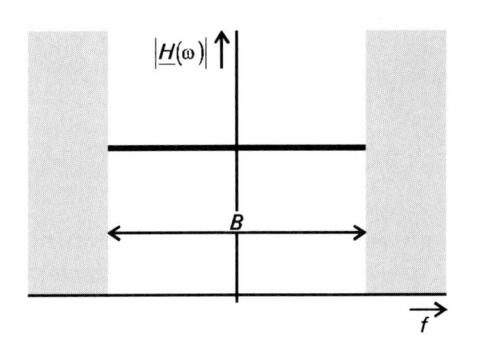

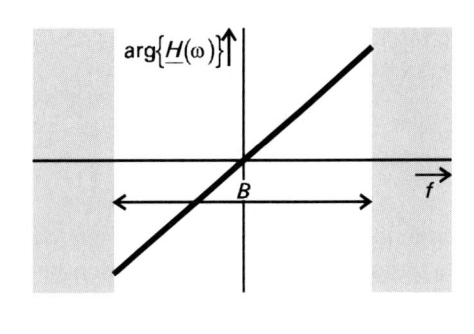

Abb. E.5-3 Übertragungsfunktion des idealen Übertragungskanals – Betrag (links) und Phase (rechts)

Werden Signale über einen LTI-Kanal (allgemein über ein LTI-System) übertragen, dessen Übertragungsfunktion diese Forderungen nicht erfüllt, so ergeben sich lineare Verzerrungen. Hierbei sind zwei Arten von linearen Verzerrungen zu unterscheiden:
- Dämpfungsverzerrungen (der Betrag der Übertragungsfunktion ist nicht konstant in B);
- Phasen- bzw. Laufzeitverzerrungen (die Phase der Übertragungsfunktion ist in B nicht linear mit ω).

E.5.2.2 Nichtlineare Verzerrungen

Nichtlineare Verzerrungen entstehen durch Verformung der Strom- oder Spannungskurven infolge nichtlinearer Kennlinien der Elemente des Übertragungssystems. Verzerrte Strom- oder Spannungskurven setzen sich zusammen aus einer Grundschwingung und einer mehr oder weniger großen Zahl von Oberschwingungen, die im Spektrum der unverzerrten Strom- oder Spannungskurve nicht enthalten waren (Berechnung mit Hilfe der Fourier-Transformation). Ein Maß für die Formverzerrung ist der Klirrfaktor k. Er errechnet sich aus dem Verhältnis des Quadrats des Effektivwerts der Summe aller Oberschwingungen zur Summe des Quadrats des Effektivwerts aller Schwingungen (Grundschwingung und Oberschwingungen) gemäß

$$k = \sqrt{\frac{U_2^2 + U_3^2 + U_4^2 + \ldots + U_n^2}{U_1^2 + U_2^2 + U_3^2 + U_4^2 + \ldots + U_n^2}} \cdot 100\% \qquad (E.5\text{-}3)$$

wobei $U_i = U_{i,\text{eff}}$ der Effektivwert der i-ten Harmonischen ist. Der Logarithmus des Kehrwerts von k wird als Klirrdämpfung bezeichnet:

$$\frac{a_k}{\text{dB}} = 20 \log \frac{1}{k} \qquad (E.5\text{-}4)$$

Oft ist der Oberschwingungsanteil gering, so daß bereits die Anteile der 1. und 2. Oberschwingung (d. h. der 2. und 3. Harmonischen) für eine ausreichend genaue Bestimmung des Klirrfaktors oder der Klirrdämpfung genügen. Sind also $U_4, U_5, U_6, \ldots$ klein gegen U_1, so kann vereinfachend

$$k \approx \sqrt{\frac{U_2^2 + U_3^2}{U_1^2 + U_2^2 + U_3^2}} \cdot 100\% \qquad (E.5\text{-}5)$$

angenommen werden. Zuweilen wird zur Beurteilung der Verzerrungen auch lediglich die 1. bzw. 2. Oberschwingung (2. bzw. 3. Harmonische) betrachtet. Man spricht dann entsprechend vom Klirrfaktor der zweifachen bzw. dreifachen Grundfrequenz mit der Berechnung gemäß

$$k_2 \approx \sqrt{\frac{U_2^2}{U_1^2 + U_2^2}} \cdot 100\% \qquad (E.5\text{-}6)$$

bzw.

$$k_3 \approx \sqrt{\frac{U_3^2}{U_1^2 + U_3^2}} \cdot 100\% \qquad (E.5\text{-}7)$$

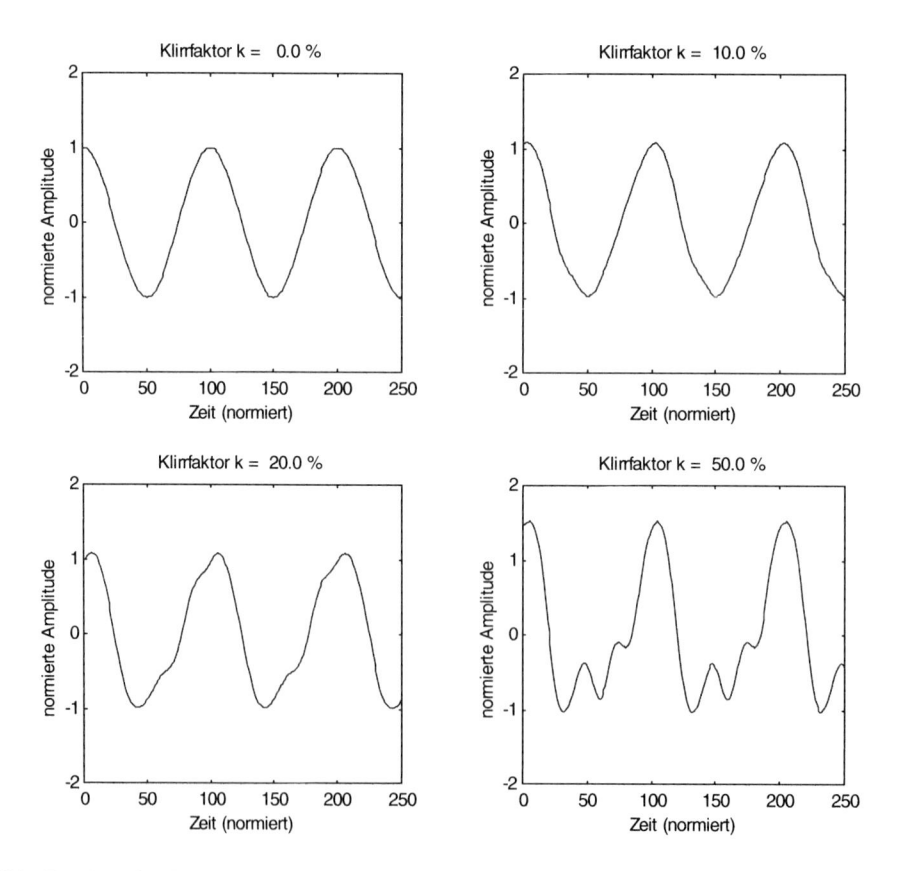

Abb. E.5-4 (zu Beispiel E.5-1) *Sinussignal mit linearen Verzerrungen*

Beispiel E.5-1   ▽

Die Abb. E.5-4 auf der vorigen Seite zeigt die Auswirkungen von linearen Verzerrungen auf ein Sinussignal bei unterschiedlichen Klirrfaktoren. Der Klirrfaktor variiert dabei von 0 % (d. h. unverzerrtes Signal) bis hin zu 50 %, womit sich ein bereits deutlich verzerrtes Signal ergibt.

                                                                                    ▲

E.5.3 Nebensprechen

Beim Nebensprechen handelt es sich um den unerwünschten Übergang von (Sprach-)Signalen von einer Verbindung (Kanal) auf eine andere. Das Phänomen wird hier anhand von Sprachkanälen beschrieben, existiert aber prinzipiell auch für andere Kanäle wie z. B. bei der Datenübertragung. Unterschieden wird zwischen unverständlichem Nebensprechen, das zur Erhöhung des Geräuschpegels führt, und verständlichem Nebensprechen, das darüber hinaus auch die Verletzung des „Gesprächsgeheimnisses" zur Folge hat. Nebensprechen kann u. a. von einem Signal stammen, das auf demselben Übertragungsweg, aber bei einer anderen Frequenz übertragen wird (beispielsweise im Rahmen eines Multiplexsignals). Hierbei handelt es sich i. a. um unverständliches Nebensprechen. Eine andere Möglichkeit ist die, daß das Nebensprechen von einem Signal stammt, das bei der gleichen Frequenz, aber auf einem anderen (räumlich benachbarten) Weg übertragen wird.

Hier kann es häufiger zu verständlichem Nebensprechen kommen. Nebensprechen kann vielfältige physikalische Ursachen haben, weshalb hier nur kurz die wichtigsten angeführt werden. Typisch sind neben dem Nebensprechen in Zwischenverstärkern (in denen mehrere Signale gleichzeitig verstärkt werden) in erster Linie Verkopplungen zwischen parallel laufenden Leitungen. Gegenmaßnahmen sind u. a. spezielle Anordnungen der Leitungen, durch die die gegenseitigen Verkopplungen der Leitungen reduziert werden, bzw. die Verwendung anderer Leitungstypen wie z. B. von Koaxialkabeln, bei denen aufgrund der Schirmwirkung des Außenleiters Nebensprechen zwischen benachbarten Leitungen nahezu ausgeschlossen ist.

Eine weitere wichtige Unterscheidung, die bei Maßnahmen zur Vermeidung von Nebensprechen von Bedeutung ist, trennt zwischen Fern- und Nahnebensprechen. Beim Nahnebensprechen (Abb. E.5-5a) wird im Kreis 2 derjenige Abschluß der Leitung gestört, der sich an der gleichen Endstelle befindet wie der Generator im Kreis 1, der das Nebensprechsignal erzeugt. Entsprechend resultiert das Fernnebensprechen (Abb. E.5-5b) in einer Störung des Abschlusses am anderen Ende des Kreises 2.

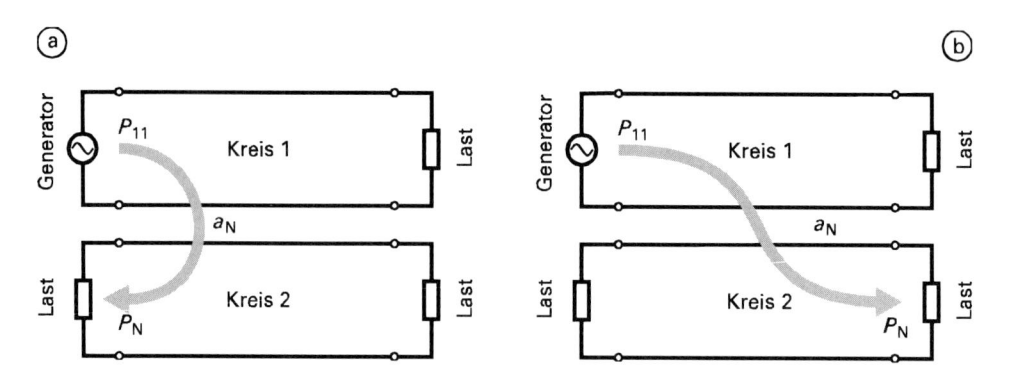

Abb. E.5-5   Nahnebensprechen (a) und Fernnebensprechen (b)

Durch die Nebensprechdämpfung wird ausgedrückt, in welchem Maß sich die Kreise gegenseitig beeinflussen. Die allgemeine Beziehung für die Nebensprechdämpfung lautet

$$a_\mathrm{N} = 10 \log \frac{P_{G1}}{P_{N2}} \qquad \text{(E.5-8)}$$

mit der in den Kreis 1 eingespeisten Leistung P_{G1} und der in der Last des Kreises 2 als Nebensprechen empfangenen Leistung P_{N2}.

E.5.4   Rauschen

E.5.4.1   Einleitung

Eine der Hauptaufgaben der Nachrichtentechnik ist die Übermittlung von Nachrichten über oftmals große Entfernungen. Hierbei ist besonders die drahtlose Übertragungstechnik (Funktechnik) von Bedeutung. Bei der Verwendung von idealen Übertragungskanälen und idealen Sendern und Empfängern könnte man theoretisch im Prinzip beliebige Reichweiten erzielen (abgesehen von den Begrenzungen der Wellenausbreitung), da die durch die Übertragung absinkende Leistung des Signals mit Hilfe eines (idealen) Verstärkers beliebig verstärkt werden könnte. Daß dies nicht der Fall ist, ist begründet durch das Phänomen des elektronischen Rauschens (*Noise*). Es handelt sich hierbei um elektronische Schwankungserscheinungen, die den Gesetzen der Statistik unterliegen. Sie bilden eine natürliche untere Grenze der Leistungsdichte für den Nachweis elektrischer Signale. Ihre exakte Behandlung erfordert einen hohen mathematischen Aufwand und wird daher oft durch Näherungen ersetzt, die in den meisten der in der Praxis auftretenden Fälle ausreichend sind.

Man unterscheidet – in Anlehnung an die Optik – bezüglich der spektralen Verteilung des Rauschens zwischen weißem und farbigem Rauschen. Weißes

Rauschen ist gleichverteilt über den „gesamten" Frequenzbereich, während farbiges Rauschen eine Frequenzabhängigkeit aufweist.

Anmerkung: In der Realität ist das weiße Rauschen natürlich „nur" ein breitbandiges Rauschen. „Natürlich", weil sich sonst mit dem Integral der Rauschleistungsdichte über dem Intervall $f = [0, \infty]$ eine unendlich hohe Rauschleistung ergäbe; tatsächlich ist die Rauschleistungsdichte nur bis zu Frequenzen von ca. 10^{12} Hz konstant.

Nicht zum Rauschen im engeren Sinne gehören die folgenden Störungen, die auch als *Man-made Noise* bezeichnet und die hier nicht näher betrachtet werden:

- fremde Sender,
- Intermodulations- und Klirrprodukte,
- Starkstromleitungen,
- Netzzuführungen (sogenannter „Netz-Brumm"),
- Schaltpulse,
- Zündimpulse von Verbrennungsmaschinen.

An dieser Stelle soll noch erwähnt werden, daß es sich beim Rauschen einerseits nicht um ein spezielles Problem der Funktechnik handelt. Da jedoch andererseits gerade bei dieser Art der Nachrichtenübertragung Signale mit geringen Leistungen verwendet werden, haben die Phänomene des Rauschens hier eine besondere Bedeutung.

E.5.4.2 Rauschquellen

Hier soll zunächst ein kurzer Überblick über die in der „Natur" vorkommenden Rauschquellen gegeben werden.

- Thermisches Rauschen eines Widerstands

    Diese wichtigste Rauschquelle wird im Abschnitt E.5.4.3 ausführlich behandelt.

- Schrotrauschen von Ladungsträger-Strömungen

    Die Überschreitung von elektrischen Potentialbarrieren durch Ladungsträger ist ein statistischer Vorgang. So muß z. B. bei der Emission von Elektronen aus einer Kathode die Austrittsarbeit überwunden werden. Der von einer Kathode bei konstanter Temperatur und Spannung emittierte Strom ist daher kein reiner Gleichstrom, sondern schwankt statistisch um einen zeitlichen Mittelwert. Der Name dieses Phänomens rührt daher, daß die emittierten Elektronen in unregelmäßiger Folge aus der Kathode austreten – „wie Schrotkugeln aus einem Gewehr".

- Funkelrauschen ($1/f$ -Rauschen, Flickerrauschen)

    Die elektrischen Eigenschaften von Ober- bzw. Grenzflächen (z. B. zwischen zwei Halbleiterzonen in einer Diode oder zwischen einer Metall- und einer Halbleiterzone in einem MOS-FET) sind statistischen Schwankungen unterworfen. Das hierdurch erzeugte Rauschen macht sich vor allem bei tiefen Frequenzen bemerkbar ($0 < f < f_F$), und die Rauschleistung ist oftmals proportional zum Kehrwert der Frequenz. Einige typische Werte für f_F sind in Tab. E.5-1 angegeben. Bis heute gibt es keine allgemein akzeptierte Erklärung dieses Rauschphänomens.

Bauelement	f_g
Bipolar-Transistor	0,1 kHz ... 1 kHz
Feldeffekt-Transistor	0,1 kHz
MIS-Feldeffekt-Transistor	0,1 MHz ... 10 MHz
Elektronenröhren	1 kHz ... 10 kHz

Tab. E.5-1 Typische Werte für die Grenzfrequenzen des Funkelrauschens

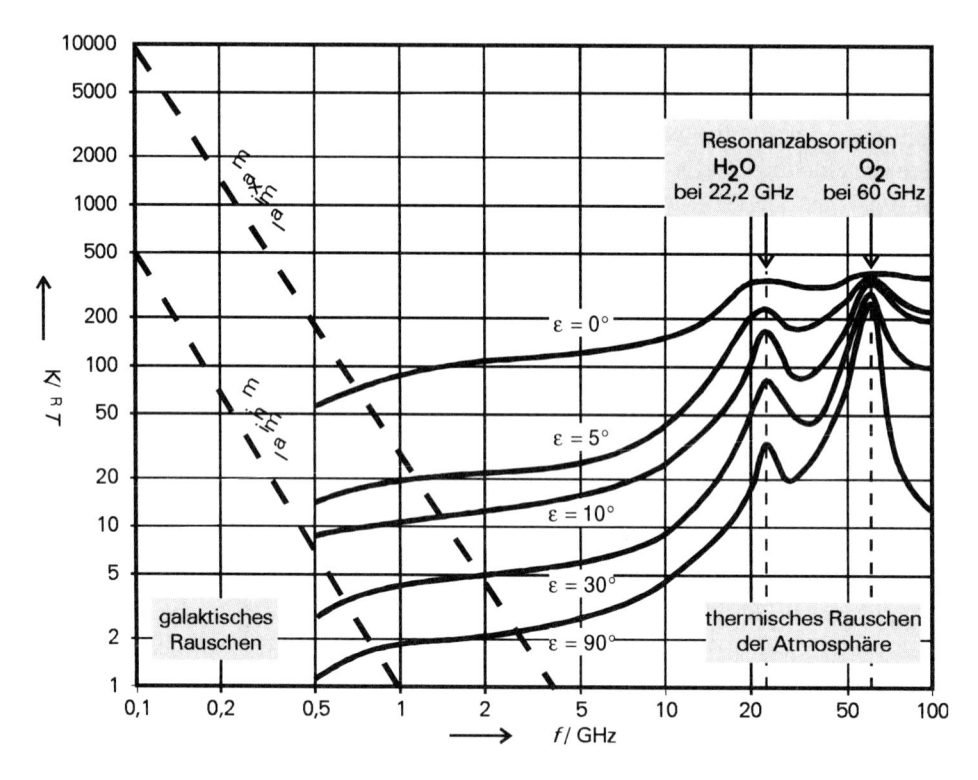

Abb. E.5-6 Rauschtemperatur einer Antenne in Abhängigkeit von Frequenz und Elevationswinkel

- „Antennen-Rauschen"

    Hierbei handelt es sich um die Rauschleistung, die über die Antenne aufgenommen wird (und nicht von anderen Sendern stammt → *Man-made Noise*).

Die über jede Antenne aufgenommene Rauschleistung läßt sich bezüglich ihrer Ursache in drei Gruppen unterteilen:

- kosmisches Rauschen (galaktisches Hintergrundrauschen):
  Rauschquellen außerhalb unseres Sonnensystems;
- *Solar System Noise*:
  Rauschquellen innerhalb unseres Sonnensystems, aber außerhalb der Erde;
- terrestrisches Rauschen:
  Rauschquellen in der Atmosphäre und auf der Erde.

Wie man der Abb. E.5-6 entnehmen kann, existiert einerseits eine starke Frequenzabhängigkeit der Antennenrauschtemperatur, andererseits aber auch eine Abhängigkeit von der Elevation. Während diese i. a. durch das System festgelegt ist (terrestrische Verbindung, Satellitenverbindung, ...) wird man je nach Anwendungsfall bestrebt sein, die Frequenzen für die jeweilige Übertragung so zu wählen, daß eine möglichst geringe Übertragungsdämpfung entsteht. Wie später noch deutlich wird, ist dies praktisch gleichbedeutend mit geringem Rauschen. Es gibt jedoch auch spezielle Anwendungen, bei denen man bestrebt ist, die Reichweite gezielt zu begrenzen, z. B. um andere Funkfelder nicht zu beeinträchtigen oder (besonders im militärischen Bereich) ein Abhören oder Stören der Verbindung zu erschweren.

E.5.4.3 Thermisches Rauschen

Die bei endlicher Temperatur ($T > 0$ K), also stets, vorhandenen Schwingungen der Gitterbausteine eines elektrisch leitenden festen Körpers um ihre Gleichgewichtslage teilen sich den frei beweglichen (Leitungs-)Elektronen mit.[29] Bei jedem Zusammenstoß entsteht ein Stromimpuls, der sich an den Enden des Leiters als statistisch verteilter Spannungsimpuls bemerkbar macht. Die Spannung über dem Leiter schwankt also um den zeitlichen Mittelwert (genauer gesagt, das Moment erster Ordnung), der (ohne eine von außen anliegende Spannung) gleich null ist, da die Elektronenbewegungen bzgl. der Raumrichtungen gleichwahrscheinlich sind und sich somit über einen längeren Beobachtungszeitraum aufheben. Wird dem Leiter eine Spannung U eingeprägt, so schwankt die Spannung entsprechend um diesen Wert. Im Gegensatz zum Moment erster Ordnung (dem Erwartungswert) ist das Moment zweiter Ordnung (die Varianz) von null verschieden, solange die Temperatur des Leiters von null verschieden ist.

Thermisches Rauschen tritt überall auf, wo Wirkwiderstände vorhanden sind. Da keine idealen (verlustfreien) Leiter existieren, ist thermisches Rauschen also

---

[29] Dies führt zu einer Zickzackbewegung der Elektronen, die der Brownschen Molekularbewegung von Molekülen eines Gases ähnelt.

grundsätzlich immer vorhanden.[30] Die maximale Rauschleistung, die ein rauschender Widerstand R an einen idealen rauschfreien Widerstand gleicher Größe abgeben würde (bei Leistungsanpassung) berechnet sich zu

$$P_{r,\text{max}} = kT \Delta f \qquad \text{(E.5-9)}$$

mit der Boltzmann-Konstanten $k = 1{,}38 \cdot 10^{-23}$ Ws/K, der absoluten Temperatur T in K und dem betrachteten Frequenzbereich Δf. Zur Wahl des betrachteten Frequenzbereichs siehe auch Abschnitt E.5.4.4 unter dem Stichwort äquivalente Rauschbandbreite.

Hieraus lassen sich drei wesentliche Erkenntnisse ableiten:

♦ Die Rauschleistung ist unabhängig von der physikalischen Größe und Bauform sowie dem Wert des Widerstands R. Die Erklärung für diese auf den ersten Blick überraschende Tatsache ist etwas aufwendiger und wird daher im Kapitel E.6 (Anhang) gegeben.

♦ Die Rauschleistung ist proportional zur Bandbreite (unter der Voraussetzung, daß die Rauschleistung frequenzunabhängig, also weiß ist, wie es bei thermischem Rauschen definitionsgemäß der Fall ist).

♦ Die Rauschleistung ist proportional zur absoluten Temperatur T. Das bedeutet, daß die Rauschleistung einerseits niemals zu null werden kann, andererseits aber die prinzipielle Möglichkeit besteht, sie durch Kühlung des Bauelements zu verringern.

Zur Berücksichtigung des thermischen Rauschens bei der Schaltungsanalyse werden Rauschspannungs- bzw. Rauschstromquellen verwendet. Dies läßt sich erreichen, indem der rauschende Widerstand R durch eine (Rausch-)Spannungsquelle mit dem nichtrauschenden Innenwiderstand R und dem Effektivwert der Quellenspannung $U_{q,r}$ ersetzt wird. Die Darstellung in Abb. E.5-7a zeigt das rauschende Zweitor im Gegensatz zum rauschfreien jeweils schraffiert.

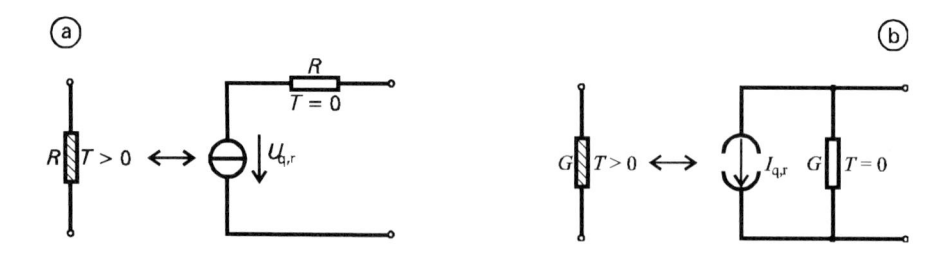

Abb. E.5-7 Ersatz-Rauschspannungsquelle (a) und Ersatz-Rauschstromquelle (b)

---

[30] Bei den Supraleitern (im Bereich sehr niedriger Temperaturen) ist der spezifische Widerstand im Vergleich zu „gewöhnlichen" Leitern zwar um Größenordnungen geringer, aber trotzdem von null verschieden.

Die Ersatz-Rauschspannungsquelle gibt bei Anpassung an den Widerstand R, an dem die Spannung $U_{q,r}/2$ liegt, die maximale (verfügbare) Leistung

$$P_{r,max} = \frac{U_{q,r}^2}{4R} = kT\Delta f \qquad (E.5\text{-}10)$$

ab. Damit berechnet sich die Quellenspannung zu

$$U_{q,r} = 2\sqrt{RkT\Delta f} \qquad (E.5\text{-}11)$$

Für den Fall der Ersatz-Rauschstromquelle (Abb. E.5-7b) ergibt sich mit dem (nichtrauschenden) Innenleitwert G der Quellenstrom zu

$$I_{q,r} = 2\sqrt{GkT\Delta f} \qquad (E.5\text{-}12)$$

Beispiel E.5-2

Ein Ohmscher Widerstand der Größe 10 kΩ wird bei Raumtemperatur (290 K) in einem Frequenzbereich von 900 kHz bis 1100 kHz betrachtet. Die Bandbreite beträgt somit 200 kHz. Mit (E.5-10) ergibt sich für diese Daten eine maximale Rauschleistung von $P_{r,max} = 0{,}800$ fW. Für die Ersatz-Rauschspannungsquelle bzw. die Ersatz-Rauschstromquelle folgt dann mit (E.5-11) bzw. (E.5-12) eine Quellenspannung bzw. ein Quellenstrom von 5,66 µV bzw. 566 pA.

Zur Beschreibung des Rauschens im Frequenzbereich existieren zwei unterschiedliche Möglichkeiten. Einerseits die mathematische (zweiseitige) Rauschleistungsdichte[31] (Abb. E.5-8a)

$$\Phi_{(2)}^{(P)}(f) = \begin{cases} kT_0/2 & |f| \leq f_{max} \\ 0 & \text{sonst} \end{cases} \qquad (E.5\text{-}13)$$

andererseits die physikalische (einseitige) Rauschleistungsdichte (Abb. E.5-8b)

$$\Phi_{(1)}^{(P)}(f) = \begin{cases} kT_0 & |f| \leq f_{max} \\ 0 & \text{sonst} \end{cases} \qquad (E.5\text{-}14)$$

Die Fläche (entsprechend der Leistung) unter den Kurven nach Abb. E.5-8a und Abb. E.5-8b ist in beiden Fällen gleich. Das leuchtet sofort ein, da mit beiden Modellen der gleiche Sachverhalt beschrieben wird. Es muß stets darauf ge-

---

[31] Zur Größe von f_{max} siehe die Anmerkung auf Seite 359.

achtet werden, daß bei der Verwendung der Rauschleistungsdichte N_0 klar ist, ob die einseitige oder die zweiseitige Darstellung gemeint ist. Im Rahmen dieses Buches wird bevorzugt mit der einseitigen (physikalischen) Rauschleistungsdichte nach (E.5-14) gearbeitet.

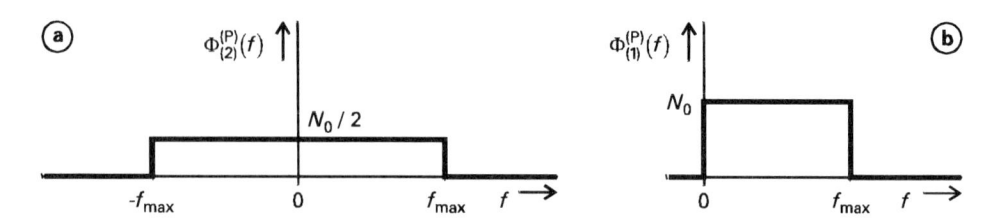

Abb. E.5-8 Mathematische (a) und physikalische (b) Rauschleistungsdichte

E.5.4.4 Rauschparameter

Einleitung

Das (thermische) Rauschen eines jeden Zweitores kann aufgrund seines additiven Charakters auf relativ einfache Weise berücksichtigt werden. In Abb. E.5-9 sind dazu die entsprechenden Größen bei einem rauschenden Zweitor eingetragen.

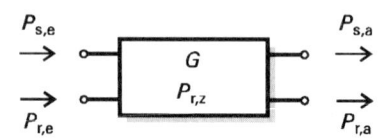

Abb. E.5-9 Rauschendes Zweitor

Die Bedeutung der einzelnen Größen:

$P_{s,e}, P_{s,a}$ Signalleistung (Nutzleistung) am Ein- bzw. Ausgang

$P_{r,e}, P_{r,a}$ Rauschleistung am Ein- bzw. Ausgang

$P_{r,z}$ zusätzliche Rauschleistung durch Rauschquellen innerhalb des Zweitores (bei allen realen Zweitoren ist $P_{r,z} > 0$)

G Verhältnis von Ausgangs- zu Eingangsleistung des Zweitores (Leistungsverstärkung)

Das hier betrachtete Zweitor kann prinzipiell alle Elemente der Nachrichtentechnik enthalten, wie z. B. Verstärker ($G > 1$), Leitung ($G < 1$) usw. Zu beachten ist, daß bei passiven Bauelementen ggf. die angegebene Dämpfung in eine Verstärkung umgerechnet werden muß.

Die Signalleistung am Ausgang ergibt sich als Produkt der Signalleistung am Eingang und der Leistungsverstärkung des Zweitores zu

$$P_{s,a} = G\, P_{s,e} \qquad (E.5\text{-}15)$$

Die Rauschleistung am Ausgang resultiert hingegen als Summe aus dem Produkt der Rauschleistung am Eingang mit der Leistungsverstärkung des Zweitores und der zusätzlichen Rauschleistung durch die internen Rauschquellen des Zweitores zu

$$P_{r,a} = G\, P_{r,e} + P_{r,z} \qquad (E.5\text{-}16)$$

Dieser entscheidende Sachverhalt wurde bereits an anderer Stelle in diesem Abschnitt beschrieben (Abb. E.5-2) und ist die Ursache für die prinzipiell begrenzte Reichweite von analoger Signalübertragung, unabhängig von Art und Anzahl eingesetzter Zwischenverstärker.

Im folgenden soll auf der Basis dieser Beschreibung die Betrachtung von rauschenden Zweitoren mit Hilfe der Kenngrößen Rauschtemperatur und Rauschzahl durchgeführt werden, die im weiteren Verlauf dieses Abschnitts eingeführt werden. Hierzu muß noch die – i. a. erfüllte – Voraussetzung beachtet werden, daß das Eingangs- und das zusätzliche Rauschen des Zweitores unkorreliert sind. Die Beschreibung des rauschenden Zweitores kann sowohl über die Rauschtemperatur als auch über die Rauschzahl erfolgen.

In den folgenden Abschnitten wird davon ausgegangen, daß ein Einkanalproblem vorliegt, d. h. das Ausgangssignal wird nur von einem Eingangssignal (auf einem Kanal) beeinflußt. Auf den technisch wichtigen, allerdings von der Behandlung her etwas aufwendigeren Fall des Zwei- und Mehrkanalrauschens wird im Rahmen dieser einführenden Darstellung nicht eingegangen.

Rauschtemperatur

Wie in Abschnitt E.5.4.3 ausgeführt, besteht ein direkter Zusammenhang zwischen der physikalischen Temperatur eines Ohmschen Widerstands und der von ihm erzeugten verfügbaren Rauschleistung. Da die hier betrachteten Zweitore nicht zwangsläufig ausschließlich thermisches Rauschen aufweisen, soll die genannte Beziehung verallgemeinert werden. Die verfügbare Rauschleistung kann durch die sogenannte Rauschtemperatur

$$T_r = \frac{P_{r,v}}{k\Delta f} \qquad (E.5\text{-}17)$$

ausgedrückt werden. Für den Fall, daß die Rauschleistung nicht ausschließlich durch thermisches Rauschen verursacht wird, entspricht die Rauschtemperatur nicht der physikalischen Temperatur der Rauschquelle. Auf diesen wichtigen Punkt wird (anhand eines Beispiels) später noch einmal eingegangen.

In (E.5-17) wird die Rauschleistung in der gesamten Bandbreite Δf betrachtet. Um unabhängig von Δf zu werden und zu einer allgemeineren Beschreibung zu gelangen, wird anstelle der Rauschleistung P_r die spektrale Rauschleistungsdichte P'_r verwendet. Somit ergibt sich dann für die verfügbare Rauschleistungsdichte (in W/Hz):

$$P'_{r,v} = \frac{P_{r,v}}{\Delta f} = kT_r \tag{E.5-18}$$

Auf die Probleme, die mit dieser einfachen Überlegung verbunden sein können (beispielsweise, daß die Rauschleistungsdichte innerhalb der Bandbreite nicht konstant ist), wird später noch eingegangen. Zunächst werden die sogenannten spektralen Rauschkenngrößen vorgestellt, anschließend erfolgt der Übergang zu den technisch wichtigeren integralen Größen.

Effektive Rauschtemperatur

Die (effektive) Rauschtemperatur T_e eines rauschenden Zweitores ist ein Maß für die im Inneren des Zweitores erzeugten Rauschleistungen – unabhängig von den physikalischen Ursachen. Zur Definition der Rauschtemperatur wird von Abb. E.5-10 ausgegangen.

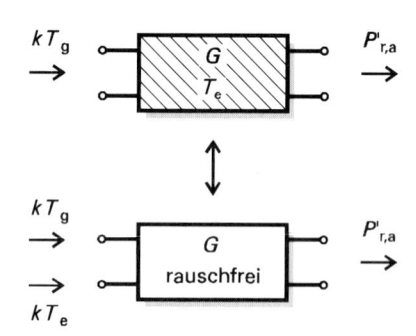

Abb. E.5-10   Zur Definition der (effektiven) Rauschtemperatur eines rauschenden Zweitores

Die von dem Generator herstammende eingangsseitige Rauschleistungsdichte $P'_{r,e} = kGT_g$ wird durch die Rauschtemperatur T_g dargestellt.

Am Ausgang des Zweitores steht die Rauschleistungsdichte

$$P'_{r,a} = kGT_g + P'_{r,z} \tag{E.5-19}$$

zur Verfügung. Die (effektive) Rauschtemperatur ist dann der Wert, um den die Rauschtemperatur des Generators erhöht werden muß, wenn ein als rauschfrei angenommenes äquivalentes Zweitor dieselbe Ausgangsrauschleistungsdichte liefern soll wie das rauschbehaftete Zweitor. Man kann sich dies auch als einen zusätzlichen fiktiven Rauschgenerator am Eingang des Zweitores vorstellen, der

E.5.4 Rauschen

eine Rauschleistungsdichte entsprechend der (effektiven) Rauschtemperatur des Zweitores abgibt. Damit ergibt sich die auf die Eingangsseite bezogene Rauschtemperatur des Zweitores zu

$$T_e = \frac{P'_{r,z}}{kG} \qquad (E.5\text{-}20)$$

Zu beachten ist hierbei, daß sich die zusätzliche Rauschleistungsdichte $P'_{r,z}$ auf den Ausgang des Zweitores bezieht, während die Rauschtemperatur T_g auf den Eingang bezogen ist. Dieser Punkt kann leicht zu Konfusion führen und sollte deshalb bei entsprechenden Überlegungen immer berücksichtigt werden.

T_g ist einerseits abhängig von der Generatorimpedanz, andererseits jedoch *unabhängig* von dessen Rauschtemperatur. Die Rauschtemperatur des Zweitores charakterisiert nur die inneren Rauschquellen des Zweitores und bietet eine sehr „allgemeine" Möglichkeit zur Beschreibung von Rauschvorgängen. Kombinieren von (E.5-19) und (E.5-20) liefert die Systemrauschtemperatur (*Operating Noise Temperature*)

$$T_{sys} = \frac{P'_{r,a}}{kG} = T_e + T_g \qquad (E.5\text{-}21)$$

in der sowohl das Eingangsrauschen als auch das Eigenrauschen des Zweitores berücksichtigt werden.

An dieser Stelle soll kurz gezeigt werden, wie die meßtechnischen Bestimmung der (effektiven) Rauschtemperatur eines Zweitores abläuft. Ein zu untersuchendes Zweitor (z. B. ein Verstärker) wird eingangsseitig mit zwei Generatoren mit unterschiedlichen Rauschtemperaturen vermessen (Abb. E.5-11).

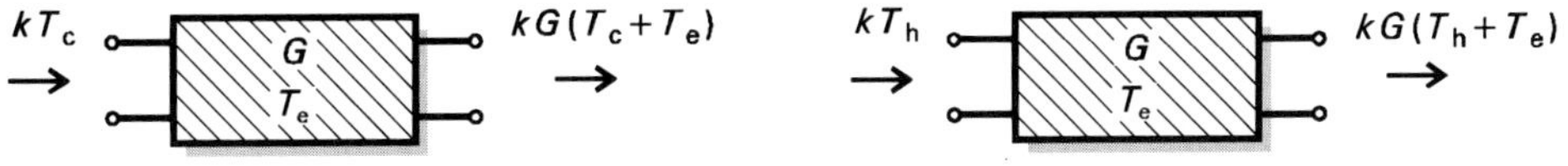

Abb. E.5-11   Zur meßtechnischen Bestimmung der (effektiven) Rauschtemperatur eines Zweitores

Diese Generatoren werden als „cold" (T_c) bzw. als „hot" (T_h) bezeichnet und rufen ausgangsseitig entsprechende Rauschleistungsdichten

$$\left(P'_{r,a}\right)_c = kG(T_e + T_c) \qquad (E.5\text{-}22)$$

bzw.

$$\left(P'_{r,a}\right)_h = kG(T_e + T_h) \qquad (E.5\text{-}23)$$

hervor.

Hiermit ist die Definition des sogenannten Y-Faktors

$$Y = \frac{(P'_{r,a})_h}{(P'_{r,a})_c} \geq 1 \qquad \text{(E.5-24)}$$

möglich, der durch einfache Umstellung die Beziehung

$$T_e = \frac{T_h - YT_c}{Y-1} \qquad \text{(E.5-25)}$$

für die Berechnung der (effektiven) Rauschtemperatur des untersuchten Zweitores liefert. Sehr wichtig hierbei ist, daß die Generatoren die gleichen Ausgangsimpedanzen aufweisen, da – wie oben festgestellt – die Rauschtemperatur von der Generatorimpedanz abhängt.

Beispiel E.5-3

Während der Messung eines Zweitores fallen folgende Meßwerte an: Bei der „hot"-Messung bzw. bei der „cold"-Messung wird eine Rauschleistung am Ausgang von −58,0 dBm bzw. von −59,5 dBm gemessen. Aus dem Datenblatt des Meßgeräts ist bekannt, daß bei der verwendeten Meßfrequenz für die Generator-Rauschtemperaturen $T_h = 450\,\text{K}$ bzw. $T_c = 300\,\text{K}$ gilt. Damit ergibt sich mit Hilfe von (E.5-24) der Y-Faktor zu $Y = 1{,}41$ und mit (E.5-25) die gesuchte Rauschtemperatur des vermessenen Zweitores zu $T_e = 65{,}9\,\text{K}$.

Signalrauschleistungsverhältnis

Das Verhältnis P_s / P_r, das sogenannte Signalrauschverhältnis (*Signal to Noise Ratio* – SNR), ist das wichtigste Kriterium bei der Beurteilung der Beeinträchtigung eines Signals durch Rauschen. Es wird üblicherweise in logarithmierter Form angegeben und dann auch als Signalrauschabstand oder kurz Rauschabstand

$$\text{SNR} = P_s - P_r \qquad \text{(E.5-26a)}$$

bezeichnet. In linearer Schreibweise gilt entsprechend

$$\text{SNR} = \frac{P_s}{P_r} \qquad \text{(E.5-26b)}$$

Je nach Art der Nachrichtenübertragung und der übertragenen Signale sind unterschiedliche Mindestwerte einzuhalten. In Tab. E.5-2 sind typische Werte für erforderliche Rauschabstände aufgeführt.

E.5.4 Rauschen

Signal	SNR in dB
Telegrafie	15
Fernsprechen	40
Fernsehen	35 ... 40
UKW-Rundfunk	60 ... 70

Tab. E.5-2 Beispiele für Signalrauschabstände

Rauschzahl

Neben der Rauschtemperatur gibt es die Rauschzahl (*Noise Figure* – NF) als Kenngröße für ein rauschendes Zweitor, deren erste hier angegebene Definition auf einer Empfehlung der IRE aus dem Jahre 1957 beruht.

Demnach ist die Rauschzahl eines Zweitores das Verhältnis

– der gesamten Rauschleistungsdichte $P'_{r,a}$, die bei einer Frequenz am Ausgang verfügbar ist, wenn die Rauschtemperatur des Generators T_g (bei allen Frequenzen) 290 K beträgt,

– zu dem Anteil dieser gesamten Rauschleistungsdichte, die hervorgerufen wird durch den Generator mit der Rauschtemperatur 290 K.

Als Gleichung geschrieben, ergibt sich somit die Definition zu

$$F = \frac{P'_{r,a}}{G P'_{r,e}} = \frac{P'_{r,a}}{k T_0 G} \qquad (E.5\text{-}27)$$

Hieran kann bereits ein wichtiger Punkt erkannt werden, der leicht zu Problemen führen kann. Die Rauschzahl basiert immer auf einer Bezugstemperatur, der sogenannten Standard-Rauschtemperatur[32] $T_0 = 290\,\text{K}$. Im Gegensatz zur Rauschtemperatur handelt es sich also bei der Rauschzahl nicht um einen absoluten Parameter. Die Tatsache, daß die Größe der Rauschzahl von der Bezugstemperatur abhängt, führt dazu, daß der oben berechnete Wert nur dann „offiziell" als Rauschzahl bezeichnet werden kann, wenn bei der Messung oder der Berechnung die Standard-Rauschtemperatur verwendet wurde.

In diesem Fall wird dann auch von der Standard-Rauschzahl gesprochen, wobei in der Praxis vereinfachend immer die Standard-Rauschzahl angenommen wird, solange keine anderen Angaben gemacht werden. Bei Verwendung von Generatoren mit einer anderen Rauschtemperatur muß diese entsprechend mit angegeben werden.

---

[32] Dieser, im Prinzip willkürlich gewählte, Wert der Standard-Rauschtemperatur weist zwei Vorteile auf: Erstens liegt er im Bereich der typischen Raumtemperatur (ca. 17 °C), und zweitens liefert das Produkt kT_0 mit $4 \cdot 10^{-21}$ W/Hz $\hat{=} -174$ dBm/Hz einen „runden" Wert.

Die Rauschzahl wird häufig auch in logarithmischer Form $10 \log F$ in dB angegeben, wobei zu beachten ist, daß sowohl für die logarithmische als auch für die lineare Angabe der Begriff Rauschzahl verbreitet ist. Im Rahmen dieser Darstellung wird daher das Formelzeichen F ebenso wie der Begriff Rauschzahl sowohl für den linearen als auch für den logarithmischen Wert verwendet. Die Feststellung, um welche Darstellung es sich im jeweiligen Fall handelt, geht i. a. aus dem Zusammenhang eindeutig hervor bzw. wird im Zweifelsfall explizit angegeben.

Eine andere Definition für die Rauschzahl wurde von Friis vorgeschlagen und beruht auf dem Signalrauschleistungsverhältnis. Hiernach ist die Rauschzahl das Verhältnis

- des spektralen Signalleistungsrauschverhältnisses SNR_e am Eingang bei einer Generator-Rauschtemperatur von $T_\mathrm{g} = T_0 = 290$ K
- zum spektralen Signalleistungsrauschverhältnis SNR_a am Ausgang des Zweitores.

Als Gleichung ergibt sich damit (unter der i. a. erfüllten Voraussetzung, daß die Verstärkung für Signal und Rauschen gleich groß ist):

$$F = \frac{\mathrm{SNR}_\mathrm{e}}{\mathrm{SNR}_\mathrm{a}} = \frac{P'_{\mathrm{s,e}}/P'_{\mathrm{r,e}}}{P'_{\mathrm{s,a}}/P'_{\mathrm{r,a}}} = \frac{P'_{\mathrm{r,a}}}{\left(P'_{\mathrm{s,a}}/P'_{\mathrm{s,e}}\right)P'_{\mathrm{r,e}}}$$
$$= \frac{P'_{\mathrm{r,a}}}{G\,P'_{\mathrm{r,e}}} = \frac{P'_{\mathrm{r,a}}}{kT_0 G} \quad (E.5\text{-}28)$$

bzw. in logarithmischer Darstellung

$$F = \mathrm{SNR}_\mathrm{e} - \mathrm{SNR}_\mathrm{a} \quad (E.5\text{-}29)$$

Letztlich handelt es sich hierbei um die gleiche Beziehung wie nach der ersten Definition (E.5-27). Somit ist gezeigt, daß beide Definitionen äquivalent sind, auch wenn sie von unterschiedlichen Ansätzen ausgehen.

Die Rauschzahl ist also ein Maß für die Degradation des Signalrauschleistungsverhältnisses vom Eingang zum Ausgang des Zweitores. Ein ideales (und somit nicht realisierbares) Zweitor mit der linearen Rauschzahl $F = 1 \triangleq 0$ dB fügt keine Rauschleistung hinzu, und das Signalrauschleistungsverhältnis bleibt somit konstant. Da die Rauschzahl die Eigenschaft aufweist, daß sie nicht unter den Wert eins sinken kann, wurde für den eins übersteigenden Anteil der Begriff „zusätzliche Rauschzahl" F_z eingeführt. Somit ergibt sich die äußerst wichtige Beziehung

$$F = 1 + \frac{T_\mathrm{e}}{T_0} = 1 + F_\mathrm{z} \quad (E.5\text{-}30)$$

zwischen der Rauschzahl F, der zusätzlichen Rauschzahl F_z und der Rauschtemperatur T_e eines Zweitores.

Rauschbandbreite und Bandrauschzahl

Auf der Basis der bisher eingeführten spektralen Größen wird nun die für die Praxis wichtige integrale oder Bandrauschzahl $\overline{F}$ definiert. Sie berechnet sich mit der spektralen Rauschzahl $F(f)$ und der spektralen Rauschleistungsdichte $w_e(f)$ am Eingang entsprechend der Definition (E.5-27) zu

$$\overline{F} = \frac{\left(P'_{r,a}\right)_{ges}}{\left(P'_{r,a}\right)_{ein}} = \frac{\int_0^\infty F(f) w_e(f) G(f)\, df}{\int_0^\infty w_e(f) G(f)\, df} \qquad \text{(E.5-31)}$$

Demnach ist die integrale Rauschzahl das Verhältnis der gesamten Ausgangsrauschleistung zu dem Anteil der Rauschleistungsdichte, die durch das Rauschen am Eingang hervorgerufen wird. Mit $G(f)$ wird der frequenzabhängige Gewinn des Zweitores bezeichnet, der im Prinzip seiner Leistungsverstärkung entspricht. Jedes reale Zweitor hat eine Übertragungscharakteristik, hier durch $G(f)$ ausgedrückt, die nur für sehr geringe relative Bandbreiten als konstant angesehen werden kann.

Für den in der Praxis häufig interessierenden Fall, daß ein System betrachtet wird, dessen relative Bandbreite nicht als vernachlässigbar angesehen werden kann, muß dagegen in der Beziehung (E.5-31) die Frequenzabhängigkeit der Gewinnfunktion berücksichtigt werden. Um die Berechnungen etwas zu vereinfachen, wird die äquivalente Rauschbandbreite eingeführt. Die, im Prinzip beliebige, Gewinnfunktion des Zweitores wird verwendet, um ein äquivalentes Zweitor mit einem rechteckförmigen Verlauf der Gewinnfunktion zu bestimmen; siehe Abb. E.5-12.

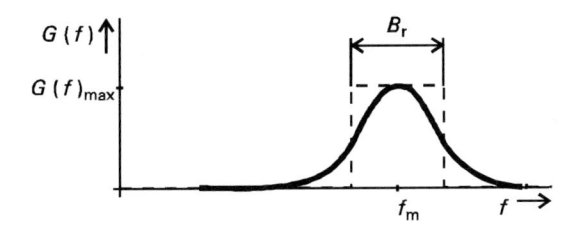

Abb. E.5-12 *Zur Berechnung der äquivalenten Rauschbandbreite*

Hierzu wird das Maximum der Gewinnfunktion $G_{max} = \max\{G(f)\} = G(f_m)$ als Betrag der Gewinnfunktion des äquivalenten Zweitores gewählt, dessen Bandbreite mit B_r bezeichnet wird. Diese Bandbreite wird nun so ermittelt, daß am Ausgang des Zweitores die gleiche Rauschleistung auftritt wie am Ausgang des ursprünglichen rauschenden Zweitores.

Die entsprechende Berechnungsvorschrift lautet

$$B_\mathrm{r} = \int_0^\infty \frac{G(f)}{G_\mathrm{max}}\,\mathrm{d}f \qquad (\text{E.5-32})$$

Das Auflösen der Gleichung

$$\int_0^\infty w_\mathrm{e}(f)G(f)\,\mathrm{d}f = G_\mathrm{max}\int_{f_\mathrm{m}-(B_\mathrm{r}/2)}^{f_\mathrm{m}+(B_\mathrm{r}/2)} w_\mathrm{e}(f)\,\mathrm{d}f \qquad (\text{E.5-33})$$

liefert also implizit die Berechnung von B_r. Diese Berechnung wird wesentlich vereinfacht, wenn von weißem Eingangsrauschen ausgegangen werden kann, d. h. $w_\mathrm{e}(f) = \text{const}$ (innerhalb des betrachteten Frequenzbereichs bzw. innerhalb der äquivalenten Rauschbandbreite).

Mit

$$\overline{F} = \frac{\displaystyle\int_0^\infty F(f)G(f)\,\mathrm{d}f}{\displaystyle\int_0^\infty G(f)\,\mathrm{d}f} \qquad (\text{E.5-34})$$

folgt für die integrale Rauschzahl der wesentlich einfachere Zusammenhang

$$\overline{F} = \frac{(P_\mathrm{r,a})_\mathrm{e}}{G(f_\mathrm{m})\,w_\mathrm{e}(f_\mathrm{m})\,B_\mathrm{r}} \qquad (\text{E.5-35})$$

In der Praxis liegt der Wert für die äquivalente Rauschbandbreite B_r häufig in der gleichen Größenordnung wie die „Signal-Bandbreite" B_s, so daß in vielen Fällen vereinfachend mit $B_\mathrm{r} = B_\mathrm{s}$ gerechnet werden kann.

Die Kettenschaltung rauschender Zweitore (Friissche Formeln)

In der Praxis kommt der Kettenschaltung von rauschenden Zweitoren, wie sie in Abb. E.5-13 dargestellt ist, eine besondere Bedeutung zu, so z. B. bei der Berechnung von Funkempfängern, die i. a. aus einer Kettenschaltung von Antenne, Antennenzuleitung, rauscharmem Empfänger und weiteren Baugruppen bestehen. Aufgrund der bereits beschriebenen Tatsache, daß die Rauschzahl eines Zweitores abhängig ist von der Generatorimpedanz sowie der Rauschtemperatur des Generators, führt die einfache Zusammenfassung der Rauschzahlen nicht zum korrekten Ergebnis. Vernachlässigt man dies, so ergeben sich einerseits falsche Resultate und andererseits ein falsches Verständnis der Vorgänge.

E.5.4 Rauschen

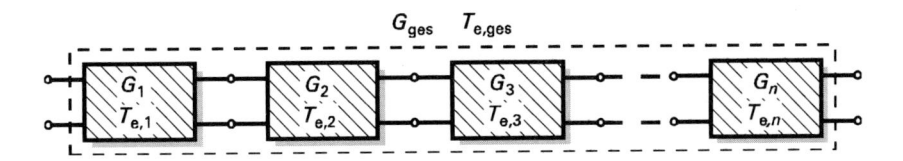

Abb. E.5-13   Kettenschaltung von n rauschenden Zweitoren

Im folgenden wird die Gesamt-Rauschtemperatur einer aus n Zweitoren bestehenden Kettenschaltung bestimmt. Die Berechnung der Gesamt-Rauschzahl der Kette ist aus dem so erhaltenen Ergebnis ohne Schwierigkeiten möglich.

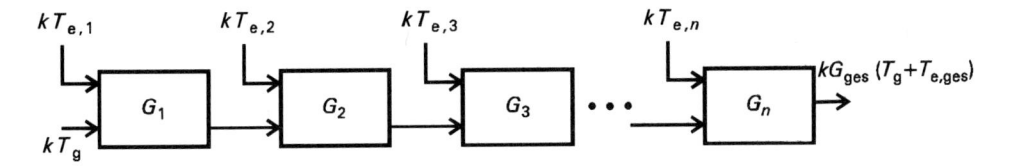

Abb. E.5-14   Zur Berechnung der (effektiven) Rauschtemperatur einer Kette von n rauschenden Zweitoren

In Abb. E.5-14 ist die zusätzliche Rauschleistung eines jeden Zweitores dadurch repräsentiert, daß am Eingang des jeweiligen Zweitores eine entsprechende fiktive Rauschquelle hinzugefügt wird. Somit ergibt sich die Rauschleistungsdichte $P'_{r,a}$ am Ausgang des n-ten Zweitores zu

$$kG_{ges}\left(T_g + T_{e,ges}\right) = kG_1 G_2 \dots G_n\left(T_g + T_{e,1}\right) + kG_2 G_3 \dots G_n T_{e,2} + \\ + kG_3 G_4 \dots G_n T_{e,3} + \dots + kG_n T_{e,n} \quad \text{(E.5-36)}$$

mit folgendem Gesamt-Gewinn der Kettenschaltung:

$$G_{ges} = \prod_{i=1}^{n} G_i \quad \text{(E.5-37)}$$

Der Anteil des (durch den Generator verursachten) Eingangsrauschens $kG_{ges}T_g$ in (E.5-36) ist auf beiden Seiten gleich und fällt somit weg. Auflösen der verbliebenen Anteile nach der gesuchten (effektiven) Rauschtemperatur der Kettenschaltung liefert mit (E.5-37):

$$\begin{aligned} T_{e,ges} &= T_{e,1} + \frac{T_{e,2}}{G_1} + \frac{T_{e,3}}{G_1 G_2} + \frac{T_{e,4}}{G_1 G_2 G_3} + \dots + \frac{T_{e,n}}{G_1 G_2 \dots G_{n-1}} \\ &= T_{e,1} + \sum_{i=2}^{n} \frac{T_{e,i}}{\prod_{j=1}^{i-1} G_j} \end{aligned} \quad \text{(E.5-38)}$$

Bereits in dieser Darstellung ist eine sehr wichtige Eigenschaft solcher Kettenschaltungen zu erkennen. Die Rauschbeiträge durch das Eigenrauschen der einzelnen Zweitore gehen nicht gleichmäßig in das Gesamt-Rauschen ein, sondern werden gewichtet mit dem gesamten Gewinn der nachfolgenden Stufen. Das bedeutet, daß die Rauscheigenschaften der „vordersten" Zweitore die größte Bedeutung für das Gesamt-Rauschen aufweisen. Bei dem Bestreben, beispielsweise möglichst rauscharme Empfänger zu entwickeln, wird also die Betonung darauf liegen müssen, die der Antenne am nächsten liegenden Baugruppen zu optimieren. Beim Entwurf solcher Schaltungen sollte dann auch eine Kosten-Nutzen-Analyse erfolgen, deren Ziel es ist, eine Aussage zu liefern, bei welchem Glied der Kette mit dem geringsten Aufwand die stärkste Verbesserung des Rauschverhaltens erzielt werden kann (Beispiel E.5-4).

Mit Hilfe der Beziehung (E.5-30), die den Zusammenhang herstellt zwischen der Rauschzahl, der zusätzlichen Rauschzahl und der (effektiven) Rauschtemperatur eines Zweitores, kann aus (E.5-38) direkt die Gesamt-Rauschzahl

$$F_{ges} = F_1 + \frac{F_2 - 1}{G_1} + \frac{F_3 - 1}{G_1 G_2} + \ldots + \frac{F_n - 1}{G_1 G_2 \ldots G_{n-1}}$$

$$= F_1 + \sum_{i=2}^{n} \frac{F_i - 1}{\prod_{j=1}^{i-1} G_j} \qquad \text{(E.5-39)}$$

sowie die gesamte zusätzliche Rauschzahl der Kettenschaltung

$$F_{ges} = F_{Z,1} + \frac{F_{Z,2}}{G_1} + \frac{F_{Z,3}}{G_1 G_2} + \ldots + \frac{F_{Z,n}}{G_1 G_2 \ldots G_{n-1}}$$

$$= F_{Z,1} + \sum_{i=2}^{n} \frac{F_{Z,i}}{\prod_{j=1}^{i-1} G_j} \qquad \text{(E.5-40)}$$

angegeben werden (Friissche Formeln). Abschließend soll hier anhand eines typischen Empfängers die Bedeutung dieser Formeln demonstriert sowie eine wichtige Konsequenz für den Aufbau von rauscharmen Empfängern aufgezeigt werden.

Beispiel E.5-4

Für den in Abb. E.5-15 dargestellten Empfänger ergeben sich unter Anwendung von (E.5-38) bzw. (E.5-39) mit den gegebenen Werten für die (effektive) Rauschtemperatur bzw. die Rauschzahl des gesamten Empfangszuges $T_{e,ges} = 396$ K bzw. $F_{ges} = 2{,}37 \triangleq 3{,}74$ dB.

E.5.4 Rauschen

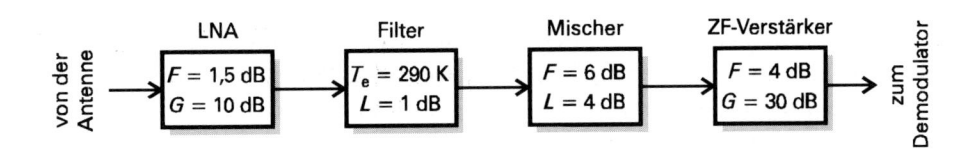

```
von der Antenne →  [LNA: F = 1,5 dB, G = 10 dB] → [Filter: Te = 290 K, L = 1 dB] → [Mischer: F = 6 dB, L = 4 dB] → [ZF-Verstärker: F = 4 dB, G = 30 dB] → zum Demodulator
```

Abb. E.5-15   *Aufbau eines typischen Empfängers (LNA: Low Noise Amplifier, ZF: Zwischenfrequenz)*

Es ist zu untersuchen, bei welchem Verstärker die Reduzierung der Rauschzahl um 1 dB einen größeren Effekt auf das Rauschen des gesamten Empfängers erzielt.

Fall A: Reduzierung der Rauschzahl des rauscharmen Verstärkers (LNA) durch Kühlung auf 0,5 dB

Dieser Ansatz liefert eine auf $F_{ges} = 2{,}08 \,\hat{=}\, 3{,}17$ dB (bei $T_{e,ges} = 312$ K) reduzierte Gesamt-Rauschzahl.

Fall B: Reduzierung der Rauschzahl des ZF-Verstärkers durch den Einsatz rauschärmerer Transistoren auf 3 dB

Hiermit ergibt sich eine Gesamt-Rauschzahl von $F_{ges} = 2{,}20 \,\hat{=}\, 3{,}43$ dB ($T_{e,ges} = 349$ K). Um hier die gleiche Verbesserung wie im Fall A zu erreichen, müßte die Rauschzahl des ZF-Verstärkers auf ca. 2 dB gesenkt werden.

Der Vergleich der Ergebnisse zeigt, daß die Reduktion der Rauschzahl um 1 dB beim LNA eine größere Auswirkung auf die Empfänger-Rauschzahl hat, als wenn die Rauschzahl des ZF-Verstärkers um 1 dB gesenkt wird. Hiermit ist jedoch noch nichts darüber gesagt, wie groß der (finanzielle und technische) Aufwand der Änderungen ist. Unter diesem Aspekt kann es durchaus günstiger sein, die Rauschzahl des ZF-Verstärkers weiter zu reduzieren als die (ggf. recht aufwendige) Kühlung des LNA einzusetzen. Alternativ ist auch denkbar, die Verstärkung des LNA durch Einsatz anderer Transistoren oder einer anderen Schaltung zu erhöhen. Gelingt es z. B., bei gleichbleibender Rauschzahl eine Erhöhung des Gewinns um 3 dB zu erzielen, so läßt sich eine Gesamt-Rauschzahl von $F_{ges} = 1{,}89 \,\hat{=}\, 2{,}77$ dB ($T_{e,ges} = 258$ K) erreichen. Wie man hier bereits erkennt, muß bei der Optimierung eines Empfängers bzgl. seines Rauschverhaltens in der Regel ein Kompromiß zwischen verschiedenen Forderungen gefunden werden. Darüber hinaus ist zu beachten, daß die Rauschparameter immer auch in Wechselwirkung mit anderen Parametern einer Schaltung stehen.

Ein weiterer Punkt, der bisher nicht angesprochen wurde, darf beim Entwurf bzw. bei der Optimierung eines solchen Empfängers nicht vernachlässigt werden. Es handelt sich dabei um die Systemrauschtemperatur, die sich bekanntermaßen aus dem Eingangsrauschen und dem Eigenrauschen zusammensetzt. Ist nun die Eingangsrauschtemperatur deutlich kleiner als die (effektive)

Rauschtemperatur des Empfängers, so ist der durch die Optimierung des Empfängers zu erzielende „Gewinn" relativ gering und somit u. U. der Aufwand nicht gerechtfertigt. Andererseits ist die Optimierung des Rauschverhaltens gerade bei geringen Eingangsrauschtemperaturen (z. B. in der Radioastronomie) von großer Bedeutung, da in diesem Fall die Systemrauschtemperatur vor allem vom Eigenrauschen bestimmt wird.

E.6 Anhang zu Teil E

E.6.1 Die Leitungsgleichungen

Anhand der Abb. E.2-3 erhält man mit dem Ansatz der Spannungsänderung bei konstantem Strom und der Stromänderung bei konstanter Spannung (nach der Maschen- bzw. Knotenregel) zwei Differentialgleichungen, die sogenannten Leitungsgleichungen

$$\frac{\partial u}{\partial x}+L'\frac{\partial i}{\partial t}+R'i=0 \quad \text{und} \quad \frac{\partial i}{\partial x}+C'\frac{\partial u}{\partial t}+G'i=0 \quad \text{(E.6-1)}$$

Dies sind zwei Gleichungen mit zwei Unbekannten, die sich zusammenfassen lassen zu einer Differentialgleichung mit einer Unbekannten, z. B. der Spannung u. Dazu wird die linke Seite von (E.6-1) partiell nach x und die rechte Seite partiell nach t differenziert, und man erhält

$$\frac{\partial^2 u}{\partial x^2}+L'\frac{\partial^2 i}{\partial t\,\partial x}+R'\frac{\partial i}{\partial x}=0 \quad \text{bzw.} \quad \frac{\partial^2 i}{\partial t\,\partial x}+C'\frac{\partial^2 u}{\partial t^2}+G'\frac{\partial u}{\partial t}=0 \quad \text{(E.6-2)}$$

Einsetzen der rechten Seite von (E.6-2) und der rechten Seite von (E.6-1) in die linke Seite von (E.6-2) führt zu

$$\frac{\partial^2 u}{\partial x^2}=L'C'\frac{\partial^2 u}{\partial t^2}+(R'C'+L'G')\frac{\partial u}{\partial t}+R'G'u \quad \text{(E.6-3)}$$

Es handelt sich hierbei um eine partielle Differentialgleichung mit konstanten Koeffizienten, die als Telegrafengleichung bezeichnet wird. Bei entsprechender Umrechnung erhält man aus den Leitungsgleichungen die identische Gleichung für den Strom i:

$$\frac{\partial^2 i}{\partial x^2}=L'C'\frac{\partial^2 i}{\partial t^2}+(R'C'+L'G')\frac{\partial i}{\partial t}+R'G'i \quad \text{(E.6-4)}$$

E.6.1 Die Leitungsgleichungen

Die Telegrafengleichungen sind allgemeingültig, d. h. unabhängig von der Form von u und i. In der Praxis kann man sich auf stationäre Sinusschwingungen beschränken. Zur übersichtlicheren Berechnung wird daher ab hier die komplexe Schreibweise verwendet. Dabei tritt keine Differentiation nach der Zeit mehr auf, da gilt

$$\frac{d}{dt}e^{j\omega t} = j\omega e^{j\omega t} \quad \text{und} \quad \frac{d^2}{dt^2}e^{j\omega t} = -\omega^2 e^{j\omega t} \tag{E.6-5}$$

und zugleich

$$\underline{u}(x,t) = \underline{U}(x)e^{j\omega t} \quad \text{und} \quad \underline{i}(x,t) = \underline{I}(x)e^{j\omega t} \tag{E.6-6}$$

wobei $\underline{U}(x)$ und $\underline{I}(x)$ komplexe Amplituden bezeichnen. Einsetzen in die Leitungsgleichungen (E.6-1) ergibt

$$\frac{d\underline{U}(x)}{dx} + R'\underline{I}(x) + j\omega L'\underline{I}(x) = 0$$

bzw. (E.6-7)

$$\frac{d\underline{I}(x)}{dx} + G'\underline{U}(x) + j\omega C'\underline{U}(x) = 0$$

Dies wiederum in die Telegrafengleichungen eingesetzt, führt zu

$$\frac{d^2\underline{U}(x)}{dx^2} = (R' + j\omega L')(G' + j\omega C')\underline{U}(x)$$

bzw. (E.6-8)

$$\frac{d^2\underline{I}(x)}{dx^2} = (R' + j\omega L')(G' + j\omega C')\underline{I}(x)$$

Um diese Gleichungen zu lösen, wird auf den Ansatz (E.2-1) zurückgegriffen und die Welle in je einen hin- und rücklaufenden Anteil aufgeteilt:

$$\underline{U}(x) = \underline{U}_h(x) + \underline{U}_r(x) = \underline{U}'e^{-\gamma x} + \underline{U}''e^{\gamma x} \tag{E.6-9}$$

Anmerkung: Die Bezeichnung $\underline{U}'$ bzw. $\underline{U}''$ steht hier nicht für Differentiation, sondern es handelt sich lediglich um Konstanten, deren Bezeichnungen sich trotz der leichten Mißverständlichkeit eingebürgert haben.

Die Konstante γ, den Ausbreitungskoeffizienten (auch Fortpflanzungs- oder Übertragungskonstante), erhält man durch zweifache Ableitung von (E.6-9) nach x:

$$\frac{d\underline{U}(x)}{dx} = -\gamma \underline{U}'e^{-\gamma x} + \gamma \underline{U}''e^{\gamma x} \tag{E.6-10}$$

$$\frac{d^2\underline{U}(x)}{dx^2} = \underline{\gamma}^2 \underline{U}' e^{-\underline{\gamma}x} + \underline{\gamma}^2 \underline{U}'' e^{\underline{\gamma}x}$$
$$= \underline{\gamma}^2 \left(\underline{U}' e^{-\underline{\gamma}x} + \underline{U}'' e^{\underline{\gamma}x} \right) \quad \text{(E.6-11)}$$
$$= \underline{\gamma}^2 \underline{U}(x)$$

Der Vergleich mit (E.6-8) führt sofort zum Ausbreitungskoeffizienten

$$\underline{\gamma} = \sqrt{(R' + j\omega L')(G' + j\omega C')} = \alpha + j\beta \quad \text{(E.6-12)}$$

Die Konstanten $\underline{U}'$ und $\underline{U}''$ in (E.6-9) lassen sich aus den Randbedingungen von $\underline{U}$ und $\underline{I}$ für $x = 0$ und $x = l$ bestimmen. Dazu wird nun die in Abb. E.6-1 gezeigte Leitung der Länge l mit ihren Abschlüssen, einem Generator mit dem Innenwiderstand R_G und einem komplexen Lastwiderstand $\underline{Z}_L$, betrachtet.

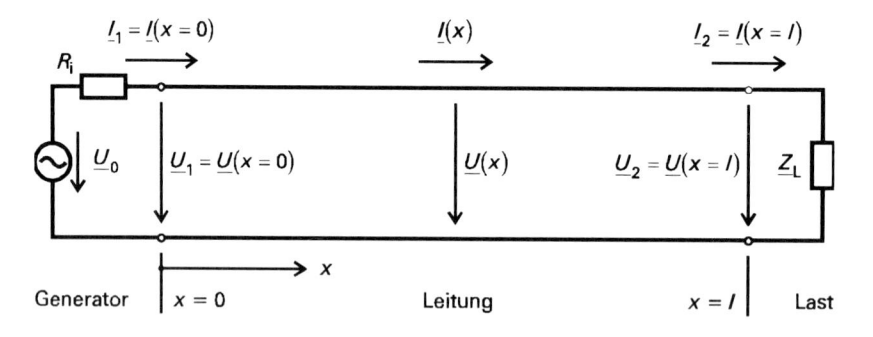

Abb. E.6-1   Leitung mit Abschlüssen

Da hier zwei Unbekannte vorliegen, sind zwei Randbedingungen ausreichend, z. B. $\underline{U}(x=0)$ und $\underline{I}(x=0)$. Um die Konstanten zu bestimmen, wird aber zunächst eine Gleichung für $\underline{I}(x)$ benötigt. Aus den Gleichungen (E.6-8)

$$\frac{d\underline{U}(x)}{dx} + R'\underline{I}(x) + j\omega L'\underline{I}(x) = 0$$

und

$$\frac{d\underline{I}(x)}{dx} + G'\underline{U}(x) + j\omega C'\underline{U}(x) = 0$$

erhält man durch Differenzieren der zweiten Gleichung nach x, Einsetzen in die erste Gleichung und Umstellen nach $\underline{I}(x)$ den Ausdruck

$$\underline{I}(x) = \frac{\underline{\gamma}}{R' + j\omega L'} \left(\underline{U}' e^{-\underline{\gamma}x} - \underline{U}'' e^{\underline{\gamma}x} \right) \quad \text{(E.6-13)}$$

E.6.1 Die Leitungsgleichungen

Mit der Definition des Ausbreitungskoeffizienten nach (E.6-12) vereinfacht sich dies zu

$$\underline{I}(x) = \frac{1}{\underline{Z}_w}\left(\underline{U}' e^{-\gamma x} - \underline{U}'' e^{\gamma x}\right) = \underline{I}_h(x) + \underline{I}_r(x) \quad \text{(E.6-14)}$$

Vergleicht man nun (E.6-9) und (E.6-14) miteinander, so wird auch die Bezeichnung Wellenwiderstand für $\underline{Z}_w$ klar. Er ist das Verhältnis von Spannung zu Strom einer Welle an der Stelle x, wobei für die rücklaufende Welle der negative Wert einzusetzen ist:

$$\frac{\underline{U}_h(x)}{\underline{I}_h(x)} = \underline{Z}_w \qquad \text{bzw.} \qquad \frac{\underline{U}_r(x)}{\underline{I}_r(x)} = -\underline{Z}_w \quad \text{(E.6-15)}$$

Jetzt können die Randbedingungen

$$\underline{U}_1 = \underline{U}(x=0) \qquad \text{und} \qquad \underline{I}_1 = \underline{I}(x=0) \quad \text{(E.6-16)}$$

in (E.6-9) und (E.6-14) eingesetzt werden, und man erhält

$$\underline{U}_1 = \underline{U}' + \underline{U}'' \qquad \text{und} \qquad \underline{I}_1 = \frac{1}{\underline{Z}_w}\left(\underline{U}' - \underline{U}''\right) \quad \text{(E.6-17)}$$

Auflösen dieser Gleichungen nach den gesuchten Konstanten $\underline{U}'$ und $\underline{U}''$ ergibt

$$\underline{U}' = \frac{\underline{U}_1 + \underline{Z}_w \underline{I}_1}{2} \qquad \text{und} \qquad \underline{U}'' = \frac{\underline{U}_1 - \underline{Z}_w \underline{I}_1}{2} \quad \text{(E.6-18)}$$

Sind andere Randbedingungen gegeben, so bleibt die Vorgehensweise prinzipiell gleich; deshalb kann das Ergebnis für die Randbedingungen $\underline{U}_2$ und $\underline{I}_2$ sofort angegeben werden:

$$\underline{U}' = \frac{\underline{U}_2 + \underline{Z}_w \underline{I}_2}{2} e^{\gamma l} \qquad \text{und} \qquad \underline{U}'' = \frac{\underline{U}_2 - \underline{Z}_w \underline{I}_2}{2} e^{-\gamma l} \quad \text{(E.6-19)}$$

Aus (E.6-9) und (E.6-14) kann auch noch eine andere Art der Darstellung der Leitungsgleichungen gewonnen werden. Durch Einsetzen der soeben gewonnenen Ausdrücke in diese Gleichungen erhält man

$$\underline{U}(x) = \frac{1}{2}(\underline{U}_1 + \underline{Z}_w \underline{I}_1) e^{-\gamma x} + \frac{1}{2}(\underline{U}_1 - \underline{Z}_w \underline{I}_1) e^{\gamma x} \quad \text{(E.6-20a)}$$

und

$$\underline{I}(x) = \frac{1}{2\underline{Z}_w}(\underline{U}_1 + \underline{Z}_w \underline{I}_1) e^{-\gamma x} + \frac{1}{2\underline{Z}_w}(\underline{U}_1 - \underline{Z}_w \underline{I}_1) e^{\gamma x} \quad \text{(E.6-20b)}$$

Durch Umformen dieser Gleichungen ergibt sich die sogenannte *mathematische Form* der Leitungsgleichungen:

$$\underline{U}(x) = \underline{U}_1 \underbrace{\left(\frac{1}{2} e^{-\underline{\gamma} x} + \frac{1}{2} e^{\underline{\gamma} x}\right)}_{\cosh \underline{\gamma} x} + \underline{Z}_w \underline{I}_1 \underbrace{\left(\frac{1}{2} e^{-\underline{\gamma} x} - \frac{1}{2} e^{\underline{\gamma} x}\right)}_{-\sinh \underline{\gamma} x}$$

$$= \underline{U}_1 \cosh \underline{\gamma} x - \underline{Z}_w \underline{I}_1 \sinh \underline{\gamma} x \quad \text{(E.6-21)}$$

bzw.

$$\underline{I}(x) = \frac{\underline{U}_1}{\underline{Z}_w} \underbrace{\left(\frac{1}{2} e^{-\underline{\gamma} x} - \frac{1}{2} e^{\underline{\gamma} x}\right)}_{-\sinh \underline{\gamma} x} + \underline{I}_1 \underbrace{\left(\frac{1}{2} e^{-\underline{\gamma} x} + \frac{1}{2} e^{\underline{\gamma} x}\right)}_{\cosh \underline{\gamma} x}$$

$$= -\frac{\underline{U}_1}{\underline{Z}_w} \cosh \underline{\gamma} x + \underline{I}_1 \sinh \underline{\gamma} x \quad \text{(E.6-22)}$$

Diese Gleichungen werden als „mathematisch" bezeichnet, da sie die physikalischen Vorgänge der hin- und rücklaufenden Welle nicht mehr explizit darstellen. Dies ist hingegen in der *physikalischen Form* der Leitungsgleichungen der Fall:

$$\underline{U}(x) = \underline{U}_h(x) + \underline{U}_r(x)$$
$$= \underline{U}' e^{-\underline{\gamma} x} + \underline{U}'' e^{\underline{\gamma} x} \quad \text{(E.6-23)}$$

bzw.

$$\underline{I}(x) = \underline{I}_h(x) + \underline{I}_r(x)$$
$$= \frac{1}{\underline{Z}_w} \left(\underline{U}' e^{-\underline{\gamma} x} - \underline{U}'' e^{\underline{\gamma} x}\right) \quad \text{(E.6-24)}$$

E.6.2 Der Poyntingsche Vektor

Ausgehend von den Maxwellschen Gleichungen

$$\operatorname{rot} \vec{\underline{E}} = -\mu \frac{\partial \vec{\underline{E}}}{\partial t} \qquad \operatorname{rot} \vec{\underline{H}} = -\varepsilon \frac{\partial \vec{\underline{H}}}{\partial t} + \kappa \vec{\underline{E}} \quad \text{(E.6-25)}$$

erhält man durch Multiplikation mit $\vec{\underline{E}}$ bzw. $\vec{\underline{H}}$ und Subtraktion der beiden Gleichungen

$$\vec{\underline{H}} \operatorname{rot} \vec{\underline{E}} - \vec{\underline{E}} \operatorname{rot} \vec{\underline{H}} = -\mu \vec{\underline{H}} \frac{\partial \vec{\underline{H}}}{\partial t} - \varepsilon \vec{\underline{E}} \frac{\partial \vec{\underline{E}}}{\partial t} - \kappa \vec{\underline{E}}^2 \quad \text{(E.6-26)}$$

Eine anschließende Umformung mit Hilfe von Vektoralgebra und Differentialrechnung (wofür auf die entsprechende Literatur verwiesen sei) ergibt

$$\operatorname{div}\left(\vec{\underline{E}} + \vec{\underline{H}}\right) + \kappa \vec{\underline{E}}^2 = -\frac{\partial}{\partial t}\left(\frac{\mu}{2} \vec{\underline{H}}^2 + \frac{\varepsilon}{2} \vec{\underline{E}}^2\right) \quad \text{(E.6-27)}$$

E.6.2 Der Poyntingsche Vektor

Hierbei kann der Term $\kappa \vec{E}^2$ als Verlustleistungsdichte bezeichnet werden, während die Terme auf der rechten Seite der Gleichung für die (im Feld gespeicherte) magnetische bzw. elektrische Energiedichte stehen. Im nächsten Schritt wird über ein (beliebiges) Volumen V mit der Oberfläche A integriert, und man erhält mit Hilfe des Gaußschen Satzes:

$$\oint_A (\underline{\vec{E}} \times \underline{\vec{H}}) \vec{n} \, dA + W_Q = -\frac{\partial}{\partial t}(W_m + W_e) \qquad \text{(E.6-28)}$$

mit dem Normalenvektor $\vec{n}$ zur Oberfläche A, der Verlustleistung W_Q im Volumen V und der im Volumen V gespeicherten magnetischen bzw. elektrischen Energie W_m bzw. W_e.

Der erste Term auf der linken Seite von (E.6-28) ist die Energie, die durch die Oberfläche A in das Volumen V eintritt bzw. aus dem Volumen V austritt. Der dabei auftretende Vektor

$$\underline{\vec{S}} = \underline{\vec{E}} \times \underline{\vec{H}} \qquad \text{(E.6-29)}$$

wird als Poyntingscher Vektor bezeichnet und gibt die Strahlungsleistungsdichte an. Entsprechend heißt (E.6-28) auch Poyntingscher Satz. Er postuliert die Energieerhaltung im elektromagnetischen Feld. Bei Beschränkung auf stationäre Vorgänge kann die komplexe Rechnung verwendet werden, so daß gilt

$$\vec{E} = \Re\{\underline{\vec{E}} \, e^{j\omega t}\} = \frac{1}{2}\left(\underline{\vec{E}} \, e^{j\omega t} + \underline{\vec{E}}^* \, e^{-j\omega t}\right) \qquad \text{(E.6-30a)}$$

bzw.

$$\vec{H} = \Re\{\underline{\vec{H}} \, e^{j\omega t}\} = \frac{1}{2}\left(\underline{\vec{H}} \, e^{j\omega t} + \underline{\vec{H}}^* \, e^{-j\omega t}\right) \qquad \text{(E.6-30b)}$$

Der Poyntingsche Vektor ergibt sich damit zu

$$\begin{aligned}\vec{S} &= \vec{E} \times \vec{H} \\ &= \frac{1}{4}\left(\underline{\vec{E}}^* \times \underline{\vec{H}} + \underline{\vec{E}} \times \underline{\vec{H}}^* + \underline{\vec{E}} \times \underline{\vec{H}} e^{j2\omega t} + \underline{\vec{E}}^* \times \underline{\vec{H}}^* e^{-j2\omega t}\right)\end{aligned} \qquad \text{(E.6-31)}$$

Da im wesentlichen der zeitliche Mittelwert interessiert und weniger der Momentanwert, wird über eine Periodendauer integriert, und man erhält

$$\begin{aligned}\vec{S}_T &= \frac{1}{T}\int_0^T \vec{S} \, dt = \frac{1}{4}\left(\underline{\vec{E}}^* \times \underline{\vec{H}} + \underline{\vec{E}} \times \underline{\vec{H}}^*\right) \\ &= \frac{1}{2}\Re\{\underline{\vec{E}} \times \underline{\vec{H}}^*\} \\ &= \Re\{\underline{\vec{S}}_T\}\end{aligned} \qquad \text{(E.6-32)}$$

Der Term

$$\vec{\underline{S}}_T = \frac{1}{2}\vec{\underline{E}} \times \vec{\underline{H}}^*$$ (E.6-33)

wird als komplexer Poyntingscher Vektor bezeichnet, dessen Realteil die (zeitlich gemittelte) Strahlungsleistungsdichte angibt. Im Nahfeld kann auch ein Imaginärteil des komplexen Poyntingschen Vektors vorhanden sein. Er beschreibt dann die im Nahfeld gespeicherte Blindenergie (kapazitiv oder induktiv).

E.6.3 Tabelle der Norm-Hohlleiter

Bezeichnung		Frequenzbereich	Innenmaße			Wandstärke
Europa	USA	GHz	Breite mm	Höhe mm	Tol. mm	mm
R12	WR770	0,96 ... 1,46	195,58	97,79	–	3,175
R14	WR650	1,14 ... 1,73	165,10	82,55	0,20	2,030
R18	WR510	1,45 ... 2,20	129,54	64,77	0,18	2,030
R22	WR430	1,72 ... 2,61	109,22	54,61	0,14	2,030
R26	WR340	2,70 ... 3,30	86,36	43,18	0,11	2,030
R32	WR284	2,60 ... 3,95	72,14	34,04	0,10	2,030
R40	WR229	3,22 ... 4,90	58,17	29,083	0,076	1,625
R48	WR187	3,94 ... 5,99	47,55	22,149	0,064	1,625
R58	WR159	4,64 ... 7,05	40,30	20,193	0,051	1,625
R70	WR137	5,38 ... 8,18	34,85	15,799	0,046	1,625
R84	WR112	6,58 ... 10,0	28,499	12,624	0,038	1,625
R100	WR90	8,20 ... 12,5	22,86	10,16	0,025	1,270
R120	WR75	9,54 ... 15,0	19,05	9,525	0,025	1,270
R140	WR62	11,9 ... 18,0	15,799	7,899	0,020	1,015
R180	WR51	14,5 ... 22,0	12,954	6,477	0,020	1,015
R220	WR42	17,6 ... 26,7	10,668	4,318	0,020	1,015
R260	WR34	21,7 ... 33,0	8,636	4,318	0,020	1,015
R320	WR28	26,4 ... 40,1	7,112	3,556	0,020	1,015
R400	WR22	33,0 ... 50,1	5,690	2,845	0,020	1,015
R500	WR19	39,3 ... 59,7	4,775	2,338	0,020	1,015
R620	WR15	49,9 ... 75,8	3,759	1,880	0,020	1,015
R740	WR12	60,5 ... 92,0	3,099	1,549	0,020	1,015
R900	WR10	73,8 ... 112,0	2,540	1,270	0,020	1,015
R1200	WR8	92,3 ... 140,0	2,032	1,016	0,020	0,762
R1400	WR7	110,0 ... 170,0	1,650	0,825	0,025	0,762
R1800	WR5	140,0 ... 220,0	1,295	0,648	0,025	0,762

Tab. E.6-2 Übersicht über die wichtigsten Rechteck-Norm-Hohlleiter

E.6.4 Das Zweiwegemodell für die Mehrwegeausbreitung

Die im Abschnitt E.4.5 angegebene allgemeine Übertragungsfunktion für einen Funkkanal vereinfacht sich für den Sonderfall $N = 2$ (Zweiwegemodell) zu

$$\underline{H}(\omega) = 1 + \underline{a}_2 \, e^{-j\omega\tau_2} \tag{E.6-34}$$

Hieraus lassen sich die für die Bewertung der Eigenschaften entscheidenden Größen berechnen:

- Betrag der Übertragungsfunktion

$$|\underline{H}(\omega)| = \sqrt{1 + \underline{a}_2^2 + 2\underline{a}_2 \cos\omega\tau_2} \tag{E.6-35}$$

- Phase der Übertragungsfunktion

$$\varphi(\omega) = \arctan \frac{\underline{a}_2 \sin\omega\tau_2}{1 + \underline{a}_2 \cos\omega\tau_2} \tag{E.6-36}$$

- Gruppenlaufzeit

$$\tau_g = \frac{d\varphi}{d\omega} = \tau_2 \frac{\underline{a}_2^2 + \underline{a}_2 \cos\omega\tau_2}{1 + \underline{a}_2^2 + 2\underline{a}_2 \cos\omega\tau_2} \tag{E.6-37}$$

Bei der Betrachtung dieses Modells ist zu unterscheiden zwischen $|\underline{a}_2| \leq 1$ und $|\underline{a}_2| > 1$. Im ersten Fall (Umwegsignal kleiner oder gleich dem direkten Signal) ist der Übertragungskanal minimalphasig,[33] im zweiten Fall (Umwegsignal größer als das direkte Signal) gilt dies nicht. Während die Form des Betrags der Übertragungsfunktion gleich bleibt, ändert sich das Vorzeichen der Gruppenlaufzeit: $|\underline{a}_2| \leq 1 \rightarrow \tau_g \leq 0$ bzw. $|\underline{a}_2| > 1 \rightarrow \tau_g > 0$.

Ein typischer Frequenzverlauf des Betrags der Übertragungsfunktion sowie der Gruppenlaufzeit ist in Abb. E.6-2 gezeigt.

Markante Frequenzen ergeben sich bei der Erfüllung folgender Bedingungen:

- $\Delta\varphi = \omega\tau_2 = n \cdot 2\pi \qquad n = \ldots, -2, -1, 0, +1, +2, \ldots$

  Signale addieren sich → Überhöhung der Amplitude.

- $\Delta\varphi = \omega\tau_2 = n \cdot 2\pi + \pi \qquad n = \ldots, -2, -1, 0, +1, +2, \ldots$

  Signale löschen sich (teilweise oder ganz) aus → Verringerung der Amplitude (*Notches*).

---

[33] minimalphasig: Bei einem minimalphasigen System ist bei gegebenem Dämpfungsverlauf der Phasenverlauf eindeutig festgelegt. – Die Frage der Minimalphasigkeit ist insbesondere beim Entwurf von Echoentzerrern von Bedeutung.

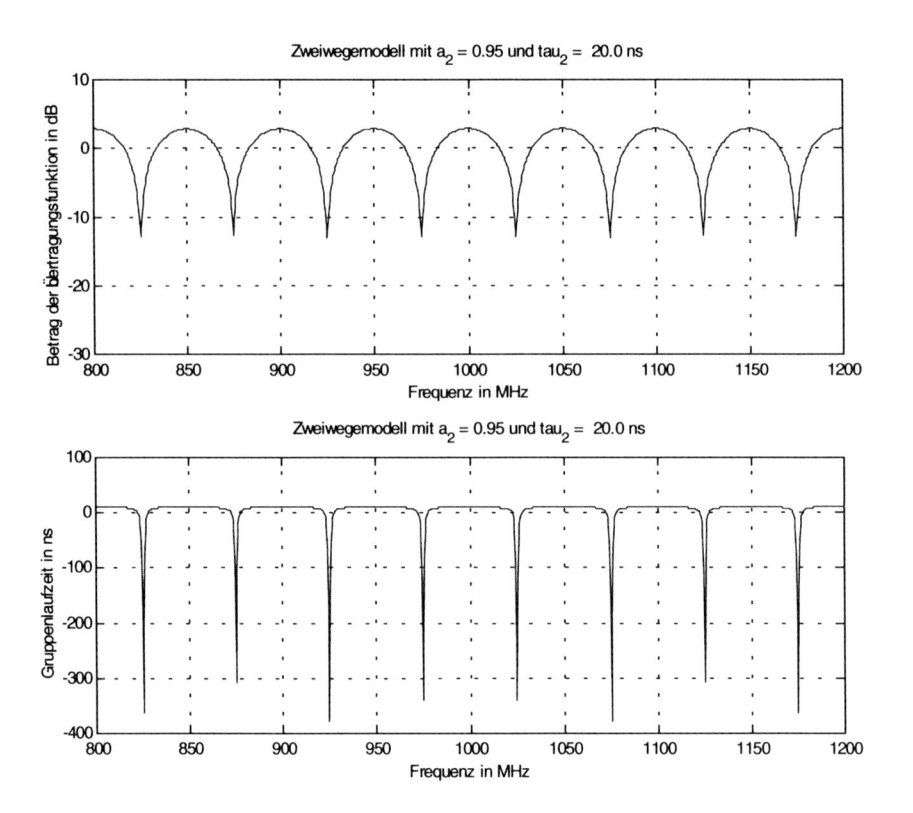

Abb. E.6-2 Typischer Verlauf des Betrags der Übertragungsfunktion (oben) sowie der Gruppenlaufzeit (unten) beim Zweiwegemodell ($\tau_2 = 20$ ns, $\underline{a}_2 = 0{,}95$)

Der Abstand der *Notches* hängt allein von der Laufzeitdifferenz ab, während die Tiefe des *Notches* nur eine Funktion des Faktors $\underline{a}_2$ ist. Für die Überhöhung gilt

$$\left|\underline{H}(\omega)\right|_{\max} = \sqrt{1 + \underline{a}_2^2 + 2\underline{a}_2}$$

während die Notchtiefe aus

$$\left|\underline{H}(\omega)\right|_{\min} = \sqrt{1 + \underline{a}_2^2 - 2\underline{a}_2}$$

zu berechnen ist. Je näher $\left|\underline{a}_2\right|$ an 1 liegt, desto höher werden einerseits die Überhöhungen, desto tiefer aber andererseits auch die *Notches*. Für $\left|\underline{a}_2\right| = 1$ gilt

$$\left|\underline{H}(\omega)\right|_{\max} = 2 \quad \text{und} \quad \left|\underline{H}(\omega)\right|_{\min} = 0$$

Der Nachteil dieses einfachsten Modells ist seine Beschränkung auf relativ geringe Bandbreiten, so daß für Systeme, die größere Bandbreiten verwenden (z. B. digitaler Richtfunk), andere Modelle zum Einsatz kommen müssen.

E.6.5 Die spektrale Leistungsdichte bei thermischem Rauschen

Zur Herleitung der spektralen Leistungsdichte des thermischen Rauschens wird die in Abb. E.6-3 gezeigte Anordnung betrachtet. Es handelt sich hierbei um einen von vollständig reflektierenden Wänden umschlossenen Hohlraum, in den durch eine Öffnung eine kleine Antenne eingeführt wird.

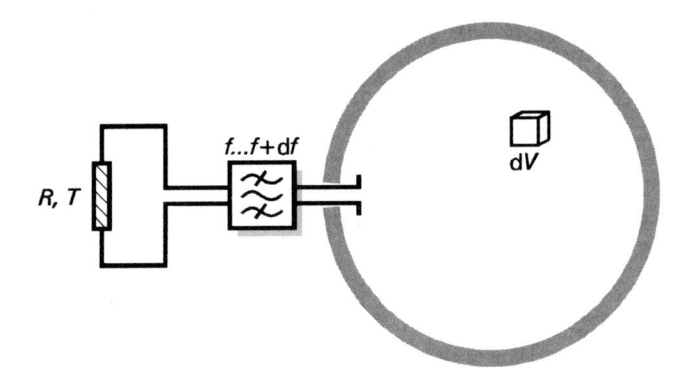

Abb. E.6-3 Hohlraum mit thermischer Rauschquelle (nach [Löcherer 85])

Diese Antenne ist mit einem Widerstand R abgeschlossen, der sich wie der Hohlraum auf der Temperatur T befindet. R sei bei der Frequenz f an den Antennenwiderstand angepaßt. Der Widerstand gibt eine spektrale (Rausch-)Leistungsdichte $w(f)$ über die Antenne in den Raum ab. Der Raum ist dann von elektromagnetischer Strahlung „erfüllt", und es stellt sich ein Gleichgewichtszustand ein, in dem die Antenne so viel Leistung in den Raum abgibt, wie sie aus dem Raum aufnimmt. Innerhalb eines Volumenelements dV befindet sich in der Bandbreite df die elektromagnetische Energie $\rho\, df\, dV$ mit der spektralen Energiedichte ρ, die sich aus dem Planckschen Strahlungsgesetz

$$\rho(f) = \frac{8\pi f^2}{c^3}\left[\frac{hf}{e^{hf/kT}-1} + E_0\right] \tag{E.6-38}$$

mit dem Planckschen Wirkungsquantum $h = 6{,}62559 \cdot 10^{-34}$ Js und der sogenannten Nullpunktsenergie E_0 des Photonenfeldes ergibt. Der Zusammenhang zwischen der spektralen Leistungsdichte $w(f)$ und der spektralen Energiedichte $\rho(f)$

$$w(f) = \frac{c^3}{8\pi f^2}\rho(f) \tag{E.6-39}$$

sei hier ohne Beweis angegeben.

Einsetzen von (E.6-38) in (E.6-39) liefert dann

$$w(f) = \frac{hf}{e^{hf/kT} - 1} + E_0 \qquad \text{(E.6-40)}$$

wobei aus der Quantentheorie bekannt ist, daß $E_0 = hf/2$ ist. Somit ergibt sich

$$w(f) = hf \frac{e^{hf/kT} + 1}{2\left[e^{hf/kT} - 1\right]} = kT\left[1 + \frac{\left(\frac{hf}{kT}\right)^2}{12} + \ldots\right] \qquad \text{(E.6-41)}$$

Ein thermisch rauschender Widerstand R der Temperatur T gibt an einen gleich großen Widerstand der Temperatur $T = 0$ K im Frequenzintervall $f \ldots f + df$ die verfügbare Leistung $w(f,T)\,df$ ab und empfängt die verfügbare Leistung $w(f, T = 0\,\text{K})\,df$. Die verfügbare spektrale Netto-Leistungsdichte beträgt daher

$$w_{\text{netto}}(f) = w(f,T) - w(f,T = 0\,\text{K}) = \frac{hf}{e^{hf/kT} - 1} = kT\,p(f,T) \qquad \text{(E.6-42)}$$

und wird meist vereinfachend mit $w(f)$ bezeichnet. Die gesamte verfügbare Rauschleistung in einem Frequenzband $f \ldots f + df$ berechnet sich dann zu

$$P_{r,\text{max}} = \int_f^{f+df} w(f)\,df \qquad \text{(E.6-43)}$$

Mit der Näherung nach (E.6-41) und der Annahme, daß $f \ll h/kT$ (dies gilt für $f/\text{GHz} \ll 20{,}8\,T/\text{K}$, entsprechend $f \ll 6000$ GHz bei Raumtemperatur) erhält man

$$P_{r,\text{max}} = w(f)\,\Delta f \approx kT\,\Delta f \qquad \text{(E.6-44)}$$

E.7 Übungsaufgaben

Aufgabe E-1

1. Zeichnen Sie das Ersatzschaltbild eines differentiell kurzen Leitungsstückes und erklären Sie die Bedeutung der einzelnen Schaltelemente.

2. Eine Leitung kann mit zwei Größen charakterisiert werden: Wellenwiderstand $\underline{Z}_w$ und Ausbreitungskoeffizient $\underline{\gamma} = \alpha + j\beta$. Welche Bedeutung haben diese Größen?

3. Was ist der Reflexionsfaktor $\underline{r}$? Geben Sie seine Definition (auf der Basis der hin- bzw. rücklaufenden Spannungswellen) an.

Aufgabe E-2

Gegeben sei eine Leitung der Länge $l = 1$ km mit den Leitungsbelägen

$$R' = 0 \qquad G' = 0 \qquad L' = 0{,}01 \text{ mH/km} \qquad C' = 10 \text{ nF/km},$$

die bei der Frequenz $f = 1{,}59$ MHz betrieben wird.

1. Berechnen Sie den Ausbreitungskoeffizienten und den Wellenwiderstand der Leitung.
2. Wie groß sind der Dämpfungs- und der Phasenkoeffizient der Leitung?
3. Bestimmen Sie die Kettenmatrix **A** der Leitung.
4. Berechnen Sie den Eingangswiderstand $\underline{Z}_1$ der Leitung bei einem Lastwiderstand von $\underline{Z}_L = 100 \ \Omega$.

Aufgabe E-3

Erklären Sie den Skin-Effekt, möglichst anhand einer Skizze.

Aufgabe E-4

Gegeben ist ein gerader, zylindrischer, massiver Leiter mit kreisförmigem Querschnitt (Durchmesser $D = 200 \ \mu$m, Material Kupfer). Berechnen Sie die Eindringtiefe δ und den Gleichstromwiderstandsbelag R'_v jeweils für $f = 10$ kHz, $f = 10$ MHz und $f = 10$ GHz.

Aufgabe E-5

Leitung	f MHz	L' nH/m	C' pF/m	R' Ω/m	G' mS/m
1	100	2	10	0,1	0,05
2	10	2	10	0,1	0,05
3	1	1	0,1	100	1,6	0,05

Tab. E.7-1   Leitungsbeläge

Gegeben sind drei Leitungen mit den in Tab. E.7-1 angegebenen Leitungsbelägen. Berechnen Sie (soweit zulässig, anhand von Näherungsgleichungen) die Leitungsparameter $\underline{Z}_w$ und $\underline{\gamma}$.

Aufgabe E-6

Gegeben ist eine Leitung bei der Frequenz 100 kHz mit folgenden Leitungsbelägen:

$$R' = 3\,\frac{m\Omega}{m} \qquad L' = 100\,\frac{nH}{m} \qquad G' = 1\,\frac{\mu S}{m} \qquad C' = 20\,\frac{pF}{m}$$

1. Berechnen Sie Ausbreitungskoeffizient und Wellenwiderstand der Leitung.

Die Leitung sei mit einem reellen Lastwiderstand $Z_L = 50\,\Omega$ abgeschlossen.

2. Wie groß ist der Reflexionsfaktor in der Ebene 1 (Abb. E.7-1)?

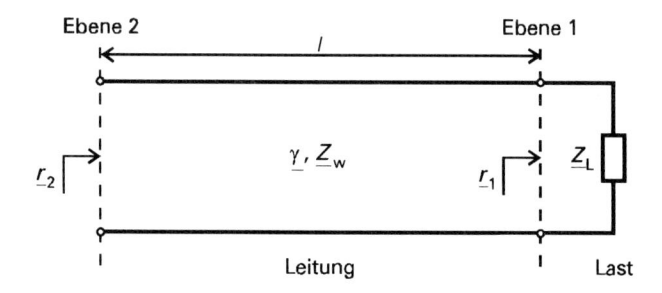

Abb. E.7-1 Leitung mit Last

Der Reflexionsfaktor in der Ebene 2 soll rein reell werden.

3. Geben Sie die daraus folgende allgemeine Bedingung für die Leitungslänge an.

4. Wie lang ist die kürzestmögliche Leitungslänge, für die diese Bedingung erfüllt wird?

5. Berechnen Sie den Reflexionsfaktor in der Ebene 2 für die Leitungslänge nach Punkt 4.

Aufgabe E-7

Gegeben sei eine ideal leitende, mit Luft gefüllte Koaxialleitung, von der nur der Kapazitätsbelag $C' = 100$ pF/m bekannt ist.

1. Wie berechnet sich aus dieser Angabe allgemein das Verhältnis r_a/r_i ?

2. Wie groß ist in diesem Fall das Verhältnis r_a/r_i ?

3. Berechnen Sie den Wellenwiderstand $\underline{Z}_w$ und die Ausbreitungskonstante $\underline{\gamma}$ bei einer Frequenz von 100 MHz.

Aufgabe E-8

Zu untersuchen ist eine Koaxialleitung mit folgenden Parametern:

Durchmesser des Innenleiters	$d_i = 3$ mm
Innendurchmesser des Außenleiters	$d_a = 10$ mm
spez. Leitfähigkeit	$\kappa_i = \kappa_a = \kappa = 57$ S·m/mm²
Betriebsfrequenz	$f = 1$ GHz
relative Permeabilität	$\mu_r \approx 1$
Isolation	Teflon, Voll-Isolierung

Tab. E.7-2   Parameter

1. Wie groß ist die Eindringtiefe δ?
2. Berechnen Sie die Leitungsbeläge.
3. Berechnen Sie den Wellenwiderstand.
4. Berechnen Sie den Ausbreitungskoeffizienten.

Die Leitung der Länge $l = 20{,}7$ cm sei mit einem Lastwiderstand $\underline{Z}_L = 75\ \Omega$ abgeschlossen.

5. Wie groß sind der Reflexionsfaktor $\underline{r}_1$ an der Schnittstelle Leitung–Last und der Reflexionsfaktor $\underline{r}_2$ am Eingang der Leitung?

Aufgabe E-9

In einem Satellitenfunk-System soll ein Frequenzband von 3,8 GHz bis 4,3 GHz übertragen werden. Für die Antennenzuleitung wird ein Rechteck-Hohlleiter der Länge $l_z = 1$ m verwendet (ideal, keine Verluste, Grundmode H_{10}).

1. Wählen Sie aus der Liste der Norm-Hohlleiter den „passenden" Typ aus.
2. Berechnen Sie die Grenzfrequenz $f_{g,10}$ des von Ihnen gewählten Hohlleiters.
3. Wie groß ist der Ausbreitungskoeffizient $\underline{\gamma}$ bei der Frequenz 3,8 GHz?

Aufgabe E-10

Ein Frequenzband von 12 GHz bis 12,5 GHz soll über einen Rechteck-Hohlleiter übertragen werden.

1. Welche Rechteck-Hohlleiter stehen (laut Tabelle der Norm-Hohlleiter) dafür zur Verfügung?

2. Berechnen Sie die Phasenkoeffizienten an den Bandgrenzen.
3. Welchen Hohlleiter würden Sie wählen (mit Begründung)?

Aufgabe E-11

Gegeben ist eine Monomode-Faser mit $n_M = 1{,}45$ und $n_K = 1{,}46$, die bei einer Wellenlänge von $\lambda = 1300$ nm eingesetzt werden soll.

1. Berechnen Sie die numerische Apertur A_N und den maximalen Aufnahmewinkel Θ_a der Faser.
2. Geben Sie die Bedingung für den Radius a an, damit nur ein Mode ausbreitungsfähig ist.

Aufgabe E-12

Ergänzen Sie das Richtdiagramm in Abb. E.7-2 an den mit einem Stern (*) gekennzeichneten Positionen und erläutern Sie die Bedeutung bzw. die Definition der Bezeichnungen.

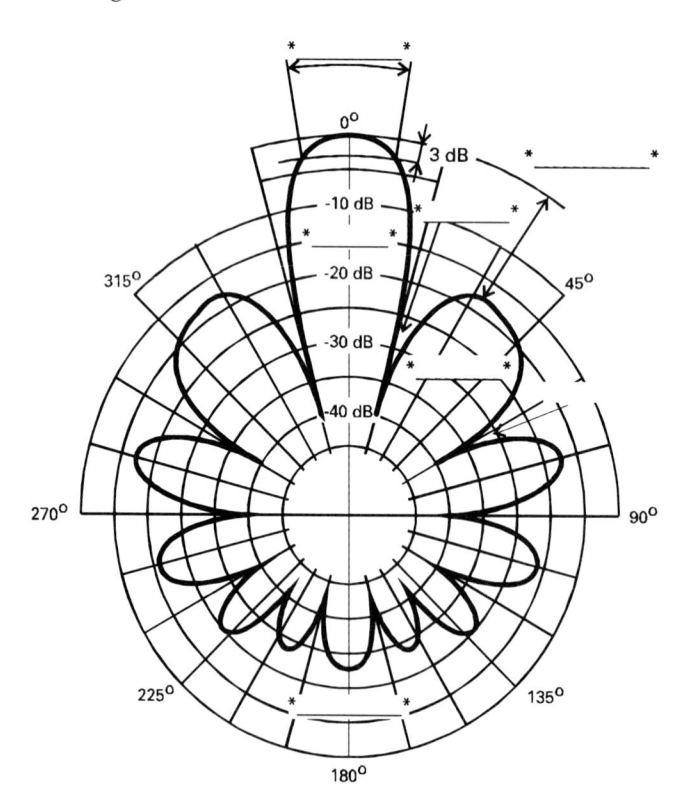

Abb. E.7-2   Richtdiagramm

Aufgabe E-13

Im Koordinatenursprung ist ein isotroper Kugelstrahler angebracht (Abb. E.7-3), der bei einer Wellenlänge von $\lambda = 1$ m betrieben wird. Die Tab. E.7-3 enthält die Koordinaten der Meßpunkte.

	r	φ	ϑ
1	5 km	90°	45°
2	1 km	90°	90°

Tab. E.7-3   Koordinaten der Meßpunkte

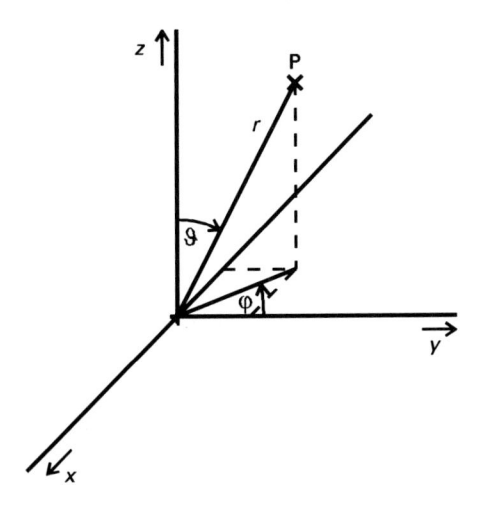

Abb. E.7-3   Koordinatensystem

1. Im Punkt P_1 wird eine elektrische Feldstärke von $|\vec{E}| = 100\,\mu\text{V/m}$ gemessen. Wie groß ist dort der Betrag $|\vec{H}|$ der magnetischen Feldstärke?
2. Wie groß ist der Betrag des Poynting-Vektors am Punkt P_1?
3. Wie groß ist die Strahlungsleistung P des isotropen Kugelstrahlers?
4. Wie groß ist der Betrag der elektrischen Feldstärke am Punkt P_2?

Aufgabe E-14

1. Berechnen Sie Richtcharakteristik und Richtfunktion des Hertzschen Dipols nach Abb. E.7-4.

2. Skizzieren Sie das Richtdiagramm des Hertzschen Dipols.
3. Wie groß ist der Gewinn, bezogen auf den isotropen Kugelstrahler?

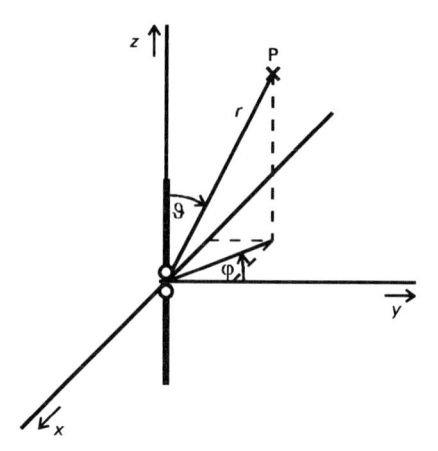

Abb. E.7-4   Hertzscher Dipol

Aufgabe E-15

Im Koordinatenursprung ist ein Dipol der Länge $l = \lambda/2$ angebracht (siehe Abb. E.7-5), der bei einer Frequenz von $f = 10$ MHz betrieben wird.

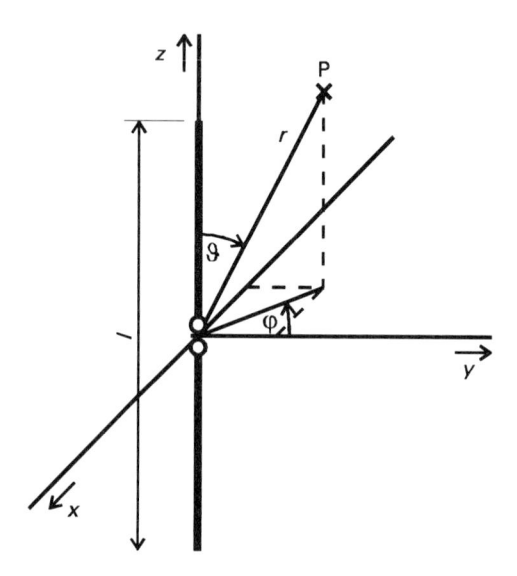

Abb. E.7-5   Koordinatensystem mit Dipol

E.7 Übungsaufgaben

P_i	r	φ	ϑ
1	5 km	90°	45°
2	10 km	90°	0°
3	5 km	0°	45°

Tab. E.7-4   Koordinaten der Meßpunkte

1. Im Punkt P_1 wird eine elektrische Feldstärke von $|\vec{E}| = 1\,\text{mV/m}$ gemessen. Wie groß ist dort der Betrag $|\vec{H}|$ der magnetischen Feldstärke?
2. Wie groß ist der Betrag des Poynting-Vektors am Punkt P_1?
3. Wie groß ist die Strahlungsleistung P des Dipols?
4. Bestimmen Sie den Betrag der Strahlungsleistungsdichte $|\vec{S}_i|$ an den Punkten 2 und 3.

Aufgabe E-16

Bei einer Funkverbindung ($f = 12\,\text{GHz}$) werden Parabolantennen mit einem Durchmesser von $D = 2\,\text{m}$ eingesetzt, deren Flächenausnutzung $q = 0{,}85$ beträgt. Berechnen Sie den Gewinn G_i und die Halbwertsbreite Θ_{HW} der Hauptkeule.

Aufgabe E-17

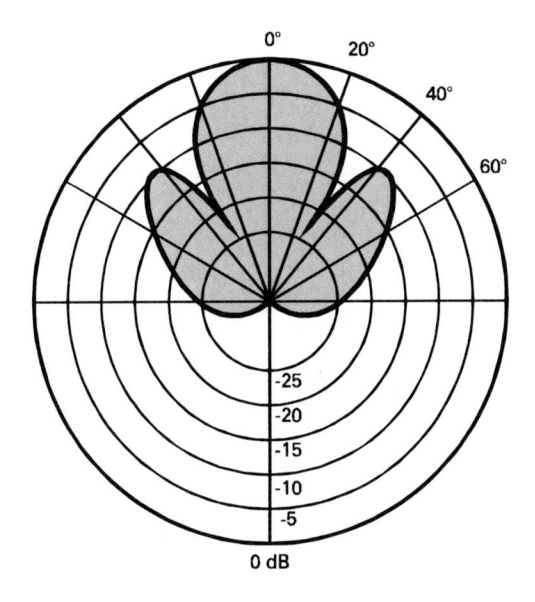

Abb. E.7-6   Strahlungsdiagramm der Empfangsantenne

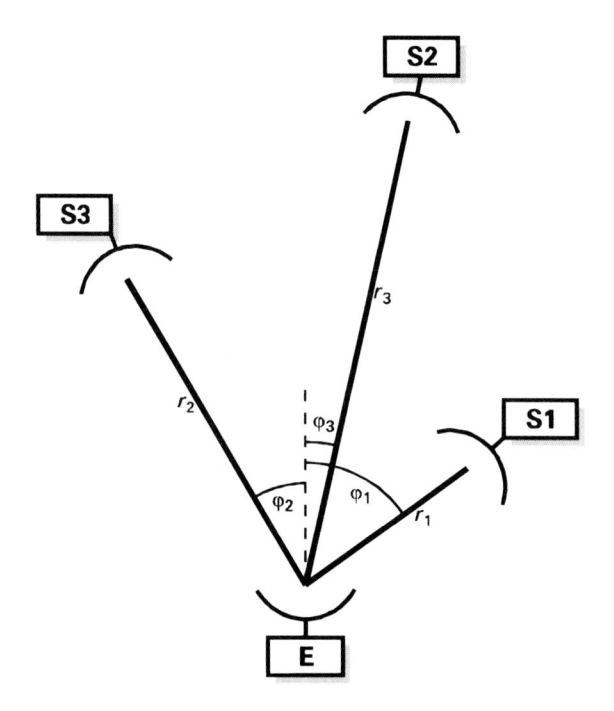

Abb. E.7-7 Lage von Sendern und Empfänger

Gegeben sind drei Sender und ein Empfänger (Frequenz $f = 1$ GHz) mit der in Abb. E.7-7 dargestellten geometrischen Lage zueinander. Tab. E.7-5 enthält die Daten der Sender. Die Empfangsantenne hat einen Gewinn in Hauptstrahlungsrichtung von $G_e = 5$ dBi und eine Richtcharakteristik gemäß Abb. E.7-6.

Berechnen Sie die Empfangsleistung P_e („hinter" der Empfangsantenne) für die von den Sendern 1–3 kommenden Signale und vervollständigen Sie Tab. E.7-5.

i	r	φ	G	P
	km	°	dBi	kW
1	1	60	20	1
2	10	40	30	3,2
3	100	20	40	1

i	G_e	a_0	P_e
	dBi	dB	mW
1			
2			
3			

Tab. E.7-5 Daten der drei Sender (links) – Antennengewinn, Freiraumdämpfung und Leistung am Empfänger (rechts)

E.7 Übungsaufgaben

Aufgabe E-18

Ein Funkfeld der Länge $l = 50$ km wird bei einer Frequenz von $f = 2{,}4$ GHz betrieben, und die Parabolantennen weisen einen Gewinn von jeweils $G = 34$ dB auf. Für Leitungs- und Weichenverluste werden je Antenne 3,5 dB angenommen, die Zusatzdämpfung durch Abschattung beträgt 3 dB, und die Schwundreserve soll 10 dB sein. Die atmosphärische Dämpfung und die Regendämpfung betragen jeweils 0,02 dB/km.

1. Berechnen Sie die Funkfelddämpfung a.
2. Wie groß ist die Systemdämpfung a_s?
3. Der Empfänger benötigt eine minimale Leistung von $P_{e,min} = 10$ pW. Wie groß muß die minimale Sendeleistung $P_{s,min}$ sein?
4. Welchen Durchmesser D haben die Antennen ($q = 1$)?

Aufgabe E-19

Zu untersuchen ist ein Funkübertragungssystem (Meereshöhe) mit den Daten gemäß Tab. E.7-6.

Frequenz	30 GHz
Funkfeldlänge	10 km
min. Empfangsleistung	−120 dBm
Antennengewinne (Sende-/Empfangs-Antenne)	30 dBi
Zusatzdämpfung durch Abschattung	7,5 dB
Schwundreserve	3 dB
Zuleitungs- und Weichendämpfung je Funkstation	3 dB

Tab. E.7-6   Daten des zu untersuchenden Funkübertragungssystems

1. Berechnen Sie unter Berücksichtigung der atmosphärischen und der Regendämpfung (bei starkem Regen auf der gesamten Funkfeldlänge) die mindestens notwendige Sendeleistung $P_{s,min}$.

Die Sendeantenne wird mit einer Sendeleistung von 1 W betrieben.

2. Wie groß ist der Betrag der elektrischen Feldstärke in 123 m Abstand von der Antenne in der Hauptstrahlungsrichtung?

Zum Einsatz sollen Parabolantennen mit einem Flächenausnutzungsfaktor von $q = 0{,}65$ kommen.

3. Berechnen Sie den Durchmesser D der Antenne.
4. Wie groß ist die Halbwertsbreite Θ_{HW} der Hauptkeule?

Aufgabe E-20

Gegeben ist ein Widerstand mit $T = 300$ K und $R = 100\,\Omega$.

1. Berechnen Sie die maximal verfügbare Rauschleistung $P_{r,max}$, die der Widerstand bei einer Bandbreite von $\Delta f = 100$ MHz abgeben kann.
2. Zeichnen Sie das Ersatzschaltbild der Ersatz-Rauschspannungsquelle und geben Sie die Werte der Elemente an.

Aufgabe E-21

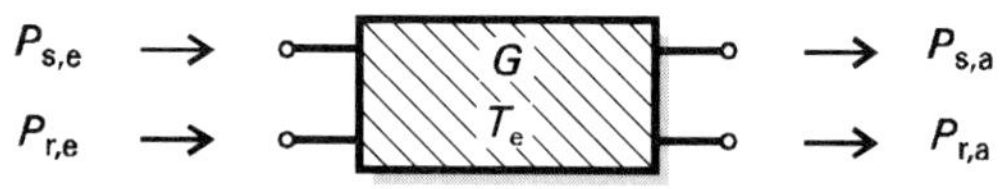

$P_{s,e} \rightarrow$ [G, T_e] $\rightarrow P_{s,a}$
$P_{r,e} \rightarrow$ [ ] $\rightarrow P_{r,a}$

Abb. E.7-8 *Rauschendes Zweitor*

$G = 30$ dB $\quad P_{s,e} = -60$ dBm $\quad P_{r,e} = -90$ dBm $\quad P_{r,zus} = 1$ nW

1. Berechnen Sie das eingangsseitige Signalrauschleistungsverhältnis (SNR_e), die ausgangsseitige Signal- bzw. Rauschleistung ($P_{s,a}, P_{r,a}$) sowie das ausgangsseitige Signalrauschleistungsverhältnis (SNR_a).
2. Wie groß sind die Rauschzahl F und die Rauschtemperatur T_e des Zweitores?
3. Angenommen, das Zweitor weist die Rauschtemperatur 0 K auf. Wie groß ist dann die ausgangsseitige Rauschleistung?

Aufgabe E-22

Bei einem Funkübertragungssystem ($f = 12$ GHz), das eine Bandbreite von 50 MHz aufweist, wird ein Signalrauschleistungsverhältnis von mindestens 40 dB gefordert. Die Elevation der Antenne des zu untersuchenden Empfängers beträgt $\varepsilon = 5°$, seine minimale Empfangsleistung $P_e = 100$ pW.

Beurteilen Sie, ob das geforderte Signalrauschleistungsverhältnis aufgrund des Antennenrauschens erreicht werden kann.

Aufgabe E-23

Abb. E.7-9 Rauschendes Zweitor

$G = -10$ dB $P_{s,e} = 20$ mW $P_{r,e} = -20$ dBm $F = 10$ dB

1. Berechnen Sie das eingangs- bzw. ausgangsseitige Signalrauschleistungsverhältnis SNR_e bzw. SNR_a.
2. Wie groß ist die ausgangsseitige Signalleistung $P_{s,a}$?
3. Berechnen Sie die durch das Zweitor hinzugefügte Rauschleistung.

Aufgabe E-24

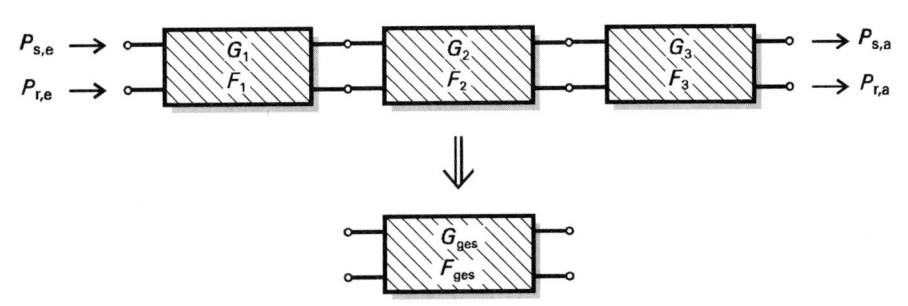

Abb. E.7-10 Kettenschaltung rauschender Zweitore

Zu untersuchen ist die Kettenschaltung von drei (rauschenden) Zweitoren (siehe Abb. E.7-10), deren Daten in Tab. E.7-7 zusammengestellt sind.

Stufe	1	2	3	
G	28	15	15	dB
F	1,5	10	10	dB

Tab. E.7-7 Daten der Zweitore

1. Berechnen Sie Gewinn G_{ges} und Rauschzahl F_{ges} des resultierenden Zweitores.
2. Wie ändert sich der Wert von F_{ges}, wenn die Verstärkung der Stufe 1 durch einen Defekt auf $G_1 = 6$ dB zurückgeht?

Aufgabe E-25

Abb. E.7-11 Rauschendes Zweitor

Ein Zweitor A mit den Parametern $T_A = 619$ K und $G_A = 3$ dB (siehe Abb. E.7-11) soll untersucht werden.

1. Berechnen Sie die Rauschzahl des Zweitores.

2. Das Signalrauschleistungsverhältnis am Eingang des Zweitores beträgt 20 dB. Wie groß ist das Signalrauschleistungsverhältnis an seinem Ausgang?

3. Die Signalleistung am Eingang beträgt $P_{s,e} = 1$ µW. Wie groß ist die Rauschleistung $P_{r,a}$ am Ausgang?

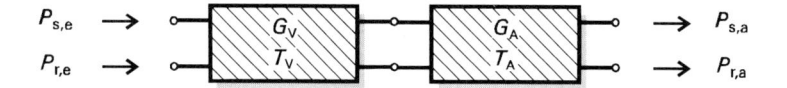

Abb. E.7-12 Reihenschaltung von LNA und Zweitor A

Dem Zweitor A wird ein rauscharmer Verstärker (LNA) mit den Werten $G_V = 20$ dB und $F_V = 0{,}5$ dB vorgeschaltet (Abb. E.7-12).

4. Wie groß ist die Rauschzahl der Reihenschaltung der beiden Zweitore?

5. Das Signalrauschleistungsverhältnis am Eingang des Verstärkers beträgt wiederum 20 dB. Wie groß ist jetzt das Signalrauschleistungsverhältnis am Ausgang des Zweitores A?

Aufgabe E-26

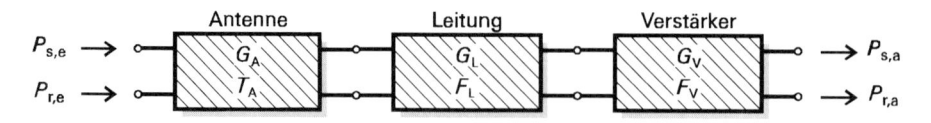

Abb. E.7-13 Reihenschaltung von Zweitoren

$G_A = 10$ dB $\quad G_L = -2$ dB $\quad G_V = 30$ dB $\quad P_{s,e} = 1$ nW

$T_A = 500$ K $\quad F_L = 2{,}5$ dB $\quad F_V = 3$ dB $\quad P_{r,e} = 1$ pW

1. Berechnen Sie die Signalleistung $P_{s,a}$ am Ausgang der Schaltung.
2. Berechnen Sie die Gesamtrauschzahl F_{ges} und das Signalrauschleistungsverhältnis SNR_a am Ausgang der Schaltung.
3. Skizzieren Sie den Verlauf der Signalleistung und der Rauschleistung über der Schaltung und tragen Sie in die Skizze die Signalrauschleistungsverhältnisse an den jeweiligen Schnittstellen ein.

Aufgabe E-27

Es ist der Empfänger einer Satellitenbodenstation (Abb. E.7-14) mit den Daten gemäß Tab. E.7-8 zu untersuchen.

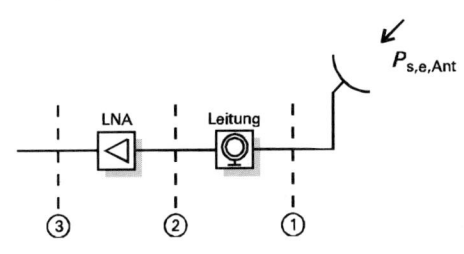

Abb. E.7-14 Satelliten-Empfänger

Antenne	Empfangsleistung	$P_{s,e,Ant} = -140$ dBm
	Gewinn	$G = 40$ dB
	Elevation	$\varepsilon = 30°$
Leitung	Länge	$l = 1$ m
	Dämpfungsbelag	$\alpha = 1$ dB/m
	Rauschzahl	$F = 1{,}2$
Verstärker (LNA)	Verstärkung	$G = 10$ dB
	Rauschzahl	$F = 3$ dB
Verschiedenes	Frequenz	$f = 11$ GHz
	Bandbreite	$B = 27$ MHz

Tab. E.7-8 Daten einer Satellitenbodenstation

1. Berechnen Sie die von der Antenne aufgenommene Rauschleistung $P_{r,ant}$.
2. Berechnen Sie die Signalleistung am Ausgang des Empfängers (Punkt 3).
3. Wie groß ist die vom Verstärker (LNA) zugefügte Rauschleistung $P_{r,zus,LNA}$?
4. Skizzieren Sie ein Pegeldiagramm für die Punkte 1 bis 3 (für P_s, P_r und SNR) unter Angabe der Zahlenwerte.

Teil F

Elemente der Nachrichten-technik

F.1 Verstärker

F.1.1 Übersicht

Das Gebiet der Verstärker umfaßt einen weiten Bereich – praktisch jedes elektrische bzw. elektronische Gerät beinhaltet einen oder mehrere Verstärker. Allein aus dieser Sicht wird die Bedeutung des Verstärkers in der Nachrichtentechnik deutlich. Aufgrund der extrem vielfältigen Einsatzbereiche von Verstärkern haben sich eine Vielzahl von speziellen Verstärkertypen gebildet, die für ihren jeweiligen Einsatzzweck optimiert werden. Die wohl grundlegendste Unterscheidung ist die, ob Gleichspannungen bzw. Gleichströme verstärkt werden sollen oder Wechselspannungen bzw. Wechselströme. Im Bereich der Übertragungstechnik sind die Wechselspannungsverstärker von größerer Bedeutung; sie stellen zudem ein wesentlich vielfältigeres Feld dar, so daß im Rahmen dieser kurzen Übersicht die Gleichspannungsverstärker nicht näher betrachtet werden.

Bei den Wechselspannungsverstärkern (bzw. Wechselstromverstärkern) ist zu unterscheiden zwischen Schmalband- und Breitbandverstärkern. Schmalbandverstärker (Selektivverstärker) weisen typischerweise eine Bandbreite auf, die (deutlich) kleiner ist als die Mittenfrequenz des Frequenzbandes. Ein Beispiel hierfür sind Verstärker in Rundfunkempfängern für den UKW-Bereich, die eine Bandbreite von ca. 20 MHz bei einer Mittenfrequenz von ca. 98 MHz aufweisen (entsprechend einer relativen Bandbreite von ca. 20 %). Auf der anderen Seite existieren Breitbandverstärker, die eine Bandbreite von einigen Dekaden aufweisen können. Hier sind beispielsweise Audioverstärker (20 Hz bis 20 kHz) oder Verstärker für den Videobereich (DC bis 5 MHz) zu nennen.

Eine weitere wichtige Unterscheidung ist zu treffen zwischen rauscharmen Verstärkern (*Low Noise Amplifier* – LNA) und Leistungsverstärkern (*High Power Amplifier* – HPA). Diese Bezeichnungen sind jedoch nicht absolut, sondern abhängig vom Frequenzbereich. Insofern können keine allgemeingültigen Werte oder Grenzen angegeben werden. Statt dessen werden weiter unten einige Beispiele mit typischen Werten für Verstärker aufgezeigt. Neben den beiden Extremen der rauscharmen Verstärker und der Leistungsverstärker gibt es dazwischen natürlich den weiten Bereich der sogenannten *All Purpose Amplifier*, d. h. der Verstärker, die für zahlreichen „normalen" Anwendungen eingesetzt werden.

Eng mit der Unterscheidung zwischen rauscharmen Verstärkern und Leistungsverstärkern ist die Art der Behandlung verknüpft. Man unterscheidet entsprechend zwischen Kleinsignal- und Großsignalverstärkern. Kleinsignalverstärker werden mit Eingangsgrößen angesteuert, die die Behandlung der Verstärkerschaltung mit Hilfe linearer Methoden erlauben, wie z. B. mit der Vierpoltheorie. Großsignalverstärker erfordern die Berücksichtigung der Nichtlinearitäten der Kennlinie (siehe auch Abschnitt F.4.2), die einen entsprechend hohen Aufwand erfordert. Allerdings kann in vielen Fällen durch den Einsatz einer geeigneten Gegenkopplung eine quasilineare Behandlung ermöglicht werden.

Ein technologischer Aspekt ist die Wahl des aktiven Elements: Prinzipiell können Röhren oder Halbleiter eingesetzt werden. Welches Element jeweils verwendet wird, hängt im wesentlichen davon ab, in welchem Frequenz- und Leistungsbereich der Verstärker eingesetzt werden soll. Insbesondere bei sehr hohen Leistungen kommen auch heute noch nur Röhren in Frage, da mit Halbleitern aus technologischen Gründen nach wie vor nicht so hohe Leistungen wie mit Röhren zu erzielen sind. Die großen Vorteile von Halbleitern sind jedoch unübersehbar: Sie sind wesentlich kleiner und leichter, benötigen keine hohen Spannungen, sind i. a. deutlich kostengünstiger, zuverlässiger usw. Bei den Halbleiterverstärkern ist die Wahl des Typs vor allem abhängig vom Frequenzbereich. Im Bereich niedriger Frequenzen (unterhalb 100 MHz) kommt eine Vielzahl von verschiedensten Halbleitern zum Einsatz, die hier nicht aufgezählt werden sollen. Im Bereich bis zu einigen GHz werden bevorzugt Si-Transistoren eingesetzt, oberhalb davon bis ca. 30 GHz GaAs-Feldeffekttransistoren. Im Millimeterwellen-Bereich schließlich kommen nahezu ausschließlich Dioden bzw. diodenähnliche Elemente (Gunn-Element) in Betracht. Diese bieten auch noch oberhalb von 100 GHz die Möglichkeit, Ausgangsleistungen in der Größenordnung von 100 mW zu erzielen, wobei jedoch der Wirkungsgrad in den Bereich von einigen Prozent absinkt.

Einige Beispiele aus dem vielfältigen Anwendungsbereich von Wechselspannungsverstärkern sind in der folgenden Aufzählung enthalten:

- Rauscharmer Verstärker in einer Satellitenempfangsanlage (Halbleiter): 12 GHz, schmalbandig, Rauschzahl 1 dB.

- Rauscharmer Verstärker in einem Radioteleskop (parametrischer Verstärker, s. u.): 46 GHz, abstimmbar, Rauschzahl 1 dB.

- Leistungsverstärker in der Sendeendstufe eines Mobilfunkgeräts (Halbleiter): 950 MHz, schmalbandig, Ausgangsleistung 250 mW, Verstärkung 8 dB.

- Leistungsverstärker in der Sendeendstufe eines Nachrichtensatelliten (Röhren): 12 GHz, schmalbandig, Ausgangsleistung einige Watt.

- Sendeverstärker in einem Langwellensender (Röhren): 150 kHz, schmalbandig, Ausgangsleistung 500 kW.

Abschließend sollen noch einige spezielle Formen von Verstärkern erwähnt werden, die bei besonderen Anwendungen große Bedeutung haben, ohne daß hier näher auf deren Eigenschaften eingegangen werden kann.

- Zur Gruppe der Laufzeitverstärker gehören Röhrenverstärker (mit Klystron oder Wanderfeldröhre) sowie der Phononenverstärker als Halbleiterverstärker nach dem Prinzip der Wanderfeldröhre. Insbesondere die Röhrenverstärker sind sehr wichtig für den Betrieb z. B. von Rundfunksendern, da die dort verwendeten Leistungen auf absehbare Zeit nicht mit Halbleitern erzeugt werden können.

- Zu den Molekularverstärkern gehören der Maser (*Microwave Amplification by Stimulated Emission of Radiation*) zur rauscharmen Verstärkung kleinster Signale sowie der Laser (*Light Amplification by Stimulated Emission of Radiation*), der die Erweiterung des Masers in den Bereich der optischen Wellenlängen darstellt. Der Laser ist im Bereich der Nachrichtentechnik insbesondere bei der optischen Übertragungstechnik von Bedeutung (siehe auch Kapitel H.7).

- Parametrische Verstärker bieten den Vorteil von extrem geringen Rauschzahlen, die allerdings mit einem relativ hohen Aufwand bei der Realisierung „erkauft" werden. Die Bedeutung von parametrischen Verstärkern ist in den letzten Jahren zurückgegangen, da heute auch konventionelle Halbleiterverstärker mit sehr geringen Rauschzahlen realisiert werden können.

F.1.2 Der ideale und der reale Verstärker

Beim *idealen* Verstärker wird das Eingangssignal (z. B. Strom oder Spannung) unabhängig von seiner Größe um einen konstanten Faktor verstärkt (gestrichelte Linie in Abb. F.1-1). Der *reale* Verstärker zeigt typischerweise ein Verhalten, wie es in der Abbildung mit der durchgezogenen Linie angedeutet ist.

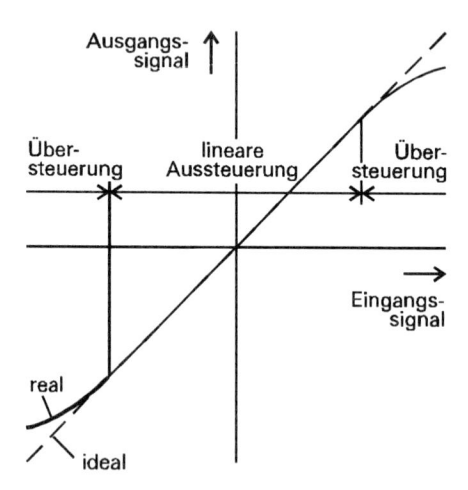

Abb. F.1-1 Übertragungskennlinie eines idealen und eines realen Verstärkers

Im Bereich zu betragsmäßig größeren Eingangsgrößen hin wird das Ausgangssignal nicht mehr proportional zum Eingangssignal verstärkt, da der Verstärker in die Sättigung (*Saturation*) gelangt. Dies kann z. B. dadurch verursacht werden, daß das Ausgangssignal in die Größenordnung der Betriebsspannung kommt und nicht weiter erhöht werden kann, unabhängig davon, ob das Eingangssignal weiterhin ansteigt. Wird das Eingangssignal bis in diesen nichtlinearen Bereich ausgesteuert (man spricht dann von Übersteuerung), so weist das Ausgangssignal nichtlineare Verzerrungen auf. Diese wirken sich insbesondere im Bereich der Audiotechnik negativ aus. Daher stellt der lineare Aussteuerungsbereich ein wichtiges Kriterium dar. Eine Vergrößerung des Aussteuerungsbereichs (unter Beibehaltung des aktiven Elements) ist durch Gegenkopplung möglich. Hierdurch wird eine Verbesserung der Linearität erreicht, allerdings auf Kosten einer verringerten Verstärkung.

Auch wenn der Verstärker nicht übersteuert wird, treten trotzdem nichtlineare Verzerrungen (die jedoch i. a. sehr gering sind) dadurch auf, daß der „lineare" Teil der Übertragungskennlinie nicht exakt linear ist. Die Güte eines Verstärkers (d. h. seine Linearität) kann anhand des Klirrfaktors beurteilt werden, der im Abschnitt E.5.2 definiert wurde. Die Berechnung des Verhaltens eines Signals an einer nichtlinearen Kennlinie und deren Auswirkungen wird im Abschnitt F.4.2 näher untersucht. Einen Sonderfall stellen die (analogen) Frequenzvervielfacher dar, bei denen gezielt Bauelemente mit nichtlinearen Kennlinien verwendet werden. Dadurch wird erreicht, daß das Ausgangssignal einen vergleichsweise großen Anteil seiner Leistung bei einem Vielfachen der Frequenz des Eingangssignals aufweist.

Aus einem Sinussignal der Frequenz f_0 entstehen an einer nichtlinearen Kennlinie grundsätzlich Spektralanteile bei bestimmten Vielfachen der Frequenz f_0, die sogenannten Harmonischen oder Oberwellen. Bei breitbandigen Verstärkern (wie z. B. Audioverstärkern für Sprache und Musik) sind i. a. gleichzeitig mehrere Frequenzen (ein Frequenzgemisch) zu verstärken. Dabei entstehen an einer nichtlinearen Kennlinie auch die Differenz- und Summenfrequenzen. Dieses Phänomen wird als Intermodulation bezeichnet und ist in manchen Einsatzbereichen ein (weiterer) wichtiger Parameter zur Beurteilung der Güte eines Verstärkers. Analog zu den nichtlinearen Verzerrungen gibt es auch bei der Intermodulation eine Anwendung, die diesen Effekt gezielt ausnutzt. Wie im Abschnitt F.4.2 dargestellt, kann mit Hilfe dieses Effekts eine gezielte Frequenzumsetzung (Mischung) erreicht werden.

Ein weiteres Merkmal, das insbesondere bei breitbandigen Verstärkern von Bedeutung sein kann, sind Laufzeitdifferenzen innerhalb der Nutzbandbreite, wie bereits im Abschnitt E.2.5 unter dem Stichwort Dispersion gezeigt wurde. Diese können dazu führen, daß Signalanteile bei einigen Frequenzen früher am Ausgang eintreffen als Anteile bei anderen Frequenzen. Insbesondere im Bereich der Audiosignale entstehen dadurch für das menschliche Gehör unangenehme Verzerrungen.

F.1.3 Wichtige Parameter von Verstärkern

Die Tab. F.1-1 gibt eine Übersicht über die wichtigsten Meßwerte und Parameter von Wechselspannungsverstärkern.

Frequenzbereich *Frequency Range*	Derjenige Frequenzbereich, in dem alle elektrischen Spezifikationen erfüllt werden.
Welligkeit der Verstärkung *Gain Flatness*	Maximale Abweichung der Verstärkung innerhalb des Frequenzbereichs (bei konstanter Temperatur) vom Nominalwert – die Angabe erfolgt i. a. in ± dB.
Gruppenlaufzeit *Group Delay*	Die Gruppenlaufzeit spielt insbesondere bei breitbandigen Verstärkern eine mitunter wesentliche Rolle beim Entwurf bzw. beim Einsatz des Verstärkers.
Eingangs-/Ausgangsimpedanz *Impedance, Output / Input*	Wichtig zur Anpassung der Beschaltung am Eingang (Generator) und am Ausgang (Last).
Rauschzahl *Noise Figure*	Parameter zur Beurteilung der vom Verstärker hinzugefügten Rauschleistung – siehe hierzu Kapitel E.5.
Dynamikbereich *Dynamic Range*	Der Dynamikbereich umfaßt den Bereich der Eingangsleistungen, die der Verstärker verarbeiten kann. Der untere Grenzwert ist dabei der kleinste detektierbare Pegel, der *per definitionem* 3 dB oberhalb des Rauschteppichs liegt. Die obere Grenze ist der 1-dB-Kompressionspunkt (s. u.).
(Leistungs-)Verstärkung *(Power) Gain*	Verhältnis der Ausgangs- zur Eingangsleistung (im linearen Bereich); es wird häufig in dB angegeben.
RF Burnout	Begrenzung der Eingangsleistung durch thermische Überlastung (kritischer Wert insbesondere bei Halbleiterverstärkern).
3. Order Intercept Point	Stellt ein Maß für die Linearität (Klirrprodukte) des Verstärkers dar.
Kompression (der Verstärkung) *Gain Compression*	Verringerung der Verstärkung eines Verstärkers bei zunehmender Eingangsleistung, resultierend aus der Sättigung der Ausgangsleistung; Angabe i. a. als 1-dB-Kompressionspunkt.

Tab. F.1-1   Wichtige Meßwerte und Parameter von Wechselspannungsverstärkern

Die Abb. F.1-2 zeigt den typischen Verlauf der Leistung des Ausgangssignals (kurz: Ausgangsleistung) in Abhängigkeit von der Leistung des Eingangssignals (kurz: Eingangsleistung). Dabei stellt das „Grundsignal" das eigentliche Nutzsignal bei der ursprünglichen Signalfrequenz dar. Innerhalb des Bereichs „linea-

F.1.3 Wichtige Parameter von Verstärkern

re Verstärkung" wächst die Ausgangsleistung proportional zur Eingangsleistung. Das bedeutet, daß die Verstärkung, d. h. das Verhältnis der Ausgangsleistung zur Eingangsleistung, konstant und unabhängig von der Eingangsleistung ist. Wird die Eingangsleistung jedoch zu groß, so geht der Verstärker in die Sättigung (*Saturation*) über: die Ausgangsleistung wird auch bei weiter wachsender Eingangsleistung nur wenig bzw. gar nicht größer. Diese Sättigung wird von verschiedenen Parametern bestimmt, so z. B. von der verwendeten Technologie sowie den anliegenden Versorgungsspannungen. Der Übergang vom Bereich der linearen Verstärkung in die Sättigung wird durch den sogenannten 1-dB-Kompressionspunkt gekennzeichnet (Tab. F.1-1).[1] Insbesondere bei Halbleiterverstärkern ist außerdem der *RF Burnout* zu beachten. Wird die Eingangsleistung zu weit erhöht, so wird das Bauelement irreversibel beschädigt.

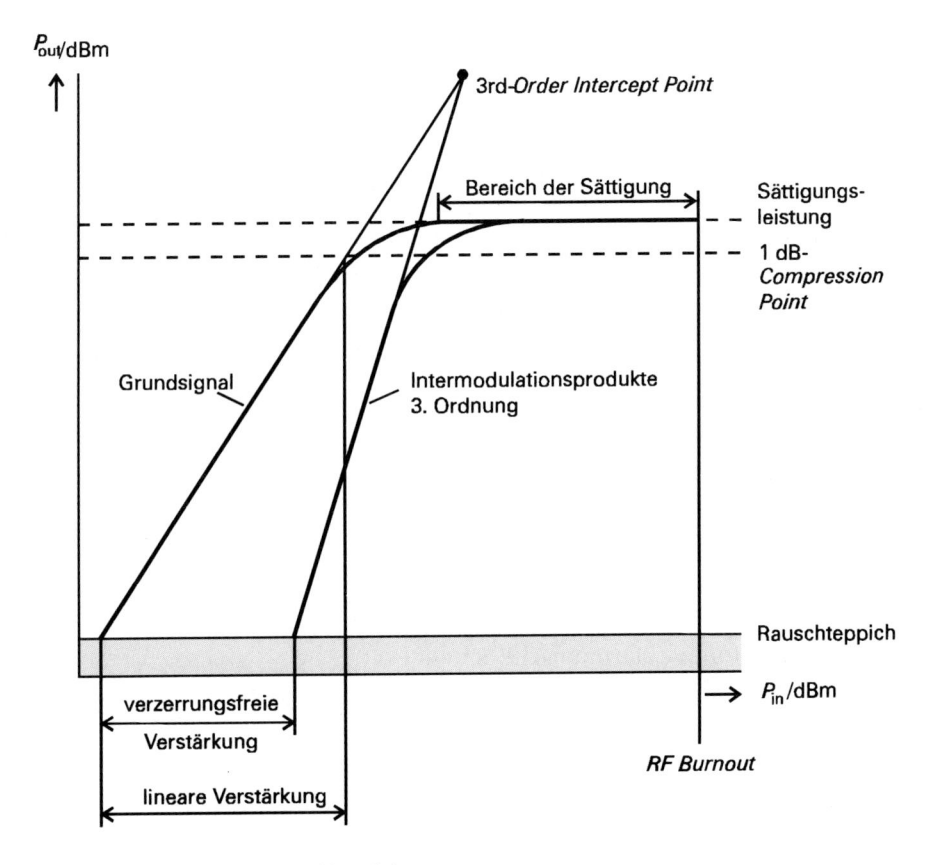

Abb. F.1-2   Kompression der Verstärkung

---

[1] Dieser Punkt wird meßtechnisch folgendermaßen bestimmt: Die Eingangsleistung wird so lange erhöht, bis der Gewinn um 1 dB gegenüber dem linearen Wert gesunken ist. Die Ausgangsleistung in diesem Zustand wird als 1-dB-Kompressionpunkt bezeichnet.

Neben dem Bereich der linearen Verstärkung ist auch der Bereich der verzerrungsfreien Verstärkung von Bedeutung. Da die Kennlinie eines Verstärkers grundsätzlich nicht ideal linear sein kann, treten immer nichtlineare Verzerrungen mit den zugehörigen Spektralanteilen auf. Diese sind jedoch erst dann meßbar, wenn der immer vorhandene Rauschteppich verlassen wird. Der Anteil der Leistung der Intermodulationsprodukte 3. Ordnung steigt i. a. deutlich stärker an als die Leistung des Grundsignals. Das Verhältnis der Leistung des Grundsignals zur Leistung der Intermodulationsprodukte 3. Ordnung wird durch den sogenannten *3rd Order Intercept Point* IP3 charakterisiert.

F.2 Oszillatoren

F.2.1 Übersicht

Ein Oszillator ist ein Bauelement zur Erzeugung von ungedämpften Schwingungen. Seine wesentlichen Kenngrößen sind Frequenz, Amplitude, Kurvenform (Sinus, Rechteck, Dreieck, Sägezahn, ...) und Stabilität des Ausgangssignals (Phasenrauschen, Alterung, Temperaturabhängigkeit, Lastabhängigkeit, ...). Eine umfassende analytische Behandlung unter Berücksichtigung der Nichtlinearitäten erfordert einen sehr hohen Aufwand und gelingt oft nur näherungsweise, so daß vorwiegend mit relativ einfachen Näherungen gerechnet und das Design des Oszillators empirisch optimiert wird. Bei der Wahl des aktiven Elements existieren vergleichbare Randbedingungen wie bei Verstärkern. Auch bei Oszillatoren kommen heute überwiegend Halbleiterbauelemente (Dioden, Transistoren, FETs) zum Einsatz, während Röhren nur noch bei sehr hohen Leistungen und hohen Frequenzen verwendet werden (z. B. Rundfunksender, Mikrowellenofen). Grundsätzlich gelten hier die gleichen Kriterien wie bei den Verstärkern (Kapitel F.1).

Oszillatoren werden in zwei große Gruppen eingeteilt:

♦ Sinus-Oszillatoren (Harmonische Schwinger)

   liefern Sinusschwingungen mit im Idealfall vernachlässigbarem Oberwellenanteil. Die passiven Elemente des Oszillators sind hier nicht in der Lage, als temporäre Energiespeicher zu dienen; daher muß ihnen ständig Energie vom aktiven Element zugeführt werden. Die Schwingfrequenz wird durch ein Netzwerk festgelegt, das eine bestimmte Amplituden- und Phasencharakteristik aufweisen muß.

♦ Puls-Oszillatoren (Relaxations-Schwinger)

   stellen am Ausgang pulsförmige Schwingungen bereit. Typische Pulsformen sind Rechteck, Dreieck und Sägezahn. Im Unterschied zum Sinus-Oszillator findet hier ein abwechselnder Energieaustausch zwischen den passiven und den aktiven Elementen statt. Die Schwingfrequenz wird dabei durch die Umladezeiten der Energie zwischen den Elementen bestimmt. Zu beachten ist, daß hier grundsätzlich eine weniger gute Annäherung an die ideale Signal- bzw. Pulsform möglich ist als bei Sinus-Oszillatoren.

F.2.2   Die wichtigsten Typen von Sinus-Oszillatoren

- Sinus-Oszillatoren für „niedrige Frequenzen"
  - LC-Oszillatoren

    Hier ist das frequenzbestimmende Rückkopplungsnetzwerk ein LC-Schwingkreis. Um die Frequenzstabilität des Oszillators zu erhöhen, werden Schwingkreise (bzw. Bauelemente) hoher Güte verwendet. Der Frequenzbereich, der mit LC-Oszillatoren erreicht werden kann, reicht von Bruchteilen von Hz bis zu mehreren hundert MHz.

    Die wichtigsten Schaltungen für LC-Oszillatoren sind der Armstrong-, der Clapp-, der Colpitts-, der Hartley- sowie der Meißner-Oszillator.

  - Quarz-Oszillatoren

    In Quarz-Oszillatoren dienen Schwingquarze als frequenzbestimmende Bauelemente. Sie zeichnen sich aus durch hohe Frequenzstabilität und Zuverlässigkeit auch bei veränderlichen Arbeitsbedingungen (Belastungs-, Temperatur-, Stromversorgungs-Schwankungen) und werden daher besonders dort eingesetzt, wo diese Eigenschaften zum Tragen kommen (Präzisionsoszillatoren, z. B. in Uhren). Die Schwingfähigkeit eines (Schwing-)Quarzes beruht auf dem piezoelektrischen Effekt. Dieser besteht in der Wechselwirkung zwischen dem mechanischen Druck auf einen Kristall und der elektrischen Ladung auf den zur Druckrichtung senkrechten Flächen. Der Schwingquarz wird aus einem Mutterkristall als Platte oder Stab in einer bestimmten Orientierung (zum Kristallgitter) geschnitten und auf zwei gegenüberliegenden Flächen mit leitenden Belägen versehen. Die Schwingfrequenz und auch das Temperaturverhalten hängen vor allem von der Form des Kristalls und der Orientierung der Schnittflächen zum Kristallgitter ab. Je nach Quarz und Oszillatorschaltung sind Resonanzfrequenzen von 10 kHz bis zu 100 MHz erreichbar. Das Temperaturverhalten der Quarze ist eines der wesentlichen Hindernisse, wenn die Resonanzfrequenz von Quarz-Oszillatoren auch außerhalb eines Labors stabil zu halten ist. Im ersten Schritt werden Kompensationsschaltungen vorgesehen, die die Temperaturdrift der Resonanzfrequenz ausgleichen sollen – dies führt zum sogenannten TCXO (*Temperature Controlled Crystal Oscillator*). Um bei höchsten Anforderungen den Einfluß der Temperatur praktisch vollkommen auszuschalten, werden Quarz-Oszillatoren teilweise mit eigener Heizung und Temperaturregelung entworfen. Hierbei handelt es sich dann um einen OCXO (*Oven Controlled Crystal Oscillator*). Bei entsprechendem Aufwand kann eine Frequenzstabilität von größenordnungsmäßig 10^{-7} erreicht werden.

- Atomfrequenz-Oszillatoren

    Werden extreme Genauigkeit und Frequenzstabilität gefordert (z. B. zum Einsatz in der Radioastronomie und in der Zeitmessung, „Atomuhr"), so werden Quarz-Oszillatoren verwendet, deren Frequenz mit Hilfe einer aufwendigen Regelelektronik mit der bekannten Resonanzfrequenz von Atom- bzw. Molekülschwingungen (z. B. Rubidium oder Cäsium) verglichen wird. Ein besonderer Vorteil dieser Anordnung liegt darin, daß sie praktisch unabhängig ist von äußeren Einflüssen wie Temperatur, Luftdruck, Alterung usw. Hierdurch sind Frequenzstabilitäten von 10^{-10} erreichbar.

- RC-Oszillatoren

    Bei niedrigen Frequenzen (bis ca. 10 MHz) werden häufig Oszillatoren mit RC-Glied als frequenzbestimmendem Rückkopplungsnetzwerk eingesetzt. Der in RC-Oszillatoren i. a. verwendete Operationsverstärker weist (bei entsprechender Beschaltung) eine Phasenverschiebung von 180° auf, so daß das Rückkopplungsnetzwerk ebenfalls für 180° sorgen muß, um die Schwingbedingung zu erfüllen.

    Der wichtigste Vertreter dieser Bauform ist der Wien-Brücken-Oszillator.

♦ Sinus-Oszillatoren in der Hoch- und Höchstfrequenztechnik

Für den Bereich sehr hoher Frequenzen ($f > 1\,\text{GHz}$) sind die bisher vorgestellten Konzepte nicht mehr ausreichend, da z. B. konzentrierte Bauelemente (Induktivitäten, Kapazitäten, Widerstände) nicht mehr sinnvoll zu realisieren sind. Es werden daher andere Konzepte für den Aufbau von Oszillatorschaltungen benötigt.

- Oszillatoren mit Mikrowellenröhren

    Wie oben bereits erwähnt, sind Mikrowellenröhren im Laufe der letzten Jahre bzw. Jahrzehnte weitgehend durch Halbleiterbauelemente verdrängt worden. Heute (und auf absehbare Zeit) haben sie allerdings bei der Erzeugung hoher und höchster Leistungen (Radartechnik, Rundfunksender, Satellitenfunk, Mikrowellenofen, ...) ihren festen Platz, da aus verschiedenen physikalischen und technologischen Gründen die Ausgangsleistung bei Halbleiteroszillatoren begrenzt ist. Die erreichbaren Leistungen mit Röhren reichen im Pulsbetrieb bis in den Megawattbereich bei zugleich hohem Wirkungsgrad.

    Die wichtigsten Vertreter der Mikrowellenröhren sind das Karzinotron, das Magnetron, das Reflexklystron sowie die Rückwärtswellenröhre.

F.2.2 Die wichtigsten Typen von Sinus-Oszillatoren

– Oszillatoren mit Halbleitern

Bei kleinen und mittleren Leistungen kommen heute nahezu ausschließlich Halbleiteroszillatoren zum Einsatz. Der Frequenzbereich endet derzeit bei ca. 150 GHz bis 200 GHz, während (bei 10 GHz) Leistungen bis in die Größenordnung von 100 W erzielt werden können.

- Transistoren
  Die erste Gruppe der zur Schwingungserzeugung benutzten Halbleiterbauelemente sind die Transistoren. Es werden dabei sowohl Bipolar-Transistoren (bis ca. 4 GHz), als auch Feldeffekt-Transistoren (bis ca. 40 GHz) eingesetzt. Der Unterschied zu Oszillatoren für $f < 1$ GHz ist, daß das frequenzbestimmende Rückkopplungsnetzwerk hier nicht mehr aus konzentrierten Elementen besteht, sondern mit verteilten Elementen realisiert werden muß. Als Stichworte seien hier Hohlraumresonator, Leitungsresonator und Topfkreis genannt.

- Dioden
  In einer zweiten Gruppe sind die Dioden zusammengefaßt, wobei unter dieser Bezeichnung hier gegenüber der „herkömmlichen" Elektronikdiode eine Reihe von Bauelementen verstanden wird, die strenggenommen keine „echten" Dioden sind. Es handelt sich einerseits um Transferelektronen-Halbleiter-Bauelemente (*Transfer Electron Device –* TED), andererseits um Laufzeitdioden.[2] Der Aufbau von Oszillatoren mit Gunn-Elementen oder IMPATT-Dioden erfolgt in den meisten Fällen in einem Hohlleiter, wobei entweder ein Teil des Hohlleiters selbst als Resonator dient oder aber (bei höheren Anforderungen an die Frequenzstabilität) ein externer Hohlraumresonator verwendet wird. Ein prinzipielles Problem hierbei ist der Wirkungsgrad, der typisch nur wenige Prozent beträgt.

  Die technisch wichtigsten Vertreter aus diesem Bereich sind:
  * Das Gunn-Element (teilweise auch als Gunn-Diode bezeichnet) wird aus Galliumarsenid oder für spezielle Anwendungen (hohe Leistung) auch aus anderen Verbindungen wie z. B. Indiumphosphid (III-V-Halbleiter) gefertigt.
  * Die zu den Lawinenlaufzeit-Dioden gehörende IMPATT-Diode (*Impact Avalanche Transit Time*) wird vorwiegend aus Silizium oder Galliumarsenid hergestellt. Der Unterschied zum Gunn-Oszillator besteht bei IMPATT-Oszillatoren darin, daß einerseits höhere Leistungen erzielt werden können, andererseits aber das Rauschverhalten schlechter ist.

Weitere Informationen hierzu sind beispielsweise in [Harth 91] zu finden.

---

[2] Hier wird die Tatsache der endlichen Laufzeit der Elektronen im Bauelement (im Vergleich zur Periodendauer der hochfrequenten Schwingung) ausgenutzt.

F.2.3 Der Vierpol-Oszillator

Beim Aufbau von Oszillatoren (mit Halbleitern) wird u. a. unterschieden zwischen Zweipol-Oszillatoren (mit Dioden bzw. diodenähnlichen Elementen) und Vierpol-Oszillatoren, die mit Transistoren und ähnlichen aktiven Elementen arbeiten. Während der Zweipol-Oszillator i. a. speziellen Anwendungsbereichen vorbehalten ist, stellt der Vierpol-Oszillator den wesentlich häufiger anzutreffenden Vertreter der Oszillatorschaltungen dar. Daher soll er an dieser Stelle ausführlicher vorgestellt und untersucht werden. Außerdem wird mit Hilfe einer relativ einfachen Überlegung die grundlegende Schwingbedingung hergeleitet.

Das Prinzip der Schwingungserzeugung (harmonische Schwingungen) mit einem Vierpol-Oszillator wird hier anhand eines rückgekoppelten Verstärkers (Abb. F.2-1) hergeleitet.

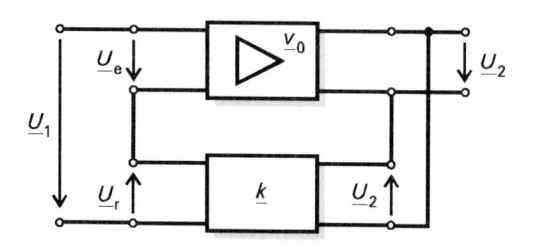

Abb. F.2-1 *Rückgekoppelter Verstärker*

Wird einem Wechselspannungs-Verstärker ein Teil der Ausgangsleistung eingangsseitig wieder zugeführt (Rückkopplung), so kann er unter gewissen Voraussetzungen als Oszillator arbeiten. Diese Voraussetzungen sollen hier an einem Verstärker mit Spannungs-Strom-Rückkopplung bestimmt werden.

Für den Verstärker gilt

$$\underline{U}_2 = \underline{v}_0 \underline{U}_e \tag{F.2-1}$$

und für das Rückkopplungsnetzwerk RK gilt

$$\underline{U}_e = \underline{k}\underline{U}_2 \tag{F.2-2}$$

Die Eingangsspannung $\underline{U}_e$ des Verstärkers setzt sich zusammen gemäß

$$\underline{U}_e = \underline{U}_1 + \underline{U}_r \tag{F.2-3}$$

Einsetzen von (F.2-3) und (F.2-2) in (F.2-1) führt zu

$$\underline{U}_2 = \underline{v}_0(\underline{U}_1 + \underline{U}_r)$$
$$= \underline{v}_0(\underline{U}_1 + \underline{k}\underline{U}_2) \tag{F.2-4}$$

F.2.3 Der Vierpol-Oszillator

Dies ergibt nach Umformen

$$\underline{v} = \frac{\underline{U}_2}{\underline{U}_1} = \frac{\underline{v}_0}{1 - \underline{k}\,\underline{v}_0} \qquad \text{(F.2-5)}$$

Die Größe $\underline{v}$ wird als Gesamtverstärkung mit Rückkopplung oder auch als Verstärkung des geschlossenen Kreises bezeichnet. Der Term $\underline{k}\,\underline{v}_0$ ist entsprechend die Verstärkung des offenen Kreises. Ausgehend von (F.2-5) können – in Abhängigkeit von der Verstärkung des offenen Kreises – vier Betriebszustände des rückgekoppelten Verstärkers vorliegen:

- $\left|1 - \underline{k}\,\underline{v}_0\right| > 1$

  Das Rückkopplungsnetzwerk bewirkt eine Gegenkopplung, d. h. die Gesamtverstärkung ist kleiner als die Verstärkung des Verstärkers allein. Gleichzeitig werden jedoch die Verzerrungen verringert und die zeitliche Konstanz des Verstärkers verbessert, da z. B. die temperatur- und zeitabhängigen Eigenschaften des Verstärkers (in gleichem Maße wie die Verstärkung) geringere Auswirkungen auf das Verhalten der gesamten Schaltung haben.

- $\left|1 - \underline{k}\,\underline{v}_0\right| = 1$

  Übergang von Gegenkopplung zu Mitkopplung.

- $\left|1 - \underline{k}\,\underline{v}_0\right| < 1$

  Das Rückkopplungsnetzwerk bewirkt eine Mitkopplung, d. h. die Gesamtverstärkung ist größer als die Verstärkung des Verstärkers allein. Analog zum Verhalten bei Gegenkopplung verschlechtern sich jetzt die Eigenschaften der Schaltung.

- $\left|1 - \underline{k}\,\underline{v}_0\right| = 0$

  Hier geht die Gesamtverstärkung $\underline{v}$ gegen unendlich. Das bedeutet, daß die Ausgangsspannung $\underline{U}_2$ unabhängig von der Eingangsspannung $\underline{U}_1$ einen bestimmten, maximalen Wert annimmt, der einerseits durch die Schaltung und die beteiligten Bauelemente und andererseits durch die Betriebsspannung begrenzt ist.[3] Diese Bedingung wird als (An-)Schwingbedingung bezeichnet.

Bei näherer Betrachtung der Schwingbedingung

$$\left|1 - \underline{k}\,\underline{v}_0\right| = 0 \qquad \text{(F.2-6)}$$

---

[3] Wäre die Eingangsspannung tatsächlich ideal null, so wäre auch bei unendlicher Verstärkung keine Ausgangsspannung vorhanden. Da aber für $T > 0$ K (also immer) eine, wenn auch geringe Rauschspannung vorhanden ist, reicht diese aus, den Oszillator „anzustoßen".

bzw.

$$\underline{k}\,\underline{v}_0 = 1 \qquad (F.2\text{-}7)$$

zeigt sich, daß darin zwei Bedingungen enthalten sind:

♦ Amplitudenbedingung $|\underline{k}\,\underline{v}_0| = 1$

Das bedeutet, daß die „Verstärkung" des Rückkopplungsnetzwerks gleich dem Kehrwert der Verstärkung des Verstärkers sein muß.

♦ Phasenbedingung $\angle(\underline{k}\,\underline{v}_0) = n \cdot 360°$ mit $n = 0, \pm 1, \pm 2, \ldots$

Die rückgekoppelte Spannung $\underline{U}_r$ weist eine Phasenverschiebung von $n \cdot 360°$ mit $n = 0, \pm 1, \pm 2, \ldots$ gegenüber der Eingangsspannung $\underline{U}_e$ auf.

Damit der Oszillator auf einer definierten (und vorhersagbaren!) Frequenz schwingt, ist es notwendig, daß die Schwingbedingung nur für diese Frequenz erfüllt wird. Zu diesem Zweck wird das Rückkopplungsnetzwerk als Resonator (Schwingkreis) aufgebaut, dessen Übertragungsfunktion (zusammen mit der frequenzabhängigen Verstärkung des Verstärkers) nur bei der gewünschten Frequenz die Schwingbedingung erfüllt.

Neben diesen (zumindest prinzipiell) auf relativ einfache Weise berechenbaren Eigenschaften eines Oszillators sind noch eine ganze Reihe weiterer Parameter zu berücksichtigen. So ist z. B. die Verstärkung abhängig von Temperatur, Arbeitspunkt, mechanischen Erschütterungen, Alterung, usw. Dies wirkt sich u. a. auf die Ausgangsleistung, die Frequenzstabilität und die Zuverlässigkeit des Oszillators aus.

F.3 Filter

F.3.1 Einleitung

Unter den Begriff „Filter" fallen im weitesten Sinne alle Zweitore, die aus einem Eingangssignal ein davon abhängiges Ausgangssignal erzeugen. Bei der gezielten Filterung wird der Zusammenhang zwischen Eingangs- und Ausgangssignal vorgegeben sein, z. B. durch Spezifikationen, so daß i. a. unter Filter nur solche Zweitore verstanden werden, die gezielt für den Zweck der Filterung ausgelegt werden. Nach den Parametern, die die Filterung beeinflussen, können drei Gruppen von Filtern unterschieden werden: Amplitudenfilter (Abschnitt F.3.2), Zeitfilter (Abschnitt F.3.3) und Frequenzfilter (Abschnitt F.3.4). Die letztere Gruppe stellt den Bereich dar, der häufig als Filter schlechthin bezeichnet wird.

F.3.2 Amplitudenfilter

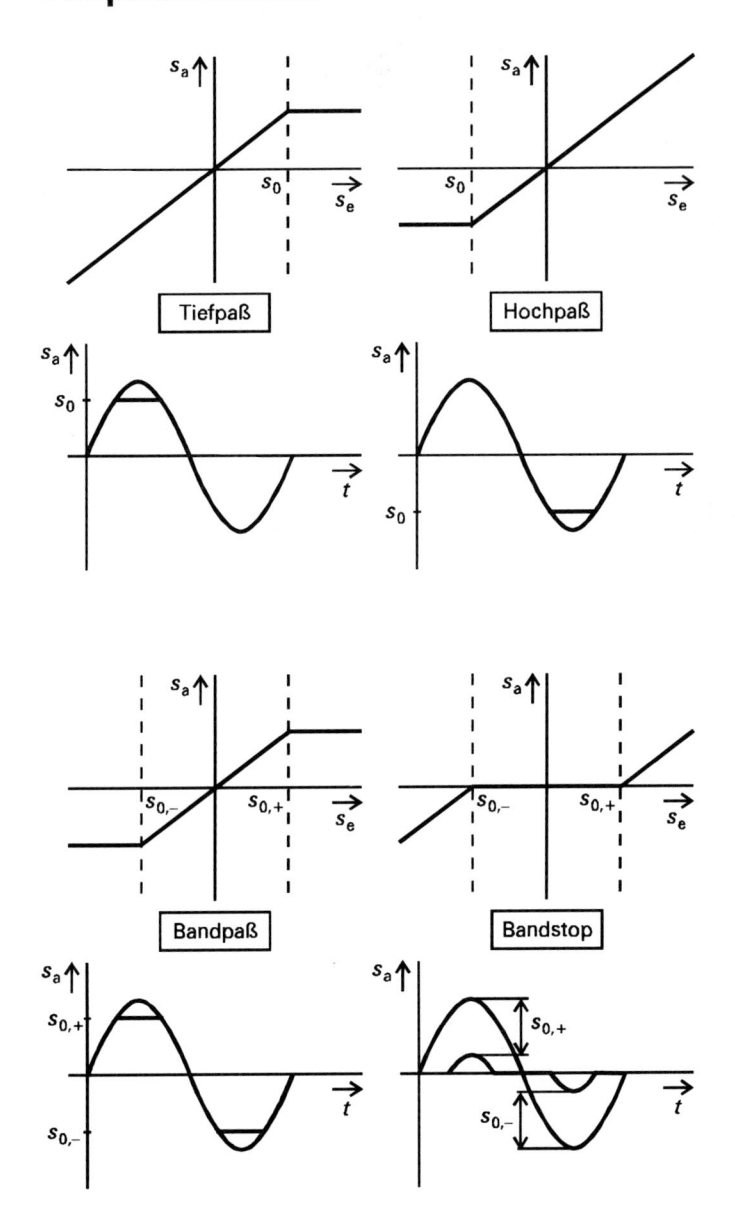

Abb. F.3-1 Typen des Amplitudenfilters (nach [Hölzler et al 75])

Bei den Amplitudenfiltern handelt es sich, wie der Name bereits ausdrückt, um Netzwerke, deren Übertragungseigenschaften von der Amplitude (genauer gesagt, von den Momentanwerten der Amplitude) des Eingangssignals abhängen. Bei allen Eingangsfunktionen (ausgenommen der Einheitssprung sowie daraus abgeleitete Funktionen wie der Rechteckimpuls) findet eine Änderung von Dämpfung *und* Phase statt, sobald der Durchlaßbereich (hierunter wird der Amplitudenbereich verstanden, in dem das Signal im Idealfall nicht abgeschwächt wird) verlassen wird – es liegt also ein nichtlineares System vor. In Anlehnung an die Frequenzfilter wird auch hier mitunter von Tiefpaß, Hochpaß, Bandpaß und Bandstop gesprochen (Abb. F.3-1; die Lage der Kennlinien in Bezug auf das Achsenkreuz ist zwar typisch, aber nicht notwendig).

Für den Hochpaß/Tiefpaß bzw. den Bandpaß sind die Bezeichnungen ein- bzw. zweiseitiger Begrenzer üblich, die den Filtervorgang im Zeitbereich anschaulich beschreiben. Eine Anwendung für die Bandsperre kann z. B. in der Meßtechnik liegen, wobei kleine Störsignale bei Anwesenheit eines größeren Nutzsignals unterdrückt werden sollen. Zwei weitere Beispiele für Amplitudenfilter seien hier noch erwähnt. Bei der Demodulation von frequenzmodulierten Signalen (Abschnitt G.2.2) wirkt sich eine eventuell zusätzlich vorhandene Amplitudenmodulation des Signals störend aus. Daher muß das Signal mit Hilfe eines Begrenzers (Amplituden-Bandpaß) auf eine konstante Amplitude gebracht werden. Hierbei ist jedoch zu berücksichtigen, daß durch die Amplitudenbegrenzung – wie gesagt, ein nichtlinearer Vorgang – weitere Spektralanteile entstehen. Eine Amplitudenweiche, d. h. eine Kombination aus Amplituden-Hochpaß und Amplituden-Tiefpaß bewirkt die Trennung eines Signals in zwei Amplitudenbereiche. Hiermit kann z. B. das Videosignal (BAS-Signal) in den Bildanteil und den Synchronanteil aufgespalten werden (siehe auch Kapitel H.3).

F.3.3   Zeitfilter

Anders als beim Amplitudenfilter hängt bei dieser Gruppe von Filtern das Übertragungsverhalten vom Parameter Zeit ab. Das Zeitfilter weist – im Gegensatz zu den anderen Gruppen von Filtern – eine vom Signal unabhängige Funktion auf und muß daher neben dem Signaleingang noch einen Eingang für ein Steuersignal besitzen. Darüber hinaus muß ein Bezugszeitpunkt definiert werden, für den bei einmaligen Vorgängen $t = 0$ häufig ist, während bei periodischen Vorgängen im allgemeinen $t = 0$ mit der Periodendauer T gilt. Die einfachste (theoretische) Realisierung ist ein Schalter im Signalpfad, der in Abhängigkeit vom Steuersignal geöffnet bzw. geschlossen wird.

Wie beim Amplitudenfilter wird auch hier wieder zwischen vier Filtertypen unterschieden. Die in der Abb. F.3-2 gezeigten Darstellungen sind für einmalige Vorgänge zutreffend. Bei periodischen Vorgängen ergibt sich entsprechend eine periodische Aneinanderreihung der gezeigten Zeitfunktionen gemäß der Periodendauer T. Die Realisierungen der unterschiedlichen Zeitfilter-Typen sind identisch, da die Funktion i. a. lediglich von der Steuerfunktion abhängig ist. Zwei Beispiele für Zeitfilter (Bandpaß) sind die zeitliche Abtastung bei Modulationsverfahren mit Pulsträgern (Kapitel F.4) sowie das sogenannte Zeitmultiplexverfahren (Kapitel F.5).

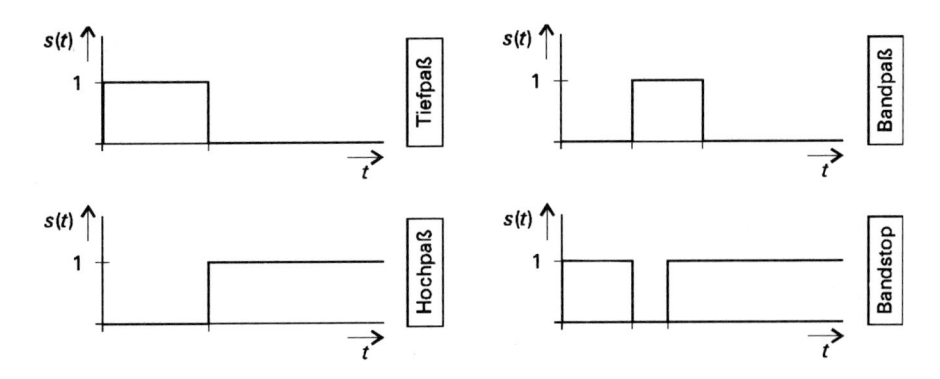

Abb. F.3-2 Typen des Zeitfilters

F.3.4 Frequenzfilter

Frequenzfilter haben die Aufgabe, Schwingungen in einem gegebenen Frequenzbereich möglichst ungedämpft zu übertragen (Durchlaßbereich) und in anderen Frequenzbereichen möglichst vollständig zu sperren (Sperrbereich). Ihr wichtigstes Charakteristikum ist in den meisten Fällen der Verlauf der Dämpfung über der Frequenz, wobei jedoch gleichzeitig in vielen Anwendungsfällen auch der Verlauf der Gruppenlaufzeit von Bedeutung ist.

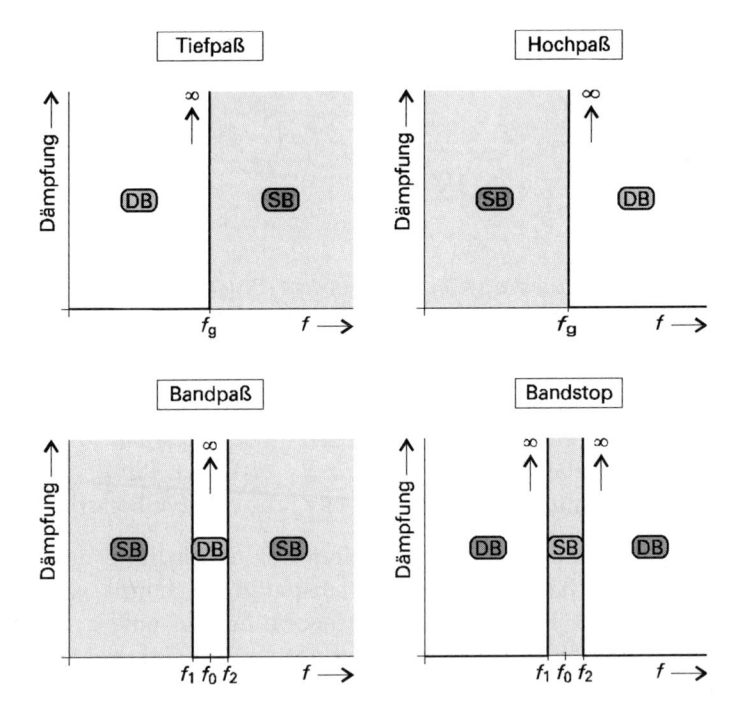

Abb. F.3-3 Prinzipielle Filtertypen (ideal) – DB: Durchlaßbereich, SB: Sperrbereich

Hiernach unterscheidet man ähnlich dem Amplitudenfilter (Abb. F.3-1) vier Grundtypen: Tiefpaß, Hochpaß, Bandpaß und Bandstop (Bandsperre); siehe Abb. F.3-3. Der Tiefpaß hat beispielsweise die Aufgabe, alle Frequenzen unterhalb einer Grenzfrequenz f_0 durchzulassen (Durchlaßbereich) und oberhalb dieser Frequenz zu sperren (Sperrbereich).

Beim idealen Tiefpaß müßte die Dämpfung bis zur Frequenz f_0 gleich null sein und dann auf einen unendlich hohen Wert springen. Entsprechend wäre das Verhalten bei den anderen idealen Filtertypen. Ideale Filter sind aus verschiedenen Gründen nicht realisierbar. Einerseits stellt ein ideales Filter ein nichtkausales System dar, und andererseits weisen die in der Praxis verwendeten Bauteile parasitäre Elemente bzw. eine endliche Güte auf. Daher zeigen reale Filter Abweichungen vom idealen Verhalten, die in Abb. F.3-4 schematisch dargestellt sind:

- Sperrbereich mit endlich hohe Sperrdämpfung,
- Durchlaßbereich mit endlicher Durchlaßdämpfung,
- Übergangsbereich mit endlicher Flankensteilheit bzw. mit endlicher Breite.

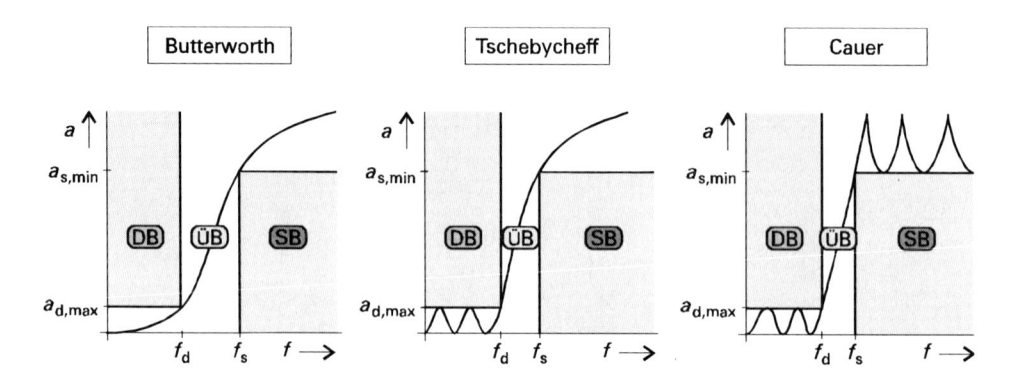

Abb. F.3-4 Charakteristika eines realen Tiefpaßfilters (Butterworth-, Tschebycheff-, Cauer-Charakteristik); DB: Durchlaßbereich, SB: Sperrbereich, ÜB: Übergangsbereich

Bandpaß und Bandsperre haben als Durchlaß- bzw. Sperrbereich ein Frequenzband, das sich von einer unteren Grenzfrequenz f_1 über die Bandmittenfrequenz f_0 bis zur oberen Grenzfrequenz f_2 erstreckt. Ein wichtiger Parameter ist die absolute Bandbreite $B = f_2 - f_1$ bzw. die relative Bandbreite $b = B/f_0$.

Es existieren prinzipiell zwei Möglichkeiten der Behandlung und Berechnung von analogen Filterschaltungen: die Betriebsparametertheorie und die Wellenparametertheorie. Die Betriebsparametertheorie erlaubt eine geradlinigere Berechnung mit der Möglichkeit, das Filter optimal zu dimensionieren. Da der hiermit verbundene höhere Rechenaufwand heute keine Rolle mehr spielt, soll hier die Auslegung von einfachen Filtern mit dieser Methode kurz dargestellt werden. In der Praxis existieren sowohl umfangreiche Tabellenwerke als auch eine Vielzahl von Programmen, die nach Angabe der Spezifikationen die Berechnung der Filter selbständig ausführen. Zudem ist es mit geringem Aufwand möglich, für die Auslegung einfacher Filter selbst kleine Programme zu erstellen.

Bei der Betriebsparametertheorie geht man von der Annahme aus, daß das Filter ein Zweitor mit einer „bestimmten" Übertragungsfunktion darstellt. Im Durchlaßbereich ist eine geringe Dämpfung zugelassen, im Sperrbereich muß eine gewisse Mindestsperrdämpfung erreicht werden (vergleiche das Toleranzschema in Abb. F.3-4). Es gibt verschiedene Ansätze, diesen Verlauf der Dämpfung (bzw. der Übertragungsfunktion) zu approximieren. Der einfachste Fall ist eine Parabel bzw. allgemein eine Potenzfunktion, deren Potenz und Koeffizienten den Spezifikationen entsprechend gewählt werden (Potenz- oder Butterworth-Filter). Dies ergibt im Durchlaßbereich einen maximal flachen Verlauf der Dämpfungsfunktion. Ist ein steilerer Übergang vom Durchlaß- zum Sperrbereich gefordert (hohe Flankensteilheit), so kann der Aufwand (der Grad der Parabel und damit die Anzahl der zur Realisierung benötigten Bauelemente) beim Butterworth-Filter zu groß werden. Dieser Aufwand läßt sich reduzieren, indem das gegebene Toleranzschema besser ausgenutzt wird. Zwei Beispiele hierfür sind das Tschebycheff- und das Cauer-Filter (hier liegt das beste Verhältnis zwischen Flankensteilheit und Elementeaufwand vor, dafür ist hier auch der größte Aufwand beim Entwurf erforderlich). Der Verlauf dieser drei Filtercharakteristika am Beispiel eines Tiefpasses ist in Abb. F.3-4 zu sehen.

Die typische Vorgehensweise beim Entwurf eines Filters (Filtersynthese) mit Hilfe der Wellenparametertheorie ist folgende:

1. Anhand der geforderten Spezifikationen werden der Filtertyp und die benötigte Ordnung des Filters (d. h. die Anzahl der Elemente) festgelegt.

2. Bestimmung der normierten Tiefpaßkoeffizienten g_i aus einem Tabellenwerk (z. B. [Saal 79]) oder mittels Rechnerprogramm.

3. Ist ein Hochpaß, Bandpaß oder Bandstop gefordert, so erfolgt mit Hilfe einer Reaktanztransformation eine Umrechnung der Tiefpaßkoeffizienten.

4. Wahl von Filterstruktur und -technologie (abhängig u. a. vom Frequenzbereich) und Berechnung der Filterelemente aus den unter Punkt 3 ermittelten Filterkoeffizienten unter Berücksichtigung von Randbedingungen wie z. B. der Realisierbarkeit.

Während für die Einzelheiten der Entwurfsverfahren auf die umfangreiche Literatur verwiesen sei (eine kleine Auswahl ist im Abschnitt M.7 aufgeführt), wird an dieser Stelle noch kurz auf eine spezielle Form der Realisierung eingegangen.

Für die Realisierung von analogen Filtern stehen im wesentlichen vier Technologien zur Verfügung.

Diese vier Technologien sind:

- Reaktanzfilter (passive RLC-Filter);
- Leitungsfilter (Hohlleiter-, Streifenleitungs-, Koaxialfilter);
- aktive RC-Filter ;
- mechanische Filter.

Die vielfältigen Einsatzbereiche haben eine große Vielzahl an Varianten hervorgebracht, so daß in diesem Rahmen eine umfassende Übersicht nicht möglich ist. Statt dessen werden im folgenden Abschnitt exemplarisch die mechanischen Filter etwas näher vorgestellt. Weitere Informationen zu Filtern kann der umfassenden Spezialliteratur entnommen werden, von der eine kleine Auswahl in den Literaturhinweisen zu finden ist.

F.3.5 Mechanische Filter

Die sogenannten mechanischen Filter enthalten frequenzselektive mechanische Einzelelemente, die durch mechanische Strukturen miteinander verkoppelt sind. Den prinzipiellen Aufbau zeigt Abb. F.3-5. Aufgrund der hohen erreichbaren Güte (bis zu 100 000), der geringen Abmessungen, des günstigen Preises und des niedrigen Temperaturkoeffizienten (10^{-6}/K ... 10^{-7}/K) sind die mechanischen Filter heute gerade im kommerziellen Bereich (Unterhaltungselektronik) sehr weit verbreitet.

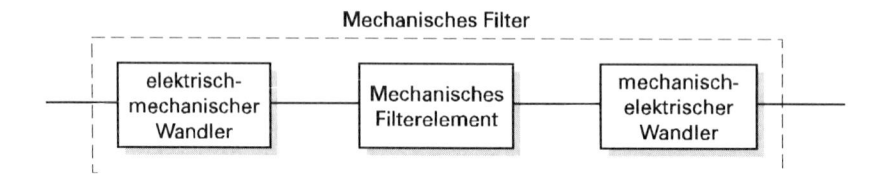

Abb. F.3-5   *Prinzipielle Struktur eines mechanischen Filters*

Wichtige Gruppen der mechanischen Filter sind:

- Metallresonatorfilter
    - mit piezoelektrischen Wandlern;
    - mit magnetostriktiven Wandlern (begrenzter Frequenzbereich 100 kHz bis 800 kHz); typische Anwendungen: ZF-Filter in der Funktechnik, Kanal- und Pilottonfilter in der Trägerfrequenztechnik;
- Keramikfilter (z. B. Rundfunk- und Fernsehton-ZF-Filter);
- monolithische Filter;
    - Volumenwellenfilter (monolithische Quarz- und Keramikfilter) – z. B. piezoelektrisches Substrat mit paarweise aufgebrachten Elektroden, die

F.3.5 Mechanische Filter

Resonanzvolumen bilden und über Koppelstege verkoppelt werden (siehe Abb. F.3-6); das Verhalten solcher Filter kann mit gekoppelten Schwingkreisen verglichen werden;
- Oberflächenwellenfilter (SAW-Filter).

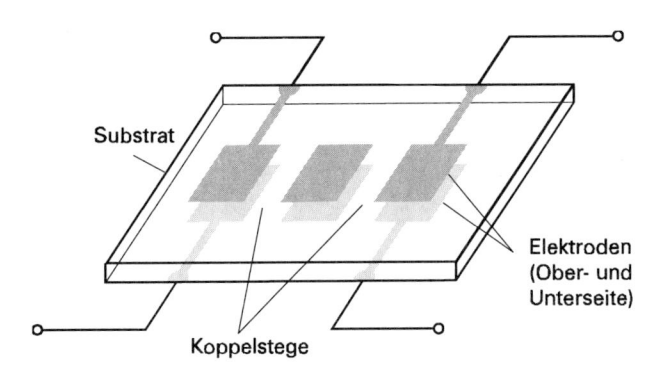

Abb. F.3-6   *Typische Struktur eines Volumenwellenfilters*

Ein typischer Vertreter der monolithischen Filter ist das SAW-Filter (*Surface Acoustic Wave* – Akustische Oberflächenwelle; daher wird dieses im deutschen Sprachraum auch als OFW-Filter bezeichnet). Das SAW-Filter besteht aus einem piezoelektrischen Substrat (typisches Material: Lithiumniobat $LiNbO_3$), auf dem (unter Ausnutzung des piezoelektrischen Effekts) eine Wandlung der elektromagnetischen Welle in eine (mechanische bzw. akustische) Oberflächenwelle stattfindet. Die zur Wandlung eingesetzten Elektrodenstrukturen, wie sie beispielsweise in Abb. F.3-7 zu sehen sind, werden als Interdigitalwandler bezeichnet.

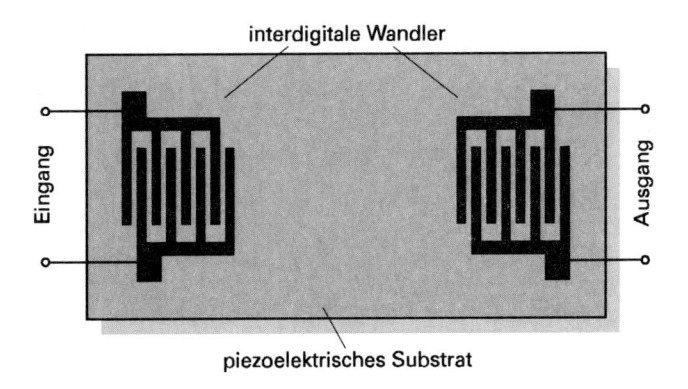

Abb. F.3-7   *Prinzipieller Aufbau eines SAW-Filters*

Die Übertragungsfunktion des Filters wird durch die geometrische Struktur auf dem Substrat bestimmt, also u. a. durch Fingerabstand, Fingeranzahl und gegenseitige Überlappung der Finger. Die Prozeßtechnik bei der Herstellung von SAW-Filtern wurde von der Halbleitertechnologie übernommen. Die Grenzen liegen bei einer minimalen Breite der „Finger" der Interdigitalwandler von rund 500 nm und einer Genauigkeit der Positionierung von rund 10 nm.

Die wichtigsten Vor- und Nachteile der SAW-Filter (Frequenzbereich 3 MHz bis 3 GHz) sind in Tab. F.3-1 zusammengestellt.

Vorteile	Nachteile
+ Geringe Herstellungskosten (bei hohen Stückzahlen), daher Einsatz in der Unterhaltungselektronik. + Hohe Flankensteilheit und gute Laufzeit-Eigenschaften realisierbar. + Auch bei hohen Stückzahlen gute Einhaltung von strengen Spezifikationen	– Aufgrund der hohen Entwicklungskosten bei geringen Stückzahlen teuer. – Hohe Durchgangsdämpfung (typisch 5 dB bis 20 dB).

Tab. F.3-1   Vor- und Nachteile von SAW-Filtern

SAW-Filter sind heute in jeder Bild-ZF-Stufe (38,9 MHz) von Fernsehgeräten zu finden sowie typisch in der ZF-Stufe von Satellitenempfangsanlagen und in Schnurlos- und Mobilfunktelefonen.

F.3.6 Digitale Filter

Mit dem Begriff „digitale Filter" lassen sich sehr unterschiedliche Sachverhalte beschreiben. Im weiteren Sinne stellt jede Funktion $y(n) = f(x(n))$ eine Filterung dar. Dabei können $x(n)$ und $y(n)$ beliebige Zahlenfolgen sein – auch solche, für die kein Zusammenhang mit dem zeitkontinuierlichen Signal besteht. Bei Einsatz in kontinuierlichen Systemen können digitale Filter verwendet werden, indem ein Umweg über Analog-Digital- und Digital-Analog-Umsetzung beschritten wird (Abb. F.3-8).

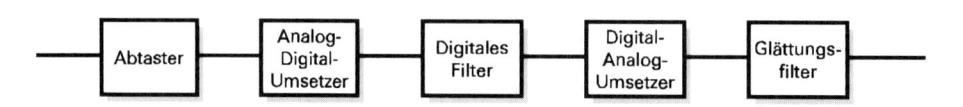

Abb. F.3-8   Digitale Filterung eines analogen Signals

Bei der Realisierung digitaler Filter werden vor allem die aus der digitalen Signalverarbeitung bekannten Elemente Multiplizierer, Speicher und Summierer verwendet (Abb. F.3-9).

F.3.6 Digitale Filter

| Multiplizierer | Speicher (Verzögerung) | Addierer |

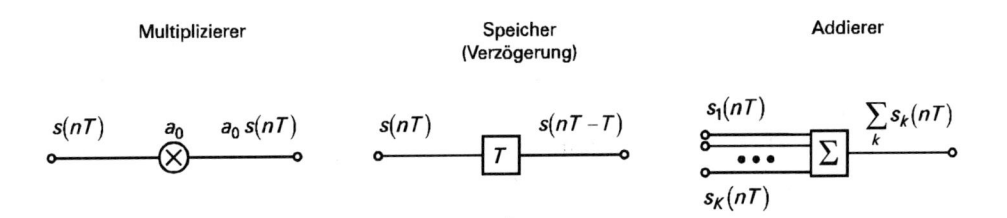

Abb. F.3-9 *Elemente digitaler Filter*

Allgemein lautet die Antwort $y(n)$ eines diskreten Systems auf die Eingangsfolge $x(n)$:

$$\sum_{j=0}^{M} b_j\, y(n-j) = \sum_{i=0}^{N} a_i\, x(n-i) \tag{F.3-1}$$

bzw.

$$y(n) = \sum_{i=0}^{N} \frac{a_i}{b_0} x(n-i) - \sum_{j=0}^{M} \frac{b_j}{b_0} y(n-j) \tag{F.3-2}$$

Es handelt sich hierbei um eine spezielle Darstellung aus der digitalen Signalverarbeitung, bei der die Koeffizienten a bzw. b die Gewichtung der um i bzw. j verschobenen Werte charakterisieren. Eine ausführliche Beschreibung dieser Zusammenhänge – die den Rahmen dieser kurzen Einführung in die Nachrichtentechnik sprengen würde – ist in den verschiedensten Werken der Fachliteratur nachzulesen. Als Beispiele seien hier nur [Oppenheim u. Willsky 92] und [Kammeyer u. Kroschel 98] genannt.

Mit $x(n) = \delta(n)$ ergibt sich hieraus die Gewichtsfunktion $g(n) = y(n)$.

Deren z-Transformierte ist die Übertragungsfunktion

$$H(z) = \frac{S_2(z)}{S_1(z)} = \frac{A(z)}{B(z)} = \frac{\sum_{i=0}^{N} a_i\, z^{-i}}{\sum_{j=0}^{M} b_j\, z^{-j}} \tag{F.3-3}$$

des Systems. Bei rekursiven Filtern (nicht alle $b_j, j > 0$ gleich null) ist die Impulsantwort nicht endlich. Daher wird in diesem Fall auch von IIR-Filtern (*Infinite Impulse Response*) gesprochen (Abb. F.3-10).

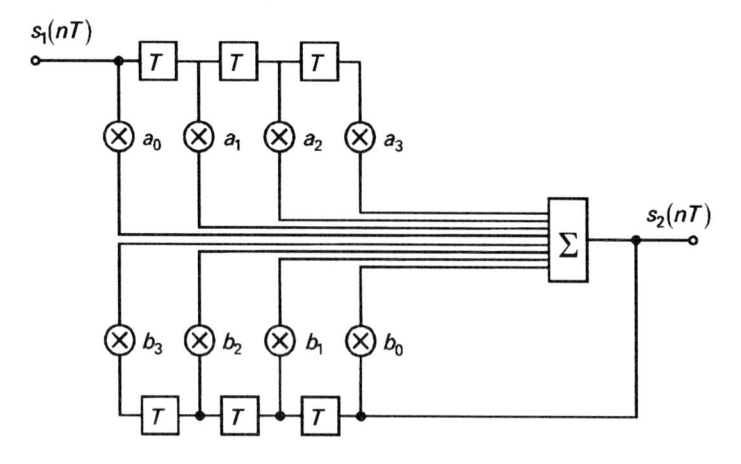

Abb. F.3-10 Prinzipielle Struktur eines rekursiven Filters (IIR)

Existieren keine Rückkopplungen, so wird von nicht-rekursiven Filtern gesprochen, die durch eine endliche Impulsantwort charakterisiert sind und auch als Transversal- oder FIR-Filter (*Finite Impulse Response*) bezeichnet werden (Abb. F.3-11). Die Übertragungsfunktion vereinfacht sich gegenüber den rekursiven Filtern zu

$$H(z) = \frac{S_2(z)}{S_1(z)}$$
$$= A(z) \quad \text{(F.3-4)}$$
$$= \sum_{i=0}^{N} a_i \, z^{-i}$$

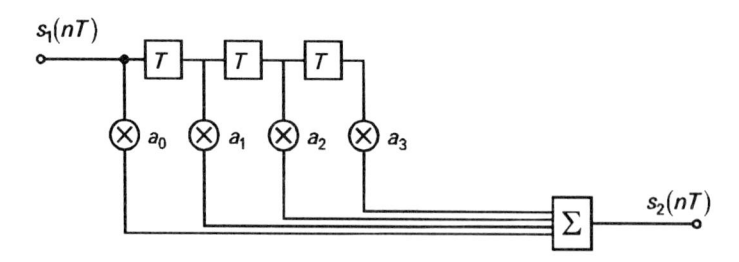

Abb. F.3-11 Prinzipielle Struktur eines nicht-rekursiven Filters (FIR)

Vor- und Nachteile digitaler Filter gegenüber analoger Filter sind in Tab. F.3-2 zusammengestellt.

Vorteile	Nachteile
+ Geringe Herstellungskosten (bei hohen Stückzahlen), daher Einsatz in der Unterhaltungselektronik. + Hohe Flankensteilheit und gute Laufzeit-Eigenschaften realisierbar. + Auch bei hohen Stückzahlen gute Einhaltung von strengen Spezifikationen	− Aufgrund der hohen Entwicklungskosten bei geringen Stückzahlen teuer. − Hohe Durchgangsdämpfung (typisch 5 dB bis 20 dB).

Tab. F.3-2   Vor- und Nachteile digitaler Filter gegenüber analogen Filtern

Für den Entwurf digitaler Filter existieren verschiedene Vorgehensweisen, wobei die wichtigsten der Entwurf eines kontinuierlichen Filters mit anschließender Transformation in den diskreten Bereich sowie die Verwendung von Entwurfsverfahren, die direkt im z-Bereich arbeiten. Bei der Realisierung sind die Randbedingungen zu berücksichtigen, die z. B. durch die Wortlänge des Signals bzw. der Koeffizienten gegeben sind.

F.4 Frequenzumsetzung

F.4.1 Einleitung

Zur Gruppe der Bauelemente, die zur Frequenzumsetzung eingesetzt werden können, gehören:

♦ Mischer (siehe Abschnitt F.4.2.1),

♦ Modulatoren (siehe Teil G),

♦ Frequenzvervielfacher bzw. Frequenzteiler.

Frequenzvervielfacher wandeln die Eingangsfrequenz f_{in} in eine Ausgangsfrequenz $f_{out} = n\, f_{in}$ mit dem ganzzahligen Vervielfachungsfaktor n um. Die entsprechenden Blockschaltbild-Elemente zeigt Abb. F.4-1.

Abb. F.4-1   Blockschaltbilder eines Frequenzvervielfachers (links) bzw. eines Frequenzteilers (rechts)

Kriterien bei der Frequenzvervielfachung sind die Unterdrückung von unerwünschten Harmonischen und Subharmonischen der Ausgangsfrequenz, die Unterdrückung der ursprünglichen Eingangsfrequenz sowie die Ausgangsleistung (in Abhängigkeit von der Eingangsleistung). Typische Schaltungen werden mit Transistoren, Varaktor-Dioden sowie bei „niedrigen" Frequenzen mit integrierten Schaltkreisen aufgebaut.

Frequenzteiler wandeln die Eingangsfrequenz f_{in} in eine Ausgangsfrequenz $f_{out} = f_{in}/n$ mit dem ganzzahligen Teilungsfaktor n um. Die Kriterien entsprechen prinzipiell denen der Frequenzvervielfacher. Eine heute auch bis zu höheren Frequenzen verbreitete Realisierung sind integrierte Schaltkreise (im Mikrowellenbereich in Galliumarsenid-Technologie), die im Unterschied zu den herkömmlichen Frequenzumsetzern nicht mehr auf nichtlinearen Kennlinien beruhen, sondern die Teilung mit Hilfe der Digitaltechnik durchführen (Teilungsfaktoren mit 2^n oder $2^n - 1$ sind daher bevorzugt). Für niedrigere Frequenzen existieren z. B. auch programmierbare Teiler, die es ermöglichen, durch externe Beschaltung oder Programmierung den Teilungsfaktor zu ändern.

F.4.2 Die nichtlineare Kennlinie

In vielen Bereichen der Nachrichtentechnik werden Bauelemente mit nichtlinearen Kennlinien gezielt eingesetzt, um eine Frequenzumsetzung zu erzielen. Andererseits sind nichtlineare Anteile i. a. auch bei (näherungsweise) linearen Kennlinien vorhanden, wo sie sich störend bemerkbar machen (siehe Abschnitt E.5.2, Nichtlineare Verzerrungen). In diesem Abschnitt soll die Auswirkung einer nichtlinearen Kennlinie bei einem bzw. zwei angelegten Signalen (harmonische Schwingungen) berechnet werden. Im ersten Schritt wird das Verhalten einer nichtlinearen Kennlinie bei Anliegen eines monofrequenten Signals (mit einem zusätzlichen Gleichanteil)

$$u(t) = \hat{u}_0 + \hat{u}_S \cos \omega_S t \qquad \text{(F.4-1)}$$

ermittelt. Für den Strom, der durch das Bauelement fließt, gilt

$$\begin{aligned} i(t) &= c_0 + c_1 u(t) + c_2 u^2(t) + c_3 u^3(t) + \dots \\ &= \sum_{i=0}^{N} c_i u^i(t) \end{aligned} \qquad \text{(F.4-2)}$$

mit den Koeffizienten c_i der Kennlinie des Bauelements, wobei N einerseits vom Bauelement, andererseits aber auch davon abhängt, wie exakt die Nichtlinearität beschrieben werden soll, da i. a. die Beträge $|c_i|$ mit steigendem i kleiner werden. Diese Koeffizienten können durch Messung oder ggf. durch Berechnung ermittelt werden. Einsetzen von (F.4-1) in (F.4-2) führt dann zu

F.4.2 Die nichtlineare Kennlinie

$$i(t) = c_0 + c_1[\hat{u}_0 + \hat{u}_S \cos \omega_S t] +$$
$$+ c_2[\hat{u}_0 + \hat{u}_S \cos \omega_S t]^2 + c_3[\hat{u}_0 + \hat{u}_S \cos \omega_S t]^3 + \ldots \quad \text{(F.4-3)}$$
$$= c_0 + \sum_{i=1}^{N} c_i[\hat{u}_0 + \hat{u}_S \cos \omega_S t]^i (t)$$

und anschließende Reihenentwicklung der $\cos^n$-Terme zu

$$i(t) = \left[c_0 + c_1 \hat{u}_0 + c_2 \left(\hat{u}_0^2 + \frac{1}{2} \hat{u}_S^2 \right) + c_3 \left(\hat{u}_0^3 + \frac{3}{2} \hat{u}_0 \hat{u}_S^2 \right) \right] +$$
$$\left[c_1 \hat{u}_S + 2 c_2 \hat{u}_0 \hat{u}_S + 3 c_3 \left(\hat{u}_0^2 \hat{u}_S + \frac{1}{4} \hat{u}_S^3 \right) \right] \cos \omega_S t +$$
$$\left[c_2 \frac{1}{2} \hat{u}_S^2 + \frac{3}{2} c_3 \hat{u}_0 \hat{u}_S^2 \right] \cos 2\omega_S t + \quad \text{(F.4-4)}$$
$$c_3 \frac{1}{4} \hat{u}_S^3 \cos 3\omega_S t + \ldots$$

wobei hier nur die Koeffizienten $c_0, \ldots, c_3$ berücksichtigt wurden.

An das Bauelement mit einer nichtlinearen Kennlinie werde gemäß dem Ersatzschaltbild in Abb. F.4-2 eine Spannung

$$u(t) = \hat{u}_0 + \hat{u}_S \cos \omega_S t + \hat{u}_T \cos \omega_T t \quad \text{(F.4-5)}$$

angelegt, die sich aus einem Gleichanteil sowie zwei Sinussignalen bei den Frequenzen f_T und f_S zusammensetzt. Der durch das Bauelement fließende Strom berechnet sich mit Einsetzen von (F.4-5) in (F.4-2) und Reihenentwicklung der $\cos^n$-Terme zu

$$i(t) = c_0 + c_1[\hat{u}_0 + \hat{u}_S \cos \omega_S t + \hat{u}_T \cos \omega_T t] +$$
$$+ c_2[\hat{u}_0 + \hat{u}_S \cos \omega_S t + \hat{u}_T \cos \omega_T t]^2 + \quad \text{(F.4-6)}$$
$$+ c_3[\hat{u}_0 + \hat{u}_S \cos \omega_S t + \hat{u}_T \cos \omega_T t]^3 + \ldots$$

bzw.

$$i(t) = \left[c_0 + c_1 \hat{u}_0 + c_2 \left(\hat{u}_0^2 + \frac{1}{2} \hat{u}_S^2 + \frac{1}{2} \hat{u}_T^2 \right) + \ldots \right] +$$
$$+ [c_1 \hat{u}_S + 2 c_2 \hat{u}_0 \hat{u}_S + \ldots] \cos \omega_S t +$$
$$+ [c_1 \hat{u}_T + 2 c_2 \hat{u}_0 \hat{u}_T + \ldots] \cos \omega_T t +$$
$$+ c_2 \hat{u}_S \hat{u}_T \cos[(\omega_T - \omega_S) t] +$$
$$+ c_2 \hat{u}_S \hat{u}_T \cos[(\omega_T + \omega_S) t] + \quad \text{(F.4-7)}$$
$$+ c_2 \frac{1}{2} \hat{u}_S^2 \cos 2\omega_S t +$$
$$+ c_2 \frac{1}{2} \hat{u}_S^2 \cos 2\omega_S t + \ldots$$

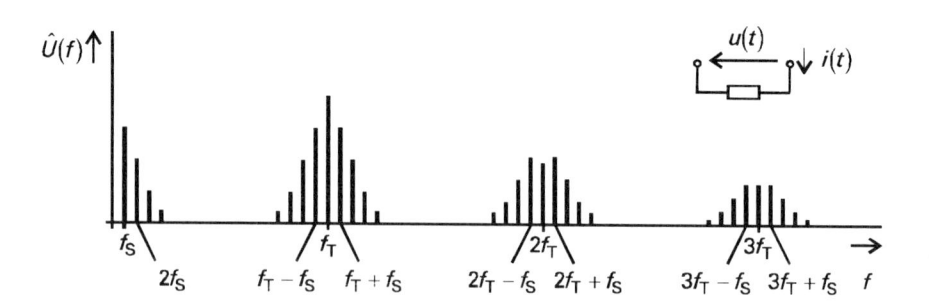

Abb. F.4-2 Aussteuerung einer nichtlinearen Kennlinie mit zwei Signalen

Die graphische Darstellung dieses Spektrums ist in Abb. F.4-2 zu finden. Für den Strom $i(t)$ ergeben sich also außer einem Gleichstromanteil noch Komponenten mit den in Abb. F.4-3 dargestellten Frequenzen.

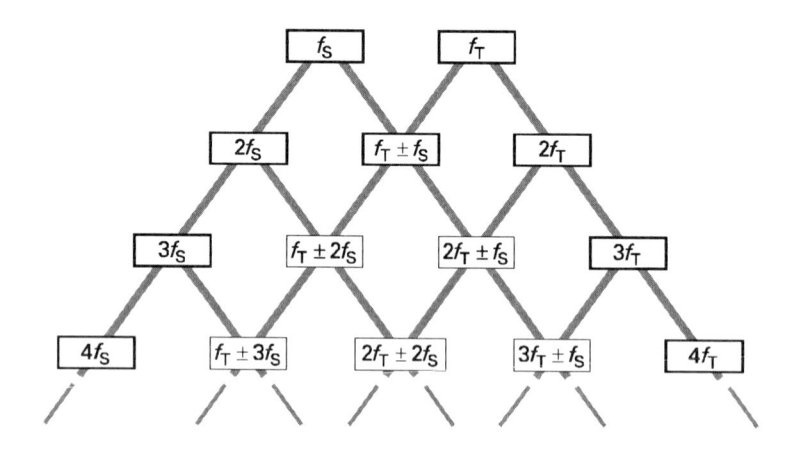

Abb. F.4-3 Kombinationsfrequenzen

Die Amplituden der einzelnen Spektralanteile hängen dabei von den Komponenten c_i des nichtlinearen Bauelements sowie den Amplituden der Signal- und der Trägerschwingung ab.

Die wichtigste Nutzanwendung der beschriebenen Phänomene ist die (Amplituden-)Modulation, bei der das Trägersignal (Frequenz f_T) gezielt mit dem Nutzsignal (Frequenz f_S) moduliert wird, wobei eine nichtlineare Kennlinie ausgenutzt wird. Wie man der obigen Darstellung entnehmen kann, entstehen dabei unter anderem das Summen- und das Differenzsignal. Dieser Effekt tritt u. a. auch bei der (Zweiseitenband-)Amplitudenmodulation auf, die in Abschnitt G.2.1 behandelt wird. In vielen Bauelementen, in denen mehrere Signale bzw. Signalanteile bei unterschiedlichen Frequenzen gleichzeitig verarbeitet werden (z. B. Breitbandverstärker), tritt der gleiche Effekt auf, allerdings in

F.4.2 Die nichtlineare Kennlinie

unerwünschter und störender Weise. Man spricht dann von sogenannten Intermodulationsverzerrungen oder kurz von Intermodulation.

Für den Sonderfall der rein quadratischen Kennlinie ($c_0, c_1, c_3, c_4, \ldots = 0$) vereinfacht sich (F.4-2) zu

$$i(t) = c_2 \, u^2(t) \tag{F.4-8}$$

und die Reihenentwicklung entsprechend zu

$$\begin{aligned}
i(t) = \; & c_2 \hat{u}_0^2 + \\
& + 2 c_2 \hat{u}_0 \hat{u}_S \cos \omega_S t + \\
& + 2 c_2 \hat{u}_0 \hat{u}_T \cos \omega_T t + \\
& + c_2 \hat{u}_S \hat{u}_T \cos[(\omega_T - \omega_S) t] + \\
& + c_2 \hat{u}_S \hat{u}_T \cos[(\omega_T + \omega_S) t] + \\
& + c_2 \frac{1}{2} \hat{u}_S^2 \cos 2 \omega_S t + \\
& + c_2 \frac{1}{2} \hat{u}_T^2 \cos 2 \omega_T t
\end{aligned} \tag{F.4-9}$$

In der Praxis treten jedoch immer Abweichungen von diesen idealisierten Ergebnissen auf, da die Voraussetzung der quadratischen Kennlinie nicht exakt erfüllt ist (Kennlinie höherer Ordnung).

Eine nahezu „echte" quadratische I-U-Kennlinie erhält man für kleine Spannungen (bis etwa 0,5 V) bei der „FET-Diode" (ein FET, bei dem der Gate-Anschluß direkt mit Drain oder Source verbunden ist). Weitere häufig verwendete Bauelemente sind bipolare Transistoren und Feldeffekt-Transistoren. Besonders geeignet ist letzterer, da seine Übertragungskennlinie in einem weiten Bereich in guter Näherung quadratisch ist.

Beispiel F.4-1

Ein Bauelement mit einer nichtlinearen Kennlinie weise eine quadratische Kennlinie auf und werde mit zwei Sinusschwingungen (Signal und Träger) angesteuert. Der Koeffizient c_2 sowie die Amplituden der Spannungen von Signal und Träger sind:

$$c_2 = 10 \text{ mA}/\text{V}^2 \qquad \hat{u}_0 = 1 \text{ V} \qquad \hat{u}_S = 2 \text{ V} \qquad \hat{u}_T = 3 \text{ V}$$

Der Träger weise die fünffache Frequenz des Signals auf (f_S/f_T).

Anwendung von (F.4-9) liefert die Amplituden der spektralen Kennlinien, die in Abb. F.4-4a dargestellt sind. Wird der Gleichanteil $\hat{u}_0$ zu null gesetzt, so entfallen alle Spektralanteile, die $\hat{u}_0$ enthalten (Abb. F.4-4b).

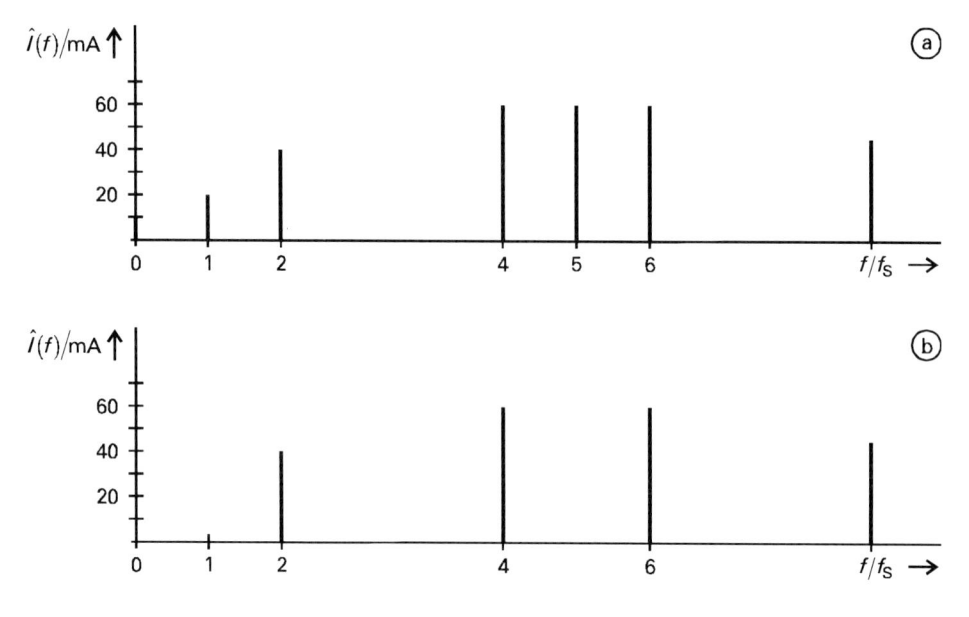

Abb. F.4-4 Spektren an einer quadratischen Kennlinie bei Aussteuerung mit (a) bzw. ohne Gleichanteil (b)

F.4.3 Der Mischer

In einem Mischer werden zwei Frequenzen (Frequenzbänder) so miteinander gemischt bzw. überlagert, daß am Ausgang die Kombinationsfrequenzen (Mischprodukte)

$$f_K = |mf_1 \pm nf_2| \qquad m,n = 0,1,2,\ldots \qquad (\text{nicht } m = n = 0) \qquad (\text{F.4-10})$$

entstehen. Die Herleitung dieses Zusammenhangs wurde im Prinzip bereits im vorhergehenden Abschnitt durchgeführt, da ein Vergleich von Abb. F.4-3 und (F.4-10) zeigt, daß mit (F.4-10) die in Abb. F.4-3 auftretenden Frequenzen beschrieben werden.

Eine Mischung oder Überlagerung von zwei Frequenzen erfolgt prinzipiell an jeder Nichtlinearität. In einer Mischstufe werden Bauelemente verwendet, deren nichtlineare Kennlinie aufgrund ihrer Form besonders geeignet für den jeweiligen Anwendungsfall sind (heute vorwiegend Halbleiterdioden und Bipolar- bzw. Feldeffekt-Transistoren).

Mischer werden meist so ausgelegt, daß die Frequenz des Nutzsignals sich nach (F.4-10) mit $m = 1$ und $n = 1$ aus den Frequenzen der Eingangssignale ergibt,

F.4.3 Der Mischer

während die Spektralanteile bei den anderen möglichen Kombinationsfrequenzen so niedrig wie möglich sein sollten. Da dies jedoch nicht in allen Fällen zu erreichen ist, muß beim Einsatz von Mischern immer damit gerechnet werden, daß diese unerwünschten Spektralanteile das System beeinflussen können. Durch geeignete Auswahl des Mischers sowie ggf. durch Einsatz von entsprechenden Filtern ist dafür Sorge zu tragen, daß diese unerwünschten Anteile unterdrückt werden.

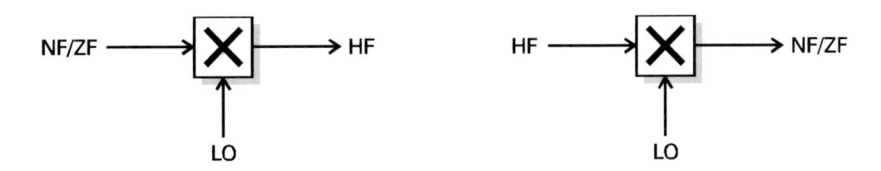

Abb. F.4-5 *Aufwärtsmischer (links) bzw. Abwärtsmischer (rechts)*

Mit der Annahme $m = 1$ und $n = 1$ ist somit noch zwischen positivem und negativem Vorzeichen zu unterscheiden. Diese ganz wesentliche Unterscheidung führt für positives Vorzeichen zum Aufwärtsmischer (*Up Converter*) bzw. für negatives Vorzeichen zum Abwärtsmischer (*Down Converter*).

Beim Aufwärtsmischer (typischer Einsatzbereich: Sender eines Übertragungssystems) wird ein niederfrequentes (f_{NF}) Nutzsignal mit Hilfe eines Umsetzoszillators (*Local Oscillator*) bei der Frequenz f_{LO} gemäß

$$f_{HF} = f_{LO} + f_{NF} \tag{F.4-11}$$

in eine höhere Frequenzlage (f_{HF}) umgesetzt. Im Gegensatz dazu wird beim Abwärtsmischer das hochfrequente Eingangssignal (f_{HF}) mit Hilfe des Umsetzoszillators (f_{LO}) gemäß

$$f_{NF} = |f_{LO} - f_{HF,1}| = |f_{LO} - f_{HF,2}| \tag{F.4-12}$$

in ein niedrigeres Frequenzband (f_{NF}) umgesetzt. Der entscheidende Unterschied zum Aufwärtsmischer wird hierbei durch die Betragsstriche „verursacht". Wie anhand von Abb. F.4-6, die die Spektren eines Abwärtsmischers an seinen drei Toren zeigt, deutlich wird, ist der Mischprozeß beim Abwärtsmischen doppeldeutig.

Neben dem gewünschten Signal (z. B. $f_{HF,1}$) wird auch das Signal mit der Frequenz $f_{HF,2}$ (der sogenannten Spiegelfrequenz) auf die Frequenz f_{NF} umgesetzt. Um dies zu verhindern, muß vor dem Mischer bereits eine Spiegelselektion durchgeführt werden, die das unerwünschte Signal mit der Frequenz $f_{HF,2}$ unterdrückt.

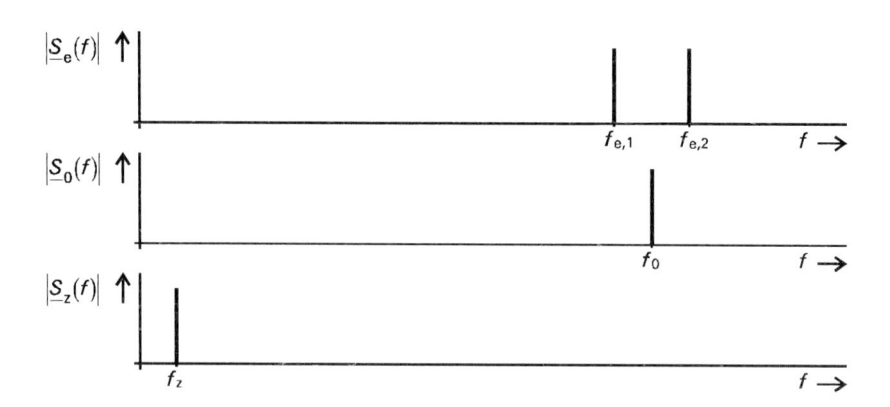

Abb. F.4-6 Spektren eines Abwärtsmischers mit Spiegelfrequenz

Das Gegenstück zum Abwärtsmischen ist das frequenzmäßige Heraufsetzen von Signalen mit einem Aufwärtsmischer (*Up Converter*). Er dient vorwiegend in Sendestufen zum Umsetzen des ZF-Signals in die für die Übertragung benötigte HF. Die hierbei auftretenden Begriffe Regel- bzw. Kehrlage sind in Abb. F.4-7 erläutert. Die Bedeutung des Vorzeichens von n in (F.4-10) wird klar, wenn man beispielsweise das Spektrum eines Aufwärtsmischers betrachtet und davon ausgeht, daß statt diskreter Frequenzen ein Frequenzband umgesetzt wird.

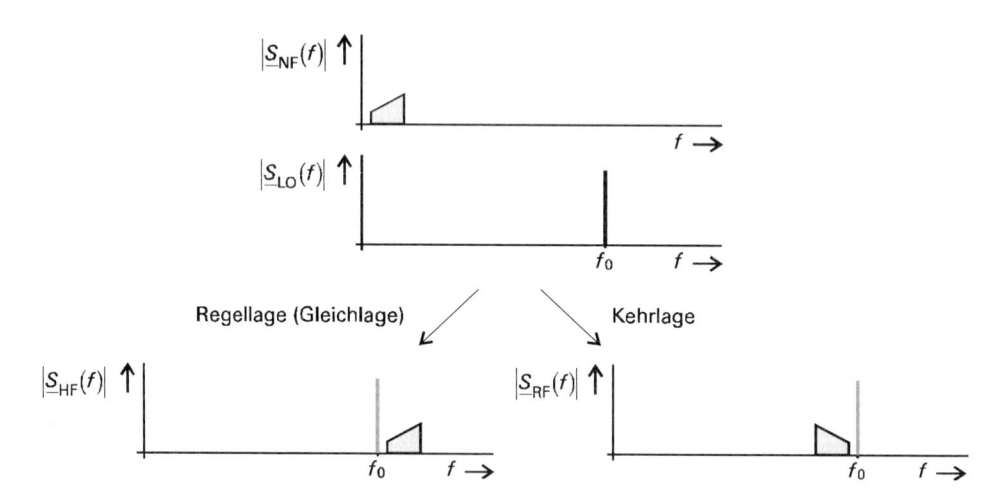

Abb. F.4-7 Regel- und Kehrlage

Weitere wichtige Kenngrößen eines Mischers sind:

♦ Umsetzverlust (*Conversion Loss*)

Der Umsetzverlust bezeichnet beim Auf- bzw. Abwärtsmischer das Verhältnis der NF- zur HF-Leistung bzw. der HF- zur NF-Leistung. Bei Nutzung nur eines Seitenbandes erhält man bereits einen theoretischen Verlust von 3 dB. Weitere Verluste entstehen bei der praktischen Realisierung des Mischers.

◆ Rauschzahl (*Noise Figure*)

Die Rauschzahl beim Abwärtsmischer ist definiert als das Verhältnis des Rauschabstands auf der NF-Seite zum Rauschabstand auf der HF-Seite.

◆ Isolation (HF-LO, HF-NF, LO-NF)

Die Isolation der drei Ein- bzw. Ausgänge untereinander ist abhängig vom internen Aufbau des Mischers sowie der Art und Anzahl der verwendeten Bauelemente. Es wird unterschieden zwischen drei Isolationen: HF-LO, HF-NF und LO-NF. Die Bedeutung der einzelnen Isolationsarten hängt vom Einsatzgebiet des Mischers ab.

◆ Dynamikbereich (*Dynamic Range*)

Als Dynamikbereich wird der Bereich der Amplitude des Eingangssignals bezeichnet, in dem der Mischer ohne Degradation seiner nominellen Eigenschaften arbeitet.

◆ Kompressionspunkt (*Conversion Compression Point*)

Oberhalb eines bestimmten Pegels des HF-Signals steigt der Umsetzverlust an, so daß die Beziehung zwischen NF- und HF-Leistung nicht mehr linear ist – dieser Punkt wird als Kompressionspunkt bezeichnet.

◆ *Intercept Point* (IP_3)

Der *Intercept Point* 3. Ordnung stellt ein Maß für die Unterdrückung der dritten Harmonischen dar.

Zur Realisierung eines Mischers in der Übertragungstechnik sollen hier nur einige Bemerkungen folgen. Der typische Mischer enthält als nichtlineare Bauelemente Dioden (*Schottky Barrier*), Feldeffekt- oder bipolare Transistoren. Bei höheren Frequenzen werden vor allem Diodenmischer mit einer (*single ended*), zwei (*single balanced*), vier (*double balanced*) oder acht (*double double balanced*) Dioden verwendet. Die Anzahl der eingesetzten Dioden entscheidet einerseits über die realisierbaren Werte für Anpassung, Umsetzverlust, Isolation, usw., andererseits steigt aber mit der Anzahl der Dioden sowohl der finanzielle als auch der entwicklungstechnische Aufwand, so daß hier ein Kompromiß gefunden werden muß. In den letzten Jahren wurden verstärkt Mischer mit Transistoren (FET und BJT) auch für höhere Frequenzen (oberhalb 10 GHz) entwickelt. Sie bieten den Vorteil, daß der Umsetzverlust verringert und z. T. sogar ein Umsetzgewinn (*Conversion Gain*) erzielt werden kann.

Einen Sonderfall in der Gruppe der Mischer stellt der (Sub-)Harmonische Mischer (*Subharmonically Pumped Mixer* – SHP *Mixer*) dar. Hierbei handelt es sich i. a. um einen *Down Converter*, bei dem der Mischer eine Harmonische des Umsetzoszillators nutzt.

F.5 Schall und Sprache

Die Sprache (das Sprachsignal) ist das für unsere Kommunikation wichtigste Signal. Sie stellt primär eine Schallschwingung dar. Damit eine elektrische Übertragung möglich ist, muß diese Schallschwingung auf der Sendeseite des Übertragungssystems in ein elektrisches Signal gewandelt werden (akustisch-elektrischer Wandler – Mikrofon) und auf der Empfangsseite aus diesem elektrischen wieder ein akustisches Signal entstehen (elektrisch-akustischer Wandler, Lautsprecher). Akustisch-elektrische und elektrisch-akustische Wandler werden zusammengefaßt unter dem Begriff elektroakustische Wandler.

F.5.1 Schallfeldgrößen

Definition F.5-1 ▼

Schallwellen sind Druckwellen (mechanische Schwingungen) in festen, flüssigen oder gasförmigen Medien.

▲

Schall im engeren Sinne ist der Hörschall im Frequenzbereich von 15 Hz bis 20 kHz, oberhalb davon liegt der Bereich des Ultraschalls, unterhalb der des Infraschalls. Die Einheit für den Schalldruck ist 1 Pascal (Pa) bzw. 1 bar = 10^5 Pa. Bei ungestörter Schallausbreitung (z. B. in Luft) ist die Welle longitudinal,[4] d. h. die Luftpartikel schwingen in Schallausbreitungsrichtung mit der Schnelle v entsprechend der Schallfrequenz hin und her. Die Bewegungsrichtung der Teilchen folgt dabei dem Druckgefälle. Bei ebenen wandernden Schallwellen sind Druck p und Schnelle v zeitlich stets in Phase. Der Quotient der beiden Größen ist eine für das jeweilige Medium charakteristische Größe, die spezifische Schallimpedanz

$$Z_s = \frac{p}{v} = \rho c \qquad \text{(F.5-1)}$$

wobei ρ die Dichte und c die Schallgeschwindigkeit des Mediums ist. Einige typische Werte der Dichte, der Schallgeschwindigkeit und der Schallimpedanz sind in Tab. F.5-1 angegeben.[5]

---

[4] In festen Medien existieren neben Longitudinal- auch Transversalwellen (Biegewellen, Oberflächenwellen).

[5] Bei Festkörpern ist die angegebene Schallgeschwindigkeit diejenige von Longitudinalwellen in dünnen Stäben.

Die Schallgeschwindigkeit c hängt von der Temperatur gemäß

$$c = c_0 \sqrt{\frac{T}{T_0}} \qquad \text{(F.5-2)}$$

ab, mit der Bezugstemperatur $T_0 = 273{,}15$ K. Somit ist natürlich auch die Schallimpedanz temperaturabhängig.

Medium	ρ kg/m³	c m/s	Z_s Pa s/m
Gase			
Luft (rel. Feuchte 60 %)	1,182	344	406
Helium	0,164	1006	165
Sauerstoff	1,314	326	428
Stickstoff	1,150	349	401
Flüssigkeiten			
Ethylalkohol (Ethanol)	789	1180	$0{,}93 \cdot 10^6$
Quecksilber	13551	1451	$19{,}7 \cdot 10^6$
Wasser (10° C)	1000	1440	$1{,}44 \cdot 10^6$
Festkörper			
Aluminium	2700	5080	$16{,}9 \cdot 10^6$
Gold	19300	2030	$62{,}6 \cdot 10^6$
Stahl	7800	5170	$45{,}6 \cdot 10^6$

Tab. F.5-1   Dichte, Schallgeschwindigkeit und Schallimpedanz einiger Medien

F.5.2   Die Lautstärke als subjektive Meßgröße

Wie alle menschlichen Sinne ist auch das Gehör eine subjektive „Einrichtung". Will man ein Ereignis objektiv beurteilen, so benötigt man entsprechende Meßvorrichtungen. Andererseits ist gerade beim Schall das menschliche Empfinden wichtig, da der Mensch in den allermeisten Fällen der Empfänger eines gezielten Schallsignals ist. Beim Schall gilt als subjektive Meßgröße die Lautstärke L_p und als objektive Meßgröße der Schalldruckpegel p (Bezugswert $p_0 = 20$ mPa), die miteinander über die Beziehung

$$\frac{L_p}{\text{dB}} = 20 \log \frac{p}{p_0} \qquad \text{(F.5-3)}$$

verknüpft sind.

Die Einheit der Lautstärke ist das phon. Ein Ton hat die Lautstärke x phon, wenn er gleich laut empfunden wird wie ein Ton von 1 kHz, der an demselben Ort einen Schalldruckpegel von x dB erzeugt. Bei der Bezugsfrequenz 1 kHz entspricht die Lautstärke in phon dem Schalldruckpegel in dB.

Einige Beispiele zur Verdeutlichung der Größenordnungen von Schalldruckpegeln sind in Tab. F.5-2 angegeben.

L_P / dB	Beispiel	Empfindung
0	Hörschwelle	Ruhe
10	Atmen	"
20	Uhrticken	"
30	Flüstern	"
40	leise Unterhaltung	"
50	Unterhaltung	"
60	Schreibmaschine, Telefon	lästig
70	laute Sprache	"
80	lautes Schreien	"
90	Hupe, Motorrad	"
100	Motorrad ohne Schalldämpfer	*schädlich*
110	Kesselschmiede, Flaschenabfüllung	"
120	Flugzeug (3 m)	"
130	Schmerzgrenze	"

Tab. F.5-2   Beispiele für Schalldruckpegel

In Abb. F.5-1 sind die Hörfläche des menschlichen Ohres sowie die Kurven gleicher Lautstärke wiedergegeben. Die Hörfläche (Hörbereich) ist das Gebiet zwischen der Kurve mit 0 phon (untere Grenze der Lautwahrnehmung) und der 120-phon-Kurve (Lautstärkeempfindung geht in Schmerz über). Bei ca. 15 Hz und 20 kHz gehen diese beiden Kurven ineinander über.

Die geschlossene gestrichelte Kurve gibt den Ausschnitt der Hörfläche an, der von der Musik genutzt wird, wobei der Bereich der Sprachsignale noch wesentlich kleiner ist. Dabei ist festzuhalten, daß der vom menschlichen Gehör „nutzbare" Frequenzbereich einerseits – natürlich – nicht für jeden Menschen gleich ist. Andererseits verringert sich dieser Frequenzbereich mit zunehmenden Alter sowie ggf. durch schädigende Einflüsse, wie sie beispielsweise in Tab. F.5-2 aufgeführt sind.

Analog zur Charakterisierung einer Antenne zur Abstrahlung elektromagnetischer Wellen kann auch bei einem Schallstrahler (Lautsprecher) die Scheinleistung

F.5.2 Die Lautstärke als subjektive Meßgröße 437

$$\underline{S} = P + jQ \qquad (F.5-4)$$

definiert werden, wobei P die tatsächlich abgestrahlte Schalleistung ist.

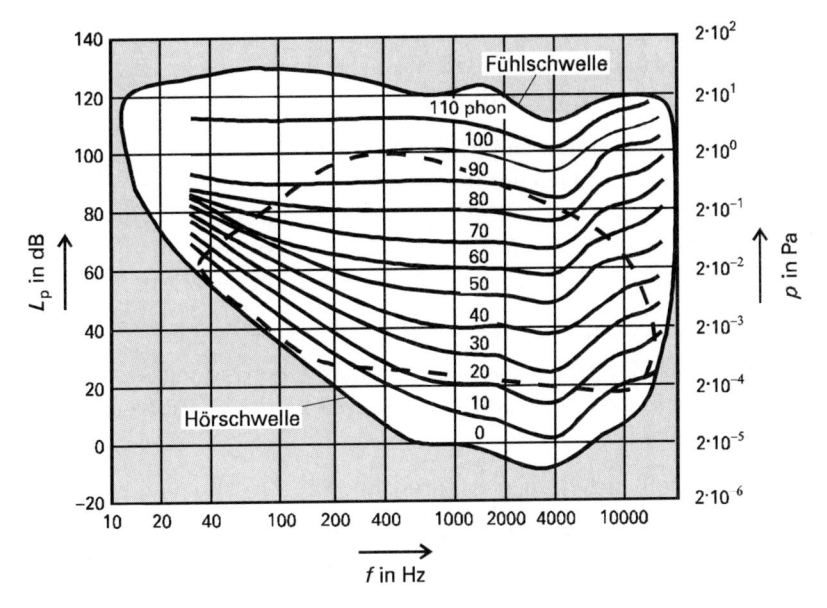

Abb. F.5-1   Hörfläche und Kurven gleicher Lautstärke (nach [Steinbuch u. Rupprecht 82])

Um eine Vorstellung von der Größe der im Alltag vorkommenden Schalleistungen zu vermitteln, sind in Tab. F.5-3 einige typische Werte zusammengestellt.

Schallquelle	P / W
Unterhaltungssprache	$7 \cdot 10^{-6}$
Geige (fortissimo)	$1 \cdot 10^{-3}$
menschliche Stimme (maximal)	$2 \cdot 10^{-3}$
Klavier (fortissimo)	$2 \cdot 10^{-1}$
Trompete (fortissimo)	$3 \cdot 10^{-1}$
Autohupe	5
Orgel	5 ... 10
Pauke (fortissimo)	10
Orchester (75 Instrumente)	70
Großlautsprecher	100
Alarmsirene	1000

Tab. F.5-3   Schalleistung P einiger Schallquellen

F.5.3 Sprachverständlichkeit

Der Aufwand (und damit die Kosten) der Übertragung elektrischer Sprachsignale hängt im wesentlichen davon ab, wie „genau" und wie unverzerrt man die Sprache übertragen will. In der Fernsprechtechnik beschränkt man sich aus wirtschaftlichen Gründen darauf, die Sprache verständlich, aber nicht unverzerrt zu übertragen – auch wenn dies technisch möglich wäre.

Erste systematische Untersuchungen wurden Ende der zwanziger Jahre von Collard (1928) sowie von Fletcher u. Steinberg (1929) durchgeführt. Die Vielzahl der bekannten Beurteilungs- und Meßverfahren führte zur Suche nach universell anwendbaren Verfahren. Ziel war und ist es, subjektive Verfahren durch objektive oder zumindest objektivierende Verfahren zu ersetzen.

- Subjektive Beurteilungsverfahren

  Der Mensch als Empfänger am Ende eines Übertragungssystems soll das Sprachsignal anhand von qualitativ beschreibbaren, quantifizierbaren Merkmalen beschreiben.

- Objektivierende Beurteilungsverfahren

  Mit Hilfe physikalischer Messungen werden objektive Meßwerte gewonnen, deren Interpretation in Form von Gütemerkmalen aber auf Verknüpfungen mit subjektiv erarbeiteten Ergebnissen beruht.

- Objektive Beurteilungsverfahren

  Die Beurteilungsmerkmale basieren ausschließlich auf objektiven Messungen.

Verschiedene Disziplinen, deren Erkenntnisse hierbei eine Rolle spielen, sind u. a. die Experimentalpsychologie, die Physiologie und auch die Geisteswissenschaften.

Für die Sprachübertragung gibt es eine Vielzahl unterschiedlicher Gütemerkmale, von denen nach folgend nur die wichtigsten aufgeführt sind:

- Verständlichkeit;
- Natürlichkeit der Sprache;
- Unterscheidung zwischen weiblichem und männlichem Sprecher;
- Möglichkeit, Rückschlüsse auf das Alter der Sprecher zu ziehen;
- Möglichkeit der Sprecheridentifizierung.

Das wesentliche Kriterium für die Sprachübertragung ist hierbei natürlich die (Sprach-)Verständlichkeit, auf die in diesem Abschnitt ausführlicher eingegangen wird. Die Sprachverständlichkeitsmessungen stammen aus dem Bereich der subjektiven Verfahren und gehören zu den ältesten Meßverfahren. Unter dem Oberbegriff der Verständlichkeit ist dabei zwischen Silben-, Wort- und Satzverständlichkeit zu unterscheiden.

F.5.3 Sprachverständlichkeit

Bei der Überprüfung von Sprachübertragungssystemen durch Prüftexte hängen die Resultate nicht nur vom System ab, sondern auch von der Art der zu übertragenden Sprache, so z. B. bei spektralen Unterschieden (weiblicher/männlicher Sprecher), Sprachgewohnheiten, unterschiedlicher Weitläufigkeit bei verschiedenen Sprechern usw.

Wichtig ist auch, daß ein Übertragungssystem, das ggf. nur für eine bestimmte Sprache vorgesehen ist (z. B. nationale Fernsprechsysteme, bei denen i. a. überwiegend eine Sprache verwendet wird), auch mit der betreffenden Sprache getestet wird. Ein interessantes Maß für den „Klang" einer Sprache (ggf. auch für deren „Wohlklang") ist das Verhältnis von Vokalen zu Konsonanten. So gilt für die deutsche Umgangssprache ein Verhältnis von 39:61, während im Italienischen wesentlich mehr Vokale vorkommen, so daß sich ein Verhältnis von 46:54 ergibt. Hierbei ist anzumerken, daß in der Poesie der Anteil der Vokale meist höher ist als in der Umgangssprache.

Die im Rahmen von Sprachverständlichkeitsmessungen verwendeten Prüftexte sollten phonologisch an eine bestimmte Sprache bzw. Sprachfamilie angepaßt sein, d. h. Art und Häufigkeit der verwendeten Laute im Prüftext sollten derjenigen in der „normalen" Sprache nachgebildet sein. Man spricht dann auch davon, daß die Prüftexte phonologisch ausgewogen sind (*phonemically balanced*). In umfangreichen Untersuchungen anhand der deutschen Sprache wurde ein Problem aufgezeigt. Die Lauthäufigkeiten in verschiedenen Texten der Prosa und der Poesie wiesen im Laufe der letzten Jahrhunderte niemals exakt den gleichen Mittelwert auf. Selbst bei einem Verfasser weichen die Verteilungen in Abhängigkeit von seiner Schaffensperiode bzw. seinem Lebensalter voneinander ab. Daher macht der Versuch einer exakten Nachbildung der Prüftexte nur wenig Sinn. Statt dessen werden Toleranzen vorgesehen, die z. B. bei der Verteilung Vokale/Konsonanten Abweichungen von mehreren Prozentpunkten zulassen.

Wichtiger als die genaue Einhaltung der phonologischen Anpassung ist die phonologische Äquivalenz der Prüftexte untereinander, damit die Meßergebnisse vergleichbar und reproduzierbar sind. Die phonologische Äquivalenz ist so definiert, daß die zum Aufbau der Wörter in den Prüflisten verwendeten Lautbausteine hinsichtlich ihrer Art (Lautverteilung) und der Auswahl ihres Vorkommens (Lauthäufigkeit) gleich sind. Eine phonetische Gleichheit wird hierdurch jedoch nicht erreicht. Schwierig ist die Einhaltung einer vorgegebenen Lautverteilung und -häufigkeit nicht nur für einen Satz, sondern auch hinsichtlich der für die Untersuchung verwendeten Prüfsätze.

Bei der Durchführung von Verständlichkeitsmessungen werden die Prüflisten, bestehend aus Prüfwörtern bzw. Prüfsätzen – über ein zu untersuchendes Übertragungssystem – zu einer Prüfperson übertragen, die dann auf eine der im folgenden beschriebenen Arten reagieren soll.

- System mit offener Antwortmöglichkeit

  Der Empfänger (die Prüfperson) vergleicht die empfangenen Zeichen mit den im Gehirn gespeicherten Sprachmustern. Bei Koinzidenz (Zusammenfallen von empfangenem und gesendetem Sprachmuster) hat er die Nachricht fehlerfrei empfangen. Existiert für die Information keine exakte Zuordnung, so kann aus dem Kontext (bei Sätzen) oder durch die Lautumgebung (bei sinnvollen Einzelwörtern) aufgrund des Bedeutungsgehalts der gesamten Sprachprobe der unvollständige Teil ergänzt werden (Redundanz!). Dies bietet eine um so größere Hilfe, je umfangreicher die Sprachprobe ist (andererseits entfällt sie z. B. bei Logatomen vollständig). Die Verständlichkeit eines Satzes ist also höher als die seiner einzelnen Wörter, Einzellaute oder Logatome. Im Prinzip wird ein Vergleich des gehörten Sprachmusters mit beliebig vielen, im Gedächtnis gespeicherten Sprachmustern durchgeführt, was der Realität recht nahe kommt.

- System mit geschlossener Antwortmöglichkeit

  Hier werden Prüflisten verwendet, die nur aus Wörtern bestehen. Der Versuchsperson steht eine Auswahl fest vorgegebener Antwortmöglichkeiten zur Verfügung. Häufig werden Reimtests durchgeführt, bei denen die Alternativen aus Wörtern bestehen, die dem Testwort sehr ähnlich sind; so ist ein „Erraten" des Testworts nicht mehr möglich. Der Empfänger soll das gesendete Wort in der Liste suchen. Hierbei gibt es keine Entscheidungshilfe durch Redundanz, aber die Testperson ist an die gegebenen Wörter gebunden.

Unabhängig vom gewählten Meßverfahren kann allgemein eine Abhängigkeit der Satz- bzw. Wortverständlichkeit vom Signalrauschabstand angegeben werden. Der typische Verlauf dieser Abhängigkeit ist in Abb. F.5-2 wiedergegeben. Wie hier dargestellt ist, geht die Verständlichkeit innerhalb eines Übergangsbereichs des Signalrauschabstands von einem sehr niedrigen Wert auf einen sehr hohen Wert über. Die Breite des Übergangsbereichs ist weitgehend unabhängig von der Wahl des Meßverfahrens, während jedoch die Lage dieses Bereichs sehr wohl vom verwendeten Meßverfahren abhängt.

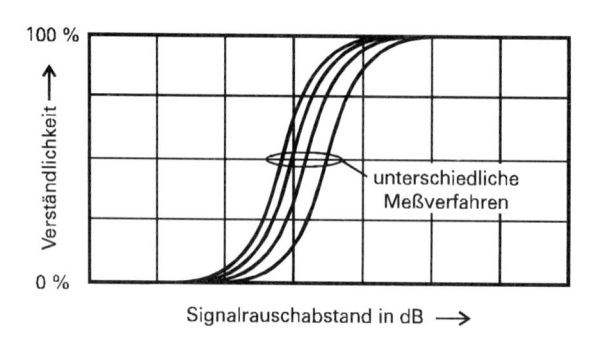

Abb. F.5-2   *Typischer Verlauf der Abhängigkeit der Verständlichkeit vom Signalrauschabstand*

F.5.3 Sprachverständlichkeit

Bei der meßtechnischen Simulation zur Bestimmung der Verständlichkeit übermittelt ein Sprecher – über das zu untersuchende Übertragungssystem – an eine oder mehrere Versuchspersonen (Hörer) Sprachproben. Die Sprachproben sind dabei entweder festgelegt oder stammen aus einem gegebenen Repertoire. Untersucht wird bei dieser Messung, wie groß der Anteil der vom menschlichen Empfänger richtig identifizierten Sprachproben ist. Diese Verständlichkeit, ausgedrückt in Prozent der ursprünglich gesendeten vollständigen Nachricht, ist ein Maß für die Güte der empfangenen Sprache. Bei dieser Untersuchungsmethode müssen die Sprachproben in Abhängigkeit von der Art des Übertragungssystems, der gewünschten Genauigkeit und des möglichen zeitlichen Aufwands gewählt werden.

Im folgenden werden die Silben-, die Satz- und die Wortverständlichkeit etwas eingehender betrachtet. Obwohl diese Größen nicht unabhängig voneinander sind, weisen sie doch ihre eigenen charakteristischen Merkmale auf.

- Silbenverständlichkeit

    Eine Messung kann folgendermaßen durchgeführt werden: 100 Logatome werden übertragen. Hat eine Versuchsperson davon 80 richtig verstanden, so liegt eine Silbenverständlichkeit S von 80 % vor. Bei der Muttersprache ergibt sich hiermit eine Wortverständlichkeit von ungefähr 90 % und eine Satzverständlichkeit von ca. 98 %. Selbst bei einer direkten Unterhaltung (ohne Übertragung) kann die Silbenverständlichkeit teilweise bei nur 80 % liegen. Bei einer Silbenverständlichkeit von $S = 70\%$ ist noch eine einwandfreie Unterhaltung möglich, und bei $S = 50\%$ ergibt sich eine noch erträgliche Verständigung. Störend macht sich eine Silbenverständlichkeit von $S < 100\%$ vor allem bei Fremdwörtern bemerkbar.

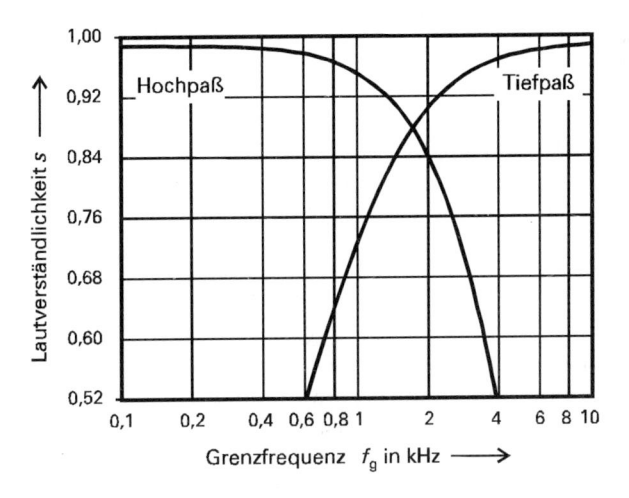

Abb. F.5-3 Abhängigkeit der Lautverständlichkeit von der Frequenzbandbegrenzung (nach [Steinbuch u. Rupprecht 82])

In Abb. F.5-3 ist die Abhängigkeit der Lautverständlichkeit von der Frequenzbandbegrenzung dargestellt. Wird das Spektrum des Sprachsignals (ursprünglich 20 Hz bis 20 kHz) auf den Bereich von 300 Hz bis 3,4 kHz (mittels Filter) begrenzt, so beträgt die Silbenverständlichkeit ca. 75 %, während die Satzverständlichkeit bei nahezu 100 % liegt.[6]

Man kann bei immer noch guter Verständlichkeit ohne weiteres auch noch den Bereich unterhalb 700 Hz abschneiden; dies führt jedoch dazu, daß beim Fernsprechen der Verlust an Klangfarbe zu groß wird; man kann dann männliche und weibliche Stimmen nicht mehr unterscheiden.

♦ Satzverständlichkeit

Ein Maß für die Güte der übertragenen Sprache ist der Prozentsatz der richtig und vollständig übertragenen Testsätze. Hierbei handelt es sich um grammatisch richtige und vollständige Sätze von unterschiedlicher Konstruktion, die meist aus einer ungefähr gleich großen Anzahl von Wörtern bestehen. Die Sätze weisen einen vergleichbaren Schwierigkeitsgrad auf, können sinnvoll sein, aber auch, obwohl grammatisch richtig, keinen Sinn ergeben.

Bedeutung und Anwendungsmöglichkeiten der Messung der Satzverständlichkeit sind eingeschränkt durch den semantischen Gehalt, durch den – in diesem Fall ungewollt – Redundanz eingeführt wird. Durch die grammatische Konstruktion entsteht ein Problem, weil verschiedene Versuchspersonen über unterschiedliche Kenntnisse bzgl. der grammatikalischen Regeln, der Syntax oder der Wortbedeutungen verfügen. Es soll jedoch natürlich nicht der Einfluß von Grammatik, Syntax oder bekanntem Wortschatz auf die Übertragung untersucht werden, sondern ausschließlich der Einfluß der Störungen des Kanals. Ein weiterer Nachteil bei dieser Art der Verständlichkeitsmessung ist die Tatsache, daß jeder Versuchsperson jeder Prüfsatz nur einmal angeboten werden kann, da ansonsten auch die (unterschiedlichen) Gedächtnisleistungen der Probanden in die Untersuchungsergebnisse einfließen.

Die bekanntesten Testsatz-Sammlungen sind:
- Der Marburger Satztest, bestehend aus einfachen, sinnvollen Sätzen zu je fünf Wörtern, wobei der Wortschatz aus der Alltagssprache entnommen wird;
- die Kurzsätze nach Schubert, bestehend aus kurzen sinnvollen Sätzen oder Satzfragmenten zu je drei bis sieben Wörtern;
- die Testsätze nach Beckmann-Schilling, bestehend aus sinnvollen Sätzen aus verschiedensten Bereichen des täglichen Lebens, wobei die Sätze aus jeweils fünf bis zehn Wörtern bestehen.

---

6 Der Bereich unterhalb 300 Hz trägt nicht zur Verständlichkeit bei. Der Einfluß der Frequenzen oberhalb 3,4 kHz ist gering, weshalb hier ein Kompromiß eingegangen wurde zwischen optimaler Verständlichkeit und wirtschaftlichen Gesichtspunkten.

Für bestimmte Zwecke ist Prüfmaterial mit fortlaufendem Text erforderlich, um die Sprachübertragungsqualität eines Systems über einen längeren Zeitraum zu prüfen. Diese Texte sollten allerdings nicht zufällig ausgewählt sein, sondern – wie die Testsatz-Sammlungen – die Lautstatistik der betreffenden Sprache widerspiegeln.

♦ Wortverständlichkeit

Hier gelten i. a. die gleichen Einschränkungen wie bei der Satzverständlichkeit bzgl. der durch die Semantik eingeführte Redundanz, des Gedächtnisses der Probanden usw., jedoch z. T. in deutlich geringerem Maße. Während also die entsprechenden Betrachtungen von der Satzverständlichkeit übernommen werden können, sollen hier nur die drei wichtigsten Meßmethoden vorgestellt werden.

- Wörterlisten mit offener Anwortmöglichkeit

  Hier wird vom Probanden die Beantwortung der individuellen Prüfwörter ohne Beschränkung auf bestimmte vorgegebene alternative Möglichkeiten verlangt.

- Wörterlisten mit geschlossener oder annähernd geschlossener Antwortmöglichkeit („Reimtests")

  Die Redundanz infolge der Wortbedeutung beeinflußt die Aussagekraft der Ergebnisse. Zur reproduzierbaren Ausschaltung dieser Redundanz werden daher Listen mit Wörtern verwendet, die sich nur in einem Laut bzw. einer Lautkombination unterscheiden und wo darüber hinaus nur eine Reihe von Antwortmöglichkeiten offen ist. Die Versuchsperson kann das Testwort somit nicht mehr nach dem Wortklang erraten. Diese Tests werden auch als Reimtests bezeichnet, obwohl nicht nur der Ablaut variiert werden kann, sondern ebenso Anlaut oder Inlaut.

- Adaptive Wörtertests

  Im Gegensatz zu den anderen Verfahren wird hier nicht die Verständlichkeit bei gegebenen Systemvarianten (Signalstörabständen) betrachtet, sondern es wird ein fester Verständlichkeitswert vorgegeben, für den durch Hörversuche der zugehörige Systemparameter (Signalstörabstand) gesucht wird.

F.5.4   Elektroakustische Wandler

Bei der in Abb. F.5-4 gezeigten „Übertragung" akustischer Signale sind auf beiden Seiten des Kanals sogenannte elektroakustische Wandler vorhanden. Diese sorgen sendeseitig (z. B. als Lautsprecher) für die Umwandlung der elektrischen Energie in akustische Schwingungen (d. h. in mechanische Energie) bzw. empfangsseitig (Mikrofon) wiederum für die Umwandlung der mechanischen in elektrische Energie. Bei den hier genannten elektroakustischen Wandlern werden häufig schwingungsfähige Membranen eingesetzt, die in Abb. F.5-4 schematisiert angedeutet sind. Die hier eingeführte Zuordnung von Sender und Empfänger zu Lautsprecher und Mikrofon dient lediglich der Bereitstellung eines Bezugssystems bei der Definition von Kenngrößen elektroakustischer Wandler. In der Praxis wird nur in seltenen Fällen auf beiden Seiten eines akustischen Übertragungssystems ein elektroakustischer Wandler zu finden sein. Im „Normalfall" wird statt dessen entweder der Sender oder der Empfänger der Schallwellen menschlicher Natur sein, d. h. durch einen menschlichen Stimmbildungsapparat oder durch ein menschliches Gehör ersetzt werden.

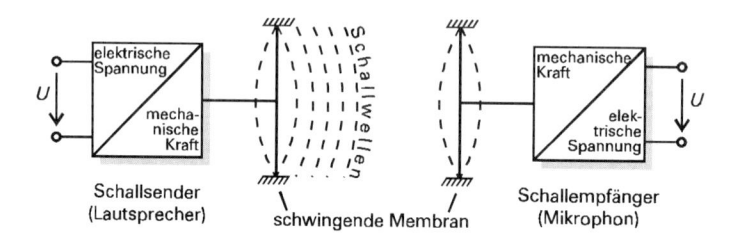

Abb. F.5-4 *Übertragung akustischer Signale (nach [Fellbaum 84])*

In diesem Abschnitt wird eine kurze Übersicht über die unterschiedlichen Prinzipien der elektroakustischen Wandler gegeben, wobei unterschieden wird zwischen folgenden Wandlern:

- elektrodynamischen,
- elektromagnetischen,
- elektrostatischen.

Darüber hinaus wird bei Schallempfängern noch zwischen aktiven und passiven Wandlern differenziert. Passive Wandler entnehmen die mechanische (und somit auch die am Ausgang des Empfängers zur Verfügung stehende elektrische) Energie dem Schallfeld, während aktive Wandler die empfangene mechanische Energie lediglich zur Steuerung verwenden, wobei die elektrische (abgegebene) Energie aus einer anderen Quelle (meist einer zusätzlichen Stromversorgung) stammt. Ein Beispiel für einen (noch) weit verbreiteten aktiven Schallempfänger ist das Kohlemikrofon, das früher in allen Fernsprechapparaten enthalten war. Trotz seines günstigen Preises wird das Kohlemikrofon heute aufgrund des relativ schlechten Frequenzgangs und des hohen Klirrfaktors in Fernsprechgeräten nicht mehr eingesetzt.

Zur Beurteilung der „Effektivität" der Wandlung der elektrischen in die mechanische Energie (beim Sender) bzw. der mechanischen in die elektrischen Energie (beim Empfänger) dient der elektroakustische Übertragungsfaktor B.

Für Schallsender gilt

$$\frac{B_s}{(N/m^2)/V} = \frac{p}{u} \tag{F.5-5}$$

mit dem Schalldruck p in der Entfernung 1 m vom Sender sowie mit der Spannung u an den Klemmen des Senders (Effektivwerte).

Beim Schallempfänger lautet die entsprechende Beziehung

$$\frac{B_e}{V/(N/m^2)} = \frac{u}{p} \tag{F.5-6}$$

mit der Spannung u an den Klemmen des Empfängers und dem empfangenen Schalldruck p. Als logarithmische Größe ergibt sich das elektroakustische Übertragungsmaß

$$\frac{G}{dB} = 20 \log \frac{B}{B_0} \tag{F.5-7}$$

Dabei gilt für den Schallsender

$$B = B_s \quad , \quad B_0 = B_{s,0} = 0{,}1 \frac{N/m^2}{V} \tag{F.5-8}$$

bzw. für den Schallempfänger

$$B = B_e \quad , \quad B_0 = B_{e,0} = 10 \frac{V}{N/m^2} \tag{F.5-9}$$

Zu beachten ist hierbei, daß sowohl die Übertragungsfunktion als auch das Übertragungsmaß Funktionen der Frequenz sind, so daß die Frequenzgänge dieser Größen i. a. die zur Beurteilung von elektroakustischen Wandlern zu betrachtenden Größen sind.

Elektrodynamische Wandler

Bei diesem Wandlertyp bewegt sich eine mit einer Spule verbundene Membran zwischen den Polschuhen eines Permanentmagneten und somit im elektromagnetischen Feld (Abb. F.5-5). Die Analyse dieses Wandlertyps erfolgt auf der Basis des Induktionsgesetzes. Somit ergibt sich ein linearer Zusammenhang zwischen Kraft und Strom (beim Schallsender) bzw. zwischen Spannung und Schnelle (beim Schallempfänger). Wegen dieses linearen Zusammenhangs weisen elektromagnetische Wandler sehr gute elektroakustische Eigenschaften auf. Zudem sind sie relativ preisgünstig und mechanisch robust, so daß sie sehr häufig eingesetzt werden, insbesondere im Bereich der Lautsprechertechnik. Dies ist der übliche Wandlertyp bei der qualitativ hochwertigen Wiedergabe von Musik und Sprache. Elektrodynamische Schallempfänger haben den Nachteil, daß sie empfindlich gegen magnetische Wechselfelder (Brumm) und Störschall („Handempfindlichkeit") sind.

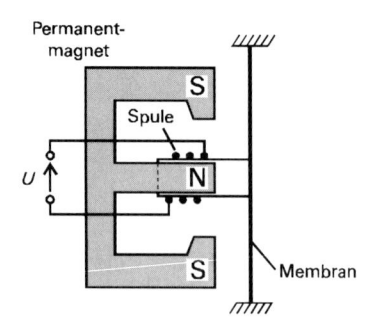

Abb. F.5-5 Prinzip des elektrodynamischen Wandlers

Der schematische Aufbau eines Schallsenders bzw. eines Schallempfängers nach dem elektrodynamischen Prinzip ist der Abb. F.5-6 zu entnehmen.

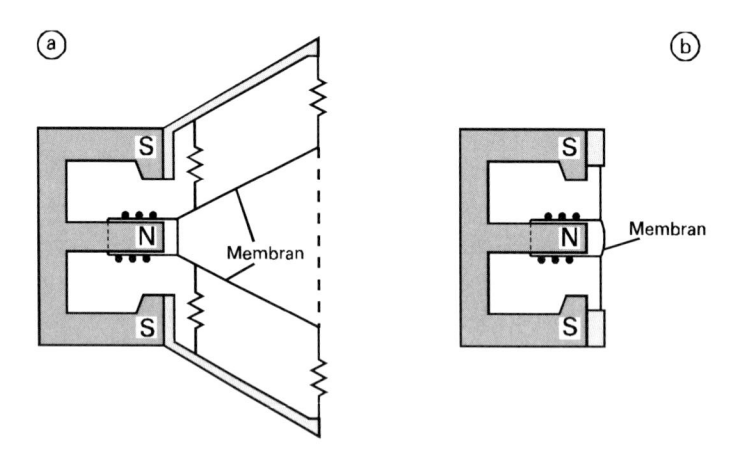

Abb. F.5-6 Schematischer Aufbau von elektrodynamischen Wandlern – a: Schallsender, b: Schallempfänger

Elektromagnetische Wandler

Hier befindet sich die Membran (aus Weicheisen) in geringem Abstand vor einem Permanentmagneten, der von einer Spule umgeben ist (Abb. F.5-7). Der magnetische Fluß des Magneten setzt sich zusammen aus einem Gleichanteil sowie einem, durch den durch die Spule fließenden Strom hervorgerufenen, Wechselanteil. Die Kraft, die der Magnet auf die Membran ausübt, ist proportional zum Quadrat des magnetischen Flusses. Das bedeutet aber, daß hier ein nichtlinearer Zusammenhang zwischen „Ursache" (Spannung bzw. Schalldruck) und „Wirkung" (Schalldruck bzw. Spannung) vorliegt. Daraus ergeben sich vergleichsweise ungünstige Übertragungseigenschaften, die dazu führen, daß elektromagnetische Wandler kaum eingesetzt werden. Eine Ausnahme hiervon bildet die Hörkapsel in Fernsprechapparaten.

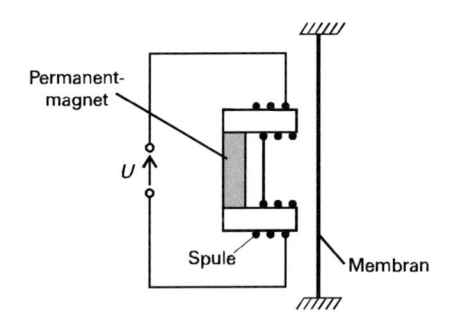

Abb. F.5-7   Prinzip des elektromagnetischen Wandlers

Elektrostatische Wandler

Elektroakustische Wandler, die nach dem elektrostatischen Prinzip funktionieren, sind hochwertige Schallwandler mit einem streng linearen Frequenzgang über einen relativ weiten Frequenzbereich. Der Einsatzbereich von elektrostatischen Schallempfängern liegt hauptsächlich in der Studiotechnik, bedingt durch die aufwendige (und damit teure) Bauweise, die Empfindlichkeit gegenüber mechanischer Beanspruchung sowie die Notwendigkeit einer zusätzlichen Spannungsquelle.

Schallsender nach diesem Prinzip besitzen den Vorteil, daß die Membran sehr leicht ist und keine zusätzlichen Massen bewegen muß (wie beim elektrodynamischen Wandler). Somit kommen sehr kurze Ein- und Ausschwingzeiten zustande, die bei hohen Frequenzen zu einem weitgehend unverzerrten und natürlichen Klangbild führen. Der Nachteil ist jedoch der geringe Elektrodenabstand, der nur geringe Schwingungsamplituden zuläßt. Tiefe Frequenzen sind somit benachteiligt, so daß elektrostatische Schallsender bevorzugt als Hochtonlautsprecher zum Einsatz kommen.

Das Kondensatormikrofon, Beispiel eines elektrostatischen Wandlers

Das Mikrofon hat die Aufgabe, Schallschwingungen in entsprechende elektrische Schwingungen umzusetzen. Hierzu werden die Schallschwingungen in mechanische Schwingungen umgewandelt und aus diesen dann elektrische Schwingungen erzeugt. Schallschwingungen werden durch die Schnelle v und den Druck p charakterisiert. Da diese Größen (im ungestörten Fall) über die Schallimpedanz miteinander verbunden sind, kann entweder der Druck oder die Schnelle als die steuernde Größe eines Mikrofons verwendet werden. Man spricht dann vom Druck- bzw. Schnelle-Empfänger. Da die Schnelle eine vektorielle Größe ist, besitzt der Schnelle-Empfänger eine Richtcharakteristik; im Gegensatz dazu ist der Druck skalar, weshalb ein Druck-Empfänger i. a. keine Richtcharakteristik aufweist. In der Realität liegt immer eine Mischung aus beiden Formen vor, so daß jedes Mikrofon eine gewisse Richtcharakteristik aufweist.

Abschließend soll hier die Funktionsweise des Kondensatormikrofons näher betrachten werden. Der prinzipielle Aufbau sowie die Betriebsschaltung sind in Abb. F.5-8 dargestellt.

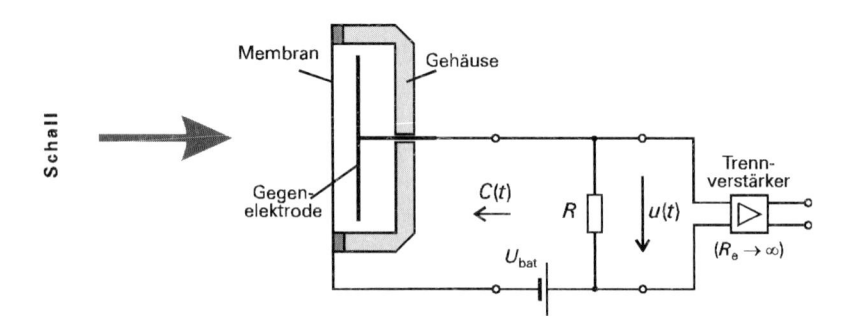

Abb. F.5-8   Das Kondensatormikrofon

Sowohl Membran als auch Gegenelektrode sind elektrisch leitend und bilden einen Kondensator mit der bekannten Gleichung für die Kapazität

$$C = \frac{\varepsilon A}{d} \tag{F.5-10}$$

Ändert sich der Abstand d aufgrund einer Schallschwingung zeitlich, gilt also $d(t) = d_0 + d_1(t)$, so ist

$$C = \frac{\varepsilon A}{d_0 + d_1(t)} \tag{F.5-11}$$

Hierbei ist A die Fläche der Gegenelektrode, ε die Permeabilität des Mediums zwischen Membran und Gegenelektrode und d_0 deren Ruheabstand. In der Schaltung in Abb. F.5-8 ist das Mikrofon (durch $C(t)$ repräsentiert) über einen hochohmigen Widerstand (typ. 10 MΩ) an eine Gleichspannungsquelle U_{bat} gelegt. Die Kapazität des unbeschallten Mikrofons und der Widerstand R bilden eine Zeitkonstante, die groß ist gegen die Periodendauer der Schallschwingung, d. h. die Ladung Q_0 auf den Platten des Kondensatormikrofons bleibt näherungsweise konstant. Damit ergibt sich die Spannung über dem Kondensator zu

$$U_{bat} + u(t) = \frac{Q_0}{C} = \frac{Q_0}{\varepsilon A}(d_0 + d_1(t)) \tag{F.5-12}$$

mit dem Wechselanteil

$$u(t) = \frac{Q_0}{\varepsilon A} d_1(t) \tag{F.5-13}$$

Das bedeutet, daß die Verstärkereingangsspannung proportional zur Abstandsänderung $d(t)$ und damit auch proportional zur Membranauslenkung ist.

Der vorwiegende Einsatz des Kondensatormikrofons ist der Druckempfänger, bei dem Membran und Gehäuse ein hermetisch abgedichtetes Gehäuse bilden. Kondensatormikrofone werden bevorzugt dort verwendet, wo es um hohe Präzision geht, also z. B. in der Meßtechnik oder bei Schallaufnahmen hoher Qualität. Bei tiefen Frequenzen können sich Verzerrungen ergeben, wobei die untere Grenzfrequenz durch die Zeitkonstante RC bestimmt wird, während der Frequenzbereich nach oben durch mechanische Resonanzen der Membran (und evtl. des Mikrofongehäuses) begrenzt wird.

F.6   Übungsaufgaben

Aufgabe F-1

Gegeben ist ein nichtlineares Bauelement mit der Kennlinie

$$i(t) = c_0 + c_1 u(t) + c_2 u^2(t) + c_3 u^3(t) + \ldots$$

und den Koeffizienten

$$c_1 = 10 \text{ mA/V} \quad , \quad c_2 = 0{,}1 \text{ mA/V}^2 \quad , \quad c_3 = 5 \text{ µA/V}^3 \quad , \quad c_0, c_4, c_5, \ldots \equiv 0 \, .$$

An das Bauelement wird die Spannung $u(t) = \hat{u} \cos \omega_1 t$ angelegt, mit $\omega = 2\pi f$, $f = 100$ kHz, $\hat{u} = 10$ V.

1. Berechnen Sie die Amplituden aller Spektrallinien I_i des Stromes.

2. Berechnen Sie den Klirrfaktor und das Klirrdämpfungsmaß an einem Lastwiderstand $R_L = 50 \, \Omega$.

Durch Verwendung eines anderen Bauelements wird der Koeffizient c_3 so weit verringert, daß er vernachlässigt werden kann. Gleichzeitig verändern sich auch die anderen Koeffizienten zu

$$c_1 = 1 \text{ mA/V} \quad , \quad c_2 = 5 \text{ mA/V}^2 \quad , \quad c_0, c_3, c_4, c_5, \ldots \equiv 0 \, .$$

An das Bauelement wird jetzt die Spannung $u(t) = \hat{u}_T \cos \omega_T t + \hat{u}_S \cos \omega_S t$ mit $f_T = 75$ kHz, $\hat{u}_T = 5$ V, $f_S = 15$ kHz, $\hat{u}_S = 1$ V angelegt.

3. Berechnen Sie die Amplituden aller Spektrallinien I_i des Stromes und stellen Sie sie graphisch dar.

Aufgabe F-2

1. Berechnen Sie die in einem idealen Mischer entstehenden Frequenzen für $0 \leq m \leq 3$ und $0 \leq n \leq 3$ ($f_1 = 200$ MHz, $f_2 = 20$ MHz).

2. Skizzieren Sie das Frequenzspektrum des Ausgangssignals unter Vernachlässigung der Amplituden der Spektralanteile.

Aufgabe F-3

Ein Funksystem soll eine Verbindung wahlweise auf zwei verschiedenen Trägerfrequenzen ermöglichen ($f_1 = 60{,}2$ GHz bzw. $f_2 = 51{,}2$ GHz). Um den gerätetechnischen Aufwand zu verringern, soll für beide Empfängertypen der gleiche Umsetzoszillator verwendet werden. Welche Frequenz f_{LO} hat dieser Umsetzoszillator, und welche Zwischenfrequenz f_{ZF} entsteht dabei?

Aufgabe F-4

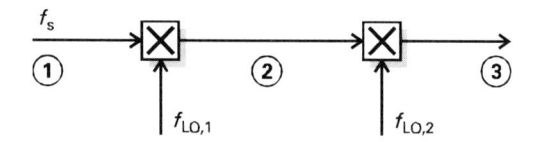

Abb. F.6-1   Blockschaltbild der sendeseitigen Signal-Umsetzung

Auf der Sendeseite einer Funkverbindung (Abb. F.6-1) soll ein Signal aus dem Basisband (Abb. F.6-2) in ein höheres Frequenzband umgesetzt werden. Dies geschieht in zwei Stufen mit Hilfe zweier Umsetzoszillatoren ($f_{LO,1} = 500$ MHz und $f_{LO,2} = 11{,}5$ GHz).

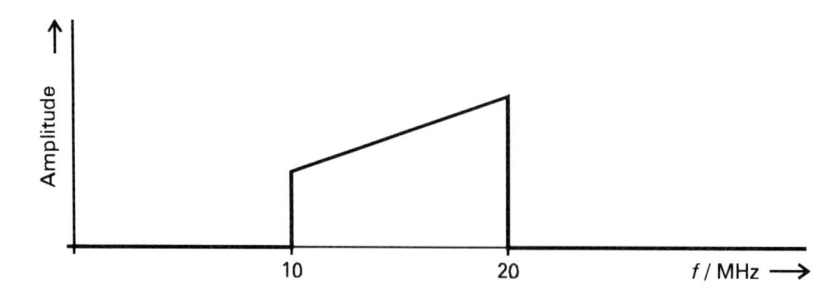

Abb. F.6-2   Basisband-Spektrum des Sendesignals

1. Skizzieren Sie die vollständigen Spektren (mit Angabe der Frequenzen) an den Punkten 2 und 3.

2. Für die Übertragung ist das Frequenzband 12 GHz bis 12,1 GHz zugeordnet worden. Skizzieren Sie ein ergänztes Blockschaltbild, mit dem erreicht wird, daß das Sendesignal keine unerwünschten Ausstrahlungen außerhalb dieses Frequenzbereichs verursacht. Beachten Sie dabei die Realisierbarkeit der von Ihnen vorgeschlagenen Baugruppen.

3. Weshalb erfolgt die Umsetzung in zwei Stufen?

Hinweis: Bei den Mischvorgängen sind hier jeweils nur die Mischprodukte für $n = 1$ zu berücksichtigen.

Aufgabe F-5

Zu untersuchen ist die in Abb. F.6-3 gegebene Schaltung zur Erzeugung eines FM-Hörfunk-Signals.

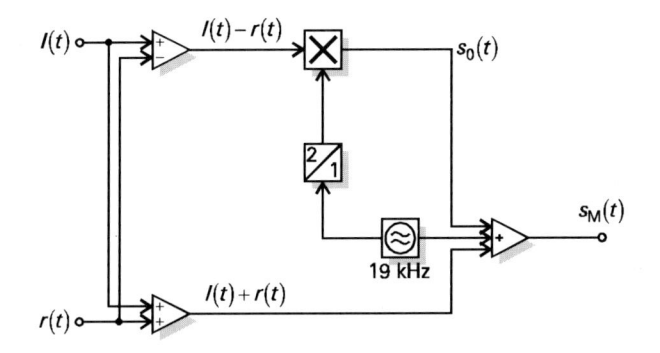

Abb. F.6-3 Schaltung für FM-Hörfunk

Die anliegenden Signale $l(t)$ und $r(t)$ sind in Abb. F.6-4 dargestellt.

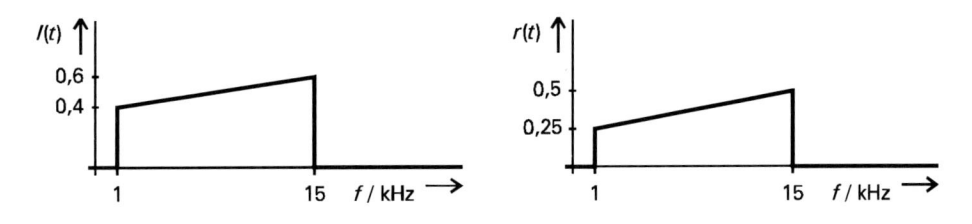

Abb. F.6-4 Signale $l(t)$ und $r(t)$

Skizzieren Sie die Spektren der folgenden Signale:

$$l(t) - r(t) \quad , \quad l(t) + r(t) \quad , \quad s_0(t) \quad , \quad s_M(t)$$

Aufgabe F-6

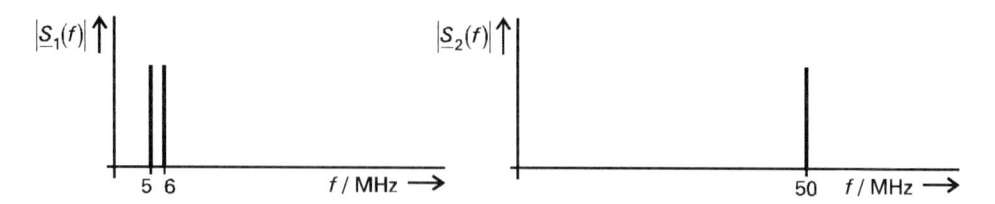

Abb. F.6-5 Spektren der Signale 1 (links) und 2 (rechts)

1. Skizzieren Sie die Mischprodukte der in Abb. F.6-5 dargestellten Signale 1 und 2 für $0 \leq m \leq 2$ und $0 \leq n \leq 2$. (Frequenzachse nicht maßstäblich)
2. Erläutern Sie – anhand einer Skizze – die Begriffe Regel- und Kehrlage.

Eine Antenne empfängt das in Abb. F.6-6 gezeigte Spektrum.

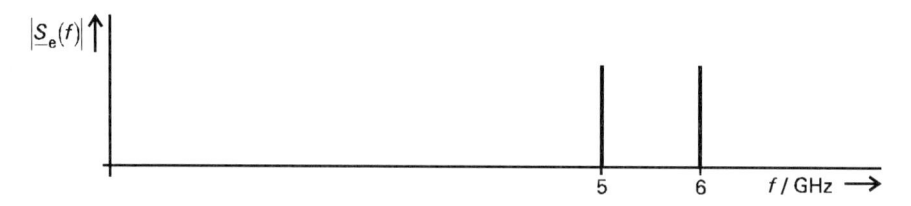

Abb. F.6-6 Empfangsspektrum

Das Nutzsignal ($f_{HF,1}$) soll mit einem Umsetzoszillator $f_{UO} = 12{,}5$ GHz in eine Frequenzlage von $f_{NF} = 500$ MHz umgesetzt werden.

3. Welches Problem tritt hierbei auf, und was kann dagegen unternommen werden?

Teil G

Modulations- und Multiplexverfahren

G.1 Grundlagen

G.1.1 Einleitung

Bei der Übertragung von Signalen muß prinzipiell unterschieden werden nach der Frequenzlage, in der die Übertragung stattfindet. Erfolgt die Übertragung in dem Frequenzbereich, in dem das zu übertragende (Basisband-)Signal vorliegt, so spricht man von Basisbandübertragung. Die Basisbandübertragung weist u. a. folgende – teilweise bereits in Kapitel D.3 erläuterte – charakteristische Merkmale auf:

- Geringer Aufwand bei der Realisierung.
- Gegebenenfalls muß ein Gleichanteil mitübertragen werden, d. h. es muß eine galvanische Kopplung zwischen Sender und Empfänger vorhanden sein (siehe auch Kapitel D.3).
- Lange 0- oder 1-Folgen führen zu Problemen bei der Taktsynchronisation (siehe auch Abschnitt G.3.12).
- Keine Mehrfachausnutzung von Übertragungswegen möglich, d. h. für jede Übertragung muß ein eigener Kanal zur Verfügung stehen.

Dem Vorteil des geringen Aufwands stehen eine Anzahl gewichtiger Nachteile gegenüber, denen man durch Einführung von Übertragungen mit einem modulierten Träger begegnen kann. Hierbei handelt es sich um ein Bandpaßsignal, dessen Eigenschaften sowie Vor- und Nachteile bereits in Kapitel D.3 vorgestellt wurden.

Definition G.1-1 ▼

Modulation ist die Veränderung von Signalparametern eines Trägers in Abhängigkeit von einem modulierenden Signal.

Demodulation ist die Rückgewinnung der in einer modulierten Trägerschwingung enthaltenen Signalinformation.

▲

Die Abb. G.1-1 zeigt den grundsätzlichen Aufbau einer Übertragung mit Hilfe von Modulation und Demodulation. Sendeseitig wird das Basisbandsignal im Modulator dem Träger aufmoduliert. Das entstehende Modulationssignal wird nach der Übertragung auf einem i. a. störungsbehafteten Kanal dem Demodulator zugeführt. Dort wird – z. T. unter Zusatz eines empfangsseitigen Trägers – das Basisbandsignal zurückgewonnen.

G.1.1 Einleitung

Die in Abb. G.1-1 dargestellten und im Laufe der weiteren Abschnitte verwendeten Signale sind folgende:

$s_S(t)$ Basisbandsignal, modulierendes Signal;

$s_0(t)$ Träger(-Signal);

$s_M(t)$ Modulationssignal, moduliertes Signal;

$\bar{s}_M(t)$ durch Störungen während der Übertragung sowie die Eigenschaften des Kanals beeinflußtes Modulationssignal;

$s_{0,E}(t)$ empfangsseitig zugesetzter Träger (bei kohärenter Demodulation);

$\bar{s}_S(t)$ demoduliertes (rückgewonnenes) Signal.

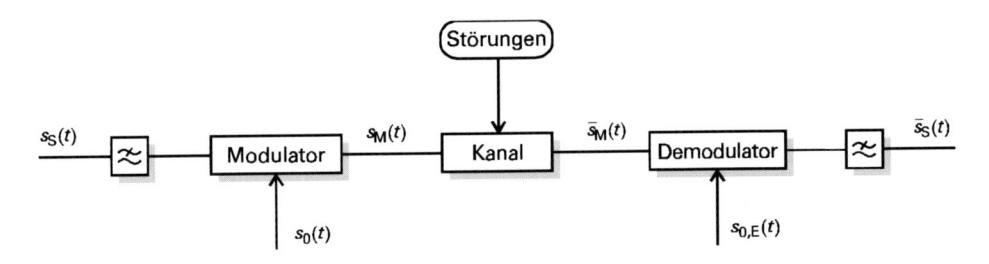

Abb. G.1-1   Prinzip von Modulation und Demodulation

Über die Einheiten der in diesem Teil G verwendeten Signale soll momentan keine Aussage getroffen werden; es kann sich beispielsweise um Spannungen oder um Ströme handeln. Eine weitere interessante Möglichkeit ist, daß Signale mit der Einheit (Leistung)$^{1/2}$ vorliegen.

Die wichtigsten Gründe für den Einsatz von Modulationsverfahren sind:

♦ Verbesserung der Signalanpassung an den Übertragungskanal,

♦ Erzielung günstiger Störabstände,

♦ Mehrfachausnutzung des zur Verfügung stehenden Übertragungskanals.

Eine Übersicht über die Modulationsverfahren wird in Abb. G.1-2 gegeben. Aus der Vielfalt der Modulationsverfahren sind hier die wichtigsten und verbreitetsten dargestellt.

Eine grundlegende Unterscheidung wird dabei nach der Art des Trägers getroffen:

♦ Modulationsverfahren mit Sinusträger (Kapitel G.2 und G.3),

♦ Modulationsverfahren mit Pulsträger (Kapitel G.4).

Bei der Betrachtung der Modulation aus signaltheoretischer Sicht handelt es sich um ein stochastisches Signal (die Nachricht), das auf ein deterministisches Signal (den Träger) aufmoduliert wird.

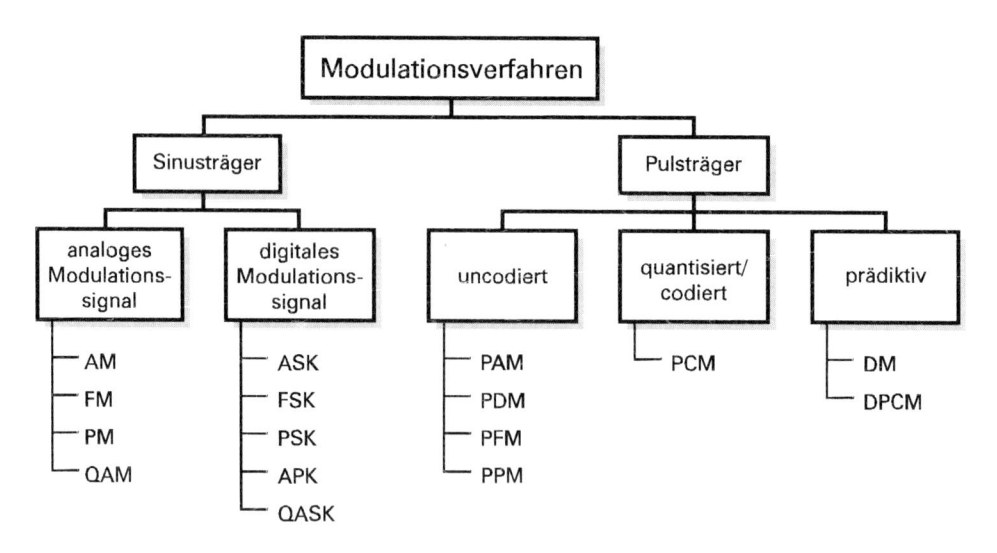

```
                    Modulationsverfahren
                    /              \
              Sinusträger         Pulsträger
              /      \           /     |      \
        analoges  digitales  uncodiert quantisiert/ prädiktiv
        Modulations- Modulations-        codiert
        signal    signal
         AM       ASK        PAM       PCM        DM
         FM       FSK        PDM                  DPCM
         PM       PSK        PFM
         QAM      APK        PPM
                  QASK
```

Abb. G.1-2   Übersicht über die wichtigsten Modulationsverfahren

Während bei den Modulationsverfahren mit Sinusträger prinzipiell eine Umsetzung in eine deutlich höhere Frequenzlage stattfindet, ist dies bei den Verfahren mit Pulsträger nicht der Fall – sie werden daher auch als Basisband-Modulationsverfahren bezeichnet.

G.1.2   Kurzbezeichnungen

Für die verschiedenen Sendearten sind im *Règlement des Radiocommunications* (1959, Genf) zwei- bzw. dreistellige Kurzbezeichnungen festgelegt worden, die sich aus den in den Tabellen G.1-1 bis G.1-3 gezeigten Zeichen zusammensetzen.

1. Stelle	Modulationsart
A	Amplitudenmodulation
F	Frequenzmodulation
P	Pulsmodulation

Tab. G.1-1   Erste Stelle der Kurzbezeichnung [Prokott 75]

Die zusätzlichen Merkmale A, B, C, J, H (siehe Tab. G.1-3) werden für kontinuierlich modulierte Sendungen und die zusätzlichen Merkmale D, E, F, G für pulsförmig modulierte Sendungen verwendet.

G.1.3 Das Zustandsdiagramm

2. Stelle	Übertragungsart
0	Fehlen jedweder Modulation
1	Telegraphie ohne Modulation, tonlos
2	Telegraphie durch Tasten einer oder mehrerer modulierender Tonfrequenzen oder durch Tasten einer tonmodulierten Sendung
3	Zweiseitenband-Amplitudenmodulation mit Träger, Funkfernsprechen oder Tonrundfunk
4	Bildfunk, Träger unmittelbar oder mit moduliertem Hilfsträger
5	Fernsehen
6	Diplex- oder Duplextelegraphie mit vier Frequenzen
7	Tonfrequente Mehrfachtelegraphie, Wechselstromtelegrafie (WT)
9	Gemisch und sonstige Fälle

Tab. G.1-2   Zweite Stelle der Kurzbezeichnung [Prokott 75]

3. Stelle	Zusätzliche Merkmale
A	Einseitenband-Sendung mit reduziertem Träger
B	Einseitenband-Sendung mit reduziertem Träger und zwei voneinander unabhängigen Seitenbändern
C	Sendung mit zum Teil unterdrücktem Seitenband
J	Einseitenband-Sendung ohne Träger
H	Einseitenband-Sendung mit vollem Träger
D	Sendung mit veränderlicher Amplitude, Telegraphie auf pulsmoduliertem Träger
E	Pulsdauermodulation
F	Pulsphasenmodulation
G	Pulscodemodulation

Tab. G.1-3   Dritte Stelle der Kurzbezeichnung [Prokott 75]

G.1.3   Das Zustandsdiagramm

Das Zustandsdiagramm ist eine mögliche Darstellungsform des äquivalenten Basisbandsignals, bei der zwar die Information über den zeitlichen Verlauf des Signals verlorengeht, dafür aber unterschiedliche Signalzustände um so deutlicher erkennbar sind. Als Zustandsdiagramm wird dabei die Projektion des äquivalenten Tiefpaßsignals in die komplexe Ebene, aufgespannt vom Real- und vom Imaginärteil von $\underline{s}_T(t)$ (vereinfachend mit I bzw. Q für Real- bzw. Imaginärteil gekennzeichnet), bezeichnet. In Abb. G.1-3 sind für zwei einfache Beispiele die Zustandsdiagramme dargestellt.

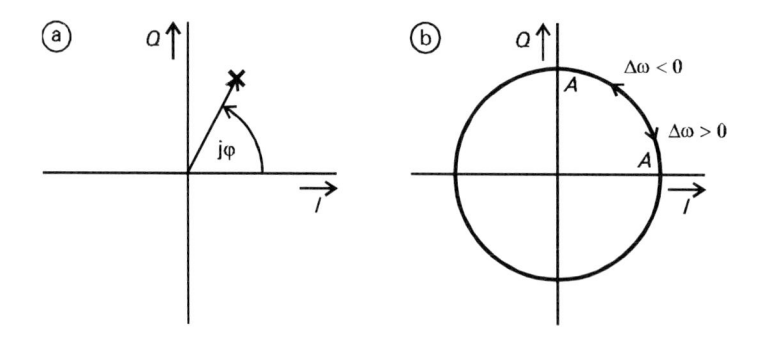

Abb. G.1-3 Zustandsdiagramm des unmodulierten Trägers (a) und eines unmodulierten Trägers mit Frequenzversatz (b)

Die Abb. G.1-3a zeigt das Zustandsdiagramm eines unmodulierten Trägers bei der Frequenz ω_0 und dem Nullphasenwinkel φ. Wegen

$$s(t) = A \,\Re\left\{e^{j(\omega_0 t+\varphi)}\right\} \tag{G.1-1}$$

und

$$\underline{s}_T(t) = A\,e^{j\varphi} \tag{G.1-2}$$

besteht in diesem einfachsten Fall das Zustandsdiagramm nur aus einem einzelnem Punkt.

Die Abb. G.1-3b enthält auch das Zustandsdiagramm eines unmodulierten Trägers, der aber in diesem Fall einen Frequenzversatz $\Delta\omega$ aufweist, so daß hier ein Kreis um den Koordinatenursprung entsteht. Die mathematische Beschreibung zeigt hierfür das reelle Bandpaßsignal

$$s(t) = A \,\Re\left\{e^{j(\omega_0+\Delta\omega)t}\right\} = A\cos(\omega_0+\Delta\omega)t \tag{G.1-3}$$

sowie das äquivalente Tiefpaßsignal

$$s_T(t) = A\,e^{j\Delta\omega t} \tag{G.1-4}$$

G.1.4 Der Sinusträger und seine Beschreibung

Für die Behandlung von Modulationsverfahren, die einen harmonischen Sinusträger verwenden, ist es wichtig, daß zuerst eine geeignete Beschreibung der Sinusträgerschwingung vorliegt. – Der Sinusträger

$$\begin{aligned}s_0(t) &= \hat{s}_0(t)\cos[\omega_0 t + \varphi_0(t)] \\ &= \hat{s}_0(t)\cos\psi_0(t)\end{aligned} \tag{G.1-5}$$

weist die zeitabhängige Trägeramplitude $\hat{s}_0(t)$, die konstante Trägerfrequenz ω_0 und den zeitabhängigen Nullphasenwinkel $\varphi_0(t)$ auf. Hieraus lassen sich die

G.1.4 Der Sinusträger und seine Beschreibung

beiden prinzipiellen Möglichkeiten der Modulation ableiten, nämlich die Amplitudenmodulation und die Winkelmodulation, wobei die Winkelmodulation wiederum nach Phasenmodulation und Frequenzmodulation unterteilt wird. Obwohl die Trägerfrequenz konstant sein soll, stellt dies keinen Widerspruch zur Möglichkeit der Frequenzmodulation dar, da die Veränderung der Trägerfrequenz als Ableitung der Phase $\psi_0(t)$ definiert ist.

Das reelle Bandpaßsignal kann auch als Realteil der komplexen Trägerschwingung

$$s_0(t) = \Re\left\{\hat{s}_0(t)\, e^{j[\omega_0 t + \varphi_0(t)]}\right\}$$
$$= \Re\left\{\hat{s}_0(t)\, e^{j\psi_0(t)}\right\} \tag{G.1-6}$$

aufgefaßt werden, wobei häufig der Nullphasenwinkel des Trägers mit der (reellen) Amplitude des Trägers zur komplexen Amplitude

$$\underline{\hat{s}}_0(t) = \hat{s}_0(t)\, e^{j\varphi_0(t)} \tag{G.1-7}$$

zusammengefaßt wird. Somit ergibt sich für (G.1-6) die Schreibweise

$$s_0(t) = \Re\left\{\underline{\hat{s}}_0(t)\, e^{j\omega_0 t}\right\} \tag{G.1-8}$$

Auch hier soll wieder die Aufteilung nach In-Phase- und Quadrature-Phase-Komponente gemäß

$$s_0(t) = \underbrace{\Re\{\underline{\hat{s}}_0(t)\}\cos\omega_0 t}_{\text{In-Phase-Komponente}} - \underbrace{\Im\{\underline{\hat{s}}_0(t)\}\sin\omega_0 t}_{\text{Quadrature-Phase-Komponente}} \tag{G.1-9}$$

vorgenommen werden.

Für einige – einfache und elegante – Berechnungsmethoden ist es sinnvoll, negative Frequenzen einzuführen, auch wenn diese für die technische Anwendung an sich keine Bedeutung haben. Dazu wird der physikalische Augenblickswert durch die halbe Summe des komplexen Augenblickswerts $\underline{s}_0(t)$ und des dazu konjugierten Wertes $\underline{s}_0^*(t)$ dargestellt. Somit ergibt sich das reelle Bandpaßsignal zu

$$s_0(t) = \frac{1}{2}\left(\underline{s}_0(t) + \underline{s}_0^*(t)\right)$$
$$= \frac{1}{2}\left(\underline{\hat{s}}_0(t)\, e^{j\omega_0 t} + \underline{\hat{s}}_0^*(t)\, e^{-j\omega_0 t}\right) \tag{G.1-10}$$

Drei häufig verwendete graphische Darstellungen einer Sinusschwingung zeigt die Abb. G.1-4, wobei hier davon ausgegangen wird, daß sowohl die Amplitude $\hat{s}_0(t) = \hat{s}_0$ als auch der (zeitabhängige) Nullphasenwinkel $\varphi_0(t) = \varphi_0$ konstant sind. Es liegt also eine (unmodulierte) Sinusschwingung vor, die als Träger eine wesentliche Rolle bei den in den Kapiteln G.2 und G.3 vorgestellten Modulationsverfahren spielt.

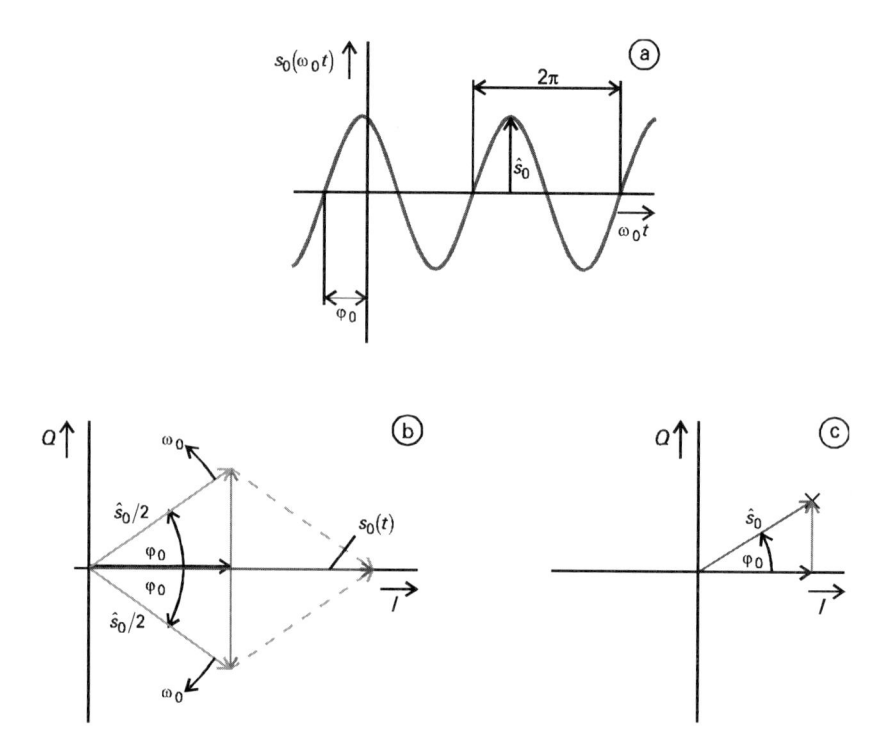

Abb. G.1-4 Drei graphische Darstellungsmöglichkeiten einer Sinusschwingung –
Zeitfunktion (a), Zeigerdiagramm (b) und Zustandsdiagramm (c)

Abb. G.1-4a Die Zeitfunktion (hier wird für die Abszisse $\omega_0 t$ verwendet) zeigt das zeitliche Verhalten der Sinusschwingung.

Abb. G.1-4b Im sogenannten Zeigerdiagramm wird die in (G.1-10) gezeigte Form mit Hilfe von positiven und negativen Frequenzen in der komplexen Ebene dargestellt. Zu sehen ist hier eine Momentaufnahme zum Zeitpunkt $t = 0$ bzw. für $\omega_0 t = n \cdot 2\pi$ $\forall \ n = ..., -2, -1, 0, +1, +2, ...$ Der (reelle) Augenblickswert des reellen Bandpaßsignals $s_0(t)$ ergibt sich als vektorielle Addition der beiden mit $+\omega_0$ bzw. $-\omega_0$ um den Koordinatenursprung rotierenden Zeiger. Die Länge der beiden Zeiger beträgt jeweils $\hat{s}_0/2$, so daß sich $s_0(t)$ im Bereich von $-\hat{s}_0$ bis $+\hat{s}_0$ bewegt.

Außerdem ist hier jeweils die I- und die Q-Komponente der Anteile mit positiver und negativer Frequenz angedeutet.

Abb. G.1-4c Für Erläuterungen zum Zustandsdiagramm sei an dieser Stelle auf den Abschnitt G.1.3 verwiesen, in dem diese Darstellung ausführlich behandelt wurde. In Abb. G.1-4c sind, wie bereits bei Abb. G.1-4a, die I- und die Q-Komponente des Zustands angedeutet.

G.2 Analoge Modulationsverfahren

Für die Übertragung analoger Signale (Sprache, Musik, …) werden die Parameter des Sinusträgers kontinuierlich – in Abhängigkeit vom Basisbandsignal – verändert. Amplitudenmodulation ist die einfachste und zugleich eine der ältesten Modulationsarten und wurde z. B. in frühen Rundfunksystemen eingesetzt. Frequenzmodulation ist eine bezüglich der Übertragungsqualität bessere Übertragung, wenn auch verbunden mit höherem Aufwand und i. a. größerem Bandbreitebedarf, möglich.

Daher ist heute die Amplitudenmodulation in den Bereichen, in denen die Güte der Übertragung von Bedeutung ist, überwiegend von der Frequenzmodulation verdrängt worden. Gegenüber der Amplituden- und der Frequenzmodulation spielt die Phasenmodulation im analogen Bereich nur eine untergeordnete Rolle.

G.2.1 Amplitudenmodulation

G.2.1.1 Einleitung

Wird eine Sinusschwingung lediglich in ihrer Amplitude verändert, ist also $\varphi_0(t) = \varphi_0 = \text{const}$, dann spricht man von reiner Amplitudenmodulation[1] (AM) mit der Amplitude des Modulationssignals

$$\hat{s}_M(t) = \hat{s}_0 + s_S(t) \qquad \text{(G.2-1)}$$

Bei der Amplitudenmodulation wird i. a. unterschieden zwischen

- linearer Amplitudenmodulation[2] ($\hat{s}_0 = 0$)

und

- gewöhnlicher Amplitudenmodulation ($\hat{s}_0 \geq 0$).

Die lineare Amplitudenmodulation stellt somit einen Sonderfall der gewöhnlichen Amplitudenmodulation dar, was im Laufe dieses Abschnitts noch deutlich werden wird. Im Rahmen der folgenden Betrachtungen wird auf die lineare Amplitudenmodulation nur im Fall der Abweichung von der gewöhnlichen Amplitudenmodulation hingewiesen.

---

[1] Im Gegensatz dazu gibt es auch Verfahren, bei denen Amplitude *und* Phase der Sinusschwingung variiert werden, so z. B. bei der Quadraturamplitudenmodulation und bei der Einseitenbandamplitudenmodulation.

[2] Bei der linearen Amplitudenmodulation gilt $\hat{s}_0 = 0$ natürlich nicht am Eingang des Modulators, sondern an dessen Ausgang; d. h. im Spektrum des Modulationssignals ist keine Spektrallinie mit der Frequenz f_0 vorhanden.

G.2.1.2 Theorie

Einleitung

Mit (G.2-1) ergibt sich für das Modulationssignal (das im Vergleich zum unmodulierten Träger auch als modulierter Träger bezeichnet wird)

$$\begin{aligned}
s_M(t) &= \hat{s}_M(t)\cos(\omega_0 t + \varphi_0) \\
&= \hat{s}_M(t)\cos\psi_M(t) \\
&= \hat{s}_0 \cos(\omega_0 t + \varphi_0) + s_S(t)\cos(\omega_0 t + \varphi_0) \\
&= \underbrace{[\hat{s}_0 + s_S(t)]\cos\varphi_0 \cos\omega_0 t}_{s_I(t)} - \underbrace{[\hat{s}_0 + s_S(t)]\sin\varphi_0 \sin\omega_0 t}_{s_Q(t)} \\
&= s_I(t) + s_Q(t)
\end{aligned} \qquad (G.2\text{-}2)$$

Entsprechend der Vorgehensweise in Abschnitt G.1.4 wird auch hier wieder eine Aufspaltung nach I-Komponente $s_I(t)$ und Q-Komponente $s_Q(t)$ durchgeführt. Im folgenden wird – zur Vereinfachung der analytischen Behandlung – eine rein sinusförmige Schwingung im Basisband angenommen. Dies ergibt keine Einschränkung der Allgemeingültigkeit, da – wie aus der Fourier-Analyse bekannt – alle (periodischen) Signale aus einer Anzahl von Sinusschwingungen zusammengesetzt werden können. Somit kann das Basisbandsignal als

$$s_S(t) = \hat{s}_S \cos\omega_S t = \Re\left\{\hat{s}_S\, e^{j\omega_S t}\right\} \qquad (G.2\text{-}3)$$

geschrieben werden, wobei davon ausgegangen wird, daß der, in diesem Zusammenhang uninteressante, Nullphasenwinkel des Signals zu null gesetzt wird.

Werden jetzt (G.2-3) und (G.2-1) in (G.2-2) ein, so ergibt sich für einen, mit einer reinen Sinusschwingung modulierten, Sinusträger die Beziehung

$$\begin{aligned}
s_M(t) &= (\hat{s}_0 + \hat{s}_S \cos\omega_S t)\cos(\omega_0 t + \varphi_0) \\
&= \hat{s}_0 \cos(\omega_0 t + \varphi_0) + \frac{1}{2}\hat{s}_S \cos[(\omega_0 + \omega_S)t + \varphi_0] + \\
&\quad + \frac{1}{2}\hat{s}_S \cos[(\omega_0 - \omega_S)t + \varphi_0] \\
&= \hat{s}_0 \left\{\cos(\omega_0 t + \varphi_0) + \frac{m}{2}\cos[(\omega_0 + \omega_S)t + \varphi_0] + \right. \\
&\quad \left. + \frac{m}{2}\cos[(\omega_0 - \omega_S)t + \varphi_0]\right\}
\end{aligned} \qquad (G.2\text{-}4)$$

Hierbei wird der Modulationsfaktor

$$m = \frac{\hat{s}_S}{\hat{s}_0} \qquad (G.2\text{-}5)$$

G.2.1 Amplitudenmodulation

eingeführt, der, vereinfacht gesagt, proportional zur „Lautstärke" des Basisbandsignals ist. Das Modulationssignal besteht also aus der Trägerschwingung sowie aus zwei Anteilen mit der Amplitude $m\hat{s}_0/2$, die jeweils um ω_S versetzt oberhalb bzw. unterhalb der Trägerfrequenz angeordnet sind. Zur weiteren Vereinfachung der Bearbeitung wird im folgenden auch der Nullphasenwinkel des Trägers zu null ($\varphi_0 = 0$) gesetzt. Die komplexe, zeitunabhängige Amplitude des Trägers

$$\underline{\hat{s}}_0 = \hat{s}_0 \, e^{j\varphi_0} \qquad (G.2-6)$$

wird somit als reell angenommen. Der zeitliche Verlauf der Amplitude für verschiedene Werte des Modulationsfaktors wird im Abschnitt G.2.1.6 graphisch dargestellt. Die graphische Darstellung des Spektrums des Modulationssignals nach (G.2-4) ist in Abb. G.2-1 zu finden. Hier sind das Basisbandsignal – der Einfachheit halber ein einzelner Sinuston – (Abb. G.2-1a), der Träger (Abb. G.2-1b) sowie das Modulationssignal (Abb. G.2-1c) dargestellt.

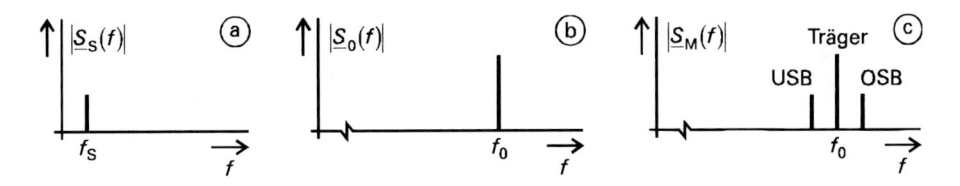

Abb. G.2-1 *Spektrum von Basisbandsignal, Träger und Modulationssignal eines ZSB-AM-Signals*

Das Basisbandsignal wird hierbei frequenzmäßig um die Trägerfrequenz f_0 umgesetzt. Bei Betrachtung des Spektrums leuchtet die Bezeichnung ZSB-AM (Zweiseitenband-Amplitudenmodulation, *Double Side Band* – DSB) sofort ein. Im Modulationssignal erscheint das modulierende Signal sowohl unterhalb (USB, unteres Seitenband, *Lower Side Band* – LSB) als auch oberhalb (OSB, oberes Seitenband, *Upper Side Band* – USB) des Trägers. Man spricht dabei, analog zur Frequenzumsetzung im Mischer, von Regellage (im OSB) und Kehrlage (im USB). Im Fall der linearen Amplitudenmodulation ergibt sich das gleiche Spektrum wie bei der gewöhnlichen Amplitudenmodulation – bis auf einen Unterschied: Im AM-Spektrum $\underline{S}_M(f)$ ist der Träger nicht vorhanden (Abb. G.2-2).

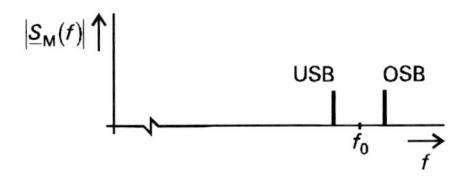

Abb. G.2-2 *Spektrum eines ZSB-AM-uT-Signals*

Somit ergibt sich eine ZSB-AM mit unterdrücktem Träger (ZSB-AM-uT), wobei die Trägerunterdrückung nicht vollständig erfolgen muß (Restträger). Die Unterdrückung a_T des Trägers (mit $0 \leq a_T \leq 1$) wird i. a. als logarithmische Größe in dB angegeben und beispielsweise auf die Leistung des unmodulierten Trägers bezogen. Für $a_T = 0$ ergibt sich ZSB-AM-uT mit vollständiger Trägerunterdrückung, während bei $a_T = 1$ „gewöhnliche" ZSB-AM vorliegt.

Die graphische Darstellung von typischen Zeitfunktionen von ZSB-AM-uT mit unterschiedlicher Trägerunterdrückung ist im Abschnitt G.2.1.6 zu sehen. Die mathematische Beschreibung der ZSB-AM-uT führt zu einer Modifikation der Beziehung (G.2-4):

$$s_M(t) = (a_T \hat{s}_0 + \hat{s}_S \cos \omega_S t) \cos(\omega_0 t + \varphi_0)$$

$$= a_T \hat{s}_0 \cos(\omega_0 t + \varphi_0) + \frac{1}{2} \hat{s}_S \cos[(\omega_0 + \omega_S)t + \varphi_0] + \quad \text{(G.2-7)}$$

$$+ \frac{1}{2} \hat{s}_S \cos[(\omega_0 - \omega_S)t + \varphi_0]$$

bei der die Trägerunterdrückung durch den Faktor a_T berücksichtigt wird. Wird der Fall $a_T = 0$ betrachtet und mit (G.2-1) vergleicht, so ist zu erkennen, daß in diesem Fall eine lineare Amplitudenmodulation vorliegt. Ein wesentlicher Vorteil hierbei liegt darin, daß im Gegensatz zur gewöhnlichen Amplitudenmodulation keine Leistung bei der Trägerfrequenz übertragen wird, die keine Information beinhaltet. Wie im Abschnitt G.2.1.3 noch gezeigt wird, ergeben sich auf der anderen Seite ggf. Schwierigkeiten bei der Demodulation.

Eine wichtige Funktion bei der Beschreibung der Amplitudenmodulation ist die komplexe Hüllkurve, für deren Berechnung sinnvollerweise zur komplexen Schreibweise übergegangen wird, so daß für das Modulationssignal – vergleiche hierzu (G.1-10) – gilt:

$$\underline{s}_M(t) = \frac{1}{2}[s_M(t) + s^*_M(t)]$$

$$= \hat{s}_0 \underbrace{\left\{1 + \frac{m}{2} e^{j\omega_S t} + \frac{m}{2} e^{-j\omega_S t}\right\}}_{\underline{s}_T(t)} e^{j\omega_0 t} \quad \text{(G.2-8)}$$

$$= \underline{s}_T(t) e^{j\omega_0 t}$$

Somit ergibt sich nun die komplexe Hüllkurve (das äquivalente Basisbandsignal) zu

$$\underline{s}_T(t) = \underline{s}_M(t) e^{-j\omega_0 t}$$

$$= \hat{s}_0 \left\{1 + \frac{m}{2} e^{j\omega_S t} + \frac{m}{2} e^{-j\omega_S t}\right\} \quad \text{(G.2-9)}$$

Daraus wiederum kann die für die praktische Beobachtung relevante reelle Hüllkurve

G.2.1 Amplitudenmodulation

$$s_T(t) = \Re\{\underline{s}_T(t)\} \\ = \hat{s}_0(1 + m\cos\omega_S t) \quad \text{(G.2-10)}$$

hergeleitet werden.

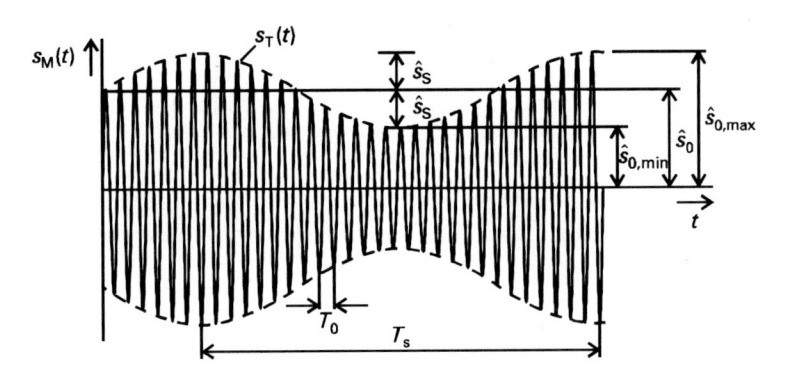

Abb. G.2-3 Zeitlicher Verlauf einer ZSB-AM

Zur Veranschaulichung dieser Zusammenhänge ist in Abb. G.2-3 das zeitliche Verhalten eines ZSB-AM-Signals mit einem Modulationsfaktor von $m = 0{,}4$ dargestellt. Wie hier zu erkennen ist, liegt eine (relativ) hochfrequente Trägerschwingung ($T_0 = 1/f_0$) vor, deren Amplitude von der (relativ) niederfrequenten ($T_S = 1/f_S$) Basisbandschwingung $s_S(t)$ bestimmt wird; dabei gilt hier $T_S = 27 \cdot T_0$ bzw. $f_0 = 27 \cdot f_S$. Der Verlauf der reellen Hüllkurve ist ebenfalls eingezeichnet und entspricht einer Überlagerung der Trägeramplitude mit der Amplitude des modulierenden Basisbandsignals.

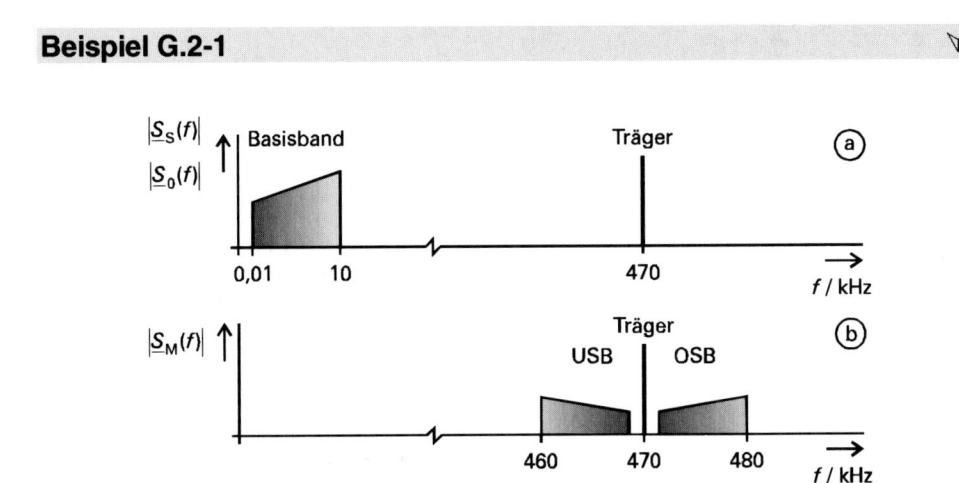

Beispiel G.2-1

Abb. G.2-4 Frequenzspektrum des Modulationssignals der ZSB-AM (nicht maßstäblich)

Ein Audiosignal (10 Hz bis 10 kHz; siehe Abb. G.2-4a) soll auf einem mit Amplitudenmodulation arbeitenden System übertragen werden. Dazu muß dieses Signal einem Sinusträger mit der Frequenz $f_T = 470$ kHz aufmoduliert werden. Die Amplitude des Trägers beträgt 10 V, die maximale Amplitude des Audiosignals 3 V. Hiermit berechnet sich aus (G.2-5) ein Modulationsfaktor von $m = 0{,}3$. Entsprechend Abb. G.2-1 ergibt sich damit das in Abb. G.2-4b gezeigte Frequenzspektrum des Modulationssignals (nicht maßstäblich).

Eine wichtige Darstellungsmöglichkeit, die bereits im Abschnitt G.1.4 vorgestellt wurde, ist das Zeigerdiagramm. Im Falle der Amplitudenmodulation kann aus dem Zeigerdiagramm (Abb. G.2-5a) mit der komplexen Zeigersumme $\underline{s}_T(t)$ wiederum die reelle Hüllkurve $s_T(t)$ berechnet werden, die bereits in (G.2-10) angegeben wurde. Der Zeiger des komplexen Modulationssignals setzt sich aus drei Komponenten zusammen, deren vektorielle Summe den Verlauf der Hüllkurve wiedergibt: aus dem mit ω_0 rotierenden Zeiger der Länge $\hat{s}_0$ (Träger) sowie zwei gegensinnig mit $+\omega_S$ bzw. $-\omega_S$ rotierenden Zeigern der Länge $m\hat{s}_0/2$ (Seitenbandschwingungen). Hierbei wird der Einfachheit halber häufig die konstante Rotation des Zeigers des Trägers unterdrückt, so daß sich sofort der Verlauf der reellen Hüllkurve ablesen läßt.

Die Darstellung als Modulationstrapez (Abb. G.2-5b) hingegen hat eine größere Bedeutung für die Praxis (Meßtechnik), da sich hiermit schnell einige Kennwerte sowie Störungen der Modulation ablesen lassen. Diese Darstellung ergibt sich, indem die x- bzw. die y-Ablenkung eines Oszilloskops mit dem modulierenden bzw. dem modulierten Signal angesteuert werden.

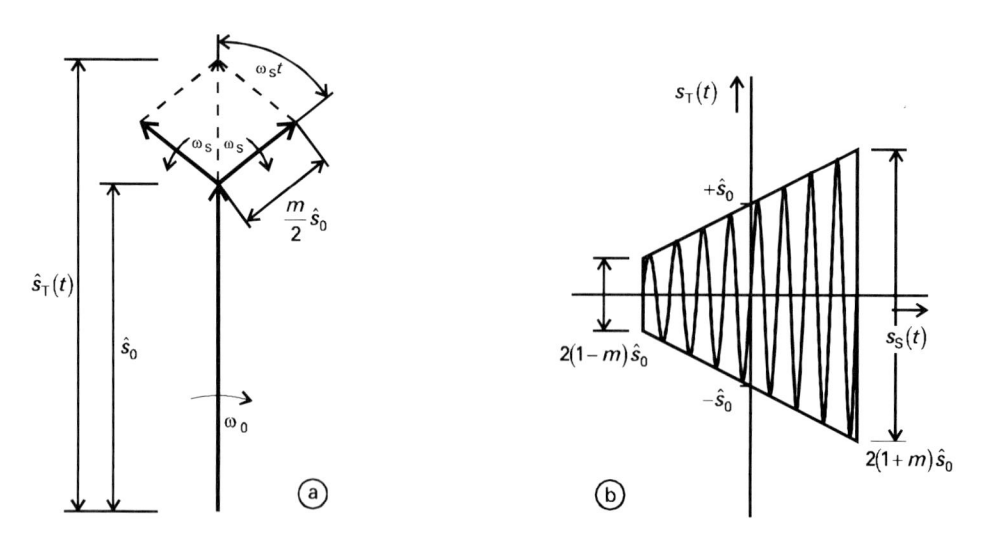

Abb. G.2-5   Zeigerdiagramm (a) und Modulationstrapez (b) der ZSB-AM

G.2.1 Amplitudenmodulation

Anhand des Zeigerdiagramms wird auch deutlich, warum für $m > 1$ zeitweilig eine „negative Amplitude" (genauer ein Phasensprung um 180°) auftritt. In Abschnitt G.2.1.6 werden die Folgen derartiger Übermodulation ($m > 1$) für die Hüllkurve dargestellt.

Leistungsinhalt und Bandbreite

Wie anhand von (G.2-4) leicht berechnet werden kann, beträgt der Leistungsinhalt eines ZSB-AM-Signals

$$P_{\text{ges,ZSB-AM}} = P_0 + P_{\text{USB}} + P_{\text{OSB}}$$

$$= P_0 \left(1 + \frac{m^2}{2}\right) \tag{G.2-11}$$

während entsprechend für die ZSB-AM mit unterdrücktem Träger

$$P_{\text{ges,ZSB-AM-uT}} = a_T P_0 + P_{\text{USB}} + P_{\text{OSB}}$$

$$= P_0 \left(a_T + \frac{m^2}{2}\right) \tag{G.2-12}$$

gilt. Für den Grenzfall $a_T = 1$ ergibt sich wiederum die Beziehung (G.2-11) für die „normale" ZSB-AM. Dies bedeutet, daß bei der Amplitudenmodulation der eigentlichen Trägerleistung Modulationsleistung hinzugefügt werden muß, deren Größe vom Modulationsfaktor m abhängig ist. Der Nachteil hierbei ist, daß die Größe der Sendeleistung, die z. B. für die Auslegung der Sendeverstärker von entscheidender Bedeutung ist, stark schwanken kann. Bei ZSB-AM mit einer Aussteuerung von $m = 1$ ergibt sich somit eine Sendeleistung, die zwischen der einfachen und der anderthalbfachen Trägerleistung schwanken kann – abhängig von der Lautstärke des zu übertragenden Signals. Noch wesentlich stärker ist dieser Effekt bei ZSB-AM-uT, da hier der „ausgleichende" Einfluß des Trägers fehlt.

Der Bandbreitebedarf bei der Amplitudenmodulation hängt vom Spektrum des zu übertragenden Basisbandsignals ab, das von $f_{S,\text{min}}$ bis $f_{S,\text{max}}$ reicht. Die untere Grenzfrequenz spielt bei der ZSB-AM i. a. keine Rolle (bei der Betrachtung des Spektrums), da sie meistens ohnehin klein gegenüber der oberen Grenzfrequenz ist. Daher wird die Bandbreite des Basisbandsignals häufig vereinfachend mit

$$B_{\text{BB}} = f_{S,\text{max}} \tag{G.2-13}$$

angegeben. Die (HF-)Bandbreite eines ZSB-AM-Signals beträgt dann

$$B_{\text{HF}} = 2 B_{\text{BB}} \tag{G.2-14}$$

und entsprechend das Verhältnis der Bandbreite des Modulationssignals zu derjenigen des Basisbandsignals:

$$\beta = \frac{B_{\text{HF}}}{B_{\text{BB}}} = 2 \tag{G.2-15}$$

Dieser wichtige Parameter zur Beurteilung der Bandbreitenausnutzung von (analogen) Modulationsverfahren wird auch bei den weiterhin untersuchten Verfahren angegeben.

Darstellung der Amplitudenmodulation mit Hilfe des analytischen Signals

Anhand der Darstellung der Frequenzspektren in Abb. G.2-7 wird hier die theoretische Behandlung der Zweiseitenband-Amplitudenmodulation mit Hilfe des im Abschnitt B.3.4 vorgestellten analytischen Signals und des äquivalenten Basisbandsignals durchgeführt.

Modulation

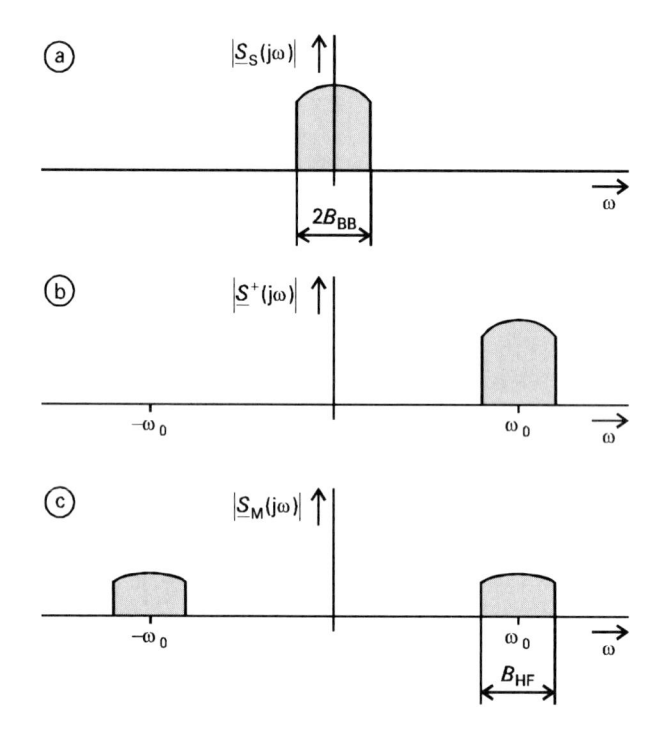

Abb. G.2-6 *Spektren bei der Erzeugung eines ZSB-AM-Signals*

Ausgehend vom reellen Basisbandsignal $s_S(t)$ (Tiefpaßsignal, Spektrum mit geradem Real- und ungeradem Imaginärteil – Abb. G.2-6a) mit der einseitigen Bandbreite B_{BB} wird durch Frequenzverschiebung um die Frequenz (des Sinusträgers) ω_0 das analytische Signal

$$\underline{s}^+(t) = s_S(t)\, e^{j\omega_0 t} \tag{G.2-16}$$

erzeugt, dessen Betragsspektrum in Abb. G.2-6b gezeigt ist. Das gesuchte Modulationssignal (reelles Bandpaßsignal, Spektrum mit geradem Real- und

G.2.1 Amplitudenmodulation

ungeradem Imaginärteil, Abb. G.2-6c) ergibt sich dann aus dem analytischen Signal gemäß

$$s_M(t) = \Re\{\underline{s}^+(t)\} = s_S(t)\cos\omega_0 t \quad \text{(G.2-17)}$$

Dieses Signal weist die Bandbreite B_{HF} auf, die doppelt so groß ist wie die Bandbreite des Basisbandsignals B_{BB}.

Demodulation

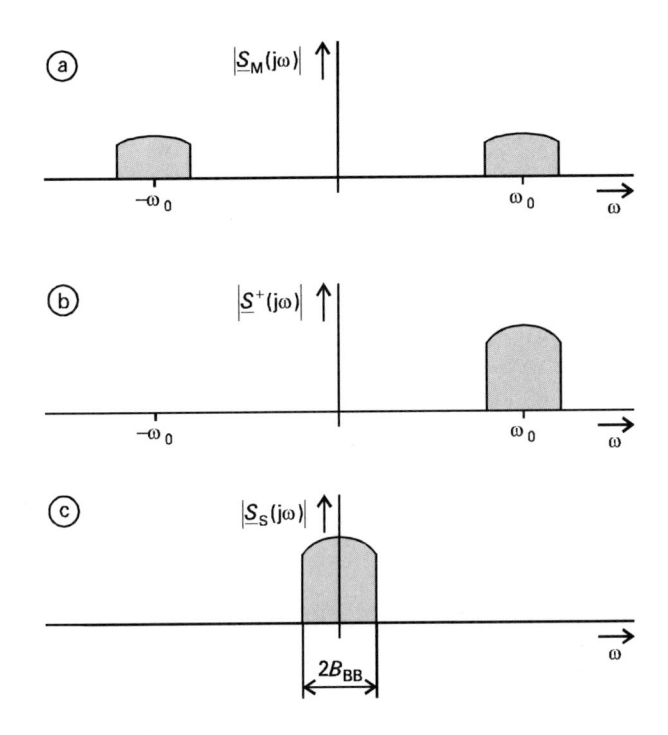

Abb. G.2-7 Spektren bei der Demodulation eines ZSB-AM-Signals

Entsprechend der Vorgehensweise bei der Erzeugung eines ZSB-AM-Signals erfolgt die Demodulation exakt in der umgekehrten Reihenfolge. Das bedeutet, daß im Prinzip die Einzelbilder aus Abb. G.2-6 hier übernommen werden können. Zur Verdeutlichung der bei der Demodulation ablaufenden Vorgänge sind sie in Abb. G.2-7 noch einmal zusammengestellt.

In diesem Fall liegt das Modulationssignal (als reelles Bandpaßsignal) $s_M(t)$ vor (Abb. G.2-7a). Hieraus wird durch Addition des durch die Hilbert-Transformation gewonnenen Imaginärteils $\hat{s}_M(t)$ das analytische Signal

$$\underline{s}^+(t) = s_M(t) + j\hat{s}_M(t) \quad \text{(G.2-18)}$$

mit dem Spektrum nach Abb. G.2-7b.

Eine Frequenzumsetzung dieses Signals mit der Frequenz (des Sinusträgers) ω_0 ergibt dann wieder das Basisbandsignal (ein reelles Tiefpaßsignal)

$$\begin{aligned} s_S(t) &= \Re\left\{\underline{s}^+(t)\,e^{-j\omega_0 t}\right\} \\ &= \Re\left\{s_M(t)\,e^{-j\omega_0 t} + j\hat{s}_M(t)\,e^{-j\omega_0 t}\right\} \\ &= s_M(t)\cdot\cos\omega_0 t + \hat{s}_M(t)\cdot\sin\omega_0 t \end{aligned} \qquad (G.2\text{-}19)$$

dessen Spektrum (mit der zweiseitigen Bandbreite $2B_{BB} = B_{HF}$) in Abb. G.2-7c dargestellt ist.

G.2.1.3 Demodulationsverfahren

Da im Modulationsprodukt die Information nicht mit der Originalfrequenz vorhanden ist (sondern um die Trägerfrequenz verschoben), muß zur Demodulation entweder wiederum eine Frequenzumsetzung stattfinden (wie in Abschnitt G.2.1.2 gezeigt) oder aber eine Möglichkeit gefunden werden, wie die Hüllkurve (in der die eigentliche Information steckt), wiedergewonnen werden kann. Wie bei der Modulation wird auch bei der Demodulation ein Bauelement mit nichtlinearer Kennlinie verwendet. Die Aussteuerung durch die Trägerschwingung erfolgt i. a. soweit, daß sich der Schalterbetrieb einstellt. Man erhält somit eine weitgehend lineare Demodulation.

Bei den Demodulationsverfahren wird zwischen der inkohärenten oder Hüllkurvendemodulation und der kohärenten oder Synchrondemodulation unterschieden.

Hüllkurvendemodulation (inkohärente Demodulation)

Sie stellt die einfachste Art der Demodulation einer ZSB-AM mit Träger dar und besteht im Prinzip aus einem Einweg-Gleichrichter mit nachfolgendem RC-Tiefpaß und einem Kondensator zur Abtrennung der Gleichspannungskomponente (Abb. G.2-8). Hierbei ist kein empfangsseitiger Träger erforderlich, sondern nur eine zumindest näherungsweise Kenntnis der Trägerfrequenz. Allerdings sollte beim Einsatz eines Hüllkurvendemodulators die Trägerfrequenz mindestens um zwei Größenordnungen über der maximalen Signalfrequenz liegen; ansonsten ist der Einsatz eines Synchrondemodulators sinnvoller.

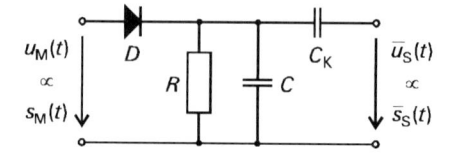

Abb. G.2-8 *Hüllkurvendemodulator*

G.2.1 Amplitudenmodulation

Die Wirkungsweise des Hüllkurvendemodulators kann qualitativ folgendermaßen erklärt werden. Solange die Diode in Flußrichtung gepolt ist (oberhalb der Schleusenspannung von ca. 0,7 V bei Si-Dioden), wird der Kondensator aufgeladen. Maßgebend hierfür ist die Zeitkonstante $T_{\text{lad}} = R_D C$ mit dem Durchlaßwiderstand R_D der Diode. Diese Zeitkonstante wird so klein gewählt, daß sich der Kondensator in wenigen HF-Halbschwingungen annähernd auf den Scheitelwert auflädt. In gleichem Maße steigt die Spannung am Widerstand R und läßt einen Strom hindurchfließen. Sobald die Diode in Sperrrichtung gepolt ist (negative Halbschwingung), entlädt sich der Kondensator C über R, und zwar mit der Zeitkonstanten $T_{\text{entlad}} = RC$.

Der Arbeitswiderstand R muß nun so gewählt werden, daß die Kondensatorspannung während des Entladevorgangs möglichst wenig zurückgeht. Ist das Signal $s_M(t)$ unmoduliert, d. h. die Amplitude konstant, so liegt über der RC-Kombination praktisch eine Gleichspannung an, die wegen des Koppelkondensators nicht am Ausgang erscheint. Das bedeutet, daß bei unmoduliertem Träger kein Ausgangssignal auftritt, wie es auch sein muß. Weist das Signal $s_M(t)$ hingegen Amplitudenmodulation auf, so schwankt die Amplitude mit

$$\bar{s}_S(t) \propto \hat{s}_S \left[1 + m \cos(\omega_S t + \varphi) \right] \tag{G.2-20}$$

Unter der Voraussetzung, daß sich der Kondensator C mindestens so schnell umladen kann, wie sich die Amplitude nach (G.2-20) ändert, steht am Ausgang der Schaltung ein Signal an, das proportional zum ursprünglichen modulierenden Signal ist. Das bedeutet, daß die Zeitkonstante T_{entlad} klein sein muß gegenüber der Periodenlänge T_S bei der maximal auftretenden Frequenz $f_{S,\text{max}} = \omega_{S,\text{max}}/2\pi$ des zu demodulierenden Signals. Für die angedeutete Dimensionierung der Schaltung gilt somit

$$\frac{10}{\omega_0} \leq RC \leq \frac{\sqrt{1-m^2}}{m \omega_{S,\text{max}}} \tag{G.2-21}$$

wobei auf die exakte Herleitung hier verzichtet wird. Zur Erläuterung sei nur angemerkt, daß die linke Ungleichung sicherstellt, daß die Kondensatorspannung während der Strompausen nicht nennenswert absinkt, wobei der Faktor 10 ein Erfahrungswert ist. Die rechte Ungleichung garantiert, daß die Kondensatorspannung auch der höchsten auftretenden Modulationsfrequenz $\omega_{S,\text{max}}$ folgen kann. Die Folgen einer Verletzung dieser Dimensionierungsregel sind in Abb. G.2-9 gezeigt, wobei Abb. G.2-9b bzw. Abb. G.2-9c die Folgen einer Verletzung der linken bzw. der rechten Ungleichung zeigt.

Wie aus der Erklärung der Funktionsweise hervorgeht, kann die Hüllkurvendemodulation nur bei ZSB-AM mit Träger eingesetzt werden, unter der Voraussetzung, daß keine Übermodulation auftritt ($m < 1$). Aufgrund der fehlenden Phaseninformation zeigt diese inkohärente Demodulation eine Degradation gegenüber einem kohärenten Verfahren. Dafür ist sie, insbesondere bei stark gestörten Kanälen robuster, während bei kohärenten Demodulationsverfahren die Kohärenz des Trägers u. U. nur schwer aufrecht erhalten werden kann.

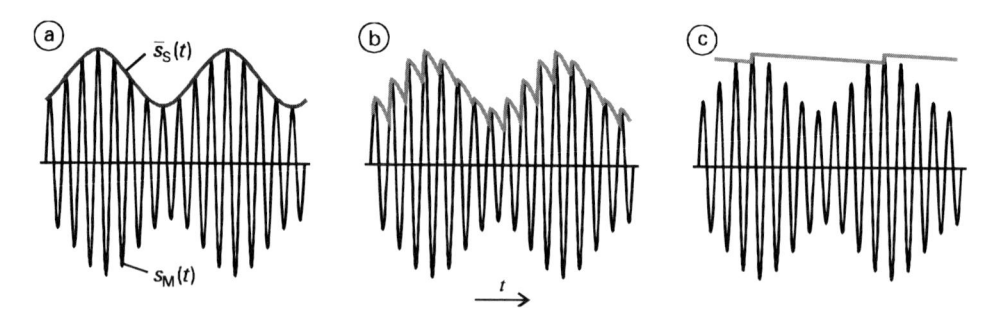

Abb. G.2-9 Hüllkurvendemodulation bei Einhaltung (a) bzw. bei Verletzung (b und c) der Dimensionierungsregel

Kohärente Demodulation (Synchrondemodulation)

Als Alternative zum inkohärenten Demodulationsverfahren benötigt das hier untersuchte kohärente Verfahren einen frequenz- und phasenrichtigen Träger, der i. a. von der sogenannten Trägerrückgewinnung im Empfänger zur Verfügung gestellt wird. Theoretisch handelt es sich hier um die ideale Demodulatorstruktur, wobei jedoch ein Nachteil die meist recht aufwendige Trägerrückgewinnung ist.

Abb. G.2-10 *Synchrondemodulator*

Bei der auch als Synchrondemodulation bezeichneten kohärenten Demodulation werden im ersten Schritt das zu demodulierende Signal

$$s_M(t) = [\hat{s}_0 + s_S(t)]\cos(\omega_0 t + \varphi_0) \qquad (G.2\text{-}22)$$

sowie ein im Empfänger bereitgestelltes Trägersignal

$$s_{0,E}(t) = \hat{s}_{0,E} \cos(\omega_{0,E} t + \varphi_{0,E}) \qquad (G.2\text{-}23)$$

auf einen Multiplizierer gegeben. Die Frequenz $f_{0,E}$ soll exakt gleich der Frequenz f_0 beim Sender sein. Da diese Forderung in der Praxis nicht zu realisieren ist, besteht immer eine geringe Frequenzdifferenz. Diese kann allerdings so klein gehalten werden, daß die dabei auftretenden Störungen im allgemeinen vernachlässigbar sind. Es wird deshalb mit der Annahme

G.2.1 Amplitudenmodulation

$$f_{0,E} = f_0 \qquad (G.2\text{-}24)$$

weitergerechnet. Am Ausgang des Multiplizierers erhält man dann

$$\begin{aligned}s_1(t) &= s_M(t)\,s_{0,E}(t) \\ &= \frac{1}{2}\hat{s}_{0,E}[\hat{s}_0 + s_S(t)]\cos(\omega_0 t + \varphi_0)\cos(\omega_0 t + \varphi_{0,E}) \\ &= \frac{1}{2}\hat{s}_{0,E}[\hat{s}_0 + s_S(t)]\big[\cos(2\omega_0 t + \varphi_0 + \varphi_{0,E}) + \cos(\varphi_0 - \varphi_{0,E})\big]\end{aligned} \qquad (G.2\text{-}25)$$

Durch den Tiefpaß wird die Komponente mit $2\omega_0$ abgetrennt, so daß an seinem Ausgang

$$s_2(t) = \frac{1}{2}\hat{s}_{0,E}[\hat{s}_0 + s_S(t)]\cos(\varphi_0 - \varphi_{0,E}) \qquad (G.2\text{-}26)$$

verbleibt. Nach dem Koppelkondensator zur Abtrennung der Gleichspannungskomponenten bleibt dann

$$\bar{s}_S(t) = \frac{1}{2}\hat{s}_{0,E}\,s_S(t)\cos(\varphi_0 - \varphi_{0,E}) \propto s_S(t)\cos(\varphi_0 - \varphi_{0,E}) \qquad (G.2\text{-}27)$$

übrig. Die spektrale Darstellung der Synchrondemodulation ist in Abb. G.2-11 gezeigt. Wie hier zu sehen ist, handelt es sich „im Prinzip" um eine Amplitudenmodulation mit vertauschten Frequenzkomponenten.

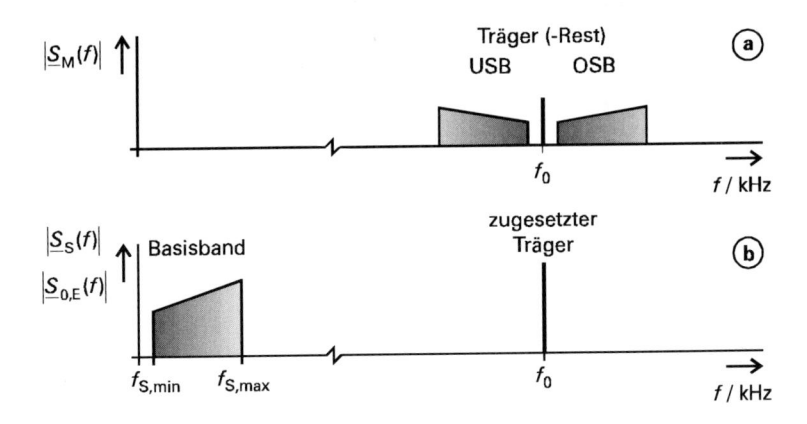

Abb. G.2-11 Frequenzumsetzung bei der Synchrondemodulation

In der hier beschriebenen einfachen Form besteht der Nachteil, daß die Phase von $\bar{s}_S(t)$ stark schwankt, wenn die Phasendifferenz $\varphi_0 - \varphi_{0,E}$ in der Umgebung von $\pi/2$ variiert wird. Wenn eine ZSB-AM mit Träger vorliegt, kann dies verhindert werden, indem die im Modulationssignal enthaltene Trägerschwingung (Frequenz f_0 mit $\varphi_{0,E} = \varphi_0$) verwendet wird – die sogenannte Trägerrückgewinnung. Die wichtigste Realisierung hierfür ist die Phasenregelschleife

(*Phase Locked Loop* – PLL). Erst wenn auch die Phase von empfangenem und zugesetztem Träger übereinstimmt, ist die Kohärenz im Empfänger gegeben, und es liegt tatsächlich eine kohärente Demodulation vor.

G.2.1.4 Einseitenband-Amplitudenmodulation (ESB-AM)

Einleitung

Zwei Nachteile der Zweiseitenband-AM wurden bereits in den vorhergehenden Abschnitten deutlich: Einerseits ist die Bandbreite des Modulationssignals doppelt so groß wie die des Basisbandsignals, und andererseits wird (damit zusammenhängend) relativ viel Leistung für die Erzeugung des Modulationssignals benötigt, die in den beiden Seitenbändern steckt. Bei Betrachtung der Zeitfunktion und des zugehörigen Zeigerdiagramms ist jedoch zu erkennen, daß beide Seitenbänder die gleiche Information beinhalten. Das bedeutet, daß eines der beiden Seitenbänder redundant ist und man prinzipiell mit einem Seitenband und somit auch mit der gegenüber ZSB-AM halbierten Bandbreite auskommt. Im folgenden wird diese sogenannte Einseitenband-AM (ESB-AM oder auch kurz Einseitenbandmodulation) theoretisch behandelt. Außerdem werden die drei Möglichkeiten zur Realisierung des Modulators aufgezeigt, und es wird kurz betrachtet, was bei der Demodulation von ESB-AM zu beachten ist.

Anhand der Abb. G.2-12 werden hier die Stufen bei der Erzeugung des ESB-AM-Signals aus dem Basisbandsignal dargestellt. Das Spektrum des ursprünglichen, informationstragenden Basisbandsignals $s_S(t)$ ist in Abb. G.2-12a zu sehen. Es handelt sich hierbei um ein Tiefpaßsignal mit der einseitigen Bandbreite B_{BB}, symmetrisch um die Frequenz null gelegen. Hieraus wird mit Hilfe der Hilbert-Transformation das analytische Basisbandsignal

$$\underline{s}_{TP}(t) = s_T(t) + j\hat{s}_T(t) \tag{G.2-28}$$

gewonnen, dessen Spektrum (Abb. G.2-12b) nur noch positive Frequenzen enthält, da der Imaginärteil $\hat{s}_S(t)$ die Hilbert-Transformierte des Realteils $s_S(t)$ ist. Mit Hilfe eines Sinusträgers der Frequenz ω_0 wird die Frequenzlage dieses Signals verschoben, so daß sich ergibt:

$$\underline{s}^+(t) = \underline{s}_{TP}(t)e^{j\omega_0 t} \tag{G.2-29}$$

Mit

$$\begin{aligned} s(t) &= \Re\{\underline{s}^+(t)\} \\ &= \Re\{\underline{s}_{TP}(t)\,e^{j\omega_0 t}\} \\ &= s(t)\cos\omega_0 t - \hat{s}(t)\sin\omega_0 t \end{aligned} \tag{G.2-30}$$

folgt dann das reelle Bandpaßsignal (Abb. G.2-12c) bzw. das gewünschte Modulationssignal (Abb. G.2-12d). Eine anschaulichere Darstellung wie bei der ZSB-AM ist hier nicht möglich.

G.2.1 Amplitudenmodulation

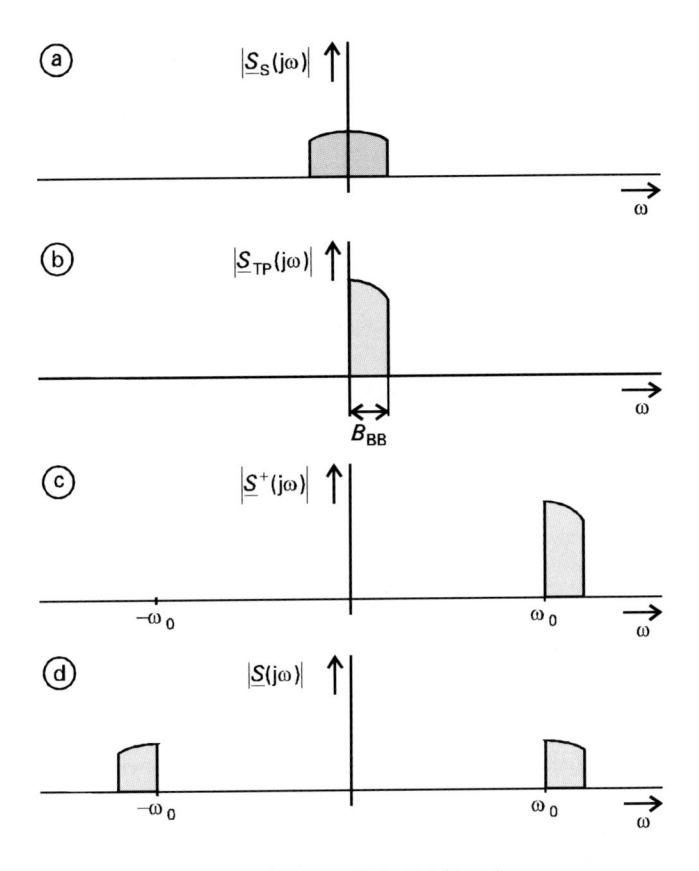

Abb. G.2-12 Spektren bei der Erzeugung des ESB-AM-Signals

Bei der ESB-AM ist zu beachten, daß eine Angabe über das gewählte Seitenband gemacht werden muß, da im oberen bzw. unteren Seitenband das Signal in Regel- bzw. in Kehrlage vorliegt. Die Zeitfunktion des ESB-AM-Signals kann relativ einfach aus der Zeitfunktion des ZSB-AM abgeleitet werden. Da hier i. a. der Träger zumindest teilweise unterdrückt wird, tritt wiederum die Trägerunterdrückung a_T auf, so daß sich die Zeitfunktion

$$s_{OSB/USB}(t) = a_T \hat{s}_0 \cos \omega_0 t + \frac{m}{2} \hat{s}_0 \cos[(\omega_0 \pm \omega_S)t] \qquad (G.2\text{-}31)$$

ergibt, wobei für OSB bzw. USB das obere bzw. untere Vorzeichen gilt. Bei $a_T = 0$ folgt daraus ein „reines" ESB-Signal ohne Träger. Für die Trägerunterdrückung wird i. a. die Definition des CCIR (*Comité Consultatif International des Radiocommunications*) verwendet, die sich auf die Spitzenleistung des Modulationsprodukts bezieht:

$$a_T = 10 \log \frac{P_{max}}{P_{T,Rest}} = 20 \log \frac{\hat{s}_{max}}{\hat{s}_{T,Rest}} = 20 \log \frac{\hat{s}_{T,Rest} + \hat{s}_{SB}}{\hat{s}_{T,Rest}} \qquad (G.2\text{-}32)$$

Im Gegensatz zur ZSB-AM ist hier der Modulationsfaktor nicht definiert. Statt dessen wird das Verhältnis s der Amplitude des Seitenbandes zur Restträgeramplitude eingeführt, für das

$$s = \frac{\hat{s}_{SB}}{\hat{s}_{0,Rest}} = \frac{\hat{s}_{SB}}{a_T \hat{s}_0} \qquad (G.2\text{-}33)$$

gilt. Damit ergibt sich dann die Zeitfunktion aus (G.2-31) zu

$$s_{OSB/USB}(t) = a_T \hat{s}_0 \left(\cos\omega_0 t + s \cos[(\omega_0 \pm \omega_S)t] \right) \qquad (G.2\text{-}34)$$

Auch hier ist die Form der komplexen bzw. reellen Hüllkurve wieder von besonderem Interesse. Sie resultiert aus (G.2-34) zu

$$\underline{s}_{S,OSB/USB}(t) = a_T \hat{s}_0 \left(1 + s e^{\pm j\omega_S t} \right) \qquad (G.2\text{-}35)$$

bzw.

$$s_{S,OSB/USB}(t) = \Re\left\{ a_T \hat{s}_0 \left(1 + s e^{\pm j\omega_S t} \right) \right\} \qquad (G.2\text{-}36)$$

wobei wiederum für das obere bzw. untere Seitenband das obere bzw. untere Vorzeichen einzusetzen ist.

Das Zeigerdiagramm für die ESB-AM ist in Abb. G.2-13 zu sehen, wobei hier das obere Seitenband dargestellt ist. Wie in dieser Abbildung deutlich zu erkennen ist, handelt es sich im Gegensatz zur ZSB-AM um ein Verfahren, bei dem neben der Amplitude auch die Phase der Trägerschwingung moduliert wird. Die (genau genommen unerwünschte) Phasenmodulation ist um so stärker, je größer die Amplitude der Seitenbandschwingung im Verhältnis zur Trägeramplitude ist.

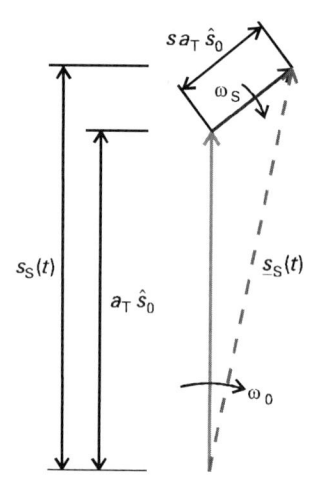

Abb. G.2-13 Zeigerdiagramm der ESB-AM

G.2.1 Amplitudenmodulation

Für die Bandbreite eines ESB-AM-Signals kann, im Gegensatz zur ZSB-AM, die untere Grenzfrequenz des Basisbandsignals durchaus von Bedeutung sein. Hier gilt nämlich strenggenommen

$$B_{\text{HF,ESB-AM}} = f_{S,\max} - f_{S,\min} = B_{BB} \leq \frac{B_{\text{HF,ZSB-AM}}}{2} \qquad \text{(G.2-37)}$$

da insbesondere bei der ESB-AM mit (vollständig) unterdrücktem Träger nur dieses Frequenzband übertragen werden muß. In der Praxis ist dieses Detail jedoch von geringerem Interesse, da i. a. zur Demodulation zumindest ein Trägerrest mitübertragen wird. Demzufolge ergibt sich hier ein Verhältnis der Bandbreite des Modulationssignals zur Bandbreite des Basisbandsignals (Bandbreitenausnutzung) von

$$\beta = \frac{B_{\text{HF,ESB-AM}}}{B_{BB}} = 1 \qquad \text{(G.2-38)}$$

Typische Einsatzgebiete für die ESB-AM sind die Trägerfrequenztechnik (siehe Kapitel H.1), der kommerzielle weltweite Kurzwellenfunk sowie der Amateurfunk auf Kurzwelle. Die wesentlichen Vor- und Nachteile sind in Tab. G.2-1 zusammengestellt.

Vorteile	Nachteile
+ bessere Leistungsausnutzung	− größerer technischer Aufwand bei Modulation und Demodulation
+ Halbierung der erforderlichen Bandbreite	
+ vergrößerter Rauschabstand bei gleicher Sendeleistung (bei AWGN 3 dB)	− bei Demodulation mit ZSB-AM-Demodulatoren ergeben sich nichtlineare Verzerrungen
+ geringere Empfindlichkeit gegen Mehrwegeausbreitung (selektiver Schwund)	

Tab. G.2-1   *Vor- und Nachteile der ESB-AM*

Ein spezieller Fall der Einseitenbandmodulation ist die *Independent Sideband Modulation* (ISB), bei der die beiden Seitenbänder eines Trägers mit Signalen mit unterschiedlichen Signalinhalten belegt werden. Bei der Modulation werden dabei zwei Träger der gleichen Frequenz mit den unterschiedlichen Signalen amplitudenmoduliert, wobei die Träger jeweils unterdrückt werden.

Aus den Modulationsprodukten werden jeweils das obere bzw. untere Seitenband herausgefiltert und addiert. Abschließend wird diesem Signal, das aus zwei unterschiedlichen Seitenbändern besteht, wieder ein Träger der entsprechenden Frequenz zugefügt.

Modulation

Zur Realisierung eines ESB-AM-Modulators existieren im wesentlichen drei Möglichkeiten, von denen zwei im folgenden etwas näher betrachtet werden sollen.

◆ Filtermethode

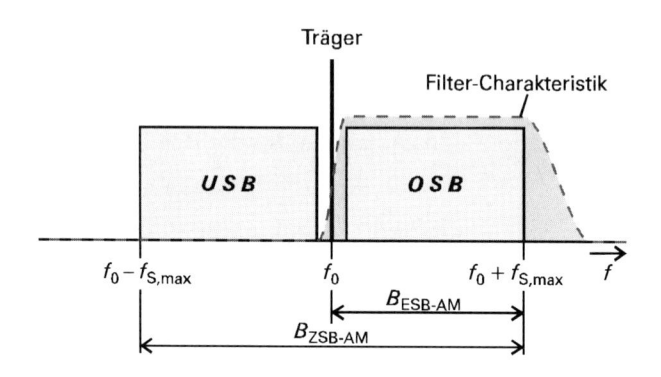

Abb. G.2-14 *Filtermethode zur Erzeugung eines ESB-AM-Signals*

Aus einem ZSB-AM-Signal wird das gewünschte (obere oder untere) Seitenband mit Hilfe steilflankiger Filter herausgefiltert und das andere Seitenband sowie der Träger (ganz oder teilweise) unterdrückt. Das Problem hierbei ist ggf. die Realisierung der steilflankigen Filter, insbesondere wenn das Verhältnis der unteren Grenzfrequenz des Basisbandsignals zur Trägerfrequenz klein ist bzw. gegen null geht. In Abb. G.2-14 ist das Spektrum eines ZSB-AM-Signals sowie das durch Filterung entstehende Spektrum eines ESB-AM-Signals dargestellt. Hierbei ist – willkürlich – das obere Seitenband gewählt worden. Wie man hier erkennt, ist die Steilheit der Flanke zwischen dem Durchlaßbereich (OSB) und dem Sperrbereich (USB) von der minimalen Frequenz des Basisbandsignals abhängig.

◆ Phasenmethode (Synthesemethode)

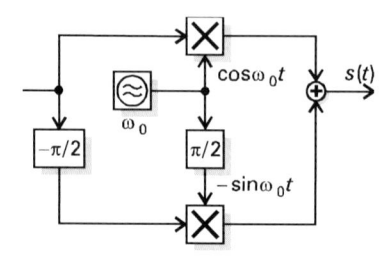

Abb. G.2-15 *Phasenmethode zur Erzeugung eines ESB-AM-Signals*

Die Abb. G.2-15 zeigt das Blockschaltbild zur Erzeugung eines ESB-AM-Signals mit der Phasenmethode. Am einfachsten kann diese Struktur direkt anhand von (G.2-30) erklärt werden. Das Basisbandsignal wird im oberen Zweig in einem idealen Modulator mit der Trägerschwingung multipliziert und dem Summierer zugeführt (erster Term in (G.2-30)). Im unteren Zweig erfolgt zuerst eine breitbandige −90°-Phasenschiebung, wodurch die Hilbert-Transformierte des Basisbandsignals entsteht. Diese wird dann wiederum in einem idealen Modulator mit dem um 90° phasenverschobenen Träger multipliziert und ebenfalls dem Summierer zugeführt; zweiter Term in (G.2-30).

♦ „Dritte Methode" nach Weaver (Pilottonverfahren)
Dieses Verfahren basiert auf der Phasenmethode, jedoch wird der breitbandige Phasenschieber vermieden – statt dessen werden zwei schmalbandige Phasenschieber eingesetzt. Für weitere Details zu diesem Verfahren sei auf die Literatur (z. B. [Zinke u. Brunswig 74]) verwiesen.

Demodulation

Eine verzerrungsfreie Demodulation ist hier i. a. nur kohärent möglich, da die Hüllkurve für diese Zwecke nicht brauchbar ist. Unter gewissen Umständen ist jedoch auch inkohärente Demodulation möglich. Hierzu wird dem reellen Bandpaßsignal $s(t)$ im Empfänger vor der Demodulation ein Hilfsträger $\Re\{\hat{s}_{0,E}\, e^{j\omega_0 t}\}$ additiv zugesetzt. Es handelt sich trotzdem um ein inkohärentes Verfahren, da vom Empfangssignal zwar die Trägerfrequenz ω_0, nicht aber der Nullphasenwinkel als bekannt angenommen wird. Wie bereits erläutert wurde, wird die (unerwünschte) Phasenmodulation, die durch den Wegfall des zweiten Seitenbandes entsteht, um so stärker, je größer das Verhältnis der Amplitude des Seitenbandes zu derjenigen des Trägers ist. Man kann nun anschaulich zeigen, daß bei Zusatz eines Trägers mit einer Amplitude, die groß ist gegen die Amplitude des Empfangssignals, das Nutzsignal ohne allzu große nichtlineare Verzerrungen wiedergewonnen werden kann – hierbei treten allerdings Phasenverzerrungen auf.

Zusammenfassend kann festgehalten werden, daß die inkohärente Demodulation von ESB-AM die kohärente Demodulation nur dann ersetzen kann, wenn einerseits ein ausreichend großer Träger zugesetzt wird und andererseits Phasenverzerrungen nicht von Bedeutung sind.

G.2.1.5 Restseitenbandmodulation (VSB)

Ein Problem bei der im vorhergehenden Abschnitt vorgestellten Einseitenbandmodulation (ESB) kann ggf. die niedrige untere Grenzfrequenz des Basisbandsignals sein, insbesondere bei Verwendung der Filtermethode zur Erzeugung des ESB-Signals. Eine Alternative zur Einseitenbandmodulation, bei der dieses Problem umgangen wird, stellt die Restseitenbandmodulation (*Vestigial Sideband Modulation* – VSB) dar.

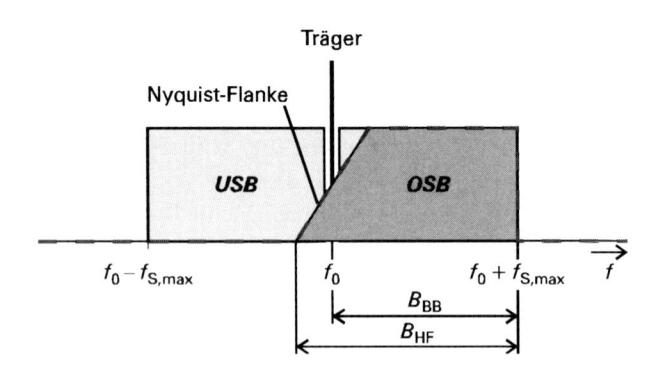

Abb. G.2-16 *Spektrum eines Restseitenbandsignals (hier aus dem oberen Seitenband erzeugt)*

Hierbei wird beim Übergang vom zu übertragenden Seitenband zum zu unterdrückenden Seitenband bewußt keine steile Filterflanke vorgesehen. Statt dessen wird ein Filterverlauf mit einer sogenannten Nyquist-Flanke entworfen, dessen prinzipieller Verlauf in Abb. G.2-16 dargestellt ist. Die Nyquist-Flanke hat die Eigenschaft, daß sie punktsymmetrisch zur Mittenfrequenz verläuft (siehe auch Kapitel D.5). „Mittenfrequenz" bezieht sich allgemein auf die Mitte der Filterflanke, während in diesem speziellen Fall die Nyquist-Flanke symmetrisch zur Trägerfrequenz liegt. Es kann gezeigt werden, daß bei einem derartigen Flankenverlauf das Signal unverzerrt übertragen werden kann. Darüber hinaus wird gleichzeitig eine Trägerunterdrückung erzeugt (3 dB), die entsprechend die vom Sender zu erzeugende Leistung bei der Trägerfrequenz verringert.

Für die Bandbreite kann bei der Restseitenbandmodulation keine feste Beziehung angegeben werden, da die Wahl der Breite der Nyquist-Flanke von der jeweiligen Anwendung abhängt. Allgemein gilt jedoch die Beziehung

$$B_{BB} < B_{HF} < 2B_{BB} \qquad \text{(G.2-39)}$$

womit sich für das Bandbreiteverhältnis (Bandbreitenausnutzung)

$$\beta = \frac{B_{HF}}{B_{BB}} \qquad \text{(G.2-40)}$$

ein Bereich

$$1 < \beta < 2 \qquad \text{(G.2-41)}$$

ergibt. Zur Bandbreite des Basisbandsignals, wie sie in Abb. G.2-16 dargestellt ist, muß an dieser Stelle noch eine Anmerkung gemacht werden. Bei genauer Betrachtung ergibt sich die Bandbreite des Basisbandsignals als Differenz der maximalen zur minimalen Frequenz, die im Signal vorhanden ist. Somit ist die Darstellung in Abb. G.2-16 bzgl. B_{BB} nicht ganz korrekt. Da jedoch i. a. die untere Grenzfrequenz im Verhältnis zur oberen Grenzfrequenz (und erst recht im Verhältnis zur Trägerfrequenz) als klein anzusehen ist, wird meist vereinfachend mit $B_{BB} \cong f_{S,max}$ gerechnet.

G.2.1 Amplitudenmodulation

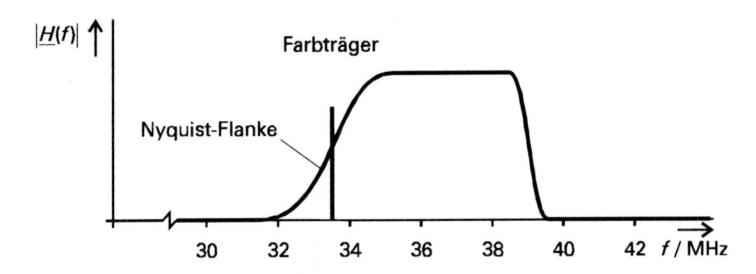

Abb. G.2-17 Spektrum eines ZF-Empfangsfilters für den Empfang eines TV-Videosignals (vereinfachte Darstellung)

Eine Anwendung für die Restseitenbandmodulation ist in der Fernsehtechnik bei der Übertragung des Videosignals zu finden. In Abb. G.2-17 ist vereinfacht der Frequenzgang des ZF-Empfangsfilters für ein TV-Videosignal dargestellt. Dem Farbträger mit der Frequenz $f_{\text{Farbträger}} = 33{,}5\,\text{MHz}$ wird sendeseitig das Videosignal mit der (einseitigen) Bandbreite $B_{\text{Video}} = 6\,\text{MHz}$ aufmoduliert; das Modulationssignal (in der ZF-Ebene) hat dann die Bandbreite $B_{\text{ZF}} \approx 7{,}5\,\text{MHz}$.

G.2.1.6 Zeitfunktionen von amplitudenmodulierten Signalen

In Abb. G.2-18 sind die Zeitfunktionen einer ZSB-AM mit unterschiedlichen Werten für den Modulationsfaktor dargestellt. Das Verhältnis f_T/f_S beträgt bei allen Darstellungen 10:1, während der Modulationsfaktor von 0,2 über 0,5 und 0,9 auf 1,2 steigt. In der letzten Darstellung ($m = 1{,}2$) sind die Folgen der Übermodulation ($m > 1$) zu erkennen. Auf der Ordinate ($-2\hat{s}_T$ bis $+2\hat{s}_T$) ist jeweils die normierte Amplitude der modulierten Schwingung aufgetragen. Die Länge des Zeitausschnitts (Abszisse) entspricht ungefähr der Dauer von zweieinhalb Perioden der Schwingung des modulierenden Signals. Zusätzlich ist jeweils die Hüllkurve $a(t)$ dargestellt.

In Abb. G.2-19 sind die Zeitfunktionen für ZSB-AM-uT mit unterschiedlich starker Trägerunterdrückung dargestellt. Das Verhältnis f_T/f_S beträgt 10:1 und der Modulationsfaktor $m = 0{,}4$. Während in Abb. G.2-19a noch „normale" ZSB-AM vorliegt (0 dB Trägerunterdrückung), steigt die Trägerunterdrückung in den folgenden Abbildungen über 5 dB, 10 dB auf 20 dB an. In der letzten Darstellung ist der Träger praktisch vollkommen unterdrückt. Auf der Ordinate ($-1{,}5\hat{s}_T$ bis $+1{,}5\hat{s}_T$) ist die normierte Amplitude der modulierten Schwingung aufgetragen. Die Länge des Zeitausschnitts (Abszisse) entspricht ungefähr der Dauer von zweieinhalb Perioden der Schwingung des modulierenden Signals.

In Abb. G.2-20 sind die Zeitfunktionen für ESB-AM mit unterschiedlichen Modulationsfaktoren dargestellt. Das Verhältnis f_T/f_S beträgt bei allen Darstellungen 20:1, während der Modulationsfaktor von 0,2 über 0,5 und 0,9 auf 1,2 steigt. In der letzten Darstellung ist Übermodulation mit $m = 1{,}2$ zu sehen. Auf der Ordinate ($-2\hat{s}_T$ bis $+2\hat{s}_T$) ist jeweils die normierte Amplitude der modulierten Schwingung aufgetragen. Die Länge des Zeitausschnitts (Abszisse) entspricht ungefähr der Dauer von zweieinhalb Perioden der Schwingung des modulierenden Signals. Zusätzlich ist jeweils die Hüllkurve $a(t)$ dargestellt.

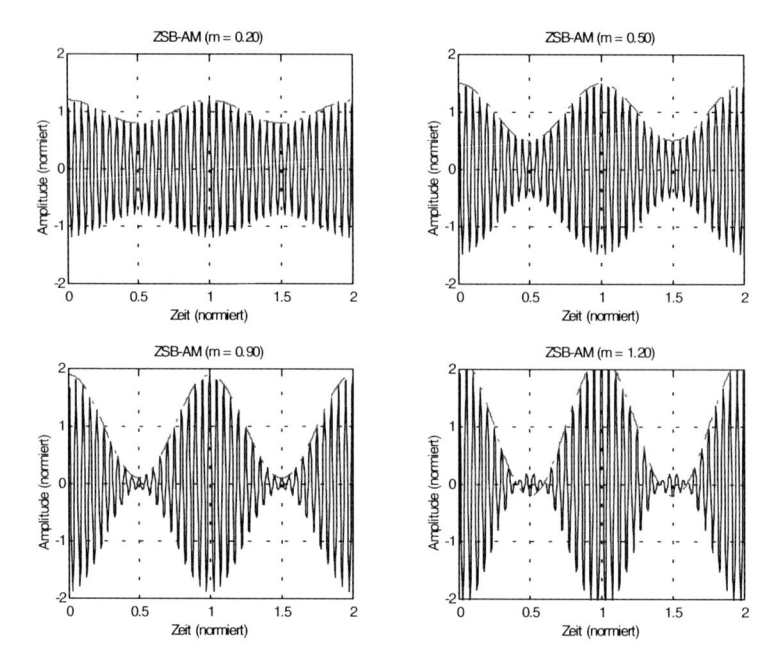

Abb. G.2-18 *ZSB-AM mit unterschiedlichen Modulationsfaktoren*

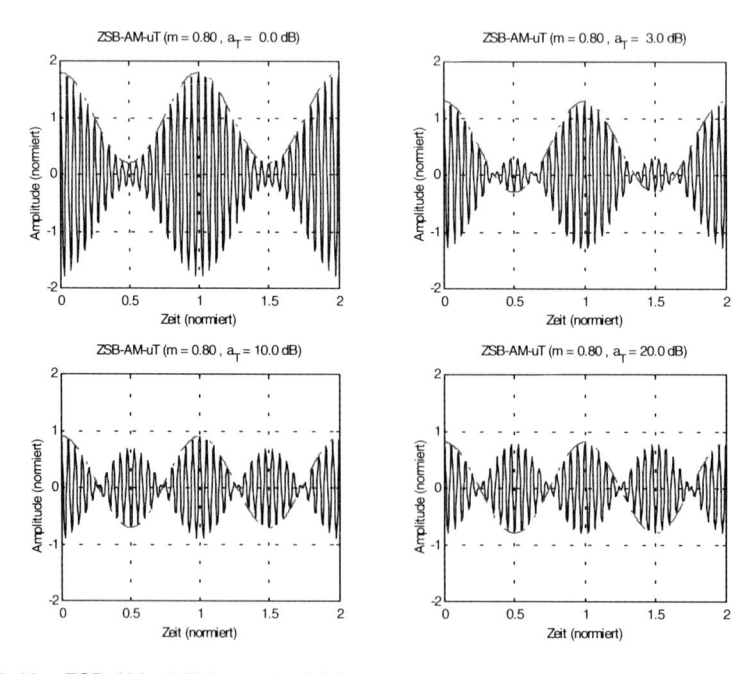

Abb. G.2-19 *ZSB-AM mit Trägerunterdrückung*

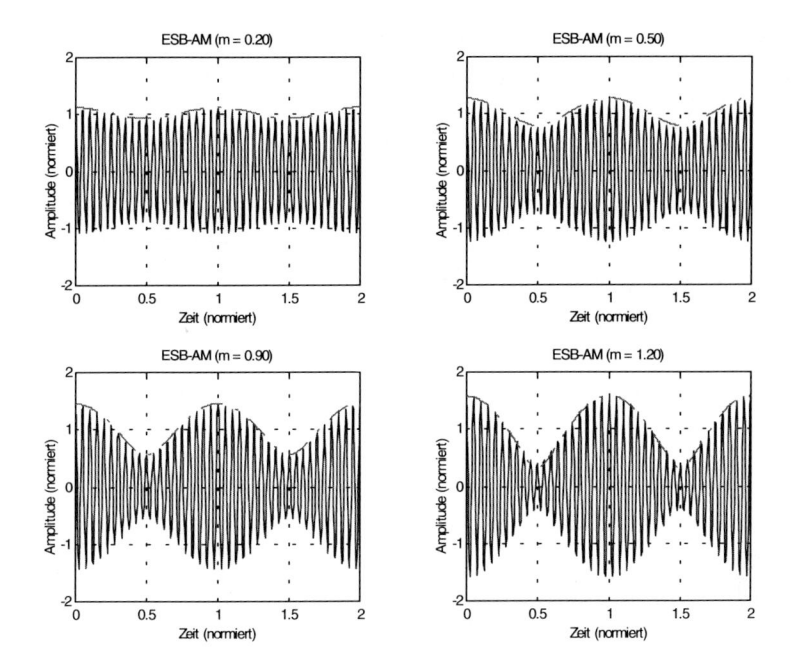

Abb. G.2-20 ESB-AM

G.2.2 Winkelmodulation

G.2.2.1 Einleitung

Neben der reinen Amplitudenmodulation ist die zweite Möglichkeit der Modulation eines Sinusträgers die Winkelmodulation (WM). Hierbei wird der Phasenwinkel $\psi(t)$ der Sinusschwingung in Abhängigkeit vom Basisbandsignal verändert. Bleibt dabei außerdem die Amplitude konstant, d. h. wenn gilt

$$\hat{s}_M(t) = \hat{s}_0 = \text{const} \tag{G.2-42}$$

so liegt reine Winkelmodulation vor. Auf die Tatsache, daß beim Vorgang der Modulation die Amplitude des Trägers – zeitinvariant und (idealerweise) unabhängig von der Frequenz – verändert wird (z. B. durch die endliche Durchlaßdämpfung von Filtern) sei hier hingewiesen. Im folgenden soll aber davon ausgegangen werden, daß diese Dämpfung vernachlässigbar ist, da ihr Einfluß bei der (idealisierten) theoretischen Behandlung keine entscheidende Rolle spielt. Die modulierte Trägerschwingung hat dann die Form

$$\begin{aligned}\hat{s}_M(t) &= \hat{s}_0 \cos \psi_M(t) \\ &= \hat{s}_0 \cos(\omega_0 t + \varphi_0(t)) \\ &= \Re\{\underline{\hat{s}}_0(t) e^{j\omega_0 t}\}\end{aligned} \tag{G.2-43}$$

Bei der Winkelmodulation wird wiederum unterschieden zwischen der Frequenzmodulation (FM) und der Phasenmodulation (PM), wobei im analogen Bereich die FM, im digitalen Bereich hingegen die PM (dort in der Form der Phasentastung) von größerer Bedeutung ist. Hier soll zuerst die Frequenzmodulation betrachtet werden, während die Phasenmodulation danach als „Modifikation der Frequenzmodulation" relativ kurz abgehandelt werden kann.

G.2.2.2 Frequenzmodulation

Theorie

Bei der Frequenzmodulation wird die Augenblicks- oder Momentanfrequenz

$$\omega(t) = \frac{d\psi_M(t)}{dt} \tag{G.2-44}$$

um die konstante Trägerfrequenz ω_0 herum proportional zum modulierenden Signal $s_S(t)$ mit

$$\psi_M(t) = \omega_0 t + \varphi_0(t) \tag{G.2-45}$$

gemäß

$$\begin{aligned}\omega(t) &= \frac{d\psi_M(t)}{dt} \\ &= \omega_0 + \frac{d\varphi_0(t)}{dt} \\ &= \omega_0 + k\, s_S(t)\end{aligned} \tag{G.2-46}$$

mit dem Proportionalitätsfaktor k geändert. Damit ergeben sich die Phase

$$\begin{aligned}\psi_M(t) &= \int_0^t \omega(\tau)\, d\tau + \psi_M(0) \\ &= \omega_0 t + k\int_0^t s_S(\tau)\, d\tau + \psi_M(0)\end{aligned} \tag{G.2-47}$$

und die modulierte Trägerschwingung

$$\begin{aligned}s_M(t) &= \hat{s}_0 \cos \psi_M(t) \\ &= \hat{s}_0 \cos\left[\omega_0 t + k\int_0^t s_S(\tau)\, d\tau + \psi_M(0)\right]\end{aligned} \tag{G.2-48}$$

Um diese Gleichung geschlossen behandeln zu können, wird wiederum angenommen, daß das Basisbandsignal gemäß

$$s_S(t) = \hat{s}_S \cos \omega_S t \tag{G.2-49}$$

sinusförmig ist. Zudem wird ohne Einschränkung der Allgemeingültigkeit zur Vereinfachung $\psi_M(t=0) = 0$ gesetzt, womit aus (G.2-47)

G.2.2 Winkelmodulation

$$\psi_M(t) = \omega_0 t + k \int_0^t \hat{s}_S \cos \omega_S t \, d\tau$$

$$= \omega_0 t + \frac{k \hat{s}_S}{\omega_S} \sin \omega_S t$$

(G.2-50)

folgt. Mit den Abkürzungen Frequenzhub (proportional zur „Lautstärke" des modulierenden Signals)

$$\Delta \omega = k \hat{s}_S \qquad (G.2\text{-}51)$$

und Modulationsindex

$$\eta = \frac{\Delta \omega}{\omega_S} = \frac{k \hat{s}_S}{\omega_S} \qquad (G.2\text{-}52)$$

ergibt sich die Schreibweise

$$s_M(t) = \hat{s}_0 \cos(\omega_0 t + \eta \sin \omega_S t) \qquad (G.2\text{-}53)$$

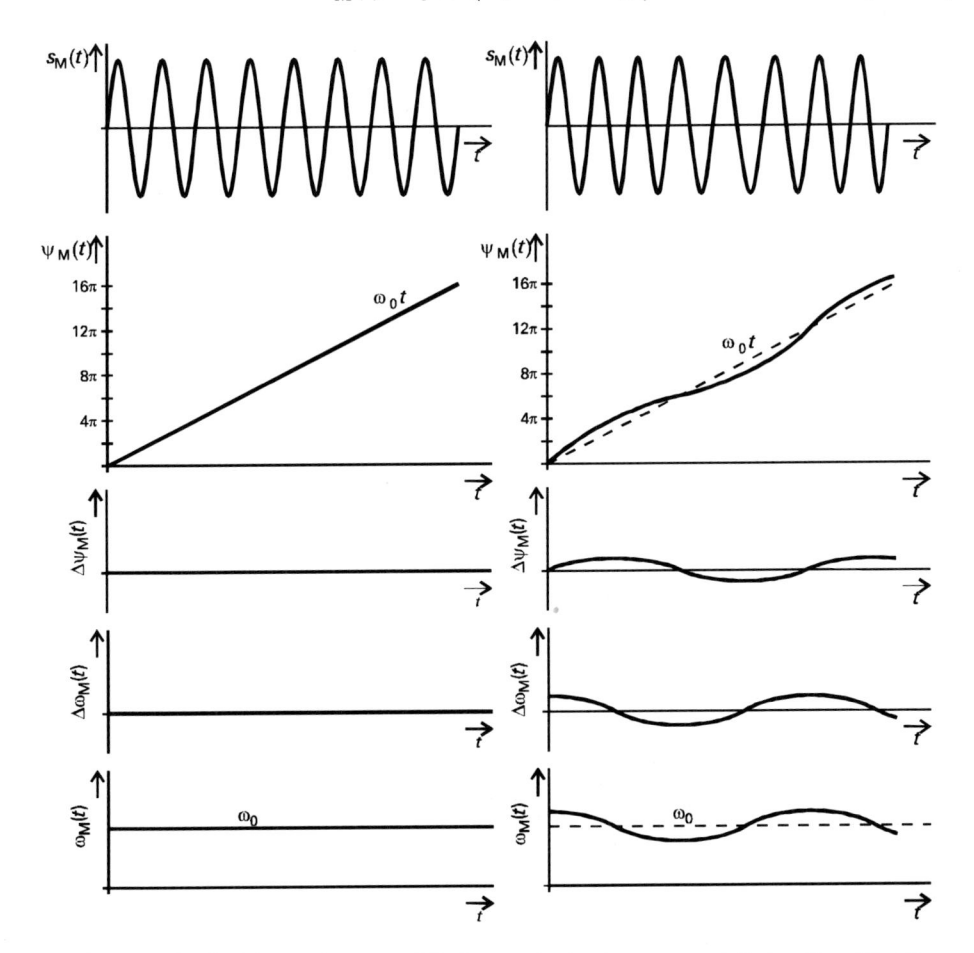

Abb. G.2-21 Zeitfunktionen des unmodulierten sowie des frequenzmodulierten Sinusträgers

Für die in Abb. G.2-21 angegebenen zeitabhängigen Größen gelten die folgenden Beziehungen (mit $\psi_M(t=0) = 0$):

Phasenschwankung $\qquad \Delta\psi_M(t) = \psi_M(t) - \omega_0 t \qquad$ (G.2-54)

Frequenzschwankung $\qquad \Delta\omega_M(t) = \dfrac{d}{dt}\Delta\psi_M(t) \qquad$ (G.2-55)

Augenblicksfrequenz $\qquad \omega_M(t) = \omega_0 + \Delta\omega_M(t) \qquad$ (G.2-56)

Während beim unmodulierten Träger weder Phasen- noch Frequenzschwankungen vorliegen ($\Delta\psi_M(t) = 0, \Delta\omega_M(t) = 0, \omega_M(t) = 0$), ergibt sich beim frequenzmodulierten Träger ein dem Basisbandsignal entsprechender Verlauf von Frequenz und Phase.

Das Zeigerdiagramm der FM

Aus der Darstellung

$$s_M(t) = \Re\left\{\hat{s}_0\, e^{j\eta\sin\omega_S t}\, e^{j\omega_0 t}\right\}$$
$$= \Re\left\{\underline{s}_T(t)\, e^{j\omega_0 t}\right\} \qquad \text{(G.2-57)}$$

folgt die komplexe Hüllkurve zu

$$\underline{s}_T(t) = \underline{s}_M(t)\, e^{-j\omega_0 t}$$
$$= \hat{s}_0\, e^{j\eta\sin\omega_S t} \qquad \text{(G.2-58)}$$

mit dem Zeigerdiagramm nach Abb. G.2-22. Der Zeiger (mit der konstanten Länge $\hat{s}_0$) pendelt mit der Frequenz ω_S um die Vertikale, wobei die maximale Auslenkung durch den Modulationsindex η gegeben ist. Dieser Modulationsindex ist die bestimmende Größe für die Übertragungsbandbreite, wie noch gezeigt wird. Um das Spektrum eines frequenzmodulierten Trägers zu berechnen, wird der Einfachheit halber die exponentielle Darstellung nach (G.2-57) gewählt.

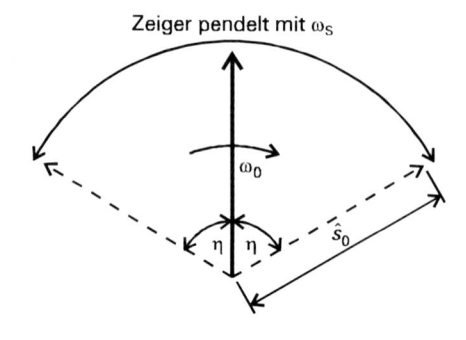

Abb. G.2-22 Zeigerdiagramm der Frequenzmodulation

G.2.2 Winkelmodulation

Nach längerer Umrechnung, auf deren Darstellung hier verzichtet wird, ergibt sich die Reihenentwicklung

$$s_M(t) = \hat{s}_0 \, \Re\left\{ e^{j\omega_0 t} \sum_{-\infty}^{+\infty} J_n(\eta) e^{j\omega_S t} \right\}$$

$$= \hat{s}_0 \sum_{-\infty}^{+\infty} J_n(\eta) \cos\left[(\omega_0 + n\omega_S)t\right]$$

$$= \hat{s}_0 \, \{ J_0(\eta) \cos \omega_0 t +$$
$$+ J_1(\eta) \cos\left[(\omega_0 + \omega_S)t\right] + J_{-1}(\eta) \cos\left[(\omega_0 - \omega_S)t\right] + \quad \text{(G.2-59)}$$
$$+ J_2(\eta) \cos\left[(\omega_0 + 2\omega_S)t\right] + J_{-2}(\eta) \cos\left[(\omega_0 - 2\omega_S)t\right] +$$
$$+ J_3(\eta) \cos\left[(\omega_0 + 3\omega_S)t\right] + J_{-3}(\eta) \cos\left[(\omega_0 - 3\omega_S)t\right] +$$
$$+ \ldots \}$$

mit der Bessel-Funktion n-ter Ordnung $J_n(\eta)$.

Die modulierte Schwingung $s_M(t)$ besteht also aus der Trägerschwingung (Kreisfrequenz ω_0, Amplitude $\hat{s}_0 J_0(\eta)$) sowie oberen und unteren Seitenbandschwingungen (Kreisfrequenz $\omega_0 \pm n\omega_S$, Amplitude $\hat{s}_0 J_n(\eta)$). Im unteren Seitenband haben die Amplituden – gemäß dem im Anhang beschriebenen Verhalten der Bessel-Funktion – alternierende Vorzeichen. Die Beträge der Amplituden hängen vom Modulationsindex η und somit von der Signalamplitude $\hat{s}_S$ sowie von der Signalfrequenz $f_S = \omega_S/2\pi$ ab:

$$A_n = \hat{s}_0 J_n(\eta) = f(\hat{s}_S, f_S) \quad \text{(G.2-60)}$$

Das Spektrum der FM

Das bei der Frequenzmodulation entstehende Betragsspektrum ist in Abb. G.2-23 dargestellt; zur Vervollständigung müßte noch das Phasenspektrum gezeigt werden, dessen Aussage jedoch i. a. nicht von so großer Bedeutung ist (die einzelnen Spektralanteile weisen nur zwei mögliche Phasen auf: 0° und 180°).

Bei den oberen fünf der in Abb. G.2-23 dargestellten Spektren ist die Signalfrequenz konstant 15 kHz, während der Frequenzhub von 15 kHz bis 135 kHz variiert. Somit ergibt sich ein Modulationsindex von $\eta = 1$ bis $\eta = 9$. Man kann erkennen, daß sich das Spektrum mit wachsendem Modulationsindex immer stärker aufweitet, während die Größe der einzelne Spektralanteile im Mittel geringer wird. Wie später gezeigt wird, ist die Leistung des modulierten Trägers gleich der Leistung des unmodulierten Trägers. Die Leistung bei der Trägerfrequenz wird also bei der Modulation auf eine (mehr oder weniger große) Bandbreite verteilt, aber insgesamt nicht verändert. Der Abstand der Spektrallinien ist gleich der Signalfrequenz und bleibt somit konstant.

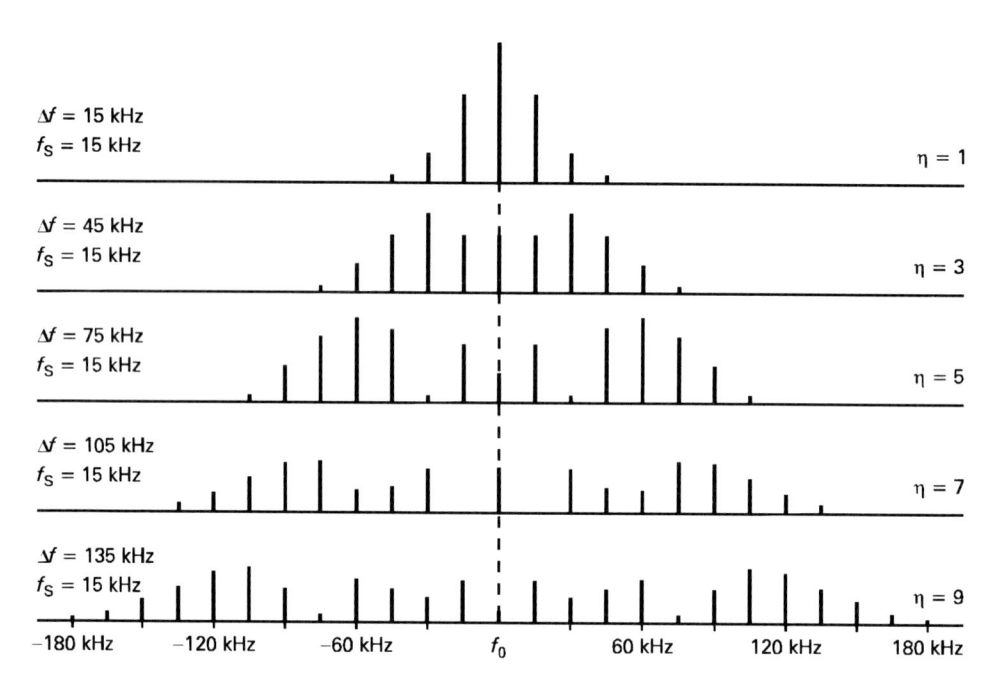

Abb. G.2-23 Betragsspektren einer frequenzmodulierten Schwingung bei Variierung des Modulationsindex und konstanter Signalfrequenz

Die Spektren in Abb. G.2-24 zeigen das spektrale Verhalten bei konstantem Frequenzhub (30 kHz) und sich verändernder Signalfrequenz (15 kHz, 10 kHz, 5 kHz). Hier ergibt sich ein Modulationsindex von $\eta = 2$, $\eta = 3$ bzw. $\eta = 6$.

Die Bandbreite des Modulationssignal bleibt in der gleichen Größenordnung, wobei sie sich mit wachsendem Modulationsindex geringfügig verringert.

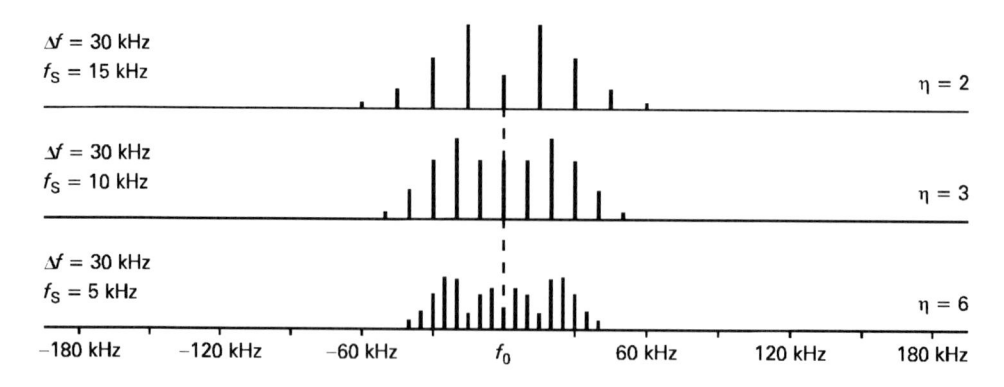

Abb. G.2-24 Betragsspektren einer frequenzmodulierten Schwingung bei Variierung des Modulationsindex und konstantem Hub

Leistung und Bandbreite der FM

Die mittlere Leistung eines frequenzmodulierten Trägers – mit der Annahme, daß das Modulationssignal die Einheit (Leistung)$^{1/2}$ aufweist; siehe Seite 455 – berechnet sich zu

$$P_0 = \lim_{T \to \infty} \frac{1}{2T} \int_{-T}^{+T} s_M^2(t)\,dt$$

$$= \frac{s_0^2}{2} \lim_{T \to \infty} \frac{1}{2T} \int_{-T}^{+T} \cos^2[\omega_0 t + \eta \sin \omega_S t]\,dt \qquad (G.2\text{-}61)$$

$$= \frac{s_0^2}{2} = \text{const}$$

Da bei der Frequenzmodulation $s_T(t) = \hat{s}_0 = \text{const}$ gilt, ist die mittlere Leistung unabhängig von Frequenz und Phase und gleich der Leistung des unmodulierten Trägers. Das bedeutet, daß die Leistung des Trägers bei der Modulation lediglich von einer auf mehrere Spektrallinien verteilt wird (siehe Abb. G.2-23). Im Gegensatz zur Amplitudenmodulation wird dem Träger bei der Frequenzmodulation also keine Modulationsleistung hinzugefügt – dies ist einer der Vorteile der Frequenzmodulation.

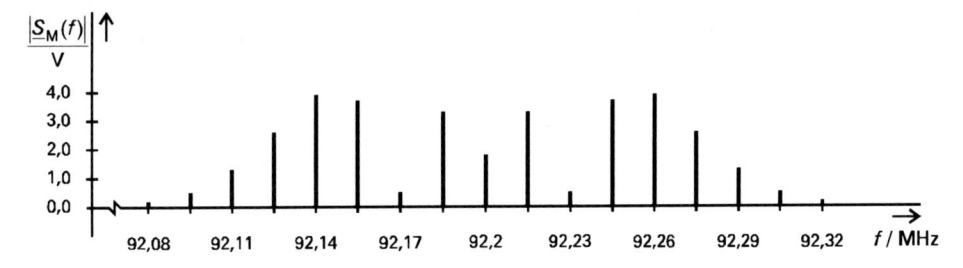

Beispiel G.2-2

Abb. G.2-25 *Betragsspektrum des FM-Signals ($\eta = 5$)*

Bei einem frequenzmodulierten System wird ein Träger mit einer Frequenz von $f_0 = 92{,}2$ kHz und einer Amplitude von $\hat{s}_0 = 10$ V verwendet, der Frequenzhub beträgt $\Delta f_0 = \pm 75$ kHz. Das zu übertragende Basisbandsignal (Audiosignal) weist eine Bandbreite von 30 Hz bis 15 kHz auf. Mit diesen Werten ergibt sich ein Modulationsindex, der entsprechend der Frequenz des Basisbandsignals von $\eta = 2500$ bis $\eta = 5$ variiert. Das somit resultierende Betragsspektrum ist für die maximale Basisbandfrequenz (15 kHz) in Abb. G.2-25 dargestellt. Auf das Spektrum sowie die notwendige Bandbreite zur Übertragung des FM-Signals wird im folgenden noch kurz eingegangen.

Da es sich bei (G.2-59) um eine unendliche Reihe handelt, könnte man befürchten, daß die Bandbreite ebenfalls unendlich groß ist. Anhand der in Abb. G.2-23 dargestellten Spektren ist jedoch bereits zu vermuten, daß sich in der Praxis trotzdem mit einer endlichen Zahl von N Seitenbandschwingungen rechnen läßt, da für $n > N$ die Amplitude aller Seitenbandlinien vernachlässigbar ist. Zu beachten ist, daß auch für $n \leq N$ die Amplitude bestimmter Seitenbandschwingungen klein oder sogar gleich null sein können, was durch den Verlauf der Bessel-Funktion zu erklären ist.

Die Bestimmung der Zahl N der in der Praxis benötigten Seitenbandschwingungen (und damit der Bandbreite) soll hier nur kurz dargestellt werden. Ohne Beweis ergibt sich aus (G.2-59)

$$\sum_{n=-\infty}^{+\infty} J_n^2(\eta) \equiv 1 \qquad \forall\, \eta \qquad (G.2\text{-}62)$$

Die Forderung für N ist dann, daß mit den Seitenbandschwingungen 99 % der Leistung erfaßt werden, das heißt

$$\sum_{n=-N}^{+N} J_n^2(\eta) \approx 0{,}99 \qquad (G.2\text{-}63)$$

Die numerische Auswertung dieses Ausdrucks zeigt, daß sie in guter Näherung erfüllt ist für

$$N = \eta + 1 \qquad (G.2\text{-}64)$$

Eine für die Praxis interessante Differenzierung ergibt sich nach der Bandbreite des Signals, wobei zwischen Schmalband- und Breitband-FM unterschieden wird. In den folgenden Beziehungen wird die Bandbreite im Basisband B_{BB} verwendet, die i. a. gleich der maximalen Frequenz $f_{S,max}$ des Basisbandsignals ist. B_{HF} ist die Bandbreite, die vom (hochfrequenten) modulierten Träger für eine einwandfreie Übertragung benötigt wird. Bisher wurde bei der Berechnung des Modulationsindex i. a. ein monofrequenter Sinuston angenommen, in der Praxis werden jedoch Frequenzbänder übertragen. Das bedeutet, daß für den Modulationsindex nicht mehr ein einzelner Wert angegeben werden kann. Statt dessen wird bei vielen Berechnungen der Minimalwert $\eta = \eta_{min}$ verwendet, der sich bei Einsetzen der maximalen Basisbandfrequenz in (G.2-52) ergibt.

♦ Schmalband-FM: $\eta \leq 1$

  Die Übertragungsbandbreite entspricht ungefähr der doppelten Basisbandbandbreite

  $$B_{HF} \approx 2 B_{BB} \qquad (G.2\text{-}65)$$

  d. h. die Bandbreitenausnutzung kann berechnet werden zu

  $$\beta = \frac{B_{HF}}{B_{BB}} \approx 2 \qquad (G.2\text{-}66)$$

  Die Übertragungsbandbreite ist somit ähnlich wie bei der ZSB-AM.

G.2.2 Winkelmodulation

♦ Breitband-FM: $\eta > 1$ (Carson-Bandbreite)
Für große Werte für den Modulationsindex wird, wie man sich anhand Abb. G.2-23 überzeugen kann, das Spektrum immer breiter, wobei gleichzeitig die mittlere spektrale Leistungsdichte (bzw. die Anzahl der Spektrallinien in einer bestimmten Bandbreite) abnimmt.
Die Bandbreite berechnet sich zu

$$B_{HF} \approx 2NB_{BB} \approx 2(\eta+1)B_{BB} = 2\left(\Delta f + f_{S,max}\right) \qquad (G.2-67)$$

und die Bandbreitenausnutzung entsprechend zu

$$\beta = \frac{B_{HF}}{B_{BB}} \approx 2(\eta+1) \qquad (G.2-68)$$

Die Tab. G.2-2 zeigt anhand von zwei Beispielen typische Parameter von realisierten FM-Systemen.

System	Trägerfrequenz f_0	Frequenzhub $\Delta f = \Delta\omega/2\pi$	Basisband	Mod.-Index η
Rundfunk (UKW)	(87,5 ... 108) MHz	± 75 kHz	30 Hz ... 15 kHz	5 ... 2500
TV-Richtfunk	70 MHz (ZF)	± 4 MHz	30 Hz ... 5 MHz	0,8 ... 133333

Tab. G.2-2   Typische Parameter von frequenzmodulierten Systemen

Beispiel G.2-3

Das im Beispiel G.2-2 untersuchte FM-System arbeite auf einen Lastwiderstand von $Z_L = 600\,\Omega$ (z. B. Eingangswiderstand der Sendeantenne). Mit (G.2-61) ergibt sich dann eine Leistung des Modulationssignals (bzw. des unmodulierten Trägers) zu

$$P_0 = \frac{\hat{s}_0^2}{2R} = 83,3\text{ mW}$$

Der scheinbare Widerspruch dieser Angabe zu der Form in (G.2-61) rührt daher, daß hier das Signal $s_M(t)$ die Einheit der Spannung annimmt – und dementsprechend natürlich auch (G.2-61) eine geringfügig andere Form erhält. Von besonderem Interesse ist die von dem FM-Signal zur Übertragung benötigte Bandbreite, die in diesem Fall mit der Carson-Formel (G.2-67) berechnet werden kann. Für den minimalen Wert des Modulationsindex $\eta = 5$ beträgt die Bandbreite 180 kHz, während sie für den maximalen Wert $\eta = 2500$ auf 150,06 kHz zurückgeht (Abb. G.2-23).

Wie bereits oben festgestellt, ergibt sich die maximale Bandbreite für den minimalen Modulationsindex. Weil jedoch auch außerhalb dieser Bandbreite (durch parasitäre Effekte) noch Spektralanteile vorhanden sein können, wurde die Kanalbandbreite beim UKW-Rundfunk (FM) zu 300 kHz festgelegt.

Abschließend soll hier untersucht werden, wie groß in diesem Fall der Anteil der Leistung ist, die innerhalb der Carson-Bandbreite liegt. Hierzu wird die Beziehung (G.2-63) verwendet, mit der sich ergibt:

$$P_{\text{Carson}} = P_0 \sum_{n=-6}^{+6} J_n^2(\eta)$$
$$= 0{,}994\, P_0$$
$$= 82{,}8 \text{ mW}$$

Bei dieser Überlegung wurde davon ausgegangen, daß der Lastwiderstand frequenzunabhängig ist. Dies wird in der Praxis zwar nicht der Fall sein, man kann jedoch bei relativ schmalbandigen Systemen häufig vereinfachend von dieser Annahme ausgehen.

G.2.2.3 Phasenmodulation

Die Phasenmodulation (PM) ist, wie die Frequenzmodulation, ein Verfahren aus dem Bereich der Winkelmodulation und ähnelt – wie hier gezeigt wird – der Frequenzmodulation in vielen Punkten. Auch hier werde wieder davon ausgegangen, daß die Amplitude des Modulationssignals konstant ist, d. h.

$$\hat{s}_M(t) = \hat{s}_0 = \text{const} \tag{G.2-69}$$

Im Gegensatz zur Frequenzmodulation wird bei der Phasenmodulation der Nullphasenwinkel des Modulationssignals $\varphi_0(t)$ direkt proportional zum modulierenden Basisbandsignal $s_S(t)$ geändert. Somit ergibt sich für den Nullphasenwinkel

$$\varphi_0(t) = k\, s_S(t) \tag{G.2-70}$$

mit dem Proportionalitätsfaktor k sowie für den Phasenwinkel des Modulationssignals

$$\psi_M(t) = \omega_0 t + \varphi_0(t) \tag{G.2-71}$$

Zum Vergleich der Augenblicksfrequenzen soll hier noch einmal die Beziehung (G.2-46) für die Frequenzmodulation gezeigt werden:

$$\omega(t) = \frac{d\psi_M(t)}{dt}$$
$$= \omega_0 + \frac{d\varphi_0(t)}{dt}$$
$$= \omega_0 + k\, s_S(t)$$

G.2.2 Winkelmodulation

Der entsprechende Ausdruck für die Phasenmodulation lautet

$$\omega(t) = \frac{d\psi_M(t)}{dt}$$
$$= \omega_0 + \frac{d\varphi_0(t)}{dt} \qquad \text{(G.2-72)}$$
$$= \omega_0 + k\frac{ds_S(t)}{dt}$$

Bei Betrachtung der beiden Beziehungen erkennt man sofort die enge Verwandtschaft zwischen der Phasen- und der Frequenzmodulation, die als Prinzipschaltbild in Abb. G.2-26 wiedergegeben ist. Wird das Basisbandsignal also beispielsweise differenziert und anschließend auf einen Frequenzmodulator gegeben, so entsteht ein phasenmoduliertes Signal.

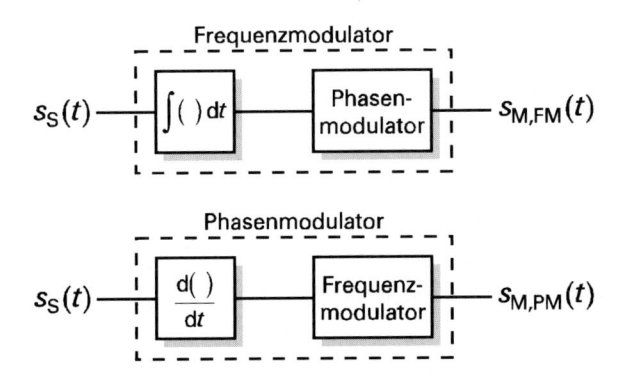

Abb. G.2-26 Beziehung zwischen PM und FM

Die modulierte Trägerschwingung hat die Form

$$s_M(t) = \hat{s}_0 \cos \psi_M(t)$$
$$= \hat{s}_0 \cos(\omega_0 t + k s_S(t)) \qquad \text{(G.2-73)}$$

Wird wiederum ein sinusförmiges modulierendes Signal angesetzt, so ist

$$s_M(t) = \hat{s}_0 \cos(\omega_0 t + k \hat{s}_S \cos \omega_S t)$$
$$= \hat{s}_0 \cos(\omega_0 t + \Delta\Phi \cos \omega_S t) \qquad \text{(G.2-74)}$$

mit dem Phasenhub

$$\Delta\Phi = k \hat{s}_S \qquad \text{(G.2-75)}$$

Der Phasenhub $\Delta\Phi$ hat hier die gleiche Bedeutung wie der Modulationsindex bei der Frequenzmodulation.

Eine graphische Darstellung der Zeitfunktion eines phasenmodulierten Signals für zwei unterschiedliche Werte des Phasenhubs ist im Abschnitt G.2.2.4 zu finden. Die Berechnung des Spektrums wird analog der Vorgehensweise bei der Frequenzmodulation durchgeführt und ergibt

$$s_M(t) = \Re\left\{\hat{s}_0\, e^{j\Delta\Phi \cos\omega_S t}\, e^{j\omega_0 t}\right\} \tag{G.2-76}$$

Dieser Ausdruck ist – abgesehen von der Vertauschung von Sinus und Cosinus, entsprechend einer Phasendifferenz von 90° – identisch mit dem entsprechenden Ausdruck bei der Frequenzmodulation, wenn man den Modulationsindex η durch den Phasenhub $\Delta\Phi$ ersetzt. Dementsprechend kann auch das Ergebnis der obigen Rechnung übernommen werden, wobei η durch $\Delta\Phi$ und $\omega_S t$ durch $\omega_S t + \pi/2$ ersetzt wird. Damit ergibt sich die folgende Darstellung für das Modulationssignal:

$$\begin{aligned}s_M(t) = &\,\hat{s}_0 \sum_{-\infty}^{+\infty} J_n(\Delta\Phi) \cos\left[(\omega_0 + n\omega_S)t + \frac{\pi}{2}\right] \\ = &\,\hat{s}_0 \Big\{ J_0(\Delta\Phi)\cos\left[\omega_0 t + \frac{\pi}{2}\right] + \\ &+ J_1(\Delta\Phi)\cos\left[(\omega_0 + \omega_S)t + \frac{\pi}{2}\right] + J_{-1}(\Delta\Phi)\cos\left[(\omega_0 - \omega_S)t + \frac{\pi}{2}\right] + \\ &+ J_2(\Delta\Phi)\cos\left[(\omega_0 + 2\omega_S)t + \frac{\pi}{2}\right] + J_{-2}(\Delta\Phi)\cos\left[(\omega_0 - 2\omega_S)t + \frac{\pi}{2}\right] + \\ &+ J_3(\Delta\Phi)\cos\left[(\omega_0 + 3\omega_S)t + \frac{\pi}{2}\right] + J_{-3}(\Delta\Phi)\cos\left[(\omega_0 - 3\omega_S)t + \frac{\pi}{2}\right] + \\ &+ \ldots \Big\}\end{aligned} \tag{G.2-77}$$

Das Spektrum entspricht im Prinzip dem der Frequenzmodulation, wie es in Abb. G.2-23 dargestellt ist, mit dem Unterschied, daß die Phase der Anteile um 90° gedreht ist und das Argument der Bessel-Funktionen nicht der Modulationsindex, sondern der Phasenhub ist.

Der Vollständigkeit halber soll an dieser Stelle auch noch das Spektrum der Phasenmodulation für einige Variationen der Parameter Phasenhub und Basisbandfrequenz vorgestellt werden.

Die Abb. G.2-27 zeigt einige Betragsspektren einer phasenmodulierten Schwingung bei Variierung des Phasenhubs und konstanter Signalfrequenz, während in Abb. G.2-28 die Betragsspektren bei gleichzeitiger entsprechender Variierung der Signalfrequenz zu sehen sind. Da hier jeweils das Betragsspektrum gezeigt ist, kommt der Unterschied in der Phasenlage nicht zum Tragen.

G.2.2 Winkelmodulation

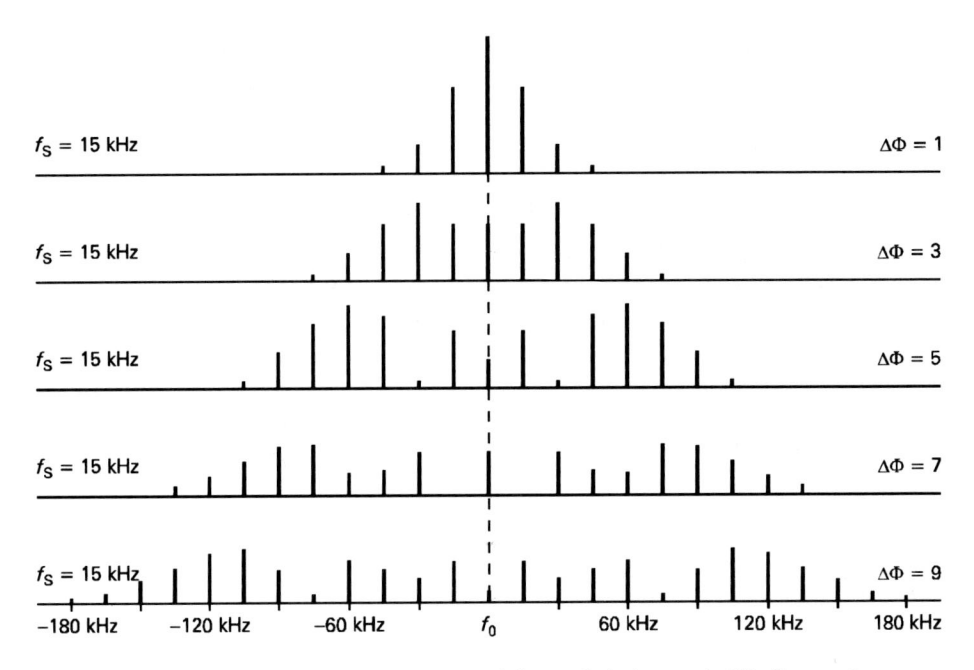

Abb. G.2-27 Betragsspektren einer phasenmodulierten Schwingung bei Variierung des Phasenhubs und konstanter Signalfrequenz

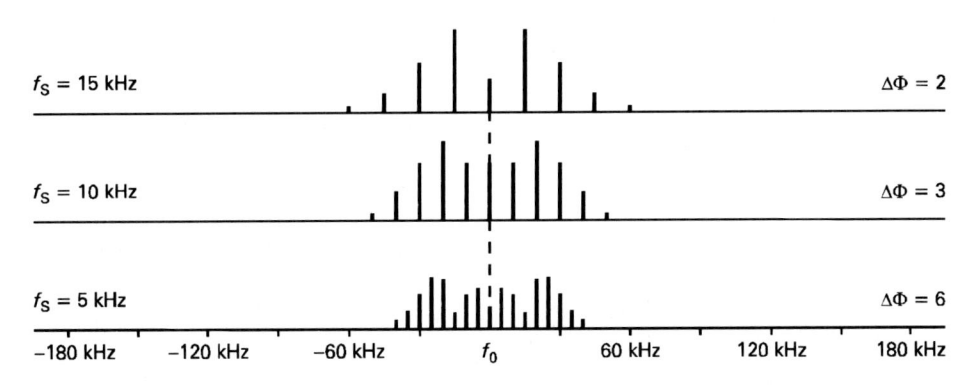

Abb. G.2-28 Betragsspektren einer phasenmodulierten Schwingung bei Variierung des Phasenhubs und entsprechender Variierung der Signalfrequenz

G.2.2.4 Zeitfunktionen von winkelmodulierten Signalen

In Abb. G.2-29 sind die Zeitfunktionen einer FM mit zwei unterschiedlichen Werten für den Modulationsindex dargestellt ($\eta = 3{,}0$ bzw. $\eta = 10{,}0$). Die Abb. G.2-30 zeigt die Zeitfunktionen einer PM mit zwei unterschiedlichen Werten für den Phasenhub ($\Delta\Phi = \pi$ bzw. $\Delta\Phi = 3\pi$). Das Verhältnis der Träger- zur Signalfrequenz beträgt bei allen Darstellungen $f_T/f_S = 10$.

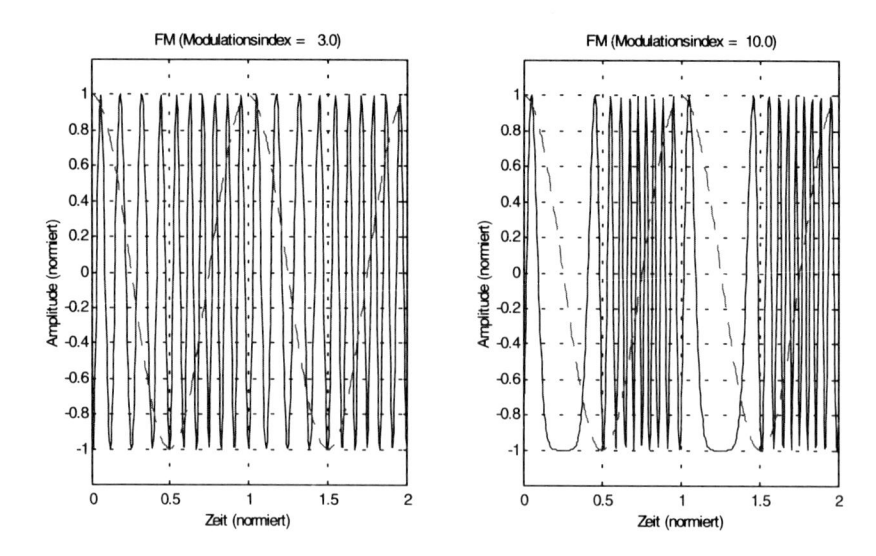

Abb. G.2-29 FM mit Modulationsindex $\eta = 10{,}0$ und $f_T/f_S = 10$ (links) bzw. FM mit Modulationsindex $\eta = 3{,}0$ und $f_T/f_S = 10$ (rechts)

Auf der Ordinate ist die konstante(!) Amplitude der modulierten Schwingung aufgetragen. Die Länge des Zeitausschnitts (Abszisse) entspricht ungefähr der Dauer von zweieinhalb Perioden der Schwingung des modulierenden Signals. Gestrichelt dargestellt ist der Verlauf der modulierenden Schwingung.

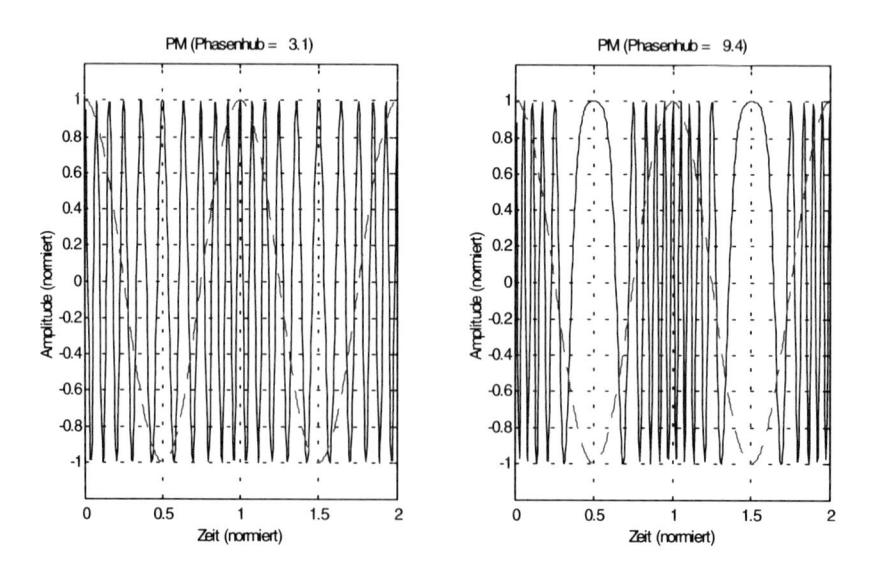

Abb. G.2-30 PM mit Phasenhub $\Delta\Phi = \pi$ und $f_T/f_S = 10$ (links) bzw. PM mit Phasenhub $\Delta\Phi = 3\pi$ und $f_T/f_S = 10$ (rechts)

Anzumerken ist hier, daß bei der Phasenmodulation das Maximum der modulierenden Schwingung nicht mit der maximalen „Phasenverschiebung" des Modulationssignal übereinstimmt. Vielmehr liegt ein Versatz um 90° vor, der u. a. auch bei einem Vergleich von (G.2-57) und (G.2-76) erkennbar ist.

G.2.2.5 Störungen bei Frequenzmodulation

Ein wesentlicher Vorteil der Frequenzmodulation (im Vergleich zur Amplitudenmodulation) ist das stabilere Verhalten gegenüber Störungen. In diesem Abschnitt soll untersucht werden, wie sich Störungen (additives weißes Gaußsches Rauschen) auf die Übertragung von FM-Signalen auswirken. Dazu wird die Trägerleistung eines FM-Signals

$$P_T = C = \frac{\hat{s}_T^2}{2R} \tag{G.2-78}$$

mit der Amplitude $\hat{s}_T$ des Trägers und dem Lastwiderstand R sowie die Rauschleistung

$$P_r = N = k T_{sys} B_r \tag{G.2-79}$$

innerhalb der äquivalenten Rauschbandbreite B_r betrachtet, wobei T_{sys} die Systemrauschtemperatur des Empfängers und k die Boltzmann-Konstante ist. Zu unterscheiden sind der Signalrauschabstand am Eingang des Demodulators

$$\frac{C}{N} = \frac{\hat{s}_T^2}{2R k T_{sys} B_r} \tag{G.2-80}$$

sowie der Signalrauschabstand S/N am Ausgang des Demodulators. Im Demodulator ergibt sich eine Verbesserung des Signalrauschabstands durch den sogenannten Demodulatorgewinn K_D.

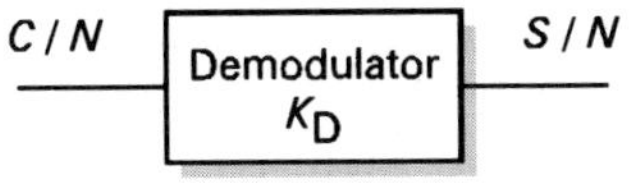

Abb. G.2-31 *Signalrauschabstände am FM-Demodulator*

Somit gilt (siehe Abb. G.2-31)

$$\frac{S/N}{dB} = \frac{C/N}{dB} + \frac{K_D}{dB} \tag{G.2-81}$$

Dabei ergibt sich der Demodulatorgewinn mit dem Frequenzhub Δf zu

$$K_D = \frac{1{,}5 B_r \, \Delta f}{B_{ZF}^2} \tag{G.2-82}$$

Mit der Carson-Bandbreite $B_{ZF} = 2(\Delta f + B_{NF})$ und der äquivalenten Rauschbandbreite $B_r = B_{NF}$ vereinfacht sich dies für $C \gg N$ zu

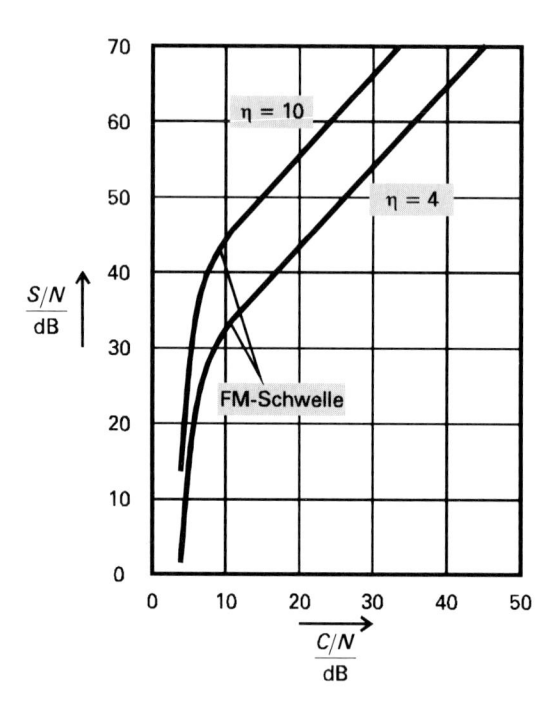

$$K_D = 3(\eta + 1)\eta^2 \qquad (G.2\text{-}83)$$

Abb. G.2-32 *Zusammenhang zwischen S/N und C/N*

Wenn das Basisbandsignal eine von null verschiedene Bandbreite aufweist, so ist in (G.2-30) der minimale Wert für den Modulationsindex (η_{min}) zu verwenden. In der graphischen Darstellung (Abb. G.2-32) ergibt sich somit für große Werte von C/N ein linearer Verlauf für den Zusammenhang nach (G.2-81). Kommt der Signalpegel jedoch in die Größenordnung des Rauschpegels, so treten Phasensprünge auf. Die mathematische Betrachtung wird dann sehr aufwendig, so daß an dieser Stelle in der Graphik (Abb. G.2-32) nur der prinzipielle Verlauf angedeutet ist. Festzuhalten bleibt, daß unterhalb eines bestimmten Wertes für C/N ein übermäßig starker Abfall des Signalrauschabstands auftritt; dieser Wert wird als FM-Schwelle bezeichnet. Die (graphische) Definition der FM-Schwelle entspricht derjenigen für den 1-dB-Kompressionspunkt beim Verstärker.

Bei konventionellen FM-Demodulatoren liegt die FM-Schwelle typisch bei $C/N \approx 10$ dB. Der Arbeitspunkt befindet sich in der Regel oberhalb dieses Wertes, wobei der Abstand als Schwellwertreserve (*Threshold Margin*) bezeichnet wird.

G.2.2 Winkelmodulation

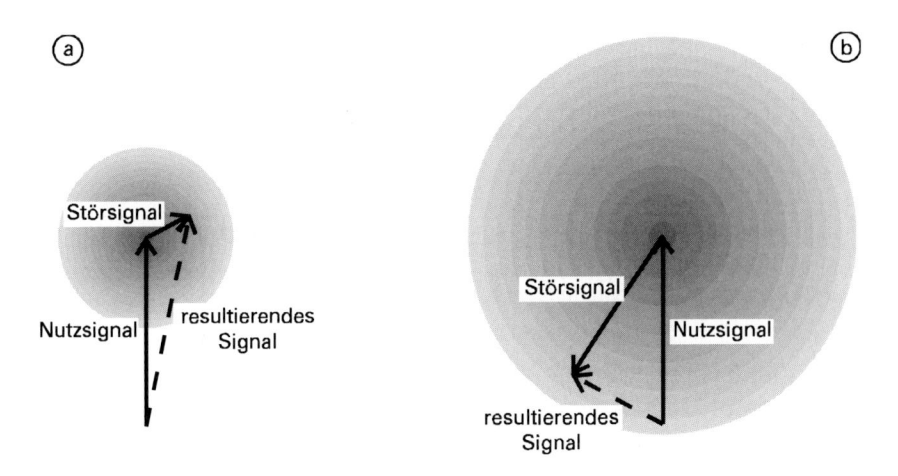

Abb. G.2-33 *Zeigerdiagramm bei gestörter FM*

Anschaulich kann die FM-Schwelle anhand des Zeigerdiagramms erklärt werden. In Abb. G.2-33 sind zwei Fälle dargestellt: Signalrauschabstand oberhalb (a) bzw. unterhalb (b) der FM-Schwelle.

Im Fall (a) werden durch den Störzeiger nur relativ geringe Phasenabweichungen des resultierenden Zeigers vom Nutzsignal hervorgerufen. Kommt hingegen das Störsignal in die gleiche Größenordnung wie das Nutzsignal (b), so können Phasensprünge von 2π auftreten, die sich im demodulierten Signal als Störimpulse bemerkbar machen und den Signalrauschabstand des demodulierten Signals überproportional verschlechtern. Je geringer der Signalrauschabstand vor dem Demodulator ist, desto häufiger treten diese Phasensprünge (Störimpulse) auf.

G.2.2.6 Preemphase und Deemphase

Ein typisches Merkmal der Frequenzmodulation ist die Tatsache, daß am Demodulatorausgang mit zunehmender Modulationsfrequenz die Rauschleistung wächst. Demzufolge wird der Signalrauschabstand kleiner. Für Breitbandübertragung (z. B. Sprache, Musik) bedeutet dies, daß tieffrequente Anteile einen höheren Signalrauschabstand aufweisen als die hochfrequenten Anteile. Da dieser Effekt natürlich unerwünscht ist, wird häufig sendeseitig ein sogenanntes Preemphase[3]-Netzwerk dem Modulator nachgeschaltet. Dieses Netzwerk erzeugt die sogenannte Emphase, d. h. eine Anhebung der höherfrequenten Anteile (Abb. G.2-34).

---

[3] Emphase (*émphasis*, griech. eigentlich „Verdeutlichung"): Nachdruck, der auf eine sprachliche Äußerung durch phonetische oder syntaktische Hervorhebung gelegt wird. [Meyers Großes Taschenlexikon]

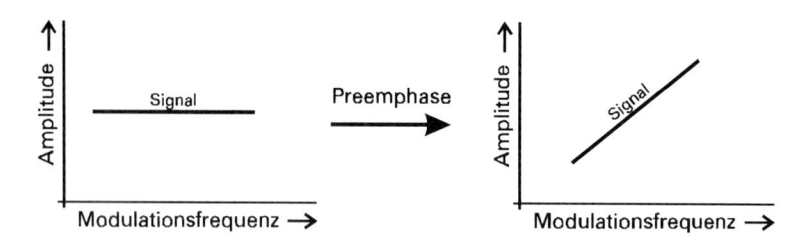

Abb. G.2-34 Preemphase beim Sender

Um diese Emphase rückgängig zu machen, wird empfangsseitig dem Demodulator ein Deemphase-Netzwerk nachgeschaltet, das die komplementäre Übertragungsfunktion aufweist. In Abb. G.2-35 ist zu sehen, wie der Verlauf des Signalpegels über der Frequenz dem mit steigender Frequenz zunehmendem Rauschen angepaßt ist. Nach der Deemphase sind dann – bei einer idealisierten Betrachtung – sowohl Signal- als auch Rauschpegel wieder konstant über der Frequenz, so daß ein konstanter Signalrauschabstand vorliegt.

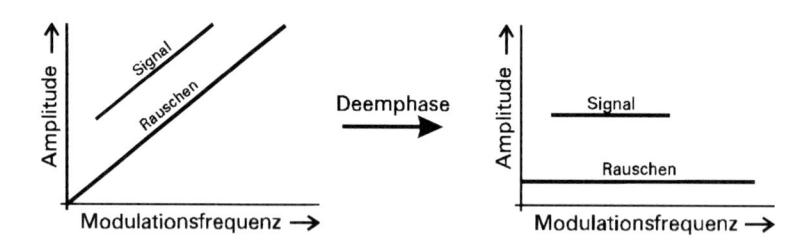

Abb. G.2-35 Deemphase beim Empfänger

Insgesamt ergibt sich durch den Einsatz von Preemphase- und von Deemphase-Netzwerken eine Verbesserung des Signalrauschabstands, die als Emphasegewinn G_{EM} bezeichnet wird. Sie gibt die Absenkung der Gesamtrauschleistung am Demodulatorausgang an. Für die wichtigsten FM-Systeme der Übertragungstechnik sind die Verläufe von Preemphase und Deemphase und somit auch der Emphasegewinn in Normen festgelegt. So ergibt sich z. B. bei der TV-Übertragung mit 625 Zeilen (PAL) ein Emphasegewinn von $G_{EM} = 13{,}0$ dB. Mit dem Emphasegewinn kann (G.2-81) zu

$$\frac{S/N}{\text{dB}} = \frac{C/N}{\text{dB}} + \frac{K_D}{\text{dB}} + \frac{G_{EM}}{\text{dB}} \qquad \text{(G.2-84)}$$

ergänzt werden. Darüber hinaus wird i. a. eine subjektive Messung durchgeführt, da das menschliche Gehör bei hohen und niedrigen Frequenzen im Vergleich zu mittleren Frequenzen weniger empfindlich ist. Zu diesem Zweck liegen Bewertungskurven nach CCIR-Norm vor, die zu einer psophometrischen Bewertung eines Signals führen (*psóphos*, griech. „Lärm").

G.2.2.7 Modulator und Demodulator für Frequenzmodulation und Phasenmodulation

Wie im Abschnitt G.2.2.3 gezeigt wurde, besteht der Unterschied zwischen Frequenz- und Phasenmodulation lediglich in der Differentiation bzw. Integration der Phase. Daher werden hier nur Schaltungen für die Frequenzmodulation bzw. -demodulation besprochen. Entsprechende Schaltungen für die Phasenmodulation können relativ einfach daraus abgeleitet werden.

Modulation

Die Frequenzmodulation entspricht einer Änderung des Parameters Frequenz einer sinusförmigen Schwingung durch ein niederfrequentes modulierendes Signal $s_S(t)$. Entsprechend der Beziehung

$$\omega_{\text{res}} = \frac{1}{\sqrt{LC}} \tag{G.2-85}$$

für die Resonanzfrequenz eines Schwingkreises kann die Frequenzmodulation durch die Änderung von L oder C bewirkt werden.

- Änderung von L
  - Vormagnetisierung einer Eisenspule;
  - Reaktanzschaltungen, bestehend aus einem aktiven Element (Röhre, Transistor) und zwei komplexen Widerständen.

- Änderung von $C = \varepsilon A/d$
  - Mechanisch, z. B. Kondensatormikrofon;
  - Dielektrika, deren Dielektrizitätskonstante ε von der Größe der elektrischen Feldstärke abhängt, z. B. Bariumtitanat (Änderung von ε);
  - Varaktordiode, Spannungsabhängigkeit der Sperrschicht-Kapazität einer in Sperrrichtung gepolten Halbleiterdiode;
  - Reaktanzschaltungen.

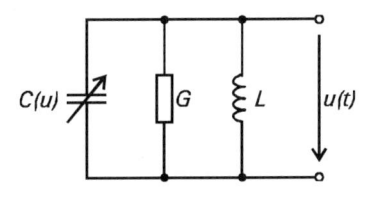

Abb. G.2-36 FM mit Varaktordiode

Im folgenden wird nur eine der wichtigsten Möglichkeiten – die Variation der Kapazität einer Varaktordiode – vorgestellt und ausführlich behandelt.

Im Ersatzschaltbild der Varaktordiode (Abb. G.2-36) gelte für die Spannung am Schwingkreis

$$u(t) = \hat{u}\cos(\omega t + \Phi) \tag{G.2-86}$$

und für die Spannungsabhängigkeit der Kapazität der Varaktordiode

$$C = \frac{C_0}{(1+\alpha\cos\omega t)^\gamma} \tag{G.2-87}$$

mit $\alpha \propto \hat{u}$. (Bei einem abrupten pn-Übergang gilt $\gamma = 0{,}5$.) Für den Schwingfall, in dem G durch einen negativen differentiellen Leitwert kompensiert wird, gilt

$$\begin{aligned} i(t) &= i_C(t) + i_L(t) \\ &= \frac{d}{dt}(Cu(t)) + \frac{1}{L_0}\int_{t_0}^{t} u(\tau)\,d\tau = 0 \end{aligned} \tag{G.2-88}$$

und nach Differentiation

$$0 = \frac{d^2 u(t)}{dt^2} + \frac{2}{C}\frac{dC}{dt}\frac{du(t)}{dt} + \left(\frac{1}{L_0 C} + \frac{1}{C}\frac{d^2 C}{dt^2}\right)u(t) \tag{G.2-89}$$

Mit der Annahme, daß die zu dC/dt und d^2C/dt^2 proportionalen Anteile vernachlässigbar sind, entsteht daraus mit

$$\begin{aligned} \frac{1}{L_0 C} &= \frac{1}{L_0 C_0}(1+\alpha\cos\omega t)^\gamma \\ &= \omega_0^2(1+\alpha\cos\omega t)^\gamma \end{aligned} \tag{G.2-90}$$

die Hillsche Differentialgleichung

$$\frac{d^2 u(t)}{dt^2} + \omega_0^2(1+\alpha\cos\omega t)^\gamma u(t) = 0 \tag{G.2-91}$$

Der Lösungsansatz für eine ungedämpfte Schwingung

$$u(t) = \Re\left\{\hat{u}\,e^{j\psi(t)}\right\} \tag{G.2-92}$$

führt zu

$$j\frac{d^2\psi}{dt^2} - \left(\frac{d\psi}{dt}\right)^2 + \omega_0^2(1+\alpha\cos\omega t)^\gamma = 0 \tag{G.2-93}$$

Solange gilt

$$\left|\frac{d^2\psi}{dt^2}\right| \ll \left(\frac{d\psi}{dt}\right)^2 \tag{G.2-94}$$

folgt aus (G.2-93):

$$\frac{d\psi}{dt} = \omega_0 (1+\alpha \cos \omega t)^{\gamma/2} \qquad (G.2\text{-}95)$$

bzw. mit $\alpha \ll 1$

$$\frac{d\psi}{dt} \approx \omega_0 \left(1+\frac{\alpha\gamma}{2}\cos \omega t\right) \qquad (G.2\text{-}96)$$

und nach anschließender Integration

$$\psi(t) \approx \omega_0 t + \frac{\alpha\gamma\omega_0}{2\omega} \sin \omega t \qquad (G.2\text{-}97)$$

Der Vergleich mit

$$\psi_M(t) = \omega_0 t + \frac{k\hat{s}_S}{\omega_S} \sin \omega_S t \qquad \text{<G.2-50>}$$

zeigt, daß es sich hierbei um eine frequenzmodulierte Schwingung handelt. (Die oben angegebenen Ungleichungen sind im allgemeinen erfüllt.) Wird die Varaktordiode mit dem differenzierten modulierenden Signal ausgesteuert, so gilt $\alpha \propto \omega \hat{u}$, und man erhält eine phasenmodulierte Schwingung.

Demodulation

Bei der Demodulation eines frequenzmodulierten Signals wird häufig ein Umweg gewählt. Man wandelt die FM in eine AM um (diese Baugruppe wird als Modulationswandler oder Frequenzdiskriminator bezeichnet) und demoduliert anschließend das AM-Signal (Abb. G.2-37). Damit eine eventuell in $s_M(t)$ vorhandene AM keine Störungen verursacht, wird ein Amplitudenbegrenzer vorgeschaltet.

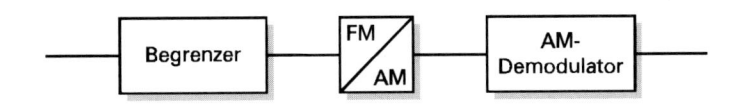

Abb. G.2-37   *FM-Demodulation*

Die wichtigsten Schaltungen für Frequenzdiskriminatoren sind:
- Eintakt-Flankendemodulator,
- Gegentakt-Flankendemodulator,
- Riegger-Kreis (*Discriminator by Foster and Seeley*),
- *Ratio Detector*.

Eine weitere, relativ aufwendige Methode stellt der Einsatz einer Phasenregelschleife (PLL) dar. Hiermit kann ein frequenz- oder phasenmoduliertes Signal direkt, d. h. ohne Umweg über die AM zurückgewonnen werden. Eine Beschreibung ist z. B. in [Best 93] zu finden.

Für die – zumindest von der Erläuterung her – etwas aufwendigeren Schaltungen von Riegger-Kreis und *Ratio Detector* sei auf die Literatur verwiesen (z. B. [Steinbuch u. Rupprecht 84] und [Limann 79]). Die Funktionsweise der Flankendemodulatoren wird im folgenden qualitativ erläutert.

Eintakt-Flankendemodulator

Die Amplitude der Spannung $u(t)$ ist proportional zur Impedanz $\underline{Z}(j\omega)$ des Parallelschwingkreises (Abb. G.2-38). Man sieht, daß – bei kleinem Frequenzhub $\Delta f = \Delta\omega_s/2\pi$ – die Empfindlichkeit und auch die Linearität am größten (und damit die Verzerrungen am geringsten) sind, wenn die Trägerfrequenz f_T in einem der beiden Wendepunkte auf den Flanken der Impedanzkurve des Schwingkreises liegt. Bei unmoduliertem Träger ergibt sich am Ausgang eine Gleichspannung.

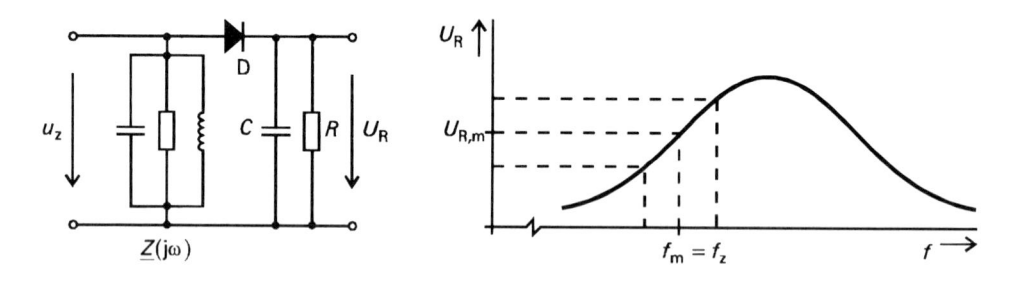

Abb. G.2-38 *Der Eintakt-Flankendemodulator*

Ein Nachteil dieser einfachen Schaltung ist ihre große Empfindlichkeit gegen AM. Selbst bei unmoduliertem Träger liefern Amplitudenschwankungen, die zum Beispiel durch Störspannungen entstehen können, am Ausgang eine zur Amplitude des Trägersignals proportionale Änderung der Ausgangsspannung $u_R(t)$.

Gegentakt-Flankendemodulator

Der Gegentakt-Flankendemodulator (Abb. G.2-39) besteht aus zwei im Gegentakt arbeitenden Eintakt-Flankendemodulatoren, wobei die Kreise entgegengesetzt gleiche Verstimmungen gegen die Trägerfrequenz f_0 aufweisen. Dadurch läßt sich erreichen, daß die Ausgangsgleichspannung bei unmoduliertem Träger gleich null ist. Hier kann eine AM nur noch dann eine Ausgangsspannung ergeben, wenn entweder die Augenblicksfrequenz von f_0 abweicht (hierbei handelt es sich um die reguläre Aufgabe dieser Schaltung), oder wenn die

Abstimmung fehlerhaft ist. Bei Amplitudenänderungen ändert die Kennlinie schiefsymmetrisch zum Nullpunkt ihre Höhe, so daß für $f = f_0$ die Ausgangsspannung unverändert gleich null bleibt. Ein weiterer Vorteil gegenüber dem Eintakt-Flankendemodulator ist die verdoppelte Steilheit der Kennlinie und die damit größere Empfindlichkeit des Empfängers.

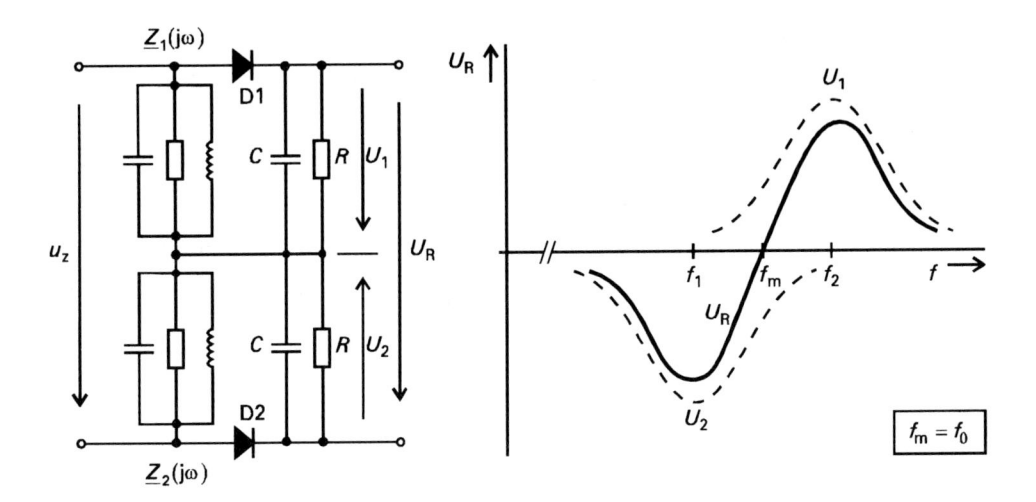

Abb. G.2-39 *Der Gegentakt-Flankendemodulator*

G.2.3 Quadraturamplitudenmodulation

Neben der reinen Amplituden- bzw. Winkelmodulation existiert der Sonderfall der Quadraturamplitudenmodulation (QAM). Die Trägerschwingungen weisen bei einer Phasenverschiebung von $\pi/2$ die gleiche Frequenz auf und stellen somit orthogonale Funktionen dar. Aufgrund der Eigenschaften trigonometrischer Funktionen gilt daher

$$s_{0,I}(t) \propto \sin \omega_0 t \qquad \text{bzw.} \qquad s_{0,Q}(t) \propto \cos \omega_0 t \qquad \text{(G.2-98)}$$

Von besonderer Bedeutung ist die digitale Variante der QAM, die auch als QASK bezeichnet wird; hierauf wird im Abschnitt G.3.7 ausführlich eingegangen.

Das Prinzip von Modulation und Demodulation bei der QAM zeigt die im wesentlichen bereits aus Kapitel B.3 bekannte Abb. G.2-40.

♦ Sendeseitig werden zwei voneinander unabhängige Signale getrennt auf zwei Träger aufmoduliert (ZSB-AM-uT) und anschließend addiert. (Man spricht auch hier von einer *In-Phase-* und einer *Quadrature-Phase*-Komponente.) Die beiden Träger weisen dabei die gleiche Frequenz f_0, aber einen Phasenunterschied von $\pi/2$ gemäß (G.2-98) auf.

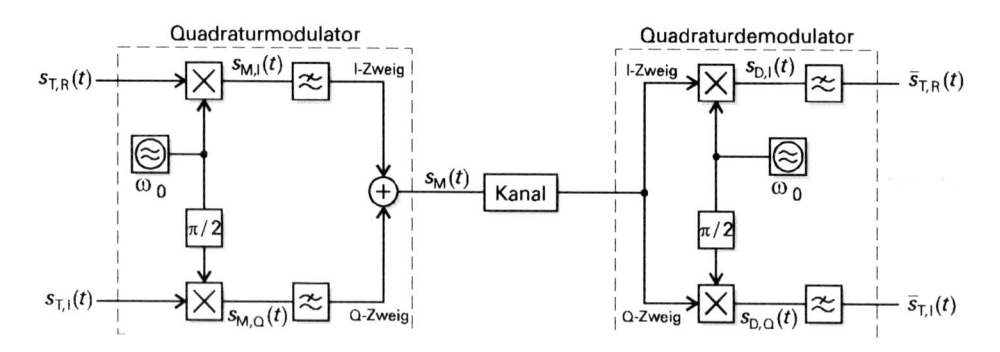

Abb. G.2-40 Blockschaltbild der Quadraturamplitudenmodulation (Modulation und Demodulation)

Im folgenden werden für die Basisbandsignale reine Sinusschwingungen mit

$$s_I(t) = \cos\omega_1 t \qquad \text{(G.2-99)}$$

und

$$s_Q(t) = \cos\omega_2 t \qquad \text{(G.2-100)}$$

angenommen. Nach den Mischern (und anschließender Filterung von evtl. noch vorhandenen höherfrequenten Mischprodukten) im Modulator ergeben sich die I- bzw. Q-Komponente zu

$$s_{M,I}(t) = \frac{1}{2}\bigl[\cos(\omega_0+\omega_1)t + \cos(\omega_0-\omega_1)t\bigr] \qquad \text{(G.2-101)}$$

bzw.

$$s_{M,Q}(t) = \frac{1}{2}\bigl[\sin(\omega_0+\omega_2)t + \sin(\omega_0-\omega_2)t\bigr] \qquad \text{(G.2-102)}$$

Durch die orthogonale Eigenschaft der Trägerschwingungen trotz ggf. gleicher Frequenz bleiben die beiden Anteile unabhängig voneinander. Die Summierung der I- und der Q-Komponente ergibt

$$\begin{aligned}s_M(t) &= s_{M,I}(t) + s_{M,Q}(t) \\ &= s_I(t)\cos\omega_0 t + s_Q(t)\sin\omega_0 t\end{aligned} \qquad \text{(G.2-103)}$$

bzw. unter der Annahme von rein sinusförmigen Basisbandsignalen gemäß (G.2-99) bzw. (G.2-100):

$$\begin{aligned}s_M(t) = \frac{1}{2}\bigl[&\cos(\omega_0+\omega_1)t + \cos(\omega_0-\omega_1)t + \\ &+ \sin(\omega_0+\omega_2)t + \sin(\omega_0-\omega_2)t\bigr]\end{aligned} \qquad \text{(G.2-104)}$$

♦ Empfangsseitig wird das quadraturamplitudenmodulierte Signal zwei Synchrondemodulatoren zugeführt, die wiederum mit zwei Trägern mit einer Phasenverschiebung von 90° betrieben werden.

G.2.3 Quadraturamplitudenmodulation

Damit ergibt sich nach den Mischern

$$s_{D,I}(t) = s_M(t)\cos\omega_0 t$$
$$= s_I(t)\frac{1}{2}(1+\cos 2\omega_0 t) + s_Q\frac{1}{2}(t)\sin 2\omega_0 t \qquad \text{(G.2-105)}$$

bzw.

$$s_{D,Q}(t) = s_M(t)\sin\omega_0 t$$
$$= s_Q(t)\frac{1}{2}\sin 2\omega_0 t + s_I(t)\frac{1}{2}(1-\cos 2\omega_0 t) \qquad \text{(G.2-106)}$$

Hieraus erhält man nach der Tiefpaßfilterung wiederum die Basisbandsignale

$$\bar{s}_I(t) = \frac{1}{2}s_I(t) \qquad \text{(G.2-107)}$$

und

$$\bar{s}_Q(t) = \frac{1}{2}s_Q(t) \qquad \text{(G.2-108)}$$

Bei der Quadraturamplitudenmodulation handelt es sich um keine reine Amplitudenmodulation mehr. Durch das Zusammenfassen der beiden Modulationsprodukte ergibt sich vielmehr eine amplituden- *und* phasenmodulierte Schwingung. Eine Anwendung für dieses Verfahren ist z. B. die Übertragung der Farbartinformation bei einigen Farbfernsehsystemen (NTSC, PAL).

G.3 Digitale Modulationsverfahren

G.3.1 Einleitung

Im Zuge der immer weiter fortschreitenden „Digitalisierung" der Übertragung von Informationen (Datenübertragung, Übertragung von Sprache und Bildern in digitalisierter Form) gewinnen die Modulationsverfahren mit digitalem Basisbandsignal (häufig als digitale Modulationsverfahren bezeichnet) zu Lasten der im Kapitel G.2 vorgestellten Verfahren mit analogem Basisbandsignal (analoge Modulationsverfahren) immer mehr an Bedeutung. Daher sollen hier die wichtigsten aus der großen Vielfalt der digitalen Modulationsverfahren etwas ausführlicher vorgestellt werden.

In dieser Einleitung folgen einige grundlegende Anmerkungen über die digitalen Modulationsverfahren, während der Abschnitt G.3.2 eine Übersicht über die wichtigsten Prinzipien beinhaltet. Die weiteren Abschnitte beschäftigen sich dann mit der Funktionsweise der einzelnen Verfahren sowie mit den für die

Realisierung wichtigen Fragen der Trägerrückgewinnung und der Taktsynchronisation. Im Rahmen dieser Betrachtung wird auf einige Ergebnisse aus dem Teil D zurückgegriffen.

Das Prinzip der digitalen Modulationsverfahren kann so beschrieben werden, daß einem Bit bzw. einem aus mehreren Bits bestehenden Symbol ein Signalzustand zugeordnet wird (Modulation). Dieser wird übertragen, und anschließend, bei der Demodulation, wird diesem Zustand wieder ein Bit bzw. eine Bitfolge zugeordnet. Erfolgt die Übertragung des Signals störungsfrei oder nur mit geringen Störungen (die unterhalb eines durch das Modulationsverfahren definierten Maßes liegen), so liegt eine fehlerfreie Datenübertragung vor. Eine wichtige Rolle bei der Beurteilung der Güte eines digitalen Modulationsverfahrens spielen das Augendiagramm sowie die Bitfehlerwahrscheinlichkeit (*Bit Error Rate* – BER). Die Bitfehlerwahrscheinlichkeit wird dabei häufig in Abhängigkeit vom Signalrauschabstand angegeben und stellt eine für das jeweilige Verfahren charakteristische Größe dar. Für den Signalrauschabstand existieren dabei unterschiedliche Definitionen, die bereits im Kapitel D.11 vorgestellt wurden. Eine weitere wichtige Größe zur Beurteilung der „Güte" eines digitalen Modulationsverfahrens ist die Bandbreitenausnutzung, die angibt, welche Datenrate in einer gegebenen Bandbreite übertragen werden kann bzw. welche Bandbreite für die Übertragung einer gegebenen Datenrate benötigt wird.

Anhand der QASK (der digitalen Variante der QAM) soll hier das Zustandsdiagramm erläutert werden. Das Zustandsdiagramm wird dabei in der I-Q-Ebene betrachtet, die von der In-Phase- und der Quadrature-Phase-Komponente gebildet wird. Der Modulator weist dabei jeweils einem Symbol (einem Bit oder einer Bitfolge) einen Zustand zu, der durch seine I- und seine Q-Komponente eindeutig bestimmt ist. Empfängerseitig muß der Demodulator wiederum einem Zustand ein bestimmtes Symbol zuweisen, was i. a. auf der Basis der Bestimmung des geringsten euklidischen Abstands zu allen möglichen zulässigen Zuständen erfolgt. In Abb. G.3-1 sind die Zustandsdiagramme von 16-QASK und 64-QASK zu sehen. Bei der 16-QASK wird aus jeweils vier Bit ein Symbol gebildet, dem ein Zustand in der I-Q-Ebene zugeordnet wird, während bei 64-QASK jeweils sechs Bit zusammengefaßt werden. Man kann bereits bei diesen einfachen Beispielen die prinzipielle Möglichkeit des Einsatzes von höherwertigen digitalen Modulationsverfahren erkennen. Auf der einen Seite stellen sie eine größere übertragbare Datenrate (bei einer gegebenen Bandbreite) zur Verfügung, auf der anderen Seite wird (bei gleicher Signalamplitude) der Abstand zwischen den einzelnen Signalzuständen geringer, so daß Fehler durch Störungen auf dem Signalweg leichter auftreten können. Auf diesen grundsätzlichen *Trade-off* zwischen Bandbreite und Signalrauschleistungsverhältnis wird in den folgenden Abschnitten noch weiter eingegangen.

Im Zusammenhang mit der spektralen Bandbreite sind auch die Übergänge zwischen den einzelnen Zuständen von großem Interesse. Die Form der Impulse (und damit die Form der Übergänge) bestimmt im wesentlichen die spektralen

Eigenschaften, wie bereits bei der Behandlung der Nyquist-Kriterien dargestellt wurde. Da die „einfachste" Impulsform, der Rechteckimpuls, ungünstige Eigenschaften aufweist (ein theoretisch unendlich breites und relativ langsam abfallendes Spektrum), sollten andere Impulsformen verwendet werden; man spricht dabei von Impulsformung bzw. *Impulse Shaping*. Diese Impulsformung wird durch ein Filter realisiert, wofür häufig ein aus Kapitel D.5 bekanntes cos-*Roll-off*-Filter mit einem optimierten Wert für den *Roll-off*-Faktor eingesetzt wird („Nyquist-Filterung").

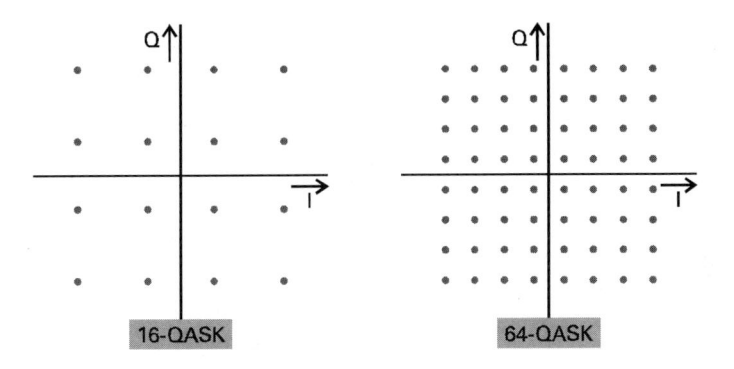

Abb. G.3-1   *Zustandsdiagramm von 16-QASK und 64-QASK*

Wichtige Anwendungen für digitale Modulationsverfahren sind vor allem im Richtfunk, im Satellitenfunk und im Mobilfunk zu finden, also überall dort, wo Digitalsignale (oder digitalisierte Analogsignale) übertragen werden müssen.

G.3.2   Übersicht

G.3.2.1   Amplitudentastung (ASK)

Bei der Amplitudentastung (*Amplitude Shift Keying* – ASK) handelt es sich um die Amplitudenmodulation eines Sinusträgers mit einem digitalen Basisbandsignal. Im einfachsten Fall kann die Amplitude des modulierten Signals nur die Werte 0 oder 1 annehmen; man spricht dann von *On-off-Keying* (OOK). Die Demodulation kann mittels Hüllkurvendemodulation durchgeführt werden, wobei die praktische Bedeutung dieses Verfahrens relativ gering ist.

In Abb. G.3-2 ist der zeitliche Verlauf eines Signals mit OOK-Modulation dargestellt. Eine andere Möglichkeit der Amplitudentastung ergibt sich, wenn nicht zwischen den Amplituden 0 und A, sondern zwischen den Amplituden $+A$ und $-A$ umgetastet wird. Man spricht dann von der binären Amplitudentastung bzw. 2-ASK (Abb. G.3-2). Da in diesem Fall die Hüllkurve des Trägers die gesuchte Nachricht nicht mehr enthält, muß kohärent demoduliert werden.

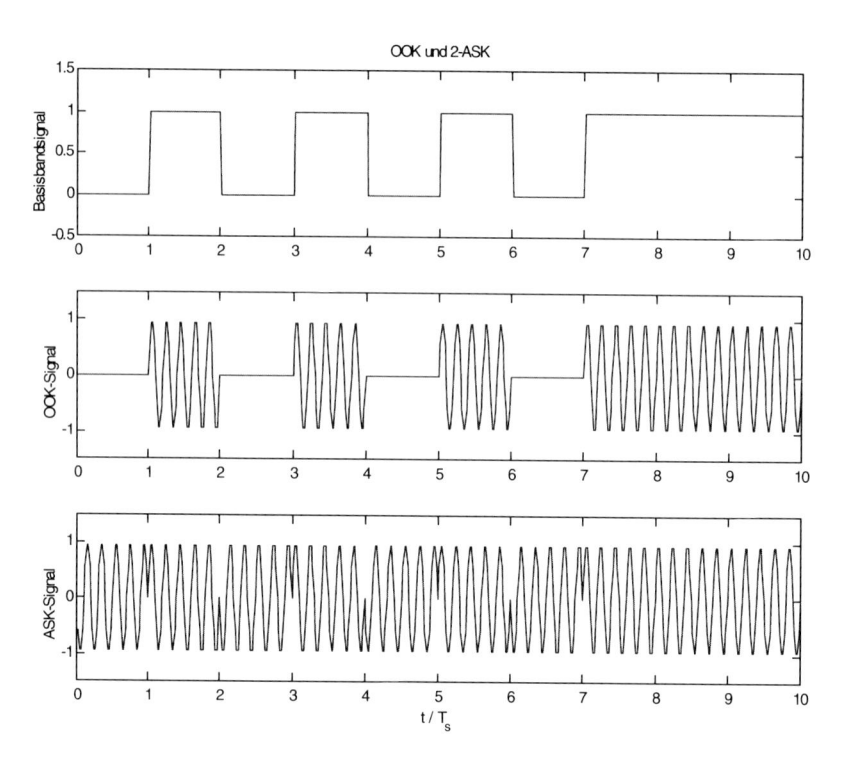

Abb. G.3-2 On Off Keying (OOK) und 2-ASK (2-PSK)

G.3.2.2 Phasentastung (PSK)

Wie in Abb. G.3-2 zu erkennen ist, kann die 2-ASK auch anders interpretiert werden. Mit Hilfe der Beziehung

$$-\cos \omega_0 t = \cos(\omega_0 t - \pi) \tag{G.3-1}$$

kann die Änderung der Amplitude von +1 auf −1 und umgekehrt als eine Phasenänderung von ±180° aufgefaßt werden. Man spricht daher auch von Zwei-Phasen-Tastung (2-*Phase-Shift-Keying* – 2-PSK, *Binary* PSK – BPSK) mit den Phasenzuständen 0° und 180°. Die allgemeine Form des modulierten Signals einer PSK mit der normierten Amplitude 1 kann beschrieben werden durch

$$f_{PSK}(t) = \cos(\omega_0 t + \phi(t)) \tag{G.3-2}$$

wobei $\phi(t)$ der informationstragende Parameter ist. Das Zustandsdiagramm der BPSK ist in Abb. G.3-3 gezeigt.

Dieser Darstellung kann auch der Einfluß einer Störung auf das modulierende Signal entnommen werden. Während eine Störung der Amplitude keinen Einfluß hat (solange sie nicht zur Verfälschung der Phase um mehr als ±90° führt), kann durch eine Veränderung der Phase ein falscher Entscheidungswert vorgetäuscht werden, wenn die Zeigerspitze die Entscheiderschwelle überschreitet.

```
                    Entscheider-
                     schwelle
                        |
           logisch 1    |    logisch 0
          ─────x────────┼────────x─────
              φ = 180°  |       φ = 0°
                        |
```

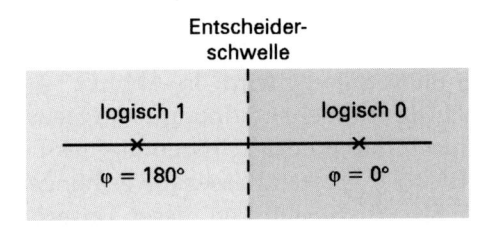

Abb. G.3-3 Zustandsdiagramm der BPSK

Wie man hier schon vermuten kann, ist die 2-PSK (in Verbindung mit kohärenter Demodulation) eines der am wenigsten störempfindlichen Modulationsverfahren (z. B. für Richtfunksysteme). Dieser Vorteil wird jedoch dadurch erkauft, daß die Bandbreitenausnutzung am geringsten ist. In der Praxis werden daher oft höherwertige Trägerumtastverfahren verwendet, deren höhere Störempfindlichkeit dafür in Kauf genommen wird. Eines dieser Verfahren, nämlich die Vier-Phasen-Tastung (4-PSK, *Quaternary* PSK – QPSK), soll hier kurz vorgestellt werden.

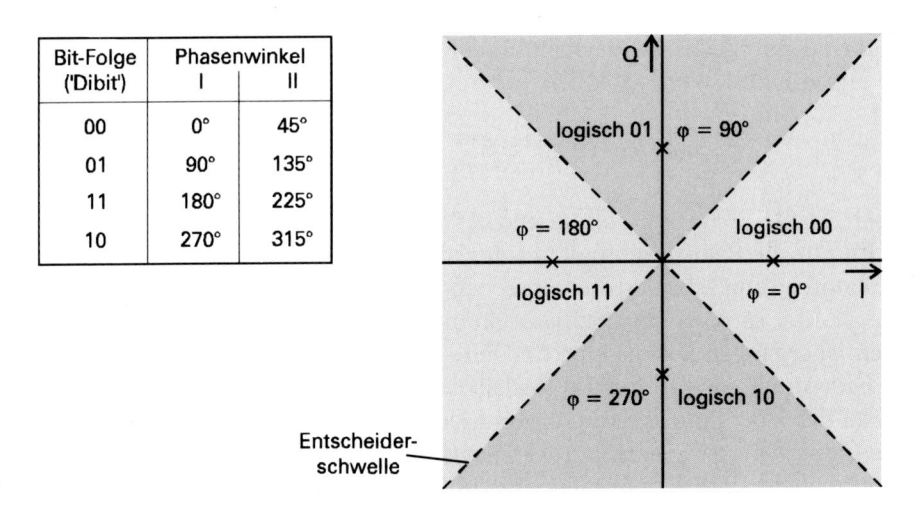

Bit-Folge ('Dibit')	Phasenwinkel I	Phasenwinkel II
00	0°	45°
01	90°	135°
11	180°	225°
10	270°	315°

Abb. G.3-4 Zustandsdiagramm bei QPSK (hier mit Zuordnung I)

Bei der QPSK kann der Träger vier diskrete Phasenzustände annehmen, die den vier möglichen Kombinationen von zwei aufeinanderfolgenden Bits (1 Dibit) des binären Modulationssignals zugeordnet werden. Die beiden möglichen Zuordnungen I und II sind in Abb. G.3-4 angegeben. Zur Realisierung muß das zweiwertige (binäre) Digitalsignal in ein vierwertiges (quaternäres) Signal umcodiert werden. Hierzu wird die ursprüngliche Bitfolge mittels eines Seriell-Parallel-Wandlers in eine sogenannte Dibit-Folge verwandelt. Die in Abb. G.3-4 angegebenen Zuordnungen sind nicht verbindlich, weisen jedoch den Vorteil auf, daß sie einer Gray-Codierung entsprechen und dafür sorgen, daß bei einer falschen Entscheidung (d. h. bei einer falschen Phase) im Empfänger mit großer Wahrscheinlichkeit nur ein Bit verfälscht wird. In Abb. G.3-4 ist das Zustandsdiagramm der QPSK nach der Phasenzuordnung I dargestellt (die Zuordnung II ergibt sich hieraus einfach durch eine 45°-Drehung des Diagramms). Wie dort zu erkennen ist, sind die tolerierbaren Phasenabweichungen von den Sollwerten geringer als bei der BPSK. Ausgehend von dieser Tatsache könnte man annehmen, daß daher bei gleicher Bitfehlerwahrscheinlichkeit auch ein höherer Signalrauschabstand als bei BPSK erforderlich ist. Während diese Annahme i. a. richtig ist, stellt die QPSK einen Sonderfall dar. Da QPSK als die Überlagerung von zwei zueinander orthogonalen und somit unabhängigen BPSK-Systemen angesehen werden kann, läßt sich zeigen, daß bei gleichem Signalrauschabstand die Bitfehlerwahrscheinlichkeit von QPSK gleich der von BPSK ist.

G.3.2.3 Frequenztastung (FSK)

Bei der Frequenztastung (*Frequency Shift Keying* – FSK) handelt es sich um ein nichtlineares Verfahren mit konstanter Hüllkurve, das besonders geeignet ist zur Anwendung in Systemen mit Leistungsverstärkern, die einen guten Wirkungsgrad erreichen und deshalb ohne Rücksicht auf Amplitudenverzerrungen voll ausgesteuert werden sollen (Abb. G.3-5). Für den Modulationsindex gilt hier[4]

$$h = \Delta f / R_s = \Delta f \, T_s \qquad \text{(G.3-3)}$$

wobei $R_s = 1/T_s$ die Symbolrate und Δf der Abstand der beiden FSK-Frequenzen ist. Für die Realisierung gibt es vor allem zwei Möglichkeiten: es werden M Oszillatoren abwechselnd (entsprechend der zu übertragenden Datenfolge) getastet oder es wird ein Oszillator so moduliert, daß er mit phasenkontinuierlichen Übergängen jeweils eine der FSK-Frequenzen erzeugt. Von entscheidender Bedeutung sowohl für die Realisierung als auch für die Eigenschaften der FSK ist der Übergang zwischen zwei Frequenzen. Einerseits können kontinuierliche Phasenübergänge erzeugt werden (*Continuous Phase* FSK – CPFSK). Dieses Verfahren ist nicht immer realisierbar und ggf. aufwendiger, bietet dafür jedoch bessere Eigenschaften bzgl. Bitfehlerrate und Leistungsdichtespektrum. Andererseits können bei den Zustandswechseln statistisch verteilte Phasensprünge auftreten (*Non-continuous Phase* FSK – NCFSK).

---

[4] An dieser Stelle sei noch einmal darauf hingewiesen, daß hier im Zuge einer einfacheren Beschreibung eine gewisse „Freiheit" bzgl. der Einheiten in Kauf genommen wird. Genaugenommen hat die Symbolrate die Einheit Symbole/s, wobei jedoch im Rahmen dieser Darstellung die „Symbole" vernachlässigt werden.

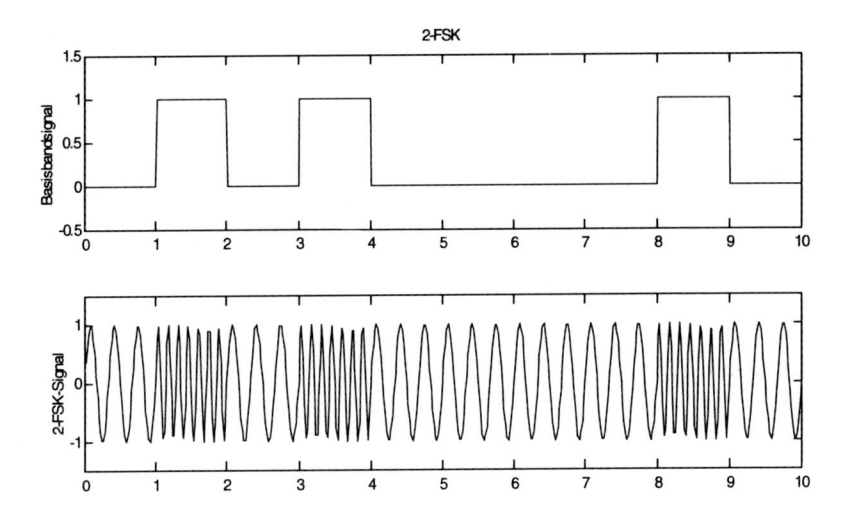

Abb. G.3-5   *Frequenztastung (FSK)*

Diese FSK kann beispielsweise durch M Oszillatoren realisiert werden, hat dafür jedoch etwas schlechtere Eigenschaften. Heute sind bandbreitesparende Verfahren wie beispielsweise MSK (*Minimum Shift Keying* mit $h = 0{,}5$) oder TFM (*Tamed Frequency Modulation*) von besonderer Bedeutung.

G.3.2.4   Amplituden-/Phasentastung (APK)

Neben den drei grundlegenden Verfahren der Variation der Parameter Amplitude, Phase und Frequenz besteht außerdem die Möglichkeit, mehrere Parameter gleichzeitig zu verändern. Hiervon hat die Kombination von Amplitude und Phase die größte Bedeutung erlangt, wobei man allgemein von Amplituden-/-Phasentastung spricht. Von besonderem Interesse ist dabei die Quadraturamplitudentastung (*Quadrature Amplitude Shift Keying* – QASK), die z. B. beim Richtfunk häufig eingesetzt wird (Abb. G.3-1).

G.3.3   Störungen

In diesem Abschnitt sollen phänomenologisch die wichtigsten Störeinflüsse bei der Übertragung von digital modulierten Signalen vorgestellt werden. Die Auswirkungen dieser Störungen machen sich z. B. in der Bitfehlerwahrscheinlichkeit, im Augendiagramm sowie im Zustandsdiagramm bemerkbar. Bereits an dieser Stelle sei festgehalten, daß digitale Modulationsverfahren (ähnlich der Frequenzmodulation) einen Schwelleneffekt bzgl. der Bitfehlerwahrscheinlichkeit aufweisen. Das bedeutet, daß sich innerhalb eines Bereichs des Signalrauschabstands von wenigen dB die Qualität von „nahezu einwandfrei" (bei Sprachübertragung z. B. 10^{-6}) bis hin zu „unbrauchbar" (z. B. 10^{-2}) ändert.

Wichtige Störungen, die berücksichtigt werden müssen, sind einerseits abhängig von der Wellenausbreitung (Fading, Störer, Rauschen usw.), entstehen andererseits aber auch innerhalb der Geräte (Modulator, Demodulator, Verstärker, Filter, Entscheider, ...). Ein wesentlicher Punkt bei den von der Wellenausbreitung abhängigen Störungen ist die Mehrwegeausbreitung (Fading), für die aber bereits in anderen Kapiteln entsprechende Gegenmaßnahmen (Diversity, Entzerrung) vorgestellt wurden. Die gerätebedingten Störungen werden in der *Implementation Margin* zusammengefaßt, d. h. für die Realisierung (Implementierung) wird eine Reserve vorgesehen. Zu den typischen Störungen dieser Gruppe gehört beispielsweise die Intersymbolinterferenz, bedingt durch Laufzeitfehler in Verstärkern und Filtern.

Die wohl wichtigste (da immer vorhandene) Fehlerquelle ist das thermische Rauschen, das zwischen Sender und Empfänger bzw. im Empfänger zum Signal addiert wird (AWGN-Kanal). Die Auswirkungen des thermischen Rauschens können relativ einfach dargestellt werden (Abb. G.3-6). Zu den im weiteren Sinne deterministischen Amplituden der verschiedenen Zustände werden statistische Rauschamplituden hinzuaddiert. Das führt dazu, daß aus den ursprünglich vorliegenden „Punkten" im Zustandsdiagramm „kreisförmige Flächen" werden, deren Radius von der Größe der Störungen bzw. vom Signalrauschabstand abhängen. Solange der Signalrauschabstand eine bestimmte, vom jeweiligen Modulationsverfahren abhängigen Wert nicht unterschreitet, haben die durch das Rauschen hervorgerufenen Signaländerungen noch keine wesentlichen Auswirkungen (Abb. G.3-6a). Werden die Störungen jedoch zu groß (siehe Abb. G.3-6b), so liegen nicht mehr zu allen Abtastzeitpunkten die Zustände innerhalb des durch die Entscheiderschwellen vorgegebenen „korrekten" Gebiets, sondern es treten Fehlentscheidungen auf, und die Bitfehlerwahrscheinlichkeit steigt.

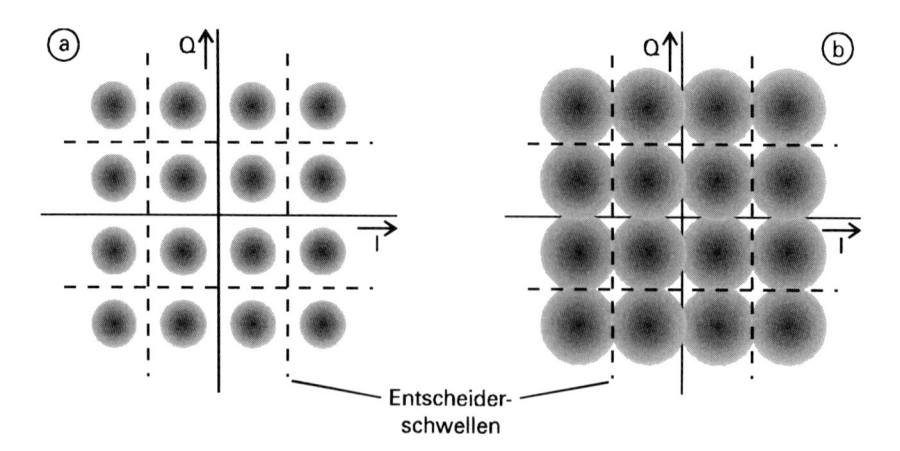

Abb. G.3-6 *Zustandsdiagramm von 16-QASK bei thermischem Rauschen mit hohem (a) bzw. mit niedrigem Signalrauschabstand (b)*

G.3.3 Störungen

In vielen Systemen spielen das Übersprechen von Nachbarkanälen (*Adjacent Channel Interference* – ACI) und von sogenannten Co-Kanälen (*Co-Channel Interference* – CCI) eine wichtige Rolle. Letzteres sind Störungen, die von Signalen hervorgerufen werden, die von anderen Systemen stammen, aber auf der gleichen (oder nahezu gleichen) Frequenz ausgestrahlt werden. Beim Entwurf von Systemen der Funkübertragungstechnik müssen also entsprechende Maßnahmen ergriffen werden, um derartige Störungen zu minimieren. Einerseits sind andere in dem betreffenden Frequenzbereich arbeitenden Systeme zu berücksichtigen (um CCI zu vermeiden). Andererseits müssen die Kanalbandbreite und die durch das verwendete (digitale) Modulationsverfahren bestimmte erforderliche Signalbandbreite so aufeinander abgestimmt werden, daß die gegenseitigen Beeinflussungen (ACI) unterhalb eines definierten Grenzwerts bleiben. Dies könnte natürlich durch „sehr breite" Kanäle erreicht werden. Unter dem Aspekt der begrenzten Ressource Bandbreite verbietet sich diese triviale Lösung jedoch von selbst. Es muß also auch hier wieder ein Kompromiß zwischen spektraler Effizienz und begrenzten Nachbarkanalstörungen gefunden werden.

Abschließend folgt hier eine kurze Übersicht über die wichtigsten geräteabhängigen Fehler:

- Amplitudenfehler
  können durch nichtlineare Modulation von I- und Q-Komponente oder durch unterschiedliche Amplituden im I- und im Q-Zweig entstehen.

- Quadraturfehler
  I- und Q-Komponente weisen nicht exakt 90° Phasendifferenz auf; führt dazu, daß beispielsweise das Zustandsdiagramm (bei QASK) nicht mehr quadratisch, sondern trapezoidal oder rhombisch ist.

- Demodulationsfehler
  fehlerhafte Demodulation durch eine schlecht eingestellte Entscheiderschwelle; der Effekt ist einem Amplitudenfehler ähnlich.

- Phasenfehler (*Phase Lock Error*)
  Phasenabweichungen und ein Jitter beim Abtastzeitpunkt sind häufig auftretende Fehler, die im Rahmen der Trägerrückgewinnung und der Symbolsynchronisation (Taktsynchronisation) entstehen können. In Abb. G.3-7 ist beispielhaft die Auswirkung eines Phasenfehlers (5°) bei der Übertragung mit 16-QASK zu sehen. Durch den Phasenfehler wird also das komplette Zustandsdiagramm in der I-Q-Ebene gedreht, die Entscheiderschwellen des Empfängers bleiben jedoch unverändert. Das führt dazu, daß durch einen Phasenfehler ggf. falsche Entscheidungen getroffen werden und somit Bitfehler auftreten.

Einleuchtenderweise sind praktisch alle hier angesprochenen Störungen um so problematischer, je höherwertig das Modulationsverfahren ist. Das bedeutet, daß z. B. 64-QASK deutlich empfindlicher gegenüber Rauschen, Phasenfehlern und anderen Störungen ist als 16-QASK oder gar 4-QASK.

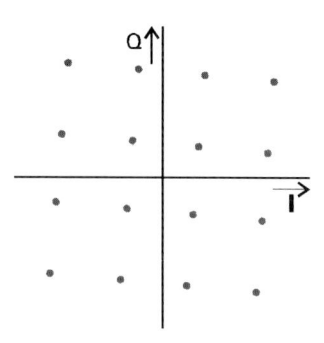

Abb. G.3-7   Zustandsdiagramm von 16-QASK (Phasenfehler 5°)

Einerseits läßt sich also in einer gegebenen Bandbreite eine höhere Datenrate übertragen, andererseits muß sichergestellt werden, daß die Qualität des Kanals (angegeben z. B. durch den Signalrauschabstand) auch für das höherwertige Modulationsverfahren ausreichend ist. Dieser Zusammenhang ist bereits in Kapitel C.1 bei der Betrachtung des Nachrichtenquaders herausgestellt worden. Wie von dort bekannt, wird das Volumen der Nachricht (neben der Zeitdauer) von der beanspruchten Bandbreite sowie von der erforderlichen Dynamik (sie entspricht hier im Prinzip dem Signalrauschabstand) bestimmt. Das bedeutet, daß bei den digitalen Modulationsverfahren ein direkter Austausch zwischen diesen beiden Parametern möglich ist und das Signal so ggf. an einen vorhandenen Kanal angepaßt werden kann.

G.3.4   Bandbreitenausnutzung

Die Ausnutzung der zur Verfügung stehenden Ressource Frequenz bzw. Bandbreite spielt eine wesentliche Rolle beim Entwurf von Systemen der Funkübertragungstechnik und insbesondere bei der Beurteilung und Auswahl der einzusetzenden Modulationsverfahren. Die Forderung nach möglichst effizienter Ausnutzung der Bandbreite führte bei digitalen Funkübertragungssystemen zwangsläufig zur Entwicklung komplexer (digitaler) Modulationsverfahren. Der Vergleich von digitalen Modulationsverfahren bezüglich des Aspekts der Bandbreiteneffizienz erfolgt auf der Basis des als Bandbreitenausnutzung bezeichneten Verhältnisses der Datenrate R_b zur dafür benötigten HF-Bandbreite B_{HF}. Gegenüber binär getasteten Signalen ergibt sich bei höherwertigen Modulationsverfahren (M verschiedene Zustände) eine Verringerung des Bandbreitenbedarfs umgekehrt proportional zu ld M (siehe Tab. G.3-1). Eine weitere Reduktion ist ggf. durch bandbegrenzende Nyquist-Filterung möglich, die jedoch von der Wahl des *Roll-off*-Faktors abhängt und in Tab. G.3-1 nicht enthalten ist. Die Kombination mehrerer „physikalischer Dimensionen" (z. B. Amplitude und Phase bei QASK) erhöht bei gegebener Stufenzahl die Entscheidungsdistanz im Demodulator für die einzelne Dimension.

G.3.4 Bandbreitenausnutzung

Modulations-verfahren	Träger-zustände	Amplituden-zustände	Phasen-zustände	bit/Symbol	Bandbreiten-ausnutzung (bit/s)/Hz	typ. SNR (ZF) dB
2-FSK	2	1	2	1	1	12
MSK	2	1	2	1	1,9	
BPSK	2	1	2	1	1	13
QPSK	4	1	4	2	2	17
8-PSK	8	1	8	3	3	23
16-PSK	16	1	16	4	3,5	30
16-APK	16	3	8	4	3,5	28
16-QASK	16	2	12	4	3	
32-QASK	32	3	28	5	4	32
64-QASK	64	4	52	6	4,5	
256-QASK	256	8	228	8	6	

Tab. G.3-1   *Typische Daten einiger digitaler Modulationsverfahren (SNR bei einer Bitfehler-häufigkeit von 10^{-6}; Angaben z. T. gerundet)*

In Tab. G.3-1 sind einige der wichtigsten und am häufigsten verwendeten digitalen Modulationsverfahren mit ihren charakteristischen Werten aufgelistet. Man ist i. a. bestrebt, Verfahren mit einem möglichst hohen Wert für die Bandbreitenausnutzung zu verwenden. Wie in Tab. G.3-1 jedoch auch deutlich zu erkennen ist, wird der benötigte Signalrauschabstand immer größer, je besser die Bandbreitenausnutzung wird. Dies ist wiederum eine Bestätigung der Feststellung der „konstanten Kanalkapazität". Der Drang bzw. die Notwendigkeit zu immer besserer Ausnutzung der Bandbreite wird also durch die Eigenschaften des Kanals bzw. durch den in Sender (hohe Sendeleistung) und Empfänger (niedrige Rauschzahl) zu treibenden Aufwand begrenzt. Bei der Anzahl der Amplitudenzustände ist zu beachten, daß hierbei jeweils die Anzahl der unterschiedlichen Amplituden in (positiver) I- und in Q-Richtung angegeben sind.

An dieser Stelle sollen zwei wichtige Theoreme angegeben werden, die an anderer Stelle näher behandelt werden und von besonderer Bedeutung für die Auslegung von digitalen Übertragungssystemen und insbesondere für die Auswahl von digitalen Modulationsverfahren sind.

Nyquists Theorem stellt eine Verbindung her zwischen der Symbolrate eines zu übertragenden Signals und der dafür benötigten Bandbreite, wobei ein Symbol aus einem oder mehreren Bits besteht. Das Theorem besagt, daß über einen Kanal mit einer Bandbreite von B in Hz maximal eine Datenrate von $2B$ in Bd übertragen werden kann. Das bedeutet beispielsweise, daß über einen Telefonkanal mit einer Bandbreite von 3,1 kHz theoretisch 6,2 kBd übertragen werden könnten. Dafür müßten Einseitenband-Verfahren (SSB) eingesetzt werden, was im Prinzip ohne weiteres möglich ist, da i. a. in beiden Seitenbändern dieselbe Information steckt. Die Schwierigkeit hierbei ist jedoch, daß die Übertragung (insbesondere der Empfang) von Einseitenband-Signalen problematisch ist, so daß der Vorteil durch die höhere Bandbreitenausnutzung durch eine schlechtere Fehlerrate wieder zunichte gemacht würde. In der Praxis wird daher üblicherweise mit einer maximalen Datenrate gerechnet, die gleich der Bandbreite des Kanals ist. Das setzt jedoch voraus, daß Filter mit sehr scharfen *Roll-off*-Charakteristiken verwendet werden müßten, was wiederum zu der bekannten zeitlichen Aufweitung der Pulse und damit zu Intersymbolinterferenzen führt. Daher „begnügt" man sich i. a. mit einem Verhältnis von Symbolrate zu Bandbreite von (0,8 ... 0,9) Bd/Hz. Das bedeutet, daß die Datenrate, die über einen typischen Sprachkanal mit einer Bandbreite von 3,1 kHz übertragen werden kann, bei 2,4 kBd liegt.[5]

Das Shannonsche Theorem für die Kanalkapazität setzt die Bitrate in Beziehung zur Kanalbandbreite B und zum Signalrauschleistungsverhältnis C/N. Die Kanalkapazität C' ergibt sich (in einer etwas veränderten Schreibweise) aus diesen beiden Werten (bei additivem weißem Gaußschem Rauschen) zu

$$\frac{C'}{\text{bit/s}} = \frac{B}{\text{Hz}} \operatorname{ld}\left(1 + \frac{C}{N}\right) \tag{G.3-4}$$

Hierbei ist zu beachten, daß eine Datenrate, die unterhalb der Kanalkapazität bleibt, prinzipiell(!) fehlerfrei übertragen werden kann. Von dieser Grenze ist man auch heute noch relativ weit entfernt, da der Versuch, näher an die Grenze heranzukommen, einen stark steigenden Aufwand bedeutet. Für einen Sprachkanal (3,1 kHz Bandbreite) mit einem Signalrauschabstand von 40 dB bedeutet dies eine Kanalkapazität von ca. 41,2 kbit/s.

In Abb. G.3-8 sind die erreichbaren Werte für die Anzahl der Bits pro Symbol über dem erforderlichen Signalrauschabstand für QASK/APK- und PSK-Verfahren aufgetragen (für eine Bitfehlerrate von 10^{-8}). Darüber hinaus ist die Shannon-Grenze nach (G.3-4) dargestellt. Man kann hierbei erkennen, daß die PSK-Verfahren weiter vom Optimum (der Shannon-Grenze) entfernt sind als die QASK/APK-Verfahren. Dies kann relativ einfach anschaulich dadurch erklärt werden, daß der Signalraum bei den QASK/APK-Verfahren günstiger, d. h. gleichmäßiger genutzt wird, während bei den höherwertigen PSK-Verfahren die Signalzustände relativ eng zusammenrücken, wobei gleichzeitig die I-Q-Ebene ungleichmäßig „genutzt" wird. Hier sei aber noch einmal darauf hingewiesen, daß die Bandbreitenausnutzung nur eines von mehreren Kriterien bei der Auswahl von Modulationsverfahren darstellt. Weitere Kriterien sind u. a. die Empfindlichkeit gegen Amplitudenfehler (z. B. durch Nichtlinearitäten in den Senderverstärkern) und die Festigkeit gegenüber absichtlichen oder unabsichtlichen Störern (sogenannte *Jammer*).

---

5 Wenn beispielsweise von 14400-Bd-Modems gesprochen wird, so ist diese Aussage falsch. Es handelt sich hierbei um 14400-bit/s-Modems, bei denen jeweils sechs Bit zu einem Symbol zusammengefaßt werden. Somit ergeben sich 2,4-kBd-Modems.

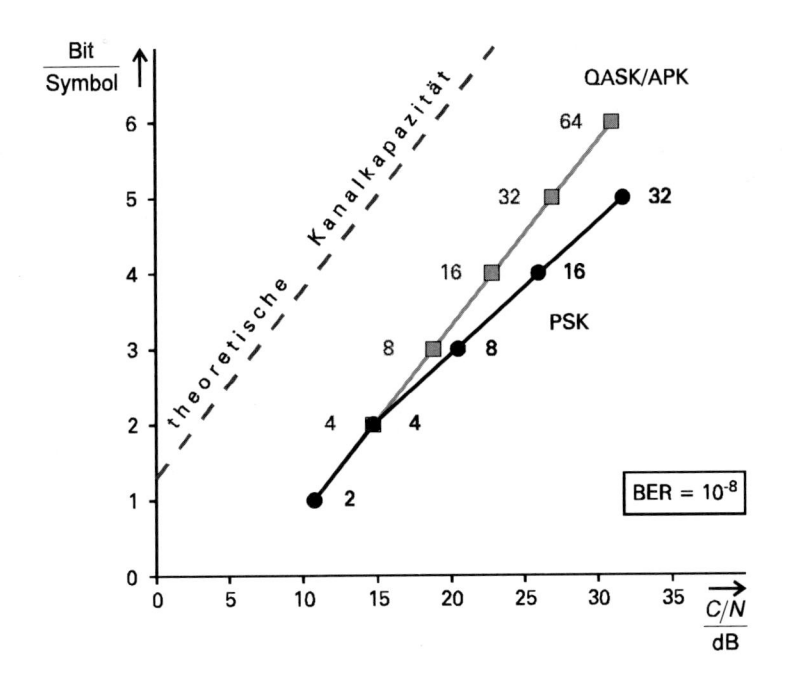

Abb. G.3-8 Bit/Symbol für verschiedene PSK- und QASK/APK-Verfahren
(ohne Nyquist-Filterung)

G.3.5 Amplitudentastung (ASK)

Die einfachste Art, einen Träger zu modulieren, besteht in der Änderung der Amplitude, z. B. durch gezieltes Ein- und Ausschalten. Im Bereich der digitalen Modulationsverfahren existiert die sogenannte Amplitudentastung bzw. das *Amplitude Shift Keying* (ASK). Die zu übertragenden Daten

$$d_i \in \{\pm 1, \pm 3, \ldots, \pm(N-1)\} \tag{G.3-5}$$

werden mittels des Basisbandimpulses $g(t)$ zu einem äquivalenten Basisbandsignal

$$\underline{s}_T(t) = A \sum_k d_k g(t - kT_s) \tag{G.3-6}$$

zusammengefaßt. Die für die theoretische Behandlung einfachste Form des Datenpulses ist der unipolare Rechteckimpuls

$$g(t) = \begin{cases} 1 & 0 \leq t < T_s \\ 0 & \text{sonst} \end{cases} \tag{G.3-7}$$

mit der Dauer T_s. Er wird auch im folgenden – soweit nicht ausdrücklich anders erwähnt – verwendet.

Hiermit ergibt sich als moduliertes Signal

$$s(t) = \Re\left\{\underline{s}_T(t)\, e^{j\omega_0 t}\right\}$$
$$= A\left\{\cos\omega_0 t \sum_k d_k g(t - kT_s)\right\} \quad \text{(G.3-8)}$$

wobei $\omega_0 = 2\pi f_0$ die Kreisfrequenz des Trägers ist.

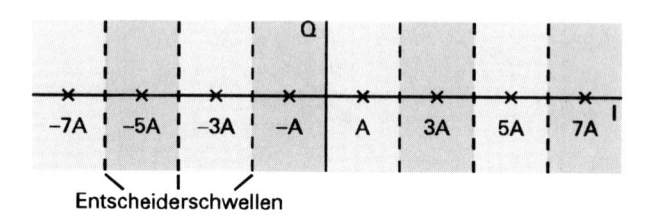

Abb. G.3-9 Zustandsdiagramm der 8-ASK

Die Darstellung des Zustandsdiagramms der MASK für $N = 8$ zeigt Abb. G.3-9, während Abb. G.3-10 einen einfachen Vorschlag für einen ASK-Modulator enthält.

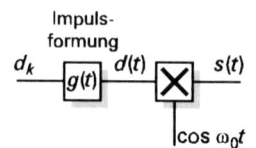

Abb. G.3-10 Einfacher ASK-Modulator

Für die Leistung des modulierten Signals ergibt sich

$$P_s = \frac{A^2}{2} E\{d_k^2\} \quad \text{(G.3-9)}$$

während für die Einhüllende gilt

$$|s(t)| = A d_k \quad\quad k \leq t/T_s < k+1$$
$$\Downarrow \quad \text{(G.3-10)}$$
$$|s(t)| \neq \text{const}$$

Das bedeutet, die Amplitude ist – natürlich – nicht konstant. Die spektrale Leistungsdichte des modulierten Signals ist gegeben durch

$$S(f) = \frac{PT_s}{2}\left\{\text{si}^2\left[\pi(f-f_0)T_s\right] + \text{si}^2\left[\pi(f+f_0)T_s\right]\right\} \quad \text{(G.3-11)}$$

G.3.5 Amplitudentastung (ASK)

Dabei beschreibt P die (mittlere) Leistung des Modulationssignals. Die Herleitung dieser Beziehung, die auch für die im Anschluß behandelten Verfahren der Phasentastung gültig ist, ist in Abschnitt G.6.1 zu finden.

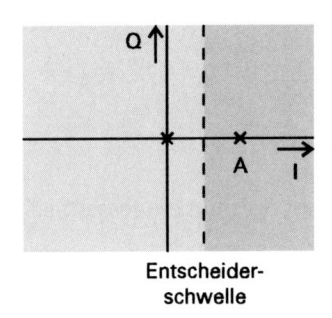

Abb. G.3-11 *Zustandsdiagramm für OOK*

Einen Sonderfall der ASK stellt das *On-off-Keying* (OOK) dar, bei dem es sich um eine zweiwertige ASK handelt, wobei die beiden Zustände $d_k \in \{0,1\}$ sind (Abb. G.3-11). Mit Rechteckimpulsen ergibt sich hier also während eines Impulses ($k \le t/T_s < k+1$), daß für das modulierte Signal entweder $s(t) = 0$ oder $s(t) = A$ gilt, abhängig von den zu übertragenden Daten.

Für die kohärente Demodulation eines OOK-Signals kann die Bitfehlerwahrscheinlichkeit wie folgt berechnet werden (vergleiche hierzu Kapitel D.7). Die Entscheiderschwelle habe den optimalen Wert $S = \hat{s}_0/2$. Somit gilt für die Fehlerwahrscheinlichkeit bei einer erwarteten 0 bzw. 1:

$$P_{e,0} = p(\hat{s}_0 > S) = \frac{1}{2} \operatorname{erfc} \frac{\hat{s}_0}{2\sqrt{2}\sigma} \tag{G.3-12}$$

bzw.

$$P_{e,1} = p(\hat{s}_0 < S) = \frac{1}{2} \operatorname{erfc} \frac{\hat{s}_0}{2\sqrt{2}\sigma} \tag{G.3-13}$$

Insgesamt ergibt sich daraus – mit der Annahme gleicher Wahrscheinlichkeit für das Auftreten von 0 und 1 – für das Auftreten eines Fehlers

$$\begin{aligned} P_e &= \frac{1}{2}P_{e,0} + \frac{1}{2}P_{e,1} \\ &= \frac{1}{2}\operatorname{erfc}\frac{\hat{s}_0}{2\sqrt{2}\sigma} \end{aligned} \tag{G.3-14}$$

bzw. mit

$$E_b = \frac{\hat{s}_0^2}{2} \quad \text{und} \quad N_0 = 2\sigma \tag{G.3-15}$$

für die Signalenergie je Bit die Rauschleistungsdichte:

$$P_e = \frac{1}{2} \text{erfc} \sqrt{\frac{E_b}{2N_0}} \qquad \text{(G.3-16)}$$

Für große Signalrauschabstände kann die Näherung

$$P_e \approx \frac{1}{\sqrt{\pi E_b/N_0}} e^{-\frac{E_b}{4N_0}} \qquad \text{für} \qquad \frac{E_b}{4N_0} \gg 1 \qquad \text{(G.3-17)}$$

verwendet werden.

Auch wenn die Schwelle nicht optimal eingestellt ist ($S = \varepsilon \hat{s}_0$), kann mit

$$P_e = \frac{1}{2}\left[\frac{1}{2}\text{erfc}\frac{S}{\sqrt{2}\sigma}\right] + \frac{1}{2}\left[1 - \frac{1}{2}\text{erfc}\left(\frac{S}{\sqrt{2}\sigma} - \frac{\hat{s}_0}{\sqrt{2}\sigma}\right)\right] \qquad \text{(G.3-18)}$$

bzw.

$$P_e = \frac{1}{4}\left(\text{erfc}\sqrt{\varepsilon \frac{E_b}{N_0}} + \text{erfc}\sqrt{(1-\varepsilon)\frac{E_b}{N_0}}\right) \qquad \text{(G.3-19)}$$

ein geschlossener Ausdruck für die Bitfehlerwahrscheinlichkeit angegeben werden. Für $\varepsilon = 0{,}5$ bzw. $S = \hat{s}_0/2$ ergibt sich hieraus natürlich wieder die Beziehung (G.3-16) für die Bitfehlerwahrscheinlichkeit bei optimaler Schwelle.

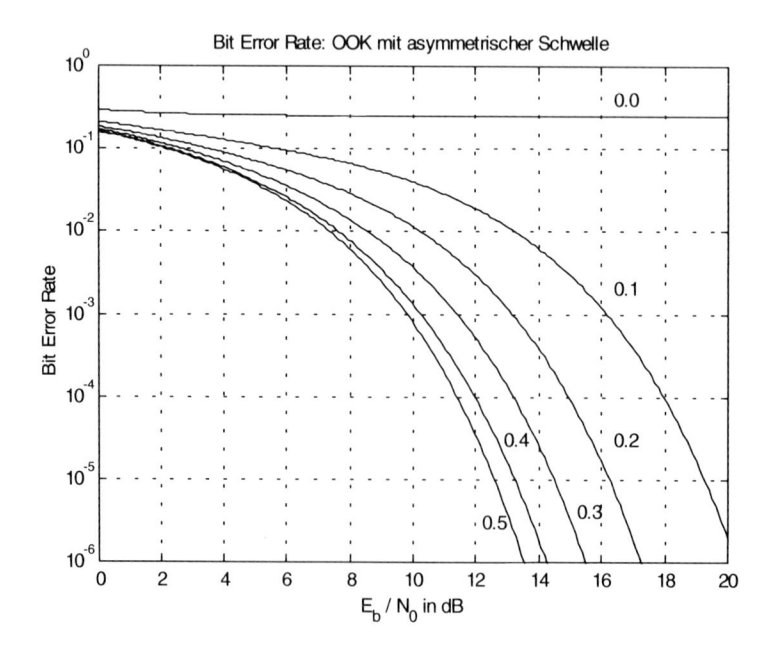

Abb. G.3-12 Bitfehlerwahrscheinlichkeit für OOK bei kohärenter Demodulation bei Variation der Schwelle

Wie man in Abb. G.3-12 erkennt, ergibt sich bei einer geringen Variation der Schwelle noch keine schwerwiegende Verschlechterung der Bitfehlerwahrscheinlichkeit. Geht ε jedoch gegen 0 oder 1, d. h. nähert sich die Schwelle einem der beiden Zustände, so wird die Bitfehlerwahrscheinlichkeit auch bei gutem Signalrauschabstand sehr hoch. Der Grenzwert der Bitfehlerwahrscheinlichkeit für $\varepsilon \to \pm\infty$ beträgt 0,5, da in diesem Fall jedes Bit entweder auf „0" oder auf „1" entschieden wird und somit – bei angenommener Gleichwahrscheinlichkeit der Sendesymbole – genau die Hälfte der Entscheidungen falsch ist. Die bereits in (G.3-19) erkennbare Symmetrie bzgl. ε wird in Abb. G.3-12 dadurch verdeutlicht, daß sich beispielsweise für $\varepsilon = 0,4$ und $\varepsilon = 0,6$ der gleiche Verlauf der Bitfehlerwahrscheinlichkeit ergibt. Die Frage der Abhängigkeit der Bitfehlerwahrscheinlichkeit von der Lage der Entscheiderschwelle ist natürlich von besonderer Bedeutung, wenn man sich den Einsatz eines Funkübertragungssystems in der Praxis betrachtet. Hierbei kann nicht davon ausgegangen werden, daß die Empfangsleistung konstant bleibt, da vielfältige Einflüsse dies nicht zulassen. So kann z. B. durch Bewegungen von Sender und/oder Empfänger die Entfernung zwischen beiden Stationen und somit die Empfangsleistung verändert werden. Außerdem werden durch bereits in Kapitel E.4 angesprochene Phänomene der Wellenausbreitung (Mehrwegeausbreitung usw.) Schwankungen im Empfangssignal hervorgerufen. Darüber hinaus muß auch damit gerechnet werden, daß z. B. durch Alterung und Temperatureinflüsse die Sendeleistung nicht exakt konstant ist, sondern sich zumindest langfristig verändert. Da auf der anderen Seite Amplitudentastung ein Verfahren darstellt, bei dem die Auswertung der Amplitude im Vergleich mit einem Bezugswert (eine oder mehrere Entscheiderschwellen) stattfindet, müssen im Empfänger Schaltungen vorgesehen werden, die auch bei Schwankungen des Empfangspegels dafür Sorge tragen, daß die Schwelle möglichst weitgehend auf den optimalen Wert geregelt wird. Da dies nicht ideal erfolgen kann, können Darstellungen wie in Abb. G.3-12 dazu dienen, die durch Abweichungen vom Optimum entstehenden Systemdegradationen abzuschätzen.

Die inkohärente OOK-Demodulation kann beispielsweise mit einem Hüllkurvendetektor (*Envelope Detector*) realisiert werden. Am Ausgang dieses Hüllkurvendetektors erhält man ein Signal mit der Amplitude

$$\hat{e}(t) = \sqrt{\left[s(t)+n_\text{I}(t)\right]^2 + n_\text{Q}^2(t)} \qquad \text{(G.3-20)}$$

bzw. der Phase

$$\varphi_\text{e}(t) = \arctan\frac{n_\text{Q}(t)}{s(t)+n_\text{I}(t)} \qquad \text{(G.3-21)}$$

Das bedeutet, daß hier ein nichtlinearer Zusammenhang zwischen Nutzsignal und Störsignal besteht. Damit ist eine „direkte" Berechnung der Bitfehlerwahrscheinlichkeit nicht mehr möglich. Statt dessen wird folgende Vorgehensweise gewählt: Zu jedem Abtastzeitpunkt nT_s wird das Empfangssignal $e(t)$ darauf geprüft, ob eine korrekte Entscheidung möglich ist. Die Herleitung der sich hiermit ergebenden Bitfehlerwahrscheinlichkeit ist relativ aufwendig; daher wird hier nur eine für die Praxis brauchbare Näherung angegeben. Danach ergibt sich die Bitfehlerwahrscheinlichkeit für $E_b/N_0 \gg 1/4 \approx -6$ dB [Couch 90] zu

$$P_e = \frac{1}{2} e^{-\frac{E_b}{2N_0}} \qquad (G.3\text{-}22)$$

Hierbei wird von einem idealen Bandpaßfilter vor dem Hüllkurvendetektor ausgegangen, das bei einer Bitrate des Signals von $R_b = 1/T_b$ eine Bandbreite entsprechend der Datenrate aufweist. Außerdem wird angenommen, daß die Entscheiderschwelle auf dem optimalen Wert liegt, wobei anzumerken ist, daß bei der inkohärenten Demodulation dieses Optimum abhängig ist vom Signalrauschabstand. Da eine Übertragung nur dann technisch sinnvoll ist, wenn der Signalrauschabstand deutlich größer ist als 0 dB, liefert (G.3-22) gute Anhaltswerte für die Berechnung der Bitfehlerwahrscheinlichkeit.

In Abb. G.3-13 ist der Verlauf der Bitfehlerwahrscheinlichkeit bei inkohärenter Demodulation (G.3-22) sowie zum Vergleich der Verlauf bei kohärenter Demodulation (G.3-16) dargestellt. Man erkennt, daß durch den Einsatz eines vom Aufbau her einfacheren Hüllkurvendemodulators bei höheren Signalrauschabständen ein um weniger als 1 dB höheres E_b/N_0 notwendig ist. Bezüglich der Lage der Entscheiderschwelle gilt natürlich auch hier wieder die gleiche Feststellung wie bei der kohärenten Demodulation.

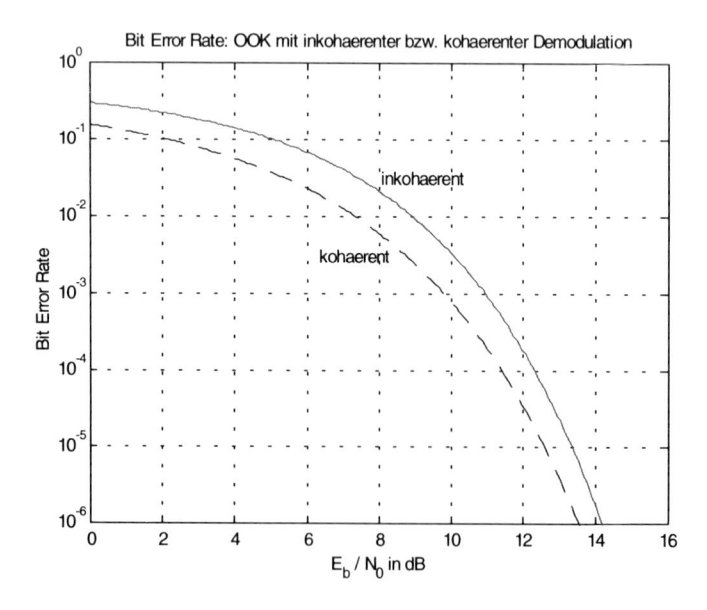

Abb. G.3-13 Bitfehlerwahrscheinlichkeit für OOK bei inkohärenter Demodulation (zum Vergleich ist der Verlauf bei kohärenter Demodulation ebenfalls eingetragen)

G.3.6 Phasentastung (PSK)

G.3.6.1 Binäre Phasentastung (BPSK)

Das einfachste PSK-Verfahren ist die binäre Phasentastung (*Binary* PSK – BPSK), bei dem die Trägerphase zwischen zwei Zuständen umgeschaltet (umgetastet) wird. Die binären Daten stehen dabei in der Form

$$d_k \in \{+1,-1\} \tag{G.3-23}$$

zur Verfügung und bilden mit der Impulsform $g(t)$ das Modulationssignal in seiner äquivalenten Tiefpaßform

$$\underline{s}_T(t) = A \sum_k d_k g(t - kT_s) \tag{G.3-24}$$

wobei T_s die Symboldauer ist und in diesem Fall (binäre Symbole) $T_s = T_b$ gilt. Die Amplitude A weise wiederum die normierte Einheit (Leistung)$^{1/2}$ auf. Der Rechteckimpuls mit

$$g(t) = \begin{cases} 1 & 0 \leq t < T_s \\ 0 & \text{sonst} \end{cases} \tag{G.3-25}$$

stellt die für die theoretische Betrachtung einfachste Impulsform dar. Aufgrund des Zusammenhangs $\cos(\alpha + \pi) = -\cos\alpha$ kann die BPSK bekanntermaßen auch als 2-ASK betrachtet werden. Dies zeigt sich auch daran, daß diese beiden Modulationsverfahren das gleiche Zustandsdiagramm aufweisen. Als Modulationssignal ergibt sich somit

$$\begin{aligned} s(t) &= \Re\left\{\underline{s}_T(t)\, e^{j\omega_0 t}\right\} \\ &= A\left\{\cos\omega_0 t \sum_k d_k g(t - kT_s)\right\} \end{aligned} \tag{G.3-26}$$

Man erkennt sofort, daß für die Einhüllende

$$|s(t)| = A = \text{const} \tag{G.3-27}$$

gilt und für die mittlere Leistung (bei Verwendung von gleichwahrscheinlichen Rechteckimpulsen)

$$P = \frac{A^2}{2} \tag{G.3-28}$$

An dieser Stelle muß auf einen in der Praxis wichtigen Punkt hingewiesen werden. Während hier von idealen Rechteckimpulsen (mit unendlich steilen Flanken!) ausgegangen wird, wird in der Realität immer eine endliche Flankensteilheit vorliegen. Das heißt aber, das der Übergang zwischen zwei Phasenzuständen immer eine endliche Zeitdauer in Anspruch nimmt und dadurch die Trägerschwingung für einen kurzen Zeitraum auch die dazwischen liegenden Phasenwerte annimmt. Für die Betrachtung der Einhüllenden ist dies insofern wichtig, als sich zeigen läßt, daß hiermit auch die Beziehung (G.3-27) nicht mehr gültig ist. Das bedeutet aber, daß die Einhüllende nicht mehr konstant ist, sondern Einbrüche aufweist, die im Extremfall bis auf die Amplitude null reichen können.

Das hierbei auftretende Problem wird verursacht durch die praktisch immer vorhandenen Nichtlinearitäten der Übertragungsstrecke (insbesondere im Sendeverstärker). Solange die Amplitude des Signals konstant ist, machen sich die Nichtlinearitäten nicht bemerkbar. Schwankt jedoch die Amplitude, so können hiervon beispielsweise Schwankungen der Phase hervorgerufen werden, die als AM/PM-Konversion bezeichnet werden. Das heißt, daß aus einer parasitären Amplitudenmodulation (die an sich die Übertragung noch nicht beeinträchtigen würde, da die Entscheidung im Empfänger nach der Phase getroffen wird) durch die Nichtlinearitäten eine Phasenmodulation, also eine Verfälschung der Phaseninformation hervorgerufen wird.

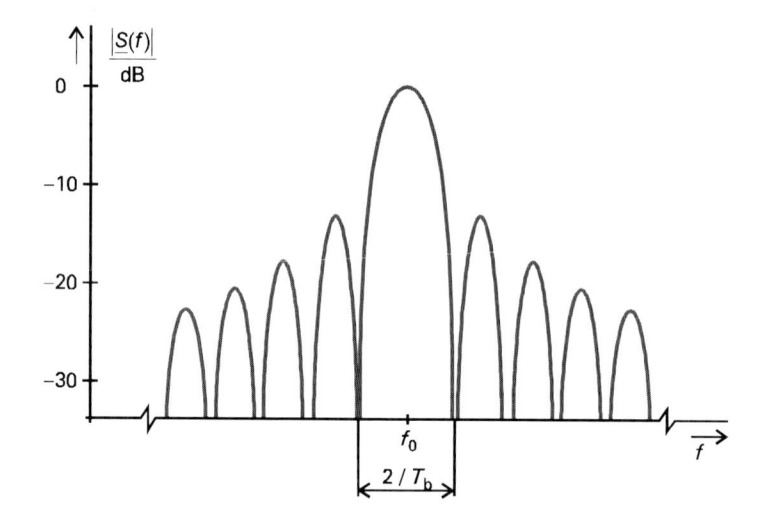

Abb. G.3-14   *Spektrum der BPSK*

Die spektrale Leistungsdichte ist, da sich BPSK – wie oben gezeigt – auch als 2-ASK darstellen läßt, die gleiche wie bei 2-ASK (G.3-11) und somit (siehe Abb. G.3-14)

$$S(f) = \frac{PT_s}{2}\left\{\text{si}^2\left[\pi(f-f_0)T_s\right] + \text{si}^2\left[\pi(f+f_0)T_s\right]\right\} \qquad \text{(G.3-29)}$$

wobei P wiederum für die Leistung des Signals steht.

G.3.6 Phasentastung (PSK)

Die Bandbreite (zwischen den ersten Nullstellen) des BPSK-modulierten Bandpaßsignals beträgt theoretisch (bei Verwendung von idealen Rechteckimpulsen)

$$\frac{B_{id}}{Hz} = \frac{R_b}{bps} \qquad (G.3\text{-}30)$$

während in der Praxis zur Vermeidung von Intersymbolinterferenzen Nyquist-Filter zum Einsatz kommen, so daß sich dann eine Bandbreite von

$$\frac{B_{pr}}{Hz} = (1+r)\frac{R_b}{bps} \qquad (G.3\text{-}31)$$

ergibt. Der hierbei auftretende *Roll-off*-Faktor r kann typisch für eine überschlägige Abschätzung mit 0,3 angenommen werden, woraus eine typische Bandbreite von

$$\left(\frac{B_{pr}}{Hz}\right)_{typ.} = 1{,}3\frac{R_b}{bps} \qquad (G.3\text{-}32)$$

resultiert. Die bereits im Abschnitt G.3.4 angesprochene Bandbreitenausnutzung beträgt bei Verwendung von cos-*Roll-off*-Filtern

$$\frac{R_b}{B_{pr}} = \frac{1}{1+r}\frac{bps}{Hz} \qquad (G.3\text{-}33)$$

Das heißt, daß selbst bei (bzgl. der Bandbreitenausnutzung) optimaler Filterung ($r = 0$) dieser Wert nicht über 1 (bit/s)/Hz steigen kann.

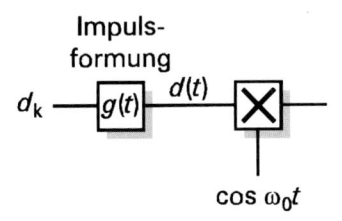

Abb. G.3-15 *BPSK-Modulator*

Der Modulator für die Erzeugung eines BPSK-Signals ist relativ einfach aufgebaut. In Abb. G.3-15 ist die prinzipielle Struktur eines solchen Modulators dargestellt. Nachdem aus der binären Datenfolge nach (G.3-23) im Impulsformer das Basisbandsignal entstanden ist, kann die Trägerschwingung ($\cos\omega_0 t$) direkt hiermit multipliziert werden. Bei einer Multiplikation mit +1 bleibt das Trägersignal unverändert, während bei einer Multiplikation mit −1 das Vorzeichen der Amplitude wechselt bzw. die Phase um 180° gedreht wird.

Eine Möglichkeit zur Demodulation eines BPSK-Signals stellt der in Abb. G.3-16 gezeigte kohärente BPSK-Demodulator dar. Die Trägerrückgewinnung (TRG) sowie die Symbolsynchronisation (SS) werden im Abschnitt G.3.12 behandelt. An dieser Stelle sei nur auf ein wesentliches Problem hingewiesen. Die Trägerrückgewinnung weist eine systeminhärente Phasenunsicherheit (*Phase Ambiguity*) von 180° auf (allgemein bei M-wertiger PSK von $360°/M$). Da bei den einfachen, uncodierten PSK-Verfahren die absolute Phase die Information beinhaltet, muß diese Unsicherheit beseitigt werden. Neben der Möglichkeit, während der Übertragung Synchronisationssymbole einzustreuen, besteht die Alternative der differentiellen Codierung der Daten. Hierbei steckt die Information nicht mehr in der absoluten Phase, sondern in der Differenz zweier aufeinanderfolgender Phasenzustände. Da dieses Verfahren heute weit verbreitet ist, wird im Abschnitt G.3.6.6 ausführlicher darauf eingegangen.

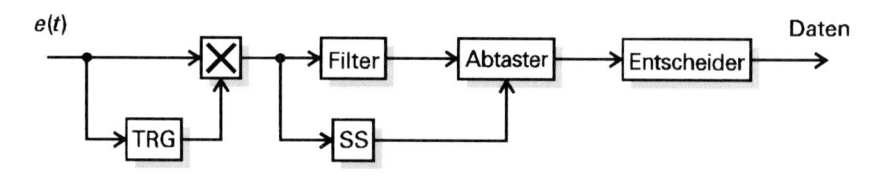

Abb. G.3-16 *Kohärenter BPSK-Demodulator (SS: Symbolsynchronisation, TRG: Trägerrückgewinnung)*

Die Berechnung der Bitfehlerwahrscheinlichkeit wird im Prinzip wie bei OOK durchgeführt, jedoch ist hier der Signalabstand zwischen den beiden (orthogonalen) Zuständen doppelt so groß wie bei OOK (siehe auch Kapitel D.7). Somit ergibt sich für die Bitfehlerwahrscheinlichkeit

$$P_e = \frac{1}{2}\text{erfc}\sqrt{\frac{E_b}{N_0}} \qquad \text{(G.3-34)}$$

in Abhängigkeit vom Verhältnis der Signalenergie je Bit zur Rauschleistungsdichte. Es kann gezeigt werden, daß die Bitfehlerwahrscheinlichkeit außerdem von einem eventuellen Phasenversatz, wie er z. B. bei der Trägerrückgewinnung entstehen kann, abhängig ist. Das bedeutet aber, daß die Leistungsfähigkeit der Trägerrückgewinnung von großer Bedeutung für die Güte des Demodulators ist.

G.3.6.2 Quaternäre Phasentastung (QPSK)

Eine Erweiterung der binären Phasentastung (BPSK) ist die quaternäre Phasentastung (*Quaternary* PSK – QPSK), die bereits im Abschnitt G.3.1 kurz erläutert wurde. Hierbei werden jeweils zwei Bit des zu übertragenden Datenstroms zu einem sogenannten Dibit zusammengefaßt.

G.3.6 Phasentastung (PSK)

Damit ergeben sich für jedes Symbol vier mögliche Zustände

$$(a_i,b_i)^{(I)} = \left(\cos\frac{\pi(2i-1)}{4}, \sin\frac{\pi(2i-1)}{4}\right) \quad , \quad i=1,2,3,4 \qquad (G.3\text{-}35)$$

bzw.

$$(a_i,b_i)^{(II)} = \left(\cos\frac{\pi(i-1)}{2}, \sin\frac{\pi(i-1)}{2}\right) \quad , \quad i=1,2,3,4 \qquad (G.3\text{-}36)$$

Mit $(a_k,b_k) \in \{(a_i,b_i)\}^{(I)}$ bzw. $(a_k,b_k) \in \{(a_i,b_i)\}^{(II)}$
gilt dann für das Basisbandsignal

$$\underline{s}_T(t) = A\left[\sum_k a_k g(t-kT_s) + j\sum_k b_k g(t-kT_s)\right] \qquad (G.3\text{-}37)$$

wobei $g(t)$ wiederum die Impulsform ist. Für das modulierte Signal der QPSK gilt somit

$$\begin{aligned}s(t) &= \Re\{\underline{s}_T(t)\,e^{j\omega_0 t}\} \\ &= A\left\{\cos\omega_0 t \sum_k a_k g(t-kT_s) - \sin\omega_0 t \sum_k b_k g(t-kT_s)\right\}\end{aligned} \qquad (G.3\text{-}38)$$

Die Schreibweise in der zweiten Zeile von (G.3-38) führt auf den weiter unten gezeigten Quadraturmodulator.

Bei QPSK liegt in der Praxis, ebenso wie bei BPSK, keine konstante Einhüllende vor; in dem Fall, daß sich die Phase um 180° dreht, kann sogar ein Einzug auf $\underline{s}_T(t) = 0$ auftreten. Eine Ausnahme hiervon bildet der – häufig bei theoretischen Untersuchungen betrachtete, jedoch nicht realisierbare – Fall des idealen Rechteckimpulses, da hierbei der Phasenübergang in „unendlich kurzer" Zeit erfolgt.

Eine Möglichkeit, diese extremen Einbrüche zu vermeiden, ist die Verwendung der *Offset*-QPSK (OQPSK), die im folgenden Abschnitt vorgestellt wird.

Das Leistungsdichtespektrum der QPSK entspricht im Prinzip dem der BPSK. Während aber bei BPSK $T_s = T_b$ gilt, lautet der entsprechende Zusammenhang bei QPSK $T_s = 2T_b$. Somit kann für das Leistungsdichtespektrum die Beziehung

$$\begin{aligned}S(f) &= \frac{PT_s}{2}\left\{\text{si}^2\left[\pi(f-f_0)T_s\right] + \text{si}^2\left[\pi(f+f_0)T_s\right]\right\} \\ &= PT_b\left\{\text{si}^2\left[2\pi(f-f_0)T_b\right] + \text{si}^2\left[2\pi(f+f_0)T_b\right]\right\}\end{aligned} \qquad (G.3\text{-}39)$$

angegeben werden (siehe Abb. G.3-17).

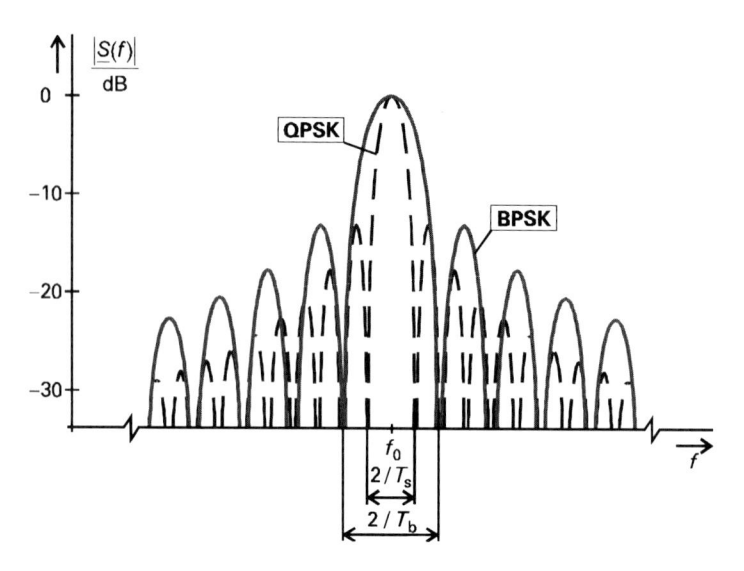

Abb. G.3-17 Spektren von BPSK und QPSK bei gleicher Bitrate

Im Vergleich zur BPSK treten hier die Nullstellen im Spektrum doppelt so häufig auf. Während bei BPSK die Nullstellen mit $f_N = f_0 \pm 1/T_b$ angegeben werden können, gilt bei QPSK hierfür $f_N = f_0 \pm 1/T_s = f_0 \pm 1/(2T_b)$. Da aber der Abstand der (ersten) Nullstellen ein Maß für die von dem Signal in Anspruch genommene Bandbreite ist, zeigt sich hier, daß die Bandbreite um den Faktor zwei geringer ist als bei der BPSK. Die theoretisch für die Übertragung benötigte Bandbreite (bei Verwendung idealer Rechteckimpulse) beträgt

$$\frac{B_{id}}{Hz} = \frac{1}{2} \frac{R_b}{bps} \qquad (G.3\text{-}40)$$

während in der Praxis i. a. wieder cos-*Roll-off*-Filter zum Einsatz kommen, so daß dann (mit dem *Roll-off*-Faktor r) mit

$$\frac{B_{pr}}{Hz} = \frac{1+r}{2} \frac{R_b}{bps} \qquad (G.3\text{-}41)$$

zu rechnen ist. Mit dem Anhaltswert von typisch $r = 0{,}3$ folgt

$$\left(\frac{B_{pr}}{Hz}\right)_{typ.} = 0{,}65 \frac{R_b}{bps} \qquad (G.3\text{-}42)$$

Die Bandbreitenausnutzung ergibt hier

$$\frac{R_b}{B_{pr}} = \frac{2}{1+r} \frac{bps}{Hz} \qquad (G.3\text{-}43)$$

was bei Einsatz der idealen Rechteckimpulse ($r = 0$) eine maximale Bandbreitenausnutzung von 2 (bit/s)/Hz bedeutet.

G.3.6 Phasentastung (PSK)

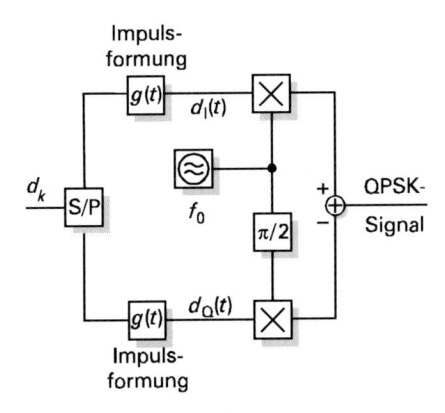

Abb. G.3-18 Prinzip eines QPSK-Modulators

Die prinzipielle Schaltung für die Erzeugung eines QPSK-modulierten Signals ist in Abb. G.3-18 gezeigt. Sie besteht im Prinzip aus zwei BPSK-Modulatoren, die mit zwei um 90° phasenverschobenen Trägersignalen versorgt werden und deren Ausgangssignale addiert werden. Die Daten für den I- bzw. den Q-Zweig werden dabei mit Hilfe eines Seriell-Parallel-Wandlers (S/P) aus dem Datenstrom d_k erzeugt. Die Abb. G.3-19 zeigt beispielhaft den Verlauf der I- bzw. der Q-Komponente des Basisbandsignals bei einem gegebenen Datenstrom, wobei hier der Einfachheit halber von Rechteckimpulsen ausgegangen wird.

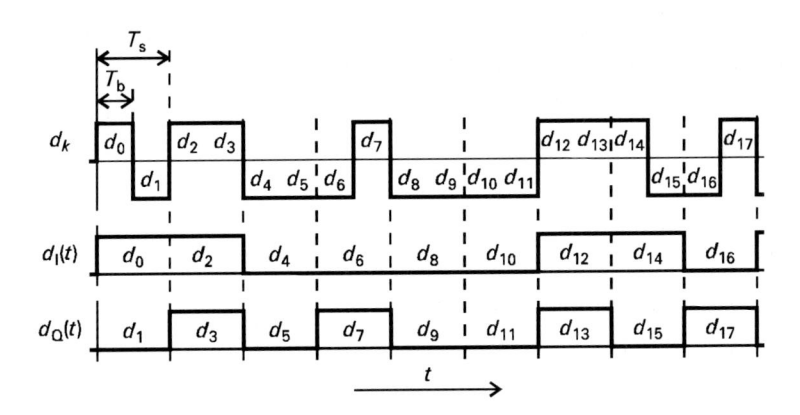

Abb. G.3-19 Verlauf der In-Phase- und der Quadrature-Phase-Komponente des Basisbandsignals bei QPSK

Die Demodulation eines QPSK-Signals erfolgt z. B. durch Kombination zweier BPSK-Demodulatoren, jeweils für den I- und den Q-Zweig sowie anschließende Parallel-Seriell-Wandlung der Datenströme (Abb. G.3-20). Zur Bedeutung der Trägerrückgewinnung gelten auch hier wieder die bereits bei der BPSK angebrachten Anmerkungen.

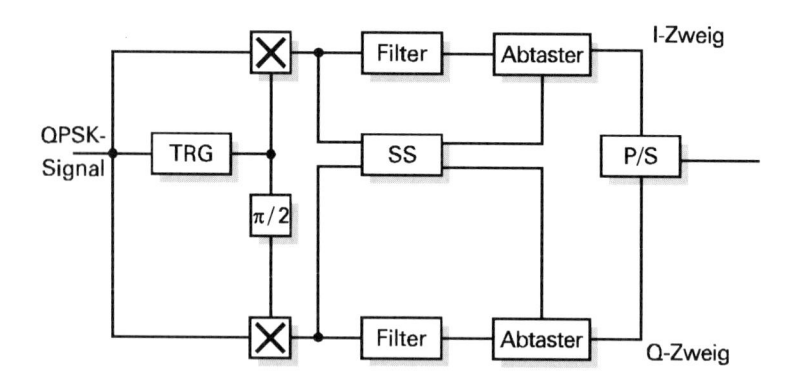

Abb. G.3-20 Prinzip eines QPSK-Demodulators

Der Signalrauschabstand E_s/N_0 muß bei gleicher Bitfehlerwahrscheinlichkeit um 3 dB höher sein als bei BPSK mit kohärenter Demodulation. Betrachtet man hingegen den Signalrauschabstand E_b/N_0, so ist das Verhalten von BPSK und QPSK (insbesondere für größere Werte von E_b/N_0) nahezu gleich.

G.3.6.3 Offset-QPSK (OQPSK)

Im vorangegangenen Abschnitt wurde ein wichtiger Nachteil der QPSK angesprochen, nämlich die starken Schwankungen der Amplitude. Dies ist insbesondere dort von Bedeutung, wo Nichtlinearitäten eine Rolle spielen (z. B. im Sendeverstärker). Die hierbei entstehenden Verzerrungen sind für die relativ robuste QPSK selbst evtl. nicht von so großer Bedeutung, jedoch können auch andere Signale beeinflußt werden, die z. B. im Multiplexverfahren über den gleichen Kanal übertragen werden.

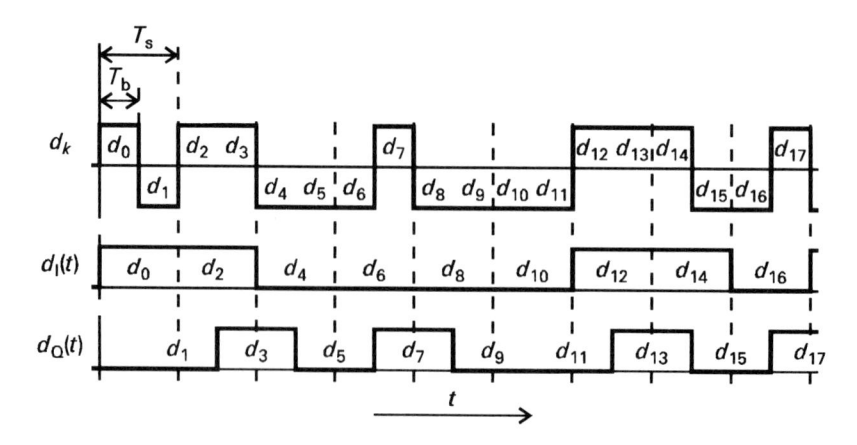

Abb. G.3-21 Verlauf der In-Phase- und der Quadrature-Phase-Komponenten des Basisbandsignals bei gegebenem Datenstrom bei OQPSK

G.3.6 Phasentastung (PSK)

Wie in Abb. G.3-21 (anhand eines NRZ-Signals) dargestellt, wird bei der *Offset-QPSK* eine zeitliche Verzögerung von einer halben Symboldauer zwischen der In-Phase- und der Quadrature-Phase-Komponente des Basisbandsignals eingeführt. Durch diese Verzögerung können sich nicht mehr gleichzeitig beide Komponenten ändern. Das bedeutet aber, daß nur noch Phasensprünge von 90° (und nicht mehr von 180°) auftreten können. Zum Vergleich sind die Phasenübergänge (Trajektorien) von QPSK und OQPSK in Abb. G.3-22 gezeigt.

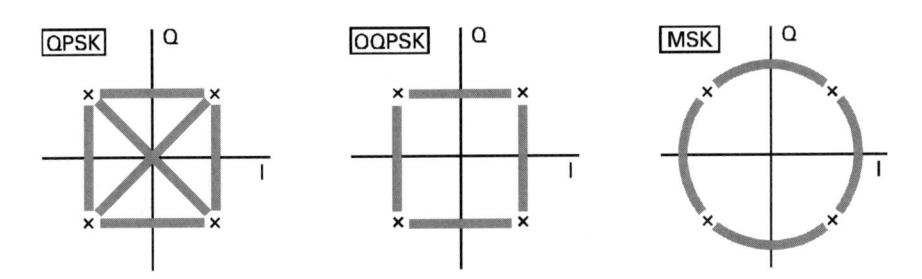

Abb. G.3-22 Zustandsdiagramm und mögliche Phasenübergänge (Trajektorien) bei QPSK, OQPSK und MSK

Durch die Vermeidung von 180°-Phasensprüngen sind auch die Einzüge auf Amplitude null nicht mehr anzutreffen. Unverändert vorhanden sind jedoch die bei 90°-Phasensprüngen entstehenden 3-dB-Einzüge, die allerdings bei weitem nicht so gravierende Folgen wie die Einzüge auf Amplitude null aufweisen. Somit kann ein Problem der QPSK mit geringem Aufwand umgangen werden. Spektrum, Bandbreitenausnutzung und Bitfehlerwahrscheinlichkeit der OQPSK sind identisch mit denen der QPSK.

Die Demodulation der OQPSK erfolgt wie bei der QPSK, mit dem Unterschied, daß die Optimalfilter im I- und im Q-Zweig mit einer zeitlichen Verzögerung von einer halben Symboldauer arbeiten. Einen Spezialfall der OQPSK stellt das *Minimum Shift Keying* (MSK) dar, bei dem keine Rechteckimpulse, sondern sinusförmige Impulse verwendet werden. Die hierdurch entstehenden Trajektorien sind ebenfalls in Abb. G.3-22 zu finden. Einige Details zu diesem Verfahren werden im folgenden Abschnitt zusammengefaßt.

G.3.6.4 Minimum Shift Keying (MSK)

Dieses Modulationsverfahren stellt insofern einen Sonderfall dar, als es einerseits als Variation der OQPSK betrachtet werden kann, andererseits aber auch als Frequenztastung mit dem Modulationsindex $h = 0{,}5$ (siehe Abschnitt G.3.8). An dieser Stelle soll der Schwerpunkt auf der Betrachtung als Variation der OQPSK liegen, wobei die Rechteckimpulse, von denen bisher immer ausgegangen wurde, durch sinusförmige Impulse ersetzt werden. Entsprechend den unterschiedlichen Betrachtungen existieren auch unterschiedliche Schaltungskonzepte für Modulatoren und Demodulatoren, wobei zwischen der seriellen Realisierung auf der Basis von FSK-Modulatoren und -Demodulatoren und der parallelen auf der Basis von OQPSK-Modulatoren bzw. -Demodulatoren unterschieden wird. Der prinzipielle Aufbau von Modulator und Demodulator vom parallelen Typ ist beispielsweise in [Benedetto et al 87] zu finden.

Grundsätzlich handelt es sich dabei um einen Modulator bzw. Demodulator für OQPSK, wobei jeweils im I- und im Q-Zweig einer Impulsformung gemäß

$$g(t) = \begin{cases} \cos \dfrac{\pi t}{2T_s} & -T_s \leq t < T_s \\ 0 & \text{sonst} \end{cases} \tag{G.3-44}$$

stattfindet. Die Daten müssen, bevor sie den Träger modulieren, einer speziellen differentiellen Codierung unterworfen werden. Hierbei werden aus den Rohdaten d_k die codierten Daten a_k mittels der Vorschrift

$$\begin{aligned} a_{2k+1} &= a_{2k} d_{2k} \\ a_{2k} &= -a_{2k-1} d_{2k-1} \end{aligned} \tag{G.3-45}$$

erzeugt, wobei von $d_k \in \{\pm 1\}$ und $a_k \in \{\pm 1\}$ ausgegangen wird. Das Modulationssignal kann in der äquivalenten Tiefpaßform mit

$$\underline{s}_T(t) = A \left\{ \sum_k a_{2k} g[t - 2kT_s] + j \sum_k a_{2k+1} g[t - (2k-1)T_s] \right\} \tag{G.3-46}$$

angegeben werden, während sich für das zugehörige reelle Bandpaßsignal ergibt:

$$\begin{aligned} s(t) &= \Re\left\{ \underline{s}_T(t) \, e^{j\omega_0 t} \right\} \\ &= A \left\{ \cos \omega_0 t \sum_k a_k g(t - kT_s) - \sin \omega_0 t \sum_k b_k g(t - kT_s) \right\} \end{aligned} \tag{G.3-47}$$

Die Konsequenz für die Amplitude der Hüllkurve des Modulationssignals ist in Abb. G.3-22 zu sehen. Wie hier sowie in (G.3-47) gut zu erkennen ist, liegt bei diesem Modulationsverfahren trotz der (bzw. gerade wegen dieser speziellen) Impulsformung eine konstante Amplitude der Hüllkurve vor.

Das Leistungsdichtespektrum der MSK berechnet sich nach dem in Kapitel G.6.1 beschriebenen Verfahren zu

$$S(f) = \frac{16T_s}{\pi^2} \left\{ \left[\frac{\cos 2\pi(f+f_0)T_s}{1-(4(f+f_0)T_s)^2} \right]^2 + \left[\frac{\cos 2\pi(f-f_0)T_s}{1-(4(f-f_0)T_s)^2} \right]^2 \right\} \tag{G.3-48}$$

G.3.6 Phasentastung (PSK)

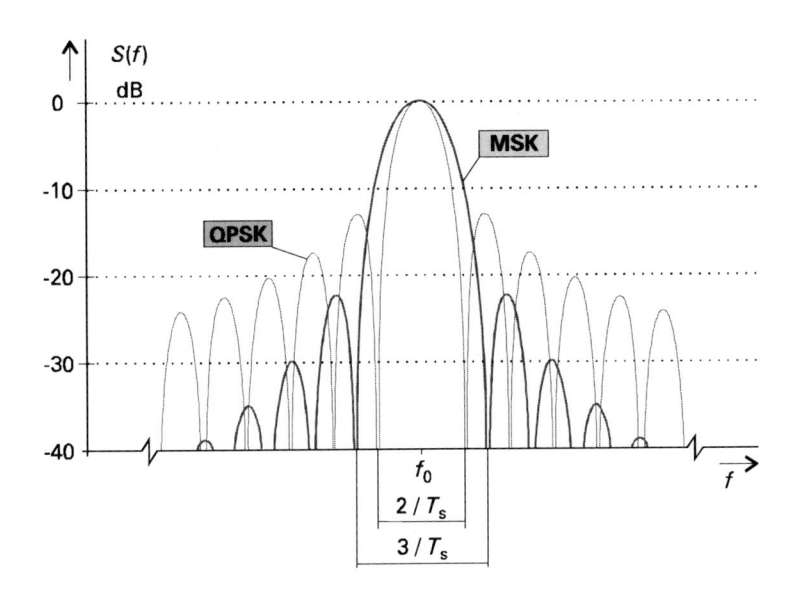

Abb. G.3-23 Spektren von MSK und QPSK bei gleicher Bitrate

In Abb. G.3-23 ist das Leistungsdichtespektrum von MSK im Vergleich zu dem von QPSK bei gleicher Bitrate dargestellt. Um den Vergleich zu vereinfachen, wurden beide Spektren auf denselben Maximalwert normiert. Der wesentliche Vorteil der MSK ist der schnellere Abfall des Spektrums mit zunehmendem Abstand vom Träger, während der Abstand der ersten Nullstelle um die Hälfte größer ist als bei QPSK bzw. OQPSK.

Beim reinen AWGN-Kanal und kohärenter Demodulation ist die Bitfehlerwahrscheinlichkeit identisch mit derjenigen von QPSK. Ein Vorzug von MSK ist, daß auch inkohärente Demodulation möglich ist, wobei jedoch bei gleicher Bitfehlerwahrscheinlichkeit ein höherer Signalrauschabstand notwendig ist.

Die Bandbreitenausnutzung ist bei MSK mit 1,9 (bit/s)/Hz annähernd so hoch wie bei QPSK mit 2 (bit/s)/Hz.

G.3.6.5   M-wertige Phasentastung (MPSK)

Die in den Abschnitten G.3.6.1 und G.3.6.2 vorgestellten Verfahren BPSK und QPSK stellen Sonderfälle der allgemeinen MPSK (M-wertigen Phasentastung) dar. Hierbei wird ein M-wertiges Symbol übertragen (M ist i. a. eine Zweierpotenz), dem ein Tupel zugeordnet wird, z. B.

$$(a_i, b_i) = \left(\cos\left[\frac{\pi}{M}(2i-1)\right], \sin\left[\frac{\pi}{M}(2i-1)\right] \right) \qquad \text{(G.3-49)}$$
$$i = 1, \ldots, M$$

Mit $(a_k, b_k) \in \{(a_i, b_i)\}$ ergibt sich das komplexe Basisbandsignal

$$\underline{s}_T(t) = A\left[\sum_k a_k g(t-kT_s) + j\sum_k b_k g(t-kT_s)\right] \quad \text{(G.3-50)}$$

wobei $g(t)$ wiederum den Basisbandimpuls bezeichnet.

Das Zustandsdiagramm eines MPSK-Signals ist für $M = 16$ in der Abb. G.3-24 dargestellt. Wie man hier erkennt, sind die einzelnen Zustände äquidistant auf einem Kreis mit dem Radius A angeordnet, woraus zwischen zwei benachbarten Zuständen eine Phasendifferenz von $360°/M = 22{,}5°$ resultiert.

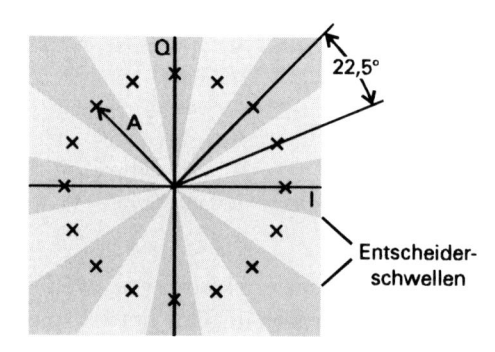

Abb. G.3-24 Zustandsdiagramm der 16-PSK

Das reelle Modulationssignal ergibt sich wiederum zu

$$\begin{aligned}s(t) &= \Re\{\underline{s}_T(t)\, e^{j\omega_0 t}\} \\ &= A\left\{\cos\omega_0 t \sum_k a_k g(t-kT_s) - \sin\omega_0 t \sum_k b_k g(t-kT_s)\right\}\end{aligned} \quad \text{(G.3-51)}$$

wobei die Daten $d_k \in \{0, ..., M-1\}$ wiederum einer geeigneten Codierung unterzogen werden. Das komplexe Basisbandsignal kann dann auch geschrieben werden als

$$\underline{s}_T(t) = A\sum_k e^{j\frac{\pi}{M}(2d_k - 1)} = A\sum_k e^{j\theta(d_k)} \quad \text{(G.3-52)}$$

Dabei gibt

$$\theta(d_k) = \frac{\pi}{M}(2d_k - 1) \quad \text{(G.3-53)}$$

die in der Abb. G.3-24 dargestellten äquidistant auf einem Kreis verteilten Zustände an.

G.3.6 Phasentastung (PSK)

Das prinzipielle Blockschaltbild eines MPSK-Modulators stellt mit dem I-Q-Konzept nach (G.3-51) lediglich eine Ergänzung bzw. Weiterführung des QPSK-Modulators dar, wobei der Seriell-Parallel-Wandler in diesem Fall jeweils ld M Bit zusammenfaßt.

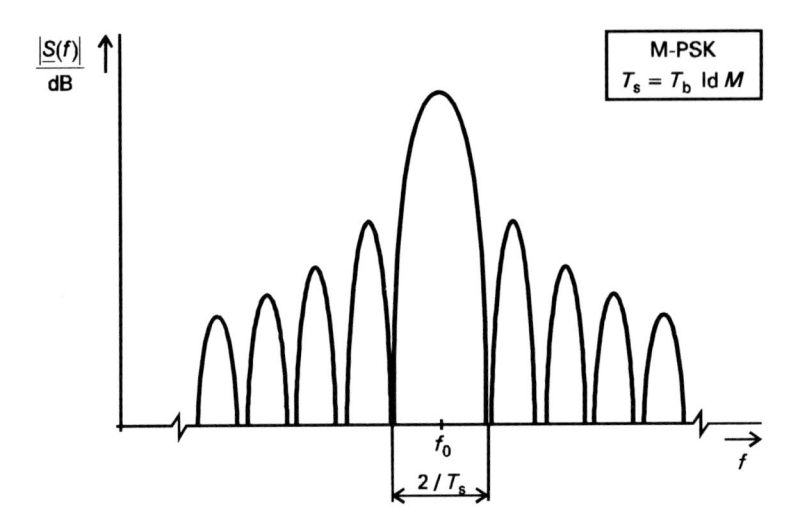

Abb. G.3-25 *Spektrum der MPSK*

Für das Leistungsdichtespektrum eines MPSK-Signals gilt im Prinzip die bereits bei der QPSK gemachte Aussage. Die Formel für die Beschreibung des Spektrums (Abb. G.3-25) ist gleich der beim BPSK, aber es gilt jetzt allgemein $T_s = T_b \operatorname{ld} M$ anstatt $T_s = T_b$ bei BPSK bzw. $T_s = 2T_b$ bei QPSK. Somit kann für das Leistungsdichtepektrum der MPSK wiederum die Beziehung

$$S(f) = \frac{PT_s}{2}\left\{\operatorname{si}^2\left[\pi(f-f_0)T_s\right] + \operatorname{si}^2\left[\pi(f+f_0)T_s\right]\right\} \qquad \text{(G.3-54)}$$

verwendet werden. Die theoretisch für die Übertragung benötigte Bandbreite (bei Verwendung idealer Rechteckimpulse) beträgt

$$\frac{B_{\text{id}}}{\text{Hz}} = \frac{1}{\operatorname{ld} M}\frac{R_b}{\text{bps}} \qquad \text{(G.3-55)}$$

während in der Praxis i. a. wieder cos-*Roll-off*-Filter zum Einsatz kommen, so daß dann (mit dem *Roll-off*-Faktor r) mit

$$\frac{B_{\text{pr}}}{\text{Hz}} = \frac{1+r}{\operatorname{ld} M}\frac{R_b}{\text{bps}} \qquad \text{(G.3-56)}$$

zu rechnen ist. Auch hier kann häufig wieder mit dem Anhaltswert von $r = 0{,}3$ gerechnet werden.

Die Bandbreitenausnutzung ergibt bei MPSK-Verfahren

$$\frac{R_b}{B_{pr}} = \frac{\text{ld } M}{1+r} \frac{\text{bps}}{\text{Hz}} \qquad (\text{G.3-57})$$

womit bei Einsatz der idealen Rechteckimpulse ($r = 0$) eine maximale Bandbreitenausnutzung von $\text{ld } M$ in (bit/s)/Hz resultiert.

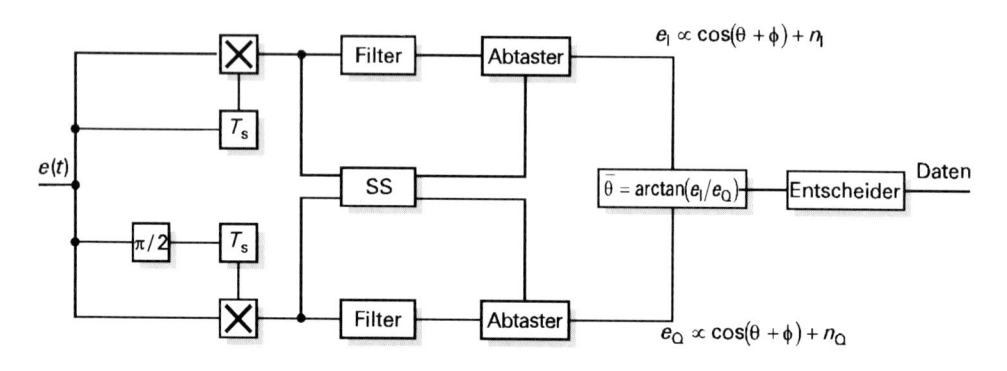

Abb. G.3-26 Kohärenter Demodulator für MPSK

Eine Schaltung für die kohärente Demodulation eines MPSK-Signals ist in Abb. G.3-26 dargestellt. Sie ähnelt stark einem QPSK-Demodulator, weist aber eine andere Auswertung der Abtastwerte vom I- und vom Q-Zweig auf. Diese Signale sind im ungestörten Zustand ($n(t) = 0$) proportional zu $\cos\theta$ bzw. $\sin\theta$ und somit würde sich hier die gesuchte Phase zu $\theta = \arctan(e_Q/e_I)$ ergeben. Im gestörten Fall ($n(t) \neq 0$) gilt diese Beziehung jedoch nicht mehr streng, da die Empfangssignale im I- und im Q-Zweig durch Rauschen und andere Störungen beeinflußt sind. Dies führt dazu, daß die ermittelte Phase $\theta = \arctan(e_Q/e_I)$ nur noch näherungsweise einem der definierten Phasenzustände des Modulationsverfahren entspricht. Der Symbolentscheider wählt dann dasjenige Symbol aus, für das die Differenz zwischen dem Schätzwert $\overline{\theta}(d_k)$ und der Phase $\theta(d_k)$ minimal wird, also

$$\left|\theta(d_k) - \overline{\theta}(d_k)\right| \to \text{Min.} \qquad (\text{G.3-58})$$

Da hier die Phasendifferenzen zwischen zwei benachbarten Zuständen deutlich geringer sind als z. B. bei BPSK und QPSK, müssen auch entsprechend höhere Anforderungen an die Trägerrückgewinnung (bzgl. der Phasengenauigkeit) gestellt werden.

Da bei der Übertragung Symbolfehler anstelle von Bitfehlern wie bei binären Verfahren auftreten, kann die Bestimmung der Bitfehlerwahrscheinlichkeit nur über den Umweg der Symbolfehlerwahrscheinlichkeit (*Symbol Error Rate* – SER) erfolgen. Deren exakte Ermittlung kann hier allerdings nur mittels numerischer

G.3.6 Phasentastung (PSK)

Verfahren oder durch Simulationen erfolgen, da die bei einer direkten Berechnung auftretenden Verfahren nicht mehr elementar lösbar sind. Die Umrechnung der so bestimmten Symbolfehlerwahrscheinlichkeit in die entsprechende Bitfehlerwahrscheinlichkeit kann nicht allgemeingültig erfolgen, da die Zuordnung der Bits zu den Symbolen (und somit auch die Anzahl der durch einen Symbolfehler verursachten Bitfehler) prinzipiell frei wählbar ist. Für technisch interessante Werte des Signalrauschabstands kann davon ausgegangen werden, daß bei einem Symbolfehler fälschlicherweise stets ein benachbartes Symbol demoduliert wird. Für den meist vorliegenden Fall, daß für die Codierung der Bits in Symbole der Gray-Code verwendet wird, wird somit bei einem Symbolfehler immer nur ein Bitfehler verursacht. Da die Anzahl der Bits in einem Symbol gleich $\text{ld}\,M$ ist, ergibt sich somit näherungsweise der Zusammenhang

$$P_e \approx \frac{1}{\text{ld}\,M} P_e^{(s)} \qquad \text{(G.3-59)}$$

zwischen der Bitfehlerwahrscheinlichkeit BER und der Symbolfehlerwahrscheinlichkeit SER. Die Bitfehlerwahrscheinlichkeiten für BPSK, QPSK, 8-PSK und 16-PSK sind in Abb. G.3-27 dargestellt.

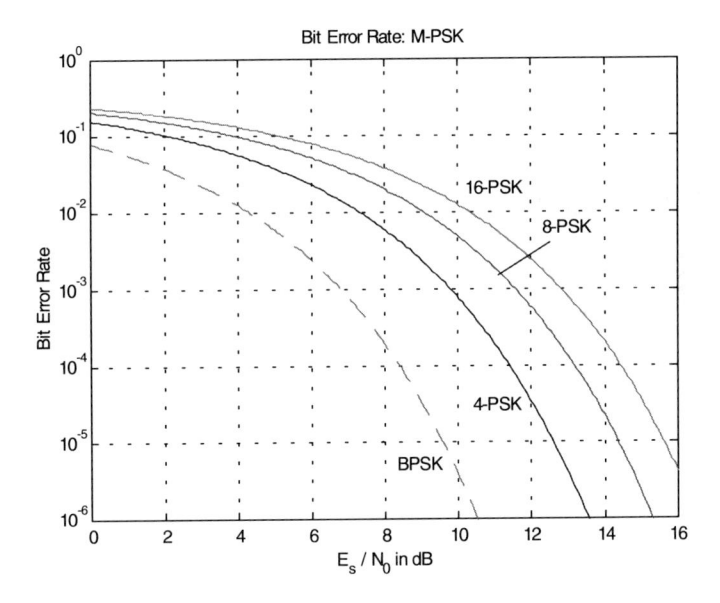

Abb. G.3-27 *Bitfehlerwahrscheinlichkeiten von MPSK*

Während BPSK und QPSK weit verbreitet sind, werden 8- bzw. 16-PSK nur in Sonderfällen eingesetzt. Noch höherwertige PSK-Verfahren weisen im Vergleich z. B. zu QASK-Verfahren zu ungünstige Eigenschaften auf, als daß sie praktische Bedeutung erlangt hätten.

G.3.6.6 Differentiell codierte Phasentastung

Ein Problem bei allen bisher vorgestellten PSK-Verfahren ist – wie bereits erwähnt – die Tatsache, daß die Information im Absolutwert der Phase enthalten ist. Das bedeutet, daß eine Referenzphase im Empfänger vorhanden sein muß, um eine eindeutige Demodulation zu gewährleisten. Um dieses Problem zu umgehen, kann einem Symbol nicht eine absolute Phasenlage, sondern eine Differenz zweier aufeinanderfolgender Phasen zugeordnet werden. Der Vorteil ist, daß hierbei die absolute Phase nicht bekannt sein muß und somit keine Referenzphase benötigt wird. Als „Referenzphase" wird vielmehr jeweils die Phase des vorhergehenden Symbols verwendet. Sowohl die Form als auch das Leistungsdichtespektrum des modulierten Signals werden hierdurch nicht verändert. Je nach Art der Detektion im Empfänger unterscheidet man zwischen

- differentiell codierter PSK mit kohärenter Detektion (*Differentially Encoded Coherent* PSK – DEC-PSK)

und

- differentiell codierter PSK mit differentieller Detektion (*Differentially Coherent* PSK – DC-PSK).

Beide Typen werden unter dem Oberbegriff DPSK eingeordnet, wobei ggf. auch die Detektionsmethode angegeben werden muß. Außerdem ist zu berücksichtigen, daß unter DPSK allgemein alle differenzcodierten PSK-Verfahren, unabhängig von der Wertigkeit M, verstanden werden. Im Einzelfall muß also die Wertigkeit eines speziellen Verfahrens durch Voranstellen des Wertes M spezifiziert werden (M-DPSK).

Ein Blockschaltbild für einen kohärenten Demodulator für differentiell codierte MPSK zeigt die Abb. G.3-28. Hier erfolgt die Differenzbildung nach der Symbolentscheidung. In der Praxis sieht das so aus, daß nach der kohärenten Demodulation des MPSK-Signals aus der differenzcodierten Symbolfolge (bei 2-DPSK durch Modulo-2-Addition) zweier aufeinanderfolgender Symbole die Decodierung durchgeführt wird.

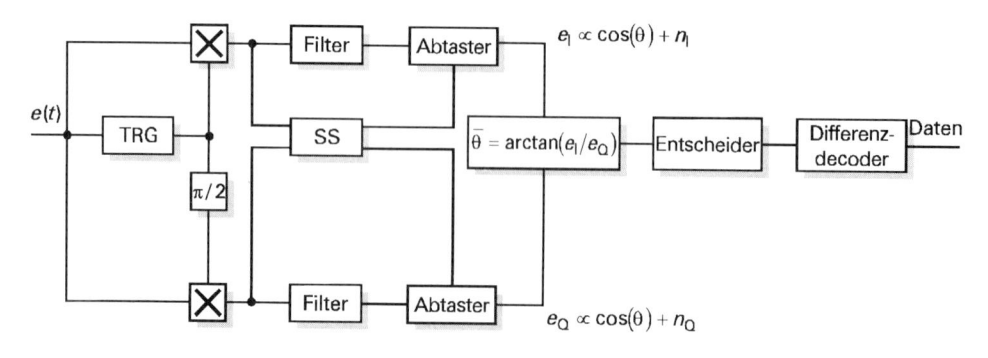

Abb. G.3-28 *Demodulation von M-DEC-PSK (SS: Symbolsynchronisation, TRG: Trägerrückgewinnung)*

G.3.6 Phasentastung (PSK)

Für jedes empfangene Bit gilt die gleiche Bitfehlerwahrscheinlichkeit wie bei der kohärenten Demodulation von BPSK. Damit ergibt sich für die 2-DPSK mit kohärenter Demodulation und anschließender Decodierung (2-DEC-PSK) eine Bitfehlerwahrscheinlichkeit von

$$P_e = 2P_{e,\text{BPSK}}\left(1 - P_{e,\text{BPSK}}\right)$$
$$= \text{erfc}\sqrt{\frac{E_b}{N_0}}\left(1 - \frac{1}{2}\sqrt{\frac{E_b}{N_0}}\right) \quad (\text{G.3-60})$$

für die demodulierte Bitfolge. Anzumerken ist, daß die Fehler häufiger als bei der BPSK paarweise auftreten, da ein falsch erkanntes Bit auch das nachfolgende verfälscht – dies muß ggf. bei der Auslegung der Kanalcodierung berücksichtigt werden.

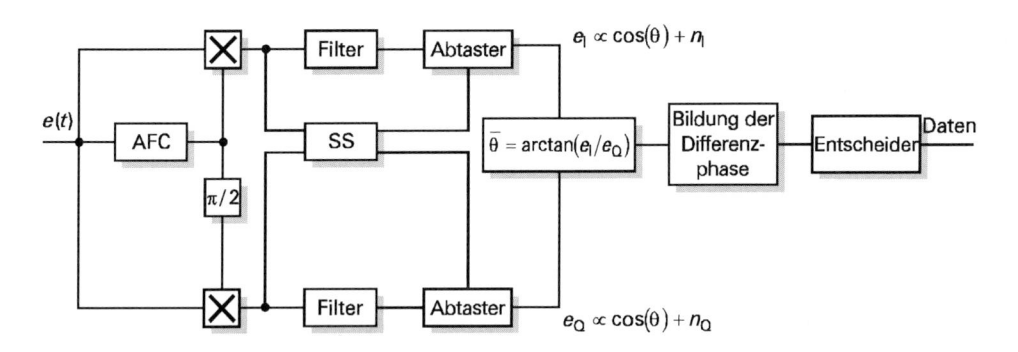

Abb. G.3-29 Demodulation von M-DC-PSK (SS: Symbolsynchronisation, AFC: automatische Frequenzregelung)

Eine Schaltung zur differentiellen Detektion von differentiell codierter MPSK (M-DC-PSK) zeigt Abb. G.3-29; sie stellt eine Modifikation der Demodulationsschaltung für MPSK dar. Da bei differentiell codierten Verfahren die Phase des Trägersignals nicht als Referenzphase benötigt wird, ist keine Trägerrückgewinnung notwendig. Die Phasendifferenz $\Delta\varphi$ beider Signale muß lediglich über zumindest zwei Symboldauern praktisch konstant sein, daher ist eine möglichst weitgehende Übereinstimmung der Trägerfrequenz mit der Referenzfrequenz erforderlich. Dies kann durch die Forderung

$$|\delta\varphi(n) - \delta\varphi(n-1)| \ll \frac{\pi}{M} \quad (\text{G.3-61})$$

ausgedrückt werden, wobei $\delta\varphi(n)$ die Abweichung der Phase im Empfänger von der Phase im Sender beim n-ten Abtastzeitpunkt ist. Die Trägerrückgewinnung kann daher relativ einfach als Frequenzregelung (*Automatic Frequency Control* – AFC) realisiert werden.

Die Bitfehlerwahrscheinlichkeit ist bei DC-PSK größer als bei DEC-PSK nach Abb. G.3-28. Da die Herleitung relativ aufwendig ist, soll nur das Ergebnis (die Näherung) für die Bitfehlerwahrscheinlichkeit bei 2-DPSK mit

$$P_e \approx \frac{1}{2} e^{-E_b/N_0} \qquad (G.3\text{-}62)$$

angegeben werden. In Abb. G.3-30 sind die Bitfehlerwahrscheinlichkeiten für BPSK, 2-DEC-PSK und 2-DC-PSK dargestellt. Man erkennt hier, daß einerseits die Bitfehlerwahrscheinlichkeit für 2-DPSK höher ist als für die uncodierte BPSK. Andererseits muß bei BPSK zusätzlicher Aufwand getrieben werden, um die Phasenunsicherheit bei der Trägerrückgewinnung zu eliminieren. Das führt dazu, daß differenzcodierten Verfahren (auch höherwertigen) i. a. der Vorzug gegeben wird vor den uncodierten Verfahren.

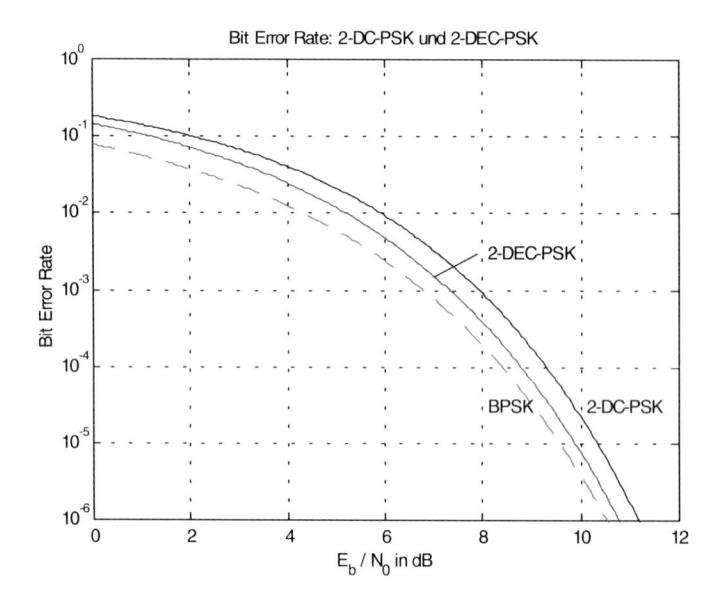

Abb. G.3-30 Bitfehlerwahrscheinlichkeiten von BPSK, 2-DEC-PSK und 2-DC-PSK

Ein wesentlicher Vorteil der differenzcodierten PSK-Verfahren ist die Tatsache, daß auch inkohärente (differentielle) Detektion möglich ist (DC-PSK). Dies ist insbesondere in den Fällen von Bedeutung, bei denen keine oder wenig Zeit zur Synchronisierung der Trägerrückgewinnung zur Verfügung steht. Als Beispiel seien an dieser Stelle frequenzagile Systeme erwähnt, bei denen schnelle Frequenzsprungverfahren (*Fast Frequency Hopping* – FFH) zum Einsatz kommen. Hierbei wird nach einem pseudozufälligen Code jedes Symbol auf einer anderen Trägerfrequenz ausgesendet. In diesem Fall steht dem Demodulator häufig nicht genug Zeit zur Verfügung, um eine Trägerrückgewinnung mit ausreichender Genauigkeit durchzuführen.

G.3.7 Quadraturamplitudentastung (QASK)

Eine wichtige Erweiterung der einfachen Amplitudentastung ist die Quadraturamplitudentastung QASK (bzw. M-QASK mit *M*-wertigen Symbolen). Hierbei wird das binäre Eingangssignal in zwei nicht miteinander korrelierte Symbolfolgen umgesetzt, die als In-Phase-Komponente $I(t)$ und als Quadrature-Phase-Komponente $Q(t)$ bezeichnet werden. Zusammengefaßt werden jeweils M Bit zu einem Symbol, wobei $M/2$ Bits die In-Phase-Komponente und $M/2$ Bits die Quadrature-Phase-Komponente bilden. Jede Symbolfolge steuert unabhängig von der anderen eine Komponente eines Quadraturmodulators an (vergleiche hierzu auch die Beschreibung der analogen Quadraturamplitudenmodulation in Abschnitt G.2.3). Auf der Empfangsseite wird kohärent demoduliert, wobei zwei Entscheider die Signale regenerieren. Der große Vorteil dieses Verfahrens ist die gegenüber den entsprechenden PSK-Verfahren verdoppelte Datenrate bei gleicher Bandbreite. Die Datenrate ist dabei das $\mathrm{ld} M$-fache der Symbolrate.

Jedem Symbol wird ein Tupel $(a_k, b_k) \in \{(a_i, b_i)\}$ mit $a_i \in \{\pm 1, \pm 3, \ldots \pm \mathrm{ld}(M)-1\}$ und $b_i \in \{\pm 1, \pm 3, \ldots \pm \mathrm{ld}(M)-1\}$ zugeordnet. Für das äquivalente Basisbandsignal gilt somit, wie bereits bei MPSK:

$$\underline{s}_T(t) = A\left[\sum_k a_k g(t - kT_s) + j\sum_k b_k g(t - kT_s)\right] \qquad \text{(G.3-63)}$$

mit dem Basisbandimpuls $g(t)$. Das modulierte Signal kann dann beschrieben werden mit

$$\begin{aligned} s(t) &= \Re\left\{\underline{s}_T(t)\, e^{j\omega_0 t}\right\} \\ &= A\left\{\cos\omega_0 t \sum_k a_k g(t - kT_s) - \sin\omega_0 t \sum_k b_k g(t - kT_s)\right\} \end{aligned} \qquad \text{(G.3-64)}$$

Das Zustandsdiagramm ist in Abb. G.3-31 am Beispiel der 16-QASK bzw. der 64-QASK dargestellt. Für den Sonderfall der 4-QASK entspricht das Zustandsdiagramm dem der QPSK.

Nur im Sonderfall der 4-QASK mit Rechteckimpulsen ist die Amplitude konstant, ansonsten gilt für die Einhüllende (bei der Verwendung von Rechteckimpulsen)

$$|s(t)| = A\sqrt{a_k^2 + b_k^2} \neq \text{const} \qquad k \leq t/T_s < k+1 \qquad \text{(G.3-65)}$$

wie es aus der Definition als phasen- *und* amplitudenmodulierendes Verfahren bereits klar ist. Für die Leistung ergibt sich mit dem Erwartungswert $E\{\bullet\}$

$$P = \frac{A^2}{2} E\{a_k^2 + b_k^2\} \qquad \text{(G.3-66)}$$

wobei die normierte Amplitude A wieder die Einheit (Leistung)$^{1/2}$ hat.

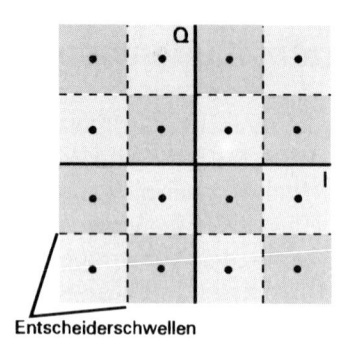

Abb. G.3-31   *Zustandsdiagramm von 16-QASK*

Die Leistungen für verschiedene QASK-Signale sind unter der Annahme gleichwahrscheinlicher Symbole bzw. Tupel (a_k, b_k) in der Tab. G.3-2 angegeben. Außerdem ist dort das Verhältnis der Spitzenleistung P_{max} zur mittleren Leistung P_s bzw. der daraus abgeleitete Crest-Faktor zu finden, der zu

$$\xi_{crest} = 10 \log \frac{|s(t)|_{max}}{\sqrt{E\{s(t)^2\}}} \qquad (G.3\text{-}67)$$

definiert ist. Dieser Wert ist wichtig, wenn es um die Beurteilung der Nichtlinearitäten innerhalb des Übertragungskanals geht, insbesondere beim i. a. nichtlinearen Sendeverstärker.

M	4	16	64	256
$E\{a_k^2 + b_k^2\}$	2	10	42	170
P_s / A^2	1	5	21	85
P_{max} / P_s	1,00	1,80	2,33	2,65
ξ_{crest} in dB	0,00	1,28	1,66	1,84

Tab. G.3-2   *Normierte Leistung von QASK-Signalen*

Wie in Tab. G.3-2 zu erkennen ist, wird dieses Verhältnis für zunehmende Werte von M immer größer und somit immer ungünstiger. Anders gesagt: Bei höherwertigen M-QASK-Verfahren steigen die Anforderungen an die Linearität der verwendeten Baugruppen. Zu beachten ist jedoch, daß sich die in Tab. G.3-2 angegebenen Werte auf die Verwendung von Rechteckimpulsen beziehen. Werden diese, z. B. durch Einsatz von Nyquist-Filtern, verformt, so gelten die Werte i. a. nicht mehr. Allerdings bleibt die Tendenz (je größer M, desto größer der Crest-Faktor) auch bei anderen Impulsformen prinzipiell erhalten.

G.3.7 Quadraturamplitudentastung (QASK)

Für das Spektrum der QASK gilt wiederum die bereits von den PSK-Verfahren bekannte Beziehung

$$S(f) = \frac{PT_s}{2}\left\{\text{si}^2\left[\pi(f-f_0)T_s\right] + \text{si}^2\left[\pi(f+f_0)T_s\right]\right\} \qquad \text{(G.3-68)}$$

In der Abb. G.3-32 ist die graphische Darstellung des Leistungsdichtespektrums von 16-QASK, 64-QASK und 256-QASK zu sehen. Der Abstand der ersten Nullstellen beträgt dabei jeweils $2/T_s$. Man erkennt hieran, daß das Spektrum mit wachsendem M immer stärker um die Trägerfrequenz konzentriert wird und somit der Bandbreitebedarf bei gleicher Datenrate geringer wird.

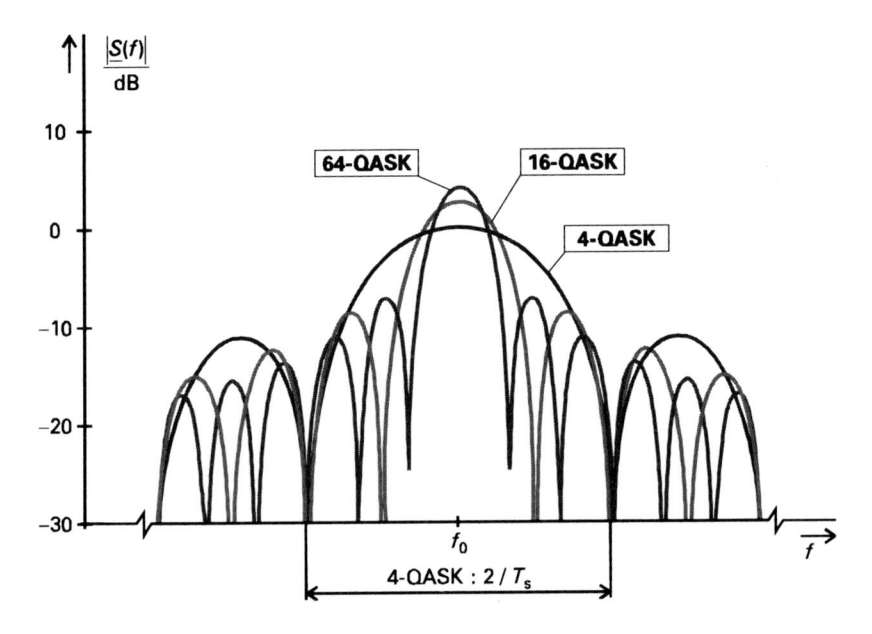

Abb. G.3-32 Leistungsdichtespektrum von 4-QASK, 16-QASK und 64-QASK

Bei Verwendung von cos-*Roll-off*-Filtern (Nyquist-Filterung) folgt (mit dem *Roll-off*-Faktor r) eine für die Übertragung benötigte Bandbreite von

$$\frac{B_{\text{pr}}}{\text{Hz}} = \frac{1+r}{\text{ld}\,M}\frac{R_b}{\text{bit/s}} \qquad \text{(G.3-69)}$$

Für die Bandbreitenausnutzung ergibt sich somit

$$\frac{R_b}{B_{\text{pr}}} = \frac{\text{ld}\,M}{1+r}\frac{\text{bps}}{\text{Hz}} \qquad \text{(G.3-70)}$$

was bei Einsatz von idealen Rechteckimpulsen ($r=0$) eine Bandbreitenausnutzung von maximal ld$M$ in (bit/s)/Hz bedeutet.

Die Berechnung der Symbolfehlerrate in Abhängigkeit vom Signalrauschleistungsverhältnis erfolgt mittels „geometrischer Überlegungen" in der Zustandsebene (I-Q-Ebene). Hierbei werden die durch Rauschen bedingten Abweichungen der I- und Q-Komponenten am Empfänger von den gesendeten Werten betrachtet. Die entsprechende Herleitung [Glauner 83] ist relativ aufwendig, daher soll an dieser Stelle nur das Ergebnis

$$P_{e,s} = 2\frac{\sqrt{M}-1}{\sqrt{M}}\text{erfc}\sqrt{\frac{E_s}{N_0}\frac{3}{2(M-1)}}\left[1-\frac{\sqrt{M}-1}{2\sqrt{M}}\text{erfc}\sqrt{\frac{E_s}{N_0}\frac{3}{2(M-1)}}\right] \quad \text{(G.3-71)}$$

angegeben werden. Die Annahmen, unter denen diese Beziehung hergeleitet wurde, sind gleichverteilte Symbole, ein Nyquist-Kanal im Sinne des ersten Nyquist-Kriteriums, kohärente Demodulation sowie additives weißes Gaußsches Rauschen (AWGN). Die graphische Darstellung für $M = 4, 16, 64, 256$ ist in Abb. G.3-33 zu finden, wobei außerdem zum Vergleich die Symbol- bzw. Bitfehlerrate von BPSK eingetragen ist. Zu beachten ist hierbei, daß als Signalrauschleistungsverhältnis sowohl in (G.3-71) als auch in Abb. G.3-33 das Verhältnis der Signalenergie je Symbol zur Rauschleistungsdichte verwendet wird.

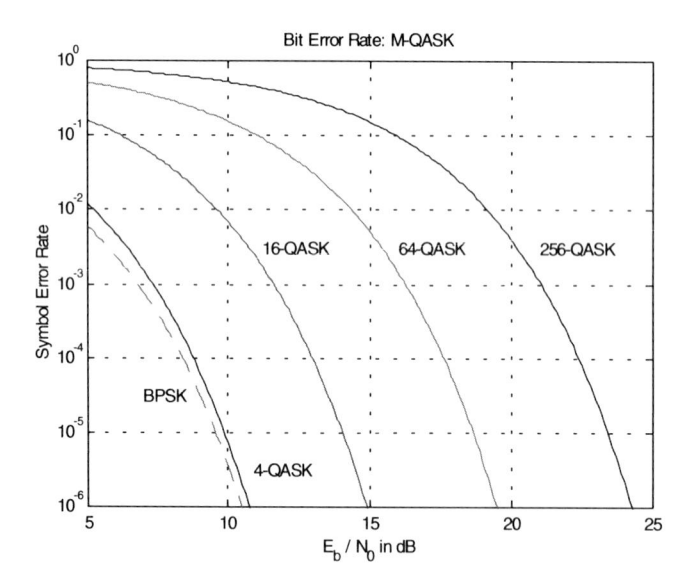

Abb. G.3-33 Symbolfehlerraten (SER) für QASK mit $M = 4, 16, 64, 256$ in Abhängigkeit vom Signalrauschverhältnis; zum Vergleich ist außerdem die Symbolfehlerrate von BPSK dargestellt

Die Beziehung der ansonsten verwendeten Signalenergie je Bit zur Rauschleistungsdichte (siehe Kapitel D.7) lautet

$$\frac{E_s}{N_0} = \text{ld}\, M \frac{E_b}{N_0} \quad \text{(G.3-72)}$$

G.3.7 Quadraturamplitudentastung (QASK)

woraus sich eine horizontale Verschiebung der Kurven in der Abb. G.3-33 ergäbe. Zur Beziehung zwischen der Symbolfehlerrate und der Bitfehlerrate sei auf die entsprechenden Bemerkungen bei der MPSK verwiesen.

QASK stellt ein bandbreiteneffizientes Verfahren dar, das jedoch vergleichsweise empfindlich ist z. B. gegenüber Phasenschwankungen. Gerade bei vielstufigen Verfahren wird eine nahezu ideale Entkopplung von I- und Q-Komponente auf dem Kanal benötigt. Zudem ist eine sehr hohe Linearität der signalverarbeitenden Baugruppen erforderlich (z. B. Sendeverstärker). Es sind derzeit Systeme im Einsatz (z. B. beim digitalen Richtfunk) mit 4-QASK, 16-QASK, 64-QASK und 256-QASK. In abgewandelter Form existieren auch 32- und 128-QASK, die durch eine spezielle Codierung erzeugt und hier in einem späteren Abschnitt näher vorgestellt werden. Dem Vorteil der Ersparnis in der Bandbreite, die für eine gegebene Datenrate zur Verfügung gestellt werden muß (bzw. der Steigerung der Datenrate, die über eine gegebene Bandbreite übertragen werden kann), steht auch hier wieder der Nachteil der größeren Störempfindlichkeit gegenüber. Weiterhin steigen die (Toleranz-)Empfindlichkeit von Filterung, Träger- und Taktrückgewinnung sowie der benötigte Signalrauschabstand deutlich an.

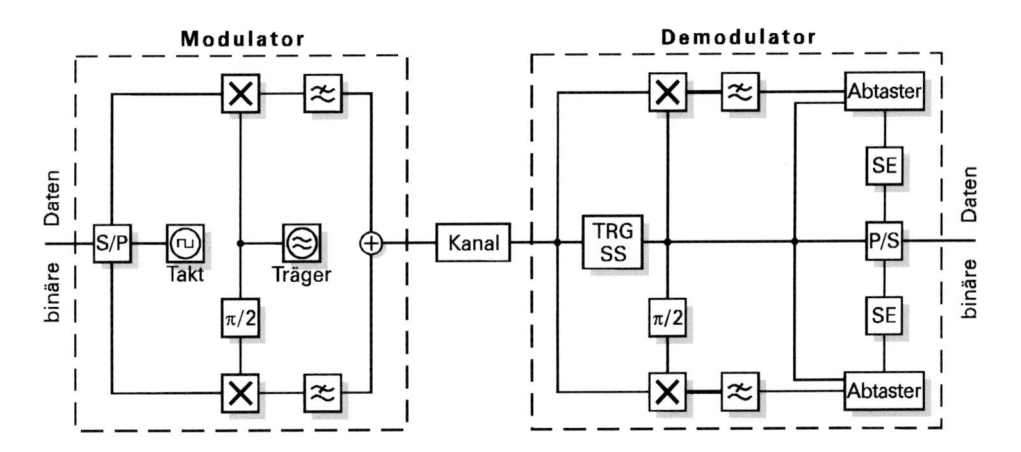

Abb. G.3-34 *Blockschaltbild von Modulator und Demodulator für M-QASK (P/S: Parallel-Seriell-Wandler, SE: Symbolentscheider, SS: Symbolsynchronisation, S/P: Seriell-Parallel-Wandler, TRG: Trägerrückgewinnung)*

Abb. G.3-34 zeigt das prinzipielle Blockschaltbild für Erzeugung und Demodulation von QASK-Signalen. Sendeseitig wird im Seriell-Parallel-Wandler (gesteuert vom Bittakt) die zu übertragende Bitfolge in die I- und die Q-Komponente aufgeteilt. Nachdem die Daten auf den (phasenverschobenen) Träger aufmoduliert (gemischt) und gefiltert sind, werden die beiden Komponenten addiert und übertragen. Im Empfänger erfolgt wiederum eine Mischung mit dem (phasenverschobenen) Träger, der zusammen mit dem Symboltakt aus dem empfangenen Signal wiedergewonnen wird. Nach Abtastung und Symbolentscheider werden die Bitfolgen der I- und der Q-Komponente im Parallel-Seriell-Wandler wieder zusammengesetzt.

G.3.8 Frequenztastung

Bei der Frequenztastung (*Frequency Shift Keying* – FSK) besteht die Modulation des Trägers darin, daß die Frequenz des Trägers entsprechend dem Datensignal zwischen verschiedenen diskreten Frequenzen verändert wird. Gebräuchlich sind vor allem Systeme mit zwei Frequenzen, auf die sich diese Betrachtungen beschränken, wobei jedoch auch höherstufige Formen vorkommen.

• Wenn zwischen den Zuständen keine definierten Phasenübergänge vorliegen (es treten „harte" Phasenübergänge auf), so ergeben sich vergleichsweise ungünstige Spektraleigenschaften, d. h. ein relativ breites Leistungsdichtespektrum. Daher hat dieses Verfahren – trotz der relativ einfachen Realisierungsmöglichkeiten (zwei Oszillatoren, deren Ausgänge im Takt des Datensignals auf den Ausgang des Modulators gelegt werden; Abb. G.3-35) – nur geringe praktische Bedeutung. Dieses Verfahren, das auch mit der Abkürzung NCFSK (*Non Continuous Phase* FSK) versehen wird, wird deshalb hier nicht weiter betrachtet.

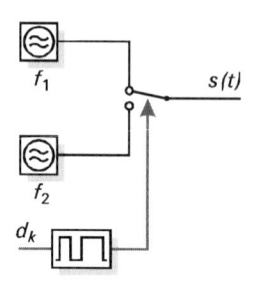

Abb. G.3-35 *Einfacher NCFSK-Modulator*

• Wenn die Phasenübergänge zwischen den Zuständen kontinuierlich sind (*Continuous Phase* FSK – CPFSK), entsteht ein gedächtnisbehaftetes Modulationsverfahren. Die praktische Realisierung besteht z. B. aus einem abstimmbaren Oszillator, dessen Frequenz mit dem Datensignal moduliert wird. Die Tatsache, daß es sich hier (und bei den verwandten Modulationsarten) um ein gedächtnisbehaftetes Verfahren handelt, bedeutet für den Empfänger, daß er zur optimalen Auswertung mehrere Intervalle zu betrachten hat.

Entsprechend dem analogen Pendant, der Frequenzmodulation, sind auch hier der Frequenzhub Δf als Abstand der FSK-Frequenzen, der Modulationsindex

$$h = \Delta f \, T \qquad \text{(G.3-73)}$$

G.3.8 Frequenztastung

sowie der Phasenhub während eines Symbolintervalls

$$\Delta\varphi = \pi h \qquad (G.3\text{-}74)$$

definiert. Der Modulationsindex sollte i. a. so gewählt werden, daß die Signale bei den verschiedenen FSK-Frequenzen möglichst gut unterschieden werden können. Dies ist der Fall, wenn die Signale zueinander die größtmögliche negative Korrelation aufweisen. Für ein Entscheidungsintervall von einem Bit läßt sich zeigen, daß der diesbezüglich optimale Modulationsindex bei $h_{\text{opt}} = 0{,}715$ liegt. Unkorreliert bzw. orthogonal sind die FSK-Signale, wenn der Modulationsindex sehr groß ist, oder aber für kohärente Demodulation

$$h = \frac{n}{2} \quad \text{bzw.} \quad \Delta f = \frac{n}{2T} \qquad \text{für } n = 1,2,\ldots \qquad (G.3\text{-}75)$$

bzw. für inkohärente Demodulation

$$h = n \quad \text{bzw.} \quad \Delta f = \frac{n}{T} \qquad \text{für } n = 1,2,\ldots \qquad (G.3\text{-}76)$$

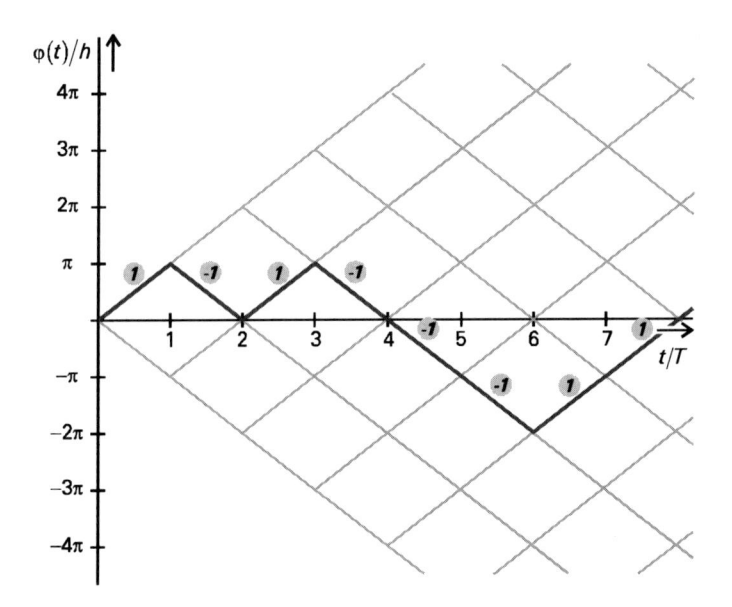

Abb. G.3-36 *Phasenbaum (Trellis) – mögliche Phasenübergänge eines CPFSK-Signals mit $\varphi(t = 0) = 0$ sowie Phasenverlauf für eine gegebene Datenfolge*

Die möglichen Phasenübergänge eines CPFSK-Signals (mit $\varphi(t = 0) = 0$) werden anhand eines sogenannten Phasenbaumes (Trellis) in Abb. G.3-36 gezeigt. Das modulierte Signal kann – mit der Anfangsphase φ_0 – dargestellt werden als

$$\begin{aligned} s(t) &= \Re\left\{ A\, e^{j\varphi(t,\mathbf{d})}\, e^{j(\omega_0 t + \varphi_0)} \right\} \\ &= A\cos[\omega_0 t + \varphi(t,\mathbf{d}) + \varphi_0] \end{aligned} \qquad (G.3\text{-}77)$$

Die Phase beinhaltet die Information gemäß

$$\varphi(t,\mathbf{d}) = \pi h \int_{-\infty}^{t} \left[\sum_i d_i g(\tau - iT_s) \right] d\tau \qquad (G.3\text{-}78)$$

mit der Sequenz der übertragenen M-wertigen Symbole

$$\mathbf{d} = (d_0, d_1, \ldots, d_k)$$
$$\text{mit} \qquad (G.3\text{-}79)$$
$$d_k \in \{\pm 1, \pm 3, \ldots, \pm(M-1)\}$$

und dem Modulationsindex h. Prinzipiell besteht die Möglichkeit, für jedes Symbolintervall einen anderen Modulationsindex zu wählen. In der Regel wird jedoch ein konstanter Modulationsindex eingesetzt, weshalb diese Vereinfachung auch in obigen Gleichungen vorgenommen wurde. Die Wahl des Modulationsindex sowie der verwendeten Pulsform bestimmt u. a. ganz wesentlich die spektrale Leistungsdichte und damit die zur Übertragung benötigte Bandbreite.

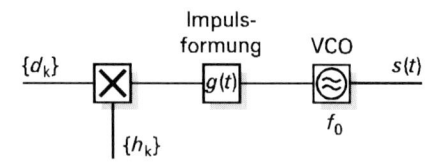

Abb. G.3-37   *CPFSK-Modulator mit VCO*

Aus (G.3-77) und (G.3-78) ergibt sich eine mögliche Realisierung für einen CPFSK-Modulator, der in Abb. G.3-37 dargestellt ist. Hierbei werden die zu übertragenden Daten sowie der jeweils gültige Modulationsindex zusammengefaßt und nach einer entsprechenden Impulsformung auf den Abstimmeingang eines VCO mit der Trägerfrequenz f_0 gegeben. Wie bereits festgestellt, wird in der Praxis nahezu ausschließlich mit einem konstanten Modulationsindex gearbeitet, so daß in der Regel die separate Verknüpfung von Daten und Modulationsindex entfällt und statt dessen im Rahmen der Impulsformung oder im VCO durchgeführt wird.

Eine andere Schreibweise für das modulierte Signal lautet

$$\begin{aligned} s(t) &= \Re\left\{ A\, e^{j\varphi(t,\mathbf{d})}\, e^{j(\omega_0 t + \varphi_0)} \right\} \\ &= A\{\cos\varphi(t,\mathbf{d})\cos(\omega_0 t + \varphi_0) - \sin\varphi(t,\mathbf{d})\sin(\omega_0 t + \varphi_0)\} \end{aligned} \qquad (G.3\text{-}80)$$

Sie unterscheidet wieder nach I- und Q-Komponente und liefert somit auch eine andere Realisierungsmöglichkeit für einen CPFSK-Modulator, dessen Prinzip in Abb. G.3-38 zu sehen ist. Es handelt sich hierbei um eine Erweiterung eines

G.3.8 Frequenztastung

Quadraturmodulators, dem die Berechnung der Phase nach (G.3-78) vorgeschaltet wird.

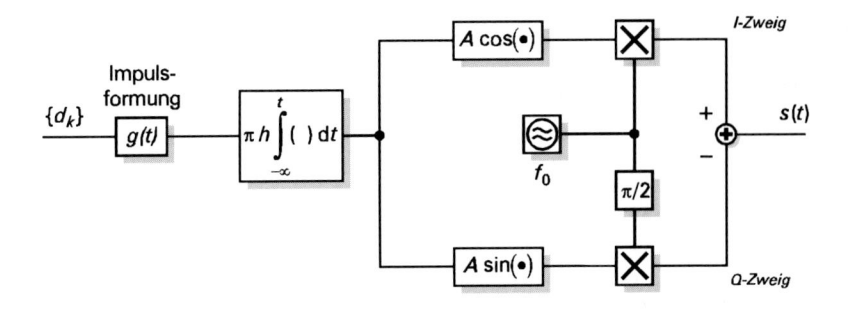

Abb. G.3-38 *CPFSK-Modulator mit I- und Q-Zweig*

Die Wahl des Modulationsindex hängt u. a. von zwei Faktoren ab. Einerseits muß die Bandbreite, die zur Verfügung steht, berücksichtigt werden: Je größer der Modulationsindex ist, desto größer ist die benötigte Bandbreite. Andererseits ist die Art der Demodulation mitentscheidend bei der Festlegung des Modulationsindex. Bei kohärenter Demodulation, die, wie unten gezeigt wird, die bzgl. der Bitfehlerrate bessere Alternative ist, muß für den Modulationsindex $h \geq 0{,}5$ gelten, während für die inkohärente Demodulation von $h \geq 1$ ausgegangen werden kann. Im folgenden werden sowohl für die kohärente als auch für die inkohärente Demodulation von M-FSK die benötigte Bandbreite sowie die Bandbreitenausnutzung angegeben.

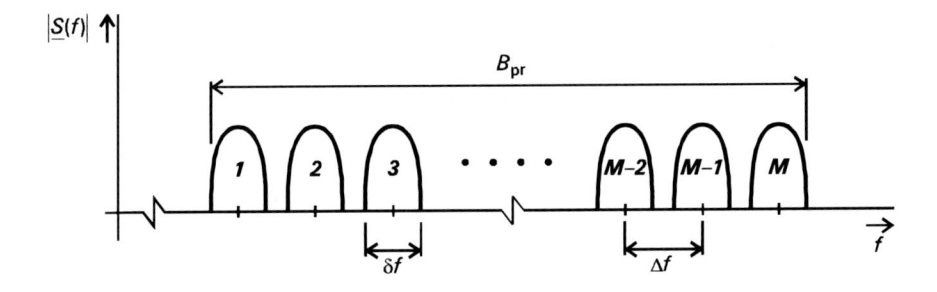

Abb. G.3-39 *Frequenzspektrum von M-FSK*

Für die Bandbreite der M-FSK kann vereinfachend (nach Abb. G.3-39) die Beziehung

$$B_{\text{pr}} = (M-1)\Delta f + \delta f \qquad (G.3\text{-}81)$$

angegeben werden, wobei $\Delta f = h/T_s$ der Frequenzabstand zweier „Töne" ist und $\delta f = (1+r)/T_s$ die Bandbreite eines „Tones" (r ist dabei der *Roll-off*-Faktor).

Setzt man diese Beziehungen in (G.3-81) ein, so ergibt sich für die gesamte Bandbreite des M-FSK-Signals

$$B_{\text{pr}} = \left[\frac{M-1}{2}h + (1+r)\right]\frac{1}{T_s} \quad \text{(G.3-82)}$$

und entsprechend für die Bandbreitenausnutzung

$$\frac{R_b}{B_{\text{pr}}} = \frac{2\,\text{ld}\,M}{(M-1)h + 2(1+r)}\,\frac{\text{bps}}{\text{Hz}} \quad \text{(G.3-83)}$$

Für den Fall der inkohärenten Demodulation mit dem niedrigsten Wert für den Modulationsindex (und somit mit der geringsten Bandbreite) ergibt sich für die gesamte Bandbreite

$$B_{\text{pr}} = \frac{M+r}{T_s} \quad \text{(G.3-84)}$$

und für die Bandbreitenausnutzung

$$\frac{R_b}{B_{\text{pr}}} = \frac{\text{ld}\,M}{M+r}\,\frac{\text{bps}}{\text{Hz}} \quad \text{(G.3-85)}$$

Bei der kohärenten Demodulation mit dem optimalen Wert für den Modulationsindex (bzgl. der Bandbreite) ergibt sich entsprechend für die gesamte Bandbreite

$$B_{\text{pr}} = \frac{(M-1) + 2(1+r)}{2T_s} \quad \text{(G.3-86)}$$

und für die Bandbreitenausnutzung

$$\frac{R_b}{B_{\text{pr}}} = \frac{2\,\text{ld}\,M}{M+1+2r}\,\frac{\text{bps}}{\text{Hz}} \quad \text{(G.3-87)}$$

Die Struktur eines inkohärenten FSK-Demodulators ist in Abb. G.3-40 dargestellt. Die beiden Bandpaßfilter sind auf die FSK-Frequenzen abgestimmt und weisen eine so geringe Bandbreite auf, daß sie – im Idealfall – keine Leistung durchlassen, wenn die jeweils andere FSK-Frequenz ausgesendet wird. In den nachfolgenden Hüllkurvendetektoren wird die – von der AM-Demodulation bekannte – inkohärente Detektion durchgeführt.

Die Bitfehlerwahrscheinlichkeit der 2-FSK mit inkohärenter Demodulation berechnet sich für die eben genannten Voraussetzungen (siehe Abb. G.3-42) zu

$$P_e = \frac{1}{2}e^{-\frac{E_b}{2N_0}} \quad \text{(G.3-88)}$$

G.3.8 Frequenztastung

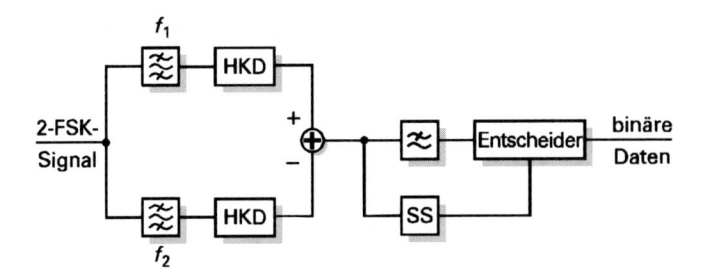

Abb. G.3-40 *Inkohärenter 2-FSK-Demodulator (HKD: Hüllkurvendemodulator, SS: Symbolsynchronisation)*

Die inkohärente Demodulation ist vergleichsweise einfach zu realisieren, aber der kohärenten Demodulation in der Ausnutzung der dem Empfänger zur Verfügung stehenden Energie pro Bit unterlegen.

Bei der kohärenten Demodulation von FSK (Abb. G.3-41) wird die Phase des Empfangssignals mit ausgewertet, d. h. die momentane Phase wird auf die Phase der Mittenfrequenz bezogen (gedächtnisbehaftet!). Die Spitze des Signalvektors bewegt sich auf einem Kreis in der I-Q-Ebene zwischen den Signalzuständen. Für große Werte des Modulationsindex kann von einem Bit zum nächsten der Kreis mehrfach durchlaufen werden. Damit ergibt sich eine Mehrdeutigkeit, die ein „einfacher" kohärenter Demodulator nicht mehr entscheiden kann.

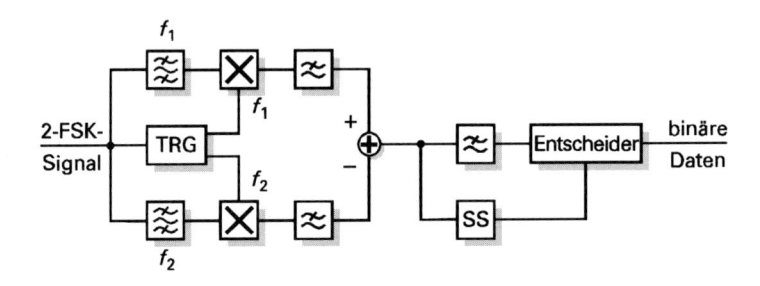

Abb. G.3-41 *Kohärenter 2-FSK-Demodulator (TRG: Trägerrückgewinnung)*

Für einen Modulationsindex von $h = 0{,}5$ (MSK) ergeben sich in der I-Q-Ebene nur noch vier Zustandspunkte mit einer Phasendifferenz von jeweils $\Delta\varphi = \pi/2$ nach (G.3-74). Nur für diesen Fall ist eine Auswertung mit einem kohärenten Demodulator anhand einer insgesamt begrenzten Anzahl möglicher Phasen in der I-Q-Phase möglich. Für die kohärente Demodulation der 2-FSK ergibt sich dann die Bitfehlerwahrscheinlichkeit

$$P_e = \frac{1}{2}\operatorname{erfc}\sqrt{\frac{E_b}{2N_0}} \qquad \text{(G.3-89)}$$

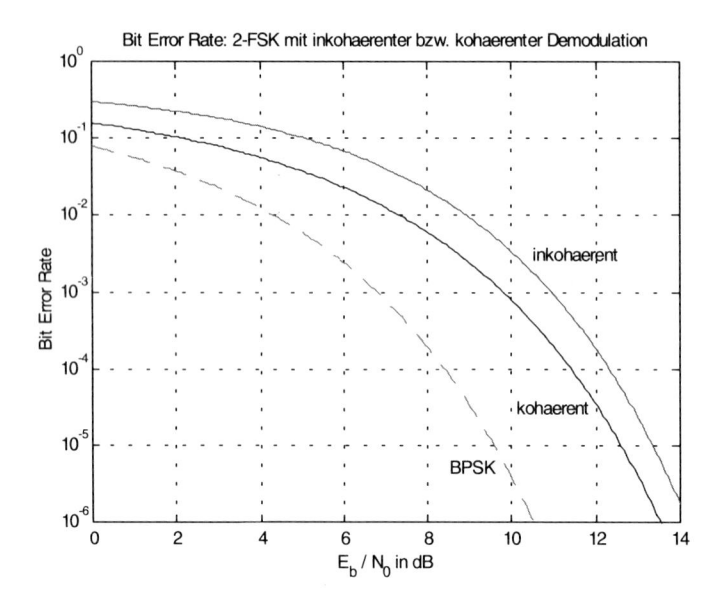

Abb. G.3-42 *Bitfehlerrate der 2-FSK bei kohärenter und inkohärenter Demodulation, verglichen mit der BPSK*

Während die Differenz zur inkohärenten Demodulation bei großen Signalrauschabständen relativ gering ist, geht sie für kleine Werte gegen 3 dB bei gleicher Bitfehlerrate. Auch im optimalen Fall ist das Verhalten bzgl. der Bitfehlerwahrscheinlichkeit um 3 dB schlechter als bei BPSK (siehe Abb. G.3-42). Das führt dazu, daß die „einfache" FSK hauptsächlich im Bereich niedriger Datenraten eingesetzt wird.

Eine weitere Möglichkeit der Demodulation von FSK-Signalen beruht auf der Basis von „Schätz"-Algorithmen (z. B. *Maximum Likelihood Estimation* – MLE), auf deren Darstellung hier verzichtet wird.

G.3.9 Gaussian Minimum Shift Keying (GMSK)

FSK und MSK (bei Betrachtung als FSK-Verfahren) werden mit „rechteckiger" Tastung betrieben, d. h. das Datensignal besteht aus einer Folge von Rechteckimpulsen. Dies führt zu einem relativ hohen Bandbreitebedarf, was in den meisten Fällen unerwünscht ist. Zur Reduktion dieser Bandbreite wird das Datensignal vor der Modulation gefiltert (auch als Premodulation bezeichnet). Eine häufig verwendete Form hierfür stellt das *Gaussian Minimum Shift Keying* (GMSK) dar. Im Unterschied zur MSK erfolgt die Frequenztastung hier nicht direkt durch ein rechteckförmiges Datensignal, sondern mit einem kontinuierlichen Übergang zwischen den Zuständen. Somit ergibt sich ein stetiger, differenzierbarer Phasenverlauf bei konstantem Betrag der Einhüllenden. Die Phase

G.3.9 Gaussian Minimum Shift Keying (GMSK)

des Sendesignals wird bei +1 um +π/2 und bei −1 um −π/2 kontinuierlich gegenüber dem unmodulierten Träger verschoben. GMSK stellt einen Kompromiß dar zwischen Bandbreiteneffizienz und hohem Wirkungsgrad (Einsatz von C-Verstärkern) dar und kommt vor allem bei leistungsfähigen Geräten (GSM, DECT, …) mit kohärenter Detektion und Kanalentzerrung zum Einsatz. Die geringere Bandbreite (gegenüber MSK) wird erreicht durch eine Bandbegrenzung des bipolaren Datenimpulsstromes $d(t)$ vor der Modulation mit einem Tiefpaß mit gaußförmiger Übertragungsfunktion

$$G(f) = e^{-\left(\frac{f}{f_{g,3dB}}\right)^2 \frac{\ln 2}{2}} \tag{G.3-90}$$

und der Impulsantwort

$$g(t) = f_{3dB}\sqrt{\frac{2\pi}{\ln 2}}\, e^{-\frac{2\pi^2 f_{3dB}^2}{\ln 2} t^2} = \text{FT}^{-1}\{G(f)\} \tag{G.3-91}$$

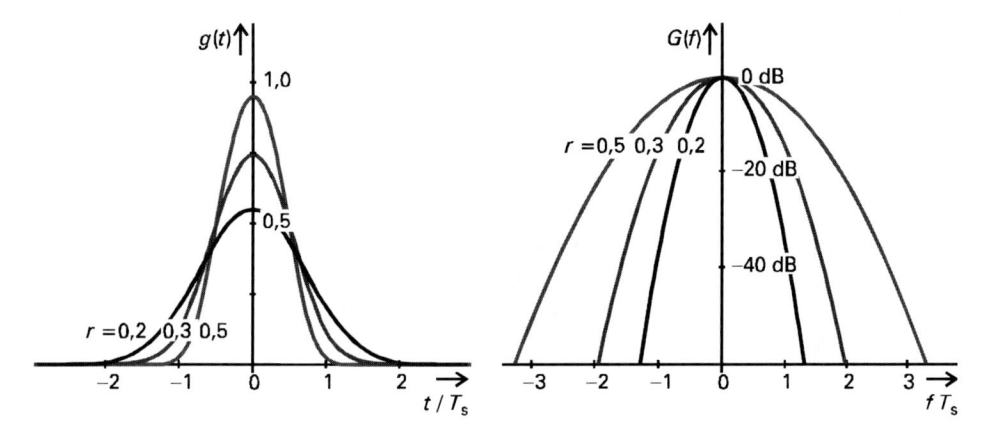

Abb. G.3-43 Basisbandimpulsform (links) und Energiedichtespektrum (rechts) eines GMSK-Signals (Parameter: Modulationsparameter r)

Wird das Filter mit Rechteckimpulsen

$$\text{rect}(t) = \begin{cases} 1 & |t| \leq T_s/2 \\ 0 & \text{sonst} \end{cases} \tag{G.3-92}$$

angesteuert, so ergibt sich das Ausgangssignal aus der Faltung von $\text{rect}(t)$ mit der Impulsantwort des Filters zu

$$s_g(t) = \text{rect}(t) * g(t)$$

$$= \frac{1}{2}\left\{\text{erf}\left[\alpha\left(\frac{t}{T_s}+\frac{1}{2}\right)\right] - \text{erf}\left[\alpha\left(\frac{t}{T_s}-\frac{1}{2}\right)\right]\right\} \tag{G.3-93}$$

Dabei der ist Faktor

$$a = \sqrt{\frac{2}{\ln 2}} \, \pi \, f_{g,3dB} T_s \quad \text{(G.3-94)}$$

eine Funktion des Modulationsparameters $r = f_{g,3dB} T_s$.
Somit folgt schließlich mit dem Datenimpulsstrom

$$d(t) = \sum_k d_k \, \text{rect}(t - kT_s) \quad \text{(G.3-95)}$$

das gefilterte Basisbandsignal

$$s(t) = A \sum_k d_k \, s_g(t - kT_s) \quad \text{(G.3-96)}$$

Zur Verdeutlichung der Zusammenhänge ist in Abb. G.3-44 die Erzeugung des Basisbandsignals aus der Datenfolge als Blockschaltbild dargestellt. Die Basisbandimpulsform (am Ausgang des Gauß-Filters) ist für drei typische Werte des Modulationsparameters in Abb. G.3-44 zu finden. Man erkennt hier sehr deutlich die aus dem Zeitgesetz der Nachrichtentechnik bekannte Tatsache, daß ein schmaler werdender Impuls eine größere Bandbreite im Frequenzspektrum aufweist.

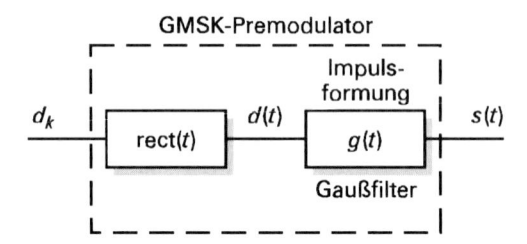

Abb. G.3-44   *Erzeugung des GMSK-Basisbandsignals (Premodulation)*

Wie die Impulsantwort (G.3-91) des Gauß-Filters zeigt, sind die Basisbandimpulse zeitlich theoretisch nicht begrenzt, was zu einer nichtkausalen Darstellung führt. Für die praktische Realisierung werden i. a. digitale FIR-Filter eingesetzt, denen approximative Impulse endlicher Länge zugrundeliegen. Da der Impuls über das Zeitintervall $t \pm T_s$ hinausgeht, können Intersymbolinterferenzen auftreten. Je kleiner der Modulationsparameter r ist, desto geringer ist einerseits die Bandbreite des Signals, desto verschliffener wird andererseits aber auch der Übergang zwischen den Impulsen (Abb. G.3-43), d. h. desto stärker nehmen die Intersymbolinterferenzen zu (bei DECT gilt beispielsweise $r = 0{,}5$). Der Phasenhub bei GMSK beträgt $\Delta\varphi_{bit} = \pi/2$, wird aber nicht vollständig innerhalb eines Bits vollzogen (vgl. die im Abschnitt G.3.11 beschriebene Poly-

G.3.9 Gaussian Minimum Shift Keying (GMSK)

binär-Codierung). Für die Zeitfunktion eines GMSK-Signals sind, wie schon bei MSK, zwei Beschreibungsweisen möglich. Entsprechend den beiden Darstellungsmöglichkeiten existieren auch zwei prinzipielle Arten der Realisierung eines GMSK-Modulators, die im folgenden vorgestellt werden.

- **GMSK als FM-Signal**

    Die Beschreibung als FM-Signal führt zu der Darstellung des modulierten Signals als

    $$s_M(t) = \cos\left[\omega_0 t + \frac{\pi}{2T_s} \int_{-\infty}^{t} s(\tau)\,d\tau + \varphi\right] \qquad \text{(G.3-97)}$$

    Hierbei stellt $s(t)$ das Faltungsprodukt gemäß (G.3-96) aus dem bipolaren Datenimpulsstrom $d(t)$ und der Impulsantwort $g(t)$ des Gauß-Filters dar. Die Realisierung ist beispielsweise mit einem MSK-Modulator möglich, dem ein GMSK-Premodulator (Abb. G.3-44) vorgeschaltet wird (Abb. G.3-45).

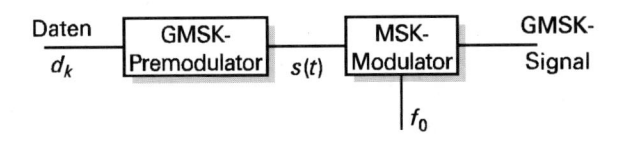

Abb. G.3-45   *GMSK-Modulator auf der Basis eines MSK-Modulators*

- **GMSK mit einem Quadraturmodulator**

    Die Beschreibung von GMSK als Quadratursignal führt zu

    $$s_M(t) = s_I(t) \cos\omega_0 t - s_Q(t) \sin\omega_0 t \qquad \text{(G.3-98)}$$

    wobei sich die I- bzw. die Q-Komponente des GMSK-Signals zu

    $$s_I(t) = \cos\left[\frac{\pi}{2T_s} \int_{-\infty}^{t} s(\tau)\,d\tau + \varphi\right] \qquad \text{(G.3-99)}$$

    bzw.

    $$s_Q(t) = \sin\left[\frac{\pi}{2T_s} \int_{-\infty}^{t} s(\tau)\,d\tau + \varphi\right] \qquad \text{(G.3-100)}$$

    ergibt. Schaltungstechnisch betrachtet, wird einem Quadraturmodulator ein GMSK-Premodulator sowie ein Integrator vorgeschaltet und außerdem im I- bzw. im Q-Zweig ein Cosinus- bzw. ein Sinus-Glied eingefügt (siehe hierzu Abb. G.3-46).

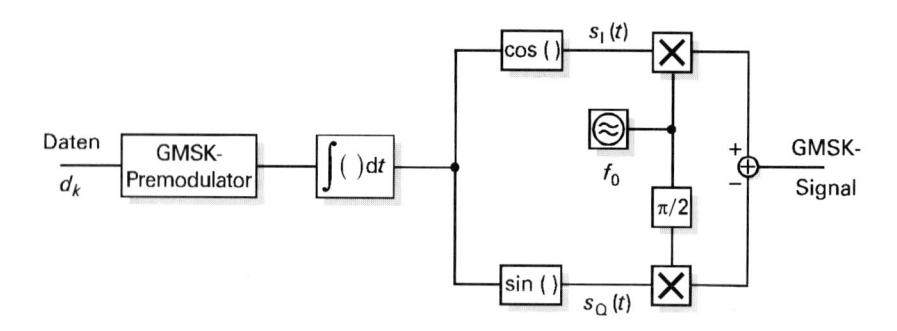

Abb. G.3-46 GMSK-Modulator auf der Basis eines QAM-Modulators

G.3.10 Kombinierte Codierung und Modulation

Im Gegensatz zu den konventionellen Modulationsverfahren, bei denen die Modulation getrennt von der Codierung abläuft, werden bei den hier behandelten Verfahren der kombinierten Codierung und Modulation beide Vorgänge als Einheit betrachtet. Die Redundanz wird im Coder unmittelbar vor der Modulation erzeugt, dabei dem Modulator genau angepaßt und im Modulator optimal in das modulierte Signal eingebettet. Im Empfänger werden Symbolentscheider und Decoder zu einem Detektor zur Schätzung ganzer Symbolfolgen zusammengefaßt.

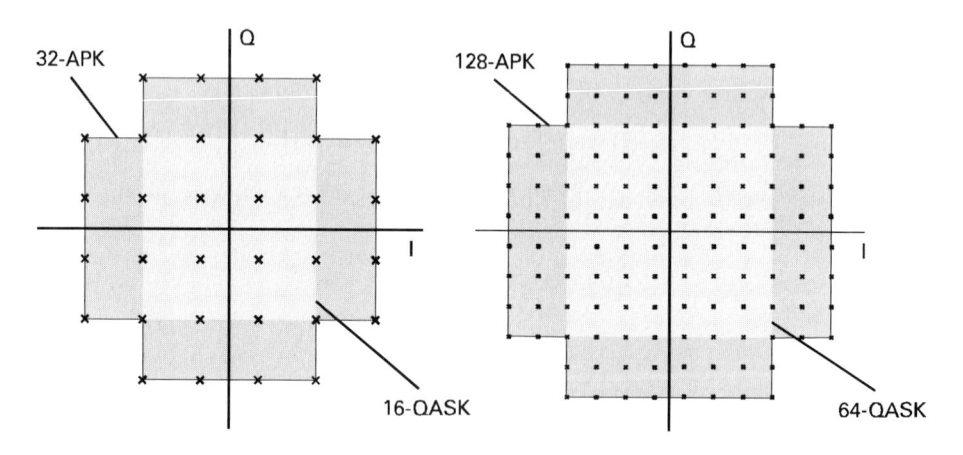

Abb. G.3-47 Zustandsdiagramme der codierten 32-APK (links, aus 16-QASK hervorgegangen) und der codierten 128-APK (rechts, aus 64-QASK hervorgegangen)

Besonders bekannt sind Verfahren, die durch Verdoppelung der Anzahl der möglichen Zustände aus einer konventionellen Modulationsart hervorgehen; zwei Beispiele dafür sind in Abb. G.3-47 dargestellt. So kann z. B. aus einer

G.3.10 Kombinierte Codierung und Modulation

4-QASK (bzw. QPSK) eine codierte 8-PSK erzeugt werden, aus 16-QSK 32-APK (auch als codierte 32-QASK bezeichnet), aus 64-QASK 128-APK (auch als codierte 128-QASK bezeichnet) usw. Verdopplung bedeutet, daß man von einem Symbolvorrat von $M = 2^n$ auf $M = 2^{n+1}$ gelangt. Das bedeutet, daß pro Symbol ein Bit mehr zur Übertragung zur Verfügung steht. Mit Hilfe dieses Bits wird Redundanz zur Nutzinformation hinzugefügt.

Einen typischen Encoder zeigt Abb. G.3-48: Beim Übergang von der uncodierten zur codierten Folge wird i. a. nur ein Teil der Informationsbits zur Codierung herangezogen. Als Codes werden häufig spezielle Faltungscodes verwendet, wobei das (hinzugefügte) codierte Bit einerseits von m Bits des aktuell anliegenden Symbols abhängt, andererseits auch von v vorhergehenden (gespeicherten) Bits. Das bedeutet, daß $v + m$ Bits über ein aktuelles redundantes Bit entscheiden. Die Größe $k = v + 1$ wird als Einflußlänge des Codes (*Constraint Length*) bezeichnet, v ist die erforderliche Gedächtnislänge des Coders.[6] In der hier als *Signal Mapping* bezeichneten Baugruppe werden die $n + 1$ Bits in entsprechende Symbole umgesetzt, die wiederum einem bestimmten Zustand in der komplexen Zustandsebene entsprechen.

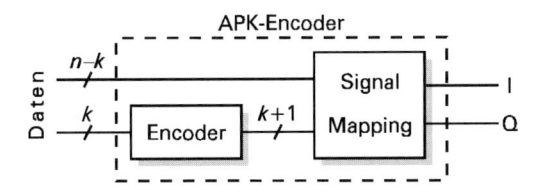

Abb. G.3-48 *Beispiel eines Encoders für APK*

Der Entscheider im Empfänger muß Symbolfolgen bearbeiten, die mindestens k Symbole lang sind. Eine Sequenz von k Symbolen wird verglichen mit allen möglichen Sequenzen der Länge k. Diejenige Sequenz, die die größte Übereinstimmung mit der empfangenen Sequenz aufweist, ist „vermutlich" gesendet worden. Dieses Verfahren läuft unter der Bezeichnung MLSE – *Maximum Likelihood Sequence Estimation* (Schätzung der Sequenz mit der größten Wahrscheinlichkeit). Ein typischer Vertreter dieses Verfahrens ist der Viterbi-Algorithmus, der auch im Abschnitt C.3.7 bei der Decodierung der Faltungscodes verwendet wurde. Der Aufwand (besonders bei größeren Werten von k) ist erheblich größer als bei den in konventionellen Modulationsverfahren eingesetzten gedächtnislosen Schwellwert-Entscheidern, jedoch weisen diese Verfahren einen deutlichen Vorteil im Verhältnis von erforderlichem Signalrauschleistungsverhältnis bei geforderter Bitfehlerrate auf. Je größer der Wert k, desto größer sind die Vorteile gegenüber der uncodierten Modulation (typische Werte für k liegen im Bereich von 3 bis 10).

---

[6] Vergleiche hierzu die Darstellung der Faltungscodes im Abschnitt C.3.7.

Ein besonderer Vorzug dieser Verfahren liegt in der Tatsache, daß das System in Nutzbitrate und Symbolrate dem nicht codierten System entspricht, aus dem es abgeleitet wurde. Durch Modifikation von Modulator und Demodulator kann die Leistungsfähigkeit eines Übertragungssystems erheblich gesteigert werden (insbesondere die Robustheit gegenüber additiven Störungen), ohne daß an anderen Systemteilen Änderungen notwendig wären. Verfahren mit codierter Modulation kommen z. B. bei Satellitenfunksystemen und bei der Datenübertragung im analogen Fernsprechkanal zum Einsatz.

G.3.11 Polybinär-Codierung

Unter Polybinär-Codierung (*Partial Response Signalling* – PRS) wird der Einsatz von Basisbandimpulsen verstanden, die – im Gegensatz zu den *Full-Response*-Verfahren – auf eine Symboldauer beschränkt sind. Das bedeutet, daß die Basisbandsignale nicht mehr redundanzfrei sind und die Kanalantwort auf einen einzigen Sendeimpuls nicht nur zu einem einzigen, sondern zu mehreren Abtastzeitpunkten von null verschieden ist. Dieser Vorgang ähnelt dem Phänomen der Intersymbolinterferenzen, wird bei PRS allerdings genau kontrolliert. Daher rührt auch die deutsche Bezeichnung „Übertragung mit definiertem Impulsnebensprechen".

Das Signal am Entscheiderausgang des Empfängers benötigt bei der Polybinär-Codierung mehrere Abtastzeitpunkte (Symbolintervalle), um eine volle Reaktion auf einen einzelnen Sendeimpuls zu durchlaufen. Bezogen auf ein Symbolintervall ergibt sich somit ein „teilweises Einschwingen" (*Partial Response*). Anders gesagt: Ein Sendeimpuls wirkt sich auf mehrere Abtastzeitpunkte aus, d. h. im Empfänger findet eine Art Korrelation statt, weshalb auch die Bezeichnung „korrelative Codierung" gebräuchlich ist.

Die Intention für die Entwicklung und den Einsatz der Polybinär-Codierung kann folgendermaßen gesehen werden. Bei cos-*Roll-off*-Filtern ist einerseits eine steile Flanke wünschenswert (wegen des geringeren Bandbreitebedarfs, optimal für $r = 0$), andererseits wird bei steiler Flanke die Öffnung des Augendiagramms kleiner und damit Filterung, Abtastung und Regeneration kritischer. Die Form des Auges hängt jedoch nicht nur vom Filter ab, sondern auch von der Wahrscheinlichkeit, mit der Impulse aufeinander folgen können. PRS geht nun so vor: Die Filter werden so ausgelegt, daß der Übertragungskanal eine steilflankige Charakteristik (und damit eine relativ schmale Bandbreite) aufweist. Gleichzeitig werden jedoch solche Impulsfolgen, die zu besonders „ungünstigen" Augen führen würden, von der Übertragung „ausgeschlossen".

Für die Form der Basisbandimpulse gibt es sowohl bei *Full Response* als auch bei *Partial Response* jeweils eine Vielzahl von Möglichkeiten. Bis auf wenige Ausnahmen sind jedoch für alle Pulsformen folgende Voraussetzungen erfüllt:

G.3.11 Polybinär-Codierung

$$g(t) = 0 \quad t \leq 0 \quad \text{(kausal)}$$
$$g(t) = 0 \quad t > LT_s \quad \text{(endliche Länge)} \tag{G.3-101}$$

Außerdem gilt i. a. die folgende Normierung auf den Wert 1

$$\int_0^{LT_s} g(t)\,dt = 1 \tag{G.3-102}$$

mit $L = 1$ für *Full Response* und $L > 1$ für *Partial Response*.

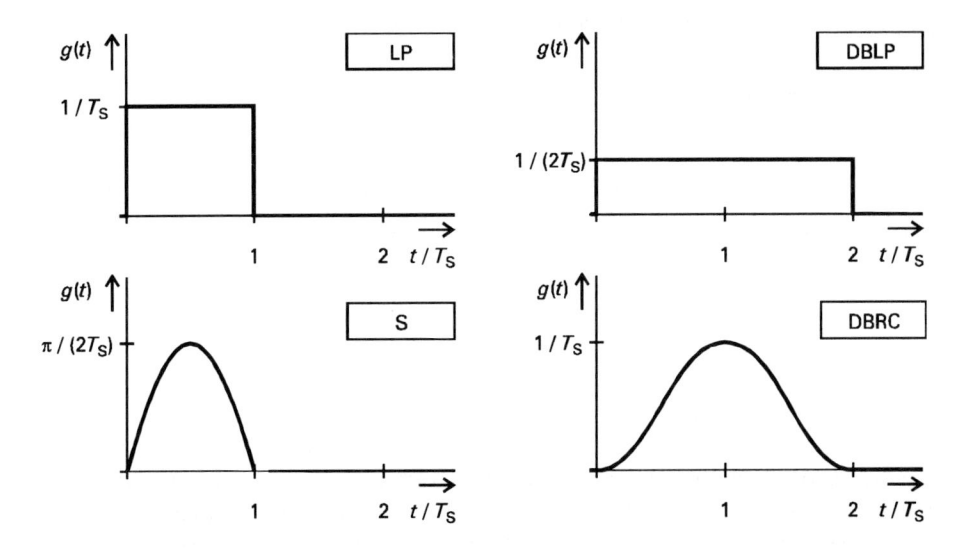

Abb. G.3-49 *Basisbandimpulse für* Full Response *(links) bzw. für* Partial Response *(rechts)*

Für *Full Response* bzw. *Partial Response* sind jeweils einige Basisbandimpulsformen in Abb. G.3-49 gegeben. Die Abkürzungen, die den einzelnen Impulsformen zugeordnet sind, haben folgende Bedeutung:

- **LP** – *Linear Phase*
  Rechteckimpuls (bei FSK lineare Phase innerhalb einer Symboldauer)

- **S** – *Sinus*
  eine Sinus-Halbwelle innerhalb einer Symboldauer:

$$g(t) = \begin{cases} \dfrac{\pi}{2T_s} \sin \dfrac{\pi t}{T_s} & 0 \leq t < T_s \\ 0 & \text{sonst} \end{cases} \tag{G.3-103}$$

Anmerkung: Aus FSK ergibt sich hiermit für $h = 0{,}5$ *Gaussian Minimum Shift Keying* (GMSK).

- **DBLP** – *Duo-binary Linear Phase*
  Rechteckimpuls, der sich über zwei Symboldauern erstreckt

- RC – *Raised Cosine*
  eine komplette Cosinuswelle, die sich über zwei Symboldauern erstreckt:

$$g(t) = \begin{cases} \dfrac{1}{T_s}\left(1 - \cos\dfrac{\pi t}{T_s}\right) & 0 \leq t < T_s \\ 0 & \text{sonst} \end{cases} \qquad \text{(G.3-104)}$$

Anmerkung: Aus FSK ergibt sich für $h = 0{,}5$ hiermit *Sinusoidal* FSK (SFSK).

G.3.12 Synchronisationsverfahren

G.3.12.1 Einleitung

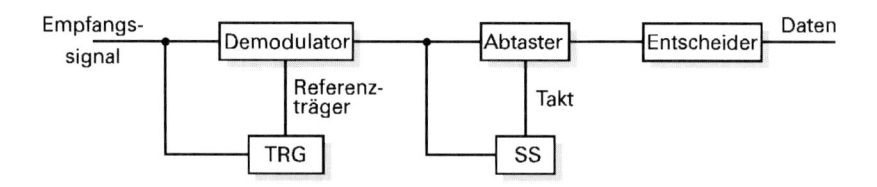

Abb. G.3-50 *Vereinfachtes Prinzip-Blockschaltbild eines Empfängers*

Im Empfänger eines digitalen Nachrichtenübertragungssytems („digitaler Empfänger") muß einerseits das eintreffende – analoge – Signal demoduliert werden, und andererseits müssen aus diesem demodulierten Signal die Daten gewonnen werden. Abb. G.3-50 zeigt den prinzipiellen Aufbau eines solchen Empfängers, wobei an dieser Stelle nur die im Zusammenhang mit der Synchronisation relevanten Baugruppen dargestellt sind. Wie hier zu erkennen ist, besteht die Synchronisation des Empfängers im wesentlichen aus zwei Komponenten.

- Dem Demodulator muß (bei kohärenten Verfahren) ein Referenzträger zur Verfügung gestellt werden, der mit dem Sendeträger in Phase ist. Die sogenannte Trägerrückgewinnung (TRG) erfolgt i. a. über eine Nichtlinearität, mit deren Hilfe aus dem empfangenen, modulierten Signal die Trägerschwingung phasenrichtig gewonnen werden kann.

- Nachdem das demodulierte Signal zur Verfügung steht, muß dieses jeweils in der Mitte einer Symboldauer abgetastet werden. Um die Einhaltung dieser Abtastzeitpunkte zu gewährleisten, muß dem Empfänger der Symboltakt sowie seine Lage (relativ zum empfangenen Signal) bekannt sein. Diese Symbolsynchronisation (SS) oder auch Taktsynchronisation wird im Prinzip auf der Basis der Detektion von Flankenwechseln im Datensymbol realisiert. Die Symbolsynchronisation sowie die darauf aufbauende Wort- bzw. Rahmensynchronisation werden im Abschnitt G.3.12.3 kurz betrachtet.

G.3.12.2 Trägerrückgewinnung

Die Trägerrückgewinnung besteht genaugenommen aus den folgenden beiden Schritten:

1. Rückgewinnen des Trägers aus dem empfangenen modulierten Signal (*Acquisition*);
2. Nachführen des Trägers in Frequenz und Phase (*Tracking*).

Während für den zweiten Punkt Phasenregelschleifen (*Phase Locked Loop* – PLL) zum Einsatz kommen, deren Eigenschaften hier nicht näher behandelt werden, soll auf den ersten Punkt etwas näher eingegangen werden.

Das Problem bei der „eigentlichen" Trägerrückgewinnung ist, daß eine Reihe von Modulationsverfahren, wie z. B. PSK oder MSK, i. a. keine diskrete Komponente bei der Trägerfrequenz aufweisen, aus der der Empfänger „sein" Trägersignal gewinnen könnte. Dies ist aus der Sicht des Senders auch sinnvoll, da diese Spektrallinie zwar (Sende-)Leistung verbrauchen würde, ohne jedoch Information zu beinhalten. Die Lösung dieses Problems besteht darin, daß das Empfangssignal einer nichtlinearen Operation unterworfen wird, durch die ein Spektralanteil bei der Trägerfrequenz entsteht. Allgemein entsteht hierbei in der Praxis ein neues Problem, wenn ein bandbegrenztes Signal vorliegt, was i. a. der Fall ist. Das führt dazu, daß die Einhüllende nicht mehr konstant ist, insbesondere zu den Zeitpunkten des „Bitwechsels". Der Ausgang der Nichtlinearität enthält daher eine modulationsabhängige Störung – das sogenannte Bitmusterrauschen (*Pattern Noise*), das zu Schwierigkeiten bei der Trägerrückgewinnung führen kann.

Unterschiedliche Modulationsverfahren verwenden unterschiedliche Verfahren zur Trägerrückgewinnung, wobei im folgenden exemplarisch die wichtigsten Verfahren für PSK-Modulation kurz vorgestellt werden.

BPSK Hier existieren zwei weit verbreitete Verfahren:

- *Squaring Loop* (Abb. G.3-51) – Die Quadrierung des bandpaßgefilterten Empfangssignals ergibt aufgrund des Zusammenhangs $\cos^2 \omega t \propto 1 + \cos 2\omega t$ eine Spektrallinie bei der doppelten Trägerfrequenz. Diese wird herausgefiltert und in einem Mischer (Phasendetektor) mit dem Signal eines spannungsgesteuerten Oszillators (*Voltage-controlled Oscillator* – VCO) verglichen, der (zu Beginn nur ungefähr) bei ebenfalls der doppelten Trägerfrequenz schwingt. Das resultierende Signal wird tiefpaßgefiltert und variiert die Frequenz des VCO so lange, bis dieser frequenz- und phasenrichtig dem der doppelten Trägerfrequenz des Empfangssignal entspricht. Dieses Prinzip des Phasenvergleichs wird als Phasenregelschleife oder *Phase Locked Loop* (PLL) bezeichnet und ein derart mit einer Referenz synchronisierter Oszillator entsprechend als *Phase Locked Oscillator* (PLO).

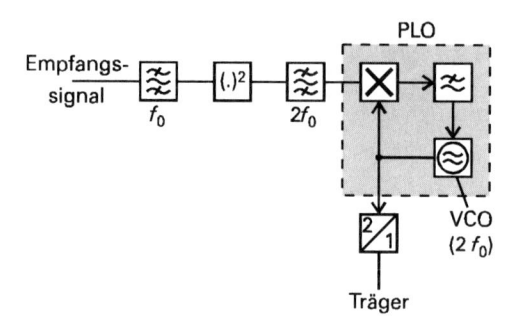

Abb. G.3-51 Squaring Loop *für BPSK*

Abschließend wird die Ausgangsfrequenz des VCO in einem Frequenzteiler halbiert, und man erhält die Referenzträgerschwingung mit einem wesentlichen Nachteil: Sie weist eine 180°-Phasenunsicherheit (*Phase Ambiguity*) auf, die beispielsweise den Einsatz von Differenzcodierung erforderlich macht.

- *Costas Loop* – Die *Costas Loop* kann, wie Abb. G.3-52 zeigt, nicht getrennt vom eigentlichen Demodulator gesehen werden. Der Synchrondemodulator wird im Prinzip durch einen Quadraturzweig zu einem Quadraturdemodulator ergänzt. Die beiden demodulierten Signale werden auf einen Mischer gegeben, dessen Ausgangssignal – ähnlich wie bei der *Squaring Loop* – einen VCO mit der Referenzfrequenz steuert.

Ein Vorteil gegenüber der *Squaring Loop* ist, daß hier keine (u. U. aufwendige) Selektion bei der Trägerfrequenz bzw. bei einer Harmonischen durchgeführt wird.

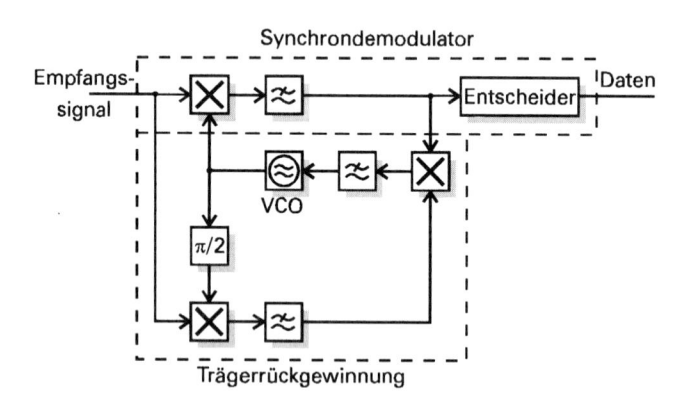

Abb. G.3-52 Costas Loop *für BPSK*

QPSK   Für QPSK ist – neben den bei MPSK (für $M = 4$) vorgestellten Möglichkeiten – speziell auch die in Abb. G.3-53 dargestellte Schaltung zur Trägerrückgewinnung im Einsatz. Nach einer Nichtlinearität gelangt das Empfangssignal auf einen möglichst schmalen Bandpaß. Nach einem Begrenzer zur Entfernung unerwünschter Schwankungen der Einhüllenden wird die Frequenz des Signals durch vier geteilt, und man erhält die Trägerfrequenz. Die Akquisitionszeit dieses Verfahrens liegt größenordnungsmäßig bei ca. 10 bis 30 Symboldauern. Allgemein gilt, daß QPSK empfindlicher gegen Phasenrauschen als BPSK, während OQPSK in dieser Beziehung zwischen BPSK und QPSK liegt.

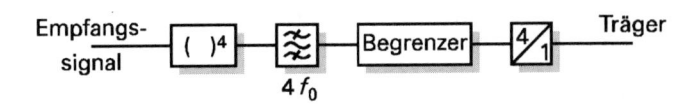

Abb. G.3-53   Schaltung zur Trägerrückgewinnung bei QPSK

MPSK   Die beiden hier verwendeten Verfahren entsprechen denjenigen bei BPSK, wobei jedoch bei der *Squaring Loop* anstelle der Potenz 2 hier als Potenz für die Nichtlinearität die Stufenzahl M verwendet. Auch hier tritt wieder eine Phasenunsicherheit auf, die jetzt allerdings 360°/M beträgt. Diese Unsicherheit kann beispielsweise durch die im Abschnitt G.3.6.4 behandelte Differenzcodierung beseitigt werden.

G.3.12.3 Symbolsynchronisation

Die Symbolsynchronisation stellt die „unterste Ebene" der Synchronisation von Empfänger und Sender dar; auf sie aufbauend erfolgen Wort- und Rahmensynchronisation.[7] Dies ist mit ein Grund dafür, daß der Symbolsynchronisation eine besondere Bedeutung zukommt.

Die Synchronisation soll

- einerseits eine möglichst effiziente, d. h. unbeeinträchtigte Datenübertragung gewährleisten, entsprechend eine möglichst hohe Synchronisationsgenauigkeit und -zuverlässigkeit bereitstellen;
- andererseits von der verfügbaren Signalleistung einen möglichst geringen Anteil benötigen.

Hier liegt also ein typischer Fall widersprüchlicher Anforderungen an ein System vor, für die ein geeigneter Kompromiß gefunden werden muß. Zwei prinzipielle Realisierungskonzepte sind für die Symbolsynchronisation (*Symbol Timing Recovery* – STR) denkbar.

---

[7] Vergleichbar sind – im analogen Bereich – die Synchronisationsstufen beim Fernsehbild. Wenn man ein Bildelement als ein Symbol auffaßt, dann entspräche eine Zeile einem Wort und ein komplettes Bild einem Rahmen. Bei Verlust beispielsweise der Rahmensynchronisation entsteht das typische vertikale „Rollen" (Durchlaufen) des Bildes.

Diese Realisierungskonzepte sind:
- Übertragung eines Synchronisationssignals über einen eigenen separaten Synchronisationskanal
  Das Problem hierbei ist, daß das Übertragungsverhalten (Laufzeit usw.) von Daten- und Synchronisationskanal übereinstimmen müssen. Außerdem wird ein zusätzlicher Kanal benötigt, d. h. zusätzlicher Platz im Frequenzspektrum verbraucht und – entgegen obiger Forderung – ein Teil der Sendeleistung für die Synchronisation verwendet. Aus diesen Gründen wird diese Form der Synchronisation nur selten eingesetzt.
- Ableitung der Symbolsynchronisation aus dem Datensignal (*Data-derived Symbol Synchronisation*)
  Dies ist die häufiger angewendete Form der Symbolsynchronisation bei Übertragungssystemen; daher wird im folgenden nur diese Synchronisationsart betrachtet.

Das theoretisch optimale Verhalten ist auf der Basis der *Maximum-a-posteriori-*Schätzung (MAP) eines unbekannten Parameters (hier der *Time of Arrival* eines Symbols, aus der der Symboltakt abgeleitet werden kann) eines mit additivem weißem Gaußschem Rauschen gestörten Signals erreichbar. Die hieraus abgeleitete Symbolsynchronisation ist für praktische Anwendungen zu komplex, jedoch bietet das Verhalten bzgl. des Synchronisationsfehlers eine Referenz zur Beurteilung praktikabler Strukturen. An dieser Stelle soll kurz versucht werden, die grundlegende Funktionsweise eines MAP-Schätzers zu beschreiben.

Unter der Voraussetzung, daß das Signal bis zu einem bestimmten Zeitpunkt vollständig bekannt ist, kann der MAP-Schätzer aus dem bekannten Signalverlauf die Position des Symboltakts zu diesem Zeitpunkt bestimmen. Praktikabler ist die Einschränkung, daß vor einem bestimmten Zeitpunkt nur eine begrenzte Anzahl K von vergangenen Symbolen bekannt ist. Dann kann der MAP-Schätzer eine „weniger exakte" Angabe für die Position des Symboltakts liefern. Anders gesagt: Das Signal wird über eine Anzahl von K Symbolen (während der die Differenz zwischen tatsächlichem und vermutetem Symboltakt gleich bleibt) beobachtet; diese Beobachtung liefert eine Schätzung für die Differenz zwischen tatsächlichem und vermutetem Symboltakt, mit der der Symboltakt im Empfänger an den Symboltakt des empfangenen Signals angeglichen werden kann. Die Größe K hängt von verschiedenen Faktoren ab. Einerseits sollte sie nicht zu groß werden, da sie direkt mit der Synchronisationsdauer in Beziehung steht, andererseits ist die Synchronisation um so genauer, je größer K ist. Die obere Grenze ist darüber hinaus eindeutig durch die Laufzeiteigenschaften des Kanals festgelegt, denn während der Dauer der Beobachtung (K Symbole) muß die Laufzeit des Kanals konstant bleiben. Mit der Annahme, daß die Symboldauer T_s konstant und ebenso wie die ausgesendete Impulsform dem Empfänger bekannt ist, soll jetzt kurz der prinzipielle Aufbau eines solchen MAP-Schätzers beschrieben werden. Der optimale MAP-Schätzer besteht, grob gesagt, aus einer Reihe von Korrelatoren, in den jeweils das Eingangssignal mit einer unterschiedlich verzögerten Kopie der Sendeimpulsform verglichen wird. Die Verzögerungen liegen

G.3.12 Synchronisationsverfahren

dabei im Bereich von 0 bis T_s. Derjenige Korrelator, der den maximalen Korrelationsfaktor aufweist, markiert dann den Schätzwert für die Differenz zwischen tatsächlichem und vermutetem Symboltakt. Mit dieser Differenz wird dann der vermutete Symboltakt korrigiert und ggf. eine neue Schätzung durchgeführt.

Von den zahlreichen suboptimalen Variationen des MAP-Schätzers soll hier abschließend noch eine – die zumindest vom Konzept her einfachste – kurz vorgestellt werden. Es handelt sich hierbei um einen Schätzer, der anstelle von N parallelen Korrelatoren nur einen Korrelator aufweist, der dafür über eine entsprechende Steuerlogik nacheinander mit den unterschiedlich verzögerten Kopien der Sendeimpulsform versorgt wird. Das heißt, aus der parallelen Verarbeitung wird eine serielle Verarbeitung mit dem Vorteil des geringeren Aufwands (Faktor $1/N$) und dem Nachteil der entsprechend längeren Synchronisationsdauer (Faktor N). Eine Übersicht über weitere suboptimale MAP-Schätzer sowie eine ausführliche Behandlung des optimalen MAP-Schätzers mit teilweise detaillierter mathematischer Beschreibung sind in [Lindsey u. Simon 73] zu finden. Die Bestrebung nach einfacheren Schaltungen für die Symbolsynchronisation hat dazu geführt, daß aus dem optimalen MAP-Schätzer weitere Schaltungen abgeleitet wurden, von denen eine in der Abb. G.3-54 dargestellt ist.

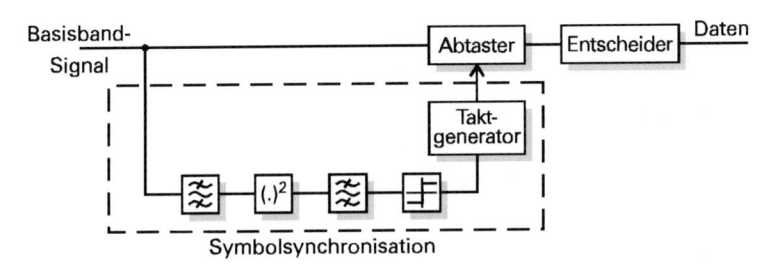

Abb. G.3-54 *Symbolsynchronisation mit Quadrierer und Bandpaß*

Das demodulierte Signal (vor dem Entscheider) ist ein Basisbandsignal mit der Nyquist-Bandbreite $1/(2\,T_s)$, dessen „Veränderungen" die übertragenen Informationen repräsentieren. Dieses Basisbandsignal muß zu den durch die Symbolgrenzen festgelegten Zeitpunkten (i. a. in der Mitte einer Symboldauer) abgetastet werden, um die darin enthaltenen Daten wiederzugewinnen. Wie bereits bei der Trägerrückgewinnung gezeigt wurde, kann mit Hilfe eines Quadrierers (und des bekannten Zusammenhangs $\cos^2 \omega t \propto 1 + \cos 2\omega t$) mit anschließender Bandpaßfilterung eine Spektrallinie bei der doppelten Eingangsfrequenz gewonnen werden, hier also bei $1/T_s$. Die Nulldurchgänge dieser harmonischen Schwingung markieren die Übergänge zwischen den einzelnen Symbolen und erlauben so die Festlegung des Symboltakts. Ein Vorteil dieser Schaltung liegt darin, daß sie direkt auf das Empfangssignal angewendet wird und die Symbolsynchronisation somit simultan zur Trägerrückgewinnung verläuft. Das ist insbesondere bei TDMA-Systemen von Bedeutung.

G.4 Modulationsverfahren mit Pulsträger

G.4.1 Einleitung

Modulationsverfahren mit Pulsträger (kurz Pulsmodulationsverfahren) verwenden als deterministisches Trägersignal eine äquidistante Folge von Impulsen gleicher Form. Bei der Modulation werden bestimmte Parameter dieser Impulse in Abhängigkeit vom modulierenden Signal verändert. Bei diesem Parameter kann es sich beispielsweise um die Dauer, um die Lage innerhalb des Pulsrahmens oder um die Amplitude des Impulses handeln. Dementsprechend werden diese Verfahren als Pulsdauermodulation (PDM), als Pulsphasenmodulation (PPM) bzw. als Pulsamplitudenmodulation (PAM) bezeichnet. Auf die in der Nachrichtentechnik wichtigste Form (PAM) wird im Abschnitt G.4.3 ausführlicher eingegangen. Vorher muß jedoch der grundlegende Vorgang der Abtastung, ohne den keine Pulsmodulation möglich ist, im Zusammenhang mit dem Shannonschen Abtasttheorem betrachtet werden.

G.4.2 Der Abtastvorgang

G.4.2.1 Einleitung

Abtasten bedeutet, ein zeitkontinuierliches Signal $s(t)$ durch eine Folge von äquidistanten Impulsen zu den Zeiten $t = nT_A$ mit $n = \ldots, -2, -1, 0, +1, +2, \ldots$ darzustellen. Die Impulsflächen müssen dabei proportional zum jeweiligen Wert $s(t = nT_A)$ sein. Der Abstand T_A wird Abtastperiode oder Abtastintervall (*Sampling Interval*), der Kehrwert $f_A = 1/T_A$ Abtastfrequenz oder auch Abtastrate (*Sampling Rate*) genannt; ihre Einheit ist Hz oder auch Samples/s (Sa/s). Einige häufig verwendete Impulsformen (siehe Abb. G.4-1) sind:

- ♦ der Dirac-Impuls, ♦ der Rechteckimpuls,
- ♦ der Sinusimpuls, ♦ der $\sin^2$-Impuls,

wobei dem technisch nicht realisierbaren Dirac-Impuls eine besondere Bedeutung zukommt. Wird die Abtastung mit dem Dirac-Impuls durchgeführt, so spricht man von idealer Abtastung, die aufgrund der speziellen Eigenschaften des Dirac-Impulses zu einer besonders einfachen Darstellung; sie wird im Abschnitt G.4.2.2 behandelt.

Von größerer praktischer Bedeutung ist jedoch die Abtastung mit anderen Impulsformen, die zumindest näherungsweise realisiert werden können. Die hierbei zu beachtenden Unterschiede im Vergleich zur idealen Abtastung werden im Abschnitt G.4.2.3 aufgezeigt.

G.4.2 Der Abtastvorgang

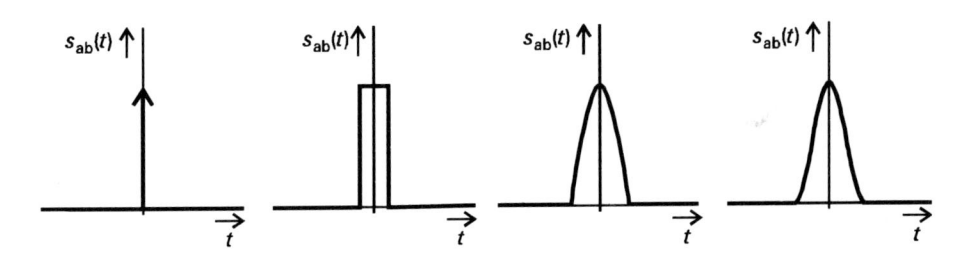

Abb. G.4-1 Wichtige Impulsformen für die Abtastung

G.4.2.2 Der ideale Abtaster

Zur (mathematischen) Beschreibung des idealen Abtasters wird der periodische Dirac-Impuls

$$\delta_{\mathrm{per}}(t) = \sum_{n=-\infty}^{+\infty} \delta(t - nT_\mathrm{A}) \qquad \text{(G.4-1)}$$

verwendet. Der ideale Abtaster kann dargestellt werden durch einen idealen Multiplizierer, an dessen Eingängen die Abtastimpulsfolge $\delta_{\mathrm{per}}(t)$ sowie das abzutastende Signal $s(t)$ anliegen (Abb. G.4-2). Mit der Konstanten K_M des Multiplizierers ergibt sich das abgetastete Signal[8] zu

$$s_\mathrm{A}(t) = K_\mathrm{M}\, s(t = nT_\mathrm{A})\, \delta_{\mathrm{per}}(t) \qquad \text{(G.4-2)}$$

Die graphische Darstellung des Zusammenhangs (G.4-2) ist in der linken Hälfte von Abb. G.4-2 zu finden. Die Berechnung des Spektrums des abgetasteten Signals ist im Abschnitt G.6.2 ausführlich dargestellt, so daß an dieser Stelle nur das für die Betrachtung der Abtastung sehr wichtige Ergebnis

$$\underline{S}_\mathrm{A}(f) = \mathrm{FT}\{s_\mathrm{A}(t)\} = \frac{K_\mathrm{M}}{T_\mathrm{A}} \sum_{n=-\infty}^{+\infty} \underline{S}(f - nf_\mathrm{A}) \qquad \text{(G.4-3)}$$

übernommen wird. Dieser Zusammenhang zwischen dem Spektrum des Originalsignals $\underline{S}(f)$ und dem Spektrum des abgetasteten Signals $\underline{S}_\mathrm{A}(f)$ bedeutet, daß die Abtastung eine periodische (theoretisch unendliche) Wiederholung des Spektrums des ursprünglichen Signals hervorruft. Eine graphische Darstellung hiervon ist in der rechten Hälfte von Abb. G.4-2 zu sehen, wobei auch die Fourier-Transformierte des periodischen Dirac-Impulses gezeigt ist. Hierbei handelt es sich bekanntermaßen ebenfalls wieder um eine äquidistante Folge von Dirac-Impulsen (allerdings im Bild- bzw. Frequenzbereich).

---

[8] Genaugenommen müßte anstelle von $s_\mathrm{A}(t)$ eigentlich $s_\mathrm{A}(n)$ verwendet werden, da es sich hier um ein zeitdiskretes, wertkontinuierliches Signal handelt (siehe Abschnitt B.1.3). Zur Vereinfachung der mathematischen Beschreibung wird hier jedoch weiterhin $s_\mathrm{A}(t)$ benutzt, wobei dieser Unterschied allerdings nicht vergessen werden darf.

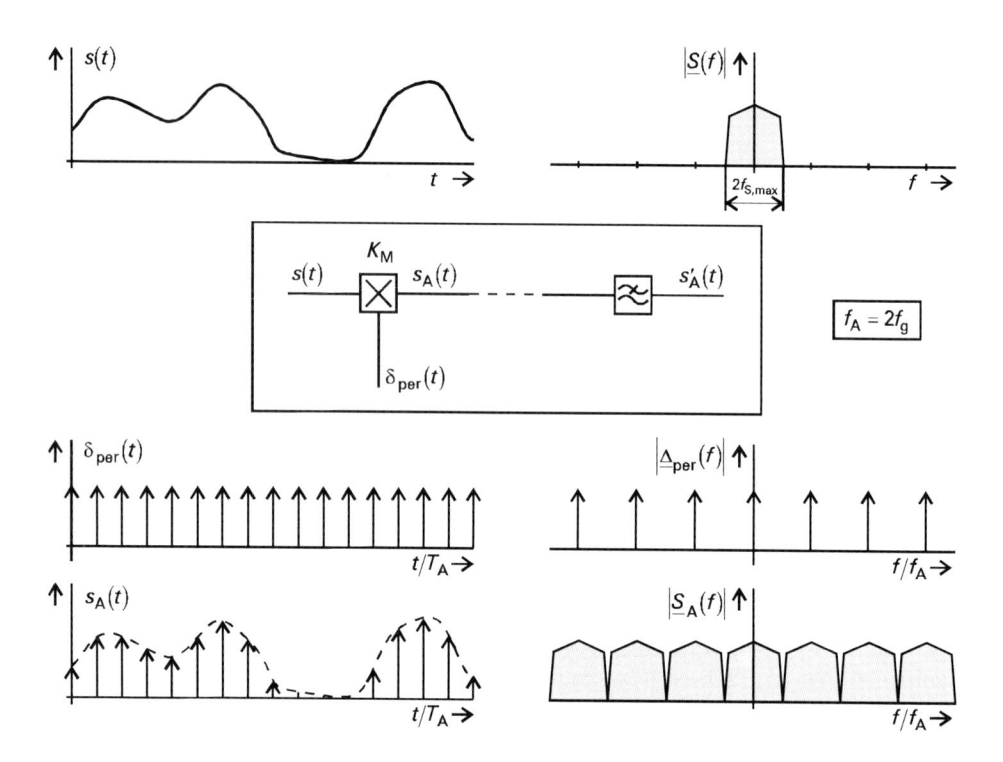

Abb. G.4-2   Ideale Abtastung im Zeit- und im Frequenzbereich

Auf die Bedeutung des Tiefpasses ($s_A(t) \rightarrow s'_A(t)$) für die Wiedergewinnung des ursprünglichen, kontinuierlichen Signals wird im Abschnitt G.4.2.4 eingegangen.

G.4.2.3 Der reale Abtaster

Prinzipiell die gleichen Ergebnisse wie bei der idealen Abtastung erhält man bei Verwendung anderer, „realistischerer" Abtastimpulse. Lediglich die Form der einzelnen „Kopien" des Einzelspektrums $\underline{S}(f)$ in $\underline{S}_A(f)$ ist nicht mehr identisch mit dem Spektrum $\underline{S}(f)$ des abzutastenden Signals.

Am Beispiel eines Rechteckimpulses wird hier die Vorgehensweise bei realer Abtastung betrachtet, wobei eine entsprechende Erweiterung auf weitere nichtideale Impulsformen i. a. relativ einfach durchgeführt werden kann. Ohne an dieser Stelle auf die Herleitung einzugehen, die der interessierte Leser im Abschnitt G.6.1 findet, sei hier die Beziehung

$$\underline{S}_{RE}(f) = A\tau \operatorname{si}(\pi f \tau) \tag{G.4-4}$$

für das Spektrum des Rechteckimpulses angegeben. Der Betrag dieses Spektrums für verschiedene Werte von τ/T_A ist in Abb. G.4-3 dargestellt ist. Die

G.4.2 Der Abtastvorgang

Fläche der Impulse wird dabei unabhängig von der Impulsdauer konstant gehalten ($A\tau = $ const). Damit ergibt sich im Zeitbereich für $\tau \to 0$ der Übergang zum Dirac-Impuls bzw. für $\tau \to T_A$ (bei Abtastung mit einer Folge von Impulsen) zu einer Treppenfunktion. Entsprechend führt $\tau \to 0$ auf ein konstantes, frequenzunabhängiges Spektrum bzw. $\tau \to T_A$ auf einen Dirac-Impuls an der Stelle $f = 0$.

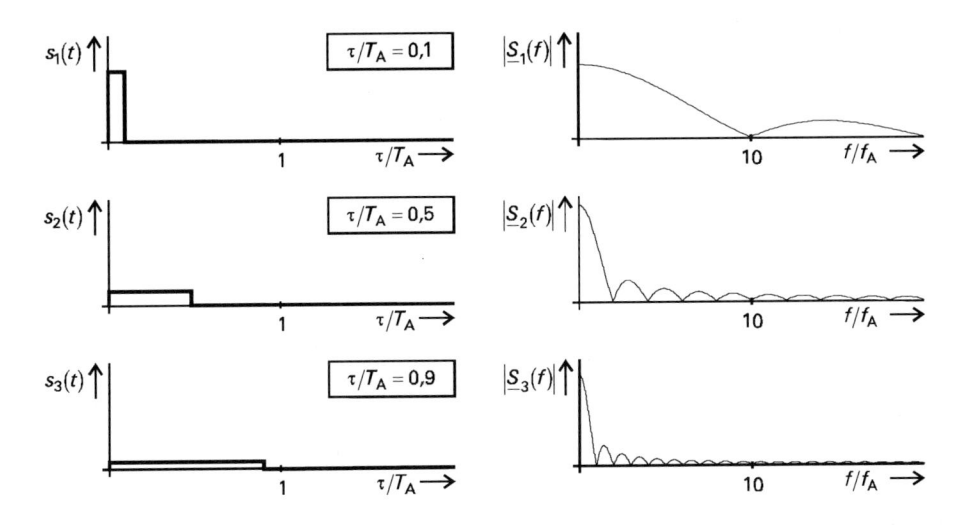

Abb. G.4-3   Der Rechteckimpuls im Zeit- und im Frequenzbereich (Impulsfläche konstant)

Die Abtastung werde hier z. B. durch eine Abtast-Halte-Schaltung (*Sample & Hold*) realisiert. Das bedeutet, daß der zu einem bestimmten Zeitpunkt $t = nT_A$ abgetastete Wert des Originalsignals für die Zeitdauer τ beibehalten wird.[9]

Das Betragsspektrum des abgetasteten Signals berechnet sich zu

$$\underline{S}_A(f) = \frac{\tau}{T_A} \left| \text{si}(\pi f \tau) \right| \sum_{n=-\infty}^{\infty} \underline{S}(f - nf_A) \qquad \text{(G.4-5)}$$

wobei für die Herleitung hier auf Abschnitt G.6.2 verwiesen sei. Wie bereits beim idealen Abtaster zeigt sich ebenfalls eine unendliche periodische Wiederholung des ursprünglichen Spektrums, hier allerdings gewichtet mit einer si-Funktion.

In Abb. G.4-4 ist die graphische Darstellung der Abtastung mit Rechteckimpulsen im Zeit- und im Frequenzbereich für verschiedene Werte von τ/T_A zu finden, wobei wiederum die Fläche des unmodulierten Pulses konstant gehalten

---

[9] Für $\tau \to 0$ ergibt sich (bei gleichbleibender Impulsfläche) wiederum der ideale Abtaster, während für $\tau = T_A$ eine Treppenfunktion resultiert. Bei praktischen Systemen wird häufig davon ausgegangen, daß $\tau \ll T_A$ ist.

wird. Die hier gezeigten Spektren des abgetasteten Signals können durch Verwendung anderer Impulsformen gezielt beeinflußt werden, wovon in realen Systemen auch häufig Gebrauch gemacht wird.

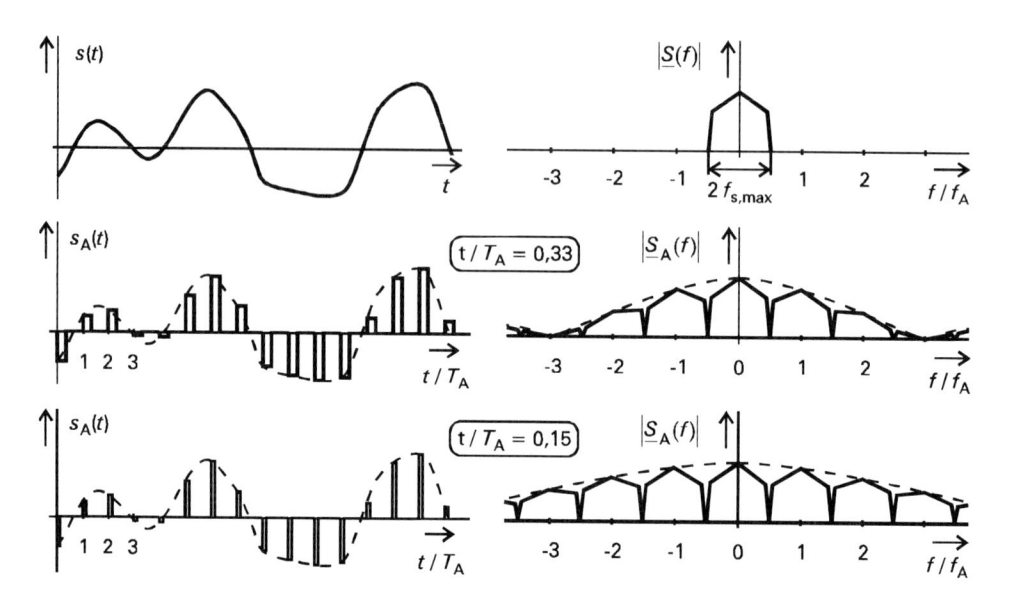

Abb. G.4-4   Darstellung der Abtastung mit Rechteckimpulsen im Zeit- und im Frequenzbereich

Da in der Praxis keine idealen Pulse (weder Dirac- noch Rechteckimpulse) realisierbar sind, kommt es durch Vor- und Nachschwinger zu Störungen benachbarter (Zeit-)Kanäle (auch als Rahmen bezeichnet). Dieses Phänomen wird auch als Rahmennebensprechen bezeichnet, dessen Stärke wesentlich von der Form der Impulse und dem relativen zeitlichen Abstand der „Kanäle" voneinander abhängt.

G.4.2.4   Das Shannonsche Abtasttheorem

Die Wiedergewinnung des ursprünglichen Signals $s(t)$ aus dem (ideal) abgetasteten Signal $s_A(t)$ kann durch Tiefpaßfilterung von $s_A(t)$ erfolgen, wie man anhand von Abb. G.4-2 leicht erkennen kann. Wird für die Grenzfrequenz des Tiefpasses die maximale Frequenz des Signals $s(t)$ gewählt, so wird (im Idealfall) am Ausgang des Tiefpasses wiederum das ursprüngliche Signal $s(t)$ zur Verfügung stehen. Im Zusammenhang hiermit ergibt sich aber eine fundamentale Bedingung, die erstmals von Shannon formuliert wurde und als Shannonsches Abtasttheorem bekannt ist. Die grundsätzliche Aussage dieses Theorems lautet: Eine bandbegrenzte Funktion kann durch ihre Werte bei den Abtastzeitpunkten vollständig beschrieben werden. Umgekehrt ist es auch möglich, die abgetastete (Original-)Funktion aus dem Abtastsignal wiederzugewinnen. Vor-

G.4.2 Der Abtastvorgang

aussetzung hierfür ist, daß die maximale Frequenz $f_{s,max}$ des bandbegrenzten Signals $s(t)$ mit

$$\underline{S}(f) = \mathrm{FT}\{s(t)\} \equiv 0 \quad \forall \quad |f| > f_{s,max} \qquad (G.4\text{-}6)$$

kleiner ist als die halbe Abtastfrequenz, also

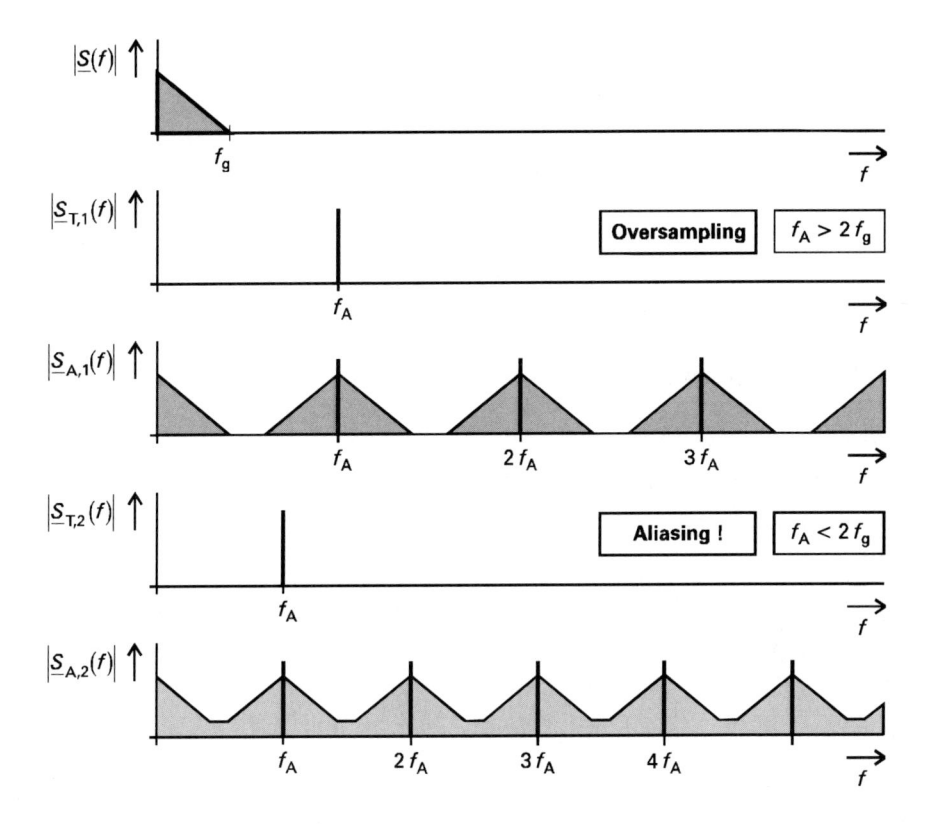

$$f_A > 2 f_{s,max} \qquad (G.4\text{-}7)$$

Abb. G.4-5 *Auswirkung des Aliasing im Frequenzbereich*

Dies kann man anschaulich damit erklären, daß sich in Abb. G.4-2 die Einzelspektren von $\underline{S}(f)$ in $\underline{S}_A(f)$ überlappen würden, wenn die Bedingung (G.4-7) nicht eingehalten wird. Dieser Effekt, der als Aliasing oder Verlaufsabtastung bezeichnet wird, verhindert eine einwandfreie Wiedergewinnung des ursprünglichen Signals. Diese Auswirkung des Aliasing im Frequenzbereich ist in der Abb. G.4-5 zu sehen. Wird das abgetastete Signal $s_A(t)$ auf einen idealen Tiefpaß mit der Impulsantwort

$$g_{TP}(t) = \mathrm{si}(\pi f_A t) = \mathrm{si}\left(\pi \frac{t}{T_A}\right) \qquad (G.4\text{-}8)$$

und der Grenzfrequenz $f_{g,TP} = f_A$ gegeben, so erhält man

$$\begin{aligned}
s'_A(t) &= s_A(t) * g_{TP}(t) \\
&= \left(K_M \, s(t) \, \delta_{per}(t) \right) * g_{TP}(t) \\
&= \left(K_M \sum_{n=-\infty}^{+\infty} s(t) \delta(t - nT_A) \right) * g_{TP}(t) \\
&= \frac{K_M}{T_A} \sum_{n=-\infty}^{+\infty} s(t) \, \text{si}\!\left(\frac{(t - nT_A)\pi}{T_A} \right)
\end{aligned} \qquad \text{(G.4-9)}$$

Zur Vereinfachung kann dabei ohne Einschränkung der Allgemeingültigkeit $K_M = T_A$ angenommen werden, wobei aufgrund der Ausblendeigenschaft des Dirac-Impulses die Faltung in eine Multiplikation überführt werden kann.

G.4.3 Pulsamplitudenmodulation (PAM)

Die Pulsamplitudenmodulation (PAM) bildet die Grundlage für eine Vielzahl weiterer Pulsmodulationsverfahren, wie z. B. die im folgenden Abschnitt ausführlich behandelte Pulscodemodulation, ohne daß sie jedoch selbst für die Übertragung von Signalen geeignet wäre.

Genaugenommen liegt bereits bei der (idealen oder realen) Abtastung eine Pulsamplitudenmodulation vor. Daher stellt ein Pulsamplitudenmodulator prinzipiell nur eine Form eines Abtasters dar, der ggf. bereits ein bandbegrenzendes Anti-Aliasing-Filter beinhalten kann. Die bei der Pulsamplitudenmodulation entstehenden Spektren des abgetasteten Signals wurden bereits vorgestellt. Daher soll an dieser Stelle lediglich noch auf ein wichtiges Detail eingegangen werden, das einen wesentlichen Einfluß auf das Spektrum hat. Hierbei handelt es sich um die Unterscheidung zwischen der bipolaren und der unipolaren Pulsamplitudenmodulation, die von den Konsequenzen her eng verwandt ist mit der Unterscheidung zwischen der linearen und der gewöhnlichen Amplitudenmodulation.

Im folgenden werde angenommen, daß für die Abtastung ein realer Abtaster mit einer Rechteckimpulsfolge verwendet wird, wie er im Abschnitt G.4.2.2 beschrieben wurde. Außerdem wird zur Vereinfachung der Darstellung als abzutastendes Signal eine monofrequente Sinusschwingung $s(t) = \hat{s} \sin \omega t$ verwendet. Im bipolaren Fall wird das kontinuierliche Signal entsprechend der im Abschnitt G.4.2.2 gezeigten Vorgehensweise abgetastet, woraus sich die in Abb. G.4-6 dargestellten Zeitverläufe ergeben.

Wird nun das abzutastende Signal durch einen Offset $\hat{s}_0$ soweit verschoben, daß keine Polaritätswechsel mehr auftreten, so liegt ein unipolares Signal vor. Da sich durch Abtastung an dieser Tatsache nichts ändert, entsteht entspre-

G.4.3 Pulsamplitudenmodulation (PAM)

chend auch ein unipolares PAM-Signal (Abb. G.4-7). Selbstverständlich kann auch ohne Offset bereits ein unipolares Signal vorliegen, so daß dann auf das Hinzufügen des Offsets verzichtet werden kann.

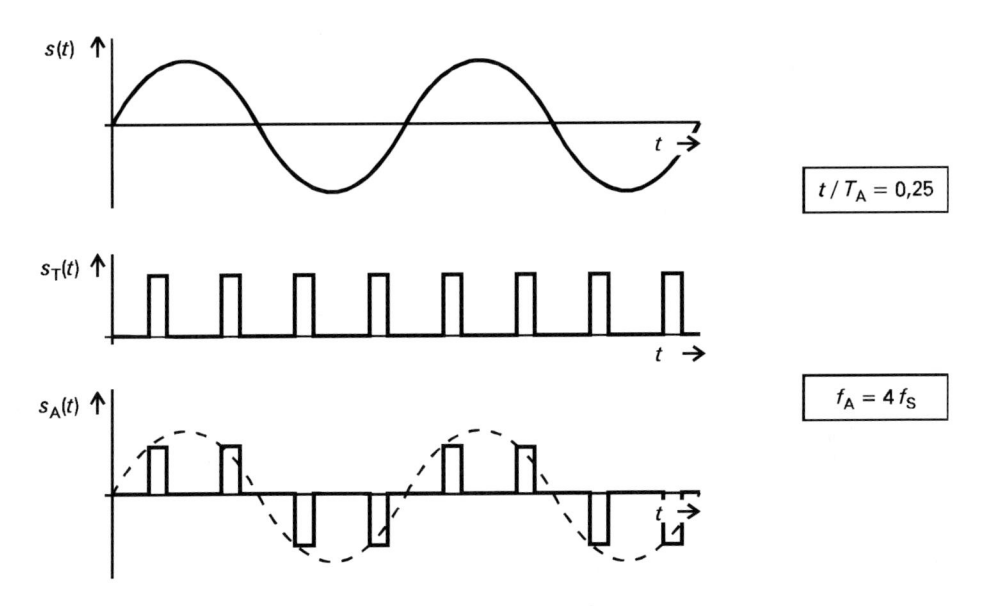

Abb. G.4-6   Zeitverläufe der bipolaren Pulsamplitudenmodulation

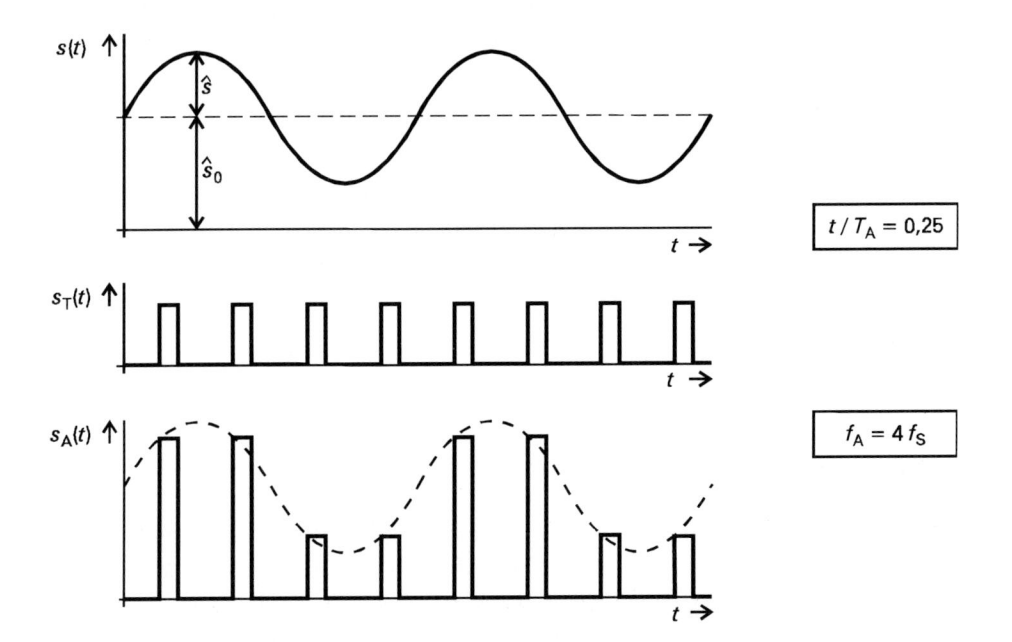

Abb. G.4-7   Zeitverläufe der unipolaren Pulsamplitudenmodulation

In Abb. G.4-8 sind die zu den Zeitverläufen in Abb. G.4-6 bzw. Abb. G.4-7 gehörenden Spektren zu sehen, wobei sofort der Unterschied zwischen bipolarer und unipolarer PAM deutlich wird. Während bei der bipolaren PAM keine spektralen Anteile bei den ganzzahligen Vielfachen der Abtastfrequenzen vorhanden sind, ist dies bei der unipolaren PAM der Fall. Die Amplitude dieser Anteile ist hierbei nur schematisch angedeutet.

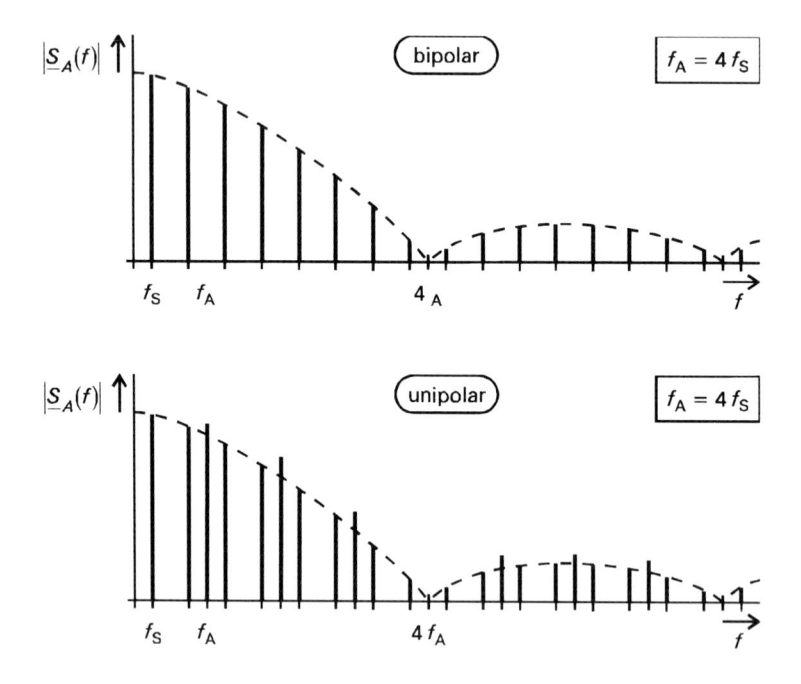

Abb. G.4-8 Spektren der bipolaren und der unipolaren Pulsamplitudenmodulation

Da es sich hier um ein monofrequentes Signal handelt, sind in Abb. G.4-8 – im Gegensatz zu Abb. G.4-4 – keine Frequenzbänder, sondern lediglich diskrete Spektrallinien dargestellt. Selbstverständlich ergeben sich die Spektren bei Verwendung realistischerer abzutastender Signale entsprechend.

G.4.4 Pulscodemodulation (PCM)

G.4.4.1 Das Prinzip der Pulscodemodulation

Die Pulscodemodulation ist das heute bedeutendste Pulsmodulationsverfahren. So hat es z. B. weite Verbreitung erfahren durch die Tatsache, daß die Übertragung von Sprache (Fernsprechverbindungen) über digitale Kanäle i. a. auf der Basis der PCM erfolgt. Ausführlicher wird hierauf im Kapitel H.2 bei der Behandlung der digitalen Übertragungstechnik eingegangen, in dem u. a. das

G.4.4 Pulscodemodulation (PCM)

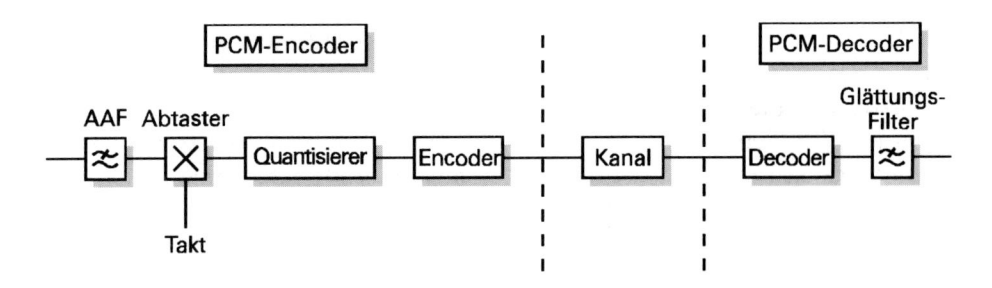

Abb. G.4-9 Blockschaltbild zur Pulscodemodulation (AAF: Anti-Aliasing-Filter)

grundlegende System PCM 30 vorgestellt wird. Aufgrund der großen Bedeutung dieses Verfahrens wird der Pulscodemodulation (sowie den verwandten Verfahren) hier etwas mehr Raum gewidmet.

Bei der Pulscodemodulation sind vier Schritte erforderlich:
- Anti-Aliasing-Filter (AAF) zur Bandbegrenzung;
- zeitliche Quantisierung (Abtastung) des Basisbandsignals;
- Amplitudenquantisierung der nach der Abtastung vorhandenen Abtastwerte;
- Codierung (A/D-Umsetzung) der amplitudenquantisierten Abtastwerte.

Die Pulscodedemodulation erfordert entsprechend zwei Schritte:
- Decodierung (D/A-Umsetzung) der PCM-Signale;
- Demodulation der nach der Decodierung vorhandenen PAM-Signale.

Bei näherer Betrachtung des Aufbaus eines PCM-Encoders wird deutlich, daß der Begriff „Pulscodemodulation" eigentlich durch „Pulsmodulationscodierung" ersetzt werden müßte. Da sich jedoch Pulscodemodulation allgemein durchgesetzt hat, wird auch hier weiterhin dieser etwas unscharfe Begriff verwendet.

Bei Fernsprechsignalen, die für die Pulscodemodulation aufbereitet werden sollen, wird als Abtastfrequenz i. a. $f_A = 8$ kHz gewählt. Hiermit ergibt sich ein Abtastintervall bzw. eine Impulsrahmendauer von $T_0 = 125\,\mu s$. Nach der zeitlichen Quantisierung kann innerhalb des Aussteuerungsbereichs jeder beliebige PAM-Wert erscheinen, d. h. es liegt ein zeitdiskretes, wertkontinuierliches Signal vor. Eine Digitalisierung erfordert die Reduzierung der Amplitudenwerte auf eine endliche Anzahl, die durch eine Amplitudenquantisierung erreicht wird. Hierbei erfolgt im Prinzip ein Auf- bzw. Abrunden der PAM-Werte auf gegebene, zulässige Quantisierungsstufen (Amplitudenstufen) der Anzahl s mit dem Abstand Δu_s. Dadurch entsteht ein Quantisierungsgeräusch (Quantisierungsfehler), das um so kleiner ist, je größer die Anzahl der Quantisierungsstufen s im Aussteuerungsbereich bzw. je kleiner der Abstand Δu_s zwischen zwei Quantisierungsstufen ist.

Die Größe des Quantisierungsgeräusches hängt außerdem von der Aussteuerung ab. Die sich bei linearer Amplitudenquantisierung (Δu_s = const) ergebenden großen Verzerrungen, insbesondere bei den in der Praxis interessierenden kleinen und mittleren Aussteuerungen, können durch eine nichtlineare Amplitudenquantisierung verringert werden (Kompandierung). Bei Anwendung einer vom ITU-T für die Fernsprechübertragung festgelegten nichtlinearen Amplitudenquantisierung kann bei $s = 256$ Quantisierungsstufen eine hinreichend gute Qualität der Sprachübertragung mit einem Quantisierungsgeräuschabstand von 30 dB bis 40 dB in einem großen Aussteuerbereich erzielt werden. Näheres zur Kompandierung und zur Berechnung des Quantisierungsgeräusches bei linearer (gleichmäßiger) und bei nichtlinearer (ungleichmäßiger) Quantisierung ist in den folgenden Abschnitten zu finden.

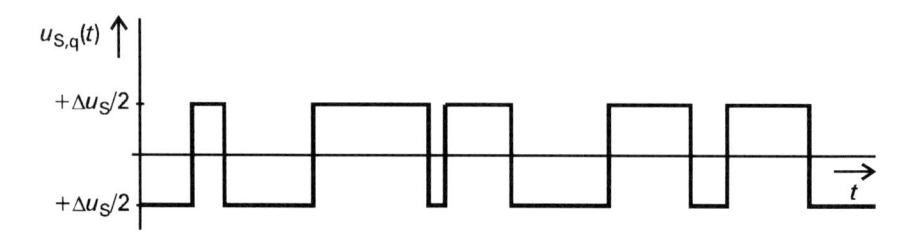

Abb. G.4-10 Zur Entstehung des Leerkanalgeräusches

Nach den bisherigen Betrachtungen könnte vermutet werden, daß das Quantisierungsgeräusch nur vorhanden ist, wenn auch ein Signal anliegt. Daß dies nicht der Fall ist, zeigt ein Blick auf Abb. G.4-10, in der der zeitliche Verlauf eines „Nullsignals" in der Umgebung des Nullpunkts der Quantisierungskennlinie dargestellt ist. Wenn das zu quantisierende Signal tatsächlich exakt auf einem konstanten Wert bleiben würde, so käme kein Quantisierungsgeräusch zustande. Da aber durch das immer vorhandene Rauschen geringe Schwankungen um die Nullinie entstehen, erscheint am Ausgang des Quantisierers ein Rechtecksignal, dessen Spitze-Spitze-Spannung gleich der Intervallgröße am Nullpunkt des Quantisierers ist. Bei der Dimensionierung von PCM-Systemen muß neben dem Quantisierungsgeräusch auch dieses Leerkanalgeräusch berücksichtigt werden. Es kann die Wahl der Anzahl s der Quantisierungsstufen sowie die Form der Kompandierung beeinflussen.

Bei der Codierung (A/D-Umsetzung) wird mit $s = 2^m$ (m bit je Amplitudenwert) eine Darstellung der amplitudenquantisierten PAM-Werte in Form von Dualzahlen vorgenommen. Bei der häufig verwendeten Anzahl von $s = 256$ Quantisierungsstufen nach ITU-T sind demnach $m = 8$ bit je Codewort (d. h. je Amplitudenwert) erforderlich. Zusammen mit der Abtastfrequenz von 8 kHz ergibt dies eine Bitrate von 64 kbit/s für ein Sprachsignal. Aus der Vielzahl möglicher Codierungen werden in der Praxis der einfache Binärcode, der symmetrische Binärcode und der Gray-Code bevorzugt. Die Demodulation der am Ausgang des Decoders vorliegenden PAM-Impulse erfolgt im einfachsten Fall durch Frequenzselektion mit einem glättenden Tiefpaß. An seinem Ausgang steht wieder das ursprüngliche Basisbandsignal zur Verfügung, verzerrt vor allem durch das oben beschriebene Quantisierungsgeräusch des Amplitudenquantisierers sowie durch die Verfälschungen durch A/D- und D/A-Umsetzer.

Die einseitige Bandbreite eines PCM-Signals beträgt theoretisch

$$B_{PCM} \geq m f_{s,max} \qquad (G.4\text{-}10)$$

während in der Praxis mit der Beziehung

$$B_{PCM} = k m f_{s,max} \qquad (G.4\text{-}11)$$

gerechnet wird, wobei der Faktor k im wesentlichen durch den bei der Decodierung verwendeten Glättungstiefpaß bestimmt und i. a. zu 1,6 bis 2,0 angesetzt wird.

G.4.4.2   Das Quantisierungsgeräusch bei PCM

Das (immer vorhandene) Quantisierungsgeräusch stellt den wesentlichen Anteil am Gesamtgeräusch bei einem PCM-Signal dar und wird daher an dieser Stelle ausführlich behandelt.

Alle Abtastwerte, die innerhalb einer Quantisierungsstufe liegen, werden einem Codewort zugeordnet. Der empfangsseitig nach der Decodierung zurückgewonnene Signalwert ist gleich dem Mittelwert der betreffenden Quantisierungsstufe. Er weist somit einen Amplitudenfehler – den sogenannten Quantisierungsfehler – auf, der abhängig ist von der Anzahl der Quantisierungsstufen im Aussteuerbereich.

Der so bedingte Informationsverlust kann nur durch eine entsprechend hohe Anzahl von Quantisierungsstufen gering gehalten werden. Theoretisch führt eine sehr hohe Anzahl von Quantisierungsstufen zu einem ggf. vernachlässigbaren Quantisierungsgeräusch. In der Praxis ergibt sich damit jedoch einerseits nach (G.4-11) eine indiskutabel hohe Bandbreite, andererseits sind beim Einsatz des Encoders auch technologische Grenzen zu beachten.

Eine Unterteilung des gesamten Wertebereichs setzt voraus, daß dieser durch feste Grenzwerte bestimmt wird. Mit der Annahme einer um null symmetrischen Verteilung der Signalwerte kann der Quantisierungsbereich festgelegt werden mit $2\hat{u}_{S,max}$, wobei $\hat{u}_{S,max}$ die maximale zulässige Signalamplitude darstellt. Auch bei Signalformen, bei denen der Maximalwert nicht eindeutig festliegt, z. B. bei Sprach- oder Musiksignalen, ist eine Amplitudenbegrenzung auf den Bereich $2\hat{u}_{S,max}$ erforderlich. Ein Überschreiten des Grenzwerts $\hat{u}_{S,max}$ hat dann einen linear ansteigenden Übersteuerungsfehler zur Folge. In den folgenden Betrachtungen wird davon ausgegangen, daß keine Übersteuerung auftritt.

Bei gleichmäßiger oder linearer Quantisierung wird der Quantisierungsbereich in eine Anzahl von s gleichen Quantisierungsstufen mit der Stufenhöhe Δu_S unterteilt, so daß gilt

$$s = \frac{2\hat{u}_{S,\max}}{\Delta u_S} \qquad \text{(G.4-12)}$$

In Abb. G.4-11 ist dies mit $s = 2^3 = 8$ Quantisierungsstufen dargestellt. Der Zusammenhang zwischen dem so erhaltenen quantisierten Signal $u_{S,q}$ und dem ursprünglichen Signal u_S wird hier durch die Quantisierungskennlinie angegeben. Das quantisierte Signal $u_{S,q}(t)$ unterscheidet sich vom ursprünglichen Signal $u_S(t)$ durch den Quantisierungsfehler

$$u_Q(t) = u_{S,q}(t) - u_S(t) \qquad \text{(G.4-13)}$$

der in Abb. G.4-12 zu sehen ist.

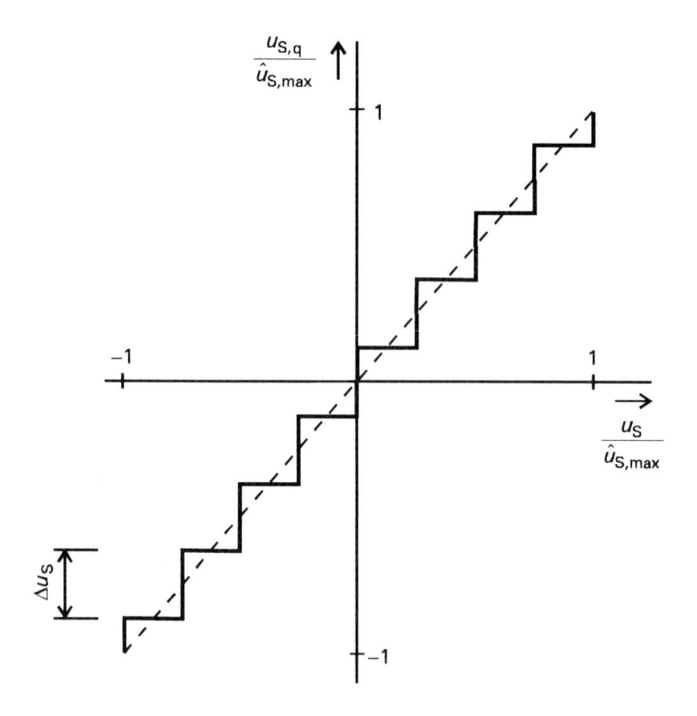

Abb. G.4-11 Gleichmäßige (lineare) Quantisierungskennlinie

Der Quantisierungsfehler führt zu einer nichtlinearen Verzerrung des übertragenen Signals und wirkt sich ähnlich aus wie eine Klirrverzerrung, weshalb man auch, in Analogie zum Klirrgeräusch, vom Quantisierungsgeräusch oder auch Quantisierungsrauschen spricht.

G.4.4 Pulscodemodulation (PCM)

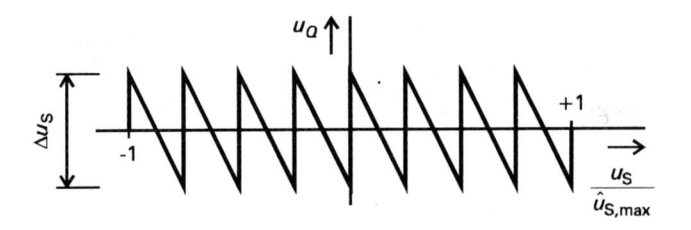

Abb. G.4-12 Quantisierungsfehler bei gleichmäßiger Quantisierung

Die Quantisierungsgeräuschleistung P_Q ergibt sich aus der mittleren Leistung der Quantisierungsfehlerspannung $u_Q(t)$, die dadurch entsteht, daß der Quantisierungsbereich von $-\hat{u}_{S,max}$ bis $+\hat{u}_{S,max}$ periodisch durchlaufen wird. Mit der Annahme einer gleichmäßigen Verteilung der Signalwerte über den gesamten Quantisierungsbereich nimmt die Quantisierungsfehlerspannung einen periodischen Verlauf an (Abb. G.4-13).

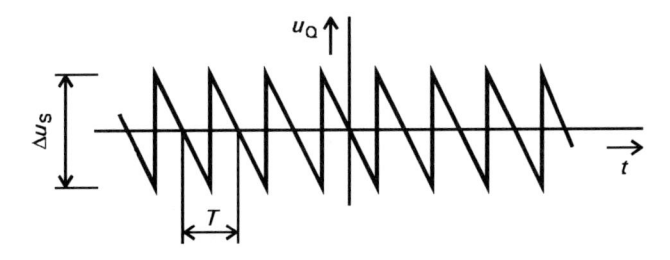

Abb. G.4-13 Zeitlicher Verlauf der Quantisierungsfehlerspannung bei gleichmäßiger Verteilung der Signalwerte über den Quantisierungsbereich

Die Zeitfunktion der Quantisierungsfehlerspannung kann mit

$$u_Q(t) = -\Delta u_S \frac{t}{T} \qquad -\frac{T}{2} \leq t < \frac{T}{2}$$

$$u_Q(t + kT) = u_Q(t) \qquad k = \pm 1, \pm 2, \ldots$$
(G.4-14)

angegeben werden, woraus sich folgende Quantisierungsgeräuschleistung berechnet:

$$\begin{aligned} P_Q &= \frac{1}{T} \int_{-T/2}^{+T/2} u_Q^2(t) \frac{1}{R} \, dt \\ &= \frac{1}{T} \int_{-T/2}^{+T/2} \frac{(\Delta u_S)^2}{T^2} t^2 \frac{1}{R} \, dt \\ &= \frac{(\Delta u_S)^2}{12} \frac{1}{R} \end{aligned}$$
(G.4-15)

Die Größe R bezeichnet hierbei den Arbeitswiderstand des Quantisierers und sei in diesem Zusammenhang nicht von Interesse, da dieser sich im weiteren Verlauf der Betrachtungen herauskürzt. Das zurückgewonnene quantisierte Signal $u_{S,q}$ liegt im Bereich

$$\left(-u_{S,\max} + \frac{\Delta u_S}{2}\right) \leq u_{S,q} \leq \left(u_{S,\max} - \frac{\Delta u_S}{2}\right) \tag{G.4-16}$$

mit den Zwischenwerten

$$\pm\frac{1}{2}\Delta u_S, \pm\frac{3}{2}\Delta u_S, \pm\frac{5}{2}\Delta u_S, \ldots, \pm\frac{s-1}{2}\Delta u_S \tag{G.4-17}$$

Bei wiederum gleicher Wahrscheinlichkeit für das Vorkommen all dieser Zwischenwerte berechnet sich die mittlere Leistung des quantisierten Signals zu

$$\begin{aligned}
P_{s,q} &= \frac{1}{s}\left[2\left(\frac{1}{2}\Delta u_s\right)^2 + 2\left(\frac{3}{2}\Delta u_s\right)^2 + 2\left(\frac{5}{2}\Delta u_s\right)^2 + \ldots + 2\left(\frac{s-1}{2}\Delta u_s\right)^2\right]\frac{1}{R} \\
&= \frac{(\Delta u_s)^2}{2s}\left[1^2 + 3^2 + 5^2 + \ldots + (s-1)^2\right]\frac{1}{R} \\
&= \frac{(\Delta u_s)^2}{2s}\frac{1}{R}\sum_{k=1}^{s/2}(2k-1)^2
\end{aligned} \tag{G.4-18}$$

Daraus ergibt sich mit der Beziehung

$$\sum_{x=1}^{\xi/2} x^2 = \xi\frac{\xi^2 - 1}{6} \tag{G.4-19}$$

für die Summenbildung schließlich

$$P_{s,q} = \frac{s^2 - 1}{12}(\Delta u_S)^2 \frac{1}{R} \tag{G.4-20}$$

Damit resultiert ein Signal-Quantisierungsgeräusch-Leistungsverhältnis von

$$\frac{P_{s,q}}{P_Q} = s^2 - 1 \tag{G.4-21}$$

bzw. ein Signal-Quantisierungsgeräusch-Abstand SNR_Q (in dB) von

$$SNR_Q = 10\log\frac{P_{s,q}}{P_Q} = 10\log(s^2 - 1) \tag{G.4-22}$$

Dieser Ausdruck vereinfacht sich mit der Annahme einer großen Anzahl von Quantisierungsstufen ($s \gg 1$) und der Beziehung zwischen der Anzahl m der bit je Codewort und der Stufenzahl s als $s = 2^m$ zu

$$SNR_Q = 20\log s = 6m \tag{G.4-23}$$

G.4.4 Pulscodemodulation (PCM)

Diese Beziehung gilt für eine Signalform, bei der alle Zwischenwerte mit gleicher Wahrscheinlichkeit vorkommen, d. h. beispielsweise für ein dreieck- oder sägezahnförmiges Signal. Für den praxisnäheren Fall der sinusförmigen Aussteuerung mit einer Frequenz, die das Shannonsche Abtasttheorem erfüllt, ergibt sich die Leistung des quantisierten Signals zu

$$P_{s,q} = \left(\frac{s\,\Delta u_S}{2\sqrt{2}}\right)^2 \frac{1}{R} \qquad (G.4\text{-}24)$$

und die Quantisierungsgeräuschleistung gemäß (G.4-15). Für den Signal-Quantisierungsgeräusch-Abstand (in dB) folgt somit

$$\text{SNR}_Q = 10\log\frac{3s^2}{2} = 1{,}8 + 20\log s = 1{,}8 + 6m \qquad (G.4\text{-}25)$$

Ein gebräuchliches Maß zur Beurteilung von Verzerrungen ist auch der Klirrfaktor

$$k = \frac{U_Q}{U_{S,q}} = \sqrt{\frac{P_Q}{P_{S,q}}} = \frac{1}{\sqrt{s^2-1}} \approx \frac{1}{s} \qquad \text{für} \qquad s \gg 1 \qquad (G.4\text{-}26)$$

bzw. das Klirrdämpfungsmaß

$$\frac{a_K}{[\text{dB}]} = 20\log\frac{1}{k} = 20\log s \qquad \text{für} \qquad s \gg 1 \qquad (G.4\text{-}27)$$

Bei der Übertragung von Sprach- und Bildsignalen wird unter Berücksichtigung üblicher Qualitätsmaßstäbe mit $s = 256$ Quantisierungsstufen, entsprechend $m = 8$ bit gearbeitet. Bei hochwertiger Tonsignalübertragung wird hingegen mit 12 bit oder auch mit 14 bit codiert, was einem Signal-Quantisierungsgeräusch-Abstand von 74 dB bzw. von 86 dB entspricht.

Beispiel G.4-1

Für eine Auflösung von 8, 10, 12 bzw. 14 bit ergeben sich (bei Annahme von sinusförmigen Signalen) die in Tab. G.4-1 angegebenen Werte für den Signal-Quantisierungsgeräusch-Abstand bzw. für den Klirrfaktor, die hier nach den Beziehungen (G.4-25) bzw. (G.4-26) berechnet wurden.

m	s	SNR_Q	k
8	256	50 dB	$3{,}9\cdot 10^{-3}$
10	1024	62 dB	$9{,}8\cdot 10^{-4}$
12	4096	74 dB	$2{,}4\cdot 10^{-4}$
14	16384	86 dB	$6{,}1\cdot 10^{-5}$

Tab. G.4-1 *Signal-Quantisierungsgeräusch-Abstand und Klirrfaktor für typische Werte von m*

Man erkennt in der Tabelle, daß sich – als Faustregel – bei einer Erhöhung der Auflösung um zwei Bits der Signal-Quantisierungsgeräusch-Abstand jeweils um 12 dB verbessert.

G.4.4.3 Kompandierung

Bei Sprach- und Musiksignalen trifft die bisher angenommene Verteilung der Signalwerte (gleichverteilt oder sinusförmige Aussteuerung) nicht zu; statt dessen treten geringe Amplituden wesentlich häufiger auf als Spitzenwerte. Aufgrund dieser Verteilung ist es effizienter, eine ungleichmäßige Quantisierung durchzuführen. Signalwerte mit kleineren Amplituden werden mit kleineren Quantisierungsstufen quantisiert, während bei Signalwerten mit großer Amplitude die Intervalle größer werden. Ein wichtiger Umstand, der diese Art der Quantisierung bei der Übertragung von Sprachsignalen überhaupt ermöglicht, ist das menschliche Ohr – es ist bei großer Lautstärke weniger empfindlich als bei kleiner Lautstärke.

Das Prinzip der Kompandierung ist im Blockschaltbild in Abb. G.4-14 dargestellt. Bei der heute üblichen Realisierung wird das Signal mit einer höheren Stufenzahl abgetastet und anschließend durch eine Codeumsetzung in eine nichtlineare Codierung überführt (die Kompression). Empfangsseitig erfolgt entsprechend eine Umsetzung in den „linearen" Code (die Expandierung) und anschließend die Decodierung des Signals (Der Begriff *Kompandierung* setzt sich zusammen aus *Kom*pression und E*xpandierung*).

Für Europa ist vom ITU-T die *A*-Kennlinie für den Einsatz in PCM-Systemen standardisiert worden. (In Nordamerika kommt die sogenannte *μ*-Kennlinie zum Einsatz.) Die Festlegung dieser Kennlinie erfolgt mit

$$u_A = \begin{cases} \dfrac{1+\ln(A u_E)}{1+\ln A} & \text{für} \quad +\dfrac{1}{A} \leq u_E \leq +1 \\ \dfrac{A u_E}{1+\ln A} & \text{für} \quad -\dfrac{1}{A} \leq u_E < +\dfrac{1}{A} \\ \dfrac{1+\ln(-A u_E)}{1+\ln A} & \text{für} \quad -1 \leq u_E < -\dfrac{1}{A} \end{cases} \tag{G.4-28}$$

wobei der Wert für A nach ITU-T-Empfehlung bei 87,6 liegt. Die Größen u_E bzw. u_A bezeichnen die Eingangs- bzw. die Ausgangsspannung des digitalen Kompressors. Die störungsmindernde Wirkung der Kompandierung läßt sich durch den Kompandergewinn g_K ausdrücken. Er beträgt bei der Kompressorkennlinie nach dem *A*-Gesetz

$$g_K = 20 \log \frac{A}{1+\ln A} \quad [\text{dB}] \tag{G.4-29}$$

G.4.4 Pulscodemodulation (PCM)

und ergibt mit $A = 87{,}6$ einen Kompandergewinn von 24 dB. Der Gewinn führt dabei entweder zu einer Erweiterung des Aussteuerungsbereichs des Encoders oder aber zu einer Anhebung des Signal-Quantisierungsgeräusch-Abstands an der unteren Grenze des Dynamikbereichs bei kleinen Signalpegeln.

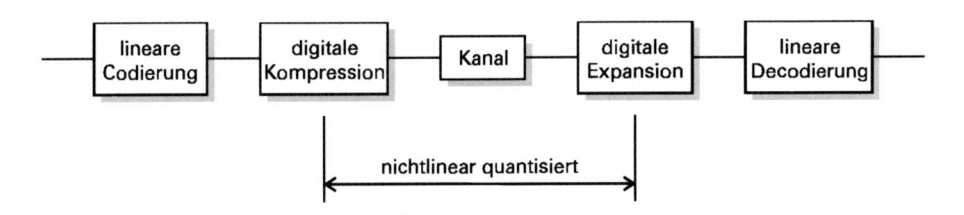

Abb. G.4-14 Prinzip der Kompandierung

In standardisierten PCM-Systemen für die Sprachübertragung wird der gesamte Signalhub in $s = 256 = 2^8$ Intervalle unterteilt, die sich durch 8-Bit-Codewörter codieren lassen. Die A-Kennlinie wird in der Praxis durch eine stückweise lineare 13-Segment-Kennlinie approximiert, von der in Abb. G.4-15 ein Quadrant (für $u_S \geq 0$) dargestellt ist. Innerhalb jedes Segments ist auf der Abszisse die Intervallgröße konstant – sie ändert sich von Segment zu Segment um den Faktor 2.

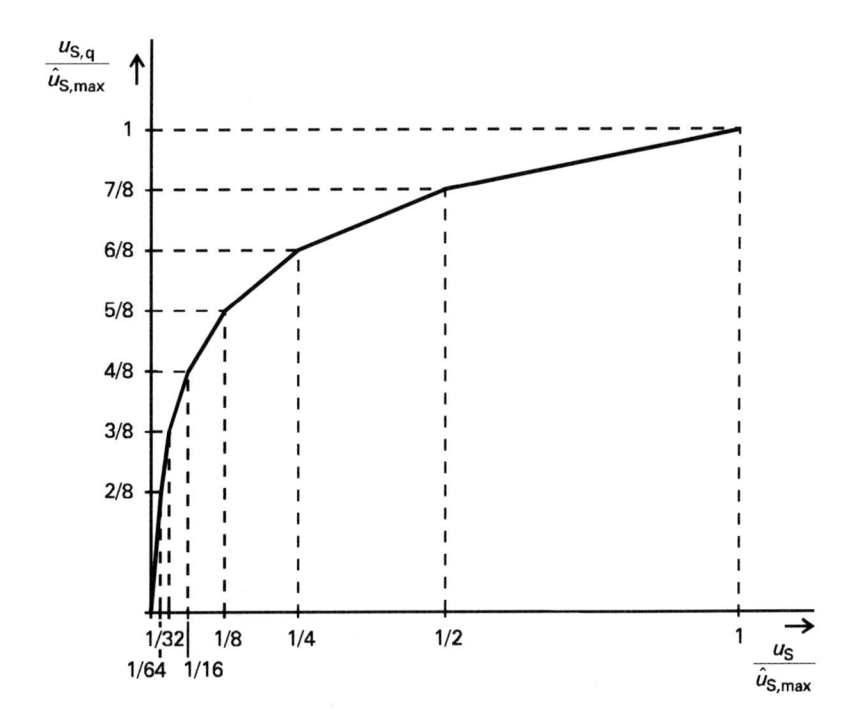

Abb. G.4-15 13-Segment-Kennlinie

G.4.5 Prädiktive Codierung
G.4.5.1 Einleitung

Während bei der Pulscodemodulation (durch die Quantisierung der Amplitude) eine Reduktion der Irrelevanz stattfindet, bleibt die Redundanz erhalten. Der redundante Anteil des Signals kann u. U. sehr hoch sein. Ein Beispiel hierfür ist das Fernsehbild, das häufig größere einfarbige Flächen aufweist, bei denen sich die Informationen von aufeinanderfolgenden (bzw. benachbarten) Bildpunkten nur geringfügig und vergleichsweise selten ändert. Um nun diese Redundanz zu entfernen und damit den Bandbreitebedarf zu verringern, wendet man das Prinzip der prädiktiven Codierung an.[10] Dieses Prinzip beruht darauf, daß im Encoder nicht der absolute Amplitudenwert, sondern die Differenz zweier aufeinanderfolgender Amplitudenwerte codiert wird.[11]

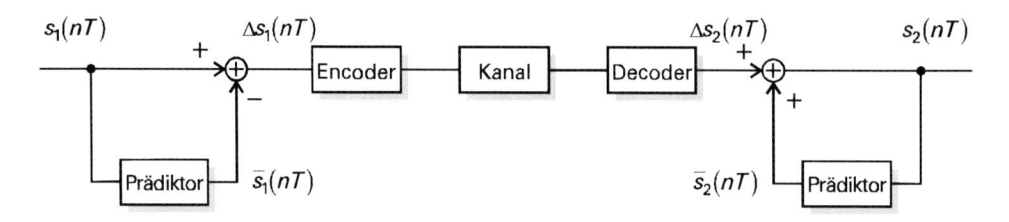

Abb. G.4-16 Das Prinzip der prädiktiven Codierung

Im sendeseitigen Prädiktor wird aus dem vorangegangenen Signalwert (bzw. aus den vorangegangenen Signalwerten) ein Schätzwert $\bar{s}_1(nT)$ ermittelt und das Differenzsignal

$$\Delta s_1(nT) = s_1(nT) - \bar{s}_1(nT) \qquad \text{(G.4-30)}$$

gebildet. Nach Codierung, Übertragung über den (störungsbehafteten) Kanal und anschließender Decodierung wird die Differenz $\Delta s_2(nT)$ zu dem mit Hilfe des empfangsseitigen Prädiktors aus den vorhergegangenen Signalwerten gebildeten Schätzwert $\bar{s}_2(nT)$ gemäß

$$s_2(nT) = \bar{s}_2(nT) + \Delta s_2(nT) \qquad \text{(G.4-31)}$$

addiert.

Die einfachste Form der Prädiktion besteht darin, den vorangegangenen Signalwert zu verwenden, so daß beispielsweise $\bar{s}_1(nT) = s_1(nT-T)$ gilt. Der Prädiktor besteht in diesem Fall nur aus einem Verzögerungsglied mit einer Verzögerung von einem Abtastintervall. Die in Abb. G.4-16 gezeigte prinzipielle Form der

---
10 Prädiktion: Vorhersage
11 Hier lohnt ein vergleichender Blick auf die Darstellung der differentiell codierten PSK in Kap. G.3.

prädiktiven Codierung hat den Nachteil, daß sie relativ störanfällig ist; daher werden in der Praxis Variationen dieses Grundprinzips eingesetzt. Die beiden wichtigsten Beispiele prädiktiver Codierung sind die Deltamodulation (DM) und die Differenz-Pulscodemodulation (DPCM).

G.4.5.2 Deltamodulation

Einleitung

Die Deltamodulation stellt die einfachste Form einer prädiktiven Codierung dar. Der Unterschied zur Pulscodemodulation besteht darin, daß nicht der Augenblickswert eines Signals, sondern seine jeweilige Änderung quantisiert und übertragen wird. Im einfachsten Fall wird nur übertragen, ob ein Amplitudenwert größer oder kleiner als sein Vorgänger ist. Die Wirkungsweise der Deltamodulation läßt sich anhand von Abb. G.4-17 anschaulich erklären.

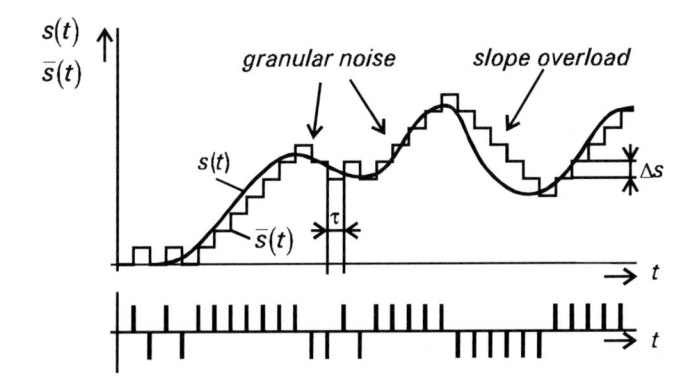

Abb. G.4-17   *Das Prinzip der Deltamodulation*

Das digital zu wandelnde analoge Signal $s(t)$ wird durch die Treppenfunktion $\bar{s}(t)$ approximiert. Alle Stufen haben die gleiche Höhe Δs und die gleiche Dauer τ. Jeweils nach Ablauf der Dauer τ *muß* ein Sprung erfolgen – dieser ist positiv, wenn $s(t) > \bar{s}(t)$ ist, und negativ, wenn $s(t) \leq \bar{s}(t)$ ist.[12] Jeder positive Sprung wird durch ein Binärsymbol 1, jeder negative Sprung durch ein Binärsymbol 0 codiert. Sind die Änderungen des zu wandelnden Signals $s(t)$ innerhalb der Zeitdauer τ relativ gering, dann ergibt sich bei kleinen Sprunghöhen Δs eine recht genaue Approximation. Die Abtastung des Signals $s(t)$ erfolgt jeweils unmittelbar vor den Sprüngen. Der Abtastwert wird auf das nächsthöhere Quantisierungsniveau quantisiert (und dort für die Dauer τ festgehalten), wenn das

---

12 Hier ist schon ein Problem der Deltamodulation zu erkennen. Wenn das zu codierende Signal konstant bleibt, liefert die Deltamodulation eine 10-Folge und täuscht somit ein Signal vor (vergleiche hierzu das Leerkanalgeräusch bei der Pulscodemodulation).

Signal zum Abtastzeitpunkt größer ist als der letzte quantisierte Abtasthaltewert. Andernfalls wird der Abtastwert auf das nächstniedrigere Quantisierungsniveau quantisiert. Codiert wird lediglich die Differenz zweier aufeinanderfolgender quantisierter Abtastwerte – dazu genügt ein Bit. Die in der Abb. G.4-17 gezeichnete Treppenkurve stellt die Folge der quantisierten Abtasthaltewerte dar. Die Demodulation eines Deltamodulations-Signals ist relativ einfach: Es genügen ein Integrator und ein anschließendes Glättungsfilter, wobei Integrator und Filter durch einen einzigen Tiefpaß ersetzt werden können.

Im Gegensatz zur Pulscodemodulation basieren bei der Deltamodulation Abtastintervall τ und Quantisierungsstufe Δs auf subjektiven Kriterien und können nicht unabhängig voneinander gewählt werden. Die Erfahrung zeigt, daß zur Übertragung von Sprache in Fernsprechqualität mittels Deltamodulation eine Datenrate von ca. 30 kbit/s ausreicht (gegenüber 64 kbit/s bei Pulscodemodulation).

Lineare Deltamodulation (LDM)

Bei der Deltamodulation gibt es zwei Quantisierungsgeräusch-Komponenten: das Quantisierungsrauschen selbst (*Granular Noise*, *Hunting Noise*) sowie die durch die Steigungsüberlastung[13] (*Slope Overload*) hervorgerufenen Störungen (siehe hierzu Abb. G.4-17). Forderungen nach geringem Quantisierungsrauschen und nach geringer Steigungsüberlastung führen zu folgenden widersprüchlichen Forderungen an die Stufenhöhe:

♦ Geringes Quantisierungsrauschen fordert eine möglichst geringe Stufenhöhe.

♦ Geringe Steigungsüberlastung fordert eine möglichst große Stufenhöhe (bei gegebener Abtastrate).

Bei vorgegebener Datenrate ist die erreichbare Dynamik bei linearer Deltamodulation geringer als DPCM. Anhand des häufigsten Einsatzgebiets, der Übertragung von Sprachsignalen, soll die Dynamik näher betrachtet werden. Das Langzeitspektrum eines Sprachsignals fällt ab etwa 500 Hz mit 6 dB bis 12 dB pro Oktave ab. Bei konstanter Amplitude ist das maximale Steigungsvermögen der linearen Deltamodulation für Frequenzen oberhalb 500 Hz gut an die Steigung des Sprachsignals angepaßt.

Im Bereich[14] von 60 Hz bis 500 Hz beträgt das Verhältnis der minimalen zur maximalen Steigung des Sprachsignals ungefähr 1:6. Auch ohne Berücksichtigung der Dynamik des Sprachsignals ist die lineare Deltamodulation in diesem Frequenzbereich nicht an die Steigung des Sprachsignals angepaßt. Wird die

---

13 Unter Steigungsüberlastung wird hier der Effekt verstanden, daß das Eingangssignal eine so große Steigung aufweist, daß der Modulator diesem Signal nicht mehr folgen kann. Dieser Effekt ist abhängig von der Frequenz und der Amplitude des Eingangssignals, der Stufenhöhe und der Abtastfrequenz.

14 Bei 60 Hz liegt die tiefste bekannte Sprachgrundfrequenz.

Dynamik des Sprachsignals (25 dB bis 30 dB) einbezogen, so wird die Anwendungsmöglichkeit stark eingeschränkt. Zur Bewältigung dieser Dynamik müßte die Deltamodulation ein maximales Steigungsverhältnis (60 Hz, kleinste Schritthöhe, kleinste Amplitude zu 500 Hz, größte Schritthöhe, größte Amplitude) von 1:180 bzw. 45,1 dB verarbeiten können. Dies ist bei linearer Deltamodulation nur mit Datenraten von mehr als 100 kbit/s zu realisieren (im Vergleich zu 64 kbit/s-PCM). Zur Verringerung dieser Datenrate werden adaptive Verfahren (adaptive Deltamodulation – ADM) verwendet, bei denen die momentane Schritthöhe laufend an das Eingangssignal angepaßt wird.

Adaptive Deltamodulation (ADM)

Die Schritthöhenregelung wird hier auch als Kompandierung bezeichnet. In Abhängigkeit von der Regelgeschwindigkeit wird dabei unterschieden zwischen

- Momentanwert-Kompandierung (*Instantaneous Companding*)

und

- Silben-Kompandierung (*Syllabic Companding*).

Die adaptive Deltamodulation „paßt" gut zur Statistik des Sprachsignals: Kleine Amplituden tauchen wesentlich häufiger auf als große Amplituden. Die Variation der Schritthöhe von zunächst kleinen nach zunehmend größeren Schritthöhen ähnelt der Charakteristik des Differenz-Amplituden-Histogramms von Sprachsignalen.

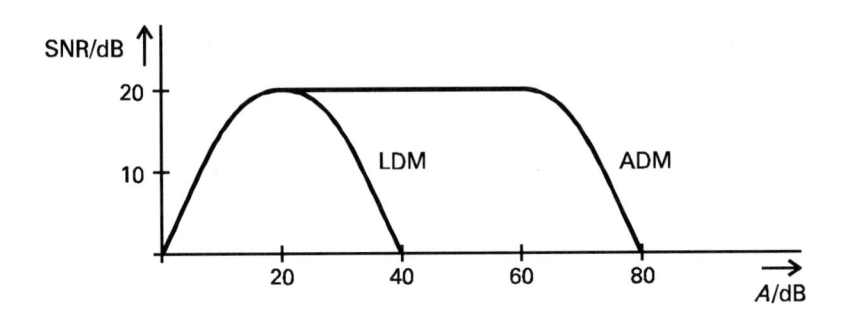

Abb. G.4-18 *Signalrauschverhältnis in Abhängigkeit von der Signalamplitude bei linearer und bei adaptiver Deltamodulation (nach [Kühlwetter 84])*

Bei der Betrachtung des Verlaufs des Signalrauschleistungsverhältnisses über der Signalamplitude (Abb. G.4-18) ist nun der deutliche Vorteil der adaptiven gegenüber der linearen Deltamodulation erkennbar. Während bei der linearen Deltamodulation nur ein schmaler Bereich ein SNR von ca. 20 dB aufweist, wird durch die Kompandierung bei der adaptiven Deltamodulation eine deutlich höhere Dynamik erzielt.

Vergleich einiger realisierter Verfahren

Ein von Kühlwetter vorgeschlagenes Verfahren mit kombinierter Momentanwert- und Silben-Kompandierung erreicht bei einer Datenrate von 24 kbit/s etwa die Qualität der Fernsprechübertragung (entsprechend 64 kbit/s bei PCM). Die Sprachqualität ist an der Grenze der Steigungsüberlastung subjektiv am besten. Das menschliche Gehör reagiert weniger auf Steigungsüberlastungen (bzw. deren Folgen), da diese mit dem Sprachsignal korreliert sind, als auf granulares Rauschen, das als störendes Hintergrundgeräusch empfunden wird.

System	Typ	Datenrate kbit/s	Dynamik dB	SNR dB
[Jayant 70]	M	40	–	23
[Greefkes u. Riemens 72]	S	32 / 16	25	30 / 17
[Schindler 70]	M	56	25	38
[Kühlwetter 84]	M, S	16	30	max. 23

Tab. G.4-2 Vergleich einiger realisierter Verfahren mit adaptiver Deltamodulation
(M: Momentanwert-Kompandierung, S: Silben-Kompandierung) [Kühlwetter 84]

G.4.5.3 Differenz-Pulscodemodulation

Die Differenz-Pulscodemodulation (DPCM) stellt wiederum eine Form der Pulscodemodulation dar – hier wird die einfache 1-Bit-Codierung des Differenzwerts bei der Deltamodulation ersetzt durch eine mehrstufige Quantisierung des Differenzwerts mit nachfolgender binärer Codierung. Bei ausreichend feiner Quantisierung des Differenzsignals braucht die Abtastfrequenz nicht höher zu sein als bei der Pulscodemodulation. Gegenüber der Deltamodulation erhält man als zusätzliche Parameter

♦ die Anzahl der Quantisierungsstufen für das Differenzsignal und damit die Anzahl der zu übertragenden Bit je Differenzwert

und

♦ die Art der Unterteilung des Quantisierungsbereichs, d. h. gleichmäßige oder nicht gleichmäßige Quantisierung (entsprechend der Pulscodemodulation).

Gerade durch Anwendung einer der Häufigkeitsverteilung der Differenzwerte angepaßten Kompandierung erreicht man eine wesentliche Verminderung des Quantisierungsgeräusches.

Ein Hauptanwendungsgebiet der Differenz-Pulscodemodulation liegt heute bei der Übertragung von bewegten Bildern (Fernsehbildsignale), wo durch die Redundanzreduktion eine beträchtliche Senkung der benötigten Bitrate gegenüber der Pulscodemodulation erzielt werden kann. Das Fernsehsignal weist sehr viel redundante Information auf, wenn sich z. B. über gewisse Bereiche im Bild der Helligkeitswert nicht ändert. Darüber hinaus kann die Unempfindlichkeit des menschlichen Auges gegenüber Helligkeitsstörungen in Bildpartien mit großen Änderungen in der Helligkeit ausgenutzt werden. Für die Quantisierung bedeutet dies, daß große Differenzwerte, die gemäß der Wahrscheinlichkeitsverteilung ohnehin nur mit geringer Häufigkeit auftreten, gröber quantisiert werden können als kleine Differenzwerte. Auf diese Weise kommt man bei der Bildsignalübertragung durch Differenz-Pulscodemodulation mit z. B. 16 Quantisierungsstufen für das Differenzsignal (entsprechend 4-Bit-Codewörtern) auf die halbe Bitrate gegenüber Pulscodemodulation mit 256 Quantisierungsstufen (entsprechend 8-Bit-Codewörtern) bei vergleichbarer Bildqualität. Ein Nachteil ist die höhere Empfindlichkeit gegenüber Bitfehlern als bei der Pulscodemodulation, da über das Differenzsignal eine Fehlerfortpflanzung stattfindet. Es ist ein möglichst störungsfreier Übertragungskanal erforderlich oder die Erweiterung des Codes durch redundante Schutzinformation zur Fehlererkennung und Fehlerkorrektur.

G.5   Multiplexverfahren

G.5.1   Einleitung

Viele Übertragungsmedien stellen pro Kanal eine weitaus größere Kapazität zur Verfügung, als für die Übertragung eines einzelnen Signals tatsächlich benötigt wird. Somit müßte für die Übertragung jedes weiteren Signals ein weiterer Übertragungskanal bereitgestellt werden. Dies wäre eine sehr unwirtschaftliche (und auch wenig elegante) Methode und verbietet sich somit von selbst. Daher gab es bereits frühzeitig Bestrebungen, über einen Kanal mehrere „einzelne" Signale gebündelt mittels sogenannter Multiplexverfahren zu übertragen.

Definition G.5-1   ▼

Bei Multiplexverfahren (Mehrfachausnutzung, Bündelung) werden mehrere Signale von einem gemeinsamen Sender über einen gemeinsamen Übertragungskanal zu einem gemeinsamen Empfänger übertragen.

▲

Ein weiterer Aspekt, der zur großen Bedeutung der Multiplexverfahren beiträgt, ist das stetig wachsende Datenaufkommen, das es erforderlich macht, immer mehr Übertragungskapazität zur Verfügung zu stellen. Diese ist jedoch entweder durch physikalische Gegebenheiten (in der Funktechnik) oder durch wirtschaftliche bzw. finanzielle Aspekte (bei der leitungsgebundenen Übertragung) nicht unbegrenzt zu erreichen. Neben der Einführung neuer Technologien mit hoher Übertragungsbandbreite (z. B. optische Übertragungstechnik) und der Verminderung des Bandbreitenbedarfs durch Datenreduktion kommt hierbei der Mehrfachausnutzung vorhandener Übertragungskanäle (Multiplex) besondere Bedeutung zu.

In Abb. G.5-1 ist der prinzipielle Aufbau einer zweiseitigen Multiplexverbindung dargestellt. Auf der Seite „1" (links) sind vier Teilnehmer vorhanden, die über insgesamt zwei Übertragungskanäle mit den vier Teilnehmern auf der Seite „2" (rechts) in Verbindung stehen. Auf der Sendeseite jeder Verbindungsrichtung werden die einzelnen Kanäle (Teilnehmerleitungen) im Multiplexer gebündelt und über einen Übertragungskanal geschickt. Beim Empfänger werden im Demultiplexer die Kanäle voneinander getrennt und den einzelnen Teilnehmern zugeordnet.

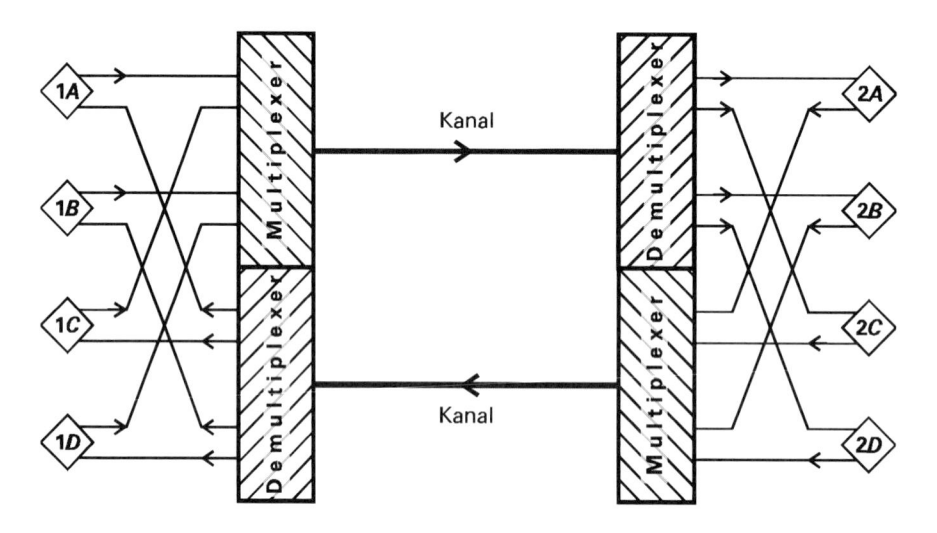

Abb. G.5-1   Prinzipieller Aufbau einer zweiseitigen Multiplexverbindung

Unabhängig von der Art der Realisierung beruhen alle Multiplexverfahren auf einer Forderung: Wenn zwei oder mehr Signale gleichzeitig über einen gemeinsamen Übertragungskanal geschickt werden sollen, so dürfen sie sich gegenseitig nicht beeinflussen.[15] Anschaulich kann diese Forderung dadurch dargestellt werden, daß die einzelnen Signale, die im Sender – vereinfacht gesagt – addiert werden (Multiplexer), im Empfänger (Demultiplexer) wieder eindeutig getrennt werden müssen. In der mathematischen Formulierung heißt das, daß die Signale bzw. deren Träger orthogonal zueinander sein müssen, um die Forderung (mit

---

15 Genauer gesagt, nur innerhalb von definierten Grenzen, die charakteristisch sind für das eingesetzte Übertragungsverfahren, die zu übertragenden Signale usw.

G.5.1 Einleitung

dem Korrelationskoeffizienten ρ_{ij}, wobei jeweils zwei Signale $s_i(t)$ bzw. $s_j(t)$ betrachtet werden)

$$\rho_{ij} = \begin{cases} 1 & i = j \\ 0 & i \neq j \end{cases} \qquad (G.5\text{-}1)$$

zu erfüllen.

In den folgenden Abschnitten werden die hierauf basierenden Prinzipien der wichtigsten Multiplexverfahren Frequenzmultiplex (*Frequency Division Multiplex* – FDM), Zeitmultiplex (*Time Division Multiplex* – TDM) und Wellenlängenmultiplex (*Wavelength Division Multiplex* – WDM) vorgestellt. Darüber hinaus existieren noch eine Reihe weiterer orthogonaler Funktionssysteme, die als Basis von Multiplexverfahren Verwendung finden.[16]

- Amplitudenmultiplex (*Amplitude Division Multiplex* – ADM)

- Polarisationsmultiplex
  Hierbei werden zwei orthogonal polarisierte Wellen (vertikal und horizontal polarisiert oder linksdrehend und rechtsdrehend zirkular polarisiert) über eine Antenne gesendet und empfangen.

- Funktionenmultiplex (*Code Division Multiplex* – CDM)

Unabhängig vom Prinzip des Multiplexverfahrens ist abschließend zwischen drei Multiplexern zu unterscheiden:

- Statische Multiplexer
  Hier existiert eine feste Zuordnung zwischen der Anzahl der Einzelkanäle, deren Übertragungsgeschwindigkeit sowie der Übertragungsgeschwindigkeit des Multiplexkanals. Dem Vorteil der relativ einfachen Realisierung steht der Nachteil gegenüber, daß bei ungleichmäßigen Belegungsanforderungen der Einzelkanäle die Gesamtkapazität des Multiplexkanals relativ ineffizient genutzt wird.

- Dynamische Multiplexer
  Die Zuordnung zwischen der Anzahl der Einzelkanäle sowie deren Übertragungsgeschwindigkeiten ist variabel. Die Summe der Kapazitäten der Einzelkanäle ist maximal gleich der Kapazität des Multiplexkanals, wobei die Aufteilung der Gesamtkapazität nach einem festgelegtem Schema in Abhängigkeit von der Gesamtbelegung des Systems erfolgt. Im Gegensatz zum statischen Multiplexer ist dieses Verfahren flexibler und kann auch bei wechselnden Belegungsanforderungen (innerhalb gewisser Grenzen) den Multi-

---

[16] Außerdem gibt es noch das Raummultiplex (die Übertragung auf getrennten Übertragungskanälen), das aber genaugenommen nicht zu den Bündelungsverfahren zählt, da es die Definition nicht exakt erfüllt (kein gemeinsamer Kanal). Wird hingegen der gesamte Raum um die Erde als ein Kanal betrachtet, so stellt auch das Raummultiplex ein „echtes" Multiplexverfahren dar. Die Orthogonalität wird in diesem Fall durch die räumliche Trennung hergestellt.

plexkanal noch effizient nutzen. Dies bedingt allerdings gegenüber dem vergleichsweise einfachen statischen Multiplexer einen höheren Aufwand.

- Statistische Multiplexer
  Bei dieser Variante ist die Summe der Kapazität der Einzelkanäle größer als die Gesamtkapazität des Multiplexkanals. Da jedoch i. a. bei einer paketweisen Übertragung aufgrund der statistischen Verteilung des Verkehrsaufkommens stets freie Kapazität zur Verfügung steht, ergibt sich die Möglichkeit der Übertragung weiterer Kanäle innerhalb der „Lücken", die von anderen Kanälen gelassen werden. Für den sinnvollen Einsatz derartiger Multiplexer müssen die Übertragungsgeschwindigkeit sowie die Statistik der zeitlichen Verteilung des Verkehrs bekannt sein. Der Vorteil dieses Verfahrens ist eine nahezu optimale Ausnutzung der Übertragungskapazität des Multiplexkanals bei allerdings wiederum erhöhtem Aufwand. Ein Beispiel hierfür ist das im Abschnitt G.5.2 vorgestellte TASI-Verfahren (*Time Assignment Speech Interpolation*).

Auf die wichtigen Verfahren des Vielfachzugriffs FDMA, TDMA und CDMA, die auf den entsprechenden Multiplexverfahren beruhen, wird im Rahmen der Satellitenkommunikation im Kapitel H.5 kurz eingegangen.

G.5.2 Frequenzmultiplex (FDM)

Eine mögliche Realisierung der Forderung nach orthogonalen Trägern ist die Verwendung von Trägern mit unterschiedlichen Frequenzen. Die N einzelnen Signale, die dabei über einen Kanal übertragen werden sollen, müssen jeweils mit einem Träger $s_{T,n}$ der Frequenz $f_{T,n}$ mit $f_{T,i} \neq f_{T,j} \ \forall \ i \neq j$ umgesetzt werden. In Abb. G.5-2 wird deutlich, daß der Abstand der Frequenzen Δf von der Bandbreite der einzelnen Signale abhängt. Wie hier dargestellt, weisen die zu multiplexenden Signale typischerweise die gleiche Bandbreite auf – in diesem Fall $B_{S,n} = B_S \ \forall \ n, \ n=1,...,N$. Die Bandbreite eines Multiplexsignals ist i. a. zweimal so groß wie die Bandbreite im Basisband, wenn nicht durch Filterung ein Seitenband entfernt wird. Obwohl z. B. in der Trägerfrequenztechnik die Einseitenbandtechnik verwendet wird, wird im folgenden davon ausgegangen, daß die Kanalbandbreite doppelt so groß ist wie die Basisbandbreite eines Signals, ohne daß dadurch eine Einschränkung der Allgemeinheit entsteht.

Der Abstand zweier Multiplexfrequenzen ergibt sich dann daraus, daß die einzelnen Signale nur dann orthogonal zueinander sein können, wenn sich die Signale im Spektrum nicht überlappen. Dies bedeutet, daß für den Frequenzabstand $\Delta f = B_K + \delta f$ mit einem Schutzabstand $\delta f > 0$ gilt. Hierbei muß sichergestellt werden, daß die einzelnen Signale die ihnen zugeteilte Bandbreite B_K nicht überschreiten. Zu diesem Zweck werden i. a. eingangsseitig sogenannte Bandbegrenzer verwendet, welche durch einfache Tiefpässe realisiert werden können.

G.5.2 Frequenzmultiplex (FDM)

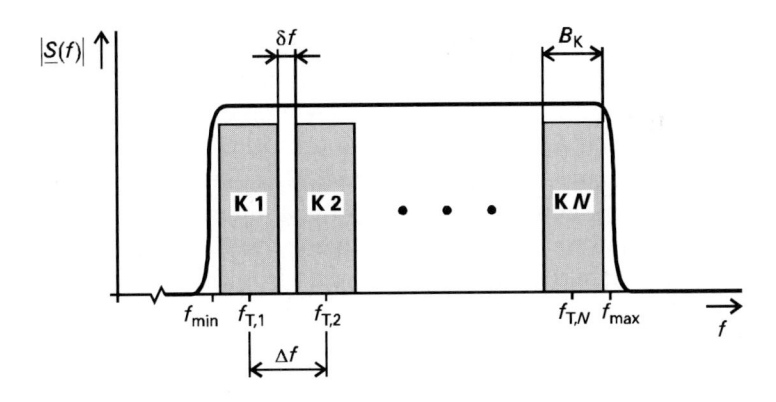

Abb. G.5-2 Spektrum beim Frequenzmultiplex

Für die gesamte Bandbreite des Multiplexsignals gilt $B = f_{max} - f_{min} \geq N \, \Delta f$, wobei f_{min} bzw. f_{max} die untere bzw. obere 3-dB-Frequenzgrenze darstellen. Die Bandbreite bzw. die Bandgrenzen hängen im wesentlichen vom gewählten Medium ab. Die obere Grenzfrequenz wird bei einer Leitung durch die Induktivität im Längszweig und die Kapazität im Querzweig bestimmt, während die untere Grenzfrequenz dadurch hervorgerufen wird, daß i. a. durch den Einsatz von Übertragern kein Gleichstrompfad zur Verfügung steht. Bei leitungsgebundener Übertragung (z. B. Zweidrahtleitung, Koaxialkabel) können f_{min} bzw. f_{max} die untere bzw. die obere Grenze des für das Kabel „zulässigen" Frequenzbandes sein. Bei Funkdiensten hingegen wird die Bandbreite i. a. von internationalen Gremien festgelegt.

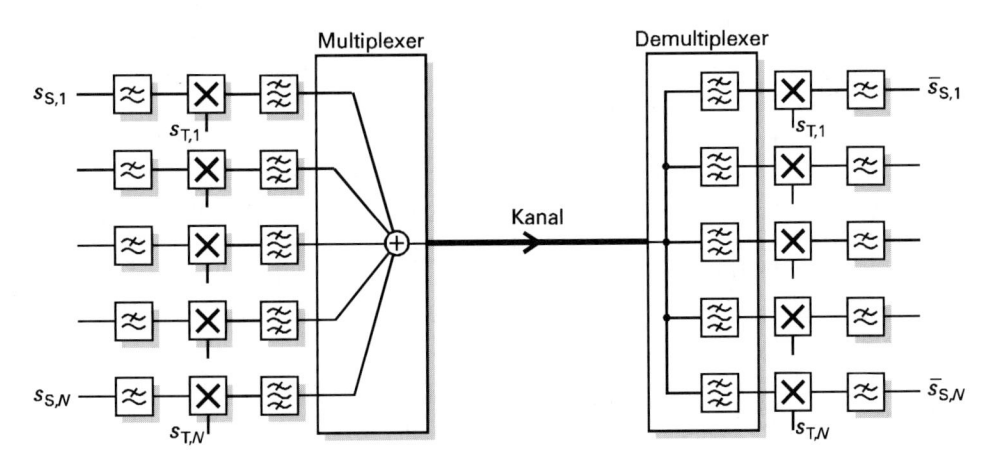

Abb. G.5-3 Aufbau einer Frequenzmultiplexverbindung mit N Kanälen

Die Abb. G.5-3 zeigt (für eine Übertragungsrichtung) den Aufbau einer Multiplexverbindung im FDM-Verfahren. Eingangsseitig sind N Signale (Kanäle) $s_{S,n}$ vorhanden, deren Signale über die Bandbegrenzung (Tiefpässe) der Frequenzumsetzung mit den Trägersignalen $s_{T,n}$ zugeführt werden (Multiplexer). Nach erneuter Filterung zur Beseitigung unerwünschter Mischprodukte werden die einzelnen Signale addiert und bilden so das Multiplexsignal, dessen Spektrum im Prinzip dem in Abb. G.5-2 angedeuteten entspricht. Nach der Übertragung wird das Multiplexsignal im Empfänger dem Demultiplexer zugeführt. Dieser besteht aus einer Bank von N sogenannten Kanalfiltern (steilflankige Bandpaßfilter), die an die Bandbreite und Mittenfrequenz der einzelnen Kanäle angepaßt sind. Nach dieser Kanalselektion werden die einzelnen Signale wiederum in die ursprüngliche Frequenzlage umgesetzt, indem sie mit den entsprechenden Trägersignalen $s_{T,n}$ multipliziert werden. Nach einer Tiefpaßfilterung zur Entfernung unerwünschter Mischprodukte stehen die einzelnen Signale $s_{S,n}$ zur Verfügung, die im Idealfall gleich den Signalen $s_{S,n}$ sind.

Das Frequenzmultiplexverfahren wird fast ausschließlich für Signale mit Sinusträger (ESB-AM, FM) verwendet, da aufgrund der hohen Bandbreite von Signalen mit Pulsträger dieses Multiplexverfahren unwirtschaftlich wäre. Das wichtigste Anwendungsgebiet für Frequenzmultiplex ist die im Kapitel H.1 beschriebene Trägerfrequenztechnik. Außerdem kommen auch bei der Verbreitung von Fernseh- und Hörfunkprogrammen Frequenzmultiplexverfahren zum Einsatz. Der einzige Unterschied zu dem oben vorgestellten Konzept liegt hierbei darin, daß beim Rundfunk die Empfänger nicht alle Kanäle gleichzeitig empfangen, sondern durch einen „abstimmbaren Demultiplexer" nur eines von vielen Signalen herausgefiltert wird. Bei Verwendung von FDM z. B. in Verbindung mit frequenzmodulierten Signalen spricht man von FDM-FM. Prinzipiell können jedoch die verschiedensten Modulationsverfahren zum Einsatz kommen.

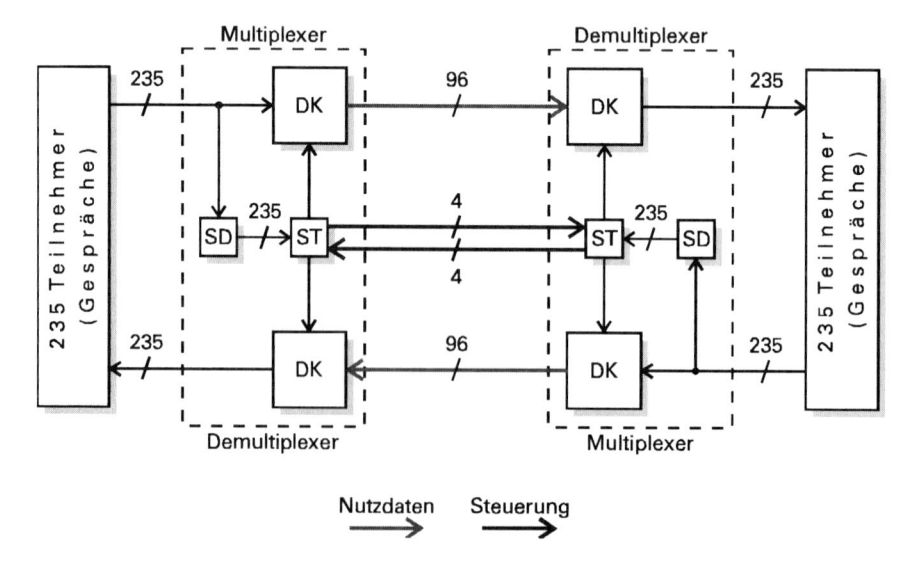

Abb. G.5-4   Time Assignment Speech Interpolation *(TASI, nach [Spiegel 90])*

G.5.2 Frequenzmultiplex (FDM)

Frequenzmultiplex ist ein asynchrones Verfahren – dies ist besonders dann vorteilhaft, wenn viele Teilnehmer (Systeme) möglichst freizügig auf einen gemeinsamen Kanal zugreifen können sollen. Wenn man diesen Gedanken weiterführt, kommt man zu einem der Vielfachzugriffsverfahren, dem Vielfachzugriff im Frequenzmultiplex. Bei dem hier vorgestellten FDM-Verfahren sind die Kanäle des Multiplexsignals fest den einzelnen Signalen bzw. Teilnehmern zugeordnet (starre Kanalzuteilung). Das führt dazu, daß ggf. – wenn ein Teilnehmer zeitweilig kein Signal abgibt – ein Teil des Übertragungskanals ungenutzt bleibt. Im Zuge der immer knapper werdenden Ressourcen wurden Verfahren erarbeitet, um diese ineffiziente Arbeitsweise zu verbessern. Speziell im Bereich der Übersee-Fernsprechverbindungen führte dies zur Einführung der *Time Assignment Speech Interpolation* (TASI). Abb. G.5-4 (nach [Spiegel 90]) zeigt das Prinzipblockschaltbild dieser Technik, bei der mehr Teilnehmer auf eine Leitung zugreifen können, als Multiplexkanäle vorhanden sind – in diesem Fall 235 Teilnehmer (Gespräche) auf 96 Kanäle je Richtung.

TASI basiert auf der Überlegung, daß Sprache ein statistischer Vorgang ist, wobei jeder Sprachkanal nicht ständig belegt ist, sondern in unregelmäßigen Abständen Sprechpausen mit unterschiedlicher Länge aufweist. Diese Sprechpausen in einer Verbindung werden nun genutzt, um den Kanal vorübergehend einer anderen Verbindung zur Verfügung zu stellen. Der Anteil der Kanäle, die auf diese Weise eingespart werden können, kann aus den statistischen Eigenschaften der Sprache ermittelt werden.

In dem in Abb. G.5-4 dargestellten Beispiel werden 235 Gespräche auf insgesamt 200 Kanälen übertragen (100 Kanäle je Richtung, davon 4 Steuerkanäle). Die Sprachdetektoren SD ermitteln dabei die Sprechpausen der einzelnen Teilnehmer und teilen sie der Steuerung ST mit. Diese sorgt dafür, daß in den „dynamischen Konzentrationsstufen" DK die Gespräche sendeseitig den Kanälen zugeordnet werden und umgekehrt im Empfänger die Gespräche wieder richtig aus den einzelnen Kanälen „zusammengesetzt" werden. Das bedeutet, daß ein Gespräch nicht während der gesamten Verbindungsdauer „starr" über einen Kanal läuft, sondern die Kanalzuteilung während der Verbindungsdauer dynamisch variiert.

Das in diesem Abschnitt beschriebene Verfahren des Zeitmultiplex basiert auf der synchronen Zuordnung von Zeitschlitzen (Slots) und wird daher auch als *Synchronous Time Division* (STD) bezeichnet. Im Gegensatz dazu existiert ein Verfahren, das in den letzten Jahren große Bedeutung in der breitbandigen Übertragungstechnik erlangt hat.

Dabei handelt es sich um *Asynchronous Time Division* (ATD), das die Grundlage für den im Kapitel L.5 ausführlich behandelten *Asynchronous Transfer Mode*, ATM, darstellt. Die Übertragung ist wie bei STD in Zeitschlitzen organisiert, die jedoch bei ATD frei mit Zellen belegbar sind (Abb. G.5-5). Bei ATD liegt somit keine feste zeitliche Zuordnung auf dem Übertragungsweg vor.

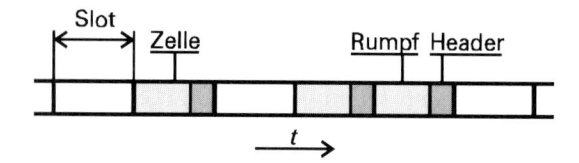

Abb. G.5-5 Zellen und Zeitschlitze (slots) bei asynchronous time division ATD

Hieraus ergibt sich die Möglichkeit, sowohl konstante als auch variable Datenraten bei der Übertragung zu unterstützen. Dieser Datenstrom wird unabhängig von der Datenrate in kleine Pakete (Zellen) unterteilt. Die maximale Übertragungskapazität ist dabei allein durch das verwendete Medium begrenzt.

G.5.3 Zeitmultiplex (TDM)

Im Gegensatz zum Frequenzmultiplex mit seinen harmonischen Schwingungen unterschiedlicher Frequenz werden beim Zeitmultiplex Impulsfolgen mit gleichem Pulsintervall, aber unterschiedlichen Nullphasenwinkeln als orthogonale Trägerfunktionen verwendet. Abb. G.5-6 zeigt dies für $N = 4$ Trägersignale. Die Gesamtheit aller Trägersignale wird auch als Impulsrahmen bezeichnet, T_R ist dabei die Impulsrahmendauer oder auch Rahmentaktzeit. Im Prinzip basiert das Zeitmultiplexverfahren auf der Pulsamplitudenmodulation, die im Kapitel G.4 vorgestellt wurde. Das bedeutet natürlich auch, daß hier das Abtasttheorem einzuhalten ist. Dies muß entweder durch entsprechende Wahl der Abtastfrequenz bzw. der Impulsrahmendauer und/oder durch eine Bandbegrenzung der zu übertragenden Signale vor der Abtastung (Anti-Aliasing-Filter) sichergestellt werden.

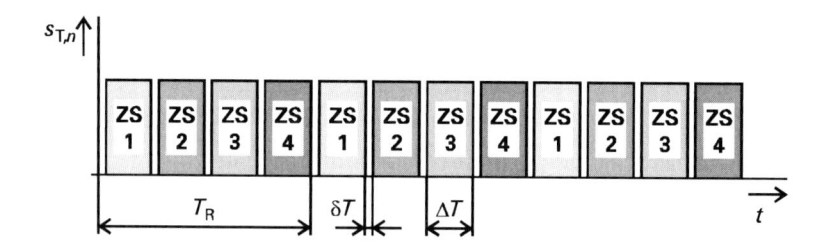

Abb. G.5-6 Impulsrahmen beim Zeitmultiplexverfahren

Die Dauer ΔT des einem einzelnen Kanal zugeordneten Zeitschlitzes hängt mit der Impulsrahmendauer T_R und mit der Anzahl der Kanäle N über $\Delta T = T_R/N - \delta T$ zusammen. Dabei ist δT ein Schutzabstand, dessen Größe im wesentlichen von der Synchronität der Teilnehmer abhängig ist und der im Idealfall gegen null gehen kann.

G.5.3 Zeitmultiplex (TDM)

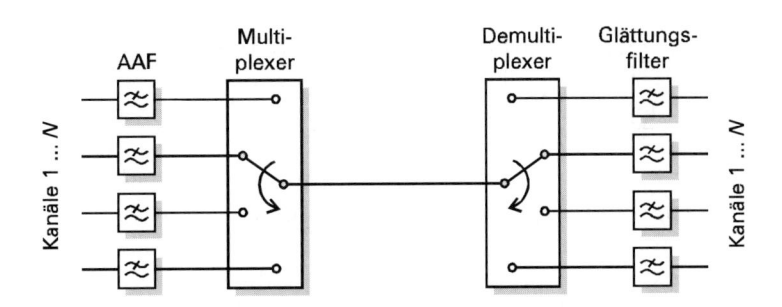

Abb. G.5-7 *Prinzipblockschaltbild des Zeitmultiplexverfahrens bei analogen Signalen*

Multiplexer und Demultiplexer können beim Zeitmultiplex anschaulich als (elektronisch realisierte) Drehschalter betrachtet werden, die synchron und mit konstanter Frequenz drehen und somit eine Verbindung zwischen Sender und Empfänger bei einem der N Kanäle herstellen (Abb. G.5-7). Bei der Übertragung analoger Signale werden Anti-Aliasing-Filter (AAF) vor dem Multiplexer sowie eine Bank von Glättungsfiltern (Tiefpässe) hinter dem Demultiplexer vorgesehen, die – analog zur Pulsamplitudenmodulation – aus dem abgetasteten Signal wieder ein kontinuierliches Signal machen. Eine wichtige Voraussetzung für dieses Verfahrens ist die Synchronisation von Multiplexer und Demultiplexer. Hierbei ist zu unterscheiden zwischen der Symbolsynchronisation und der Rahmensynchronisation. Während die Symbolsynchronisation dafür sorgt, daß die „elektronischen Drehschalter" jeweils zu Beginn eines Symbols den Übergang von einem zum nächsten Abgriff (Kanal) vollzogen haben, muß die Rahmensynchronisation sicherstellen, daß Multiplexer und Demultiplexer insofern synchron laufen, daß zu einem bestimmten Zeitpunkt jeweils die Teilnehmer einer Verbindung über den Kanal miteinander in Kontakt stehen. Im einfachsten Fall wird die Rahmensynchronisation dadurch erreicht, daß ein Kanal als Synchronisationskanal verwendet wird, der auf der Sendeseite mit einem Sendesignal beschaltet wird, aus dem der Empfänger (Demultiplexer) die Information über die Stellung des Multiplexers entnehmen kann.

Bisher wurde davon ausgegangen, daß auf der Eingangsseite analoge Signale anstehen, die abgetastet, gemultiplext, übertragen, demultiplext und wieder in die analoge Form transformiert werden. Eine andere – und vom Prinzip her naheliegende – Einsatzmöglichkeit für TDM liegt im Bereich der Übertragung digitaler Signale. Dabei wird jedem Signal mit einer festen Datenrate R_K ein Zeitschlitz zur Verfügung gestellt, innerhalb dessen eine Anzahl von Symbolen (im binären Fall Bits) übertragen werden können. Während der restlichen Dauer des Impulsrahmens ist die Übertragungsrate für diesen speziellen Kanal gleich null und die in dieser Zeit anfallenden Daten müssen gepuffert (zwischengespeichert) werden. Entsprechend muß für die (relativ) kurze Dauer der Übertragung ΔT eine (relativ) hohe Übertragungsrate $R_K(T_R/\Delta T)$ realisiert werden, so daß sich im Mittel eine Datenrate R_K einstellt. Anders gesagt: Die (relativ) hohe Datenrate $R_{mux} = R_K(T_R/\Delta T)$ der Multiplexverbindung wird auf die einzelnen Kanäle aufgeteilt; so wird den verschiedenen Teilnehmern jeweils die Datenrate R_K zur Verfügung gestellt. In Abb. G.5-8 wird die Übertragung digitaler Signale im Zeitmultiplex dargestellt, wobei hier vereinfachend von $\delta T \to 0$ ausgegangen wird. Die Datenrate des Multiplexsignals beträgt hier die vierfache Kanaldatenrate $R_{max} = 4R_K$. Dargestellt ist hier die Übernahme von jeweils einem Symbol eines Kanals je Rahmen T_R. Prinzipiell kann jedoch jede beliebige (konstante) Anzahl von Symbolen eines Kanals je Rahmen übertragen werden. Das Zeitmultiplexverfahren spielt eine außerordentlich große Rolle in der digitalen Übertragungstechnik, auf die in Kapitel H.2 ausführlich eingegangen wird.

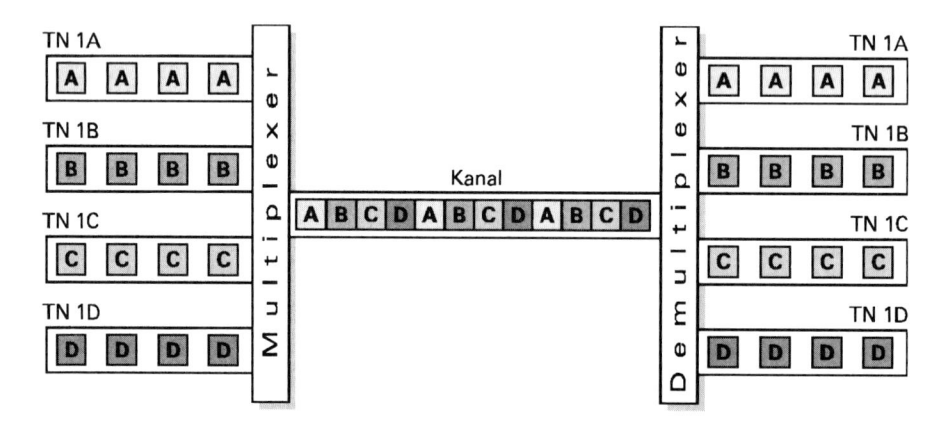

Abb. G.5-8   *Datenströme beim Zeitmultiplexverfahren*

Bei den bisherigen Überlegungen wurde angenommen, daß beim Zeitmultiplexverfahren jeweils zwei Teilnehmer starr über viele Rahmendauern hinweg miteinander in Verbindung stehen. Das bedeutet, daß sie nicht in der Lage sind, mit anderen als den ihnen fest zugeordneten Teilnehmern Informationen auszutauschen. Will man nun erreichen, daß beliebige Teilnehmer der Seite *A* mit beliebigen Teilnehmern der Seite *B* in Verbindung treten können, so muß durch entsprechende Steuerinformationen sichergestellt werden, daß zu einem bestimmten Zeitpunkt für eine bestimmte Zeitdauer eine entsprechende Verbindung aufgebaut wird. Das kann z. B. derart erfolgen, daß der Teilnehmer *i* auf der Seite *A* dem Multiplexer die Anforderung auf Zuschaltung eines Kanals (für eine bestimmte Anzahl von Zeitschlitzen entsprechend einem bestimmten Anteil an der gesamten Datenrate) mitteilt. Diese kann nur erfolgen, wenn zu dieser Zeit noch keine Belegung vorliegt. Andernfalls wird eine Warteschlange aufgebaut, oder der Belegungswunsch wird abgewiesen und muß ggf. wiederholt werden. Hier handelt es sich wieder um ein Vielfachzugriffsverfahren, das als TDMA das Gegenstück zum FDMA darstellt.

Kann der Multiplexer der Seite *A* die Verbindung aufbauen, so muß dem Demultiplexer auf der Seite *B* noch mitgeteilt werden, zu welchem Teilnehmer auf dieser Seite die Verbindung herzustellen ist. Dies erfolgt i. a. durch Voranstellen einer entsprechenden Adreßinformation, weshalb auch von einem Adreßmultiplex gesprochen wird. Zwei Anwendungen hiervon sind in Paketdatennetzen (X.25) sowie in Rechnernetzen nach dem Ethernet-Prinzip zu finden. Das letztere soll anhand der Abb. G.5-9 kurz erläutert werden.

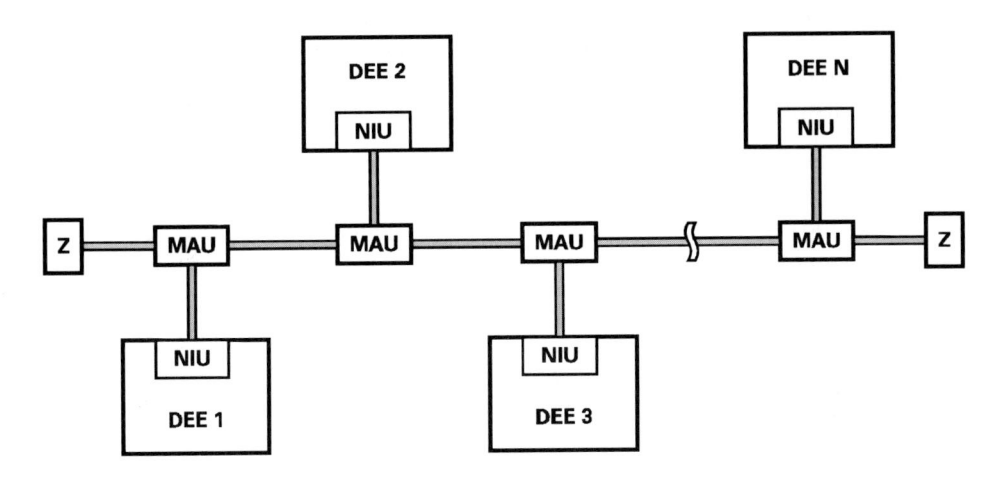

Abb. G.5-9 *Adreßmultiplex im Ethernet (DEE: Datenendeinrichtung, MAU: Medium Attachment Unit, NIU: Network Interface Unit, Z: Abschlußwiderstand) (nach [Spiegel 90])*

Hierbei sind N Teilnehmer (Datenendeinrichtungen – DEE) mit einer Leitung (typisch Koaxialkabel) miteinander verbunden, wobei die Leitung zur Vermeidung von Reflexionen mit ihrem Wellenwiderstand abgeschlossen sein muß (Abschlußwiderstand Z). Erhält ein bestimmer Teilnehmer (z. B. DEE 1) Sendeerlaubnis, so hören alle anderen Teilnehmer (DEE 2 bis DEE N) der Sendung zu, wobei jedoch nur der über die vorangestellte Adresse identifizierte Teilnehmer die Daten auch aufnimmt.

G.5.4 Wellenlängenmultiplexverfahren

Um die zur Verfügung stehenden extrem großen Übertragungskapazitäten der Lichtwellenleiter nutzen zu können, sind Verfahren wie Frequenz- oder Zeitmultiplex nicht geeignet. Statt dessen wird ein Verfahren eingesetzt, bei dem mehrere Signale mit unterschiedlichen Wellenlängen auf einem Lichtwellenleiter übertragen werden, das sogenannte Wellenlängenmultiplex (*Wavelength Division Multiplex* – WDM).

Die einfachste – und z. Z. übliche – Realisierung eines WDM-Systems verwendet mehrere Sender (Lichtquellen) unterschiedlicher Wellenlänge, die unabhängig voneinander moduliert werden. Die resultierenden Signale werden über einen gemeinsamen Lichtwellenleiter übertragen. Der Abstand der Kanäle ist vor allem abhängig von der Bandbreite der Sender (Laser) sowie der Bandbreite der verwendeten optischen Filter im Demultiplexer. Mit dieser Technik sind Systeme mit 30 Kanälen im Abstand von jeweils einer Nanosekunde realisiert worden.

Als wesentliche Verbesserung werden Systeme entwickelt, die mit dem aus der Funktechnik bekannten Superheterodyn-Prinzip (Überlagerung) arbeiten, bei dem die Informationskanäle über lokale Laser (entsprechend den lokalen Umsetzoszillatoren) in das bzw. aus dem Übertragungsfrequenzband des Lichtwellenleiters umgesetzt werden.

Erst durch den Einsatz von WDM-Systemen ist es möglich, die von Lichtwellenleitern bereitgestellten Übertragungskapazitäten sinnvoll zu nutzen. Aus diesem Grund finden intensive Entwicklungsarbeiten in diesem Bereich statt, wobei u. a. auch optische Koppelelemente zum Einsatz in Vermittlungsstellen das Ziel sind.

G.6 Anhang zu Teil G

G.6.1 Berechnung des Leistungsdichtespektrums von PSK und 2-ASK

Die Berechnung des Leistungsdichtespektrums eines PSK- bzw. 2-ASK-Signals basiert auf der im Kapitel D.2 durchgeführten Berechnung des Leistungsdichtespektrums eines statistischen (binären) Signals. Das Basisbandsignal, das in diesem Fall dem äquivalenten Basisbandsignal entspricht, kann mit

$$\underline{s}_T(t) = A \sum_k d_k g(t - kT_s) \qquad \text{(G.6-1)}$$

angegeben werden. Die Daten $d_k \in \{\pm 1\}$ seien dabei statistisch unabhängig und gleichwahrscheinlich. Die durch $g(t)$ beschriebenen Impulse weisen Rechteckform auf, die Amplitude sei A. Dann kann das Ergebnis von Kapitel D.2 für das Leistungsdichtespektrum des Basisbandsignals übernommen werden:

$$S_b(f) = A^2 T_s \, \text{si}^2(\pi f T_s) \qquad \text{(G.6-2)}$$

Aus dem äquivalenten Tiefpaßsignal wird durch Multiplikation mit einer Sinusschwingung (Träger) $e^{j\omega_0 t}$ der Frequenz f_0 das (reelle) Modulationssignal

$$\begin{aligned} s(t) &= \Re\left\{\underline{s}_T(t)\, e^{j\omega_0 t}\right\} \\ &= A\left\{\cos\omega_0 t \sum_k d_k g(t - kT_s)\right\} \end{aligned} \qquad \text{(G.6-3)}$$

G.6.1 Berechnung des Leistungsdichtespektrums von PSK und 2-ASK

erzeugt. Zur Berechnung des Leistungsdichtespektrums dieses Signals wird eine Korrespondenz der Fourier-Transformation verwendet, wodurch sich eine relativ einfache Vorgehensweise ergibt. Es gelte die Korrespondenz

$$\underline{f}(t) \circ\!\!-\!\!\bullet\ \underline{F}(\omega) = \text{FT}\{\underline{f}(t)\} \tag{G.6-4}$$

Dann wird bei einer Multiplikation im Zeitbereich mit $e^{j\omega_0 t}$ die Fourier-Transformierte um ω_0 verschoben, d. h.

$$\underline{f}(t)e^{j\omega_0 t} \circ\!\!-\!\!\bullet\ \underline{F}(\omega-\omega_0) \tag{G.6-5}$$

Da hier aber nur der Realteil betrachtet wird, ergibt sich mit

$$\Re\{e^{j\omega_0 t}\} = \cos\omega_0 t = \frac{1}{2}\left(e^{j\omega_0 t} + e^{-j\omega_0 t}\right) \tag{G.6-6}$$

die Korrespondenz

$$\underline{f}(t)\cos\omega_0 t \circ\!\!-\!\!\bullet\ \frac{1}{2}\left[\underline{F}(\omega-\omega_0) + \underline{F}(\omega+\omega_0)\right] \tag{G.6-7}$$

Somit folgt für das Leistungsdichtespektrum des Modulationssignals

$$S(f) = \frac{1}{2}\left[S(f-f_0) + S(f+f_0)\right] \tag{G.6-8}$$

und mit (G.6-1) unter Berücksichtigung der Tatsache, daß durch die Sinusschwingung ein zusätzlicher Faktor ½ bezüglich der Leistung eingeführt wird,

$$S(f) = \frac{A^2 T_s}{4}\left[\text{si}^2\left[\pi(f-f_0)T_s\right] + \text{si}^2\left[\pi(f+f_0)T_s\right]\right] \tag{G.6-9}$$

Die Leistung des Modulationssignals (sinusförmiger Träger) berechnet sich zu

$$P = \frac{A^2}{2} \tag{G.6-10}$$

Eine Vereinfachung des Ausdrucks (G.6-9) ergibt sich bei genauerer Betrachtung der Argumente der beiden si-Funktionen. Da i. a. die Trägerfrequenz f_0 groß ist gegen die Symbolrate $R_s = 1/T_s$, ist der Anteil mit $f + f_0$ in der Praxis meist vernachlässigbar, so daß sich die tatsächlich verwendete Beziehung für die spektrale Leistungsdichte eines PSK- bzw. 2-ASK-Signals schließlich zu

$$S(f) = \frac{PT_s}{2}\ \text{si}^2\left[\pi(f-f_0)T_s\right] \tag{G.6-11}$$

ergibt. Auch wenn es sich hier „nur" um eine Näherung handelt, sind die Abweichungen in der Praxis so gering, daß i. a. problemlos mit dieser einfacheren Formel gerechnet werden kann, ohne daß signifikante Fehler eingeführt werden.

G.6.2 Berechnung des Spektrums von abgetasteten Signalen

G.6.2.1 Das Spektrum bei idealer Abtastung

Ausgehend von der Beziehung

$$s_A(t) = K_M \, s(t) \, \delta_{\text{per}}(t) \tag{G.6-12}$$

für das abgetastete Signal mit dem periodischen Dirac-Impuls

$$\delta_{\text{per}}(t) = \sum_{n=-\infty}^{+\infty} \delta(t - nT_A) \tag{G.6-13}$$

wird im folgenden das Spektrum $\underline{S}_A(f)$ des abgetasteten Signals $s_A(t)$ aus dem – im Prinzip beliebigen – Spektrum $\underline{S}(f)$ des kontinuierlichen Ausgangssignals $s(t)$ bestimmt.

Aufgrund der Tatsache, daß der periodische Dirac-Impuls im Zeitbereich als Fourier-Transformierte wiederum einen periodischen Dirac-Impuls im Frequenzbereich aufweist, ist die Berechnung des Spektrums in diesem speziellen Fall vergleichsweise einfach.

Diese wichtige Korrespondenz der Fourier-Transformation lautet (zur Herleitung siehe z. B. [Lüke 92]):

$$\begin{aligned}\underline{\Delta}_{\text{per}}(f) &= \text{FT}\{\delta_{\text{per}}(t)\} \\ &= \frac{1}{T_A} \sum_{n=-\infty}^{+\infty} \delta(f - nf_A)\end{aligned} \tag{G.6-14}$$

Eine Multiplikation im Zeitbereich, wie sie in (G.6-12) vorliegt, entspricht einer Faltung im Frequenzbereich

$$\begin{aligned}s(t) &= s_1(t) \, s_2(t) \\ &\downarrow \\ \text{FT}\{s(t)\} &= \text{FT}\{s_1(t)\} * \text{FT}\{s_2(t)\}\end{aligned} \tag{G.6-15}$$

so daß für das Spektrum des abgetasteten Signals

$$\underline{S}_A(f) = K_M \, \underline{S}(f) * \underline{\Delta}_{\text{per}}(f) \tag{G.6-16}$$

gilt. Dank der speziellen Eigenschaften des Dirac-Impulses ergibt sich hieraus durch Einsetzen von (G.6-14) schließlich

$$\underline{S}_A(f) = \frac{K_M}{T_A} \sum_{n=-\infty}^{+\infty} \underline{S}(f - nf_A) \tag{G.6-17}$$

G.6.2.2 Das Spektrum des Rechteckimpulses

Das Spektrum des symmetrischen Rechteckimpulses der Länge τ mit der Beschreibung (siehe Abb. G.6-1a)

$$s_1(t) = \mathrm{rect}(t/\tau) = \begin{cases} A & |t| \leq \tau/2 \\ 0 & \mathrm{sonst} \end{cases} \tag{G.6-18}$$

soll hier über die Fourier-Transformation berechnet werden.

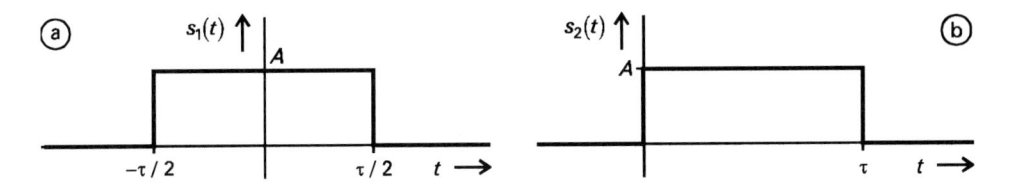

Abb. G.6-1 Symmetrischer (a) und verschobener (b) Rechteckimpuls

Mit der allgemeinen Definitionsgleichung für die Fourier-Transformierte

$$\underline{S}(f) = \int_{-\infty}^{+\infty} s(t) e^{-j2\pi f t}\, dt \tag{G.6-19}$$

ergibt sich hier

$$\begin{aligned}\underline{S}_1(f) &= \int_{-\tau/2}^{\tau/2} A e^{-j2\pi f t}\, dt \\ &= \frac{A}{j2\pi f}\left[e^{j\pi f \tau} - e^{-j2\pi f \tau}\right] \\ &= A\tau\, \mathrm{si}(\pi f \tau)\end{aligned} \tag{G.6-20}$$

Wird der Rechteckimpuls, wie in der Abb. G.6-1b gezeigt, auf der Zeitachse verschoben, so resultiert daraus mit der Korrespondenz der Fourier-Transformation

$$\begin{aligned}s_2(t) &= s_1(t - t_0) \\ &\downarrow \\ \mathrm{FT}\{s_2(t)\} &= \mathrm{FT}\{s_1(t)\}\, e^{-j2\pi f t_0}\end{aligned} \tag{G.6-21}$$

das Spektrum des verschobenen Rechteckimpulses zu

$$\begin{aligned}\underline{S}_2(f) &= \underline{S}_1(f)\, e^{-j\pi f \tau} \\ &= A\tau\, \mathrm{si}(\pi f \tau)\, e^{-j\pi f \tau}\end{aligned} \tag{G.6-22}$$

Wie man erkennt, wirkt sich eine Verschiebung nur auf die Phase des Spektrums aus, während das häufig wichtigere Betragsspektrum unbeeinflußt bleibt.

G.6.2.3 Das Spektrum bei Abtastung mit Rechteckimpulsen

Wird ein kontinuierliches Signal $s(t)$ mit einer einfachen Abtast-Halte-Schaltung (*Sample & Hold*) abgetastet, so entsteht als Abtastsignal $s_A(t)$ eine Folge von Rechteckimpulsen, wobei die Fläche der einzelnen Impulse dem Wert des abgetasteten Signals zum Abtastzeitpunkt entspricht. Zur mathematischen Beschreibung werde die Abtastung in zwei Schritte unterteilt. Dabei erfolgt zuerst eine ideale Abtastung mit periodischen Dirac-Impulsen $\delta_{per}(t)$, wie sie im vorhergehenden Abschnitt beschrieben wurde. Anschließend wird das so entstandene Signal $\tilde{s}_A(t)$ mit einem Rechteckimpuls der Dauer τ gefaltet. Der Rechteckimpuls werde im Zeitbereich mit

$$s_1(t) = \text{rect}(t/\tau) = \begin{cases} A & |t| \leq \tau/2 \\ 0 & \text{sonst} \end{cases} \qquad \text{(G.6-23)}$$

bzw. im Frequenzbereich mit

$$\underline{S}_1(f) = A\tau \, \text{si}(\pi f \tau) \qquad \text{(G.6-24)}$$

beschrieben (siehe Abschnitt G.6.2.2). Zusammengefaßt ergibt sich damit im Zeitbereich für das Abtastsignal

$$s_A(t) = \underbrace{\left[s(t)\delta_{per}(t)\right]}_{\tilde{s}_A(t)} * s_1(t) \qquad \text{(G.6-25)}$$

und, entsprechend den Regeln der Fourier-Transformation, im Frequenzbereich

$$\begin{aligned}\underline{S}_A(f) &= \underline{\tilde{S}}_A(f) \cdot \underline{S}_1(f) \\ &= A\tau \frac{K_M}{T_A} \text{si}(\pi f \tau) \, e^{-j\pi f \tau} \sum_{n=-\infty}^{+\infty} \underline{S}(f - nf_A)\end{aligned} \qquad \text{(G.6-26)}$$

Die Berechnung des Spektrums bei Verwendung anderer, „realistischerer" Impulsformen (Spektrum $\underline{S}_x(f)$) ergibt sich durch Ersetzen des Spektrums $\underline{S}_1(f)$ in (G.6-26) durch $\underline{S}_x(f)$.

G.6.3 Abtastung von Bandpaßsignalen (Sub Sampling)

Das Shannonsche Abtasttheorem mit der Bedingung $f_A > 2f_{s,max}$ für die Abtastfrequenz ist in dieser Form strenggenommen nur für Basisbandsignale mit der unteren Grenzfrequenz $f_{s,min} \approx 0$ sinnvoll. Wird hingegen ein Bandpaßsignal mit $0 < f_{s,min} \leq f_s \leq f_{s,max} < \infty$ betrachtet, so kann man zeigen, daß bereits bei einer deutlich niedrigeren Abtastfrequenz als nach dem Abtasttheorem erforderlich, eine einwandfreie Rückgewinnung des abgetasteten Signals möglich ist (sogen.

G.6.3 Abtastung von Bandpaßsignalen (Sub Sampling)

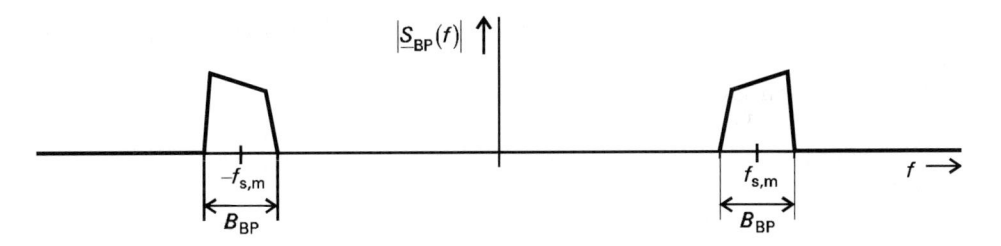

Abb. G.6-2 Spektrum des abzutastenden Bandpaßsignals

Sub Sampling). Das Bandpaßsignal habe dabei die Bandbreite $B = f_{s,max} - f_{s,min}$ und die Mittenfrequenz $f_{s,m} = (f_{s,max} + f_{s,min})/2$. Das Spektrum des Signals ist in Abb. G.6-2 dargestellt.

Bei idealer Abtastung entsteht daraus das in Abb. G.6-3 gezeigte (theoretisch unendlich ausgedehnte) Spektrum

$$S_{BP,A}(f) = \sum_{n=-\infty}^{\infty} \{S_{BP}(f - nf_A)\} \qquad (G.6\text{-}27)$$

Im einfachsten Fall gilt

$$f_{s,m} = B_{BP}\left(n + \frac{1}{2}\right) \qquad \text{mit} \qquad n \in \{1,2,3,\ldots\} \qquad (G.6\text{-}28)$$

und es ergibt sich (hier für $n = 3$) das in Abb. G.6-3 gezeigte Spektrum des abgetasteten Signals, wobei folgende Abtastfrequenz berechnet wird:

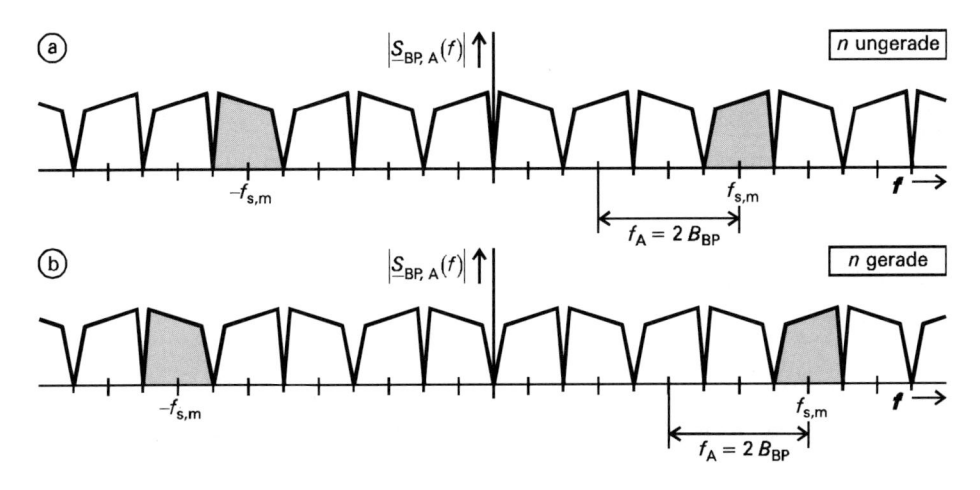

$$f_A = 2 B_{BP} \qquad (G.6\text{-}29)$$

Abb. G.6-3 Spektrum des abgetasteten Bandpaßsignals bei ungeradem n (a) bzw. bei geradem n (b)

Wie man in Abb. G.6-3 erkennt, ist im Bereich $-f_A/2 \leq f \leq f_A/2$ wiederum das (frequenzverschobene) Spektrum des ursprünglichen Signals vorhanden, das z. B. durch Einsatz eines idealen Tiefpaßfilters wiedergewonnen werden könnte.

Zu beachten ist allerdings, daß das Spektrum in Abb. G.6-3a in Kehrlage vorliegt, d. h. mit umgekehrter Frequenzrichtung. Dies ist immer dann der Fall, wenn der Parameter n in (G.6-28) ungerade ist. Ist n gerade, so liegt das Spektrum in Gleichlage vor (Abb. G.6-3b).

Da i. a. bei einem gegebenen System die Bedingung (G.6-28) nicht erfüllt sein wird, muß ein Weg gefunden werden, dies zu erzwingen. Durch eine künstliche Vergrößerung der Bandbreite auf

$$B'_{BP} = q B_{BP} \qquad \text{mit} \qquad q > 1 \tag{G.6-30}$$

kann die Bedingung

$$f'_{s,min} = n B'_{BP} \tag{G.6-31}$$

erfüllt werden. Für die Abtastfrequenz gilt dann entsprechend

$$f_A = 2 B'_{BP} \tag{G.6-32}$$

Unter der Annahme, daß bei der Vergrößerung der Bandbreite die Mittenfrequenz unverändert bleiben soll, ergibt sich die Beziehung

$$f_{s,m} = B'_{BP}\left(n + \frac{1}{2}\right) \qquad \text{mit} \qquad n \in \{1,2,3,\ldots\} \tag{G.6-33}$$

und daraus für ganzzahliges n die Bedingung

$$n_{max} = \left\lfloor \frac{f_{s,m}}{B'_{BP}} - \frac{1}{2} \right\rfloor \tag{G.6-34}$$

Hieraus folgt dann die kleinstmögliche Bandbreite

$$B'_{BP,min} = \frac{f_{s,m}}{n_{max} + \frac{1}{2}} \tag{G.6-35}$$

und mit (G.6-32) die minimale Abtastfrequenz zu

$$f_{A,min} = 2 B'_{BP,min} \tag{G.6-36}$$

Falls aus (G.6-34) ein ungerader Wert für n_{max} resultiert und somit das Spektrum in Kehrlage vorliegt, so kann durch Verringerung des Parameters n_{max} auf $n_{max}-1$ eine entsprechende Korrektur durchgeführt werden, die allerdings automatisch zu einer erhöhten Abtastfrequenz führt.

G.6.3 Abtastung von Bandpaßsignalen (Sub Sampling)

Beispiel G.6-1

Ein Bandpaßsignal (Abb. G.6-4) mit der Mittenfrequenz $f_{s,m} = 2{,}3\,\text{MHz}$ und der Bandbreite $B_{BP} = 300\,\text{kHz}$ soll abgetastet werden.

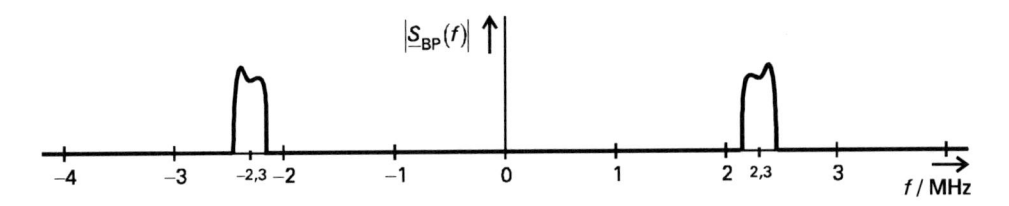

Abb. G.6-4   Spektrum des Tiefpaßsignals (oben) bzw. des Bandpaßsignals (unten)

Bei konventioneller Abtastung nach dem Shannonschen Abtasttheorem ergibt sich eine Abtastfrequenz von $f_A \geq 4{,}9\,\text{MHz}$, woraus mit $f_A = 5\,\text{MHz}$ das in der Abb. G.6-5 abgebildete Spektrum resultiert.

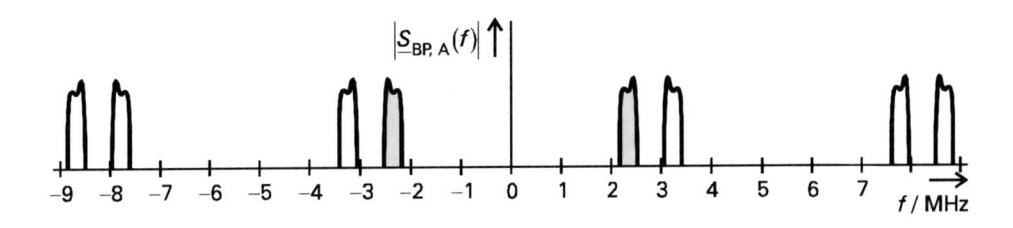

Abb. G.6-5   Spektrum des mit 5 MHz abgetasteten Signals

Soll nun *Sub Sampling* verwendet werden, so muß untersucht werden, welches die minimale Abtastfrequenz ist, die eine einwandfreie Rückgewinnung (ohne Aliasing) des ursprünglichen Signals erlaubt.

Weil sich für eine Abtastfrequenz von 600 kHz nach (G.6-29) eine Verletzung der Bedingung (G.6-28) ergibt, muß eine Vergrößerung der abzutastenden Bandbreite vorgenommen werden. Nach den oben angegebenen Beziehungen (G.6-34) bis (G.6-36) ergibt sich damit $n_{\max} = 7$, eine minimale Bandbreite von 306,7 kHz sowie eine minimale Abtastfrequenz von 613,3 kHz.

Da der Parameter n ungerade ist, liegt das Spektrum in Kehrlage vor; siehe Abb. G.6-6a auf der nächsten Seite. Wird nun, um die Gleichlage des Spektrums zu erreichen, der Parameter auf $n = 6$ reduziert, so ergibt sich entsprechend eine Bandbreite von 353,8 kHz und eine Abtastfrequenz von 707,7 kHz; siehe Abb. G.6-6b.

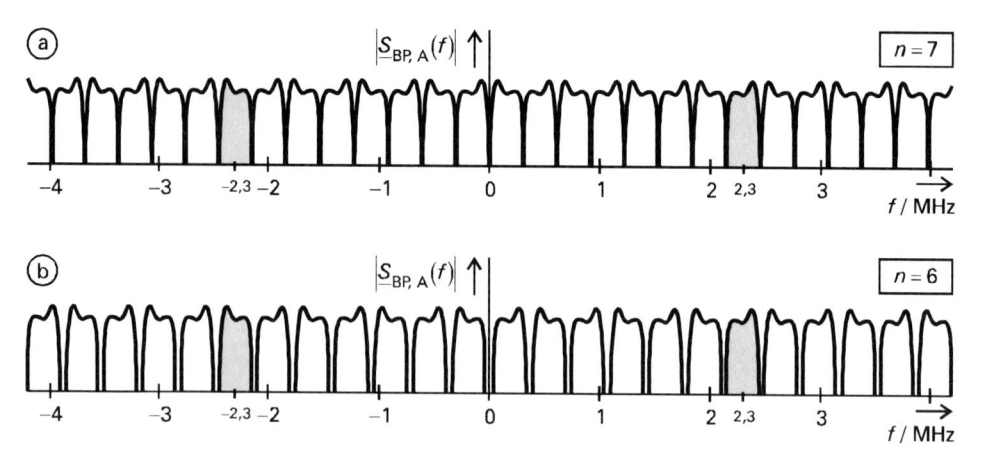

Abb. G.6-6 Spektrum des unter Berücksichtigung der vergrößerten Bandbreite abgetasteten Signals

G.7 Übungsaufgaben

Aufgabe G-1

1. Vervollständigen Sie die Übersicht über die Modulationsverfahren in der Tab. G.7-1.
2. Geben Sie jeweils kurz(!) das Prinzip der Modulationsverfahren an.

Modulationsverfahren			
Sinus-Träger		Puls-Träger	
modulierendes Signal		uncodiert	quantisiert / codiert
analog	digital		

Tab. G.7-1 Übersicht über die Modulationsverfahren

Aufgabe G-2

Gegeben sei ein amplitudenmoduliertes Signal mit der folgenden Beschreibung von Träger und moduliertem Signal:

$$s_T(t) = A\cos\omega_T t \qquad s_S(t) = a\left[\cos(2\omega_S t) + \frac{1}{2}\cos(4\omega_S t)\right] \qquad \omega_T = 10\omega_S$$

1. Skizzieren Sie die Spektren von $s_T(t)$ und $s_S(t)$.
2. Skizzieren Sie das Spektrum des resultierenden Modulationssignals $s_M(t)$.
3. Welche Bedingung muß das Verhältnis a/A erfüllen, damit keine Übermodulation auftritt?

Aufgabe G-3

Gegeben seien die folgenden Beziehungen für ein Modulationssignal:

$$s_M(t) = \hat{s}_M(t)\cos(\omega_T t + \Phi) \qquad \hat{s}_M(t) = \hat{s}_T + \hat{s}_S \cos(\omega_S t)$$

1. Leiten Sie aus den beiden angegebenen Beziehungen die Gleichung des Spektrums der Zweiseitenband-Amplitudenmodulation mit unterdrücktem Träger (ZSB-AM-uT, $\hat{s}_T = 0$) her und skizzieren Sie es für $\hat{s}_S = 1$, $f_S = 100$ kHz und $f_T = 2$ MHz.
2. Wie groß ist in diesem Fall die Leistung der AM-Schwingung im Verhältnis zur „normalen" ZSB-AM? (Formel in Abhängigkeit von m angeben.)

Die Trägeramplitude sei jetzt $\hat{s}_T = 2$.

3. Wie groß ist der Modulationsfaktor m?
4. Skizzieren Sie das Modulationstrapez mit Angabe wichtiger Punkte.

Aufgabe G-4

Am Ausgang eines amplitudenmodulierten Senders wird im unmodulierten Zustand eine Leistung von $P = 10$ kW und im modulierten Zustand eine Leistung von $P = 12$ kW an 50 Ω gemessen.

1. Berechnen Sie den Modulationsfaktor m.
2. Wie groß ist der maximale Wert der Trägerspannung $u_{T,max}$ im modulierten Zustand?

Aufgabe G-5

Bei einem Signal mit Zweiseitenband-Amplitudenmodulation werden die folgenden Werte gemessen:

$u_{T,min} = 4\text{ V}$ $f_T = 512\text{ kHz}$

$u_{T,max} = 8\text{ V}$ $f_S = 50\text{ kHz}$

1. Wie groß ist der Modulationsindex m?
2. Skizzieren Sie das Betragsspektrum.
3. Wie groß ist der gesamte Leistungsinhalt der AM-Schwingung an $R = 600\,\Omega$?

Aufgabe G-6

Ein Signal mit dem in Abb. G.7-1 dargestellten Spektrum soll auf einen Träger ($f_T = 12\text{ kHz}$) aufmoduliert werden. Als Modulationsart ist Einseitenband-Amplitudenmodulation ohne Träger vorgesehen.

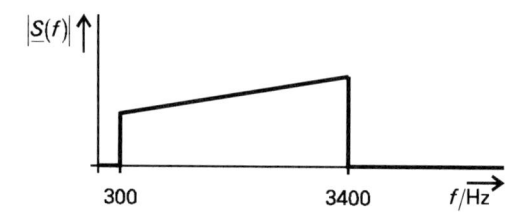

Abb. G.7-1   *Spektrum des Modulationssignals*

1. Welche (beiden) Stufen sind bei der Realisierung der Modulation nötig?
2. Wie sieht das Spektrum nach „Stufe 1" aus?
3. Welchen Dämpfungsverlauf muß das Filter aufweisen (mit Angabe von Frequenzen)?
4. Welche zusätzliche Bedingung muß der Dämpfungsverlauf erfüllen, wenn statt „ohne Träger" Einseitenband-Amplitudenmodulation mit Rest-Träger verwendet werden soll?

Aufgabe G-7

Gegeben sind folgende Daten eines frequenzmodulierten Trägers:

$f_T = 100\text{ MHz}$ $f_{NF} = 15\text{ kHz}$ $\hat{u}_T = 5\text{ V}$ $\Delta\omega = 2\pi \cdot 75 \cdot 10^3\,\text{s}^{-1}$

1. Berechnen Sie den Modulationsindex η.
2. Berechnen Sie das Betragsspektrum des modulierten Trägers für $n = -3\ldots+3$ und stellen Sie es graphisch dar.
3. Wie verändert sich das Spektrum, wenn sowohl der Frequenzhub $\Delta\omega$ als auch die NF-Tonhöhe f_{NF} halbiert werden?

4. Wie groß ist die unmodulierte Trägerleistung $P_{T,0}$ an $R = 50\ \Omega$?
5. Wie groß ist die Trägerleistung(!) P_T des modulierten Trägers an $R = 50\ \Omega$?

Aufgabe G-8

Gegeben sind folgende Werte eines frequenzmodulierten Trägers:

$$f_T = 800\ \text{kHz} \qquad \hat{u}_T = 1\ \text{V} \qquad f_S = 10\ \text{kHz} \qquad \Delta\omega = 2\pi \cdot 50 \cdot 10^3\ \text{s}^{-1}$$

1. Berechnen Sie die benötigte Bandbreite bei Verwendung der Carson-Formel.

Das FM-Signal wird über einen Kanal mit Bandpaß-Charakteristik übertragen; Mittenfrequenz 800 kHz, Bandbreite 130 kHz.

2. Berechnen Sie die Amplitude der frequenzmäßig höchsten hierbei übertragenen Spektrallinie.
3. Berechnen Sie die Amplitude der (an der oberen Filterflanke) frequenzmäßig niedrigsten nicht mehr übertragenen Spektrallinie.

Aufgabe G-9

Gegeben ist ein frequenzmoduliertes Signal mit folgenden Werten:

$$\hat{u}_T = 10\ \text{V} \qquad f_T = 1\ \text{MHz} \qquad \Delta\omega = 2\pi \cdot 60 \cdot 10^3\ \text{s}^{-1} \qquad f_S = 15\ \text{kHz}$$

1. Bestimmen Sie den Modulationsindex.
2. Wie groß ist die Leistung des unmodulierten Trägers an einem Widerstand von $R = 50\ \Omega$?
3. Das modulierte Signal wird über einen Kanal übertragen, der die Charakteristik eines idealen Bandpasses mit $f_0 = 1\ \text{MHz}$ und $\Delta f = 100\ \text{kHz}$ aufweist. Skizzieren Sie das Spektrum am Ausgang des Übertragungskanals.
4. Welcher Anteil der Leistung des Signals geht bei der Übertragung verloren?

Aufgabe G-10

Zu untersuchen ist ein FM-System mit folgenden Daten:

$$\hat{s}_T = 1 \qquad f_T = 10\ \text{MHz} \qquad f_S = 100\ \text{kHz} \qquad \Delta f = 300\ \text{kHz}$$

1. Welche Bandbreite wird zur Übertragung benötigt?
2. Über ein Bandpaßfilter mit der Mittenfrequenz 9,52 MHz und der Bandbreite 200 kHz wird ein Meßgerät (*Spectrum Analyzer*) angeschlossen. Skizzieren Sie denjenigen Ausschnitt des Spektrums, der auf dem Schirm des Meßgeräts zu sehen ist.
3. Wie groß ist der Anteil der Leistung, die *außerhalb* des Filters liegt?

Aufgabe G-11

1. Erläutern Sie kurz die prinzipiellen Möglichkeiten (AM, FM, PM), einen Sinus-Träger zu modulieren; es sei $s_T(t) = \hat{s}_T(t)\cos(\omega_T t + \varphi(t))$.

2. Was ist der Unterschied zwischen AM und ASK bzw. FM und FSK bzw. PM und PSK?

3. Skizzieren Sie den zeitlichen Verlauf eines 2-ASK-, eines OOK- sowie eines 2-FSK-Signals für die Eingangs-Datenfolge 10010110.

Aufgabe G-12

1. Berechnen und skizzieren Sie das Leistungsdichtespektrum eines OOK-Signals. Die Trägerfrequenz sei groß gegen die Bitrate.

2. Wie groß ist die Bandbreite zwischen den ersten Nullstellen des Leistungdichtespektrums nach Punkt 1?

Aufgabe G-13

1. Berechnen und skizzieren Sie das Leistungsdichtespektrum eines M-ASK-Signals, wobei M ein Zweierpotenz darstellen soll. Die Trägerfrequenz sei groß gegen die Symbolrate.

2. Wie groß ist die Bandbreite zwischen den ersten Nullstellen des Leistungsdichtespektrums nach 1?

Teil H

Systeme der Nachrichten-technik

H.1 Trägerfrequenztechnik

H.1.1 Einleitung

Trägerfrequenz-Übertragungssysteme (TF-Systeme) arbeiten nach dem Prinzip der Frequenzstaffelung; das heißt, es handelt sich hier um Frequenzmultiplexsysteme. Grundlage ist die Frequenzumsetzung (Frequenzverschiebung) des Basisbandsignals aus der ursprünglichen Frequenzlage in eine andere (höhere) Frequenzlage in einer oder in mehreren Stufen. Diese Umsetzung ist die Hauptaufgabe der TF-Endeinrichtungen. Die TF-Leitungseinrichtungen dienen zur Übertragung der frequenzgestaffelten Nachrichtenkanäle unter Beachtung der erforderlichen Geräuschbedingungen und Pegelkonstanz. (Abb. H.1-1)

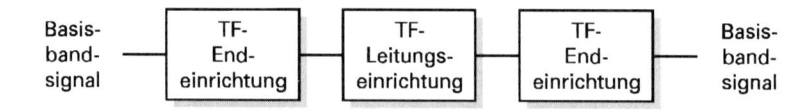

Abb. H.1-1   Übertragungssystem der Trägerfrequenztechnik

Der wichtigste Einsatzbereich der TF-Technik ist die Übertragung von Fernsprechkanälen (kurz: Sprachkanälen). Das Frequenzband des zu übertragenden Sprechkanals reicht von 300 Hz bis 3400 Hz und ist somit 3100 Hz breit (Abb. H.1-2). Zur Vereinfachung (u. a. der Filtertechnik) wird jedoch für jeden Sprechkanal eine Bandbreite von 4 kHz zur Verfügung gestellt. Bei 3850 Hz steht ein systemeigener Zeichenkanal zur Verfügung, der jedoch nur relativ selten verwendet wird.

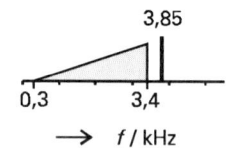

Abb. H.1-2   Fernsprechkanal

H.1.2 Frequenzumsetzung

Heute werden zur Frequenzumsetzung vorwiegend Ringmodulatoren mit Dioden bzw. Transistoren eingesetzt, wobei die Trägerleistung um ca. 26 dB größer als die Leistung des Modulationssignals ist. Am Ausgang des Modulators erscheinen beide Seitenbänder. Ein typisches Ausgangsspektrum ist in Abb. H.1-3 gezeigt, wobei der Träger und das Basisbandsignal selbst im Aus-

H.1.2 Frequenzumsetzung

gangsspektrum i. a. nicht mehr erscheinen. ESB-AM bietet die Möglichkeit der Bandbreiteneinsparung um den Faktor 2 gegenüber der ZSB-AM (vergleiche hierzu Abschnitt G.2.1).

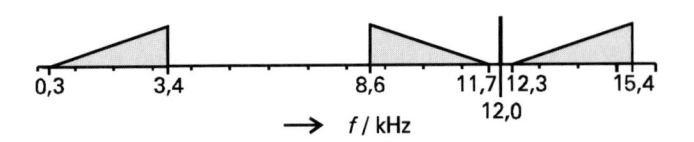

Abb. H.1-3 Spektrum am Ausgang des Ringmodulators

Die HF-Bandbreite ist bei der ESB-AM (im Prinzip) gleich der NF-Bandbreite. Um aus dem Signal nach Abb. H.1-3 das obere Seitenband herauszufiltern, wird beispielsweise ein Hochpaß mit der Grenzfrequenz $f_g = 12$ kHz eingesetzt (Abb. H.1-4a).

Abb. H.1-4 Erzeugung (a) und Demodulation (b) eines ESB-AM-Signals

Empfangsseitig wird wiederum der Träger zugesetzt. Dabei entstehen im wesentlichen Komponenten bei 300 Hz bis 3,4 kHz und 24,3 kHz bis 27,4 kHz (Abb. H.1-5). Um nun das gewünschte Basisbandsignal zu erhalten, wird ein Tiefpaß eingesetzt (Abb. H.1-4b). Damit das ursprüngliche Signal unverfälscht (bzgl. der Modulation/Demodulation) übertragen werden kann, muß der Träger auf der Empfangsseite exakt die gleiche Frequenz wie auf der Sendeseite haben. Bei der Übertragung von Hörfunkprogrammen wird daher ein Trägerrest mitübertragen, aus dem der Empfänger die exakte Trägerfrequenz erhält. Bei Fernsprechverbindungen sind die Qualitätsanforderungen geringer, so daß ein geringer Frequenzversatz und damit leichte Verzerrungen in Kauf genommen werden können zugunsten eines kostengünstigeren Aufbaus der Geräte.

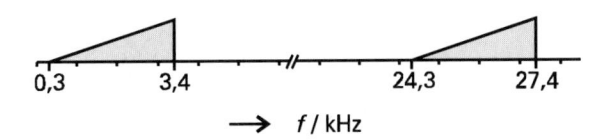

Abb. H.1-5 Empfangsseitiges Spektrum am Ausgang des Demodulators

H.1.3 Hierarchie der Trägerfrequenztechnik

Bei einer größeren Anzahl von Sprechkanälen wird eine entsprechend höhere Bandbreite benötigt. Bei einem TF-System mit z. B. 10800 Kanälen müssen mindestens 43,2 MHz Übertragungsbandbreite zur Verfügung gestellt werden. Um nun eine solche Vielzahl von Kanälen organisatorisch und technisch handhaben zu können (Vermittlungstechnik), muß eine möglichst sinnvolle und weltweit einheitliche Frequenzstaffelung vorhanden sein. Hierbei handelt es sich um ein vom ITU-T festgelegtes Schema.

Es werden jeweils mehrere Kanäle zu einer Gruppe zusammengefaßt, aus denen in mehreren Hierarchieebenen wiederum neue Gruppen gebildet werden. Ein Vorteil der TF-Technik ist das relativ einfache Aus- und Einkoppeln von unterschiedlich umfangreichen Kanalbündeln auf der Basis der Grundgruppen (Abzweigen bzw. Durchschalten).

In Abb. H.1-2 ist der einfache (Fernsprech-)Kanal gezeigt. Er enthält von 300 Hz bis 3400 Hz die (Sprach-)Information und bei 3850 Hz einen systemeigenen Zeichenkanal. Aus zwölf Fernsprechkanälen wird durch Frequenzumsetzung eine Gruppe, die sogenannte Grundprimärgruppe (GPG) gebildet. Dies kann entweder durch Direktmodulation oder durch Vorgruppenmodulation erreicht werden.

Direktmodulation

Die Abb. H.1-6 zeigt die Vorgehensweise bei Direktmodulation. Jeder Kanal wird in einer einzigen Modulationsstufe umgesetzt und gleichzeitig frequenzgestaffelt, d. h. jeder Kanal hat einen um 4 kHz zum Nachbarkanal versetzten Träger.

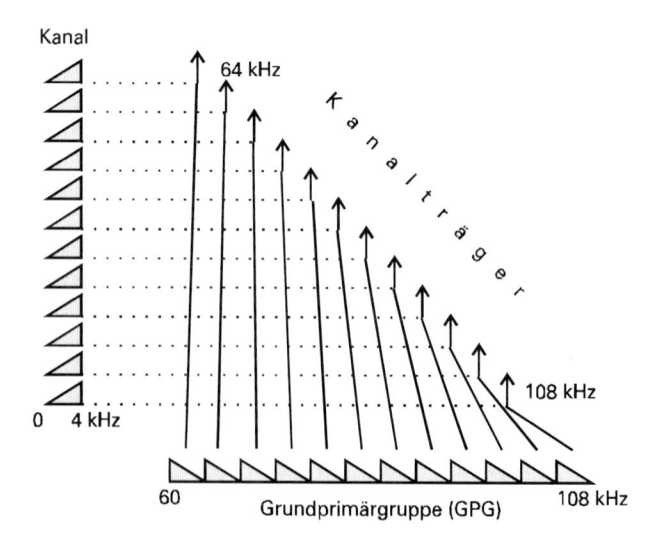

Abb. H.1-6 *Erzeugung einer Grundprimärgruppe durch Direktmodulation*

H.1.3 Hierarchie der Trägerfrequenztechnik

Vorgruppenmodulation

Bei der Vorgruppenmodulation (Abb. H.1-7) wird die Grundprimärgruppe über eine Zwischenstufe, die sogenannte Vorgruppe, erzeugt. Hierbei werden in der ersten Modulationsstufe jeweils drei Kanäle zu einer Vorgruppe zusammengefaßt, aus denen in der zweiten Modulationsstufe wiederum eine Grundprimärgruppe entsteht.

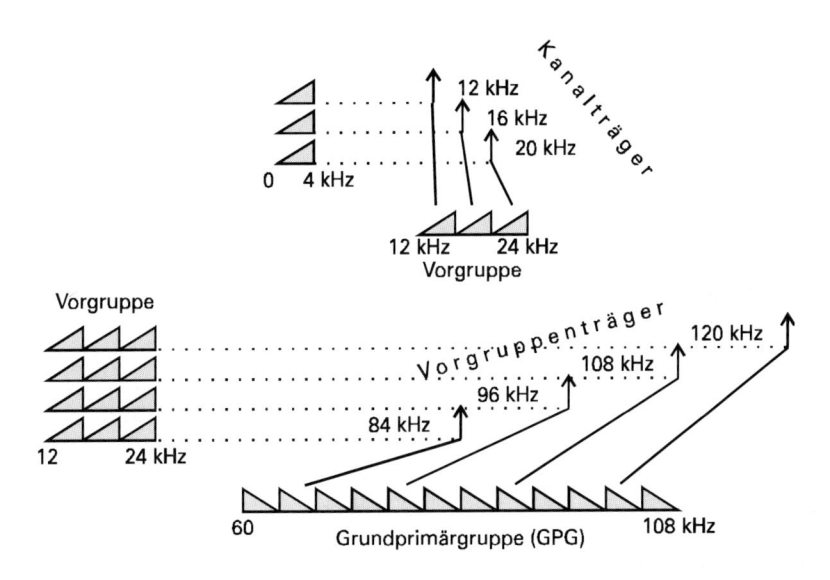

Abb. H.1-7 *Erzeugung der Grundprimärgruppe durch Vorgruppenmodulation*

Die Vorteile der in Deutschland üblichen Vorgruppenmodulation sind vor allem:
- Filterung mit relativ geringen Anforderungen (z. B. bzgl. Flankensteilheit).
- Durch die größere Stückzahl von identischen Baugruppen wird der Aufbau kostengünstiger.

Grundgruppen der Trägerfrequenztechnik

Eine Übersicht über die verschiedenen Grundgruppen zeigen Abb. H.1-8 und Tab. H.1-1, wobei die Grundprimärgruppe A und die Grundquintärgruppe in Deutschland nur in Ausnahmefällen eingesetzt werden. Die Übertragungsbänder der Trägerfrequenztechnik werden von Pilot-Signalen (kurz Piloten) begleitet. Es handelt sich hierbei um Sinustöne, die beim Sender mit konstanter Frequenz und konstantem Pegel dem zu übertragenden Band zugesetzt werden. Empfangsseitig werden ggf. vorhandene Abweichungen vom Sollwert ermittelt und als repräsentativ für das gesamte Band angenommen. Entsprechend werden Regelvorgänge oder (bei Überschreitung von Grenzwerten) Meldungen ausgelöst.

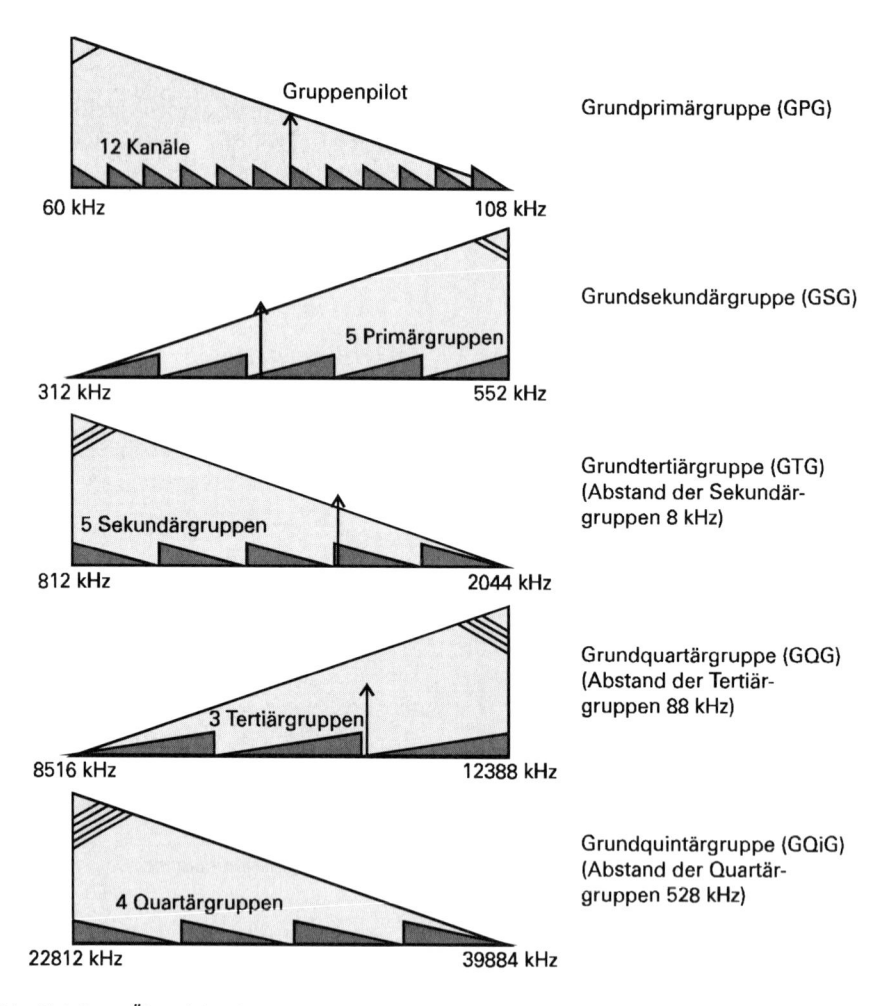

Abb. H.1-8 Übersicht über die in Deutschland verwendeten Grundgruppen der TF-Technik

Grundgruppe	Frequenzbereich in kHz	Gruppenpilot in kHz	Kanalzahl
Primärgruppe A	12 ... 60	–	12
Primärgruppe B	60 ... 108	84,08	12
Sekundärgruppe	312 ... 552	411,92	60
Tertiärgruppe	812 ... 2044	1552	300
Quartärgruppe	8516 ... 12388	11096	900
Quintärgruppe	22812 ... 39884	–	3600

Tab. H.1-1 Grundgruppen der TF-Technik

Dabei wird zwischen drei Arten von Piloten unterschieden:
- Gruppenpilot (Pegelüberwachung einzelner Gruppen);
- Leitungspilot (Pegelüberwachung, Ausregelung der temperaturbedingten frequenzabhängigen Pegelschwankung ganzer Übertragungsbänder);
- Frequenzvergleichspilot (ausgehend von einem Oszillator besonders hoher Frequenzstabilität, werden Oszillatoren in anderen Verstärkerstellen automatisch nachjustiert).

H.2 Digitale Übertragungstechnik

H.2.1 Einleitung

In der Übertragungstechnik werden in den letzten Jahren immer mehr digitale Systeme verwendet, was unter anderem auch auf den sogenannten Schwelleneffekt bei der digitalen Übertragungstechnik zurückzuführen ist. Während bei kontinuierlichen Systemen die Beeinflussung der Übertragung durch Störungen (z. B. Rauschen) im Prinzip linear mit der „Größe" der Störung wächst, machen sich Störungen bei Übertragung mit digitalen Systemen erst oberhalb einer bestimmten Schwelle (im wesentlichen bestimmt durch die verwendete Modulationsart) bemerkbar. Ein weiterer Vorteil digitaler Übertragungstechnik ist der problemlose Einsatz von Verschlüsselung zum Schutz vor unerwünschtem Abhören, was bei analogen Systemen praktisch kaum realisierbar ist.

Vorteile von Systemen der digitalen Übertragungstechnik gegenüber Systemen der Trägerfrequenztechnik sind u. a.:
- kostengünstig;
- flexibel – andere in digitaler Form vorliegende Signale können in die Hierarchie eingefügt werden;
- einfache Überwachung/Wartung;
- Einsatz digitaler Vermittlungstechnik ist einfach;
- weniger störanfällig, da Impulse (innerhalb gewisser Grenzen) regenerierbar sind;
- geringe Anforderungen an Verstärker (z. B. bzgl. Linearität);
- durch Einsatz von Repeatern können im Prinzip beliebige Streckenlängen mit Kabeln überbrückt werden (der Abstand der Repeater hängt im wesentlichen von der Bitrate und dem verwendeten Übertragungsmedium ab; typisch sind 1 km bis 5 km bzw. bei Einsatz von Lichtwellenleitern 30 km bis 50 km);
- Möglichkeit einer qualitativ extrem guten Übertragung (d. h. mit sehr niedrigen Bitfehlerraten) bei entsprechendem Aufwand (fehlerkorrigierende Codes).

Von entscheidender Bedeutung für die praktische Umsetzung der Übertragung digitaler Signale ist die Möglichkeit der Zusammenfassung (Bündelung) einer Vielzahl von einzelnen Kanälen. Die Übertragung einzelner Kanäle ist – wie bereits gezeigt wurde – unwirtschaftlich und in der Praxis nicht realisierbar. Wie auch bereits dargestellt wurde, ist für das Multiplexen von digitalen Signalen das Zeitmultiplexverfahren (TDM) prädestiniert. Auf der Grundlage des TDM existieren zwei Systeme, die in den folgenden Abschnitten näher beleuchtet werden. Dabei handelt es sich einerseits um die plesiochrone digitale Hierarchie PDH (Abschnitt H.2.2), andererseits um die synchrone digitale Hierarchie SDH (Abschnitt H.2.3). Die Bezeichnung „Hierarchie" deutet bereits darauf hin, daß in mehreren Ebenen jeweils eine definierte Anzahl von Kanälen bzw. Multiplexsignalen einer unteren Ebene zu einem neuen Multiplexsignal zusammengefaßt werden. Durch diese hierarchische Struktur können gezielt Kanäle bzw. Signale einer bestimmten Hierarchieebene – gleichbedeutend mit einer bestimmten Datenrate – verwendet werden, um eine möglichst effiziente Übertragung zu gestalten.

Die Grundlage bildet – historisch gesehen – das digitalisierte und PCM-codierte Sprachsignal mit einer Abtastrate von 8 kHz und einer Datenrate von 64 kbit/s. Durch die Einführung neuer Kommunikationsformen bzw. die Digitalisierung anderer Signale (wie z. B. TV-Signale) liegen jetzt jedoch auch zu übertragende Datenraten vor, die ein Vielfaches eines einzelnen Kanals betragen. Das bedeutet, daß auch diese Signale in die Hierarchien einbezogen werden müssen. Auf diesen Aspekt wird in den folgenden Abschnitten noch einmal eingegangen.

H.2.2 Die plesiochrone digitale Hierarchie (PDH)

Die Primärfolge der PCM-Systeme (und damit gleichzeitig das einfachste PCM-System) ist das sogenannte PCM-30-System. Hierbei handelt es sich um ein System mit 30 Nachrichtenkanälen, denen zwei Dienstkanäle hinzugefügt werden, so daß im Zeitmultiplex-Rahmen 32 Kanäle zusammengefaßt werden. Der Kanal 0 wird abwechselnd zur Rahmensynchronisierung und für systeminterne Meldungen (Alarm, Wartung, usw.) benutzt, Kanal 15 wird zur Zeichengabe zwischen Vermittlungsstellen genutzt. Der Zeitrahmen des PCM 30 ist in der Abb. H.2-1 wiedergegeben.

Der Rahmen mit der Dauer von $T_R = 125$ μs ist durch die für Fernsprechsignale verwendete Abtastrate von 8 kHz gegeben. In solch einem Rahmen sind 32 Kanäle mit je 8 bit zusammengefaßt. Die Übertragungsgeschwindigkeit des PCM 30 beträgt somit $32 \cdot 8\,\text{bit} \cdot 8\,\text{kHz} = 2\,048$ kbit/s. Dementsprechend hat hier ein Binärzeichen eine Länge von ca. 488 ns. Ein Vergleich mit der Trägerfrequenztechnik zeigt bereits den wesentlichen Nachteil der digitalen Übertragungstechnik. Die Bandbreite für 32 TF-Kanäle beträgt (etwas vereinfacht) $B_{32,TF} = 32 \cdot 4\,\text{kHz} = 128\,\text{kHz}$. Somit ist die für ein PCM 30 benötigte Bandbreite um den Faktor 16 größer. Dieser Unterschied wird noch geringfügig größer,

H.2.2 Die plesiochrone digitale Hierarchie (PDH)

wenn man berücksichtigt, daß nur 30 der 32 Kanäle für die Informationsübertragung tatsächlich zur Verfügung stehen. Diesem Nachteil stehen jedoch bedeutende Vorteil gegenüber (s. o.), die den immer weiter zunehmenden Einsatz der digitalen Übertragungstechnik rechtfertigen.

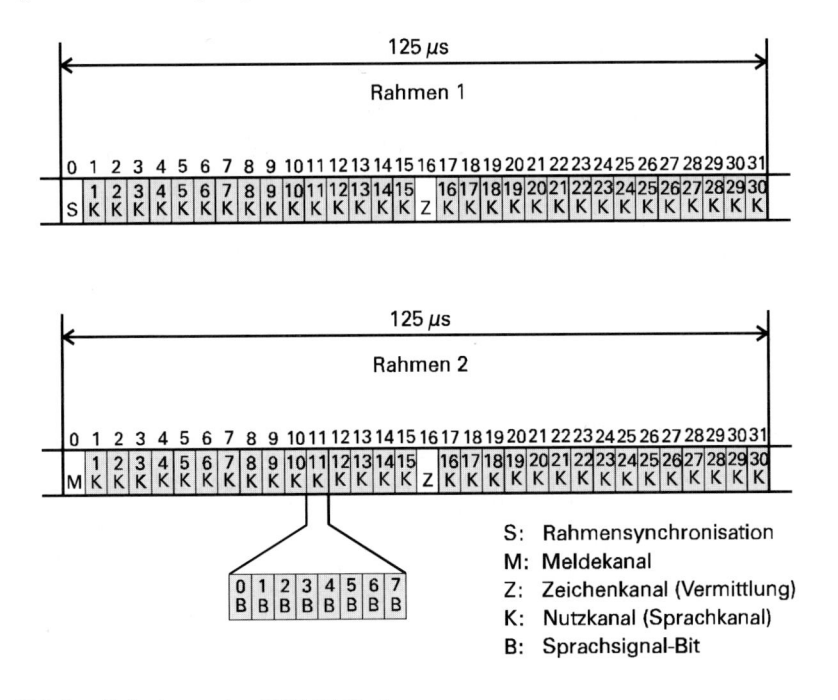

Abb. H.2-1 Zeitrahmen des PCM-30-Systems

S: Rahmensynchronisation
M: Meldekanal
Z: Zeichenkanal (Vermittlung)
K: Nutzkanal (Sprachkanal)
B: Sprachsignal-Bit

Analog zur Hierarchie in der Trägerfrequenztechnik existieren für die digitale Übertragungstechnik Hierarchien, in der die verschiedenen Ebenen der digitalen Übertragungssysteme standardisiert sind. Die in Kontinental-Europa gültige Hierarchie (nach ITU-T) ist in Abb. H.2-2 bzw. Tab. H.2-1 dargestellt. (Die Tab. H.2-1 zeigt außerdem die z. B. in den USA und Japan gültige Hierarchie nach ANSI.) In der ersten Hierarchieebene werden die 30 Kanäle byteweise gemultiplext bzw. demultiplext, während das Multiplexen bzw. Demultiplexen auf den höheren Hierarchieebenen bitweise erfolgt, wobei die Signale der vorhergehenden Ebene als unstrukturierte Bitströme behandelt werden.

Zu Tab. H.2-1 ist anzumerken, daß in der Praxis bei überschlägigen Abschätzungen für die Hierarchieebenen 1 bis 4 häufig vereinfachend mit Bitraten von 2, 8, 34 bzw. 140 Mbit/s gerechnet wird. Oberhalb der vierten Hierarchieebene ist inzwischen eine fünften Hierarchieebene mit 565 Mbit/s (7680 Kanäle) eingeführt worden, die jedoch nicht standardisiert ist. Bei der Übertragung von Signalen mit höheren Bitraten erfolgt die Einkopplung in der entsprechenden Hierarchieebene (Beispiel: TV-Bildsignal, PAL, codiert mit DPCM, 34,27 Mbit/s, also Einkopplung in der dritten – oder einer höheren – Hierarchieebene).

Hierarchieebenen der PDH nach ITU-T			
Ebene	Kanäle	Bitrate in kbit/s	Codierung
0	1	64	AMI
1	30	2048	HDB3
2	120	8448	HDB3
3	480	34368	HDB3
4	1920	139264	CMI
Hierarchieebenen der PDH nach ANSI			
Ebene	Kanäle	Bitrate in kbit/s	Codierung
0	1	64	AMI
1	24	1544	AMI
2	96	6312	B6ZS
3	672	44736	B3ZS
4	4032	274176	Bipolar RZ

Tab. H.2-1 *Empfohlene Hierarchieebenen der plesiochronen digitalen Hierarchie nach ITU-T (Kontinental-Europa) bzw. nach ANSI (USA, Japan)*

Ein Problem der PDH-Systeme sei hier nur kurz angesprochen. Bei einem ausgedehnten System existiert eine Vielzahl von einzelnen Multiplexeinrichtungen. Diese wären nur mit einem ökonomisch und technisch nicht sinnvollen Aufwand frequenz- und phasenmäßig zu synchronisieren. Statt dessen wird den einzelnen Signalen und Einrichtungen (typisch ±10 ppm) eine Frequenztoleranz[1] und zur Kompensation der Differenzen das sogenannte Stopf-Verfahren (*Stuffing, Identification*) angewendet. Hierbei werden durch Hinzufügen von sogenannten „Stopf-Bits" die Bitraten auf den Sollwert gebracht.

Die wesentlichen Nachteile der plesiochronen digitalen Hierarchie sind hier z. T. bereits angedeutet worden und sollen noch einmal zusammengefaßt werden.

- Es besteht kein direkter Zugriff auf die einzelnen Kanäle, d. h. erst nach erfolgtem Demultiplexen ist dieser Zugriff möglich (*Add & Drop*).
- Für die ITU-T- und die ANSI-Hierarchie liegen keine Hierarchieebenen mit gleicher Datenrate vor (abgesehen vom einzelnen 64-kbit/s -Kanal).
- Für die Leitungsüberwachung und Wartung sind nur relativ geringe Übertragungskapazitäten reserviert.

---

[1] Man spricht deshalb von einem plesiochronen („nahezu" synchronen) Netz bzw. von der plesiochronen digitalen Hierarchie (PDH).

H.2.2 Die plesiochrone digitale Hierarchie (PDH)

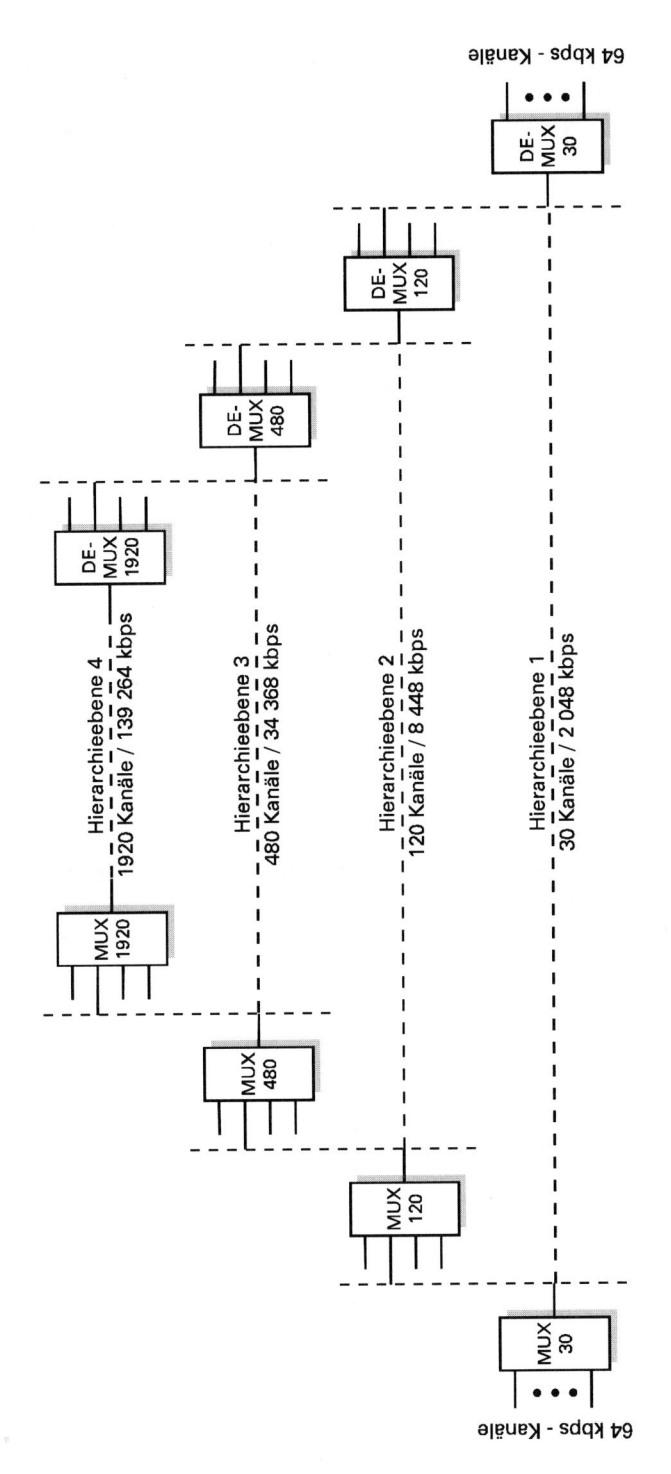

Abb. H.2-2   Hierarchieebenen der plesiochronen digitalen Hierarchie (PDH) nach ITU-T

Diese Nachteile sowie die rasch fortschreitende Entwicklung haben dazu geführt, daß als neue Generation der digitalen Übertragungstechnik die synchrone digitale Hierarchie (SDH) eingeführt wird. Das mit hohen Investitionen verbundene bestehende PDH-Netz wird sukzessive in ein neues SDH-Netz überführt. Dies wird jedoch noch eine „Reihe von Jahren" in Anspruch nehmen.

Abschließend soll hier anhand des sogenannten *Add&Drop*-Verfahrens noch ein wesentlicher Vorzug der synchronen Hierarchie gegenüber der plesiochronen Hierarchie aufgezeigt werden.

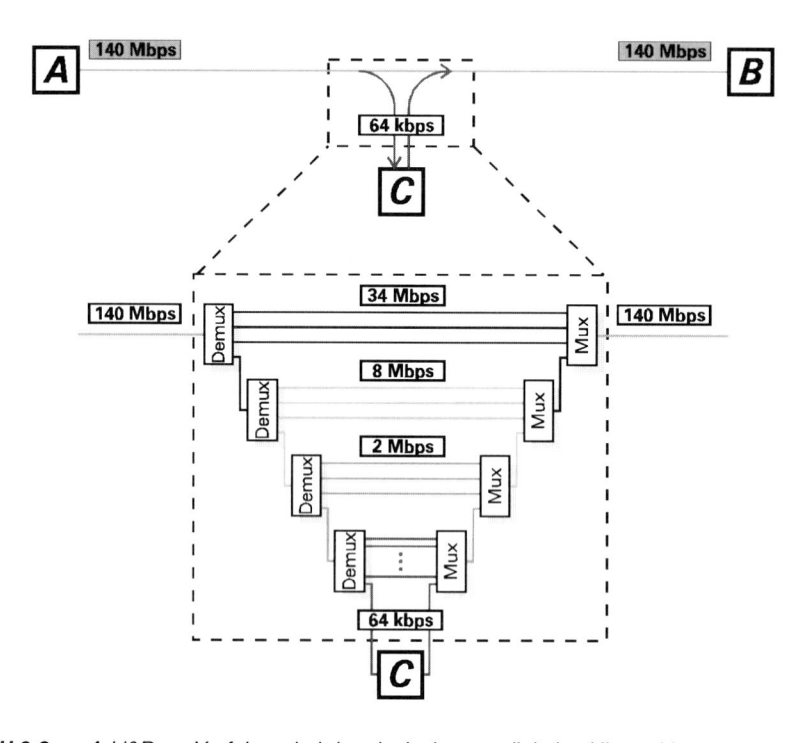

Abb. H.2-3   *Add&Drop-Verfahren bei der plesiochronen digitalen Hierarchie*

In Abb. H.2-3 ist schematisch eine 140-Mbit/s-Verbindung zwischen zwei Endstellen A und B dargestellt, aus dem ein 64-kbit/s -Signal abgezweigt bzw. eingefädelt werden soll (*Add&Drop*-Verfahren). Eine Eigenart der plesiochronen digitalen Hierarchie ist, daß zu diesem Abzweigen bzw. Einfädeln das Signal aus der höheren Ebene soweit demultiplext werden muß, bis das gewünschte Signal zur Verfügung steht.[2] Wie man am Beispiel in Abb. H.2-3 sieht, ist der

---

2 Eine prinzipielle Alternative hierzu ist die parallele Verlegung eines 64-kbit/s-Kanals. Dies ist allerdings eher eine theoretische Möglichkeit, da bei der Übertragung i. a. nur Signale aus höheren Hierarchieebenen verwendet werden können. Darüber hinaus wäre diese Lösung wiederum mit hohem Aufwand verbunden.

hierbei zu treibende Aufwand u. U. sehr groß, wenn zwischen der 140-Mbit/s- und der 64-kbit/s-Ebene demultiplext bzw. gemultiplext werden muß. Daher war eine der Motivationen bei der Entwicklung eines neuen Standards das leichtere Einfädeln bzw. Abzweigen.

Die Abb. H.2-4 zeigt den Aufbau des Rahmens eines Signals aus der zweiten Ebene der europäischen plesiochronen digitalen Hierarchie. Nach einem Rahmenwort (*Frame Alignment Word* – FAW) und zwei Bits, die der Signalisierung dienen, folgen die in vier Blöcke aufgeteilten Nutzdaten. Jeder dieser Blöcke umfaßt 200, 208, 208 bzw. 204 Bits, die jeweils bitweise aus den vier PCM-30-Signalen der ersten Hierarchieebene gemultiplext werden.

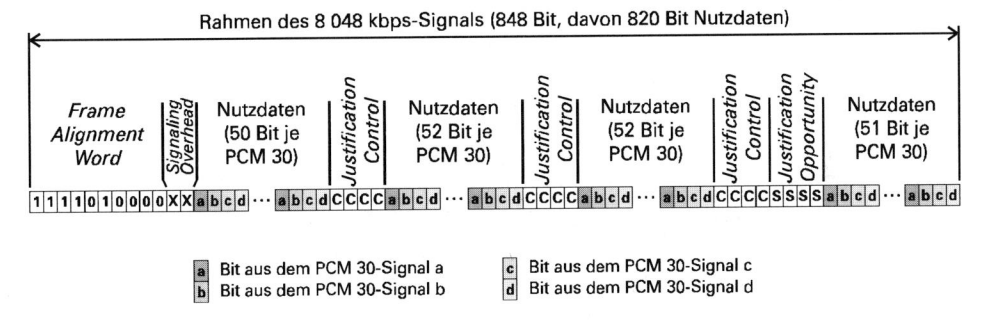

Abb. H.2-4 Aufbau des Rahmens des 8048-kbit/s-Signals (Hierarchieebene 2)

Zwischen den Blöcken mit Nutzdaten sind insgesamt 16 Bits für das Stopfen vorgesehen. Die Länge eines Bits beträgt ca. 118,4 ns, ein Rahmen mit 848 Bits dauert ca. 100,4 µs und die Nutzdatenrate beträgt ca. 8169 kbit/s, d. h. 96,7 % der Bruttodatenrate des Signals.

H.2.3   Die synchrone digitale Hierarchie (SDH)

Wie im vorhergehenden Abschnitt beschrieben, existieren weltweit zwei unterschiedliche Standards in den bestehenden digitalen Netzen. Einerseits die „europäische", auf einer Datenrate von 2048 kbit/s basierende, Hierarchie und andererseits die „nordamerikanische", die auf einer Datenrate von 1544 kbit/s aufbaut. Die Übertragung erfolgt in beiden Hierarchien plesiochron, weshalb bei der Multiplexbildung aufwendige Stopfmultiplexer notwendig sind.

Weitere Nachteile der plesiochronen digitalen Hierarchie sind die Tatsache, daß auf ein Basissignal in einer höheren Hierarchieebene nur durch vollständiges Demultiplexen zugegriffen werden kann (*Add&Drop*-Verfahren), sowie der relativ hohe Aufwand bei der Erweiterung einer bestehenden Verkehrsbeziehung (freie Zeitschlitze im Multiplexsignal können nur mit komplett bestückten Multiplexern erreicht werden).

Der ursprüngliche Gedanke bei der Einführung eines neuen Standards für die digitale Übertragung war unter anderem, eine neue synchrone Hierarchie zu schaffen, die die Multiplexer dadurch vereinfacht, daß das Stopfen nicht mehr notwendig ist. Im Laufe der Entwicklung dieses neuen Standards hat sich allerdings gezeigt, daß dieses Ziel nicht erreicht werden kann. Im Gegenteil, die Multiplexer in der neuen synchronen Hierarchie sind sogar noch aufwendiger geworden. Dadurch wird es aber ermöglicht, die z. Z. vorhandenen plesiochronen Hierarchien in den neuen Standard einzubinden. Das führt dazu, daß der neue Standard letztlich eine gemeinsame Basis bildet für die bereits vorhandenen Hierarchien, so daß ein weltweites transparentes digitales Netz entsteht.

Ein wichtiger Aspekt aus der Vermittlungstechnik, der bei der synchronen digitalen Hierarchie von Bedeutung ist, ist die Unterscheidung zwischen dem physikalischen und dem virtuellen Netz. Das physikalische Netz wird von den tatsächlich („physisch") vorhandenen Elementen des Netzes gebildet, wie den Übertragungsstrecken, den Netzknoten und den Endknoten. Das virtuelle Netz ist im Gegensatz dazu ein abstraktes Gebilde, das sich nicht mit der physikalischen Realisierung beschäftigt, sondern lediglich Signalverbindungen zwischen den Endknoten festlegt. Das physikalische Netz ist i. a. ein statisches Netz, während das virtuelle Netz (innerhalb der vom physikalischen Netz gegebenen Randbedingungen) dynamisch an die Anforderungen an das Netz angepaßt werden kann.

Die Grundlage des neuen Standards ist ein Signal mit genormtem Rahmen und der Möglichkeit, die plesiochronen Signale der verschiedenen Hierarchien über sogenannte „Container" ein- und auszukoppeln. Für die synchrone digitale Hierarchie (SDH) sind drei Stufen mit den folgenden Bitraten standardisiert:

- STM-1   155 Mbit/s
- STM-4   622 Mbit/s
- STM-16   2,5 Gbit/s

Dabei steht STM für „Synchrones Transport-Modul". Der Aufbau des STM-1-Elements wird anhand von Abb. H.2-5 näher betrachtet.

Ein STM-Element besteht aus dem zweiteiligen *Section Overhead* (RSOH und MSOH), der anschließend beschrieben wird (Abb. H.2-6), und der *Administrative Unit* AU. Diese setzt sich zusammen aus dem Pointer AU PTR und dem virtuellen Container VC. Dieser virtuelle Container enthält wiederum den Container C als die eigentliche Nutzlast (*Payload*) sowie den *Path Overhead* POH. Die Einführung der Pointer bildet die Basis für einen wesentlichen Vorzug der synchronen digitalen Hierarchie. Ansonsten müßten in den Multiplexern (beliebig) große Speicher zur Verfügung stehen, um (durch Phasen- und Frequenztoleranzen immer vorhandene) Schwankungen der Datenrate ausgleichen zu können. Diese Speicherung wiederum würde jedoch zu unerwünschten zeitlichen Verzögerungen führen.

H.2.3 Die synchrone digitale Hierarchie (SDH)

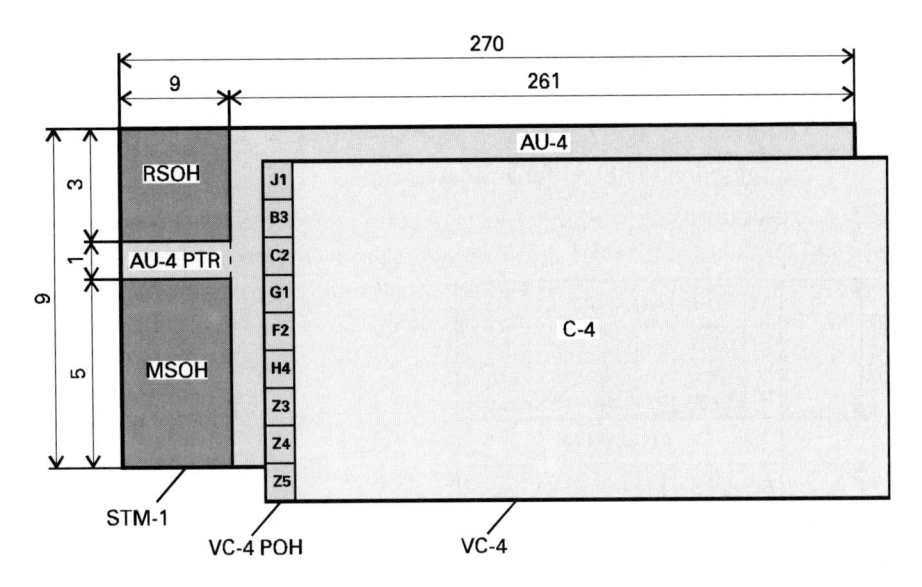

Abb. H.2-5   *Aufbau eines STM-1-Elements*

Im Falle des STM-1 (Abb. H.2-5) kommt nun als *Payload* beispielsweise ein VC-4 in Frage. Der VC-4 ist ein virtueller Container, der einer Datenrate von 139 264 kbs, d. h. einem Signal der vierten Ebene der plesiochronen digitalen Hierarchie entspricht. Demzufolge wird die zugehörige *Administrative Unit* als AU-4 bezeichnet (siehe Abb. H.2-5).

In Abb. H.2-6 ist der Aufbau des Rahmens eines STM-1-Elements gezeigt. Die einzelnen Bytes des *Regenerative Section Overhead* (RSOH) haben dabei die im folgenden aufgeführten Bedeutungen.

A1, A2	Rahmensynchronworte für das STM-1-Signal
C1	Kennung für das STM-1-Signal
B1	Paritätswörter zur Bitfehlerauswertung auf Zwischenstellen (BIP-8)
E1	Dienstkanal (*Orderwire*)
F1	Anwenderkanal (*User Channel*)
D1–D3	Dienstkanal (192 kbit/s) für die Überwachung und Steuerung von Zwischenstellen (*Data Communication Channel* – DCC), das sogenannte *Network Management*

Die medienspezifischen Bytes sind nicht normiert worden. Sie dürfen von jedem Medium und jedem System frei genutzt werden.

Der *Mulitplex Section Overhead* (MSOH) enthält die im folgenden zusammen mit ihren Bedeutungen aufgeführten Bytes:

B2	Paritätswort, das auf Endstellen ausgewertet wird (BIP-24)
K1, K2	Steuerkanal für Ersatzschaltungen durch *Network Management* (*Automatic Protection Switching* – APS)

D4–D12   Datenkanal für das *Network Management*
E2   Sprechverbindung von Endstelle zu Endstelle
S1   Information, von welcher Taktversorgung das System versorgt wird
M1   vorgesehen für Blockfehlerauswertung
Z1, Z2   reserviert

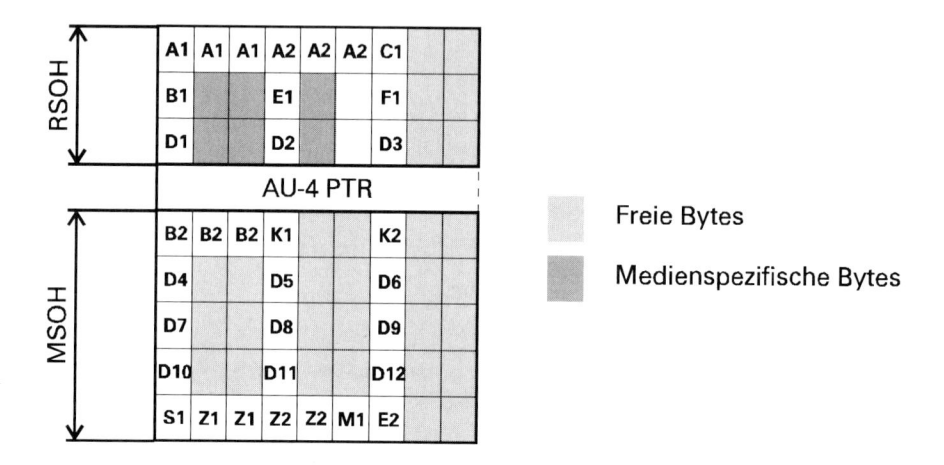

Abb. H.2-6   *STM-1-Rahmen*

In Abb. H.2-7 ist die Multiplexstruktur der synchronen digitalen Hierarchie nach [Ehrlich u. Eberspächer 88] dargestellt. Dort ist zu sehen, wie aus den von den beiden plesiochronen digitalen Hierarchien (europäisch bzw. nordamerikanisch) bereitgestellten digitalen Signalen mit Datenraten von 1514 kbit/s bis zu 139 264 kbit/s die synchronen Transportmodule STM-1 bzw. STM-N erzeugt werden.

Wie bereits gezeigt, kann ein STM-1 beispielsweise eine AU-4/VC-4 beinhalten. Die beiden anderen Möglichkeiten, die Nutzlast eines STM-1 zusammenzustellen, sind Abb. H.2-7 zufolge drei AU-32/VC-32 oder vier AU-31/VC-31. Ein VC-31 besteht wiederum aus einem 34368-kbit/s-Signal der dritten Stufe der europäischen PDH, aus vier *Tributary Unit Groups* TUG-22 oder aus fünf *Tributary Unit Groups* TUG-21. In diesen *Tributary Unit Groups* werden Signale aus den beiden unteren Stufen der plesiochronen digitalen Hierarchien zusammengefaßt. Ein virtueller Container VC-1 bzw. VC-2 wird zusammen mit seinem Pointer als *Tributary Unit* TU bezeichnet. Der Unterschied zwischen einer TU und einer AU besteht lediglich darin, daß die AU sozusagen an der „Spitze der Hierarchie" steht und direkt in einen STM-Rahmen gepackt werden kann, während die TU über eine TUG in einem VC kombiniert werden müssen.

Oberhalb des STM-1 existieren dann die bereits erwähnten höheren Hierarchieebenen STM-4 und STM-16, die unter der Bezeichnung STM-N zusammen-

H.2.3 Die synchrone digitale Hierarchie (SDH)

gefaßt werden. Diese Hierarchieebenen werden im Gegensatz zu der Erzeugung eines STM-1 rein synchron gemultiplext.

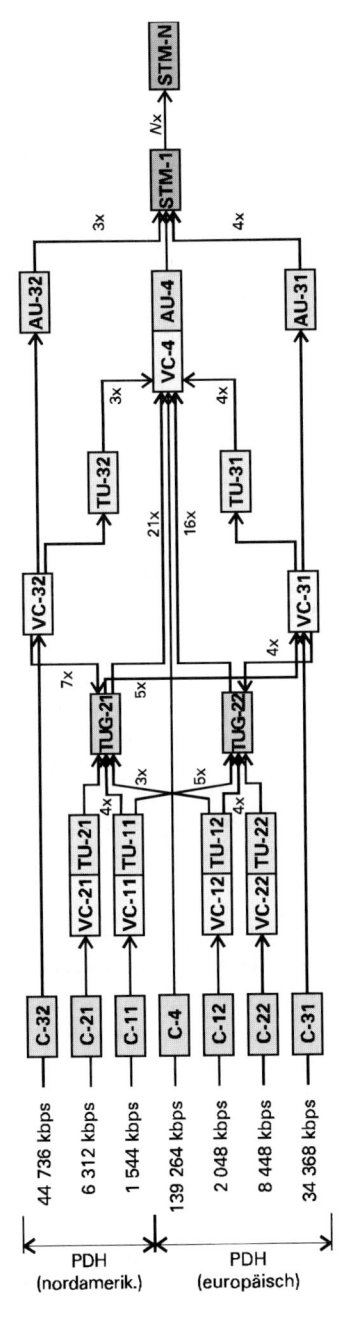

Abb. H.2-7 Multiplexstruktur der synchronen digitalen Hierarchie (nach [Ehrlich u. Eberspächer 88])

Zur Fehlererkennung werden Paritätsprüfungen auf verschiedenen Ebenen vorgenommen. Auf der niedrigsten Ebene enthält der *Section Overhead* des STM-1- bzw. STM-N-Elements Bytes zur Paritätsprüfung, die in jedem Regenerator vorgenommen wird (B1). Eine weitere Prüfung, deren Bytes ebenfalls im Rahmen des STM-1- oder STM-N-Elements enthalten sind, wird jeweils am Ende einer Verbindung vorgenommen (B2). Außerdem ist im *Path Overhead* jedes virtuellen Containers eine weitere Paritätsprüfung vorgesehen (B3). Die Paritätsprüfung erfolgt mit Bit-Interleaving (*Bit Interleaved Parity* – BIP). Ein BIP-n-Wort besteht aus n Bits, wobei ein Bit jeweils eine durch Interleaving erzeugte Bitfolge auf ihre Parität prüft. In Abb. H.2-8 ist diese Art der Paritätsprüfung an einem Beispiel (BIP-4, angewendet auf eine Folge von 32 Bits) dargestellt. Im *Section Overhead* des STM-N-Elements ist das Paritätswort B1 8-fach interleaved (BIP-8), während B2 24-fach interleaved ist (BIP-24).

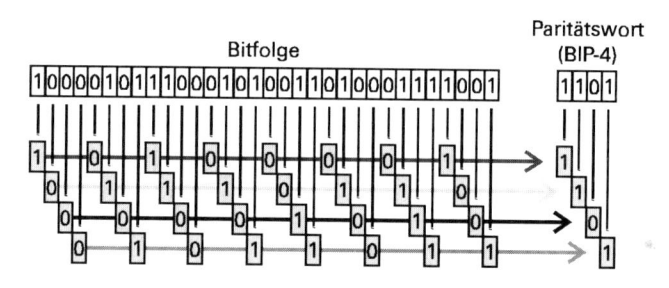

Abb. H.2-8   *Paritätsprüfung einer Folge von 32 Bit mit BIP-4 (gerade Parität)*

Um lange 0- oder 1-Folgen (und die damit verbundenen Probleme bei der Synchronisation) zu vermeiden, wird das STM-1- oder STM-N-Signal verwürfelt (*Scrambling*). Es werden dabei außer der ersten Zeile des *Section Overhead*, in der die Rahmensynchron-Information für das Element enthalten ist, alle Bytes verwürfelt.

Auch wenn es auf den ersten Blick rein nominell widersprüchlich erscheinen mag, sind synchrone Transport-Module gleichzeitig ein Mittel für die Übertragung von ATM-Zellen (*Asynchronous Transfer Mode* – siehe Kapitel L.5). Der fundamentale Unterschied zwischen gemultiplexten Signalen im synchronen Transfer-Modus und gemultiplexten Signalen im asynchronen Transfer-Modus besteht darin, daß im synchronen Modus individuelle Kanäle durch eindeutige Zeitschlitze identifiziert werden, während im asynchronen Modus individuelle Kanäle durch eine eindeutige Zahl charakterisiert werden, die im Zell-Header enthalten ist. Das bedeutet auch, daß im synchronen Modus die Übertragungskapazität eines jeden Kanals in einem gemultiplexten Signal konstant ist, während im asynchronen Modus diese Kapazität variieren kann.

Das US-amerikanische Äquivalent zur vom ITU-T erarbeiteten synchronen digitalen Hierarchie SDH ist der ANSI-Standard SONET (*Synchronous Optical Network*). Beide Systeme sind insoweit kompatibel, daß Signale zwischen ihnen ausgetauscht und Geräte des einen Systems auch für das andere System eingesetzt werden können. Der wesentliche Unterschied (abgesehen von der unterschiedlichen Nomenklatur) ist, daß SONET gewissermaßen eine Ebene unterhalb von SDH mit dem *Synchronous Transport Signal* der Ebene 1 (STS-1) beginnt, das eine Datenrate von 51 840 kbit/s aufweist. Somit kann ein STS-1 ein Signal der dritte Ebene der nordamerikanischen plesiochronen digitalen Hierarchie aufnehmen. Synchrones Multiplexen von drei STS-1 führt zum STS-3, das dem STM-1-Signal der SDH entspricht. SONET beinhaltet darüber hinaus Details zum sogenannten *Photonic Layer*, d. h. Informationen zu den Eigenschaften der verwendeten Lichtwellenleiter sowie der Wellenlänge und Leistung der eingesetzten Sender. Diese Informationen erlauben es, in einem SONET-Übertragungssystem problemlos Endstellen verschiedener Hersteller miteinander zu kombinieren.

H.3 Rundfunk

H.3.1 Einleitung

Der Rundfunk stellt ein typisches zugleich und das wichtigste Beispiel für ein Nachrichtenverteilsystem dar: Im Gegensatz zum Dialogsystem (Fernsprechen) werden hier Nachrichten (allgemeiner gesagt Informationen verschiedenster Art) von einem Sender an eine Vielzahl von Empfängern verteilt.

Im Staatsvertrag der deutschen Bundesländer vom 5. 12. 74 wird im Artikel 1 die folgende Definition für den Begriff „Rundfunk" gegeben:

Definition H.3-1 ▼

Rundfunk ist die für die Allgemeinheit bestimmte Veranstaltung und Verbreitung von Darbietungen aller Art in Wort, in Ton und in Bild unter Benutzung elektrischer Schwingungen ohne Verbindungsleitung oder längs oder mittels eines Leiters.

▲

Der prinzipielle Ablauf einer Rundfunkübertragung wurde bereits in Abb. A.1-2 dargestellt (als Beispiel für die Nachrichtenübertragung allgemein). Während dort (zur Vereinfachung) speziell eine Schallquelle und -senke verwendet wurde, kann beim Rundfunk als Nachrichtenquelle allgemein eine Schallquelle, eine „Lichtquelle" im weiteren Sinne (ein „Bild") sowie die elektronische Erzeugung z. B. von Texteinblendungen angesehen werden. Die Nachrichtensenke sind die menschlichen Sinnesorgane Auge und Ohr. Die Tatsache, daß in dieser Abbildung ein Funksignal zur Übertragung verwendet wird, ist keine dem Rundfunk inhärente Eigenschaft, sondern lediglich ein Zeichen dafür, daß heute der Funkkanal das überwiegend verwendete Übertragungsmedium ist. In der Anfangszeit des Rundfunks gab es sogenannte Rundfunkstuben (und auch private Teilnehmer), die mit den Studios via Kabel verbunden waren. Von der „Ausstrahlung" von Rundfunksendungen konnte damals noch nicht die Rede sein. Die heutige Verteilung via Kabel (Kabel-TV und -Hörfunk) widerspricht dieser Aussage nicht, da die Übertragung zu den Kabelverteilstationen über Funk, z. T. über Satelliten, erfolgt.

H.3.2 Frequenzbereiche

In Tab. H.3-1 sind die Frequenzbereiche für die terrestrische Verbreitung von Rundfunkdiensten angegeben. Die in den letzten Jahren immer weiter zunehmende Verbreitung von Rundfunkprogrammen über direktstrahlende Satelliten findet in Frequenzbereichen statt, die um Größenordnungen oberhalb der „klassischen" Rundfunkbänder liegen. Wie in Tab. H.3-1 zu sehen, sind am unteren Ende der Rundfunkbänder die Bereiche angesiedelt, die Amplitudenmodulation verwenden. Dies hat historische Gründe, die im wesentlichen damit begründet sind, daß AM das ältere Modulationsverfahren ist und – bei geringerer Übertragungsqualität – mit vergleichsweise geringer Bandbreite auskommt, während frequenzmodulierte Sendungen zwar eine höhere Qualität bieten, jedoch gleichzeitig eine höhere Bandbreite sowie einen höheren Aufwand erfordern. Diese steht erst bei Übertragung in höheren Frequenzbereichen zur Verfügung, wobei die hierfür erforderliche Technologie am Anfang der Entwicklung des Rundfunks jedoch noch nicht bereitstand. Hiermit läßt sich beispielhaft die in vielen Bereichen der Nachrichtentechnik zu beobachtende Entwicklung des Ausweichens in höhere Frequenzbereiche erklären.

	Band	Frequenzbereich		Modulation	Kanalabstand
Hör-funk	LW	150 … 285	kHz	AM	9 kHz
	MW	526,5 … 1606,5	kHz	AM	9 kHz
	KW	5,95 … 26,1	MHz	AM	9 kHz
	UKW (VHF II)	87,5 … 108	MHz	FM	300 kHz
Fern-sehen	VHF I (K 2…4)	47 … 68	MHz	AM / FM	7 MHz
	VHF III (K 5…12)	174 … 230	MHz	AM / FM	7 MHz
	UHF IV (K 21…37)	470 … 606	MHz	AM / FM	8 MHz
	UHF V (K 38…60)	606 … 790	MHz	AM / FM	8 MHz

Tab. H.3-1 Frequenzbereiche für den terrestrischen Rundfunk

H.3.3 Hörfunk

H.3.3.1 FM-Hörfunk

Im UKW-Bereich (87,5 MHz bis 108 MHz) wird Frequenzmodulation für die Übertragung von monophonen und stereophonen Programmen verwendet. Da die Empfangsreichweiten nur wenig über die optische Sicht hinausreichen, steht dieses ganze Frequenzband jeweils relativ wenigen Sendern zur Verfügung. Ihr gegenseitiger (Kanal-)Abstand beträgt 300 kHz, der Frequenzhub ±75 kHz (zum Teil ±50 kHz). Gegenüber dem AM-Rundfunk ist das übertragene Frequenzband wesentlich erweitert (30 Hz bis 15 kHz), außerdem ist der Signalrauschabstand verbessert.

Zur weiteren Erhöhung des Signalrauschabstands und damit zur weiteren Verbesserung der Übertragungsqualität dienen ein Preemphase-Netzwerk[3] auf der Sende- und ein Deemphase-Netzwerk[3] auf der Empfangsseite. Bei Frequenzmodulation – insbesondere bei stereophonem Empfang – kann Mehrwegeempfang auch bei ausreichender Nutzfeldstärke zu nichtlinearen Verzerrungen führen und die Empfangsqualität beeinträchtigen (dieser Effekt macht sich insbesondere bei mobilen Empfängern, z. B. in Kraftfahrzeugen, bemerkbar).

Antennen

Als Sendeantennen werden meist Rohrschlitz- oder Drehkreuz-(*Turnstile-*)Antennen für horizontale Polarisation verwendet bzw. Dipolfelder, bei denen durch Art der Montage und Zusammenschaltung eine beliebige Polarisation einstellbar ist. Eine horizontale Richtwirkung läßt sich mit Dipolfeldern, bei Rohrschlitzantennen mit Sekundärstrahlern erzielen, eine vertikale Bündelung durch Verwendung des gleichen Antennentyps in mehreren Ebenen. Nullstellen im Vertikaldiagramm können mit Hilfe von Sekundärstrahlern aufgefüllt werden. Sendeantennen sind meist so breitbandig, daß sie im gesamten UKW-Frequenzband verwendet werden können. Bei Abstrahlung mehrerer Programme über die gleiche Antenne werden die Senderausgänge über Antennenweichen (Diplexer) zusammengeschaltet.

Als (stationäre) Heimempfangsantennen diesen Falt- und Kreuzdipole sowie Zwei- bis Mehr-Element-Yagis, die speziell bei Mehrwegempfang vorzuziehen sind. Für Auto- und Kofferradios werden aus praktischen Erwägungen heraus meist Stabantennen verwendet.

---

[3] Preemphase (*preemphasis*) – sendeseitig werden die höheren Modulationsfrequenzen angehoben (d. h. das Spektrum wird linear verzerrt); Deemphase (*deemphasis*) – empfangsseitig findet eine der Preemphase entsprechende Absenkung der höheren Frequenz statt, so daß im Idealfall nach Preemphase und Deemphase wieder das unverzerrte Modulationssignal zur Verfügung steht; vgl. Abschnitt G.2.2.6.

Stereo-Hörfunk

Hierbei geht man von den Audiosignalen L (= links) und R (=rechts) aus, deren Spektren im Bereich von 30 Hz bis 15 kHz liegen. Aus L und R wird zum einen das sogenannte Summensignal $M = (L + R)/2$ gebildet (Stereohauptsignal). Monophone Empfänger können dieses Signal als normale Sendung abhören. Für Stereoempfänger wird außerdem ein Differenzsignal $S = (L - R)/2$ gebildet und damit die Amplitude eines (nahezu) unterdrückten 38 kHz-Hilfsträgers moduliert (< 1 % der maximalen Modulationsspannung). Dadurch erscheint das NF-Band in Gleichlage zwischen 38,03 kHz und 53 kHz und in Kehrlage zwischen 37,97 kHz und 23 kHz (Stereo-Zusatzsignal). Damit beim Empfang der Stereohilfsträger wiedergewonnen werden kann, wird ein Pilotton von 19 kHz mit übertragen (die Amplitude wird so festgelegt, daß auf den Pilotton ein Frequenzhub von 8 % bis 10 % des Maximalfrequenzhubs entfällt). Er ist mit 4 kHz Abstand hinreichend weit von den Grenzen des Haupt- und Zusatzsignals entfernt und muß im Empfänger wieder auf 38 kHz verdoppelt werden. Mit dem so entstandenen Stereo-Multiplex-Signal M wird der Träger des UKW-Senders frequenzmoduliert.

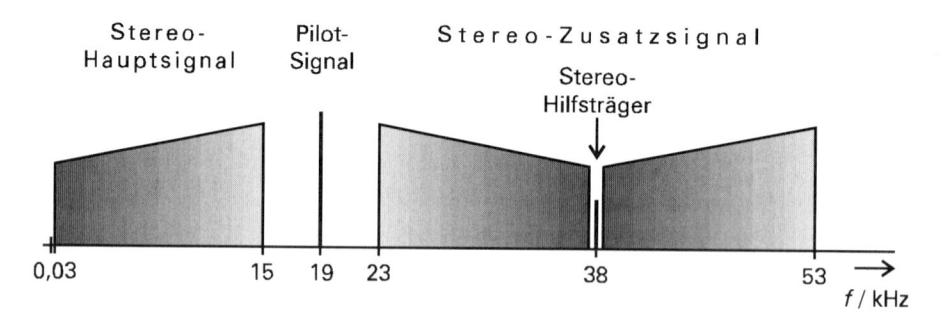

Abb. H.3-1   Spektrum eines FM-Stereosignals

Im Empfänger wird die UKW-Sendung zunächst verstärkt und mit einem breitbandigen FM-Demodulator demoduliert. Dahinter wird die Schwingung der Pilotfrequenz verstärkt, auf 38 kHz verdoppelt und den beiden Seitenbändern gemäß Abb. H.3-1 zugesetzt. Das dadurch entstandene Multiplexsignal M' enthält in der oberen bzw. unteren Hüllkurve das Signal des Links- bzw. des Rechtskanals, die empfangsseitig passend zusammengesetzt werden müssen. Die beiden verbreitetsten Decodertypen werden als Schalter- bzw. als Matrixdecoder bezeichnet.

Sonderdienste

Viele Hörfunksender verbreiten zusammen mit dem eigentlichen Musiksignal zusätzliche Informationen. Es handelt sich dabei um den ARI-Verkehrsfunk und das Radio-Daten-System RDS.

- ARI-Verkehrsfunk (Autofahrer-Rundfunk-Information)

  Bei UKW-Sendern, über die regelmäßig Verkehrsnachrichten verbreitet werden, wird zu deren Identifizierung als Verkehrsfunksender zusätzlich ein Hilfsträger mit der Frequenz 57 kHz abgestrahlt (diese Frequenz entspricht dem Dreifachen des Stereo-Pilottons). Bei Stereo-Verkehrsfunksendern kann dieser Hilfsträger aus dem Stereo-Pilotton abgeleitet werden. Der für den Hilfsträger vorgesehene Hubanteil an dem für UKW spezifizierten Maximalhub von 75 kHz beträgt 5 %. Im Empfänger steht nach der Demodulation der Verkehrsfunk-Hilfsträger wieder zur Verfügung und kann zur Steuerung einer Anzeige (z. B. LED) benutzt werden. Der Unterteilung der Bundesrepublik in sechs Verkehrsfunkbereiche (A–F) wird durch Amplitudenmodulation des Hilfsträgers mit jeweils einer von sechs Frequenzen (23,75 Hz bis 53,98 Hz) Rechnung getragen. Zusätzlich erlaubt es die Durchsagekennung dem Autofahrer, den Empfänger stummzuschalten oder auf Kassetten- oder CD-Wiedergabe überzugehen, ohne die Verkehrsmeldungen zu verpassen. Die Durchsagekennung wird im senderseitigen Verkehrsfunk-Coder durch zusätzliche Amplitudenmodulation des Verkehrsfunk-Hilfsträgers mit einem Signal der Frequenz 125 Hz nur während der Zeit der Durchsage realisiert. Im Verkehrsfunk-Decoder wird bei Vorhandensein der 125-Hz-AM der Empfänger auf „laut" geschaltet (und ggf. gleichzeitig die Cassetten- bzw. CD-Wiedergabe unterbrochen).

- RDS (Radio-Daten-System)

  Dieses System soll den Rundfunkteilnehmern durch die Übertragung senderspezifischer Daten verbesserte Möglichkeiten der Sendersuche und der Senderabstimmung sowie eine Erweiterung (und später Ablösung) des ARI-Verkehrsfunks bieten. Mit den zu übermittelnden Daten wird ein Hilfsträger bei 57 kHz amplitudenmoduliert (Zweiseitenband mit unterdrücktem Träger). Wenn RDS und ARI-Verkehrsfunk gleichzeitig übertragen werden sollen, so sind die beiden Hilfsträger um 90° phasenverschoben. Im Empfänger dienen die ausgewerteten Daten z. B. der automatischen Abstimmung auf den am besten zu empfangenden Sender einer Programmkette mit demselben Programm, der Anzeige des Namens der Programmkette (z. B. „BR 5 aktuell"), der Verkehrsfunkanzeige usw. Ein ausführliche Beschreibung des Radio-Daten-Systems ist beispielsweise in [Kopitz u. Marks 98] zu finden.

H.3.3.2 Digitaler Hörfunk

Rund fünfzig Jahre nach der Einführung des UKW-Hörfunks wird seit einigen Jahren der Übergang zum digitalen Hörfunk geplant. Hiermit wird der Empfang von Hörfunksendungen in CD-Qualität (bzw. nahezu CD-Qualität) möglich. Seit 1989 strahlen die Satelliten Kopernikus und TV Sat 2 digitale Hörfunkprogramme in DSR-Norm (*Digital Satellite Radio*) ab. Hierbei wird eine Abtastrate von 14 Bit verwendet, womit bei einer Datenrate von 896 kbit/s nahezu CD-Qualität erreicht wird.[4] Programme mit DSR werden derzeit nur in Deutschland (hier auch über Kabelnetz) und der Schweiz ausgestrahlt und sind aufgrund der fehlenden terrestrischen Verbreitung in Kraftfahrzeugen nicht zu empfangen. Das digitale Satellitenradio DSR spielte lediglich eine Übergangsrolle zwischen dem herkömmlichen analogen Hörfunk und dem DAB (*Digital Audio Broadcast*) [Plenge 91]. Der Betrieb in Deutschland wurde zum Jahresende 1998 eingestellt.

Gegen Ende des Jahrtausends soll als neue Norm für den digitalen Hörfunk das DAB eingeführt werden. Hierbei wird die Datenrate gegenüber der CD von 1,41 Mbit/s durch Irrelevanzreduktion auf 256 kbit/s reduziert. Das Resultat ist eine mindestens gleiche Klangqualität bei einer um ca. 82 % verringerten Datenrate bzw. Übertragungsbandbreite. Die Ausstrahlung wird in erster Linie terrestrisch erfolgen, so daß auch der Empfang in Kraftfahrzeugen möglich ist. Erste erfolgreiche Versuchsausstrahlungen sind bereits in den Jahren 1989 bis 1991 durchgeführt worden. Die Ausstrahlung wird dank des speziellen Übertragungsverfahrens COFDM (*Coded Orthogonal Frequency Division Multiplex*) in einem Gleichwellennetz erfolgen, so daß sich eine günstige Bandbreitenausnutzung ergibt.

H.3.4 Fernsehfunk

Definition H.3-2　▼

Fernsehen ist ein Vorgang, bei dem eine Abbildung vom Sendeort unter Anwendung von Signalwandlung und -rückwandlung über eine vorgegebene Entfernung zu einem Empfangsort übertragen wird, wobei die Abbildung am Empfangsort ohne zusätzliche Zwischenspeicherung beobachtbar bzw. auswertbar sein muß.

▲

H.3.4.1 Bildabtastung und Bildwiedergabe

Die Abtastung eines Bildes erfolgt beim Fernsehen zeilenweise (horizontal) von oben nach unten (vertikal). Am Ende jeder Zeile wird an den Anfang der nächsten Zeile gesprungen, bis die untere Bildkante erreicht ist und für das nächste Bild an die obere Bildkante gesprungen wird. Die zeitliche Länge der Zeilenabtastung wird durch die Zeilenfrequenz festgelegt, während für den Bild-

---

[4] Bei der Compact Disc wird eine Abtastrate von 44,1 kHz (obere Frequenzgrenze ca. 20 kHz) und eine Auflösung von 16 bit (entsprechend einer Dynamik von 96 dB) verwendet, so daß sich eine Datenrate von 1,41 Mbit/s ergibt.

H.3.4 Fernsehfunk

wechsel die Bildwiederholfrequenz maßgebend ist. Die Wiedergabe des Bildes erfolgt entsprechend der Abtastung. Der Elektronenstrahl einer Bildröhre wird so abgelenkt, daß sich auf dem Bildschirm zeilenweise das bei der Abtastung vorliegende Bild aufbaut. Um den Aufbau der Zeilen und des gesamten Bildes sicherzustellen, müssen dem Bildsignal Vertikal- und Horizontalsynchronimpulse zugefügt werden.

Beim horizontalen und beim vertikalen Strahlrücklauf wird der Strahl dunkelgetastet, um keine störenden Streifen auf dem Schirm zu erzeugen. Dieses Dunkeltasten führt dazu, daß weder die volle Zeilendauer für den Bildaufbau zur Verfügung steht (PAL: statt 64 µs nur 52 µs) noch die vollständige Zeilenzahl auf dem Bildschirm dargestellt wird (PAL: von 625 Zeilen nur 575).

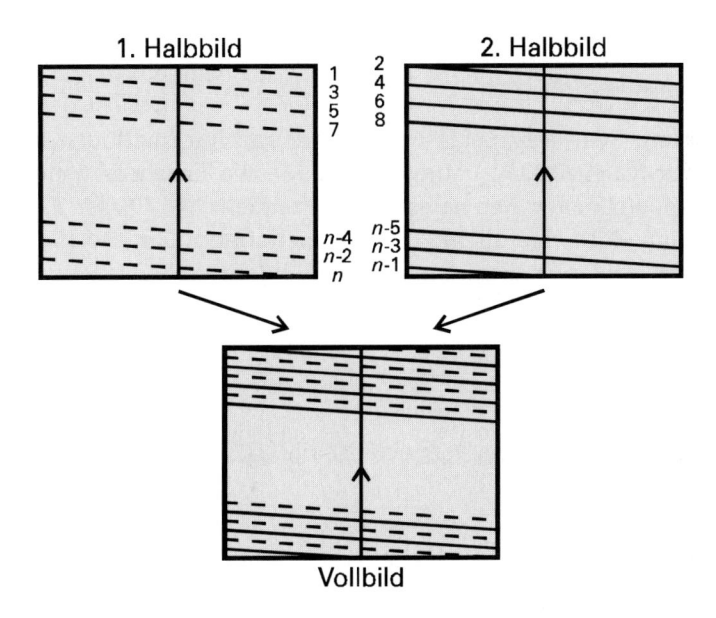

Abb. H.3-2 *Bildaufbau beim Halbbildverfahren (ungerade Zeilenzahl n)*

Aufgrund der physiologisch bedingten „Unzulänglichkeiten" des menschlichen Auges ergibt sich die Möglichkeit, die Bandbreite zu halbieren und damit den Aufwand erheblich zu senken, was im sogenannten Halbbildverfahren (Zwischenzeilen-, Zeilensprung-, Interlace-Verfahren) realisiert wird. Hier werden bei jedem Bildaufbau nur die Zeilen 1, 3, 5,... bzw. 2, 4, 6,... neu erzeugt, während die jeweils „älteren" Zeilen aufgrund der Nachleuchtdauer des Bildschirms erhalten bleiben und so zusammen mit den „neueren" Zeilen das komplette Bild darstellen (Abb. H.3-2). Bildzerlegung und -zusammensetzung erfordern einen sehr genauen Gleichlauf von Sender und Empfänger, der durch die mitübertragenen Steuerzeichen (Vertikal- und Horizontalsynchronimpulse) erreicht wird.

H.3.4.2 Das Videosignal

Das Videosignal enthält alle Bildinformationen des zu übertragenden (schwarz-weißen oder farbigen) Fernsehsignals. Beim Schwarz-weiß-Fernsehen wird es auch als BAS-Signal (Bild-Austast-Synchron-Signal) bezeichnet, während beim Farbfernsehen durch Hinzufügen der Farbinformation das FBAS-Signal (Farbart-Bild-Austast-Synchron-Signal) entsteht. Der zeitliche Verlauf des FBAS-Signals ist festgelegt durch internationale Normen, die vor allem vom CCIR und vom CCITT erarbeitet wurden. Aufgrund der – aus historischen Gründen – verschiedenen Normen in unterschiedlichen Regionen der Welt besteht bis heute das Problem, daß Sende- und Empfangsgeräte nicht weltweit verwendet werden können, sondern jeweils für die vorhandene Norm geeignet sein müssen. Die folgenden Ausführungen beschränken sich auf das in Mitteleuropa verbreitete PAL-System, das 1967 in der Bundesrepublik Deutschland eingeführt wurde [Morgenstern 89].

Zur Gewinnung des Farbsignals werden die Farbinformationen zuerst einem Farbhilfsträger (ca. 4,43 MHz) aufmoduliert, dessen Frequenz gleich einem ungeradzahligen Vielfachen der halben Zeilenfrequenz ist. Dieser Farbhilfsträger wird wiederum dem eigentlichen Bildträger aufmoduliert, so daß das FBAS-Signal entsteht, dessen Spektrum in Abb. H.3-3 dargestellt ist.

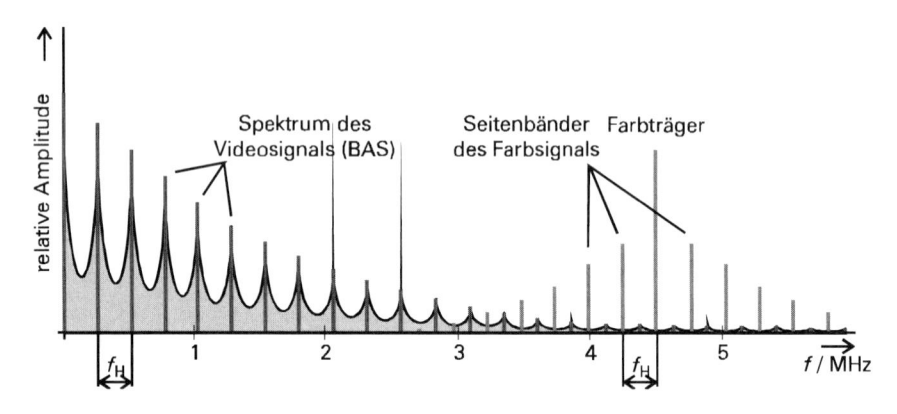

Abb. H.3-3 Spektrum des FBAS-Signals

Die bei der Übertragung eines Videosignals maximale auftretende Frequenz errechnet sich zu

$$f_{max} = k \frac{Nz^2}{2} \frac{t_{V,r}}{t_{H,r}} \tag{H.3-1}$$

mit dem Abbildungsformat (Breite/Höhe) k, der Anzahl z der Zeilen je Vollbild, der Bildwiederholfrequenz (Vollbildfrequenz) N sowie der relativen Dauer der Horizontal- bzw. der Vertikalaustastlücke $t_{H,r}$ bzw. $t_{V,r}$.

Wie man hier erkennt, ist $f_{max} \propto N$, d. h. durch das Halbbildverfahren wird die Bandbreite halbiert. Mit den Werten für das PAL-System ergäbe sich bei Verzicht auf das Halbbildverfahren $f_{max} = 12{,}5$ MHz, woraus durch Halbierung von N $f_{max} = 6{,}25$ MHz folgt. Zusätzlich wird – unter Inkaufnahme einer gewissen Qualitätseinbuße – die Bandbreite nochmals um 20% verringert, so daß sich schließlich eine Bandbreite von 5 MHz für das BAS-Signal ergibt.

H.3.4.3 Fernsehnormen, Übersicht

Auf die Vielzahl der für das Monochrom-Fernsehen existierenden Normen soll hier nicht eingegangen werden, da ihre Bedeutung zugunsten des Farbfernsehens (und dessen Normen) deutlich zurückgegangen ist. Eine Übersicht über die Farbfernsehnormen PAL, NTSC und SECAM zeigt Tab. H.3-4.

- PAL – *Phase Alternation Line*
- NTSC – *National Television System Committee*
    - hohe Empfindlichkeit gegen amplitudenabhängige Phasenfehler, führt zu Farbtonänderungen
    - Schwierigkeiten bei Magnetbandaufzeichnungen
- SECAM – *Système En Couleur Avec Mémoire*
    - Störempfindlichkeit ab einer bestimmten Entfernung vom Fernsehsender
    - Qualitätsverlust bei Transcodierung von NTSC/PAL

Parameter	Fersehnorm			Einh.
	PAL	NTSC	SECAM	
Zeilenzahl	625	525	625	
Zeilendauer	64	63,492	64	µs
Halbbild-/Bildfrequenz	50/25	60/30	50/25	Hz
Videobandbreite	5	4,2	5	MHz
Abstand Bild-/Tonträger	5,5	4,5	5,5	MHz
Kanalbandbreite	8	6	8	MHz
Modulation des Bildträgers	AM	AM	AM	
Modulation des Tonträgers	FM	FM	FM	
Modulation des Farbhilfsträgers	AM	AM	FM	
Frequenz d. Farbhilfsträgers	≈ 4,4336	≈ 3,5795	4,25000 / 4,40625	MHz
Übertragung der Farbsignale	simultan	simultan	zeilen-sequentiell	
Frequenzhub des Tonträgers	± 50	± 25	± 50	kHz
Anwendungsgebiet	Mitteleuropa	USA / Japan	Frankreich / Osteuropa	
Jahr der Einführung	1961/63	1953	1958	

Tab. H.3-2 *Übersicht über wesentliche Parameter der wichtigsten Farbfernsehnormen*

H.3.4.4 Sonderdienste

In den letzten Jahren ist das Medium Fernsehen durch eine ganze Reihe von Sonderdiensten erweitert worden, von denen die drei wichtigsten hier kurz vorgestellt werden.

- Zweikanalton-Fernsehen

  Wie beim UKW-Stereo-Rundfunk werden auch hier zwei Ton-Informationen übertragen, die im Gegensatz zu diesem zwei unterschiedliche Betriebsarten erlauben. Es können entweder eine Links- und eine Rechts-Information (Stereo) übertragen werden oder zwei voneinander unabhängige monophone Toninformationen (bei synchronisierten Sendungen z. B. auch der Originalton).

  Beim Zweikanalton-Fernsehen sind folgende Bedingungen zu beachten:
  - Die Toninformation muß im Fernsehkanal von 7 MHz bzw. 8 MHz Breite abgestrahlt und entsprechend im Empfänger verarbeitet werden können.
  - Das Verfahren muß kompatibel sein mit dem herkömmlichen Einkanalton-Fernsehen. Von Einkanalton-Empfängern werden Stereosendungen nur in Mono empfangen, bzw. nur der erste Tonkanal wird verarbeitet.

  In Deutschland wird neben dem ursprünglichen (jetzt ersten) Tonträger bei 5,5 MHz oberhalb des Bildträgers ein zweiter Tonträger mit 5,742 MHz verwendet.

- Videotext

  Es handelt sich hierbei um ein Verfahren zur Übertragung von Bildschirmseiten mit Text und/oder Graphiken bzw. von Untertiteln mit dem Fernsehsignal und deren Wiedergabe auf dem Fernsehbildschirm. Die zu übertragenden Informationen und Steuersignale werden in codierter Form in einer oder mehreren Zeilen eines Halbbildes übertragen, in denen keine Fernsehbild- oder Synchronisier-Informationen enthalten sind, d. h. in den Zeilen der vertikalen Austastlücke (*Datacast*). Das Seitenformat für den Videotext sind 24 Zeilen à 40 Zeichen. Die angebotenen Seiten werden in einem bestimmten, sich ständig wiederholenden, Zyklus ausgesendet. In speziell dafür ausgerüsteten Empfängern (mit Videotext-Decoder) werden die entsprechenden Zeilen decodiert und in einen Seitenspeicher geschrieben. Der Benutzer kann dann einzelne Seiten anwählen und auf dem Bildschirm darstellen lassen.

- Video-Programm-System (VPS)

  Dieses System dient der Steuerung von Video-Aufzeichnungsgeräten (Videorecordern). Es ermöglicht die automatisch zeitrichtige Aufzeichnung einer Fernsehsendung, auch wenn sich deren Beginn (gegenüber der ursprünglich angegebenen Zeit) verschiebt. Dies wird durch den Vergleich der vom Benutzer am VPS-Decoder (d. h. am Videorecorder) eingestellten Daten mit den mit dem Fernsehbild übertragenen Daten ermöglicht. Mit jeder Fernsehsendung werden gleichzeitig in einer Zeile der vertikalen Austastlücke des jeweils ersten Halbbildes (Datenzeile 16) die entsprechenden Daten übertragen (*Datacast*). Eine Erweiterung der Nutzung dieser Daten ist technisch möglich und auch vorgesehen.

H.3.4.5 Übertragung von Fernsehsignalen

Die Übertragung von Fernsehsignalen vom Sendestudio zu den Sendern kann sowohl mit analogen als auch mit digitalen Übertragungssystemen geschehen. Die verbreitetste Realisierung ist die Übertragung auf Richtfunkstrecken in Trägerfrequenztechnik. Eine Alternative dazu ist die Übertragung mit PCM-Systemen. Durch die digitale Verarbeitung der Bildsignale kann hierbei eine starke Reduzierung der benötigten Kanalkapazität erreicht werden, da ein Fernsehbild einen hohen Anteil an Redundanz enthält. Dieser kann z. B. durch Differenz-Pulscodemodulation auf der Sendeseite entfernt und mit der entsprechenden Demodulation im Empfänger wieder zugefügt werden (reversible Nachrichtenreduktion). Außerdem kann auch ein gewisser Teil der tatsächlichen Information entfernt werden, solange dies die Qualitätsanforderungen zulassen (irreversible Nachrichtenreduktion).

Fernsehsendeantennen für die terrestrische Verbreitung bestehen in der Regel aus Dipolgruppen und strahlen entweder mit horizontaler oder mit vertikaler Polarisation ab. Die Empfangsantennen bestehen aus Dipolgruppen mit einem Gewinn von bis zu 20 dB. Im Empfänger wird der hochfrequente Träger auf feste Zwischenfrequenzen heruntergemischt. Die Zwischenfrequenz beträgt für den Bildträger 38,9 MHz und für den Tonträger 33,4 MHz. Nach der Demodulation des ZF-Signals wird das Videosignal verstärkt und der Steuerelektrode der Bildröhre zugeführt. Das Tonsignal wird ebenfalls demoduliert, dann verstärkt und über den Lautsprecher wiedergegeben.

H.3.4.6 Aktuelle Entwicklungen

Einleitung

Sowohl Bild als auch Ton weisen bei den heutigen TV-Normen eine geringere Qualität auf als bei aktuellen Kinoproduktionen. In den rund dreißig Jahren seit Einführung der zur Zeit verwendeten TV-Systeme sind – bzgl. der Qualität – nur vergleichsweise geringe Verbesserungen vorgenommen worden. Der größte Schritt war dabei die Einführung des Mehrkanaltons, wodurch u. a. die Ausstrahlung von Sendungen mit Stereoton möglich wurde. Weitere Schritte waren die Einführung der digitalen Signalverarbeitung in PAL-Decodern sowie die Verdoppelung der Bildwiederholfrequenz von 50 Hz auf 100 Hz. Letztere führte zu einer deutlichen Verringerung der Überspracheffekte.

Diese Überspracheffekte sind:

- *Cross-Luminance* – Übersprechen der Luminanz (Helligkeitsinformation) in den Chrominanz-Kanal (Farbinformationskanal) – führt z. B. zu farbigem Schillern an feingemusterter Kleidung;
- *Cross-Colour* – Übersprechen der Chrominanz in den Luminanz-Kanal – erzeugt Helligkeitsfehler sowie feine, bewegte Muster bei horizontalen Farbübergängen.

Ein wesentlicher Nachteil des Fernsehens gegenüber dem Kino ist jedoch weiterhin im relativ schmalen Wiedergabeformat (4:3) zu sehen. Kinofilme weisen, je nach System, Formate von 4:3 (Stummfilm) bis hin zu 3:1 („Supertechnorama") auf, wobei rund siebzig Zwischenstufen existieren. Da das Verhältnis Breite zu Höhe für den Zuschauer ein wesentliches Qualitätsmerkmal ist, muß bei künftigen Entwicklungen eine Verbreiterung des Formats angestrebt werden. Dieser Übergang wird nach der Einführung der Farbe die größte Veränderung des Mediums Fernsehen bedeuten.

„Digitales" Fernsehen

In diesem Jahrzehnt vollziehen sich die ersten Schritte des Übergangs von den z. Z. aktuellen TV-Normen (PAL, SECAM, NTSC) hin zu einer hochauflösenden neuen Norm, wobei sich abzeichnet, daß wiederum keine weltweite Standardisierung erreicht werden wird. Derzeit ist vom ursprünglich erhofften Standard nur der Übergang des Bildformats von 4:3 auf 16:9 übergeblieben. Durch die Erhöhung der Zeilenzahl und das breitere Bildformat wird eine wesentlich höhere Bildqualität und ein größerer Detailreichtum als bei den herkömmlichen Systemen ermöglicht.[5] Dadurch wird aber auch eine höhere Auflösung notwendig – die Gesamtzahl der Pixel erhöht sich deutlich und damit auch die zur Übertragung oder Aufzeichnung benötigte Informationsmenge. In Europa, den USA und Japan wurden bzw. werden Standards für HDTV (*High Definition Television* – hochauflösendes Fernsehen) entwickelt:

- Europa: Eureka EU 95 – hochauflösendes Fernsehen[6]

    digitale Datenverarbeitung, analoge Übertragung (ursprünglich geplant); 1250 Zeilen, 50/100 Hz.

---

5 Aufgrund der doppelten Zeilenzahl (gegenüber dem PAL-System) und der doppelten Anzahl von Pixeln je Zeile wird ein geringerer Abstand Bild – Betrachter ermöglicht. Das bedeutet, daß der Blickwinkel für den Betrachter von rund 10° beim herkömmlichen Fernsehen auf rund 20° steigt. Dieser Wert liegt zwar immer noch deutlich unter dem Blickwinkel des „scharfen Sehens" von 60°, bietet jedoch eine deutliche Verbesserung des Seh-Eindrucks. Da zum „Panorama-Effekt" im wesentlichen die Breite des Bildes beiträgt und weniger die Höhe, wird das Verhältnis Breite zu Höhe von 4:3 auf 16:9 erhöht.

6 Die Europäische Union fördert die Entwicklung eines europäischen HDTV, damit der Rückstand der europäischen Unterhaltungselektronik-Industrie gegenüber der japanischen bzw. der amerikanischen nicht zu groß wird. Darüber hinaus werden die entsprechenden Entwicklungsvorhaben aus Steuergeldern sowie aus Mitteln der Industrie finanziert.

- USA
  digitale Datenverarbeitung, digitale Übertragung;
  1050 Zeilen, 59,94 Hz.

- Japan: MUSE (*Multiple Sub-Nyquist Sampling Encoding*)
  digitale Datenverarbeitung, analoge Übertragung;
  1125 Zeilen, 60 Hz:

Ein wesentlicher Nachteil aller Verfahren ist die fehlende Kompatibilität sowohl untereinander als auch zu den vorhandenen Normen. Für die Umsetzung der USA-Norm in EU-HDTV und umgekehrt sind bereits Transcoder realisiert worden, die eine Umsetzung ohne sichtbare Qualitätsverluste erlauben.

Ursprünglich war in Europa die analoge Übertragung der digitalen Daten geplant – das Stichwort hierzu ist HD-MAC (*High-Definition-Multiplexed Analogue Components*). In jüngster Zeit hat sich jedoch auch in Europa die Ansicht durchgesetzt, daß hier – wie in den USA – auch für die Übertragung digitale Technik eingesetzt werden soll.

Die wesentlichen Argumente, die für die digitale Rundfunkversorgung sprechen, sind:

- Studioqualität bis hin zum Teilnehmer;
- Korrektur von Übertragungsfehlern möglich;
- hohe Aufzeichnungsqualität beim Teilnehmer („digitaler Videorecorder");
- gute Frequenzökonomie möglich.

Ohne Datenreduktion würden zur Übertragung von HDTV-Signalen fünfmal breitere Frequenzkanäle benötigt als bei herkömmlichen TV-Signalen. Während die Datenrate (ohne Reduktion) bei TV-Signalen 216 kbit/s beträgt, liegt sie bei HDTV bei 1152 kbit/s. Mit Hilfe aufwendiger Datenreduktionsverfahren (Digitale Fourier-Transformation, Quantisierung, Entropiecodierung, Bild-Differenz-Übertragung, Bewegungsschätzer) ergeben sich reduzierte Datenraten von ca. 10 kbit/s (TV) bzw. ca. 40 kbit/s (HDTV).

Weitergehende Informationen über die Möglichkeiten der Datenreduktion bei Fernsehbildern mit Kompressionsverfahren der *Moving Picture Experts Group* (MPEG) sind z. B. [Köhler u. Reißmann 98] zu entnehmen.

Durch diese Datenreduktion wird die Möglichkeit eröffnet, auf einem Kanal beispielsweise ein HDTV-Programm oder eine entsprechende Anzahl von Programmen in geringerer Qualität zu übertragen. Kommerzielle Gründe sprechen dabei im Zweifelsfall eher für die letztere Alternative. Reelle Chancen für die Verbreitung von HDTV werden allerdings erst zu Beginn des nächsten Jahrtausends gesehen.

Die Fernsehnorm PALplus

Der erste realistische Schritt (als Zwischenstufe zwischen PAL und HDTV) in die TV-Zukunft mit Einführung des breiteren Bildformats stellt die PALplus-Norm dar, deren Markteinführung bei der Internationalen Funkausstellung 1995 in Berlin erfolgte. Sendungen mit PALplus im Format 16:9 können auf den herkömmlichen 4:3-PAL-Empfängern im sogenannten Letterbox-Format (schwarze Balken oben und unten) oder aber auf bereits im Handel befindlichen 16:9-Geräten empfangen werden – bei letzteren allerdings mit einer auf 432 sichtbare Zeilen reduzierten Vertikalauflösung (PAL: 576 Zeilen).

In den schwarzen Balken des Letterbox-Formats ist ein Hilfssignal (*Helper*) „versteckt", aus dem ein Decoder die fehlenden 144 Zeilen generieren kann. Die Bandbreite dieses Hilfssignals beträgt 3,5 MHz, wobei das Signal dem Farbträger durch Restseitenband-AM aufmoduliert wird. Damit die Hilfszeilen auch auf einem 4:3-Bildschirm schwarz bleiben, wird die Signalamplitude auf ca. ±150 mV Hub um den Schwarzpegel begrenzt. Um hierdurch den Signalrauschabstand nicht zu verschlechtern, wird ein Kompanderverfahren eingesetzt.

Das PALplus-System weist drei wichtige Merkmale auf:

- breiteres Bildformat (16:9) bei voller Vertikalauflösung,
- gesteigerte Luminanzauflösung,
- abwärtskompatibel zu PAL (eingeschränkt) bei Nutzung der vorhandenen Übertragungswege.

Darüber hinaus bietet PALplus eine verbesserte Tonqualität. Das „Colorplus"-Verfahren gewährleistet eine bessere Bildqualität, wobei für die Luminanz 5 MHz Bandbreite zur Verfügung stehen (PAL 3,5 MHz) und für die Farbauflösung 1,3 MHz (PAL 700 kHz). Die Verbesserung rührt daher, daß weder *Cross-Colour* noch *Cross-Luminance* auftreten.

Der nächste Schritt ist der Übergang von PALplus zu HDTV. Dieser ist einfacher als der direkte Übergang von PAL zu HDTV. Dies rührt daher, daß beide Systeme zwar nicht kompatibel sind, aber aufgrund der in den nächsten Jahren erfolgenden Umstellung der Produktionen (bzw. der erneuten Abtastung vorliegenden Filmmaterials) auf das Format 16:9 der Schritt auf der Seite der Programmanbieter kleiner ausfallen wird (d. h. es wird vor allem ein geringerer finanzieller Aufwand anfallen). Der Aufwand beim Zuschauer für diese Umstellung bleibt jedoch gleich hoch.

PAL bzw. PALplus werden nach Angaben der Sendeanstalten noch mindestens zwanzig Jahre lang ausgestrahlt. Es ist also absehbar, daß zumindest für einen längeren Zeitraum mehrere Normen (in Europa z. B. PAL, PALplus und HDTV) nebeneinander existieren werden, wobei dem Verbraucher überlassen bleibt, welches System er auswählt.

H.3.4.7 Sender und Empfänger in der Funktechnik

Einleitung

Zusammen mit dem Übertragungskanal bilden der Sender und der Empfänger ein einfaches Übertragungssystem. In diesem Abschnitt werden der prinzipielle Aufbau sowie die Anforderungen an Sender und Empfänger in Rundfunk-Übertragungssystemen dargestellt. Anzumerken ist, daß die hier vorgestellten Prinzipien bei den meisten Funksystemen so (oder in leicht abgewandelter Form) anzutreffen und nicht speziell auf die Rundfunktechnik zugeschnitten sind.

Sender

Den prinzipiellen Aufbau eines Rundfunksenders zeigt Abb. H.3-4. Die Sendeleistung erreicht bei großen Mittel- und Langwellensendern bis zu einigen MW, während andererseits sogenannte Füllsender (zur UKW-Versorgung z. B. von Gebirgstälern) mit wenigen Watt auskommen. Dementsprechend unterschiedlich sind auch die Bauformen der Sender, wobei jedoch das Prinzip meist dem in Abb. H.3-4 entspricht.

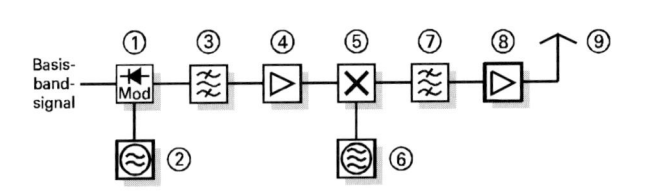

1	Modulator
2	ZF-Oszillator
3	ZF-Filter
4	ZF-Verstärker
5	Sendemischer (ZF-HF)
6	Umsetzoszillator
7	Sendefilter
8	Sendeverstärker
9	(Sende-)Antenne

Abb. H.3-4   *Prinzipieller Aufbau eines Rundfunksenders*

Wichtige Kenngrößen eines Senders sind:

♦ Sendefrequenz

   Jedem Funkübertragungssystem werden von internationalen Gremien Sendefrequenzen und zulässige Frequenztoleranzen zugeordnet, die diese zu keiner Zeit überschreiten dürfen, um benachbarte Funkdienste nicht zu stören. Da aber jeder Oszillator aufgrund von Alterung, Temperatur und anderen Einflüssen eine gewisse Frequenzdrift aufweist, muß die Frequenz ständig überwacht werden.

♦ Bandbreite

   Eng verknüpft mit der Sendefrequenz ist die Bandbreite, für die – neben den bei der Sendefrequenz bereits angesprochenen Punkten – die Auslegung (bzgl. Toleranzen usw.) der bandbegrenzenden Baugruppen (Filter) entscheidend ist.

- Nebenaussendungen
  Hierbei handelt es sich um (unerwünschte) Aussendungen außerhalb des gewünschten Frequenzbandes. Sie umfassen vor allem Oberwellen der Sendefrequenz, die im Senderverstärker entstehen, sowie parasitäre und mischfrequente Aussendungen. Unter mischfrequenten Aussendungen sind hier sendereigene oder senderfremde Kombinationsfrequenzen zu verstehen, die bei der Frequenzaufbereitung oder durch Einstrahlung fremder Sender entstehen. Für die Nebenaussendungen sind bestimmte Maximalpegel festgelegt, die nicht überschritten werden dürfen.
- Sendeleistung
  Für die Sendeleistung existieren drei unterschiedliche Definitionen:
  - Spitzenleistung PX
    Der Mittelwert der Leistung einer Periode der Trägerschwingung, während der die Hüllkurve der modulierten Schwingung ein Maximum hat; Kriterium für die Überschlagsfestigkeit des Senders und die Linearität seiner Aussteuerkennlinie.
  - Mittlere Leistung PY
    Mittelwert der Leistung der Trägerschwingung während einer Zeit, die lang ist gegenüber der längsten Periode der Modulationsschwingung; Kriterium für thermische Belastung der Bauteile des Senders.
  - Trägerleistung PZ
    Wert der mittleren Leistung des unmodulierten Trägers.

Empfänger

Ein Empfänger in der Nachrichtentechnik (Funktechnik) hat im wesentlichen folgende Aufgaben:
- Selektion – Auswahl (Filterung) eines gewünschten Frequenzbandes aus einem Gemisch hochfrequenter Signale, die i. a. von verschiedenen Quellen stammen;
- Verstärkung des HF-Signals;
- Demodulation – Rückgewinnung des Basisbandsignals aus dem modulierten HF-Signal;
- Verstärkung des NF-Signals.

Die einfachste (und älteste) Form des Empfängers ist der sogenannte Homodyn- oder Geradeaus-Empfänger (Abb. H.3-5). Hierbei durchläuft das empfangene HF-Signal den Empfänger von der Antenne bis zum Demodulator ohne Frequenzumsetzung. Der Detektorempfänger war der erste Empfänger für Funkdienste, so auch in der Anfangszeit des Rundfunkempfangs. Er besteht aus (mindestens) einem abstimmbaren Schwingkreis (Filter) zur Selektion und einem Kristalldetektor zur Demodulation. Da er ohne externe Stromquelle auskommt und die empfangenen Signale nicht verstärkt, können mit ihm nur leistungsstarke, nicht zu weit entfernte Sender über Kopfhörer empfangen

H.3.4 Fernsehfunk

```
①  ②   ③   ④    ⑤
↑  ≋   ▷   Mod  ▷    Basis-
                      band-
                      signal
```

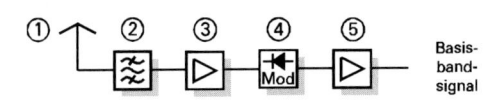

1 (Empfangs-) Antenne
2 HF-Empfangsfilter
3 HF-Vorverstärker (LNA)
4 Demodulator
5 NF-Verstärker

Abb. H.3-5   *Geradeaus-Empfänger (Homodyn)*

werden. Der Detektorempfänger ist in der Rundfunktechnik aufgrund seiner schlechten Eigenschaften nur noch von historischem Interesse.

Bis in die vierziger Jahre wurden, besonders für den Rundfunkempfang, sogenannte Einkreis-Empfänger produziert. Hierbei handelt es sich um einfache und preiswerte Empfänger, die einen abgestimmten HF-Verstärker, einen mit einem Schwingkreis abgestimmten Empfangsgleichrichter und einen NF-Verstärker enthalten. Hierdurch wurde der Lautsprecherempfang nahegelegener Sender ermöglicht.

Wegen verschiedener Mängel (u. a. geringe Trennschärfe [die Fähigkeit des Empfängers, frequenzmäßig benachbarte Sender zu trennen], unkontrollierbare Schwingneigung) hat der Geradeaus-Empfänger heute praktisch nur noch geringe Bedeutung – er wurde durch den Superhet-Empfänger nahezu vollständig verdrängt. Heute kommt der Geradeaus-Empfänger nur noch in Sonderfällen zum Einsatz, bei denen es um extrem kleine, robuste und preiswerte Empfänger geht und die Nachteile keine Rolle spielen.

In der Empfängertechnik wird meist das in Abb. H.3-6 bzw. Abb. H.3-7 gezeigte Superheterodyn-Prinzip (Überlagerungsprinzip, „Superhet") verwendet.

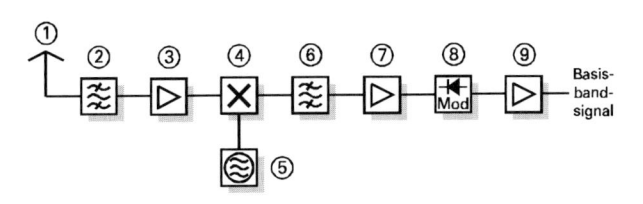

```
①  ②   ③   ④   ⑥   ⑦   ⑧    ⑨
↑  ≋   ▷   ✕   ≋   ▷   Mod  ▷    Basis-
            │                     band-
           ⑤                     signal
```

1 (Empfangs-) Antenne
2 HF-Empfangsfilter (Spiegelfilter)
3 HF-Vorverstärker (LNA)
4 Empfangsmischer (HF - ZF)
5 Umsetzoszillator
6 ZF-Filter
7 ZF-Verstärker
8 Demodulator
9 NF-Verstärker

Abb. H.3-6   *Einfach-Superheterodyn-Empfänger*

Aus dem von der Antenne empfangenen hochfrequenten Signalgemisch wird mittels eines Filters die gewünschte Frequenz (bzw. das gewünschte Frequenzband) selektiert und in einem Mischer durch Überlagerung mit einem Oszillator-Signal („Lokal-Oszillator") in ein ZF-Signal umgesetzt. Da aufgrund der nichtlinearen Effekte neben dem Nutzsignal noch weitere Signale entstehen (z. B. bei der Spiegelfrequenz), muß das ZF-Signal erneut gefiltert werden. Dieses Signal wird verstärkt und demoduliert, so daß am Ausgang des Empfängers wiederum das Basisbandsignal zur weiteren Verarbeitung zur Verfügung steht (Einfach-Superhet, Abb. H.3-6).

Eine Verbesserung der Eigenschaften der einfachen Superhet-Schaltung stellt der sogenannte Doppel-Superhet (Abb. H.3-7) dar. Der Unterschied zum einfachen Superhet besteht darin, daß die Umsetzung der HF in die NF in zwei Stufen geschieht. Das bedeutet, daß zwei Mischer mit zwei Umsetzoszillatoren vorhanden sind, die das hochfrequente Eingangssignal über den „Umweg" einer zweiten ZF dem Demodulator zuführen.

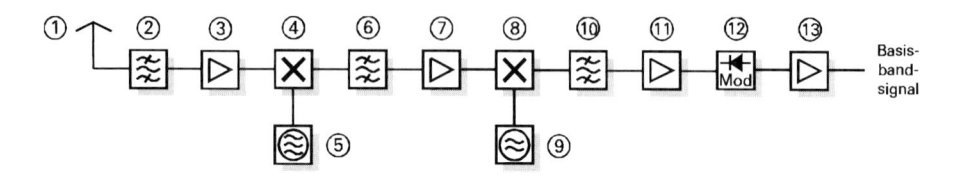

1	(Empfangs-) Antenne	8	ZF-Mischer (1. ZF - 2. ZF)
2	HF-Empfangsfilter (Spiegelfilter)	9	2. Umsetzoszillator
3	HF-Vorverstärker (LNA)	10	2. ZF-Filter
4	Empfangsmischer (HF - 1. ZF)	11	2. ZF-Verstärker
5	1. Umsetzoszillator	12	Demodulator
6	1. ZF-Filter	13	NF-Verstärker
7	1. ZF-Verstärker		

Abb. H.3-7 *Doppel-Superheterodyn-Empfänger*

Der Einfach-Superhet hat den Vorteil, daß er weniger Bauteile benötigt und somit kleiner und preiswerter ist, wobei jedoch die höhere Verstärkung des Verstärkers (kann zu Schwingneigung führen) und die Tatsache, daß direkt von der hohen RF auf eine relativ niedrige Signalfrequenz umgesetzt werden muß (schmalbandige und damit aufwendige Spiegelfrequenzfilter), problematisch sind. Der Einfach-Superhet ist daher i. a. nur bei vergleichsweise geringen Qualitätsforderungen einzusetzen.

Einige Beispiele für typische Zwischenfrequenzen in Rundfunkempfängern sind in Tab. H.3-3 angegeben.

Anwendung	ZF
Hörfunk (LW, MW, KW)	450 kHz ... 480 kHz
Hörfunk (UKW)	10,7 MHz
TV-Bild (PAL)	38,9 MHz
TV-Farbart (PAL)	34,47 MHz
TV-Ton (PAL)	33,4 MHz

Tab. H.3-3 *Zwischenfrequenzen in Rundfunkempfängern*

H.4 Richtfunk

H.4.1 Einleitung

Unter Richtfunk versteht man den festen terrestrischen Funkdienst zwischen zwei Funkstellen unter Benutzung der troposphärischen Ausbreitung. Richtfunkverbindungen sind vorwiegend – alternativ zu Kabel- und Satellitenfunkstrecken – Bestandteile öffentlicher oder nichtöffentlicher Weitverkehrsnetze und bilden das sogenannte „Hertzsche Kabel". Sie erfüllen alle Anforderungen hinsichtlich Übertragungsqualität und Betriebssicherheit, die auch an Kabelsysteme gestellt werden, und haben zudem den Vorteil der größeren Flexibilität.

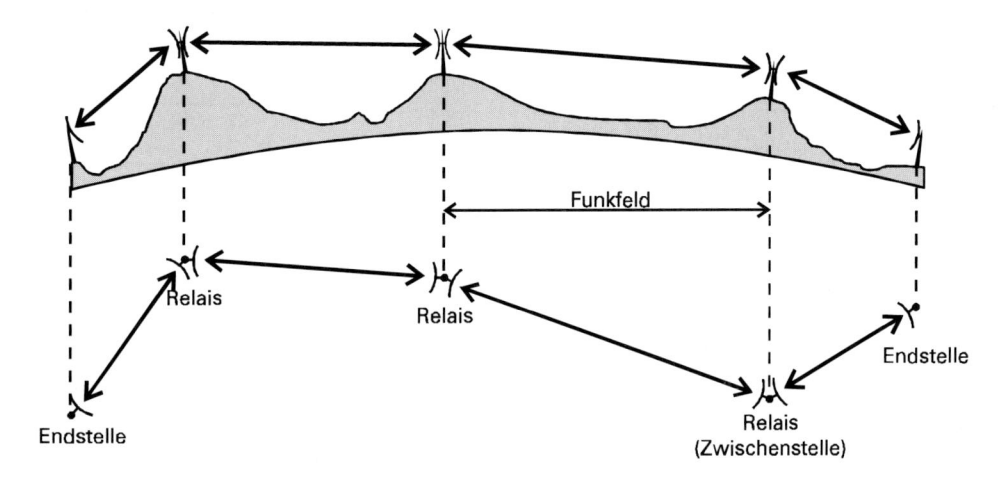

Abb. H.4-1 *Richtfunklinie mit Relaisstellen (nach [Löcherer 86])*

Die Entwicklung von Richtfunkgeräten begann Anfang der 30er Jahre in England, Frankreich und Deutschland. Der intensive Ausbau des Richtfunknetzes erfolgte nach 1950, entscheidend gefördert durch die Einführung des Fernsehrundfunks, der kurzfristig eine große Zahl breitbandiger Übertragungsstrecken benötigte.

Kennzeichnende Merkmale für Richtfunksysteme:

♦ Zwischen Sender und Empfänger besteht in der Regel Sichtverbindung. Wenn die zu überbrückende Entfernung größer als die Sichtweite ist, werden zwischen den Endpunkten der Richtfunklinie sogenannte Relais- oder Zwischenstellen erforderlich (Abb. H.4-1). Die Übertragungsstrecke zwischen zwei einander zugewandten Richtantennen heißt Funkfeld (zu dessen Definition siehe Kapitel E.4). Die Funkfeldlänge liegt für Sendefrequenzen bis etwa

10 GHz typisch bei 50 km, bei 15 GHz bei etwa 15 km und oberhalb von 18 GHz nur noch bei nur wenigen Kilometern.

- Die Sendeleistung beträgt typisch einige Watt (bei höheren Frequenzen wie z. B. 26 GHz einige Milliwatt). Als Sende- und Empfangsantennen werden Richtantennen mit hohem Gewinn verwendet.
- Richtfunkverbindungen sind frei von Einflüssen der Ionosphäre.
- Richtfunkverbindungen bieten ein hohes Maß an Flexibilität.
- Richtfunksysteme arbeiten bei Frequenzen zwischen 0,2 und 40 GHz, wobei die Frequenzbereiche nach Tab. H.4-1 unterschieden werden. Der Frequenzbereich ist nach oben durch die Grenzen der technologischen Realisierbarkeit sowie durch Fragen der Wellenausbreitung definiert, während die untere Grenze im wesentlichen durch die Antennengröße bestimmt wird (Belastung des Antennenträgers, Windlast).

Frequenzbereich	Anwendungen
0,2 bis 1,5 GHz	Sondersysteme kleiner Kanalzahl, vor allem für den militärischen Bereich
1,5 bis 12 GHz	Diese klassischen Frequenzbänder der öffentlichen Weitverkehrsnetze sind stark belegt und meist mit dem Satellitenfunk gemeinsam benutzt. Dabei ist zum Schutz des Richtfunks die von Satelliten an der Erdoberfläche in horizontaler Richtung erzeugte spektrale Leistungsflußdichte beschränkt, ebenso die von Richtfunksendern in Richtung der geostationären Umlaufbahn abgestrahlte EIRP. Erdefunkstellen des Satellitenbandes weichen dem Richtfunk in diesen Frequenzbändern i. a. aus. Notfalls müssen auch die Richtfunklinien räumlich oder im Frequenzbereich ausweichen.
über 12 GHz	Im allgemeinen für Funkfelder in Orts- und Bezirksnetzen (begrenzte Funkfeldlänge durch geringere Sendeleistung und relativ hohe Regendämpfung)

Tab. H.4-1   Frequenzbereiche des Richtfunks

H.4.2   Antennen

Vom Strahlungsdiagramm der Sende- und Empfangsantennen wird eine möglichst starke Unterdrückung der Nebenzipfel erwartet, vor allem auch in Rückwärtsrichtung, um die Störung fremder Funkfelder gering zu halten und in Knotenstellen kleine Entkopplungswinkel (geometrische Winkel zwischen zwei benachbarten Funkfeldern) zu realisieren. Die Hauptkeule der Antenne soll mit Rücksicht auf die mechanischen Schwankungen der Antennenträger und auf die optischen Schwankungen der Sichtlinie zur Gegenstelle bei Änderung des k-Wertes nicht schmaler als etwa 1° werden. Durch diese Forderung wird – insbesondere bei höheren Frequenzen – der realisierbare Antennengewinn begrenzt. Bei Einsatz von Polarisationsmultiplex wird eine hohe Polarisationsentkopplung der Antenne gefordert. Alle Antenneneigenschaften müssen gleichmäßig wenigstens über eines der Richtfunkbänder (10 % bis 20 % relative Bandbreite) eingehalten werden.

Bis etwa 1,5 GHz werden Dipolfelder mit Gitterreflektoren benutzt, darüber Reflektorantennen mit parabolischen Reflektorschalen (unter 3 GHz mit Dipolerreger, darüber Hornerreger). Die wichtigsten Vertreter der Reflektorantennen sind einfache Parabol-, Horn- und Muschel-Cassegrain-Parabolantennen, wie sie im Abschnitt E.3.6 vorgestellt wurden.

Einfache Parabolantennen weisen etwas schlechtere elektrische Eigenschaften auf, haben dagegen den Vorteil des geringeren Aufwands. Sie sind in weitmaschigen Netzen wirtschaftlich, während die aufwendigeren Horn- und Muschel-Cassegrain-Parabolantennen in dichten Netzen bevorzugt eingesetzt werden. Der Gewinn liegt typisch bei 43 dB, wobei die Halbwertsbreite der Hauptkeule typisch einen Wert von 1° bis 1,5° aufweist.

Als Antennenspeiseleitung werden bei niedrigen Frequenzen luftgefüllte Koaxialkabel (Durchmesser $3/8"$ bis $1\,5/8"$) verwendet, oberhalb ca. 3 GHz sind Hohlleiter günstiger. Die früher üblichen starren Hohlleiter sind weitgehend durch biegsame Rechteck- oder Ovalhohlleiter abgelöst worden. Die Speiseleitungen und ggf. Hohlräume innerhalb der Antennen werden zur Vermeidung von Kondensation hermetisch abgedichtet und mit Gas (z. B. trockener Luft) gefüllt.

> Auf FARBTAFEL VII ist ein Richtfunkturm beim Torfhaus (Brocken) zu sehen. Die beiden 18-m-Parabolantennen stellten (bis 1998) die eine Seite der Richtfunkstrecke zwischen dem alten Bundesgebiet und West-Berlin dar. Die Verbindung erfolgt bei einer Funkfeldlänge von 192 km überwiegend durch Beugung, zu einem geringeren zeitlichen Anteil aber auch als Streustrahlverbindung. Aufgrund dieser großen Funkfeldlänge wurde mit einer für Richtfunksysteme ungewöhnlich hohen Sendeleistung von 1 kW gearbeitet. Um die für Richtfunksysteme erforderliche Zuverlässigkeit zu erreichen, wird Antennen-*Diversity* verwendet (siehe auch Farbtafel VI).

H.4.3 Analoge Richtfunksysteme

Von den in analogen Richtfunksystemen angewandten Modulationsverfahren hat die Frequenzmodulation die weitaus größte Bedeutung (Richtfunksysteme mit Einseitenband-Amplitudenmodulation sind heute praktisch bedeutungslos). Das größte Problem bei amplitudenmodulierten Systemen ist, Sender der erforderlichen Leistung und Frequenz mit nahezu linearer (d. h. amplitudenunabhängiger) Verstärkung bereitzustellen.

Bei den frequenzmodulierten Systemen wird eine wichtige Unterscheidung hinsichtlich der Durchführung der Modulation des Trägersignals vorgenommen, die für die Realisierung der Systeme eine weitreichende Bedeutung aufweist. Dieser Unterschied zwischen indirekt und direkt modulierten Systemen wird im folgenden anhand von zwei stark vereinfachten Blockschaltbildern einer Funkstrecke mit einer Zwischenstelle erläutert.

- Indirekt modulierte Systeme   (Abb. H.4-2)

    Hier wird zunächst ein frequenzmodulierter Träger in der Zwischenfrequenz (ZF) erzeugt, der dann in die hochfrequente (HF-)Ebene umgesetzt werden muß. Diese Systeme sind daher unterteilt in das Modem-Gerät (*M*odulation und *Dem*odulation) und das Funkgerät (bestehend aus Sender und Empfänger). In einer Zwischenstelle sind Empfänger und Sender in der ZF-Ebene miteinander verbunden.

- Direkt modulierte Systeme   (Abb. H.4-3)

    Hier wird der HF-Träger direkt durch das Basisband moduliert, was im Schaltbild dadurch angedeutet wird, daß Modem und Funkgerät keine getrennten Einheiten mehr sind. Der Vorteil ist der einfachere Aufbau der Geräte, und nachteilig ist, daß in der Zwischenstelle keine ZF-Durch-

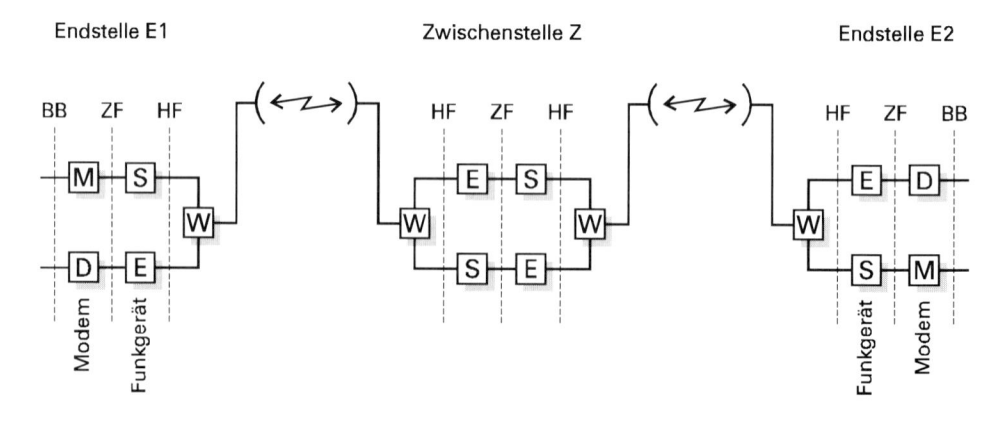

Abb. H.4-2 *Aufbau eines analogen Richtfunksystems mit indirekter Modulation (D: Demodulator, E: Empfänger, M: Modulator, S: Sender, W: Weiche)*

H.4.3 Analoge Richtfunksysteme

schaltung mehr möglich ist. Vielmehr muß in jeder Relaisstelle bis ins Basisband demoduliert und von dort wieder in die HF-Ebene moduliert werden. Dadurch addieren sich zum Signal jedesmal Geräuschanteile des Modulators und des Demodulators, so daß diese Systeme für den Weitverkehr nicht geeignet sind.

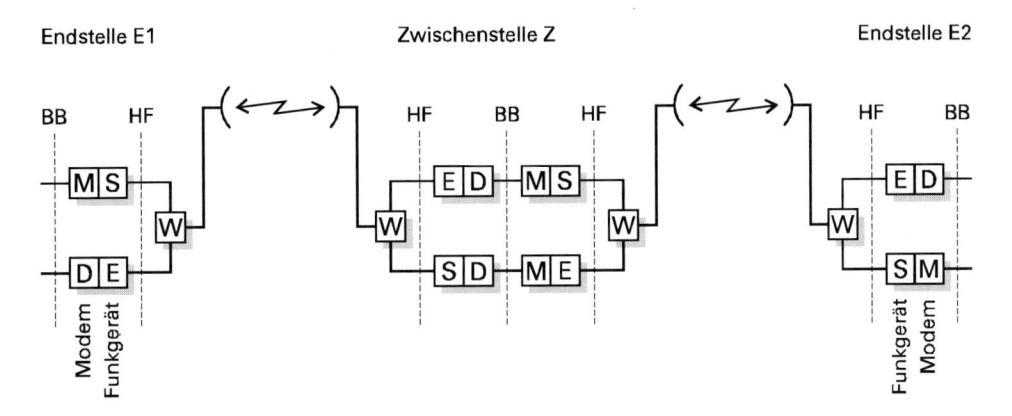

Abb. H.4-3 Aufbau eines analogen Richtfunksystems mit direkter Modulation (D: Demodulator, E: Empfänger, M: Modulator, S: Sender, W: Weiche)

Der HF-Bereich eines Richtfunksystems ist gemäß internationaler Empfehlung (CCIR) durch ein sogenanntes Frequenzraster unterteilt (Abb. H.4-4). Das zur Verfügung stehende Frequenzband wird aufgeteilt in ein Ober- und ein Unterband, die durch die Mittellücke getrennt sind. Sowohl im Ober- als auch im Unterband ist eine bestimmte (gleiche) Anzahl von Kanälen vorgesehen, die jeweils einen festen Abstand (Raster- oder Versetzerabstand) voneinander aufweisen. Zur Trennung der Sende- von den Empfangsfrequenzen einer Relaisstelle werden alle Sendefrequenzen in das Oberband (Unterband) und alle Empfangsfrequenzen in das Unterband (Oberband) gelegt. Ist der Rasterabstand ausreichend groß, so kann in das Hauptraster ein sogenanntes Zwischenraster geschachtelt werden (Doppelraster).

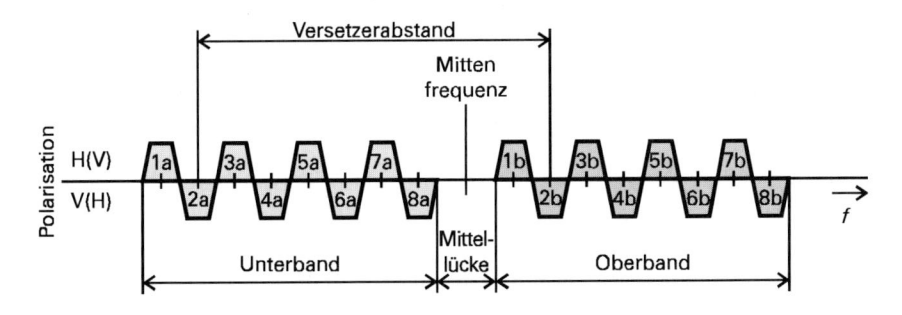

Abb. H.4-4 Frequenzraster (V, H: vertikale bzw. horizontale Polarisation)

Jede Richtfunklinie beansprucht zumindest ein Frequenzpaar des Rasters. In Abb. H.4-5 ist das Schema des Frequenzwechsels in den Relaisstellen einer Richtfunklinie dargestellt. Die Sendefrequenzen wechseln von Relaisstelle zu Relaisstelle: In Relaisstelle R1 liegen die Sendefrequenzen im Unterband, in Relaisstelle R2 im Oberband usw. Da durch diesen Frequenzwechsel die Sende- und Empfangsfrequenzen einer Relaisstelle um den Betrag der Versetzerfrequenz auseinanderliegen, wird verhindert, daß sich die Sender einer Relaisstelle als Störer für die am gleichen Ort befindlichen Empfänger auswirken.

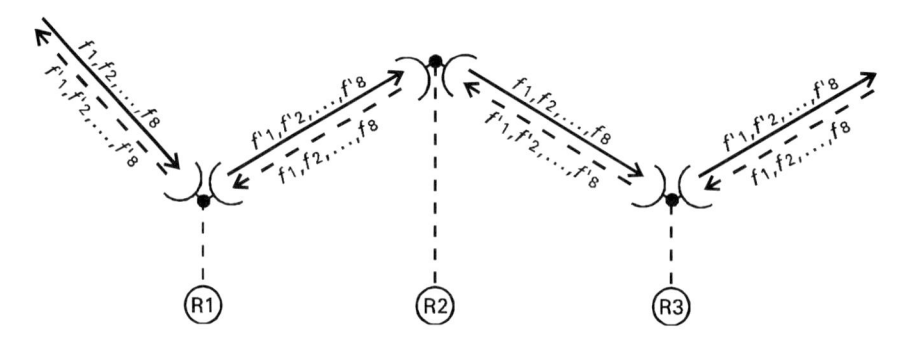

Abb. H.4-5 Frequenzwechsel in einer Richtfunkverbindung (R1, R2, R3 Relaisstellen) (nach [Löcherer 86])

In der Regel werden mehrere Richtfunklinien parallel betrieben. Das Raster in Abb. H.4-4 läßt einen Parallelbetrieb von maximal acht Linien zu. Hierbei erfolgt die Festlegung der Sendefrequenzen in den einzelnen Relaisstellen nach dem Schema von Abb. H.4-5. Alle Sender einer Relaisstelle arbeiten entweder im Unter- oder im Oberband. Eine wirksame RF-Entkopplung benachbarter Kanäle wird durch entsprechende Bandpaßfilter sowie unterschiedliche Polarisationsrichtungen erreicht.

Kanal	Polarisationsrichtung
1a, 3a, 5a, 7a, 2b, 4b, 6b, 8b	horizontal bzw. vertikal
1b, 3b, 5b, 7b, 2a, 4a, 6a, 8a	vertikal bzw. horizontal

Tab. H.4-2 Frequenzwechsel in einer Richtfunklinie

Die 1800 Fernsprechkanäle sind in 30 Grundsekundärgruppen zusammengefaßt und bilden eine Übergruppe von 300 kHz bis 8248 kHz (vergleiche hierzu die Hierarchie der Trägerfrequenztechnik in Kapitel H.1). In beiden Richtungen können jeweils bis zu acht Träger übertragen werden. Die Polarisationsverteilung ist in Tab. H.4-2 angegeben, und einige Beispiele für analoge Richtfunksysteme sind in Tab. H.4-3 zusammengestellt.

Systembezeichnung	Frequenz in MHz	Basisband	Ersteinsatz
FM 120 / 2200	2080 ... 2280	120 Fe-Kanäle	1957
FM 960 – TV / 4000	3600 ... 4200	960 Fe-Kanäle oder TV	1957
FM 120 / 7500	7400 ... 7700	120 Fe-Kanäle	1962
FM 960 – TV / 1900	1700 ... 2100	960 Fe-Kanäle oder TV	1963
FM 1800 – TV / 6200	5925 ... 6425	1800 Fe-Kanäle oder TV	1966
FM 300 / 2600	2490 ... 2690	300 Fe-Kanäle	1971
FM 2700 / 6770	6425 ... 7125	2700 Fe-Kanäle	1977
FM 1800 – TV / 11200	6425 ... 7125	1800 Fe-Kanäle oder TV	1978
FM 300 / 7500	7400 ... 7700	300 Fe-Kanäle	1980

Tab. H.4-3 *Analoge Richtfunksysteme der Telekom, eine Auswahl*

Wie in dieser Tabelle bereits zu erkennen ist, lag der Schwerpunkt der Einführung analoger Richtfunksysteme in den sechziger und siebziger Jahren. Heute haben die analogen Systeme im Vergleich zu den im folgenden Abschnitt beschriebenen digitalen Systemen nur noch eine geringe Bedeutung.

H.4.4 Digitale Richtfunksysteme

Bei der Übertragung digitaler Signale ist die Zahl der Signalzustände begrenzt; daher ist es möglich, das empfangene Signal zu regenerieren, also nahezu vollständig von allen bei der Übertragung entstehenden Störungen zu befreien. Auf diese wesentliche Eigenschaft digitaler Signale wurde bereits in den Teilen D und G hingewiesen.

Daraus ergeben sich folgende Vorteile gegenüber der analogen Signalübertragung:

- Man kann eine sehr große Anzahl von Funkfeldern hintereinanderschalten, ohne die Übertragungsgüte nennenswert zu beeinträchtigen. Das ist besonders für Frequenzen oberhalb etwa 12 GHz von Bedeutung, weil wegen der zunehmenden atmosphärischen Dämpfung die Länge der Funkfelder begrenzt ist, wenn man mit vertretbaren Sendeleistungen auskommen will. Die zur Überbrückung weiter Entfernungen erforderliche Zahl der hintereinandergeschalteten Funkfelder wird dadurch so groß, daß sich die erforderliche Übertragungsqualität mit analogen Richtfunksystemen nicht mehr erreichen läßt, da bei ihnen die Störgeräuschleistung mindestens proportional zur Zahl der Funkfelder ansteigt.

- Eine digitale Richtfunkverbindung ist weniger empfindlich gegen Störungen durch eigene oder fremde Systeme.

♦ Schwankungen der Funkfelddämpfung (Schwund) haben nur geringen Einfluß auf die Übertragungsqualität, solange sie einen systembedingten Grenzwert nicht überschreiten.

♦ Es gibt keine Abhängigkeit der Übertragungsqualität von der Aussteuerung.

Ein Nachteil der digitalen Signalübertragung ist die erforderliche größere Übertragungsbandbreite. In der Praxis wird diesem Nachteil einerseits durch die Benutzung geeigneter (d. h. höherstufiger) Modulationsverfahren begegnet sowie andererseits dadurch, daß infolge der geringeren Störempfindlichkeit die gleiche Frequenz öfter wiederverwendet werden kann. Dies wirkt sich insbesondere in eng vermaschten Netzen vorteilhaft aus. Man kann daher in der Regel die gleiche Frequenzökonomie erreichen wie bei analoger Signalübertragung mit Frequenzmodulation.

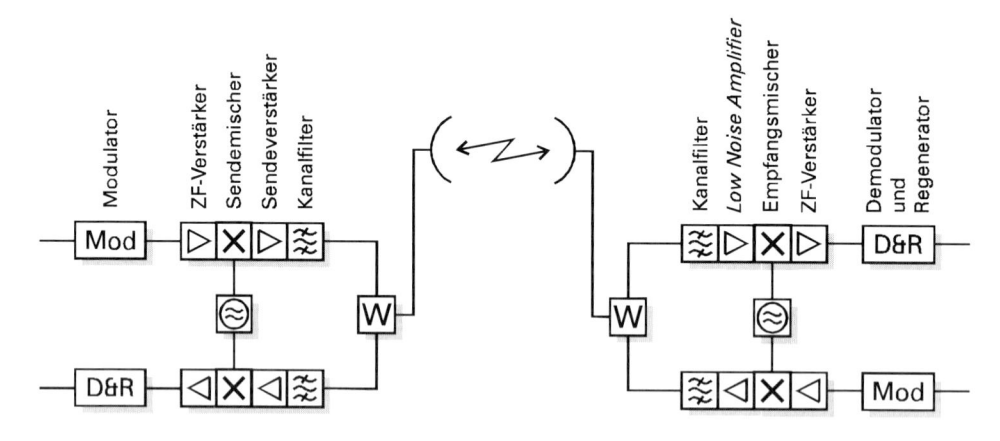

Abb. H.4-6   Schematischer Aufbau von digitalen Richtfunksystemen (W: Weiche)

Den schematischen Aufbau digitaler Richtfunksysteme zeigt Abb. H.4-6, wobei hier auf die Darstellung der Relaisstellen verzichtet wurde. Das angelieferte Basisbandsignal wird im Modulator in ein PSK- oder QASK-Signal umgewandelt, verstärkt und in ggf. mehreren Stufen in die Sendefrequenzlage umgesetzt. Nach dem Sendeverstärker und dem Kanalfilter (zur Unterdrückung unerwünschter Nebenaussendungen, die u. a. durch den Sendeverstärker verursacht werden), wird das Sendesignal über eine Polarisationsweiche auf die Sendeantenne gegeben.

In der Empfangsstelle wird das Signal nach Durchlaufen der Polarisationsweiche und des Kanalfilters rauscharm verstärkt (LNA) und in die ZF-Lage herabgemischt. Ein Demodulator mit anschließendem Regenerator sorgen dafür, daß das ankommende Basisbandsignal den Anforderungen (beispielsweise bzgl. der Pulsform) der folgenden signalverarbeitenden Stufen entspricht.

H.4.4 Digitale Richtfunksysteme

Typische Einsatzgebiete digitaler Richtfunksysteme sind:

◆ Übertragung von Ferngesprächen oder Rundfunkprogrammen, die mit Pulscode- oder Deltamodulation aufbereitet und im Zeitmultiplexverfahren gebündelt werden;

◆ Übertragung von „schnellen" Daten, wie sie etwa bei der Radarbildübertragung oder beim Datenaustausch zwischen Großrechnern anfallen;

◆ Übertragung von Meßwerten und Steuerbefehlen (Telemetrie) zur Überwachung und Steuerung von Stromversorgungsnetzen, Pipelines und dergleichen.

Ähnlich wie bei der Trägerfrequenztechnik existieren hier Hierarchieebenen, in denen jeweils eine große Anzahl von Kanälen zusammengefaßt werden. Diese Schnittstellen gelten für alle in der Übertragungstechnik (Kabel, Lichtwellenleiter, Richtfunk) eingesetzten Geräte und Systeme, sofern sie an den Digitalsignal-Eingängen und -Ausgängen die entsprechenden Bitraten verwenden (vgl. hierzu Kapitel H.2).

In der Tab. H.4-4 sind die Daten einiger bei der Deutschen Telekom eingesetzter digitaler Richtfunksysteme angegeben.

Systembezeichnung	Frequenz MHz	Basisband Mbit/s	Modulation	Ersteinsatz
DRS 2 x 8 / 15000	14500 ... 14620 15230 ... 15350	2 · 8	4-PSK	1981
DRS 34 / 1900	1900 ... 2100	34	4-PSK	1982
DRS 34 / 13000	12750 ... 13250	34	4-PSK	1983
DRS 140 / 3900	3600 ... 4200	140	16-QASK	1984
DRS 140 / 11200	10700 ... 11700	2 · 8	16-QASK	1985
DRS 140 / 6770	6425 ... 7125	140	16-QASK	1986
DRS 2 ... 140 / 18700	17700 ... 19700	2 ... 140	4-PSK	1987/88
DRS 155 (140) / 6200	5390 ... 6420	140 ... 155	64-QASK	1991
DRS 155 (140) / 18700	17700 ... 19700	140 ... 155	4-PSK	1993
DRS 155 (140) / 23000	21950 ... 23550	140 ... 155	4-PSK	1993
DRS 4 x 2 / 26000	25560 ... 26060 26680 ... 27180	4 · 2	4-PSK	1993

Tab. H.4-4 Digitale Richtfunksysteme der Deutschen Telekom, eine Auswahl

H.5 Satellitenfunk

H.5.1 Einleitung

Seit dem Start von „Sputnik I" im Jahre 1957 wurden Tausende von Satelliten in Umlaufbahnen um die Erde gebracht, die der Erfüllung vielfältiger Aufgaben dienen (wissenschaftliche Missionen; Nachrichten-, Wetter-, Erkundungs-, Erdvermessungs-Satelliten; bemannte Raumfahrzeuge; extraterristrische Satelliten). Im Rahmen dieser Betrachtung gilt das Interesse insbesondere den Nachrichtensatelliten. Die mit ihnen realisierte Nachrichtenübertragung ist dabei durch folgende Randbedingungen gekennzeichnet:

- Die nutzbare Übertragungsbandbreite kann im Verhältnis zu terrestrischen (Richtfunk-)Strecken sehr groß sein.
- Über einen Satelliten stehen ggf. gleichzeitig viele Erdefunkstellen untereinander in Verbindung (Vielfachzugriff).
- Die Freiraumdämpfung liegt bei geostationären Satelliten bei typisch 200 dB und somit wesentlich höher als bei terrestrischen Richtfunkstrecken.
- Satellit und zugreifende Erdefunkstellen (Sender wie Empfänger) müssen als Ganzes kostenoptimiert werden.

Unter den Begriff „Nachrichtensatellit" fallen vor allem:
- Fernmeldesatelliten (Übertragung von Telefongesprächen, TV, Daten);
- Fernsehverteilsatelliten;
- Satelliten für Rundfunk- und TV-Direktübertragung;
- Flugfunk-, Schiffsfunk-, Navigationssatelliten;
- Relais-Satelliten (z. B. zu interplanetaren Systemen).

Das in Abb. H.5-1 gezeigte Schema einer Satellitenverbindung soll den Aufbau von Erdefunkstellen und Satelliten-Transpondern nur prinzipiell andeuten. Der Aufbau wird in der Praxis wesentlich aufwendiger sein; so wird z. B. das Basisbandsignal in mehreren Stufen auf den hochfrequenten Träger aufmoduliert.

Für Deutschland bzw. Europa ergeben sich neben dem Aufbau interkontinentaler TV- und Fernmeldeverbindungen u. a. die nachstehend genannten Anwendungen.[7]

- Fernsehverteilnetz der *European Broadcasting Union* – EBU (*European Communication Satellite* – ECS, 1984);

---

[7] Eine weitere, recht verbreitete Anwendung von Satelliten ist die satellitengestützte Navigation. Hier ist insbesondere das amerikanische *Global Positioning System* (GPS) zu nennen. Es handelt sich dabei jedoch nicht um eine Nachrichtenübermittlung im engeren Sinne, weshalb hier auf diese Anwendung nicht näher eingegangen wird. Der interessierte Leser sei auf die entsprechende Literatur verwiesen, z. B. [Parkinson et al 96] oder [Schrödter 94].

H.5.1 Einleitung

- Einspeisung in Breitbandkabelnetze mit ECS, Intelsat V, Deutscher Fernsehsatellit DFS Kopernikus;
- Fernsehrundfunkversorgung u. a. mit TV-Sat und Astra;
- Einsatz von transportablen Erdefunkstellen z. B. für Reportagezwecke.

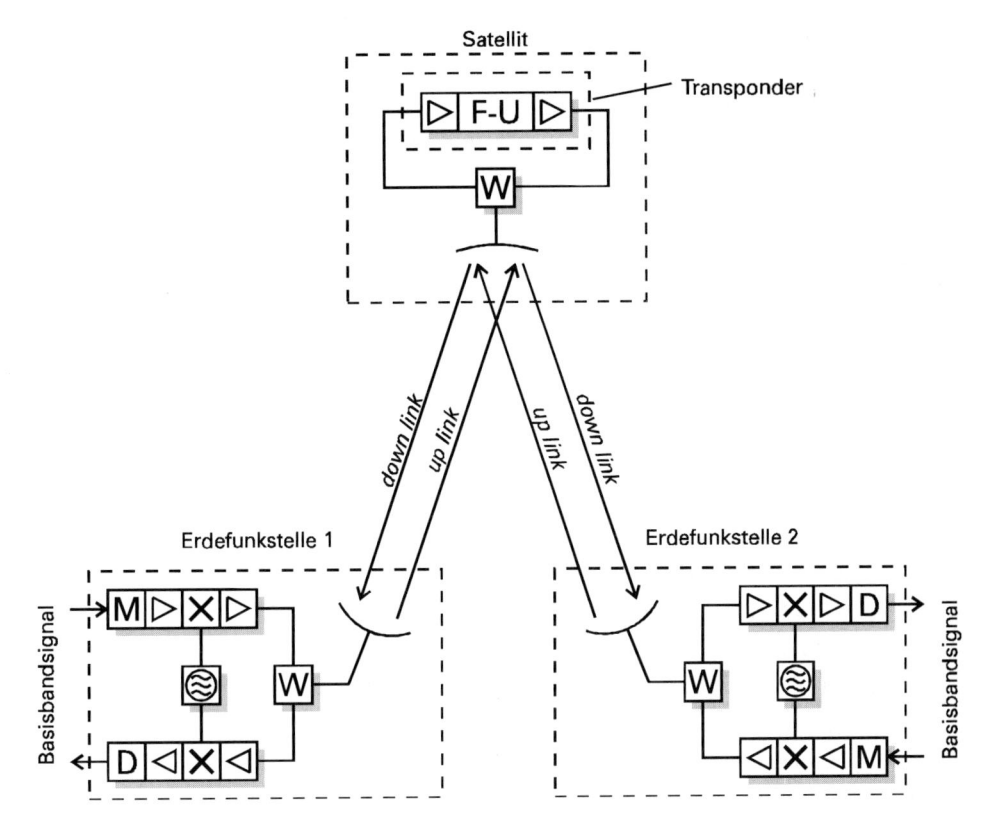

Abb. H.5-1 Nachrichtenübertragung über Satellit (D: Demodulator, F-U: Frequenzumsetzer, M: Modulator, W: Weiche)

Das angelieferte Basisbandsignal ist in der Regel ein TF-Multiplexsignal (Kapitel H.1) oder ein Signal aus der Hierarchie der digitalen Übertragungstechnik (Kapitel H.2). Die ZF-Baugruppen der beiden Erdefunkstellen gleichen prinzipiell den in Richtfunkendstellen verwendeten. Im HF-Bereich wurden dagegen wegen der wesentlich höheren Streckendämpfung Neuentwicklungen von Leistungsverstärkern (*High Power Amplifier* – HPA) und rauscharmen Vorverstärkern (*Low Noise Amplifier* – LNA) benötigt. Die „klassischen" Erdefunkstellen sind insbesondere durch große, dem Satelliten nachführbare Parabolantennen mit hohem Gewinn (typisch 60 dB) gekennzeichnet. Für die Aufwärtsrichtung (Erde–Satellit – *Uplink*) werden andere Frequenzen verwendet als für die Abwärtsrichtung (Satellit–Erde – *Downlink*); typische Frequenzen sind z. B.

beim TV-Sat 17,3 GHz bis 18,1 GHz für den *Uplink* und 11,7 GHz bis 12,5 GHz für den *Downlink*.

Im Satelliten werden i. a. die von der Erde gesendeten Signale empfangen, verstärkt, in der Frequenz umgesetzt und wieder abgestrahlt. Die Baugruppe, in der Frequenzumsetzung und Verstärkung durchgeführt werden, wird Transponder genannt. Die große Bandbreite heutiger Fernmeldesatelliten wird in der Regel auf mehrere Transponder verteilt. Tab. H.5-1 zeigt die Frequenzbereiche wichtiger Nachrichtensatelliten. Die Frequenz für den *Downlink* ist niedriger als für den *Uplink*, da hierdurch die Freiraumdämpfung verringert wird. Dies ist insbesondere unter dem Aspekt wichtig, daß der Leistungsbedarf im Satelliten möglichst gering sein sollte.

Satelliten-System	*Uplink* (Erde–Satellit) GHz	*Downlink* (Satellit–Erde) GHz
Intelsat	5,925 ... 6,425	3,7 ... 4,2
Intelsat, Eutelsat, DFS	14,0 ... 14,5	10,95 ... 11,2
		11,45 ... 11,7
TV-Sat	17,3 ... 18,1	11,7 ... 12,5
DFS, Eutelsat	14,0 ... 14,25	12,5 ... 12,75
DFS	29,5 ... 30,0	19,7 ... 20,2

Tab. H.5-1   Frequenzbereiche wichtiger Fernmeldesatelliten

Neben der reinen (Nutz-)Datenübertragung über den Satelliten müssen zusätzliche Einrichtungen vorhanden sein, die es erlauben, Steuerdaten zum Satelliten zu senden und Kontrolldaten vom Satelliten zum Satellitenkontrollzentrum auf der Erde zu übertragen. Diese Kommandos bzw. Daten werden zusammengefaßt unter dem Begriff TT&C (*Telemetry, Tracking and Command* – Telemetrie-, Nachführ- und Telekommandofunktionen) und im Satelliten vom sogenannten TT&C-Untersystem verarbeitet. Dieses leitet beispielsweise die entsprechenden Befehle an die Lageregelung weiter.

H.5.2   Satellitenbahnen

Nach den Keplerschen Gesetzen ist die Bahnkurve eines die Erde umlaufenden Satelliten eine Ellipse mit einem erdnächsten Punkt (Perigäum, gleichzeitig der Punkt höchster Bahngeschwindigkeit) und einem erdfernsten Punkt (Apogäum, der Punkt geringster Bahngeschwindigkeit). In vielen Fällen (so auch hier) wird vereinfachend von einer kreisförmigen Bahn (Abb. H.5-2) ausgegangen. Die Umlaufzeit T ergibt sich aus der Gleichheit von Fliehkraft und Erdanziehungskraft:

H.5.2 Satellitenbahnen

$$m\omega^2(R+H) = \gamma_s \, m \frac{M}{(R+H)^2} \qquad \text{(H.5-1)}$$

mit

$R = 6378$ km	Erdradius
$M = 5{,}7942 \cdot 10^{24}$ kg	Masse der Erde
$\omega = 2\pi/T$	Kreisfrequenz
H	Höhe über der Erdoberfläche
$\gamma_s = 6{,}67 \cdot 10^{-11}$ N m^2/kg^2	Gravitationskonstante

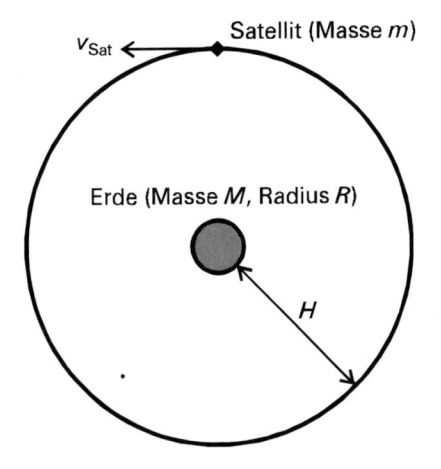

Abb. H.5-2 Zur Berechnung der Umlaufzeit eines Satelliten

Aus (H.5-1) berechnet sich die Umlaufzeit zu

$$T = 2\pi \sqrt{\frac{(R+H)^3}{\gamma_s M}} \qquad \text{(H.5-2)}$$

und die Bahngeschwindigkeit zu

$$v_{\text{Sat}} = 2\pi \frac{H+R}{T} \qquad \text{(H.5-3)}$$

Mit den Werten für die Erde kann für die Umlaufzeit die Größengleichung

$$\frac{T}{\text{h}} \approx 1{,}4 \left(1 + \frac{H}{6378 \text{ km}}\right)^{3/2} \qquad \text{(H.5-4)}$$

angegeben werden. Für eine extrem erdnahe Bahn ($H \ll R$) ergibt sich eine Umlaufzeit von $T \approx 84$ min.

Umgekehrt berechnet sich bei geforderter Umlaufzeit T die Höhe H zu

$$H = \sqrt[3]{\frac{T^2}{4\pi^2}\gamma_s M} - R \qquad \text{(H.5-5)}$$

Wird eine geostationäre Bahn gefordert (der Satellit steht – scheinbar – fest über einem Punkt an der Erdoberfläche), so ergibt sich (mit $T \approx 24$ h) eine Höhe von $H \approx 35786$ km bei einer Bahngeschwindigkeit von ca. 11000 km/h. Diese geostationäre Bahn (*Geostationary Earth Orbit* – GEO), die direkt über dem Äquator liegt, wird von den meisten Nachrichtensatelliten benutzt.

Ein Satellit in einer solchen Bahn „sieht" etwa ein Viertel der Erdoberfläche (die sogenannte Bedeckungs- oder Ausleuchtzone), so daß mit drei Satelliten in der Äquatorebene (je einer über dem Atlantischen, dem Pazifischen und dem Indischen Ozean mit einem Abstand von jeweils 120 Längengraden; Abb. H.5-3) die Ausleuchtung der ganzen Erde gewährleistet werden kann (mit Ausnahme der Polargebiete).

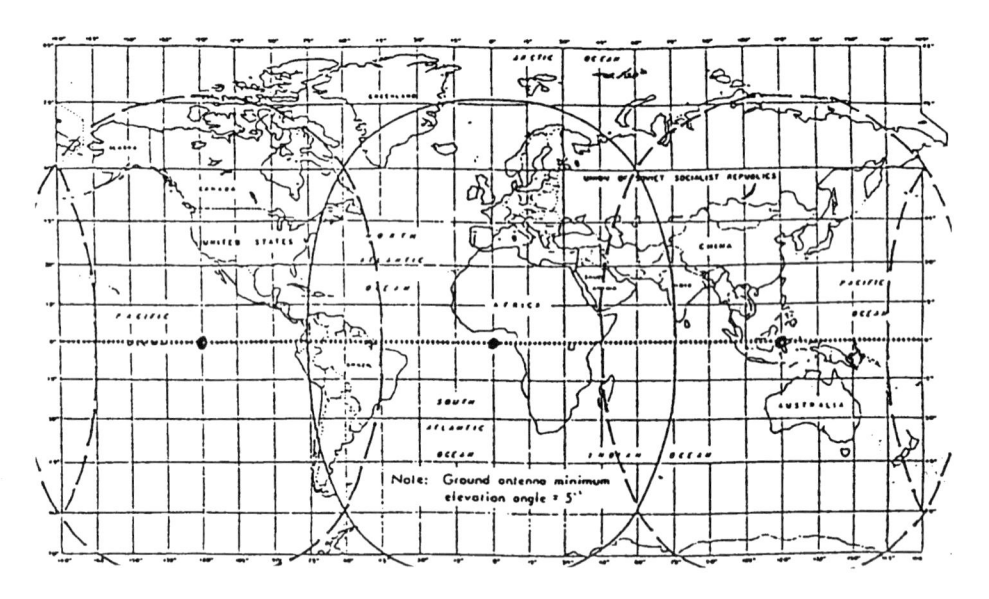

Abb. H.5-3 Ausleuchtung der Erde mittels dreier geostationärer Satelliten, wobei als minimale Elevation 5° angenommen wird (nach [Spilker 77])

Daneben gibt es auch Nachrichtensatelliten auf niedrigeren Bahnen (*Low Earth Orbit* – LEO), also sogenannte subsynchrone Satelliten, deren Umlaufzeiten deutlich unter 24 Stunden liegen. Sie weisen im wesentlichen die in Tab. H.5-2 zusammengestellten Vor- und Nachteile auf.

H.5.2 Satellitenbahnen

	Vorteile	Nachteile
GEO	◆ Satellit steht (innerhalb eines begrenzten, relativ großen Gebiets) ständig zur Verfügung ◆ Strahlungsrichtung praktisch konstant ◆ kein Doppler-Effekt	◆ für Breitengrade über 60° ungünstige Empfangsverhältnisse, für Polargebiete (über 80°) praktisch kein Empfang ◆ große Signallaufzeiten (ca. 275 ms für die einfache Strecke)
LEO	◆ Freiraumdämpfung ist deutlich geringer als auf der geostationären Bahn → Anforderungen an Sender und Empfänger geringer ◆ in Abhängigkeit von der Bahn auch Bedeckung der Polargebiete möglich ◆ deutlich geringere Signallaufzeiten	◆ für einen feststehenden Beobachter nur zeitweise sichtbar und damit nutzbar → für ständige Verbindungen System mit mehreren (ggf. „vielen") Satelliten erforderlich ◆ Bodenantennen müssen der Satellitenbewegung nachgeführt werden oder großen Öffnungswinkel haben ◆ durch Doppler-Effekt tritt Frequenzverschiebung auf ◆ ausgeleuchtete Fläche auf der Erdoberfläche ist wesentlich geringer als bei geostationären Satelliten

Tab. H.5-2   *Vor- und Nachteile von GEO- und von LEO-Satelliten*

Für die Ausrichtung einer Antenne auf einen bestimmten Satelliten genügt es, wenn die Höhe des Satelliten über der Erdoberfläche sowie die Werte für die geographische Länge und Breite von Satellit und Antennenstandort bekannt sind. Der Erhebungswinkel der Antenne einer Erdefunkstelle berechnet sich aus

$$\cos \varepsilon = \frac{R+H}{d} \sin(\alpha - \alpha_s) \sin(\beta - \beta_s) \quad \text{(H.5-6)}$$

während für die Entfernung Erdefunkstelle–Satellit gilt:

$$d = \sqrt{(R+H)^2 + R^2 - 2(R+H)R\cos(\alpha - \alpha_s)\cos(\beta - \beta_s)} \quad \text{(H.5-7)}$$

mit

α_s, β_s geographische Länge bzw. Breite des Satelliten
α, β geographische Länge bzw. Breite der Erdefunkstelle

Der Azimutwinkel φ, den der Satellit – von der Erdefunkstelle aus gesehen – mit der Südrichtung bildet, berechnet sich zu

$$\tan \varphi = \frac{\tan(\alpha - \alpha_s)}{\sin(\beta - \beta_s)} \quad \text{(H.5-8)}$$

Beispiel H.5-1

Für eine (fiktive) Erdefunkstelle am Ulmer Münster (48°46'36" n. B., 9°10'48" ö. L.) sollen Elevation der Antenne, Entfernung zum Satelliten sowie benötigter Azimutwinkel der Antenne berechnet werden, um den Satelliten Astra (19,2° ö. L.) zu empfangen.

Aus (H.5-7) ergibt sich die Entfernung Erdefunkstelle–Satellit zu 38328 km, aus (H.5-6) die Elevation zu $\varepsilon = 33{,}2°$ und aus (H.5-8) der Azimutwinkel, unter dem der Satellit vom Ulmer Münster aus zu sehen ist, zu $\varphi = -13{,}2°$.

Eine ausführliche Beschreibung der Umlaufbahnen von Satelliten – die hier nur kurz dargestellt werden konnten – ist z. B. in [Roddy 91] zu finden.

H.5.3 Vielfachzugriffsverfahren

H.5.3.1 Einleitung

Da ein Satelliten-Transponder in der Regel eine wesentlich höhere Übertragungskapazität aufweist, als zwischen zwei Erdefunkstellen benötigt wird, können sich mehrere Erdefunkstellen die Transponderkapazität teilen. Für diesen sogenannten Vielfachzugriff (*Multiple Access*) gibt es verschiedene Realisierungsmöglichkeiten. Drei davon werden anhand des in Abb. H.5-4 dargestellten Nachrichtenquaders verdeutlicht, der bereits im Kapitel C.1 eingeführt wurde.

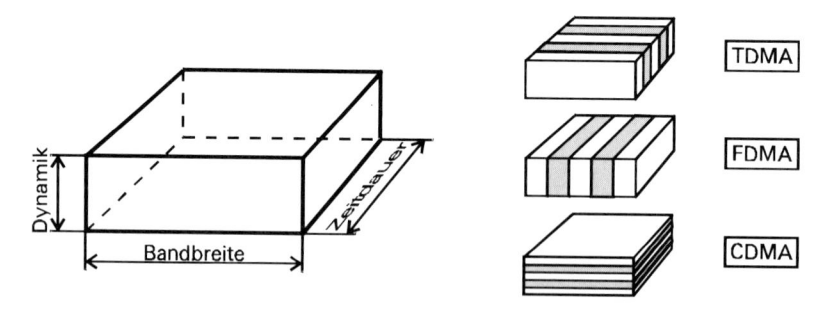

Abb. H.5-4 *Darstellung der Vielfachzugriffsverfahren im Nachrichtenquader*

- Vielfachzugriff im Frequenzmultiplex
 (*Frequency Division Multiple Access* – FDMA)
 Jeder Erdefunkstelle wird innerhalb der verfügbaren Bandbreite ein bestimmter Frequenzbereich dauerhaft zugeteilt.

H.5.3 Vielfachzugriffsverfahren

- Vielfachzugriff im Zeitmultiplex (*Time Division Multiple Access* – TDMA)
  Hier wird jeder Erdefunkstelle innerhalb eines Zeitrahmens ein Zeitabschnitt zugewiesen, in dem ihr Sendesignal allein die volle Transponderbandbreite ausnutzt. Dieses Verfahren wird ausschließlich im Zusammenhang mit digitalen Modulationsverfahren verwendet und hat aufgrund dieser Tatsache wachsende Bedeutung. Daher wird im folgenden Abschnitt ausführlicher auf dieses Verfahren eingegangen.

- Vielfachzugriff im Codemultiplex (*Code Division Multiple Access* – CDMA)
  Dieses Verfahren wird durch Verwendung von zueinander orthogonalen Codefolgen realisiert. Dadurch wird die voneinander unabhängige Übertragung der verschiedenen zugreifenden Signale ermöglicht.
  Ein Beispiel hierfür ist das Frequenzsprungverfahren (*Frequency Hopping*). Hierbei wird die Trägerfrequenz – gesteuert durch eine Pseudozufallszahlenfolge (PN-Folge, *Pseudo-Noise Code*) – innerhalb der zur Verfügung stehenden Bandbreite ständig gewechselt. Damit eine Verbindung zustande kommen kann, muß zwischen Sender und Empfänger natürlich eine bestimmte PN-Folge vereinbart sein. Durch den ständigen Wechsel der Frequenz beeinträchtigen die bei einer bestimmten Frequenz existierenden Störeinflüsse die Übertragung nur sehr kurzfristig. Je mehr Frequenzkanäle zur Verfügung stehen und je geringer die Verweildauer ist (Bruchteile von Sekunden), desto weniger wirken sich die Störungen aus.[8] Weiterhin existieren Zeitsprungverfahren (*Time Hopping* – dieses Verfahren ähnelt dem TDMA, jedoch erhält jeder Teilnehmer i. a. keinen festen Platz im Rahmen zugewiesen, sondern einen pseudozufällig wechselnden) sowie die Spreizung über eine (im Vergleich zur Bandbreite des Basisbandsignals) große Bandbreite.[9]

Während CDMA den Vorteil der größten Störsicherheit bietet, ist TDMA zu bevorzugen, wenn Leistung, Bandbreite und eine flexible Nutzung der verfügbaren Übertragungskapazität (in Abhängigkeit vom Verkehrsaufkommen) von Bedeutung sind. Im folgenden Abschnitt wird ausführlicher auf die Funktionsweise eines mit TDMA arbeitenden Übertragungssystems eingegangen.

Neben der Frequenz, der Zeit und der Codierung gibt es auch andere Multiplex-Koordinaten:

- Polarisation
  Unter gewissen praktischen Randbedingungen gelingt es, eine hinreichende Entkopplung zweier Übertragungen über dasselbe Funkfeld dadurch zu erreichen, daß zueinander orthogonale Polarisationen (vertikal und horizontal bzw. RHCP und LHCP) verwendet werden. Hierdurch wird ein zweiter unabhängiger Informationsquader bei gleichgebliebenem Bandbreitenbedarf geschaffen.

---

8 Dieses Verfahren wird auch im digitalen Mobilfunknetz (D-Netz) eingesetzt.
9 Diese Verfahren werden unter dem Begriff *Spread Spectrum* zusammengefaßt.

♦ Raum (Vielfachzugriff im Raummultiplex, *Space Division Multiple Access* – SDMA)
Während sich die bisher beschriebenen Verfahren auf die mehrfache Nutzung eines Transponders beziehen, muß außerdem berücksichtigt werden, daß ein Satellit i. a. eine Vielzahl von Transpondern mit sich führt. *Spot-Beam*-Antennen mit ausreichend starker Bündelung ermöglichen es nun, dasselbe Frequenzband in verschiedenen Gebieten unabhängig voneinander auszunutzen. Hierbei ist zu beachten, daß natürlich jedes abgestrahlte Signal wiederum Signale eines anderen Vielfachzugriffsverfahrens beinhalten kann.

Teilweise ist auch die Kombination von mehreren Zugriffskoordinaten möglich; eine besondere Bedeutung hat hierbei SDMA/TDMA erlangt, das auch als *Satellite Switched* TDMA (SSTDMA) bezeichnet wird.

Das Gegenstück zum Vielfachzugriff stellt der Einzelzugriff dar, bei dem eine Verbindung (*Single Access*) die gesamte Übertragungskapazität eines Transponders belegt. Dieses Verfahren kann sinnvoll eingesetzt werden bei Verbindungen, die ein sehr hohes und relativ konstantes Verkehrsaufkommen aufweisen. Der Vorteil gegenüber dem Vielfachzugriff ist der geringere Aufwand, während auf der anderen Seite die mangelnde Flexibilität und damit verbundene geringere Effizienz der Ausnutzung der Übertragungskapazität die wesentlichen Nachteile sind.

H.5.3.2 Das TDMA-Verfahren

Das TDMA-Verfahren beruht auf dem im Kapitel G.5 vorgestellten Zeitmultiplex TDM. In diesem Abschnitt soll jetzt anhand der Abb. H.5-5 der Aufbau von Sender und Empfänger eines mit TDMA arbeitenden (digitalen) Übertragungssystems gezeigt werden. Im Sender werden die ankommenden digitalen und analogen Signale (Kanäle) zu einem Multiplexsignal zusammengefaßt. Hierzu müssen im ersten Schritt die ggf. vorhandenen analogen Signale bandbegrenzt und mittels A/D-Umsetzung in eine digitale Form gebracht werden. Anschließend werden die digitalen sowie die digitalisierten analogen Signale im Multiplexer (MUX) zusammengefaßt. Da bei der (Funk-)Übertragung prinzipiell davon ausgegangen werden muß, daß Übertragungsfehler auftreten, wird häufig ein Encoder für eine Fehlerkorrektur (FEC) vorgesehen, auf den u. U. aber auch verzichtet werden kann. Im letzten Schritt werden die Datensymbole, die Rahmensymbole sowie Symbole für die Signalisierung in einem Rahmen zusammengefaßt. Die Regelung des Taktes beim Multiplexer und beim Encoder sowie die Erzeugung der Rahmenbits erfolgt in der hier etwas abstrahiert als „Steuerung" gekennzeichneten Baugruppe. Das so entstandene Multiplexsignal wird auf einem digitalen Kanal (mit Störungen) zum Empfänger übertragen.

Bei der Multiplexbildung muß unterschieden werden zwischen dem sogenannten Bit-Interleaving (von jedem Kanal wird jeweils ein Bit verwendet) und dem Word-Interleaving, wobei jeweils ein ganzes Wort (bestehend z. B. aus 8 Bits,

H.5.3 Vielfachzugriffsverfahren

dann auch als Byte-Interleaving bezeichnet) von jedem Kanal übernommen wird. In letzterem Fall wird beim Multiplexen eine Reihe von n Speichern mit jeweils der Länge eines Wortes benötigt, in welchem die ankommenden Datenbits zwischengespeichert werden können.

Der erste Schritt im Empfänger ist die Rückgewinnung der Taktsynchronisation, ohne die die folgende Rahmensynchronisation nicht möglich ist. In der weiter unten beschriebenen Rahmensynchronisation wird, vereinfacht gesagt, der Beginn eines Rahmens gesucht, um die zeitlich verschachtelten Informationen im Multiplexsignal wieder eindeutig an die entsprechenden Kanäle weiterleiten zu können. Nach dem anschließenden FEC-Decoder folgt der Demultiplexer, der

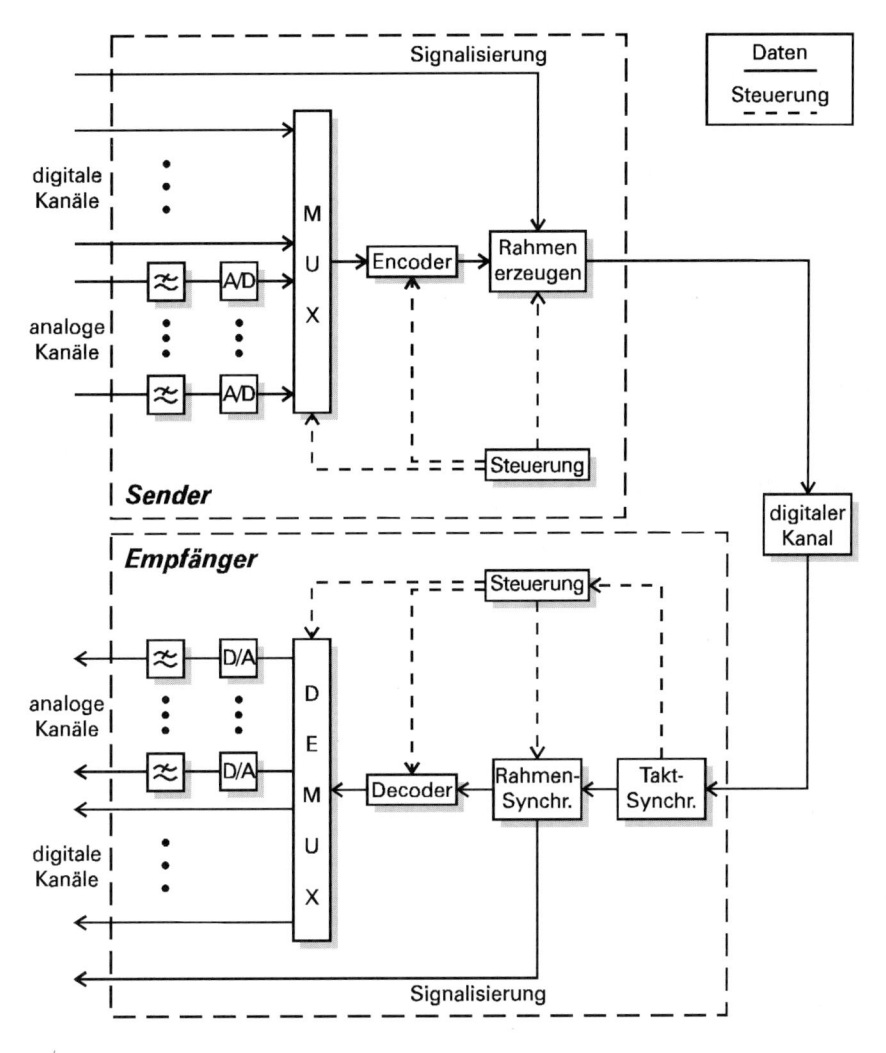

Abb. H.5-5 Aufbau von Sender und Empfänger in einem mit TDMA arbeitenden Übertragungssystem

die Symbole aus dem Multiplexsignal auf die einzelnen Kanäle aufteilt, wobei ggf. noch eine D/A-Umsetzung mit anschließendem Glättungsfilter bei analogen Kanälen vorgesehen werden muß. Auch hier erfolgt wieder eine Steuerung von Demultiplexer und Decoder, die ihrerseits ein Steuersignal von der Taktsynchronisation erhält. Wie man hier erkennt, spielen Takt- und Rahmensynchronisation für die einwandfreie Funktionsweise einer TDMA-Übertragung eine entscheidende Rolle.

Auch wenn häufig alle Kanäle die gleiche Datenrate aufweisen, ist dies keine Bedingung. Statt dessen können auch unterschiedliche Datenraten verwendet werden, die jedoch i. a. in einem festen, ganzzahligen Verhältnis zueinander stehen müssen.

H.5.3.3 Festgeschaltete und bedarfsweise Zuordnung

Vielfachzugriffsverfahren sind auch hinsichtlich der Zuweisung eines Verbindung (z. B. eines Sprachkanals) zu unterscheiden. Einerseits existieren fest geschaltete Verbindungen (*preassigned*), die die feste Zuweisung einer Verbindung zu einem Teilnehmer realisieren. Der Vorteil hierbei ist die sehr einfache Realisierung, der Nachteil die vergleichsweise schlechte Ausnutzung der Übertragungskapazität. Wirtschaftlich ist der Einsatz dieses Verfahrens daher nur bei Übertragungsstrecken mit einer hohen und relativ konstanten Auslastung.

Andererseits können die Verbindungen bedarfsweise zugeordnet werden, wobei dann von einem DAMA-Verfahren gesprochen wird (*Demand-assigned Multiple Access*). Alle Verbindungen sind prinzipiell für jeden Teilnehmer verfügbar und werden nach Bedarf zugeordnet. Der Vorteil dieses Verfahrens ist die effizientere Nutzung der Übertragungskapazität, während der Nachteil die wesentlich aufwendigere Realisierung ist. Ein Verfahren, das von der Idee her ebenfalls (wenn auch im Frequenzbereich) auf einer bedarfsweisen Zuweisung von Übertragungskapazität beruht (TASI), wurde bereits im Abschnitt G.5.4 vorgestellt.

H.6 Mobilkommunikation

H.6.1 Einführung

Unter dem etwas unscharfen Begriff der Mobilkommunikation bzw. des Mobilfunks wird i. a. die Kommunikation auf der Basis von Funksystemen zwischen beweglichen (mobilen) Teilnehmern verstanden. Dabei kann unterschieden werden zwischen dem sogenannten terrestrischen Mobilfunk, bei dem der Verkehr zwischen den Mobilstationen über auf dem Erdboden befindliche Relaisstationen abgewickelt wird, und dem satellitengestützten Mobilfunk, bei dem die Teilnehmer über Satellitenverbindungen kommunizieren.

Aus übertragungstechnischer Sicht ist der zeitvariante Übertragungskanal ein entscheidendes Merkmal des Mobilfunks. Durch die – z. T. schnellen – Bewegungen der Mobilstationen treten entsprechend schnelle Änderungen der Bedingungen für die Übertragung von Signalen auf. Um die Auswirkungen dieser Änderungen auf die Qualität der Übertragung gering zu halten, müssen bei der Auswahl des Übertragungsverfahrens Maßnahmen getroffen werden, die die Übertragung entweder unempfindlich(er) machen gegenüber der Zeitvarianz oder aber diesen Effekt kompensieren.

Die entscheidenden Fortschritte der letzten Jahre, die den modernen Mobilfunk erst ermöglichten, stammen dabei aus den Gebieten der Codierung, der Modulation sowie der Zugriffsverfahren. Außerdem ist erst durch neue Technologien der Einsatz dieser Verfahren bei gleichzeitiger Miniaturisierung und mit geringen Kosten möglich. Ohne die Erfüllung dieser beiden Forderungen wäre der gegenwärtige Erfolg des Mobilfunks nicht denkbar.

H.6.2 Geschichtlicher Hintergrund

In den Anfängen des Mobilfunks wurden analoge Verfahren verwendet. Die Systeme der ersten Generation der Mobilfunksysteme hatten u. a. den Nachteil, daß sie untereinander inkompatibel waren. Als wichtigste Beispiele für analoge Mobilfunksysteme seien hier genannt: das 1979 in den USA eingeführte AMPS (*Advanced Mobile Phone System*, 800-MHz-Band), das NMT (*Nordic Mobile Telephone*, 450- und 900-MHz-Band), das TACS (*Total Access Communications System*, 900-MHz-Band) sowie das deutsche C-Netz (450-MHz-Band, u. a. auch in Portugal und Südafrika verbreitet); siehe auch Abb. H.6-1. Die Systeme der ersten Generation waren nahezu ausschließlich für die analoge Sprachübertragung ausgelegt, während Datenübertragung nur bei wenigen Systemen mit geringen Datenraten möglich ist.

Bedingt durch die große Nachfrage sowie die Notwendigkeit der Datenübertragung mit höheren Datenraten wurde eine zweite Generation von Mobilfunksystemen erarbeitet, die ausschließlich digital arbeitet. Der Einsatz digitaler Verfahren bietet weitaus mehr Möglichkeiten, größere Verkehrsdichte sowie eine größere Vielfalt an Diensten. Die wichtigsten Systeme der zweiten Generation sind das im 900 MHz-Band arbeitende GSM (*Global System for Mobile Communication*, ausführliche Beschreibung im Abschnitt H.6.5) mit den Variationen DCS 1800 (*Digital Cellular System*, 1800-MHz-Band) und PCN (*Personal Communications Network*, 1800-MHz-Band). Daneben existieren andere Systeme, die jedoch – wie bei der ersten Generation – auch wieder keine Kompatibilität bieten. Zu nennen sind insbesondere die in den USA anzutreffenden Systeme IS-95 (*Intermediate Standard*) sowie DCS 1900 (eine GSM-Variation im 1900-MHz-Band).

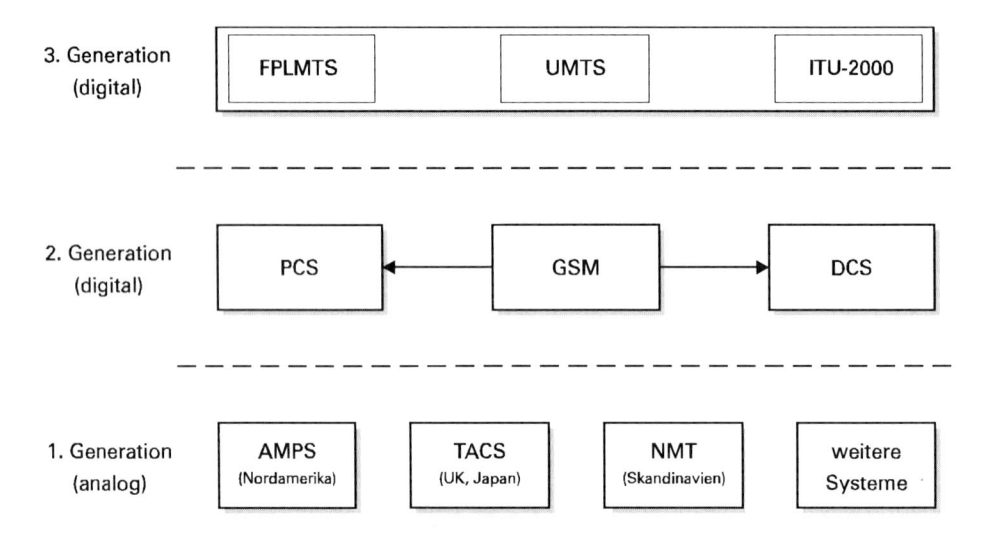

Abb. H.6-1 Drei Generationen zellularen Mobilfunks

Eine herausragende Bedeutung kommt dabei dem GSM zu, das einerseits ein „europäischer" Standard ist, andererseits jedoch in vielen Teilen der Welt eingeführt ist und die Grundlage der in der Entwicklung befindlichen dritten Generation darstellt. Die Systeme der zweiten Generation sind ausgelegt für (digitale) Sprachübertragung sowie für vergleichsweise langsame Datenübertragung.

Ziel der dritten Generation ist insbesondere eine Vereinheitlichung der verschiedenen Systeme, deren Entwicklung unter den Namen FPLMTS (*Future Public Land Mobile Telephone System*), UMTS (*Universal Mobile Telephone System*) sowie ITU-2000 vorangetrieben wird. Im Abschnitt H.6.4 wird noch einmal kurz auf diesen Aspekt eingegangen.

H.6.3 Der zellulare Mobilfunk

Ein terrestrisches Mobilfunknetz ist zellular aufgebaut (daher auch der amerikanische Begriff des *Cellular Radio*). Eine Zelle besteht dabei aus einer oder auch mehreren Basisstationen, die ein definiertes Gebiet versorgen. Die Größe dieses Gebiets hängt u. a. von der Topographie sowie von der Anzahl der zu erwartenden Teilnehmer innerhalb der Zelle ab. Der Verkehr (die Kommunikation) der sich innerhalb der Zelle befindenden Teilnehmer (Mobilstationen) wird über die Basisstation abgewickelt. Zwischen den Basisstationen unterschiedlicher Zellen wird der Verkehr leitungsgebunden oder über Richtfunk übertragen. Überschreitet eine Mobilstation die Grenze zwischen zwei Zellen, so findet ein sogenanntes *Handover* statt. Hierbei wird die Mobilstation vom Netzmanagement von einer Zelle an die nächste Zelle weitergegeben – ggf. auch während eines Gesprächs, ohne daß der Teilnehmer dies wahrnimmt. Wie sich an dieser

H.6.3 Der zellulare Mobilfunk

sehr kurzen Beschreibung bereits erkennen läßt, sind neben der Übertragungstechnik auch die Verkehrstheorie sowie die Entwicklung eines sinnvollen Netzmanagements wichtig für einen reibungslosen und effizienten Betrieb eines Mobilfunknetzes.

Grundsätzliches Problem aller funkgebundenen Übertragungssysteme ist – wie bereits angesprochen – die prinzipiell begrenzte Verfügbarkeit der Ressource Frequenzspektrum. Natürlich könnte ein Netz – zumindest theoretisch – so aufgebaut werden, daß jedem Teilnehmer eine eigene Frequenz zugewiesen wird. Wie leicht zu erkennen ist, scheitert diese Vorgehensweise jedoch schon bei relativ wenigen Teilnehmern an dem zu großen Bedarf an Frequenzspektrum. Ganz abgesehen davon wäre dieses Vorgehen in höchstem Maße unwirtschaftlich sowie in technischer Hinsicht wenig elegant.

Um diese Problematik zu umgehen, werden in ausreichenden geographischen Abständen die gleichen Frequenzen wiederverwendet (*Frequency Reuse*). Die Grundlage hierbei ist die zellulare Aufteilung des Versorgungsgebiets, wie sie in Abb. H.6-2 schematisch dargestellt ist. Eine Zelle wird dabei i. a. von einer Basisstation versorgt.

In Abb. H.6-2 wird außerdem die sogenannte Clusterung der Zellen gezeigt. Hier werden dabei jeweils sieben Zellen zu einem Cluster zusammengefaßt, wobei auch von einem entsprechenden *Reuse Factor* gesprochen wird. Während bei der Darstellung in Abb. H.6-2 eine stark schematisierte Zellenform verwendet wurde, wird in der Praxis die Form durch die Geographie, das Verkehrsaufkommen sowie weitere Faktoren bestimmt.

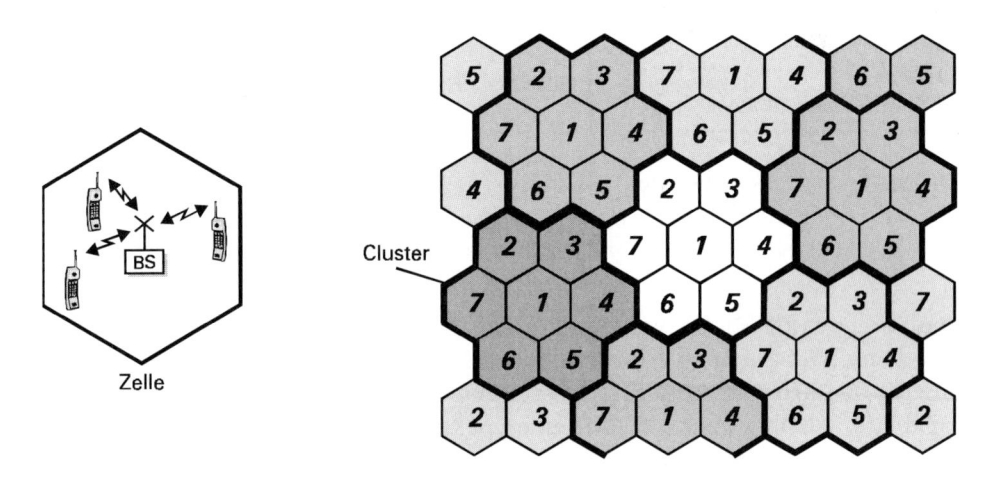

Abb. H.6-2   *Zellenstruktur: einzelne Zelle (links) – Zellenstruktur (rechts)*

Eine recht ausführliche Darstellung zu dieser Thematik ist in [Faruque 96] zu finden.

H.6.4 Wichtige Standards

Die Vision beim Mobilfunk ist es, jeden Dienst zu jeder Zeit an jedem Ort nutzen zu können. Ein Problem, das der heute vorhandene Mobilfunk aufweist, ist die Existenz einer relativ großen Zahl unterschiedlicher, teilweise inkompatibler Standards (Tab. H.6-1). Das Ziel der kommenden dritten Generation des Mobilfunks ist ein weltweiter, einheitlicher Standard mit einem Gesamtkonzept, in dem sowohl Festnetze als auch der terrestrische und der satellitengestützte Mobilfunk verknüpft werden. Dieser zukünftige Standard UMTS (*Universal Mobile Telecommunications System*) wird z. Z. beraten, wobei lediglich Konsens über das Pflichtenheft besteht, jedoch die Festlegung und die Realisierung des Standards noch weitgehend offen ist. Wesentliche Forderungen an den kommenden Standard sind eine effiziente(re) Nutzung des verfügbaren Frequenzspektrums, die Anhebung der Datenraten auf ISDN-Niveau (64 kbit/s) sowie die Realisierung von drahtlosen Breitbandsystemen (bis 2 Mbit/s) im Nahbereich durch Einsatz von ATM.

System	Frequenzbereiche (MHz)	Verbreitung
GSM (*Global System for Mobile Communications*, ursprünglich *Groupe Spéciale Mobile*)	890–915, 935–960	Europa
PCS 1900 (PCS – *Personal Communications System*)	1850–1910, 1930–1990	USA
DCS 1800 (DCS – *Digital Cellular System*)	1710–1785, 1805–1880	USA
IS-95 (IS – *Intermediate Standard*)	824–849, 869–894	Nordamerika

Tab. H.6-1 Wichtige Mobilfunkstandards; beim Frequenzbereich sind jeweils die Frequenzbereiche für die Verbindungen Basisstation → Mobilstation und Mobilstation → Basisstation angegeben

Gemäß einer EU-Studie werden in zehn Jahren rund die Hälfte aller Fernsprechanschlüsse mobile Netzanschlüsse sein, wobei insbesondere der Datentransfer deutliche Steigerungsraten erfahren wird. Die heutige Datenrate beträgt 9,6 kbit/s, soll aber noch 1999 für einen paketvermittelnden Internetzugang auf 64 kbit/s angehoben werden.

Im nächsten Abschnitt wird exemplarisch das – z. Z. wichtigste – Mobilfunksystem GSM ausführlich betrachtet. Dieses ist insbesondere deshalb von Bedeutung, weil GSM die Grundlage für die zukünftigen Mobilfunksysteme darstellt.

Weitere Details zum Mobilfunk können z. B. in [David u. Benkner 96] oder [Jung 96] nachgelesen werden.

H.6.5 Das GSM-System

H.6.5.1 Geschichte

Die Tabelle H.6-2 zeigt in einer stichwortartigen Zusammenfassung die wesentlichen Schritte auf dem Weg zum europäischen Mobilfunkstandard GSM.

1979	WARC: Frequenzbereich um 900 MHz für europaweit einheitliches Mobilfunknetz
1982	Gründung der GSM (*Groupe Spéciale Mobile*) innerhalb der CEPT
1986	neun vorgeschlagene Systeme getestet unter Leitung von CEPT/GSM
1987	unter dem Dach der CEPT Konferenz der *Groupe Spéciale Mobile* mit dem Ziel der Definition eines gesamteuropäischen Standards für ein digitales zellulares Funknetz
ab 1987	Entwicklung des Standards, wobei Aspekte bzw. Teillösungen der neun Vorschläge eingearbeitet wurden
1990	Fertigstellung der System-Spezifikation
1991	erste Netzinstallationen mit Probebetrieb in verschiedenen Ländern
1993	GSM wird Abkürzung für *Global System for Mobile Communication*

Tab. H.6-2   *Überblick über die Entwicklung des GSM-Systems*

H.6.5.2 Aufbau des Netzes

Den prinzipiellen Aufbau des GSM-Netzes zeigt Abb. H.6-3. Im GSM-Netz wird unterschieden zwischen Mobilstationen (*Mobile Station* – MS) und Basisstationen (*Base Station Subsystem* – BSS), die aus i. a. mehreren *Base Transceiver Stations* (BTS) und einem *Base Station Controller* (BSC) bestehen. Eine BTS verfügt über maximal acht HF-Sende-/Empfangseinheiten mit jeweils acht Verkehrskanälen, so daß sich für eine BTS maximal 64 Kanäle ergeben. Typischerweise werden mehrere (typisch 20 bis 30, maximal 40) BTS an einem Ort (*Site*) zusammengestellt und von einem gemeinsamem BSC kontrolliert. Das bedeutet, daß ein BSC im Vollausbau über 480 Kanäle verfügt. Der BSC ist mit den BTS meist über Mikrowellenverbindungen (Koaxialleitung, Lichtwellenleiter) verbunden, die als ABIS-Link (ABIS – *Application Binary Interface System*) bezeichnet werden.

Im allgemeinen werden zwei bis vier Zellen (Sektoren) um einen gemeinsamen Antennenträger gruppiert. Die (geographische) Aufteilung der Zellen hängt dabei von den topographischen Gegebenheiten sowie vom zu erwartenden Verkehrsaufkommen ab. Ebenso ist die Anzahl der BTS für eine Zelle vom Verkehrsaufkommen abhängig.

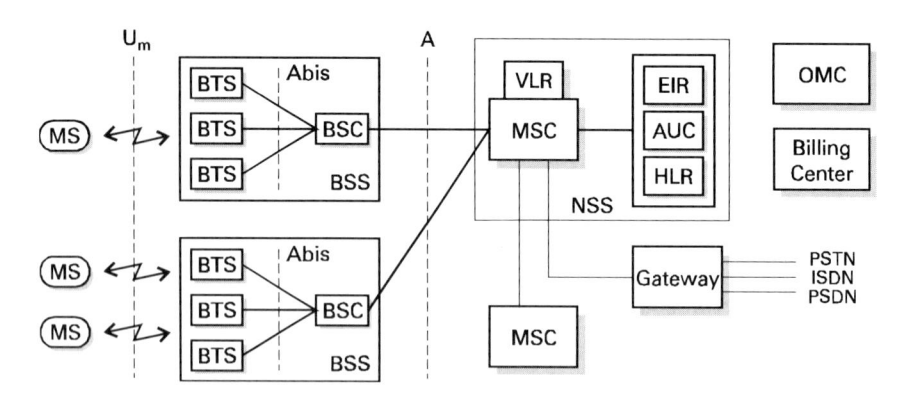

Abb. H.6-3 Prinzipieller Aufbau des GSM-Netzes

Die *Mobile Services Switching Centers* MSC steuern jeweils eine Reihe von BSS und kontrollieren den Verkehr zwischen den verschiedenen Zellen. Jedes MSC enthält ein Besucherregister (*Visitor Location Register* – VLR), in der Mobilstation, die sich außerhalb ihrer eigenen Zelle aufhalten, aufgeführt sind. Somit ist dem Netzwerk jederzeit bekannt, wo sich eine jeweilige Mobilstation aufhält. Jedes MSC ist verbunden mit drei zentralen Netzeinheiten: dem *Home Location Register* (HLR), dem *Authentication Center* (AUC) sowie dem *Equipment Identity Register* (EIR). Das System kann hiermit feststellen, ob ein Teilnehmer bzw. ein Gerät berechtigt sind (so können beispielsweise gestohlene Geräte vom Betrieb ausgeschlossen werden).

Außerdem verfügen die MSC über Schnittstellen zu anderen Netzwerken (*Public Land Mobile Network* – PLMN, *Public Switched Telephone Network* – PSTN, *Public Switched Data Network* – PSDN, *Integrated Services Digital Network* – ISDN,…) sowie zu anderen MSC. Eine MSC bildet in Verbindung mit den Registern VLR, HLR, AUC und EIR ein *Network and Switching System* NSS.

Die betriebliche Steuerung des Netzes wird vom *Operations and Maintenance Center* (OMC) sowie vom *Network Management Center* (NMC) wahrgenommen. Dem OMC obliegt die Beaufsichtigung, Steuerung und Handhabung der Netzelemente mit dem Ziel der optimalen Netzfunktion für Nutzer und Betreiber. Kern des OMC ist eine leistungsfähige Recheneinrichtung, die über Datenverbindungen (typisch mit X.25-Protokoll) von allen Netzelementen Statusinformationen erhält und Befehle zur Einstellung und Steuerung der Netzelemente an diese abgibt. Das OMC ist das „Fenster, durch das der Netzbetreiber in das Netz hineinsehen kann". Aus diesem Grund ist ein komfortables *Man-Machine Interface* (MMI) von großer Bedeutung.

Im *Billing Center* werden die Gesprächsdaten von den GSM-Netzeinheiten erfaßt und den Teilnehmerkonten zugeschrieben. Das *Billing Center* ist nicht in der GSM-Spezifikation enthalten und wird auch nicht als Netzeinheit des PLMN betrachtet.

Schnittstellen

Die U_m-Schnittstelle wird auch als Luftschnittstelle (*Air Interface*) bezeichnet. Eine ausführliche Beschreibung dieser für die Übertragungstechnik des Netzes wichtigsten Schnittstelle ist im Abschnitt H.6.5.3 zu finden.

Die Übertragungsrate für die ABIS-Schnittstelle (zwischen BSC und BTS) ist mit 2,048 Mbit/s entsprechend 32 TDMA-Kanälen mit je 64 kbit/s festgelegt. Für die Sprachübertragung können die Zeitschlitze noch einmal in vier Blöcke mit je 16 kbit/s unterteilt werden. Die ABIS-Schnittstelle ist herstellerspezifisch und nicht standardisiert.

Die A-Schnittstelle zwischen der Basisstation (allgemeiner dem funktechnischen Abschnitt) und dem Netz (allgemeiner dem vermittlungstechnischen Abschnitt) ist eine offene interne Schnittstelle des Systems. Dadurch ist es möglich, Netze unterschiedlicher Hersteller miteinander zu betreiben. Die Realisierung der Übertragung zwischen Basisstation und MSC erfolgt i. a. über Richtfunk oder Kabel. Es handelt sich hierbei um 2-Mbit/s-Verbindungen, über die sowohl Nutzdaten als auch die Signalisierung mit dem Zentralkanalzeichengabesystem Nr. 7 (vergleiche Abschnitt L.2.6) abgewickelt wird.

Eine MSC stellt die Schnittstelle zwischen GSM-Netz und dem PSTN dar, wobei das MSC vom PSTN als Netzknoten (*Gateway*) behandelt wird. Die Vermittlung innerhalb eines zellularen Netzes wie GSM ist aufwendiger als im Festnetz, da die Vermittlung zuerst feststellen muß, wo sich eine bestimmte (gerufene) Station gerade aufhält. Die Vorgänge des *Location Updating* und des *Call Routing* werden in den folgenden beiden Abschnitten beschrieben.

Location Updating

Das *Location Updating* wird mittels zweier Register (HLR und VLR) durchgeführt. Ausgelöst wird es von der Mobilstation, wenn bei der Überwachung des BCCH festgestellt wird, daß sie sich in einer anderen Zelle befindet, als im Speicher festgehalten ist.

Die Vorgehensweise kann dann wie folgt beschrieben werden:

- Eine Aktualisierungsaufforderung sowie die *International Mobile Subscriber Identity* IMSI (oder die frühere *Temporary Mobile Subscriber Identity* TMSI) werden über die neue MSC an das neue VLR geschickt.
- Der Mobilstation wird eine *Mobile Subscriber Roaming Number* MSRN zugewiesen und vom VLR an das HLR der Mobilstation geschickt. Diese verfügt somit immer über die Kenntnis des aktuellen Standorts (bzw. der aktuellen Zelle) der Mobilstation.
- MSRN ist eine reguläre Telefonnummer, die den Anruf zum neuen VLR routet und schließlich zum neuen TMSI der Mobilstation wird.
- Das HLR bestätigt die Meldung und sendet eine Mitteilung an das alte VLR, so daß die alte MSRN anderweitig vergeben werden kann.
- Abschließend wird der Mobilstation eine neue TMSI zugewiesen.

Call Routing

Die Funktionsweise der Vermittlung bei einem Ruf aus dem PSTN (hier: ISDN) für einen mobilen Teilnehmer wird nun kurz beschrieben (Abb. H.6-4).

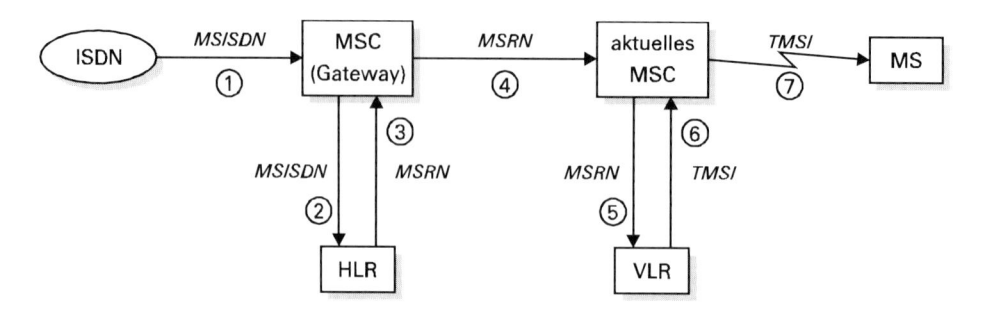

Abb. H.6-4 Schematische Darstellung des Ablaufs des Call Routing

- Unter Verwendung der MSISDN (ISDN-Nummer der Mobilstation) wird der Verbindungswunsch innerhalb des festen Netzwerks an ein *Gateway*-MSC zum GSM-Netz geroutet (1).
- Das *Gateway*-MSC fragt mit der MSISDN beim HLR an (2) und erhält von dort die MSRN (3). Diese wird verwendet, um den Weg zum aktuellen MSC (i. a. in Verbindung mit dem VLR) zu finden (4).
- Das VLR wandelt die MSRN in die TMSI der MS (5, 6), und ein *Paging*-Ruf wird in der aktuellen Zelle (BSC) ausgesendet (*Broadcast*), um die Mobilstation über den ankommenden Ruf zu informieren (7).

H.6.5.3 Die Luftschnittstelle (Air Interface)

Die Luftschnittstelle stellt die wichtigste und auch am weitesten standardisierte Schnittstelle innerhalb des GSM-Systems dar. Insbesondere für das internationale Zusammenspiel der Netze verschiedener Netzbetreiber ist diese Schnittstelle entscheidend. Sie ist für alle sieben Schichten des OSI-Referenzmodells definiert.

Der Radius einer GSM-Zelle beträgt zwischen 500 m und maximal 35 km. Da i. a. mehrere Zellen (Sektoren) von einem gemeinsamen Antennenträger bedient werden, befinden sich dort eine entsprechende Anzahl von Richtantennen, die jeweils eine Zelle ausleuchten. Diese Anordnung mehrerer BTS an einem Ort wird als *Cell Site* oder *Base Station* bezeichnet.

GSM 900 verwendet zwei Frequenzbereiche, wobei dem *Uplink* (MS → BS) das Band 890 MHz bis 915 MHz und dem *Downlink* (BS → MS) das Band 925 MHz bis 960 MHz zugeordnet ist (Abb. H.6-5). Beide Bereiche sind in Kanäle der Breite 200 kHz unterteilt, so daß jeweils 124 Kanäle bereitstehen. Die Kanäle werden dabei mit *Absolute RF Channel Numbers* (ARFCN) versehen, die Werte im Bereich 1 bis 124 annehmen können. Um Beeinträchtigungen von benachbarten Funkdiensten zu vermeiden, werden jedoch die Kanäle 1 und 124 im regulären Betrieb nicht eingesetzt.

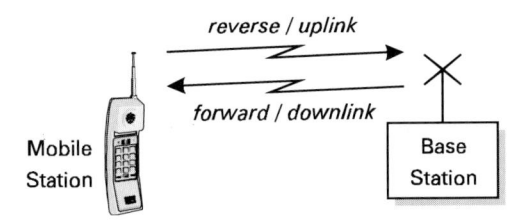

Abb. H.6-5   *Verbindung zwischen Basisstation und Mobilstation*

Eine BTS ist jeweils ausgestattet mit mehreren Transmittern, wobei deren Anzahl (d. h. die Zahl der zur Verfügung stehenden Frequenzkanäle) von der erwarteten Verkehrsmenge (bzw. der Anzahl der Teilnehmer) abhängt.

Der Mobilfunkkanal

Der Mobilfunkkanal zeichnet sich – im Vergleich zu einem Funkkanal zwischen festen Funkstellen – durch eine Reihe von Merkmalen aus, die für die Auslegung eines Systems von entscheidender Bedeutung sind. An dieser Stelle seien stichwortartig nur die wichtigsten aufgeführt, deren nähere Erläuterungen an anderen Stellen dieses Buches zu finden sind:

- Mehrwegeausbreitung, Schwund (*Fading*) – bei einer Bandbreite von 200 kHz liegt Schmalband-Fading vor; durch Frequenzsprungverfahren (*Frequency Hopping* – FH) kann dieser Effekt verringert werden;
- Abschattung aufgrund topographischer Gegebenheiten, durch Bauwerke oder andere Fahrzeuge usw.;
- Rauschen;
- Intersymbolinterferenz (GSM ist – bezogen auf die Eigenschaften des Kanals – ein Schmalbandsystem, wobei die Umweglaufzeiten ein Mehrfaches einer Symboldauer ausmachen können, so daß mit Intersymbolinterferenzen zu rechnen ist);
- Doppler-Effekt;
- Nachbarkanalstörungen (*Adjacent Channel Interference* – ACI);
- Gleichkanalstörungen (*Co-Channel Interference* – CCI);
- Interzellinterferenzen (Störungen durch andere Stationen, die sich nicht in der gleichen Zelle befinden);
- Intrazellinterferenzen (Störungen durch andere Stationen, die sich in der gleichen Zelle befinden).

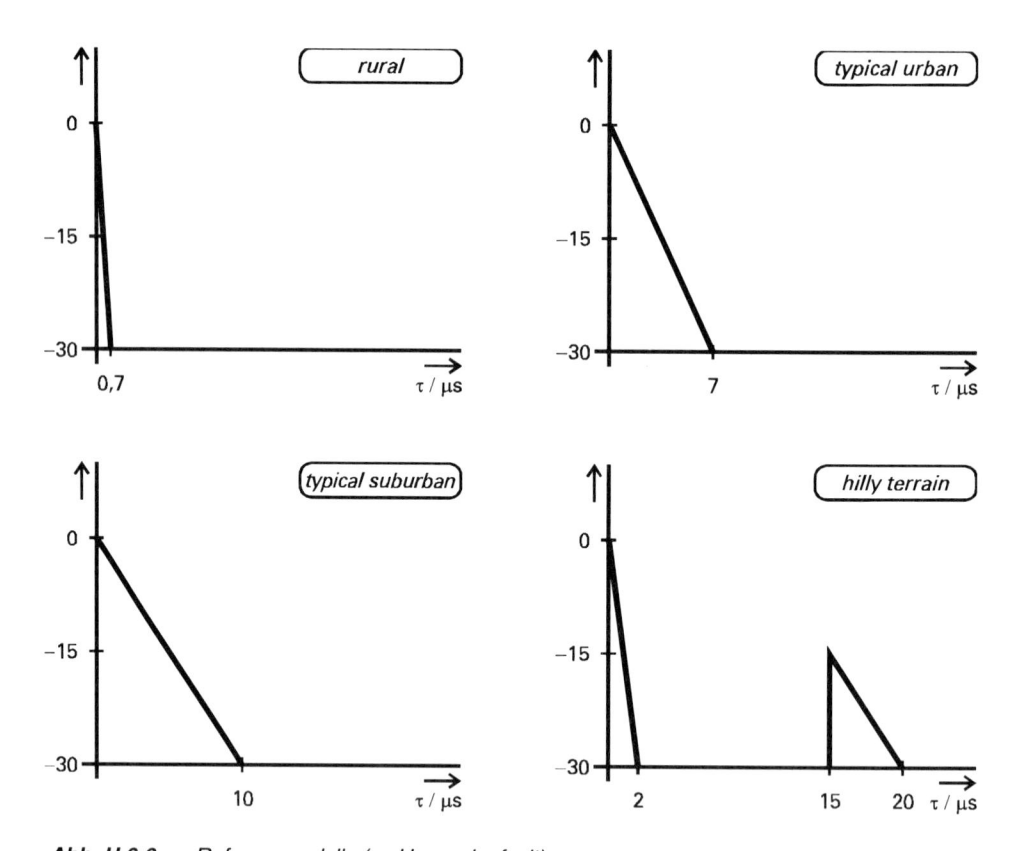

Abb. H.6-6 Referenzmodelle (τ : Umweglaufzeit)

Für Systemsimulationen existieren vier Referenzmodelle, die sich nach der Topographie und der Morphostruktur des betrachteten Gebiets richten:

- ländliches Gebiet (*rural*) – Umweglaufzeiten bis 0,7 µs;
- typische Gebiete in Städten und Vororten (*typical urban*) – Umweglaufzeiten bis 7 µs;
- typische ungünstige Gebiete in Städten und Vororten (*typical suburban*) – Umweglaufzeiten bis 10 µs;
- typische Gebiete im Bergland (*hilly terrain*) – Umweglaufzeiten bis 20 µs.

Die GSM-Kanalstruktur

Die Kommunikation zwischen Mobilstation und Basisstation wird über eine Reihe unterschiedlicher Kanäle abgewickelt, von denen im folgenden jedoch nur die wichtigsten kurz vorgestellt werden.

- *Broadcast Channel* – BCH

    Jede BTS sendet ständig einen *Broadcast Channel* aus, der es den Mobilstation erlaubt, das Netz zu „finden". Anhand der Empfangsleistung des BCH kann die Mobilstation feststellen, welches die geographisch nächste BTS ist. Zudem werden über den BCH Informationen über den Netzbetreiber sowie weitere Daten ausgesendet, die u. a. der Synchronisierung zwischen Basisstation und Mobilstation dienen. Der vom BCH benutzte Frequenzkanal ist bei benachbarten Zellen unterschiedlich, wird jedoch bei weiter entfernten Zellen wieder verwendet (*Frequency Reuse*). Der BCH belegt nur einen Kanal im *Downlink*.

- *Traffic Channel* – TCH

  Der Austausch von Nutzerdaten findet über einen *Traffic Channel* (Verkehrskanal) statt. Hierbei handelt es sich um einen Duplexkanal für den Austausch von Sprachinformationen (und ggf. Daten) zwischen Mobilstation und Basisstation. Ein TCH enthält jeweils eine Frequenz für den *Uplink* und den *Downlink*, wobei der Abstand der Frequenzen jeweils 45 MHz beträgt (Duplexabstand). Da das Schema der Kanalbezeichnung in beiden Bändern gleich ist, wird in beiden Richtungen die gleiche ARFCN verwendet. Ein TCH belegt also im *Uplink* wie im *Downlink* jeweils einen Kanal.

- *Common Control Channel* – CCCH

  Hier handelt es sich um eine Gruppe von drei Kontrollkanälen, die beim Verbindungsaufbau und beim *Paging* verwendet werden.

  - *Random-Access Channel* – RACH

    Der *Random-Access Channel* (RACH) dient der Mobilstation dazu, die Basisstation beispielsweise über einen Belegungswunsch zu informieren. Da dies im *Slotted-Aloha*-Verfahren erfolgt, können Kollisionen zwischen Belegungswünschen mehrerer Mobilstation auftreten. In diesem Fall muß eine Mobilstation den Belegungswunsch ggf. wiederholen. Der RACH wird nur im *Uplink* verwendet und belegt dort den Kanal, der im *Downlink* vom BCH genutzt wird.

  - *Paging Channel* – PCH

    Der *Paging Channel* informiert die Mobilstation darüber, daß ein Verbindungswunsch ansteht.

  - *Access Grant Channel* – AGCH

    Der *Access Grant Channel* wird verwendet, um einen SDCCH einer Mobilstation (zur Steuerung) zuzuweisen, nachdem eine entsprechende Anfrage auf dem RACH vorlag.

  - *Stand-alone Dedicated Control Channel* – SDCCH

    Der *Stand-alone Dedicated Control Channel* dient zur Übermittlung von Steuerinformationen und Kurzmitteilungen an den Benutzer.

Der BCCH sowie die Gruppe der CCCH werden im Slot 0 spezieller Rahmen des 51-Multirahmens implementiert.

Übertragungsverfahren

Da das hier eingesetzte TDMA-Verfahren acht Zeitschlitze je Rahmen aufweist, kann jeder ARFCN (*Absolute RF Channel Number*) von acht Mobilstationen genutzt werden. Jede Mobilstation kann den ARFCN einmal je TDMA-Rahmen nutzen, wobei jeweils acht Zeitschlitze der Dauer 576,9 µs einen Rahmen der Dauer 4,615 ms bilden.

Zur Reduzierung der Auswirkungen des in Abschnitt H.6.5.3 beschriebenen schmalbandigen Fadings ist in den Mobilstationen ein langsames Frequenzsprungverfahren (*Slow Frequency Hopping* – SFH) implementiert, bei dem die Mobilstation nach jedem Zeitschlitz ihre Frequenz ändert. Die Reihenfolge der Frequenzen wird dabei von der BS vorgegeben. Dieses Verfahren wird allerdings nur dann auch eingesetzt, wenn die Übertragungsqualität im Festfrequenzbetrieb durch Fading zu schlecht wird. Im Gegensatz zu den Mobilstationen ist es für Basisstationen nicht vorgeschrieben.

In einer Verbindung (TCH) verwenden *Uplink* und *Downlink* sowohl den gleichen ARFCN als auch den gleichen Zeitschlitz. Die Kombination eines Zeitschlitzes mit einer ARFCN wird als physikalischer Kanal (*Physical Channel*) bezeichnet.

Von besonderer Bedeutung in einem derartigen System ist die exakte Einhaltung von Zeit, Frequenz und Amplitude von Mobilstation und Basisstation, um Störungen von anderen Teilnehmern zu vermeiden. Für Zeit und Frequenz werden hochstabile Referenzen verwendet, die eine Toleranz von $5 \cdot 10^{-8}$ aufweisen.

Die Synchronisierung einer Mobilstation auf eine Basisstation erfolgt mit Hilfe von Synchronisierungsinformationen, die von der Basisstation ständig im BCH ausgesendet werden. In jedem zehnten Rahmen wird im Zeitschlitz 0 der sogenannte *Frequency Burst* (Frequenzkorrekturzeitschlitz – FB) ausgestrahlt. Die Mobilstation empfängt ständig (d. h. in allen Zeitschlitzen) und detektiert den Frequenzkorrekturzeitschlitz, wodurch eine (Grob-)Synchronisation auf Zeit und Frequenz der Basisstation erfolgen kann. Acht Zeitschlitze später steht auf dem BCH ein Zeitschlitz für den *Synchronisation Burst* (Feinsynchronisationszeitschlitz – SB) bereit, der eine Trainingssequenz enthält, die ca. viermal so lang ist wie im „normalen" Zeitschlitz (siehe Abb. H.6-7). Dies erlaubt der Mobilstation eine hinreichend verfeinerte Synchronisierung auf die Basisstation. Außerdem beinhaltet der SB noch (kanalcodierte) Systeminformation zur Kennung der Basisstation sowie zur TDMA-Rahmennummer (diese Information ist wichtig für das Interleaving).

Die Mobilstation hat somit den Ankunftszeitpunkt eines Zeitschlitzes und eines TDMA-Rahmens bestimmt, weiß aber noch nicht, wann die Information abgesendet worden ist. Um diese Größe (d. h. die Entfernung zur Basisstation) zu ermitteln, dient das im folgenden beschriebene Verfahren.

Eine spezielle Infofolge (kürzer als eine normale Infofolge) wird von der Mobilstation zu Beginn eines Zeitschlitzes ausgesendet, wobei die Mobilstation annimmt, daß die Entfernung zur Basisstation gleich null ist. Bei der Basisstation trifft diese Folge um die gesamte Laufzeit Mobilstation–Basisstation verzögert ein. Wenn die Entfernung Basisstation–Mobilstation nicht größer als 35 km ist (max. Zellgröße), liegt diese spezielle Infofolge garantiert noch innerhalb des Zeitschlitzes. Die Basisstation teilt der Mobilstation die Ankunftszeitverzögerung mit, womit diese ihren Sendezeitpunkt entsprechend vorverlegen kann, so daß eine Infofolge nunmehr genau in den vorgesehenen Zeitschlitz paßt. Der Sendezeitpunkt wird ständig überwacht und adaptiv nachgeregelt, da sich die Entfernung ständig ändern kann.

Bei der Sprachübertragung wird das analoge Signal mit 104 kbit/s digitalisiert. Ein *Voice Coder* (*Residually Excited Linear Predictive* – RELP) liefert für jeden 20 ms-Block Sprache 260 Bits, womit sich eine Datenrate von 13 kbit/s ergibt. Die Bits werden dabei nach ihrer Wichtigkeit in drei Gruppen unterteilt (50 sehr wichtige Bits [Ia], 132 wichtige Bits [Ib], 78 andere Bits [II]). Die „Wichtigkeit" eines Bits ergibt sich aus dem Parameter, dem das jeweilige Bit angehört, sowie der Wertigkeit, die das Bit innerhalb dieses Parameters besitzt. Da diese Unterteilung insbesondere für die Fehlerkorrektur von Bedeutung ist, wird dieser Aspekt im Abschnitt H.6.5.3 noch einmal aufgegriffen.

Aufbau der GSM-Bursts

Für die Luftschnittstelle sind fünf unterschiedliche Bursts (Zeitschlitze) definiert, die verschiedenen Zwecken dienen. Bevor auf die Unterschiede zwischen den einzelnen Burst-Arten sowie auf deren Funktion eingegangen wird, werden die Gemeinsamkeiten dargestellt.

Die Dauer eines Zeitschlitzes beträgt 576,9 µs (genauer 15/26 ms) und beinhaltet insgesamt 156,25 Bits einschließlich einer Schutzzeit (*Guard Period*). Die Länge eines Bits beträgt jeweils 3,692 µs (genauer 48/13 µs). Außer für den Zugriffs-Burst ergibt sich eine Schutzzeit von 8,25 Bits entsprechend 30,456 µs. Zu Beginn und Ende der Blöcke (ohne Schutzzeit) sind jeweils drei (zu Beginn des Zugriffs-Bursts acht) Flankenformungsbits (*Tail Bits*) vorhanden. Während dieser Zeit (und der Schutzzeit) können Sender und Empfänger ein- bzw. ausschwingen, ohne daß dies zu einer Störung der eigentlichen Datenbits führt.

Der Aufbau der fünf unterschiedlichen Bursts im GSM-System[10] ist in der Abb. H.6-7 dargestellt und wird nachfolgend beschrieben.

---

10 Nach [Weber 92] läßt GSM auch eine Abweichung von dieser Definition zu: Alternativ können die Zeitschlitze 0 und 4 je 157 Bits Dauer besitzen, wenn dafür die restlichen sechs Zeitschlitze nur noch 156 Bits beinhalten. Die mittlere Zeitschlitzdauer über einen Rahmen wird dadurch nicht beeinflußt.

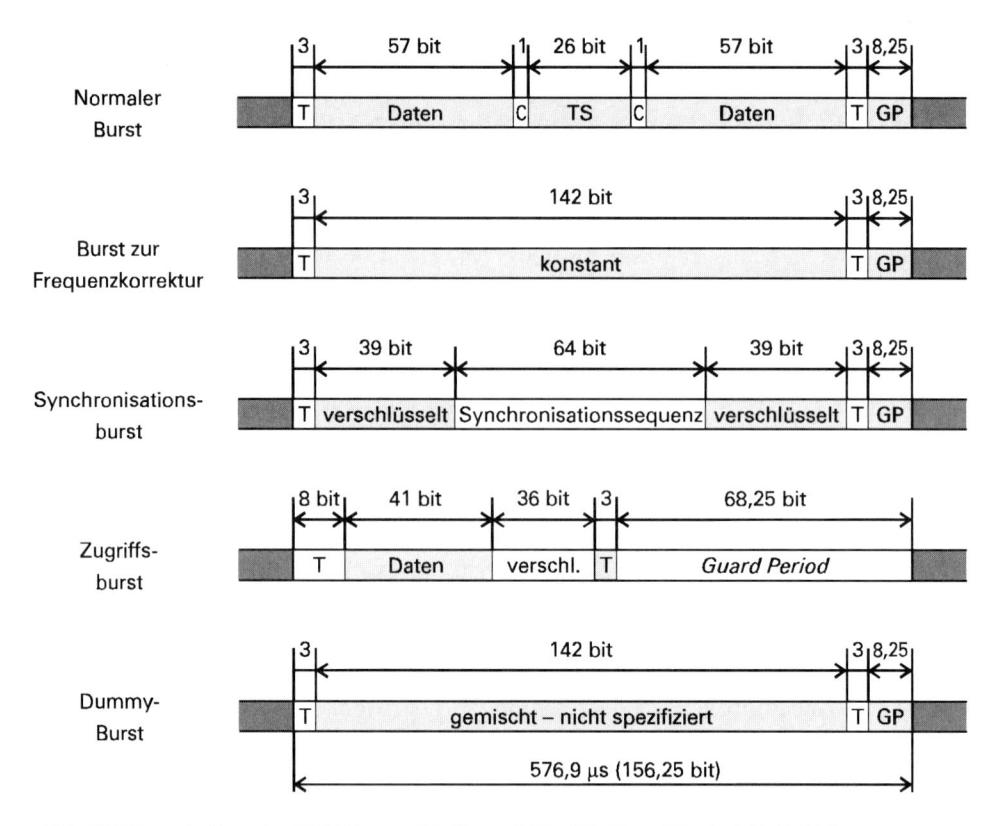

Abb. H.6-7 Aufbau der GSM-Bursts (C: Control Bit, GP: Guard Period, T: Tail Bit, TS: Training Sequence)

- Normaler Burst (*Normal Burst*)
  Unter Berücksichtigung der Flankenformungsbits sowie der Schutzzeit verbleiben je Burst 142 Bits für die Datenübertragung. Diese 142 Bits setzen sich beim „normalen Burst" zusammen aus zwei Blöcken mit jeweils drei zwei Datenblöcken mit jeweils 57 Bits (*Encrypted Bits*), 2 Steuerbits (*Control Bits*) sowie einer Trainingssequenz (*Training Sequence*) mit 26 Bits. Die Toleranzmaske erlaubt jeweils 28 µs für diese beiden Vorgänge. Die Steuerbits geben an, ob im jeweiligen Zeitschlitz „normale" Sprach- oder Datenübertragung stattfindet, oder ob ein FACCH (*Fast Associated Control Channel*) vorliegt.

- Burst zur Frequenzkorrektur (*Frequency Correction Burst*)
  Dieser Burst wird nur von der Basisstation gesendet und dient der Frequenzkorrektur des Oszillators der Mobilstation. Sowohl die Flankenformungsbits als auch die Datenbits sind logisch null, so daß ein reiner Sinusträger vorliegt.

- Synchronisations-Burst (*Synchronisation Burst*)
  Auch der Synchronisations-Burst wird nur von der Basisstation gesendet und ermöglicht der Mobilstation eine Grobsynchronisation. Die Flankenfor-

mungsbits sind wiederum logisch null, während die Datenbits Informationen über die sendende Basisstation enthalten. Die Synchronisationsfolge ist der empfangenden Mobilstation bekannt und wird von ihr zur Kanalschätzung verwendet, wodurch wiederum die (grobe) Synchronisation der Mobilstation erfolgen kann.

- Zugriffs-Burst (*Access Burst*)
  Der Zugriffs-Burst dient der Verbindungsaufnahme einer Mobilstation mit einer Basisstation. Sowohl die Flankenformungsbits (logisch null) als auch die Synchronisationsfolge sind der BS bekannt und erleichtern ihr das Entdecken des Zugriffs-Bursts. Die Datenbits enthalten Informationen über die MS. Der Zugriffs-Burst weist gegenüber den anderen vier Burst-Arten einen veränderten Aufbau (vergrößerte Schutzzeit) auf, da die MS noch nicht synchronisiert ist. Daraus ergibt sich (bei einem maximalen Zellradius von 35 km) eine Schutzzeit von mindestens 200 µs.

- Dummy-Burst (*Dummy Burst*)
  Ein Dummy-Burst wird immer dann gesendet, wenn die Basisstation keine Systemdaten übertragen muß. Dies ermöglicht u. a. die Messung der empfangenen Signalleistung durch die Mobilstation.

Der Aufbau der GSM-Rahmenstruktur wird anhand von Abb. H.6-8 vorgestellt.

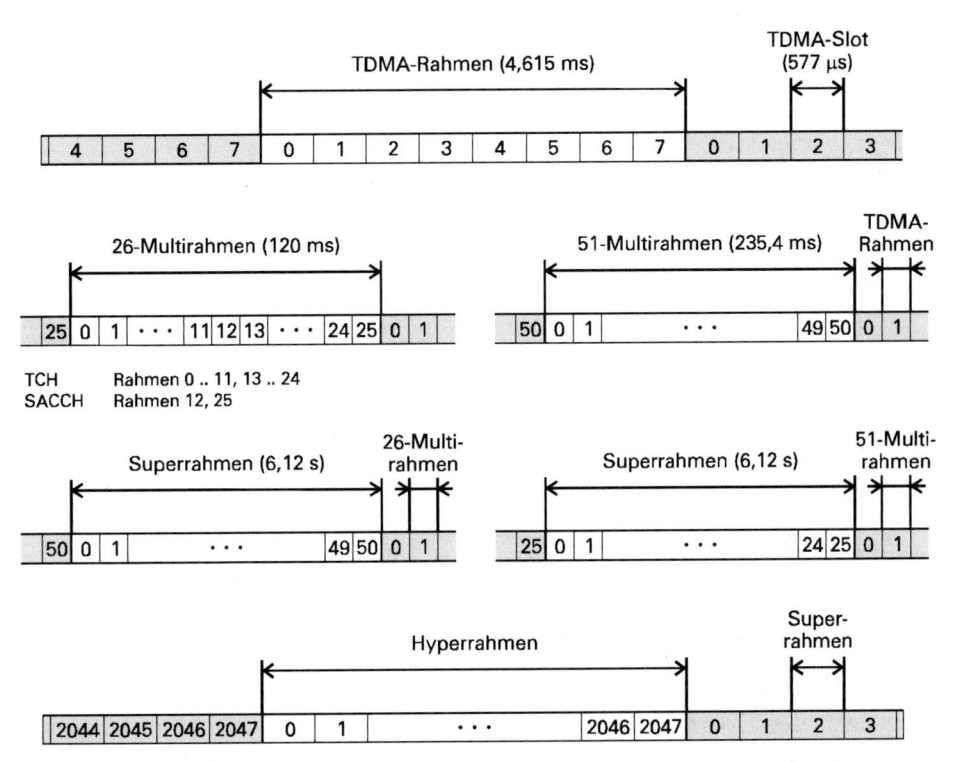

Abb. H.6-8 *GSM-Rahmenstruktur*

Acht TDMA-Zeitschlitze werden jeweils zu einem TDMA-Rahmen zusammengefaßt. In der nächsten Stufe werden, in Abhängigkeit vom Inhalt, entweder 26 oder 51 TDMA-Rahmen zu einem Multirahmen kombiniert. Aus diesen (51 oder 26) Multirahmen wird wiederum ein Superrahmen der Dauer 6,12 Sekunden erstellt. In der letzten Ebene werden schließlich 2048 Superrahmen (mit insgesamt 21 725 184 TDMA-Zeitschlitzen) zu einem Hyperrahmen mit einer Rahmendauer von rund 209 Minuten zusammengestellt.

Maßnahmen zur Fehlerkorrektur

Um die Auswirkungen der zeitvarianten Übertragungsfunktion des Mobilfunkkanals (verursacht durch Mehrwegeempfang, Abschattung usw.) zu mindern, schätzt der Empfänger die Kanalimpulsantwort aufgrund der vom Sender ausgestrahlten, bekannten Trainingssequenz (bestehend aus 26 Bits). Diese Kanalschätzung liefert eine immer noch zu geringe Qualität der Übertragung (ausgedrückt durch eine zu hohe Bitfehlerrate), so daß weitere Maßnahmen ergriffen werden müssen.

Zu diesem Zweck wird fehlerkorrigierende Kanalcodierung (FEC) eingesetzt, die in Abb. H.6-9 in Gestalt von Kanalencoder und -decoder zu sehen ist. Als Gegenmaßnahme gegen die im Mobilfunkkanal häufig auftretenden Bündelfehler wird außerdem ein Block-Interleaver der Größe 57 mal 8 Bits (also 456 Bits; dies entspricht dem „Inhalt" von vier „normalen" Bursts) eingesetzt.

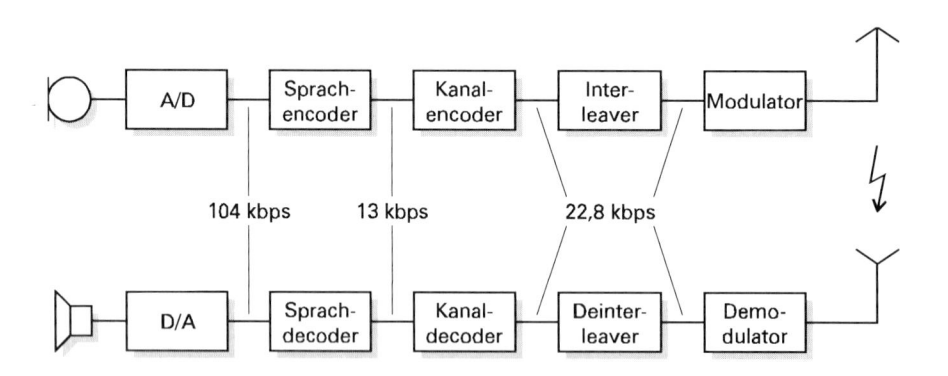

Abb. H.6-9 *Prinzipieller Aufbau einer Mobilstation (nach [Bossert 91])*

Je nach der „Wichtigkeit" der Bits (siehe oben) wird nur ein Faltungscode (Coderate ½) oder eine Verkettung von Faltungscode und Blockcode eingesetzt oder auch uncodiert übertragen. Der Kanalencoder generiert dabei aus 260 Bits (je 20 ms Sprache) insgesamt 456 codierte Bits.

Wird nach der Decodierung innerhalb der Klasse Ia ein nicht korrigierbarer Fehler festgestellt, so wird dieser Sprachblock komplett verworfen.

H.6.5 Das GSM-System

Die Abb H.6-10 zeigt den Aufbau eines codierten Blocks. Zu den 50 Bits der Klasse Ia werden durch einen Blockcode drei Kontroll-Bits hinzugefügt. Auf diese 53 Bits wird zusammen mit den 132 Bits der Klasse Ib sowie vier Tail-Bits (zusammen 189 Bits) ein Faltungscode der Rate ½ angewandt, so daß sich 378 codierte Bits ergeben. Die 78 Bits der Klasse II werden uncodiert hinzugefügt, so daß insgesamt 456 Bits für einen Block von 20 ms Sprache resultieren.

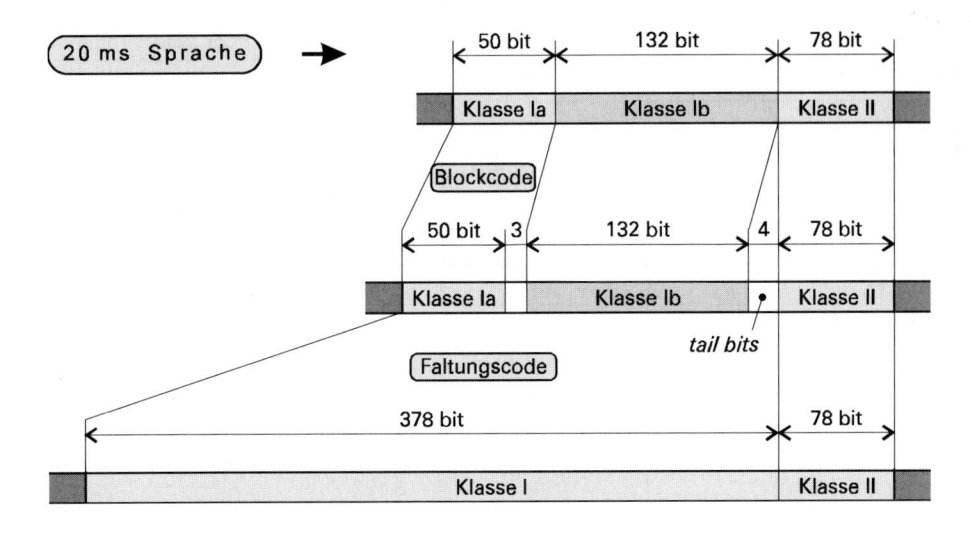

Abb. H.6-10 *Kanalcodierung der Sprachinformation (nach [Bossert 91])*

Im Empfänger wird in jedem zugewiesenen Zeitschlitz mit Hilfe der Trainingssequenz die Kanalimpulsantwort geschätzt, die 114 Datenbits demoduliert und dem Deinterleaver zugeführt. Aus 456 Bits werden im Kanaldecoder wiederum 260 Bits erzeugt, aus denen der *Voice Decoder* eine Sprachsequenz von 20 ms Dauer synthetisiert.

Die Sendeleistung der Mobilstation ist nicht konstant, sondern kann geregelt werden. Ist die Verbindung besser als notwendig, wird die Sendeleistung reduziert. Ist die Verbindung hingegen (auch bei voller Sendeleistung) zu schlecht, so kann die Verbindung abgebrochen oder auf einen anderen Kanal verlegt werden. Außerdem besteht die Möglichkeit, daß die Verbindungsqualität deshalb absinkt, weil der Teilnehmer die Zelle verläßt. Hierzu beobachtet die Mobilstation während eines Gesprächs sowie während des aktiven Ruhezustands bis zu sechs Nachbarzellen, um ggf. einen vom Teilnehmer nicht zu bemerkenden Wechsel der BS durchzuführen (*Handover*). Durch diese Maßnahme wird die Leitungsqualität sichergestellt und außerdem eine Lenkung der Verkehrsteilung durchgeführt.

Der Einsatz der Kryptographie bei GSM umfaßt einerseits die Authentifikation einer Mobilstation (beim AUC), andererseits erfolgt die Übertragung von Daten verschlüsselt.

Übersicht über die wichtigsten Parameter der Luftschnittstelle

Die wichtigsten Parameter der sogenannten Luftschnittstelle (*Air Interface*) sind in Tab. H.6-3 zusammengefaßt. Neben GSM werden dabei auch die Parameter der auf dem GSM-Standard basierenden Systeme DCS 1800 und PCS 1900 angegeben.

Parameter	GSM	DCS 1800	PCS 1900	Einheit
Zellradius	0,5 – 35			km
Vielfachzugriff	FDMA/TDMA/FDD			–
Uplink-Frequenz (MS → BS)	(880) 890 – 915	1710 – 1785	1850 – 1910	MHz
Downlink-Frequenz (BS → MS)	(915) 925 – 960	1805 – 1880	1930 – 1990	MHz
ARFCN-Bereich	1 – 124	512 – 885	512 – 810	–
Duplexabstand	45	95	80	MHz
Zeitschlitz-Abstand Tx/Rx	3			–
Datenrate	270,833			kbit/s
Rahmendauer	4,615			ms
Länge eines Zeitschlitzes	576,9			µs
Dauer eines Bit	3,692			µs
Modulationsart	GMSK (0,3)			–
Kanalraster	200			kHz
TDMA-Multiplex	8			–
Maximale Leistung MS	8	4	2	W
Minimale Leistung MS	5	0	0	W
Leitungsschritte MS	0 – 15	0 – 15	30; 31; 0 – 15	–
erforderliches *C/I*	9 – 12			dB
Voice-Coder-Datenrate	13	5,6; 13	13	kbit/s

Tab. H.6-3 Wesentliche Parameter der Luftschnittstelle bei GSM, DCS 1800 und PCS 1900

H.6.5.4 Handover und Roaming

Handover (Basisstationswechsel)

Beim *Handover* wird zwischen vier verschiedenen Typen unterschieden:
- Wechsel der Verbindung zwischen zwei Kanälen bzw. Zeitschlitzen innerhalb einer Zelle.
- Wechsel der Verbindung zwischen Zellen bzw. BTS innerhalb des Bereichs eines BSC.

- Wechsel der Verbindung zwischen zwei Zellen verschiedener BSC, aber innerhalb des Bereichs eines MSC.
- Wechsel der Verbindung zwischen zwei Zellen verschiedener MSC.

Während die beiden ersten Typen als interne *Handover* bezeichnet werden (nur ein BSC ist involviert, ohne daß das MSC eingreift), stellen die beiden letzten Typen externe *Handover* dar.

Ein *Handover* kann durch die Mobilstation oder durch ein MSC veranlaßt werden. Der Algorithmus des *Handover* ist dabei nicht durch die GSM-Spezifikationen vorgegeben.

Roaming

Roaming bedeutet den Wechsel im Mobilfunknetz von einer Funkzelle in eine andere, wobei eine Gesprächsverbindung nicht vorhanden sein muß. Beim *Roaming* handelt es sich um ein Dienstmerkmal, daß es einem Netz erlaubt, einen (mobilen!) Teilnehmer immer zu lokalisieren – vorausgesetzt, die Mobilstation ist aktiviert und befindet sich innerhalb des Netzes. *Roaming* ist eine Grundvoraussetzung für die personenbezogene Mobilität, die von Mobilfunknetzen gestattet wird. Ein entscheidender Aspekt hierbei ist die Forderung, daß das *Roaming* vom Teilnehmer unbemerkt abläuft.

H.7 Optische Übertragungstechnik

H.7.1 Einleitung

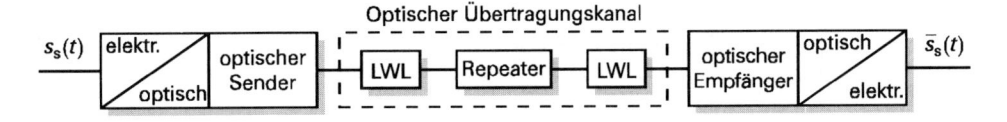

Abb. H.7-1 *Optisches Übertragungssystem*

Wie in Abb. H.7-1 dargestellt, besteht ein System der optischen Übertragungstechnik im wesentlichen aus den folgenden Komponenten:
- Der elektrisch-optische Wandler generiert aus dem elektrischen Nachrichten-Signal $s_s(t)$ ein optisches Signal.
- Der optische Sender (LED oder LD) gibt das verstärkte optische Signal weiter an den
- optischen Übertragungskanal (Lichtwellenleiter), der evtl. mit einem oder mehreren Repeatern ausgestattet ist, da in Abhängigkeit von der Länge des

Übertragungsweges aufgrund von Dispersion und Dämpfung des Lichtwellenleiters eine Regeneration des optischen Signals notwendig sein kann.

- Der optische Empfänger (Pin-Photodiode oder Avalanche-Photodiode) mit anschließendem (bzw. integriertem)
- optisch-elektrischen Wandler erzeugt aus dem optischen Signal ein elektrisches Signal $\bar{s}_s(t)$, das im Idealfall proportional zum Signal $s_s(t)$ ist.

In existierenden Systemen werden Frequenzen aus den drei „Frequenz-Fenstern" verwendet, die in Abb. E.2-25 angedeutet sind. Der Grund liegt einerseits in der Dämpfung der Faser, andererseits in den Materialeigenschaften der für Sender und Empfänger eingesetzten Halbleiterdioden. Optische Übertragungssysteme werden z. B. zur Übertragung von Fernsprech- oder Bildsignalen und zur Datenübertragung zwischen Rechnern eingesetzt. Die Übertragung kann dabei analog oder digital erfolgen. Bisher ist es in der Praxis lediglich möglich, das optische Signal in der Intensität zu modulieren (und zwar auf die einfachste Art: Licht an / Licht aus), während die wesentlich effektivere Frequenzmodulation noch nicht in serienreifen Systemen zur Verfügung steht (Systeme mit anderen Modulationsverfahren und mit Überlagerungsempfang befinden sich seit 1997 in der Entwicklung bzw. der Erprobung). Die hohe Übertragungskapazität der Lichtwellenleiter wird mit Hilfe des Wellenlängenmultiplex oder auch des Zeitmultiplex genutzt. Bei Einsatz des TDM werden die Digitalsignale der digitalen Zeitmultiplex-Hierarchie verwendet (PDH bzw. SDH; Kapitel H.3).

Wichtige Vorzüge der optischen Übertragungstechnik (gegenüber herkömmlicher Kupferkabeltechnik) sind:

- großes Weg-Bandbreite-Produkt;
- geringes Gewicht (Flugzeugbau), geringer Platzbedarf, flexibel, temperaturunabhängig, korrosionsbeständig;
- günstiges und leicht verfügbares Material (Quarz);
- kein Abhören möglich, kein Übersprechen;
- galvanische Trennung der einzelnen Komponenten (keine Probleme mit Potentialausgleich, z. B. in der Hochspannungstechnik);
- keine Funken (in explosionsgefährdeten Räumen).

Die drei Hauptanwendungsgebiete für die optische Übertragungstechnik sind heute:

- Seekabel (weite Verbindungen – bis 300 km – ohne Repeater und sehr weite Verbindungen mit Repeatern);
- terrestrische Übertragung – Stichworte: SDH/SONET, Übertragungsraten z. B. 155 Mbit/s (STM1), 622 Mbit/s (STM4), 1,488 Gbit/s (STM16);
- Teilnehmer-Anschlußnetz (z. B. Verteilung von Fernsehprogrammen und weiteren Diensten wie Telefon, Telefax usw.).

H.7.2 Der Lichtwellenleiter in der optischen Übertragungstechnik

Die Übertragungseigenschaften des optischen Kanals können – bei Vernachlässigung des Repeaters – mit Hilfe des in Abb. H.7-2 gezeigten Modells erfaßt werden. Zu den im folgenden angesprochenen Parametern Dämpfung und Dispersion sind weitere Einzelheiten im Abschnitt E.2.5.5 zu finden.

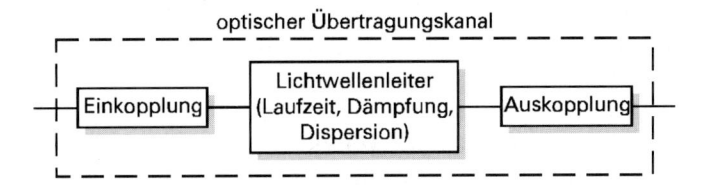

Abb. H.7-2 Modell der Übertragungseigenschaften des Lichtwellenleiters

Unter dem optischen (Übertragungs-)Kanal werden dabei neben dem Lichtwellenleiter die Einrichtungen für das Ein- und Auskoppeln der Lichtleistung verstanden (Stecker oder Spleiße; deren Einfluß kann i. a. durch einen Dämpfungsbetrag von typisch 0,5 dB bis 1 dB je Koppelstelle berücksichtigt werden). Die Übertragungsfunktion des Lichtwellenleiters (siehe [Fischbach et al 82])

$$\underline{H}_F(f) = e^{-2\alpha l}\, e^{-j2\pi f\tau}\, e^{-0{,}5\left(\pi f (\delta t)_{g,\mathrm{eff}}\right)^2} \quad (\text{H.7-1})$$

setzt sich zusammen aus der Dämpfung (mit der Dämpfungskonstanten α), einem Laufzeitglied (mit der Laufzeit τ auf der Leitungslänge l) sowie einem durch die resultierende Dispersion $(\partial t)_{g,\mathrm{eff}}$ bestimmten Anteil.

Die resultierende Dispersion ergibt sich dabei aus der Modendispersion $(\partial t)_{g,\mathrm{mod}}$ (außer beim Monomode-Lichtwellenleiter) und der Materialdispersion $(\partial t)_{g,\mathrm{mat}}$ gemäß

$$(\partial t)_{g,\mathrm{eff}} = \sqrt{(\partial t)_{g,\mathrm{mod}}^2 + (\partial t)_{g,\mathrm{mat}}^2} \quad (\text{H.7-2})$$

Bei einer binären und redundanzfreien Übertragung ergibt sich hiermit die maximale Datenrate

$$f_{\mathrm{bit}} = \frac{1}{(\partial t)_{g,\mathrm{eff}}} \quad (\text{H.7-3})$$

H.7.3 Leistungsbilanz

Neben der Übertragungsbandbreite spielt die Systemreichweite bzw. die Verstärkerfeldlänge eine entscheidende Rolle bei der Auslegung eines Systems der optischen Übertragungstechnik (wie auch bei anderen Systemen). Geht man davon aus, daß die Bandbreite aufgrund der vorhandenen Dispersion festgelegt wurde, so ergibt sich die Reichweite anhand der Bandbreite und der Leistungsbedingung. Das heißt, daß die tatsächlich empfangene Leistung größer oder gleich der minimalen Empfangsleistung sein muß. Die minimale Empfangsleistung ist abhängig von den Eigenschaften des Detektors (Empfindlichkeit und Rauschen). Die tatsächliche Empfangsleistung hängt ab von der Sendeleistung (bedingt durch technologische Grenzen des Senders) und der Dämpfung zwischen Sender und Empfänger. Diese Dämpfung setzt sich zusammen aus der Grunddämpfung der Faser (siehe Abschnitt E.2.5.5) und der Dämpfung der vorhandenen Koppelstellen, so daß sich insgesamt eine Dämpfung von

$$a_{ges} = a_{ein} + a_{aus} + n_{St}a_{St} + n_{Sp}a_{Sp} + n_{LWL}a_{LWL} \qquad \text{(H.7-4)}$$

ergibt (n_{St} Stecker mit jeweils a_{St} Dämpfung – n_{Sp} Spleiße mit jeweils a_{Sp} Dämpfung – n_{LWL} Faserabschnitte mit jeweils a_{LWL} Dämpfung). Bei einer bekannten Grenzempfindlichkeit $P_{e,min}$ des Empfängers kann im einfachsten Falle die benötigte Sendeleistung mit der Forderung

$$P_s \geq P_{e,min} + a_{ges} \qquad \text{(H.7-5)}$$

bestimmt werden (vergleiche die Rolle der Funkfelddämpfung, Abschnitt E.4.1). Die Größe von $P_{e,min}$ hängt u. a. ab von der verwendeten Wellenlänge, dem Material des Empfängers sowie der Bandbreite des zu übertragenden Signals. Einige typische Werte hierzu sind im Beispiel H.7-1 zu finden. Im allgemeinen ist die Auslegung eines Systems nicht so direkt möglich, wie es hier mit den Beziehungen (H.7-4) und (H.7-5) angedeutet wurde. In der Praxis müssen verschiedene Faktoren derart gegeneinander abgewogen werden, daß die Beziehung (H.7-5) erfüllt ist. Dabei spielen insbesondere die geforderte Reichweite (und damit die Dämpfung des Lichtwellenleiters, die Anzahl der Spleiße und die Anzahl der Stecker), die erreichbare Grenzempfindlichkeit sowie die zur Verfügung stehende Sendeleistung eine Rolle.

Die Reichweite kann nicht durch beliebiges Erhöhen der Sendeleistung erhöht werden, da oberhalb einer bestimmten Leistungsdichte im Fasermaterial nichtlineare Effekte hervorgerufen werden. Das bedeutet, daß oberhalb dieser Grenze eine Erhöhung der Sendeleistung nicht zu einer Erhöhung der Empfangsleistung führt, sondern lediglich zur Erhöhung der Leistung nichtlinearer Produkte.

Beispiel H.7-1

Im folgenden soll die Leistungsbilanz für ein System der optischen Übertragungstechnik (λ = 850 nm, 34 Mbit/s) aufgezeigt werden (Tab. H.7-1).
Als Empfänger wird hier eine Si-Avalanche-Diode verwendet. Bei Einsatz einer Ge-Avalanche-Diode (λ = 1300 nm) würde sich eine um 6 dB höhere Grenzempfindlichkeit ergeben, die allerdings durch eine entsprechend geringere Dämpfung der Faser wieder ausgeglichen würde.

1	Sendeleistung (Laserdiode)	P_s	0 dBm	
2	Einkoppeldämpfung	a_{ein}		−6 dB
3	Steckerdämpfung (2 Stecker à 1 dB)	$n_{st} \cdot a_{st}$		−2 dB
4	Spleißdämpfung (10 Spleiße à 0,3 dB)	$n_{sp} \cdot a_{sp}$		−3 dB
5	Faserdämpfung (12 km à 3 dB/km)	$l_{LWL} \cdot \alpha_{LWL}$		−36 dB
6	Auskoppeldämpfung	a_{aus}		−2 dB
7	Systemreserve Alterung			−3 dB
8	Systemreserve Reparatur			−4 dB
9	Empfängergrenzempfindlichkeit (BER 10^{-9})	$P_{e,min}$	−56 dBm	
10	Systemdynamik (Differenz 1 und 9)		56 dB	
11	Streckenverluste (Summe 2 bis 8)			−56 dB
12	Differenz 10 zu 11			0 dB

Tab. H.7-1   *Leistungsbilanz eines optischen Übertragungssystems (nach [Fischbach et al 82])*

Ist eine höhere Datenrate von 140 Mbit/s bzw. 1,2 Gbit/s zu übertragen, so verschlechtert sich die Grenzempfindlichkeit auf −50 dBm bzw. auf −40 dBm, und entsprechend geht die Reichweite, die mit diesem System zu überbrücken ist, zurück.

H.7.4 Halbleiterdioden als Sender und Empfänger

Während im Rahmen dieser Einführung in die Nachrichtentechnik weitgehend auf Exkursionen in den Aufbau von Bauelementen verzichtet wird, soll an dieser Stelle ein Blick auf einige Halbleiterdioden der optischen Übertragungstechnik geworfen werden. Dies ist deshalb von Bedeutung, weil das Wissen um ihre Wirkungsweise und Eigenschaften wichtig für die Beurteilung der Einsatzmöglichkeiten ist. Für weitere, ausführliche Informationen zu dieser Thematik sei auf die Literatur verwiesen, z. B. auf [Fischbach et al 82].

H.7.4.1 Sendedioden

Als Sender für optische Übertragungssysteme haben Halbleiter-Strahlungsquellen (Laserdiode[11] − LD, *Light Emitting Diode* − LED) besonders günstige Eigenschaften. Sie sind kompakt im Aufbau, direkt modulierbar (Intensität) und

---

11 LASER − *Light Amplification by Stimulated Emission of Radiation*.

haben einen vergleichsweise hohen Konversionswirkungsgrad von elektrischer in optische Leistung. Direkt modulierbar bedeutet hierbei, daß die optische Ausgangsleistung (im stationären Zustand) eine Funktion des Injektionsstroms ist. Bei der LED ist diese Funktion weitgehend linear im gesamten Kennlinienbereich, aber bei der LD trifft dies nur oberhalb des Schwellenstroms I_{th} zu; siehe Abb. H.7-3.

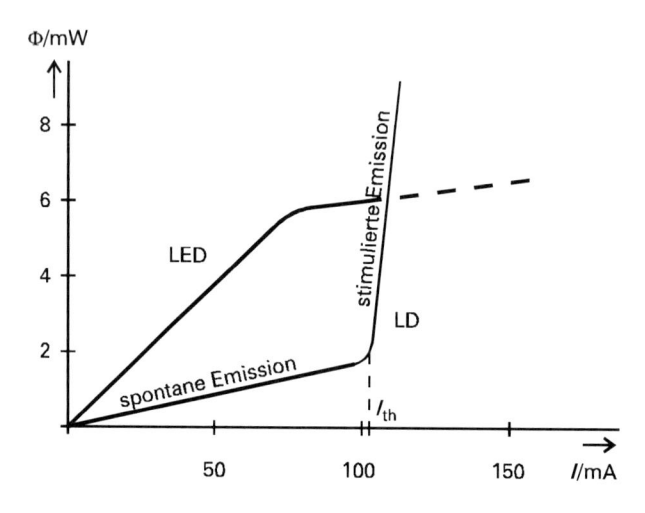

Abb. H.7-3   *Konversions-Kennlinien der LED bzw. LD*

Eine weitere Möglichkeit der Bereitstellung von optischer Sendeleistung ist z. B. der Festkörperlaser, der jedoch aufgrund verschiedener Nachteile (Gewicht, Größe, Kosten usw.) in der optischen Übertragungstechnik von geringer Bedeutung ist. Das Funktionsprinzip von LED und LD soll im folgenden kurz beschrieben werden.

Sowohl LED als auch LD bestehen prinzipiell aus einem pn-Übergang. Unter dem Einfluß einer äußeren Spannung in Durchlaßrichtung werden Elektronen in das p-Gebiet injiziert. Im pn-Übergangsgebiet rekombinieren sie mit den entsprechenden Majoritätsträgern der entgegengesetzten Ladung. Hierbei wird die dem Material zugeführte (elektrische) Energie in Form von optischer (und thermischer) Strahlung wieder freigesetzt. Wellenlänge und spektrale Breite der optischen Strahlung hängen vom Halbleitermaterial (III-V-Halbleiter, ternäre oder quaternäre Verbindungen) und der Dotierung ab. So wird für die Wellenlängenbereiche von 800 nm bis 900 nm bzw. 1200 nm bis 1600 nm GaAlAs bzw. InGaAsP eingesetzt. Bezüglich der Austrittsrichtung der Strahlung wird unterschieden zwischen Kantenemittern (strahlende Fläche senkrecht zum pn-Übergang) und Flächenemittern (strahlende Fläche parallel zum pn-Übergang).

Neben diesen Gemeinsamkeiten von LED und LD bestehen die nachfolgend beschriebenen Unterschiede.

H.7.4 Halbleiterdioden als Sender und Empfänger

♦ *Light Emitting Diode* (LED)
Hier tritt nur die spontane Emission auf, was dazu führt, daß die optische Strahlung inkohärent und ungebündelt ist und eine relativ hohe spektrale Bandbreite (Abb. H.7-4) aufweist. Ein typischer Wert für die Ausgangsleistung einer LED liegt bei 5 mW, die Modulationsbandbreite liegt bei ungefähr 500 MHz.

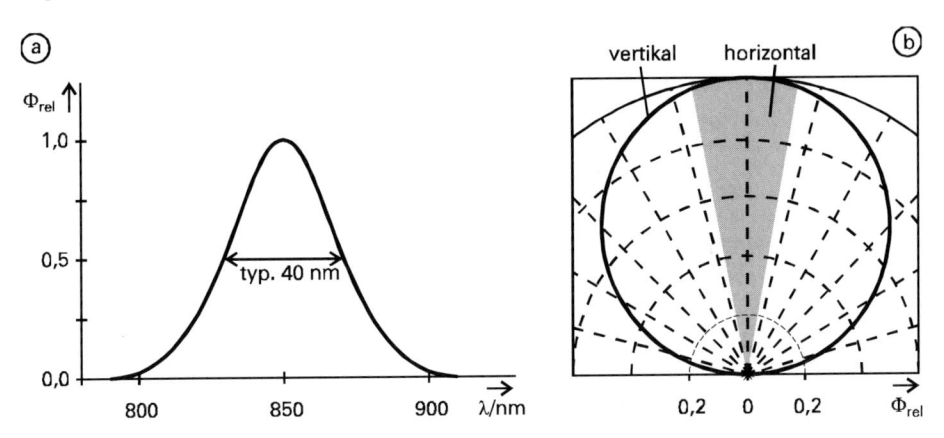

Abb. H.7-4 *Spektrales Verhalten (a) und Strahlungsdiagramm (b) einer typischen 850-nm-LED*

♦ Laserdiode (LD)
Im Gegensatz zur LED dominiert hier die stimulierte Emission. Photonen treffen auf angeregte Elektronen und stimulieren diese direkt zur strahlenden Rekombination mit Löchern. Solange keine Injektion von Minoritätsladungsträgern erfolgt, ist die Absorption von Photonen im Material mit der Emission im Gleichgewicht. Bei der Injektion von Ladungsträgern (z. B. durch Anlegen einer äußeren Spannung) übersteigt die Emission die Absorption. Die freigesetzten Photonen weisen die gleiche Energie und die gleiche Phase wie die anregenden Photonen auf. Das führt dazu, daß die abgegebene Strahlung weitgehend kohärent ist und (wegen $\lambda \propto E$) eine geringe spektrale Halbwertsbreite aufweist. Dies ist u. a. unter Berücksichtigung der Materialdispersion von Bedeutung (siehe Abschnitt E.2.5.5), da diese proportional zur spektralen Bandbreite des Signals ist. Das emittierte Licht wird zu einem Teil an den Kantenflächen des Lasers (senkrecht zum pn-Übergang) reflektiert. Die Kantenflächen bilden die Endflächen eines optischen Resonators (Fabry-Perot-Resonator), der das emittierte Licht frequenzselektiv rückkoppelt und damit der (oben beschriebenen) Selbstanregung dient. Die typische Ausgangsleistung liegt bei 15 mW bei einer relativ starken Bündelung des Strahlungsdiagramms (Abb. H.7-5) und einer Modulationsbandbreite von typisch 5 GHz. Neben den oben genannten Vorteilen der LD gegenüber der LED ist nachteilig, daß das Betriebsverhalten komplizierter und die Ansteuerung aufwendiger und somit auch teurer ist.

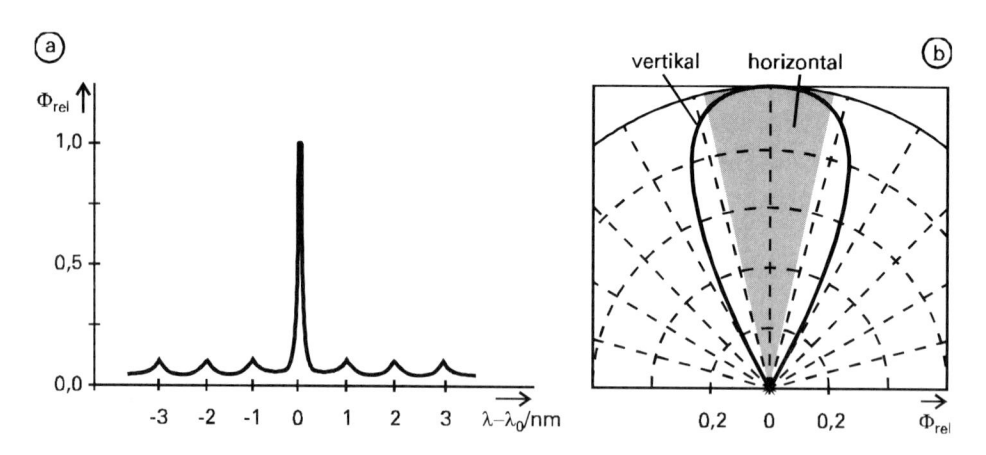

Abb. H.7-5 Strahlungsdiagramm und spektrales Verhalten einer Laserdiode (LD)

H.7.4.2 Empfangsdioden

Die wichtigsten Kriterien für Empfänger in Systemen der optischen Übertragungstechnik (und damit auch für die verwendeten Dioden) sind:

- Wellenlänge (entscheidend für das verwendete Halbleitermaterial – wichtigste Materialien sind heute Silicium, Germanium sowie verschiedene ternäre und quaternäre Verbindungen);
- Empfindlichkeit (typische Werte 1 nW bis 1 µW);
- Bandbreite;
- Eigenrauschen;
- hohe Ansprechgeschwindigkeit;
- niedrige Vorspannung;
- hohe Zuverlässigkeit.

Das allgemeine Prinzip der Wandlung optischer in elektrische Leistung in Halbleiterschaltungen beruht auf der Absorption von Photonen und gleichzeitiger Erzeugung von Elektron-Loch-Paaren (Photoeffekt). Diese werden in der Verarmungsschicht (i-Schicht, Abb. H.7-6) durch die durch eine extern angelegte Vorspannung erzeugte hohe Feldstärke getrennt und sind an den Kontakten des Halbleiterelements als sogenannter Photostrom nachweisbar. Das Verhältnis von erzeugten Elektron-Loch-Paaren zur Anzahl einfallender Photonen wird Quantenwirkungsgrad genannt und ist immer kleiner (im Idealfall gleich) eins. Um einen hohen Quantenwirkungsgrad zu erreichen, kann man die Absorptionsstrecke (den Weg der Photonen innerhalb der Halbleiterschicht) und damit die Länge der i-Schicht vergrößern. Dies hat jedoch den Nachteil, daß gleichzeitig die Diffusionszeit erhöht und damit die Bandbreite verringert wird. Auch hier muß also wieder ein Kompromiß angestrebt werden zwischen Empfindlichkeit und Bandbreite, wobei z. B. die Übertragungsbandbreite des später verwendeten Lichtwellenleiters ein Anhaltspunkt sein wird.

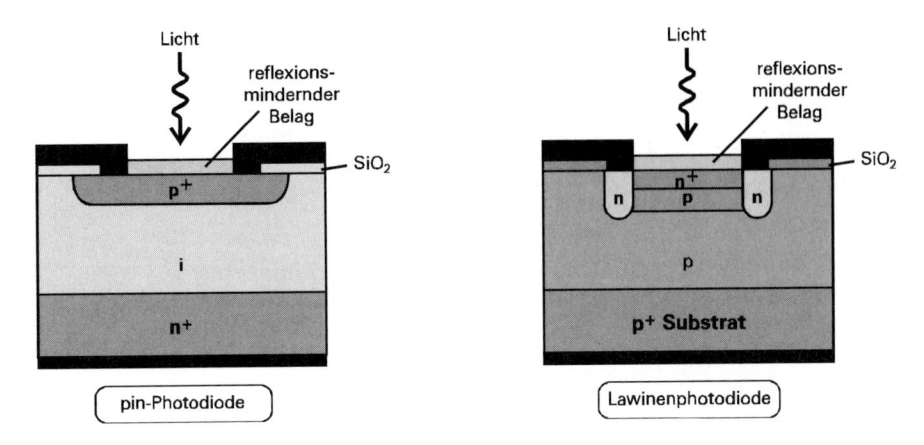

Abb. H.7-6   *Struktur einer pin-Photodiode (links) und einer Lawinenphotodiode (rechts) (nach [Harth u. Grothe 84])*

Eine Erhöhung des Produkts aus Empfindlichkeit und Bandbreite wird bei Verwendung von Lawinenphotodioden (Abb. H.7-6) erreicht. Hierbei macht man sich den Lawinen- oder Avalanche-Effekt zunutze. Bei genügend hoher Feldstärke (und damit hoher Geschwindigkeit) können die durch den Photoeffekt erzeugten Ladungsträger mittels Stoßionisation weitere Ladungsträger freisetzen usw. Durch diesen Lawineneffekt ergibt sich ein um den Faktor M vergrößerter Photostrom. Aufgrund der Tatsache, daß gleichzeitig auch die im Halbleiter entstehenden Rauschströme verstärkt werden und somit das Eigenrauschen ansteigt, sind diesem Effekt Grenzen gesetzt. Abhängig vom verwendeten Material, der Struktur des Bauelements und äußeren Bedingungen (Temperatur) existiert ein optimaler Wert für M, der durch Regelung der Vorspannung einstellbar ist.

H.7.5   Koppelstellen

Die Koppelstellen im Bereich der optischen Übertragungstechnik lassen sich in drei Gruppen unterteilen (Abb. H.7-7: Sender – Faser, Faser – Faser, Faser – Empfänger). Ihre wesentlichen Eigenschaften werden hier vorgestellt.

H.7.5.1   Sender – Faser

Bei dieser Koppelstelle wird Dämpfung hervorgerufen durch:
- Fehlanpassung der Numerischen Aperturen von Sender und Faser,
- Reflexion von Strahlungsleistung an jedem Übergang Glas–Luft bzw. Luft–Glas (dieser Einfluß ist i. a. geringer).

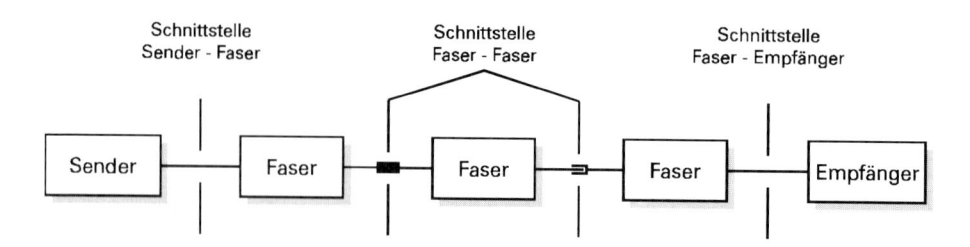

Abb. H.7-7 Koppelstellen in der optischen Übertragungstechnik

Um diesen Einfluß darzustellen, wird der Koppelwirkungsgrad

$$\eta = \left(\frac{A_{N1}^2}{A_{N2}^2}\right) \qquad (H.7\text{-}6)$$

bzw. die Koppeldämpfung (in dB)

$$\alpha = -10 \log \eta \qquad (H.7\text{-}7)$$

definiert, wobei A_{N1} die Numerische Apertur des „Sendeelements" und A_{N2} die numerische Apertur des „Empfangselements" ist. Die durch Koppelstellen hervorgerufene Koppeldämpfung führt zu einer Verringerung der Reichweite einer Lichtwellenleiterverbindung.

Die emittierende Fläche eines CW-Halbleiterlasers ist klein gegenüber der Querschnittsfläche des Kerns einer Multimode-Faser. Um die hierdurch hervorgerufene Koppeldämpfung zu reduzieren, wird eine Apertur-Transformation mittels einer optischen Abbildung (Linsen) eingesetzt. Je größer die Strahldichte des Lasers ist, desto näher kommt der Wirkungsgrad an den Wert eins heran. Erreichbar sind z. Zt. ca. 1 dB für den Übergang, wobei zu beachten ist, daß dabei hohe Anforderungen an die Justiergenauigkeit gestellt werden müssen. Bei einer LED sind die Verhältnisse wesentlich ungünstiger, so daß zur Zeit Werte von ca. 10 dB realistisch sind.

H.7.5.2 Faser – Faser

Bei der Kopplung zweier Faserlängen ist zwischen zwei prinzipiellen Arten zu unterscheiden:
- Stecker als lösbare Verbindungen einerseits,
- Spleiße als permanente Verbindungen andererseits.

Gemeinsame Dämpfungsmechanismen, die sich aus unterschiedlichen Kenngrößen der zu verbindenden Fasern ergeben (*Extrinsic Losses*) resultieren aus:
- unterschiedlichen Kernradien,
- unterschiedlicher Numerischer Apertur,
- unterschiedlichem Indexexponenten.

H.7.5 Koppelstellen

Hinzu kommen Verluste durch Fehler der Koppelstelle (*Intrinsic Losses*), insbesondere durch

- radialen Versatz der Faserachsen,
- Winkelversatz der Faserachsen.

Bei Steckern kommen außerdem noch Verluste in Betracht, die hervorgerufen werden durch:

- Reflexion und Streuung,
- longitudinalen Versatz der Faserstirnflächen

Die Reflexion an den Stirnflächen beträgt je nach deren Abstand voneinander bis zu 0,7 dB. Die Kontrolle der Reflexionsverluste im Stecker ist daher wichtig, da die reflektierte Leistung beim Sende-Laser zu erheblicher Störmodulation führen kann.

Für die verschiedenen Verlustursachen liegen folgende Schätzungen für den Koppelwirkungsgrad vor (nach [Fischbach et al 82]):

- Faserbedingt

    Unterschiedliche Kernradien Δa

    $$1 - 2 \frac{\Delta a}{a} \tag{H.7-8}$$

    Unterschiedliche Numerische Aperturen ΔA_N

    $$1 - 2 \frac{\Delta A_N}{A_N} \tag{H.7-9}$$

    Unterschiedliche Indexexponenten Δg

    $$1 - 2 \frac{\Delta g}{g} \tag{H.7-10}$$

- Realisierungsbedingt (Abb. H.7-8)

    Radialer Versatz r (Abb. H.7-8a)

    $$1 - \frac{2}{\pi} \frac{r}{a} \tag{H.7-11}$$

    Longitudinaler Versatz s (Abb. H.7-8b)

    $$1 - \frac{2}{\pi} \frac{s}{a} \frac{A_N}{n_0} \tag{H.7-12}$$

    Winkelversatz φ mit dem Öffnungswinkel Θ_a (Abb. H.7-8c; siehe auch Abschnitt E.2.5.5)

    $$1 - \frac{2}{\pi} \frac{\varphi}{\Theta_a} \tag{H.7-13}$$

Reflexion n/n' (Abb. H.7-8d)

$$1-\left(\frac{n-n'}{n+n'}\right)^2 \tag{H.7-14}$$

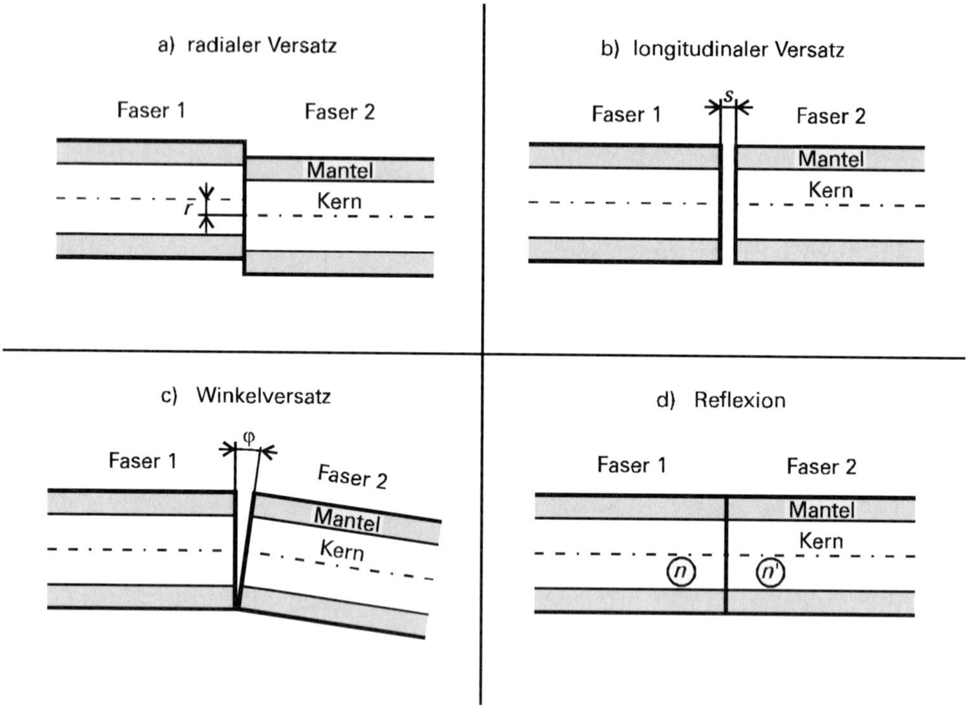

Abb. H.7-8   *Realisierungsbedingte Verlustursachen*

Der gesamte Koppelwirkungsgrad einer Koppelstelle Faser–Faser ergibt sich aus dem Produkt der einzelnen Kopplungswirkungsgrade. Die natürliche Schlußfolgerung hieraus ist, daß für dämpfungsarme Koppelstellen einerseits präzise hergestellte Fasern benötigt werden und andererseits auch bei der Koppelstelle selbst besondere Sorgfalt walten muß. Allgemein ergibt sich bei derartigen Stoßstellen (und z. T. auch bei sonstigen Inhomogenitäten im Verlauf der Faser) ein Problem, das nicht direkt mit der Dämpfung zusammenhängt: Koppelstellen induzieren Modenrauschen, d. h. an Inhomogenitäten werden Moden angeregt, die sich als störendes „Rauschen" auf der Faser ausbreiten.

Die Herstellung von Spleißen erfolgt durch stumpfes Verschweißen der Faserstirnflächen (Lichtbogenheizung, seltener Flammenheizung) oder durch Verkleben. Der Nachteil beim Schweißen ist eine erhebliche Verringerung der mechanischen Belastbarkeit der Faser im Spleißbereich, während beim Kleben der heterogene Aufbau der Koppelstelle nachteilig ist.

Beim Stecker sind zwei unterschiedliche Ansätze vorhanden: entweder hohe Präzision in den Steckerteilen und dafür problemlose Montage oder aber geringere Präzision in den Steckerteilen mit Justiermöglichkeit bei der Montage.

H.7.5.3 Faser – Empfänger

Die Auskopplung von Lichtleistung aus der Faser in dem Empfänger stellt ein weitaus geringeres Problem dar als die Einkopplung vom Sender in die Faser. Die Faser weist einen relativ engen Abstrahlwinkel auf, so daß außer den Reflexionsverlusten keine zusätzlichen Verluste entstehen.

H.8 Radar

H.8.1 Einleitung

Die Radartechnik wird hier als ein Beispiel für eine Vielzahl von Ortungs- und Peilverfahren vorgestellt. Auf den ersten Blick mag Radar nicht als ein typischer Fall von Nachrichtenübertragung erscheinen, da es sich von den in Teil H bisher vorgestellten Verfahren deutlich unterscheidet. Gleichwohl handelt es sich auch hier um den (im allgemeinen einseitigen) Austausch von Informationen mit Hilfe von elektromagnetischen Wellen.

Die Grundlagen der Radartechnik, nämlich die Reflexion elektromagnetischer Wellen an metallischen und dielektrischen Körpern, erforschte um 1884 der deutsche Physiker Heinrich Hertz. Im Jahr 1903 wurde erstmals ein auf diesen Ergebnissen basierendes Patent angemeldet, in dem C. Hülsmeyer einen Hindernisdetektor vorstellte. Das Jahr 1922 brachte durch Guglielmo Marconi die erste realisierte Idee eines Radarsystems in Form eines Schiffsradars. In den dreißiger Jahren wurden dann in den USA in größerem Umfang Radarsysteme in Betrieb genommen, so z. B. 1930 ein CW-Interferenzradar bei 33 MHz und 1935 ein Pulsradar bei 60 MHz. Während des zweiten Weltkrieg erfolgte eine energisch betriebene Weiterentwicklung der Radartechnik (USA, D, GB) insbesondere im Hinblick auf erhöhte Reichweite (verbesserte Früherkennung und -warnung bei feindlichen Fliegerangriffen), verbesserte Genauigkeit von Zielkoordinaten u. ä. Seit den fünfziger Jahren findet eine kontinuierliche Entwicklung statt, die eine Vielzahl von zivilen Anwendungsgebieten (siehe Kapitel H.8.7) eröffnet hat. Verantwortlich hierfür ist nicht nur eine wesentliche Verbesserung auf dem Gebiet der Hochfrequenztechnik (höhere Sendeleistung, aufwendigere und schnellere Antennen – Stichwort *Phased Array*), sondern ganz besonders die stürmische Entwicklung auf dem Gebiet der digitalen Signalverarbeitung, die heute aus der Radartechnik nicht mehr wegzudenken ist.

H.8.2 Grundprinzip

Das Radarprinzip beruht im wesentlichen auf

- der (innerhalb gewisser Grenzen) geradlinigen Ausbreitung elektromagnetischer Wellen;
- der (innerhalb gewisser Grenzen) konstanten (und bekannten) Ausbreitungsgeschwindigkeit elektromagnetischer Wellen;
- der Bündelung elektromagnetischer Wellen durch geeignete Antennen;
- der Reflexion (Streuung) an Inhomogenitäten in Ausbreitungsrichtung.

Das jedem Radarsystem zugrunde liegende Prinzip basiert auf folgender Idee: Von einer Antenne (häufig mit hoher Richtwirkung) wird eine elektromagnetische Welle ausgesendet, die an den in der Strahlungsrichtung befindlichen Objekten reflektiert wird. Aufgrund dieser Reflexion gelangt ein gewisser Teil der ausgesendeten Leistung wieder zur Radarstation zurück. Aus dem empfangenen, reflektierten Signal werden – unter Berücksichtigung des ausgesendeten Signals – Informationen über die Zielobjekte gewonnen.

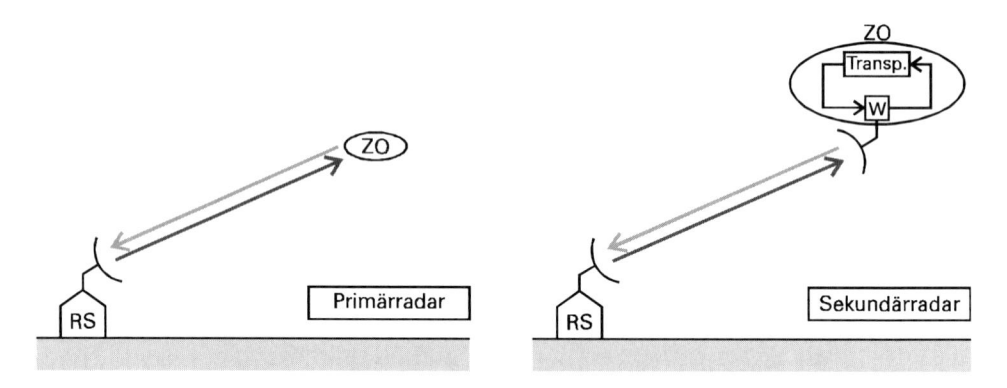

Abb. H.8-1 Radarprinzip: Primärradar / Sekundärradar (RS: Radarstation, ZO: Zielobjekt, W: Sende-Empfangs-Weiche, Transp.: Transponder)

Dieses Prinzip kann in einigen Punkten abgewandelt werden, ohne daß der grundsätzliche Gedanke dabei verloren geht:

- Im Gegensatz zum oben vorgestellten Primärradar (d. h. das Zielobjekt verhält sich nicht kooperativ) existieren auch Sekundärradare, bei denen das Zielobjekt einen eigenen Sender und Empfänger aufweist (Abb. H.8-1).
- Beim monostatischen Radar befinden sich Sende- und Empfangsantenne an der gleichen Position (i. a. nur eine Antenne für Senden und Empfangen), während beim bistatischen Radar zwei getrennte Stationen vorhanden sind, wobei das von einer Station ausgesendete Signal von der anderen Station empfangen wird (Abb. H.8-2).

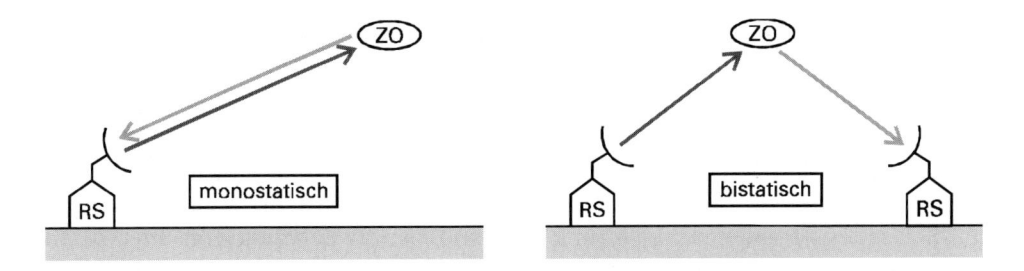

Abb. H.8-2   Radarprinzip: monostatisch (links) bzw. bistatisch (rechts)

H.8.3 Die Radargleichung

Für ein Radarsystem – für den monostatischen bzw. den bistatischen Fall – läßt sich eine Beziehung herleiten zwischen der Reichweite des Systems und seinen technischen Daten. Die Herleitung der Radargleichung wird in der Übungsaufgabe H-2 durchgeführt; hier sollen nur die Ergebnisse wiedergegeben werden.

Für das monostatische Radar gilt

$$P_e = \frac{P_s G_s}{4\pi R_{sz}^2} \sigma \frac{A_{w,e}}{4\pi R_{ze}^2} \frac{1}{a_{ges}} \qquad \text{(H.8-1)}$$

während beim bistatischen Radar

$$P_e = \frac{P_s G^2 \sigma \lambda^2}{(4\pi)^3 R_z^4 a_{ges}} \qquad \text{(H.8-2)}$$

anzuwenden ist.

Demnach hängt die Empfangsleistung P_e eines Radarsystems von folgenden Parametern ab:

- Rückstreufläche σ
- Wellenlänge λ
- Sendeleistung P_s
- Gewinn G_s der Sendeantenne und Wirkfläche $A_{w,e}$ der Empfangsantenne beim bistatischen bzw. Gewinn G der Sende- und Empfangsantenne beim monostatischen Radar
- Entfernung Sender–Ziel R_{sz} und Ziel–Empfänger R_{ze} beim bistatischen bzw. R_z beim monostatischen Radar
- Verluste a_{ges} im System

Die Rückstreufläche σ ist dabei definiert als

$$\sigma = \frac{P_r}{S_s} \qquad [\sigma] = \text{m}^2 \qquad \text{(H.8-3)}$$

Die Rückstreufläche ist also das Verhältnis der reflektierten Leistung zur Strahlungsleistungsdichte. Die Rückstreufläche (auch als Radarquerschnitt bezeichnet) ist u. a. abhängig von der Größe des Objekts, seiner Oberfläche (Form und Material), der Frequenz und dem sogenannten Aspektwinkel. Insbesondere der Aspektwinkel führt z. B. bei der Entdeckung und Klassifizierung von Flugzeugen zu Problemen, da bei einer Änderung des Aspektwinkels um Bruchteile eines Grades bereits eine Änderung der reflektierten Leistung von über 20 dB auftreten kann. Da es sich hierbei um eine statistische Größe handelt, ist in erster Linie der Mittelwert $\bar{\sigma}$ bzw. der Medianwert $\sigma_{50\%}$ von Interesse. Einige Richtwerte für den Mittelwert der Rückstreufläche für den Frequenzbereich von 1 GHz bis 10 GHz: kleines Flugzeug $\bar{\sigma} \approx 1\,\mathrm{m}^2$, großes Flugzeug $\bar{\sigma} \approx 10\,\mathrm{m}^2$, Schiff einige tausend Quadratmeter.

Die Radargleichung (H.8-1) liefert nur eine erste Schätzung der Systemparameter, da

- die Rückstreufläche, wie bereits angedeutet, eine statistisch schwankende Größe ist;
- die tatsächliche, nichtideale Wellenausbreitung in der Atmosphäre hier ebensowenig berücksichtigt wird wie die Mehrwegeausbreitung;
- die Empfängerempfindlichkeit nicht konstant ist (die hierfür maßgebende Rauschleistung ist eine statistisch schwankende Größe);
- die Entdeckung eines Ziels nicht von der Leistung, sondern von der Energie abhängt, mit der das Ziel bestrahlt wird, unabhängig davon, ob dies mit hoher Leistung innerhalb einer kurzen Zeitdauer oder mit geringer Leistung in größerer Zeitdauer erfolgt. Vorausgesetzt ist dabei, daß das Sendesignal „sinnvoll" geformt ist und zudem im Empfänger ein dem Sendesignal angepaßtes Optimalfilter verwendet wird.

Der sich hieraus ergebenden Tatsache, daß die Entdeckung eines Ziels (auch innerhalb der mit (H.8-1) berechneten Reichweite des Radarsystems) ein statistischer Vorgang ist, wird mit Einführung der Entdeckungswahrscheinlichkeit und der Falschalarmrate Rechnung getragen.

H.8.4 Entfernungs-, Winkel- und Geschwindigkeitsmessung

Im wesentlichen gibt es fünf Radarkoordinaten (eines Ziels), die mit Hilfe von Radarsystemen ermittelt werden können. Es handelt sich dabei um

- den Azimutwinkel α,
- den Elevationswinkel ε,
- die Entfernung R, jeweils bezogen auf den Standort des Radargeräts,

H.8.4 Entfernungs-, Winkel- und Geschwindigkeitsmessung

- die Radialgeschwindigkeit v_r (bzw. die Zielgeschwindigkeit v_z),
- die Zielhöhe h_z.

Im allgemeinen sind nicht alle Koordinaten gleichzeitig gefordert, so daß ein Radarsystem jeweils auf die zu liefernden Koordinaten optimiert werden kann. Die Frage, wie die einzelnen Koordinaten am genauesten und effektivsten gewonnen werden können, entscheidet über den Aufbau des Radarsystems.

- Azimut- und Elevationswinkel können prinzipiell mit Hilfe von scharf bündelnden Antennendiagrammen ermittelt werden. Die Halbwertsbreite der Hauptkeule spielt dabei eine entscheidende Rolle für die Auflösung und die Genauigkeit der gewonnenen Winkelinformation.

- Die Entfernung des Ziels kann aus der Laufzeit des Signals von der Sendeantenne zum Ziel und zurück zur Empfangsantenne berechnet werden. Der Zusammenhang lautet

$$2R = cT \qquad (\text{H.8-4})$$

mit der Zeit T zwischen Senden und Empfangen, der Zielentfernung R und der Lichtgeschwindigkeit c.

Für die Realisierung ist hierbei zu beachten, daß das Radargerät das empfangene Signal eindeutig identifizieren und einem ausgesendeten Signal zuordnen kann. Zwei prinzipielle Möglichkeiten hierfür sind das FM-CW-Radar[12] sowie das Pulsradar[13]. Beide Prinzipien weisen einen wichtigen Gesichtspunkt auf, der bei der Auslegung des Radarsystems zu berücksichtigen ist: Die Forderung nach möglichst hoher Entfernungsauflösung bzw. Meßgenauigkeit einerseits sowie der – häufig vorhandene – Wunsch nach einer großen Reichweite widersprechen sich, so daß i. a. ein Kompromiß zwischen diesen beiden Forderungen gefunden werden muß.

Zur Bestimmung der radialen Zielgeschwindigkeit wird der bereits im Abschnitt E.4.4 vorgestellte Doppler-Effekt zu Hilfe genommen.

- Die Bestimmung der Zielhöhe kann einerseits durch Kombination der Resultate von Elevationswinkel und Entfernungsinformation erfolgen. Alternativ hierzu erfolgt bei Flugzeugen häufig eine Höhenmessung (Höhe über Grund) durch bordeigene Radargeräte, die die Entfernung zur Erdoberfläche feststellen.

---

12 Beim FM-CW-Radar wird eine Sinusschwingung, deren Frequenz linear mit der Zeit verändert wird (z. B. sägezahnförmig), ausgesendet. Wird das mit einer gewissen zeitlichen Verzögerung eintreffende Empfangssignal mit der aktuellen Sendefrequenz verglichen, so ergibt sich ein Frequenzversatz, dessen Größe ein Maß für die Laufzeit des Signals und somit für die Zielentfernung darstellt.

13 Beim Pulsradar werden Impulse (oder auch Impulsgruppen) einer bestimmten Länge ausgesandt und deren zeitliche Verzögerung beim Empfang gemessen; hieraus ergibt sich direkt die Zielentfernung.

H.8.5 Entdeckungswahrscheinlichkeit

Die Entdeckungswahrscheinlichkeit ist vor allem eine Funktion des thermischen Rauschens (bzw. des Signalrauschleistungsverhältnisses SNR) sowie der Form des Radarsignals. In den folgenden Überlegungen wird von einer Sequenz von äquidistanten, gleichartigen Impulsen der Dauer τ mit dem zeitlichen Abstand T ausgegangen, deren Echos in einem Empfänger mit der Bandbreite $B = 1/\tau$ empfangen werden.

Im allgemeinen wird zur weiteren Verarbeitung ein sogenanntes Videosignal erzeugt, in dem die empfangenen Echos in die ZF-Ebene umgesetzt und anschließend gleichgerichtet werden. Bei impulsförmigen Radarsignalen ist zu unterscheiden zwischen

♦ Zeitpunkten, zu denen ein Nutzsignal (Echo) und ein Störsignal (Rauschen) vorliegt (Fall I mit der Wahrscheinlichkeitsdichtefunktion $w_I(u)$)

und

♦ Zeitpunkten, zu denen nur ein Störsignal vorliegt (Fall II mit der Wahrscheinlichkeitsdichtefunktion $w_{II}(u)$).

Bei der Auswertung des Videosignals wird eine Schwelle verwendet, wobei bei Überschreitung dieser Schwelle davon ausgegangen wird, daß ein Ziel vorliegt, das dieses Echo erzeugt hat. Im Fall I (Nutz- und Störsignal) kann durch ein Störsignal mit negativer Amplitude fälschlicherweise eine Unterschreitung der Schwelle auftreten, wodurch die Entdeckungswahrscheinlichkeit kleiner als eins wird. Auf der anderen Seite kann im Fall II (nur Störsignal) durch eine hinreichend große positive Amplitude des Störsignals eine Überschreitung der Schwelle und somit ein „falscher Alarm" hervorgerufen werden – dies führt zu einer Falschalarmrate größer als null.

Durch Verschieben der Schwelle kann bzw. muß ein Kompromiß gesucht werden zwischen einer möglichst hohen Entdeckungswahrscheinlichkeit und einer möglichst geringen Falschalarmrate. Im folgenden soll unter gewissen vereinfachenden Annahmen (statistisch unabhängiges Rauschen, lineare Gleichrichtung) der Zusammenhang zwischen der Falschalarmrate bzw. der Entdeckungswahrscheinlichkeit (Detektionswahrscheinlichkeit) für einen einzelnen Impuls als Funktion des Signalrauschabstands behandelt werden.

Zuerst soll die Wahrscheinlichkeit bestimmt werden, daß Nutzsignal und Störsignal vorhanden sind (Fall I) und dabei erkannt wird, daß (u. a.) ein Nutzsignal empfangen wird. Diese Wahrscheinlichkeit kann aus einem Integral über der Wahrscheinlichkeitsdichtefunktion $w_I(u)$ zu

$$p_E = p(u > U_S) = \int_{U_S}^{+\infty} w_I(u)\,du \tag{H.8-5}$$

bestimmt werden.

H.8.5 Entdeckungswahrscheinlichkeit

Wenn nur ein Störsignal vorhanden ist (Fall II), so ist die Wahrscheinlichkeit zu berechnen, daß trotzdem (fälschlicherweise) die Schwelle überschritten wird und somit ein Falschalarm ausgelöst wird – diese ergibt sich als Integral über der Wahrscheinlichkeitsdichtefunktion $w_{II}(u)$ zu

$$p_{FA} = p(u > U_S) = \int_{U_S}^{+\infty} w_{II}(u)\,du \qquad (H.8\text{-}6)$$

Im Zusammenhang mit der Falschalarmrate ist auch die mittlere Falschalarmzeit (mit der äquivalenten Rauschbandbreite B_e des Empfängers)

$$T_{FA} = \frac{1}{B_e p_{FA}} \qquad (H.8\text{-}7)$$

von Bedeutung – dies ist der mittlere zeitliche Abstand zwischen zwei Falschalarmereignissen.

In Abb. H.8-3 ist der Verlauf der Entdeckungswahrscheinlichkeit in Abhängigkeit vom Signalrauschabstand bei gegebener Falschalarmrate gezeigt.

Eine wesentliche Verbesserung der Entdeckungswahrscheinlichkeit und der Falschalarmrate kann durch Anwendung der Impulsintegration erzielt werden. Während die Antenne ein Ziel überstreicht, können bei Anwendung von Impulsfolgen i. a. mehrere vom Ziel reflektierte Impulse den Radarempfänger erreichen und somit den Entdeckungsvorgang verbessern. Unterschieden wird zwischen kohärenter Impulsintegration (erfolgt vor dem Detektor, d. h. im

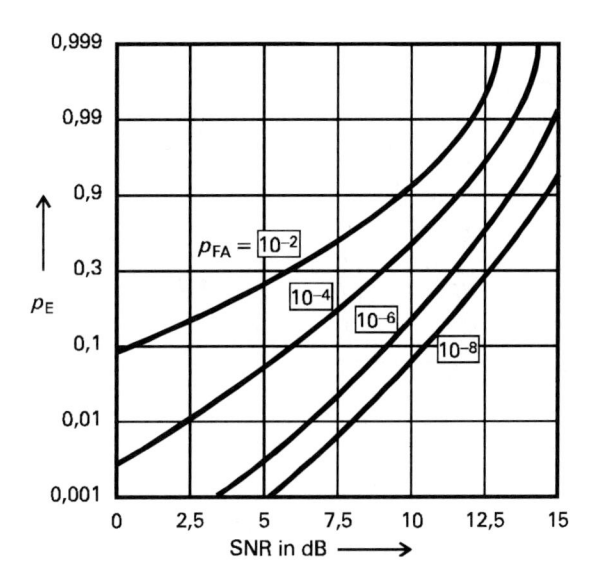

Abb. H.8-3 Entdeckungswahrscheinlichkeit in Abhängigkeit vom Signalrauschabstand SNR; der Parameter ist die Falschalarmrate

HF-Bereich) und inkohärenter Impulsintegration (im Videobereich). Die kohärente Impulsintegration ist aufwendiger, erzielt aber einen höheren Integrationswirkungsgrad.

H.8.6 Darstellungsformen

Für die Darstellung der Ergebnisse von Radargeräten werden heute bevorzugt Kathodenstrahlröhren eingesetzt, die eine große Genauigkeit bieten sowie eine schnelle Darstellung und gleichzeitig einen relativ einfachen Aufbau ermöglichen. Außerdem besteht neuerdings die Möglichkeit der Verwendung von Flachdisplays (Plasma-, LCD-Display).

Unterschieden wird zwischen der Darstellung

- als Rohvideo, d. h. die Signal werden ohne „große" Verarbeitung vom Empfänger dem Anzeigegerät zugeführt;

und

- als synthetisches Video, d. h. die Signale werden vor der Anzeige in einem speziellen Signalprozessor verarbeitet und aufbereitet. Es entsteht ein „reines" Radarbild ohne Störungen, wobei ein Leuchtpunkt mit zusätzlichen Informationen (Flugzeugtyp, Flughöhe, Identifikation usw.) versehen werden kann.

Von der Vielzahl der verschiedenen Darstellungsarten sollen hier in Abb. H.8-4 nur zwei 2D-Darstellungen gezeigt werden, von denen besonders die PPI-Darstellung eine häufig anzutreffende Form ist.

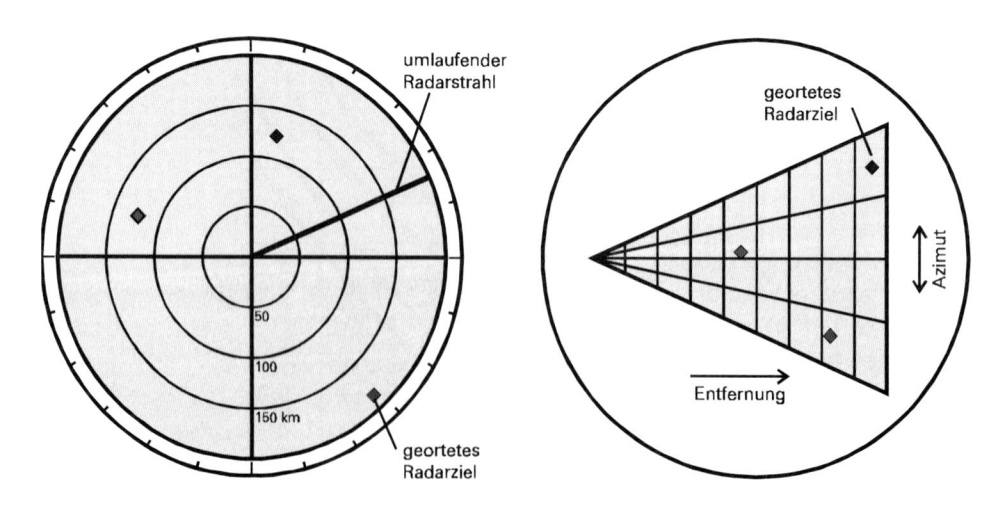

Abb. H.8-4 PPI-Darstellung (PPI, Plan Position Indicator), Rundsicht-, Panorama-Darstellung (links) – Azimut-Darstellung für begrenzte Sektoren, z. B. Landeanflugradar (rechts)

H.8.7 Einige Anwendungen

Zum Abschluß dieser kurzen Einführung soll eine Übersicht über die wichtigsten Anwendungen der Radartechnik gegeben werden.

- Luftfahrt
  - Flugsicherung – Verkehr auf Luftstraßen, in Flughafennähe und auf dem Flughafen selbst
  - Überwachungsradar – Überwachung eines festgelegten Luftraums, i. a. eine Kombination aus Primär- und Sekundärradar
  - Präzisionsanflugradar (PAR) – vorwiegend im militärischen Bereich eingesetzt, während es im zivilen Bereich durch ILS (Instrumentenlandesystem) und MLS (Mikrowellenlandesystem) ersetzt worden ist.
  - Flughafenradar – Überwachung des Verkehrs auf dem Rollfeld (auf großen Flughäfen), kurze Wellenlänge zur Erreichung hoher Auflösung
  - Radarhöhenmesser – Messung der Flughöhe über Grund
  - Flugnavigation – die Anwendung des Doppler-Prinzips erlaubt durch anschließende Integration eine unabhängige Navigation über unbesiedeltem Gebiet (z. B. über den Weltmeeren).
  - Wetterradar – aufgrund der identifizierbaren Rückstrahlung von Wolken u. ä. können Schlechtwettergebiete in Flugrichtung erkannt werden, Reichweite typ. 300 km.
- Schiffahrt

  Navigation, Überwachung von dichtbefahrenen Strecken (z. B. an Küsten oder in Kanälen) usw.
- Militär
  - Luftraumüberwachung – Zielentdeckung, Ziellokalisierung, IFF (*Identification Friend or Foe* – Freund/Feind-Kennung)
  - Zielverfolgung
  - Gefechtsfeldradar
  - Voraussichtradar (*Forward Looking Radar*) – z. B. zur Hinderniserkennung bei Tiefstflügen
  - Seitensichtradar (SLAR – *Side Looking Airborne Radar*)
- Verkehr
  - Geschwindigkeitsradar (liefert Geschwindigkeit und Bewegungsrichtung).
  - Abstandswarnradar (*Anti Collision Radar*)
  - im Schienenverkehr exakte und berührungslose Messung von Weg, Geschwindigkeit und Beschleunigung.

H.9 Übungsaufgaben

Aufgabe H-1

Zu untersuchen ist ein Satellitenübertragungssystem (Abb. H.9-1) mit den technischen Daten entsprechend Tab. H.9-1.

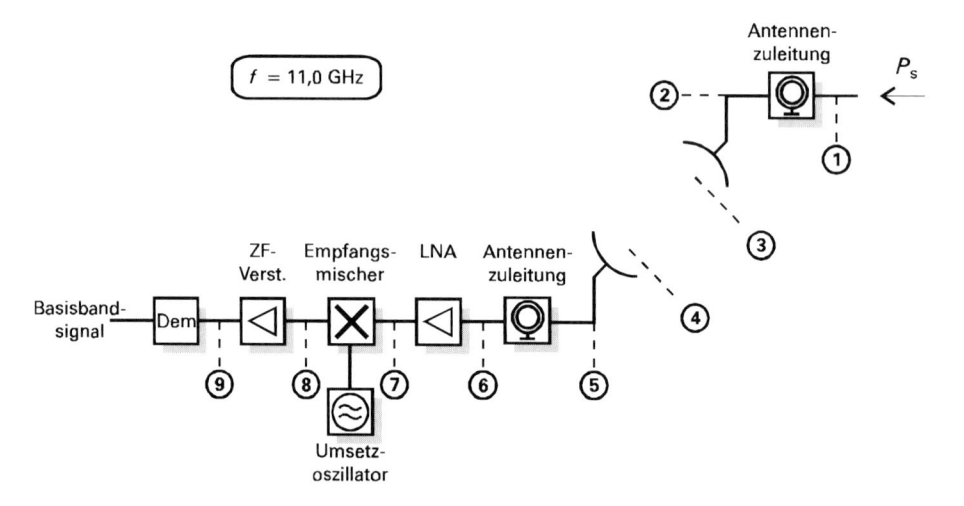

Abb. H.9-1 Downlink einer Satellitenfunkstrecke

1. Welche ideale Bandbreite ergibt sich beim verwendeten Modulationsverfahren?

2. Welche („praktische") Bandbreite ergibt sich aufgrund der Nyquist-Filterung?

Für die weiteren Punkte werde die Bandbreite nach Punkt 2 verwendet, wobei die äquivalente Rauschbandbreite gleich der Signalbandbreite sei.

3. Skizzieren Sie in einem Pegeldiagramm den Verlauf der Signalleistung in den Ebenen 1 bis 9.

4. Wie groß ist die innerhalb der Bandbreite B von der Antenne aufgenommene Rauschleistung (Ebene 5)?

5. Wie groß ist das Signalrauschleistungsverhältnis hinter der Empfangsantenne (Ebene 5)?

6. Wie groß ist die Systemrauschtemperatur des Empfängers?

7. Wie groß ist das Signalrauschleistungsverhältnis am Eingang des Demodulators (Ebene 9)?

H.9 Übungsaufgaben

Allgemeines	Datenrate	600 kbit/s
	Modulationsverfahren	QPSK
	Nyquist-Filter	$r = 0{,}4$
Satellit (1-3)	Sendeleistung	150 mW
	Antennenzuleitung (1-2)	$l = 0{,}5$ m , $\alpha = 1$ dB/m
	Antenne (2-3)	$D = 100$ cm , $q = 0{,}5$
Funkstrecke (3-4)	Länge	$l = 39000$ km
	Regendämpfung	$a_{Regen} = 6$ dB
	sonstige Verluste	0 dB
Empfänger (4-9)	Antenne (4-5)	$D = 60$ cm , $q = 0{,}65$, $\varepsilon = 30°$
	Antennenzuleitung (5-6)	$l = 1$ m , $\alpha = 1$ dB/m , $F = 1$ dB
	Low Noise Amplifier (6-7)	$G = 10$ dB , $F = 1$ dB
	Empfangsmischer (7-8)	Conversion Loss = 6 dB , $F = 1$ dB
	ZF-Verstärker (8-9)	$G = 30$ dB , $F = 4$ dB

Tab. H.9-1   *Daten der Satellitenfunkstrecke*

8. Wie groß sind das Verhältnis der Energie je Symbol zur Rauschleistungsdichte und das Verhältnis der Energie je Bit zur Rauschleistungsdichte am Eingang des Demodulators (Ebene 9)?

9. Welche Bitfehlerrate ist mit dem Ergebnis von Punkt 8 zu erwarten?

Aufgabe H-2

Leiten Sie die Radargleichung für den monostatischen und für den bistatischen Fall her.

Aufgabe H-3

Gegeben sei ein Radarsystem mit folgenden technischen Daten:

$$T_r = 1100 \text{ K} \quad , \quad B = 10 \text{ MHz} \quad , \quad a_{ges} = 3 \text{ dB} \quad , \quad G_s = G_e = 20 \text{ dB}$$

$$R_z = 50 \text{ m} \quad , \quad f = 94 \text{ GHz} \quad , \quad \sigma = 0{,}1 \text{ m}^2$$

1. Berechnen Sie die Grenzempfindlichkeit des Empfängers.
2. Wie groß muß die minimale Sendeleistung sein, damit die geforderte Reichweite erreicht wird?

Teil I

Das OSI-Referenzmodell

I.1 Einleitung

Das OSI-Referenzmodell (OSI – *Open Systems Interconnection*) stellt ein Architekturmodell für die Realisierung eines sogenannten offenen Systems dar – d. h. für Komponenten verschiedener Hersteller bzw. Netzwerkbetreiber (öffentlich oder privat). Ein typisches Beispiel hierfür sind zwei (oder mehr) Netze unterschiedlicher Hersteller, die von sich aus nicht kompatibel zueinander sind und durch eine Schnittstelle miteinander verbunden werden. Das Gegenstück zu den hier besprochenen offenen Systemen sind geschlossene, isoliert stehende Netze, die nicht auf die Kommunikation mit anderen Netzen ausgelegt sind. Unter Netzen werden in diesem Zusammenhang Datennetze verstanden, wie sie z. B. zur Rechnervernetzung eingesetzt werden, oder auch das weltweite Telefonnetz. Ein offenes Kommunikationssystem erlaubt die Kommunikation zwischen beliebigen Nutzern, ohne daß die Partner bzgl. der Datenend- und Datenübertragungs-Einrichtungen an einen bestimmten Hersteller oder eine bestimmte Architektur gebunden sind. Dabei sind die Endsysteme für die ordnungsgemäße Abwicklung der Funktionen (innerhalb der Kommunikation) selbst verantwortlich.

Die Bedeutung des OSI-Referenzmodells resultiert auch aus der immer stärker zunehmenden Vernetzung, die einen freien Austausch von Daten bzw. Informationen zwischen den einzelnen, unterschiedlichen Systemen verschiedener Hersteller erfordert. Die Schwierigkeiten erwachsen dabei aus u. a. unterschiedlichen Rechnerarchitekturen, Datenübertragungsprotokollen und Zugriffsverfahren.

Das OSI-Referenzmodell bietet eine abstrakte Definition, auf deren Grundlage verschiedene Netze (mit ihren unterschiedlichen technischen Komponenten) miteinander kommunizieren können. Das Prinzip des OSI-Referenzmodells ist es, eine gemeinsame Kommunikationsumgebung zwischen den verschiedenen Systemen zu ermöglichen. Mögliche lokale Implementierungen (reale Umsetzungen) sind grundsätzlich nicht Bestandteil dieses Modells.

Das OSI-Referenzmodell weist folgende 3 Abstraktionsebenen auf (Abb. I.1-1):

- Architektur in sieben Schichten
  Hierüber werden die Organisation und der Ablauf einer Übermittlung in offenen Systemen definiert.

- Spezifikation der Kommunikationsdienste
  Die von den einzelnen Schichten erbrachten Dienstleistungen werden als Kommunikationsdienste bezeichnet.

- Spezifikation der Protokolle
  Die Schichten kommunizieren über definierte Schnittstellen (mit festgelegten Aufrufen und Antworten), die über Protokolle beschrieben werden.

I.1 Einleitung

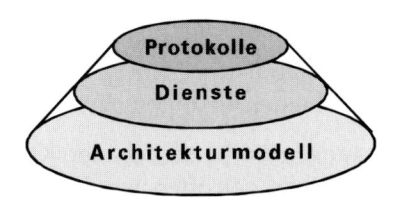

Abb. I.1-1 Abstraktionsebenen des OSI-Referenzmodells

In Tab. I.1-1 sind die sieben hierarchisch gegliederten sogenannten Schichten (Ebenen, *Layers*) des OSI-Referenzmodells dargestellt. Daher wird mitunter auch vom OSI-Schichtenmodell gesprochen. Auf die Aufgaben der einzelnen Schichten wird in Kapitel I.2 ausführlich eingegangen. Bei der Aufteilung in Schichten wurden folgende Aspekte berücksichtigt:

- Eine neue Schicht beginnt dort, wo bestimmte Aufgaben sinnvoll zusammengefaßt werden können.
- Jede Schicht weist genau festgelegte Funktionen auf.
- Bestehende internationale Protokolle werden berücksichtigt.

Anwendungs-Schichten	Nachricht	Anwendungsschicht	A	7	*Application Layer*	anwendungs-orientiert
		Darstellungsschicht	P	6	*Presentation Layer*	
Datenaustausch- und Datenfluß-Schichten		Kommunikations-steuerungsschicht	S	5	*Session Layer*	
		Transportschicht	T	4	*Transport Layer*	transport-orientiert
Netzwerk-Schichten	Paket	Vermittlungsschicht	N	3	*Network Layer*	
	Rahmen	Sicherungsschicht	DL	2	*Data Link Layer*	
	Bit	Bitübertragungsschicht	PH	1	*Physical Layer*	

Tab. I.1-1 Die Schichten des OSI-Referenzmodells

In Tab. I.1-1 sind auch die Bezeichnungen für die Informationseinheiten angegeben, die in den einzelnen Schichten verwendet werden. Während in den Schichten 4 bis 7 meist von Nachrichten gesprochen wird, verwenden die darunter liegenden Schichten 3 bis 1 entsprechend Pakete, Rahmen und (bei der physikalischen Übertragung) schließlich Bits. Das Übertragungssystem (das physikalische Medium) ist nicht Bestandteil des Referenzmodells. Insofern ist der amerikanische Begriff *Physical Layer* etwas irreführend. Das Übertragungssystem wird häufig auch als Schicht 0 bezeichnet. Trotzdem ist zu berücksichtigen, daß es sich hierbei nicht um einen Bestandteil des Referenzmodells handelt. Ebenso gehören Quell- und Kanalcodierung nicht zum Bereich dieses Modells. Während die Quellcodierung zur Informationsgewinnung gerechnet wird, zählt man die Kanalcodierung zum Übertragungssystem (Kanal).

Die Schichten 1 bis 4 sind transport- oder netzorientiert, während die Schichten 5 bis 7 anwendungsorientiert sind. Die Schicht 4 stellt dabei gleichzeitig eine Schnittstelle zwischen diesen beiden Gruppen dar.

Eine wichtige Unterscheidung muß bezüglich der Kommunikationsströme innerhalb des OSI-Referenzmodells getroffen werden. Auf der einen Seite steht die logische oder auch virtuelle Kommunikation zwischen zwei Systemen bzw. zwischen den jeweiligen Schichten (Abb. I.1-2). Auf der anderen Seite steht die physikalische Kommunikation, die jeweils zwischen zwei benachbarten Schichten – und letztlich natürlich in der Schicht 0, d. h. im physikalischen Medium – stattfindet.

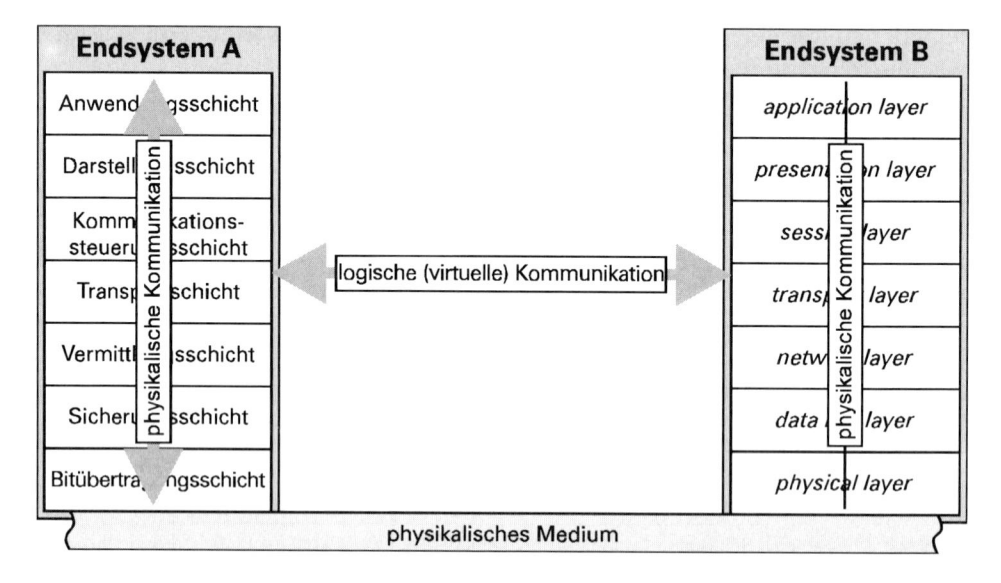

Abb. I.1-2 *Logische (horizontale) und physikalische (vertikale) Kommunikation innerhalb des OSI-Referenzmodells*

Die Normungsarbeit am OSI-Referenzmodell begann 1977 beim ISO-Komitee „Offene Kommunikationssysteme der Informationsverarbeitung". Die Ergebnisse sind in der Norm ISO 7498 von 1984 enthalten, die vom ITU-T übernommen wurde und die Empfehlung X.200 ff. bildet. In den Empfehlungen X.210 ff. bzw. X.220 ff. werden Dienste bzw. Protokolle behandelt (Abb. I.1-3). Anzumerken ist dazu allerdings, daß es sich beim OSI-Referenzmodell genaugenommen nicht um eine Norm handelt, sondern eher um einen Rahmen für die Normung von Kommunikationsprotokollen zwischen offenen Systemen.

Bei dem hier vorgestellten OSI-Referenzmodell handelt es sich um ein Modell für die Datenkommunikation, das bzgl. seiner prinzipiellen Überlegungen jedoch auch für andere Kommunikationsformen angewendet werden kann. Zu seinen wesentlichen Vorzügen gehört, daß es ein vollständiges Modell mit allen

I.1 Einleitung

	Schicht	Norm
X.200	Anwendungsschicht	X.217 – X.219
	Darstellungsschicht	X.216
	Kommunikationssteuerungsschicht	X.215
	Transportschicht	X.214
	Vermittlungsschicht	X.213
	Sicherungsschicht	X.212
	Bitübertragungsschicht	X.211

Beschreibung des Referenzmodells • Beschreibung der einzelnen Schichten

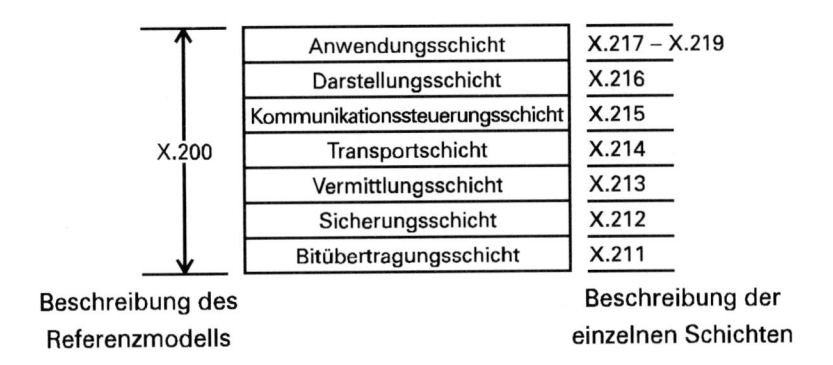

Abb. I.1-3 *Wichtige Normen des OSI-Referenzmodells*

erforderlichen Funktionen ist. Auch bei technischen Neuerungen sind voraussichtlich keine Modelländerungen notwendig. Außerdem existieren keine einschränkenden Regeln oder Vorschriften, so daß dieses Modell von allen Herstellern anwendbar ist. Darüber hinaus wird keine Aussage dazu gemacht, wie die definierten Funktionen realisiert werden (z. B. durch Hardware und/oder durch Software), so daß jeweils optimale Lösungen gesucht und eingesetzt werden können. Das OSI-Referenzmodell stellt die Grundlage zur Entwicklung von widerspruchsfreien Standards dar.

Andere Netzwerkarchitekturen, die wie das OSI-Referenzmodell ein Schichtenmodell verwenden, können die hier dargestellte Aufteilung bzgl. der Anzahl und der Aufgaben der Schichten selbstverständlich in anderer Art vornehmen.[1] Jedoch hat das OSI-Referenzmodell als De-facto-Standard eine weite Verbreitung gefunden, so daß sich die Mehrzahl der modernen Kommunikationssysteme weitgehend in dieses System einordnen lassen. Hierbei ist zu beachten, daß die Systeme nicht exakt nach dem Modell entwickelt werden müssen, sondern daß vielmehr das Modell zur Veranschaulichung der Vorgänge und Zusammenhänge innerhalb des Systems dient.

Beim OSI-Referenzmodell wird zwischen Endsystemen und Transitsystemen (Zwischensystemen, Relaissystemen, ...) unterschieden. Ein System wird als Zusammenstellung technisch-organisatorischer Mittel zur autonomen Erfüllung eines autonomen Aufgabenkomplexes angesehen. Bei einem Endsystem handelt es sich um eine eigenständige Einrichtung, die eine Aufgabe vollständig bewältigen kann. Endsysteme[2] enthalten typischerweise Rechner, Software, Datensichtgeräte, Peripherie und Übertragungseinrichtungen (Schichten 1 bis 7 im OSI-Referenzmodell). Transitsysteme verbinden Endsysteme – sofern diese nicht direkt verbunden sind – und stellen somit eine Vermittlungseinrichtung dar; siehe Abb. I.1-4.

---

1 Ein Beispiel hierfür wird im Abschnitt I.3 bei der Betrachtung der TCP/IP-Protokoll-Familie vorgestellt.
2 Hier werden Systeme der Datenkommunikation betrachtet.

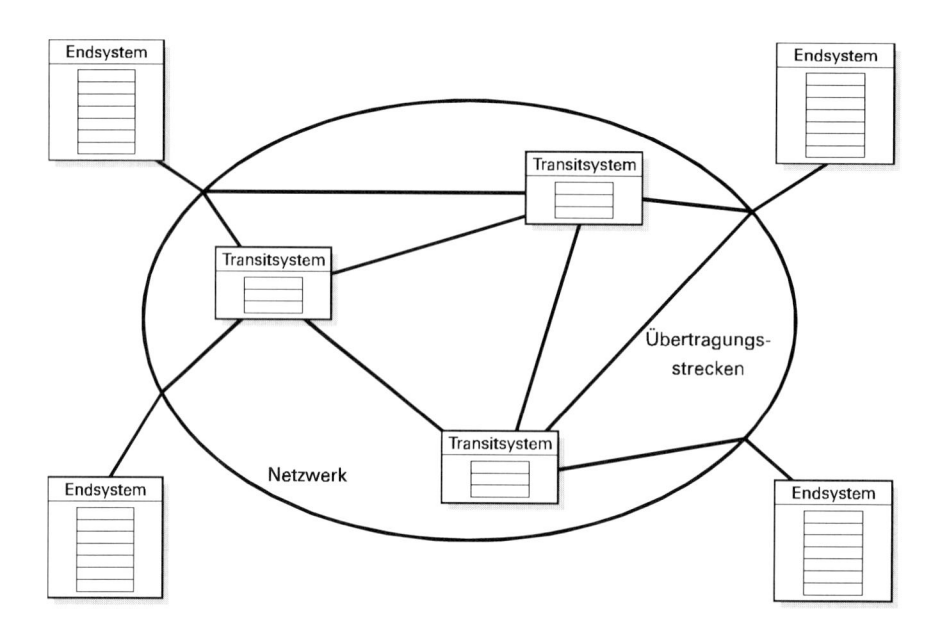

Abb. I.1-4 Endsysteme und Transitsysteme im OSI-Referenzmodell

Die Abb. I.1-5 zeigt die Verbindung zweier Endsysteme durch ein Transitsystem, wobei in diesem Beispiel die Verbindung auf der Vermittlungsschicht hergestellt wird. In Kapitel L.6 werden Elemente von Netzwerken vorgestellt, die die Verbindung auch auf anderen Schichten ermöglichen. Prinzipiell kann ein Transitsystem auf jeder der sieben Schichten des OSI-Referenzmodells arbeiten.

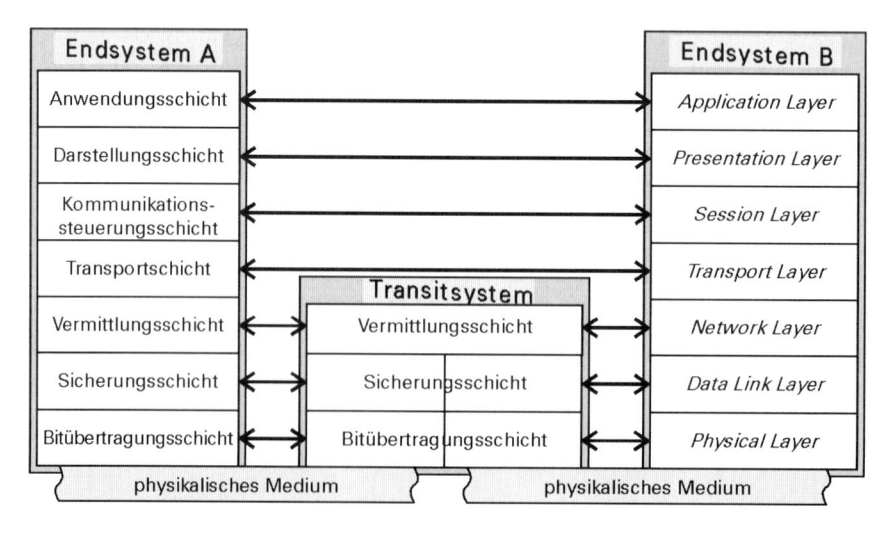

Abb. I.1-5 Die Schichten des OSI-Referenzmodells bei Verbindung zweier Endsysteme durch ein Transitsystem (Beispiel)

I.1 Einleitung

Jede Schicht hat genau definierte Aufgaben, die als sogenannte Dienste oder Funktionen nach oben (d. h. an die nächsthöhere Schicht) weitergereicht werden und die schließlich in der obersten Schicht über den Anwendungsprozeß den Teilnehmern zur Verfügung stehen. Die Dienste im Schichtenmodell (nicht zu verwechseln mit den Diensten in öffentlichen Kommunikationsnetzen) beschreiben die Aufgaben der betreffenden Schicht inklusive der Leistungsmerkmale, die sie der darüberliegenden Schicht liefern muß. Die Leistungsmerkmale werden dabei in logischen Einheiten realisiert, die als (Verarbeitungs-)Instanzen (*Entities*) bezeichnet werden. Dabei existieren sowohl Software-Instanzen (Prozeduren, Prozesse, Module, ...) als auch Hardware-Instanzen (Bus-Controller, I/O-Controller, ...). Protokolle beschreiben die Steuerinformationen in Form eines Austauschs von Meldungs- und Quittungsdaten zwischen Kommunikationseinheiten. Es handelt sich dabei um konkrete Festlegungen, mit denen die Kommunikation sichergestellt werden.

Wie in Abb. I.1-6 dargestellt, benötigt jede Schicht (abgesehen von der untersten Schicht) Dienste von der darunterliegenden Schicht, während andererseits jede Schicht (abgesehen von der höchsten Schicht) der nächsthöheren Schicht Dienste zur Verfügung stellt. Diese Schnittstelle zwischen zwei Schichten wird als Dienstzugriffspunkt (*Service Access Point* – SAP) bezeichnet. Innerhalb einer Schicht ist die Kommunikation zwischen den Instanzen von verschiedenen Systemen durch die Protokolle der betreffenden Schicht geregelt.

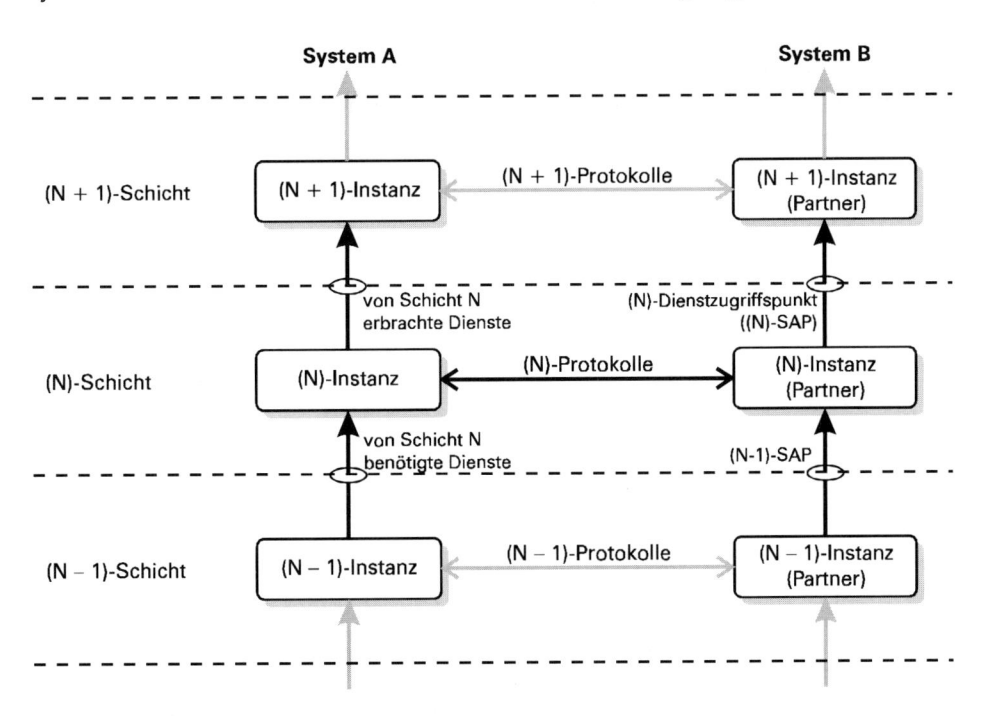

Abb. I.1-6 *Betrachtung einer Schicht des OSI-Referenzmodells*

Eine beliebige Schicht wird als (N)-Schicht bezeichnet, wobei (N) ggf. durch die Schichtenbezeichnung nach Tab. I.1-1 ersetzt wird (also beispielsweise DL-Schicht für die Sicherungsschicht) – entsprechend (N)-Instanzen, (N)-Diensten und (N)-Dienstzugriffspunkten. Die Kooperation zwischen (N)-Instanzen erfolgt entsprechend durch (N)-Protokolle. Miteinander kommunizierende Instanzen innerhalb der gleichen (N)-Schicht werden als gleichgestellte Instanzen (*Peer Entities*) bezeichnet.

Der Informationsfluß innerhalb des Modells kann unterteilt werden in den logischen Informationsfluß zwischen zwei Instanzen der gleichen Schicht in zwei Systemen sowie den tatsächlichen Informationsfluß, der innerhalb eines Systems zwischen zwei (benachbarten) Schichten auftritt (siehe auch Abb. I.1-2). Ein wesentlicher Vorteil des OSI-Referenzmodells ist, daß die Schichten isoliert und unabhängig voneinander betrachtet werden können. Ziel des Modells ist es außerdem, den tatsächlichen Informationsfluß möglichst gering zu halten.

In jeder Schicht wird ein gewisser Anteil von Steuerinformationen im weiteren Sinne den von der darüberliegenden Schicht stammenden „Nutzdaten" hinzugefügt (Abb. I.1-7) – dieser Vorgang wird als *Data Encapsulation* bezeichnet. Anders gesagt: Jede Schicht sieht die ihr von der nächsthöheren Schicht übergebenen Daten als Nutzdaten an. Lediglich in der obersten Schicht handelt es sich tatsächlich um die dem System vom Nutzer übergebenen „echten" Nutzdaten. Sind wie beim OSI-Referenzmodell sieben Schichten vorhanden, so werden entsprechend siebenmal unterschiedliche Steuerdaten an die ursprünglichen Nutzdaten angefügt. Die Differenz zwischen der Datenmenge in den verschiedenen Schichten wird auch als Overhead bezeichnet und belastet entsprechend die Übertragung durch die entsprechend erhöhte erforderliche Übertragungskapazität. In umgekehrter Weise wird beim Empfänger in jeder Schicht der entsprechende Teil des Overheads wieder entfernt, was als *Data Decapsulation* bezeichnet wird.

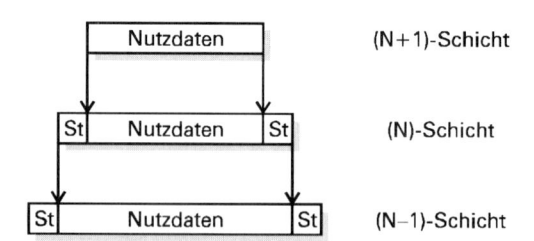

Abb. I.1-7   Allgemeiner Aufbau einer Nachricht im Schichtenmodell (St: Steuerdaten)

Diese Dienste werden von Prozessen innerhalb einer Schicht erbracht, wobei die Prozesse als Instanzen bezeichnet werden. Daten, die zwischen benachbarten Schichten ausgetauscht werden, werden als Dienst-Dateneinheiten (*Service Data Unit* – SDU) bezeichnet.

I.1 Einleitung

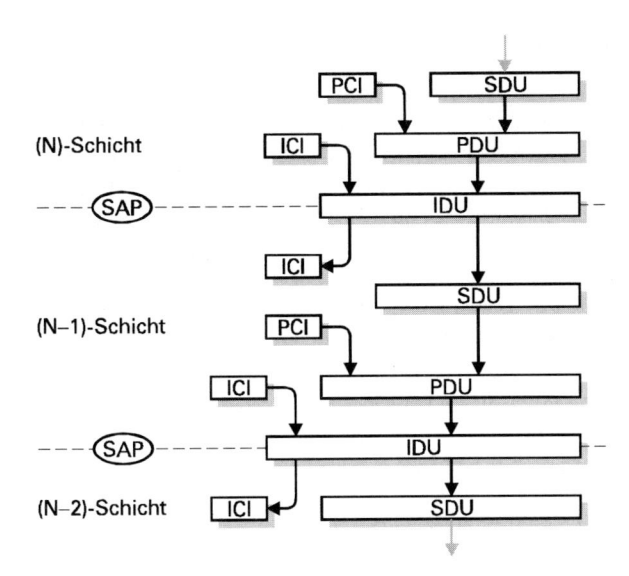

Abb. I.1-8 *Aufbau der Kommunikation zwischen den Schichten*

Wenn ein Diensterbringer Informationen an ein anderes System sendet, so wird diese Information in einer SDU zusammengestellt (Abb. I.1-8). Zusammen mit einer *Protocol Control Information* (PCI), die als ein Header angesehen werden kann, entsteht eine *Protocol Data Unit* (PDU). Diese wird zum Diensterbringer der (N–1)-Schicht übertragen. Zusammen mit einer *Interface Control Information* (ICI), die vor allem das Dienstprimitiv für die (N–1)-Instanz enthält, resultiert eine *Interface Data Unit* (IDU). Über Dienstprimitive erfolgt somit die Kommunikation zwischen den Schichten. (*Primitiv* bedeutet „ursprünglich, elementar" und wird hier im Sinne eines Basiselements bzw. einer unteilbaren Elementarnachricht verwendet.)

In der (N–1)-Schicht wird die IDU empfangen, die ICI abgetrennt und ausgewertet. Entsprechend wird die SDU gemeinsam mit der (N–1)-PCI wieder zu einer (N–1)-PDU zusammengefaßt. Das bedeutet, daß eine (N)-PDU einer (N–1)-SDU entspricht. In jeder Schicht wird eine PCI hinzugefügt, während die ICI jeweils bei einem SAP nur temporär hinzugefügt und anschließend wieder entfernt wird. Dieser Transport-Mechanismus wiederholt sich jeweils zwischen zwei Schichten, wobei im empfangenden System die in Abb. I.1-8 dargestellte Richtung umgekehrt wird.

Der sukzessive Aufbau des Overheads durch die PCI auf der Sendeseite bzw. der Abbau auf der Empfangsseite wird in Abb. I.1-9 verdeutlicht. Die Vermittlung im Transitsystem findet in diesem Beispiel in der Sicherungsschicht statt. Dabei werden nur die Protokollinformationen der Schichten 1 und 2 ausgewertet, während die Informationen der höheren Schichten im Transitsystem keine Berücksichtigung finden. In diesem Zusammenhang stellt sich das Transitsystem als ein transparentes System für die Schichten 3 bis 7 dar.

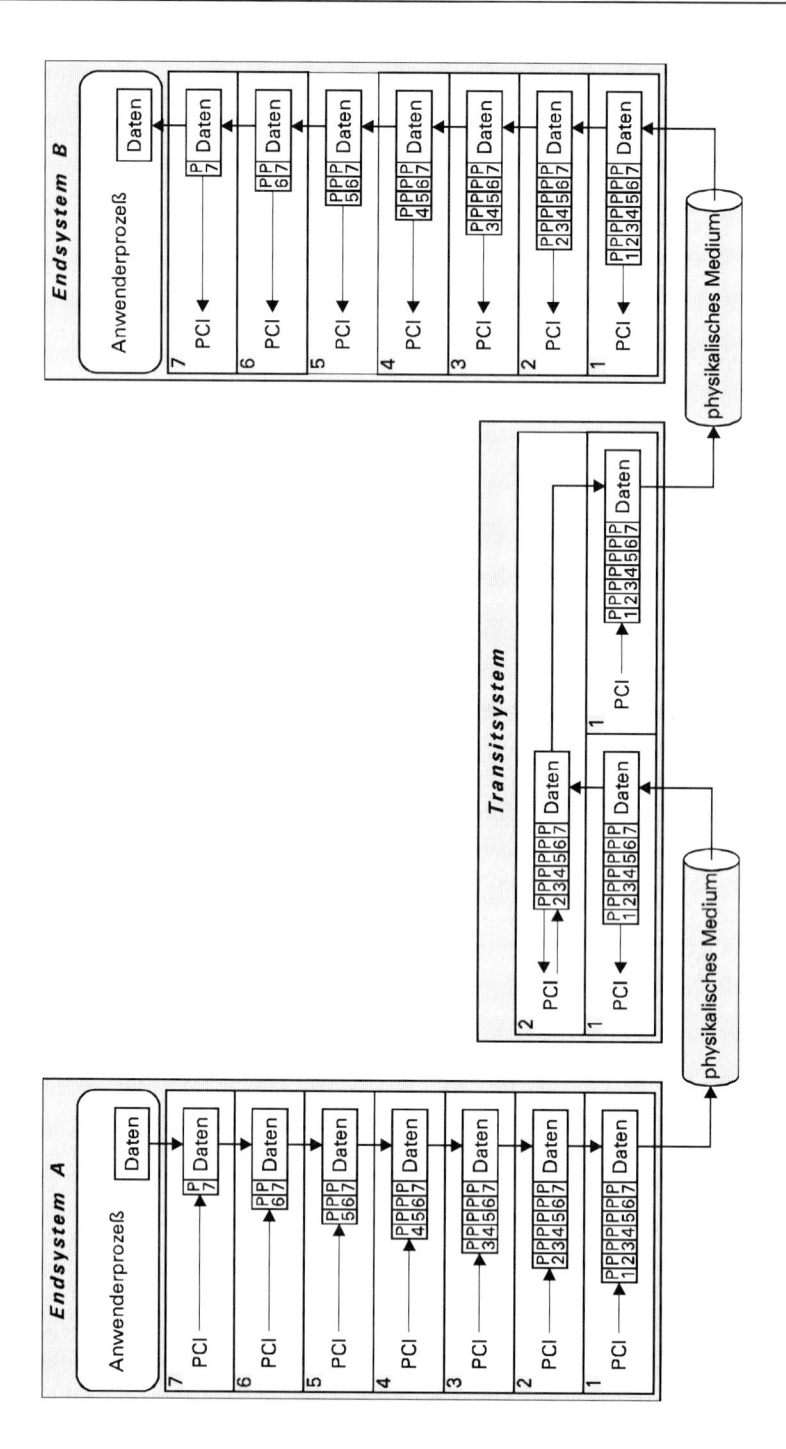

Abb. I.1-9 Prinzip der Übermittlung von Daten vom Endsystem A zum Endsystem B über ein Transitsystem mit Darstellung des Overheads

I.2 Das OSI-Architekturmodell

I.2.1 Das OSI-Dienstmodell

Für jede (N)-Schicht sind (N)-Dienste (*Services*) definiert. Jeder (N)-Dienstbenutzer erhält für die Dauer einer Verbindung Zugriff auf den (N)-Diensterbringer, wobei mehrere (N)-Dienstbenutzer auf einen (N)-Diensterbringer zugreifen können (Abb. I.2-1). Die Dienste können entsprechend ihrer Aufgabe in folgende Gruppen unterteilt werden:

- Dienste für den Verbindungsaufbau (*Connect*),
- Dienste für die Datenübertragung (*Data*),
- Dienste für den Verbindungsabbau (*Disconnect*),
- Dienste für weitere Aufgaben (*Reset*, …).

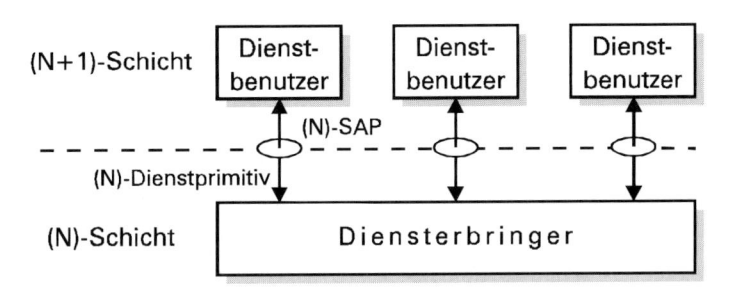

Abb. I.2-1 Zugriff mehrerer Dienstbenutzer auf einen Diensterbringer

Die Kommunikation zwischen Diensterbringer und -benutzer erfolgt über sogenannte Dienstprimitive, die für alle Schichten definiert sind. Diese Dienstprimitive dienen der abstrakten Interaktion zwischen Diensterbringer und -benutzer und stellen logische Verbindungen von Diensten zu höheren oder niedrigeren Schichten dar. Es handelt sich dabei um logische Aktionen, die ohne Eingriffsmöglichkeiten von außen ablaufen. Parameter können, mit festgelegter Anordnung der Werte, übergeben werden. Im folgenden werden die vier allgemeinen Dienstprimitive etwas näher betrachtet.

- `request` (Anforderung)
  Von einem Dienstbenutzer ausgehendes Dienstprimitiv, das einen Diensterbringer auffordert, eine zu definierende Prozedur auszuführen.
- `indication` (Anzeige)
  Von einem Diensterbringer ausgehendes Dienstprimitiv, das eine zu definierende Prozedur anzeigt.

- `response` (Antwort)
  Von einem Dienstbenutzer ausgehendes Dienstprimitiv, das die vorher durch ein `indication` veranlaßte Prozedur beendet.
- `confirm` (Bestätigung)
  Von einem Diensterbringer ausgehendes Dienstprimitiv, das die vorher durch ein `request` veranlaßte Prozedur (an einem definierten SAP) beendet.

Ausgehend von diesen vier Basis-Primitiven existieren in den einzelnen Schichten unterschiedliche Dienstprimitive, auf die in der Beschreibung der jeweiligen Schicht kurz eingegangen wird.

I.2.2 OSI-Managementfunktionen

Unter dem Begriff der Managementfunktionen im OSI-Referenzmodell werden übergeordnete Verwaltungsfunktionen zusammengefaßt, die sich mit speziellen Problemen (Initialisierung, Abbruch, Überwachung, Überprüfung anomaler Bedingungen) befassen. Es werden drei Bereiche der Managementfunktionen unterschieden, die sowohl zentrale als auch dezentrale Aufgaben erfüllen.

- Anwendungsmanagement

  Die Protokolle des Anwendungsmanagements laufen innerhalb der Anwendungsschicht und werden dort von entsprechenden Instanzen gesteuert. Zu den Aufgaben gehören u. a.:
  - Initialisierung, Kontrolle und Steuerung von Anwendungsprozessen,
  - Initialisieren von Parametern,
  - Freigabe und Rücksetzen von Systemressourcen,
  - Erkennen und ggf. Verhindern von Störungen,
  - Kontrolle der Abarbeitung von Anwendungen,
  - allgemeine Sicherheitsaspekte in der OSI-Umgebung,
  - Kontrolle über das geordnete Wiederaufsetzen von Anwendungen (z. B. nach einer Störung).

- Systemmanagement

  Das Systemmanagement ist über alle Schichten des Modells definiert und hat u. a. folgende Funktionen:
  - Aktivierung, Steuerung und Deaktivierung von OSI-Resourcen in verteilten Systemen sowie eine Kontrollfunktion über das physikalische Medium;
  - Initialisierung und Aufruf von Programmfunktionen;
  - Einrichten, Überwachen und Auslösen von Verbindungen zwischen Managementeinheiten;
  - Initialisierung und Änderung von Parametern der offenen Kommunikation.

♦ Schichtenmanagement

Das Schichtmanagement ist eine Untermenge des übergeordneten Systemmanagements und wird durch Protokolle in der Anwendungsschicht geregelt. Es überwacht – durch Schichtprotokolle – die Schichtaktivitäten, wie z. B. Aktivierung und Fehlerkontrolle.

I.2.3 Protokolle

Bei einem Protokoll (im Sinne der Kommunikationstechnik) handelt es sich um ein festgelegtes Verfahren über den Austausch von Nachrichten in Kommunikationssystemen, das aus einer Reihe von Regeln und Formaten (Semantik[3] und Syntax[4]) besteht. Es beinhaltet einerseits die Beschreibung von Schnittstellen, Datenformaten, Zeitabläufen und Fehlerkorrekturen, andererseits die Betriebsvorschriften, nach denen die Datenübertragung – in einem speziellen Abschnitt – erfolgt (z. B. Code, Übertragungsart, Übertragungsrichtung, Übertragungsformat, ...). Im Rahmen eines Schichtenmodells, wie es z. B. das OSI-Referenzmodell darstellt, laufen Schichtenprotokolle immer zwischen zwei gleichen Schichten ab (*Peer-to-Peer*-Protokoll), während untergeordnete Schichten nur dem Transport dienen. Die Abwicklung der Protokolle erfolgt in der Bitübertragungsschicht physikalisch (d. h. über das physikalische Medium) und in den darüberliegenden Schichten logisch.

Die Normung der OSI-Protokolle ist in den Empfehlungen X.220 bis X.290 zu finden, wobei jedoch die Implementierung der Protokolle nicht Bestandteil des OSI-Referenzmodells ist.

Die Verständigung zwischen Protokollen erfolgt – wie im Abschnitt I.1 beschrieben – mittels Protokoll-Steuerinformationen (PCI). Die Daten der PCI werden als Protokoll-Dateneinheit (PDU) entweder direkt oder im Zusammenhang mit Nutzdaten übertragen (in diesem Fall kann eine PDU auch Nutzdaten enthalten).

Die Abb. I.2-2 zeigt die Kommunikation zweier Teilnehmer im OSI-Referenzmodell. Jeder Teilnehmer wird dabei durch die sieben Schichten des OSI-Referenzmodells sowie einen Anwenderprozeß charakterisiert, wobei die Art des Anwenderprozesses bei dieser Betrachtung nicht von Interesse ist. In jeder Schicht besteht zwischen den Instanzen beider Systeme eine logische Verbindung, während die tatsächliche, physikalische Verbindung unterhalb der Schicht 1 über das Telekommunikationsnetz vorliegt (sie wird mitunter auch als Schicht 0 bezeichnet).

---

[3] Semantik (griech. „Bedeutungslehre"): Teilgebiet der Sprachwissenschaft, das die Bedeutung von Wörtern, Sätzen und Texten erforscht.
[4] Syntax (griech.): Teilgebiet der Semantik, Lehre vom Satzbau.

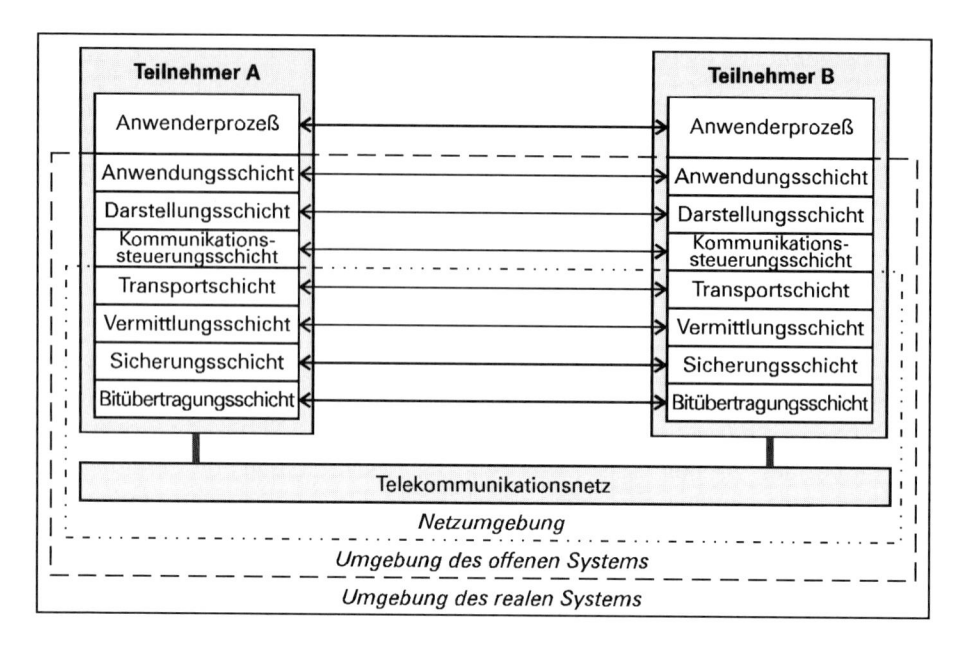

Abb. I.2-2   Anschluß zweier Teilnehmer im OSI-Referenzmodell (nach [Bärwald 96])

Gemeinsam mit den Schichten 1 bis 4 (transportorientierte Schichten) bildet das Telekommunikationsnetz die Netzumgebung. Die Umgebung des offenen Systems, wie es beim OSI-Referenzmodell definiert wird, umfaßt zusätzlich die Schichten 5 bis 7 (anwendungsorientierte Schichten). Die Umgebung des realen Systems schließlich beinhaltet außerdem die bei den Teilnehmern ablaufenden Anwenderprozesse. Die Ausführungen in diesem Abschnitt beschränken sich – sofern nicht ausdrücklich anders erwähnt – auf die Umgebung des offenen Systems, während die Anwenderprozesse selbst keine Beachtung finden.

I.3 Die sieben Schichten des OSI-Referenzmodells

I.3.1 Bitübertragungsschicht (Physical Layer)

I.3.1.1 Einleitung

Die Bitübertragungsschicht (auch physikalische Schicht) ist die unterste und somit hardware-naheste Schicht des OSI-Referenzmodells. Unterhalb dieser Schicht befindet sich das eigentliche physikalische Übertragungsmedium (Funk, Lichtwellenleiter, Koaxialleiter). In der Bitübertragungsschicht wird zwar die

I.3.1 Bitübertragungsschicht (Physical Layer)

Schnittstelle zum Übertragungsmedium beschrieben, jedoch nicht der Kanal an sich.

Die Bitübertragungsschicht weist folgende wesentlichen Merkmale auf:

- Die Daten werden als Bitstrom behandelt, wobei keine Unterscheidung zwischen „Daten" im eigentlichen Sinn und Steuerinformationen (*Control Characters*) gemacht wird.
- Die Normung betrifft den Informationsaustausch sowie die Darstellung durch konkrete Signale und physikalische Größen. Neben elektrischen Größen können auch mechanische bzw. konstruktive Größen genormt werden, wie z. B. Stecker.
- Bei der Bitübertragungsschicht werden nicht komplette Systeme betrachtet, sondern das Verhalten an bestimmten Punkten einer Übertragungsstrecke.
- Signale werden bezeichnet und physikalisch definiert, wobei auch die Bedeutung und die Zusammenarbeit dieser Signale beschrieben wird.
- Wichtige Aspekte dieser Schicht sind das Zeitverhalten (*Timing*) der Signale sowie die zulässigen Toleranzen.

Die Bitübertragungsschicht ermöglicht den Anschluß an vorhandene (bzw. zu schaffende) physikalische Verbindungen (z. B. V.24, X.21, LAN/Ethernet).

Die von der Bitübertragungsschicht der Sicherungsschicht zur Verfügung gestellten Dienste können nach unterschiedlichen Kriterien eingeteilt werden. Die unterstützten Betriebsarten sind Simplex, Halbduplex und Vollduplex, wobei synchrone oder asynchrone Übertragung möglich ist.

I.3.1.2 Die Dienstprimitive der Bitübertragungsschicht

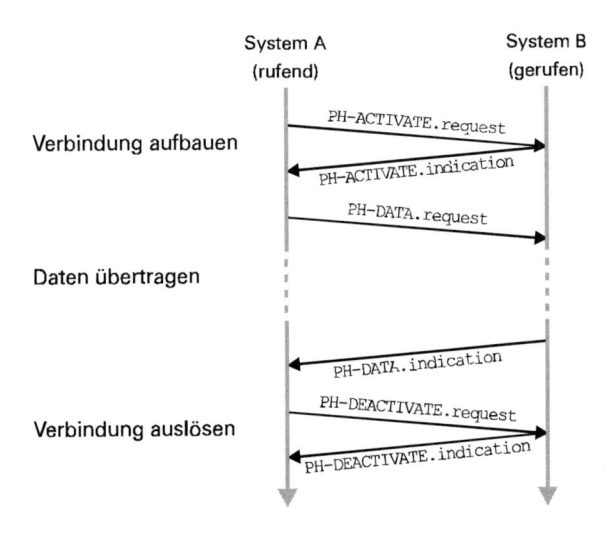

Abb. I.3-1   Auf- und Abbau einer Verbindung in der Bitübertragungsschicht

Die Bitübertragungsschicht verwendet die im folgenden aufgeführten drei Dienstprimitive dieser Schicht, deren Einsatz innerhalb des Protokolls anhand der Abb. I.3-1 verdeutlicht wird.

- Initialisierung der Schnittstelle sowie Festlegung der Datenübertragungsrichtung
  ```
  PH-ACTIVATE.request    .indication
  ```
- Transport von einzelnen Bits bzw. von Bitströmen
  ```
  PH-DATA.request    .indication
  ```
- Abbau der physikalischen Verbindung
  ```
  PH-DEACTIVATE.request    .indication
  ```

I.3.2 Sicherungsschicht (Data Link Layer)

I.3.2.1 Einleitung

Die zentrale Aufgabe der Sicherungsschicht ist die Bereitstellung von gesicherten Übertragungskanälen zur Datenkommunikation. Im Vergleich zur darunterliegenden Bitübertragungsschicht ist die Sicherungsschicht weniger hardware-, sondern mehr software-orientiert. Während die Bitübertragungsschicht die zu übertragenden Daten als Bitstrom auffaßt, wobei speziell die Übertragung eines einzelnen Zeichens betrachtet wird, sieht die Sicherungsschicht die Daten mehr als strukturierte Nachricht. In der Sicherungsschicht wird der Ablauf der Datenübertragung, d. h. ggf. mit mehrfachen Richtungswechsel, betrachtet. Im Fall eines (erkannten) Fehlers wird innerhalb der Schicht versucht, den Fehler zu korrigieren, ohne daß die darüberliegenden Schichten eingreifen müssen. Die Sicherung erfolgt möglichst nahe der, in der Bitübertragungsschicht definierten, Schnittstelle zum – fehlerbehafteten – Übertragungsmedium, damit eventuell vorhandene Fehler vor der Auswertung der Signalisierungsinformationen korrigiert werden können.

Zu den Diensten, die die Sicherungsschicht der darüberliegenden Vermittlungsschicht zur Verfügung stellt, gehört die Kontrolle des Nachrichtenflusses bei Verbindungen zwischen zwei Netzknoten. Im Gegensatz dazu gehört das Herstellen dieser Verbindungen jedoch nicht zu den Diensten dieser Schicht, wovon allerdings die (logische) Aktivierung von Netzknoten (wie sie z. B. im HDLC-Protokoll vorgesehen ist) ausgenommen ist.

Die Fehlererkennung und ggf. Fehlerkorrektur, die in der Sicherungsschicht durchgeführt wird, bezieht sich nur auf „formale" Fehler, kann jedoch keine Fehler bzgl. Inhalt oder Bedeutung der Daten feststellen. Es findet – vereinfacht gesagt – eine Überprüfung statt, ob die vom Sender abgeschickten Daten mit den beim Empfänger erhaltenen Daten übereinstimmen. Voraussetzung hierfür ist, daß die Daten in geeigneter Art und Weise codiert (d. h. mit Redundanz versehen) werden. Das bedeutet, daß mehr Daten übertragen werden müssen, als durch die reinen Nutzdaten erforderlich wäre. Außerdem ist nur eine endliche Bitfehlerwahrscheinlichkeit erreichbar. Das heißt, es wird trotz dieser Fehlerkorrektur immer noch – wenn auch wesentlich weniger – fehlerbehaftete Daten geben. Wenn Fehler festgestellt, aber nicht behoben werden können, wird eine entsprechende Meldung an die darüber liegende Vermittlungsschicht vorgenommen. Bei derartigen, von der Sicherungsschicht nicht zu behebenden Fehlern sind zwei Vorgehensweisen möglich. Einerseits kann die Verbindung unterbrochen werden, wobei die Teilnehmer darüber in Kenntnis zu setzen sind. Andererseits kann nach einem Zurücksetzen der Verbindung auf einen definierten Punkt ein erneuter Versuch der Übertragung stattfinden. Auch hierüber wird der Teilnehmer i. a. unterrichtet. Entsprechendes gilt auch, wenn ein *Time-out* vorliegt, d. h. wenn die Übertragungsdauer ohne für die Sicherungsschicht erkennbaren Grund unzulässig hohe Werte annimmt.

Bei der Formatierung werden den eigentlich zu übertragenden (von der nächsthöheren Schicht stammenden) Daten Steuerzeichen hinzugefügt. Unter Steuerzeichen im weiteren Sinne werden hierbei neben den tatsächlichen Steuerzeichen im engeren Sinne auch Zeichen für die Quittierung und die Fehlererkennung verstanden. Bei einigen Verfahren werden Daten in sogenannte Rahmen (*Frames*) eingeteilt, so daß in diesem Fall die Formatierung entsprechend auch als Rahmenbildung bezeichet wird.

Innerhalb der Sicherungsschicht findet ggf. auch ein Aufteilen einer Verbindung auf mehrere Übertragungswege statt. Dies kann erforderlich sein, wenn die Kapazitäts- und/oder Qualitätsansprüche, die an die Verbindung gestellt werden, von einem einzelnen Übertragungsweg nicht erfüllt werden können.

Bevor ein Verbindungsaufbau in der darüberliegenden Vermittlungsschicht stattfinden kann, muß die Sicherungsschicht konfiguriert werden. Die dafür erforderlichen Aufgaben wie das Festlegen der verwendeten Paketgröße, die Authentifizierung, die Überwachung der Übertragungsqualität usw. werden vom *Link Control Protocol* wahrgenommen.

I.3.2.2 Flußkontrolle und Überlastkontrolle

Für die beiden vom Prinzip her ähnlichen Aufgaben der Flußkontrolle und der Überlastkontrolle stehen ähnliche Verfahren zur Verfügung, weshalb sie an dieser Stelle gemeinsam vorgestellt werden. Teilweise wird die Überlastkontrolle auch als Teilgebiet der Flußkontrolle angesehen. Daher soll zuerst der Unterschied zwischen diesen beiden Aufgaben verdeutlicht werden.

- Flußkontrolle (*End-to-End*-Flußkontrolle)

    Diese „eigentliche" Flußkontrolle wird zwischen den Teilnehmern (d. h. zwischen den Endsystemen) durchgeführt. Die Einspeisung eines Nachrichtenstroms in das Netz erfolgt entsprechend der Aufnahmefähigkeit des Empfängers. Aufgabe der Flußkontrolle ist die Vermeidung des Überlaufens des Empfangspuffers und des damit verbundenen Datenverlustes. Dies wird erreicht durch die Synchronisierung der Datenströme in Sender und Empfänger.

- Überlastkontrolle (*Node-to-Node*-Flußkontrolle)

  In diesem Fall wird die Kontrolle jeweils zwischen Netzknoten umgesetzt und somit vom Vermittlungssystem bzw. vom „Netz" realisiert. Charakteristisch ist hier die Abhängigkeit der Überlastung von der Auslastung der Netzknoten sowie die Übertragungswege.

Die Überlastkontrolle wird in der Sicherungsschicht durchgeführt, während die Protokolle der Vermittlungs- und der Transportschicht in erster Linie für die Flußkontrolle zuständig sind. Gemeinsam ist beiden Aufgaben die Sicherstellung eines einwandfreien Ablaufs der Übertragung, ohne daß im Netz oder beim Empfänger eine Überlastsituation auftritt bzw. eine trotzdem aufgetretene Überlastsituation schnell wieder abgebaut wird. Dies ist insbesondere deshalb von Bedeutung, da bei Überlast der Durchsatz eines Netzes bzw. einer Verbindung drastisch reduziert wird.

Im folgenden werden die wichtigsten der angewandten Verfahren beschrieben.

- XON/XOFF-Verfahren (Abb. I.3-2)

  Dieses einfachste Verfahren wird bei unbestätigter asynchroner Datenübertragung eingesetzt. Hierbei wird der Empfangspuffer kontrolliert und bei der Gefahr des Überlaufs ein XOFF an den Sender geschickt, der daraufhin die Datenübertragung unterbricht. Wenn der Empfangspuffer eine untere Schwelle unterschreitet, wird entsprechend über ein XON der Sender zur Fortsetzung der Datenübertragung veranlaßt. Das bedeutet, daß der Empfänger die Geschwindigkeit des Übertragung bestimmt.

- *Stop-and-wait*-Verfahren (Abb. I.3-2)

  Bei diesem Verfahren wird eine bestätigte Übertragung durchgeführt. Nach jedem Paket erfolgt eine Quittierung (*Acknowledge* – ACK), wodurch nach jeder Übertragung eine Synchronisierung eines Pakets sichergestellt wird. Das folgende Paket wird erst dann abgeschickt, wenn der Empfänger das vorhergehende Paket quittiert hat.

  Dieses Verfahren wird typischerweise bei Übertragungen eingesetzt, bei denen der Empfänger eine Fehlerkontrolle durchführt (z. B. bei lokalen Netzen nach IEEE 802). Kommt eine negative Rückmeldung (*Negative Acknowledge* – NAK) oder keine Rückmeldung (*Time-out*), so wird das letzte Paket wiederholt, andernfalls wird das folgende Paket übertragen. Bei der Übertragung von vielen Paketen innerhalb einer Nachricht (bzw. bei Verwendung zu kleiner Pakete) ist das Verfahren nicht sehr effizient, da der Anteil der Wartezeit zu hoch ist.

I.3.2 Sicherungsschicht (Data Link Layer)

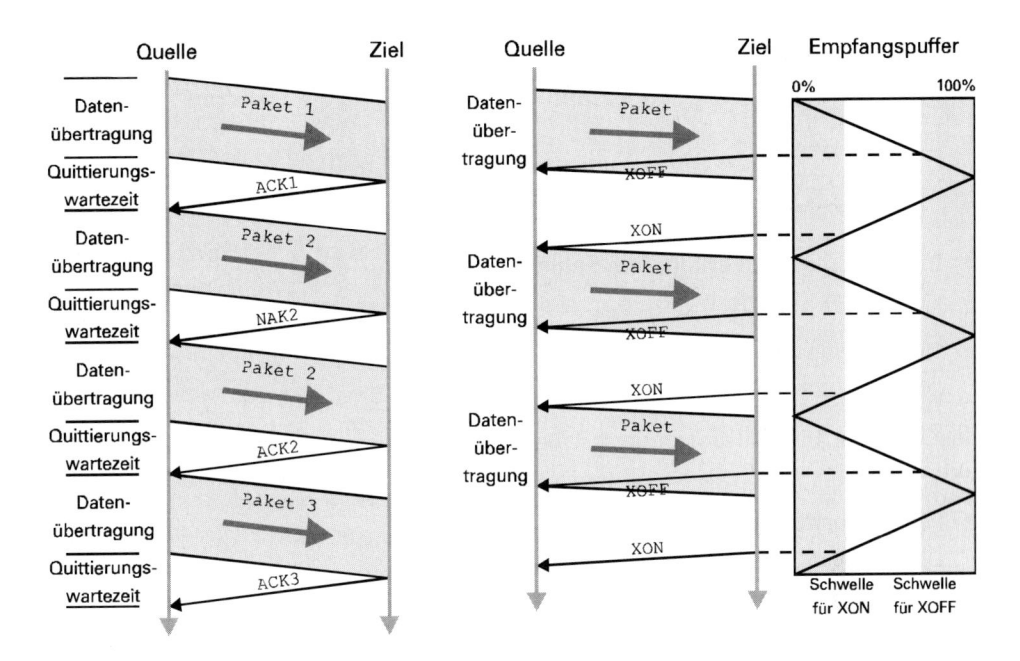

Abb. I.3-2   *XON-/XOFF-Verfahren (links)* und *Stop-and-wait-Verfahren (rechts)*

- Fenster-Verfahren (*Sliding-Window-Verfahren*)

   Mit dem Fenster-Verfahren ist ein höherer Durchsatz erzielbar als mit dem *Stop-and-wait*-Verfahren, allerdings verbunden mit etwas höherem Aufwand. Der Empfang mehrerer Pakete wird in einer Quittierung zusammengefaßt. Der Sender sendet weitere Pakete, auch wenn noch die Quittierung „alter" Pakete aussteht. Allerdings wird eine Beschränkung der Anzahl der noch nicht quittierten Blöcke vereinbart, bei dessen Erreichen der Sender die Datenübertragung unterbricht (*Sliding Window*). Zur Sicherstellung der Reihenfolge erhalten die einzelnen Pakete Folgenummern, die als Bitmuster sowohl in den Datenpaketen selbst als auch in den Quittierungen enthalten sind.

I.3.2.3   Die Dienstprimitive der Sicherungsschicht

Für verbindungslose Übertragungen existieren nur zwei Dienstprimitive:

- Senden eines Rahmens mit Empfangsbestätigung
   ```
   DL_UNIDATA.request     .indication
   ```

Unbestätigte verbindungsorientierte Übertragungen arbeiten mit folgenden Dienstprimitiven:

- Verbindungsaufbau
   ```
   DL_CONNECT.request    .response    .indication    .confirm
   ```

- Datenübertragung

  `DL_DATA.request    .response    .indication    .confirm`

- Flußkontrolle

  `DL_CONNECTION_FLOWCONTROL.request    .response    .indication    .confirm`

- Initialisieren nach erkanntem Fehler

  `DL_RESET.request    .response    .indication    .confirm`

- Verbindungsabbau

  `DL_DISCONNECT.request    .response    .indication    .confirm`

Bestätigte verbindungsorientierte Übertragungen weisen folgende Dienstprimitive auf:

- Datenübertragung

  `DL_DATA_ACK.request    .indication`

- Statusrückmeldung zur Datenübertragung

  `DL_DATA_ACK_STATUS.request    .indication`

- Datenabfrage

  `DL_REPLY.request    .indication`

- Statusrückmeldung zur Datenabfrage

  `DL_REPLY_STATUS.request    .indication`

Die Parameter dieser Dienstprimitive sind die Quell- und die Zieladresse sowie – in Abhängigkeit vom jeweiligen Dienstprimitiv – Daten, Prioritätsangaben, Statusinformationen und Dienstgüteparameter (*Quality of Service* – QoS).

I.3.2.4   Protokolle der Sicherungsschicht

Einleitung

Die bitorientierten Protokolle der Sicherungsschicht (kurz Sicherungsprotokolle) sind die Basis moderner Kommunikationssysteme. Sie stellen Regeln bereit für die Kommunikation selbst sowie deren Absicherung gegenüber Störungen. Die Aufgaben der Sicherungsprotokolle sind:

- Aufbau eines einheitlichen Formats für die Übermittlung (*Framing*);
- transparente Übermittlung von Nachrichten;
- Flußkontrolle zwischen Sender und Empfänger zur Sicherstellung des maximalen Durchsatzes;
- Das Ausbleiben von (numerierten) Rahmen beim Empfänger soll erkannt und durch Rückmeldungen an den Sender behoben werden. Gleiches gilt für den mehrfachen Empfang von Rahmen oder eine vertauschte Reihenfolge.

- Durch die Anwendung von Prüfsummen (CRC) ist eine geringe Bitfehlerrate zu gewährleisten.
- Verschiedenartige Strukturen, Verbindungsarten und Betriebsarten sind zu unterstützen.

Als wichtigstes Beispiel eines Sicherungsprotokolls wird im folgenden das HDLC-Protokoll betrachtet, auf dem u. a. von ISDN und lokalen Netzwerken verwendete Protokolle aufbauen.

Eine sehr ausführliche Beschreibung der im folgenden nur kurz dargestellten Protokolle ist beispielsweise in [Haaß 97] zu finden.

High Level Data Link Control (HDLC)

Beim HDLC-Protokoll handelt es sich um eine codeunabhängige, bitorientierte und synchrone Prozedur. Als Qualitätsparameter kann direkt die Anzahl der durch Fehler notwendigen Wiederholungen verwendet werden. Indirekt wird die Bitfehlerrate bzw. der Anteil der verlorengegangenen Datenpakete genutzt. Eine übliche Zielgröße für die Bitfehlerrate der Sicherungsschicht ist ein Maximalwert von 10^{-7}.

Das HDLC-Protokoll ermöglicht zwei Verbindungskonfigurationen:

- Bei der einseitig gesteuerten Konfiguration (*Unbalanced Configuration*) im *Point-to-Point-* oder im *Point-to-Multipoint*-Betrieb stellt eine Station die Leitsteuerung dar, während die anderen Stationen Folgesteuerungen sind.
- Die beidseitig gesteuerte Konfiguration (*Balanced Configuration*) erlaubt nur den *Point-to-Point*-Betrieb, bei dem zwei gleichberechtigte Hybrid-Stationen (sowohl Leit- als auch Folgesteuerung) vorliegen.

HDLC unterstützt sowohl Halbduplex- als auch Vollduplex-Verkehr, wobei die Pakete in der einen Richtung genutzt werden, um Quittierungsinformationen für die andere Richtung zu übertragen. Bei der Anwendung von HDLC werden drei Betriebsarten unterschieden:

- *Normal Response Mode* (NRM) – Hier liegen einseitig gesteuerte Kanäle vor, bei denen die Folgesteuerung nur nach Aufforderung durch die Leitsteuerung Daten sendet.
- *Asynchronous Response Mode* (ARM) – Im Gegensatz zum NRM kann hier die Folgesteuerung auch ohne Aufforderung durch die Leitsteuerung aktiv werden.
- *Asynchronous Balanced Mode* (ABM) – Dieser Mode wird nur in *Point-to-Point*-Verbindungen zwischen Hybridstationen eingesetzt, wobei beide Stationen die Verbindung überwachen und gleichberechtigt aktiv werden können.

Der Aufbau des HDLC-Rahmens ist in Abb. I.3-3 dargestellt. Die einzelnen Bestandteile und deren Aufgaben werden im folgenden beschrieben.

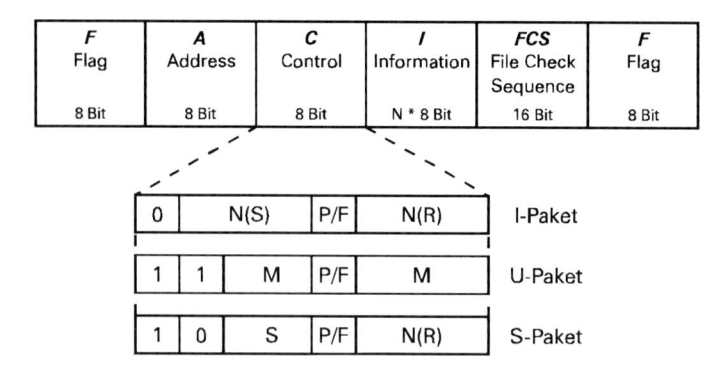

F Flag 8 Bit	A Address 8 Bit	C Control 8 Bit	I Information N * 8 Bit	FCS File Check Sequence 16 Bit	F Flag 8 Bit

0	N(S)	P/F	N(R)	I-Paket
1	1	M	P/F	M	U-Paket
1	0	S	P/F	N(R)	S-Paket

Abb. I.3-3   *Struktur eines HDLC-Rahmens*

F (*Flag*)   Die Flags dienen als Blockbegrenzungen zur Synchronisierung von Sender und Empfänger. Bei unmittelbar aufeinanderfolgenden Blöcken dient das Stop-Flag eines Blocks gleichzeitig als Start-Flag des nächsten. Ein Flag hat prinzipiell den Aufbau „01111110". Um die fälschliche Erkennung eines Datenworts als Flag zu verhindern, wird sendeseitig bei den Daten nach der fünften Eins eine Null eingefügt und entsprechend empfangsseitig wieder entfernt. Hieraus folgt, daß die Übertragung codetransparent ist.

A (*Address*)   Das Adreßfeld enthält 8 Bits bzw. im erweiterten Modus auch Vielfache von 8 Bits. Bei Befehlen ist hier die Empfangsadresse der Leitsteuerung enthalten, bei Meldungen entsprechend die Sendeadresse der Folgesteuerung. Besteht die Adresse nur aus „1..1", so liegt ein Rundspruch an alle Stationen vor.

C (*Control*)   Das Kontroll- oder Steuerfeld enthält einen Befehl oder eine Meldung, ggf. mit einer Folgenummer, die darauf hinweist, daß im folgenden Block weitere Daten oder Befehle/Meldungen zu erwarten sind. Es existieren drei Typen von Paketen: *Information*- oder I-Pakete (*Frames*), *Unnumbered*- oder U-Rahmen (Funktionen beim Verbindungsaufbau und -abbau) sowie *Supervisory*- oder S-Pakete (Fehler- und Flußkontrolle). Im Basisbetrieb besteht das Steuerfeld aus 8 Bits, im erweiterten Betrieb (der hier nicht betrachtet wird) aus 16 Bits. Der Inhalt des Steuerfeldes in Abhängigkeit vom Pakettyp ist in der Abb. I.3-3 dargestellt (Basisbetrieb).

N(S)   Sendefolgenummer
N(R)   Empfangsfolgenummer
S   Spezifikation des Steuerbefehls mit Folgenummer
M   Spezifikation des Steuerbefehls ohne Folgenummer
P (=1)   Poll-Bit – Sendeaufforderung an Folgesteuerung
F (=1)   Final-Bit – Quittierung des Poll-Bits

I.3.2 Sicherungsschicht (Data Link Layer)

Jede Station eines Übertragungsabschnitts sendet und empfängt blockweise im Duplexbetrieb, wobei Blöcke durch Folgenummern unterschieden werden (Parameter N(S) bzw. N(R) im Steuerfeld). Im Basisbetrieb durchlaufen alle verwendeten Folgenummern zyklisch den Bereich von null bis sieben (es sei denn, daß durch Blockfehler Wiederholungen notwendig werden). Für eine detaillierte Beschreibung der Funktionsweise der Folgenummern sei auf die entsprechende Literatur verwiesen, z. B. [Haaß 97].

I (*Information*) Das Informationsfeld existiert nur, wenn das Steuerfeld das I-Format aufweist, ansonsten ist $N = 0$, d. h. es liegt ein leeres Informationsfeld vor. Hinsichtlich des Dateneintrags sind keine Beschränkungen vorhanden (weitgehend transparente Datenübertragung), d. h. daß beispielsweise Codierung und Bitgruppierung freizügig zu handhaben sind. Zu beachten sind dabei jedoch einerseits bestimmte Paketformate und andererseits besondere Vorschriften, wenn ein Block zurückgewiesen werden muß (FRMR – *Frame Reject*).

FCS (*File Check Sequence*)
Das Blockprüffeld enthält eine Prüfbitfolge (mit Bitumkehr), die aus der Belegung von Adreß-, Steuer- und Datenfeld abgeleitet wird. Hierbei wird auf zyklische Codes zurückgegriffen, die ein spezielles Generatorpolynom zu Fehlerüberprüfung verwenden. Sender und Empfänger verwenden den gleichen Algorithmus und erkennen bei einem anschließenden Vergleich evtl. vorliegende Abweichungen. Wird auf diese Art ein Übertragungsfehler erkannt, so kommt es zu einer Wiederholung der Übertragung des Blocks. Hierdurch wird eine Reduzierung der Bitfehlerrate um den Faktor 10^3 erreicht. Die mit diesem Protokoll zu erzielende Rest-Bitfehlerrate liegt bei 10^{-10}.

In Abb. I.3-4 ist an einem Beispiel der prinzipielle Ablauf einer Übertragung mit dem HDLC-Protokoll zu sehen.

Auf HDLC basierende Protokolle

- LAP-B

  Hierbei handelt es sich um ein im *Asynchronous Balanced Mode* arbeitendes HDLC-Protokoll, das u. a. in der Schicht 2 des X.25-Protokolls eingesetzt wird.

- LAP-D (*Link Access Procedure D-Channel*)

  Die Signalisierung im D-Kanal des ISDN erfolgt mit der ISDN-Version des LAP-B-Protokolls.

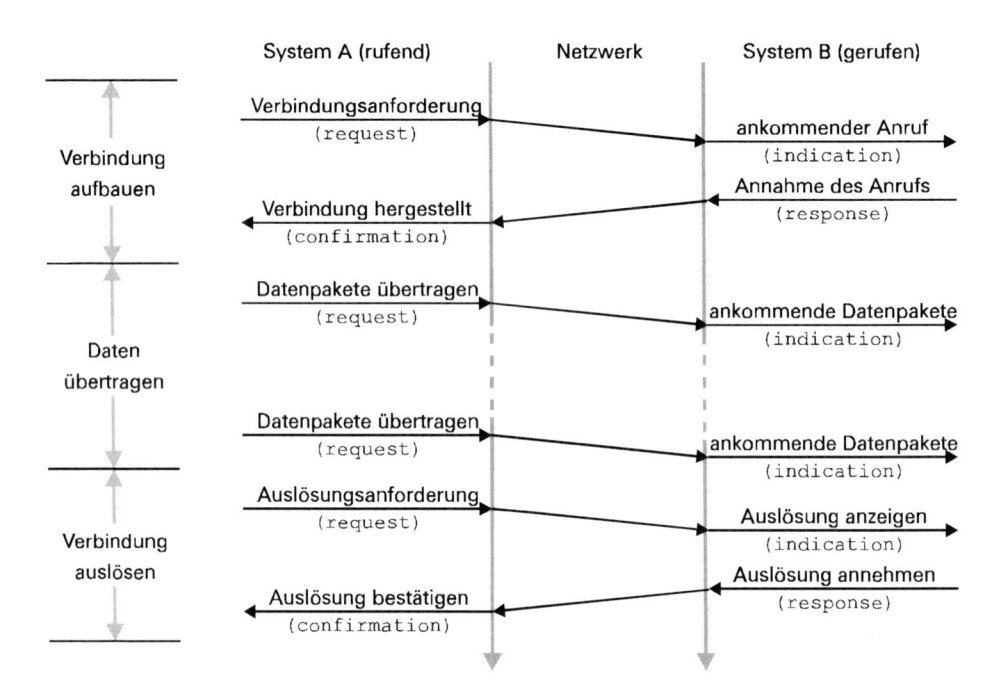

Abb. I.3-4 Schema einer Datenübertragung mit HDLC-Protokoll

- LLC (*Logical Link Control*)

  Das *Control*-Feld des LLC-Protokolls ist identisch mit dem des HDLC-Protokolls. Das LLC-Protokoll wird im Bereich der lokalen Netze verwendet und im Rahmen der Behandlung der LANs in Abschnitt L.3 näher vorgestellt.

Ein sich nur in wenigen Details von HDLC unterscheidendes Protokoll ist das *Synchronous-Data-Link-Control*-Protokoll (SDLC) aus der SNA-Protokollfamilie.

I.3.3   Vermittlungsschicht (Network Layer)

I.3.3.1   Einleitung

Die Vermittlungsschicht wird auch als Paket- oder Netzwerkschicht bezeichnet und ist die unterste Schicht, die eine Verbindung zwischen zwei Endsystemen einrichtet. Die wesentlichen Merkmale dieser Schicht sind folgende:

- Verwendung genormter Schnittstellen.
- Für den Anwender erscheint diese Ebene als „*Black Box*", bei der Ein- bzw. Ausgabe von Paketen nach definierten Regeln erfolgt.
- Das Paketnetz stellt keine Leitung, sondern einen Transportdienst für Daten zur Verfügung. Zwischen zwei Teilnehmern wird keine direkte Leitungsver-

bindung hergestellt, wodurch auch Teilnehmer mit unterschiedlichen Datenraten miteinander kommunizieren können.

- Das Paketnetz enthält Elemente, die Informationen auswerten und speichern können.
- Dem Netz müssen von der Vermittlungsschicht neben den zu übertragenden Daten außerdem Steuerungsdaten für die Übertragung übergeben werden.

I.3.3.2 Aufgaben der Vermittlungsschicht

Wegefindung (Routing)

Zu den Aufgaben der Vermittlungsschicht gehört die Wegefindung (das *Routing*), das heißt die Suche nach dem günstigsten Weg vom Teilnehmer A zum Teilnehmer B, wobei i. a. mehrere Wege möglich sind. Ausgehend von einer Zieladresse muß eine Verbindung über mehrere Teilstrecken und/oder Zwischensysteme zum Ziel aufgebaut werden.

Die Kriterien hierfür sind z. B. der kürzeste Weg, die geringste Verzögerung sowie die gute (i. a. gleichbedeutend mit einer gleichmäßigen) Ausnutzung des Netzwerkes. Außerdem kann ggf. auch der Aufbau einer möglichst kostengünstigen Verbindung gefordert sein. Prinzipiell ist zwischen statischem und dynamischem *Routing* zu unterscheiden. Beim statischen *Routing* werden alle möglichen Wege durch das Netz vor der Übertragung in den Netzknoten explizit festgelegt. Eventuell auftretende Änderungen im Netz erfordern einen hohen Aufwand. Beim dynamischen *Routing* tauschen die einzelnen Knoten Informationen über mögliche Verbindungen aus. Damit Änderungen schnell erkannt werden können, muß der Informationsaustausch regelmäßig mit einem nicht zu großen zeitlichen Abstand erfolgen. Dies erfordert entsprechende Übertragungskapazität und bedeutet eine zusätzliche Belastung des Netzes.

Für die Findung des optimalen Weges wurden mehrere Methoden entwickelt, von denen hier vier vorgestellt werden sollen.

- Paketströmungsmethode (*Packet Flooding*)

  Jeder Knoten, der ein Paket empfängt, sendet dieses Paket an alle Nachbarknoten mit Ausnahme des Ursprungsknotens weiter. Dadurch bleiben einzelne Ausfälle von Übertragungswegen ohne Konsequenzen, solange überhaupt noch ein Weg zwischen Quell- und Zielknoten möglich ist. Diese relativ einfache Methode findet immer den kürzesten Weg, führt allerdings zu einer schlechten Ausnutzung des Netzes. Außerdem muß beim Zielknoten der mehrfache Empfang eines Pakets abgefangen werden.

- Zufallsmethode (*Random Routing*)

  Von jedem Knoten, der das Paket empfängt, wird es an einen zufällig ausgewählten Knoten weitergeschickt, wobei es sich auch um den Knoten handeln kann, von dem das Paket im letzten Schritt gesendet wurde. Die Gewichtung der Wahrscheinlichkeiten für die einzelnen Knoten kann dabei unterschiedlich sein, um beispielsweise besonders günstige oder ungünstige Verbindungen häufiger oder seltener anzusprechen.

Einerseits ist diese Methode effizienter als die Paketströmungsmethode, andererseits wird i. a. nicht der kürzeste Weg für die Übermittung der Pakete gefunden. Außerdem kann durch das statistische Prinzip dieses Verfahrens kein maximaler Wert für die Übertragungsdauer garantiert werden.

- Wegefindung mit Wegetabellen (*Directory Routing*)

  Jeder Knoten verfügt über eine sogenannte Wegetabelle, in der die jeweils günstigsten Verbindungen zu allen anderen Knoten enthalten sind. Problematisch ist dabei der Ausfall einer Verbindung, wenn keine Ersatzverbindungen vorgesehen ist. Daher wird i. a. zumindest eine alternative Wegetabelle in den Knoten abgelegt – wobei vorausgesetzt ist, daß entsprechende alternative Wege vorhanden sind. Dieses Verfahren ist wesentlich effizienter als die beiden bisher vorgestellten Verfahren, erfordert allerdings auch einen höheren Aufwand. Ein wesentlicher Nachteil der statischen Wegefindung mit Wegetabellen ist die Tatsache, daß bei Veränderungen im Netz sämtliche Wegetabellen überarbeitet werden müssen.

- Adaptive Wegefindung mit Wegetabellen (*Adaptive Directory Routing*)

  Durch eine adaptive Anpassung der Wegetabellen an den jeweils aktuellen Stand des Netzwerks wird jederzeit eine Aktualisierung der optimalen Wegefindung gewährleistet. Dieses als „adaptive Wegefindung mit Wegetabellen" bezeichnete Verfahren erfordert einerseits die höchste Intelligenz in den Knoten, erreicht andererseits aber auch die höchste Effizienz. Das hat dazu geführt, daß dieses Verfahren heute die größte Verbreitung im Bereich der Wegefindung erlangt hat.

Flußsteuerung und Flußkontrolle

Eine weitere Aufgabe der Vermittlungsschicht ist die Flußsteuerung, d. h. die Steuerung des Paketflusses durch das Netzwerk. Hierfür gibt es die beiden folgenden Methoden:

- Aufbau einer virtuellen Verbindung (*Virtual Connection* – VC)

  Unter einer virtuellen Verbindung wird eine zwar logisch, jedoch nicht physikalisch vorhandene Verbindung zwischen zwei Teilnehmendeinrichtungen verstanden. Diese Verbindung besteht nur für den Zeitraum zwischen Verbindungsaufbau und Verbindungsabbau, wobei zwischen einer temporären bzw. geschalteten virtuellen Verbindung (*Switched Virtual Connection* – SVC) und einer permanenten virtuellen Verbindung (*Permanent Virtual Connection* – PVC) unterschieden wird.

  Im Laufe einer logischen Verbindung wird eine logisch zusammenhängende Folge von Paketen übertragen. Zu Beginn einer Übertragung wird eine virtuelle Verbindung aufgebaut, der eine „logische Kanalnummer" zugeordnet wird. Der Empfang der Pakete wird auf der Vermittlungsschicht quittiert.

- Datagramm

  Beim Datagramm wird jedes Paket mit einer Zieladresse versehen und vom Netz übertragen. Zwischen verschiedenen Paketen (auch wenn sie logisch zusammenhängen) besteht keine Verbindung. Im Gegensatz zur virtuellen Verbindung findet beim Datagramm auf der Vermittlungsschicht keine Quittierung statt. Geeignet ist das Datagramm vor allem für Anwendungen, bei denen kurze Pakete einmalig übertragen werden, wie z. B. bei der Meßwertübertragung oder bei sogenannten POS-Terminals (*Point of Sales*).

Durch die Kontrolle auf der Vermittlungsschicht sowie die Sicherstellung der gleichen Reihenfolge der Pakete des Senders beim Empfänger bietet die virtuelle Verbindung eine höhere Zuverlässigkeit der Übertragung als das Datagramm.

Die in dieser Schicht verwendeten Verfahren der Flußkontrolle wurden bereits im Abschnitt I.3.2.2 beschrieben. Diese erneute Flußkontrolle ist notwendig, da auch hier wieder eine Paketierung der Daten erfolgt.

Lebensdauerkontrolle

Bei der Lebensdauerkontrolle findet auf der Grundlage der „Lebensdauer" eines Pakets im Netz eine Kontrolle der Funktionen der Vermittlungsschicht statt. Innerhalb des Netzes können Pakete (zwischen-)gespeichert werden. Die Verweilzeit hängt daher nicht nur von der Übertragungszeit ab. Durch komplizierte Mechanismen bei Wegefindung und Zwischenspeicherung können Verweilzeiten auftreten, die eine vom Netz festgelegte Grenze überschreiten. Die Wegefindung soll jedoch sicherstellen, daß jedes Paket innerhalb einer „gewissen" Zeit beim Empfänger ankommt. Die Lebensdauerkontrolle der Pakete kann Abweichungen feststellen und ggf. Verbesserungen des Wegefindungsalgorithmus initiieren. Beim X.25-Protokoll handelt es sich um eine netzinterne Funktion, während beim Internet Protocol IP im Paketkopf eine 8-Bit-Information (*Time to Life*) enthalten ist.

Segmentierung der Nachrichten

Bei vielen Systemen ist die Länge der maximal (auf einmal) zu übertragenden Nachricht begrenzt. Wird diese Grenze überschritten, so muß eine Segmentierung (Unterteilung – *Segmentation*) der Nutzdaten in Informationspakete mit zulässiger Länge erfolgen. Empfangsseitig müssen die einzelnen Pakete wieder zu einer kompletten Nachricht zusammengefügt werden. Hierbei wird von *Reassembling* oder *Desegmentation* gesprochen.

Transport der Nachrichten

Eine wesentliche Aufgabe der Vermittlungsschicht ist der eigentliche Transport der Nachrichten. Die Aufgabe des Paketnetzes ist die Übertragung von Nachrichten vom Sender zum Empfänger. Aus Gründen der Effizienz kann es dabei günstiger sein, einzelne Pakete zu größeren Einheiten zusammenzufassen. Dabei ist es wichtig, einen Kompromiß zwischen einer günstigen Netzausnutzung und geringer Übertragungszeit einzelner Pakete zu finden. Beim Einsatz von *Packet Assembly and Disassembly Facilities* (PAD) können Daten dem Netz asynchron übergeben werden, die dann von PADs zusammengefaßt und übertragen werden. Der Teilnehmer kann jedoch bei Bedarf die sofortige Sendung eines Pakets erzwingen, auch wenn die angestrebte Anzahl von Paketen, die zu einer Gruppe zusammengefaßt werden sollen, noch nicht erreicht ist.

Weitere Aufgaben der Vermittlungsschicht

Zu den weiteren Aufgaben der Vermittlungsschicht, auf die an dieser Stelle nicht näher eingegangen wird, gehören:

- die Vereinbarung von QoS-Merkmalen,
- die Vereinbarung der Gebührenabrechnung,
- die Meldung nicht korrigierbarer Fehler an die höheren Schichten,
- das Rücksetzen einer Verbindung im Fehlerfall,
- das Multiplexen mehrerer Verbindungen,
- die Zuordnung der Daten zu bestimmen Diensten.

I.3.4 Transportschicht (Transport Layer)

I.3.4.1 Einleitung

Die Transportschicht ist – bisher – nicht in der gleichen Weise genormt wie die drei darunterliegenden Schichten. Es handelt sich hier um die erste (unterste) Schicht im OSI-Referenzmodell, bei der eine Verbindung zwischen Teilnehmern und nicht zwischen Netzknoten existiert.

Die Aufgabe der Transportschicht kann allgemein mit dem Aufbau, der Verwaltung und dem Abbau logischer Verbindungen[5] beschrieben werden. Sie ähnelt einer Ende-zu-Ende-Kontrollverbindung, die den Dialog zwischen zwei Endteilnehmern steuert. Im folgenden werden einzelne Aspekte dieser Aufgaben näher beleuchtet.

Beim Sendevorgang muß die Transportschicht Daten von der nächsthöheren Schicht empfangen und an die Vermittlungsschicht in Paketform weiterleiten. Dazu müssen die Daten in entsprechende Pakete segmentiert werden, was als

---

5 Zwischen kooperierenden Programmen bei verschiedenen Teilnehmern entstehen logische (virtuelle) Verbindungen, die für den Anwender wie eine tatsächliche (physikalische) Verbindung wirken, obwohl keine derartige direkte Verbindung vorliegt. Dieser Aspekt wurde bereits mehrfach betont.

I.3.4 Transportschicht (Transport Layer)

Nachrichtensegmentierung (*Message Segmentation*) bezeichnet wird. Zur besseren Ausnutzung der Übertragungswege kann es sinnvoll sein, den Datenverkehr von mehreren Teilnehmern in sogenannten Konzentratoren oder Multiplexern zusammenzufassen. Die Verwaltung dieser Vorgänge erfolgt in der Transportschicht. Bei der Adreßbildung werden u. a. die Paketadresse ermittelt sowie die logischen Kanalnummern festgelegt. Die Transportschicht führt eine Fehlererkennung bzgl. Fehlern durch, die bei der Datenkommunikation zwischen Datenendeinrichtungen auftreten.

Eine der wichtigsten Aufgaben der Transportschicht ist die Ablaufsteuerung, d. h. die Sicherstellung der richtigen Reihenfolge der für die Datenübertragung notwendigen Schritte. Diese Ablaufsteuerung, die aus den drei im folgenden beschriebenen Phasen besteht, muß von beiden Datenendeinrichtungen durchgeführt werden, wobei sie von den Diensten der Transportschicht unterstützt wird.

- Verbindungsanforderung

  Hier erfolgen die Aktivierung der Datenendeinrichtung, die angesprochen werden soll (Empfänger), sowie die Aktivierung der für die Übertragung benötigten Netzwerkknoten.

- Verbindungsannahme

  Von den bei der Verbindungsanforderung angesprochenen Netzwerkkomponenten sowie dem Empfänger muß quittiert werden, daß alle Bedingungen für den Aufbau einer Verbindung erfüllt sind. Von der Vermittlungsschicht wird geprüft, ob ausreichend Pufferspeicher zur Verfügung steht.

- Datenübertragung

  Nach erfolgter Verbindungsannahme wird die eigentliche Datenübertragung durchgeführt.

- Verbindungsauslösung

  Je nach Kommunikationsart wird entweder von beiden beteiligten Datenendeinrichtungen oder aber vom Netzwerk bzw. einer Zentrale die Verbindung ausgelöst.

Für jede Kommunikationsrichtung existiert eine Warteschlange nach dem Prinzip des FIFO (*First In First Out*). Es besteht jedoch die Möglichkeit, sogenannte Vorrangdaten mit höherer Priorität zu versehen, die dann andere Daten „überholen" können. Befinden sich die Daten im Transportsystem, so sind sie der Kontrolle der Teilnehmer entzogen. Das bedeutet beispielsweise auch, daß dem sendenden Teilnehmer nicht bekannt ist, wann die Daten beim Empfänger eintreffen. Die in Abb. I.3-5 dargestellten Dienstprimitive der Transportschicht werden im Abschnitt I.3.4.3 beschrieben.

Bei einer weiteren Aufgabe der Transportschicht handelt es sich um die Flußkontrolle von Datenendeinrichtung (DEE) zu Datenendeinrichtung. Diese Überwachung der Datenübertragung von DEE zu DEE erfolgt (laut Normungsvorschlag der ISO) mit den Kriterien Auf- und Abbauzeit für eine Verbindung, Dauer der Zeichenlaufzeit sowie verbleibende Fehlerwahrscheinlichkeit. Die aus diesen Kriterien resultierende Dienstgüte wird aus den Schichten 1 bis 4 abgeleitet. Das Paketnetz bietet nur eine Kontrolle von Knoten zu Knoten, während beim Leitungsnetz (Fernsprechnetz, Datex-L) nur dann eine Flußkontrolle vorliegt, wenn keine Multiplexer in der Verbindung vorhanden sind.

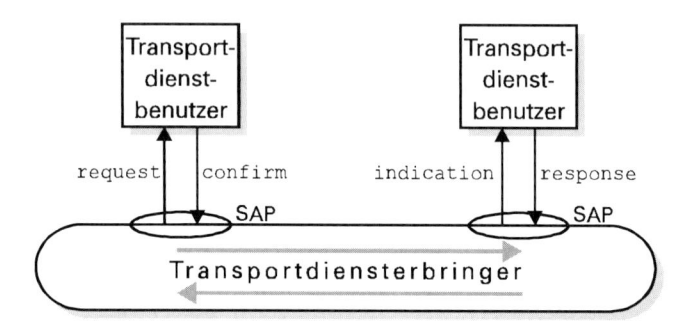

Abb. I.3-5   Kommunikation zweier Teilnehmer (Transportdienstbenutzer) über einen Transportdiensterbringer

Für die Beschreibung der sogenannten Dienstgüte (*Quality of Service* – QoS) werden mehrere Merkmale verwendet. wobei nicht nur die Transportschicht für die Sicherstellung der Dienstgüte verantwortlich ist. Die wichtigsten Merkmale sind in der folgenden Aufzählung zusammengefaßt:

- Dauer von Verbindungsaufbau und -abbau,
- Anteil der gescheiterten Verbindungsaufbauwünsche,
- Datendurchsatz,
- Dauer der Datenübertragung,
- Anteil der fehlerhaft übertragenen oder verlorengegangenen Datenpakete,
- Dienstverfügbarkeit,
- Mechanismen für die Datensicherheit.

I.3.4.2   Fehlerbehandlung durch die Transportschicht

Auftretende Fehler können in zwei Gruppen unterteilt werden. Signalisierte Fehler können von der Schichten 1 bis 3 nicht korrigiert werden und erfordern einen Eingriff der Transportschicht. Nicht signalisierte Fehler werden von den Schichten 1 bis 3 korrigiert, so daß die Transportschicht davon nicht direkt betroffen ist. Trotzdem haben auch diese Fehler einen Einfluß auf die Übertragung, insbesondere durch die zeitliche Verzögerung bei einer erneuten Übertragung (*Automatic Repeat Request* – ARQ).

I.3.4 Transportschicht (Transport Layer)

Die Inanspruchnahme der Fehlerkorrektur innerhalb der Transportschicht ist abhängig von der Güte des Netzes – d. h. der Übertragungsstrecke einschließlich der fehlerkorrigierenden Maßnahmen der Schichten 1 bis 3. Bezüglich der Fehlerraten (Anteil fehlerhafter Daten bezogen auf die insgesamt übertragenen Daten) können drei Klassen von Vermittlungsdiensten unterschieden werden:

Klasse A   Das Netz weist sowohl eine akzeptable Restfehlerrate von nicht signalisierten Fehlern als auch eine akzeptable Rate von signalisierten Fehlern auf. (Die Definition von „akzeptabel" hängt u. a. von den verwendeten Protokollen und Diensten ab.). Hierbei handelt es sich um qualitativ hochwertige Netze mit ausgeprägten Fehlerkorrekturmechanismen in den Schichten 1 bis 3.

Klasse B   Das Netz bietet eine akzeptable Restfehlerrate von nicht signalisierten Fehlern, jedoch eine nicht akzeptable Rate von signalisierten Fehlern.

Klasse C   Das Netz bietet weder eine akzeptable Restfehlerrate von nicht signalisierten Fehlern noch eine akzeptable Rate von signalisierten Fehlern.

Für die Fehlerbehandlung sind – in Abhängigkeit von diesen drei Klassen von Vermittlungsdiensten – wiederum fünf Klassen definiert:

Klasse 0   Die Transportverbindung wird auf der Vermittlungsschicht aufgebaut, wobei keine „zusätzliche" Fehlerbehandlung stattfindet, so daß die Güte der Übertragung von der Vermittlungsschicht vorgegeben wird. (Klasse A der Vermittlungsdienste)

Klasse 1   Auftretende Fehler der Vermittlungsschicht werden behandelt, aber der nächsthöheren Schicht nicht mitgeteilt. (Klasse B der Vermittlungsdienste)

Klasse 2   Mehrere Transportverbindungen werden über eine Verbindung der Vermittlungsschicht geführt. Bei geringeren Güteanforderungen werden dabei mehrere Transportverbindungen in einer Netzverbindung zusammengefaßt (Nachrichtenmultiplex), bei höheren Güteanforderungen werden einer Transportverbindung mehrere Netzverbindungen zur Verfügung gestellt (Verbindungsmultiplex); siehe hierzu Abb. I.3-6 auf der nächsten Seite. (Klasse A der Vermittlungsdienste)

Klasse 3   Hier werden die Eigenschaften der Klassen 1 und 2 zusammengefaßt, d. h. es liegt eine Multiplexverbindung mit einfacher Fehlerbehandlung vor. (Klasse B der Vermittlungsdienste)

Klasse 4   Die Klasse 4 entspricht der Klasse 3, weist jedoch zusätzliche Fehlerprüf- und Fehlerkorrektur-Möglichkeiten auf. (Klasse C der Vermittlungsdienste)

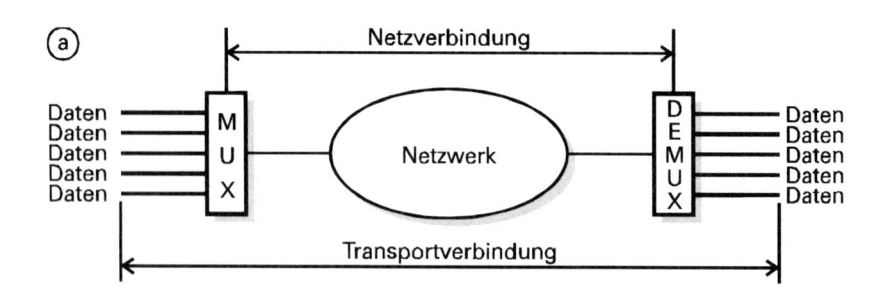

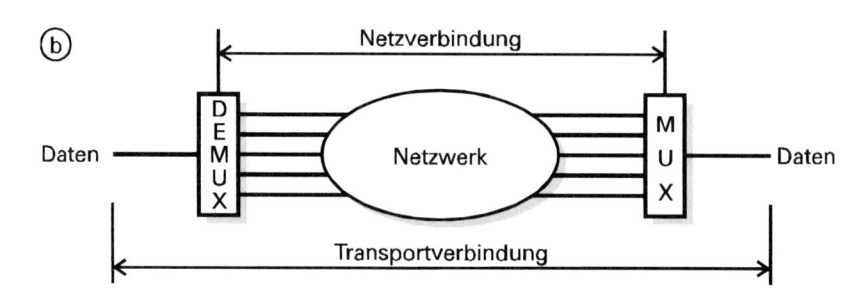

Abb. I.3-6 Nachrichtenmultiplex (a) und Verbindungsmultiplex (b)

I.3.4.3 Die Dienstprimitive der Transportschicht

Für verbindungslose Übertragungen existieren nur zwei Dienstprimitive:

- Senden eines Rahmens mit Empfangsbestätigung
  ```
  T_UNIDATA.request    .indication
  ```

Unbestätigte verbindungsorientierte Übertragungen arbeiten mit den Dienstprimitiven:

- Verbindungsaufbau
  ```
  T_CONNECT.request    .response    .indication    .confirm
  ```
- normale Datenübertragung
  ```
  T_DATA.request    .indication
  ```
- vorrangige Datenübertragung
  ```
  T_EXPEDITED_DATA.request    .indication
  ```
- Verbindungsabbau
  ```
  T_DISCONNECT.request    .indication
  ```

Die Parameter dieser Dienstprimitive sind die Quell- und die Zieladresse sowie – in Abhängigkeit vom jeweiligen Dienstprimitiv – Daten, Prioritätsangaben, Statusinformationen und Dienstgüteparameter (QoS).

I.3.4.4 Protokolle der Transportschicht

Die Aufgaben der Protokolle der Transportschicht können den drei Phasen Verbindungsaufbau, Datenübertragung und Verbindungsabbau zugeordnet werden.

- Verbindungsaufbau
  - Auswahl der Vermittlungsdienste;
  - Festlegung der Anzahl der Teilnehmerverbindungen;
  - Festlegung der maximalen Größe eines Datenpakets;
  - Zuordnung der Teilnehmeradressen zu den Endsystemadressen (ein Beispiel hierfür sind das ARP bzw. das RARP aus der in Kapitel J.3 beschriebenen TCP/IP-Protokoll-Familie);
  - Verwaltung.
- Datenübertragung
  - Bereithalten eines Übertragungsweges;
  - Numerierung der Datenblöcke;
  - Multiplexen bzw. Demultiplexen;
  - Fehlerbehandlung (auf der Basis von Prüfsummen);
  - Wiederholtes Senden bei *Time-out*;
  - Identifizierung von Teilnehmerverbindungen.
- Verbindungsabbau
  - Auslösen durch Teilnehmer;
  - Auslösen durch Transportschicht (z. B. bei nicht korrigierbarem Fehler).

Ein bekanntes Beispiel für das Protokoll der Transportschicht ist das im Abschn. J.3.2 ausführlich vorgestellte *Transport Control Protocol* aus der TCP/IP-Protokollfamilie.

I.3.5 Kommunikationssteuerungsschicht (Session Layer)

I.3.5.1 Einleitung

Die Kommunikationssteuerungsschicht unterstützt die verschiedenen Anwendungsdialoge der Nutzer. Dazu müssen die einzelnen Dialog-Einheiten synchronisiert, organisatorische Aufgaben zur Steuerung der Dialoge übernommen sowie der Auf- und Abbau von Verbindungen geregelt werden.

Zu den Aufgaben dieser Schicht gehört das Multiplexen, d. h. die Organisation von mehreren Aufträgen innerhalb eines Systems, die zeitlich versetzt bearbeitet werden müssen. Bei der Ein- und Ausgabe von Daten – hierzu ist auch die Datenübertragung zu zählen – müssen diese in Pufferspeichern (kurz: Puffern oder *Buffers*) zwischengespeichert werden. Hierzu sind entweder spezielle Speicher in den Schnittstellen oder reservierte Bereiche im Hauptspeicher vorgesehen. Die Zuweisung und die Größe der Puffer ist innerhalb gewisser Grenzen vom Nutzer wählbar, muß aber vom System kontrolliert werden. Dies gilt insbesondere, wenn mehrere Nutzer mit einem System arbeiten. Bei zu starker Beanspruchung kann auch die Auslagerung auf einen Hintergrundspeicher (z. B. Festplatte) durchgeführt werden (*Swapping*). Diese Aufgaben werden unter dem Begriff der Pufferspeicher-Verwaltung (*Buffer Management*) zusammengefaßt.

Bei der Abarbeitung von mehreren gleichzeitig anstehenden Aufträgen regelt das System die Verteilung von Ressourcen und damit letztlich auch die Bearbeitungsdauer nach Prioritäten. Hierzu wird die Zeit in einzelne Zeitscheiben unterteilt. Zu Beginn jeder Zeitscheibe wird vom System untersucht, welcher Auftrag die höchste Priorität aufweist. Dieser wird dann während der laufenden Zeitscheibe bearbeitet. Die Zuteilung der Prioritäten kann dabei statisch oder dynamisch erfolgen, wie an einem kleinen Beispiel verdeutlicht werden kann. Hierbei wird willkürlich angenommen, daß ein hoher Wert auch für eine hohe Priorität steht. In diesem Beispiel wird auch klar, daß statische Prioritäten einen wesentlichen Nachteil aufweisen: Es kann vorkommen, daß bei einem stark belasteten System Aufträge mit niedriger Priorität sehr lange auf ihre Bearbeitung warten müssen oder im Extremfall gar nicht bearbeitet werden.

Zwei weitere Aufgaben der Kommunikationssteuerungsschicht umfassen den Austausch von Kennungen (*Identifications*) zwischen rufender und gerufener Station, wie sie bei einigen Kommunikationsformen erforderlich sind, sowie der Austausch von Parametern für die Flußsteuerung. So können beim Paketverkehr Parameter für die bevorzugte Behandlung eines Pakets übergeben werden.

Bei großen zu übertragenden Datenmengen muß die Kommunikationssteuerungsschicht nach einer Störung der Übertragung sicherstellen, daß an einem definierten Aufsetzpunkt neu begonnen werden kann. Dieses Setzen eines Aufsetzpunkts wird als Synchronisation bezeichnet und entsprechend das Wiederaufsetzen einer Verbindung als Resynchronisation.

I.3.5.2 Die Dienstprimitive der Kommunikationssteuerungsschicht

Die Dienste der Kommunikationssteuerungsschicht basieren bei der verbindungslosen Übermittlung auf zwei Dienstprimitiven:

- Senden eines Rahmens mit Empfangsbestätigung
    ```
    S_UNITDATA.request   .indication
    ```

Die Parameter dieser Dienstprimitive sind die Quell- und die Zieladresse des Dienstzugangspunkts (*Source Service Access Point* – SSAP, die Dienstgüte (QoS) sowie die zu übermittelnden Daten.

Die recht umfangreiche Sammlung von Dienstprimitiven für die verbindungsorientierte Übermittlung wird hier nicht wiedergegeben, ist aber z. B. in [Haaß 97] zu finden. Es handelt sich hierbei wieder um Dienstprimitive für Verbindungsaufbau, Verbindungsabbau, Synchronisation, Datenübertragung usw.

Eine ausführliche Beschreibung der Dienstprimitive ist in der ISO-Norm 8326 nachzulesen.

I.3.6 Darstellungsschicht (Presentation Layer)

I.3.6.1 Einleitung

Wie bei der darüberliegenden Anwendungsschicht steht auch bei der Darstellungsschicht die Anwendung im Mittelpunkt. Eine entscheidende Voraussetzung für das Zustandekommen einer offenen Kommunikation ist eine einheitliche, von allen zu interpretierende Sprachgrundlage. Die Aufgabe der Darstellungsschicht ist im wesentlichen die Festlegung, in welcher gemeinsamen Sprache die Informationen übertragen werden sollen. Als häufig hierbei auftretende Probleme sind vor allem zu nennen:

- Rechner verwenden teilweise unterschiedliche Codes bzw. Darstellungen („Sprachsyntax") wie z. B. ASCII oder EBCDIC.
- Für die Speicherung von Daten können unterschiedliche Feldlängen verwendet werden (1 Byte, 2 Bytes, …).
- Auch die Interpretation der Daten kann unterschiedlich ausfallen: Einerkomplement, Zehnerkomplement, Vorzeichenbit, …

Die Darstellungsschicht muß dementsprechend sicherstellen, daß

- Daten für den Anwendungsprozeß so umgeformt werden, daß sie entsprechend ausgewertet und interpretiert werden können (Datenrepräsentation),

und daß

- die in der jeweiligen lokalen Umgebung benutzte Sprachsyntax in eine gemeinsame Syntax transformiert wird, die von der Anwendungsschicht einheitlich interpretiert und verarbeitet werden kann.

Um die Kooperation zwischen unterschiedlichen Systemen zu ermöglichen, wurde in der „*Abstract Syntax Notation No. 1* – ASN.1" (nach ISO 8824) eine einheitliche Syntax für die Datenrepräsentation festgelegt.[6] Die Abb. I.3-7 zeigt die Verwendung der konkreten bzw. der abstrakten Syntax in der Darstellungs- bzw. der Anwendungsschicht. Dabei findet in der Darstellungsschicht eine Transformation zwischen der lokalen Syntax der Anwendungsschicht sowie der einheitlichen ASN.1 in der Darstellungsschicht statt.

---

6 Eine ausführliche Beschreibung der ASN.1 ist z. B. in [Stiegler 99] zu finden.

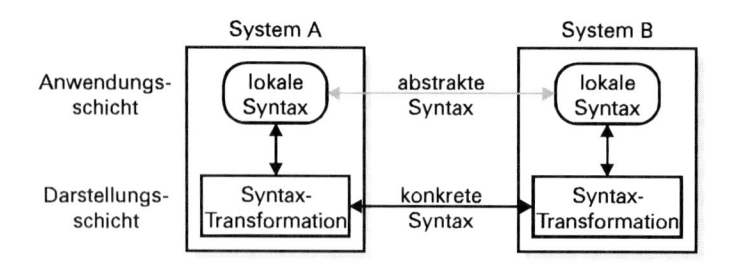

Abb. I.3-7 *Abstrakte und konkrete Syntax*

Zu den wesentlichen Aufgaben gehören dabei die Interpretation der Daten im System, die Umwandlung in eine vereinbarte Darstellungsart, die Umsetzung in Formate des Zielsystems sowie die Abbildung der Daten, wobei jedoch deren Inhalt nicht verändert werden darf.

I.3.6.2 Datenkomprimierung

Die Übermittlung großer Datenmengen macht den Einsatz von Datenkomprimierungsverfahren sinnvoll, da hierdurch i. a. sowohl eine Zeit- als auch eine Kostenersparnis erzielt werden kann. Ein einfaches Verfahren zur Komprimierung von statistischen Daten ist beispielsweise der Huffman-Code, der – bei gegebenen Randbedingungen – eine optimale Reduzierung der Redundanz erlaubt und somit eine optimal kurze Codierung einer Nachricht mit einer bestimmten Entropie gestattet.

Bei der Übertragung von Standbildern bzw. von bewegten Bildern sind andere, aufwendigere Verfahren erforderlich. Dies gilt insbesondere deshalb, weil aufgrund der immensen Datenmengen eine Übermittlung von (bewegten) Bildern andernfalls wirtschaftlich nicht realisierbar wäre. Die entsprechenden, am verbreitetsten Standards sind JPEG (*Joint Photographic Experts Group* von ISO und ITU) sowie MPEG (*Moving Picture Experts Group*).

I.3.6.3 Datenverschlüsselung

Die Verschlüsselung von Daten gewinnt mit dem steigenden Anteil der Übermittlung von schützenswerten Daten immer mehr an Bedeutung. Das Gebiet der Sicherheit in der Informationstechnik (IT-Sicherheit) stellt den Oberbegriff der Datenverarbeitung dar, wobei die IT-Sicherheit vier Aspekte enthält:

- Verfügbarkeit – stellt die erforderliche Nutzbarkeit von Informationen sowie IT-Systemen und -Komponenten sicher.
- Vertraulichkeit – schließt unbefugte Informationsgewinnung bzw. -beschaffung aus.
- Integrität – schließt die unbefugte und unzulässige Veränderung von Informationen und IT-Systemen aus.

I.3.6 Darstellungsschicht (Presentation Layer)

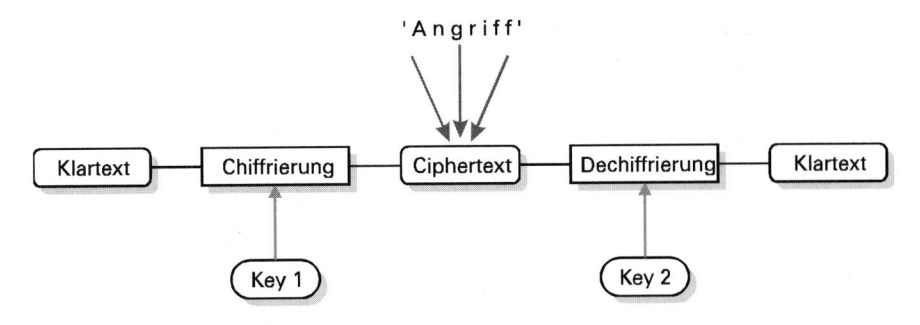

```
                              'Angriff'
                                 ↓↓↓
  Klartext ── Chiffrierung ── Ciphertext ── Dechiffrierung ── Klartext
                   ↑                              ↑
                 Key 1                          Key 2
```

Abb. I.3-8 Einsatz von Datenverschlüsselung bei der Übermittlung

- Verbindlichkeit – Zustand, in dem geforderte oder zugesicherte Eigenschaften oder Merkmale von übermittelten Informationen oder Übermittlungsstrecken sowohl für den Nutzer feststellbar als auch Dritten gegenüber beweisbar sind.

Da i. a. nicht die Möglichkeit besteht, gegen die „Ursachen" der Gefährdung der IT-Sicherheit etwas zu unternehmen, müssen das System und die auf ihm vorhandenen Informationen gegen Bedrohungen von außen und innen(!) gesichert werden. Einen wesentlichen Beitrag hierzu leistet die Verschlüsselung von Daten, die auch als Kryptographie[7] bezeichnet wird. Die Vertraulichkeit sowie die Verbindlichkeit von Informationen kann – wenn ein entsprechender Aufwand getrieben wird – mit einem hohen Sicherheitsgrad garantiert werden.

Prinzipiell wird die zu übertragende Information (aus historischen Gründen als „Klartext" bezeichnet) im Chiffrierer gemäß einer definierten Vorschrift mit einem Schlüssel (*Key*) verknüpft, so daß der zu übermittelnde Cipher-Text entsteht (Abb. I.3-8). Dieser ist bei der ungeschützten Übermittlung dem „Angriff" eines nicht autorisierten Teilnehmers ausgesetzt. Im Dechiffrierer wird mit einem zweiten Schlüssel (der mit dem Chiffrierschlüssel identisch sein kann, aber nicht muß[8]) wieder der Klartext gewonnen.

Die hierzu notwendigen Maßnahmen sprengen den Rahmen dieser Betrachtungen und können bei Interesse in der Literatur (z. B. [Johannesson 92, Kap. 8], dort auch zahlreiche weitergehende Literaturhinweise) nachgelesen werden.

I.3.6.4 Die Dienstprimitive der Darstellungsschicht

Die Dienstprimitive der Darstellungsschicht entsprechen denen der Kommunikationssteuerungsschicht, abgesehen davon, daß die Kennzeichnung `S-...` durch `P-...` ersetzt wird.

---

[7] *kryptein* (altgr., verbergen); Kryptographie – Methoden der Chiffrierung und Dechiffrierung von Informationen
[8] Bei identischen Schlüsseln wird von einem symmetrischen Verfahren gesprochen, andernfalls von einem unsymmetrischen.

I.3.7 Anwendungsschicht (Application Layer)

Im Gegensatz zu den bisher vorgestellten Schichten stellt die Anwendungsschicht keine Dienste für eine höhere Schicht zur Verfügung, da es sich hier um die höchste Schicht des OSI-Referenzmodells handelt. Die Anwendungsschicht ist i. a. diejenige Schicht, die für den Nutzer zugänglich ist. Es handelt sich also um die Schicht, die das „Ziel" der Kommunikation darstellt. Ihre Funktion stützt sich auf die Funktionen der darunterliegenden Schichten.

Bei der Anwendungsschicht handelt es sich um die komplexeste Schicht des OSI-Referenzmodells. Aufgrund des modularen Aufbaus bietet sie eine hohe Flexibilität für zukünftige Erweiterungen.

Anwendungsprozesse lassen sich in zwei Gruppen einteilen:

- Funktionen, die für die Kommunikation mit anderen Anwendungen in der OSI-Umgebung benötigt werden – diese tragen zur (offenen) Kommunikation bei.
- Funktionen, die nicht der gemeinsamen Kommunikation dienen und innerhalb der jeweiligen Systemumgebung realisiert sind.

Einige der wichtigsten Funktionsgruppen, die dem Anwender von der Anwendungsschicht zur Verfügung gestellt werden, sind der Dateitransfer, die Datenfernausgabe, die Verwaltung verteilter Datenbanken sowie die elektronische Post (E-Mail).

Die umfangreichen Dienste der Anwendungsschicht werden in zwei Bereiche unterteilt:

- *Common Application Service Elements* (CASE)

    Unter den allgemeinen Diensten werden alle Dienste zusammengefaßt, die für die folgenden Funktionen zuständig sind. Es handelt sich hier um Fähigkeiten, die von mehreren Benutzerelementen in Anspruch genommen werden. Die hier zusammengefaßten Dienste sind zuständig für den Verbin-

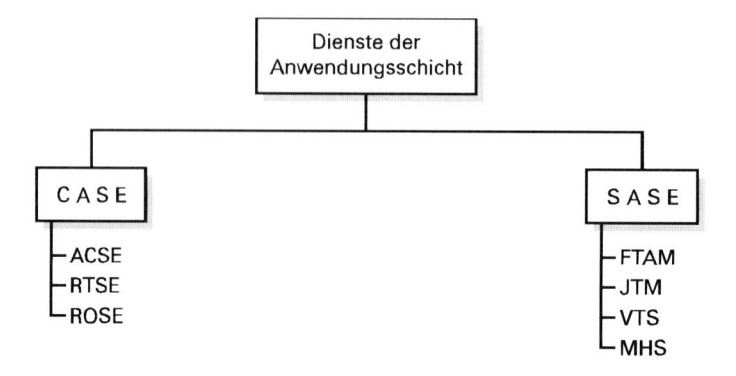

Abb. I.3-9 *Dienste der Anwendungsschicht*

I.3.7 Anwendungsschicht (Application Layer)

dungs-Aufbau und -Abbau sowie für die Fehlerbehandlung innerhalb der Anwendungsschicht. Während der Datenübertragung müssen zusätzlich besondere Anwendungsdienste (s. u.) genutzt werden.

- Kontrolle der Verbindung (*Association Control Service Elements* – ACSE)
  Die Kontrolle der Verbindung erfolgt über die Dienstelemente:
  * Aufbau einer Verbindung,
  * Abbau einer Verbindung,
  * Abbruch einer Sitzung (*Session*).
  Diese Elemente sind in der Empfehlung X.217 standardisiert.

- Zuverlässige Übertragung (*Reliable Transfer Service Elements* – RTSE)
  Die zuverlässige Übertragung von Protokoll-Dateneinheiten verwendet folgende Dienstelemente:
  * Aufbau einer Verbindung,
  * Abbau einer Verbindung,
  * Übertragung von Protokoll-Dateneinheiten,
  * Wiederholung der Übertragung bei aufgetretenen Fehlern,
  * Abbruch der Übertragung.
  Diese Elemente sind in der Empfehlung X.218 standardisiert.

- „Entfernte" Operationen (*Remote Operation Service Elements* – ROSE)
  Das Ausführen von entfernten Operationen in einer verteilten Umgebung beruht auf folgenden Dienstelementen:
  * Anstoßen einer entfernten Operation,
  * Mitteilung des Ergebnisses,
  * Fehlermitteilung.
  Diese Elemente sind in der Empfehlung X.219 standardisiert.

♦ *Special Application Service Elements* (SASE)
  Diese speziellen Anwendungsdienste gehören zu den verschiedensten Anwendungen, die nicht in der Norm des OSI-Referenzmodells enthalten sind.

- Dienste der Dateiverwaltung (*File Transfer Access Management* – FTAM)
  Hierunter fallen alle Dienste, die mit der Dateiverwaltung zusammenhängen, wie z. B. Datei öffnen, Datei schließen, Daten lesen usw.

- Dienste zur Stapelverarbeitung (*Job Transfer And Manipulation* – JTM)
  Hier sind Protokolle definiert, die Stapeljobs auf entfernten Systemen abarbeiten können.

- Dienste für virtuelle Terminals (*Virtual Terminal Services* – VTS)
  Diese Dienste ermöglichen die Adaption an verschiedene Terminalversionen über „virtuelle" Terminals.

- Dienste des Nachrichtenübertragungssystems
  (*Message Handling System* – MHS)

  Es handelt sich hierbei um einen speichervermittelten Kommunikationsdienst, der sich auf den Austausch von Nachrichten bezieht und auch als elektronische Post (*Electronic Mail* – E-Mail) bezeichnet wird. Das hier zugrundeliegende *Message Handling System* ist ein typisches Beispiel für einen Anwendungsprozeß und wird beschrieben in der ITU-Empfehlung X.400.

  Die Abb. I.3-10 zeigt den prinzipiellen Aufbau des *Message Handling Systems*. Jeder Teilnehmer hat über einen *User Agent* (UA) Zugang zum *Message Transfer System* (MTS), in dem die Übermittlung der Nachrichten erfolgt. Der *User Agent* besteht i. a. aus einer Software, die neben der Übertragung der Nachricht an sich auch das Anhängen von Dokumenten (Text, Graphik, usw.) aus anderen Anwendungen erlaubt (*Attachment*). Das *Message Transfer System* setzt sich zusammen aus den *Message Transfer Agents* (MTA) sowie den *Message Stores* (MS). Die *Message Transfer Agents* leiten die Nachrichten nach dem *Store-and-Forward*-Prinzip weiter. Ist ein *User Agent* vorübergehend nicht erreichbar, so werden die entsprechenden Mitteilungen im *Message Store* gespeichert, der somit die Funktion einer Mailbox übernimmt. Sowohl die *Message Transfer Agents* als auch die *Message Stores* sind i. a. auf Servern implementiert, die über Kommunikationsnetze wie z. B. ISDN oder Datex-P miteinander verbunden sind. Die Anbindung der *User Agents* an das *Message Transfer System* erfolgt bevorzugt über LAN, jedoch sind grundsätzlich auch andere Realisierungen möglich.

  Eine ausführlichere Beschreibung des *Message Handling Systems* ist beispielsweise in [Elsing 91] zu finden.

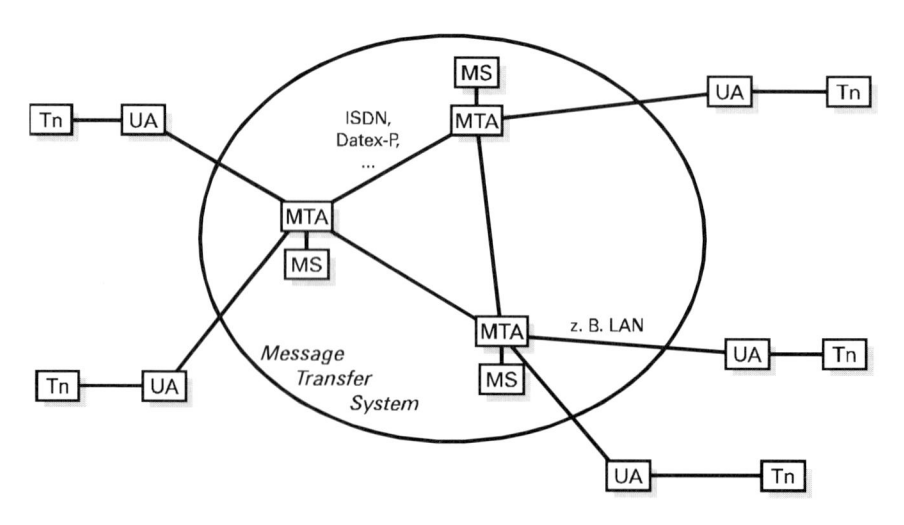

Abb. I.3-10   *Aufbau des Message Handling Systems (X.400)*

I.4 Übungsaufgaben

Aufgabe I-1

Beschreiben Sie kurz den Aufbau des OSI-Referenzmodells (möglichst anhand einer Skizze) sowie die Funktion der einzelnen Schichten.

Aufgabe I-2

Was ist ein Protokoll und welche Aufgabe hat es?

Aufgabe I-3

a) Beschreiben Sie den Vorgang der *Data Encapsulation* und den der *Data Decapsulation*.

b) Skizzieren Sie die Übermittlung von Daten zwischen zwei Endsystemen, mit Darstellung des Overheads.

Aufgabe I-4

Welche der folgenden Aspekte gehören auch zum Definitionsbereich des OSI-Referenzmodells?

- Übertragungskanal,
- Festlegung der Datenrate,
- Kanalcodierung,
- Quellencodierung.

Aufgabe I-5

Beschreiben Sie die Funktionsweise des *Stop-and-wait*-Verfahrens zur Flußkontrolle.

Aufgabe I-6

Beschreiben Sie die Funktionsweise der Übertragung mit Datagrammen bzw. mit virtuellen Verbindungen und zeigen Sie dabei insbesondere die Unterschiede auf.

Teil J

Zwei wichtige Protokolle

J.1 Einleitung

Definition J.1-1 ▼

Bei Protokollen (gelegentlich auch als Prozeduren bezeichnet) handelt es sich um festgelegte Verfahren und Vorschriften zum Austausch von Nachrichten in Systemen der Datenübertragung. Sie beinhalten die Beschreibung der Schnittstellen, der Datenformate, der Zeitabläufe sowie der Fehlerkorrektur. Protokolle beziehen sich immer auf zwei Teilnehmer auf der gleichen Schicht (z. B. des OSI-Referenzmodells).

▲

Prozeduren für die asynchrone Datenübertragung sind von geringerer Bedeutung und werden hier wegen der damit verbundenen niedrigen Übertragungsgeschwindigkeit nicht weiter betrachtet. Von den zahlreichen Protokollen für die synchrone Datenübertragung (kurz: synchrone Protokolle) sind einige in Normen (IEEE, ISO, ...) standardisiert worden. Ihre wesentlichen Charakteristiken sind folgende:

- Die Übertragung erfolgt nicht bit-, sondern blockorientiert.
- Die Synchronisation erfolgt zu Beginn eines Blocks, jedoch nicht mehr während der Übertragung des Blocks.
- Die Datenmenge innerhalb eines Blocks muß nicht konstant sein, jedoch kann ein Maximalwert festgelegt werden.
- Die Fehlererkennung erfolgt blockweise mit Hilfe von sogenannten Blockprüfzeichen (*Block Check Character* – BCC), wobei eine Fehlerkorrektur nur durch Wiederholung möglich ist. Bei einem Erfolg dieser Maßnahme spricht man von einer Wiederherstellung (*Recovery*).
- Die Kommunikation erfolgt in mehreren, zeitlich aufeinanderfolgenden Phasen, wovon die eigentliche Datenübertragung nur eine Phase darstellt.
- Ein Teil der Parameter von Protokollen kann – ggf. begrenzt durch Hardware- und Software-Beschränkungen – vom Anwender variiert werden. Hierbei handelt es sich beispielsweise um die Datenrate, die Anzahl der Zeichen je Block, die Art der Fehlerkorrektur, *Time-out*-Bedingungen usw. Von Bedeutung hierbei ist, daß die entscheidenden Parameter bei den beteiligten Teilnehmern übereinstimmen müssen.

Die Leitungsausnutzung (und damit auch die Effizienz des Systems) ist abhängig vom Protokoll, da hiervon u. a. die Betriebsart Simplex bzw. Duplex bestimmt wird. Außerdem wird die Effizienz durch den Overhead, bedingt durch die erforderlichen Steuerzeichen, beeinflußt. Unter Steuerzeichen wird hier alles verstanden, was aufgrund des Protokolls den zu übertragenden Daten hinzugefügt werden muß. Auch die Quittierung beeinflußt die Effizienz. So ist z. B. die Quittierung durch eigene Quittierungs-Datenblöcke weniger effizient als die Quittierung durch reguläre Datenblöcke. Außerdem ist hier zu unterscheiden, ob jeder einzelne Datenblock quittiert wird (größerer Aufwand, dafür ggf. sicherer) oder aber mehrere, logisch zusammenhängende Datenblöcke auf einmal. Bei all diesen Aspekten muß immer darauf geachtet werden, ob es sich um *Point-to-Multipoint*-Verbindungen oder aber um *Point-to-Point*-Verbindungen handelt. Der Steuerungsaufwand ist bei Protokollen mit zwei Teilnehmern kleiner – und somit die Effizienz im allgemeinen besser – als bei mehreren Teilnehmern.

Für die Vernetzung von Systemen verschiedener Hersteller existieren zwei Möglichkeiten. Einerseits findet beim Einsatz von *Gateways* eine Umwandlung von unterschiedlichen Protokollen statt, während andererseits auch die Verwendung herstellerunabhängiger (genormter) Protokolle vorgenommen werden kann. Abhängig von der Schicht kann der Anwender außerdem eigene Protokolle entwerfen. Selbstverständlich sind auch Mischformen der verschiedenen Vorgehensweisen denkbar. Eine etwas eingehendere Betrachtung der Verbindung von Netzen – auch unterschiedlicher Protokolle – ist im Kapitel L.6 unter der Begriff Inter(net)working zu finden.

Zur Veranschaulichung der Funktionsweise von Protokollen werden in den folgenden Abschnitten einige verbreitete Verfahren vorgestellt. Dabei handelt es sich um das X.25-Protokoll, das die paketorientierte Datenübertragung ermöglicht, sowie um die Protokolle der TCP/IP-Familie, die insbesondere im Bereich der lokalen Netze (LAN) verbreitet sind. Eine ausführliche Beschreibung zweier weiterer wichtiger Protokoll-Familien, XNS (*Xerox Network System*) und SNA (*Systems Network Architecture* von IBM), ist z. B. in [Stevens 92] zu finden.

J.2 Das X.25-Protokoll

J.2.1 Einleitung

Das X.25-Protokoll ist – entsprechend den Schichten 1 bis 3 des OSI-Referenzmodells – in drei Schichten aufgeteilt. Es ermöglicht den Zugang zu paketvermittelnden Netzen (wie z. B. Datex-P) und ist international genormt. Das X.25-Protokoll war die Grundlage für das erste paketvermittelnde Datennetz und stellt heute den De-facto-Standard für die Datenkommunikation mit Wahlverbindungen dar. Der Höhepunkt der Bedeutung dieses Protokolls ist allerdings überschritten, da aufgrund der modernen Anwendungen die verfügbare Datenrate nicht mehr den rasch wachsenden Anforderungen genügt. Aus diesem Grund gewinnt eine Weiterentwicklung, das in Abschnitt J.2.6 beschriebene Frame Relay, an Bedeutung.

J.2.2 Ebene 1: X.21-Protokoll

J.2.2.1 Einleitung

Die unterste Schicht des X.25-Protokolls entspricht dem X.21-Protokoll. In der entsprechenden Empfehlung heißt es: „Die Elemente der physikalischen DEE/DÜE-Schnittstelle sollen den Festlegungen der Empfehlung X.21 entsprechen."

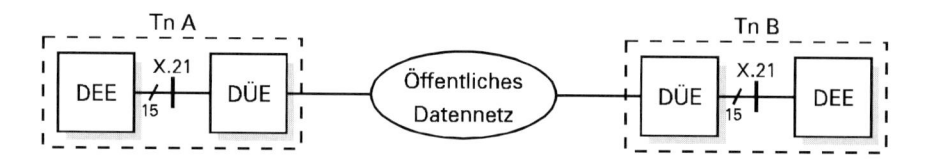

Abb. J.2-1 X.21-Verbindung zwischen den Teilnehmern A und B über ein öffentliches Datennetz

Das X.21-Protokoll ist eine serielle Schnittstelle zum allgemeinen Gebrauch zwischen Datenendeinrichtung und Datenübertragungseinrichtung für Synchronverfahren in öffentlichen Datennetzen (Abb. J.2-1).[1] Die Schnittstelle zum Netz ist vierdrahtig, die Übertragung findet im Vollduplex-Betrieb statt und ist durch ein Paritätsbit gesichert. Der Takt stammt dabei nicht von den Teilnehmerendeinrichtungen, sondern aus dem Netz.

Die Entwicklung der X.21-Schnittstelle erfolgte Anfang der 70er Jahre, was auch erklärt, daß eine direkte Abbildung auf das OSI-Referenzmodell nicht möglich ist. Einerseits enthält die X.21-Schnittstelle Elemente aus den OSI-Schichten 1, 2 und 3, andererseits ist die Bitübertragungsschicht nicht OSI-konform, da sie keine bit-transparente Übertragung erlaubt.

Das Protokoll der X.21-Schnittstelle ist sehr einfach und bietet keine fehlerkorrigierenden Maßnahmen, sondern lediglich das gezielte Auslösen der Verbindung im Fehlerfall. Vermittelte X.21-Netze werden sukzessive außer Betrieb genommen, bedingt u. a. dadurch, daß die Signalisierung nur mangelhaft gesichert ist.

Die X.21-Empfehlung enthält Vereinbarungen über Funktionen der Schicht 2 (Systemsynchronisation) und der Schicht 3 (Verbindungssteuerung) und umfaßt auch Einrichtungen zum automatischen Verbindungsaufbau (Empfehlung V.25). Hierauf wird jedoch im Rahmen dieser kurzen Betrachtung nicht eingegangen.

---

[1] Für die asynchrone Übertragung im Start-Stop-Betrieb steht die Empfehlung X.20 zur Verfügung, die hier nicht betrachtet wird.

J.2.2.2 Die Eigenschaften der Schnittstelle

Die elektrischen Eigenschaften der Schnittstelle sind in der Empfehlung X.26 festgelegt, während die funktionalen Eigenschaften in X.24 beschrieben werden. Die funktionale Belegung der Schnittstelle sowie die Belegung des 15-poligen Steckverbinders sind in Abb. J.2-2 dargestellt.

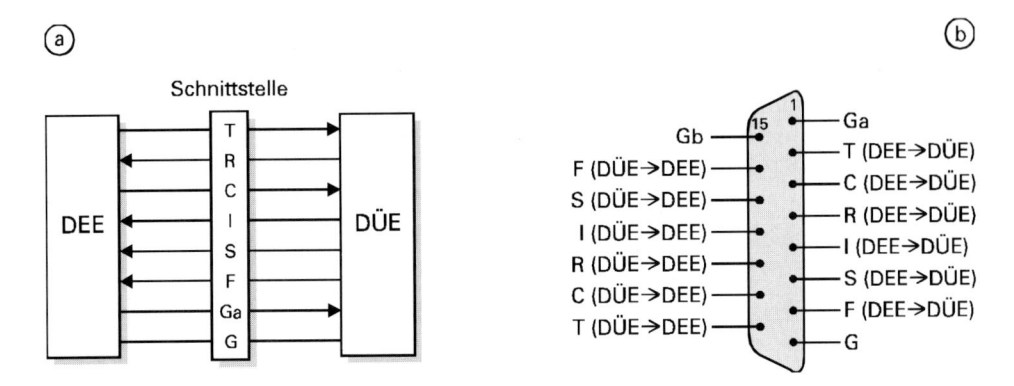

Abb. J.2-2 Funktionale Belegung der Schnittstelle nach X.24 (a) und Belegung des 15-poligen Steckverbinders nach X.26 (b)

Die Tab. J.2-1 zeigt eine Zusammenstellung der Bezeichnungen sowie eine kurze Beschreibung der funktionalen Eigenschaften der einzelnen Leitungen der X.24-Schnittstelle. Die Leitungen sind jeweils unidirektional, weshalb für die bit-serielle Übertragung ein Leitungspaar (T/R) zur Verfügung gestellt wird.

Zeichen	Bezeichnung	Beschreibung	Richtung	Leitung
G	Signal Ground	Spannungs-Bezugspotential der Schnittstellen-Leitungen	–	8
Ga	DTE Common Return	DEE-Rückleiter	DÜE → DEE	1
Gb	DCE Common Return	DÜE-Rückleiter	DEE → DÜE	15
T	Transmit	Datenübertragung DEE → DÜE	DEE → DÜE	2, 9
R	Receive	Datenübertragung DÜE → DEE	DÜE → DEE	4, 11
C	Control	Übertragungszustand: Steuern (Steuerinformationen)	DEE → DÜE	3, 10
I	Indication	Übertragungszustand: Anzeigen (Nutzdaten)	DÜE → DEE	5, 12
S	Signal Element Timing	Schritttakt (auch Bittakt)	DÜE → DEE	6, 13
F	Frame Timing	Rahmentakt (auch Bytetakt) – optional	DÜE → DEE	7, 14

Tab. J.2-1 Funktionale Belegung der Schnittstelle nach X.24

Leitung	≤ −0,3 V	≥ +0,3 V
T, R	1	0
sonstige	aus (*off*)	ein (*on*)

Tab. J.2-2 Pegel auf den Schnittstellenleitungen nach X.26

Bei dieser Schnittstelle wird genaugenommen nicht zwischen Daten- und Steuerleitungen unterschieden. Statt dessen werden alle Informationen über die T/R-Leitungen übertragen. Ob es sich dabei um Daten oder um Steuerinformationen handelt, wird durch den Zustand der Leitungen C und I definiert. Die Zuordnung der Pegel auf den Leitungen zu den einzelnen Zuständen ist in Tab. J.2-2 zusammengestellt. Die Steuerinformationen werden entsprechend dem internationalen Alphabet Nr. 5 codiert.

J.2.2.3 Aufbau eines X.21-Rahmens

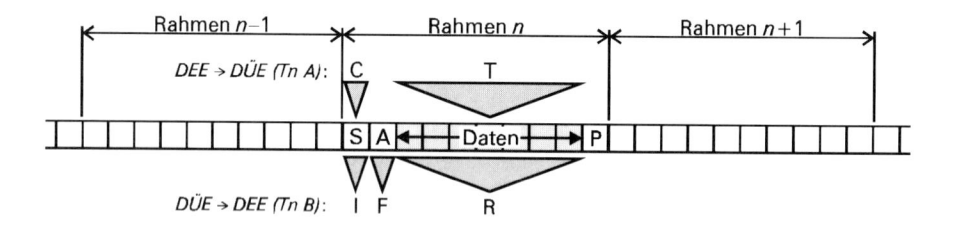

Abb. J.2-3 Aufbau eines Rahmens für die serielle Datenübertragung nach X.21

Die Abb. J.2-3 zeigt den Aufbau eines Rahmens im X.21-Protokoll. Ein Rahmen (auch als *Envelope* bezeichnet) besteht jeweils aus 10 Bits, von denen 7 der eigentlichen Datenübertragung dienen. Dazu kommen ein aus den Datenbits gebildetes Paritätsbit (P) sowie ein Statusbit (S) und ein Abgrenzungsbit (A). Das Statusbit enthält dabei die auf der C/I-Leitung enthaltene Information über die Art der auf der T/R-Leitung vorliegenden Daten (Steuer- oder Nutzdaten). Das Abgrenzungsbit dient der optionalen Rahmen- oder auch Bytesynchronisierung, wechselt jeweils zwischen 0 und 1 und stammt von der F-Leitung. Ein weiterer Teil der Synchronisation erfolgt über die Nutzdaten.

J.2.2.4 Die Beschreibung der Schnittstelle durch Zustandsdiagramme

Prinzipiell kann eine Schnittstelle unterschiedliche, in der Beschreibung festgelegte, Zustände annehmen. Diese Zustände beschreiben z. B. die Bereitschaft von Datenendeinrichtung und Datenübertragungseinrichtung, Störungen und

J.2.2 Ebene 1: X.21-Protokoll

Ähnliches. In diesem Abschnitt werden exemplarisch einige Zustände sowie die möglichen Übergänge zwischen ihnen anhand von Zustandsdiagrammen verdeutlicht. Jeder Zustand wird charakterisiert durch seine Nummer, eine kurze verbale Beschreibung sowie die an den Leitungen T, C, R sowie I anliegenden Signale t, c, r und i (in dieser Reihenfolge). Mit den Pfeilen zwischen den Zuständen wird verdeutlicht, welcher Zustand auf welchen Zustand folgen kann sowie die Einrichtung (DEE oder DÜE), die diesen Zustandswechsel auslöst.

Abb. J.2-4 zeigt die Zustände beim Aufbau einer Datenverbindung auf einer Standleitung. Im Zustand 1 sind Datenendeinrichtung und Datenübertragungseinrichtung bereit (in einen anderen Zustand einzutreten) und warten auf eine Anforderung zur Datenübertragung. Je nachdem, ob diese von der Datenendeinrichtung oder der Datenübertragungseinrichtung erfolgt, wird über den Zustand 11A oder den Zustand 11B der Zustand 12 erreicht, bei dem c und i auf „EIN" geschaltet sind. Die Verbindung ist dann bereit zur Datenübertragung in beiden Richtungen, die schließlich im Zustand 13 durchgeführt wird.

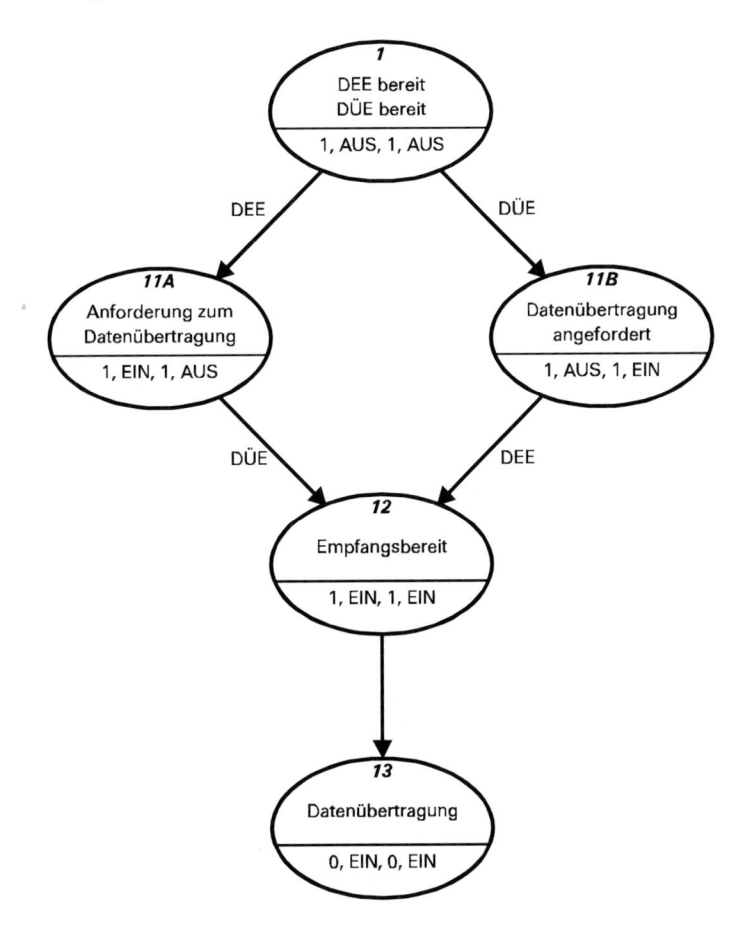

Abb. J.2-4 Zustandsdiagramm beim Aufbau einer Datenverbindung auf einer Standleitung

Der Aufbau einer Verbindung über eine Wählleitung ist aufwendiger und wird hier nicht wiedergegeben.

In Abb. J.2-5 sind die Zustände beim Auslösen einer Verbindung dargestellt. Aus einem beliebigen Zustand X heraus kann sowohl von der Datenendeinrichtung als auch von der Datenübertragungseinrichtung die Auslösung einer bestehenden Verbindung erfolgen. Nach der Auslösungsanforderung folgt die entsprechende Bestätigung und über den Zustand 21 der Übergang in den Zustand 1, aus dem beispielsweise wieder ein Verbindungsaufbau nach Abb. J.2-4 durchgeführt werden kann. Ein Sonderfall tritt ein, wenn die Auslösungsanforderung der Datenendeinrichtung (Zustand 16) von der Datenübertragungseinrichtung innerhalb eines bestimmten zeitlichen Rahmens nicht bestätigt werden kann (*Time-out*). Dann wird vom Zustand 16 direkt in den Zustand 21 übergegangen.

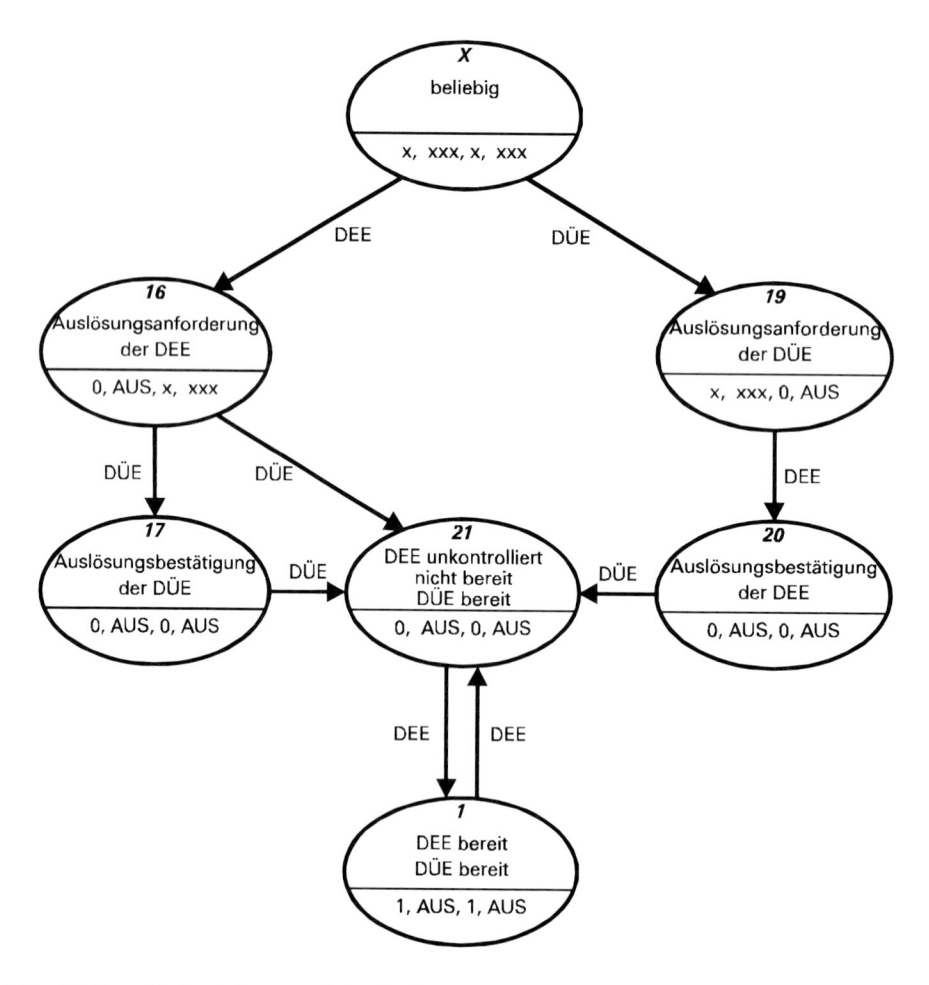

Abb. J.2-5   *Zustandsdiagramm beim Auslösen einer Verbindung*

J.2.3 Ebene 2: HDLC

Eine ausführliche Beschreibung des HDLC-Protokolls ist im Abschnitt I.3.2.4 zu finden, während hier nur die wesentlichen Eigenschaften der Ebene 2 aufgeführt werden:

- Innerhalb eines Blocks wird verhindert, daß mehr als fünf aufeinanderfolgende Einsen vorkommen, da dies empfangsseitig als Flag F interpretiert werden könnte. Um dies zu verhindern, wird sendeseitig nach jeweils fünf Einsen eine Null eingeschoben, die empfangsseitig wieder entfernt wird.
- Im Laufe einer Übertragung muß ständig kontrolliert werden, ob der gerade empfangene Block „gültig" ist. Hierbei wird geprüft,
  - ob ein Block jeweils von Flags F eingeschlossen ist;
  - ob A, C, I und FCS zusammen 32 Bit (im Basisbetrieb) aufweisen;
  - ob die FCS auf einen Fehler hinweist;
  - ob die Adresse (im Adreßfeld A) einen gültigen Wert aufweist.
- Sollten zwischen einzelnen Blöcken Lücken notwendig sein, so werden diese mit Flags F aufgefüllt.
- Der Kanal kann zwei Zustände annehmen. Im aktiven Zustand werden Blöcke oder ggf. Füllzeichen (s. o.) übertragen, während der Zustand „Ruhe" durch mindestens 15 Einsen nacheinander definiert ist.

Für das X.25-Protokoll sind die Benutzerklassen 8 bis 11 der Empfehlung X.1 (siehe Kapitel L.1) im Vollduplex-Betrieb vorgesehen. Der Datex-P-Dienst der Telekom bietet außerdem eine Verbindung mit 64 kbit/s.

J.2.4 Ebene 3: X.25-Paketvermittlung

In dieser obersten Schicht einer X.25-Schnittstelle werden adressierte Datenpakete an das (Paket-)Netz übergeben und durch dieses an die entsprechende Empfangsstation übermittelt. Die Paketvermittlung beruht auf Datenpaketen, die aus einem Paketkopf (Header) mit drei Bytes sowie einem anschließenden Rumpf mit Nutz- oder Steuerdaten bestehen (Abb. J.2-6).

Der Header enthält im ersten Byte eine Kennzeichnung des Grundformats sowie die Nummer der logischen Kanalgruppe. Das zweite Byte zeigt die logische Kanalnummer an, während das dritte Byte aus Angaben für die Folgesteuerung besteht (P(R): Empfangsfolgenummer, P(S): Sendefolgenummer, M: *More Data Bit* – Anzeige eines Folgepakets).

Mehrere Instanzen höherer Schichten nehmen die Dienste niedriger Schichten in Anspruch. Durch das so entstehende Multiplexschema können mehrere logische Kanäle adressiert werden. Somit ergibt sich eine Mehrfachausnutzung der physikalischen Anschlußleitung für eine Vielzahl von aus logischen Kanälen gebildeten virtuellen Verbindungen. In der Paketschicht (Schicht 4) sind gleichzeitig 4096 virtuelle Verbindungen (Fest- und/oder Wählverbindungen) möglich. Grundlage hierfür sind die Adressierbarkeit der logischen Kanäle und deren logische Verknüpfung in den Netzknoten.

1	4	5	8	
Kennzeichen des Grundformats		Logische Kanalgruppennummer		Header
Logische Kanalnummer				
P(R)	M	P(S)	0	
Nutz- oder				
Steuerdaten				Paketrumpf

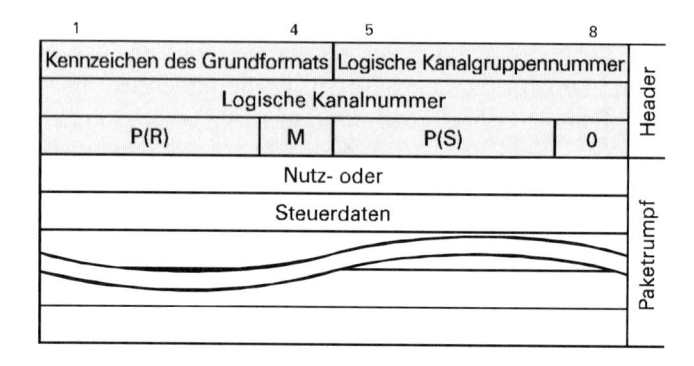

Abb. J.2-6   *Struktur eines Pakets im X.25-Protokoll*

Ein zweites Multiplexschema ist anwendungsorientiert und gehört nicht zum Definitionsbereich des X.25-Protokolls. Dabei können zeitgestaffelt gleichzeitig über jede virtuelle Verbindung bis zu 256 verschiedene Anwendungen ablaufen. Diese in höheren Schichten vereinbarten Prozeduren müssen in entsprechende Anwendungsprotokolle aufgenommen werden. Die Nutzer-Netz-Schnittstelle ist transparent, und die Verantwortung für die damit verbundene Funktionalität liegt ausschließlich beim Nutzer.

Jedes Paket enthält im Kopf u. a. eine Eigenadresse, die eine eindeutige Unterscheidung jedes einzelnen Pakets im Netz erlaubt. Ein Vorteil der virtuellen Verbindungen ist die variable Zuordnung von Übertragungskapazitäten, die eine scheinbare, nur im logischen Sinne vorgenommene Unterteilung des Übertragungskanals erlaubt. Der so entstehende logische (virtuelle) Kanal ist die Voraussetzung zur Bildung einer virtuellen Verbindung, die sich aus der „Aneinanderreihung" mehrerer logischer Kanäle ergibt, die in den Netzknoten logisch verknüpft sind.

Die virtuelle Verbindung ist ein Dienstmerkmal eines Paketnetzes und bietet den Teilnehmern – in eingeschränktem Maß – die Eigenschaften einer real durchgeschalteten Verbindung. Es wird garantiert, daß alle gesendeten Pakete mit einer Datensicherung zur Fehlerkorrektur und in der richtigen Reihenfolge zum Ziel-Teilnehmer gelangen. Alternativ dazu ist der Datagramm-Dienst möglich, bei dem die Pakete zwar adressiert sind, jedoch unabhängig voneinander durch das Netz transportiert werden. Bei dieser Einzelpaketübertragung kann daher nicht garantiert werden, daß die Pakete korrekt und in einer bestimmten Reihenfolge beim Ziel-Teilnehmer eintreffen. Aus diesem Grund wer-

J.2.4 Ebene 3: X.25-Paketvermittlung

den Datagramme in öffentlichen Netzen seltener eingesetzt, während sie in lokalen Netzwerken (Abschnitt L.3.2) eine effektive Alternative darstellen können. Auf den Unterschied zwischen virtuellen Verbindungen und Datagrammen wird im Abschnitt K.1.4 noch ausführlicher eingegangen.

Die grundlegende Aufgabe der Ebene 3 sind Aufbau, Betrieb und Abbau gewählter oder fester virtueller Verbindungen über logische Kanäle. Dies soll anhand der Abb. J.2-7 verdeutlicht werden. Dabei wird auch deutlich, daß bei X.25 keine Datenübertragungseinrichtungen definiert sind. Deren Aufgaben werden von Datenvermittlungsstellen im Paketbetrieb (DVSt-P) übernommen. Das X.25-Protokoll bezieht sich auf die Schnittstellen zwischen der Datenendeinrichtung und der DVSt-P.

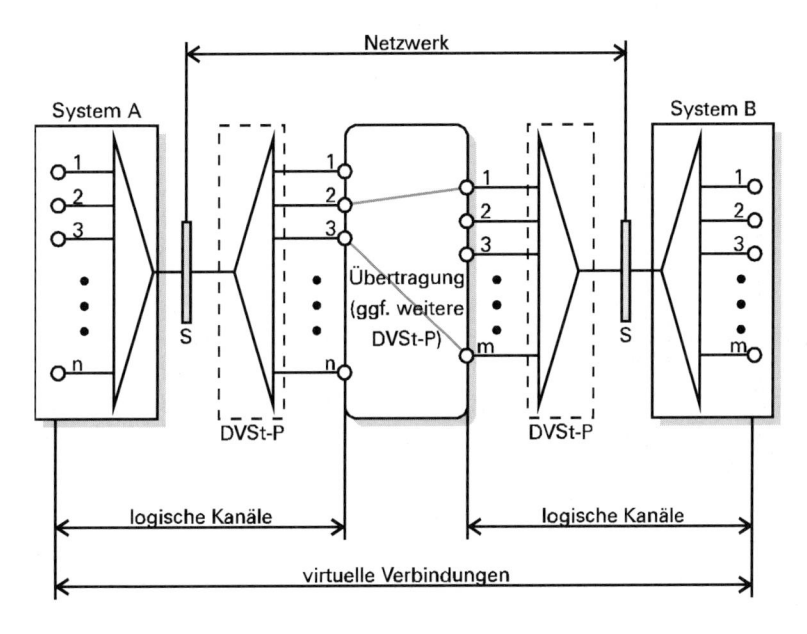

Abb. J.2-7 Logische Kanäle und virtuelle Verbindungen im X.25-Protokoll (S: Schnittstelle)

Logische Kanäle werden durch entsprechende Eintragungen im Paketkopf unterschieden. Mittels DVSt-P werden virtuelle Verbindungen aufgebaut, die in Abb. J.2-7 beispielsweise den logischen Kanal A2 mit dem logischen Kanal B1 verbinden. Eine virtuelle Verbindung stellt keine physikalische Verbindung zwischen Sender und Empfänger dar. Statt dessen werden die Pakete abschnittsweise von Pufferspeicher zu Pufferspeicher gereicht, wobei die Pufferspeicher Bestandteile der DVSt-P sind. Eine DVSt-P legt jeweils fest, auf welchen logischen Kanal der Inhalt des Pufferspeichers zu legen ist. Bei einer festen virtuellen Verbindung wird der Weg durch feste Programme festgelegt; andernfalls wird die Information durch spezielle Pakete bereitgestellt, die u. a. die Verbindungsanforderung und -auslösung enthalten.

Die Datenpakete der Ebene 3 werden sendeseitig in die I-Felder der Ebene 2 gepackt und empfangsseitig wieder entnommen. Jeder Block enthält ein Paket, wobei aufeinanderfolgende Blöcke Pakete unterschiedlicher Verbindungen enthalten können (logische Kanäle). Man spricht hier vom Multiplexen mehrerer logischer Kanäle.

Weitere Funktionen der Ebene 3 sind die Fehlerkontrolle bzw. -korrektur, die Flußregelung (*Peer to Peer*), die Sicherstellung der richtigen Reihenfolge der Pakete sowie die Aktivierung (wahlfreier) Nutzungsmerkmale auf Veranlassung der Teilnehmer.

J.2.5 Übersicht

Eine zusammenfassende Darstellung des Aufbaus eines X.25-Protokolls ist in der Abb. J.2-8 gezeigt.

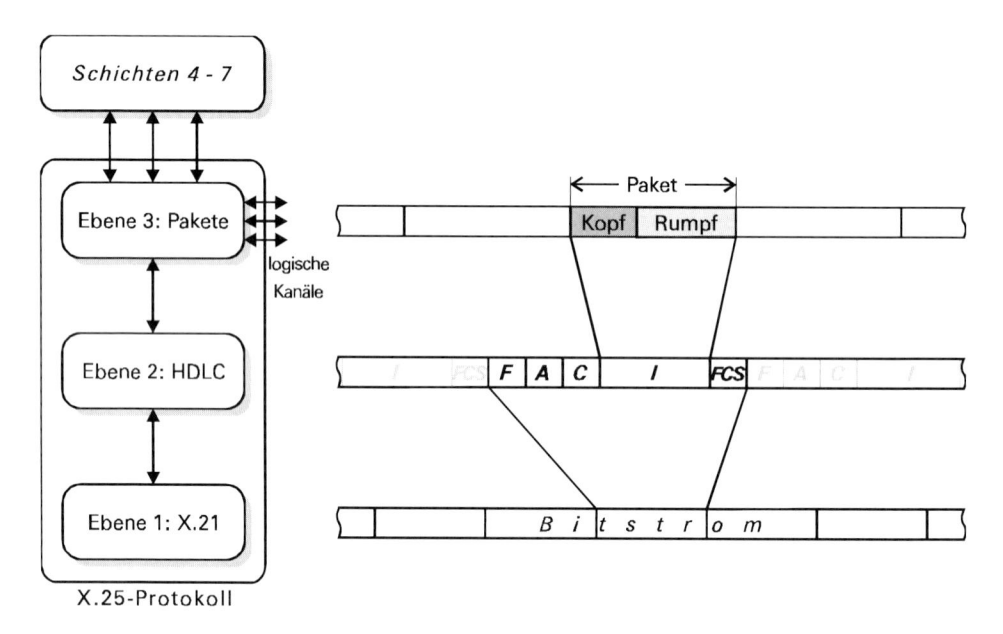

Abb. J.2-8 *Struktur der drei Ebenen des X-25-Protokolls*

Die von den darüberliegenden Schichten stammenden Daten werden an die Paketebene des X.25-Protokolls übergeben, in der die Daten zusammen mit einem Header in ein Paket „verpackt" werden. Dieses Paket wird in der Ebene 2 im HDLC-Protokoll als Textinformation übernommen und mit den entsprechenden Rahmendaten in einen HDLC-Rahmen umgesetzt. Der so entstandene Bitstrom wird über die X.21-Schnittstelle dem physikalischen Übertragungsmedium übergeben. Auf der Empfängerseite werden entsprechend die Daten wieder aus ihrer „Verpackung" extrahiert.

J.2.6 Frame Relay

Frame Relay stellt eine Weiterentwicklung des X.25-Protokolls dar und ist ein internationaler Standard für ein verbindungsorientiertes Protokoll zwischen Datenendeinrichtung und Datenübertragungseinrichtung. Hintergrund für die Entwicklung war u. a. die Forderung nach einem höheren Datendurchsatz bei ISDN-Verbindungen. Längerfristig soll Frame Relay das X.25-Protokoll ablösen. Frame Relay erlaubt Übertragungsgeschwindigkeiten von $N \times 64$ kbit/s, 2 048 kbit/s sowie 45 Mbit/s (in Europa) und unterstützt permanente und geschaltete Verbindungen. Es ist sowohl Unicast-, Multicast- als auch Broadcast-Betrieb möglich.

F Flag 01111110	*A* Address 2 Bytes	*I* Information 262...8189 Bytes	*FCS* File Check Sequence 2 Bytes	*F* Flag 01111110

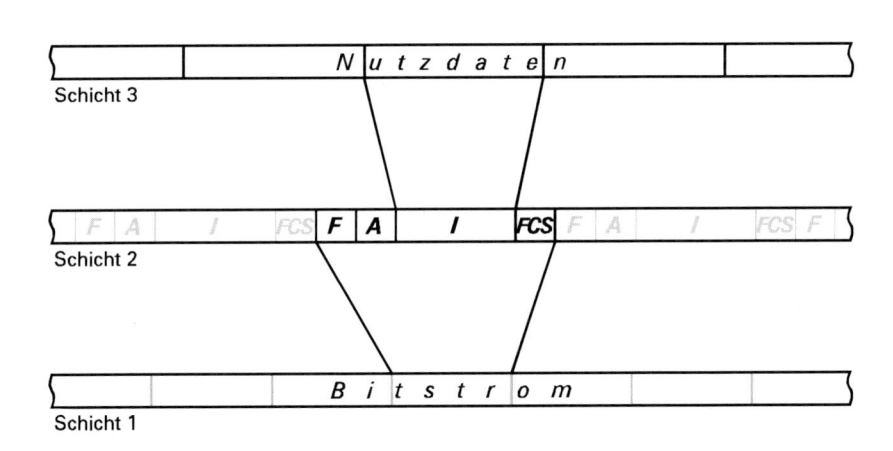

Abb. J.2-9 *Struktur des Frame-Relay-Rahmens*

Die Datenströme der angeschlossenen Stationen teilen sich in die Übertragungskapazität des Mediums (Multiplexing), wobei zwischen den Endeinrichtungen virtuelle Verbindungen (*Permanent Virtual Connection* bzw. *Switched Virtual Connection*) aufgebaut werden. Die von den höheren Schichten stammenden Daten werden in Pakete (Rahmen – *Frames*) variabler Länge unterteilt, deren Struktur in Abb. J.2-9 dargestellt ist. Diese Struktur entspricht weitgehend dem HDLC-Protokoll, lediglich das *Control*-Feld entfällt. Die Länge eines Rahmens (ohne Flags) beträgt minimal 265 Bytes und maximal 8 192 Bytes. Anfang und Ende eines Rahmens werden jeweils durch ein Flag markiert, wobei bei zwei direkt aufeinanderfolgenden Rahmen ein Flag entfällt (siehe Abb. J.2-9).

Die einzelnen Bestandteile des Rahmens sind:

F (*Flag*)	festgelegtes Muster (01111110) für Anfang und Ende eines Rahmens
A (*Address*)	die Adresse enthält als wesentlichen Bestandteil die *Data Link Connection Identification* (DLCI)
I (*Information*)	zu übertragende Nutzdaten (transparent), 262 Bytes bis 8 189 Bytes
FCS (*File Check Sequence*)	16-Bit-Prüfsumme über den Rahmen

Die Daten der höheren Schichten (Nutzdaten) werden unabhängig von Inhalt und Format eingekapselt (*encapsulated*). Das bedeutet, daß die Kommunikationsbeziehung transparent ist.

Vorausgesetzt wird bei Frame Relay eine stabile Struktur des Netzes mit einer geringen Fehlerrate. Zugunsten eines geringeren Overheads (im Vergleich zu X.25) wird sowohl auf Fehlerkorrektur als auch auf Flußkontrolle verzichtet. Statt dessen wird davon ausgegangen, daß diese Aufgaben, sofern gewünscht, von höheren Schichten übernommen werden. Die hierdurch erreichte Vereinfachung der Protokollstruktur führt zu einem Geschwindigkeitsgewinn gegenüber X.25. Im Vergleich zum X.25-Protokoll weisen die Datenpakete eine geringere Verweilzeit im Netz sowie eine bessere Bandbreitenausnutzung auf. Frame Relay weist darüber hinaus den Vorteil auf, daß es sich auf die vorhandene Infrastruktur stützt und relativ einfach zu implementieren ist.

Die Bezeichnung *Relay* stammt daher, daß die Rahmen (*Frames*) auf ihrem Weg von Abschnitt zu Abschnitt durchgeschaltet werden. Die Knoten werten die im *Address*-Feld enthaltenen DLCI-Informationen für das Routing aus und bestimmen so den logischen Weg.

Während in der Schicht 1 die Datenübertragung auf physikalischer Ebene stattfindet, beinhaltet die Funktionalität der Schicht 2 folgendes:
- Rahmenbildung (Flags setzen, Prüfsumme berechnen);
- Multiplexing (DLCI berechnen);
- Fehlererkennung (Vergleich der Prüfsumme).

J.3 Die Protokoll-Familie TCP/IP

J.3.1 Einleitung

Immer dann, wenn die Protokolle mehrerer Schichten des OSI-Referenzmodells zusammengefaßt werden, spricht man von einer Protokoll-Familie, einem Protokoll-Satz oder auch einer *Protocol Suite*. Eine der bekanntesten Protokoll-Familien ist die TCP/IP-Familie, die in diesem Kapitel behandelt wird.

J.3.1 Einleitung

Bei den Protokollen der TCP/IP-Familie handelt es sich um Verfahren, deren Entwicklung in den sechziger und siebziger Jahren durch die Abteilung ARPA (*Advanced Research Projetcs Agency*) des US-Verteidigungsministeriums (*Department of Defense* – DoD) betrieben wurde.[2] Ursprünglich wurde das ARPANET zur Zusammenarbeit von militärischen Forschungseinrichtungen untereinander und mit Universitäten entwickelt. Seit 1984 ist es unterteilt in das ARPANET (für Forschungszwecke) und das MILNET (für militärische Zwecke).

Protokolle aus der TCP/IP-Familie werden heute in vielen Bereichen der Kommunikationstechnik eingesetzt und sind weit verbreitet. Da diese Protokolle älter sind als das OSI-Referenzmodell, stimmen ihre Schichten nicht exakt mit denen des Referenzmodells überein. Trotzdem existieren viele Gemeinsamkeiten, so daß eine entsprechende Betrachtung durchaus sinnvoll ist.

Aufgrund der Wurzeln im militärischen Bereich ist diese Protokoll-Familie so ausgelegt, daß der Ausfall von Übertragungswegen oder Netzknoten automatisch überbrückt wird – soweit dies topologisch möglich ist.

Zu den Vorteilen der herstellerunabhängigen TCP/IP-Protokolle gehört die Tatsache, daß sie auf nahezu allen Rechnern implementierbar sind und sowohl breite Einsatzgebiete als auch eine weite Verbreitung aufweisen. Diese Protokoll-Familie ist nach ihren Hauptprotokollen TCP und IP benannt, neben denen noch weitere Protokolle existieren (Abb. J.3-1). Von besonderer Bedeutung für die Verbreitung von TCP/IP war die 1982 an der Universität Berkeley durchgeführte Implementierung in den UNIX-Kernel. Seither sind Universitäten und andere UNIX-Anwender Wegbereiter für die TCP/IP-Protokolle. Die aktuelle zentrale Anwendung der TCP/IP-Protokolle ist das Internet. Hierbei handelt es sich einerseits um den allgemeinen Begriff für die Zusammenschaltung mehrerer Netze (*Network of Networks* – Netz der Netze), andererseits aber auch um ein weltumfassendes Kommunikationsnetz mit derzeit extremen Wachstumsraten.

Die in der Abb. J.3-1 dargestellten Protokolle können folgendermaßen kurz beschrieben werden:

♦ Protokolle der Vermittlungsschicht

    IP   unbestätigtes, verbindungsloses Protokoll, übermittelt Pakete zwischen zwei Stationen

    ICMP   Übermittlung von Steuerinformationen zwischen zwei Stationen, für Anwenderprogrammierer nicht zugänglich

    ARP   Bestimmung der physikalischen Adresse bei bekannter logischer Adresse (beispielsweise Umsetzung der 48-Bit-Ethernet-Adresse, siehe Kapitel F.5, in die zugehörige 32-Bit-IP-Adresse)

    RARP   Bestimmung der logischen Adresse bei bekannter physikalischer Adresse

---

[2] Die TCP/IP-Protokoll-Familie trug ursprünglich die Bezeichnung „DARPA-Internet Protocol Suite" (DARPA – *Defense Advanced Research Projetcs Agency*).

♦ Protokolle der Transportschicht
  TCP   bestätigtes, verbindungsorientiertes Protokoll, ermöglicht sichere Übertragung beliebig langer Datenströme in beiden Richtungen zwischen zwei Stationen
  UDP   verbindungsloses Protokoll, übermittelt Pakete (Datagramme) zwischen zwei Stationen in beiden Richtungen

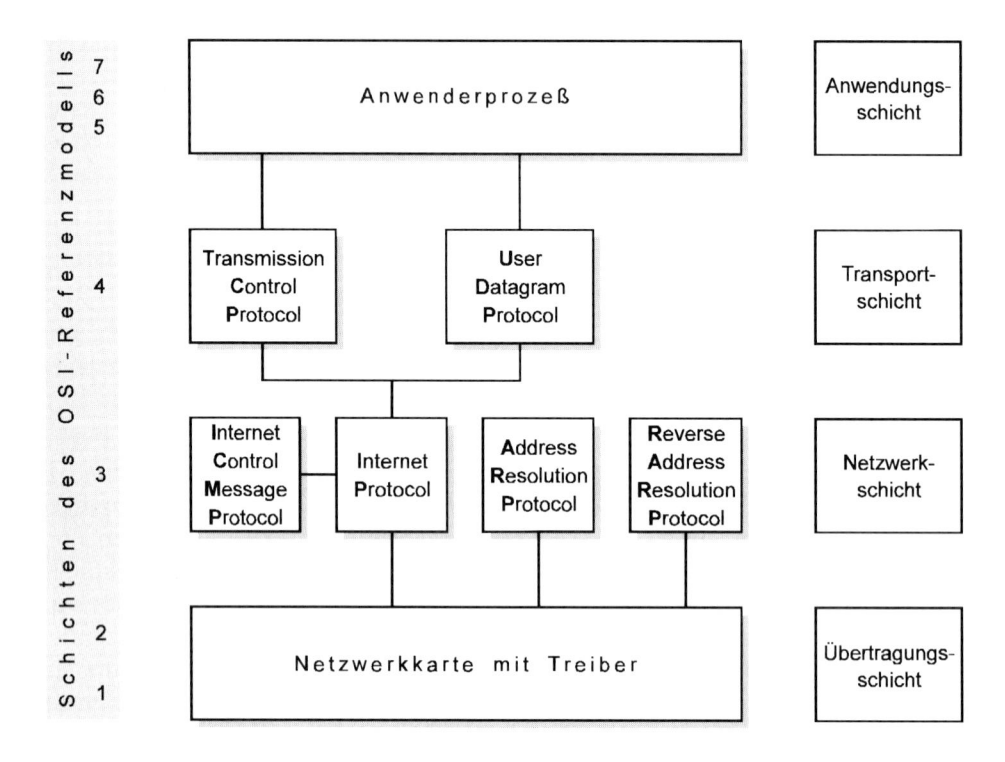

Abb. J.3-1   Die TCP/IP-Protokoll-Familie

Die besonders wichtigen Protokolle IP, TCP und UDP werden in den folgenden Abschnitten ausführlich vorgestellt.

J.3.2 Das Internet Protocol (IP)

J.3.2.1 Einleitung

Die Funktion des *Internet Protocols* (IP) ist – wie der Name schon sagt – die Übertragung von Daten von einem Sender zu einem Empfänger über ein Netz oder über mehrere Netze. Die Übertragung findet dabei nicht mit Paketsequenzen statt, sondern mit Datagrammen, wobei keine Quittierung des Empfangs durchgeführt wird (unbestätigte verbindungslose Übertragung). Für die Zuverlässigkeit der Übertragung müssen Protokolle höherer Schichten sorgen (z. B. TCP). Das *Internet Protocol* ist ein Protokoll der Vermittlungsschicht (Schicht 3) des OSI-Referenzmodells. Seine grundlegenden Aufgaben sind:

- die weltweit eindeutige Adressierung;
- die Übermittlung von Datagrammen zwischen der Sicherungsschicht und der Transportschicht;
- das Routing;
- die Übermittlung von Datagrammen (Paketen) auch zwischen Netzen mit unterschiedlichen Vorschriften für die Paketgrößen (hierbei kann eine entsprechende Zerlegung und Rekonstruktion – Fragmentierung und Defragmentierung – von Paketen notwendig sein);
- die Übermittlung von Paketmerkmalen.

Prinzipiell erfolgt die Verbindung von Rechnern bzw. lokalen Netzen durch Nutzung öffentlicher Kommunikationsdienste, wie z. B. das (analoge) Fernsprechnetz, Standleitungen, Datex-P, ISDN, usw. Dabei baut das IP in der darunterliegenden Sicherungsschicht u. a. auf den Normen IEEE 802.3 und IEEE 802.5 auf.

Im Zusammenhang mit dem *Internet Protocol* wird das Internet Control Message Protocol ICMP eingesetzt, das die Steuerung des Verkehrs im Internet regelt sowie Kommandos für die Diagnose der transportorientierten Schichten bereitstellt.

J.3.2.2 Die Adressierung im IP (Version IPv4)

Das IP arbeitet mit logischen Adressen, wobei diese global im weltweiten Netz von Rechnern durch das *Net Information Center* (NIC) des IEEE vergeben werden. Eine Adresse hat eine Länge von vier Bytes und kann eines von vier Formaten (Klassen) besitzen (Abb. J.3-2). Die Klassen A, B und C sind dabei für unterschiedliche Netzgrößen vorgesehen. Klasse und Netzadresse werden auf Antrag vom NIC vergeben. Die Vergabe der Host-Adresse innerhalb des Netzes erfolgt dann vom Netzbetreiber. Eine Ausnahme hiervon stellt die Klasse D dar, bei der es sich um eine Adressierung einer Gruppe von Hosts handelt, die in

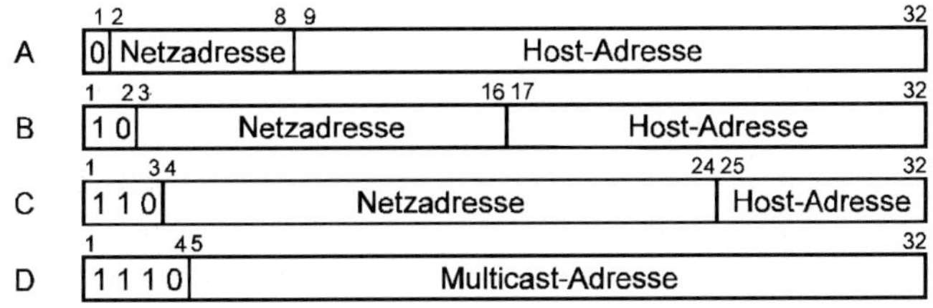

```
         1 2        8 9                                  32
    A   |0| Netzadresse  |       Host-Adresse             |
         1   2 3              16 17                       32
    B   |1 0|   Netzadresse       |    Host-Adresse       |
         1      3 4                        24 25          32
    C   |1 1 0|      Netzadresse           | Host-Adresse |
         1         4 5                                    32
    D   |1 1 1 0|            Multicast-Adresse            |
```

Abb. J.3-2   *Die vier Klassen von Adressen im IP*

"irgendeiner" Form logisch zusammenhängen. Hierzu ist anzumerken, daß diese Art der Adressierung nicht von allen Systemen unterstützt wird und im folgenden auch nicht weiter betrachtet wird.

Die IP-Adresse gibt an, welches Netzwerk-Interface (welcher Host) gemeint ist. Damit ist allerdings noch nicht bestimmt, welcher Dienst bzw. welche Ressource benötigt wird – dies wird durch die Port-Adresse festgelegt. Eine IP-Adresse kann für mehrere Hosts gelten, umgekehrt kann aber auch ein Host über mehrere IP-Adressen (d. h. über mehrere Netzwerkkarten) verfügen. Die IP-Adresse (Netzwerkadresse) ist i. a. auf der Netzwerkkarte in einem PROM gespeichert.

IP-Adressen werden i. a. in der Form von vier Dezimalzahlen dargestellt, jeweils getrennt durch einen Punkt. Ein Beispiel hierfür ist die IP-Adresse 192.167.28.42, die aus der Klasse C stammt (110), eine Netzadresse 00A71Ch (21 Bits) und eine Host-Adresse 2Ah (8 Bits) aufweist. Unabhängig von der Klasse (A bis C) können Subnetze verwendet werden, um den zur Verfügung stehenden Adreßraum eines Hosts aufzuteilen. Dies ist aus der Sicht des Routings eine sinnvolle Vorgehensweise, da sich das Routing, insbesondere bei Veränderungen im Netzwerk, vereinfacht. Die Adresse besteht in diesem Fall aus drei Elementen: der Netz-Adresse, der Subnetz-Adresse sowie der Host-Adresse innerhalb des Subnetzes. Vorteile dieser Untergliederung sind die Möglichkeit der Anpassung der Adressen an vorhandene Organisationsstrukturen, der reduzierte Aufwand für die Adreßpflege in *Gateways* sowie die Tatsache, daß die Verwaltung der Host-IDs durch den Subnetz-Betreiber erfolgt. Nachteilig ist die verringerte Flexibilität und auch die verringerte Effizienz der Nutzung der Adreßräume.

Für den Nutzer sind IP-Adressen nicht unbedingt als besonders übersichtlich zu bezeichnen – sogenannte deskriptive Adressen prägen sich besser ein. Daher können im Internet Adressen mit Namen angegeben werden, die jedoch bestimmten Konventionen unterliegen. Zu diesem Zweck ist eine *Domain Hierarchy* definiert worden (Abb. J.3-3). Die Aufgabe des *Domain Name Service* DNS ist die Umsetzung von Namen in Adressen. Realisiert wird dies über verteilte Datenbanken mit entsprechend hohen Anforderungen an den Speicherbedarf.

Während die organisatorischen Domains in erster Linie in den USA verwendet werden, sind die geographischen Domains vorwiegend dem „Rest der Welt"

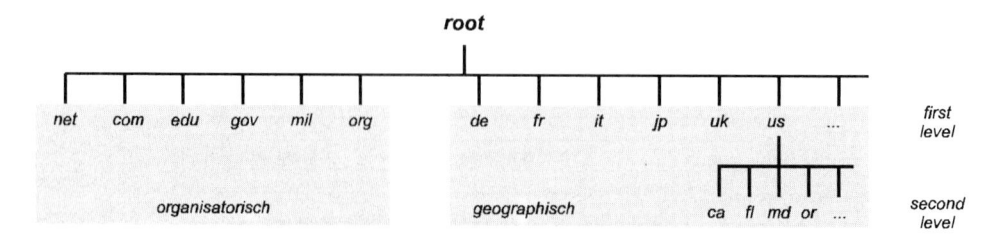

Abb. J.3-3   *Domain Hierarchy der IP-Adressen*

zugeordnet. Zu beachten ist, daß sich eine Station bzw. ein Netz immer eineindeutig in einer Domain befinden muß. Einige Beispiele für Internet-Adressen sind folgende:

- `www.ba-stuttgart.de`   Homepage der Berufsakademie Stuttgart
- `www.defenselink.gov`   Homepage des amerikanischen Verteidigungsministeriums (DoD)
- `www.microsoft.com`   Homepage von Microsoft

Eine Erweiterung der Adressierungsmöglichkeiten im IP wird durch die neue Version 6 des IP realisiert (siehe Abschnitt J.3.2.6).

J.3.2.3 Fragmentierung von IP-Datagrammen

Zu übertragende Pakete, deren Länge die für ein IP-Paket zulässige maximale Länge überschreiten, werden in mehrere Teile (Fragmente) unterteilt bzw. beim Empfänger entsprechend wieder zusammengesetzt (Fragmentierung bzw. Defragmentierung). Die Länge der Fragmente wird dabei so gewählt, daß sie in die Datensegmente der darunterliegenden Sicherungsschicht (z. B. nach IEEE 802) passen. Jedes Fragment erhält dabei seinen eigenen Header und wird als eigenes Paket übertragen. Ein Datagramm besteht aus einer Folge von Fragmenten, die einen einheitlichen Wert für den Parameter Kennung (Abb. J.3-4) aufweist. Für das korrekte Defragmentieren beim Empfänger dienen die Parameter Kennung, NF, MF und Fragment-Offset im Paket-Header.

Beim Empfänger wird bei Ankunft des ersten Fragments eines Datenpakets ein Timer auf einen festgelegten Wert gesetzt. Ist dieser Timer abgelaufen, bevor alle restlichen Fragmente eingetroffen sind, werden die bis dahin empfangenen Fragmente verworfen. Von den nächsthöheren Schichten wird daraufhin ggf. eine neue Übertragung des betreffenden Pakets angefordert (z. B. vom TCP).

J.3.2.4 Der Aufbau von IP-Datagrammen

Der Header jedes IP-Pakets (Abb. J.3-4) enthält die folgenden Einträge:

- Ver – Versionsnummer des IP (z. Z. Version 4.0)
- HL – Länge des Headers als Vielfaches von 32 Bit (standardmäßig fünf)
- Dienstart – geforderte Güte bzw. Zuverlässigkeit des Dienstes
- Gesamtlänge – Länge des kompletten Pakets (maximal 64 kB), wobei sichergestellt werden muß, daß der Empfänger in der Lage ist, die entsprechende Länge zu verarbeiten
- Kennung – Kennung des Datagramms, zu dem das Fragment in diesem Paket gehört
- Protokoll – Protokoll der Transportschicht (z. B. 1 → ICMP, 6 → TCP, 17 → UDP)

- Flags – enthält Flags, die anzeigen, ob das Datagramm fragmentierte Daten enthält (Bit 17: 0 – *may fragment*, 1 – *don't fragment*) und ob ggf. weitere Fragmente des aktuellen Datagramms folgen (Bit 18: 0 – *last fragment*, 1 – *more fragments*); Bit 16 ist z. Z. reserviert (Wert 0)
- Fragment-Offset – relative Adresse des Fragments im IP-Datagramm als Vielfaches von 8 Bit, bezogen auf das gesamte Datenpaket (das erste Fragment erhält den Offset 0)
- Lebensdauer (*Time to Life* – TTL) – Von der absendenden Station gesetzt, wird dieser Wert beim Passieren jedes Knotens sukzessive um eins reduziert. Sobald der Wert null erreicht wird, wird das Paket vom Netz genommen, wodurch eine Belastung des Netzes durch veraltete Pakete verhindert wird.
- Prüfsumme – 16-Bit-Prüfsumme über den Header (die Prüfsumme muß bei jedem Knoten neu berechnet werden, da sie sich durch die Reduzierung der Lebenszeit verändert)
- Quelladresse – 32-Bit-IP-Adresse des Quellrechners
- Zieladresse – 32-Bit-IP-Adresse des Zielrechners
- Optionen – nur in Sonderfällen benötigte Informationen (z. B. Angabe von Knoten, die das Datagramm passieren muß)

Die Daten im Paketrumpf werden durch sogenanntes Padding auf Vielfache von 32 Bit ergänzt.

Im IP wird eine Fehlerprüfung in der Art durchgeführt, daß es ein Datagramm nicht zusammensetzt, wenn es aus der Sicherungsschicht nicht alle Fragmente erhält. Außerdem wird die Prüfsumme des Headers ausgewertet. Es wird jedoch in keinem Falle eine Fehlerkorrektur durchgeführt; statt dessen werden fehlerhafte Datagramme verworfen.

Für die Flußkontrolle wird ein einfaches *Stop-and-wait*-Verfahren verwendet, dessen Beschreibung im Abschnitt D.3.2 zu finden ist.

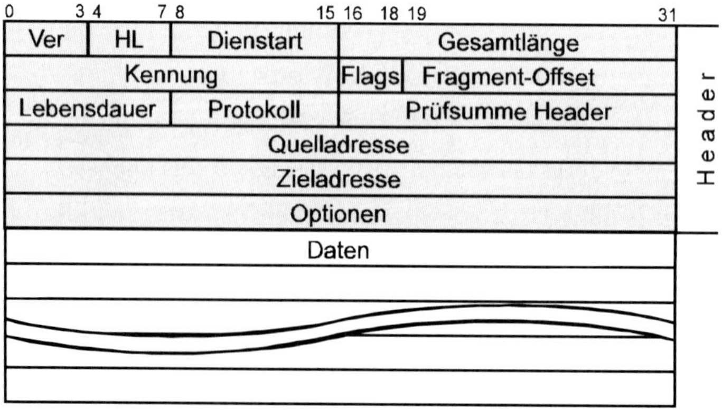

Abb. J.3-4   *Aufbau eines Pakets im IP*

J.3.2.5 Die Dienstprimitive des IP

Die höheren Schichten, wie z. B. das TCP, fordern Dienste vom IP mittels zweier Dienstprimitive an:

SEND (Parameter) Aussendung eines Datagramms;

RECV (Parameter Anweisung zum Verfahren beim Empfang von Datagrammen.

J.3.2.6 Die Version 6 des IP

In den letzten Jahren hat sich gezeigt, daß das IP in der Version 4 zwei generelle Probleme aufweist, die eine Änderung der Adressierung in der neuen Version 6 (IPv6) notwendig machen. An dieser Stelle sollen diese Probleme und die Verbesserungen durch die Version 6 kurz beleuchtet werden. Eine ausführliche Betrachtung zu diesem Thema ist beispielsweise in [Hosenfeld 96] nachzulesen.

- Version 4

    Trotz der theoretisch $2^{32} \approx 4,3 \cdot 10^9$ Adressen, die mit den 32 Bits in der Version 4 vergeben werden können, ist bereits jetzt erkennbar, daß in absehbarer Zeit ein genereller Adressen-Engpaß auftreten wird. Das läßt sich dadurch begründen, daß in der Praxis nur ein Bruchteil der theoretisch möglichen Adressen auch tatsächlich vergeben wird. Da das internationale NIC Adressen in Kontingenten an nationale NICs vergibt, die ihrerseits wiederum die Adressen an Unternehmen und Organisationen verteilen, verbleiben immer auch ungenutzte Adressen. Außerdem ist der Adreßraum aus organisatorischen Gründen (Routing) in drei Klassen (siehe Abb. J.3-2) unterteilt. Dadurch kann beispielsweise bei nur geringer Überschreitung der Grenze zwischen Klasse C und Klasse B der Fall eintreten, daß innerhalb eines Netzes 99 Prozent der möglichen Adressen ungenutzt bleiben.

    Das zweite Problem ist die bei großen Netzen (Klasse A) verhältnismäßig aufwendige Verwaltung (insbesondere das Routing).

- Version 6

    Durch die Verwendung von 128 Bits für eine Adresse sind theoretisch $2^{128} \approx 3,4 \cdot 10^{38}$ Kombinationen möglich. Die Notation erfolgt in Form von acht, durch Doppelpunkt getrennte, vierstellige Hexadezimalzahlen. Eine wichtige Forderung an die Version 6 war, daß eine Kompatibilität zur Version 4 sichergestellt werden mußte. Dies ist u. a. dadurch gewährleistet, daß sich die v4-Adressen als v6-Adressen darstellen lassen.

    Bei der Auslegung des IPv6 wurde Rücksicht genommen auf künftige Anwendungen wie Multimedia, *Broadcast, Electronic Shopping, Video on Demand* usw. Diese können im IPv4 nur sehr begrenzt verwendet werden und führen schnell zu einer „Verstopfung" des Netzes.

J.3.3 Das Internet Control Message Protocol (ICMP)

Mit dem ICMP werden Fehler- und Steuermeldungen (*Messages*) zwischen Hosts im Internet ausgetauscht. Zu diesem Zweck verwendet das ICMP Pakete, deren Header mit dem IP-Header identisch ist, wobei das Protokollfeld den Wert 1 (für ICMP) annimmt. Das Datenfeld enthält entsprechend die Steuermeldung.

J.3.4 Das Transmission Control Protocol (TCP)

J.3.4.1 Einleitung

Das Transmission Control Protocol (TCP) arbeitet in der Transportschicht (Schicht 4) des OSI-Referenzmodells und ist besonders im Bereich der lokalen Netze (LAN) weit verbreitet. Auf der Basis des TCP wird der Kontakt zwischen den Schichten 5 bis 7 des OSI-Referenzmodells zweier beteiligter Systeme ermöglicht. Hierbei wird insbesondere auch die Übermittlung in Netzen mit schlechter Übertragungsqualität unterstützt.

Die bestätigte verbindungsorientierte Datenübertragung erfolgt mit einer Ende-zu-Ende-Kontrolle, die u. a. eine Fehlerkontrolle sowie die Flußsteuerung umfaßt. Der Header enthält dabei Informationen zur Fehlersicherung sowie zur Fensterbildung.

- Die Fehlersicherung erfolgt über die Bildung einer Prüfsumme. Nur fehlerfrei empfangene Pakete werden quittiert, was bedeutet, daß für den Sender kein Unterschied zwischen dem Verlust und der fehlerhaften Übertragung eines Pakets besteht. Wenn innerhalb einer definierten Zeit (*Retransmission Time*) keine Quittierung erfolgt, geht der Sender davon aus, daß keine einwandfreie Übertragung dieses Pakets stattgefunden hat (*Time-out*), und veranlaßt eine erneute Aussendung (*Retransmission*). Die Einstellung der *Retransmission Time* ist insofern kritisch, als eine zu kurze Zeit zu viele erneute Aussendungen verursacht, wodurch das Verfahren ineffizient wird. Wird hingegen ein zu großer Wert gewählt, verzögert sich der Übertragungsvorgang, und die tatsächliche Übertragungsrate sinkt. Da sich i. a. keine allgemeingültigen Angaben für diesen Parameter machen lassen, ist eine adaptive Anpassung an die Situation im Netz zu favorisieren. Diese Anpassung erfolgt während einer virtuellen Verbindung aufgrund des Quittierungsverhaltens. Aufgrund der erneuten Aussendungen kann es zu mehrfachem Empfang desselben Pakets kommen. Durch den Einsatz einer Sequenznumerierung werden alle Pakete eindeutig gekennzeichnet, so daß Duplikate ausgesondert werden können. Aufgrund des Aufbaus dieser Numerierung können während der Existenz einer virtuellen Verbindung maximal 4 GBytes übertragen werden.

J.3.4 Das Transmission Control Protocol (TCP)

- Der Header beinhaltet u. a. auch eine Angabe über den zur Verfügung stehenden Pufferspeicher. Hierdurch wird festgelegt, nach der Übertragung welcher Anzahl von Paketen eine Quittierung durch den Empfänger erfolgt. Dieser Vorgang wird als Fensterbildung bezeichnet.

Beliebig lange Nachrichten werden in Pakete mit weniger als 64 kB aufgeteilt und in der Form von Datagrammen übertragen. Die Datagramme werden von der darunterliegenden Vermittlungsschicht (*Internet Protocol*) ohne Ende-zu-Ende-Sicherung eingesetzt. Die Aufgabe dieser Übertragungssicherung wird vom TCP übernommen. Dabei werden Datagramme ggf. erneut ausgesendet, wenn keine Quittierung (ACK) bzw. eine negative Quittierung (NAK) vom Empfänger kommt (s. o.). Weitere Probleme, die durch das TCP gelöst werden müssen, sind das Verhalten bei mehrfachem Empfang desselben Pakets oder bei einer durch die Übermittlung veränderten Reihenfolge der Pakete.

J.3.4.2 Die Adressierung im TCP

Innerhalb der Transportschicht werden vom TCP (ebenfalls vom UDP) sogenannte Ports zur Adressierung verwendet, um Daten an eine bestimmte Applikation der Anwendungsschicht zu schicken. Eine Port-Adresse umfaßt 16 Bits, wobei z. B. „23" für *Telnet* steht, „25" für *SMTP* und „20" bzw. „21" für Daten bzw. Befehle an *FTP* (die Erläuterung dieser Dienste ist in Abschnitt J.3.6 zu finden). Die Port-Adresse wird gemäß dem OSI-Referenzmodell als Dienstzugangspunkt (*Transport Service Access Point* – TSAP) des Hosts bezeichnet. Gemeinsam mit der IP-Adressierung kann ein Vergleich zu einer Telephonnummer herangezogen werden, der in Abb. J.3-5 dargestellt ist.[3]

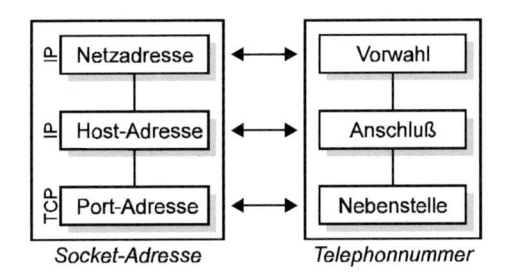

Abb. J.3-5 *Adresse eines Sockets im Vergleich mit einer Telephonnummer*

Der Endpunkt einer Verbindung wird in diesem Zusammenhang oft auch als Socket bezeichnet. Dementsprechend setzt sich die Socket-Adresse aus der IP-Adresse und der TCP-Adresse zusammen. Die Kommunikation findet somit zwischen zwei Sockets statt. Somit wird eine Verbindung eindeutig durch die

---

[3] Dies entspricht nicht exakt dem OSI-Standard, da die Adressierung der einzelnen Schichten nicht vollständig voneinander getrennt betrachtet werden kann.

beiden beteiligten Sockets (sowie Sequenznummer und Fenstergröße) definiert. Zur selben Zeit können keine zwei identischen Socket-Paare existieren. Es ist jedoch möglich, daß eine Station über die TCP-Schnittstelle von mehreren Prozessen aus gleichzeitig auf eine Verbindung zugreift. Die einzelnen Prozesse werden dabei über die Ports adressiert.

J.3.4.3 Der Aufbau von TCP-Datagrammen

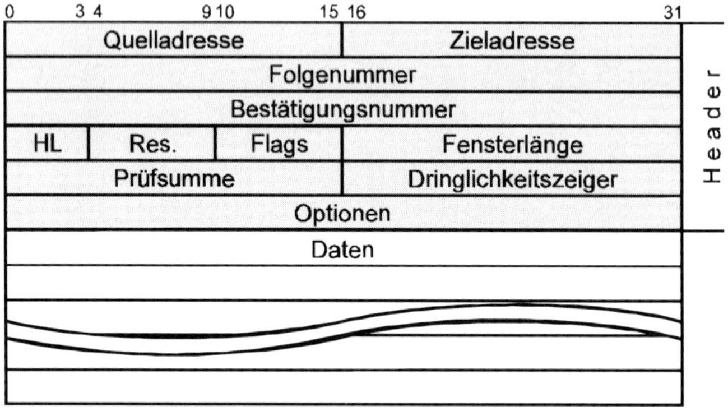

0	3 4	9 10	15 16	31	
Quelladresse			Zieladresse		H
Folgenummer					e
Bestätigungsnummer					a
HL	Res.	Flags	Fensterlänge		d
Prüfsumme			Dringlichkeitszeiger		e
Optionen					r
Daten					

Abb. J.3-6 *Aufbau eines Pakets im TCP*

Den Aufbau eines TCP-Pakets zeigt Abb. J.3-6. Die einzelnen Einträge im Header weisen dabei die folgenden Bedeutungen auf:

- Quelladresse (*Source Port*) – Port-Adresse (Dienstzugangspunkt) des Senders
- Zieladresse (*Destination Port*) – Port-Adresse (Dienstzugangspunkt) des Empfängers
- Folgenummer (*Sequence Number*) – Die Folgenummer benennt das erste Byte im Paket und dient der Absicherung des Datenflusses durch die Numerierung jedes einzelnen(!) Datenbytes. Die Folgenummer wird vom Sender zugeteilt und beginnt bei einem zufällig ausgewählten Startwert. Dieses einfache Verfahren gewährleistet eine hohe Zuverlässigkeit.
- Bestätigungsnummer (*Acknowledgement Number*) – Die Bestätigung dieser Paketnummer durch den Empfänger wird vom Sender erwartet und bietet außerdem eine Anzeige, welche Daten bzw. welche Folgenummer erwartet wird.
- HL – Länge des Headers als Vielfaches von 32 Bits
- Flags – bieten die Möglichkeit, sechs definierte Ereignisse innerhalb des Headers zu kennzeichnen:
  - URG (*urgent*) sofortige Auswertung der Daten durch den Empfänger

- ACK (*acknowledge*)   Quittierungsnummer ist gültig
- PSH (*push*)   Daten in diesem Segment sollen sofort der Anwendung übergeben werden
- RST (*reset*)   Rücksetzen der Verbindung
- SYN (*synchronize*)   Verbindungsaufbauwunsch, verlangt Quittierung
- FIN (*finish*)   Verbindungsabbauwunsch, verlangt Quittierung

♦ Fensterlänge (*Window Size*) – Größe für Fensterverfahren in Bytes (Flußkontrolle) – maximal 4026 Bytes

♦ Prüfsumme (*Check Sum*) – 16-Bit-Prüfsumme über den TCP-Header, die IP-Quell- und Zieladresse, eine Protokoll-Identifizierung sowie die Länge des TCP-Segments

♦ Dringlichkeitszeiger (*Urgent Pointer*) – Offset zur Sequenznummer, die auf das letzte Byte dringlicher Daten zeigt

♦ Optionen – nur in Sonderfällen benötigte Informationen

Bei den „dringlichen Daten" handelt es sich um eine Möglichkeit, neben dem TCP-Kanal einen zweiten Kanal (*Out of Band*) zu nutzen, der die Übertragung von Daten außerhalb der Reihenfolge des normalen Byte-Stromes erlaubt.

J.3.4.4 Dienstprimitive des TCP

Die Dienstprimitive des TCP sind:

OPEN   Aufbau einer virtuellen Verbindung zwischen zwei Teilnehmern (mit mehrfachem Handshaking)

SEND   Übergabe eines Datenpuffers an das TCP – für die Durchführung des Sendens ist das TCP verantwortlich

RECEIVE   Der Anwenderprozeß gestattet dem TCP, Daten vom sendenden Teilnehmer zu empfangen (mit einer festgelegten zulässigen Puffergröße)

CLOSE   Abbau der virtuellen Verbindung

J.3.5 Das User Datagram Protocol (UDP)

J.3.5.1 Einleitung

Das UDP stellt Dienste für die verbindungslose Übermittlung zur Verfügung. Der Vorteil gegenüber dem TCP – wie allgemein der Vorteil der verbindungslosen gegenüber der verbindungsorientierten Übermittlung – ist der deutlich geringere Overhead, der bereits beim Vergleich der Paketstrukturen von TCP (Abb. J.3-6) und UDP (Abb. J.3-7) deutlich wird. Das UDP baut sich schneller auf als TCP-Verbindungen, da es sich weder um fehlende Pakete noch um deren korrekte Reihenfolge kümmert.

Das UDP findet Verwendung z. B. bei NFS (*Network File System*), DNS (*Domain Name Service*) und RIP (*Routing Information Protocol*) sowie vielfach dort, wo Datensicherungsmechanismen von der Anwendung selbst realisiert werden, wie z. B. beim FSP (*File Service Protocol*). Es wird außerdem von Anwendungen genutzt, die nur kurze Nachrichten senden und diese ggf. wiederholen können. Außerdem ist es ein ideales Protokoll zur Verteilung von Informationen, die sich ständig ändern, wie z. B. Meßwerte, Börsenkurse usw.

J.3.5.2 Der Aufbau von UDP-Datagrammen

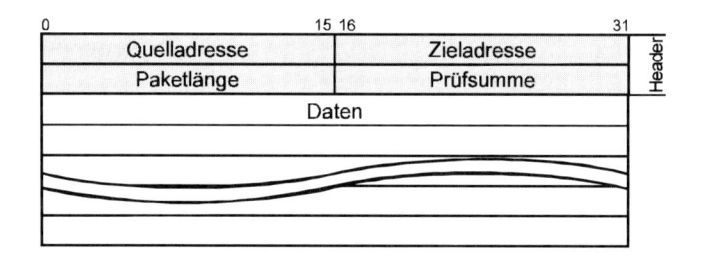

Abb. J.3-7 *Aufbau eines Pakets im UDP*

Den Aufbau eines UDP-Pakets zeigt Abb. J.3-7. Die einzelnen Einträge im Header, der eine Kurzform des TCP-Headers darstellt, weisen dabei die folgenden Bedeutungen auf:

- Quelladresse (*Source Port*) – Dienstzugangspunkt (*Transport Service Access Point* – TSAP) des Senders
- Zieladresse (*Destination Port*) – Dienstzugangspunkt des Empfängers
- Paketlänge (*Segment Length*) – Länge des Pakets (Header und Daten) als Vielfaches von 32 Bit
- Prüfsumme (*Check Sum*) – 16-Bit-Prüfsumme über den Header

Der Aufbau der Adressierung ist identisch mit der des TCP, die im Abschnitt J.3.4.2 beschrieben wurde.

J.3.5.3 Dienstprimitive des UDP

Die Dienstprimitive des UDP stimmen mit denjenigen des TCP überein, wobei jedoch durch den verbindungslosen Charakter des Datagramm-Protokolls UDP nur die Dienstprimitive zur eigentlichen Datenübertragung (`Send` und `Receive`) Verwendung finden, während der Verbindungs-Aufbau und -Abbau mit den zugehörigen Dienstprimitiven entfällt.

J.3.6 Einige Anwenderprozesse

Hier sollen kurz einige typische Anwendungen vorgestellt werden, die auf der TCP/IP-Protokollfamilie aufbauen.

- Telnet

  Bei *Telnet* handelt es sich um ein auf TCP basierendes Protokoll für den Einsatz von virtuellen Terminals (*Virtual Terminal* – VT). Es kommuniziert wie alle hier betrachteten Anwendungsprozesse auf der Client/Server-Architektur. Telnet erlaubt dem Client (dem virtuellen Terminal) den Zugriff auf einen Server (ein externer Rechner) für eine Dienstleistung. Ein interaktiver Anwender kann mittels eines *Remote Login* von einem Client eine Session auf einem entfernten Server starten.

- SMTP – *Simple Mail Transfer Protocol*

  Dieses auf TCP basierende Protokoll dient dem Austausch von elektronischer Post zwischen zwei Systemen. Verwendet wird dabei der 7-Bit-ASCII-Code, d. h. eine Darstellung von Umlauten u. ä. ist nicht möglich. Das bedeutet, daß Texte aus Textverarbeitungen vor dem „Mailen" konvertiert werden müssen. Eine Abhilfe für dieses Problem ist der MIME-Standard (*Multipurpose Internet Mail Extension*), der eine 8-Bit-ASCII-Darstellung erlaubt.

  Das SMTP stellt relativ hohe Anforderungen an den Kanal bzgl. Zuverlässigkeit und Garantie der korrekten Sequenzen. Ein X.25-Netz ist hierfür nicht ausreichend, da die Eigenschaften der Transportschicht fehlen. Hierdurch ist mit einer relativ hohen Restwahrscheinlichkeit für die falsche Zustellung der Informationen zu rechnen – außerdem ist die Wahrscheinlichkeit für eine unkorrekte Sequenzfolge zu groß. Im Gegensatz dazu sind die vom TCP bereitgestellten Übertragungsdienste ausreichend für das SMTP.

- FTP – *File Transfer Protocol*

  Ebenfalls auf TCP basiert das FTP, das einen Dateiaustausch zwischen Client und Server ermöglicht, wobei eine Vielzahl von Optionen (Überprüfung der Anwenderberechtigung, Datenumwandlung bei der Übertragung, Darstellung des Verzeichnisinhalts, Format ASCII oder *Binary* usw.) wählbar sind. Zu diesem Zweck werden zwischen Client und Server zwei Verbindungen (Daten – Kommunikationssteuerung) aufgebaut.

- TFTP – *Trivial File Transfer Protocol*

  Diese auf UDP basierende Anwendung ermöglicht es den Nutzern, Dateien zwischen zwei Systemen (Client und Server) auszutauschen. Im Vergleich zu FTP sind hier nur wenige Optionen möglich.

J.4 Übungsaufgaben

Aufgabe J-1

Das X.25-Protokoll besteht aus drei Schichten. Um welche Schichten handelt es sich dabei und welche Aufgaben übernehmen sie?

Aufgabe J-2

Gegeben sei die IP-Adresse `191.9.200.1`.

1. Zu welcher Klasse (A, B oder C) gehört diese Adresse?
2. Wie lautet die Netzadresse?
3. Wie lautet die Host-Adresse?

Aufgabe J-3

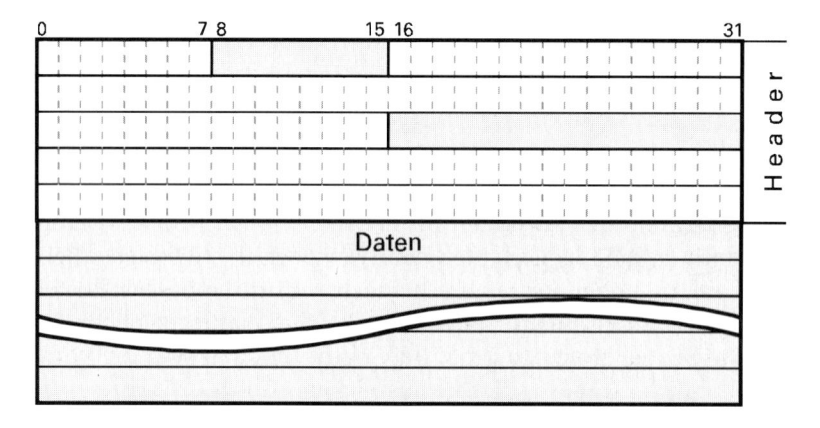

Abb. J.4-1 IP-Header

Es sollen 652 Bytes Daten von der Quelladresse `192.9.210.21` zur Zieladresse `192.9.210.1` übertragen werden. Vervollständigen Sie den in Abb. J.4-1 gezeigten IP-Header für dieses Datenpaket (die grauen Felder brauchen dabei nicht ausgefüllt zu werden). Es gelten folgende Randbedingungen:

- IP-Version   4
- Protokoll am Zielort   TCP
- *Time to Live*   128
- Datagramm-Kennung   102
- Paket nicht fragmentiert

Aufgabe J-4

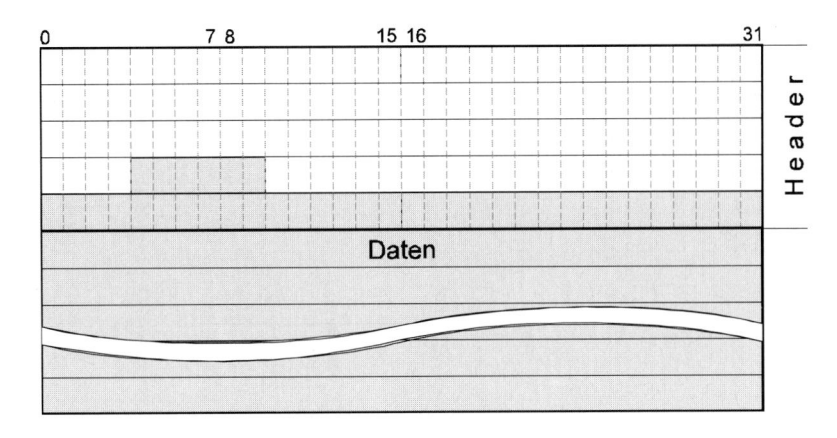

Abb. J.4-2 TCP-Header

Vervollständigen Sie den in Abb. J.4-2 gezeigten TCP-Header für eine Übermittlung vom Port 02A4h zum Port 02A5h unter Berücksichtigung der folgenden Angaben:

- Folgenummer   0
- Bestätigungsnummer   0
- Gesetztes Flag   PSH
- Fensterlänge   512

Anmerkung: Das PSH-Flag wird mit dem Bit 12 gesetzt.

Die grauen Felder brauchen nicht ergänzt zu werden.

Teil K

Grundlagen der Vermittlungstechnik

K.1 Einführung in die Vermittlungstechnik

Die Aufgabe eines Vermittlungssystems ist der Aufbau einer Verbindung (eines Pfades) in einem Nachrichtennetz (Abb. K.1-1) zwischen beliebigen Netzknoten (Teilnehmern) zu einem beliebigen Zeitpunkt für eine beliebige Zeitdauer. Anzustreben ist hierbei möglichst ein verzögerungsfreier Verbindungsaufbau. Unter einer Verbindung wird hierbei die Zuordnung von kommenden und gehenden Leitungen verstanden, wobei die Verbindung nicht notwendigerweise auch physikalisch vorhanden sein muß.

Definition K.1-1 ▼

Ein Vermittlungssystem ist die Gesamtheit der – einem bestimmten technischen Konzept folgenden – Einrichtungen in einem Nachrichtennetz, bestehend aus den folgenden Komponenten.
- Das Vermittlungsnetz ist das durch die Gesamtheit aller Verbindungsleitungen zwischen den Vermittlungsstellen gebildete Netz. Die Verbindungsleitungen sind die Zusammenfassung (Bündelung) aller in eine bestimmte Richtung führenden Nachrichtenkanäle.
- Eine Vermittlungsstelle ist die Zusammenfassung aller Durchschalte- und Steuereinrichtungen, die in einem Knoten des Vermittlungsnetzes zwischen zwei oder mehr Nachrichtenkanälen eine temporäre Nachrichtenverbindung herstellt.
- Eine Teilnehmervermittlungsstelle ist eine Vermittlungsstelle, an der die bei den Teilnehmern vorhandenen Endstellen angeschlossen sind.
- Eine Durchgangsvermittlungsstelle ist eine Vermittlungsstelle, welche ausschließlich Durchgangsverkehr abwickelt.

▲

Aus der Sicht der konventionellen Nachrichtentechnik (und natürlich auch aus der Sicht des Nutzers) kann folgende Unterteilung der Vermittlungssysteme vorgenommen werden.
- Fernsprech-/Fernschreibvermittlung
  Hierbei handelt es sich um einen direkten Informationsaustausch. Dies bewirkt, daß keine ständige Kontrolle der Betriebsfähigkeit notwendig ist, da diese Aufgabe vom Benutzer selbst übernommen wird. Die Silbenverständlichkeit beträgt nicht unbedingt 100 %, sondern kann bereits ab Werten von ca. 70 % zu einer brauchbaren Verständigung führen (Abschnitt F.5.3). Das bedeutet, daß die gelegentliche Übertragung falscher Zeichen i. a. nicht zu einem Informationsverlust führt.

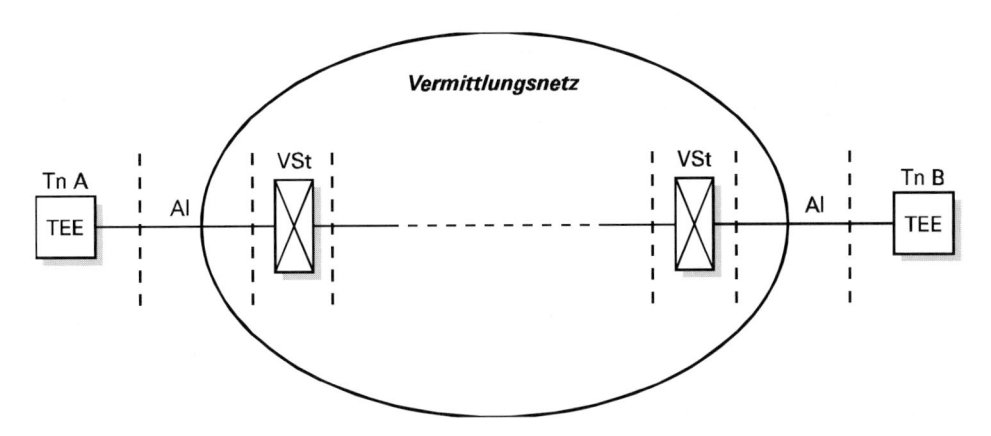

Abb. K.1-1 Typische Elemente eines Nachrichtennetzes

- Datenvermittlung
  Hier liegt i. a. eine Verbindung von „Maschinen" vor, d. h. vor allem Datenverarbeitungsanlagen. Im Gegensatz zur Fernsprech-/Fernschreibvermittlung werden hier i. a. redundanzfreie Daten übertragen, die eine geringe Fehlerhäufigkeit erfordern (im Idealfall fehlerfreie Übertragung). Als eine sehr effiziente und vergleichsweise einfache Methode zur Erreichung dieses Ziels haben sich Datensicherungsverfahren auf der Basis von fehlererkennden und fehlerkorrigierenden Codes erwiesen (*Forward Error Correction* – FEC). Trotzdem sind hier höhere Anforderungen an den Übertragungskanal zu stellen. Zusätzlicher technischer Aufwand entsteht dadurch, daß eine permanente Kontrolle der Betriebsfähigkeit des Systems (und damit auch der Vermittlungstechnik) notwendig ist.

Durch die Digitalisierung der Vermittlungstechnik und den Aufbau des diensteintegrierenden digitalen Nachrichtennetzes ISDN ist in weiten Bereichen der modernen Vermittlungstechnik keine Unterteilung hinsichtlich der Dienstart mehr notwendig. Zu den Prinzipien der Vermittlungstechnik siehe Kapitel K.4.

K.2 Netzstrukturen

K.2.1 Einleitung

Ein Nachrichtennetz dient dazu, mindestens zwei Punkte für den Nachrichtenaustausch miteinander zu verbinden. Diese Netzpunkte können dabei
- Endstellen als Quellen oder Senken der Nachricht

und
- Vermittlungsstellen als Netzknoten sein.

Als Topologie wird hier die Struktur des Zusammenschlusses mehrerer Stationen bezeichnet. Da mehr als zwei Netzpunkte auf verschiedenartige Weise miteinander verbunden werden können, unterscheidet man nach topologischen Gesichtspunkten:
- Verzweigungsnetz,
- Maschennetz,
- Verbundnetz.

Nach der Art der zu vermittelnden Kommunikation unterscheidet man Verteilnetze (Rundfunk- und Fernsehnetze) und Dialognetze (Fernsprechnetz). Welche Netzstruktur die sinnvollste ist, muß bei jedem System von neuem bestimmt werden, da keine allgemeinen Aussagen möglich sind. Dabei kann die Netzstruktur für unterschiedliche Netzebenen (Orts-, Fernnetz) unterschiedlich sein.

Beurteilungskriterien für die Wahl einer Netzform sind vor allem:
- geographische Verteilung,
- Parameter der zu vermittelnden Nachrichten (Größe, Richtung, usw.),
- Unempfindlichkeit gegen Störungen,
- Art der Durchschaltung in den Vermittlungsknoten.

Die Abb. K.2-1 zeigt die sechs wichtigsten Netzstrukturen, die in den folgenden Abschnitten mit ihren Vor- und Nachteilen kurz vorgestellt werden.

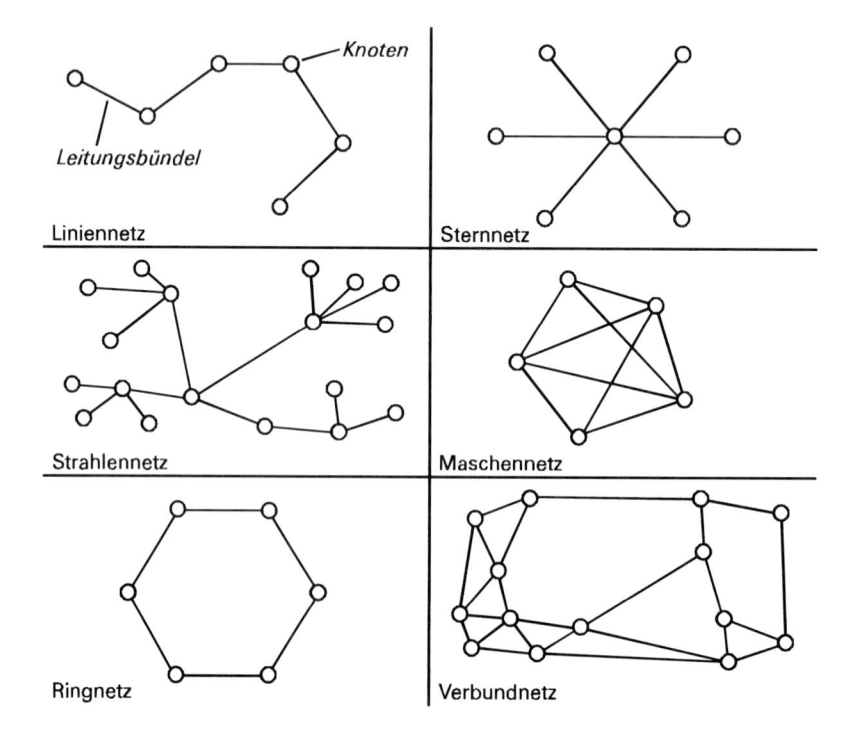

Abb. K.2-1 *Netzstrukturen*

K.2.2 Verzweigungsnetz

Charakteristisch für das Verzweigungsnetz ist, daß jeder Knoten nur mit einer begrenzten Anzahl von Nachbarpunkten verbunden ist.

Vorteil Der Verkehr kann konzentriert und somit können Leitungsbündel eingespart werden.

Nachteil Störungen haben eine größere Auswirkung auf das Gesamtnetz.

Die drei Vertreter des Verzweigungsnetzes sind:

- Liniennetz (Busnetz)

  Beim Liniennetz sind die Knoten und die Endstellen längs einer Linie angeordnet. Zur Verbindung von n Netzpunkten werden $n-1$ Leitungsbündel benötigt.

  Vorteil Relativ geringe Anzahl von Leitungsbündeln erforderlich.

  Nachteil Bei Ausfall eines Knotens oder eines Leitungsbündels besteht hierfür kein Ersatz (Umgehung).

  Anwendungen Datennetze (Busnetze), einfache Nebenstellenanlagen.

- Sternnetz

  Charakteristisch für das Sternnetz ist der zentrale Knoten mit Vermittlungsfunktion, an den sternförmig weitere Knoten oder Endstellen angeschlossen sind. Zur Verbindung von n Netzpunkten werden auch hier $n-1$ Leitungsbündel benötigt.

  Vorteile Relativ geringe Anzahl von Leitungsbündeln, übersichtliche Netzgestaltung.

  Nachteil Fällt ein Leitungsbündel aus, so ist zu dem betroffenen peripheren Knoten keine Verbindung mehr möglich. Bei Ausfall des zentralen Vermittlungsknotens fällt das gesamte Netz aus.

  Anwendungen Anschlußleitungsnetz.

- Strahlennetz

  Das Strahlennetz ist ein hierarchisch gegliedertes Sternnetz in mehreren Ebenen. Hierbei sind die zentralen Knoten der einzelnen Sterne wiederum an die zentralen Knoten der nächsthöheren Ebene herangeführt. Für n Netzpunkte werden $n-1$ Leitungsbündel benötigt.

  Vor- und Nachteile entsprechen denen des Sternnetzes.

K.2.3 Maschennetz

Beim Maschennetz ist jeder Knoten gleichberechtigt mit jedem anderen Knoten verbunden. Benötigt werden damit bei n Knoten $n(n-1)/2$ Leitungsbündel.[1]

Vorteil	Bei Ausfall eines Knotens hat dies nur Auswirkungen auf Verbindungen mit diesem Knoten als Quelle oder Senke. Fällt ein Leitungsbündel aus, so kann der Verkehr über andere Wege umgeleitet werden.
Nachteil	Bei größeren Netzen entsteht durch die hohe Anzahl der Leitungsbündel ein umfangreiches (und unübersichtliches) Netzwerk, wobei die einzelne Bündel oftmals nur gering ausgelastet sind. Eine Erweiterung des Netzes mit einem weiteren Knoten ist aufwendig, da zu jedem existierenden Knoten getrennte Bündel neu eingerichtet werden müssen.
Anwendungen	Alle Netze mit hohem Verkehrsaufwand je Knoten.

Eine Variante des Maschennetzes ist das Ringnetz; hierbei sind die Knoten und die Endstellen in Form eines Ringes miteinander verbunden. Ein Knoten kann auch Verbindungspunkt für mehrere Ringe sein. Für ein einfaches Ringnetz mit n Knoten werden n Leitungsbündel benötigt.

Vorteil	Relativ geringe Investitionskosten.
Nachteil	Bei einem großen Netz relativ lange Durchlaufzeit.
Anwendungen	Einige Netze für Datenübertragung.

K.2.4 Verbundnetz

Beim Verbundnetz handelt es sich um eine Mischform aus Maschen- und Verzweigungsnetz.

Vorteil	Direkte Leitungsbündel können den starken Verkehr zwischen den Knoten eines Netzes aufnehmen, während der schwächere Verkehr mehrerer Knoten erst in einem zentralen Knoten zusammengefaßt und dann über ein gemeinsames Leitungsbündel abgewickelt wird. Dadurch ist eine Anpassung an vorgegebene Verkehrsstrukturen und damit ein effektives Netz möglich.
Nachteil	Durch die unübersichtliche Anordnung ist es relativ schwierig, die Netzeinrichtungen dem Verkehrsaufkommen anzupassen.

---

[1] Neben dem hier beschriebenen vollvermaschten Netz existieren auch teilvermaschte Netze, bei denen nicht jede mögliche Verbindung realisiert wird.

K.3 Koppeleinrichtungen

Die Koppeleinrichtung (*Switching Network*) ist der zentrale Teil jeder Vermittlungsanlage. Wie Abb. K.3-1a zeigt, werden dabei n Eingänge mit m Ausgängen gemäß den vorliegenden (Wähl-)Informationen verbunden. Dabei kann sowohl $m > n$ (expandierend), $m = n$ (linear) als auch $m < n$ (konzentrierend) gelten. Im allgemeinen muß jeder Eingang mit jedem Ausgang verknüpft werden können; ansonsten liegt nur eine eingeschränkte Erreichbarkeit vor. Es muß dabei gewährleistet werden, daß für jede Verbindung zwischen Ein- und Ausgängen ein unabhängiger Übertragungsweg innerhalb der Koppeleinrichtung zur Verfügung gestellt wird. Zu den Aufgaben der Koppeleinrichtung gehört dabei neben dem Herstellen des gewählten Übertragungsweges das Steuern und Verwalten von mehreren, i. a. auch gleichzeitig vorliegenden Verbindungsanforderungen.

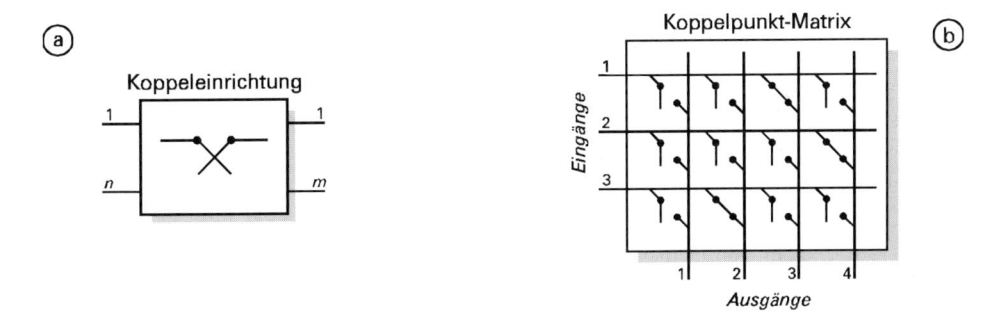

Abb. K.3-1 Koppeleinrichtung (a) und Beispiel für eine Koppelpunkt-Matrix (b); für die Koppeleinrichtung sind auch andere als das hier verwendete Symbol gebräuchlich.

Koppeleinrichtungen arbeiten entweder im Raumvielfach oder im Zeitvielfach. Diese beiden Verfahren werden im folgenden beschrieben.

K.3.1 Koppeleinrichtung im Raumvielfach

K.3.1.1 Einleitung

Hierbei existiert ein physikalisch durchgeschalteter Verbindungsweg zwischen dem Eingang und dem Ausgang. Die elektrischen Verbindungen werden an sogenannten Koppelpunkten (*Cross Points*) hergestellt, die z. B. in Form von Relais oder durch elektronische Bauelemente hergestellt werden. Die Verbindungen werden immer mehradrig geführt, wobei zumindest zwei Adern für einen Sprechkreis und ggf. weitere Adern für Steuerinformationen vorhanden sind.

Die Abb. K.3-1b zeigt eine vollständige Koppelpunkt-Matrix, bei der jeder Eingang mit jedem Ausgang verbunden werden kann. Die hier dargestellte Koppelpunkt-Matrix ist wegen $m > n$ expandierend, d. h. es sind mehr Ausgänge als Eingänge vorhanden. In diesem Beispiel sind die Eingänge 1, 2 bzw. 3 mit den Ausgängen 3, 4 bzw. 2 verbunden. Solange nicht mehrere Eingänge auf den gleichen Ausgang zugreifen wollen, ergibt sich hier eine blockierungsfreie Koppeleinrichtung, d. h. es wird kein Verbindungswunsch abgewiesen.

Die Anzahl der Koppelpunkte ergibt sich als Produkt aus der Anzahl n der Eingänge und der Anzahl m der Ausgänge (Abb. K.3-1b: zwölf Koppelpunkte). Das Minimum von n und m liefert die Anzahl der gleichzeitig möglichen Verbindungen (Abb. K.3-1b: maximal drei gleichzeitige Verbindungen). Die Aktivierung der einzelnen Koppelpunkte erfolgt aufgrund von Wählinformationen, die der Koppeleinrichtung zur Verfügung stehen müssen.

K.3.1.2 Mehrstufige Koppeleinrichtungen

Ein prinzipielles Problem bei der Koppelpunkt-Matrix, wie sie hier vorgestellt worden ist, soll abschließend noch untersucht werden. Bei einer größeren Zahl von Ein- und Ausgängen ergibt sich eine i. a. nicht mehr sinnvoll zu realisierende Anzahl von Koppelpunkten. So wären beispielsweise bei 100 Eingängen und 30 Ausgängen bereits 3000 Koppelpunkte innerhalb der (konzentrierenden) Koppelpunkt-Matrix erforderlich (Abb. K.3-2a). Um diese Schwierigkeit zu umgehen, werden mehrstufige Koppeleinrichtungen eingeführt, die dann allerdings i. a. bezüglich evtl. auftretender Blockierungen ungünstiger sind.

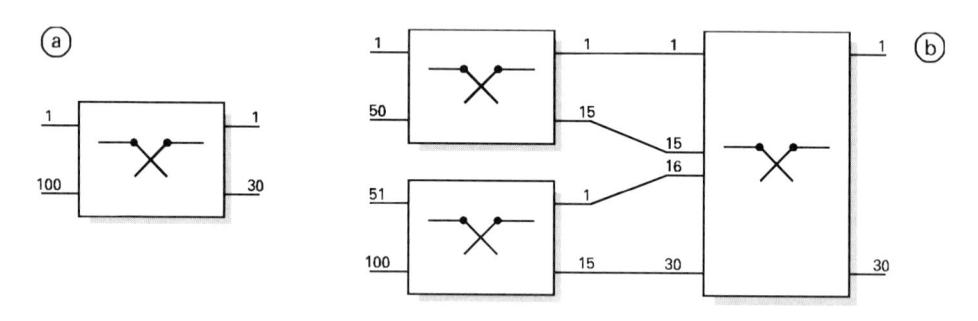

Abb. K.3-2 *Beispiel einer Koppelpunkt-Matrix*

So ist in Abb. K.3-2b eine zweistufige Anordnung dargestellt, wobei in der ersten Stufe zwei Koppeleinrichtungen mit jeweils 50 Ein- und 15 Ausgängen vorliegen. Das bedeutet: Wenn von den Eingängen 1 bis 50 bzw. 51 bis 100 jeweils mehr als 15 Verbindungswünsche angemeldet werden, können diese nicht mehr bedient werden. Bei ungleicher Aufteilung des Verkehrs auf die Teilnehmer (d. h. auf die Eingänge) kommt es somit eher zu Blockierungen. In der zweiten Stufe werden die insgesamt 30 Ausgänge der ersten Stufe in einer linearen Koppelpunkt-Matrix mit den 30 Ausgängen der gesamten Koppeleinrichtung verbunden. In der ersten bzw. zweiten Stufe sind somit 1500 bzw. 900 Koppelpunkte erforderlich, womit sich insgesamt 2400 Koppelpunkte ergeben.

Die Verringerung der Anzahl der erforderlichen Koppelpunkte wird um so deutlicher, je stärker die Koppelpunkt-Matrix konzentriert, d. h. je größer das Verhältnis der Anzahl der Eingänge zur Anzahl der Ausgänge ist. Dieser Verringerung des Aufwands steht auf der anderen Seite eine geringere Erreichbarkeit gegenüber. Beim Entwurf von Koppeleinrichtungen muß daher eine Abwägung zwischen diesen Aspekten stattfinden.

K.3.1.3 Realisierung der Koppelelemente

An die Koppelelemente werden eine Reihe von Forderungen gestellt, die im allgemeinen nicht gleichzeitig erfüllbar sind und deren Grad der Erfüllbarkeit von der gewählten Realisierung abhängt. Nach [Haaß 97] sind die wichtigsten Forderungen:

- niedriger Durchlaßwiderstand / hoher Sperrwiderstand;
- hohe Nebensprechdämpfung;
- Linearität / großer Dynamikbereich;
- Spannungsfestigkeit;
- geringe Schaltzeiten;
- hohe Lebensdauer / hohe Zuverlässigkeit;
- geringer Raumbedarf / niedrige Herstellkosten.

Für die Realisierung der Koppelelemente stehen drei Technologien zur Verfügung:

- elektromechanisch
  Von der ursprünglich vorhandenen Vielfalt elektromechanischer Koppelelemente (verschiedene Wähler, Schalter, Relais) hat heute – aufgrund der guten Kontakteigenschaften – lediglich das Relais noch eine gewisse Bedeutung.

- elektrisch
  Koppelelemente auf der Basis von Halbleiter-Bauelementen (Bipolar- und Feldeffekt-Transistoren, Thyristoren) werden heute insbesondere in Koppelnetzen mit hohen Datenraten eingesetzt. Der Vorteil der elektrischen Koppelelemente ist, daß sie wartungsfrei, klein und kostengünstig sind. Dem steht der Nachteil gegenüber, daß sie speziell gegen Überspannungen abgesichert werden müssen.

- optisch
  Optische Koppelelemente basieren auf einem optischen Wellenleiter, bei dem es sich – vereinfacht gesagt – um einen dünnen Wellenleiter-Streifen auf ei-

nem geeigneten Substrat (z. B. LiNbO$_3$) handelt, in dem die Wellenausbreitung wie in einem Lichtwellenleiter erfolgt. Die Tatsache, daß bei Wahl geeigneter Materialien für Substrat und Wellenleiter der Brechungsindex und somit die elektrischen Eigenschaften des Wellenleiters durch ein elektrisches Feld verändert werden können, macht man sich beim Aufbau von optischen Koppelelementen zunutze.

K.3.2 Koppeleinrichtung im Zeitvielfach

Koppeleinrichtungen im Zeitvielfach werden eingesetzt, wenn (digitale) Signale im Zeitmultiplex (TDM) vermittelt werden sollen. In digitalen Vermittlungsstellen handelt es sich dabei i. a. um PCM-30-Signale, die 30 Nutzkanäle sowie zwei Steuerkanäle mit jeweils 64 kbit/s aufweisen (Kap. H.2). Zu unterscheiden ist dabei zwischen zeitlagengleicher (koinzidenter) und nichtzeitlagengleicher (nichtkoinzidenter) Durchschaltung.

- Bei der zeitlagengleicher Durchschaltung werden alle Kanäle des PCM-30-Signals unverändert durchgeschaltet, ohne daß ihre Lage innerhalb des TDM-Rahmens verändert wird. Man kann einen koinzidenten Koppelpunkt auch als Durchschaltung von Zeitmultiplex-Signalen im Raumvielfach ansehen.

- Bei der nichtzeitlagengleichen Durchschaltung wird die Lage der einzelnen (Nutz-)Kanäle des PCM-30-Signals innerhalb des TDM-Rahmens verändert. Hierzu ist eine Zwischenspeicherung von maximal einer Rahmendauer notwendig.

Ein wesentlicher Unterschied gegenüber der Durchschaltung im Raumvielfach ist die Tatsache, daß aufgrund des Prinzips die Durchschaltung nur in einer Richtung möglich ist. Daher ist für den Duplexbetrieb immer der Einsatz zweier Koppeleinrichtungen notwendig.

K.3.3 Realisierung von digitalen Koppeleinrichtungen

Einige der wichtigsten Möglichkeiten für die Realisierung von digitalen Koppeleinrichtungen sind in Abb. K.3-3 zu finden. Neben der bereits in Abb. K.3-1 dargestellten Koppelmatrix können ein gemeinsamer Bus, *Shared Memories* (gemeinsame Speichereinrichtungen) sowie sogenannte Banyan-Schaltungen verwendet werden. Auf die Funktionsweise der einzelnen Formen wird an dieser Stelle nicht weiter eingegangen. Hierfür gibt es entsprechende Spezialliteratur, z. B. [Haaß 97].

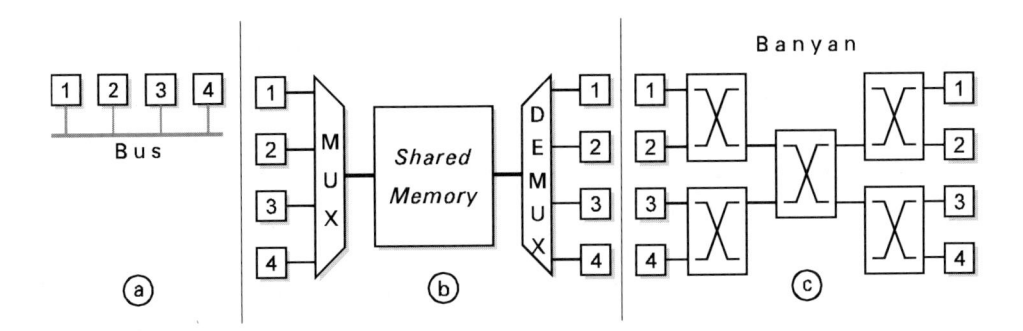

Abb. K.3-3   Realisierung von digitalen Koppeleinrichtungen

Neben den bereits erwähnten Aufgaben der Koppeleinrichtungen sind i. a. folgende Funktionen vorhanden:

- Zwischenspeicherung (Pufferung).
- Ggf. Redundanz (bei Ausfall von Koppeleinrichtungen wird automatisch auf eine Ersatzeinrichtung geschaltet).
- Unterstützung von Multicast- und Broadcast-Betrieb.
- Monitor-Funktionen für OAM (*Operation and Maintenance*).

K.4 Prinzipien der Vermittlungstechnik

K.4.1 Übersicht

Aus verkehrstheoretischer Sicht ergibt sich eine Aufteilung in Verlust- bzw. Wartesysteme.

- Verlustsysteme
  Zu bestimmten Zeitpunkten (Hauptverkehrsstunde) können nicht alle Verbindungswünsche realisiert werden. Somit gibt es eine bestimmte Anzahl von erfolglosen Verbindungsversuchen („Blockierung"). Dies wird beim Entwurf des Systems berücksichtigt und in einem Qualitätsparameter, der Verkehrsgüte, erfaßt. Diese Verkehrsgüte ist definiert als der Quotient aus den erfolgreich hergestellten Verbindungen zur Gesamtzahl aller Verbindungswünsche. Ein anderer Parameter, der zur Beurteilung eines Verlustsystems dient, ist die Blockierungswahrscheinlichkeit.

- Wartesysteme
  Wartesysteme übernehmen eine zu übertragende Nachricht und geben diese, wenn möglich, sofort weiter. Ist dies nicht möglich, z. B. weil die Übertragungskanäle ausgelastet sind, so werden die Nachrichten in eine Warte-

schlange eingereiht und erst zu dem Zeitpunkt weitergesendet, zu dem ein Übertragungsweg zur Verfügung steht. Der Qualitätsparameter ist in diesem Fall die – durchschnittliche – Wartezeit, die sich für die Übertragung einer Nachricht vom Sender zum Empfänger ergibt. Diese Wartezeit macht sich in einem Wartesystem durch eine Laufzeit zwischen den Teilnehmern bemerkbar.

In der Praxis liegen überwiegend Wartesysteme vor, wobei allerdings festzuhalten ist, daß realisierte Systeme nur über eine endliche Warteschlange verfügen. Dies bedeutet, daß ggf. auch Verbindungsversuche abgewiesen werden müssen, weshalb hier von Warte-Verlustsystemen gesprochen wird. Eine ausführlichere Betrachtung hierzu ist im Kapitel K.5 (Grundlagen der Verkehrstheorie) zu finden.

Dies führt zu einer Aufteilung in Durchschaltevermittlungen und Teilstreckenvermittlungen (Abb. K.4-1). Vereinfacht gesagt, erfolgt bei der Durchschaltevermittlung die Übermittlung der Information mit Hilfe der Durchschaltung einer Verbindung zwischen den Teilnehmern ohne Zwischenspeicherung und mit Bereitstellung eines exklusiven Übertragungsweges. Im Gegensatz dazu erfolgt bei der Teilstreckenvermittlung keine Durchschaltung einer Verbindung, dafür jedoch eine – evtl. mehrfache – Zwischenspeicherung der Informationen auf dem Weg zwischen den Teilnehmern.

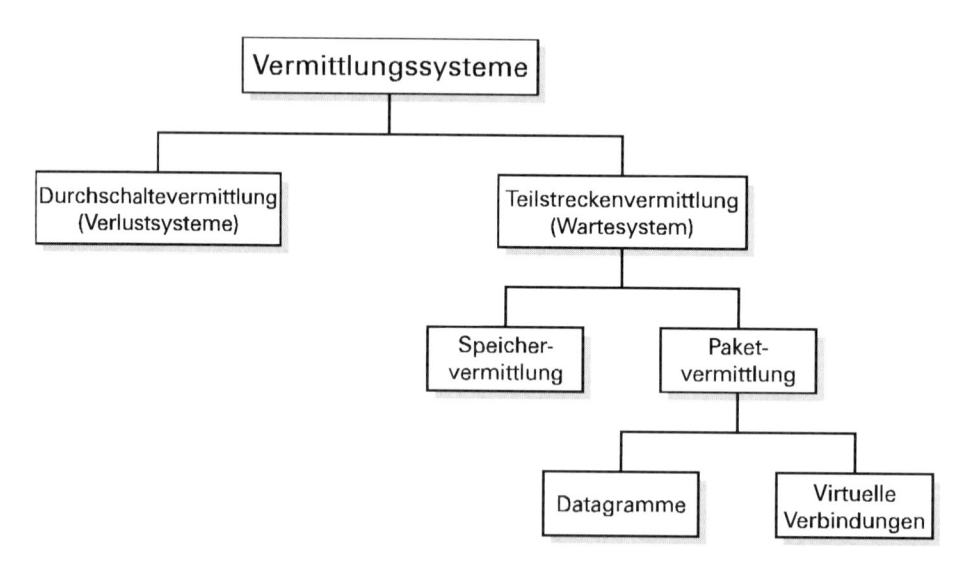

Abb. K.4-1 *Aufteilung der Vermittlungssysteme aufgrund der Art der Informationsübermittlung*

Es gibt einige grundlegende Unterschiede zwischen der Vermittlung von

♦ Nachrichten, die eine kontinuierliche Übertragung in Echtzeit erfordern (z. B. Sprache, TV-Bilder, Multimedia);

- Nachrichten, die nahezu eine Echtzeit-Übertragung erfordern, wobei die kontinuierliche Übertragung jedoch keinen so hohen Stellenwert aufweist (z. B. Datenaustausch zwischen interaktiven Teilnehmern);
- Nachrichten, die weder eine kontinuierliche noch Echtzeit-Übertragung erfordern (z. B. Datenaustausch zwischen DV-Anlagen).

Die Forderung nach Echtzeit führt dazu, daß die Zeit, die die Information im Netz verbringen darf, auf entsprechend niedrige Werte begrenzt ist. Hierdurch ist beispielsweise die Verwendung von Zwischenspeichern (wie bei der Teilstreckenvermittlung) innerhalb des Netzes nur eingeschränkt möglich. Eine kontinuierliche Übertragung kann am einfachsten durch die Verwendung von Leitungsvermittlung oder in modernen Netzen auch durch den Einsatz virtueller Verbindungen (Abschnitt K.4.4) realisiert werden.

Eine weitere wichtige Unterscheidung, die sich auf die verschiedensten Aspekte eines Netzes (angefangen von der Kostenseite für Aufbau und Betrieb bis hin zur Frage der – leichten – Erweiterbarkeit) auswirkt, betrifft die Verteilung der „Vermittlungs-Intelligenz".

- Zentrale Vermittlung
  Die Verbindungen verlaufen stets über – mindestens – einen Netzknoten. Die zentrale Vermittlung ist typisch für Telekommunikationsnetze wie z. B. das analoge Fernsprechnetz oder auch ISDN.

- Dezentrale Vermittlung
  Hier sind Verbindungen auch ohne Verwendung eines Netzknotens möglich, da die Vermittlung dezentral stattfindet. Ein Beispiel hierfür sind lokale Netze (LAN), die ausführlich im Abschnitt L.3.2 vorgestellt werden.

K.4.2 Durchschaltevermittlung

Die Durchschaltevermittlung (Leitungsvermittlung) ist die klassische Form der Vermittlung und dadurch gekennzeichnet, daß für die gesamte Dauer der Verbindung ein Weg durch das Vermittlungssystem unabhängig vom momentanen Signalfluß zur Verfügung steht (Abb. K.4-2). Systeme mit Durchschaltevermittlung weisen Belegungswünsche ab, wenn eine Verbindung nicht hergestellt werden kann, weil kein Weg durch das Vermittlungsnetz möglich ist – es handelt sich hierbei also um ein Verlustsystem.

Das Prinzip der Durchschaltevermittlung berücksichtigt das Teilnehmerverhalten, das z. B. beim Fernsprechen eine geringe Anrufrate und eine hohe Belegungsdauer aufweist. Die Reaktionszeit (Bearbeitungs- und Übertragungszeit beim Verbindungsaufbau) wirkt sich hier nicht störend aus. Ein Nachteil dieses Verfahrens ist (wie bei allen Verlustsystemen) die Tatsache, daß der Weg, der zwischen zwei Endgeräten aufgebaut wurde, i. a. gering genutzt wird, da Pausen den Nachrichtenfluß unterbrechen.

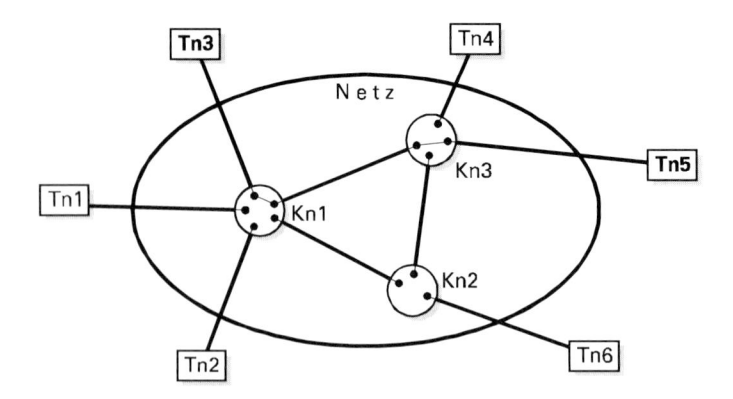

Abb. K.4-2 Durchschaltevermittlung – Verbindung zwischen Teilnehmer 3 und Teilnehmer 5

Einige wesentliche Merkmale von Durchschaltevermittlungen sind:
- Die gesamte Bandbreite (Übertragungskapazität) des Kanals steht den Teilnehmern exklusiv für die ganze Dauer der Verbindung zur Verfügung.
- Der Kanal ist transparent.[2]
- Die Laufzeit der Nachricht zwischen den Teilnehmern ist konstant und hängt nicht von der Auslastung des Netzes ab.

① Verbindungsaufbau (Tn1 → Tn2)
② Übertragung (Tn1 → Tn2)
③ Verbindungsabbau (Tn2 → Tn1)

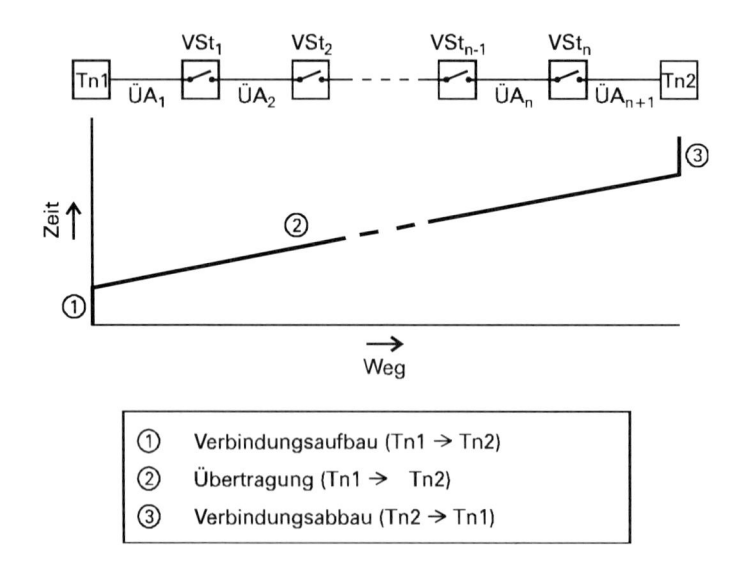

Abb. K.4-3 Zeitlicher Ablauf bei der Durchschaltevermittlung (Leitungsvermittlung) – ÜA: Übertragungsabschnitt, VSt: Vermittlungsstelle (nach [Bärwald 96])

---

2 Als transparent wird die Übermittlung von Informationen (und entsprechend der Übertragungsweg) bezeichnet, wenn weder Codierung noch Format oder Informationsinhalt geändert werden.

Eine Zusammenarbeit zwischen den Endstellen findet hier nur während des Verbindungsaufbaus und des Verbindungsabbaus statt, wobei eine Verbindung in zeitlicher Hinsicht in folgende drei Phasen unterteilt werden kann, die in Abb. K.4-3 dargestellt sind:

1. Verbindungsaufbau

   In dieser Phase wird die Verbindung des rufenden mit dem gerufenen Teilnehmer über einen (physikalischen) Übertragungsweg hergestellt – dieser steht in der folgenden Phase exklusiv diesen Teilnehmern zur Verfügung.

2. Nachrichtenübertragung

   Bezüglich des Netzes (der Vermittlungstechnik) existieren für diese Phase keine allgemeingültigen Festlegungen, da sich das Netz in dieser Phase in der Regel passiv verhält. Das heißt, daß die übertragenden Informationen vom Netz unbeeinflußt bleiben, insbesondere da keine besondere Sicherung, Codewandlung oder Wandlung der Datenrate (d. h. der Geschwindigkeit) vorgesehen ist.

3. Verbindungsabbau

   Diese Phase dient dazu, die anfänglich hergestellte Verbindung wieder vollständig abzubauen – dies erfolgt durch ein definiertes Auslösesignal.

K.4.3 Teilstreckenvermittlung

Im Gegensatz zur Durchschaltevermittlung erfolgt bei der Teilstreckenvermittlung keine exklusive Zuweisung von Übertragungswegen. Es wird statt dessen jeder einzelnen Nachricht eine Information über die (Ziel-)Adresse vorangestellt. Diese Adreßinformation und die zugehörige Nachricht bilden für den Weg durch das Netz eine untrennbare Einheit. Die Nachricht wird auf dem Weg vom Sender zum Empfänger abschnittsweise von Netzknoten zu Netzknoten übertragen, wobei in jedem Knoten (in jeder Vermittlungsstelle) die Nachricht gespeichert, die Adreßinformation ausgewertet und die Nachricht über einen geeigneten Übertragungsweg in Richtung zum Empfänger (d. h. der Zieladresse) weitergesendet wird.

Den zeitlichen Ablauf bei der Teilstreckenvermittlung zeigt Abb. K.4-4, wobei hier jeweils eine Teilstrecke allgemeiner als Übertragungsabschnitt bezeichnet wird. Zu beachten ist, daß nicht bei allen Netzen, die mit Teilstreckenvermittlung arbeiten, die zeitliche Dauer für die Phase 3 sowie die Anzahl der beteiligten Vermittlungsstellen deterministisch beschrieben werden können. Das bedeutet aber gleichzeitig, daß es nicht möglich ist, die Durchlaufzeit einer Nachricht durch das Netz anzugeben.

Aufgrund des soeben beschriebenen Prinzips der Teilstreckenvermittlung ist klar, daß zu keinem Zeitpunkt der Übertragung eine durchgehende physikalische Verbindung zwischen den kommunizierenden Teilnehmern existiert.

Außerdem ergibt sich aus dem Verfahren, daß es sich hier um Wartezeitsysteme handelt. Verbindungswünsche werden somit nicht abgewiesen, sondern in eine Warteschlange eingereiht.

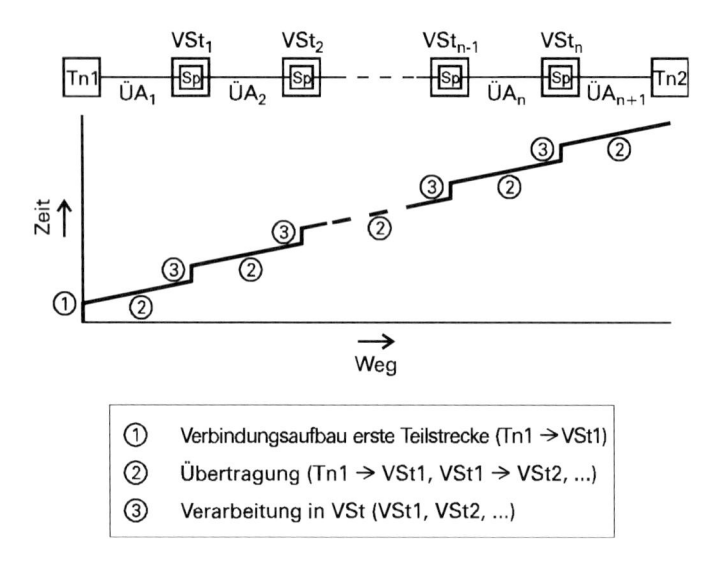

① Verbindungsaufbau erste Teilstrecke (Tn1 → VSt1)
② Übertragung (Tn1 → VSt1, VSt1 → VSt2, ...)
③ Verarbeitung in VSt (VSt1, VSt2, ...)

Abb. K.4-4 Zeitlicher Ablauf bei der Teilstreckenvermittlung – Sp: Zwischenspeicher (Puffer), ÜA: Übertragungsabschnitt, VSt: Vermittlungsstelle (nach [Bärwald 96])

Durchschaltevermittlung	Teilstreckenvermittlung
+ kurze Verbindungsaufbaudauer	+ gute Ausnutzung der Übertragungskapazität
+ preisgünstiger als Teilstreckenvermittlung	+ Übermittlung einer Nachricht von einem Sender an mehrere Empfänger möglich
− Verlustsystem	+ hohe Sicherheit gegen Verlust von Information
− schlechte Ausnutzung der Übertragungskapazität	− Betriebsabwicklung / Steuerung aufwendiger
− geringe Sicherheit gegen Verlust von Information	− Wartesystem mit Wartezeit, die abhängig ist von der Belastung der Vermittlungsstellen
	− höhere Kosten als bei Durchschaltevermittlung

Tab. K.4-1 Vor- und Nachteile von Durchschalte- und Teilstreckenvermittlungen

Abhängig von den Verfahren der Behandlung von Nachrichten bei der Übermittlung wird zwischen zwei Ausführungsformen von Teilstreckenvermittlungen unterschieden, der Speicher- und der Paketvermittlung:

- Speichervermittlung
  Die Nachricht wird unabhängig von ihrer Länge als Ganzes behandelt und durch das Netz geleitet.

- Paketvermittlung
  Eine zu übermittelnde Nachricht wird, abhängig von ihrer Länge, in eine beliebige Anzahl von Teilnachrichten mit definierter, konstanter Länge zerlegt. Diese Teilnachrichten werden entsprechend den o. g. Prinzipien der Teilstreckenvermittlung behandelt.

Eine Gegenüberstellung der Vor- und Nachteile von Durchschalte- und Teilstreckenvermittlungen ist in Tab. K.4-1 enthalten.

K.4.4 Paketvermittlung

Bei der Paketvermittlung (*Packet Switching*), die eine Variante der Teilstreckenvermittlung darstellt, ist die Länge einer Dateneinheit definiert und konstant. Längere Nachrichten werden in mehrere (theoretisch beliebig viele) Pakete unterteilt – jedes Paket wird dann getrennt behandelt. Bei der Bildung von Datenblöcken besteht ein enger Zusammenhang zur konventionellen Datenübertragung.

Ein Datenpaket ist eine vom Netzbetreiber vorgegebene Datenmenge, die als Einheit betrachtet wird. Sie enthält Nutzdaten, Adreßinformationen sowie Steuerbefehle für die Übermittlung. Eine typische Paketlänge ist beispielsweise 1024 Bit – die durchschnittliche Netzlaufzeit liegt unterhalb von einer Sekunde, typisch sind 100 Millisekunden. Standardisierte Pakete erlauben eine bessere Ausnutzung der Betriebsmittel – z. B. der Speicherplätze in den Vermittlungsstellen sowie der Übertragungskapazität. Zwischen der Netzlaufzeit und der Paketlänge besteht ein direkter Zusammenhang. Somit muß für einen optimalen Netzbetrieb eine entsprechende Kombination dieser Parameter gefunden werden.

Bei der Paketvermittlung ist wiederum zu unterscheiden zwischen der Herstellung von sogenannten virtuellen Verbindungen und der Vermittlung von Datagrammen.

- Virtuelle Verbindung (*Virtual Connection*)
  Hier werden zusammengehörige Datenpakete in einer vorgegebenen Reihenfolge übermittelt. Dabei wird für die einzelnen Datenpakete ein einheitlicher Weg durch das Netz verwendet (Abb. K.4-5a). Auf Teilstrecken (zwischen zwei Netzknoten) werden alle Pakete einer virtuellen Verbindung durch die Nummer des virtuellen (oder auch logischen) Kanals gekennzeichnet. Virtuelle Verbindungen können sowohl für Wählverbindungen (*Switched* oder *Temporary Virtual Connection* – SVC) als auch für feste Verbindungen (*Permanent Virtual Connection* – PVC) verwendet werden.

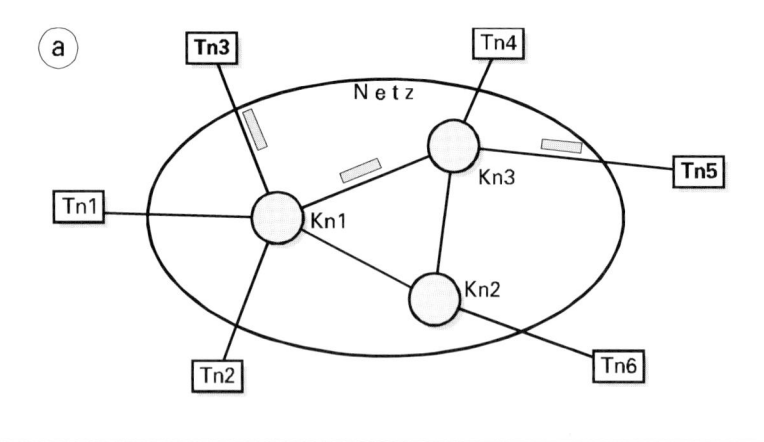

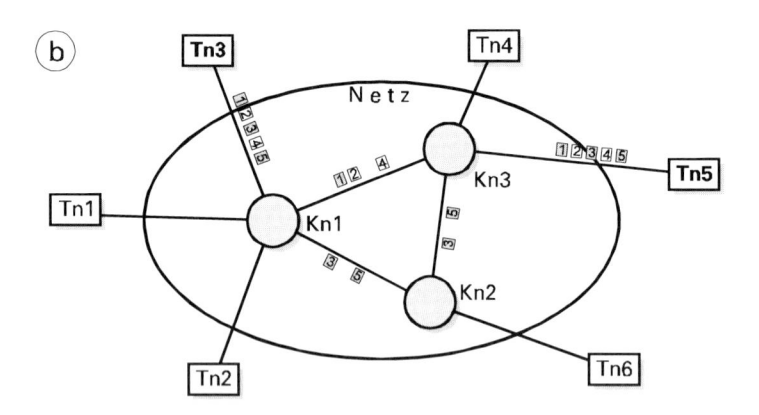

Abb. K.4-5   Paketvermittlung – Verbindung zwischen Teilnehmer 3 und Teilnehmer 5 über eine virtuelle Verbindung (a) bzw. über Datagramme (b)

- Datagramme

  Bei der Verwendung von Datagrammen werden die Datenpakete einzeln übermittelt, wobei das Netz keinen Zusammenhang zwischen den Datagrammen herstellt (Abb. K.4-5b). Der Weg wird für jedes Datagramm neu gewählt, so daß die Reihenfolge der Datenpakete beim Empfänger mit der Reihenfolge beim Sender nicht übereinstimmen muß. Das bedeutet, daß der Empfänger dafür sorgen muß, daß die korrekte Reihenfolge der Pakete wiederhergestellt wird. Dies wird typischerweise durch den Einsatz von Folgenummern für die einzelnen Pakete ermöglicht. Ein Beispiel für den Einsatz von Datagrammen ist das *User Datagram Protocol*, das in Kapitel J.3 vorgestellt wurde.

Häufig eingesetzt wird Adreßmultiplex, d. h. mehrere Endgeräte können über eine Anschlußleitung betrieben werden (Mehrfachausnutzung der Anschlußleitung).

Die Paketvermittlung wird bevorzugt in Netzen eingesetzt, die folgende Aspekte nutzen wollen:

- Quellen mit hohem Verkehrsaufkommen (Dialog-Verkehr oder interaktiv),
- gleichzeitige Verbindungen zu unterschiedlichen Zielen.

Zudem bietet die Paketvermittlung eine hohe Übertragungssicherheit sowie die Möglichkeit der Zusammenarbeit unterschiedlicher Ziele.

Die wichtigsten Protokolle der Paketvermittlung sind X.25, TCP/IP, Frame Relay und SMDS (*Switched Multimegabit Data Service*).

K.5 Grundlagen der Verkehrstheorie

K.5.1 Einleitung

Kommunikationsnetze werden aus wirtschaftlichen Gründen i. a. so ausgelegt, daß nur ein begrenzter Anteil der Teilnehmer gleichzeitig miteinander kommunizieren kann. Hierbei nutzt man die tatsächlichen Gegebenheiten – d. h. die wechselnde Belastung des Netzes – aus. Die Verkehrstheorie systematisiert nun die Bemessungsregeln, auf deren Grundlage eine vorgegebene Verkehrsgüte zu erreichen ist. Da es sich hier i. a. um statistisch verteilte Vorgänge handelt, basiert die Verkehrstheorie auf der Wahrscheinlichkeitsrechnung.

Ziel der Verkehrstheorie ist es, ausgehend von den Verteilungen des ankommenden Verkehrs die notwendigen Ressourcen so zu dimensionieren, daß bestimmte vorgegebene Leistungswerte erreicht werden. Dabei sind insbesondere auch wirtschaftliche Randbedingungen zu beachten.

Aufgrund der typischerweise statistischen Natur des Verkehrs können die Leistungswerte nicht im Einzelfall garantiert werden, sondern sind als statistische Mittelwerte zu betrachten. Vielfach werden Simulationen eingesetzt, da z. B. Berechnungen zu komplex werden oder die Entwicklung analytischer Formeln unwirtschaftlich ist. Außerdem bieten Simulationen die Möglichkeit der Kontrolle von analytischen Berechnungen.

K.5.2 Einige Definitionen

Definition K.5-1 ▼

Als Verkehr wird im Bereich der Nachrichtentechnik die Benutzung von Leitungen oder vermittlungstechnischen Einrichtungen für die Informationsübermittlung verstanden.

Eine Leitung ist eine Einrichtung, die eine Endeinrichtung mit der Vermittlungseinrichtung oder zwei Teile einer Vermittlungseinrichtung miteinander verbindet.

Es wird dabei aus verkehrstheoretischer Sicht zwischen drei Arten von Leitungen unterschieden:
- Zubringerleitungen (Eingangsleitungen),
- Abnehmerleitungen (Ausgangsleitungen),
- Zwischenleitungen.

Ein Bündel ist eine Anzahl von untereinander gleichwertigen Leitungen, die wahlweise belegt werden.

▲

Eine Einrichtung weist eine volle Erreichbarkeit k auf, wenn jede Zubringerleitung jede Abnehmerleitung erreichen kann (Abb. K.5-1a). Die Erreichbarkeit ist hingegen begrenzt, wenn Zubringerleitungen nur einen Teil der Abnehmerleitungen erreichen können (Abb. K.5-1b). Geht man von N Abnehmerleitungen aus, so gilt bei voller Erreichbarkeit $k = N$, ansonsten $k < N$.

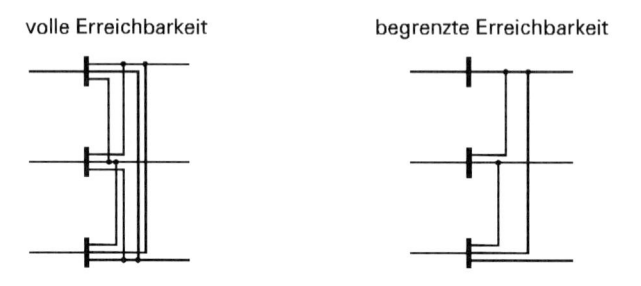

Abb. K.5-1   Volle (a) bzw. begrenzte (b) Erreichbarkeit

Die Bearbeitungs- bzw. Belegungswünsche können statistisch oder deterministisch auftreten. Während der deterministische Fall wesentlich einfacher zu analysieren ist, ist das statistische Verhalten einerseits wesentlich typischer für die i. a. zu untersuchenden Kommunikationsnetze und andererseits von der Betrachtung her deutlich interessanter. Statistisch verteilter Verkehr ist typisch für kommerzielle Systeme, wobei jedoch auch koordinierende Ereignisse denkbar sind und auch vorkommen. Wenn der anfallende Verkehr planbar ist (als einfaches Beispiel sei hier das Backup von Rechnern über ein Netz erwähnt), dann wird er meist in verkehrsarme Zeiten verlegt, um einen uneffiziente Auslastung des Netzes zu verhindern.

Ohne eine zu tiefgehende Betrachtung des statistischen Verkehrs durchzuführen, soll an dieser Stelle nur die wichtigste Verteilung des Verkehrs untersucht

K.5.2 Einige Definitionen

werden. Es handelt sich dabei um die sogenannte Poisson-Verteilung, die zum Poisson- oder auch Erlang-Verkehr führt. Hierbei liegen (theoretisch) unendlich viele Quellen, aber nur eine endliche Zahl von Abnehmern vor.

Die Summe des Verkehrs in einem Netz schwankt i. a. durch das ungleichmäßige Verhalten der Teilnehmer. Am Beispiel des Fernsprechnetzes kann eine Abhängigkeit u. a. von Tageszeit, Wochentag und Jahreszeit festgestellt werden. Bei der Betrachtung des Verkehrs eines Tages können unterschiedliche Einflüsse nachgewiesen werden, so vor allem Beginn und Ende von Arbeits- und Geschäftszeiten, Beginn des Spartarifs sowie Beginn und Ende der Nachtruhe. Es ist i. a. ökonomisch wenig sinnvoll, ein Netz auf die Stunde maximalen Verkehrs auszulegen – statt dessen wird eine repräsentative Stunde, die sogenannte Hauptverkehrsstunde ermittelt, anhand derer die maximale Nutzlast des Netzes ausgelegt wird. Laut CCITT ist dies der Tagesabschnitt von aufeinanderfolgenden 60 Minuten (viertelstündlich gemessen), in dem über mehrere Werktage gemittelt der Verkehrswert der betrachteten Einheit (z. B. ein Bündel) am größten ist. Die Hauptverkehrsstunden verschiedener Bündel können voneinander abweichen, was aber bei der Dimensionierung von Koppelanordnungen meist nicht berücksichtigt wird. Zu beachten ist, daß bei der Festlegung der Hauptverkehrsstunde teilweise auch wirtschaftliche Aspekte eine Rolle spielen können. Die folgenden Aussagen zur Verkehrstheorie gelten i. a. für die Hauptverkehrsstunde.

Jede Inanspruchnahme einer Vermittlungsanlage wird als *Belegung* bezeichnet, und zwar unabhängig davon, zu welchem Zweck sie durchgeführt wird, ob sie erfolgreich ist oder nicht, und wie lange sie dauert.

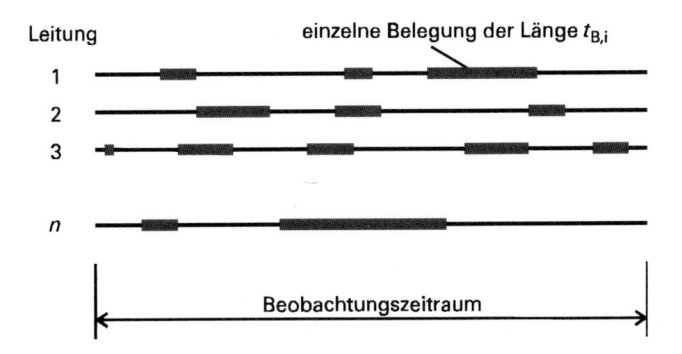

Abb. K.5-2 Belegungen eines Bündels, bestehend aus den Leitungen 1 bis n

Die Summe aller Belegungen eines Bündels innerhalb eines Beobachtungszeitraums T wird als Verkehrsmenge Y bezeichnet und berechnet sich zu

$$Y = \sum_{i=1}^{c} t_{B,i} \qquad \text{(K.5-1)}$$

mit der Belegungszahl c und der Dauer $t_{B,i}$ der i-ten Belegung (siehe hierzu Abb. K.5-2). Damit ergibt sich die mittlere Belegungsdauer zu

$$t_m = \frac{Y}{c} \quad \text{(K.5-2)}$$

Die Verkehrsmenge bezogen auf den Beobachtungszeitraum T ergibt den Verkehrswert

$$y = \frac{Y}{T} = c\frac{t_m}{T} \quad \text{(K.5-3)}$$

mit der Einheit Erlang (Kurzzeichen Erl). Dieser stellt ein Maß für die Stärke des Verkehrs auf einer Leitung, auf einem Bündel oder allgemein auf einer Einrichtung dar. Die Einheit der Verkehrsmenge ergibt sich entsprechend als Erlangstunde (Kurzzeichen Erlh).

Eine Leitung ist mit einem Erlang belastet, wenn sie ständig belegt ist. Bei einer Belastung von beispielsweise 0,2 Erlang ist die Leitung zu 20 % belegt, d. h. von einer Stunde 12 Minuten. Damit ergibt sich eine Wahrscheinlichkeit von 0,2, diese Leitung belegt vorzufinden. Bei einem Bündel von 20 Leitungen, das mit 8 Erlang belastet ist, ergibt sich eine mittlere Belastung von 0,4 Erlang pro Leitung. Anders gesagt: Im Durchschnitt sind 8 der 20 Leitungen belegt. Einige durchschnittliche Verkehrswerte sind der Tab. K.5-1 zu entnehmen.

Durchschnittliche Verkehrswerte	y[Erl]
Teilnehmeranschluß an Nebenstellenanlage	0,2
Teilnehmeranschluß an öffentlichem Netz	0,1 ... 0,15
Leitung zwischen Nebenstellenanlage und Ortsvermittlungsstelle	0,8

Tab. K.5-1 Beispiele für durchschnittliche Verkehrswerte [Siegmund 92]

Die statistische Verteilung der Belegungen kann mit Hilfe des Poissonschen Ankunftsprozesses beschrieben werden. Es handelt sich hierbei um die mathematische Beschreibung eines Prozesses statistisch unabhängiger Ereignisse mit der Ankunftsrate λ (die hier dem Verkehrswert y entspricht). Die Wahrscheinlichkeit, mit der in einem Zeitraum τ gerade k Ankünfte (bzw. Belegungen) in einem System stattfinden, ergibt sich zu

$$P_k(\tau) = \frac{(\lambda\tau)^k}{k!} e^{-\lambda\tau} \quad \text{(K.5-4)}$$

Auch wenn die Voraussetzung der statistischen Unabhängigkeit in der Nachrichtentechnik nicht immer erfüllt ist, so liefert diese Beziehung (bzw. die auf ihr aufbauende Berechnung) gute Näherungen.

Das Angebot A ist der Verkehrswert, der einer Vermittlungsanlage tatsächlich zur Verarbeitung angeboten bzw. zugeführt wird – unabhängig davon, ob eine Bearbeitung erfolgen kann oder nicht. Die zu einem tatsächlichen Zeitpunkt auftretende Anzahl der Belegungsversuche wird mit c_a bezeichnet. Das Angebot ergibt sich dann zu

$$A = c_a t_m \geq Y \qquad \text{(K.5-5)}$$

Die Leistung einer Vermittlungsanlage ist der Nennwert des garantiert verarbeitbaren Angebots, d. h. der maximale Verkehrswert, den eine Vermittlungsanlage verarbeiten kann. Die Auswirkungen bei der Überschreitung dieser Leistungsgrenze sind abhängig vom Verkehrsmodell (Systemprinzip), bei dem zwischen Verlustsystemen und Wartesystemen unterschieden wird.

K.5.3 Verlustsysteme

Beim Verlustsystem ergibt sich die Leistung (Belastung) aus der Anzahl c_y der in einer Stunde verarbeiteten Belegungen zu

$$Y = c_y t_m \qquad \text{(K.5-6)}$$

Der Teil des Angebots, der die Leistung übersteigt, wird abgewiesen und als Restverkehr

$$R = A - Y = (c_a - c_y) t_m \qquad \text{(K.5-7)}$$

bezeichnet. Der Restverkehr stellt ein Maß für die Blockierung im Verkehrssystem dar. Bezieht man den Verlust auf das Angebot, so erhält man die Größe

$$B = \frac{R}{A} = \frac{c_v}{c_a} \qquad 0 \leq B \leq 1 \qquad \text{(K.5-8)}$$

mit der Anzahl $c_v = c_y - c_a$ der verlustig gegangenen Belegungen. Für diese sogenannte Blockierungswahrscheinlichkeit gilt die Erlangsche Verlustformel oder auch Erlang-B-Formel

$$B = \frac{\dfrac{A^n}{n!}}{\displaystyle\sum_{i=0}^{n} \dfrac{A^i}{i!}} \qquad \text{(K.5-9)}$$

die eine relativ einfache Berechnung der Blockierungswahrscheinlichkeit bei gegebenem Angebot liefert. Die Abb. K.5-3 zeigt diesen Zusammenhang für verschiedene Werte von N.

Bei einer Vergrößerung der Anzahl der Leitungen ergibt sich eine überproportionale Reduzierung der Blockierungswahrscheinlichkeit – dieser Effekt wird als Bündelgewinn bezeichnet.

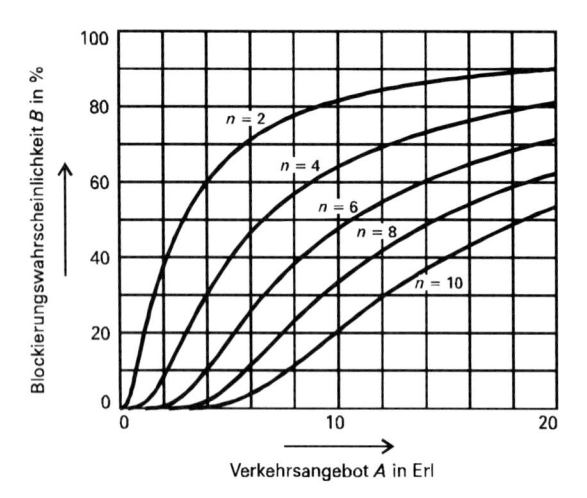

Abb. K.5-3 Blockierungswahrscheinlichkeit B in Abhängigkeit vom Verkehrsangebot für unterschiedliche Anzahl n von Abnehmerleitungen

Eine andere Möglichkeit ist, den Verlust auf die Leistung zu beziehen; damit ergibt sich

$$V = \frac{R}{Y} = \frac{c_v}{c_y} \qquad 0 \leq V \leq \infty \qquad (K.5\text{-}10)$$

mit der Umrechnung

$$B = \frac{V}{1+V} \quad \text{bzw.} \quad V = \frac{B}{1-B} \qquad (K.5\text{-}11)$$

Beispiel K.5-1

Bei einer Zahl von $N = 25$ Abnehmerleitungen und einer Erreichbarkeit von $k = 10$ ergibt sich aus Abb. K.5-4 ein Angebot von $A = 13{,}2$ Erl. Daraus folgt die mögliche mittlere Auslastung je Abnehmer zu

$$\frac{A(1-B)}{N} = 0{,}52 \text{ Erl}$$

Für den Fall der vollkommenen Erreichbarkeit ($k = N = 25$) ergibt sich eine Auslastung von $A = 16{,}1$ Erl bzw. von $0{,}64$ Erl je Abnehmerleitung.

Aus der Abb. K.5-4 kann eine wichtige Folgerung gezogen werden: Je größer das Abnehmerbündel, desto höher ist die je Abnehmer mögliche Belastung. Für das obige Beispiel steigt für den Fall der vollen Erreichbarkeit die mögliche mittlere Auslastung je Teilnehmer von 0,44 Erl auf 0,64 Erl, wenn die Zahl der Abnehmerleitungen von 10 auf 25 steigt.

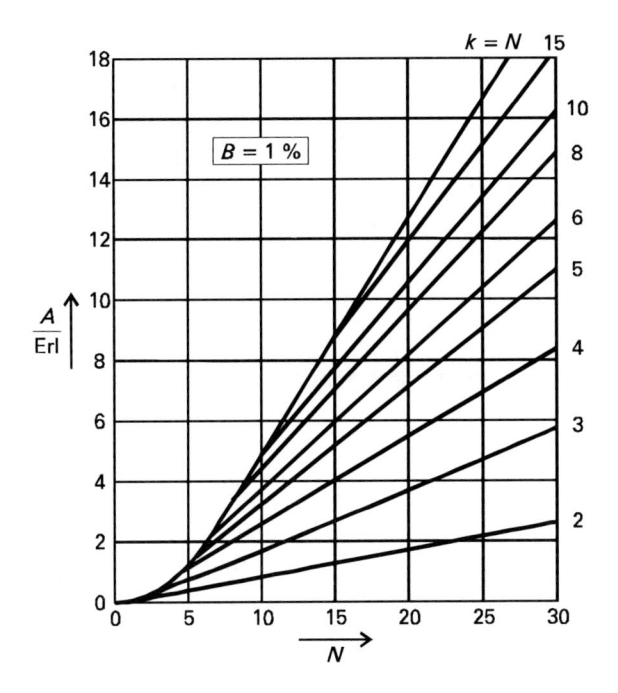

Abb. K.5-4 Angebot A in Abhängigkeit von der Zahl N der Abnehmerleitungen und der Erreichbarkeit k bei einem Verlust von $B = 1\%$ (nach [Hölzler et al 75])

K.5.4 Wartesysteme

Beim Wartesystem ist die Belastung gleich dem Angebot, wobei jedoch im Blockierungsfall ein Teil der angebotenen Belegungen warten muß. Mit der Anzahl c_a der angebotenen Belegungen bzw. der Anzahl c_w der wartenden Belegungen ergibt sich die Wartewahrscheinlichkeit zu

$$P(t_w > 0) = \frac{c_w(t_w > 0)}{c_a} \tag{K.5-12}$$

Als Wartewahrscheinlichkeit wird dabei die Wahrscheinlichkeit bezeichnet, daß eine Belegung nicht sofort erfolgreich ist, sondern eine endliche Zeitspanne ($t_w > 0$) warten muß. Da davon ausgegangen werden kann, daß ein Teilnehmer nicht beliebig lange wartet, bis sein Belegungswunsch erfüllt wird, wird eine zumutbare Wartedauer t_0 definiert. Diese stellt einen „erträglichen" Zeitraum dar, während der ein Teilnehmer warten kann. Die Wahrscheinlichkeit, daß auch innerhalb dieses Zeitraums eine Belegung erfolglos bleibt, kann dann als

$$P(t_w > t_0) = \frac{c_w(t_w > t_0)}{c_a} \tag{K.5-13}$$

angegeben werden.

Von Interesse sind weiterhin die *mittlere Wartedauer*, bezogen auf alle Belegungen

$$t_w = \frac{t_{w,\text{ges}}}{c_a} \quad \text{(K.5-14)}$$

sowie die mittlere Wartedauer, bezogen auf die wartenden Belegungen

$$t'_w = \frac{t_{w,\text{ges}}}{c_w(t_w > 0)} \quad \text{(K.5-15)}$$

Der Zusammenhang zwischen diesen beiden Größen lautet

$$t_w = P(t_w > 0) \cdot t'_w \quad \text{(K.5-16)}$$

In Vermittlungssystemen finden Wartesysteme besonders häufig Anwendung in zentralen Bereichen. Diese werden i. a. nur kurzfristig während des Verbindungs-Aufbaus bzw. -Abbaus benötigt. Hierbei entstehende Wartezeiten sind meist von kurzer Dauer und bleiben vom Teilnehmer praktisch unbemerkt.

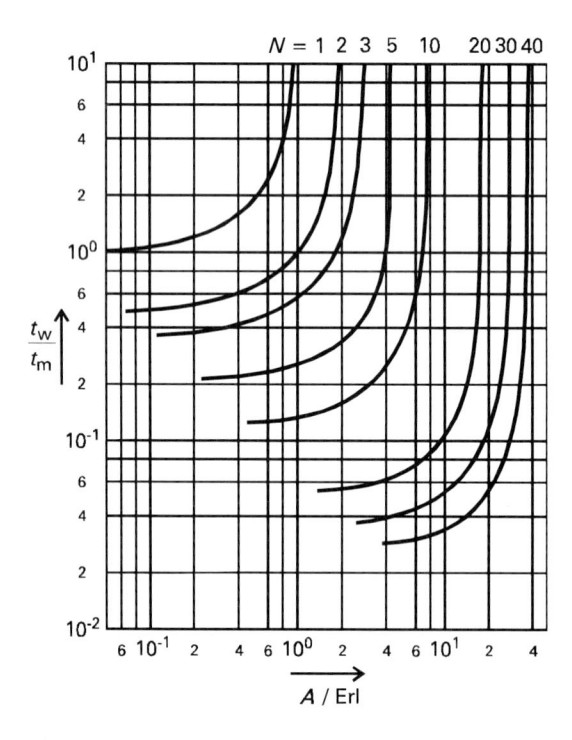

Abb. K.5-5 Mittlere relative Wartedauer in Abhängigkeit vom Angebot und von der Anzahl N der Abnehmerleitungen (nach [Hölzler et al 75])

K.5.4 Wartesysteme

Wartesysteme weisen gegenüber Verlustsystemen den Vorteil auf, daß höhere Belastungen der Abnehmerleitungen möglich sind. Wie groß dieser Vorsprung tatsächlich ist, hängt natürlich davon ab, welche Wartedauer zugelassen wird. In Abb. K.5-5 ist auf der Ordinate die mittlere relative Wartedauer aufgetragen – diese ist das Verhältnis der mittleren Wartedauer der wartenden Belegungen zur mittleren Wartedauer.

Beispiel K.5-2

Für eine Zahl von 25 Abnehmerleitungen mit einer mittleren relativen Wartedauer von 0,3 ergibt sich ein mögliches Angebot von 20 Erl und somit eine mittlere Belegung von 0,8 Erl je Abnehmerleitung.

Voraussetzung für die in diesem Abschnitt beschriebenen Wartesysteme sind beliebig große Zwischenspeicher, um ggf. eine beliebig große Anzahl von wartenden Belegungen aufzunehmen. Dies ist in der Praxis erstens unrealistisch und zweitens auch wirtschaftlich nicht vertretbar. Daher werden in allen realisierten Wartesystemen definiert begrenzte Speichergrößen vorgesehen. Dies führt dazu, daß neben einem Anteil von wartenden Belegungswünschen auch ein Anteil von abgewiesenen Belegungswünschen auftreten kann und i. a. auch auftreten wird. Derartige hybride Systeme werden dann als Warte-Verlustsysteme bezeichnet.

Typische Anwendungen von Wartesystemen sind in Datenkommunikationsnetzen aller Art zu finden. Alle modernen Telekommunikationssysteme arbeiten mit dezentraler Vermittlung, wobei die gegenseitige Kommunikation der Vermittlungssysteme mit Wartesystemen stattfindet.

Typische Leistungsdaten von Wartesystemen sind die Wartezeiten, die Mittelwerte und Varianzen des verarbeiteten Verkehrs sowie bei Verlust-Wartesystemen zusätzlich die Verlustwahrscheinlichkeit. Typische Wartezeiten können nicht allgemein angegeben werden, da sie entscheidend von der Art der Anwendung abhängen. So kann bei einem menschlichen Teilnehmer eine Wartezeit von einer Sekunde ein noch akzeptabler Grenzwert sein, während bei Dateitransfer u. U. auch Wartezeiten im Stundenbereich – aus wirtschaftlichen Gründen – sinnvoll sein können. Ein anderes Extrem sind Maschinensteuerungen, bei denen eine Reaktionszeit im Millisekundenbereich gefordert sein kann, die auch entsprechend geringe Wartezeiten voraussetzt.

Teil L

Netze für die Sprach- und Datenkommunikation

L.1 Einleitung

Bevor in diesem Teil eine eingehende Betrachtung von Kommunikations- bzw. Nachrichtennetzen folgt, müssen zuerst einige Begriffe geklärt werden.

Definition L.1-1 ▼

Ein *Nachrichtennetz* ist die Gesamtheit aller vermittlungs- und übertragungstechnischen Einrichtungen mit den sie verbindenden Leitungen. Ein Nachrichtennetz wird i. a. auch als Netzwerk (*Network*) oder Netz (*Net*) bezeichnet.

▲

Eine Einteilung der Netze erfolgt häufig nach ihrer räumlichen Ausdehnung, so daß zwischen lokalen Netzen (*Local Area Networks* – LAN), regionalen Netzen (*Metropolitan Area Networks* – MAN), internationalen Netzen (*Wide Area Networks* – WAN) und weltweiten Netzen (*Global Area Networks* – GAN) unterschieden wird: Abb. L.1-1.

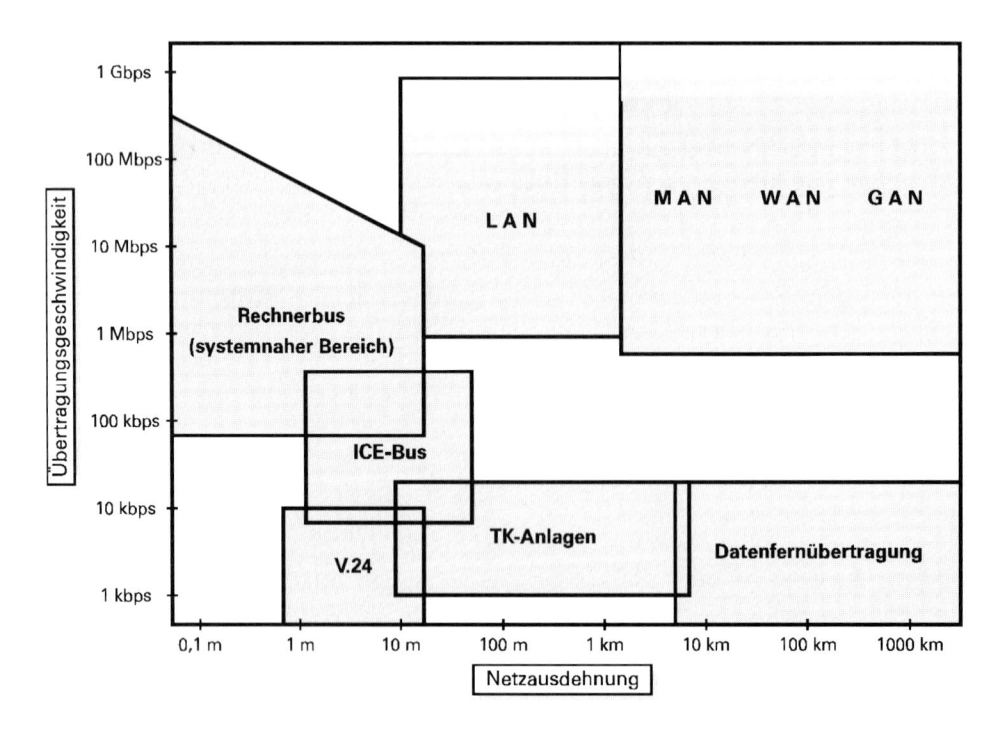

Abb. L.1-1   *Einordnung von Kommunikationsnetzen nach Übertragungsgeschwindigkeit und Netzausdehnung*

L.1 Einleitung

Bezüglich der Netzausdehnung wird zwischen den folgenden Netzarten unterschieden:

- *Local Area Network* – LAN; siehe Abschnitt L.3.2
- *Metropolitan Area Network* – MAN; siehe Kapitel L.4
- *Wide Area Network* – WAN

  Ein WAN ist ein flächendeckendes, öffentliches Telekommunikationsnetz, wie beispielsweise das Fernsprechnetz (PSTN – *Public Switched Telephone Network*) oder Datennetze (PSDN – *Public Switched Data Network*) wie z. B. Datex-P und Datex-L. Aufgrund der historischen Entwicklung und der unterschiedlichen Leistungsmerkmale sind unterschiedliche spezialisierte Netze entstanden, die jedoch vielfach die gleichen Übertragungswege und -einrichtungen verwenden. Ziel ist es, die bestehenden Netze in ein gemeinsames Netz zu überführen. Ein Beispiel hierfür ist das dienste-integrierende digitale Netz ISDN, in dem unterschiedliche WANs zusammengeführt werden.

  Entscheidend für die zukünftigen Nutzungen der WANs ist die Bereitstellung ausreichender Übertragungskapazitäten. Während z. B. im Schmalband-ISDN der Basiskanal 64 kbit/s zur Verfügung stellt, sind bereits Dienste vorhanden bzw. in Planung, deren Bedarf in den Bereich von Mbit/s oder sogar Gbit/s reicht. Grundlage hierfür ist die Schaffung der technischen Möglichkeiten, die z. B. zum Breitband-ISDN auf der Basis von ATM-Netzen führen.

- *Global Area Network* – GAN

  Bei einem GAN liegt ein interkontinentales Netz vor, dessen Hauptkomponenten Satellitenstrecken und Überseekabel sind. Aufgrund des zunehmenden Einsatzes von Satellitensystemen mit niedrigen Umlaufbahnen (*Iridium*) werden in Zukunft die Grenzen zwischen WAN und GAN verschwimmen.

Im deutschen Sprachgebrauch werden die Bereiche der MANs, WANs und GANs auch unter dem Begriff der Fernmeldenetze zusammengefaßt, wovon hier allerdings kein Gebrauch gemacht wird. Lokale Netze sind im Bereich der Datentechnik durch Rechnernetze vertreten und in diesem Anwendungsbereich weit verbreitet.

In Abb. L.1-1 ist die Einordnung von Kommunikationsnetzen entsprechend ihrer Übertragungsgeschwindigkeit und der Netzausdehnung dargestellt. Der Begriff Kommunikationsnetze ist dabei bewußt etwas weiter gefaßt worden. So werden hierunter auch die – hier nicht behandelten – Rechnerbusse (bzw. der systemnahe Bereich) sowie der IEC-Bus und V.24-Verbindungen einbezogen. Zu berücksichtigen ist, daß die Grenzen bzgl. Übertragungsgeschwindigkeit und Netzausdehnung vielfach nicht scharf gezogen werden können, sondern eher als typisch anzusehen sind.

Im allgemeinen beschäftigt sich die Kommunikationstechnik nicht mit dem (weniger verbreiteten) Fall, daß nur zwei Teilnehmer ein „Netz" aufbauen wollen, sondern damit, daß eine Vielzahl von möglichen Teilnehmern (im öffentlichen Fernsprechnetz über 1 000 000 000) im Dialogverkehr miteinander kommunizieren wollen. Natürlich sind hierbei neben dem bisher vorgestellten – und nach wie vor geltenden – Überlegungen bzgl. der Übertragungstechnik weitergehende Aspekte des Aufbaus des Netzes sowie seiner Verwaltung zu beachten.

Eine strenge Trennung muß zwischen dem Netz und dem über dieses Netz bereitgestellten Dienst erfolgen. Dies wurde bereits im Abschnitt A.1.2 anhand von Abb. A.1-5 verdeutlicht.

Definition L.1-2 ▼

Ein Telekommunikationsdienst (kurz Dienst) ist eine spezielle Art der Telekommunikation zwischen Endsystemen, durch die dem Nutzer eine bestimmte Dienstleistung zur Verfügung gestellt wird.

▲

Typische Dienste sind Fernsprechen, Telefax, Teletex und Datenübertragung. Etwas eingehender wird auf die Trennung zwischen „Dienst" und „Netz" in der Einleitung zu den öffentlichen Netzen (Abschnitt L.2.1) eingegangen.

Definition L.1-3 ▼

Eine Teilnehmerendeinrichtung TEE ist ein Gerät, das dem Teilnehmer einen Nachrichtenaustausch mit anderen gleichartigen Geräten über ein Nachrichtennetz ermöglicht (Telefon, FAX, PC mit Modem, …).

▲

Definition L.1-4 ▼

Der Teilnehmeranschlußbereich TnASB (auch Teilnehmeranschlußsystem) ist die Gesamtheit der Einrichtungen, die den Anschluß der Teilnehmerendeinrichtung an die Teilnehmervermittlungsstelle TnVSt herstellen.

▲

Die meisten größeren Nachrichtennetze sind – im Gegensatz zu lokalen Netzen – hierarchisch aufgebaut. Das bedeutet, daß die Netzknoten oder Vermittlungsstellen in mehrere Hierarchieebenen unterteilt werden, die i. a. jeweils für die Teilnehmer in bestimmten räumlich getrennten Regionen zuständig sind. Die

L.1 Einleitung

Abb. L.1-2 zeigt den prinzipiellen Aufbau eines hierarchischen Nachrichtennetzes, das in diesem Fall aus lediglich zwei Hierarchieebenen besteht. Je nach Netz können dabei Teilnehmer (Tn) entweder nur an Netzknoten der untersten Ebene angeschlossen werden oder wie in Abb. L.1-2 auch an Netzknoten der höheren Ebenen. Die Teilnehmer sind dabei jeweils über genormte Schnittstellen (*Network Interfaces* – NI) oder Zugangspunkte mit dem Netz verbunden. Im Teilnehmeranschlußbereich (TnASB) werden die Teilnehmer meistens sternförmig an den betreffenden Netzknoten herangeführt, der z. B. im Fernsprechnetz als Ortsvermittlungsstelle (OVSt) bezeichnet wird.

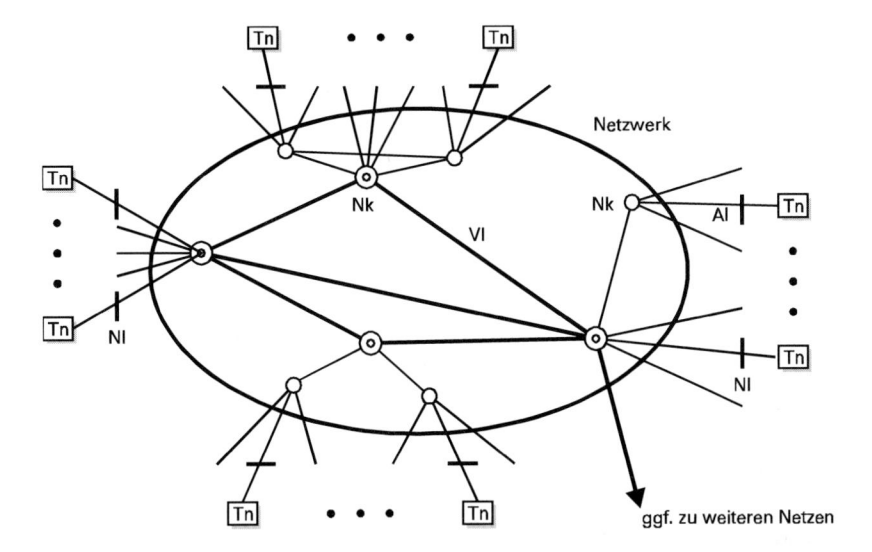

Abb. L.1-2 *Hierarchischer Aufbau eines Nachrichtennetzes (NI: Network Interface, Nk: Netzknoten unterschiedlicher Hierarchiestufen, Al: Anschlußleitung, Vl: Verbindungsleitung)*

Von der Übertragungskapazität her betrachtet, müssen die Teilnehmeranschlußleitungen nur den Verkehr von jeweils einem Teilnehmer aufnehmen, wobei jedoch zu berücksichtigen ist, daß ein Teilnehmer jeweils mehrere Endgeräte parallel verwenden kann. Im Gegensatz zu den Anschlußleitungen (Al) müssen die Verbindungsleitungen (Vl) zwischen den Netzknoten natürlich ein Vielfaches der Übertragungskapazität der Anschlußleitungen aufnehmen können, da – in Abhängigkeit von der Verkehrsbelegung – die Anforderungen durch die „Konzentration" des Verkehrs in den Knoten entsprechend höher ausfallen.

Zu berücksichtigen ist, daß neben der Übertragung der Nutzdaten auch die Übertragung von Informationen für die Steuerung der Bereitstellung der Übertragungskanäle erforderlich ist. Der Umfang dieser sogenannten Signalisierungsdaten ist u. a. abhängig von der Art der Vermittlung sowie der Art der zu übertragenden Informationen.

Auf den unterschiedlichen Aufbau des Netzes, der von einer Vielzahl von Parametern beeinflußt wird, wird an anderer Stelle bei der Vorstellung verschiedener realisierter Netze eingegangen.

Eine weitere wichtige Differenzierung der Netze unterscheidet zwischen öffentlichen und privaten Netzen, wobei in Deutschland (noch) die öffentlichen Netze (Fernsprechnetz, ISDN usw.) vorherrschen. Die privaten Netze sind hierzulande bisher überwiegend in Form von LANs und Nebenstellenanlagen realisiert.

Klasse	Übertragungsart	Datenraten in bit/s	Schnittstellen
1	Start-Stop	300	X.20 / X.20bis
2		50 … 200	
3	synchron	600	X.21 / X.21bis
4		2400	
5		4800	
6		9600	
7		48000	
19		64000	
8	Paket	2400	X.25 / X.32
9		4800	
10		9600	
11		48000	
12		1200	
13		64000	
20	Paket	50 … 300	X.28
21		75, 1200	
22		1200	
23		2400	

Tab. L.1-1   *Nutzerdienstklassen nach X.1*

Unabhängig von den Fragen, ob öffentliches oder privates Netz, ob LAN, MAN, WAN oder GAN, ob hierarchischer Aufbau oder nicht, hat die Signalform eine entscheidende Bedeutung. Während ursprünglich nur Netze zur Übertragung analoger Signale (analoge Netze) existierten, nimmt der Anteil der Netze zur Übertragung digitaler Signale (digitaler Netze) immer weiter zu. So wird z. B. in absehbarer Zeit das (analoge) Fernsprechnetz vom (digitalen) ISDN abgelöst werden. Dieser Trend ist einfach dadurch zu erklären, daß einerseits die reine Masse an zu übertragenden digitalen Daten immer mehr zunimmt und andererseits die Technik der digitalen Übertragung ständig neue Fortschritte erzielt. Man denke dabei nur an die Möglichkeiten der Datenreduktion, die heute bereits die Übertragung von bewegten Bildern über relativ schmale Bandbreiten ermöglicht. Insofern ist abzusehen, daß der Trend in Richtung der digitalen Übertragung weiterhin anhält und der Bedarf an Übertragungs- und Vermittlungskapazität somit weiter ansteigt. Das bedeutet gleichzeitig aber auch, daß die Bedeutung der digitalen Netze in Zukunft noch stärker zunehmen wird, während die analogen Netze immer weiter an Bedeutung verlieren. Diesem Trend wird auch in diesem Abschnitt Rechnung getragen, indem der Schwerpunkt der Betrachtung auf den moderneren, digitalen Netzen liegt.

In der ITU-T-Empfehlung X.1 werden eine Reihe von Nutzerdienstklassen definiert, von denen eine Auswahl mit wesentlichen Parametern in der Tab. L.1-1 zusammengestellt ist.

Für die Auslegung von Netzen sind i. a. folgende Kriterien zu beachten:

- Wirtschaftlichkeit (sowohl im Aufbau als auch im Betrieb – die Betriebskosten können bei großen Netzen häufig der entscheidende Aspekt sein);
- Sicherheit (ausgedrückt z. B. durch die Ausfallwahrscheinlichkeit, für die i. a. Grenzwerte vorgegeben sind);
- Dimensionierung (bzgl. Blockierungen, Reaktion auf Überlast usw.).

L.2 Öffentliche Netze

L.2.1 Einleitung

Auf die Trennung zwischen Dienst und Netz wurde bereits eingegangen. Die Abb. L.2-1 zeigt den Zusammenhang zwischen den öffentlichen Kommunikationsnetzen und den über sie bereitgestellten Diensten (nicht alle hier dargestellten Dienste bzw. Netze sind noch in Betrieb). Wie allgemein in diesem Abschnitt – sofern nicht ausdrücklich anders erwähnt – bezieht sich auch diese Darstellung auf die z. Z. gültigen Verhältnisse in Deutschland. Wie in Abb. L.2-1 zu erkennen ist, wurde ursprünglich fast für jeden Dienst ein eigenes Netz bereitgestellt. Da dies in hohem Maß unwirtschaftlich und heute auch technologisch nicht mehr vertretbar ist, gibt es seit Jahren Bemühungen zur Dienste-Integration. Darunter wird die Zusammenführung von möglichst vielen Netzen mit den zugehörigen Diensten in einem integrierten Netz verstanden. Der erste Schritt auf diesem Weg war die Einführung des integrierten Datennetzes IDN, das in der Zwischenzeit durch das dienste-integrierende digitale Netzwerk ISDN abgelöst worden ist. Während auf die Funktion der heute noch existierenden separaten Netze im folgenden nur kurz eingegangen wird, wird das ISDN im Abschnitt L.2.6 ausführlicher betrachtet. Das Ziel der Dienste-Integration ist es, dem Anwender letztlich eine „Telekommunikations-Steckdose" zur Verfügung zu stellen, über die sämtliche Dienste abgewickelt werden können.

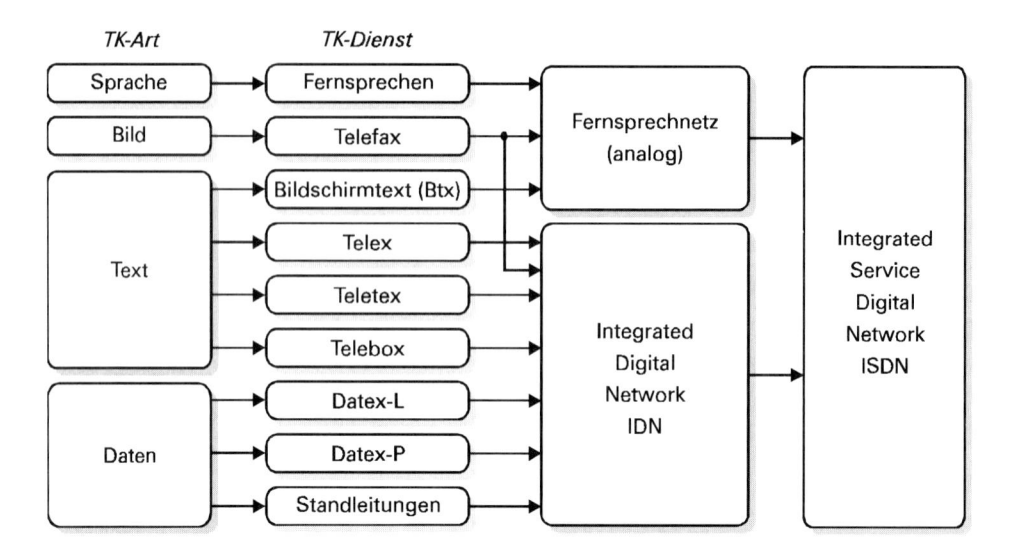

Abb. L.2-1 Struktur der öffentlichen Komunikationsnetze in Deutschland

Das Fernsprechnetz als Spezialform eines Netzes für die Sprachkommunikation wird – ebenso wie andere Netze – weltweit durch ein universelles Netz (ISDN) mit einem breit angelegten Diensteangebot abgelöst (Abb. L.2-1). In Deutschland fand der Aufbau der ersten ISDN-Vermittlungsstellen in den Jahren 1988/1989 statt. Seit 1993 bzw. 1995 sind die alten bzw. die neuen Bundesländer flächendeckend mit ISDN versorgt. Seit 1993 existiert ein europäisch standardisiertes „Euro-ISDN". Seit 1998 sind alle Vermittlungsstellen digitalisiert.

Prinzipiell besteht natürlich auch die Möglichkeit, bestehende Netze für andere Anwendungen zu „mißbrauchen". So werden beispielsweise über das Fernsprechnetz Daten übertragen (siehe auch Abschnitt L.2.2.2), im Rundfunknetz werden per Radio-Daten-System (RDS) und Videotext Daten und Textinformationen verteilt, und über Datennetze (Stichwort Internet) finden u. a. Videokonferenzen statt. Dies stößt jedoch schnell an Grenzen, da die Netze ursprünglich nicht für diese Belastung ausgelegt waren, so daß es heute insbesondere an Bandbreite (Übertragungskapazität) und an Übertragungsgeschwindigkeit mangelt. Hieraus folgt wiederum die Forderung an ein dienste-integrierendes Telekommunikationsnetz mit „ausreichender" Bandbreite. Da aus heutiger Sicht nicht festgestellt werden kann, welche Bandbreiten in Zukunft erforderlich sein werden, muß eine zentrale Forderung an ein zukunftssicheres Netz die skalierbare Bandbreite sein. Ein Problem des heutigen „schmalbandigen" ISDN wird daran bereits deutlich: es weist vom Konzept her eine Beschränkung der Datenrate auf 2 Mbit/s auf. Des weiteren müssen isochrone Sprach- und Videoübertragung ebenso wie variable und verbindungslose Datenübermittlung gewährleistet werden. Alle diese Forderungen führen letztlich auf das breitbandige B-ISDN auf der Basis des Übertragungsprotokolls ATM (*Asynchronous Transfer Mode*), das in Kapitel L.5 ausführlich vorgestellt wird.

L.2.2 Fernsprechen

L.2.2.1 Einleitung

Der Fernsprechdienst ist der am weitesten verbreitete Kommunikationsdienst und verfügt im Zusammenhang damit über ein weltumfassendes Kommunikationsnetz, das mitunter auch als „größte Maschine der Welt" bezeichnet wird. Während das Fernsprechnetz ursprünglich rein analog war, ist im Laufe der letzten Jahre eine sukzessive Digitalisierung durchgeführt worden. Hierbei wurde zuerst ein Teil der Übertragungsstrecken auf PCM-Technik umgestellt, später folgten weitere Strecken sowie insbesondere die Digitalisierung der Vermittlungsstellen, die Ende der neunziger Jahre abgeschlossen sein wird. Das bedeutet, daß bereits heute die analoge Fernsprechtechnik lediglich noch im Teilnehmeranschlußbereich zu finden ist, während das Netz bereits als nahezu vollständig digital angesehen werden kann. Daher erfolgt im Rahmen dieser kurzen Einführung auch nur eine sehr kurze Vorstellung des analogen Fernsprechnetzes. Eine etwas ausführlichere Beschreibung der digitalen Hierarchien, die die Grundlage des digitalen Fernsprechnetzes darstellen und die „Digitalisierung des Fernsprechens" erst ermöglicht haben, ist in Kapitel H.2 zu finden.

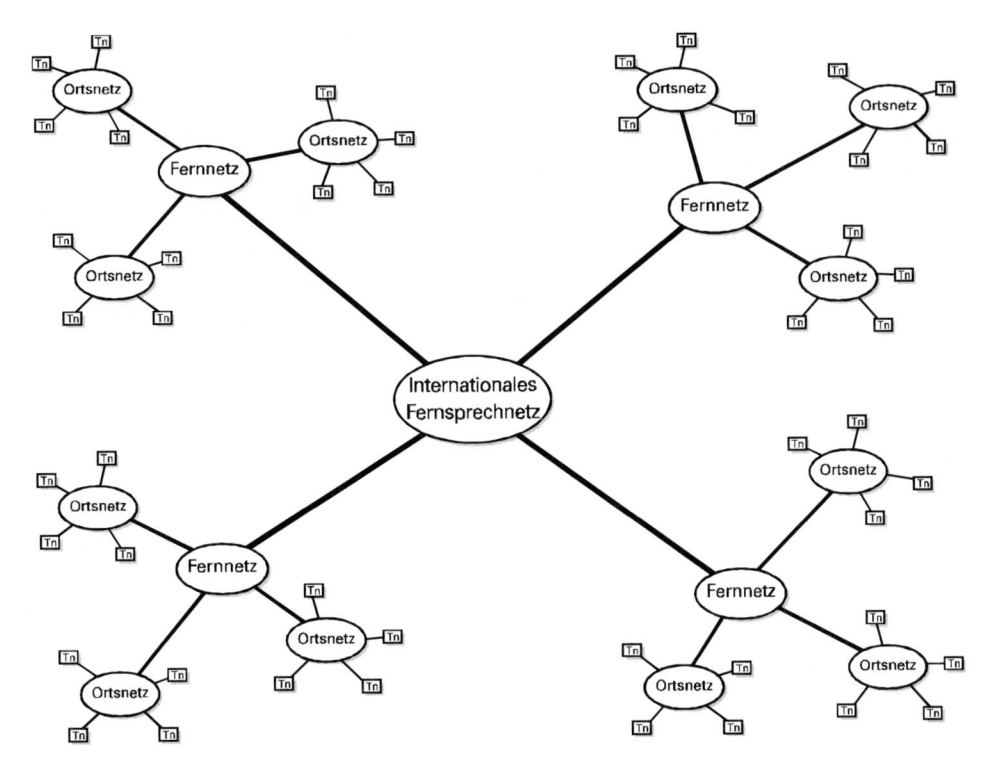

Abb. L.2-2   *Hierarchischer Aufbau des internationalen Fernsprechnetzes*

Die Sprachübertragung ist ein verbindungsorientierter Dienst, bei dem für die Kommunikation eine Verbindung zwischen den Teilnehmern hergestellt wird. Dies gilt sowohl für das analoge als auch für das digitale Fernsprechnetz. Eine wichtige Unterscheidung ist jedoch bzgl. der vermittlungstechnischen Grundlagen zu treffen. Im analogen Netz findet eine Durchschaltevermittlung statt, d. h. es werden (real existierende physikalische) Leitungen geschaltet. Im Gegensatz dazu werden im digitalen Netz Informationen geschaltet. Dementsprechend wird ein derartiges Netz auch als *Switched Medium* bezeichnet.

Das (internationale) Fernsprechnetz ist hierarchisch aufgebaut, wobei die prinzipielle Struktur in Abb. L.2-2 dargestellt ist. Die einzelnen Teilnehmer sind an Ortsnetze angeschlossen, wobei die Anschlüsse eine sternförmige Anordnung aufweisen. Beginnt bei einem Wählvorgang die Rufnummer nicht mit einer Verkehrsausscheidungsziffer („0" oder „00"), so wird die Verbindung innerhalb des Ortsnetzes aufgebaut. Die verschiedenen Ortsnetze innerhalb eines Landes sind an das – in sich i. a. wiederum hierarchisch gegliederte Fernnetz – angeschlossen. Bei einer Verkehrsausscheidungsziffer „00" erfolgt eine Verbindung in das übergeordnete internationale Fernsprechnetz, an das wiederum sternförmig alle nationalen Fernsprechnetze angeschlossen sind.

Die Abb. L.2-3 zeigt schematisch die Verbindung zweier Teilnehmer über zwei Ortsvermittlungsstellen (OVSt) und eine Fernvermittlungsstelle (FVSt). Dabei erstreckt sich das Fernsprechnetz von Teilnehmerendeinrichtung bis Teilnehmerendeinrichtung. Der Übertragungskanal ist durch mehrfaches Modulieren und Demodulieren gekennzeichnet. Zwischen jeweils zwei Vermittlungsstellen befindet sich ein i. a. mit Störungen behafteter Kanal (Kabel, Richtfunk, ...), über den das modulierte Signal in einer hochfrequenten Form transportiert wird. Innerhalb der Vermittlungsstellen wird das Signal hingegen in der niederfrequenten Basisbandlage verarbeitet.

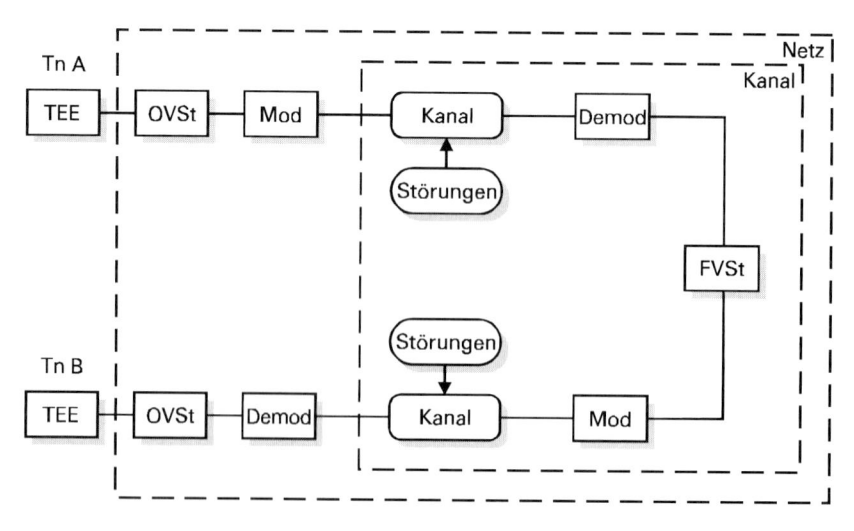

Abb. L.2-3 Verbindung zweier Teilnehmer im analogen Fernsprechnetz (schematisch)

L.2.2.2 Datenübertragung im analogen Fernsprechnetz

Einleitung

Das ursprünglich für die Übertragung analoger Sprachsignale ausgelegte analoge Fernsprechnetz erlaubt – bei Verwendung entsprechender Endeinrichtungen und Übertragungsmittel – auch die Übertragung von (digitalen) Daten. Hierdurch ergibt sich zusätzlich eine zweckmäßige und kostengünstige Nutzung des Fernsprechnetzes, die allerdings gekennzeichnet ist durch niedrige Übertragungsgeschwindigkeiten sowie eine schlechte Übertragungsqualität.

Die zur Verfügung stehende Bandbreite ist begrenzt auf den Bereich von 300 Hz bis 3400 Hz (entsprechend einem Sprachkanal). Das bedeutet, daß eine Übertragung im Basisband nicht möglich ist. Statt dessen müssen Modulationsverfahren mit Träger eingesetzt werden, wobei die Funktion des Modulierens beim Sender bzw. des Demodulierens beim Empfänger von einem sogenannten Modem realisiert wird (Modulator/Demodulator → Modem).

Die Abb. L.2-4 zeigt den Aufbau einer Datenverbindung über das analoge Fernsprechnetz. Zwei Datenendeinrichtungen (z. B. Rechner) werden über eine Schnittstelle S (z. B. V.24) mit einer Datenübertragungseinrichtung (Modem) verbunden. Die DÜE ist dann wiederum über eine Teilnehmeranschlußeinheit TAE an das Fernsprechnetz angeschlossen. Zum Vergleich ist außerdem als Basisdienst eine (analoge) Fernsprechverbindung dargestellt, wobei die Fernsprechgeräte mit hier nicht näher definierten Schnittstellen direkt an die TAE und somit an das Fernsprechnetz angeschlossen sind. Der Aufbau einer Datenverbindung erfolgt entsprechend einer vereinbarten Prozedur nach dem Zustandekommen einer funktionsfähigen Fernsprechverbindung.

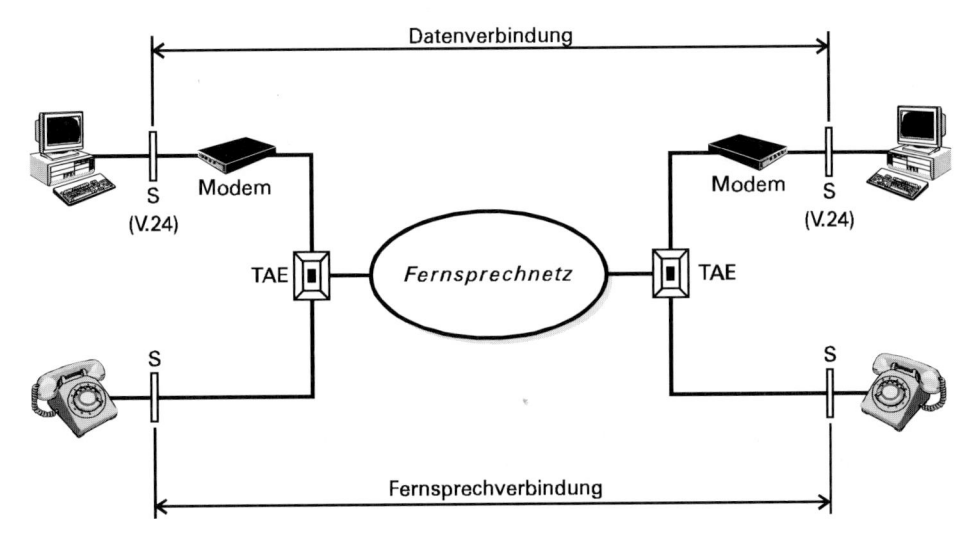

Abb. L.2-4   Anschlußkonfiguration zur Kommunikation über das Fernsprechnetz (S: Schnittstelle)

Innerhalb des Sprachbandes stehen für die Datenkommunikation transparente Übertragungswege zur Verfügung, die keine datenspezifischen Funktionen enthalten. Daraus resultiert, daß eine Kommunikation nur zwischen kompatiblen Modems möglich ist. Bei modernen Modems werden gleichzeitig mehrere Standards unterstützt, wobei sich das Modem nach einer Handshake-Prozedur[1] automatisch auf die für eine Kommunikation notwendigen Steuerbefehle einstellt. Das Modem wird in den folgenden Abschnitten etwas eingehender betrachtet.

Eine Alternative zum Modem stellen die Akustikkoppler dar, die speziell bei einer nur vorübergehenden Nutzung des Fernsprechnetzes zur Datenübertragung mit geringen Qualitätsansprüchen Verwendung finden. Akustikkoppler arbeiten im Duplex-Betrieb mit Datenraten von bis zu 1200 bit/s, wobei der Aufwand relativ gering ist. Benötigt wird neben einem konventionellen Telefon ein Rechner mit V.24-Schnittstelle.

Die Aufgaben des Modems

Die Aufgaben des Modems in einer Datenverbindung über ein Fernsprechnetz werden in der folgenden Aufstellung behandelt.

- Die Teilnehmeranschlußleitung muß vom Telefon zum eigentlichen Modem umgeschaltet werden. Hierfür sind drei verschiedene Verfahren möglich:
  - Die Datenendeinrichtung ist in Betrieb, und am Fernsprechapparat wird die Datentaste gedrückt.
  - Die Datenendeinrichtung ist in Betrieb, und durch den ankommenden Rufstrom wird die Teilnehmeranschlußleitung umgeschaltet. Das Modem muß hierzu im Automatik-Modus arbeiten. (Dieses Verfahren ist äquivalent zum Fax-Betrieb.)
  - Bei voreingestelltem Modem erfolgt die Umstellung durch die entsprechende Bedienung der Datenendeinrichtung.

- Bei der Datenübertragung müssen Modulation und Demodulation durchgeführt werden. Das heißt, daß sendeseitig die binären Datensignale in analoge Signale innerhalb des Sprachkanals umgesetzt werden und empfangsseitig die entsprechende Umkehr dieser Maßnahme stattfindet.

- Die Übertragung findet seriell oder parallel statt, wobei bei der parallelen Übertragung jeweils ein vollständiges Zeichen übertragen wird.

- Die Übertragung ist unterteilt in verschiedene Geschwindigkeitsklassen, wobei sichergestellt werden muß, daß beide an der Kommunikation beteiligten Modems die gleiche Geschwindigkeitsklasse verwenden.

---

1 Unter Handshake wird hier vor allem eine Analyse der Leistungsfähigkeit des Gegenmodems verstanden.

Wichtige Empfehlungen

Für Modems existieren eine Vielzahl von Empfehlungen, die einerseits z. T. nicht mehr relevant sind und andererseits z. T. noch keine Bedeutung haben. Daher werden hier nur einige ausgewählte Empfehlungen mit ihren wichtigsten Eigenschaften kurz vorgestellt.

- V.19

  Ein V.19-Modem kann bis zu einer Symbolrate von 10 Zeichen je Sekunde in einem auf einem Fernsprechnetz gestützten Datensammelsystem eingesetzt werden. Es verwendet ein Mehr-Frequenz-Verfahren (MFV) und ist für einfache Anwendungen vorgesehen (wie bereits an der geringen Symbolrate zu erkennen ist).

- V.21

  Das V.21-Modem ist ein asynchrones Diplex-Modem, das sowohl code- als auch geschwindigkeitstransparent ist. Bei der Datenrate 300 bit/s werden zwei FSK-Kanäle mit 1080 Hz ± 100 Hz bzw. 1750 Hz ± 100 Hz verwendet.

- V.22

  Beim V.22-Modem handelt es sich um ein Duplex-Modem für Wähl- und Standverbindungen mit einer typischen Datenrate von 1200 bit/s. Das Modulationsverfahren ist QPSK, wobei die rufende Station eine Trägerfrequenz von 1200 Hz (Rufmodus) und die gerufene Station eine Trägerfrequenz von 2400 Hz (Antwortmodus) verwendet. Die Synchronität der beiden an einer Verbindung beteiligten Stationen wird über Scrambler[2] und Descrambler hergestellt bzw. aufrechterhalten. Dabei wird der Takt für Sende- und Empfangsstelle von der Sendestelle geliefert.

- V.22bis

  Die V.22bis-Empfehlung[3] ist ein Ersatz für V.22 (kompatibel) mit verbesserten Übertragungsbedingungen. Es handelt sich hier um den gegenwärtig meistverwendeten Modemtyp, der u. a. auch für Btx-Anwendungen genutzt wird.

- V.23

  Das im Halbduplex arbeitende V.23-Modem bietet synchron 1200 bit/s bzw. asynchron 600 bit/s. Im Standardbetrieb findet eine 1200-bit/s-Übertragung auf dem Kanal I (FSK) bei 1700 Hz ± 400 Hz statt; nur bei Störungen wird auf den Kanal II bei 1500 Hz ± 200 Hz mit 600 bit/s umgeschaltet. Zusätzlich steht ein Hilfskanal (420 Hz ± 30 Hz) mit 75 bit/s für ein Quittungssignal zur Verfügung.

---

[2] Eine wichtige Forderung an ein Datenübertragungssystem ist die Unabhängigkeit seiner Eigenschaften von den zu übertragenden Daten. Dies kann durch den Einsatz von Scramblern (Verwürflern) und Descramblern erreicht werden, bei denen mittels rückgekoppelter linearer Schieberegister pseudozufällige Symbolfolgen erzwungen werden.

[3] bis – zweite Fassung (lat. *bis*, zweimal)

- V.26bis
  Das ebenfalls im Halbduplex arbeitende V.26bis-Modem arbeitet im Standardmodus mit synchronen 2400 bit/s bei 1800 Hz mit differentiellem QPSK; bei Störungen wird auf differentielles DBPSK umgeschaltet, wobei noch eine Datenrate von 1200 bit/s möglich ist. Wie beim V.23-Modem existiert ein Hilfskanal bei 420 Hz.

- V.27ter
  Dieses Modem[4] entspricht V.26bis, mit dem Unterschied, daß als Modulationsverfahren differentielles 8-PSK bzw. 4-PSK mit daraus resultierend verdoppelter Datenrate (4800 bit/s bzw. 2400 bit/s) vorgesehen ist.

- V.32
  Ein V.32-Modem erlaubt Datenraten von 4,8 kbit/s bzw. 9,6 kbit/s im synchronen oder asynchronen Zweidraht-Duplex-Betrieb. Die Kanaltrennung wird mit Hilfe von Echokompensation realisiert. Außerdem wird mit einer Trellis-Vorcodierung gearbeitet.

- V.33
  Die V.33-Empfehlung erlaubt bei fest geschalteten Verbindungen eine Datenrate von bis zu 14,4 kbit/s. Als Betriebsart ist das Vierdraht-Halbduplex mit synchroner Übertragung und als Modulationsverfahren Quadraturamplitudenmodulation (QASK) vorgesehen.

- V.34 („V-fast")[5]
  Das hochentwickelte V.34-Modem ermöglicht (an der Schnittstelle DEE–DÜE) – eine Datenrate von bis zu 90 kbit/s. Dieser hohe Wert wird erreicht durch mehrdimensionale Trellis-Vorcodierung, Datenkomprimierung und adaptive Vorentzerrung. Die hierfür notwendige Kenntnis der Kanaleigenschaften wird während der *Start-up*-Phase (*Line Probing*) erworben und erlaubt eine automatische Anpassung des Symbolrate. Das Modem erlaubt sowohl synchrone als auch asynchrone Übertragung. Die elektrischen Eigenschaften der Schnittstelle DEE-DÜE entsprechen der Empfehlung V.11.

L.2.2.3 Das digitale Fernsprechnetz

Das digitale Fernsprechnetz hat gegenüber dem analogen Netz eine Umstrukturierung erfahren, die sich auf den Aufbau einer Verbindung zwischen zwei Teilnehmern auswirkt.

Befinden sich die zu verbindenden Teilnehmer in verschiedenen WVSt-Bereichen, so findet eine Vermittlung gemäß Abb. L.2-5a statt. Vom rufenden Teilnehmer wird eine Verbindung über die Endvermittlungsstelle (EVSt), die Knotenvermittlungsstelle (KVSt) und die vollständig vermaschte Netzebene der

---

[4] ter – dritte Fassung (lat. *ter*, dreimal)
[5] engl. *fast*, schnell

Weitvermittlungsstellen (WVSt) durchgeführt. Stehen Querleitungen (Ql) zwischen entsprechenden KVSt bzw. KVSt und WVSt zur Verfügung, so werden diese genutzt. Andernfalls erfolgt die Verbindung über zwei WVSt oder, falls die direkte Verbindung vorübergehend nicht verfügbar ist, über drei WVSt.

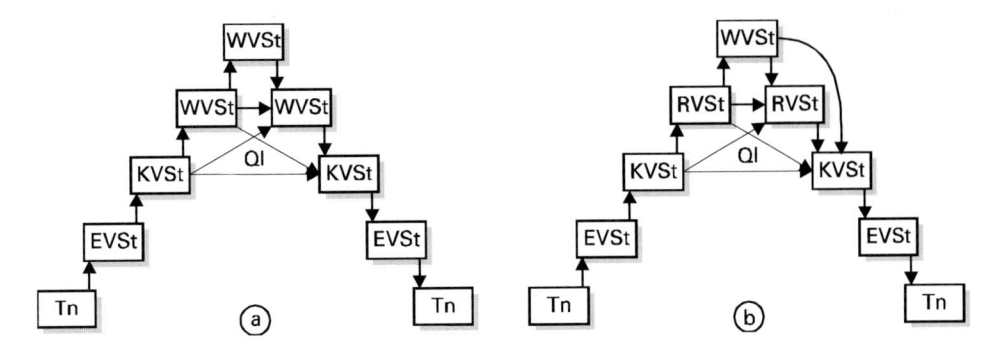

Abb. L.2-5 Struktur des digitalen Fernsprechnetzes – Verbindung zwischen verschiedenen WVSt-Bereichen (a) und innerhalb eines WVSt-Bereichs (b)

Befinden sich beide Teilnehmer innerhalb eines WVSt-Bereichs (Abb. L.2-5b), so treten oberhalb der Ebene der KVSt Regionalvermittlungsstellen (RVSt) in Aktion, die ggf. auch Verbindungen über die zugehörige WVSt herstellen können. Auch hier wird jedoch zuerst geprüft, ob Querleitungen in der KVSt-Ebene bereitstehen, die die Verkehrsanforderung übernehmen können.

L.2.3 Telex

Das Telexnetz (*Telegraphy Exchange* – Telex) in Deutschland existiert seit dem Jahr 1933. Im Telexnetz erfolgt eine digitale Übertragung von Informationen, wobei die Datenrate mit 50 bit/s relativ gering ist. Aus diesem Grund hat das Telexnetz auch keine praktische Bedeutung für die Datenübertragung. Für den Nutzer ist insbesondere von Bedeutung, daß die Daten unmittelbar von Menschen eingegeben und gelesen werden können.

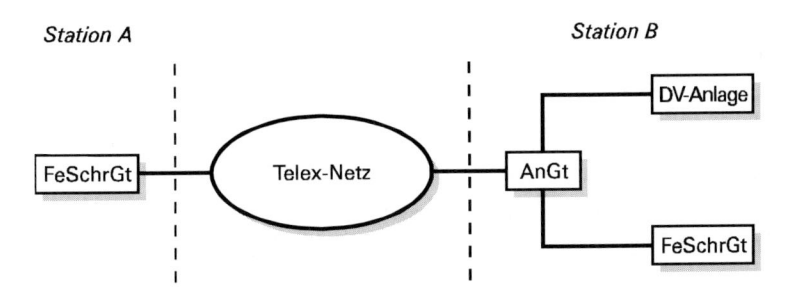

Abb. L.2-6 Anschluß von Teilnehmerendeinrichtungen an das Telexnetz

Während als Geräte ursprünglich mechanische Fernschreiber verwendet wurden, werden heute moderne Endgeräte der Bürokommunikation eingesetzt (z. T. PCs mit Telex-Adapter). Jeder Telexanschluß muß zur Sicherstellung ständiger Erreichbarkeit über ein Fernschreibgerät verfügen. Abb. L.2-6 zeigt bei der Station B den parallelen Anschluß einer Datenverarbeitungsanlage und eines Fernschreibgeräts (FeSchrGt) über ein Anschaltgerät (AnGt), während die Station A nur ein direkt an das Telexnetz angeschlossenes Fernschreibgerät aufweist.

Die Übertragung erfolgt im Halbduplex-Verfahren. Die Zeichen sind nach dem internationalen (Telegraphen-)Alphabet Nr. 2 (Abb. L.2-7) codiert.

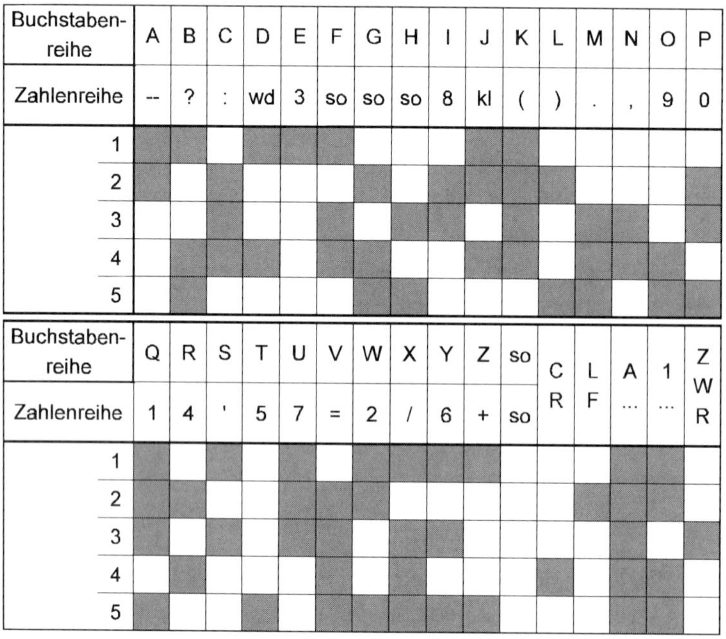

Buchstabenreihe	A	B	C	D	E	F	G	H	I	J	K	L	M	N	O	P
Zahlenreihe	--	?	:	wd	3	so	so	so	8	kl	(	)	.	,	9	0
1																
2																
3																
4																
5																

Buchstabenreihe	Q	R	S	T	U	V	W	X	Y	Z	so	CR	LF	A...	1...	ZWR
Zahlenreihe	1	4	'	5	7	=	2	/	6	+	so					
1																
2																
3																
4																
5																

Abb. L.2-7   Internationales Telegraphen-Alphabet Nr. 2 (kl: Klingel, so: frei für weitere Sonderzeichen, wd: „wer da?", A...: Umschaltzeichen auf Buchstaben, 1...: Umschaltzeichen auf Zahlen, ZWR: Zwischenraum)

L.2.4   Datex-L

Beim Datex-L-Netz handelt es sich um ein öffentliches Wählnetz der Telekom, dessen Konzept dem Fernsprechnetz ähnelt. Es werden ausschließlich digitale Daten übertragen, wobei jeweils ein (leitungsvermittelter) Übertragungsweg zur exklusiven Nutzung für eine Verbindung bereitgestellt wird.

Da durch das Netz keine Geschwindigkeitsanpassung vorgenommen wird, können nur Teilnehmer mit der gleichen Datenrate miteinander kommunizie-

L.2.4 Datex-L

ren, wobei sowohl synchrone als auch asynchrone Datenendeinrichtungen möglich sind. Die Übertragung erfolgt codetransparent und bietet eine Bitfehlerrate von 10^{-5}. Es gibt sechs Anschlußtypen mit den Benutzerklassen 1, 4, 5, 6 und 30 nach X.1 mit einer maximalen Datenrate von 64 kbit/s (siehe Abb. L.2-8). Die Kommunikation erfolgt im Vollduplex mit einem Verbindungsaufbau, der i. a. weniger als eine Sekunde benötigt.

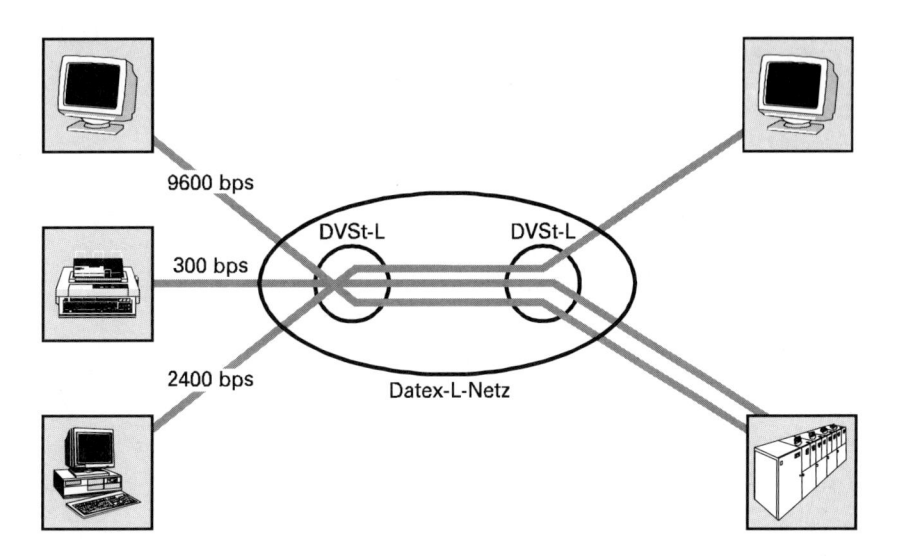

Abb. L.2-8 Verbindungen im Datex-L-Netz

Der Anschluß einer Datenendeinrichtung mit X.21-Protokoll erfolgt über ein Datenfernschaltgerät DFGt (Abb. L.2-9). Das DFGt (oder auch Datexnetzabschlußgerät – DXG) stellt den Abschluß der Signalübertragung für die Anschlußleitung dar. Für Datex-L existieren genormte Schnittstellen mit X.20- bzw. X.20bis-Protokoll (asynchron), X.21- bzw. X.21bis-Protokoll (synchron, Einzelkanal) sowie X.22-Protokoll (synchron, Mehrkanal). Die Schnittstellen X.20bis und X.21bis sind dabei kompatibel mit V-Schnittstellen. Netzübergänge zum Datex-P-Netz und zum analogen Fernsprechnetz sind vorhanden.

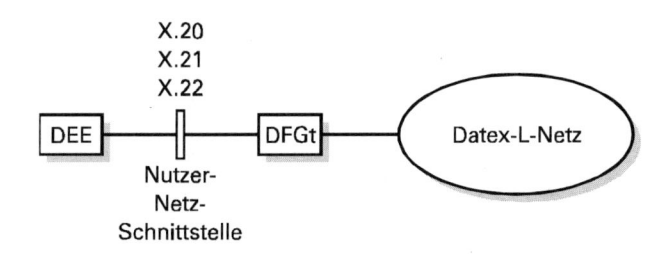

Abb. L.2-9 Anschluß einer DEE mit X.21-Schnittstelle über ein Datenfernschaltgerät DFGt an das Datex-L-Netz

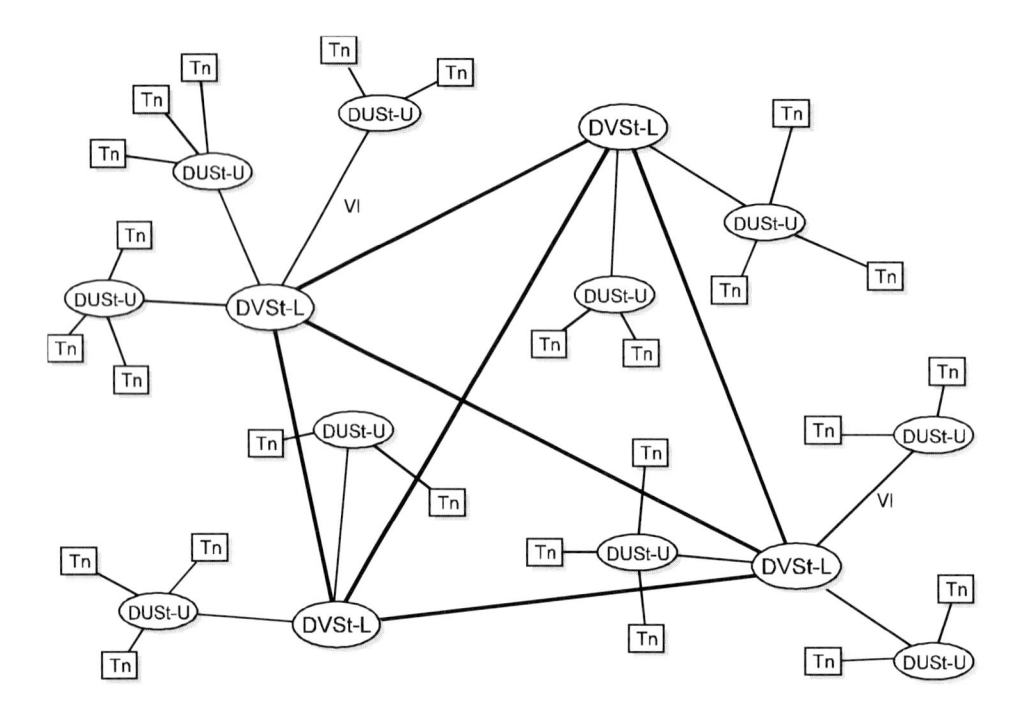

Abb. L.2-10 Struktur des Datex-L-Netzes

Das Netz ist hierarchisch in zwei Ebenen unterteilt (Abb. L.2-10):

- Die Netzknoten der unteren Netzebene bestehen aus Datenumsatzstellen (DUSt-U), die keinerlei Vermittlungsfunktionen besitzen, sondern lediglich die einzelnen Kanäle der angeschlossenen Datenendeinrichtungen zusammenfassen (multiplexen).

- Die obere Netzebene wird gebildet von Vermittlungsstellen (DVSt-L), die die Verbindungen zwischen den Datenendeinrichtungen vermitteln sowie eine Verkehrslenkung durchführen. Die DVSt-L bilden ein vermaschtes Netz und besitzen nur Verbindungen zu anderen DVSt-L und zu den DUSt-U der unteren Netzebene. Die DUSt-U sind sternförmig an die DVSt-L angeschlossen.

n Kanäle (X.21)	Datenrate je Kanal in bit/s	Datenrate gesamt in bit/s
5	9600	48000
10	4800	
20	2400	
80	600	

Tab. L.2-1 Datenraten der Einzelkanäle beim X.22-Protokoll

L.2.4 Datex-L

Die Empfehlung X.22 beschreibt eine Multiplex-Schnittstelle mit einem synchronen Zeitmultiplexer zwischen Datenendeinrichtung und Datenübertragungseinrichtung. Dabei wird eine bestimmte Anzahl von X.21-Datenkanälen (siehe Tab. L.2-1) zu einem 48-kbit/s-Bitstrom gebündelt.

Die Abb. L.2-11 zeigt das Prinzip des zwischen die Datenendeinrichtungen (hier nicht dargestellt) und die Datenübertragungseinrichtung geschalteten Multiplexers. Die Prozeduren der Verbindungssteuerung und der Störungserkennung sind kanalgebunden und laufen innerhalb der Multiplexstruktur des X.22-Protokolls unabhängig von den anderen Datenkanälen ab. Die Schnittstellenleitungen sind in der Empfehlung X.24 definiert, während die elektrischen Eigenschaften der Leitungen in X.27 beschrieben werden.

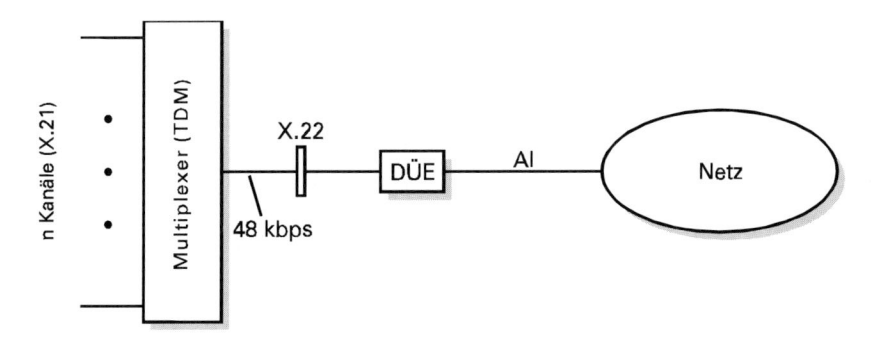

Abb. L.2-11 X.22-Multiplex-Schnittstelle

Alternativ zu den starren Aufteilungen nach Tab. L.2-1 können die einzelnen Datenkanäle auch in fünf Gruppen zu je 9,6 kbit/s zusammengefaßt werden, wobei innerhalb dieser Gruppen wiederum Datenkanäle mit einheitlicher Datenrate zu verwenden sind (Abb. L.2-12).

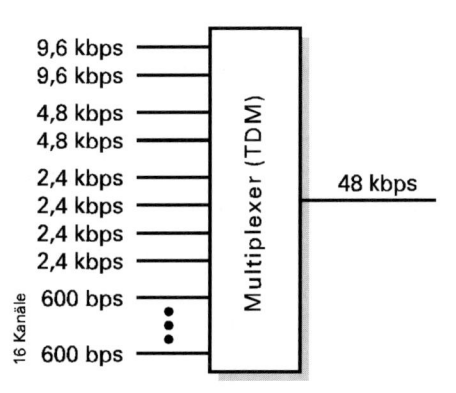

Abb. L.2-12 Alternative Zuordnung der einzelnen Kanäle

L.2.5 Datex-P

Beim Datex-P-Netz handelt es sich um ein paketvermitteltes öffentliches Netz zur Datenübertragung nach dem Prinzip der Teilstreckenvermittlung. Genutzt werden dabei die digitalen Übertragungswege des integrierten Datennetzes IDN. Das Datex-P-Netz weist in Deutschland 21 Datex-P-Vermittlungsstellen auf, wovon sich 3 Vermittlungsstellen in Baden-Württemberg (Stuttgart, Karlsruhe und Mannheim) befinden. Eine ausführliche Beschreibung des X.25-Protokolls, auf dem das Datex-P-Netz basiert, ist im Kapitel J.2 zu finden.

Es wird vorausgesetzt, daß die Daten dem Netz in einem definierten Format (in Form von Paketen) übergeben werden. Jedes Paket wird vom Netz separat behandelt und übermittelt. Größere Nachrichtenblöcke müssen entsprechend unterteilt werden. In den Netzknoten werden die Pakete empfangen, der Paketkopf wird ausgewertet und die Pakete werden weitergeleitet (Abb. L.2-13). Der Paketkopf enthält zu diesem Zweck die Adressen von Absender und Empfänger sowie Steuerinformationen. Beim Ausfall von Übertragungswegen können durch entsprechende Routing-Strategien alternative Wege genutzt werden. Da es sich beim Datex-P-Netz um ein offenes Kommunikationssystem (gemäß dem OSI-Referenzmodell) handelt, müssen die Nutzer an festgelegten Nutzer-Netz-Schnittstellen die definierten Standards für den Netzzugang einhalten.

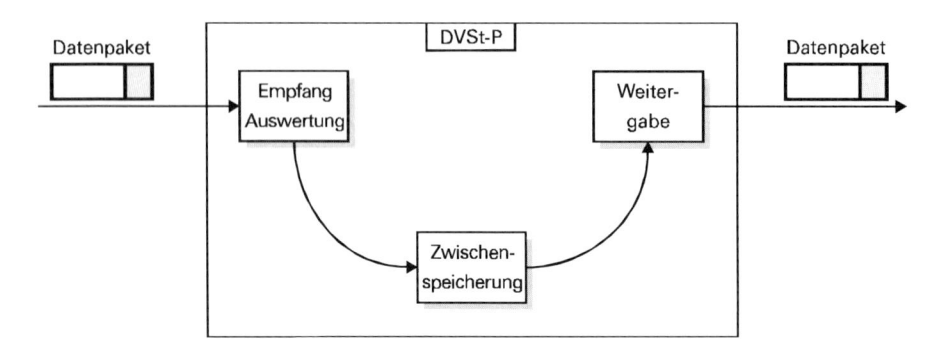

Abb. L.2-13   Funktionsprinzip einer DVSt-P

- Das X.28-Protokoll beschreibt den Austausch der Steuer- und Nutzdaten zwischen einer PAD und einer nicht paketfähigen Datenendeinrichtung. Die PAD ersetzt dabei die hier sonst vorhandene Datenübertragungseinrichtung.
- Im X.29-Protokoll werden die Prozeduren auf dem paketvermittelten Übertragungsabschnitt zusammengefaßt.
- Verbindungen aus dem ISDN laufen über einen ISDN-Datex-P-Umsetzer (IPU) und können in beide Richtungen aufgebaut werden.
- Die Zusammenarbeit zwischen nationalen und internationalen Paketnetzknoten erfolgt über das X.75-Protokoll, dessen Anwendung jedoch auch im nationalen Bereich sinnvoll sein kann.

L.2.5 Datex-P

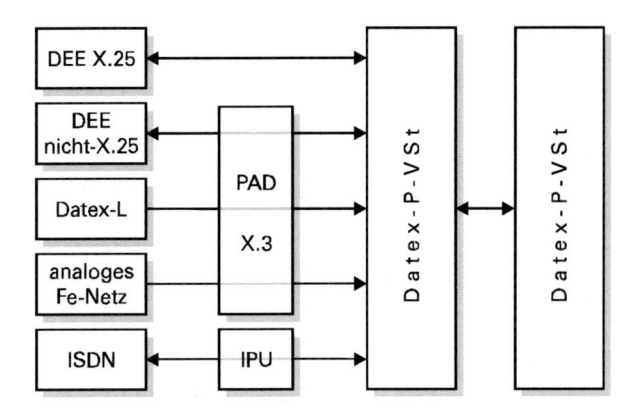

Abb. L.2-14   Zugang zum Datex-P-Netz

Das Datex-P-Netz beinhaltet auch die Datenübertragungseinrichtung, die i. a. als Datenanschaltgerät bezeichnet wird. Die Nutzer-Netz-Schnittstelle befindet sich somit zwischen der Datenendeinrichtung und der Datenübertragungseinrichtung. Der Zugang zum Netz ist – abhängig vom anzuschließenden Endgerät – auf unterschiedliche Arten möglich (Abb. L.2-14):

- Bei Endgeräten, die Datex-P-fähig (X.25) sind, ist der direkte Zugang mit den Benutzerklassen 8 bis 11 gemäß X.1 möglich (Datenraten bis 128 kbit/s). Verbindungen können in beiden Richtungen aufgebaut werden.
- Nicht-Datex-P-fähige asynchrone Datenendeinrichtungen werden über eine *Packet Assembly and Disassembly Facility* (PAD, X.3-Protokoll) angeschlossen. Die PAD befindet sich i. a. in der DVSt-P und übernimmt in genormter Weise die Anpassung bzgl. Übertragungsgeschwindigkeit und Prozedur. Die möglichen Datenraten liegen im Bereich von 300 bit/s bis zu 9,6 kbit/s. Verbindungen können auch hier in beiden Richtungen aufgebaut werden.
- Die Anpassung von nicht-Datex-P-fähigen synchronen Datenendeinrichtungen erfolgt i. a. über das SNA-Protokoll. Die zulässigen Datenraten liegen hier im Bereich von 2,4 kbit/s bis 128 kbit/s.
- Datenkommunikation (über postzugelassene Modems oder Akustikkoppler) aus dem Fernsprechnetz mit Wählverbindung wird auch über die PAD abgewickelt, die Datenrate liegt dabei zwischen 300 bit/s und 9,6 kbit/s. Verbindungen können nur aus dem Fernsprechnetz heraus aufgebaut werden.
- Datenkommunikation über leitungsvermittelte Netzknoten (Datex-L) wird mit einer Datenrate von 300 bit/s ebenfalls über die PAD abgewickelt. Verbindungen können hier nur vom Datex-L-Teilnehmer aufgebaut werden.
- Die Verbindung von Datenendeinrichtungen, die mit dem Start-Stop-Verfahren arbeiten, können mit dem X.28-Protokoll an eine PAD angeschlossen werden.
- Die Signalisierung zwischen den Vermittlungsstellen wird mit dem X.75-Protokoll gefahren.

Die Bitfehlerrate bei Datex-P beträgt typisch 10⁻⁹ und die Dauer des Verbindungsaufbaus typisch 500 ms.

Im Datex-P-Netz werden nur die Schichten 1 bis 3 des OSI-Referenzmodells beschrieben. Das bedeutet, daß sich die miteinander kommunizierenden Teilnehmer selbst über die Schichten 4 bis 7 verständigen müssen.

L.2.6 ISDN

L.2.6.1 Einleitung

Das ISDN (*Integrated Services Digital Network*) ist ein dienste-integrierendes digitales Netzwerk, in dem die bisher z. T. auf mehrere Netze verteilten Dienste in ein (digitales) Netz integriert werden (vgl. Abb. L.2-1). Die Entwicklung des ISDN begann in den achtziger Jahren. Man unterscheidet dabei zwischen dem bereits eingeführten Schmalband-ISDN mit einer Datenrate des Basiskanals von 64 kbit/s und dem noch nicht eingeführten Breitband-ISDN (B-ISDN) mit Datenraten von über 2 Mbit/s. Das Schmalband-ISDN ist seit 1989 im Regelbetrieb.

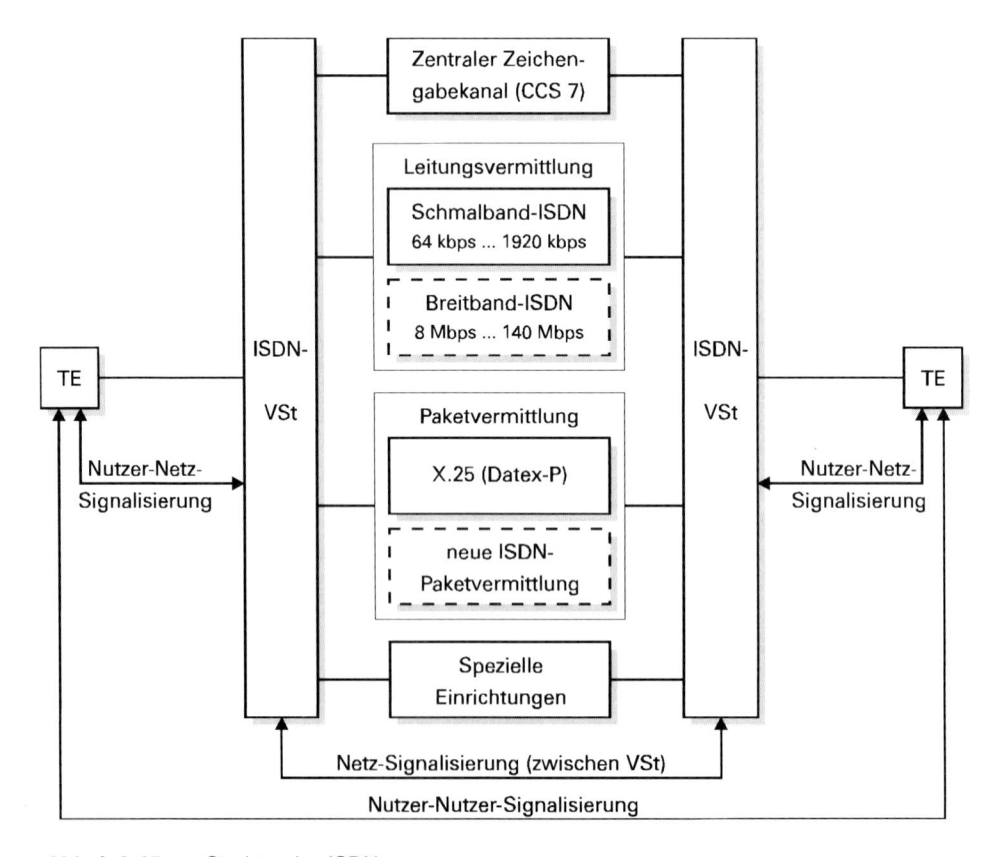

Abb. L.2-15 *Struktur des ISDN*

Die Abb. L.2-15 zeigt vereinfacht die Struktur des ISDN. Dargestellt sind zwei Teilnehmer (Nutzer) sowie stark vereinfacht die Übermittlung über zwei ISDN-Vermittlungsstellen. Für die Übermittlung von Daten zwischen den Nutzern und dem Netz stehen B-Kanäle bereit. Die eigentliche Vermittlung erfolgt mittels leitungs- und paketvermittelter Verfahren. Die Netz-Signalisierung, d. h. die netzinterne Kommunikation zwischen den Vermittlungsstellen, erfolgt über den zentralen Zeichengabekanal (ZZK), während die Signalisierung zwischen den Nutzern und dem Netz über den sogenannten D-Kanal durchgeführt wird. Der Austausch von Steuerinformationen zwischen den Nutzern (Nutzer-Nutzer-Signalisierung) kann ebenfalls über den D-Kanal und den ZZK geschehen.

Alle Kommunikationsarten (Sprache, Daten, Text und Bild) werden in gleicher Weise behandelt, wobei sich die Standards an der im Teil I beschriebenen OSI-Architektur für offene Systeme orientieren.

Einer der wesentlichen Vorteile für die Nutzer sind die einheitlichen Anschlußmöglichkeiten an einer Teilnehmeranschlußeinheit. Für alle Terminals aller Dienste an einem Teilnehmeranschluß gilt die gleiche ISDN-Rufnummer, wobei am Basisanschluß angeschlossene Terminals bis zu zehn Rufnummern aufweisen können. Außerdem ist der gleichzeitige Betrieb mehrerer Endgeräte am Basisanschluß auch zu unterschiedlichen Endstellen möglich.

Die Dienste werden in der Serie I.200 der ITU-T-Empfehlungen beschrieben und sind (vgl. Abb. L.2-16) unterteilt in:

♦ Teledienste (*Tele Service*)

Teledienste (I.240) sind einschließlich der Endgeräte vollständig kompatibel, erstrecken sich also über alle sieben Schichten des OSI-Referenzmodells. Sie beschreiben Anwendungen in den Schichten 4 bis 7 wie Telefon, Telefax, Teletex, T-Online, Multifunktionale Kommunikation usw. Die Kompatibilität wird dabei durch entsprechende Protokolle gewährleistet. Teledienste werden auch als Standardisierte Dienste bezeichnet und bieten u. a. die gleichen Dienste wie bisher, allerdings mit deutlich höherer Geschwindigkeit. Endgeräte, die für das konventionellen Fernmeldenetz konzipiert wurden (Telefax, Bildschirmtext, Datenendeinrichtung mit Modem) müssen über einen ent sprechenden Terminal-Adapter, TA, vom Typ a/b an das Netz angeschlos-

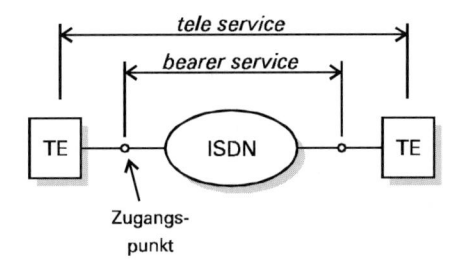

Abb. L.2-16 Teledienste und Übermittlungsdienste im ISDN; neben dem ISDN können hier auch weitere Netze vorhanden sein, z. B. das analoge Fernsprechnetz

sen werden. Für Endgeräte mit X.21-Schnittstelle (Datenendeinrichtung für Datex-L, Teletex) stehen entsprechend Terminal-Adapter vom Typ X.21 zur Verfügung.

- Transportdienste (*Bearer Service*)

  Die Transport- oder Übermittlungsdienste sind zwischen den Zugangspunkten zwischen den Endgeräten und dem Netz definiert. Hier ist eine Übertragungskompatiblität erforderlich, die durch die drei unteren Schichten gesichert werden kann.

  Die Übermittlung kann gemäß der Serie I.230 leitungs- oder paketvermittelt erfolgen. Bei leitungsvermittelter Übertragung (nach I.231) können bei einer Datenrate von 64 kbit/s und einer Rahmendauer von 125 µs Sprachübertragung (nach G.711), Audioübertragung (z. B. Telefon), transparente Übertragung (z. B. Daten) oder eine Mischkommunikation (Sprache abwechselnd mit transparenter Datenübertragung) stattfinden. Außerdem können Kanäle mit 128 kbit/s, 384 kbit/s, 1536 kbit/s oder 1920 kbit/s (Rahmendauer 125 µs) für die transparente Übertragung von Daten und Bildern zwischen Nutzern bereitgestellt werden. Die paketvermittelte Übertragung (I.232) erfolgt derzeit über Datex-P im X.25-Protokoll.

L.2.6.2   Normung

Für ISDN existieren mit der I-Serie eine Reihe von Empfehlungen des ITU-T (früher CCITT), von denen die wichtigsten hier kurz aufgeführt werden.

I.100   *General Aspects* – allgemeines Konzept, Definitionen, allgemeine Methoden
Hier ist besonders die Empfehlung I.130 zu nennen, in der Merkmale zur Beschreibung von Diensten und Netzeigenschaften sowie Dienste und Netzelemente enthalten sind, wie z. B. Geschwindigkeit der Informationsübertragung, Protokolle der Nutzer-Netz-Schnittstelle und teilnehmerbezogene Dienstmerkmale.

I.200   *Service Capabilities* – Beschreibung der Dienstaspekte
Von Bedeutung sind hier vor allem die Empfehlungen I.210 (Prinzipien der Dienste-Definitionen und Einteilung der Dienste) und I.211 (Spezifikation der Datenübertragungsdienste).

I.300   *Network Aspects* – Netzaspekte mit Numerierung und Adressierung

I.400   *User-Network Interfaces* – Aspekte der Nutzer-Netz-Schnittstelle
Hier werden die Voraussetzungen geschaffen für weltweit einheitliche Bedingungen und den Anschluß von ISDN-konformen Endeinrichtungen. Diese Empfehlungen beinhalten die Definition der Bezugskonfiguration, der Anschlußmöglichkeiten und der Protokolle.

I.500   *Internetwork Aspects* – Aspekte der Schnittstellen zu anderen Netzen

I.600   *Maintenance Principles* – Grundlagen für die Wartung und den Betrieb von ISDN-Netzen

L.2.6.3 Kanaltypen

Ein wesentliches Kennzeichen des ISDN ist die konsequente Trennung der Übertragung von Signalisierungs- und Nutzdaten, die auf unterschiedlichen Kanälen durchgeführt wird. Von Bedeutung sind dabei in erster Linie die hier vorgestellten B-, D-, E- und H-Kanäle.

- B-Kanal

    Der B-Kanal erlaubt die Übertragung von:
    - digitalen Fernsprechsignalen (mit 64 kbit/s nach der CCITT-Empfehlung G.711);
    - leitungs- oder paketvermitteltem Datenverkehr mit maximal 64 kbit/s bzw. Datenströmen nach X.1;
    - digitalen Signalen mit weniger als 64 kbit/s, kombiniert mit anderen digitalen Informationen zum gleichen Empfänger im Rahmen der sogenannten Mischkommunikation;
    - nicht CCITT-gerechten Nutzerinformationen.

    Bei Leitungsvermittlung existiert eine transparente Ende-zu-Ende-Verbindung mit 64 kbit/s (*Tele Service*), wobei jeweils nur eine Verbindung zur gleichen Zeit über einen B-Kanal möglich ist. Bei der Paketvermittlung (*Bearer Service*) wird die Behandlung der Protokolle durch das Netz sichergestellt. In beiden Vermittlungsarten sind Wählverbindungen möglich, ebenso auch permanente und semipermanente Verbindungen zwischen definierten Endeinrichtungen. Wie im folgenden Abschnitt gezeigt wird, eignet sich der B-Kanal zum Aufbau von Multiplex-Strukturen für ISDN-Anschlüsse.

- D-Kanal

    Der D-Kanal, der eine Datenrate von 16 kbit/s (D_{16}) oder 64 kbit/s (D_{64}) aufweist, dient zur Übertragung von digitalen Informationsströmen im HDLC-Protokoll (LAP-D). Er steht ständig für die Signalisierung zur Verfügung, durch die seine Übertragungskapazität allerdings nicht ausgelastet wird. Zusätzlich werden Telemetrie-Daten[6] mit niedrigen Datenraten sowie Nutzer-Nutzer-Informationen übertragen, wobei allerdings die Signalisierung stets die höchste Priorität aufweist. Die Hauptanwendung des Dienstkanals ist die Übertragung von Signalisierungsdaten (außerhalb des Nutzdatenkanals) zwischen dem Nutzer und dem Netz sowie zwischen den beiden Teilnehmern einer Verbindung.

    Neben dem Austausch von Signalisierungsinformationen können Teilnehmer auch Datenpakete auf dem D-Kanal ins Netz schicken, die wiederum vom Netz an andere Teilnehmer weitergeleitet werden. Anders als im B-Kanal können im D-Kanal jedoch keine Verbindungen aufgebaut werden.

---

6 Telemetrie – automatische, leitungsgebundene oder drahtlose, Übertragung von Meßwerten bzw. Meßdaten über eine „größere" Entfernung.

- **E-Kanal**
  Hierbei handelt es sich um einen speziellen Kanal für das Zeichengabesystem Nr. 7, der vorzugsweise zur Übertragung der Signalisierungsdaten leitungsvermittelter Netze zwischen den Vermittlungsstellen genutzt wird. Die zur Verfügung stehende Datenrate beträgt 64 kbit/s.

- **H-Kanal**
  Der H-Kanal stellt innerhalb des Schmalband-ISDN einen „Quasi-Breitband-Kanal" mit mehr als 64 kbit/s zur Verfügung. Hierbei sind eine Reihe verschiedener Konfigurationen definiert, wovon hier nur zwei vorgestellt werden. Der H_0-Kanal umfaßt sechs Basiskanäle und hat somit eine (Nutz-)-Datenrate von 384 kbit/s. Als Anwendung ist z. Z. insbesondere die Verbindung von mittleren Nebenstellenanlagen an das Netz zu nennen. Der H_{11}-Kanal bzw. der H_{12}-Kanal fassen 24 bzw. 30 Basiskanäle zusammen und weist somit eine (Nutz-)Datenrate von 1536 kbit/s bzw. von 1920 kbit/s auf. Diese Kanäle werden z. B. im Rahmen von Videokonferenzen eingesetzt. Der H-Kanal enthält keine Signalisierungsinformationen – die Signalisierung erfolgt über einen separaten D-Kanal bzw. im Netz über den zentralen Zeichengabekanal ZZK. Außerdem sind bereits für das Breitband-ISDN der H_2-Kanal (8 Mbit/s), der H_3-Kanal (34 Mbit/s bzw. 45 Mbit/s) sowie der H_4-Kanal (140 Mbit/s) definiert.

L.2.6.4 Nutzerzugang

Der Nutzerzugang („Zugang des Nutzers zum Netz") umfaßt alle Mittel, mit denen ein Nutzer an das Netz angeschlossen ist, mit dem Zweck der Nutzung der Dienste bzw. der Einrichtungen des Netzes. Dabei wird zwischen vier Anschlußmöglichkeiten unterschieden, die hier vorgestellt werden.

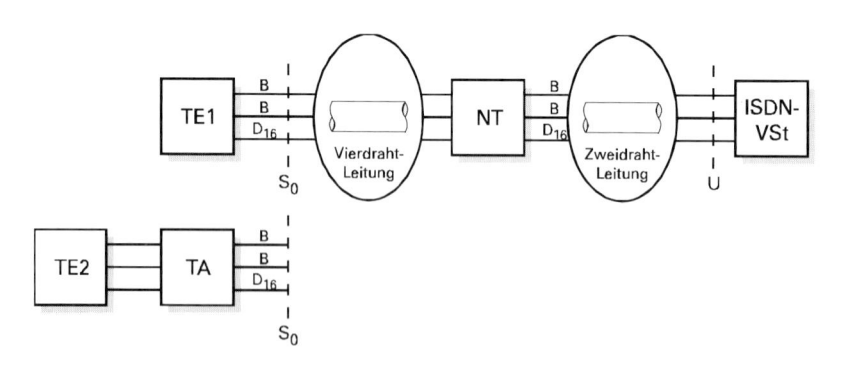

Abb. L.2-17   Struktur des Basisanschlusses (BA)

Der Basisanschluß (BA bzw. *Basic Rate Interface* – BRI) S_0 ist mit zwei Basiskanälen sowie einem Signalisierungskanal D_{16} ausgestattet. Dies erlaubt im Duplexverkehr insgesamt eine Datenrate zwischen Teilnehmer und Netz (Nebenstellenanlage oder ISDN-VSt) von 144 kbit/s. Durch Hinzufügen von Takt- und Wartungssignalen ergibt sich auf der Leitung insgesamt eine Datenrate von 160 kbit/s. Die beiden Basiskanäle können bei Bedarf auch zusammengeschaltet werden (inverses Multiplexing), so daß ein Kanal mit 128 kbit/s zur Verfügung steht. Abb. L.2-17 zeigt die Konfiguration des Basisanschlusses, wobei entweder ein ISDN-fähiges Endgerät TE1 direkt oder ein nicht ISDN-fähiges Endgerät TE2 über einen Terminal-Adapter, TA, an die Schnittstelle angeschlossen wird. An der Schnittstelle wird das Netz durch einen Netzabschluß NT (*Network Termination*) definiert abgeschlossen. Diese Anpassungseinrichtung erfüllt vor allem zwei Aufgaben. Sie multiplext die beiden Basiskanäle und den Dienstkanal und steuert die Zeichengabe gemäß dem D-Kanal-Protokoll. Vom NT werden die drei Kanäle dann an die nächste ISDN-Vermittlungsstelle, ISDN-VSt, weiterleitet. Sowohl die Verbindung zwischen TE1 und NT als auch die Verbindung zwischen NT und ISDN-VSt erfolgen über Zweidraht-Kupferleitungen.

Die besonderen Vorteile des Basisanschlusses sind einerseits darin zu sehen, daß das existierende Anschlußleitungsnetz im Teilnehmerbereich weiterhin genutzt werden kann, und andererseits darin, daß die ISDN-Leistungsmerkmale dem Nutzer ohne zusätzlichen Aufwand zur Verfügung gestellt werden können. Außerdem können über einen Basisanschluß – über eine (Kupfer-)Leitung – gleichzeitig drei Verbindungen aufgebaut werden. Hierbei handelt es sich um zwei vollwertige Verbindungen über die beiden B-Kanäle sowie eine Datenverbindung über den D_{16}-Kanal (z. B. für E-Mail o. ä.).

Der Primärmultiplexanschluß oder Primärratenanschluß (PA bzw. *Primary Rate Interface* – PRI) S_{2M} stellt 30 Basiskanäle (bzw. 23 Basiskanäle in Nordamerika) sowie einen Signalisierungskanal D_{64} zur Verfügung (Abb. L.2-18). Der Duplex-Verkehr zwischen Teilnehmer und Netz beträgt somit 1984 kbit/s. Einschließlich der Takt- und Wartungssignale liegt auf der Leitung eine Datenrate von 2048 Mbit/s vor. Dies entspricht der Ebene 1 der plesiochronen digitalen Hierarchie der digitalen Übertragungstechnik. Diese Datenrate kann im Teilnehmeranschlußbereich auch mit konventionellen Kupferleitungen (Vierdraht) noch über ausreichende Entfernungen übertragen werden, ggf. unter Einsatz von Zwischenverstärkern. In den USA stehen in der ersten Ebene entsprechend 1544 kbit/s zur Verfügung. Aus diesem Grund werden dort am PRI nur 23 Basiskanäle angeboten. Beim Übergang zwischen beiden Systemen treten jedoch keine Schwierigkeiten auf.

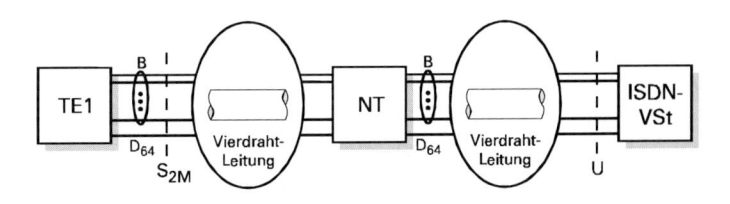

Abb. L.2-18   *Struktur des Primärmultiplexanschlusses (PA)*

Der Primärmultiplexanschluß ist konzipiert für den Anschluß größerer Nebenstellenanlagen (NStAnl) sowie von Multiplexer-Einrichtungen. Gegenüber der Alternative in Form einer größeren Anzahl parallel geschalteter Basisanschlüsse ist der Aufwand hier deutlich geringer. Über den Primärmultiplexanschluß können außerdem nahezu alle modernen Kommunikationssysteme angeschlossen werden (LAN, Videokonferenz-Systeme usw.), wobei durch eine dynamische Kanalzuweisung eine effiziente Nutzung des Netzes ermöglicht wird. Anzumerken ist, daß zwar eine Kopplung von lokalen Netzen möglich ist, ISDN jedoch nicht dafür ausgelegt ist, lokale Netze zu verdrängen oder zu ersetzen.

Der Basisanschluß mit Multiplexer (BAMX) faßt zwölf Basisanschlüsse (jeweils zwei Basiskanäle B und ein Dienstkanal D_{16}) in einer Multiplex-Struktur zusammen (Abb. L.2-19). Die Basisanschlüsse können dabei beliebig mit ISDN-fähigen Endeinrichtungen (TE1) oder mit nicht ISDN-fähigen Endeinrichtungen (TE2) mit Adapter TA belegt werden. Das Multiplexen der Teilnehmeranschlußleitungen sorgt für eine blockierungsfreie Auslastung der 2048-kbit/s-Leitung zur ISDN-Vermittlungsstelle. Dies ist eine Methode, um auch im Schmalband-ISDN digitale Übertragungswege mit mehr als 128 kbit/s zur Verfügung stellen zu können.

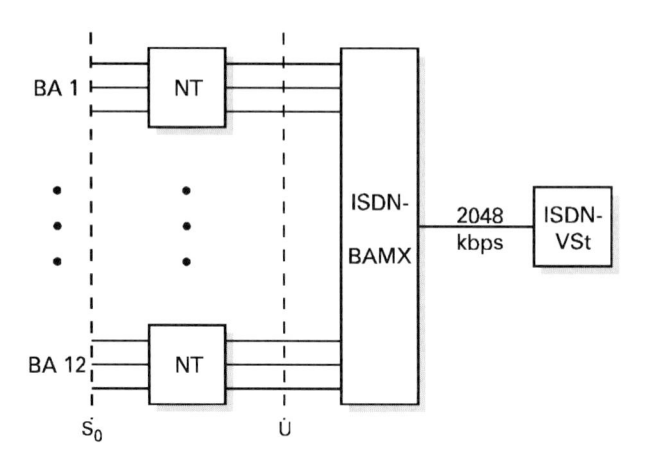

Abb. L.2-19 *Struktur des Basisanschluß mit Multiplexer (BAMX)*

Am Basisanschluß mit Konzentrator (BAKT) können bis zu 500 Basisanschlüsse (jeweils zwei Basiskanäle B und ein Dienstkanal D_{16}) zusammengefaßt werden (Abb. L.2-20). Wie beim BAMX können auch hier die Basisanschlüsse beliebig mit ISDN-fähigen Endeinrichtungen (TE1) oder mit nicht ISDN-fähigen Endeinrichtungen (TE2) mit Adapter TA belegt werden. Im Gegensatz zum BAMX sind in dieser Verkehrskonzentrationsstufe ausgangsseitig maximal vier Kanäle mit je 2048 kbit/s bzw. 12 Basisanschlüssen vorhanden. Das bedeutet, daß die eingangsseitigen Basisanschlüsse nur ein relativ geringes Verkehrsaufkommen haben dürfen, da ansonsten Blockierungen auftreten.

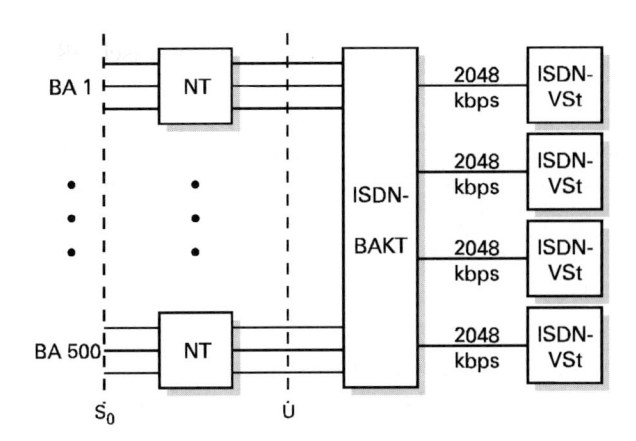

Abb. L.2-20 Struktur des Basisanschlusses mit Konzentrator (BAKT) – im allgemeinen erfolgt die Anschaltung an nur eine Vermittlungsstelle

Typische Anwendungen hierfür sind Teilnehmer mit entsprechend geringen Verkehrswerten wie sie z. B. bei privaten ISDN-Anschlüssen zu finden sind (typ. 0,06 Erl). Diese können durch einen BAKT verkehrsgünstig an die nächste ISDN-VSt herangeführt werden. Nicht geeignet ist eine BAKT hingegen für die Anschaltung von Nebenstellenanlagen an Vermittlungsstellen aufgrund der dort vorliegenden höheren Verkehrswerte.

L.2.6.5 Datenübertragung im ISDN

Für die Datenübertragung im ISDN bestehen drei Möglichkeiten:

- Die Nutzung von einem oder mehreren B-Kanälen (jeweils 64 kbit/s) erfordert – außer einer entsprechenden Kennzeichnung des Endgeräts – keine besonderen Vorkehrungen.
- Werden mehrere B-Kanäle zur Erzielung höherer Datenraten gebündelt, so müssen Maßnahmen zur Synchronisation ergriffen werden, da das ISDN die B-Kanäle nicht bitsynchron durchschalten kann.
- Die ISDN-Anschlußleitung kann für paketvermittelte Datenübertragung verwendet werden. Dabei wird entweder der B- oder der D-Kanal für die Nutzinformation verwendet. Während im B-Kanal *Frame Relay* verwendet werden kann, ist für den D-Kanal ein Terminal-Adapter zur Umsetzung (z. B. von/auf X.21 bzw. X.25) erforderlich.

L.2.6.6 Schnittstellen und Netzendeinrichtungen

Im ISDN ist eine Reihe von Schnittstellen (Referenzpunkten) definiert, von denen die wichtigsten in Abb. L.2-21 dargestellt sind. Auf die Netzabschlußeinrichtungen wird weiter später eingegangen.

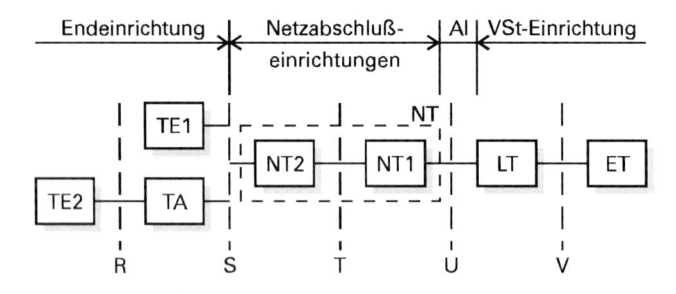

Abb. L.2-21 Schnittstellen im ISDN

R Diese Schnittstelle ist nur bei nicht vollständiger ISDN-Kompatibilität des Endgeräts vorhanden. Typischerweise handelt es sich hier um eine Schnittstelle gemäß den V- oder X-Empfehlungen wie z. B. V.24 oder aber um eine a/b-Schnittstelle.

S Schnittstelle der Endgeräte für spezielle Dienste – bietet einen standardisierten Zugang zum Netz. Sie stellt den physikalischen und logischen Zugangspunkt des Nutzers zum ISDN dar. Ihre Aufgaben sind die Bedienung des B- und des D-Kanals, die Realisierung von Takt und Rahmensynchronisation sowie bei Anschluß mehrerer Endgeräte die Zugriffssteuerung.

T Schnittstelle für den Netzzugang, die die Parameter verschiedener Zugangsarten unabhängig von Endgeräten und Übertragungsverfahren definiert. Diese Schnittstelle muß nicht explizit vorhanden sein, wenn die Funktionsblöcke NT1 und NT2 gemeinsam implementiert werden. Anzumerken ist, daß NT1 und NT2 nicht zwangsläufig getrennt realisiert werden müssen (man spricht dann auch von einer NT12), so daß ggf. die Schnittstelle T entfallen kann.

U Diese Schnittstelle definiert das Übertragungsverfahren auf dem Übertragungsweg.

V Diese Schnittstelle definiert die Eigenschaften der verschiedenen Zugangsarten von der bzw. zur Vermittlungsstelle.

Die Schnittstellen T und U ordnen sich dabei den Schnittstellen V und S unter.

Der Referenzpunkt T teilt zwischen der Zuständigkeit des Netzbetreibers und der des Nutzers. NT1 ist somit – abgesehen von den Diensten der Bitübertragungsschicht – der Endpunkt des Zuständigkeitsbereichs des Netzbetreibers. NT2 stellt auch Dienste höherer Schichten bereit. Bei interner Kommunikation (zwischen den an einem Basisanschluß vorhandenen Endgeräten) ohne Mitwirkung der Vermittlungsstelle ist als NT2 eine digitale Nebenstellenanlage erforderlich.

Zu den Funktionen der Netzabschlußeinrichtung gehören die eigentliche Übertragung der Signale, die Implementierung von Prüfschleifen, das Erkennen und ggf. Rückmelden von Übertragungsfehlern bei Signalen von der Vermittlungsstelle sowie ggf. die Speisung der angeschlossenen Endgeräte.

L.2.6.7 Der S₀-Bus

Auf dem sogenannten S_0-Bus werden die beiden B-Kanäle sowie der D_{16}-Kanal im Zeitmultiplex übertragen.

Abb. L.2-22 zeigt zwei Alternativen für die Modellkonfiguration des Basisanschlusses. In Abb. L.2-22a ist dabei eine Punkt-zu-Punkt-Verbindung dargestellt, wobei die maximale Entfernung der Abschlußwiderstände AW (entsprechend der Länge der Verbindungsleitung Vl) ca. 1500 m beträgt. Die Verbindung zwischen der Teilnehmeranschlußeinheit TAE und der Verbindungsleitung darf nicht länger als 1 m sein. Die Länge der Geräteschnur des Endgeräts TE ist auf ca. 10 m begrenzt, während die Geräteschnur der *Network Termination* NT auf 3 m begrenzt ist.

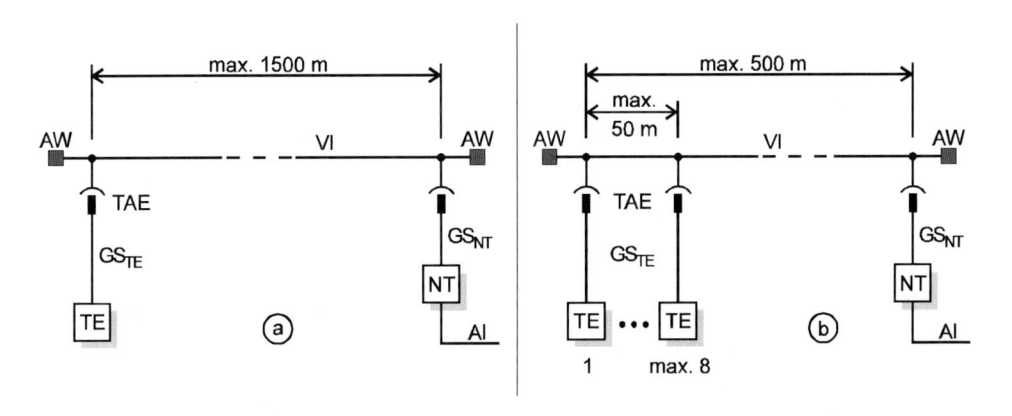

Abb. L.2-22 Modellkonfiguration für Basisanschluß – Punkt-zu-Punkt-Verbindung (a) bzw. (verlängerter) passiver Bus (b)

In Abb. L.2-22b ist der (verlängerte) passive Bus zu sehen (*Point-to-Multipoint-Betrieb*), bei dem an einem Teilnehmeranschluß bis zu acht Endgeräte angeschlossen werden können. Hierbei kann es sich sowohl um ISDN-fähige TE1 als auch um nicht ISDN-fähige TE2 mit Adapter TA handeln. Die maximale Länge der Verbindungsleitung ist auf ca. 500 m begrenzt, während die bis zu acht Endgeräte innerhalb eines Bereichs von ca. 50 m verteilt sein dürfen.

Nicht dargestellt ist die dritte Möglichkeit des Busbetriebs, bei der ebenfalls bis zu acht Endgeräte angeschlossen werden können, allerdings ohne die Forderung der Konzentration auf einen Bereich. Das führt jedoch dazu, daß die maximale Länge der Verbindungsleitung nur noch 100 m beträgt.

Die in Abb. L.2-21 dargestellten Netzabschlußeinrichtungen NT (*Network Termination*) stellen eine Anpassung zwischen dem leitungsseitigen Kabelanschluß U und dem Abschluß der Teilnehmer-Installationen S her. Die Netzabschlußeinrichtung NT1 sorgt dabei für eine Anpassung der Übertragungseinrichtung an den Bezugspunkt U, während NT2 eine übertragungsneutrale Behandlung der Endgerätekommunikation durchführt. Anders gesagt: NT1 bedient die Schicht 1 des OSI-Referenzmodells und sorgt für einen physikalischen Netzabschluß, während NT2 die Schichten 2 und 3 bedient und einen logischen Netzabschluß herstellt.

Die maximale Länge der Anschlußleitung (siehe Abb. L.2-21) zwischen der Netzabschlußeinrichtung und der Vermittlungsstelle darf ohne Verstärker nicht mehr als 4,2 km (bei 0,4 mm Aderndurchmesser) bzw. 8 km (bei 0,6 mm Aderndurchmesser) betragen. Werden Verstärker eingesetzt, so sind auch entsprechend größere Entfernungen möglich.

L.2.6.8 Terminal-Adapter

Der Terminal-Adapter, TA, ermöglicht den Einsatz von nicht ISDN-fähigen Endgeräten am ISDN. Gemäß der Darstellung der Schnittstellen im vorigen Abschnitt befindet sich der Terminal-Adapter zwischen den Schnittstellen R und S. Entsprechend der Vielzahl von verschiedenen (konventionellen) Diensten, für die Endgeräte existieren, gibt es auch eine Vielzahl von Terminal-Adaptern, beispielsweise für X.25, Teletex, X.21 sowie a/b.

Der Terminal-Adapter a/b (siehe Abb. L.2-23) ermöglicht den Anschluß von Endgeräten (Fernsprecher, Telefax der Gruppen 2 und 3, Bildschirmtext sowie fernsprechtypische Datendienste) am ISDN, die für einen zweidrahtigen Anschluß im analogen Fernsprechnetz konzipiert wurden.

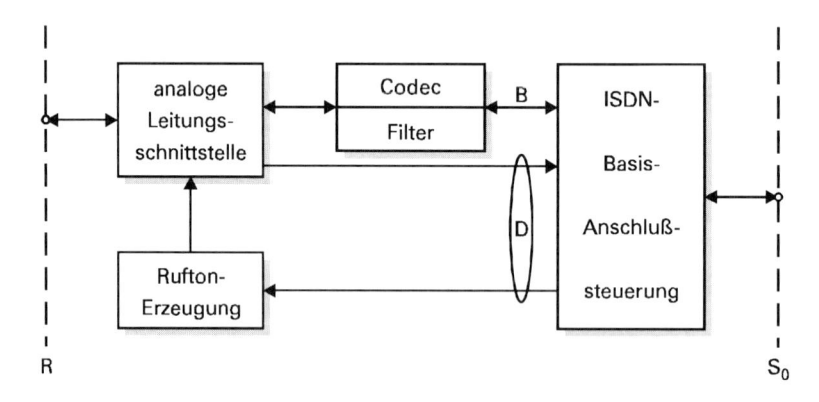

Abb. L.2-23 *Struktur des Terminal-Adapters vom Typ a/b*

Die Informationen des vom (analogen) Endgerät stammenden analogen Signals muß in einen 64 kbit/s-Datenstrom umgesetzt werden, der einem B-Kanal entspricht. Diese Umsetzung erfolgt im wesentlichen durch eine A/D-Wandlung und anschließende Filterung im Block Codec/Filter. Gleichzeitig müssen die für den D-Kanal notwendigen Informationen u. a. aus dem Wahlimpuls umgesetzt werden. In der anderen Richtung sorgt die ISDN-Basisanschlußsteuerung u. a. dafür, daß der B-Kanal einer D/A-Wandlung zugeführt (Block Codec/Filter) sowie aus dem D-Kanal ein Rufton erzeugt wird. Außerdem muß der Terminal-Adapter die interne Stromversorgung gewährleisten.

Im praktischen Einsatz (bei Verwendung in Zusammenarbeit mit Rechnern) ist zu unterscheiden zwischen passiven und aktiven Adaptern. Bei passiven Adaptern werden die Steuer- und Verwaltungsaufgaben der Schicht 3 von der CPU des Rechners ausgeführt. Das bedeutet einerseits, daß ein Teil der CPU-Leistung für die Steuerung der ISDN-Karte benötigt wird, erlaubt aber andererseits eine preisgünstigere Realisierung des Adapters. Der aktive Adapter übernimmt viele der Steuer- und Verwaltungsaufgaben selbst, wodurch der Rechner zwar praktisch nicht belastet wird, jedoch die Kosten des aktiven Adapters deutlich über denen des passiven Adapters liegen.

L.2.6.9   Signalisierung

Das Zeichengabeverfahren des ISDN muß folgende Voraussetzungen erfüllen:
- Für die Datenübertragung muß eine ausreichende Fehlersicherheit gewährleistet werden.
- Es muß ein ausreichender Vorrat an Nachrichten („Meldungen") vorhanden sein.
- Eine kurze Signalisierungsdauer ist erforderlich.

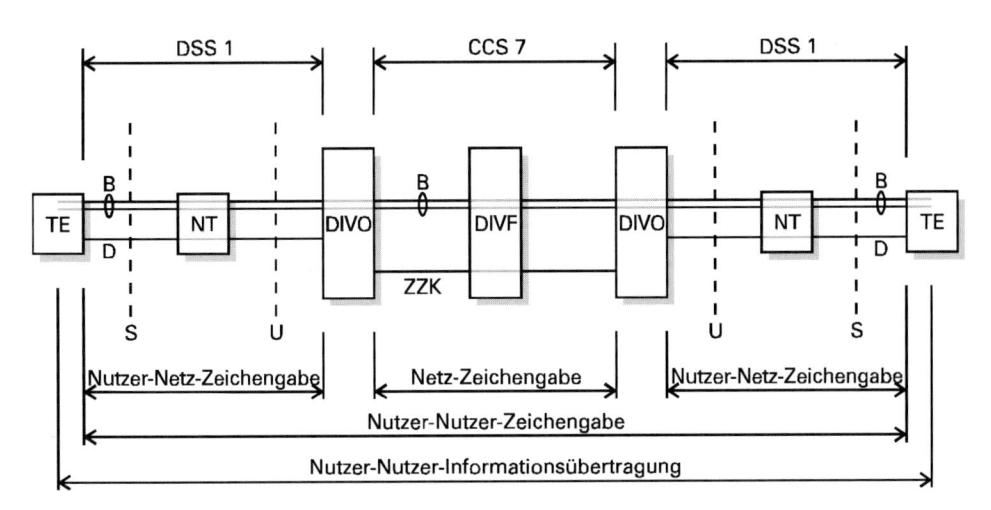

Abb. L.2-24   *Signalisierung im ISDN*

Die Signalisierung im Teilnehmeranschlußbereich (TnASB) erfolgt mit dem Zeichengabesystem Nr. 1 für ISDN-Teilnehmerleitungen (DSS 1 – *Digital Signalling System No. 1*). Da diese Signalisierung über den D-Kanal abgewickelt wird, spricht man auch vom D-Kanal-Protokoll. Durch diese *Out-of-Band*-Signalisierung ist gewährleistet, daß der B-Kanal allein für die Nutzdaten zur Verfügung steht. Über das DSS 1 wird die Nutzer-Netz-Signalisierung durchgeführt (siehe Abb. L.2-24). Es ist international standardisiert (ITU-T), bietet eine hohe Übertragungssicherheit, ist flexibel und anwendbar für alle Telekommunikationsdienste.

Die Signalisierung zwischen den Vermittlungsstellen, d. h. die Netz-Signalisierung, erfolgt über den zentralen Zeichengabekanal ZZK (auch E-Kanal), der mit dem Zentralkanalzeichengabesystem Nr. 7 (CCS 7, ...) arbeitet. In den Vermittlungsstellen DIVO (digitale Ortsvermittlungsstelle) bzw. DIVF (digitale Fernvermittlungsstelle) muß entsprechend eine Umsetzung zwischen DSS 1 und CCS 7 stattfinden. Durch konsequente Nutzung der Dienstekennung in der Schicht 3 wird gewährleistet, daß Endgeräte nur die für sie vorgesehenen Verbindungen (Dienste) annehmen.

L.3 Private Netze

L.3.1 Einleitung

Neben den im vorigen Abschnitt beschriebenen öffentlichen Netzen gibt es eine Vielzahl privater Netze. Den größten Anteil hieran nehmen die lokalen Netze ein, die im Abschnitt L.3.2 ausführlich vorgestellt werden. Eine zweite große Gruppe, die mit den lokalen Netzen eng verwandt ist, bilden die *Corporate Networks* (firmeneigene Netze), auf die im Abschnitt L.3.3 nur kurz eingegangen wird.

L.3.2 Lokale Netze (LAN)

L.3.2.1 Einleitung

Lokale Netze (*Local Area Networks* – LAN) richten sich einerseits in vielen Aspekten nach dem OSI-Referenzmodell, andererseits weisen sie aber auch eine Reihe von Besonderheiten auf, die in diesem Abschnitt vorgestellt werden. Die Grundlagen der Paketvermittlung, auf denen lokale Netze i. a. basieren, wurden bereits im Kapitel L.1 behandelt.

Lokale Netze haben eine Reihe typischer Merkmale, wovon die Begrenzung auf einen geographischen Bereich „mäßiger Größe" vielleicht das wichtigste (und namengebende) ist. Ein lokales Netz ist typischerweise in einem Bürogebäude, auf einem Firmen- oder Universitätsgelände oder in Einrichtungen vergleichbarer Größe angesiedelt. Verbindungen zwischen mehreren „intelligenten" Stationen werden über eine gemeinsame Leitung (*Shared Medium*) hergestellt, wobei eine „mäßige bis hohe" Datenrate[7] vorliegt. Die Datenübertragung ist paketorientiert, und jedes Paket enthält die Adressen von Sender und Empfänger. Für die Angabe der Adresse des Empfängers gibt es dabei drei Möglichkeiten. Es kann eine direkte Datenübertragung zwischen zwei Teilnehmern vorliegen (*Point to Point, Individual Addressing*), es kann eine bestimmte Gruppe von Empfängern angesprochen werden (*Point to Multipoint, Group Addressing*), und schließlich kann ein Rundspruch an alle erreichbaren Teilnehmer erfolgen (*Point to Multipoint, Broadcasting*). Ein weiteres wesentliches Merkmal der lokalen Netze ist die Tatsache, daß es keine zentrale Netzwerksteuerung gibt. Das bedeutet, daß die „Intelligenz" des Netzwerks verteilt bei den einzelnen Teilnehmern angeordnet ist. Die Verbindung von lokalen Netzen an unterschiedlichen geographischen Orten kann durch MANs und WANs erfolgen.

Die drei wesentlichen Unterscheidungsmerkmale von lokalen Netzen sind

- die Topologie,
- das verwendete Übertragungsmedium,
- das eingesetzte Zugriffsverfahren.

Diese Aspekte lokaler Netzwerke werden in den folgenden Abschnitten näher betrachtet.

L.3.2.2 Standardisierung

Übersicht

Bedingt durch die Tatsache, daß die Entwicklungen von lokalen Netzen in verschiedenen Firmen durchgeführt wurden, existiert eine Vielzahl von Technologien. Die in der IEEE-Norm 802 zusammengefaßten Standardisierungen sind daher eingeschränkt durch die Interessen der beteiligten Firmen. Diese Norm wurde auch von der ISO übernommen und trägt dort die Bezeichnung ISO 8802. Auf den in der Norm 802 festgelegten Technologien bauen eine Reihe weiterer Protokolle bzw. Protokollfamilien auf wie z. B. TCP/IP, SNA (*Systems Network Architecture* der Firma IBM) und XNS (*Xerox Networking System*).

Die Normungen beziehen sich auf das OSI-Referenzmodell, wobei in der Norm 802 im wesentlichen die Schichten 1 und 2 beschrieben werden (Abb. L.3-1). Die Schicht 2 wird dabei wiederum in zwei Teilschichten (*Sublayers*) unterteilt, die den Medienzugriff (*Medium Access Control* – MAC) einerseits sowie die logische Verbindungssteuerung (*Logical Link Control* – LLC) andererseits regeln. Während die LLC-Teilschicht für alle Technologien einheitlich ist, ist die MAC-Teilschicht dadurch gekennzeichnet, daß eine Reihe verschiedener Technologien zur Verfügung stehen. Zur Zeit sind dies die in den Normen 802.3, 802.4, 802.5

---

[7] Unter „mäßig bis hoch" wird in diesem Fall der Bereich von 1 Mbit/s bis 100 Mbit/s verstanden.

und 802.11 beschriebenen Verfahren für lokale Netze sowie in der Norm 802.6 ein Verfahren für MANs. Auf die die lokalen Netze betreffenden Verfahren wird im folgenden ausführlich eingegangen.

Anzumerken ist, daß in Abb. L.3-1 nicht die vollständige Struktur der Norm 802 gezeigt ist. Einerseits existieren weitere Elemente, die hier nicht dargestellt sind, andererseits sind weitere Ergänzungen in Vorbereitung, um mit der fortschreitenden Technologie Schritt zu halten.

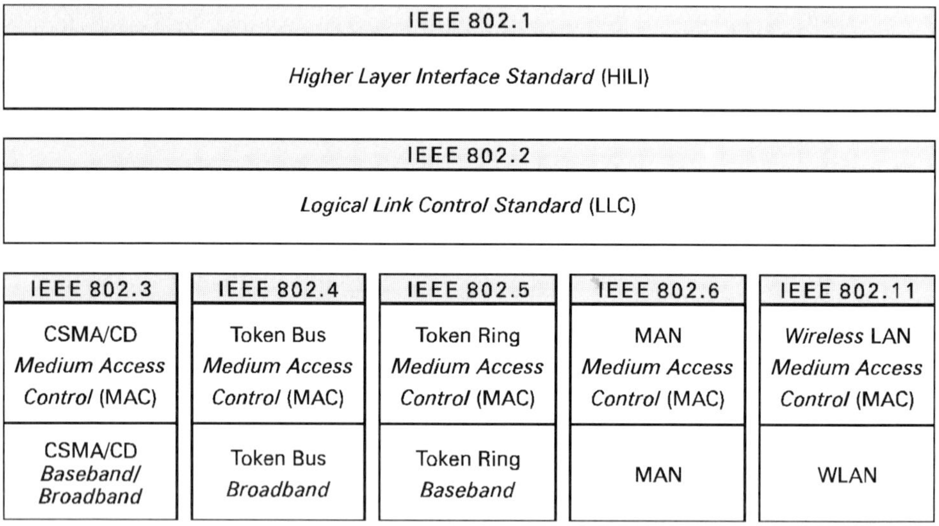

IEEE 802.1
Higher Layer Interface Standard (HILI)

IEEE 802.2
Logical Link Control Standard (LLC)

IEEE 802.3	IEEE 802.4	IEEE 802.5	IEEE 802.6	IEEE 802.11
CSMA/CD Medium Access Control (MAC)	Token Bus Medium Access Control (MAC)	Token Ring Medium Access Control (MAC)	MAN Medium Access Control (MAC)	Wireless LAN Medium Access Control (MAC)
CSMA/CD Baseband/ Broadband	Token Bus Broadband	Token Ring Baseband	MAN	WLAN

Abb. L.3-1   Struktur der wichtigsten Elemente der IEEE-Norm 802

Netze müssen nicht zwangsläufig alle (Teil-)Schichten der Norm 802 anwenden, sondern können sich auch nur auf Teile davon beziehen (z. B. TCP/IP). Andererseits existieren auch lokale Netze, die sich nicht auf diese Norm stützen, wie beispielsweise das im Abschnitt L.3.2.8 beschriebene FDDI.

Die MAC-Teilschicht

♦ IEEE 802.3

Als Medium werden Koaxialkabel oder *Twisted-Pair*-Leitungen verwendet. Die begrenzenden Faktoren für die Netzausdehnung sind die Signaldämpfung (abhängig vom Medium) sowie die Signallaufzeit. Die Begrenzung bei der Signallaufzeit ist bedingt durch das verwendete Zugriffsverfahren CSMA/CD. Die Übertragung kann im Basisband (mit Manchester-Code) oder als Breitband-Übertragung erfolgen. Weitere Details zu dieser Norm sind bei der Beschreibung des Ethernet (Abschnitt L.3.2.8) zu finden, das sich bis auf wenige Ausnahmen streng an die Vorgaben der Norm hält.

- IEEE 802.4

  Die Entwicklung des *Token Bus* ist auf eine Anwendung bei der Firma General Motors zurückzuführen. Dort wurde ein echtzeitfähiges Netz für die Automatisierungstechnik gesucht, wobei als Struktur der Ring nicht verwendet werden konnte. Aus der Echtzeit-Forderung folgt, daß ein zufälliges Verfahren wie CSMA/CD nicht geeignet ist. Statt dessen fiel die Wahl auf *Token Passing* (siehe Abschnitt L.3.2.5) mit der physikalischen Struktur „Bus" und der logischen Struktur „Ring". Für die Datenraten existieren die Möglichkeiten 1 Mbit/s, 5 Mbit/s, 10 Mbit/s und 20 Mbit/s. Da es sich hier um ein Breitband-Verfahren handelt, sind entsprechende Einrichtungen (Modem) an den einzelnen Stationen erforderlich. Unter anderem aufgrund des hierdurch notwendigen größeren Aufwands ist der *Token Bus* in Europa nicht sehr weit verbreitet.

- IEEE 802.5

  Beim *Token Ring* wird als Zugriffsverfahren das im Abschnitt L.3.2.5 beschriebene *Token Passing* verwendet, wobei als logische Struktur der Ring vorliegt. Die Datenraten sind definiert von 1 Mbit/s bis 40 Mbit/s, wobei in der Praxis praktisch ausschließlich 4 Mbit/s und 16 Mbit/s eingesetzt werden. Der bekannteste Vertreter dieser Norm ist der *Token Ring* von IBM (1985).

- IEEE 802.6

  Ein DQDB-Netz (*Distributed Queue Dual Bus*) besteht aus zwei gleichberechtigten unidirektionalen Bussystemen (in Abb. L.3-2 „Bus A" und „Bus B"), auf die die angeschlossenen Stationen konkurrierend zugreifen. Jedes Bussystem verfügt über einen *Head of Bus*, HOB, der u. a. einen Rahmengenerator (*Default Frame Generator* – DFG) enthält und hierüber die Aussendung freier und reservierter Slots für alle Netzknoten regelt. Außerdem ist im gleichen Knoten ein *End of Bus* EOB vorhanden. Dieser wertet u. a. die Reservierungswünsche der angeschlossenen Stationen aus. Die zwischen dem HOB und dem EOB liegenden Knoten dienen als Repeater. Beide Busse arbeiten taktsynchron, wobei der Takt von einem der beiden HOBs vorgegeben wird.

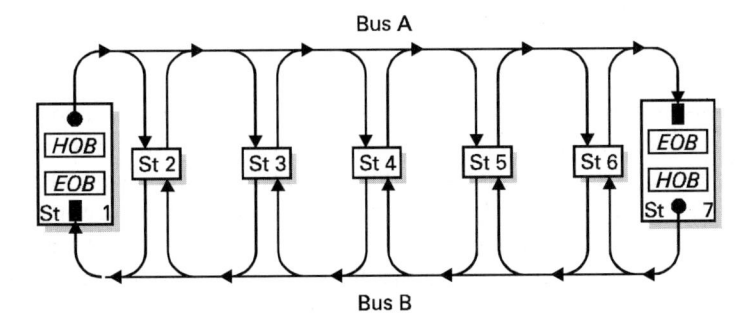

Abb. L.3-2 *Struktur eines DQDB-Netzes (HOB: Head of Bus – EOB: End of Bus)*

Jeder Rahmen der Dauer 125 µs ist aufgeteilt in Zeitschlitze (DQDB-*Slots*), deren Anzahl von der Übertragungsgeschwindigkeit abhängt. Ein Zeitschlitz hat eine Länge von 53 Bytes, wovon 5 Bytes für den Header (*Segment Header*) vorgesehen sind. Diese Daten entsprechen denen einer ATM-Zelle, jedoch weist der Header einen anderen Aufbau auf (vergleiche hierzu die Darstellung der ATM-Zelle in Abschnitt L.7). Im Ruhezustand werden – im Header entsprechend gekennzeichnete – Leerslots übertragen. Die Übertragung in einem DQDB-Netz kann sowohl asynchron als auch synchron stattfinden, wobei jedoch nur eine verbindungslose Übertragung möglich ist. Eine rein asynchrone Übertragung findet beim *Switched Multimegabit Data Service* (SMDS) statt – einem schnellen Paketübertragungsdienst für Sprach-, Video- und Datenkommunikation. Die Reichweite von DQDB-Netzen beträgt bis zu wenige hundert Kilometer.

Den Aufbau eines DQDB-Slots zeigt Abb. L.3-3. Er wird unterteilt in das ACF (1 Byte) und das Segment (52 Bytes), das wiederum aus dem *Segment Header* und dem *Segment Payload* besteht.

- *Access Control Field* ACF – enthält u. a. Angaben darüber, ob der Slot leer ist oder Informationen enthält, sowie über den Slot-Typ und ermöglicht die Reservierung von Slots auf dem entgegengesetzten Bus.

- *Virtual Channel Identifier* VCI – Kennung des virtuellen Kanals

- *Payload Type* PT – reserviert für zukünftige Nutzung einer Multiport-Bridge

- *Segment Priority* SP – reserviert für zukünftige Nutzung einer Multiport-Bridge

- *Header Check Sequence* HCS – dient der Erkennung von Fehlern im Header (8-Bit-CRC)

Die Funktionsweise des DQDB soll hier anhand eines kurzen Beispiels erläutert werden. Ein zu übertragendes Datenpaket wird in Segmente zerlegt (*Fragmentation*) und beim Empfänger entsprechend wieder zusammengefügt (*Defragmentation*). Wenn beispielsweise die Station 2 – ggf. fragmentierte – Daten an die Station 4 übertragen möchte, so muß sie über den Bus B einen Reservierungswunsch an die bzgl. des Busses A vor ihr liegenden Stationen (hier Station 1) senden. Diese werden daraufhin ein Segment nicht verwenden, das im *Segment Header* entsprechend markiert wird. Dieses Segment steht dann exklusiv der Station 2 für die Übertragung (hier zur Station 4) zur Verfügung. Das bedeutet, daß in diesem Fall der Bus B zur Reservierung verwendet wird und der Bus A zur Datenübertragung. Wenn die Station 4 an die Station 2 übertragen möchte, so kehrt sich diese Aufgabenverteilung genau um. Daran wird sofort deutlich, daß alle Stationen „wissen" müssen, wo sich die jeweils anderen Stationen (bezüglich der Lage an den beiden Bussen) befinden.

L.3.2 Lokale Netze (LAN)

Ein wesentlicher Vorteil des DQDB ist der Selbstheilungsmechanismus, der bei Störungen innerhalb von wenigen Sekunden eine automatische Rekonfiguration durchführt.

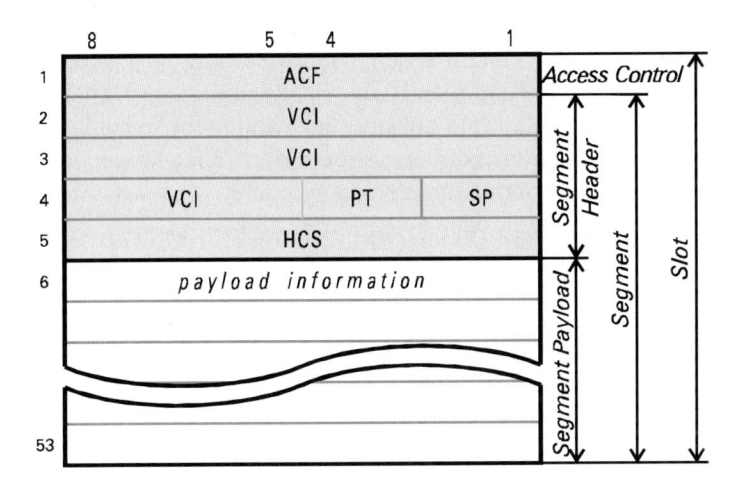

Abb. L.3-3   Aufbau eines DQDB-Slots

Als Übertragungsmedium können Koaxialleitungen, Lichtwellenleiter sowie Richtfunkverbindungen verwendet werden. Wie auch in den Standards 802.3, 802.4 und 802.5 teilen sich die angeschlossenen Stationen das Medium zum gemeinsamen Gebrauch, so daß von einem *Shared Medium* gesprochen wird.

♦ IEEE 802.11

Während früher in diesem Bereich hauptsächlich proprietäre Lösungen – mit all ihren Problemen – verbreitet waren, wurde im Juni 1997 mit der IEEE-Empfehlung 802.11 ein Standard verabschiedet. Hierin werden die Grundlagen drahtloser lokaler Netze (*Wireless* LAN – WLAN) beschrieben. Zur Zeit wird für WLANs das ISM-Frequenzband[8] bei 2,4 GHz verwendet. Bei der Entwicklung des Standards war u. a. die Robustheit gegen Störungen aus anderen Netzen in diesem Frequenzbereich sowie gegen Mikrowellengeräte ein wichtiger Aspekt. Außerdem waren Sicherheitsvorkehrungen gefordert, einerseits für den gleichzeitigen Betrieb mehrerer benachbarter WLANs und andererseits bzgl. der Abhörsicherheit des Funkverkehrs. Das hier verwendete Zugriffsverfahren CSMA/CA wird im Abschnitt L.3.2.5 näher betrachtet.

---

8 ISM – *Industrial, Scientific, Medical*. Hierbei handelt es sich um ein Frequenzband, das weltweit ohne besondere Genehmigung benutzt werden kann.

Für die Bitübertragungsschicht existieren drei Optionen:

- Funkverbindungen mit FH-SS (1 Mbit/s bzw. 2 Mbit/s)

  Bei FH-SS (*Frequency Hopping Spread Spectrum*) handelt es sich um ein Frequenzsprungverfahren, bei dem in diesem Fall die Übertragung abwechselnd auf bis zu 80 verschiedenen, pseudozufällig ausgewählten Frequenzen stattfindet (Verweildauer 10 ms bis 400 ms). Das Signal an sich weist eine Bandbreite von 1 MHz auf und verwendet ein spezielles FSK-Verfahren. Im synchron zum Sender „hoppenden" Empfänger wird die sogenannte Spreizung wieder rückgängig gemacht.

- Funkverbindungen mit DS-SS (1 Mbit/s bzw. 2 Mbit/s)

  Bei DS-SS (*Direct Sequence Spread Spectrum*) wird das Datensignal mit einem pseudozufälligen Signal mit einer wesentlich höheren Chiprate[9] multipliziert, wodurch sich eine entsprechend höhere Bandbreite ergibt – das Signal wird gespreizt. Der Empfänger läuft synchron mit dem Sender und macht durch die Multiplikation mit der gleichen pn-Folge die Spreizung wieder rückgängig.

- Infrarotverbindungen

Der Vorteil von FH-SS gegenüber DS-SS ist einerseits der geringere Aufwand durch den weniger komplexen Aufbau von Sender und Empfänger und andererseits die höhere Effizienz sowie die geringere Anfälligkeit gegenüber Störungen durch Mikrowellengeräte. Die durchschnittliche typische Reichweite beträgt 100 m innerhalb und 300 m außerhalb von Gebäuden bei einer maximalen Ausgangsleistung der Sender von 1 W.

Für die Netzstruktur sind zwei Möglichkeiten standardisiert, die vom Einsatzgebiet des Netzes abhängen:

- Ad-hoc-Netze

  Die erste eingeschaltete Station dient als Startpunkt für das gesamte Netz. Alle weiter hinzukommenden Stationen schließen sich diesem Netz als gleichberechtigte Partner an, vorausgesetzt, sie sind für die gleiche Netzwerkkennung initialisiert. Eine Ad-hoc-Struktur wird vorwiegend bei kleineren sowie bei nur vorübergehend existierenden Netzen eingesetzt.

- Infrastruktur-Netze

  Hier wird davon ausgegangen, daß bereits ein drahtgebundenes lokales Netzwerk besteht. Temporär werden weitere (drahtlose) Stationen eingebunden. Die Schnittstelle hierfür ist der *Access Point*, der einerseits über eine „normale" Netzwerkkarte und andererseits über eine entsprechende WLAN-Einrichtung verfügt. Ein spezielles, aus dem Mobilfunk bekann-

---

9 Da es sich hier nicht um Nutzdaten im eigentlichen Sinn handelt, wird zur Unterscheidung statt von Bits von Chips und entsprechend von einer Chiprate gesprochen.

tes, Feature ist das *Roaming*, wodurch eine mobile Station von einem *Access Point* zum nächsten weitergereicht wird, ohne daß der Nutzer dies bemerkt.

Im Zuge weiterer Entwicklungen werden ein neuer Frequenzbereich bei 5 GHz sowie eine deutlich höhere Datenrate von 20 Mbit/s angestrebt.

Die LLC-Teilschicht

Im Gegensatz zur MAC-Teilschicht, bei der mehrere Normen nebeneinander existieren, wurde in der LLC-Teilschicht eine Vereinheitlichung angestrebt und auch vorgenommen, um der darüberliegenden Vermittlungsschicht eine einzige Schnittstelle anzubieten. Unabhängig von der verwendeten MAC-Norm ist die LLC-Norm einheitlich und wird beschrieben in IEEE 802.2.

Die MAC- und die LLC-Teilschicht sind nicht miteinander verbunden. So gibt es auch Anwendungen, die unter Verzicht auf die LLC-Teilschicht direkt auf der MAC-Teilschicht aufbauen, wie z. B. die Protokoll-Familie TCP/IP.

In der LLC-Teilschicht sind die folgenden drei Diensttypen vereinbart:

1. Unbestätigter verbindungsloser (*connectionless*) Dienst
   Die Pakete werden von einem Teilnehmer zu einem anderen gesendet, ohne daß auf eine Quittierung gewartet wird. Eine typische Anwendung hierfür ist die Echtzeitverarbeitung, bei der – in gewissen Grenzen – die Verzögerungsfreiheit wichtiger ist als die Fehlerfreiheit.

2. Verbindungsorientierter (*connection-oriented*) Dienst
   Beim Aufbau von virtuellen Verbindungen werden drei Phasen benötigt, in denen der Verbindungsaufbau, die eigentliche Datenübertragung sowie der Verbindungsabbau durchgeführt werden. Virtuelle Verbindungen (*Virtual Connections* – VC) werden ausführlich im Abschnitt L.3.4 beschrieben.

3. Bestätigter verbindungsloser Dienst
   Im Unterschied zum unbestätigten verbindungslosen Dienst, erfolgt bei erfolgreicher Übertragung eine Quittierung, wodurch sich der zeitliche Aufwand etwas erhöht.

Vereinfacht kann gesagt werden, daß die verbindungslosen Dienste schneller sind, da ein Verbindungs-Aufbau und -Abbau nicht erforderlich ist. In lokalen Netzen wird in der MAC-Teilschicht nur eine verbindungslose Übertragung eingesetzt, während in der LLC-Teilschicht und in höheren Schichten sowohl verbindungslose als auch verbindungsorientierte Übertragung anzutreffen ist. Der Aufbau eines Rahmens der LLC-Teilschicht wird bei der Vorstellung des Ethernet im Abschnitt L.3.2.8 erläutert.

Zu den Aufgaben der LLC-Teilschicht gehört auch die Flußsteuerung (Flußkontrolle). Hierbei erfolgt eine Regelung der Reihenfolge der Pakete durch Folgenummern. Dies ist besonders dann von Bedeutung, wenn in der MAC-

Teilschicht verbindungslose Dienste arbeiten. Die Flußsteuerung dient der Anpassung der Paketströme von Quell- und Zielstation bzgl. der Übergabegeschwindigkeit. Diese kann beispielsweise beeinflußt werden durch die Tatsache, daß die empfangende Station anderweitig (d. h. mit wichtigeren Aufgaben) beschäftigt ist. Die wichtigsten Verfahren zur Flußsteuerung werden im Kapitel I.3 beschrieben, wobei bei lokalen Netzen neben den Fenster-Verfahren hauptsächlich das *Stop-and-wait*-Verfahren verwendet wird.

L.3.2.3 Netzstrukturen

Einleitung

Für die Topologie von lokalen Netzwerken sind verschiedene Alternativen (mit ihren Vor- und Nachteilen) vorhanden. Die wichtigsten Netzstrukturen werden in diesem Abschnitt vorgestellt, wobei auch Mischformen auftreten können.[10] Die einfachste Möglichkeit bei lokalen Netzen ist eine physikalische Sternstruktur (jede Station erhält ihre eigene Leitung), in deren Mitte ein Hub (siehe Abschnitt L.6.3) angeordnet ist. Durch eine entsprechende interne Verschaltung des Hubs können unterschiedliche logische Strukturen realisiert werden.

Ringnetz

Das Ringnetz ist bereits aus dem Kapitel K.2 bekannt. Anhand der Abb. L.3-4 kann die Arbeitsweise eines lokalen Netzwerks mit einem Ringnetz erläutert werden. Die Informationen in Form von Datenpaketen stammen beispielsweise von der Station *1* und sind für die Station *5* bestimmt. Das Datenpaket gelangt zuerst zur Station *2*, die es demoduliert und überprüft, ob sie der Empfänger ist. Ist dies nicht der Fall, wird das Datenpaket wieder moduliert und an die nächste Station weitergesendet. Dieser Vorgang wiederholt sich bei allen Stationen, bis schließlich die adressierte Station (in diesem Beispiel Station *5*) erreicht ist. Diese stellt anhand der Zieladresse fest, daß das Paket für sie bestimmt ist, und reicht es nur dann weiter, wenn es sich um einen Rundspruch oder eine Gruppenadressierung handelt. Der Vorteil dieser Vorgehensweise ist, daß jede Station gleichzeitig als regenerierender Verstärker (Repeater) arbeitet, so daß auch größere Ausdehnungen des Netzes ohne zusätzliche Verstärker möglich sind. Um zu verhindern, daß bei Ausfall einer Station das ganze Netz blockiert wird, muß bei jeder Station ein *Bypass* vorhanden sein. Dieser muß feststellen können, daß die betreffende Station ausgefallen (bzw. nicht aktiv) ist, und entsprechend eine direkte Weiterleitung der eintreffenden Pakete veranlassen. Ein Aspekt, der im folgenden Abschnitt aufgegriffen wird, ist die Notwendigkeit eines Zugriffs-

---

10 Daneben gab es bei den Vorläufern der lokalen Netzwerke auch das Sternnetz. Dieses entspricht jedoch aufgrund der erforderlichen Zentralstation nicht der Definition des LAN („keine zentrale Netzwerksteuerung"). Eine weitere denkbare Netzstruktur ist das Maschennetz, das jedoch aufgrund der erforderlichen hohen Anzahl von notwendigen Verbindungen keine Verbreitung im Bereich der lokale Netze gefunden hat.

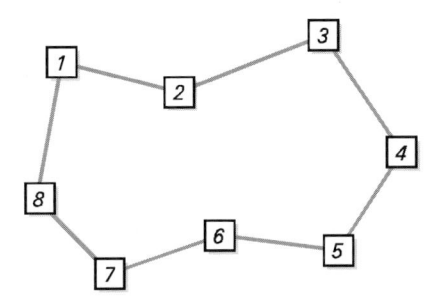

Abb. L.3-4   Struktur des Ringnetzes

verfahrens, mit dem die korrekte Verteilung der Senderechte für die einzelnen Teilnehmer sichergestellt wird. Ein Beispiel für ein Ringnetz im Bereich der lokalen Netze ist das *Token-Ring*-Verfahren.

Nachteilig ist, daß bei Ausfall einer Teilstrecke das gesamte Netz keinen Datenverkehr mehr zuläßt. Aus diesem Grund wird der Ring häufig doppelt ausgelegt. Ein Beispiel hierfür ist das im Abschnitt L.3.2.8 vorgestellte *Fiber Distributed Data Interface* (FDDI), bei dem ein Primärring und ein Sekundärring verwendet werden, wobei der redundante Sekundärring dann zum Einsatz kommt, wenn im Primärring Schwierigkeiten auftreten.

Busnetz

Beim Busnetz (Abb. L.3-5a) werden Datenpakete, die beispielsweise von der Station *1* stammen, von allen anderen Stationen empfangen, aber nur von der Station, für die sie bestimmt sind (z. B. Station *5*), ausgewertet. Die einzelnen Stationen arbeiten hier also nicht als Verstärker, so daß die maximale Entfernung zwischen zwei Stationen gleich der maximalen Ausdehnung des Netzwerks ist. Allerdings kann durch den Einsatz separater regenerierender Verstärker eine räumliche Ausdehnung des Netzes erreicht werden (Abb. L.3-5b). Außerdem besteht die Möglichkeit, Abzweigungen (*Splits*) zu verwenden, wodurch die Struktur eines Busnetzes relativ flexibel gestaltet werden kann. Wie beim Ringnetz muß auch hier vom Zugriffsverfahren eine korrekte Verteilung des Senderechts sichergestellt werden.

Die Abb. L.3-5 zeigt auch ein wichtiges Detail jedes Busnetzes, den Abschlußwiderstand (*Termination* T), mit dem jedes Bussegment abgeschlossen werden muß. Dieser sorgt dafür, daß an den andernfalls leerlaufenden Leitungsenden keine Reflexionen auftreten.

Busnetze sind heute weit verbreitet. Ein entscheidender Vorteil gegenüber beispielsweise dem Ringnetz ist das einfache Hinzufügen bzw. Entfernen von Stationen, ohne daß der Aufbau des Netzes geändert werden müßte. Ein weiterer Vorteil ist, daß beim Ausfall eines Teilnehmers i. a. keine Störung des Netzes erfolgt. Nachteilig bei dieser Netzstruktur ist hingegen, daß hier ein sogenanntes

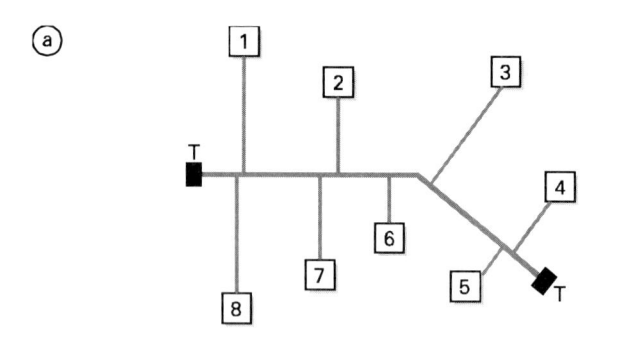

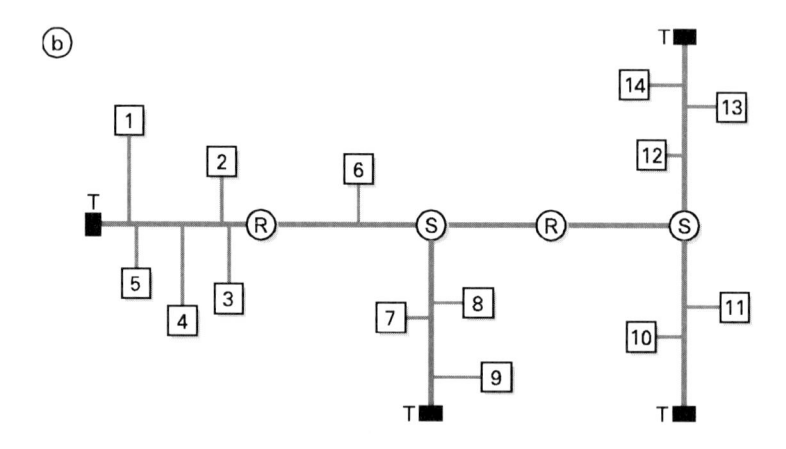

Abb. L.3-5 Struktur des Busnetzes (a) – Einsatz von Verstärkern R und Abzweigungen S (b)

Shared Medium vorliegt. Das bedeutet, daß sich alle angeschlossenen Stationen in die Übertragungskapazität (Bandbreite) des Übertragungsmediums teilen. Je mehr Stationen angeschlossen sind, desto weniger Kapazität steht also der einzelnen Station zur Verfügung. Somit ist die Erweiterung der Anzahl der Stationen begrenzt. Außerdem ist eine Zuschaltung bzw. Wegschaltung von Stationen immer mit einem kurzfristigen Ausfall des Netzes verbunden. Der Ausfall eines Bussegments oder eines Abschlußwiderstands führt i. a. zum Ausfall des gesamten Netzes. Busnetze werden beispielsweise beim *Distributed Queue Dual Bus* (DQDB) verwendet, wobei dort allerdings zwei gegenläufige Bussysteme zum Einsatz kommen.

Sternnetz

Der prinzipielle Aufbau eines Sternnetzes wurde bereits im Kapitel K.2 erläutert. Es existiert ein zentraler Knoten, über den der gesamte Verkehr abgewickelt wird. Jede Station ist nur mit dem zentralen Knoten verbunden. Während auf der einen Seite diese Struktur von Vorteil dadurch ist, daß die gesamte Intelligenz in einem Knoten konzentriert werden kann und keine weiteren auf-

L.3.2 Lokale Netze (LAN)

wendigen Elemente notwendig sind, stellt der zentrale Knoten gleichzeitig auch einen wesentlichen Nachteil dar. Ein Ausfall des zentralen Knotens – und sei es nur zu Wartungszwecken – führt zwangsläufig zum Ausfall des gesamten Netzes.

Das physikalische Sternnetz bietet noch einen weiteren Vorteil, der auf den ersten Blick vielleicht nicht so einfach zu erkennen ist. Durch Verwendung unterschiedlicher Schaltungen im zentralen Knoten können unterschiedliche logische Topologien nachgebildet werden, ohne daß eine – i. a. recht aufwendige – Änderung der (physikalischen) Verkabelung erfolgen müßte. Ein typisches Beispiel für ein Sternnetz im Bereich der lokalen Netze stellt das Ethernet dar.

Baumnetz

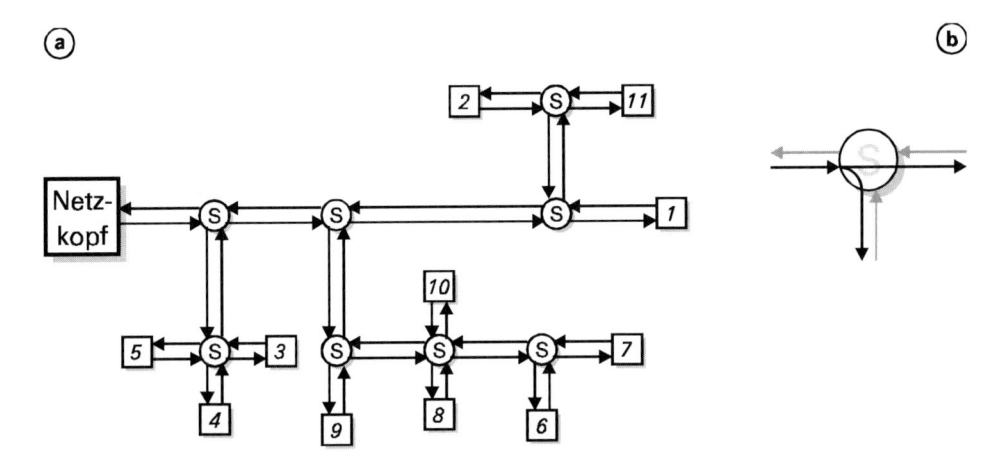

Abb. L.3-6 *Struktur des Baumnetzes (links) und Funktion einer Abzweigung (rechts)*

Das Baumnetz (baumstrukturiertes Netz, Abb. L.3-6) wird vorwiegend bei breitbandigen lokalen Netzen eingesetzt. Jede Station verfügt über jeweils einen Anschluß zum Senden bzw. Empfangen. Allerdings wird insgesamt nur eine Leitung verwendet, die als Schleife alle Stationen miteinander verbindet. Das bedeutet, daß an einer Stelle aus dem „Sendezweig" der Leitung der „Empfangszweig" werden muß. An diesem Punkt wird der sogenannte Netzkopf (*Network Headend*) angeordnet, der i. a. auch einen regenerativen Verstärker enthält. Für die Realisierung eines derartigen Baumnetzes gibt es zwei Möglichkeiten. Einerseits können tatsächlich getrennte Kabel für Sende- und Empfangsleitung verwendet werden, andererseits kann ein Kabel verwendet werden, bei dem für Sende- und Empfangsrichtung unterschiedliche Frequenzkanäle vorgesehen sind. Die in Abb. L.3-6a dargestellten Abzweiger (*Splitters*) sind keine Vermittlungsstellen, sondern verteilen lediglich die Datenpakete auf die angeschlossenen Leitungen (Abb. L.3-6b). Somit ist sichergestellt, daß die Daten alle angeschlossenen Stationen erreichen. Die Frage des korrekten Zugriffs muß auch hier – genau wie beim Ringnetz und beim Busnetz – durch ein entsprechendes Zugriffsverfahren geregelt werden.

Eine Baumstruktur kann auch durch Kaskadierung von Teilnetzen mit Sternstruktur erreicht werden, die durch übergeordnete Hubs miteinander verbunden werden. In diesem Fall wird dann auch von einer hierarchischen Struktur gesprochen.

L.3.2.4 Segmentierung von lokalen Netzen

Die maximale Länge eines Netzes ergibt sich aus der Signaldämpfung sowie der Signallaufzeit, deren zulässiger Wert durch das Zugriffsverfahren bestimmt wird. In vielen Fällen (abhängig vom verwendeten Übertragungsmedium) ist dabei die Dämpfung der begrenzende Faktor. Um sich über diese Grenze hinwegsetzen zu können, werden Repeater verwendet (siehe auch Kapitel D.1), die eine Verstärkung und Regenerierung des Signals ermöglichen. Ein einfaches Beispiel ist in Abb. L.3-7a dargestellt, bei dem zwei Teilnetze (Segmente, Subnetze) durch einen Repeater (R) zu einem Netz mit einer größeren Ausdehnung verbunden werden. Der Anschluß an den Repeater erfolgt dabei in den einzelnen Teilnetzen über Transceiver (T).

Zu beachten ist, daß Repeater nur eine Verbesserung der netzinternen Dämpfung bewirken. Die Signallaufzeit wird im Gegensatz dazu sogar negativ beeinflußt (d. h. vergrößert). Eine für viele lokale Netze gültige Regel besagt, daß zwischen zwei Teilnehmern maximal vier Repeater angeordnet sein dürfen. Hierdurch wird die maximale Ausdehnung eines Netzes tatsächlich begrenzt.

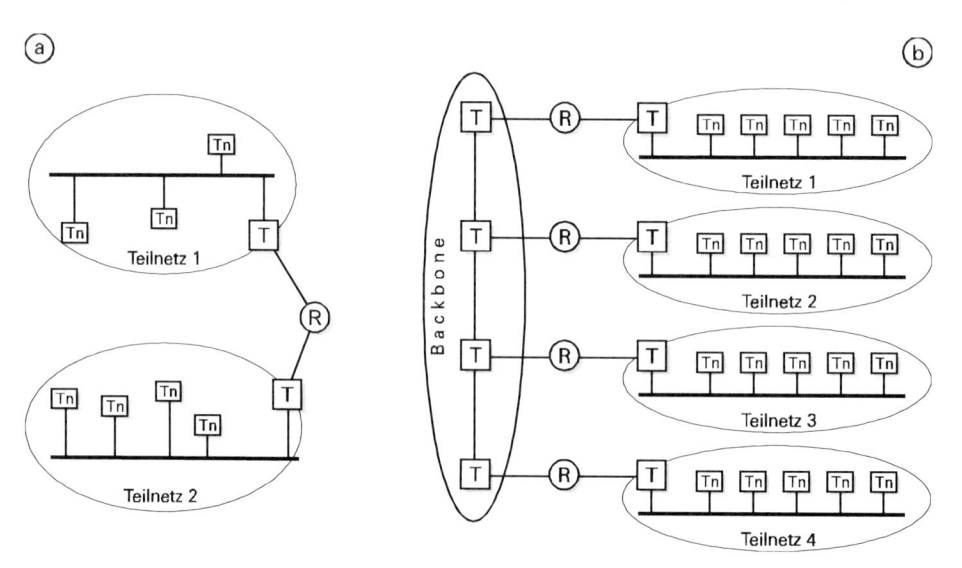

Abb. L.3-7 *Verbindung zweier Teilnetze über einen Repeater (a) – Aufbau eines einfachen Backbone-Netzes (b); R: Repeater, T: Transceiver*

Die Abb. L.3-7b zeigt eine spezielle Anordnung, bei der mit Hilfe von Repeatern ein einfaches Backbone-Netz aufgebaut wird. Ein derartiger Fall könnte typischerweise bei der Vernetzung eines größeren Gebäudes auftreten, wobei sich in jedem Stockwerk ein Teilnetz befindet.

L.3.2.5 Zugriffsverfahren

Die Zugriffsverfahren regeln bei lokalen Netzwerken die Verteilung des Senderechts auf die einzelnen Teilnehmer. Dies ist insbesondere deshalb notwendig, weil die im vorigen Abschnitt vorgestellten Netzstrukturen jeweils nur auf ein Übertragungsmedium zugreifen können. Zugriffsverfahren können nach verschiedenen Gesichtspunkten gegliedert werden. So kann bei der Vergabe dieser Senderechte zwischen „fairen Netzwerken" und „hierarchischen Netzwerken" unterschieden werden.

Bei „fairen Netzwerken" hat prinzipiell jeder Teilnehmer die gleiche Möglichkeit(!), das Senderecht zu erhalten, was allerdings nicht automatisch bedeutet, daß alle Teilnehmer auch tatsächlich die gleiche Sendehäufigkeit und -dauer aufweisen. Bei „hierarchischen Netzwerken" haben einige Teilnehmer höhere Prioritäten als andere Teilnehmer und erhalten dadurch häufiger das Senderecht bzw. haben die größere Wahrscheinlichkeit, das Senderecht zu erhalten.

Das Zugriffsverfahren ist bei der Auslegung von Netzwerken von großer Bedeutung, da es einen wesentlichen Einfluß auf das Zeitverhalten beim Datenaustausch hat. Welches Verfahren in einem bestimmten Fall verwendet wird, hängt vor allem von der Anwendung ab, für die das lokale Netzwerk vorgesehen ist.

Eine weitere Unterscheidung trennt zwischen festgelegten und bedarfsabhängigen Zugriffs- oder auch Zuweisungsverfahren. Bei der festgelegten Zuweisung erhält ein Teilnehmer das Senderecht, unabhängig davon, ob tatsächlich ein Sendewunsch vorliegt oder nicht. Bei der Auslegung des Systems wird von durchschnittlichen (oder ggf. maximalen) Werten für die Häufigkeit der Sendewünsche der einzelnen Teilnehmer ausgegangen. Das besagt allerdings nicht, daß – insbesondere bei stark wechselnden Anforderungen – diese Verteilung im Betrieb auch sinnvoll ist. Allerdings weist die festgelegte Zuweisung einige interessante Vorteile auf. So ist beispielsweise der Verwaltungsaufwand (und damit der Overhead bei der Datenübertragung) gering, d. h. es handelt sich hier um ein relativ effizientes Verfahren. Einerseits können (für ein hierarchisches Netzwerk) einfach beliebige Prioritäten geschaffen werden, andererseits kann für jeden Teilnehmer eine maximale Wartezeit bis zum nächsten Zugriff garantiert werden. Außerdem sind derartige Verfahren leichter zu implementieren als bedarfsabhängige Verfahren und bietet darüber hinaus die Möglichkeit der einfacheren Fehlerlokalisierung. Als wesentlicher Nachteil ist festzuhalten, daß bei stark wechselnden oder schlecht vorhersehbaren Anforderungen der einzelnen Teilnehmer das Netzwerk einerseits schlecht ausgenutzt wird und andererseits einige Teilnehmer nicht mehr akzeptable Wartezeiten in Kauf nehmen müssen.

Im folgenden werden einige typische festgelegte Zuweisungsverfahren kurz vorgestellt:

- Zuweisung durch Zentrale
  Bei diesem Verfahren werden von einer Zentrale die einzelnen Stationen (in einer festgelegten Reihenfolge und Häufigkeit) zum Senden aufgefordert. Dieses Verfahren wird am sinnvollsten mit einem Sternnetz kombiniert und ist aufgrund der „Zentrale" für lokale Netze nicht typisch.

- Frequenzmultiplex (FDM)
  Innerhalb des zur Verfügung stehenden Frequenzbereichs werden den einzelnen Teilnehmern Frequenzbereiche (Kanäle) zugeteilt. Dem Vorteil, daß sowohl analoge als auch digitale Signale übertragen werden können, steht der Nachteil gegenüber, daß Teilnehmer nur dann miteinander kommunizieren können, wenn sie konsistente Frequenzbänder verwenden (siehe Abschnitt G.5.2).

- Zeitmultiplex (TDM)
  Im Gegensatz zum Frequenzmultiplex wird hier jedem Teilnehmer für (mindestens) einen bestimmten Zeitschlitz (*Time Slot*) mit einer festgelegten, konstanten Dauer die gesamte Bandbreite des Übertragungskanals zur Verfügung gestellt. Innerhalb eines Rahmens bekommt i. a. jeder Teilnehmer mindestens einen Zeitschlitz, wobei Teilnehmer mit höherer Priorität auch eine entsprechend höhere Anzahl von Zeitschlitzen zugewiesen bekommen (Abschnitt G.5.3).

Bei einer bedarfsabhängigen Zuweisung wird einem Teilnehmer nur dann das Senderecht erteilt, wenn dieser es auch tatsächlich anfordert. Hierbei wird unterschieden zwischen konkurrierenden Verfahren (Aloha, CSMA, ...) und konfliktfreien Verfahren (*Token Passing*).

- Aloha[11]
  Wenn ein Teilnehmer einen Sendewunsch hat, so sendet er – ohne Wartezeit – seine Datenpakete (mit konstanter Länge) aus. Werden die Pakete vom Empfänger korrekt empfangen, so erhält der Sender eine entsprechende Quittierung. Erhält der Sender keine Quittierung, d. h. sind die Pakete nicht ordnungsgemäß beim Empfänger angekommen, so werden die Pakete erneut gesendet. Dies wird so lange wiederholt, bis vom Empfänger die Quittierung erfolgt. Wie man anhand dieser einfachen Beschreibung leicht erkennen kann, kann es zu Schwierigkeiten kommen, wenn von anderen Teilnehmern zur gleichen Zeit ebenfalls Datenpakete im Netz unterwegs sind, die sich ggf. beim Empfang überlagern – man spricht dann von Kollisionen. Einerseits steigt bei wachsendem Verkehr im Netz die Wahrscheinlichkeit von Kolli-

---

11 „Aloha" steht hier nicht als Abkürzung, sondern hängt mit der Entstehungsgeschichte zusammen. Das Aloha-Verfahren wurde 1970 erstmals von der *University of Hawaii* auf dem Universitäts-Campus eingesetzt und erhielt daher seinen Namen.

sionen, andererseits wird bei einer steigenden Anzahl von Kollisionen auch eine höhere Anzahl von Wiederholungen notwendig, was einem höheren Verkehrsaufkommen entspricht. Diese beiden Effekte schaukeln sich also gegenseitig auf, weshalb es bereits bei einem relativ geringen Verkehrsaufkommen von typ. 0,2 Erlang (entsprechend einer Belegung von 20 %) zu einer Selbstblockierung des Netzes kommt. Dem Vorteil der einfachen Implementierung steht also eine relativ ineffiziente Ausnutzung des Netzes gegenüber.

Aloha ist das älteste Verfahren, das gezielt mit Kollisionen arbeitet bzw. Kollisionen bewußt zuläßt. Die in der Folgezeit vorgenommenen Verbesserungen führen zu den folgenden Verfahren.

- *Slotted* Aloha (Aloha mit Zeitschlitzen)

    Dieses Verfahren ist eine Abwandlung des reinen Aloha mit dem Unterschied, daß alle Sendungen nur zu bestimmten Zeitpunkten, d. h. zu Beginn sogenannter Zeitschlitze, starten dürfen. Unter der Voraussetzung, daß die Dauer eines Zeitschlitzes größer ist als die Dauer eines Pakets (oder, anders gesagt, die Paketdauer auf die Dauer eines Zeitschlitzes begrenzt ist), wird eine Verbesserung der Ausnutzung des Netzes erreicht. Bei *Slotted* Aloha beginnt die Selbstblockierung des Netzes erst bei einer Belegung von 0,38 Erlang, d. h. die Ausnutzung des Netzes wird ungefähr verdoppelt.

- CSMA (*Carrier Sense Multiple Access*)

    Auch bei diesem Verfahren handelt es sich um eine Variante von Aloha. Im Gegensatz dazu wird hier jedoch von einem Teilnehmer mit Sendewunsch zuerst festgestellt, ob im Netz (bzw. auf einem bestimmten Träger) gerade Verkehr vorhanden ist. Nur wenn dies nicht der Fall ist, nimmt der Teilnehmer an, daß er das Senderecht besitzt, und beginnt seine Sendung. Aufgrund der endlichen Ausdehnung des Netzes und der damit verbundenen Signallaufzeiten kann es trotzdem zu Kollisionen kommen.

    Da in diesem Fall eine erneute Übertragung stattfindet, muß sichergestellt werden, daß sich nicht die gleichen Teilnehmer bei jedem Versuch wiederum blockieren. Dies erfolgt durch eine zufällige Verzögerung der erneuten Aussendung, so daß bereits beim zweiten Versuch mit relativ hoher Wahrscheinlichkeit keine Kollision (zwischen diesen Teilnehmern) mehr stattfindet.

- CSMA/CD (*Carrier Sense Multiple Access / Collision Detection*)

    Hier handelt es sich um eine Abwandlung des CSMA-Verfahrens, mit dem Unterschied, daß der sendende Teilnehmer auch während des Sendevorgangs feststellt, ob auf der Leitung Signale von anderen Teilnehmern vorhanden sind. Wenn dies der Fall ist, wird die Übertragung abgebrochen und ein Blockierungssignal (*Jamming Signal*) gesendet, aufgrund dessen auch alle andere sendenden Stationen ihre Sendungen abbrechen. Wie beim einfachen CSMA muß auch hier der Abstand durch eine zufällige Verzögerung gesteuert werden. Die durchschnittliche Verzögerung nimmt mit steigendem Verkehr zu (kann theoretisch auch gegen unendlich gehen), während der tatsächlich stattfindende Verkehr gegen null geht, wenn die Sendewünsche gegen die Kanalkapazität streben. Allerdings bietet dieses Verfahren unter den hier vorgestellten die höchste Ausnutzung des Netzes.

Ein durch Bridges und Router (siehe Kapitel L.6) begrenzter Bereich – eine sogenannte Kollisionsdomäne – darf eine maximale Ausdehnung nicht überschreiten, deren Größe durch die zulässige Signallaufzeit bestimmt wird.

Die Effizienz des Netzes, d. h. der zeitliche Anteil an ungestörter Datenübertragung auf dem Netz, hängt von den Faktoren Datenrate, Rahmendauer, Signalgeschwindigkeit und Kabellänge ab. Dabei ergeben sich aus analytischen Berechnungen, die hier nicht nachvollzogen werden, folgende qualitative Schlußfolgerungen: Die Effizienz steigt mit

- abnehmender Kabellänge,
- abnehmender Datenrate,
- zunehmender Rahmendauer.

Die Signalgeschwindigkeit wird hierbei nicht berücksichtigt, da sie i. a. nicht beeinflußbar ist. Eine niedrige Datenrate führt also einerseits zu einer großen Ausdehnung des Netzes, andererseits aber auch zu einer hohen Übertragungsdauer. Ebenso führt der Einsatz längerer Rahmen zu einer erhöhten Effizienz, aber gleichzeitig auch zu einer längeren Wartezeit, bis eine Station auf das Netz zugreifen kann. Diese Widersprüche führen dazu, daß bei beiden Punkten ein Kompromiß gefunden werden muß, der zu den bekannten Werten für die Rahmendauer sowie die Datenrate führt. Bei korrekter Dimensionierung handelt es sich sowohl um ein faires als auch um ein effizientes Verfahren. Es bleibt festzuhalten, daß das Zugriffsverfahren für Datenraten oberhalb 10 Mbit/s wenig geeignet ist, da die Ausnutzung des Netzes zu gering wird.

- ◆ **CSMA/CA** (*Carrier Sense Multiple Access / Collision Avoidance*)
Diese Modifikation des CSMA/CD-Verfahrens kommt beispielsweise beim *Wireless* LAN zur Anwendung. Bei diesem funkgebundenen Verfahren besteht folgendes Problem: Wenn zwei Stationen gleichzeitig versuchen, auf einen *Access Point* zuzugreifen, so wird zwar dieser eine Kollision feststellen, nicht jedoch die Stationen selbst, da sie ggf. zu weit voneinander entfernt sind. Um dies zu verhindern, müssen die Stationen zuerst eine Anfrage (*Request to Send*) aussenden, um Zugang zum Netz zu bekommen. Ihr Datenpaket dürfen sie erst dann aussenden, wenn sie vom *Access Point* eine Freigabe (ACK) erhalten haben. Wird diese Freigabe nicht innerhalb einer vorgegebenen Zeit erteilt (*Time-out*), so wird davon ausgegangen, daß eine Kollision mit einer anderen Anfrage bzw. einem Datenpaket vorgelegen hat. In diesem Fall wird die Station nach einer – zufälligen – Verzögerung eine erneute Anfrage starten.

Die bisher vorgestellten Verfahren sind statistischer Natur. Daraus ergibt sich, daß für die Zugriffszeit eines Teilnehmers keine definitiven, garantierten Angaben gemacht werden können. Statt dessen können lediglich mittlere Zugriffszeiten angegeben werden, aus denen sich jedoch keine Rückschlüsse auf den Einzelfall treffen lassen. Dies ist insbesondere zu beachten, wenn es sich um zeitkritische Anwendungen handelt, für die diese Verfahren weniger geeignet sind. Ein weiteres Problem stellen Teilnehmer dar, die bewußt oder aufgrund einer Störung oder Fehlbedienung das Senderecht nicht wieder abgeben, also permanent senden. Ein derartiger Teilnehmer blockiert das gesamte Netz, ohne daß den anderen Teilnehmern Gegenmaßnahmen zur Verfügung stehen. Diesen Nachteilen steht der Vorteil gegenüber, daß sowohl die Geräte als auch die Implementierung relativ geringen Aufwand erfordern.

- Token Passing

  Beim *Token Passing* wird die Sendeberechtigung in Form eines *Tokens* von einem Teilnehmer zum nächsten weitergereicht. Das erste *Token* kann typischerweise an die Station gegeben werden, die als erste eingeschaltet wurde. Erhält ein Teilnehmer das *Token*, so hat er für eine bestimmte Zeitdauer das Senderecht. Eine sendewillige Station setzt das *Token* auf „busy" und ergänzt es um Daten und Adressen von Quelle und Ziel. Alle Stationen prüfen jeden Rahmen (*Frame*), um zu kontrollieren, ob sie angesprochen sind. Wenn die Station die Zielstation eines *Frame* ist, so werden diesem die Daten entnommen. Außerdem wird der *Frame* entsprechend gekennzeichnet. Andernfalls verbleibt der *Frame* unverändert. In beiden Fällen wird der *Frame* weitergeleitet, bis er wieder an der ursprünglich aussendenden Station angelangt ist. Diese überprüft einerseits, ob der *Frame* von der Zielstation als empfangen gekennzeichnet wurde, und andererseits, ob der ausgesendete *Frame* mit dem empfangenen *Frame* übereinstimmt. Nur wenn beide Kriterien erfüllt sind, wird davon ausgegangen, daß die Übertragung erfolgreich war. In diesem Fall wird der *Frame* von Netz genommen und statt dessen das *Token* an die nächste Station weitergereicht. Andernfalls wird der *Frame* erneut ausgesendet.

  Anhand von Abb. L.3-8 kann das Prinzip des *Token Passing* auf einem Ring in fünf Schritten erläutert werden. (1) Station A erhält das *Token* (T) und somit das Senderecht. (2) Die Station hat einen Sendewunsch und möchte einen *Frame* (R) an die Station C übertragen – der entsprechende *Frame* (F) wird auf den Ring gegeben. (3) Von der Zielstation wird der *Frame* ausgewertet und wieder auf den Ring gegeben. (4) Trifft der *Frame* erneut bei der Quellstation A ein, so wird er von ihr vom Ring genommen. (5) Nach abgeschlossener Datenübertragung gibt die Station A das *Token* an die nächste Station weiter.

  Es handelt sich hier um kein rein bedarfsorientiertes Verfahren, denn das *Token* (d. h. das Senderecht) wird nicht auf Anforderung vergeben, sondern nach einer festgelegten Reihenfolge zugeteilt. Es handelt sich jedoch um kein festgelegtes Zugriffsverfahren, da kein bestimmter Sendezeitpunkt und so-

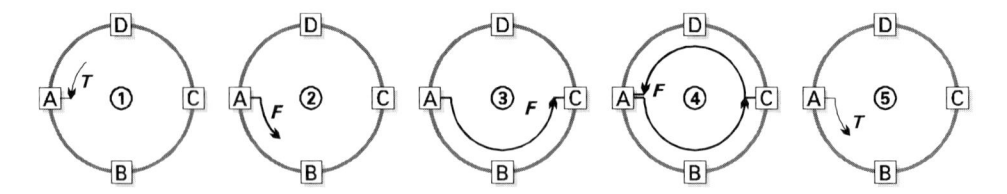

Abb. L.3-8 Zur Erläuterung des Funktionsprinzips des Token Passing (T: Token, F: Frame)

mit auch keine exakte Zugriffsdauer (sondern nur eine maximale Zugriffsdauer) angegeben werden kann.

Die Reihenfolge liegt dabei beispielsweise in Form eines logischen Rings oder eines logischen Sterns vor und kann programmtechnisch in Form einer Tabelle realisiert werden. Die topologische Struktur kann – unabhängig von der logischen Struktur – als Bus, Ring oder Baum vorliegen. Ein „faires Netzwerk" wird in Form eines logischen Rings angelegt (Abb. L.3-9a), während ein „hierarchisches Netzwerk" einen logischen Stern bedingt (Abb. L.3-9b). Aber auch Zwischenlösungen wie in Abb. L.3-9c sind realisierbar. Beim logischen Stern ist eine zentrale Station Vorgänger und Nachfolger jeder anderen Station. Von dieser zentralen Station wird dann entschieden, welcher Teilnehmer das *Token* als nächster erhält. Allerdings wird auch hier das *Token* nicht auf Aufforderung verteilt, sondern nach einer festgelegten Reihenfolge.

Eine Modifizierung des bisher beschriebenen Verfahrens ist der *Early-Token-Release*-Mechanismus (ETR), bei dem die sendende Station mit der Weitergabe des *Tokens* nicht abwartet, bis der von ihr ausgesendete Rahmen wieder bei ihr eingetroffen ist. Statt dessen wird direkt im Anschluß an den Rahmen das *Token* an die nächste Station weitergereicht. Das bedeutet, daß gleichzeitig sowohl mehrere *Tokens* als auch mehrere Rahmen auf dem Ring vorhanden sein können. Vorteil dieses Verfahrens ist eine bessere Ausnutzung der Übertragungskapazität.

Ein Nachteil des *Token Passing* ist die relativ aufwendige Implementierung der notwendigen Software. So ist z. B. beim Einfügen oder Entfernen einer Station eine Softwareänderung bei zumindest einer benachbarten Station erforderlich. Als Entfernen einer Station kann dabei auch der Ausfall einer Station erscheinen. Der Ausfall einer Empfangsstation wird dabei durch die ausbleibende Quittierung festgestellt werden, während der Ausfall einer Sendestation unbemerkt bleibt. Wie auch bei anderen Verfahren kann eine Station, die permanent sendet, das Netz blockieren.

Einem Teil dieser Probleme kann durch Einführen einer Überwachungsstation (*Monitor*) begegnet werden. Diese Station kontrolliert u. a., ob eine Station nach Erhalt des *Tokens* tatsächlich mit einer Sendung beginnt oder aber das *Token* weitergibt. Ist dies innerhalb einer bestimmen Zeit (*Time-out*) nicht der Fall, so wird die überwachende Station von einem Ausfall der betreffenden Station ausgehen und das *Token* an eine andere, funktionie-

L.3.2 Lokale Netze (LAN)

rende Station weiterreichen. Außerdem erhält der Vorgänger der ausgefallenen Station eine entsprechende Mitteilung.

Ein wesentlicher Vorteil von *Token Passing* (im Vergleich zu CSMA/CD) ist die Tatsache, daß auch bei sehr hoher Last kein Abfall des Durchsatzes festzustellen ist.

Token Ring wird im Abschnitt L.3.2.8 etwas näher betrachtet.

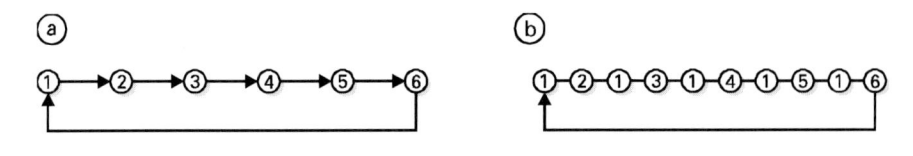

(a)

①→②→③→④→⑤→⑥

Station	Anteil Senderechte
1	16,67 %
2	16,67 %
3	16,67 %
4	16,67 %
5	16,67 %
6	16,67 %

(b)

①-②-①-③-①-④-①-⑤-①-⑥

Station	Anteil Senderechte
1	50,00 %
2	10,00 %
3	10,00 %
4	10,00 %
5	10,00 %
6	10,00 %

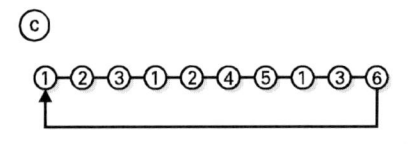

(c)

①-②-③-①-②-④-⑤-①-③-⑥

Station	Anteil Senderechte
1	30,00 %
2	20,00 %
3	20,00 %
4	10,00 %
5	10,00 %
6	10,00 %

Abb. L.3-9 *Token Passing: Ring (a), Stern (b) und Zwischenform (c)*

Außerdem sind auch Mischformen, d. h. konkurrierende und zugleich konfliktfreie Protokolle existent – auch wenn dies im ersten Moment widersprüchlich klingen mag. Von diesen Protokollen sei an dieser Stelle nur das *Adaptive Tree Walk Protocol* ATWP erwähnt, bei dem die Stationen auf einem fiktiven binären Baum angeordnet sind. Die Zuweisung der Senderechte hängt dann von der Lage der Stationen in diesem Baum ab.

Nennenswerte Bedeutung haben im Bereich der lokalen Netze von den hier vorgestellten Verfahren nur CSMA/CD (IEEE 802.3 – Ethernet) und *Token Passing* (IEEE 802.4 – *Token Ring* und IEEE 802.5 – *Token Bus*) erlangt.

L.3.2.6 Leitungen (Medien)

Die Frage der zu verwendenden Leitungen[12] beim (physikalischen) Aufbau eines lokalen Netzes ist nicht nebensächlich, weil aufgrund der geforderten Datenraten (bis zu 100 Mbit/s) einerseits nicht alle Medien eingesetzt werden können und andererseits beim Aufbau gewisse Regeln eingehalten werden müssen. Für das zu verwendende Übertragungsmedium kommen – abgesehen von der bisher nur eine relativ geringe Rolle spielenden Funkübertragung (*Wireless LAN, WLAN*) – im wesentlichen die drei folgenden Leitungstypen in Betracht:

- Koaxialkabel (*Coaxial Cable*)

  Verwendung finden Koaxialkabel mit einem Wellenwiderstand von 50 Ω (Ethernet, Cheapernet), 75 Ω (Proway) sowie 93 Ω.

- Verdrillte Leitungen (*Twisted Pair*)

  Verdrillte Leitungen werden aufgrund ihrer vergleichsweise schlechten Eigenschaften nur für geringe Entfernungen eingesetzt, z. B. bei Ethernet. Darüber hinaus wird beim Ethernet das sogenannte Transceiver-Kabel, das die Verbindung zwischen der Station und dem eigentlichen Netz (Koaxialkabel) herstellt, über eine Entfernung von maximal 50 m mit einem Kabel realisiert, in dem vier *Twisted-Pair*-Leitungen mit einer gemeinsamen Schirmung vorliegen.

- Lichtwellenleiter (*Optical Data Link*)

  Der Vorteil der Lichtwellenleiter ist, daß sich im Vergleich zum Koaxialkabel und zu verdrillten Leitungen sehr große Weg-Bandbreite-Produkte realisieren lassen. Das bedeutet, daß hiermit ggf. größere Ausdehnungen für einzelne Netze geschaffen werden können.

L.3.2.7 Modulationsverfahren

Bezüglich der Modulationsverfahren ist in erster Linie zu unterscheiden zwischen Schmalband-Netzen, bei denen die Übertragung im Basisband erfolgt, und Breitband-Netzen, bei denen in Modems auch eine Frequenzumsetzung erfolgt. Weitere Betrachtungen zu dieser Thematik wurden bereits im Teil G angestellt.

- Schmalband-Netze (Basisband-Netze)

  Bei Schmalband-Netzen steht allen Teilnehmern eines Netzes nur ein (Frequenz-)Kanal zur Verfügung, der gemeinsam genutzt wird. Die Übertragung erfolgt in „digitaler" Form, d. h. mit Impulsen, wobei man i. a. bemüht ist, gleichstromfreie Codes zu verwenden.

---

12 Man spricht dabei auch vom Träger (*Carrier*) des lokalen Netzes.

♦ Breitband-Netze

Durch den Einsatz von Modems mit Frequenzumsetzung werden die Signale nicht mehr im Basisband, sondern in einem höheren Frequenzbereich übertragen. Dies gestattet auch die Verwendung mehrerer Frequenzkanäle und dadurch eine größere Bandbreite der zu übertragenden Signale – entsprechend eine bessere Ausnutzung der zur Verfügung stehenden Übertragungswege. Dies wird allerdings erkauft mit einem erhöhten Aufwand, der für die Realisierung erforderlich ist. Zu beachten ist dabei, daß an einem gemeinsamen Netz nur diejenigen Teilnehmer miteinander kommunizieren können, die den gleichen Frequenzkanal verwenden.

Breitband-Netze haben sich bisher nicht durchsetzen können, werden aber aufgrund der immer weiter wachsenden Datenmengen in Zukunft eine größere Bedeutung erlangen.

L.3.2.8   Beispiele

Ethernet

Als bekanntestes und am weitesten verbreitetes Beispiel für ein lokales Netz soll in diesem Abschnitt das Ethernet näher betrachtet werden, das in der Version 2.0 die Basis der Standardisierung nach IEEE 802.3 bildet. Die Abweichungen des Ethernet von der Norm IEEE 802.3 sind sehr gering, wobei zu beachten ist, daß die Norm mehrere mögliche Realisierungen aufweist, während Ethernet ein spezifisches Netz darstellt. Das Ethernet wurde seit 1970 von den Firmen Xerox, DEC und Intel entwickelt und hat – mit einigen Varianten – weite Verbreitung gefunden. Die Spezifikationen für dieses Netz definieren nur die beiden unteren Schichten (Bitübertragungs- und Verbindungsschicht) des OSI-Referenzmodells. Wie später noch gezeigt wird, sind einige der in den vorhergegangenen Abschnitten beschriebenen wünschenswerten Eigenschaften von lokalen Netzwerken nicht realisiert worden. Statt dessen wurde Wert darauf gelegt, ein vergleichsweise unkompliziertes und leicht zu implementierendes LAN zu spezifizieren.

Die wichtigsten Merkmale des Ethernet sind:

♦ Die Datenrate ist mit 10 Mbit/s festgeschrieben.

♦ Als Netzstruktur (Topologie) ist das Busnetz vorgesehen.

♦ Das Zugriffsverfahren ist CSMA/CD.

♦ Als Übertragungsmedium werden Koaxialkabel oder *Twisted-Pair*-Leitungen verwendet. Ursprünglich wurde RG 214/u (50 Ω, 10 Base 5,[13] *„Yellow Cable"*)

---

[13] Diese Bezeichnung setzt sich zusammen aus „10" für die Datenrate (10 Mbit/s), „Base" als Kennzeichen dafür, daß die Übertragung im Basisband stattfindet, sowie „5" für 500 m Gesamtlänge (entsprechend „2" für 185 m und „T" für 100 m).

eingesetzt, das heute weitgehend durch RG 58 (50 Ω, 10 Base 2, *Thinwire*) sowie ungeschirmtes *Twisted Pair* (10 Base T) ersetzt worden ist.[14] Diese Medien weisen unterschiedliche Dämpfungen auf, woraus sich unterschiedliche zulässige Segmentlängen ergeben.

- Die Anzahl der anzuschließenden Teilnehmer ist auf 1024 begrenzt.
- Ethernet ist ein Basisband- oder Schmalband-Netz, das den Manchester-Code verwendet.
- Die Länge der Nachrichtenblöcke ist – innerhalb gewisser Grenzen – variabel.

Wie in Abb. L.3-10 dargestellt, besteht die „Grundausführung" eines Ethernet-LAN aus einem Koaxialkabel-Segment (Bus) mit einer Länge von maximal 500 m, das an den Enden jeweils einen Abschlußwiderstand (Termination) aufweist und bis zu 100 Teilnehmer versorgen kann. Die einzelnen Stationen sind über Transceiver-Kabel (Länge maximal 50 m, *Twisted Pair*) und einen Transceiver an den Bus angeschlossen. Jede Station verfügt über eine Netzwerkkarte (*Medium Attachment Unit* – MAU). Bei mehreren Segmenten, die über Repeater und Bridges miteinander verbunden werden, darf die maximale Netzausdehnung zwischen zwei Teilnehmern 2,5 km betragen.

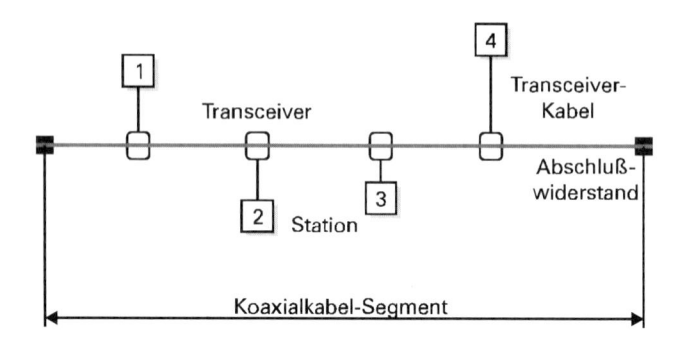

Abb. L.3-10 *Grundausführung eines Ethernet-LAN*

Die Sicherungsschicht besteht hier aus folgenden 3 Teilschichten (Abb. L.3-11):

- *Medium Access Control* (MAC)

  Diese Teilschicht beschreibt den Zugriff auf verschiedene Medien und die zugehörigen Zugriffsprotokolle. Beim Ethernet wird hier das CSMA/CD-Verfahren realisiert, wobei die wesentlichen Aufgaben das Abhören des Busses, der Vergleich der empfangenen Zieladresse mit der eigenen Adresse, die Synchronisation sowie die Basisband-Codierung (Manchester-Code) sind.

---

14 Eine weitere Möglichkeit nach IEEE 802.3, die in der Praxis allerdings bisher nur geringe Bedeutung erlangt hat, ist das 10 Broad 36. Hier liegt ein Breitband-Netz mit einer Datenrate von 10 Mbit/s vor, das mit einem 75-Ω-Koaxialkabel eine Segmentlänge von 1800 m erlaubt.

L.3.2 Lokale Netze (LAN)

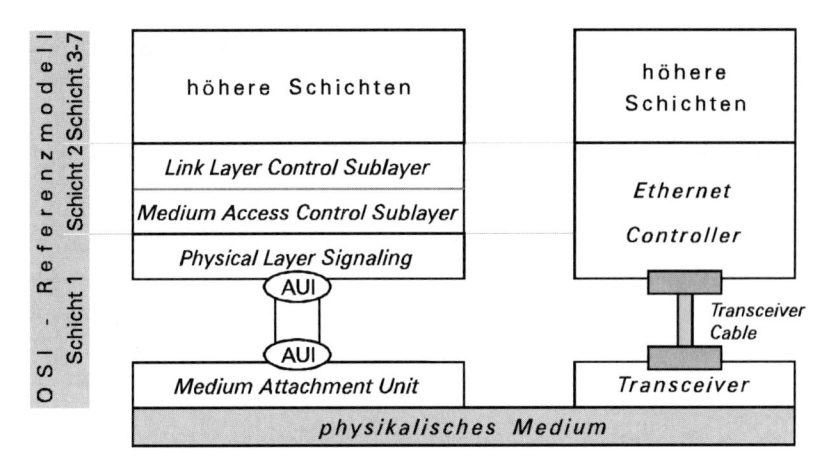

Abb. L.3-11 Schichtenaufteilung und Hardware-Realisierung eines Ethernet-Adapters
(AUI: Attachment User Interface)

Die Zufallszeit vor dem Start einer Übertragung nach einer Kollision wird folgendermaßen ermittelt. Nach dem Feststellen einer Kollision werden in jedem Rechner Zufallszahlen im Bereich $\{0,1\}$ erzeugt, und es wird eine entsprechende Anzahl von Zeitschlitzen abgewartet. Tritt wiederum eine Kollision auf, so wird der Bereich der Zufallszahlen auf $\{0, ..., 3\}$ erweitert. Dieser Vorgang wird fortgesetzt bis zur zehnten Kollision. Dann wird davon ausgegangen, daß ein Problem vorliegt, und eine entsprechende Fehlermeldung an die nächsthöhere Schicht gegeben.

Eine Kontrolle der korrekten Übertragung eines Rahmens erfolgt durch eine entsprechende Quittierung durch die Empfangsstation. Hierbei kann nicht unterschieden werden, ob ein Block fehlerhaft oder gar nicht (z. B. durch eine fehlerhafte Adreßangabe) beim Zielrechner angekommen ist – dies ist allerdings in der Praxis auch nicht von Bedeutung. Die Quittierung wird im dafür reservierten ersten Zeitschlitz nach dem Senden eines Rahmens durchgeführt.

♦ *Framing* (Rahmenbildung)

In dieser Teilschicht wird der Rahmen (*Frame*) erzeugt, wobei hier der Rahmen gemäß IEEE 802.3 vorgestellt wird, der vom Ethernet nur in einem Detail abweicht.

Abb. L.3-12 zeigt den Aufbau des Rahmens, dessen Länge (ohne Präambel und *Start of Frame*) mindestens 64 Bytes beträgt. Während die Quelladresse nur eine Geräteadresse beinhaltet, können durch die Zieladresse auch Gruppen- oder Rundspruchadressierungen durchgeführt werden. Das höchstwertige Bit 47 einer Adresse unterscheidet zwischen Einzel- und Gruppenadressen und ist nur für den Senderechner von Interesse. Im Bit 46 wird unterschieden zwischen lokalen und globalen Adressen. Üblicherweise wird eine globale Adresse verwendet, die weltweit vom NIC (*Net Information*

Center des IEEE) vergeben wird. Hierbei werden die höherwertigen drei Bytes (abgesehen von den Bits 47 und 46) für den Hersteller von Netzwerk-Controllern vergeben, dem wiederum die drei niederwertigen Bytes für die von ihm erzeugten Netzwerkkarten zur Verfügung stehen. Somit sind insgesamt $2^{46} - 1$ Adressen möglich. Wenn alle Bits der Adresse auf 1 gesetzt sind, so handelt es sich um eine Mitteilung an alle Stationen im Netz.

Präambel	Start of Frame	Ziel-adresse	Quell-adresse	Länge des Datenblocks	Daten	Pad	File Check Sequence
7 Bytes	1 Byte	6 Bytes	6 Bytes	2 Bytes	max. 1500 Bytes	max. 46 Bytes	4 Bytes
1010101010	*1010101011*						

Abb. L.3-12   *Aufbau eines MAC-Rahmens gemäß IEEE 802.3*

Um auch bei sehr kurzen Datenblöcken auf die geforderten 64 Bytes Rahmenlänge zu kommen, werden ggf. im Pad entsprechende Füllbytes eingeschoben. Die *File Check Sequence* (FCS) verwendet einen 32-Bit-*Cyclic-Redundancy-Check* (CRC) zur Fehlererkennung. Stimmen die empfangene (sendeseitig berechnete) FCS und die empfangsseitig berechnete FCS nicht überein, so wird der Rahmen verworfen. Die Abweichung des Ethernet gegenüber IEEE 802.3 liegt darin, daß beim Ethernet die Angabe zur Länge des Datenblocks ersetzt wird durch die Angabe *Type*, die das Protokoll benennt, das im Anschluß an das Ethernet die Bearbeitung fortsetzt.

♦ *Logical Link Control* (LLC)

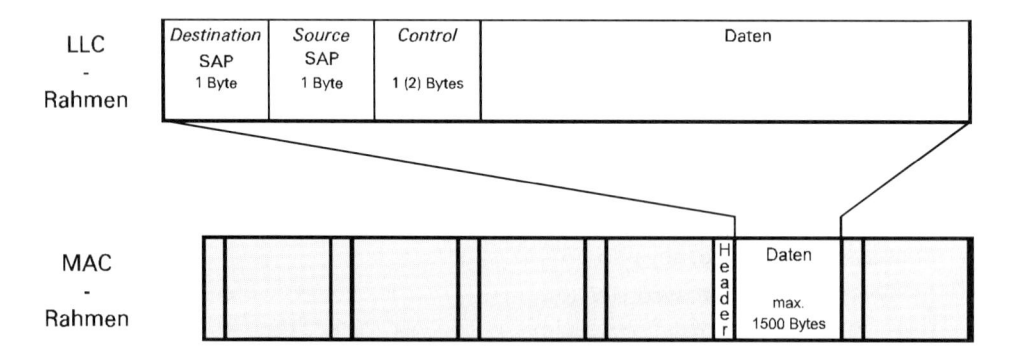

Abb. L.3-13   *Aufbau eines LLC-Rahmens gemäß IEEE 802.3*

Die LLC-Teilschicht des Ethernets entspricht der Norm 802.3 und wird im Abschnitt L.3.2.8 eschrieben. An dieser Stelle wird zusätzlich der Aufbau eines LLC-Rahmens beschrieben (Abb. L.3-13). Der gesamte LLC-Rahmen ist Bestandteil des Datenfeldes des MAC-Rahmens. Der *Destination Service Access Point* (DSAP) adressiert den Dienst, der an der Zielstation angesprochen werden soll, während der *Source Service Access Point* (SSAP) die Adresse des Dienstes enthält, der an der Quellstation den Vorgang ausgelöst hat. Im Steuerungsfeld (*Control*) wird die Art des Rahmens festgelegt. Das Datenfeld schließlich enthält die Daten, die von der darüberliegenden Vermittlungsschicht an die LLC-Teilschicht übergeben werden.

FastEthernet

Beim FastEthernet handelt es sich um eine Weiterentwicklung des im Abschnitt L.3.2.8 beschriebenen Ethernets in Richtung höherer Datenraten. Verwendet wird ausschließlich die Stern-Topologie, wobei für das Übertragungsmedium *Shielded Twisted Pair* (STP), *Unshielded Twisted Pair* (UTP) sowie Lichtwellenleiter zur Verfügung stehen. Dies führt dazu, daß entsprechend drei angepaßte Formen der Bitübertragungsschicht vorhanden sind. Diese Schicht beinhaltet eine mediumunabhängige *Convergence Sublayer* sowie eine mediumspezifische *Physical Medium-dependent Sublayer*. Die Schnittstelle zwischen diesen beiden Teilschichten wird als *Media-independent Interface* (MII) bezeichnet.

Es existieren zwei Ansätze auf der Basis bisheriger lokaler Netze:

- IEEE 802.30 / 100Base-T

  Auf der Basis des 10Base-T wird eine Verzehnfachung der Datenrate auf 100 Mbit/s erreicht. Die Kompatibilität zu Ethernet (IEEE 802.3) bedeutet, daß das Zugriffsverfahren CSMA/CD und somit auch die „Kollisionsproblematik" erhalten bleibt. Als Medium ist ein geschirmtes Kabel (STP) vorgesehen, wobei die maximale Reichweite ca. 250 m beträgt.

- IEEE 802.12 / 100VG-AnyLAN

  Der entscheidende Unterschied zum Ethernet besteht in der Verwendung einer anderen Topologie und im Zusammenhang damit auch eines anderen Zugriffsverfahrens. In der IEEE 802.12 wird eine sternförmige Struktur mit einem *Frame* Switch im zentralen Knoten vorgesehen, der die Aufgabe eines Vermittlungssystems übernimmt. Das Zugriffsverfahren wird als *Demand Priority* bezeichnet und kann folgendermaßen kurz beschrieben werden. Wenn eine Station einen Sendewunsch hat, teilt sie dies dem zentralen Knoten mit. Wenn er frei ist, kann die rufende Station ihr Datenpaket absenden. Der Switch entnimmt aus dem Paket die Zieladresse und leitet dieses entsprechend weiter, sofern die Zielstation aufnahmebereit ist. Andernfalls wird das Paket im zentralen Knoten zwischengespeichert und zu einem späteren Zeitpunkt weitergeleitet.

  Der Vorteil dieses Verfahrens ist der höhere Durchsatz, der dadurch begünstigt wird, daß im Gegensatz zum CSMA/CD (Ethernet) keine Kollisionen auftreten. Ein weiterer Vorteil ist, daß im Gegensatz zu anderen Verfahren kein ständiges Mithören auch durch die Stationen erfolgt, für die ein Paket nicht bestimmt ist. Als Übertragungsmedium kommen geschirmte und ungeschirmte *Twisted-Pair*-Leitungen (STP, UTP) sowie Lichtwellenleiter zum Einsatz.

Token Ring

Das *Token-Ring*-Protokoll wurde ursprünglich zur Kommunikation zwischen Großrechnern von IBM eingeführt. Nachdem die Datenrate ursprünglich bei 4 Mbit/s lag, wurde sie 1989 auf 16 Mbit/s erhöht. Die IEEE-Empfehlung 802.5 ist weitgehend identisch und kompatibel mit dem IBM-*Token-Ring*. Der Begriff *Token Ring* bezeichnet heute i. a. sowohl das System von IBM als auch den IEEE-Standard. Zu beachten bleibt jedoch, daß es sich hierbei nicht um identische Protokolle handelt. Die wichtigsten Unterschiede sind:

- Die Topologie ist bei IEEE 802.5 nicht spezifiziert, während IBM-*Token-Ring* mit der unten beschriebenen Ring-Topologie arbeitet.
- Das Medium ist bei IEEE 802.5 nicht spezifiziert, während IBM-*Token-Ring* mit *Twisted Pair* und Lichtwellenleitern arbeitet.
- Die Anzahl der Stationen bzw. Segmente ist bei IEEE 802.5 mit 250 spezifiziert, während sie beim IBM-*Token-Ring* vom Medium abhängt (s. u.).

Nach dem Ethernet bzw. IEEE 802.3 ist *Token Ring* das am weitesten verbreitete lokale Netz. Es ist insbesondere dort anzutreffen, wo eine sichere Datenübertragung und eine hohe Netzstabilität von Bedeutung sind. Vorteile des *Token Ring* sind ein ausgefeiltes Netzwerk-Management, eine umfangreiche Fehlerbehandlung, eine Selbstheilung durch Ausschluß von defekten Stationen sowie eine Umgehung (*Bypass*) von unterbrochenen Netzsegmenten.

Einerseits bietet *Token Ring* durch sein relativ einfaches Protokoll eine einfache Installation. Andererseits muß die Netzwerkplanung sorgfältig durchgeführt werden. Das Aufspüren einer Fehlerquelle kann sich sehr aufwendig gestalten. Das Preis/Leistungs-Verhältnis im Vergleich zu Ethernet ist abhängig von Größe und Topologie. Im allgemeinen wird ein Ethernet-LAN preiswerter sein, während *Token Ring* eine höhere Zuverlässigkeit bietet.

Der Aufbau eines *Token-Ring*-Rahmens ist in Abb. L.3-14 zu sehen. Dabei ist zu unterscheiden zwischen dem *Token*, der die Sendeberechtigung der einzelnen Stationen festlegt, und dem *Frame*, der der eigentlichen Datenübertragung dient.

Das *Token* besteht bei einer Gesamtlänge von drei Bytes aus folgenden Elementen:

- *Start Delimiter* – Zeigt der empfangenden Station an, daß ein Rahmen beginnt.
- *Access Control* – enthält u. a. ein *Token Bit* (Unterscheidung *Token* oder *Frame*), ein *Monitor-Bit* für Überwachungszwecke sowie Bits für die Angabe von Prioritäten. Das *Token-Bit* wird geändert, wenn eine Station einen Sendewunsch hat und das *Token* aufnimmt.
- *End Delimiter* – Beendet einen Rahmen und enthält außerdem eine Anzeige von evtl. aufgetretenen Fehlern sowie Informationen, die die logisch korrekte Reihenfolge von *Frames* sicherstellen.

L.3.2 Lokale Netze (LAN)

	token		
Start Delimiter	Access Control	End Delimiter	
1 Byte	1 Byte	1 Byte	

frame								
Start Delimiter	Access Control	Frame Control	Destination Address	Source Address	Data	File Check Sequence	End Delimiter
1 Byte	1 Byte	1 Byte	6 Bytes	6 Bytes	min. 0 Bytes	4 Bytes	1 Byte

Abb. L.3-14   *Aufbau eines Token-Ring-Rahmens (Token bzw. Frame)*

Ein *Frame* verfügt außerdem über folgende Elemente:

- *Frame Control* – Enthält Informationen darüber, welche Art von Daten im Datenfeld *Data* enthalten sind (Nutzdaten, Befehle, Steuerinformationen).
- *Data* – Die maximale Datenlänge wird bestimmt durch die maximale Zeitdauer, die die Sendeberechtigung bei einer Station bleiben kann.
- *Frame Check Sequence* – Diese wird vom Sender berechnet und vom Empfänger überprüft. Wenn ein Fehler festgestellt wird, wird der *Frame* verworfen.

Mit Hilfe von speziellen Bits im *Access-Control*-Feld des *Tokens* können sich – vereinfacht ausgedrückt – bevorzugte Stationen eine größere Sendehäufigkeit zuordnen.

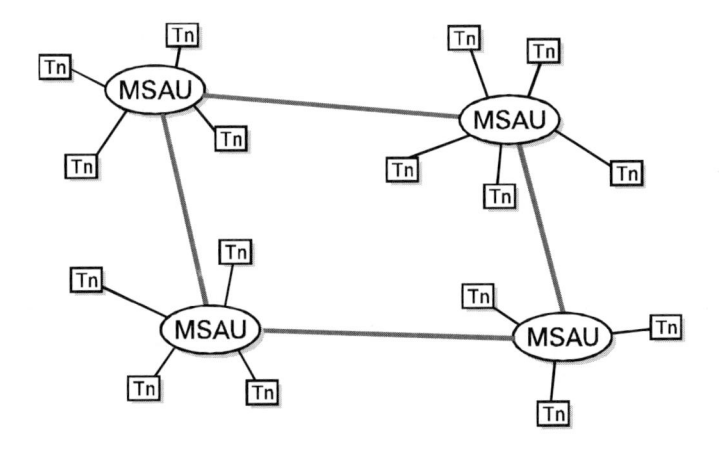

Abb. L.3-15   *Aufbau eines Token-Ring-Netzes*

Der typische Aufbau eines *Token Ring* ist in Abb. L.3-15 dargestellt. Wie dort zu erkennen ist, wird mit einer gemischten Stern- und Ring-Verkabelung eine logische Ring-Topologie verwirklicht. Dabei werden jeweils mehrere Stationen sternförmig an eine *Multistation Access Unit* MSAU angeschlossen, die jeweils wiederum einen Ring bilden. Wieso auf diese Art ein logischer Ring erreicht wird, kann durch eine nähere Betrachtung einer MSAU erklärt werden, wie sie in Abb. L.3-16 zu finden ist.

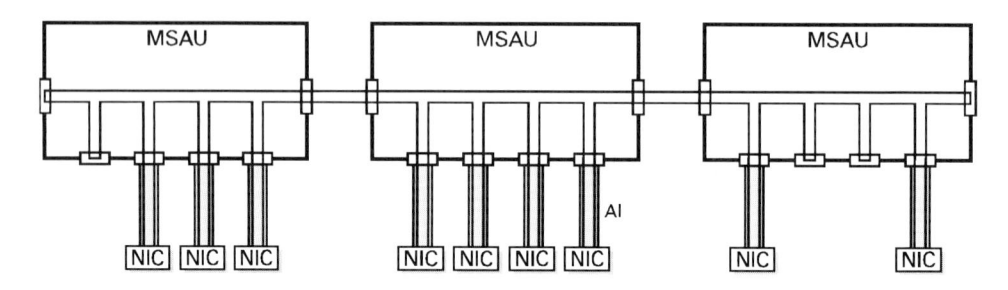

Abb. L.3-16   *Aufbau eines logischen Rings mit physikalischer Stern-Verdrahtung (Al: Anschlußleitung, NIC: Network Interface Card)*

Hier ist leicht zu erkennen, daß aufgrund der inneren Verschaltung der MSAU aus dem physikalischen Stern ein logischer Ring wird. In diesem Fall wurde – willkürlich – für die Verkabelung der MSAU ein offener Ring gewählt (entsprechend einem Bus). Am Prinzip ändert sich jedoch auch dann nichts, wenn die MSAU durch einen geschlossenen (physikalischen) Ring verbunden werden. Die MSAU können sowohl aktiv als auch passiv aufgebaut werden, wodurch sich jedoch bzgl. des Funktionsprinzips keine Änderungen ergeben.

Für das Übertragungsmedium stehen vor allem UTP, STP, Koaxialkabel sowie Lichtwellenleiter zur Verfügung. UTP wird häufig verwendet, da es preiswert und einfach zu installieren (flexibel) ist. Nachteilig ist hingegen die Begrenzung auf maximal 72 anzuschließende Stationen (bei 16 Mbit/s). STP ist teurer, schlechter zu verlegen (dicker und weniger flexibel), bietet dafür jedoch die Möglichkeit, bei einer Datenrate von 16 Mbit/s bis zu 250 Stationen an einen Ring anzuschließen. Eine gemischte Verwendung von STP und UTP in einem Ring sollte möglichst vermieden werden, da aufgrund der unterschiedlichen Wellenwiderstände der Leitungen eine einwandfreie Funktion nicht gewährleistet ist.

Alternativ zu den *Twisted-Pair*-Leitungen bieten sich sowohl Koaxialkabel als auch insbesondere Lichtwellenleiter bei größeren Ausdehnungen des Netzes bzw. bei höheren Anforderungen an die Zuverlässigkeit und Sicherheit an. Eine Verwendung von Koaxialkabel oder Lichtwellenleitern gemeinsam mit *Twisted Pair* (einer Sorte) in einem *Token Ring* ist zulässig. Typisch hierfür ist z. B. die Verbindung der MSAU untereinander durch Lichtwellenleiter, während der Anschluß der Stationen an die MSAU über *Twisted Pair* erfolgt.

Fiber Distributed Data Interface (FDDI)

FDDI ist ein ursprünglich auf dem Medium Lichtwellenleiter[15] basierendes lokales Netz gemäß dem ANSI-Standard X3T9.5 bzw. ISO 9314 mit einer Brutto-Datenrate von 100 Mbit/s (Netto 80 Mbit/s). Der Einsatz erfolgt bisher bevorzugt im Bereich von Backbone-Netzen.[16] Durch den steigenden Bedarf an Übertragungskapazität und sinkende Hardwarepreise wächst jedoch auch die Verwendung im Bereich des Anschlusses von Endgeräten mit hohen Anforderungen an die zu übertragende Datenrate. Das Zugriffsverfahren basiert auf dem *Token-Passing*-Verfahren, verwendet aber gleichzeitig mehr als ein *Token*. Das bedeutet, daß eine sendende Station unmittelbar nach Absenden des *Frames* (dessen Aufbau dem *Token-Ring*-Verfahren gemäß IEEE 802.5 ähnelt) ein neues *Token* erzeugt; man spricht daher vom *Multiple-Token*-Verfahren (oder *Early Token Release* – siehe Abschnitt L.3.2.5).

Sowohl die synchrone als auch die asynchrone Übertragung wird von FDDI unterstützt. Dabei wird i. a. synchrone Übertragungskapazität an Stationen vergeben, die auf einen kontinuierlichen Datenstrom angewiesen sind, wie z. B. für die Audio- oder Videokommunikation. Die verbleibende Kapazität wird entsprechend asynchron an weitere Stationen verteilt, wobei ein achtstufiges Prioritätensystem den Zugriff regelt.

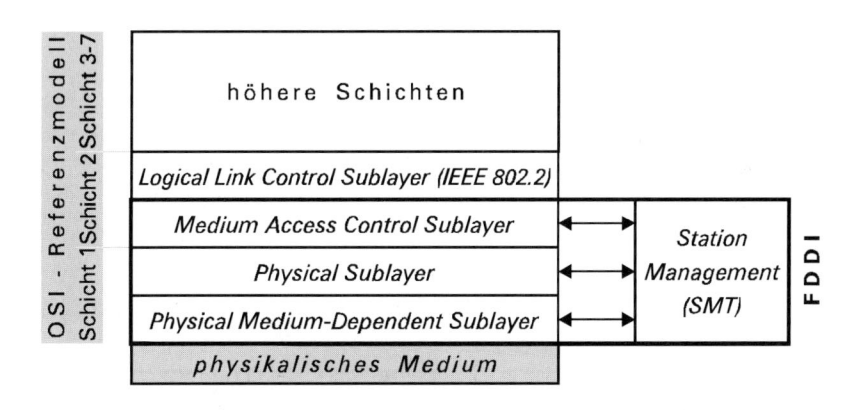

Abb. L.3-17 Aufbau der Schichten des FDDI

Die Abb. L.3-17 zeigt den Aufbau der Schichten des FDDI. Wie beim FastEthernet existiert auch hier eine Unterteilung der Bitübertragungsschicht in zwei Teilschichten. Die Funktion der einzelnen Schichten bzw. Teilschichten kann wie folgt beschrieben werden.

---

15 Inzwischen wird der Begriff FDDI auch bei Einsatz von anderen Übertragungsmedien verwendet. So wird bei Verwendung von Koaxialkabeln auch die Bezeichnung CDDI für *Coaxial Distributed Data Interface* gebraucht.
16 Ein Backbone-Netz dient zur Verbindung von (vorwiegend lokalen) Netzen.

- **PMD** – *Physical Medium-dependent Layer*

  Der PMD enthält medienabhängige Eigenschaften wie z. B. Stecker, Leistungspegel, Dämpfung sowie die Beschreibung der Sende-/Empfangstechnik.

- **PHY** – *Physical Layer*

  Im PHY erfolgt die Codierung und Decodierung (Basisbandcodierung) des Datenstroms. Außerdem wird der Sendetakt generiert und synchronisiert sowie ein Ausgleich von evtl. vorhandenen Taktunterschieden durchgeführt.

- **MAC** – *Medium Access Control Layer*

  Im MAC sind die Zugriffssteuerung (*Token*) und die Adreßerkennung realisiert. Daneben erfolgt hier die Erkennung und Auswertung der *File Check Sequence*.

- **SMT** – *Station Management*

  Das *Station Management* besteht aus drei Teilen. Das *Connection Management* CMT verwaltet die PHY-Komponenten und ihre Verbindungen. Das *Ring Management* RMT überwacht den FDDI-Ring und verwaltet die MAC-Komponenten. Der *Frame Service* schließlich erstellt ein Status-Protokoll für das Netzmanagement.

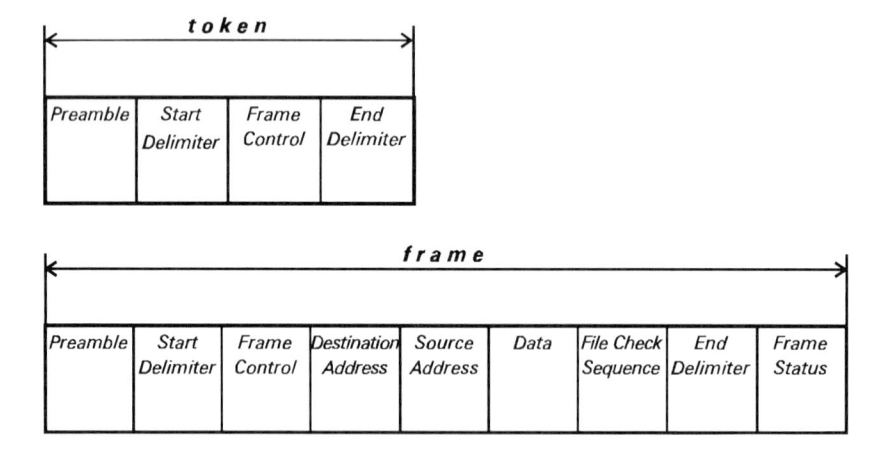

token

Preamble	Start Delimiter	Frame Control	End Delimiter

frame

Preamble	Start Delimiter	Frame Control	Destination Address	Source Address	Data	File Check Sequence	End Delimiter	Frame Status

Abb. L.3-18 *Aufbau eines FDDI-Rahmens (Token bzw. Frame)*

Der Aufbau des FDDI-Rahmens (Abb. L.3-18) ähnelt sehr stark dem des *Token Ring* (vergleiche Abb. L.3-14). An Unterschieden ist insbesondere der *Frame Status* hervorzuheben, der es der sendenden Station erlaubt, festzustellen, ob ein Fehler aufgetreten ist und ob der Rahmen von der empfangenden Station erkannt und aufgenommen wurde. Die *Preamble* besteht aus einer 1-Folge, die dem Empfänger die Synchronisation erleichtert.

L.3.2 Lokale Netze (LAN)

Das Medium bei FDDI ist typischerweise ein Lichtwellenleiter, mit dem vor allem im Backbone-Bereich ein Doppelring gebildet wird. Der Primärring (*Primary Ring*) dient der Datenübertragung, während der Sekundärring (*Secondary Ring*) als Sicherung bei Ausfall des Primärrings vorhanden ist. Die Netzstruktur ist ein Ring oder ggf. auch ein Baum, dann allerdings unter Verzicht auf die Sicherung durch eine Doppelstruktur.

Der Anschluß der Stationen erfolgt über STP-Leitungen und einen MIC-Stecker (*Media Interface Connector*). Bei Verwendung von Lichtwellenleitern mit Gradienten-Index-Struktur ist die Netzausdehnung auf max. 200 km begrenzt, wobei maximal 1000 Stationen angeschlossen werden können. Der Abstand zwischen zwei Endgeräten darf maximal 2000 m betragen, ansonsten ist der Einsatz von Repeatern erforderlich. Die Bitfehlerrate beträgt 10^{-9}, die MAC-Schicht ist der Norm IEEE 802.5 ähnlich.

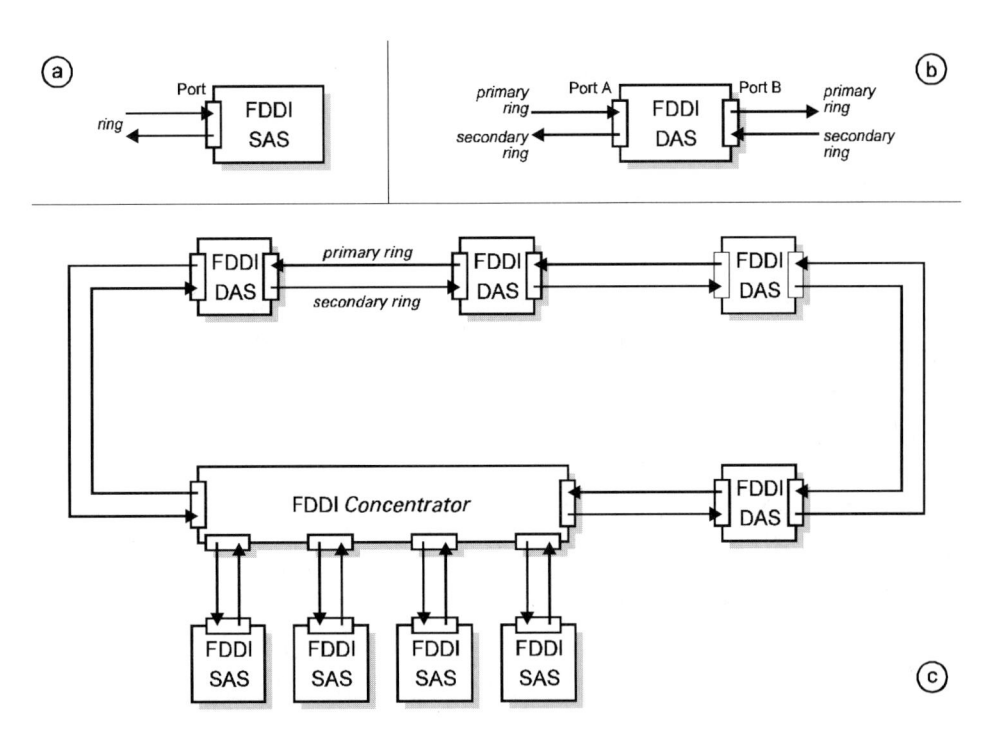

Abb. L.3-19 Single Attachment Station – SAS (a), Dual Attachment Station – DAS (b) und FDDI-Ring mit DAS, SAS und Konzentrator (c)

FDDI-Stationen werden in zwei Klassen unterteilt. Dabei handelt es sich um die *Dual Attachment Station* (DAS) der Klasse A (Abb. L.3-19a) sowie um die *Single Attachment Station* (SAS) der Klasse B (Abb. L.3-19b). Während die DAS die Verbindung zu beiden Ringen erlaubt, ist eine SAS nur für die Verbindung mit einem Ring ausgelegt, womit sich ein geringerer Aufwand in der Station ergibt.

Um trotzdem die Vorteile des doppelten Ringes nutzen zu können, werden i. a. mehrere SAS an einen Konzentrator (FDDI *Concentrator*) angeschlossen, der wiederum den Betrieb an beiden Ringen organisiert (Abb. L.3-19c). Er stellt sicher, daß bei Ausfall einer SAS die Funktion des Ringes nicht beeinträchtigt wird. Dies ist insbesondere bei Stationen wichtig, die häufig ein- bzw. ausgeschaltet werden, wie z. B. bei PC-Stationen.

Bei Einsatz des FDDI im Backbone-Bereich werden die in Abb. L.3-19c dargestellten Stationen als Router oder Gateway (siehe Kapitel L.6) ausgelegt, die dem Übergang in die angeschlossenen Teilnetze (typischerweise lokale Netze) dienen.

Ein wichtiger Aspekt des FDDI ist seine Möglichkeit der Selbstheilung. Der Ausfall einer Station (DAS oder Konzentrator) oder einer Leitung wird vom System automatisch überbrückt, indem die benachbarten Stationen entsprechende defekte Stationen bzw. Leitungen aus dem Ring ausschließen. Wie Abb. L.3-20 zeigt, wird dabei vom redundanten Sekundärring Gebrauch gemacht, der dann zusammen mit dem Primärring nur noch einen einfachen Ring bildet.

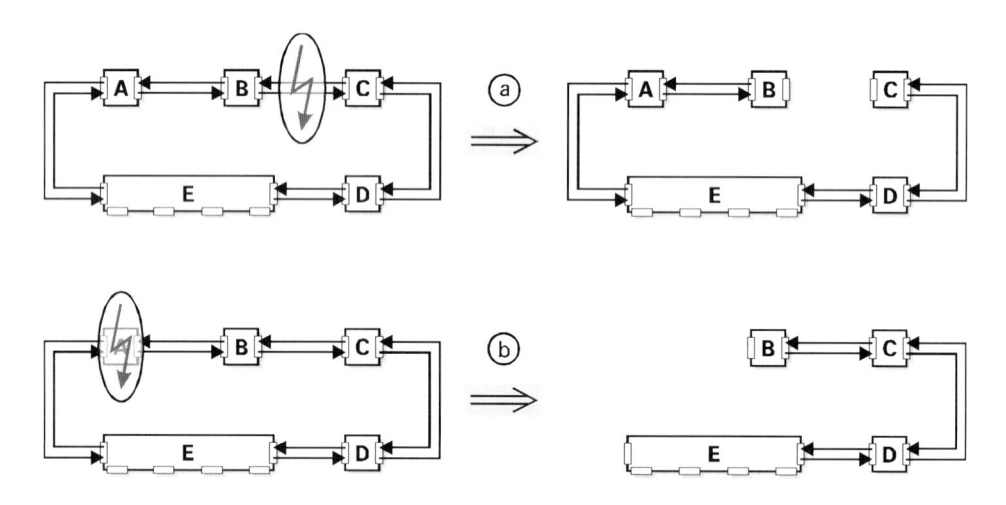

Abb. L.3-20 *Selbstheilungsmechanismus des FDDI bei Ausfall einer Leitung (a) bzw. einer Station (b)*

Bei mehreren Ausfällen zerfällt das FDDI-Netz dann in mehrere Teilnetze, zwischen denen keine Verbindung mehr besteht, die jeweils in sich jedoch weiterhin Kommunikationsmöglichkeiten bieten. Für besonders „wichtige" Stationen wie Server oder Router besteht außerdem die Möglichkeit, weitere Sicherheitsmaßnahmen zu ergreifen. Auf eine Betrachtung hiervon wird an dieser Stelle verzichtet und statt dessen auf die Literatur verwiesen.

L.3.3 Corporate Networks (CN)

Beim *Corporate Network* handelt es sich weniger um einen technischen als vielmehr um einen organisatorischen bzw. (in Bezug auf Genehmigungen) rechtlichen Begriff. Technisch basieren *Corporate Networks* auf der Datenübertragung über öffentliche Fest- oder Wählverbindungen sowie über private Übertragungswege. Unter dem Begriff *Corporate Networks* werden die zulässigen Kommunikationsbeziehungen innerhalb des Netzes geregelt. So entstehen private Netze, die in der Größenordnung vom LAN bis zum WAN reichen können.

Zwei Beispiele für *Corporate Networks* sind Großunternehmen, die mittels der eigenen Infrastruktur derartige Netze einsetzen können, sowie private Telefonfirmen, die über eigene Leitungen verfügen und diese als Dienstleistung anderen Betrieben vermieten.

Im Gegensatz zu lokalen Netzen weisen *Corporate Networks* keine eigenständige Technik oder gar eine eigene Normung auf. Statt dessen wird die allgemein verfügbare Technik für Kommunikationsnetze jeder Größenordnung eingesetzt. Der Hintergrund hierfür ist, daß es hier erst in zweiter Linie auf technische Faktoren ankommt und vor allem wirtschaftliche Aspekte ausschlaggebend sind.

Die Qualitätsmerkmale, die auch für *Corporate Networks* wichtig sind, sind die Laufzeit der digitalen Signale[17] (diese kann sich insbesondere bei Sprachübertragung negativ bemerkbar machen) sowie die Summe der Quantisierungsverzerrungen (beispielsweise durch die Digitalisierung analoger Signale). Selbstverständlich müssen diese Kriterien auch bei anderen Netzen beachtet werden, sind hier jedoch ggf. schwieriger einzuhalten, weil u. U. kein „homogenes" Netz vorliegt.

L.4 Metropolitan Area Networks (MAN)

Bei einem *Metropolitan Area Network* (MAN) handelt es sich um ein regionales Hochgeschwindigkeitsnetz. Es ist optimiert für die Datenübertragung über große Entfernungen bei Nutzung bestehender Übertragungseinrichtungen. Der vorwiegende Einsatz von MANs dient der Verbindung lokaler Rechnernetze über standardisierte Übertragungseinrichtungen (Abb. L.4-1). In Zukunft soll das MAN in die Standardisierung kommender Breitband-Netze eingehen.

---

[17] Als Beispiel sei hier die Empfehlung G.114 angeführt, wonach die maximale Einweglaufzeit für internationale Fernsprechverbindungen 25 ms ohne bzw. 300 ms mit Echounterdrückung betragen darf.

Ein Beispiel für ein öffentliches MAN ist das seit 1993 bestehende Datennetz Datex-M der Telekom mit Datenraten von 2 Mbit/s bis 140 Mbit/s. Es basiert auf dem im Kapitel L.3 beschriebenen Standard IEEE 802.6 (DQDB).

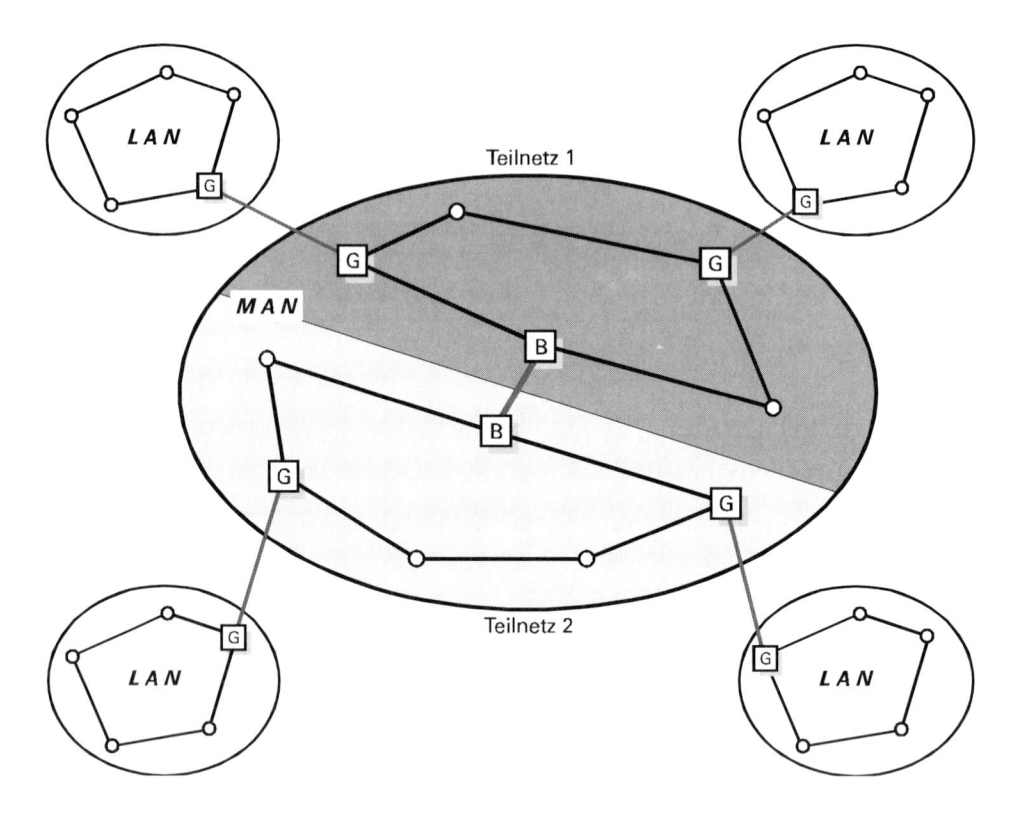

Abb. L.4-1 Einsatz von MANs zur Verbindung von lokalen Netzen (B: Bridge, G: Gateway)

Ein *Metropolitan Area Network* ist ein Netz zur Verbindung von lokalen Netzwerken innerhalb eines Großstadt-(*Metropolitan-*)Bereichs[18], d. h. typisch 50 km. Eine weitere Anwendungsmöglichkeit eines MAN ist die Verbindung von LANs mit einem *Wide Area Network* (WAN). Die maximale Datenrate beträgt 140 Mbit/s. Die Übermittlung kann sowohl synchron als auch asynchron erfolgen, wobei die Vermittlung verbindungslos oder verbindungsorientiert (ggf. auch parallel) sein kann.

Die Struktur des MAN ist – wie sich insbesondere bei der Betrachtung des Paketaufbaus zeigt – stark an die Struktur des Asynchronen Transfer-Modus (ATM) angelehnt.

---

18 In einigen Aspekten könnte man hier auch von einer LAN-Technik mit Weitverkehrseigenschaften sprechen.

L.5 ATM-Netze

L.5.1 Einleitung

Im auf dem asynchronen Zeitmultiplex (ATD, siehe Abschnitt G.5.3) basierenden *Asynchronous Transfer Mode* (ATM) findet eine zellorientierte Übermittlung von Informationen statt. Die Technologie des ATM stammt teilweise aus dem Bereich des Fernsprechnetzes, teilweise aus Rechnernetzen. Aufbauend darauf wurde versucht, die Vorteile von Zeitmultiplex und Paketvermittlung (*Packet Switching*) miteinander zu verbinden. An manchen Stellen bedeutete dies jedoch auch, daß Kompromisse eingegangen werden mußten, so z. B. bei der Zellgröße. Es wurde eine Technologie für den Einsatz in breitbandigen Telekommunikationsnetzen geschaffen, über die mehrere Anwendungen bzw. Dienste übertragen werden sollen. Ein Beispiel hierfür ist der Einsatz in *Corporate Networks*, bei denen neben der Datenübertragung beispielsweise auch die Kopplung von Telekommunikationsanlagen möglich ist.

Wichtige Eigenschaften sind einerseits die Verwendung von variablen Datenraten (d. h. ein hohes Maß an Skalierbarkeit) sowie die Tatsache, daß die Leistungsfähigkeit nicht vom Prinzip des Netzprotokolls abhängig ist, sondern von der Auslegung des Netzes (Übertragungsmedium, Netzknoten usw.). Ein wesentlicher Grund für den Erfolg des ATM-Konzepts sind die Tatsachen, daß internationale Standards existieren, daß beliebige Übertragungsprotokolle gefahren werden können und daß beliebige Topologien möglich sind.

Das 1991 gegründete ATM-Forum ist eine internationale Organisation, in der sich Hunderte von Firmen und Instituten aus der Computer- und der Kommunikations-Industrie zusammengefunden haben. Ziel des ATM-Forums ist es, Entwicklung und Einsatz von ATM-Netzen voranzutreiben. Die gegenwärtige ATM-Version 4.0 wurde im Juni 1996 vom ATM-Forum verabschiedet. Die ATM-Spezifikation ähnelt dem OSI-Referenzmodell, ohne daß jedoch eine direkte Abbildung möglich wäre. ATM kann u. a. auch als Transportprotokoll für *Frame Relay* dienen.

Das Prinzip der zellorientierten Datenübertragung kann anhand der Abb. L.5-1 erläutert werden. Hier werden die drei von unterschiedlichen Quellen (Video, Daten, Sprache) stammenden Datenströme in einem Paketierer jeweils in Zellen einer festgelegten Größe zusammengefaßt und mit einem Header versehen. Diese Zellen wiederum werden in einem Multiplexer in einen Zellenstrom umgesetzt. Eventuell vorhandene Lücken zwischen den von den Paketierern stammenden Zellen werden dabei vom Multiplexer mit Leerzellen ausgefüllt, so daß ein kontinuierlicher Zellenstrom entsteht. Nach der Übertragung werden im empfangsseitigen Demultiplexer die Leerzellen entfernt und die anderen Zellen dem Zellenstrom entnommen und den einzelnen Senken zugeordnet. Ein

Depaketierer schließlich entnimmt die Daten den Zellen und setzt sie wieder in einen Bitstrom um.

Bei ATM liegt grundsätzlich eine verbindungsorientierte Übertragung vor. Dabei wird von qualitativ „guten" Netzen ausgegangen, woraus der Verzicht auf eine abschnittsweise Fehlersicherung resultiert. Vorteil dieses Ansatzes sind höhere Übertragungsraten. Ebenso wird auf eine abschnittsweise Flußsteuerung verzichtet. Die Signalisierung erfolgt durch Nutzung separater Signalisierungskanäle (*Out of Band*).

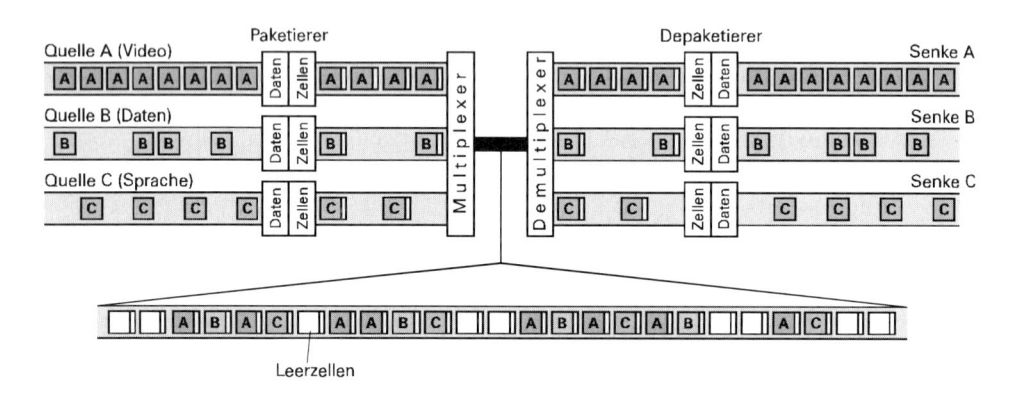

Abb. L.5-1   Prinzip der zellorientierten Datenübertragung

L.5.2   Netzstruktur und Schnittstellen

Während der Teilnehmeranschlußbereich sternförmig strukturiert ist, weist das eigentliche ATM-Netz eine Maschenstruktur auf (Abb. L.5-2).

Es existieren zwei wichtige Schnittstellen-Definitionen, die im folgenden kurz beschrieben werden (Abb. L.5-2).

♦ Das *User-Network Interface* (UNI) beschreibt die Schnittstelle zwischen einem Endsystem und dem ATM-Netz, wobei unterschieden wird zwischen öffentlichen (*public*) und privaten (*private*) Schnittstellen. Letztere werden auch als *Inter Switching System Interface* ISSI bezeichnet. Öffentliche UNIs definieren die Kopplung von privaten und öffentlichen Netzen, während private Schnittstellen zwischen privaten Netzen zu finden sind.

   Die Spezifikation des UNI umfaßt die physikalischen Anschlüsse, die ATM-Zellstruktur, die Adressierung, den Verbindungsaufbau sowie die Steuerung von Datenströmen.

♦ Das *Network-Node Interface* (NNI) beschreibt die Schnittstelle zwischen zwei Netzknoten (ATM-Switches). Inhalt dieser Definition sind u. a. die Signalisierung sowie das Routing innerhalb von ATM-Netzen.

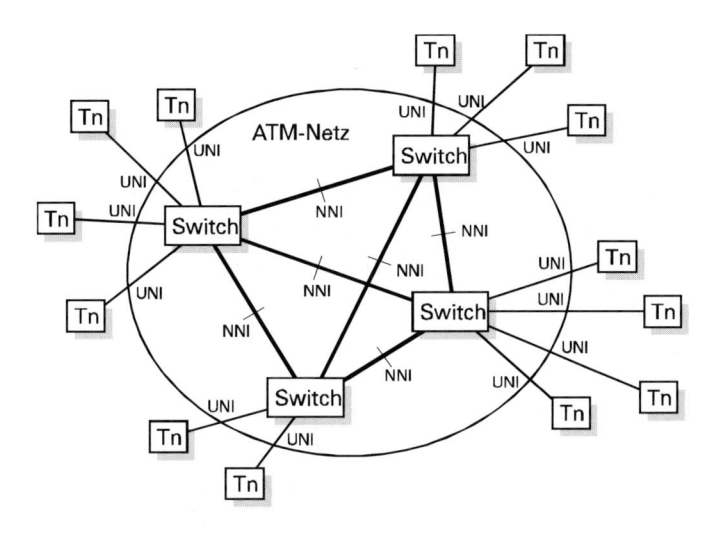

Abb. L.5-2   Struktur eines ATM-Netzes

L.5.3   Funktionsweise des ATM

ATM ist ein zellorientiertes Verfahren, d. h. die Daten werden in Zellen (Pakete) mit definierter Länge unterteilt. Diese Zellgröße wurde auf 53 Bytes festgelegt, wovon 5 Bytes auf den Zell-Header entfallen und 48 Bytes auf den Zellrumpf (*Information Payload*), der die zu übertragenden Nutzdaten enthält. Dieser Wert ist ein Kompromiß zwischen den Forderungen der Sprachkommunikation (kleine Zellen) und der Datenkommunikation (große Zellen). Der Overhead, d. h. der Anteil des Headers, beträgt rund neun Prozent (genauer: $5/53$), trotzdem ist in den Netzknoten ein relativ geringer Aufwand für Adressierung und Routing erforderlich.

Den Aufbau einer ATM-Zelle[19] zeigt Abb. L.5-3, wobei zu unterscheiden ist zwischen dem UNI-Header und dem NNI-Header. Die einzelnen Bestandteile des Headers und ihre Funktion werden im folgenden vorgestellt.

GFC   (*Generic Flow Control*) – Datenflußkontrolle (UNI-Header: 4 Bits, NNI-Header: –)

VPI   (*Virtual Path Identifier*) – Kennung des virtuellen Pfades (UNI-Header: 8 Bits, NNI-Header: 12 Bits)

VCI   (*Virtual Channel Identifier*) – Kennung des virtuellen Kanals (16 Bits)

PT   (*Payload Type*) – Kennzeichnung der *Payload Information* als Nutzdaten, Steuerungsdaten (*Operation and Maintenance* – OAM), etc. (3 Bits)

---

19   Das achte Bit des ersten Bytes wird zuerst übertragen.

CLP (*Cell Loss Prioritiy*) – Hiermit können besonders wichtige Zellen gekennzeichnet werden. Diese werden dann auch bei Überlast des Netzes u. ä. nicht verworfen. (1 Bit)

HEC (*Header Error Control*) – Diese Fehlererkennungssequenz (spezielle Form einer Prüfsumme) für den Header kann einen Fehler korrigieren und zwei Fehler erkennen. Werden auf der Basis der HEC im empfangenen Bitstrom korrekte Header gefunden, sind damit gleichzeitig die Zellgrenzen festgelegt. (8 Bits)

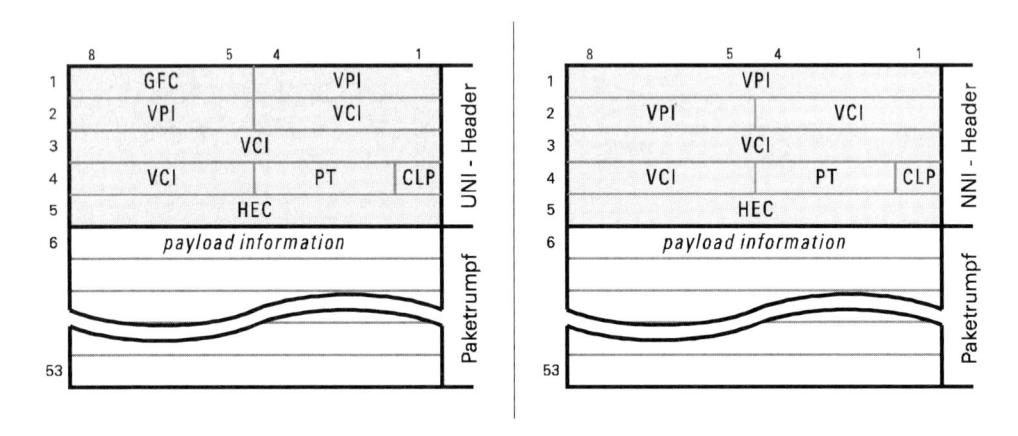

Abb. L.5-3 Aufbau einer ATM-Zelle mit UNI-Header (links) bzw. mit NNI-Header (rechts)

Ein Übertragungsmedium wird in virtuelle Pfade VP (*Virtual Path* – VP) und virtuelle Kanäle VC (*Virtual Channel* – VC) unterteilt (Abb. L.5-4). Ein virtueller Pfad bzw. Kanal wird jeweils durch den entsprechenden VPI bzw. VCI definiert. Eine Verbindung (*Virtual Channel Connection* – VCC) zwischen zwei Endsystemen setzt sich aus einzelnen Kanälen zwischen Netzknoten zusammen, wobei diese Verbindung (auf den Verbindungsabschnitten) während der Dauer der Verbindung eine eindeutige, unveränderte VCI/VPI-Kombination zugewiesen wird.

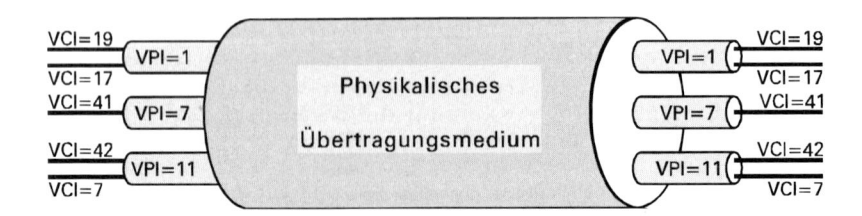

Abb. L.5-4 Virtuelle Kanäle und virtuelle Pfade in einem physikalischen Übertragungsmedium

Unterschieden wird dabei zwischen geschalteten Verbindungen (*Switched Virtual Connections* – SVC) und permanenten Verbindungen (*Permanent Virtual*

L.5.3 Funktionsweise des ATM

Connections – PVC). Alle Zellen passieren während der Dauer einer Verbindung den gleichen Weg, wobei die Reihenfolge erhalten bleibt, auch wenn einmal Zellen „verloren" gehen sollten. Die Kanäle werden zu Pfaden gebündelt und von Netzknoten zu Netzknoten geschaltet. Virtuelle Verbindungen werden während der Verbindungsaufbauphase festgelegt. Dabei wird von der *Connection Admission Control* (CAC) eine Verbindung nur dann zugewiesen, wenn die angeforderten Werte für Datenrate, Dienstgüte (*Quality of Service*) usw. garantiert werden können. Andernfalls (z. B. wenn das Netz ausgelastet ist) wird der Verbindungswunsch abgewiesen.

Während der Dauer einer Verbindung wird der Zellenstrom durch die *Usage Parameter Control* (UPC) überwacht. Dabei werden ggf. gezielt Zellen verworfen, um eine (weitere) Überlastung des Netzes zu verhindern. Welche Zellen davon betroffen sind, wird u. a. vom Wert der *Cell Loss Priority* (CLP) im Header jeder Zelle beeinflußt.

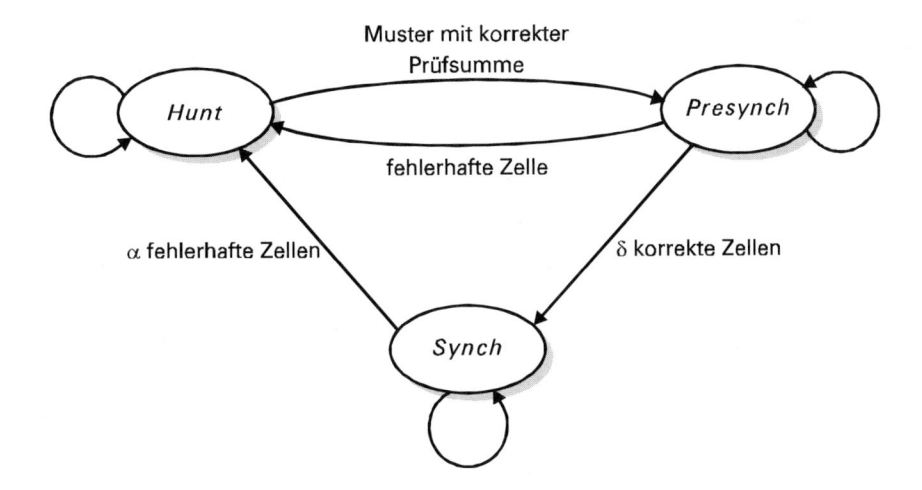

Abb. L.5-5 Zustandsdiagramm der Synchronisation

Ein wichtiger Aspekt bei ATM ist – wie bei praktisch jedem digitalen Übertragungssystem – die Synchronisation des Empfänger. In diesem Fall wird die Synchronisation des Empfängers auf den eintreffenden Zellenstrom betrachtet. Diese Synchronisation basiert auf der Erkennung des Zell-Headers, wobei zwischen drei Zuständen unterschieden wird (Abb. L.5-5):

- Zustand „*Hunt*" – Der empfangene Bitstrom wird auf einen fünf Bytes langen Abschnitt abgesucht, dessen letztes Byte eine korrekte Prüfsumme enthält. In diesem Fall erfolgt der Übergang in den „*Presynch*"-Zustand.

- Zustand „*Presynch*" – Der Empfänger verbleibt so lange in diesem Zustand, bis entweder (a) eine Anzahl von δ korrekten Zellen empfangen wurde oder (b) eine fehlerhafte Zelle erkannt wurde. Im Fall (a) erfolgt ein Übergang in den „*Synch*"-Zustand, im Fall (b) fällt die Synchronisierung wiederum in den „*Hunt*"-Zustand zurück.

♦ Zustand „*Synch*" – Nach dem Empfang von mehr als α fehlerhaften Zellen wird wieder der „*Hunt*"-Zustand angenommen.

Zulässige Werte für die Parameter α und δ liegen derzeit zwischen 6 und 8. Um die Wahrscheinlichkeit einer „fälschlichen" Erkennung des Headers zu vermindern, wird die *Payload* der Zelle verwürfelt. Dadurch wird erreicht, daß nur noch sehr selten in der *Payload* Muster auftreten, die einen Übergang vom „*Hunt*"- in den „*Presynch*"-Zustand herbeiführen.

L.5.4 ATM-Switches

Ein VP/VC-ATM-Switch (Abb. L.5-6) schaltet virtuelle Kanäle über eine *Switching*-Matrix. Diese enthält für jeden Kanal einen Eintrag bezüglich *Port*, *Path* und *Channel* für Eingang und Ausgang. Beim Schalten der Zellen innerhalb des Switch werden die Werte für den VPI und den VCI im Header der Zelle entsprechend geändert.

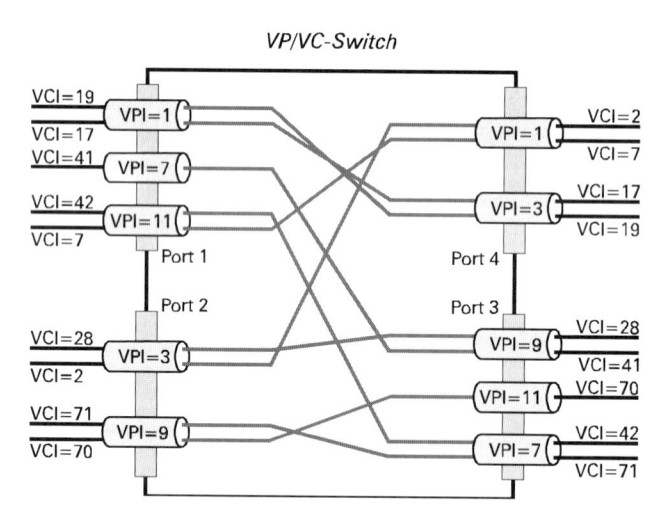

Abb. L.5-6   *Aufbau eines VP/VC-ATM-Switch*

Eine Alternative zu diesen VP/VC-ATM-Switches (die häufig auch einfach als ATM-Switch bezeichnet werden) sind die sogenannten *Cross-Connectors* oder VP-ATM-Switches (Abb. L.5-7), die nur auf Pfadebene schalten können (*Virtual Path Connections* – VPC) und somit eher der Übertragungs- denn der Vermittlungstechnik zuzurechnen sind. Entsprechend wird im Header auch nur der VPI-Eintrag geändert. Ein Vorteil der *Cross-Connectors* ist, daß der Schaltvorgang – bei geringerer Funktionalität – schneller abläuft. Dafür bieten sie die nicht die Möglichkeit, einzelne Kanäle innerhalb eines Pfades zu schalten.

L.5.4 ATM-Switches

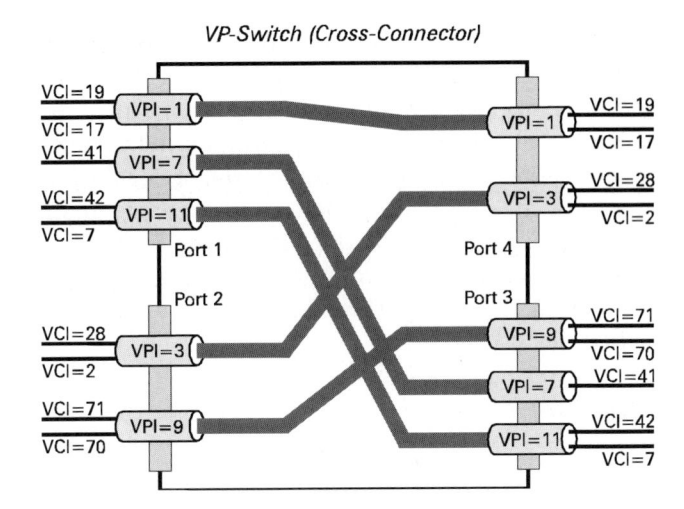

Abb. L.5-7 *Aufbau eines ATM-VP-Switch (Cross-Connector)*

Die Abb. L.5-8 zeigt ein Beispiel für den Aufbau einer virtuellen ATM-Verbindung zwischen den Endgeräten A und B über einen ATM-Switch sowie zwei *Cross-Connectors*. Eine *Virtual Path Connection* VPC verbindet dabei jeweils ein Endsystem mit einem ATM-Switch bzw. zwei ATM-Switches miteinander. Zwischen zwei Endsystemen wird eine *Virtual Channel Connection* (VCC) aufgebaut.

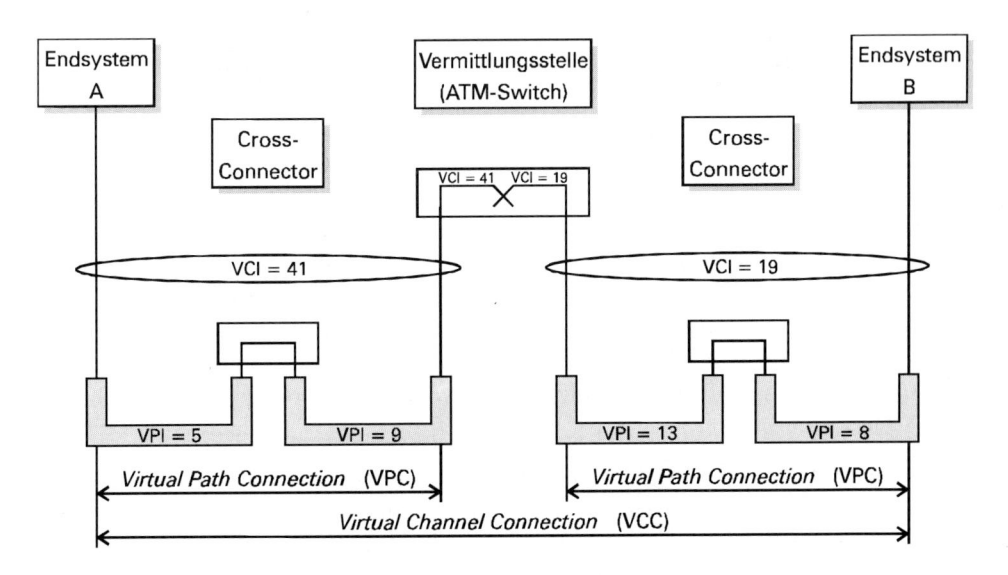

Abb. L.5-8 *Virtuelle ATM-Verbindung über einen ATM-Switch und zwei Cross-Connectors*

Für die Realisierung von ATM-Switches stehen verschiedene Hardware-Ansätze zur Verfügung, wobei eine hohe Schaltgeschwindigkeit i. a. ein wesentliches Kriterium ist. Die beiden wichtigsten Strukturen sind in Abb. L.5-9 dargestellt, wobei auch andere Ansätze sowie Mischformen möglich sind. Beim *Bus Switch Fabric* sind die einzelnen Ports über einen gemeinsamen Bus miteinander verbunden. Die Bandbreite des Bus entspricht i. a. der akkumulierten Bandbreite über alle angeschlossenen Ports. Das bedeutet, daß ggf. sehr hohe Bandbreite-Anforderungen an den Bus gestellt werden müssen. Vorteilhafter, wenn auch etwas komplexer vom Aufbau her, ist der *Self-routing Switch Fabric*. Da an die internen Verbindungen keine so hohen Anforderungen gestellt werden, bietet diese Struktur eine bessere Skalierbarkeit – und dieser Aspekt ist eine der zentralen Eigenschaften des ATM.

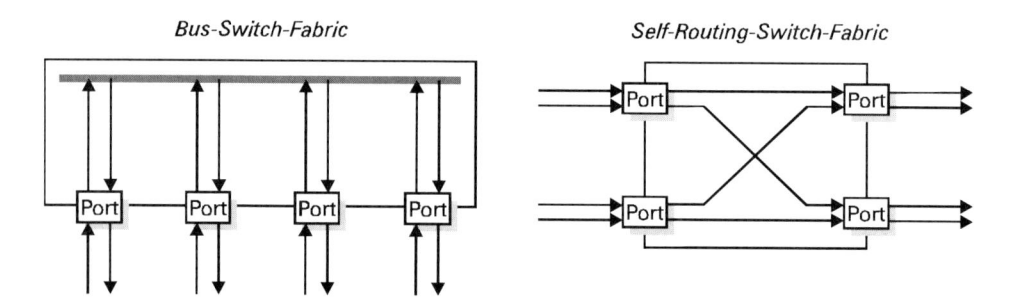

Abb. L.5-9   Zwei Hardware-Ansätze für ATM-Switches

Allgemein verfügen alle ATM-Switches über Pufferspeicher, die i. a. von allen Verbindungen gemeinsam genutzt werden. Ankommende Zellen werden entsprechend ihrer Datenrate eingelesen, wobei ein Überlauf des Speichers den gesamten Switch blockiert. Alle weiteren eintreffenden Zellen werden so lange verworfen, bis der Speicher wieder ausreichend Platz bereitstellen kann. Das bedeutet, daß die Größe des Pufferspeichers eine ausschlaggebende Größe für die Zellverlustwahrscheinlichkeit in einem Knoten ist. Dieser Wert sollte in der Praxis zwischen 10^{-8} und 10^{-10} liegen. Zeitliche Schwankungen der Datenrate des Zellenstroms erfordern eine Entkopplung von der Übertragungsrate des Mediums durch Hinzufügen eines entsprechenden Anteils von Leerzellen in der physikalischen Schicht. In der physikalischen Schicht des nächsten Knotens werden diese Leerzellen automatisch verworfen und nicht an die höheren Schichten weitergereicht.

Die Adressierung von ATM-Endsystemen verwendet 20-Byte-Adressen, wobei drei unterschiedliche Formate zur Verfügung stehen. Die Adressen bestehen jeweils aus einem Netzwerk-Präfix (eine hierarchische Adressierung auf der Ebene der ATM-Switches) und einer Endsystem-Kennung. Jedes Endsystem übernimmt den Netzwerk-Präfix „seines" Switch und teilt diesem seine Endsystem-Kennung mit. Die Adreß-Registrierung erfolgt automatisch durch das *Interim Local Management Interface* (ILMI), sobald ein Endsystem an einen ATM-Switch angeschlossen wird.

L.5.5 Zellverlust- und Zellfehlerrate

Moderne Netze sind i. a. so ausgelegt, daß relativ wenig (Bit-)Fehler auftreten. Außerdem existiert heute eine Vielzahl von Anwendungen, bei denen der gelegentliche Verlust von Daten nur geringe bzw. vernachlässigbare Auswirkungen hat. Hierzu zählen beispielsweise Multimedia-Anwendungen, Videokonferenzen u. ä., bei denen physiologische Eigenheiten der menschlichen Sinne ausgenutzt werden können, um gelegentliche Fehler zu kompensieren. Andererseits können die Fehlerkorrekturmaßnahmen in höheren Schichten derart ausgelegt werden, daß der Ausfall von 48 Bytes (codierten) Daten nicht automatisch auch zu Verlusten bei Nutzdaten führt. Vorausgesetzt wird dabei, daß nur ein relativ geringer Anteil von Zellen im Netz verlorengeht. Ein entscheidender Aspekt hierbei ist die Garantie, daß zwar Zellen gelegentlich nicht beim Empfänger ankommen, die Reihenfolge der übrigen Zellen jedoch beim Empfänger mit derjenigen beim Sender übereinstimmt.

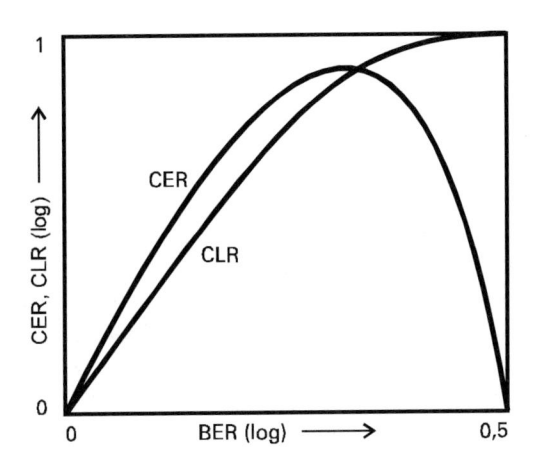

Abb. L.5-10   *CLR und CER als Funktion der BER*

In dieser Hinsicht sind zwei Parameter von Bedeutung, die anhand der Abb. L.5-10 vorgestellt werden.

- Ein Zellverlust tritt auf, wenn im Header einer Zelle mehr als ein (Bit-)Fehler festgestellt wird. Dementsprechend wird der Anteil der verlorenen Zellen an der Gesamtzahl der übertragenen Zellen als Zellverlustrate oder CLR (*Cell Loss Rate*) definiert.

- Ein Zellfehler tritt dann auf, wenn der Header maximal einen (korrigierbaren) Fehler enthält, jedoch in den 48 Bytes entsprechend 384 Bits mindestens ein Fehler vorhanden ist. Die Zellfehlerrate oder CER (*Cell Error Rate*) ist entsprechend der Anteil der derart verfälschten Zellen, bezogen auf die Gesamtzahl der übertragenen Zellen.

Der prinzipielle Verlauf von CER und CLR in Abhängigkeit von der BER des Übertragungsmediums bzw. des Netzes ist in Abb. L.5-10 dargestellt. Sowohl CER als auch CLR steigen mit wachsender BER an. Während jedoch die CLR bei sehr großen BER gegen 1,0 strebt (d. h. es gibt keine Zellen mit unbeschädigtem Header), fällt die CER entsprechend ab und geht gegen 0,0.

L.5.6 Die drei Schichten des ATM-Netzes

L.5.6.1 Einleitung

Das ATM-Netz ist in drei Schichten definiert, die in Abb. L.5-11 dargestellt sind. Eine Beschreibung der Funktionen dieser Schichten ist in den folgenden Abschnitten zu finden. Dabei ist zu beachten, daß – wie schon in Abschnitt L.5.1 erwähnt – sich diese Schichten nicht exakt in das OSI-Referenzmodell einpassen lassen.

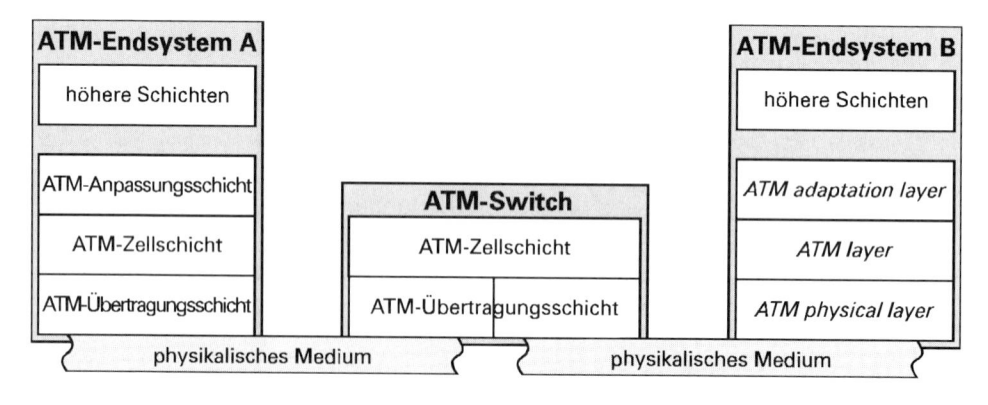

Abb. L.5-11 Schichten des ATM-Protokolls in ATM-Endsystemen und in ATM-Switches

L.5.6.2 Schicht 1: ATM-Übertragungsschicht

In der ATM-Übertragungsschicht (ATM *Physical Layer*) werden grundsätzlich keine neuen Verfahren verwendet, sondern es werden möglichst viele existierende Medien (z. B. *Twisted Pair*, Lichtwellenleiter, Koaxialkabel) genutzt. Das bedeutet, daß ATM nicht an ein Medium gebunden ist. Dies wurde bewußt so definiert, um die sukzessive Einführung von ATM in den Bereich der Netze von LAN bis WAN zu erleichtern. Diese Schicht beschreibt u. a., wie die plesiochrone digitale Hierarchie PDH und die synchrone digitale Hierarchie SDH für die Übertragung von ATM-Zellen verwendet werden können (siehe hierzu Abschnitt L.5.7). Die Übertragungsgeschwindigkeiten sind z. Z. im Bereich von 1,5 Mbit/s bis 622 Mbit/s definiert, wobei die Geschwindigkeit vom verwendeten Medium begrenzt wird (so z. B. bei UTP auf maximal 155 Mbit/s). ATM kann jedoch prinzipiell auch mit höheren Geschwindigkeiten arbeiten (vorgesehen sind 2,4 Gbit/s), sobald entsprechende Schnittstellen in der Schicht 1 (d. h. Übertragungsmedien mit einer ausreichenden Kapazität) zur Verfügung stehen.

```
┌──────────────────────────────┐
│    ATM-Anpassungsschicht     │
├──────────────────────────────┤
│         ATM-Schicht          │
├──────────────────────────┬───┴──────────────────────────────┐
│                          │  Transmission Convergence Sublayer │
│  ATM-Übertragungsschicht ├──────────────────────────────────┤
│                          │      Physical Medium Sublayer    │
├──────────────────────────┴──────────────────────────────────┤
│    physikalisches Medium     │
└──────────────────────────────┘
```

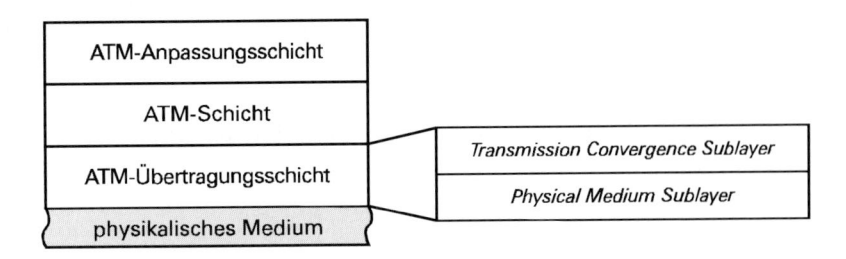

Abb. L.5-12   Aufteilung der ATM-Übertragungsschicht

Die Übertragungsschicht besteht aus zwei Teilschichten (Abb. L.5-12), deren Aufgaben im folgenden kurz beschrieben werden:

- *Physical Medium Sublayer* (PM) – In dieser mediumabhängigen Teilschicht werden mediumspezifische Aufgaben wahrgenommen, die z. B. eine Beschreibung der Stecker und der Leitungsdämpfung beinhalten.

- *Transmission Convergence Sublayer* (TC) – Hier erfolgt eine Entkopplung der Zellrate und der Datenrate des Mediums. Die ATM-Zellen werden an das jeweilige Übertragungsformat (z. B. SDH) angepaßt, und es wird eine Berechnung bzw. Überprüfung der Header-Prüfsumme (HEC) durchgeführt. Neben dem Einfügen bzw. Entfernen von Leerzellen erfolgt außerdem die Synchronisierung des Zellenstroms.

L.5.6.3   Schicht 2: ATM-Zellschicht

Die ATM-Zellschicht (ATM *Layer*) steuert die Übertragung der Zellen. Der Schwerpunkt des Übertragungsprinzips liegt in den Kernfunktionen der ATM-Zellschicht. Hier sind u. a. die Spezifikation der Zellstruktur, der Pfade und Kanäle sowie die Dienstgüte (*Quality of Service*, QoS) enthalten. Bei der ATM-Zellschicht handelt es sich um die oberste Schicht, die in jedem ATM-Knoten vorhanden sein muß. Ihre wichtigsten Aufgaben sind:

- Auf- und Abbau von Verbindungen,
- Vergabe und Überwachung von Verbindungen,
- „Aushandeln" von QoS-Parametern,
- Multiplexen und Demultiplexen von Verbindungen,
- Überwachung und „Formung" der Netzlast (*Traffic Management*),
- Erstellung und Entfernung des Zell-Headers,
- Pufferung von ein- und ausgehenden Zellen.

Durch die Signalisierung werden beim Verbindungsaufbau zwischen Endsystem und Dienstanbieter (ATM-Netz) u. a. Dienstklasse und Bandbreite vereinbart. Es existieren insgesamt fünf Dienstklassen (*QoS Classes*), die eine Klassifizierung von Verbindungen gemäß den Kriterien Zell- oder Übertragungsverzögerung (*Cell Delay*), Varianz der Zell- oder Übertragungsverzögerung (*Cell Delay Variation*), Zellverlustrate (*Cell Loss Rate*) und Zellfehlerrate (*Cell Error Rate*) erlauben.

- Klasse A   verbindungsorientierte, synchrone Übertragung mit konstanter Datenrate (CBR) – Anwendung bei der Sprachübertragung (digitales Fernsprechen)
- Klasse B   verbindungsorientierte, isochrone Übertragung mit variabler Datenrate (VBR) – Anwendung bei der Sprachübertragung, bei der Audio-/Videoübertragung und im Multimedia-Bereich
- Klasse C   gesicherte, verbindungslose Übertragung mit variabler Datenrate (UBR) – Anwendung beim Frame Relay-Protokoll – *Switched Data Multimegabit System* (SDMS) – i. a. keine Echtzeitanforderungen
- Klasse D   verbindungslose Übertragung mit verfügbarer Datenrate (ABR) – Anwendung beim *Internet Protocol* sowie beim SMDS-Protokoll
- Klasse E   nicht garantierte, ungesicherte Übertragung mit verfügbarer oder mit unspezifierter Datenrate (ABR oder UBR)

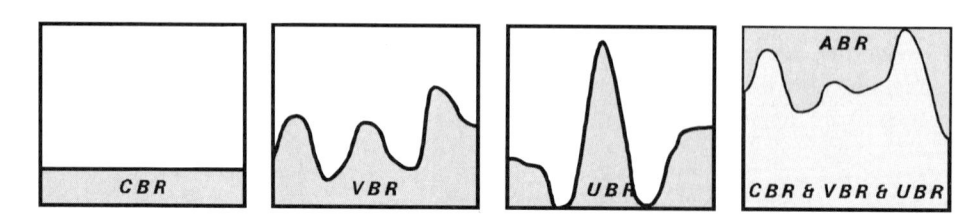

Abb. L.5-13   Serviceklassen bzgl. der Datenrate

Bezüglich der Datenrate können vier Serviceklassen unterschieden werden, die anhand von Abb. L.5-13 erläutert werden.

- Bei der *Constant Bit Rate* (CBR) wird einer Verbindung eine feste, garantierte Bitrate zugewiesen. Diese Serviceklasse ist in erster Linie für „anspruchsvolle" Dienste wie z. B. Videokonferenzen vorgesehen.
- Die *Variable Bit Rate* (VBR) erlaubt die Zuweisung einer mittleren Bitrate sowie eines Maximalwerts (der sogenannten Burst-Rate). Hiervon sind Echtzeitanwendungen mit schwankenden Anforderungen angesprochen, wie sie z. B. bei Bildübertragung mit Datenreduktion vorliegen.
- Bei der *Unspecified Bit Rate* (UBR) gibt es keine Vorgaben. Es wird zwar eine maximale Bitrate spezifiziert, deren Einhaltung jedoch nicht garantiert wird;

sie dient allein der Berechnung der noch verfügbaren Ressourcen. Echtzeitanwendungen sind somit nicht realisierbar. Bei Überlast des Netzes können Zellen verlorengehen. In diesem Fall müssen höhere Schichten eingreifen. Anwendungen dieser Serviceklasse sind z. B. E-Mail und Dateitransfer.

♦ Die *Available Bit Rate* (ABR) stellt die nicht durch Verbindungen anderer Serviceklassen belegten Ressourcen zur Verfügung. Anders als bei UBR wird hier jedoch eine minimale Bitrate spezifiziert. Aus diesem Grund genügt diese Serviceklasse höheren Anforderungen als UBR.

In der ATM-Zellschicht werden weiterhin die Funktionen der *Connection Admission Control* (CAC) sowie der *Usage Parameter Control* (UPC) definiert.

L.5.6.4 Schicht 3: ATM-Anpassungsschicht

In der ATM-Anpassungsschicht (*ATM Adaptation Layer* – AAL), die die Schnittstelle zu den auf ATM aufsetzenden höheren Schichten darstellt, wird u. a. eine Anpassung der Größe der Datenpakete (z. B. von Ethernet oder IP) durch sendeseitige Fragmentierung und eine entsprechende empfangsseitige Defragmentierung (*Segmentation and Reassembly* – SAR) durchgeführt. Die Fragmentierung bzw. die Defragmentierung wird an die Dienstklassen der ATM-Zellschicht angepaßt.

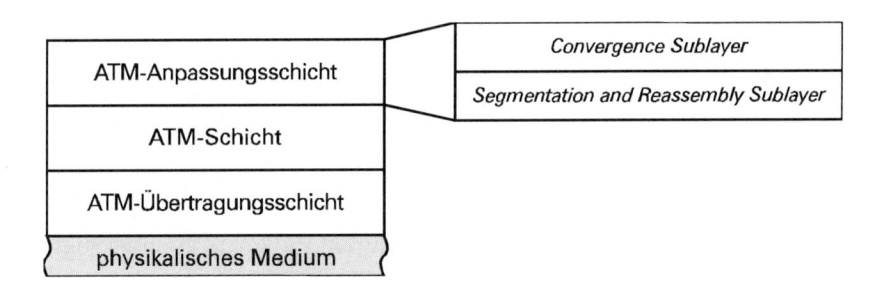

Abb. L.5-14 *Aufteilung der ATM-Anpassungsschicht*

Die ATM-Anpassungsschicht ist gemäß ihren Aufgaben in zwei Teilschichten unterteilt (Abb. L.5-14). Die *Convergence Sublayer* (CS) führt die Anpassung an die höheren Schichten durch. In der *Segmentation and Reassembly Sublayer* (SAR) erfolgen Fragmentierung und Defragmentierung.

Eine Übersicht über die Eigenschaften der verschiedenen AAL zeigt Tab. L.5-1, wobei jederzeit weitere AAL definiert werden können (soweit dies als angebracht erscheint), da es sich bei ATM um ein offenes Konzept handelt.

Ein wichtiger Aspekt hierbei ist, daß die AAL weitestgehend transparent für Protokolle höherer Schichten ist.

Dienstklasse	A	B	C	D
synchron / asynchron	synchron	asynchron		
Datenrate	konstant (CBR)	variabel (VBR)	variabel (ABR)	variabel (UBR)
Verbindungsart	verbind.-orient.	verbindungslos		
AAL	1	2	3/4 u. 5	

Tab. L.5-1   *ATM Adaptation Layer (AAL) 1 bis 5*

AAL 1 und AAL 2 werden derzeit selten verwendet, jedoch wurden für AAL 2 Spezifikationen erstellt, die die Übertragung von Informationen mit weniger als 48 Bytes Länge erlauben. AAL 5 stellt eine vereinfachte und effizientere Variante des AAL 3/4 dar und wird auch als *Simple and Efficient Adaptation Layer* (SEAL) bezeichnet. Schwerpunkt beim Einsatz der AAL 5 sind lokale Netze mit hohen Anforderungen an die Geschwindigkeit, wie z. B. bei IP über ATM.

L.5.7   Übertragung von ATM-Zellen

Von großer Bedeutung für den praktischen Einsatz von ATM-Netzen ist die Technik, mit deren Hilfe die ATM-Zellen übertragen werden. Grundsätzlich bestehen hierfür zwei Möglichkeiten:

♦ Direkte, zellbasierende Übertragung
  Hier wird der Zellenstrom direkt, d. h. Bit für Bit, übertragen. Da kein zusätzlicher Overhead durch Anpassungsmaßnahmen u. ä. erforderlich ist, stellt dies einerseits eine effiziente Möglichkeit dar. Nachteilig ist auf der anderen Seite das Fehlen von Überwachungs- und Managementfunktionen (OAM), wie sie beispielsweise bei PDH- und SDH-basierenden Netzen vorhanden sind. Zu diesem Zweck wird von der *Physical Medium Sublayer* alle 27 Zellen eine OAM-Zelle generiert und in den Zellenstrom eingefügt. Hierdurch wird jedoch wiederum ein Overhead erzeugt und die effektive Datenrate um ca. 3,7 % reduziert.
  Ein entscheidender Nachteil der zellbasierenden Übertragung ist die – derzeitige – Inkompatibilität zu bestehenden Weitverkehrsnetzen. Daher ist der Einsatz z. Z. nahezu ausschließlich im Bereich der lokalen Netze zu finden.

♦ Nutzung von existierenden Netzen
  Sowohl PDH- als auch SDH-Netze sind grundsätzlich für die Übertragung von ATM-Zellen geeignet. Da die Bedeutung der PDH-Netze jedoch zurückgeht, wird an dieser Stelle nur kurz die Verwendung von SDH-Netzen angerissen.
  Für die Übertragung werden mehrere ATM-Zellen in den *Synchronous Transport Modules* STM der SDH verschachtelt (siehe Abschnitt H.2.3). So wird ein VC-4 der STM-1 durch aufeinanderfolgende ATM-Zellen aufgefüllt. Da jedoch die *Payload* des VC-4 kein ganzzahliges Vielfaches einer ATM-Zel-

lenlänge darstellt, wird ein Teil der Zellen auf zwei VC-4 bzw. auf zwei STM-1 aufgeteilt. Die ungenutzte Bandbreite bzw. die ungenutzten Bytes innerhalb eines Containers werden mit Leerzellen aufgefüllt.

Für den Einsatz in ATM-Netzen sind SDH-Datenraten von 155 Mbit/s, 622 Mbit/s und 2,5 Gbit/s spezifiziert. Durch die Rahmenstruktur ergibt sich auch hier ein Overhead von ca. 3,7 %.

L.5.8 ATM-Netze und lokale Netze

Ein Zeichen der hohen Flexibilität von ATM ist die Möglichkeit der Übertragung herkömmlicher LAN-Protokolle über eine LAN-Emulation (LANE). Hierbei erfolgt eine Anpassung der MAC-*Layer* auf das ATM-Protokoll. Die MAC-*Frames* werden über AAL 5 übertragen und die MAC-Adressen auf entsprechende ATM-Adressen abgebildet. In einem ATM-Netz können beliebig viele LANEs eingerichtet werden, wobei wiederum jedes Endsystem an beliebig viele LANEs angeschlossen werden kann. Das bedeutet, daß die ATM-Technologie auch von herkömmlichen lokalen Netzen – unabhängig vom Protokoll – genutzt werden kann. Eine Kopplung von lokalen Netzen und ATM-Netzen kann mit Hilfe von Bridges realisiert werden.

Es existieren zwei grundlegende Unterschiede zwischen ATM-Netzen und lokalen Netzen:

- Bei ATM-Netzen wird eine Verbindung in den drei Phasen Verbindungsaufbau, Datenübertragung und Verbindungsabbau abgewickelt. Lokale Netze arbeiten hingegen verbindungslos.
- Bei ATM-Netzen wird eine *Point-to-Point*-Verbindung aufgebaut, während bei lokalen Netzen prinzipiell jede Station jede Nachricht mithören kann.

Festzuhalten bleibt, daß – auch wenn eine entsprechende Zusammenarbeit zwischen ATM und LAN möglich ist – ATM nicht entworfen wurde, um lokale Netze zu ersetzen.

L.6 Kopplung von Netzwerken

L.6.1 Einleitung

In der Datenverarbeitung sind Insellösungen i. a. nur für Spezialanwendungen brauchbar, während in den meisten Fällen von vernetzten Systemen ausgegangen werden kann. Voraussetzung dafür ist ein Konzept, das die Zusammenarbeit zwischen den und die Kommunikation durch die unterschiedlichsten Netzwerkformen ermöglicht. Dieses Konzept wird als *Interworking* bezeichnet, wobei die Grundidee die Anpassung der auf beiden Seiten einer Schnittstelle vorhandenen Protokolle ist. Das Element, das die Schnittstelle zwischen den beteiligten Netzen realisiert, wird als *Interworking Unit* oder auch *Network Access Unit* (NAU) bezeichnet.

Unterschieden wird zwischen drei Möglichkeiten der Anpassung:

- Einseitige Anpassung – Auf einer Seite der *Interworking Unit* bleibt das Netz in seiner ursprünglichen Konfiguration erhalten, während auf der anderen Seite die entsprechenden Anpassungen durchgeführt werden. Die einseitige Anpassung wird generell bei der Anschaltung an öffentliche Netze verwendet.

- Zweiseitige Anpassung – Die zu koppelnden Netze werden über eine neutrale Schnittstelle miteinander verbunden, wobei die Netze mit ihren elektrischen und funktionalen Eigenschaften auf die Schnittstelle adaptiert werden. Die zweiseitige Anpassung kommt beim *Interworking* von gleichwertigen Netzen zur Anwendung.

- Transformation – Alle beteiligten Teilnetze werden über eine Standardschnittstelle verbunden (Bridge, Gateway, ...), in der eine Anpassung der elektrischen und funktionalen Parameter erfolgt.

Bezüglich der Konfiguration stehen zwei Alternativen zur Auswahl:

- Subnetz-Konfiguration – Hier werden Verbindungen zwischen Netzen mit einheitlichen Protokollen, kompatiblen Paketgrößen sowie einheitlichen Verfahren der Verbindungssteuerung hergestellt. Ein Bereich gleicher Technologie stellt dabei jeweils ein Subnetz dar. Die Verbindung der Subnetze wird durch eine *Interworking Unit* (z. B. Bridge) realisiert.

- Internetz-Konfiguration – In dieser Konfiguration werden Prozesse verschiedener Netze und verschiedener Dienste derart gekoppelt, daß Nutzer so miteinander kommunizieren können, als wären sie an ein Netz angeschlossen. Dafür ist eine Adaptierung unterschiedlicher Protokolle, Adressierungen, Schnittstellen, Datensicherungen usw. erforderlich. Die notwendige Transformation auf einer oder mehrerer Schichten des OSI-Referenzmodells wird in der *Interworking Unit* (z. B. Gateway) durchgeführt.

In den folgenden Abschnitten werden verschiedene Elemente von Netzwerken vorgestellt, die teilweise in unterschiedlichen Schichten des OSI-Referenzmodells als *Interworking Unit* eingesetzt werden können.

L.6.2 Repeater

Der Repeater empfängt (in der Bitübertragungsschicht des OSI-Referenzmodells) ein Signal, bereitet dieses neu auf und sendet es wieder aus. Bei diesem Vorgang werden Rauschen, Laufzeit- und Formverzerrungen weitgehend entfernt, so daß der Repeater auch als regenerativer Verstärker bezeichnet wird.

Spezielle Formen von Repeatern stellen beispielsweise Transceiver und Sternkoppler zur Verbindung von mehreren Teilnetzen dar. Als Gerät der Schicht 1 des OSI-Referenzmodells (Abb. L.6-1) ist der Repeater transparent. Das bedeutet gleichzeitig, daß die Schichten 2 bis 7 auf beiden Seiten des Repeaters gleich sein müssen. Außerdem müssen die Adressen in den miteinander verbundenen Teilnetzen eindeutig sein.

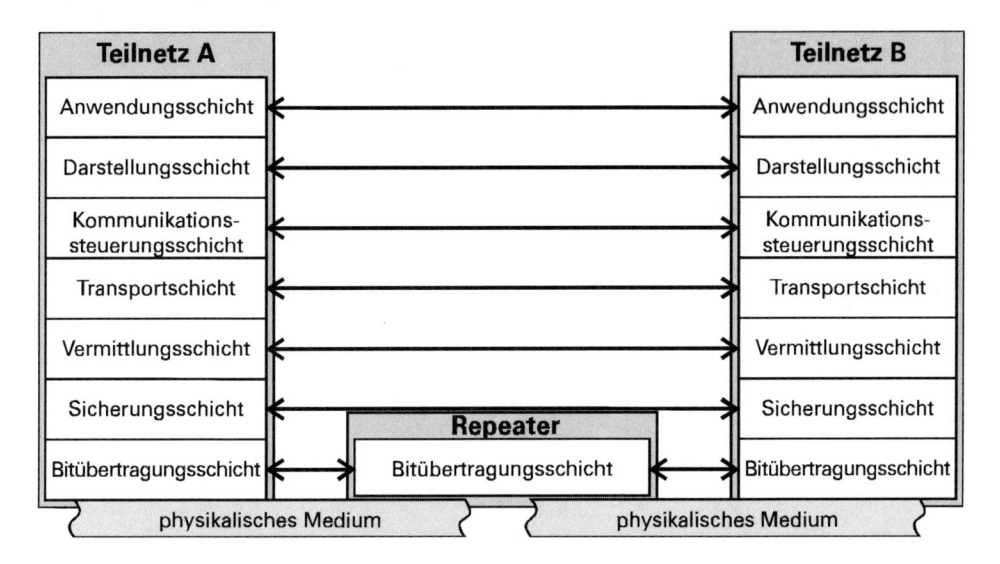

Abb. L.6-1 *Repeater im OSI-Referenzmodell*

Ein Repeater führt lediglich zu einer Erhöhung der Reichweite bzgl. der Signaldämpfung, jedoch wird weder eine Verkehrsreduzierung erreicht noch eine Protokollwandlung ermöglicht.

L.6.3 Hub

Im Bereich der lokalen Netze wird als Struktur heute hauptsächlich der physikalische Stern verwendet. Im Zentrum dieses Sterns befindet sich ein sogenannter Hub („Nabe einer Speichenfelge" – wird mitunter auch als Konzentrator oder Sternkoppler bezeichnet), der sowohl als passiver als auch als aktiver (intelligenter) Hub vorliegen kann.

Ein intelligenter Hub verfügt beispielsweise über Managementfunktionen oder kann Pakete zwischenspeichern, falls ein Port vorübergehend nicht erreichbar ist. Ein Hub ist – wie ein Repeater – ein Gerät der Schicht 1 des OSI-Referenzmodells und somit transparent für das Netz. Der Vorteil des Einsatzes von Hubs ist, daß durch einen entsprechenden Aufbau des Hubs unterschiedliche logische Topologien (z. B. Bus oder Ring) nachgebildet werden können (siehe Abschnitt L.5.2).

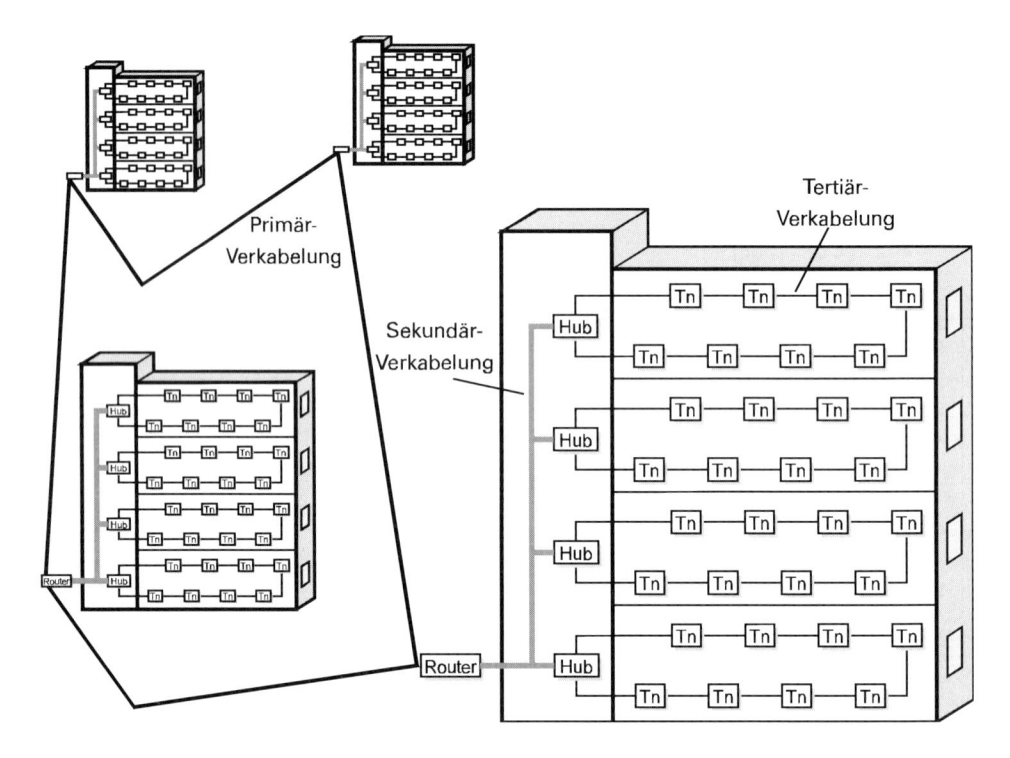

Abb. L.6-2   Verwendung von Hubs beim Aufbau eines hierarchischen Netzes

Kommerzielle Hubs weisen typischerweise 12 oder 24 Ports auf. Sind höhere Port-Zahlen erforderlich, so können *stackable* Hubs verwendet werden, die bis zu ca. 200 Ports erlauben. Die Verbindungen zwischen den einzelnen Stationen und dem Hub (Tertiärverkabelung) werden i. a. mit *Twisted Pair* realisiert, während die Verbindungen zwischen Hub und Router (Sekundärverkabelung) häufig mit Lichtwellenleitern aufgebaut werden (Abb. L.6-2).

L.6.4   Bridge

Eine Bridge ist ein Knotenrechner innerhalb eines homogenen oder heterogenen Netzes, der Teilnetze miteinander verbindet. Eine Bridge steuert den Datenfluß zwischen Teilnetzen über die MAC-Adresse der Datenpakete (Adresse der Netzwerkkarte). Die Bridge arbeitet auf der Schicht 2 des OSI-Referenzmodells und ist transparent für Protokolle höherer Schichten.

Von der Bridge werden nur Rahmen, die für Stationen anderer Segmente bestimmt sind, weitergeleitet. Der Paketinhalt wird dabei nicht interpretiert. Problematisch ist, daß bei einer zeitweiligen Überlastung des Zielsegments eine Zeitüberschreitung (*Time-out*) eintreten kann. Dies wird von der sendenden Station allgemein als Nichterreichbarkeit gewertet, ohne daß die Ursache hierfür bekannt ist. Mit einer *MAC Layer Bridge* (auch als selektiver Repeater bezeichnet) werden Teilnetze mit gleicher MAC-Schicht (nach der IEEE-802.X-Empfehlung) verbunden (z. B. Ethernet mit Ethernet), während eine *LLC-Layer-Bridge* auch Teilnetze mit unterschiedlichen MAC-Schichten verbindet.

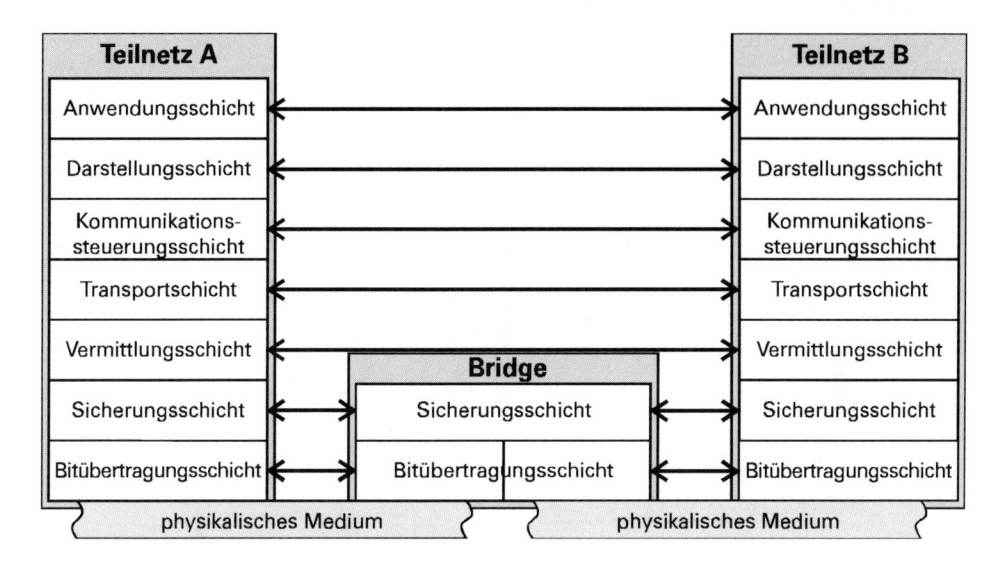

Teilnetz A	Bridge	Teilnetz B
Anwendungsschicht		Anwendungsschicht
Darstellungsschicht		Darstellungsschicht
Kommunikations-steuerungsschicht		Kommunikations-steuerungsschicht
Transportschicht		Transportschicht
Vermittlungsschicht		Vermittlungsschicht
Sicherungsschicht	Sicherungsschicht	Sicherungsschicht
Bitübertragungsschicht	Bitübertragungsschicht	Bitübertragungsschicht
physikalisches Medium		physikalisches Medium

Abb. L.6-3 Bridge im OSI-Referenzmodell

Weitere Probleme, die beim Einsatz von Bridges auftreten können, sind z. B. in unterschiedlichen Rahmenlängen begründet. Außerdem kennt – im Gegensatz zum *Token Ring* – Ethernet keine Prioritäten, so daß dieser Punkt bei Verwendung von Bridges zu beachten ist. Generell können unterschiedliche Bitraten auf den beiden Seiten einer Bridge zu einem Überlauf des Pufferspeichers führen. Die Kopplung von Netzen mit unterschiedlichen *Link-Layer*-Protokollen wird i. a. sinnvoller auf der Vermittlungsschicht durch Einsatz von Routern realisiert.

Wie bereits festgestellt, kann durch den Einsatz von Repeatern zwar die Dämpfung innerhalb eines Teilnetzes (Segments) verringert werden, das Laufzeitverhalten wird dadurch jedoch nicht positiv beeinflußt. Durch eine Bridge werden die Teilnetze auf der Schicht 1 voneinander getrennt (Abb. L.6-3), so daß eine neue Kollisionsdomäne beginnt. Dadurch können mit Hilfe von Bridges beliebig große Netze gebildet werden. Bei einem *Shared Medium*, wie es z. B. beim Ethernet vorliegt, verringert sich der Datendurchsatz je Station, je mehr Stationen angeschlossen sind. Durch den Einsatz von Bridges kann zwar die Bandbreitenausnutzung des gesamten Netzes verbessert werden, nicht jedoch innerhalb der einzelnen Segmente.

Darüber hinaus besteht auch die Möglichkeit, (logisch) zentrale Teilnetze zu bilden, die für andere Teilnetze Dienstleistungen zur Verfügung stellen.

Die einfachste Realisierung einer Bridge besteht in einem Rechner, der über zwei – bei unterschiedlichen Teilnetzen auf beiden Seiten der Bridge verschiedene – Netzwerkkarten verfügt. Wichtig ist, daß alle Teilnetze eindeutig identifiziert werden können. In einer rein lokalen Umgebung (d. h. ohne Verbindung zu externen Netzen) könnte dies mittels lokaler Adressen erfolgen. Sinnvollerweise werden jedoch globale (weltweit eindeutige) Adressen vergeben.

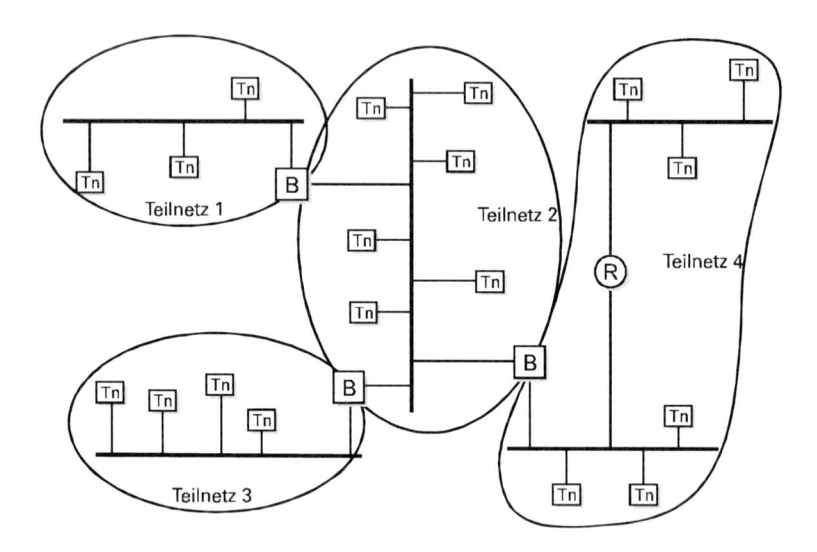

Abb. L.6-4   *Erweitertes Ethernet mit Bridges*

Am Beispiel des Ethernet wird im folgenden ein typisches Einsatzgebiet für Bridges gezeigt (Abb. L.6-4). Mit Hilfe von Bridges entsteht dabei ein erweitertes Ethernet (*Extended* LAN). Dies erlaubt eine größere räumliche Ausdehnung (maximale Entfernung ca. 22 400 m) sowie eine größere Anzahl von Teilnehmern (1024 je Teilnetz). Diese Grenzen sind aus technischen Gründen auch in einem erweiterten Ethernet nicht zu überwinden.

Eine Bridge muß in der Lage sein, die netzspezifischen Zugriffsverfahren zu handhaben sowie die zwischen den Teilnetzen auszutauschenden Daten zwischenzuspeichern. Eine Bridge führt eine dynamische Verwaltung des Netzverkehrs durch, wobei der Verkehr innerhalb eines Teilnetzes (*Local Traffic*) keine Beachtung findet, sondern nur der teilnetz-übergreifende Verkehr (*Remote Traffic*). Das bedeutet, daß durch den Einsatz von Bridges – bei einer sinnvollen Aufteilung des Netzes – eine Entlastung des Netzes erreicht werden kann. Eine Bridge stellt dabei keine Station des Ethernets dar und besitzt auch keine eigene Adresse.

Welche Station sich in welchem Teilnetz befindet, wird von einer Bridge mittels einer selbstlernenden Methode, der sogenannten *Auto-configuring Self-initializing Method* festgestellt (die auch als *Backward Learning* bezeichnet wird). Die Bridge achtet dabei auf den Verkehr innerhalb der Teilnetze und stellt auf diese Art fest, welche Station in welchem Teilnetz angesiedelt ist. Auch bei Modifikationen des Netzes (z. B. Wechsel einer Station aus einem Teilnetz in ein anderes) stellt die Bridge selbständig diese Veränderungen fest. Alternativ hierzu existieren auch *Source Routing Bridges*. Hierbei muß jeder Station der vollständige Pfad zu jeder anderen Station eines beliebigen Segments bekannt sein. Die gesamte Leitweginformation ist im Header eines Rahmens enthalten. Das führt dazu, daß einerseits ein hoher administrativer Aufwand erforderlich ist und andererseits die Übertragung nicht transparent ist. Diese Realisierungsform wird heute nur noch bei *Token-Ring*-Netzen eingesetzt.

Broadcast- und Multicast-Pakete werden jedoch auf jeden Fall übertragen, auch wenn sie nicht für andere Teilnetze bestimmt sind. Das bedeutet eine Belastung des verbindenden Netzes, die ggf. durch entsprechende Filter in den Bridges reduziert werden kann. Dabei wird beispielsweise der Zugang zu anderen Teilnetzen für bestimmte Stationen gesperrt.

Die bisher gezeigte Struktur geht von der direkten Verbindung zweier (oder mehrerer) lokaler Netze aus, wobei man auch von einer *Local Bridge* spricht. Bei Verbindungen über größere Entfernungen können zwei Bridges über Glasfaser oder auch über ein WAN miteinander verbunden werden (*Remote Bridges*) (Abb. L.6-5a). Dabei muß auf beiden Seiten der Verbindung eine Bridge mit gleichen Funktionen vorhanden sein.

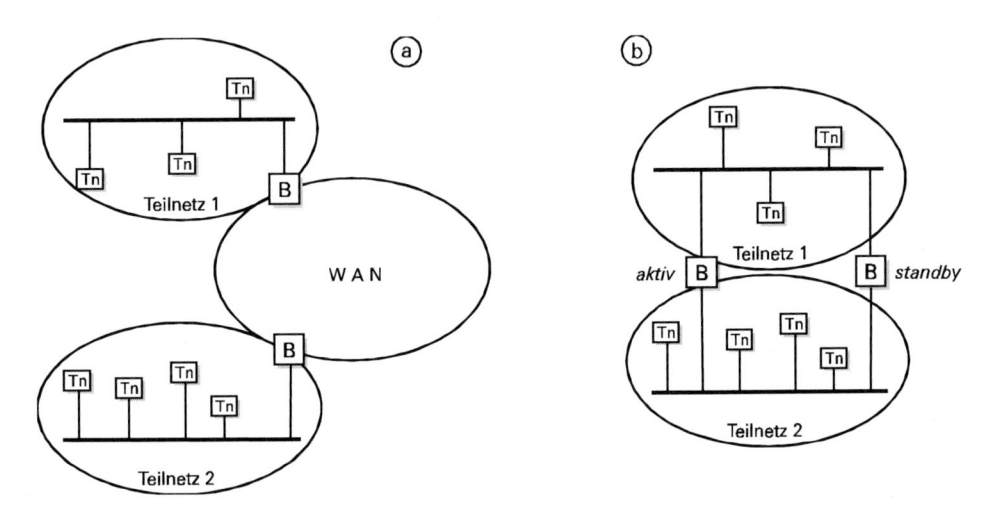

Abb. L.6-5   Verbindung von LANs über größere Entfernungen mit Remote Bridges (a) und Erhöhen der Ausfallsicherheit durch parallele Verbindung mit zwei Bridges (b)

Um die Ausfallsicherheit des Netzes bezüglich der Bridges zu erhöhen, besteht die Möglichkeit, zwei Bridges parallel zu schalten, so daß bei Ausfall einer Bridge weiterhin eine Verbindung zwischen den Teilnetzen existiert (siehe

Abb. L.6-5b). Dabei muß darauf geachtet werden, daß keine Schleifen auftreten. Die beteiligten Bridges müssen ggf. mit einem sog. Schleifenunterdrückungsverfahren (*Spanning Tree Algorithm* nach 802.1D) ausgerüstet werden. Hierbei wird das Netz von den Bridges überwacht. Wird eine Schleife festgestellt, so wird eine der parallelen Verbindung aus dem aktiven in den Standby-Modus geschaltet. Bei Ausfall der anderen (aktiven) Verbindung wird die Standby-Verbindung automatisch aktiviert.

Sollen Netze über Bridges miteinander verbunden werden, die eine andere MAC-Schicht als in den Quell- und Zielnetzen verwenden (z. B. Verbindung von Ethernets über ein FDDI-Backbone-Netz), so müssen *Encapsulated* Bridges verwendet werden. Eine direkte Adressierung von Stationen im Verbindungsnetz (zwischen den Bridges) ist dabei nicht möglich.

Im allgemeinen weisen Bridges zwei Anschlüsse (Ports) für die beiden angeschlossenen Teilnetze auf. Es gibt jedoch auch sogenannte Multiport-Bridges mit Anschlüssen für mehr als zwei Teilnetze. Hiermit läßt sich mit geringem Aufwand ein Backbone-Netz realisieren („*Backbone in the Box*").

L.6.5 Switch

Ein Switch ist wie die Bridge ein Koppelelement der Sicherungsschicht des OSI-Referenzmodells. Abb. L.6-6 zeigt das Symbol eines Switch mit acht Ports. Im Gegensatz zu anderen *Interworking Units*, die mit *Shared Media* arbeiten, stellt ein Switch für die einzelnen Stationen dedizierte Bandbreiten zur Verfügung. Das Resultat dieses Ansatzes ist eine Leistungs- bzw. Geschwindigkeitserhöhung.

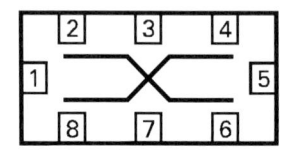

Abb. L.6-6 *Switch*

Der Einsatz von Switches ermöglicht die Segmentierung von (z. B. lokalen) Netzen. Die Kaskadierung mehrerer Switches kann als Ersatz für einen Hub (siehe Abschnitt L.6.3) verwendet werden. Im Extremfall kann die Segmentierung bis hin zur direkten Kopplung einzelner Stationen führen. Dabei steht dann diesen Stationen die volle Bandbreite des Übertragungsmediums zur Verfügung. Verbindungen zwischen zwei Ports werden direkt geschaltet. Sollen mehrere Verbindungen zeitgleich existieren können, so muß das Backbone, das die Ports intern verbindet, die Summe der Bandbreite aller Ports aufweisen.

Für die Realisierung von Switches stehen die beiden im folgenden geschilderten Verfahren zur Verfügung:

♦ *Cut Through*
Eingehende Rahmen werden nur auf ihre Quell- und Zieladresse untersucht. Nach dem Herstellen der Verbindung zur Zieladresse bzw. zum nächsten Knoten auf dem Weg zur Zieladresse wird der Rahmen ohne weitere Untersuchung weitergeleitet. Ist der Zielport besetzt, so daß eine sofortige Weiterleitung nicht möglich ist, erfolgt eine Zwischenspeicherung (Pufferung) der Daten im Switch, bis die Verbindung wieder frei ist.

♦ *Store and forward*
Die Funktion eines Switch mit *Store-and-forward*-Realisierung ähnelt der Funktion einer herkömmlichen Bridge. Er speichert automatisch alle ankommenden Rahmen und führt eine Fehlerprüfung durch (FCS). Der Vorteil hierbei ist, daß defekte Rahmen verworfen werden und somit das Netz nicht unnötig belastet wird. Nachteilig ist die durch die aufwendigere Bearbeitung hervorgerufene Verlängerung der Übertragungsdauer.

Switches können bei allen herkömmlichen Typen von lokalen Netzen eingesetzt werden, wobei auch unterschiedliche LAN-Protokolle unterstützen werden können. Das Preis/Leistungs-Verhältnis ist – bezogen auf einen Port – meist günstiger als bei einem Router oder einer Bridge.

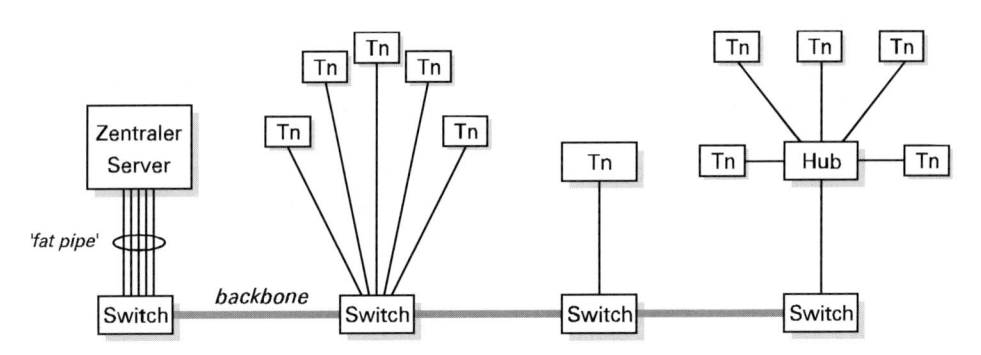

Abb. L.6-7   *Typischer Aufbau einer Netzkopplung mit Switches*

Die Abb. L.6-7 zeigt einen typischen Aufbau einer Netzkopplung mit Hilfe von Switches, wobei mehrere Netzsegmente bzw. einzelne Stationen miteinander verbunden werden. Dabei ist auch herausgestellt, daß besonders stark ausgelastete Verbindungen (z. B. zu File-Servern) mehrfach ausgelegt werden können (sogenannte *Fat Pipe*).

L.6.6   Router

Die Aufgabe eines Routers ist die Wegewahl (Routing) aus einem Netz in benachbarte Netze hinein. Die Verbindung erfolgt dabei gemäß der Schicht 3 des OSI-Referenzmodells (Abb. L.6-8) und ist unabhängig von den Schichten 1 und 2. Das bedeutet, daß z. B. Ethernet, *Token Ring* und FDDI beliebig untereinander verbunden werden können. Ein Router arbeitet nach einem oder ggf. auch mehreren Netzwerk-Protokollen (TCP/IP, X.25, ISDN, ...), wobei man in letzterem Fall von einem Multiprotokoll-Router spricht. Ein typischer Anwendungsfall für Router ist die Verbindung von – ggf. verschiedenen – lokalen Netzen über ein WAN.

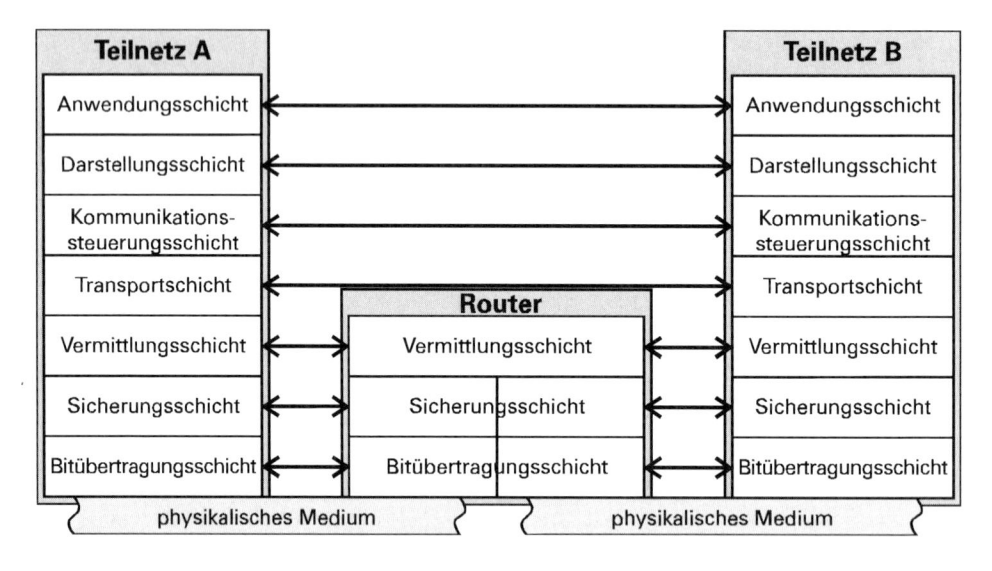

Abb. L.6-8 *Router im OSI-Referenzmodell*

Wie bei einer Bridge wird auch von einem Router der lokale Verkehr innerhalb eines Netzes nicht beachtet. Ein wichtiger Unterschied zur Bridge ist, daß ein Router Broadcast- und Multicast-Pakete verarbeiten und gezielt betreffenden Teilnetzen zuleiten kann. Alle über einen Router verbundenen Teilnetze müssen einen einheitlichen Adressierungsmechanismus verwenden. Im Gegensatz zur Bridge interpretiert ein Router die Adreßangaben.

Die Quellstation muß also nicht die Adresse der Zielstation kennen; die Adresse aus der Transportschicht (z. B. die IP-Adresse) ist ausreichend. Da vom Router mehr Informationen auszuwerten sind als von einer Bridge, ist entsprechend auch der zeitliche Aufwand größer. Ein Router kann auch über mehr als zwei Ports verfügen.

Filterfunktionen auf Protokollebene bieten eine erhöhte Sicherheit. So lassen sich Router einfach zu sogenannten *Firewalls* („Brandmauern") konfigurieren (Abb. L.6-9). Ein *Firewall* leitet die von externen Adressen eintreffenden Pakete i. a. nicht weiter, sondern nimmt sie auf und speichert sie zwischen. Zum Transport im internen Netz müssen die Pakete abgeholt werden. Somit liegt die Kontrolle über den Mißbrauch im wesentlichen beim Empfänger, der die Pakete abholt.

Eine andere Möglichkeit ist, daß der Zugriff auf ein Teilnetz nur bestimmten Quelladressen erlaubt wird.

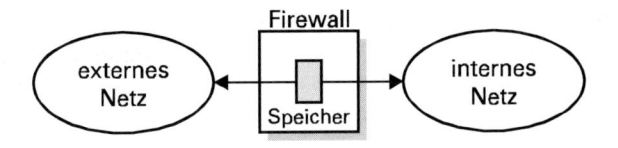

Abb. L.6-9   Einsatz eines Routers als Firewall

Für das Routing stehen unterschiedliche Ansätze zur Verfügung, die teilweise auch bei der Betrachtung der Vermittlungsschicht des OSI-Referenzmodells (Abschnitt I.3.3) vorgestellt wurden.

- Feste Verkehrslenkung (*Static Routing*)
  Mögliche Verkehrsverbindungen werden manuell in eine Routing-Tabelle eingetragen. Während des Betriebs (z. B. aufgrund von Änderungen im Netz, Abgang oder Zugang von Teilnehmern) kann vom System selbst keine Änderung dieser Eintragungen vorgenommen werden.

- Adaptive Verkehrslenkung (*Dynamic Routing*)
  Die möglichen Verbindungen werden automatisch durch ein Protokoll zwischen den Routern ermittelt und in eine Routing-Tabelle eingetragen. Bei Änderungen in den Netzen werden die Tabellen automatisch aktualisiert.

- Alternative Verkehrslenkung (*Default Routing*)
  Hier werden für jede Verbindung mehrere mögliche Wege festgelegt. Aus diesen wird in einer definierten Reihenfolge ein Weg nach dem anderen darauf geprüft, ob eine Verbindung aufgebaut werden kann. Ist auch die letzte Möglichkeit (der sogenannte Letztweg) besetzt, so wird der Verbindungswunsch abgewiesen.

L.6.7   Gateway

Ein Gateway (*Internetwork Router*) sorgt für den Nachrichtenaustausch zwischen verschiedenartigen Netzen. Für diesen Zweck müssen die Informationen aus der Form des Protokolls des Netzes A in die Form des Protokolls des Netzes B umgesetzt werden. Diese Umsetzung beinhaltet im einzelnen:

- Geschwindigkeitsumsetzung,
- Protokollumsetzung,
- Signalumsetzung.

Die Protokollumsetzung erfordert auch die Verwendung von Schichten oberhalb der Vermittlungsschicht im Gateway (Abb. L.6-10).

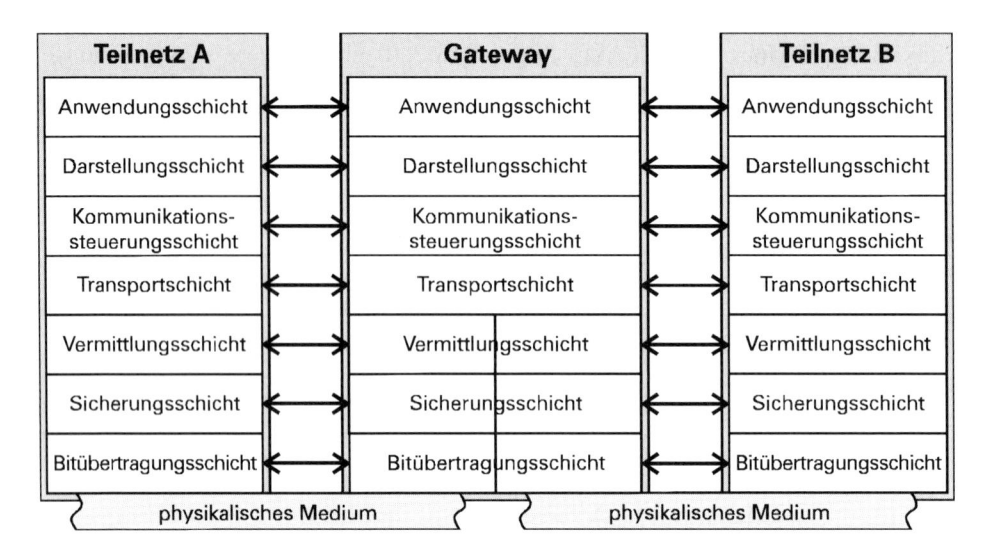

Abb. L.6-10 Gateway im OSI-Referenzmodell

Der Einsatz von zwei Gateways erlaubt u. a. die Verbindung zweier räumlich entfernter lokaler Netzwerke über ein Netz wie Datex-P.

Die Abb. L.6-11 zeigt ein Beispiel für den Einsatz von Gateways. Hierbei werden zwei räumlich getrennte (ggf. verschiedenartige) Netze mit Hilfe zweier Gateways über ein paketvermittelndes Datennetz (Datex-P) miteinander verbunden. Handelt es sich dabei um zwei gleichartige (Ethernet-)Netze, so werden die Informationen vom ersten Gateway als Datenfeld in das X.25-Protokoll übernommen (*encapsulated*) und vom zweiten Gateway entsprechend wieder entpackt (*decapsulated*) und in das verbundene Teilnetz geschickt (dieser Vorgang wird auch als *Tunneling* bezeichnet). Relativ einfach ist die rein softwaremäßige Realisierung eines Gateways durch einen Rechner, der über zwei Netz-

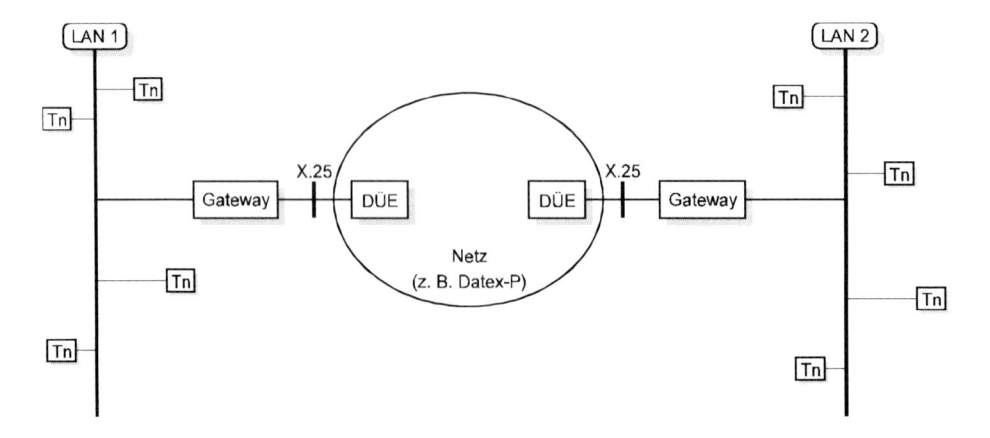

Abb. L.6-11 Verbindung zweier lokaler Netze durch zwei Gateways

werkkarten verfügt und die notwendige Protokollumsetzung mittels entsprechender Software durchführt. Der Nachteil dieser einfachen Lösung ist der hohe zeitliche Aufwand. Schneller, dafür aber naturgemäß von der erforderlichen Hardware her aufwendiger, ist eine überwiegend hardwarenahe Lösung.

L.6.8 Server

Bei einem Server handelt es sich um einen Netzknoten, der für andere Knoten Dienstleistungen bereitstellt. (Hier handelt es sich nicht um ein Element zur Verbindung von Netzwerken. Trotzdem wird der Server in diesem Kapitel vorgestellt, da eine enge Beziehung zu den anderen hier behandelten Elementen besteht.) Server sind nicht universell, sondern für spezielle Funktionen innerhalb von Netzen ausgelegt. So gibt es vor allem

- Server mit Netzwerkfunktionen (Gateway-Server, bzw. Router-Server),
- Server zur Ansteuerung einer Anzahl von gleichartigen Geräten (Disk-Server, Print-Server).

Eine typische Anwendung aus der zweiten Gruppe sind bei lokalen Netzen mit hohen Datenraten zu finden. Dort werden Server für Peripheriegeräte mit niedrigen Geschwindigkeiten (wie beispielsweise Drucker) eingesetzt. Das führt zu folgenden Vorteilen:

- Mehrere Geräte können über eine Adresse angesprochen werden und wirken auf das Netz wie eine Station.
- Da nur ein Gerät am Zugriffsverfahren teilnimmt (der Server multiplext die Datenströme), wird das Zugriffsverfahren vereinfacht.

Bei großen lokalen Netzwerten kann so ggf. die Beschränkung der Anzahl der anschließbaren Teilnehmer umgangen werden, da mit einem Server mehrere Teilnehmer an einem Knoten (unter einer Adresse) anzuschließen sind.

L.7 Das Internet

Unter dem Begriff *internet* wird ganz allgemein die Kopplung über mehrere Netze hinweg verstanden. Im engeren Sinne – und im folgenden groß geschrieben – bezieht sich der Begriff auf *das* Internet als spezielle Form eines WAN. Die Geschichte des Internet bzw. der dem Internet zugrundeliegenden TCP/IP-Protokoll-Familie wurde bereits im Kapitel I.3 kurz gestreift.

Eine ausführlichere Darstellung hierzu ist beispielsweise auf der Homepage der *Internet Society* zu finden:

`http://info.isoc.org/internet-history/brief.html`

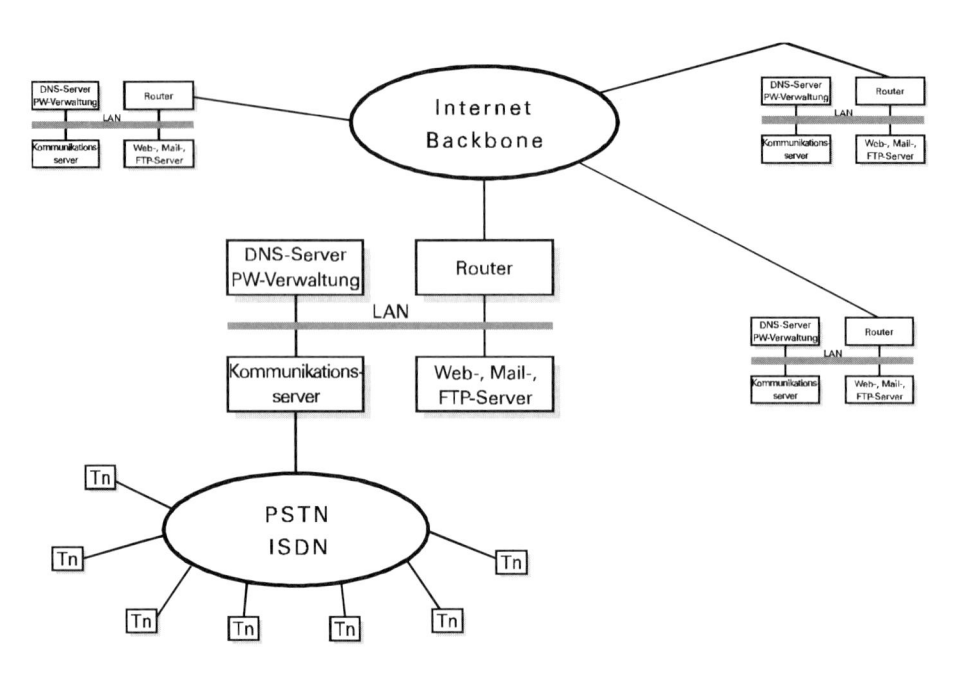

Abb. L.7-1 *Der prinzipielle Aufbau des Internets*

Die Abb. L.7-1 zeigt den prinzipiellen Aufbau des Internets. Dabei sind die Teilnehmer über ein öffentliches Netz (z. B. PSTN, ISDN) mit einem Kommunikationsserver verbunden, der wiederum über ein LAN Verbindung zu verschiedenen Servern (für DNS, Mail, FTP usw.) sowie einem Router hat. Der Router ermöglicht über das eigentliche Internet (häufig auch als Internet Backbone bezeichnet) die Kommunikation dieses LAN mit einer Vielzahl von weiteren LANs in aller Welt. Der Begriff Backbone ist in diesem Fall allerdings etwas irreführend. In den bisherigen Betrachtungen wurde hierunter i. a. ein homogenes Netz verstanden (Abb. L.7-2a), während sich das Internet tatsächlich aus einer Vielzahl einzelner – heterogener – Netze zusammensetzt, wie dies in Abb. L.7-2b schematisch dargestellt ist.

Im folgenden wird ein Überblick über die wichtigsten Dienste des Internets gegeben.

- *World Wide Web – WWW*
  Die Protokolle für diesen wohl populärsten Dienst des Internets wurden 1992 am CERN (Genf) entwickelt. Das WWW stellt heute die wichtigste Nutzung des Internets mit immer noch explosionsartig steigenden Zuwachsraten dar.

- *Usenet*
  Das *Usenet* ermöglicht die Kommunikation mit Tausenden von sogenannten *Newsgroups*, die Diskussionsgruppen zu allen möglichen (und „unmöglichen") Themen darstellen.

L.7 Das Internet

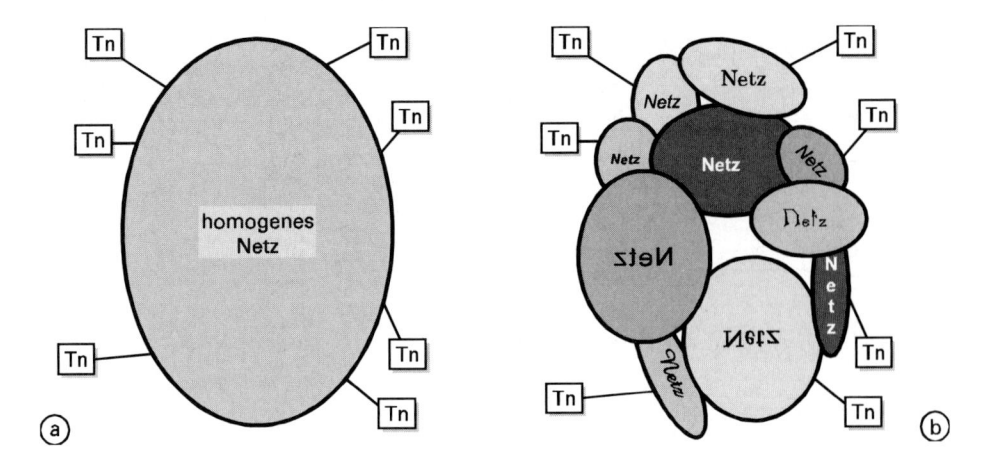

Abb. L.7-2 Homogenes Backbone-Netz (a) und Internet Backbone (b)

- *Telnet*
  Beim *Telnet* handelt es sich um den möglicherweise mächtigsten Dienst im Internet. Er erlaubt die Nutzung von (weit) entfernten Ressourcen. Das bedeutet, daß ein – autorisierter – Teilnehmer die Kapazität von Rechnern in aller Welt, sofern sie an das Internet angeschlossen sind, nutzen kann.

- *File Transfer Protocol* – FTP
  Hierbei handelt es sich um ein Protokoll zum Dateitransfer zwischen beliebigen Rechnern.

- *Domain Name Service* – DNS
  Eine wichtige Voraussetzung für den Erfolg des Internets ist die Verwendung von deskriptiven Namen, z. B. www.ba-stuttgart.de. Erst hierdurch konnte die Nutzung auch durch Nicht-Fachleute eine weite Verbreitung erfahren. Auf der anderen Seite ist für einen Rechner die Darstellung durch die zugehörigen IP-Adressen wesentlich einfacher. Das bedeutet, daß eine Umsetzung beispielsweise von WWW-Adressen in IP-Adressen vorgenommen werden muß. Hierfür sind, wie in Abb. L.7-1 dargestellt, spezielle DNS-Server zuständig.

  Anhand von Abb. L.7-3 soll hier kurz erläutert werden, welcher Ablauf notwendig ist, um auf der Grundlage einer WWW-Adresse die Kommunikation mit dem entsprechenden Server aufnehmen zu können. Die WWW-Adresse wird von der „rufenden" Station zuerst an den *Local Name Server* (im lokalen Netz) gereicht. Dieser überprüft die lokale Datenbasis darauf, ob die WWW-Adresse bekannt ist, und reicht ggf. die zugehörige IP-Adresse an die rufende Station zurück (Abb. L.7-3a). Andernfalls wird der sogenannte *Master Host* befragt, der die Adresse des angesprochenen Netzes an den *Local Name Server* liefert. Dieser kann dann wiederum auf den dortigen *Remote Name Server* zugreifen, der die entsprechende IP-Adresse des gerufenen WWW-Servers bereitstellt.

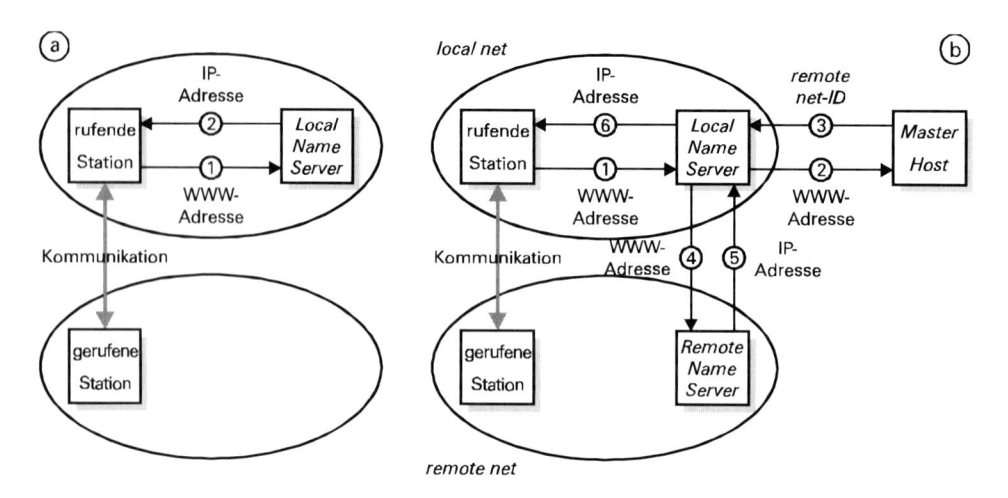

Abb. L.7-3   Umwandlung einer WWW-Adresse in eine IP-Adresse im Domain Name Service DNS

Mit der Kenntnis dieser Adresse kann schließlich die gewünschte Verbindung aufgebaut werden (Abb. L.7-3b). Für diesen Vorgang wird i. a. weniger als eine Sekunde benötigt. Auf den ersten Blick sieht diese Vorgehensweise sehr umständlich aus. Bei genauerer Betrachtung erweist sie sich jedoch als nahezu einzig wirtschaftliche und auch technisch durchführbare Lösung. Würden alle WWW- und zugehörigen IP-Adressen in einem Server gehalten, so ergäbe sich eine riesige Datenmenge, die allein aufgrund ihres Umfangs und der zahllosen Anfragen keine sinnvollen Antwortzeiten mehr zuließe. Außerdem ergeben sich ständig Änderungen dieser Datenbasis, da bei den vielen Millionen an das Internet angeschlossenen Stationen fast im Sekundentakt An- und Abmeldungen von Adressen erfolgen. Bei einer verteilten Datenbasis werden diese Schwierigkeiten umgangen.

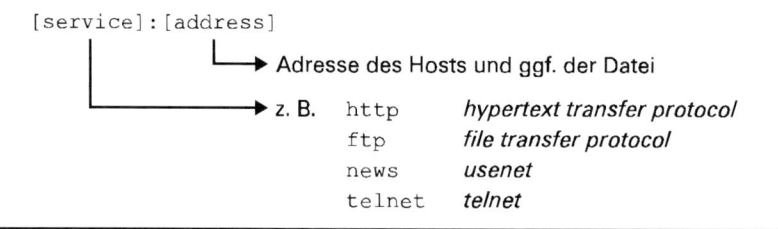

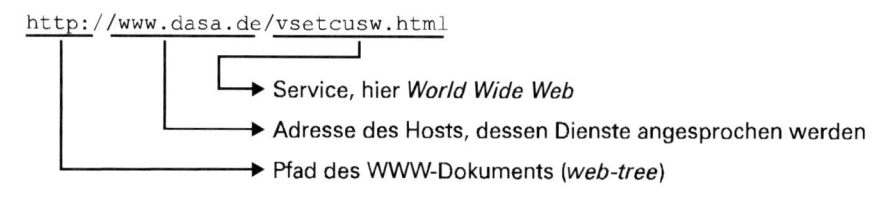

```
[service]:[address]
     │         └──▶ Adresse des Hosts und ggf. der Datei
     │
     └──▶ z. B.  http     hypertext transfer protocol
                 ftp      file transfer protocol
                 news     usenet
                 telnet   telnet
```

```
http://www.dasa.de/vsetcusw.html
  │         │            └──▶ Service, hier World Wide Web
  │         └──▶ Adresse des Hosts, dessen Dienste angesprochen werden
  └──▶ Pfad des WWW-Dokuments (web-tree)
```

Abb. L.7-4   URI-Format

Die Verwendung des *Uniform Resource Identifier* (URI) ermöglicht den Zugriff auf den größten Teil der Dienste des Internets über eine einzige Schnittstelle. Das URI-Format setzt sich zusammen aus dem Dienst (in diesem Fall http:// für das World Wide Web) und dem Unform Resource Locator (URL, hier www.dasa.de). Es ist anhand eines Beispiels in Abb. L.7-4 dargestellt.

Folgende Protokolle werden u. a. für die Kommunikation im Internet verwendet:

- *Point to Point Protocol* – PPP
  Hierbei handelt es sich um ein Protokoll zum Aufbau einer TCP/IP-Verbindung über synchrone oder asynchrone Systeme. Es wird allgemein verwendet für die Verbindung von Rechnern über analoge Fernsprechleitungen (und entsprechende Modems) sowie insbesondere für die Verbindung von Rechnern mit dem Internet.
- *Serial Line Interface Protocol* – SLIP
  Dies ist der Vorgänger des PPP ausschließlich für serielle Verbindungen.
- *Hypertext Transport Protocol* – HTTP
  Dieses Protokoll regelt die Übertragung von Hypertext-Seiten über das *World Wide Web*.

L.8 Übungsaufgaben

Aufgabe L-1

Beschreiben Sie – in eigenen Worten – die Aufgaben eines Vermittlungssystems.

Aufgabe L-2

Nennen Sie die wichtigsten Unterschiede zwischen zentraler und dezentraler Vermittlung.

Aufgabe L-3

Skizzieren Sie die Realisierung von digitalen Koppeleinrichtungen mit
a) *Shared Memory*
bzw.
b) Banyan-Schaltungen.

Aufgabe L-4

Was ist das ISDN? Beschreiben Sie seine wesentlichen Eigenschaften.

Aufgabe L-5

Beschreiben Sie kurz Struktur und Funktion des *Distributed Queue Dual Bus*.

Aufgabe L-6

Vervollständigen Sie in Abb. L.8-1 die dargestellten Netze mit den notwendigen Leitungsbündeln. Die Hierarchie der Netzknoten ist ggf. durch die Größe der Netzknoten angedeutet. Das Maschennetz sei vollvermascht.

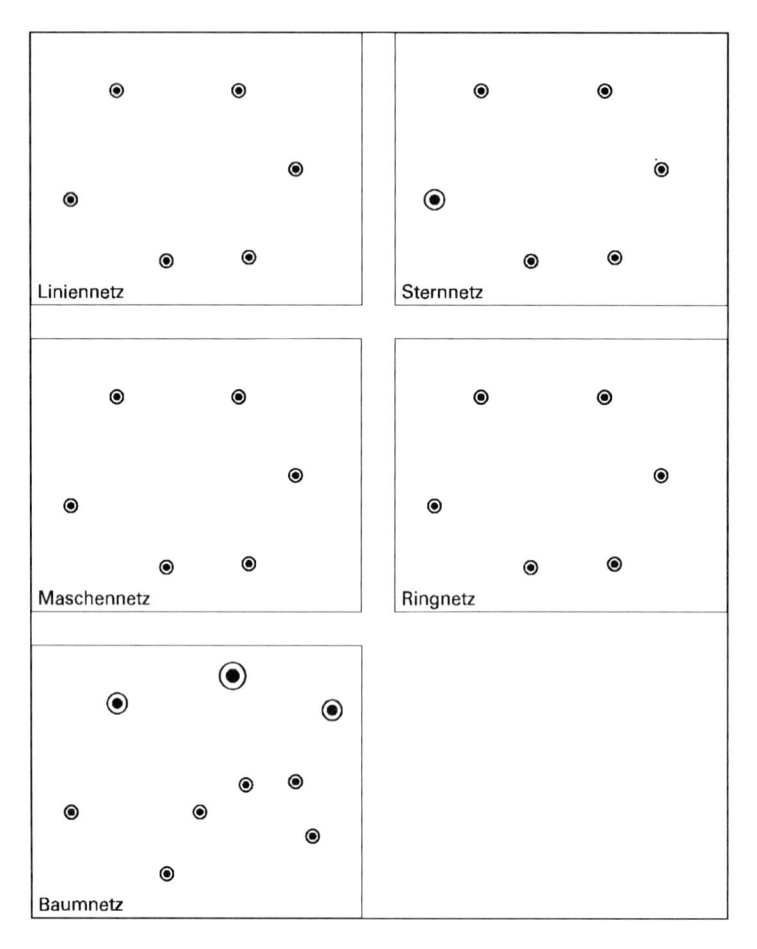

Abb. L.8-1 *Netzstrukturen*

Aufgabe L-7

Beschreiben Sie den Aufbau sowie die Möglichkeiten von Basisanschluß und Primär-Multiplexanschluß im ISDN.

Aufgabe L-8

Skizzieren und erläutern Sie die Konfiguration zur Datenkommunikation im Fernsprechnetz.

Aufgabe L-9

Vervollständigen Sie die in Abb. L.8-2 gezeigte Aufteilung der Vermittlungssysteme bzgl. der Art der Informationsübermittlung.

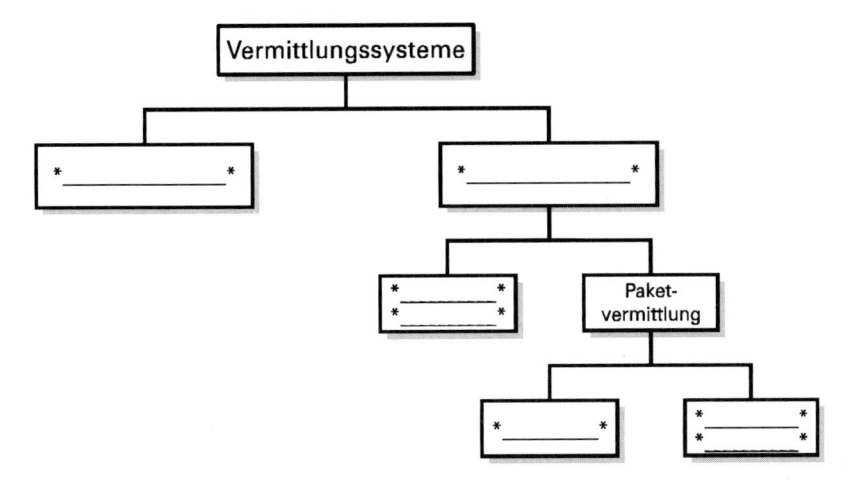

Abb. L.8-2 Aufteilung der Vermittlungssysteme bzgl. der Art der Informationsübermittlung

Aufgabe L-10

Die Standardisierung (gemäß IEEE) der lokalen Netze bezieht sich im wesentlichen auf die Schichten 1 und 2 des OSI-Referenzmodells.
a) Nennen Sie mindestens zwei Beispiele für die Standards der Schicht 1.
b) In welche Teilschichten ist die Schicht 2 des OSI-Referenzmodells hier unterteilt? Beschreiben Sie kurz die Aufgaben der beiden Teilschichten.

Aufgabe L-11

Beschreiben Sie die Funktionsweise des CSMA/CD.

Aufgabe L-12

Beschreiben Sie die Funktionsweise des *Token Passing* am Beispiel des *Token Ring*.

Aufgabe L-13

Beschreiben Sie das Prinzip des *Asynchronous Transfer Mode*. Wie sieht die Struktur einer ATM-Zelle aus?

Aufgabe L-14

Erläutern Sie die Bedeutung der *Cell Loss Ratio* (CLR) und der *Cell Error Ratio* (CER) und skizzieren Sie deren Verlauf in Abhängigkeit von der *Bit Error Rate* (BER). Begründen Sie diesen Verlauf.

Aufgabe L15

Vervollständigen Sie die Struktur des ISDN in Abb. L.8-3 und erläutern Sie kurz die Wege der Signalisierung.

```
                    ┌─────────────────┐
                    │  *_____*    │
                    └─────────────────┘
                    ┌─────────────────┐
                    │ *____*-Vermittlung │
                    └─────────────────┘
    ┌────┐  ISDN-              ISDN-  ┌────┐
    │ TE │──VSt                  VSt──│ TE │
    └────┘                             └────┘
      ↑  *____*-                  *____*-  ↑
      │  Signalisierung       Signalisierung │
                    ┌─────────────────┐
                    │ *____*-Vermittlung │
                    └─────────────────┘
                    ┌─────────────────┐
                    │   Spezielle     │
                    │ Einrichtungen   │
                    └─────────────────┘
                  *___*-Signalisierung
              *_____*-Signalisierung
```

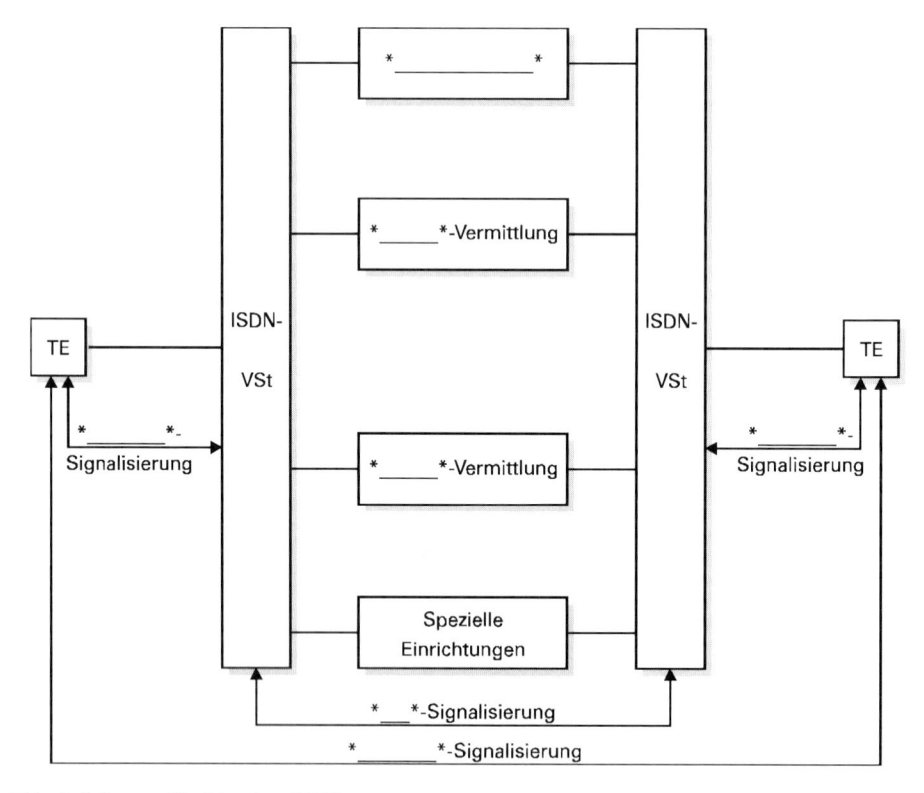

Abb. L.8-3   Struktur des ISDN

Aufgabe L-16

Wie funktioniert die Synchronisation des Empfängers auf den ATM-Zellenstrom?

Aufgabe L-17

Aus welchen drei Schichten besteht der *Asynchronous Transfer Mode* ATM? Welche Aufgaben haben die einzelnen Schichten?

Aufgabe L-18

Auf welchen Schichten des OSI-Referenzmodells arbeiten die folgenden *Interworking Units*:   a) Repeater,   b) Bridge,   c) Router ?
Beschreiben Sie kurz deren Funktionsweise.

Teil M

Anhang

M.1 Abkürzungen

AAF	Anti-Aliasing-Filter	ARPA	Advanced Research Projects Agency
AAL	ATM Adaptation Layer	ARQ	Automatic Repeat Request
ABIS	Application Binary Interface System	ASCII	American Standard Code for Information Interchange
ABM	Asynchronous Balanced Mode	ASK	Amplitude Shift Keying
ABR	Available Bit Rate	ASN.1	Abstract Syntax Notation No. 1
ACF	Access Control Field	ATD	Asynchronous Time Division
ACI	Adjacent-Channel Interference	ATM	Asynchronous Transfer Mode
ACSE	Association Control Service Element	ATWP	Adaptive Tree Walk Protocol
ADM	Adaptive Deltamodulation	AU	Administrative Unit
ADPCM	Adaptive Differenzpulscodemodulation	AUC	Authentication Center
AFC	Automatic Frequency Control	AUI	Attachment User Interface
AGCH	Access Grant Channel	AWGN	Additive White Gaussian Noise
AKF	Autokorrelationskoeffizient	BA	Basisanschluß
Al	Anschlußleitung	BAKT	Basisanschluß mit Konzentrator
AM	Amplitudenmodulation	BAMX	Basisanschluß mit Multiplexer
AMI	Alternate Mark Inversion	BAS	Bild-Austast-Synchron(-Signal)
AMPS	Advanced Mobile Phone System	BCC	Block Check Character
AnGt	Anschaltgerät	BCH	Bose-Chaudhuri-Hoquenghem(-Code)
ANSI	American National Standards Institute	BCH	Broadcast Channel
APK	Amplitude Phase Shift Keying	BER	Bit Error Rate
APS	Automatic Protection Switching	BIP	Bit-Interleaved Parity
ARFCN	Absolute Radio Frequency Channel Number	BJT	Bipolar Junction Transistor
ARI	Autofahrer-Rundfunk-Information	BNZS	Bipolar N-Zero Substitution
		bps	bit per second
ARM	Asynchronous Response Mode	BPSK	Binary Phase Shift Keying
		BRI	Basic Rate Interface
ARP	Address Resolution Protocol	BS	Base Station

M.1 Abkürzungen

BSC	Base Station Controller	DAMA	Demand Assignment Multiple Access
BSC	Binary Symmetric Channel	DARPA	Defense Advanced Research Projects Agency
BSK	Binärer Symmetrischer Kanal		
BSS	Base Station Subsystem	DAS	Dual Attachment Station
BTS	Base Transceiver Station	DCC	Data Communication Channel
CAC	Connection Admission Control	DCE	Data Circuit-Terminating Equipment
CASE	Common Application Service Element	DC-PSK	Differentially Coherent Phase Shift Keying
CBR	Constant Bit Rate	DCS	Digital Cellular System
CCCH	Common Control Channel	DEC-PSK	Differentially Encoded Coherent Phase Shift Keying
CCI	Co-Channel Interference		
CCIR	Comité Consultatif International des Radiocommunications	DECT	Digital Enhanced Cordless Telephone
CCITT	Comité Consultatif International Télégraphique et Téléphonique	DFG	Default Frame Generator
		DFGt	Datenfernschaltgerät
		DFS	Deutscher Fernseh-Satellit (Kopernikus)
CD	Compact Disc		
CDMA	Code Division Multiple Access	DIVF	Digitale Fernvermittlungsstelle
CEP	Conférence Européenne des Administrations des Postes	DIVO	Digitale Ortsvermittlungsstelle
CER	Cell Error Rate	DK	Dielektrizitätskonstante
CLP	Cell Loss Priority	DM	Deltamodulation
CLR	Cell Loss Rate	DMC	Discrete Memoryless Channel
CMI	Coded Mark Inversion		
COFDM	Coded Orthogonal Frequency Division Multiplex	DNS	Domain Name Service
		DoD	Department of Defense (US-Verteidigungsministerium)
CPFSK	Continuous Phase Frequency Shift Keying		
CRC	Cyclic Redundancy Check	DPCM	Differenzpulscodemodulation
CS	Convergence Sublayer		
CSMA	Carrier Sense Multiple Access	DPSK	Differential Phase Shift Keying
CSMA/CA	Carrier Sense Multiple Access / Collision Avoidance	DQDB	Distributed Queue Dual Bus
		DSAP	Destination Service Access Point
CSMA/CD	Carrier Sense Multiple Access / Collision Detection	DSB	Double Side Band
		DSP	Digital Signal Processing
CW	Continuous Wave	DSR	Digital Satellite Radio
DAB	Digital Audio Broadcast		

DS-SS	Direct Sequence Spread Spectrum	FEC	Forward Error Correction
		FeSchrGt	Fernschreibgerät
DSV	Digital Sum Varation	FET	Feldeffekttransistor
DSV	Digitale Signalverarbeitung	FFH	Fast Frequency Hopping
DTE	Data Terminal Equipment	FH	Frequency Hopping
DUSt-U	Datenumsatzstelle	FH-SS	Frequency Hopping Spread Spectrum
DVSt-L	Datenvermittlungsstelle (leitungsvermittelnd)	FIFO	First In First Out
DVSt-P	Datenvermittlungsstelle (paketvermittelnd)	FIR	Finite Impulse Response
		FM	Frequenzmodulation
DXG	Datexnetzabschlußgerät	FPLMTS	Future Public Land Mobile Telephone System
EBCDIC	Extended Binary-Coded Decimal Interchange Code	FSK	Frequency Shift Keying
EBU	European Broadcasting Union	FSP	File Service Protocol
		FTP	File Transfer Protocol
ECS	European Communication Satellite	GAN	Global Area Network
		Gbps	Gigabit per second
EHF	Extremely High Frequency	GEO	Geostationary Earth Orbit
EIR	Equipment Identification Register	GFC	Generic Flow Control
ELF	Extremely Low Frequency	GMSK	Gaussian Minimum Shift Keying
EOB	End of Bus		
ESB	Einseitenband(-Amplitudenmodulation)	GPG	Grundprimärgruppe
		GSM	Global System for Mobile Communication bzw. Groupe Speciale Mobile
ETR	Early Token Release		
ETSI	European Telecommunications Standard Institute		
		HCS	Header Check Sequence
EUTELSAT	European Telecommunications Satellite Organization	HDBN	High Density Bipolar N
		HDLC	High Level Data Link Control
EVSt	Endvermittlungsstelle	HDTV	High Definition Television
FAW	Frame Alignment Word	HEC	Header Error Control
FB	Frequency Burst	HF	Hochfrequenz
FBAS	Farbart-Bild-Austast-Synchron(-Signal)	HF	High Frequency
		HLR	Home Location Register
FCFS	First Come First Served	HOB	Head of Bus
FCS	File Check Sequence	HPA	High Power Amplifier
FDDI	Fibre Distributed Data Interface	HTTP	Hypertext Transport Protocol
FDM	Frequency Division Multiplex	ICI	Inter Channel Interference
		ICI	Interface Control Information
FDMA	Frequency Division Multiple Access		

M.1 Abkürzungen

ICMP	Internet Control Message Protocol	KKF	Kreuzkorrelationskoeffizient
IDN	Integriertes Datennetz	KVSt	Knotenvermittlungsstelle
IDU	Interface Data Unit	KW	Kurzwelle
IEEE	Institute of Electrical and Electronics Engineers	LAN	Local Area Network
		LANE	Local Area Network Emulation
IF	Intermediate Frequency		
IFF	Identification Friend or Foe	LAP	Link Access Procedure
IIR	Infinite Impulse Response	LAP-D	Link Access Procedure D-Channel
ILS	Instrumentenlandesystem		
IMPATT	Impact Avalanche Transit Time	LASER	Light Amplification by Stimulated Emission of Radiation
IMSI	International Mobile Subscriber Identity		
		LD	Laserdiode
INMARSAT	International Maritime Satellite Organization	LDM	Lineare Deltamodulation
		LED	Light Emitting Diode
INTELSAT	International Telecommunications Satellite Organization	LEO	Low Earth Orbit
		LF	Low Frequency
		LHCP	Left Hand Circular Polarized
I/O	Input / Output		
IP	Intercept Point	LNA	Low Noise Amplifier
IP	Internet Protocol	LSB	Lower Sideband
IRE	Institute of Radio Engineers	LTI	Linear Time Invariant
IS	Intermediate Standard	LW	Langwelle
ISB	Independent Sideband	LWL	Lichtwellenleiter
ISDN	Integrated Services Digital Network	MAC	Medium Access Control
		MAN	Metropolitan Area Network
ISI	Inter Symbol Interference	MAP	Maximum a Posteriori
ISM	Industrial, Scientific, Medical	MASER	Microwave Amplification by Stimulated Emission of Radiation
ISSI	Inter Switching System Interface		
		MAU	Medium Attachment Unit
ITG (NTG)	Informationstechnische Gesellschaft im VDE (früher Nachrichtentechnische Gesellschaft)	Mbps	Megabit per second
		MESFET	Metal Semiconductor-FET
		MF	Medium Frequency
		MHS	Message Handling System
ITU	International Telecommunications Union	MIME	Multipurpose Internet Mail Extension
JPEG	Joint Photographic Expert Group	MLD	Maximum Likelihood Destination
JTM	Job Transfer and Manipulation	MLE	Maximum Likelihood Estimation
kbps	kilobit per second		

MLS	Mikrowellenlandesystem	OMC	Operation and Maintenance Center
MLSE	Maximum Likelihood Sequence Estimation	OOK	On-Off-Keying
MMI	Man-Machine Interface	OQPSK	Offset Quadrature Phase Shift Keying
MOSFET	Metal Oxide Silicon-FET	OSB	Oberes Seitenband
MPEG	Moving Picture Expert Group	OSI	Open Systems Interconnection
MPSK	M-ary Phase Shift Keying	OVSt	Ortsvermittlungsstelle
MS	Mobile Station	PA	Primär-Multiplexanschluß
MS	Message Store	PAD	Packet Assembly and Disassembly Facility
MSAU	Multistation Access Unit	PAL	Phase Alternation Line
MSC	Mobile Services Switching Center	PAM	Pulsamplitudenmodulation
MSK	Minimum Shift Keying	PCH	Paging Channel
MSOH	Multiplex Section Overhead	PCI	Protocol Control Information
MSRN	Mobile Subscriber Roaming Number	PCM	Pulscodemodulation
MTA	Message Transfer Agent	PCS	Personal Communication System
MUSE	Multiple Sub-Nyquist Sampling Encoding	PDH	Plesiochrone digitale Hierarchie
MW	Mittelwelle	PDM	Pulsdauermodulation
NAU	Network Access Unit	PDU	Protocol Data Unit
NCFSK	Non Continuous Phase Frequency Shift Keying	PHY	Physical Layer
NF	Niederfrequenz	PLL	Phase Locked Loop
NF	Noise Figure	PLMN	Public Land Mobile Network
NFS	Network File System	PLO	Phase Locked Oscillator
NI	Network Interface	PM	Phasenmodulation
NIC	Net Information Center	PM	Physical Medium Sublayer
NMT	Nordic Mobile Telephone	PMD	Physical Medium-dependent Layer
NNI	Network Network Interface	POH	Path Overhead
NRM	Normal Response Mode	POS	Point of Sales
NRZ	No Return to Zero	PPI	Plan Position Indicator
NStAnl	Nebenstellenanlage	ppm	parts per million (10^{-6})
NT	Network Termination	PPM	Pulsphasenmodulation
NTSC	National Television System Committee	PPP	Point to Point Protocol
OAM	Operation and Maintenance	PRI	Primary Rate Interface
OCXO	Oven Controlled Crystal Oscillator	PROM	Programmable Read Only Memory
OFW	Oberflächenwellen		

PRS	Partial Response Signaling	SASE	Special Application Service Element
PSDN	Public Switched Data Network	SAW	Surface Acoustic Wave
PSTN	Public Switched Telephone Network	SDCCH	Stand Alone Dedicated Control Channel
PSK	Phase Shift Keying	SDH	Synchrone Digitale Hierarchie
PT	Payload Type		
PVC	Permanent Virtual Connection	SDMA	Space Division Multiple Access
QAM	Quadraturamplitudenmodulation	SDMS	Switched Data Multimegabit System
QASK	Quadrature Amplitude Shift Keying	SDU	Service Data Unit
		SEAL	Simple and Efficient Adaptation Layer
Ql	Querleitung		
QoS	Quality of Service	SECAM	Système En Couleur Avec Mémoire
QPSK	Quadrature Phase Shift Keying (4-PSK)	SER	Symbol Error Rate
RACH	Random-Access Channel	SFH	Slow Frequency Hopping
RADAR	Radio Detecting And Ranging	SHF	Super High Frequency
		SINAD	Signal to Noise And Distortion
RARP	Reverse Address Resolution Protocol	SLAR	Sidelooking Airborne Radar
RCPC	Rate Compatible Punctured Convolutional (Code)	SLIP	Serial Line Interface Protocol
RDS	Running Digital Sum	SMDS	Switched Multimegabit Data Service
RF	Radio Frequency		
RHCP	Right Hand Circular Polarized	SMT	Station Management
		SMTP	Simple Mail Transfer Protocol
RIP	Routing Information Protocol	SNA	Systems Network Architecture
ROSE	Remote Operation Service Element	SNR	Signal to Noise Ratio
RSOH	Regenerative Section Overhead	SONET	Synchronous Optical Network
RTSE	Reliable Transfer Service Element	SS	Symbolsynchronisation
		SSAP	Source Service Access Point
RVSt	Regionalvermittlungsstelle	SSB	Single Sideband
RZ	Return to Zero	SSTDMA	Satellite Switched Time Division Multiple Access
SAP	Service Access Point		
SAR	Segmentation and Reassembly	STD	Synchronous Time Division
		STM	Synchronous Transfer Module
SAS	Single Attachment Station		

STP	Shielded Twisted Pair		TUG	Tributary Unit Group
STR	Symbol Timing Recovery		UA	User Agent
STS	Synchronous Transport Signal		UBR	Unspecified Bit Rate
			UDP	User Datagram Protocol
SVC	Switched Virtual Connection		UHF	Ultra High Frequency
			UKW	Ultrakurzwelle
TACS	Total Access Communication System		UMTS	Universal Mobile Telecommunication System
TAE	Teilnehmeranschlußeinheit		UNI	User Network Interface
TAl	Teilnehmeranschlußleitung		UPC	Usage Parameter Control
TASI	Time Assignment Speech Interpolation		URL	Uniform Resource Locator
TC	Transmission Convergence Sublayer		USB	Upper Sideband (oberes Seitenband) – oder Unteres Seitenband (!)
TCH	Traffic Channel		UTP	Unshielded Twisted Pair
TCP	Transport Control Protocol		VBR	Variable Bit Rate
TCXO	Temperature Controlled Crystal Oscillator		VC	Virtual Channel; Virtual Connection; Virtual Container
TDM	Time Division Multiplex			
TDMA	Time Division Multiple Access		VCC	Virtual Channel Connection
			VCI	Virtual Channel Identifier
TE	transversal elektrisch		VCO	Voltage Controlled Oscillator
Telex	Telegraphy Exchange			
TEM	transversal elektromagnetisch		VDE	Technisch-Wissenschaftlicher Verband der Elektrotechnik, Elektronik, Informationstechnik e. V. (früher Verband Deutscher Elektrotechniker)
TF	Trägerfrequenz			
TFM	Tamed Frequency Modulation			
TFTP	Trivial File Transport Protocol			
			VHF	Very High Frequency
TM	transversal magnetisch		Vl	Verbindungsleitung
TMSI	Temporary Mobile Subscriber Identity		VLF	Very Low Frequency
			VLR	Visitor Location Register
TnASB	Teilnehmeranschlußbereich		VP	Virtual Path
TnVSt	Teilnehmervermittlungsstelle		VPI	Virtual Path Identifier
			VPS	Video-Programm-System
TRG	Trägerrückgewinnung		VSB	Vestigial Sideband
TSAP	Transport Service Access Point		VSt	Vermittlungsstelle
			VT	Virtual Terminal
TT&C	Telemetry, Tracking and Command		VTAM	Virtual Transfer Access Management
TU	Tributary Unit		VTS	Virtual Terminal Service

WAN	Wide Area Network	WVSt	Weitvermittlungsstelle
WARC	World Administrative Radio Conference	WWW	World Wide Web
		XNS	Xerox Networking System
WDM	Wavelength Division Multiplex	ZF	Zwischenfrequenz
		ZSB	Zweiseitenband(-Amplitudenmodulation)
WLAN	Wireless Local Area Network		

M.2 Wichtige Formelzeichen

Diese Übersicht enthält die wichtigsten in diesem Buch verwendeten Formelzeichen. Aufgrund des umfangreichen und sehr heterogenen Stoffgebiets läßt sich eine mehrfache Belegung einzelner Formelzeichen nicht vermeiden. Aus dem Zusammenhang sollte jedoch immer klar hervorgehen, welche Bedeutung die Variable jeweils hat.

Komplexe Variablen werden unterstrichen angegeben ($\underline{s}$), Matrizen fett (**S**) und Vektoren je nach Gebiet ebenfalls fett (**s**) oder mit Vektorpfeil ($\vec{s}$). Sofern teilweise Ausnahmen von diesen Regeln notwendig sind, wird ggf. darauf hingewiesen.

$\underline{A}$	Kettenparameter eines n-Tores
a	Dämpfung, Dämpfungsmaß
a_k	Klirrdämpfung
B	Bandbreite
c	Lichtgeschwindigkeit
c_0	Lichtgeschwindigkeit im Vakuum
C	Kapazität
C	Kanalweite
C'	Kanalkapazität
$D\{X\}$	Varianz der Zufallsgröße X
E	Energie
$E\{X\}$	Erwartungswert der Zufallsgröße X
E_b	Signalenergie je Bit
E_s	Signalenergie je Symbol

F	Wahrscheinlichkeitsverteilung
f	Frequenz
f_A	Abtastrate
F	Rauschzahl
G	Gewinn, Verstärkung
g	Übertragungsmaß
$g(t)$	Sprungantwort
$\underline{H}(f)$	Übertragungsfunktion
$\underline{H}$	Hybridparameter eines n-Tores
H	Mittlerer Informationsgehalt, Entropie
H'	Informationsfluß
H_0	Entscheidungsgehalt
H_0'	Entscheidungsfluß
h	relative Häufigkeit
$h(t)$	Impulsantwort (Gewichtsfunktion)
I	Informationsgehalt
i, I	Strom
J	Störleistung (*Jamming*)
k	Klirrfaktor
l	Länge
N	Rauschleistung (*Noise*)
NA	Numerische Apertur
P	Leistung
P	Wahrscheinlichkeit
p	Wahrscheinlichkeitsdichteverteilung
q	Flächenausnutzungsfaktor
R	Widerstand
R	Redundanz
R	Korrelationsfunktion
R_b	Bitrate (Übertragungsgeschwindigkeit)
R_s	Symbolrate (Schrittgeschwindigkeit)
R_{xx}	Autokorrelationsfunktion (AKF) des Zufallsprozesses X

M.2 Wichtige Formelzeichen

R_{xy}	Kreuzkorrelationsfunktion (KKF) der Zufallsprozesse X und Y
r	relative Redundanz
r	*Roll-off*-Faktor
$\underline{s}$	(komplexe) Kreisfrequenz
S	Signalleistung
$\underline{S}(f)$	Spektrum
T	Temperatur
T_0	Bezugstemperatur (290 K)
T	Transinformationsgehalt
T_A	Abtastintervall
u, U	Spannung
v	Geschwindigkeit
$\underline{Y}$	Admittanz
$\underline{Z}$	Impedanz
α	Dämpfungskoeffizient
α_i	i-tes Moment einer Zufallsgröße
β	Phasenkoeffizient
δ	Eindringtiefe (Skin-Effekt)
δ	Dirac-Impuls, Einheitsimpulsfolge
ε	Einheitssprungfunktion bzw. -folge
φ	Phasenwinkel
φ	Potential
γ	Ausbreitungskoeffizient
λ	Wellenlänge
μ_i	i-tes Zentralmoment einer Zufallsgröße
μ_{xy}	Kovarianz zweier Zufallsgrößen X und Y
ρ_{xy}	Korrelationskoeffizient zweier Zufallsgrößen X und Y
σ	Streuung, Standardabweichung
τ	Laufzeit
ω	Kreisfrequenz

M.3 Physikalische Konstanten und Zahlenfaktoren

ε_0	$8{,}85419 \cdot 10^{-12}$ As/Vm	Elektrische Feldkonstante (Dielektrizitätskonstante)
μ_0	$1{,}256637 \cdot 10^{-6}$ Vs/Am	Magnetische Feldkonstante (Permeabilitätskonstante)
c_0	$2{,}997925 \cdot 10^8$ m/s	Lichtgeschwindigkeit (im Vakuum)
e	$1{,}60210 \cdot 10^{-19}$ As	Elementarladung
h	$6{,}62559 \cdot 10^{-34}$ Js	Plancksches Wirkungsquantum
k	$1{,}38054 \cdot 10^{-23}$ J/K	Boltzmann-Konstante

Tab. M.3-1   Wichtige Naturkonstanten

Metall	Symbol	Dichte ρ g/cm³	Schmelzpunkt °C	lin. WAK α 10^{-6} in K^{-1}	spez. elektr. Leitf. κ m/Ω mm²
Aluminium	Al	2,70	660	24,0	35,3
Eisen	Fe	7,86	1535	11,9	10,0
Gold	Au	19,3	1063	14,3	48,5
Kupfer	Cu	8,93	1083	16,9	59,5
Silber	Ag	10,5	960	19,2	66,7

Tab. M.3-2   Eigenschaften wichtiger Metalle (WAK: Wärmeausdehnungskoeffizient)

dezi	d	10^{-1}		deka	da	10^1
zenti	c	10^{-2}		hekto	h	10^2
milli	m	10^{-3}		kilo	k	10^3
mikro	µ	10^{-6}		Mega	M	10^6
nano	n	10^{-9}		Giga	G	10^9
piko	p	10^{-12}		Tera	T	10^{12}
femto	f	10^{-15}		Peta	P	10^{15}
atto	a	10^{-18}		Exa	E	10^{18}

Tab. M.3-3   Zahlenfaktoren für physikalische Einheiten (die Vorsätze dezi, zenti, deka und hekto sind im technischen Bereich ungebräuchlich)

M.4 Die komplexe Kreisfrequenz

Bei der Untersuchung von Netzwerken ergibt sich eine nützliche Erweiterung der gewohnten Berechnung stationärer Sinus-Schwingungen durch die Einführung der komplexen Kreisfrequenz (vereinfacht auch komplexe Frequenz)

$$\underline{s} = \sigma + j\omega \tag{M.4-1}$$

Zur Erläuterung wird hier exemplarisch die Spannung

$$u(t) = \hat{u}\cos(\omega t + \varphi) \tag{M.4-2}$$

betrachtet.

Das bedeutet, daß sich bei der Darstellung in der komplexen Ebene der physikalische Augenblickswert durch Projektion des komplexen Augenblickswerts auf die reelle Achse ergibt. Die unterschiedlichen Darstellungsweisen einer Schwingung mit konstanter Amplitude sind in Tab. M.4-1 dargestellt.

Augenblickswert	u
Amplitude	$\hat{u}$
Effektivwert	$U = \dfrac{1}{\sqrt{2}}\hat{u}$
komplexe Amplitude	$\underline{\hat{u}} = \hat{u}\,e^{j\varphi}$
komplexer Effektivwert	$\underline{U} = U\,e^{j\varphi} = \dfrac{\underline{\hat{u}}}{\sqrt{2}}$
komplexer Augenblickswert	$\underline{u}(t) = \hat{u}\,e^{j\varphi}\,e^{j\omega t} = \underline{\hat{u}}\,e^{j\omega t}$
physikalischer Augenblickswert	$u(t) = \Re\{\underline{u}(t)\} = \hat{u}\cos(\omega t + \varphi)$

Tab. M.4-1   Unterschiedliche Darstellungsweisen einer Schwingung mit konstanter Amplitude

Nun soll die Beschreibung der stationären Sinus-Schwingung auf zeitlich an- oder abklingende Schwingungen erweitert werden. Dies wird erreicht, indem ein Faktor $e^{\sigma t}$ eingeführt wird.

Damit ergibt sich der physikalische Augenblickswert der Spannung zu

$$u(t) = \hat{u}\, e^{\sigma t} \cos(\omega t + \varphi) = \Re\left\{\hat{u}\, e^{\sigma t}\, e^{j(\omega t+\varphi)t}\right\} \qquad \text{(M.4-3)}$$

ergibt. Dabei sind prinzipiell drei Fälle zu unterscheiden:

- $\sigma > 0$ exponentiell abklingende Sinus-Schwingung
- $\sigma = 0$ stationäre Sinus-Schwingung
- $\sigma < 0$ exponentiell anklingende Sinus-Schwingung

Die komplexe Kreisfrequenz $\underline{s}$ kann in der Ebene der komplexen Kreisfrequenz oder $\underline{s}$-Ebene dargestellt werden (Abb. M.4-1). Diese Darstellung zeigt die Auswirkungen der verschiedenen Fälle für die Dämpfung σ (den Realteil der komplexen Kreisfrequenz) bei unterschiedlichen Werten für die Kreisfrequenz (ω) selbst. Hier sind deutlich die oben geschilderten Zusammenhänge zwischen der Größe von σ und dem Verlauf der sogenannten Einhüllenden der Amplitude zu erkennen.

Mit der Einführung der komplexen Kreisfrequenz erhält man die folgende Darstellung der „allgemeinen" Sinus-Schwingung:

---

komplexer Augenblickswert $\hat{\underline{u}}(t) = \hat{u}\, e^{j\varphi} e^{\underline{s}t} = \hat{\underline{u}}\, e^{\underline{s}t}$

physikalischer Augenblickswert $u(t) = \Re\{\underline{u}(t)\} = \hat{u}\, e^{\sigma t} \cos \omega t$

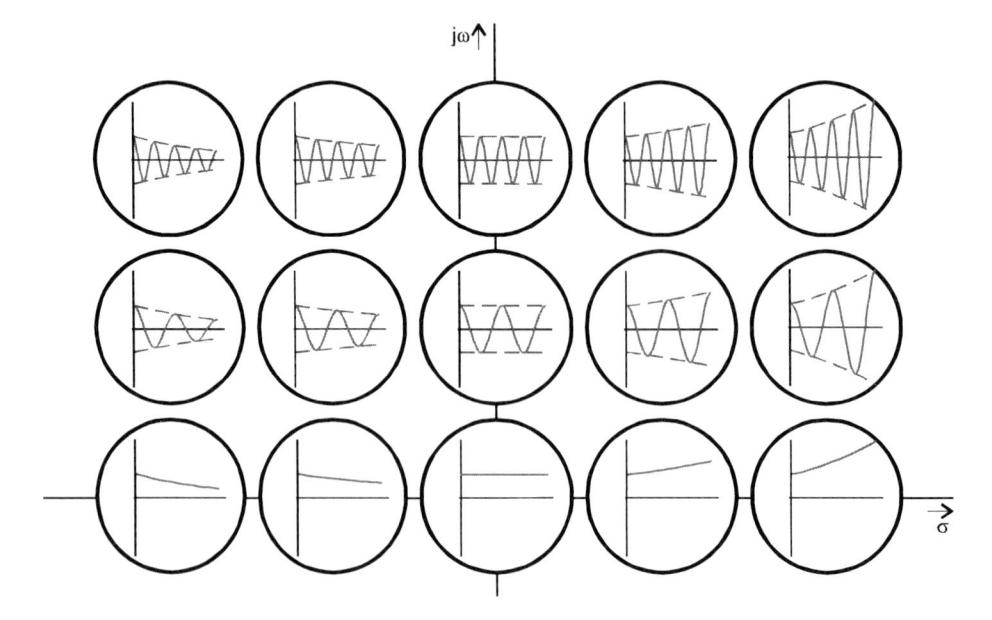

Abb. M.4-1   Komplexe Kreisfrequenz – Sinus-Schwingungen in der s-Ebene (nach [Herter u. Lörcher 92])

M.5 Einige mathematische Funktionen

M.5.1 Die Bessel-Funktionen

M.5.1.1 Einleitung

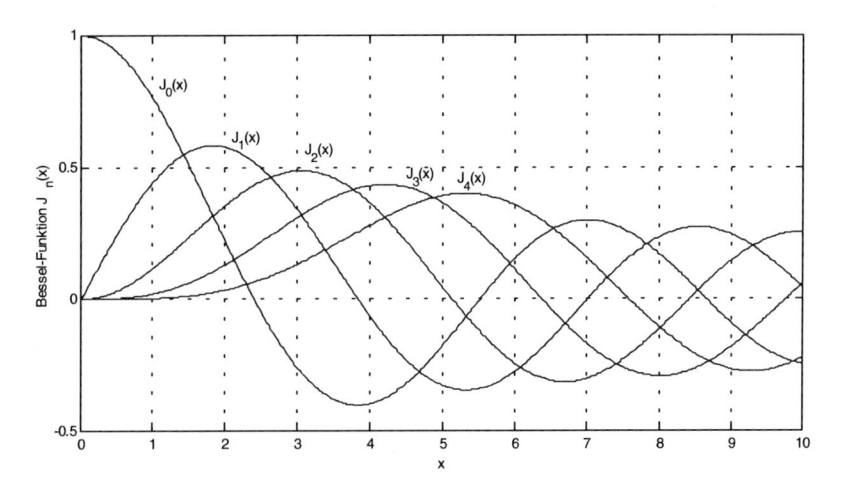

Abb. M.5-1 Bessel-Funktion erster Art n-ter Ordnung

Die Bessel-Funktionen stellen die Lösungen der Besselschen Differentialgleichung

$$x^2 y'' + xy' + \left(x^2 - n^2\right)y = 0 \qquad \text{(M.5-1)}$$

dar und werden auch als Zylinderfunktionen bezeichnet. Die (für die Nachrichtentechnik wichtige) Bessel-Funktion erster Art n-ter Ordnung berechnet sich zu

$$J_n(x) = \sum_{v=0}^{\infty} \frac{(-1)^n}{v!\,\Gamma(n+v+1)} \left(\frac{x}{2}\right)^{n+2v} \qquad \text{(M.5-2)}$$

mit der Gamma-Funktion $\Gamma(x)$. Diese Funktion kann als verallgemeinerte Fakultät auch für nichtganzzahlige Argumente betrachtet werden – für ganzzahlige Argumente gilt $\Gamma(n+1) = n!$. Die Abb. M.5-1 zeigt den Verlauf der Bessel-Funktionen erster Art n-ter Ordnung für verschiedene Werte von n.

Für negative Werte von n gilt

$$J_{-n}(x) = \begin{cases} J_n(x) & n \text{ gerade} \\ -J_n(x) & n \text{ ungerade} \end{cases} \qquad \text{(M.5-3)}$$

Auf die Bessel-Funktionen höherer Art (Weber-Funktion Y_n, Hankel-Funktion H_n, Macdonald-Funktion K_n usw.) sei an dieser Stelle nur hingewiesen.

M.5.1.2 Tabelle der Bessel-Funktion erster Art (Ausschnitt)

n	η						
	1,0000	2,0000	3,0000	4,0000	5,00000	6,0000	7,0000
0	+0,76520	+0,22389	−0,26005	−0,39715	−0,17760	+0,15065	+0,30008
1	+0,44005	+0,57672	+0,33906	−0,06604	−0,32758	−0,27668	−0,00468
2	+0,11490	+0,35283	+0,48609	+0,36413	+0,04656	−0,24287	−0,30142
3	+0,01956	+0,12894	+0,30906	+0,43017	+0,36483	+0,11477	−0,16756
4	+0,00248	+0,03400	+0,13203	+0,28113	+0,39123	+0,35764	+0,15780
5	+0,00025	+0,00704	+0,04303	+0,13209	+0,26114	+0,36209	+0,34790
6	+0,00002	+0,00120	+0,01139	+0,04909	+0,13105	+0,24584	+0,33920
7	+0,00000	+0,00017	+0,00255	+0,01518	+0,05338	+0,12959	+0,23358
8	+0,00000	+0,00002	+0,00049	+0,00403	+0,01841	+0,05653	+0,12797
9	+0,00000	+0,00000	+0,00008	+0,00094	+0,00552	+0,02117	+0,05892
10	+0,00000	+0,00000	+0,00001	+0,00019	+0,00147	+0,00696	+0,02354

n	η						
	8,0000	9,0000	10,0000	12,0000	15,00000	20,0000	25,0000
0	+0,17165	−0,09033	−0,24594	+0,04769	−0,01422	+0,16702	+0,09457
1	+0,23464	+0,24531	+0,04347	−0,22345	+0,20510	+0,06683	−0,12538
2	−0,11299	+0,14485	+0,25463	−0,08493	+0,04157	−0,16034	−0,10717
3	−0,29113	−0,18093	+0,05838	+0,19514	−0,19402	−0,09890	+0,10686
4	−0,10536	−0,26547	−0,21960	+0,18250	−0,11918	+0,13067	+0,13167
5	+0,18577	−0,05504	−0,23406	−0,07347	+0,13046	+0,15117	−0,06634
6	+0,33758	+0,20432	−0,01446	−0,24372	+0,20615	−0,05509	−0,15856
7	+0,32059	+0,32746	+0,21671	−0,17025	+0,03446	−0,18422	−0,01043
8	+0,22346	+0,30507	+0,31785	+0,04510	−0,17398	−0,07387	+0,15330
9	+0,12632	+0,21488	+0,29186	+0,23038	−0,22005	+0,12513	+0,10816
10	+0,06077	+0,12469	+0,20749	+0,30048	−0,09007	+0,18648	−0,07518
11	+0,02560	+0,06222	+0,12312	+0,27041	+0,09995	+0,06136	−0,16824
12	+0,00962	+0,02739	+0,06337	+0,19528	+0,23667	−0,11899	−0,07291
13	+0,00327	+0,01083	+0,02897	+0,12015	+0,27871	−0,20414	+0,09826
14	+0,00102	+0,00389	+0,01196	+0,06504	+0,24644	−0,14640	+0,17510
15	+0,00029	+0,00129	+0,00451	+0,03161	+0,18131	−0,00081	+0,09782
16	+0,00008	+0,00039	+0,00157	+0,01399	+0,11617	+0,14518	−0,05771
17	+0,00002	+0,00011	+0,00051	+0,00570	+0,06653	+0,23310	−0,17168
18	+0,00000	+0,00003	+0,00015	+0,00215	+0,03463	+0,25109	−0,17577
19	+0,00000	+0,00001	+0,00004	+0,00076	+0,01657	+0,21886	−0,08143
20	+0,00000	+0,00000	+0,00001	+0,00025	+0,00736	+0,16475	+0,05199

Tab. M.5-1 Tabelle der Bessel-Funktion

M.5.2 Die Spaltfunktion

Die sogenannte Spaltfunktion

$$\mathrm{si}(x) = \frac{\sin(x)}{x} \qquad (M.5\text{-}4)$$

hat in vielen Bereichen der Nachrichtentechnik eine große Bedeutung, so daß die wesentlichen Eigenschaften dieser Funktion bekannt sein sollten. In der Abb. M.5-2a ist ihr Verlauf für $-20 \leq x \leq 20$ dargestellt.

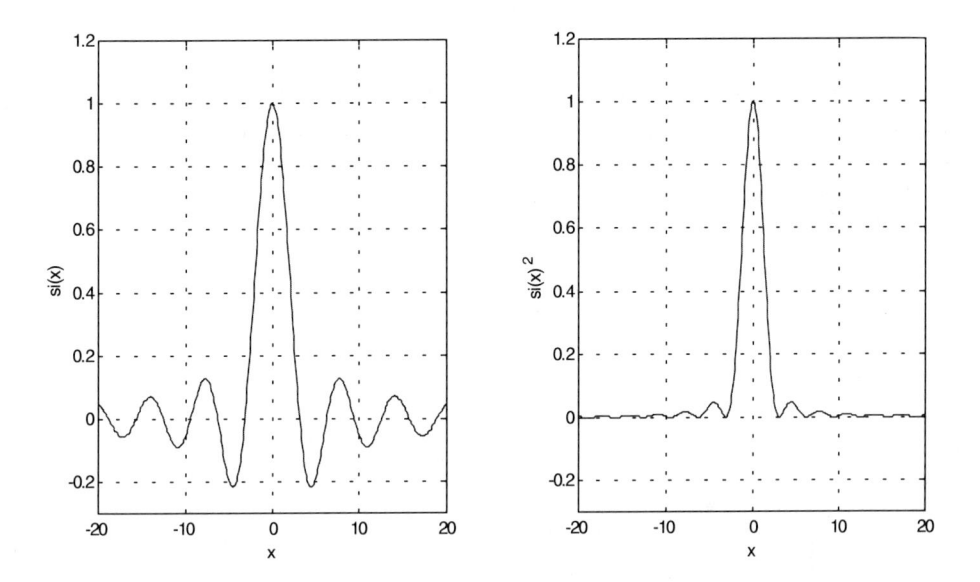

Abb. M.5-2 Verlauf der Spaltfunktion si(x) (links) und des Quadrats der Spaltfunktion (rechts)

Der Wert der Funktion an der Stelle $x = 0$ berechnet sich mit Hilfe der L'Hospitalschen Regel zu $\mathrm{si}(x=0) = 1$, während sich die Nullstellen aus dem Verlauf der Sinusfunktion zu

$$x_{0,n} = n\,\pi \qquad n = \{\pm 1, \pm 2, \pm 3, \ldots\} \qquad (M.5\text{-}5)$$

ergeben.

Ebenfalls von Bedeutung (z. B. bei der Berechnung von Leistungsdichtespektren bei Einsatz digitaler Modulationsverfahren) ist das Quadrat der Spaltfunktion, dessen Verlauf für $-20 \leq x \leq 20$ in Abb. M.5-2b gezeigt ist.

M.5.3 Fresnel-Integrale

Eine bei verschiedenen Anwendungen nützliche Funktion ist das Integral

$$\underline{K}(x) = \int_0^x e^{j\pi t^2/2} \, dt = C(x) + jS(x) \qquad \text{(M.5-6)}$$

Dabei werden Real- und Imaginärteil dieser Funktion als Fresnel-Integrale

$$C(x) = \int_0^x \cos\frac{\pi t^2}{2} \, dt \qquad \text{bzw.} \qquad S(x) = \int_0^x \sin\frac{\pi t^2}{2} \, dt \qquad \text{(M.5-7)}$$

bezeichnet; ihr Verlauf ist in Abb. M.5-3a dargestellt. Diese Fresnel-Integrale sind in ihrer ursprünglichen Form nicht geschlossen lösbar, aber es existieren Reihenentwicklungen, deren Berechnungen gute Annäherungen an die exakten Werte erlauben. Diese Reihenentwicklungen (siehe z. B. [Abramowitz u. Stegun 72]) lauten:

$$C(x) = \sum_{n=0}^{\infty} \frac{(-1)^n (\pi/2n)^{2n}}{(2n)!(4n+1)} x^{4n+1}$$

bzw. (M.5-8)

$$S(x) = \sum_{n=0}^{\infty} \frac{(-1)^n (\pi/2n)^{2n+1}}{(2n+1)!(4n+3)} x^{4n+3}$$

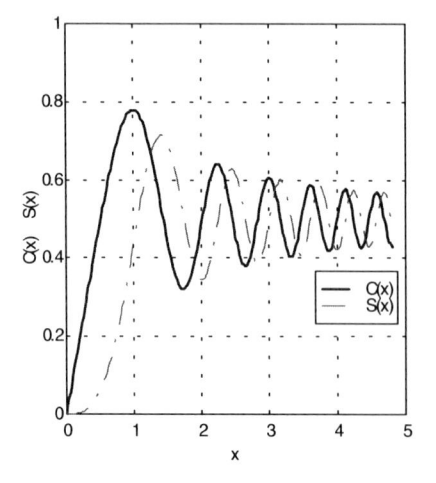

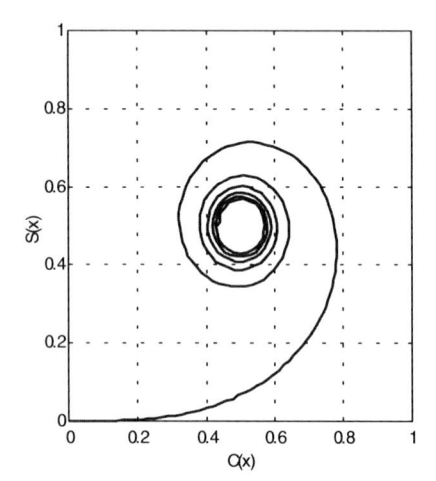

Abb. M.5-3 Die Fresnel-Integrale $C(x)$ bzw. $S(x)$ (links) und die Cornu-Spirale (rechts)

Für jedes reelle x stellt $\underline{K}(x)$ einen Punkt in der komplexen Ebene dar, wobei sich für $0 \leq x \leq \infty$ die in Abb. M.5-3b gezeigte Cornu-Spirale ergibt. Diese hat die Eigenschaft, daß die Länge dieser Kurve vom Ursprung zu jedem Punkt $\underline{K}(x)$ gleich dem Wert x ist. Dies läßt sich herleiten mit

$$\left|\frac{\underline{K}(x)}{dx}\right| = \left|e^{j\pi t^2/2}\right| = 1 \qquad \text{(M.5-9)}$$

Damit ergibt sich das Integral über die Weglänge zu

$$\int_0^x \left|\frac{\underline{K}(t)}{dt}\right| dt = x \qquad \text{(M.5-10)}$$

M.5.4 Die Error-Funktion und das Gaußsche Fehlerintegral

M.5.4.1 Einleitung

In einigen Bereichen der Nachrichtentechnik, so z. B. bei der Berechnung der Bitfehlerwahrscheinlichkeiten bei digitalen Modulationsverfahren, werden die *Error*-Funktion sowie die komplementäre *Error*-Funktion verwendet. Ihre Definitionen lauten für die *Error*-Funktion

$$\text{erf}(x) = \frac{2}{\sqrt{\pi}} \int_0^x e^{-u^2} \, du \qquad \text{(M.5-11)}$$

und für die komplementäre *Error*-Funktion

$$\text{erfc}(x) = 1 - \text{erf}(x) = \frac{2}{\sqrt{\pi}} \int_x^\infty e^{-u^2} \, du \qquad \text{(M.5-12)}$$

Aufgrund der Integrale in (M.5-11) bzw. (M.5-12) liegen beide Funktionen nicht in geschlossener Form vor, so daß bei Anwendungen entsprechende Tabellen oder Graphiken (Abb. M.5-4) verwendet werden müssen.

Für den praktischen Einsatz existieren Näherungsformeln, mit denen mit geringem Aufwand und hoher Genauigkeit für nahezu alle in der Praxis vorliegenden Probleme die Funktionswerte approximiert werden können. Diese sind zusammen mit Wertetabellen z. B. in [Abramowitz u. Stegun 72] zu finden.

Eng verknüpft mit der *Error*-Funktion ist das Gaußsche Fehlerintegral

$$\Phi(x) = \frac{1}{\sqrt{2\pi}} \int_{-\infty}^x e^{-u^2/2} \, du \qquad \text{(M.5-13)}$$

das der Integration über der zentrierten und normierten Gaußschen Verteilung (d. h. mit $\alpha_1 = 0$ und $\sigma = 1$) entspricht.

Der Zusammenhang zwischen der *Error*-Funktion und dem Gaußschen Fehlerintegral lautet

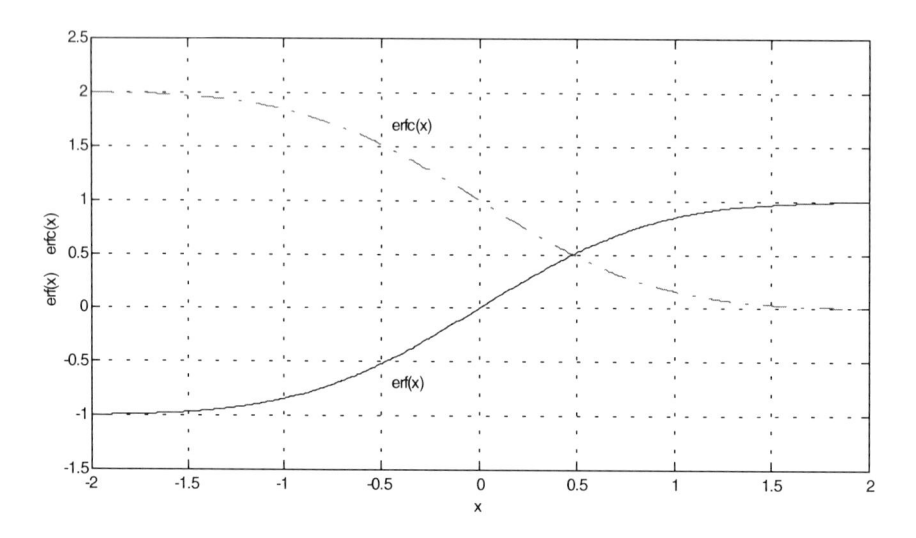

$$\text{erf}(x) = 2\Phi(\sqrt{2}x) - 1 \qquad \text{(M.5-14)}$$

Abb. M.5-4   *Error-Funktion und komplementäre Error-Funktion*

M.5.4.2   Tabelle des Gaußschen Fehlerintegrals (Ausschnitt)

x	$\Phi(x)$	x	$\Phi(x)$	x	$\Phi(x)$	x	$\Phi(x)$
0,0	0,000000	1,0	0,842701	2,0	0,995322	3,0	0,99997791
0,1	0,112463	1,1	0,880205	2,1	0,997020	3,1	0,99998835
0,2	0,222703	1,2	0,910314	2,2	0,998137	3,2	0,99999397
0,3	0,328627	1,3	0,934008	2,3	0,998857	3,3	0,99999694
0,4	0,428392	1,4	0,952285	2,4	0,999311	3,4	0,99999848
0,5	0,520500	1,5	0,966105	2,5	0,999593	3,5	0,99999926
0,6	0,603856	1,6	0,976348	2,6	0,999976	3,6	0,99999964
0,7	0,677801	1,7	0,983790	2,7	0,999866	3,7	0,99999983
0,8	0,742101	1,8	0,989091	2,8	0,999925	3,8	0,99999992
0,9	0,796908	1,9	0,992290	2,9	0,999959	3,9	0,99999997

Tab. M.5-2   *Tabelle des Gaußschen Fehlerintegrals für* $0 \leq x \leq 3{,}9$

M.6 Wegbereiter der Nachrichtentechnik

Cauer, Wilhelm (1900–1945), deutscher Hochfrequenztechniker

Erlang, A. K. (1878–1929), dänischer Mathematiker, Mitbegründer der Verkehrstheorie

Fourier, Jean Baptiste (1768–1830), französischer Mathematiker und Physiker, ab 1808 Joseph Baron de Fourier

Fresnel, Augustin Jean (1788–1827), französischer Ingenieur und Physiker; wies experimentell nach, daß Licht aus Transversalwellen besteht; ihm gelang die erste Bestimmung der Wellenlänge des Lichtes

Hertz, Heinrich (1857–1894), deutscher Physiker; wies experimentell die von Maxwell vorausgesagten elektromagnetischen Wellen nach

Hilbert, David (1862–1943), deutscher Mathematiker

Hülsmeyer, Christian (1881–1957), deutscher Ingenieur (Hochfrequenztechnik), Entdecker des Radarprinzips

Laplace, Pierre Simon (1749–1827), französischer Mathematiker

Lejeune-Dirichlet, Peter (1805–1859), deutscher Mathematiker französischer Abstammung

Marconi, Guglielmo (1874–1937), italienischer Physiker – Nutzung elektromagnetischer Wellen für die Übertragung von Signalen; 1909 Nobelpreis für Physik (gemeinsam mit dem deutschen Physiker Ferdinand Braun)

Maxwell, James Clerk (1831–1879), schottischer Physiker – Schöpfer der modernen Elektrodynamik und der elektromagnetischen Wellentheorie

Morse, Samuel Finley Breese (1791–1872), US-amerikanischer Maler und Erfinder

Nyquist, Harry (1889–1963), US-amerikanischer Ingenieur schwedischer Abstammung

Parseval des Chênes, Marc-Antoine (1755–1836), französischer Mathematiker

Pupin, Michael (Mihajlo) (1858–1935), US-amerikanischer Elektrotechniker und Mathematiker jugoslawischer Herkunft

Shannon, Claude Elwood (geb. 1916), US-amerikanischer Mathematiker und Ingenieur; begründete, ausgehend von Problemen der Codierung, die Informationstheorie

Strutt, John William (1842–1919), britischer Physiker, seit 1873 Lord *Rayleigh*

Tesla, Nicola (1856–1943), US-amerikanischer Physiker und Elektrotechniker kroatischer Abstammung

M.7 Literaturhinweise

Zu Teil A

[Bärwald 96]   Bärwald W. *Kommunikationsnetze und -dienste.* Hamburg [u. a.], Verlag Modernes Studieren, 1996.

[Musmann 85]   Musmann H G. *Einführung in die Nachrichtenverarbeitung.* Hannover, Manuskript einer Vorlesung an der Universität Hannover, 1985.

[Simon et al 95]   Simon M K, Hinedi S M, Lindsey W C. *Digital Communications Technology – Signal Design & Detection.* Englewood Cliffs, N. J., Prentice-Hall, 1995.

Zu Teil B

[Beichelt 95]   Beichelt F. *Stochastik für Ingenieure.* Stuttgart, Teubner, 1995.

[Bronstein 79]   Bronstein I N, Semendjajew K A. *Taschenbuch der Mathematik.* Leipzig, Teubner, 1979.

[Lee 82]   Lee W C Y. *Mobile Communications Engineering.* New York, McGraw-Hill, 1982.

[Lüke 92]   Lüke H D. *Signalübertragung.* Berlin [u. a.], Springer, 1992.

[Oppenheim u. Willsky 92]   Oppenheim A V, Willsky A S. *Signale und Systeme.* Weinheim, VCH Verlagsgesellschaft, 1992.

[Papoulis 88]   Papoulis A. *Signal Analysis.* New York [u. a.], McGraw-Hill, 1988.

[Simon et al 95]   Simon M K, Hinedi S M, Lindsey W C. *Digital Communications Technology – Signal Design & Detection.* Englewood Cliffs, N. J., Prentice-Hall, 1995.

[Steinbuch u. Rupprecht 82]   Steinbuch K, Rupprecht W. *Nachrichtentechnik, Band II: Nachrichtenübertragung.* Berlin [u. a.], Springer, 1982.

[Wolf 74]   Wolf H. *Nachrichtenübertragung.* Berlin [u. a.], Springer, 1974.

Zu Teil C

[Baier et al 84]   Baier P W, Grünberger G, Pandit M. *Störunterdrückende Funkübertragungstechnik.* München, Oldenbourg, 1984.

[Berger 71] Berger T. *Rate-Distortion Theory: A mathematical basis for data compression*. Englewood Cliffs, N. J., Prentice-Hall, 1971.

[Bossert 92] Bossert M. *Kanalcodierung*. Stuttgart, Teubner, 1992.

[Couch 90] Couch L W II. *Digital and Analog Communication Systems*. New York, Macmillan, 1990.

[Dholakia 94] Dholakia A. *Introduction to Convolutional Codes with Applications*. Boston [u. a.], Kluwer, 1994.

[Fast u. Stumpers 56] Fast J D, Stumpers F L H M. *Entropie in Wissenschaft und Technik – IV. Entropie und Information*. Philips' Technische Rundschau, 18. Jg., 1956/57, H. 5–6, S. 164–176.

[Friedrichs 95] Friedrichs B. *Kanalcodierung*. Berlin [u. a.], Springer, 1995.

[Gilbert 60] Gilbert E N. *Capacity of a Burst-Noise Channel*. Bell System Technical Journal, Vol. 39, 1960, H. 9, pp. 1253–1265.

[Grams 86] Grams T. *Codierungsverfahren*. Mannheim [u. a.], Bibliographisches Institut, 1986.

[Hamming 50] Hamming R W. *Error Detecting and Error Correcting Codes*. Bell System Technical Journal, Vol. XXVI, No. 2, April 1950, pp. 147–160.

[Hamming 86] Hamming R W. *Coding and Information Theory*. Englewood Cliffs, N. J., Prentice-Hall, 1986.

[Herzer 77] Herzer R. *Einige Grundlagen und Aspekte zur gesicherten Datenübertragung mittels linearer, redundanter Binärcodes*. Der Fernmelde-Ingenieur, Bd. 31, 1977, H. 2 (Febr.).

[Imai 90] Imai H [Hrsg.]. *Essentials of Error-Control Coding Techniques*. San Diego, Academic Press, 1990.

[Johannesson 92] Johannesson R. *Informationstheorie – Grundlage der (Tele-) Kommunikation*. Lund, Studentlitteratur [u. a.], 1992.

[Michelson u. Levesque 85] Michelson A M, Levesque A H. *Error-Control Techniques for Digital Communication*. New York [u. a.], Wiley, 1985.

[Müller 68] Müller K. *Simulation büschelartiger Störimpulse*. Nachrichtentechnische Zeitschrift, Bd. 21, 1968, H. 11, S. 688–692.

[Papoulis 88] Papoulis A. *Signal Analysis*. New York [u. a.], McGraw-Hill, 1988.

[Peters 68]	Peters J. *Die physikalische Bedeutung der Information.* Nachrichtentechnische Zeitschrift, 1968, H. 4, S. 199–203.
[Rohling 95]	Rohling H. *Einführung in die Informations- und Codierungstheorie.* Stuttgart, Teubner, 1995.
[Shannon u. Weaver 49]	Shannon C E, Weaver W. *The Mathematical Theory of Communications.* Urbana, The University of Illinois Press, 1949.
[Shannon u. Weaver 76]	Shannon C E, Weaver W. *Mathematische Grundlagen der Informationstheorie.* München [u. a.], Oldenbourg, 1976. (Deutsche Übersetzung von [Shannon u. Weaver 49])
[Shannon 92]	Shannon C E. *Informationstheorie und Codierung.* Braunschweig [u. a.], Vieweg, 1992.
[Spiegel 90]	Spiegel P. *Kommunikationstechnik.* Dresden, Zentralstelle für das Hochschulfernstudium, 1990.
[Sweeney 92]	Sweeney P. *Codierung zur Fehlererkennung und Fehlerkorrektur.* München [u. a.], Hanser [u. a.], 1992.

Zu Teil D

[Benedetto et al 87]	Benedetto S, Biglieri E, Castellani V. *Digital Transmission Theory.* Englewood Cliffs, N. J., Prentice-Hall, 1987.
[Bluschke 92]	Bluschke A. *Digitale Leitungs- und Aufzeichnungscodes.* Berlin [u. a.], vde-verlag, 1992.
[Hänsler 97]	Hänsler I. *Statistische Signale – Grundlagen und Anwendungen.* Berlin [u. a.], Springer, 1997.
[Korn 85]	Korn I. *Digital Communications.* New York, Van Nostrand Reinhold, 1985.
[Kress 79]	Kress D. *Theoretische Grundlagen der Übertragung digitaler Signale.* Berlin, Akademie-Verlag, 1979.
[Nyquist 28]	Nyquist H. *Certain Topics in Telegraph Transmission Theory.* Trans. AIEE 47, 1928, pp. 617–744.
[Proakis 83]	Proakis J G. *Digital Communications.* New York, McGraw-Hill, 1983.
[Viterbi u. Omura 79]	Viterbi A J, Omura J K. *Principles of Digital Communications and Coding.* New York, McGraw-Hill, 1979.

Zu Teil E

[Bronstein 79]	Bronstein I N, Semendjajew K A. *Taschenbuch der Mathematik*. Leipzig, Teubner, 1979
[Connor 87]	Connor F R. *Rauschen – Zufallssignale, Rauschmessung, Systemvergleich*. Braunschweig [u. a.], Vieweg, 1987.
[Friis 44]	Friis H T. *Noise Figures of Radio Receivers*. Proc. IRE, Vol. 32, July 1944, pp. 419–422.
[Friis 45]	Friis H T. *Discussion on Noise Figures of Radio Receivers*. Proc. IRE, Vol. 33, Febr. 1945, pp. 125–127.
[Fritzsche 84]	Fritzsche G. *Theoretische Grundlagen der Nachrichtentechnik*. Berlin, Verlag Technik, 1984.
[Gronau 90]	Gronau G. *Einführung in die Theorie und Technik planarer Mikrowellenantennen in Mikrostreifenleitungstechnik*. Aachen, Nellissen-Wolff, 1990.
[Hoffmann 60]	Hoffmann K. *Überreichweiten-Richtfunk*. Elektrotechnische Zeitschrift, 12. Jg. 1960, H. 13, S. 320–324.
[Hoffmann 83]	Hoffmann R K. *Integrierte Mikrowellenschaltungen. Elektrische Grundlagen, Dimensionierung, technische Ausführung, Technologien*. Berlin [u. a.], Springer, 1983.
[Jasik 61]	Jasik H. *Antenna Engineering Handbook*. New York [u. a.], Mc Graw-Hill, 1961.
[Lehner 94]	Lehner G. *Elektromagnetische Feldtheorie*. Berlin [u. a.], Springer, 1994.
[Limann 79]	Limann O. *Funktechnik ohne Ballast*. München, Franzis, 1979.
[Löcherer 84]	Löcherer K-H. *Grundlagen der Hochfrequenztechnik*. Hannover, Manuskript einer Vorlesung an der Universität Hannover, 1984.
[Löcherer 85]	Löcherer K-H. *Elektronisches Rauschen in Bauelementen und Schaltungen*. Hannover, Manuskript einer Vorlesung an der Universität Hannover, 1985.
[Löcherer 86]	Löcherer K-H. *Hochfrequenz-Sende- und Empfangstechnik*. Hannover, Manuskript einer Vorlesung an der Universität Hannover, 1986.
[Marcuvitz 51]	Marcuvitz N [Ed.]. *Waveguide Handbook*. New York, McGraw-Hill, 1951.

[Marquardt 86]	Marquardt J. *Wellenausbreitung*. Hannover, Manuskript einer Vorlesung an der Universität Hannover, 1985/86.
[Pettai 84]	Pettai R. *Noise in Receiving Systems*. New York, Wiley, 1984.
[Philippow 78]	Philippow, E. *Taschenbuch Elektrotechnik. Band 3, Bauelemente und Bausteine der Informationstheorie*. Berlin, Verlag Technik, 1978.
[Rothammel 91]	Rothammel K. *Antennenbuch*. Stuttgart, Franckh-Kosmos, 1991.
[Rummler 79]	Rummler W D. *A New Selective Fading Model: Application to Propagation Data*. Bell System Technical Journal, May/June 1979, pp. 1037–1071.
[Schwab 85]	Schwab A J. *Begriffswelt der Feldtheorie*. Berlin [u. a.], Springer, 1985.
[Simonyi 77]	Simonyi K. *Theoretische Elektrotechnik*. Berlin, Deutscher Verlag der Wissenschaften, 1977.
[Steinbuch u. Rupprecht 82]	Steinbuch K, Rupprecht W. *Einführung in die Nachrichtentechnik*. Berlin [u. a.], Springer, 1982.
[Stirner 80]	Stirner E. *Antennen*. Heidelberg, Hüthig, 1980.
[Tschimpke u. Flachenecker 81]	
	Tschimpke L, Flachenecker G. *Statistische Beschreibung von Diversity-Verfahren, erläutert am Empfangsfeld mit Rayleigh-Verteilung*. Frequenz, Bd. 35, 1981, H. 11, S. 298–305.
[Weber 59]	Weber H. *Richtfunk mit Überreichweitenausbreitung bei 2200 MHz*. Elektrowelt, Ausgabe C, Nr. 9, Nov. 1959, S. 219–222.

Zu Teil F

[Achenbach 92]	Achenbach J J. *Analoge und digitale Filter und Systeme (Band 1: Grundlagen, Band 2: Aufgaben und Lösungen)*. B.I.-Wissenschaftsverlag, 1992.
[Bauer u. Wagener 90]	Bauer W, Wagener H H. *Bauelemente und Grundschaltungen der Elektronik, Band 2*. München, Hanser, 1990.
[Fellbaum 84]	Fellbaum K-R. *Sprachverarbeitung und Sprachübertragung*. Berlin [u. a.], Springer, 1984.
[Harth 91]	Harth W. *Aktive Mikrowellendioden*. Berlin [u. a.], Springer, 1991.

[Hölzler et al 75]	Hölzler E, Holzwarth H, Kersten R. *Pulstechnik. Band 1: Grundlagen.* Berlin [u. a.], Springer, 1975.
[Hoffmann 83]	Hoffmann R K. *Integrierte Mikrowellenschaltungen. Elektrische Grundlagen, Dimensionierung, technische Ausführung, Technologien.* Berlin [u. a.], Springer, 1983.
[Johnson 91]	Johnson J R. *Digitale Signalverarbeitung.* München, Hanser, 1991.
[Kammeyer u. Kroschel 98]	Kammeyer K D, Kroschel K. *Digitale Signalverarbeitung.* Stuttgart, Teubner, 1998.
[Kirschbaum 89]	Kirschbaum H-D. *Transistorverstärker, Bände 1 bis 3.* Stuttgart, Teubner, 1989.
[Mildenberger 92]	Mildenberger O. *Entwurf analoger und digitaler Filter.* Braunschweig [u. a.], Vieweg, 1992.
[Saal 79]	Saal R. *Handbuch zum Filterentwurf.* Berlin [u. a.], AEG Telefunken, 1979.
[Schrüfer 90]	Schrüfer, E. *Signalverarbeitung – numerische Verarbeitung digitaler Signale.* München [u. a.], Hanser, 1990.
[Tugal u. Tugal 82]	Tugal D A, Tugal O. *Data Transmission: Analysis, Design, Applications.* New York, McGraw-Hill, 1982.

Zu Teil G

[Anderson et al 86]	Anderson J B, Aulin T, Sundberg C-E. *Digital Phase Modulation.* New York, Plenum Press, 1986.
[Benedetto et al 87]	Benedetto S, Biglieri E, Castellani V. *Digital Transmission Theory.* Englewood Cliffs, N. J., Prentice-Hall, 1987.
[Best 93]	Best R E. *Phase-Locked Loops, Theory, Design, and Applications.* New York, McGraw-Hill, 1993.
[Block 73]	Block R. *Adaptive Deltamodulationsverfahren für Sprachübertragung – eine Übersicht.* Nachrichtentechnische Zeitschrift, Bd. 26, 1973, H. 11, S. 499–502.
[Breed 93]	Breed G A. *A Historical Look at RF Modulation Methods.* RF Design, Febr. 1993, S. 22.
[Bürkle 89]	Bürkle H [Hrsg.]. *Grundlagen der Funktechnik.* Heidelberg, v Decker [u. a.], 1989.
[Couch 90]	Couch L W II. *Digital and Analog Communication Systems.* New York, Macmillan, 1990.

[Glauner 83]   Glauner M. *Symbol- und Bitfehlerwahrscheinlichkeit von MQAM im idealen Nyquist-Kanal mit additivem weißem gaußschem Rauschen.* Archiv für Elektronik und Übertragungstechnik, Bd. 37, 1983, H. 3/4, S. 123–129.

[Greefkes u. Riemens 72]   Greefkes J A, Riemens K. *Ein digital geregelter Delta-Codec für Sprachübertragung.* Berlin Charlottenburg, Nachrichtentechnische Fachberichte, VDE-Verlag, 1972, B. 42, S. 116–125.

[Grenfeldt 98]   Grenfeldt M. *ERION – Ericsson optical networking using WDM technology.* Stockholm, Ericsson Review, Vol 75, No 3, 1998, pp 132–137.

[Jayant 70]   Jayant N S. *Adaptive delta modulation with a one-bit memory.* Bell System Technical Journal, March 1970, pp. 321–342.

[Johann 92]   Johann J. *Modulationsverfahren. Grundlagen analoger und digitaler Übertragungssysteme.* Berlin [u. a.], Springer, 1992.

[Johnson 91]   Johnson J R. *Digitale Signalverarbeitung.* München, Hanser, 1991.

[Kammeyer u. Kroschel 89]   Kammeyer K D, Kroschel K. *Digitale Signalverarbeitung.* Stuttgart, Teubner, 1989.

[Korn 85]   Korn I. *Digital Communications.* New York, Van Nostrand Reinhold, 1985.

[Kühlwetter 84]   Kühlwetter J. *Signalübertragung mit 24 kbit/s.* Elektronik, H. 3, 1984, S. 121–126.

[Kühne 70]   Kühne F. *Modulationssysteme mit Sinusträger – Teil I, Allgemeine Theorie.* Archiv für Elektronik und Übertragungstechnik, Bd. 24, 1970, H. 3, S. 139–150.

[Kühne 71]   Kühne F. *Modulationssysteme mit Sinusträger – Teil II, Spezielle Modulationssysteme.* Archiv für Elektronik und Übertragungstechnik, Bd. 25, 1971, H. 3, S. 117–128.

[Limann 79]   Limann O. *Funktechnik ohne Ballast.* München, Franzis, 1979.

[Lochmann 91]   Lochmann D. *Digitale Nachrichtentechnik.* Berlin, Verlag Technik, 1991.

[Lüke 92]   Lüke H D. *Signalübertragung.* Berlin [u. a.], Springer, 1992.

[Mäusl 88]   Mäusl R. *Analoge Modulationsverfahren.* Heidelberg, Hüthig, 1988.

[Murota u. Hirade 81]   Murota K, Hirade K. *GMSK Modulation for Digital Mobile Radio Telephony.* IEEE Transactions on Communications, H. 7, 1981, S. 1044–1050.

[Proakis 95]   Proakis J G. *Digital Communications.* New York, McGraw-Hill, 1995.

[Prokott 75]   Prokott E. *Modulation und Demodulation.* Berlin, Elitera, 1975.

[Schindler 70]   Schindler H R. *Digitale Sprachcodierung mittels logarithmisch kompandierter Deltamodulation.* Berlin Charlottenburg, Nachrichtentechnische Fachberichte, VDE-Verlag, 1970, Bd. 40, S. 28–33.

[Schröder 59]   Schröder H. Elektrische *Nachrichtentechnik. 1. Band. Grundlagen – Theorie und Berechnung passiver Übertragungsnetzwerke.* Berlin-Borsigwalde, Verlag für Radio-Foto-Kinotechnik, 1959.

[Schüeli u. Tisi 69]   Schüeli A, Tisi F. *Die Einseitenbandübertragung von Daten mit der dritten Methode.* Archiv für Elektronik und Übertragungstechnik, Bd. 23, H. 3, 1969, S. 113–121.

[Lindsey u. Simon 73]   Lindsey W C, Simon M K. *Telecommunication Systems Engineering.* Englewood Cliffs, N. J., Prentice-Hall, 1973.

[Spiegel 90]   Spiegel P. *Kommunikationstechnik.* Dresden, Zentralstelle für das Hochschulfernstudium, 1990.

[Stearns 91]   Stearns S D. *Digitale Verarbeitung analoger Signale.* München [u. a.], Oldenbourg, 1991.

[Steinbuch u. Rupprecht 82]   Steinbuch K, Rupprecht W. *Einführung in die Nachrichtentechnik.* Berlin [u. a.], Springer, 1982.

[Tugal u. Tugal 82]   Tugal D A, Tugal O. *Data Transmission: Analysis, Design, Applications.* McGraw-Hill Book Company 1982.

[Zinke u. Brunswig 74]   Zinke O, Brunswig H. *Lehrbuch der Hochfrequenztechnik. Band 2: Elektronik und Signalverarbeitung.* Berlin [u. a.], 1974.

Zu Teil H

[Baur 85]   Baur E. *Radartechnik.* Stuttgart, Teubner, 1985.

[Bernath 82]   Bernath K W. *Grundlagen der Fernseh-System- und -Schaltungstechnik.* Berlin [u. a.], Springer, 1982.

[Bossert 91]	Bossert M. *Funkübertragung im GSM-System*. München, Funkschau, 1991, H. 22, S. 68 ff und H. 23, S77 ff.
[Bourdon et al 95]	Bourdon, Friedrichs et al. *Digitalsignal-Richtfunk-Übertragungstechnik*. Sonderdruck aus Taschenbuch der Fernmelde-Praxis, 22. Jahrgang 1985.
[Carl 72]	Carl H. *Richtfunkverbindungen*. Stuttgart [u. a.], Verlag Berliner Union [u. a.], 1972.
[David u. Benkner 96]	Jung P. *Digitale Mobilfunksysteme*. Stuttgart, Teubner, 1996.
[Detlefsen 89]	Detlefsen J. *Radartechnik*. Berlin [u. a.], Springer, 1989.
[Dodel u. Baumgart 86]	Dodel H, Baumgart M. *Satellitensysteme für Kommunikation, Fernsehen und Rundfunk*. Heidelberg, Hüthig, 1986.
[Douverne u. Ruthmann 94]	Douverne E, Ruthmann K. *Richtfunkspezifische Aspekte bei der Übertragung von Signalen der synchronen digitalen Hierarchie*. ANT Nachrichtentechnische Berichte, H. 11, 1994, S. 41–48.
[Ehrlich u. Eberspächer 88]	Ehrlich W, Eberspächer K. *Die neue synchrone digitale Hierarchie*. Nachrichtentechnische Zeitschrift, Bd. 41, 1988, H. 10, s. 570–574.
[Elbert 97]	Elbert B. *The Satellite Communications Applications Handbook*. Boston [u. a.], Artech House, 1997.
[Faruque 96]	Faruque S. *Cellular Mobile Systems Engineering*. Boston, Boston [u. a.], Artech House, 1996.
[Feher 83]	Feher K. *Digital Communications – Satellite/Earth Station Engineering*. Englewood Cliffs, N. J., Prentice Hall, 1983.
[Fischbach et al 82]	Fischbach J U et al. *Optoelektronik – Bauelemente der Halbleiter-Optoelektronik*. Grafenau/Württemberg, Expert, 1982.
[Gerlitzki]	Gerlitzki W. *Die Radargleichung. Ableitung, Parameter, Formen, Beispiele*. Ulm, AEG-Telefunken, o. J.
[Gibson 89]	Gibson J D. *Principles of Digital and Analog Communications*. New York, Macmillan, 1989.
[Grabau 89]	Grabau R [Hrsg.]. *Technische Aufklärung*. Stuttgart, Franckh, 1989.
[Grimm u. Nowak 89]	Grimm E, Nowak W. *Lichtwellenleitertechnik*. Heidelberg, Hüthig, 1989.

[Harth u. Grothe 84]   Harth W, Grothe H. *Sende- und Empfangsdioden für die optische Nachrichtentechnik*. Stuttgart, Teubner, 1984.

[Heinrich 88]   Heinrich W. *Richtfunktechnik*. Heidelberg, v. Decker, 1988.

[Hofmann 91]   Hofmann R. *Rundfunktechnisches Lexikon*. Stuttgart, Süddeutscher Rundfunk, 1991.

[Höhn 89]   Höhn U. *Das Richtfunk-Funkfeld*. Hamburg, Unterrichtsblätter F der Deutschen Bundespost, Jg. 42, 1989, H. 3, S. 91–95.

[Jung 96]   Jung P. *Analyse und Entwurf digitaler Mobilfunksysteme*. Stuttgart, Teubner, 1996.

[Kaplan 96]   Kaplan E D. *Understanding GPS. Principles and Applications*. Boston [u. a.], Artech House, 1996.

[Kniestedt 94]   Kniestedt J. *Die historische Entwicklung des Rundfunks in Deutschland*. Hamburg, Telekom-Unterrichtsblätter, Jg. 47, 1994, H. 2 u. H. 4.

[Köhler u. Reißmann 98]   Köhler M, Reißmann M. *Dicke Datenmengen durch dünne Kanäle*. Elektronik, H. 26, 1998, S. 42–48

[Kopitz u. Marles 98]   Kopitz D, Marles B. *RDS: The Radio Data System*. boston [u. a.], Artech House, 1998.

[Langer 92]   Langer O M. *Digital-Richtfunksysteme in SDH-Netzen*. FTZ-Nachrichten, H. 3–4, 1992, S.15–22.

[Lochmann 91]   Lochmann D. *Digitale Nachrichtentechnik*. Berlin, Verlag Technik, 1991.

[Löcherer 86]   Löcherer K-H. *Hochfrequenz-Sende- und Empfangstechnik*. Hannover, Manuskript einer Vorlesung an der Universität Hannover, 1986.

[Ludloff 98]   Ludloff A. *Praxiswissen Radar und Radarsignalverarbeitung*. Braunschweig, Vieweg, 1998.

[Mehrotra 97]   Mehrotra A. *GSM Systems Engineering*. Boston, Artech House 1997.

[Morgenstern 89]   Morgenstern B. *Farbfernsehtechnik*. Stuttgart, Teubner, 1989.

[Parkinson et al 96]   Parkinson B W, Spilker J J, Axelrad P, Enge P [Eds]. *Global Positioning System. Theory and Applications. Vol. 1 & 2*. Washington, D C, American Institute of Aeronautics and Astronautics, 1996.

[Pischker 98]   Pischker J. *Richtfunkgerätetechnik heute.* telekom praxis, H. 5, 1998, S. 12–19.

[Plenge 91]	Plenge G. *Digital Audio Broadcast – Ein neues Hörfunksystem, Stand der Entwicklung und Wege zu seiner Einführung.* Rundfunktechnische Mitteilungen, Jg. 35, 1991, H. 2, S. 45–66.
[Pooch 70]	Pooch H [Hrsg]. *Richtfunktechnik: Systeme, Planung, Aufbau, Messung.* Fachverlag Berlin, Schiele & Schön, 1970.
[Roden 88]	Roden M S. *Digital Communications System Design.* Englewood Cliffs, N. J., Prentice-Hall, 1988.
[Roddy 91]	Roddy D. *Satellitenkommunikation. Grundlagen – Satelliten – Übertragungssysteme.* München, Hanser, 1991.
[Schrödter 94]	Schrödter F. *Satelliten-Navigation. Technik, Systeme, Geräte, Funktion und praktischer Einsatz.* Poing, Franzis, 1994.
[Spilker 77]	Spilker J J. *Digital Communications by Satellite.* Englewood Cliffs, N. J., Prentice-Hall, 1977.
[Strobel 95]	Strobel J. *GPS global positioning system. Technik und Anwendung der Satellitennavigation.* Poing, Franzis, 1995.
[Tugan u. Tugal 82]	Tugan D A, Tugal O. *Data Transmission: Analysis, Design, Applications.* New York, McGraw-Hill, 1982.
[Unger 94]	Unger H G. *Hochfrequenztechnik in Funk und Radar.* Stuttgart, Teubner, 1994.
[Viterbi 79]	Viterbi A J. *Principles of Digital Communications and Coding.* New York, McGraw-Hill, 1979.
[Weber 92]	M. Weber. *Basisstation – bitte melden.* HF-Report, H. 2, 1992, S. 60–64.

Zu Teil I

[Bärwald 96]	Bärwald W. *Kommunikationsnetze und -dienste.* Hamburg [u. a.], Verlag Modernes Studieren, 1996.
[Elsing 91]	Elsing J. *Das OSI-Schichtenmodell.* Vaterstetten, IWT, 1991.
[Haaß 97]	Haaß W-D. *Handbuch der Kommunikationstechnik.* Berlin [u. a.], Springer, 1997.
[Johannesson 92]	Johannesson R. *Informationstheorie – Grundlage der (Tele-)Kommunikation.* Lund, Studentlitteratur [u. a.], 1992.

[Stiegler 99]	Stiegler L. *Einführung in die ASN.1-Kommunikationsplattform.* Hamburg, Unterrichtsblätter der Deutschen Telekom, Jg. 52, 1999, H. 1, S. 32–48.
[Welzel 93]	Welzel P. *Datenfernübertragung.* Braunschweig [u. a.], Vieweg, 1993.

Zu Teil J

[Haaß 97]	Haaß W-D. *Handbuch der Kommunikationstechnik.* Berlin [u. a.], Springer, 1997.
[Hosenfeld 96]	Hosenfeld F. *Next Generation – Internet Protokoll Version 6: ein neues Kommunikationsalter?* c't, 1996, H. 11, S. 380–390.
[Karl 98]	Karl S. *IP lernt Sprechen. Voice-over-IP.* Poing bei München, Network Computing, 1998, H. 11, S. 22–26.
[Kauffels 97]	F. J. Kauffels. *Moderne Datenkommunikation.* Bonn, International Thomson Publishing, 1997.
[Naugle 94]	Naugle M G. *Network Protocol Handbook.* New York, McGraw-Hill, 1994.
[Schepp 98]	Schepp T. *Multimedia über IP mit Tücken. H.323-Standard.* Poing bei München, Network Computing, 1998, H. 11, S. 28–29.
[Stevens 92]	Stevens W R. *Programmieren von UNIX-Netzen.* München, Hanser, 1992.
[Tannenbaum 90]	Tannenbaum A S. *Computer-Netzwerke.* Altenkirchen, Wolfram's Fachverlag, 1990.
[Welzel 93]	Welzel P. *Datenfernübertragung.* Braunschweig [u. a.], Vieweg, 1993.
[Wilder 98]	Wilder F. *The TCP/IP Protocol Suite.* Boston [u. a.], Artech House, 1998.

Zu Teil K

[Allmendinger 98]	Allmendinger D. *Verkehrstheorie mit dem PC.* telekom praxis; H. 8, 1998, S. 18 ff. (Teil 1), H. 9, 1998, S. 42 ff. (Teil 2), H. 12, 1998, S. 34 ff. (Teil 3), Teil 4 noch nicht erschienen.
[Bärwald 96]	Bärwald W. *Kommunikationsnetze und -dienste.* Hamburg [u. a.], Verlag Modernes Studieren, 1996.
[Haaß 97]	Haaß W-D. *Handbuch der Kommunikationstechnik.* Berlin [u. a.], Springer, 1997.

[Siegmund 92] Siegmund G. *Grundlagen der Vermittlungstechnik.* Heidelberg, v. Decker, 1992.

Zu Teil L

[Alcatel 94] Alcatel SEL AG (Hrsg.), W. Tornow (Bearb.). *Taschenbuch der Nachrichtentechnik: Ingenieurwissen für die Praxis.* Berlin, Schiele & Schön, 1994.

[Badach 95] Badach A (Hrsg.). *ATM-Anwendungen.* Berlin, VDE-Verlag, 1995.

[Haaß 97] Haaß W-D. *Handbuch der Telekommunikationsnetze.* Berlin [u. a.], Springer, 1997.

[Kaderali 95] Kaderali F. *Digitale Kommunikationstechnik – Band I und II.* Braunschweig [u. a.], Vieweg, 1995.

[Kumar 95] Kumar B. *Broadband Communications – A Professional Guide to ATM, Frame Relay, SMDS, SONET, and B-ISDN.* New York [u. a.], McGraw-Hill, 1995.

[Luckhardt 97] Luckhardt N. *Schwer entflammbar - Grundlagen und Architekturen von Firewalls.* c't, 1997, H. 4, S. 308–312.

[Pelzer 98] Pelzer D. *Microsoft DNS-Server. Zuordnung von Namen und IP-Adressen.* Poing bei München, Network Computing, 1998, H. 11, S. 58–60.

[Santamaría u. López-Hernández 94]
Santamaría A, López-Hernández F J [Eds]. *Wireless LAN Systems.* Boston [u. a.], Artech House, 1994.

[Sellin 97] Sellin R. *ATM- u. ATM-Management.* Berlin, VDE-Verlag, 1997.

[Siegmund 97] Siegmund G. *ATM – Die Technik. Grundlagen, Netze, Schnittstellen, Protokolle.* Heidelberg, Hüthig, 1997.

[Sós 98] Sós E. *ATM – Kommunikationstechnologie der Zukunft.* Hamburg, Unterrichtsblätter der Deutschen Telekom, Jg. 51, 1998, H. 10, S. 492–519.

[Welzel 93] Welzel P. *Datenfernübertragung.* Braunschweig [u. a.], Vieweg, 1993.

Zu Teil M

[Abramowitz u. Stegun 72] Abramowitz M, Stegun I A [Ed]. *Handbook of mathematical functions with formulas, graphs, and mathematical tables.* New York, Dover Publications, 1972.

[Achilles 78] Achilles D. *Die Fourier-Transformation in der Signalverarbeitung.* Berlin [u. a.], Springer, 1978.

[Brigham 74] Brigham E O. *The Fast Fourier Transform*. Englewood Cliffs, N. J., Prentice Hall, 1974.
[Bronstein 79] Bronstein I N, Semendjajew K A. *Taschenbuch der Mathematik*. Leipzig, Teubner, 1979
[Föllinger 90] Föllinger O. *Laplace- und Fourier-Transformation*. Heidelberg, Hüthig, 1990.
[Herter u. Lörcher 94] Herter E, Lörcher W. *Nachrichtentechnik. Übertragung, Vermittlung, Verarbeitung*. München, Hanser, 1994.
[Watson 66] Watson G N. *A treatise on the Theory of Bessel Functions*. Cambridge, University Press, 1966. (1. Auflage 1922)

M.8 Sachregister

A
Abnehmerleitung 804
Abschattung 330, 342, 686
Abschlußwiderstand 855, 868
Absorption 293
Abstand, Euklidischer 150, 179, 508
Abstandshalterung 277
Abstandswarnradar 709
Abstract Syntax Notation No. 1 747
Abstrahlung 294
Abtastfrequenz (Abtastrate) 568
Abtast-Halte-Schaltung 571, 606
Abtastintervall (Abtastperiode) 568
Abtastrate (Abtastfrequenz) 568
Abtastsignal 24
Abtasttheorem, Shannon- 114, 123, 518, 568, 572 f, 583, 598, 606
Abtastung 24, 416, 568 ff, 574, 577, 587, 606f
Abwärtsmischer 51, 431
Abzweigen 618, 627
Ad-hoc-Netz 852
adaptive Wegefindung 738
adaptiver Entzerrer 230
Add & Drop 624, 627
additives Gaußsches Rauschen 245
Address Resolution Protocol 769

Adjacent Channel Interference 515, 679
Adresse, logische 771
Adressierung, ATM 888
–, HDLC 734
–, IP 772
–, TCP 777
Adreßmultiplex 601, 802
A/D-Umsetzung 7, 577 f
A-Kennlinie 584
Akustikkoppler 824, 833
akustisch-elektrischer Wandler 434
Aliasing 573
All Purpose Amplifier 402
Aloha 860
Alphabet 94
AMI-Code 202
Amplitude Shift Keying (ASK) 519
Amplitudenbegrenzer 503
Amplitudenfehler 515, 518
Amplitudenfilter 415
Amplitudenmodulation 428, 459, 461, 634
–, Einseitenband- 474, 617
Amplitudenmodulator 461ff
Amplitudenmultiplex 593
Amplituden/Phasen-Tastung 513, 558
Amplitudentastung 509 f, 519, 523

Amplitudenzustand 517
Analog-Digital-Umsetzung 7, 577 f
analytisches Signal 56 f
Anforderung (Dienstprimitiv) 723
Angebot 807
Anpassung 262, 268, 270
Anschaltgerät 828
Antennen 294 f, 298, 322 f, 635, 643, 652 f
–, Cassegrain- 325, 653
–, Beverage- 323
–, Bezugs- 301
–, Diversity 348
–, effektive Länge 305, 310
–, Gewinn 297, 300 f, 329
–, Hohlleiter- 295, 324
–, Horn- 653
–, Hornparabol- 326
–, Langdraht- 321
–, Linear- 323
–, Muschel- 326
–, Parabol- 325 f, 653, 661
–, Radar- 298
–, Rauschen 360 f
–, Rhombus- 323
–, Richtfunk- 298
–, Schleifen- 295
–, Spot-Beam- 668
–, Stab- 295
–, V- 322
–, Widerstand 297, 301
–, Wirkfläche 305
–, Wirkungsgrad 301, 305
Anti-Aliasing-Filter 574, 577, 598 f
Antwort (Dienstprimitiv) 724
Anwendungsmanagement 724
Anwendungsschicht 715, 750
Anzeige, Dienstprimitiv 723
Aperturantennen 323, 653
Aperturfläche 324
Aperturstrahler 295
Apogäum 662
äquivalente Rauschbandbreite 222, 362, 371 f, 497, 501
äquivalenter Signalrauschabstand 497
Äquivokation 107 f, 110, 351
Architekturmodell 714

ARPANET 769
ASK 509 f, 519, 523
Association Control Service Element 751
asynchrone serielle Übertragung 240
Asynchronous Time Division 597, 881
Asynchronous Transfer Mode (ATM) 597, 632, 880 f
ATM-Anpassungsschicht 893
ATM-Forum 881
ATM-Netz 890, 894 f
ATM-Switch 886
ATM-Übertragungsschicht 890
ATM-Verbindung, virtuelle 887
ATM-Zelle 850, 883, 894
ATM-Zellschicht 891
Atmosphäre 330 ff
Atomfrequenz-Oszillator 410
Aufnahmewinkel, maximaler 289
Auftretenswahrscheinlichkeit 110, 128
Aufwärtsmischer 51, 431 f
Augenblicksfrequenz 55, 484, 492
Augenblicksleistung 25
Augendiagramm 234 f, 508
Ausbreitungsdämpfung 329
Ausbreitungskoeffizient 258, 377
Ausbreitungskonstante 263 f, 295
Ausgangs-Beeinflussungslänge 162
Ausgangsrahmen 162
Ausgangssignal 18
Ausleuchtzone 664
Aussteuerung 405, 428
Autofahrer-Rundfunk-Information 637
Autokorrelationsfunktion 80 f, 84, 196, 233
Automatic Repeat Request (Mehrfachübertragung) 137, 139, 144, 742
AWGN-Kanal 115, 137, 169, 174, 191 ff, 221, 245, 514, 535
Azimut 296, 298, 665, 704
Azimut-Darstellung 708

B
Backbone-Netz 859, 875, 878, 902, 908
Bandbreite 48, 122
–, einer Antenne 307
–, relative 37

–, Weg-Bandbreite-Produkt 292, 690
Bandbreitenausnutzung 214, 480, 490,
    508, 516, 518, 638
–, Amplitudenmodulation 468, 477
–, BPSK 527
–, Frequenzmodulation 491
–, FSK 551, 552
–, MPSK 538
–, MSK 535
–, OQPSK 533
–, PSK 511
–, QASK 545
–, QPSK 530
Bandpaß 416, 418
Bandpaßsignal 22, 50, 54, 57, 454, 459
Bandrauschzahl 371
Bandstop 416, 418
Basisanschluß 838, 840
Basisbandcodierung 199, 242
Basisbandsignal 50, 54, 455, 461 f, 468 ff,
    480, 492, 617
–, analytisches 474
–, äquivalentes 56, 457, 464, 468
–, digitales 52
Basisbandübertragung 454
Basisstation 672, 675
Baumcode 161
Baumnetz 857
bedingte Wahrscheinlichkeit 74, 102
Beeinflussungslänge 162
Begrenzer 416
Belastung 807
Belegung 805
Belegungsdauer 797, 806
Benutzerschnittstelle 5
Bergersches Entropiemodell 107, 110, 352
Bessel-Funktionen 929 f
Bestätigung (Dienstprimitiv) 724
Betragsspektrum 487, 494
Beverage-Antenne 323
Bild-Austast-Synchron-Signal 640
Bildschirmtext 835
Bildträger 640
Bildübertragung 192
Bildwiederholfrequenz 639, 643
Bipolar N Zero Substitution Code 203

Bit 94
Bitfehler 113, 221 f
Bitfehlerwahrscheinlichkeit 147, 148,
    155 ff, 173, 221, 235, 508, 512 f, 521
–, ASK 522
–, bipolare Übertragung 227
–, DC-PSK 542
–, DEC-PSK 541
–, FSK 552
–, MPSK 539
–, MSK 535
–, OOK 524
–, OQPSK 533
–, QPSK 532
–, unipolare Übertragung 227
Bit-Interleaving 632, 668
Bitmusterrauschen 563
Bitübertragungsschicht 715, 726
B-Kanal 835, 837
Blockcode 140, 144, 148, 154, 170, 173
Blockierung 795, 807
Block-Interleaver 175, 686
Blockprüfzeichen 756
BNZS-Code 203
Bodenwelle 333
Bose-Chaudhuri-Hoquenghem-Code 154
Bounded Input – Bounded Output 19
Brechung 338
Brechungsindex 287 f, 291
Breitband-Frequenzmodulation 490 f
Breitbandverstärker 402, 405
Bridge 868, 898
Broadcast 237
Bündel 804
Bündelfehler 112, 145, 174 f, 194, 686
Bündellänge 174
Bündelung 47, 454 f, 591, 622
Busnetz 789, 855
Bussegment 855
Bus Switch Fabric 888
Butterworth-Filter 419
Byte-Interleaving 669

C
Carrier Sense Multiple Access 861 f
Carson-Bandbreite 491, 498

Cassegrain-Antenne 325, 653
Cauer-Filter 419
Chiffrierer 749
Cluster 673
Co-Channel Interference 515, 679
Code 94
–, algebraischer 139 f
–, Alphabet 144
–, äußerer 145
–, Bipolar N Zero Substitution 203
–, Bose-Chaudhuri-Hoquenghem- 154
–, dichtgepackter 151
–, Faltungs- s. Faltungscode
–, Fano- 127, 135 f
–, gespreizter 139, 141
–, High-Density Bipolar N 203
–, Huffman- 101, 127 f, 131, 748
–, innerer 145
–, linearer 148
–, Manchester- 202, 848, 868
–, modaler 204
–, perfekter 151
–, pseudoternärer 202
–, Reed-Solomon- 145, 154, 174, 181
–, systematischer 153
Codebaum 126, 135, 163, 165, 167
Codec 173, 845
Codedistanz 141, 144, 146, 149, 151, 154, 158, 180
Coderate 141 ff, 170 ff, 686
Codes, verkettete 141, 145
Codewort 143, 149
–, mittlere Länge 124, 131
–, Zuordnung 159
Codierung 586 f, 671
Codierungsgewinn 147, 148, 170
Codierungstheorie 122, 178
Collision Avoidance 862
Collision Detection 861
Combiner 350
Common Application Service Element 750
Compact Disc 154, 638
Confirm, Bestätigung (Dienstprimitiv) 724
Container 628

Continuous Phase FSK 512, 548
Convolutional Code s. Faltungscode
Cornu-Spirale 932
Corporate Network 879, 881
cos-roll-off-Filter 212, 215, 235, 509
Costas Loop 564
Crest-Faktor 544
Cross Connector 886
Cross Colour 644, 646
Cross Luminance 644, 646
Cut Through 903
Cutoff Frequency 44, 282, 284, 286
Cutoff Rate 119
Cyclic Redundancy Check 870

D
Dämpfung 293
Dämpfungsbelag 258
Dämpfungsfunktion 21
Dämpfungskoeffizient 258
Dämpfungsmaß 22, 259
Dämpfungsverzerrungen 355
Darstellungsschicht 715, 747
Data Decapsulation 720
Data-derived Symbol Synchronisation 566
Data-derived Synchronisation 242
Data Encapsulation 720
Datagramm 739, 771, 773, 802
Datenanschaltgerät 833
Datenendeinrichtung 243, 601, 741, 758, 761, 829, 835
Datenfernschaltgerät 829
Datenflußkontrolle 883
Datenfolge 52
Datenkanal 630
Datenkommunikation 243
Datenkompression 93, 122 f, 748
Datennetze 6, 714, 757, 819 f, 832
Datenpaket 801
Datenquelle 191
Datenrate 192, 244 f
Datenreduktion 122
Datensenke 191
Datenübertragung 508, 662, 671, 723, 741 f, 745, 823 f, 827, 841, 847, 881, 895

M.8 Sachregister

Datenübertragungseinrichtung 243, 758, 761, 823, 833
Datenumsatzstellen 830
Datenverarbeitung 8, 895
Datenvermittlung 675, 787
Datenverschlüsselung 748
Datex-L 828
Datex-M 880
Datex-Netzabschlußgerät 829
Datex-P 832, 906
D/A-Umsetzung 7, 577
Decoder, sequentieller 169
Deemphase 499, 635
Default Routing 905
Defragmentierung 773, 893
Deltamodulation 101, 587 ff, 659
Demodulation 454, 508, 515
Demodulator 51, 470, 472
–, Amplitudenmodulation 470, 479
–, ASK 523
–, BPSK 528
–, DPSK 541
–, Frequenzmodulation 498, 503
–, FSK 552
–, MPSK 538
–, QASK 547
–, QPSK 532
–, Quadraturamplitudenmodulation 505
Demodulatorgewinn 497
Demultiplexer 592, 596, 599, 881
Depaketierer 882
Descrambler 206, 242
Destination Service Access Point 870
Detektorempfänger 648
Dezimeterwellen 334
Dialognetz 788
Dibit 512, 528
Dienst 719 f, 723, 750, 853
Dienstbenutzer 723
Diensterbringer 721, 723
Dienstgüte 742, 885, 891
Dienstkanal 629
Dienstklasse 892 f
Dienstprimitiv 721, 723 f
–, Bitübertragungsschicht 728
–, Darstellungsschicht 749

–, IP 775
–, Kommunikationssteuerungsschicht 746
–, Sicherungsschicht 731
–, TCP 779
–, Transportschicht 744
–, UDP 780
Dienstzugriffspunkt 719
Dieselhorst-Martin-Vierer 274
differentiell codierte Phasentastung 540 ff
differentielle Codierung 528, 540
Differenz-Pulscodemodulation 98, 101, 122, 587, 590, 643
Digital Audio Broadcast 638
Digital Satellite Radio 637
Digital Signalling System No 1 845
Digital Sum Variation 200
Digital/Analog-Umsetzung 7, 577
digitale Übertragungstechnik 190 f, 576, 621, 661, 690
digitale Vermittlungsstellen 846
Dioden 411, 502, 693, 695, 697
Diodenmischer 433
Dipole 301, 307, 310, 313 f
Dipolebene 319
Dirac-Impuls 20 f, 38, 46, 568 f
Directivity (Richtfaktor) 300
Direktmodulation 618, 654
Disparität 200
Dispersion 22, 283, 290 ff, 405, 691
Distanz 149, 172 f
–, Euklidische 150, 179, 508
Distributed Queue Dual Bus 849, 856
Diversity 338, 348 ff, 514
D-Kanal 835, 837, 846
Domain Name Service 780, 909
Doppelleitung (s. a. Twisted Pair) 272
Doppler-Effekt 342 f, 665, 679, 705
Downlink 661, 682
Dreiwege-Modell 344, 347
Dringlichkeitszeiger 779
Dritte Methode nach Weaver 479
D-Schicht 333
Dual Attachment Station 877
Duct 339
Duplex 238

Durchgangsvermittlungsstelle 786
Durchlaßbereich 416 ff
Durchlaßdämpfung 418
Durchsatz 245
Durchschaltung 618, 794
Durchschaltevermittlung 796 f, 822
Dynamic Routing 905
Dynamik 94, 122, 142, 190, 406, 433, 516, 589

E
Early Token Release 864
Echtzeitbetrieb 122
Echtzeitübertragung 797
effektive Antennenlänge 305, 310
effektive Rauschtemperatur 366
Effizienz, spektrale 120
Eigenrauschen 367
Eindringtiefe 267, 276
Einfädeln 627
Eingangs-Beeinflussungslänge 162
Eingangsrahmen 162
Eingangssignal 18
Eingangswiderstand 262
Einheitsimpulsfolge 39
Einheitssprung 21, 37, 39
Einhüllende 59, 563
–, ASK 520
–, BPSK 525
–, komplexe 246
–, QASK 543
–, QPSK 529
Einseitenband-Amplitudenmodulation 474, 617
Einspeisepunkt 302
Eintakt-Flankendemodulator 504
Einwegkommunikation 10, 92
E-Kanal 838
elektrisch-akustischer Wandler 434
elektrische Länge 258
elektrisch-optischer Wandler 689
elektroakustischer Übertragungsfaktor 444
elektroakustischer Wandler 434 f, 447
elektroakustisches Übertragungsmaß 445
elektrodynamischer Wandler 445

elektromagnetische Wellen 11, 260, 282, 294, 701
elektromagnetischer Wandler 446
Elementarsignale 37, 39
Elementarwellen 340
Elevation 296, 704
E-Mail (elektronische Post) 750
Empfänger 704
–, optischer 690
Emphase 499 f, 635
Endstelle 787
Endsystem 717, 722
Endvermittlungsstelle 826
Energie 25, 28
Energiedichte 31 f, 196
Energiesignal 29 f, 32
Entdeckungswahrscheinlichkeit 704, 706
Entkopplungswinkel 652
Entropie 95, 107 f, 111, 128 f, 141, 177
–, bedingte 102 f
Entropiemodell, Bergersches 107, 110, 352
Entscheiderschwelle 514, 520, 523 f
Entscheidungsfluß 96, 123 f
Entscheidungsgehalt 94 f, 98, 127, 177
Entscheidungsrückmeldung 139
Entscheidungszeitpunkt 235
Entzerrer 228, 230, 353, 514
Equal-Gain-Diversity 350
Equalizer s. Entzerrer
Erdefunkstelle 660 f, 665 f
Erdradius 663
Ergodizität 72, 105
Erlang-B-Formel 807
Erlang-Verkehr 805
Erreichbarkeit 804, 808
Error-Funktion 933
Ersatz-Rauschspannungsquelle 363
Ersatz-Rauschstromquelle 363
Erwartungswert 70
E-Schicht 333, 339
Ethernet 601, 857, 865, 867, 899
Euklidische Distanz 150, 179, 508
E-Wellen 282
Excess Bandwidth 213
Exosphäre 331

Expandierung 584
Exponentialfolge 40
Exponentialverteilung 77
Eye Pattern (Augendiagramm) 234 f, 508

F
Fade-Reduktions-Faktor 351
Fading 344, 347, 352, 514, 679
Falschalarmrate 704, 706
Falschalarmzeit 707
Faltung 21, 41 f
Faltungscode 141, 144 f, 154, 161, 170 ff, 559, 686
Faltungsdecoder 168
Faltungsencoder 162
Faltungs-Interleaver 175
Fano-Code 127, 135 f
Farbhilfsträger 640
Fasern 288 f, 291 ff
FastEthernet 871
Fehlerbündel (Bündelfehler) 112, 145, 174 f, 194, 686
Fehlererkennung 728, 756, 768
Fehlerfortpflanzung 98, 161, 207, 591
Fehlerkorrektur 154, 728
–, Forward Error Correction 137, 173, 686
Fehlermuster 145, 153, 159, 161
Fehlerwahrscheinlichkeit 113, 142
Feldwellenwiderstand, freier Raum 296
Fenster, optisches 290, 294
Fensterverfahren 731, 854
Fernfeld 260, 295, 300, 303 ff, 308, 313, 329
Fernmeldesatellit 660
Fernschreibgerät 828
Fernschreibvermittlung 786
Fernsehen 638, 641 f, 644
Fernsehfunk 638
Fernsehverteil-Satellit 660
Fernsprechnetz 238, 820 f, 826
Fernsprechvermittlung 786
Fernvermittlungsstelle 822
Festverbindungen 6
Fiber Distributed Data Interface 855, 875
File Check Sequence 870
File Transfer Access Management 751

File Transfer Protocol 781, 909
Filter 45, 414, 418 ff, 422 ff
–, Matched 218, 227, 704
–, Optimal- 218, 227, 704
Filterflanke 418, 480
Filtermethode 478
Filtersynthese 419
Firewall 904
FIR-Filter 424
Flächenausnutzungsfaktor 324
Flankendemodulator 503 f
Flankensteilheit 418 f
Flatterschwund 346
Flickerrauschen 359
Flugsicherungsradar 709
Flußkontrolle 729, 738
Flußsteuerung 738, 853
FM-CW-Radar 705
FM-Schwelle 498, 499
Folgenummer 778
Folgesteuerung 763
Fortpflanzungsmaß 259, 262
Forward Error Correction (Vorwärts-Fehlerkorrektur) 137, 173, 686
Fourier-Transformation 20, 32, 59, 84
Fragmentierung 773, 893
Frame Relay 767, 803, 881
freie Distanz 172 f
Freileitung 273
Freiraumdämpfung 329, 660, 665
Frequency Reuse 673
Frequenz 11
–, als Ressource 208, 327, 516
–, negative 459
–, normierte 291
Frequenzbereich 20, 406
Frequenzdiskriminator 503
Frequenz-Diversity 338, 348
Frequenzfilter 417
Frequenzgetrenntlage 239
Frequenzhub 485, 487, 497, 548
Frequenzmodulation 459, 461, 484, 487, 492, 634 f, 654
–, Bandbreite 490
–, Leistungsinhalt 489
–, Störungen 497

Frequenzmultiplex 47, 52, 593 f, 616, 860
Frequenzökonomie 327, 349
Frequenzraster 655
Frequenzsprungverfahren 542, 667, 679, 682, 852
Frequenzstabilität 410
Frequenzstaffelung 618
Frequenztastung 512, 533, 548
Frequenzteiler 425
Frequenzumsetzung 405, 425, 616
Frequenzvergleichspilot 621
Frequenzvervielfacher 405, 425
Fresnel-Integrale 932
Fresnel-Zone 304, 330, 340 f
Friis'sche Formeln 372, 374
F-Schicht 333, 339
FSK (Frequenztastung) 512, 533, 548
Full Response 229
Funkdienst 327
Funkelrauschen 359
Funkfeld 327 f, 651
Funkfelddämpfung 329, 330, 337, 342, 658
Funkfernverkehr 331 f
Funkkanal 327 f, 331, 346, 634
Funktionenmultiplex 593
Funkübertragung 112
Funkübertragungssystem 327, 347
–, idealisiertes 327
–, reales 330

G
Gabelschaltung 239
Galaktisches Hintergrundrauschen 361
Galois-Feld 148, 154, 178, 180
Gamma-Funktion 929
Gateway 905
Gaussian Minimum Shift Keying 554, 561
Gaußsche Verteilung 78
Gaußsches Fehlerintegral 933
Gaußsches Rauschen 245
Gedächtnis 19, 103
Gegenkopplung 405, 413
Gegentakt-Flankendemodulator 504
Gegenverkehr 238
Generatormatrix 153, 159

Generatorpolynom 172
geostationäre Bahn 664
Geschwindigkeitsradar 709
Gewicht 141, 146, 149, 180
Gewichtsfunktion 21, 220
Gilbert-Elliot-Kanalmodell 113
Glättungsfilter 599
Glättungstiefpaß 579
Gleichspannungsverstärker 402
Gleichstrom-Widerstandsbelag 267
Gleichverteilung 76
Gleichwellennetz 638
Global Area Network 814 f
Global System for Mobile Communication 671, 675
Golay-Code, (23,12)- 151
Gradienten-Index-Faser 291 ff
Granular Noise 588
Gray-Code 512, 539, 578
Grenzfrequenz 44, 282, 284, 286
Grenzschicht 287, 289
Grenzwellenlänge im Hohlleiter 282, 286
Grenzwinkel 287
Großsignalverstärker 402
Grundgruppen 619
Grundprimärgruppe 618 f
Grundschwingung 355
Gruppencode 140
Gruppengeschwindigkeit 23, 283
Gruppenlaufzeit 22, 406, 417
Gruppenpilot 621
Gunn-Element 403, 411

H
Halbbildverfahren 639, 641
Halbduplex (Wechselverkehr) 238, 828
Halbleiterverstärker 403
Halbwertsbreite 300, 325
Halbwertswinkel 300
Hamming-Code 140, 146, 154 ff
Hamming-Distanz 150 f, 180
Hamming-Grenze 151
Handover 672, 687
Hard Decision 138
Harmonische 355, 405
Harmonischer Mischer 433

M.8 Sachregister

Häufigkeit, relative 67
Hauptkeule 300
Hauptstrahlungsrichtung 300, 313, 315, 321
Hauptverkehrsstunde 795, 805
Heaviside-Kenelly-Schicht 333
Hertzscher Dipol 301, 307
Hertzsches Kabel 651
Hierarchie 618, 623
–, plesiochrone digitale 622, 890
–, synchrone digitale 622, 627, 890
High Definition Television 644
High-Density Bipolar N Code 203
High Level Data Link Control 733, 763
Hilbert-Transformation 55 f, 469, 474, 479
Hillsche Differentialgleichung 502
H-Kanal 838
Hochpaß 416, 418
Hohlleiter 281, 653
–, Moden 282
–, Rechteck- 281, 282, 284
–, Rund- 281, 285
Hohlleiterantennen 295, 324
Homodyn-Empfänger 648
Hörfläche 436
Hörfunk 635, 637
Horizontaldiagramm 299, 313, 315
Horizontalsynchronimpuls 639
Hornantenne 326, 653
Hornparabolantenne 326
Hornstrahler 324
Hub 854, 897
Huffman-Code 101, 127 f, 131, 748
Hüllkurve 22, 55, 512
–, komplexe 58 f, 464, 486
–, reelle 464, 466, 481 f
Hüllkurvendemodulation 59, 470, 509
Hüllkurvendetektor 523, 524
Hunting Noise 588
Huygens-Fresnel-Prinzip 340
H-Wellen 282
Hypertext Transport Protocol 911

I
IEEE 802.3 848
IEEE 802.4 849
IEEE 802.5 849
IEEE 802.6 849
IEEE 802.11 851
IEEE 802.12 871
IEEE 802.30 871
IIR-Filter 418, 423
Impulsantwort 20, 21, 44, 214, 229 f, 573
Impulsform 48, 195 f, 509, 534
Impulsrahmendauer 577, 598
Impulsverbreiterung s. Dispersion
Independent Sideband Modulation 477
Indication, Anzeige (Dienstprimitiv) 724
indirekt modulierte Systeme 654
Induktivitätsbelag 267
Information Transportation System 2, 92
Informationsfluß 96, 120, 123, 720
Informationsgehalt 95, 98, 103
Informationskanal 3
Informationsquelle 3
Informationsrückmeldung 139
Informationssenke 3
Informationsstellen 154
Informationstheorie 93, 107
Informationsübertragung 92, 120
Infowort 143, 149, 162
Infraschall 434
Infrastruktur-Netz 852
In-Phase-Komponente 58, 459, 462, 505, 508, 543
Instanz 719
Integrate-and-Dump-Filter 216, 220
Integrated Services Digital Network 787, 819, 834, 841
integriertes Datennetz 819, 832
Integrität 748
Inter Channel Interference 200
Inter Switching System Interface 882
Interface 244, 841
Interferenzschwund 346
Interleaving 141, 145, 174
Intermodulation 405, 429
internationale Alphabete 140, 760, 828
internationales Netz (WAN) 814 f, 907
Internet 907
Internet Control Message Protocol 769, 771, 776

Internet Protocol 769 f, 775
Intersymbolinterferenz 199, 208, 225, 518, 560, 679
Interworking 895
Interzellinterferenz 679
Intrazellinterferenz 679
Ionosphäre 332 f, 338
IP-Adresse 772
IP-Paket 773
Irrelevanz 98, 107 f, 110, 117, 124, 351, 586
Irrelevanzreduktion 100 f, 123
ISDN 787, 819, 834, 841
Isolation 278, 433
isotroper Kugelstrahler 300 f, 313
IT-Sicherheit 749

J
Job Transfer and Manipulation 751

K
Kabel, Hertzsches 651
–, Koaxial- 848, 866 f, 890
Kanal 106, 114, 138
–, AWGN- 115, 137, 169, 174, 191 ff, 221, 245, 514, 535
–, binärer symmetrischer 110 f, 119, 221
–, gedächtnisloser 109, 137, 141
–, mit Bündelfehlern 138
–, Mobilfunk- 679
–, optischer 691
–, virtueller 884
Kanalcodierung 93, 98, 124, 136, 190 f, 194, 686, 715
Kanaldecoder 136, 143, 160
Kanalencoder 136, 143, 149, 160
Kanalfilter 596, 658
Kanalkapazität 114 ff, 119 f, 137, 141 f, 517 f
Kanalmodell 107 f, 112
–, Gilbert-Elliot- 113
Kanalnummer, logische 739, 763
Kanalweite 111, 114, 118, 120
Kausalität 19
Kehrlage 432, 463
Kenelly-Heaviside-Schicht 333

Kennlinie, nichtlineare 405, 426, 470
–, quadratische 429
–, Quantisierungs- 580
–, 13-Segment- 585
Keplersche Gesetze 662
Keramikfilter 420
Kern-Mantel-Faser 288
Kernwellen 289
Kettenschaltung von Zweitoren 372
Kleinsignalverstärker 402
Klirrfaktor 355, 405, 583
Knotenvermittlungsstelle 826
Koaxialkabel 275, 848, 866 f, 890
Kohlemikrofon 444
Kollision 860, 899
Kombinationsfrequenzen 428, 430
Kommunikation 9, 716
Kommunikationsdienst 11
Kommunikationssteuerungsschicht 715, 745
Kommunikationssystem, offenes 714
Kompandergewinn 585
Kompandierung 578, 584, 589
komplexe Einhüllende 246
komplexer Träger 58
Kompression 584
Kompression der Verstärkung 406
Kompressionspunkt 433
Kompressorkennlinie 584
Kondensatormikrofon 447
Konzentrator (FDDI) 878
Koordinaten 296 f, 704
Koppelanordnung 805
Koppeldämpfung 698
Koppeleinrichtung 791 ff, 805
Koppelelement 793
Koppelmatrix 791 f, 794
Koppelpunkt 791 f
Koppelstelle 697
Koppelwirkungsgrad 698, 700
Kopplung von Netzwerken 895
Korrekturkugel 149
Korrelation 74, 79 f, 87, 220, 560, 593
Kovarianz 79
Kreisfrequenz, komplexe 927
Kreuzkorrelation 80, 82, 88, 233

Kryptographie 687, 749
Kugelstrahler, isotroper 300 f, 313
Kurzwellen 334

L
LAN-Emulation 895
Langdrahtantenne 321
Langwellen 334
Laser 404
Laserdiode 693, 695
Lauflängencodierung 122
Laufzeit 255, 665
Laufzeitdioden 411
Laufzeitverzerrungen 355
Lautsprecher 434, 436, 443
Lautstärke 435
Lautverständlichkeit 441
Lawinenlaufzeit-Diode 411
Lawinenphotodiode 697
LC-Oszillator 409
Lebensdauerkontrolle 739
LED 693, 695
Leerkanalgeräusch 578
Leerzellen 881
Leistung 25, 27, 807
Leistungsanpassung 303
Leistungsdichte 31 f
Leistungsdichtespektrum 31, 84, 196, 200
–, ASK 520
–, bei idealer Abtastung 604
–, BPSK 526
–, MPSK 537
–, MSK 534
–, OQPSK 533
–, PSK 602
–, QASK 545
–, QPSK 529
–, Rechteckimpuls 605
Leistungssignale 29 f
Leistungsverstärker 402
Leitung 253, 255 ff, 278, 804
–, Typen 253, 260
–, verlustarme 263
–, verlustlose 263
–, Vierpolkettengleichungen 261
Leitungsfilter 420

Leitungsgleichungen 260 f, 376, 379 f
Leitungspilot 621
Leitungstheorie 254
Leitungsvermittlung 796 f, 822
Lichtgeschwindigkeit 11
Lichtwellenleiter 287, 691, 866, 890
Light Emitting Diode 693, 695
Linear Time Invariant 19
Linearantennen 323
Linearität 18, 544
Liniennetz 789
Link Access Procedure D-Channel 735, 837
Local Area Network 814 f, 846
logarithmierte Verhältnisgröße 60
Logical Link Control 736, 847, 853, 870
logische Adresse 771
logische Kanalnummer 739, 763
logische Verbindungssteuerung 847
Low Noise Amplifier 375, 402 f
LTI-System 19 ff, 218, 355
Luftraumüberwachungsradar 709
Luftschnittstelle 677 f

M
Managementfunktionen, OSI- 724
Manchester-Code 202, 848, 868
Man-made Noise 359
Mantelwellen 289
Markow-Diagramm 106
Markow-Kette 104
Markow-Prozeß 102
Markow-Quelle 102 ff, 106
Maschennetz 788, 790
Maser 404
Matched Filter (Optimalfilter) 218, 227, 704
Materialdispersion 290, 691
maximale Rauschleistung 362
Maximal-Ratio-Diversity 350
Maximum-a-posteriori-Schätzung 566
Maximum Likelihood Decoding 150, 169, 180
Maximum Likelihood Detection 169
Maximum Likelihood Estimation 150, 168 f, 233, 554

Maximum Likelihood Sequence
  Estimation 559
Maxwell-Gleichungen 282, 295, 308, 380
mechanisches Filter 420
Medium Access Control 847 f, 868
Mehrfachausnutzung (vgl. Multiplexer)
  47, 454 f, 591, 822
Mehrfachempfang 348
Mehrfachübertragung 137, 139, 144, 742
Mehrwegeausbreitung 230, 330, 344 ff,
  383, 523, 635, 679, 686, 704
Mesosphäre 331
Message Handling System 752
Metallresonatorfilter 420
Meteoritenschwärme 337
Metrik 149, 169 f, 178, 181
Metropolitan Area Network 814 f, 879
Microstrip 279
Mikrofon 434, 443 f, 447
Mikrowellenschaltungen 278
Millimeterwellen 334
Minimum Shift Keying 513, 533
Mischer 425, 430, 433
Mitkopplung 413
Mittellücke 655
Mittelwellen 334
Mobilkommunikation 173, 345, 670 ff,
  675, 686
Modem 51, 244, 654, 824, 833, 835
Modendispersion (Wellenleiterdispersion)
  290 ff, 691
Modulation 52, 454, 508, 671
–, Amplituden- 478
–, Frequenz- 501
–, Independent Sideband 477
–, indirekte 654
–, Nullphasen- 492
–, Quadraturamplituden- 59, 505
–, Restseitenband- 211, 479
–, Tamed Frequency 513
–, Vorgruppen- 618 f
Modulationsfaktor 462, 481
Modulationsindex 485 ff, 490ff, 498, 512,
  533, 548, 552
Modulationssignal 455, 462 ff, 474, 481,
  488, 492 ff, 521, 536

Modulationstheorie 122
Modulationstrapez 466
Modulationsverfahren 327, 455, 866
–, analoge 461
–, bandbreiteneffiziente 547
–, Basisband- 456
–, digitale 190, 222, 507
Modulationswandler 503
Modulator 51, 425, 454
–, GMSK 556
–, PSK 527
–, QASK 547
–, QPSK 531
modulierter Träger 462
Molekularverstärker 404
Moment 70 f
Momentanleistung 25
monolithisches Filter 420
Monomode-Kern-Mantel-Faser 291
Morse-Code 125
Multicast 237
Multilayer 279
Multimode-Kern-Mantel-Faser 289
Multiplexer 592 ff, 596, 599, 668, 881
Multiplexverfahren 591, 622
Multiprotokoll-Router 904
Multistation Access Unit 874
Muschelantennen 326

N
Nachbarzeichenbeeinflussung
  s. Intersymbolinterferenz
Nachricht 93, 715
Nachrichtenebene 97
Nachrichteninhalt 20
Nachrichtenkanal 106 f, 120
Nachrichtenmultiplex 743
Nachrichtennetz 786 f, 814
Nachrichtenquader 120, 122, 190,
  516, 666
Nachrichtenquelle 94, 633
Nachrichtenreduktion 100, 101, 643
Nachrichtensatellit 660
Nachrichtensenke 633
Nachrichtentechnik 2, 48
Nachrichtenübermittlung 2 ff, 6 f

Nachrichtenübertragung 2 ff, 660, 701
Nachrichtenübertragungssystem 3, 92 f, 136, 351, 562
Nachrichtenverteilung 2, 237, 633
Nahfeld 303
National Television System Comm. 641
Nebenaussendungen 648, 658
Nebensprechen 275, 352, 353, 357 f
Nebenstellenanlage 840
Nebenzipfel 300, 652
Net Information Center 771, 869
Network File System 780
Network-Node Interface 882
Netz 786 f, 814, 818
–, Breitband- 867
–, faires 859, 864
–, hierarchisches 859, 864
–, öffentliches 818 f
–, physikalisches 628
–, privates 818, 846
–, Schmalband- 866
–, virtuelles 628
Netzabschluß 842
Netzadresse 772
Netzebene 788, 826
Netzknoten 787, 817, 881 f, 885
Netzsignalisierung 835
Netzstruktur 787
Netzwerk (Nachrichtennetz) 786 f, 814
Netzwerkkarte 868, 900
nichtlineare Kennlinie 405, 426, 470
nichtlineare Aussteuerung 428
Nichtlinearität 18, 408
nichtzeitlagengleiche Durchschaltung 794
Noise Figure s. Rauschzahl
Non-continuous Phase FSK 512, 548
Normalverteilung 78
normierte Frequenz 291
Normung 14, 836, 847
NRZ-Code 201
Nullphasenmodulation 492
Nullphasenwinkel 458, 598
Nullstelle 300
Numerische Apertur 288, 698
Nutzerdienstklasse 818
Nutzer-Netz-Schnittstelle 832

Nutzer-Netz-Signalisierung 846
Nutzer-Nutzer-Signalisierung 835
Nutzerzugang 838
Nutzsignal 66
Nyquist-Bandbreite 212, 567
Nyquist-Filter 509, 516, 527
Nyquist-Flanke 211, 480
Nyquist-Kriterium 228, 509, 546
–, erstes 211, 225, 236
–, zweites 215, 236
–, drittes 216
Nyquist-Rate 214
Nyquist-Theorem 517

O
OAM-Zelle 894
Oberband 655
Oberflächenwellenfilter 421
Oberschwingungen 355
Oberwellen 405
offenes Kommunikationssystem 714
On-off Keying 509
Optimalfilter 218, 227, 704
optische Übertragungstechnik 404, 601, 689
optisch-elektrischer Wandler 689 f
optischer Empfänger 690
optischer Sender 689
optisches Fenster 290, 294
orthogonal 45
orthonormiert 46
Ortsnetz 822
Ortsvermittlungsstelle 817, 822
OSI-Managementfunktionen 724
OSI-Referenzmodell 5, 714 ff, 720 ff, 756, 769, 776, 846, 867, 881, 890, 896f, 903
Oszillatoren 408 ff, 412
Out-of-Band-Signalisierung 846, 882
Overhead 720 f, 859, 883, 894

P
Packet Assembly and Disassembly Facility 740, 833
Pakete 715, 780
Paketierer 881
Paketströmungsmethode 737

Paketvermittlung 763, 801, 846, 881
PALplus 646
Parabolantennen 325 f, 653, 661
parallele Übertragung 243
Paritätsbit 141, 758
Paritätskontrollmatrix 153 f, 159
Paritätsprüfung 632
Paritätswort 629
Parsevalsches Theorem 32
Partial Response 214, 229, 560
Pattern Noise 563
PCM 30 577, 622
Pegel 60, 62
Peilantennen 298
Perigäum 662
Pfad, virtueller 884
Pfadlänge 170
Phase Alternation Line 641
Phased Array 320, 701
Phasenbaum 549
Phasenbelag 258
Phasengeschwindigkeit 23, 263, 283
Phasenhub 493 ff, 549
Phasenkoeffizient 258
Phasenmaß 22, 259
Phasenmethode 478
Phasenmodulation 459, 461, 492, 497
Phasenregelschleife 473, 504, 563
Phasenspektrum 487
Phasentastung 510, 525
–, binäre 510
–, differentiell codierte 540 ff
–, MPSK 535
–, Offset-QPSK 529
–, quaternäre 511, 528
Phasenübergang 533, 548
Phasenverzerrungen 355
Phasenzustand 511, 517
Photoeffekt 696
piezoelektrischer Effekt 409
Pilotsignale 619
Pilottonverfahren 479
Plancksches Strahlungsgesetz 385
plesiochrone digitale Hierarchie 622, 890
Point to Multipoint 237, 847
Point to Point 237, 847, 911

Poisson-Verteilung 805
Polarisation 297, 305 f, 667
Polarisations-Diversity 349
Polarisationsentkopplung 306
Polarisationsmultiplex 306, 593, 653
Polarisationsschwund 346
Polarkoordinaten 296 f
Polybinär-Codierung 560
Port-Adresse 772, 777
Potenzfilter 419
Poyntingscher Satz 381
Poyntingscher Vektor 304, 309, 380
PPI-Darstellung 708
Prädiktion 586 f
prädiktive Codierung 586 f
Präfixcode 125, 126
Präzisionsanflugradar 709
Preemphase 499, 635
Primär-Multiplexanschluß 839
Primärradar 702
Proportionalitätsgesetz 18
Protokoll 719, 725, 756, 768
–, Sicherungsschicht 732
–, Transportschicht 745
Protokollfamilie 768
Prozedur s. Protokoll
Prozesse 72, 102
Prüfstellen 154
Prüfsumme 779, 780
Pseudo-Noise 206
PSK s. Phasentastung
Pulsamplitudenmodulation 568, 574 ff
Pulscodemodulation 123, 192, 576, 659
–, Differenz- 98, 101, 122, 587, 590, 643
Pulsdauermodulation 568
Pulsmodulationsverfahren 101, 568
Pulsoszillator 408
Pulsphasenmodulation 568
Pulsradar 705
Pulsträger 568
Punktierung 171
Pupinisierung 254

Q

quadratische Kennlinie 429
Quadraturamplitudenmodulation 59, 505

M.8 Sachregister

Quadraturamplitudentastung 513, 543
Quadraturdemodulator 58
Quadrature-Phase-Komponente 58, 459, 462, 505, 508, 543
Quadraturfehler 515
Quadraturmodulator 58, 529, 557
Quality of Service (Dienstgüte) 742, 885, 891
Quantisierung 24, 101, 577, 579
Quantisierungsgeräusch 577, 579 f, 583
Quantisierungskennlinie 580
Quantisierungsstufe 577 f, 588
Quarzoszillatoren 409
Quasi-TEM-Wellen 279
Quelle, diskrete 101, 124, 128
Quellencodierung 93, 96 ff, 100 f, 122, 190, 192, 715
–, Theorem 127
Quellendecoder 100, 123 f
Quellenencoder 100, 123 f, 149
Quellenentropie 103
Quellenmodell 101
Querleitung 827
Quittierung 730, 757, 860, 864

R
Radar 298, 701 ff, 709
Radio-Daten-System 637, 820
Radom 325
Rahmen 240, 715, 760
Rahmenbildung 729, 869
Rahmendauer 836
Rahmennebensprechen 572
Rahmensynchronisation 562, 565, 599, 622, 629, 669
Rahmenwort 627
Rate-Distortion Theory 123
Ratio Detector 503
Raum-Diversity 338, 349
Raummultiplex 593
Raumwellen 289, 333
Rauschabstand s. Signalrauschabstand
rauscharmer Verstärker 375, 403
Rauschbandbreite, äquivalente 222, 362, 371 f, 497, 501
Rauschen 352 f, 358 ff

–, thermisches 359, 361, 385, 514
Rauschleistung 94, 115, 362, 497
Rauschleistungsdichte 115, 147 f, 223, 363 ff, 385, 521, 546
Rauschparameter 364
Rauschquellen 359, 363
Rauschtemperatur 365 f, 369, 373, 497
Rauschzahl 369 ff, 373, 406, 433
Rayleigh-Fading 347
Rayleigh-Streuung 293
Rayleigh-Verteilung 345
RC-Oszillator 410
Reaktanzfilter 420
Reaktion 18, 21
Rechteckimpuls 37, 197, 519
Reduktionsfaktor 146
Redundanz 98 f, 123 f, 129 ff, 137 f, 141, 144, 149, 155, 157, 558
Redundanzreduktion 98 ff, 123 f, 131, 590
Reed-Solomon-Code 145, 154, 174, 181
Referenzmodell, OSI- 714 ff, 720 ff, 756, 769, 776, 846, 867, 881, 890, 896f, 903
Referenzphase 540
Referenzpunkt 841
Referenzträger 562
Reflektor 325
Reflexionsfaktor 268
Regellage 432, 463
Regendämpfung 330, 334
Regenerativverstärker s. Repeater
regionales Netz (Metropolitan Area Network) 814 f, 879
Regionalvermittlungsstelle 827
Reichweitenvergrößerung 338
relative Häufigkeit 67
Relevanz 98
Reliable Transfer Service Element 751
Remote Operation Service Element 751
Repeater 192 f, 354, 365, 621, 691, 854, 858, 868, 877, 896
Request (Anforderung, Dienstprimitiv) 723
Response (Antwort, Dienstprimitiv) 724
Restfehlerwahrscheinlichkeit 138, 145 f, 155
Restseitenbandmodulation 211, 479

Restträger 464
Restverkehr 807
Restwortfehlerwahrscheinlichkeit 156 f
Return Loss (Rückflußdämpfung) 271
Reverse Address Resolution Protocol 769
RF Burnout 406
Rhombusantenne 323
Rice-Fading 347
Richtcharakteristik 297 f, 313, 319
Richtfaktor 300
Richtfunk 651 ff, 654, 657
Richtfunkantennen 298
Richtfunktion 299
Richtungsverkehr (Simplex) 238
Riegger-Kreis 503
Ringnetz 790, 854
Roaming 689, 853
Röhren 408
Röhrenverstärker 403
Rohvideo 708
Roll-off-Faktor 212, 235
Router, Multiprotokoll- 904
Routing (s. a. Wegefindung) 678, 882
Routing Information Protocol 780
Rückdämpfung 300
Rückflußdämpfung 271
Rückkanal 10
Rückkopplung 412 f
Rückstreufläche 703, 704
Rummlersches Dreiwege-Modell 347
Rundfunk 633 f, 647 f
Rundfunkantennen 298
Rundspruch (Broadcast) 237
Running Digital Sum 200
RZ-Code 201

S
Sampling (Abtastung) 24, 416, 568 ff, 574, 577, 587, 606f
Satellite-switched TDMA 668
Satellitenbahnen 660, 662 ff
Sättigung 405
Satzverständlichkeit 100, 440, 442
SAW-Filter 421
S_0-Bus 843
Scanning-Diversity 350

Schall 434 ff
Scharmittelwert 72
Schichtenmanagement 725
Schichtenprotokoll 725
Schieberegister 206
Schirmung 275
schlanker Dipol 310
Schlankheitsgrad 313
Schleifenantennen 295
Schmalband-Frequenzmodulation 490
Schmalbandverstärker 402
Schnittstelle 244
Schnittstelle (ISDN) 841
Schrittgeschwindigkeit (Symbolrate) 114, 244
Schrotrauschen 359
Schwellwertreserve 498
Schwingbedingung 412 f
Schwund 330, 352, 658, 679
Schwundreserve 330, 347
Scrambler 200, 206, 242
SECAM (Système En Couleur Avec Mémoire) 641
Seekabel 690
Segment 850, 858, 868, 872
Segmentierung 739, 741
13-Segment-Kennlinie 585
Seitenband 463
Sekundärradar 702
Selbstheilung 851, 872, 878
Selection-Diversity 350
Self-routing Switch Fabric 888
Sende-Empfangs-Weiche 238
Sender, optischer 689
Senderecht 859
sequentieller Decoder 169
Serial Line Interface Protocol 911
serielle Übertragung 240
Server 907
Serviceklasse 892
Shannon-Abtasttheorem 114, 123, 518, 568, 572 f, 583, 598, 606
Shannon-Codierungstheorem 137, 141
Shannon-Funktion 111
Shannon-Grenze 117, 518
Shannon-Hartley-Theorem 115

Shared Medium 245
Shielded Twisted Pair 275
Sicherungsschicht 715, 728
Signal 24, 93
–, analytisches 55, 468 f
–, deterministisches 24, 31, 66, 455
–, stochastisches 24, 66, 455
Signalenergie 147, 223, 521, 546
Signalisierung 627, 835, 838 f, 845 f, 882
Signalklassen 24
Signalleistung 94, 115
Signal-Quantisierungsgeräusch-Abstand 582 f
Signalrauschabstand 116, 368, 440, 498 ff, 508, 512 ff, , 524, 532, 535, 539, 554, 635
Signalrauschleistungsverhältnis (Signal-to-Noise Ratio) 94, 115 f, 199, 219 ff, 351, 354, 368 ff, 508, 518, 546, 589
Signalübermittlung 5, 92
Signalzustand 457, 508
Silbenverständlichkeit 100, 441
Simple and Efficient Adaptation Layer 894
Simple Mail Transfer Protocol 781
Simplex 238
Single Attachment Station 877
Sinusoszillator 408 f
Sinussignal 39
Sinusträger 458, 462
Skin-Effekt 266, 276
Slope Overload 588
Slotted Aloha 861
Socket 777
Soft Decision 110, 138, 170, 173
Solar System Noise 361
Sonnenfleckenaktivität 331, 338
Source Service Access Point 870
Spaltfunktion 931
Special Application Service Element 751
Speicher-Beeinflussungslänge 162, 170
Speichervermittlung 801
spektrale Effizienz 120
Spektralformung 200
Spektrum (s. a. Wellen, elektromagn.) 11
–, Amplituden- 31 f
–, Phasen- 31 f

Sperrbereich 417, 418
Sperrdämpfung 418
Spiegelantennen 325
Spiegelfrequenz 431
Spiegelselektion 431
Spleiße 698, 700
Spot-Beam-Antenne 668
Sprachkanal 518, 616, 823 f
Sprachsignal 192, 434, 438, 589, 622
Sprachübertragung 438, 513, 836
Sprachverständlichkeit 192, 438
Spread Spectrum 207, 852
Sprungantwort 21
Squaring Loop 563
Stabantennen 295
Stack-Decoder 169
Standardabweichung 71
Standardisierung 14
Static Routing 905
Stationarität 72, 105
Statistik 24, 68
statistische Unabhängigkeit 75, 79
Stecker 698, 701
Stehwellen-Verhältnis (VSWR) 271
Steigungsüberlastung 588
Stereo-Hilfsträger 636
Stereo-Hörfunk 636
Sternkoppler 897
Sternnetz 789, 856
Sternvierer 274
Steuerkanal 629
STM-1-Element 628
Stop-and-wait-Verfahren 730, 854
Stopf-Verfahren 624
Störabstand 455
Store and Forward 903
Störsignal 66
Strahlennetz 789
Strahlenoptik 287
Strahlungsgesetz, Plancksches 385
Strahlungsleistung 297, 303 ff, 309 f
Strahlungsleistungsdichte 297, 299 ff, 304 f, 381
Strahlungswiderstand 302, 305, 310, 313
Stratosphäre 331
Streifenleitung 278 f

Streustrahlverbindung 336
Streuung 71, 293
Stromverdrängung 266
Sub Sampling 606
Subnetz 772, 858, 896 ff
subsynchrone Bahn 664
Super-Gain-Antennen 324
Superheterodyn-Empfänger 649
Superpositionsgesetz 18
Switch 902
Switched Multimegabit Data Service 803, 850
Symbol 93
Symbolentscheider 235, 538
Symbolfehler 112, 222, 538
Symbolfehlerrate 547
Symbolkapazität 114, 122
Symbolrate 114, 244
Symbolsynchronisation 199, 528, 562, 565, 599
Synchrondemodulation 472, 506
synchrone digitale Hierarchie 622, 627, 890
synchrone serielle Übertragung 242
Synchronisation 241, 562, 566, 599, 682, 756, 868, 876, 885
Synchronous Optical Network 632
Synchronous Time Division 597
Syndrom 153 f, 159, 161
Syntax 747
Synthesemethode 478
synthetisches Video 708
Systeme 18 f
Systemdämpfung 330, 334, 337
Système En Couleur Avec Mémoire (SECAM) 641
Systemrauschtemperatur 497

T
Taktregenerierung 193
Taktsynchronisation 199 ff, 215, 242, 454, 508, 515, 562, 669
Tamed Frequency Modulation 513
TCP 770, 776 ff
TCP/IP-Protokoll-Familie 768, 803, 853, 907

Teilnehmeranschlußbereich 816 f, 845, 882
Teilnehmeranschlußeinheit 823, 835, 843
Teilnehmeranschlußleitung 817, 824
Teilnehmeranschlußnetz 690
Teilnehmerendeinrichtung 5, 243, 816, 822
Teilnehmervermittlungsstelle 786, 816
Teilnetz (Subnetz) 772, 858, 896 ff
Teilstreckenvermittlung 796, 799
Teledienst 835
Telefax 835
Telegrafengleichungen 376
Telekommunikation 726, 816
Telefonnetz 714
Telex 827
Telnet 781, 909
TEM-Wellen 260, 272
Terminal-Adapter 835, 844
TE-Wellen 260
TF-Technik (Trägerfrequenztechnik) 477, 594, 616, 621
Theorem der Quellencodierung 127
Thermosphäre 331
Tiefpaß 19, 44, 416, 418, 608
Time Assignment Speech Interpolation 597
TM-Wellen 260
Token 863
Token Bus 849, 865
Token Passing 849, 863, 865
Token Ring 849, 855, 865, 872, 899
Topologie 847, 854, 867, 872
Totalreflexion 287, 289
Träger, komplexer 58
Trägeramplitude 458
Trägerfrequenz 458, 484
Trägerfrequenztechnik 477, 594, 616, 621
Trägermaterial 278
Trägerrauschleistungsdichteverhältnis 223
Trägerrückgewinnung 200, 472, 508, 515, 528, 538, 542, 563 f, 567
Trägerunterdrückung 464, 467, 475, 480 f
Trägerzustand 517
Trajektorie 533, 548

Transceiver 858
Transformation 18
Transinformation 108, 110, 119
Transitsystem 717, 722
Transmission Control Protocol (TCP) 770, 776 ff
Transponder 660, 662, 666, 702
Transport Service Access Point 777
Transportdienst 836
Transportschicht 715, 740, 776
Transversalfilter 230, 424
Trellis 549
Trellis-Diagramm 163, 166 ff, 171
Treppenfunktion 587
Treppensignal 24
Triplate 279
Trivial File Transfer Protocol 781
Troposcatter-Verbindung 336
Troposphäre 331 ff
Tschebycheff-Filter 419
Twisted Pair 274 f, 848, 866 f, 890

U
Übergangsbereich 418
Übergangswahrscheinlichkeit 105, 109 f
Überlastkontrolle 730
Übermodulation 467, 481
Überreichweiten 345
Überseekabel 815
Übersprechen 515
Übertragung 117, 253
–, parallele 243
–, serielle 240
–, von Fernsehsignalen 643
Übertragungsabschnitt 799
Übertragungsfaktor 444
Übertragungsfehler 138
Übertragungsfunktion 21
Übertragungskanal 106 f, 252, 351, 354, 455
Übertragungskapazität 591, 602, 666, 817
Übertragungsmaß 22, 445
Übertragungsmedium 253, 847
Übertragungsqualität 327
Übertragungsrate (Datenrate) 192, 244 f
Übertragungssystem 120

Übertragungstechnik, digitale 190 f, 576, 621, 661, 690
–, optische 404, 601, 689
Überwachungsradar 709
Ultrakurzwellen 334, 635
Ultraschall 434
Umlaufzeit, Satelliten 663 f
Unabhängigkeit, statistische 75, 79
unbestätigter verbindungsloser Dienst 853
Unicast 237
Unshielded Twisted Pair 275
Unterband 655
Uplink 661
Usenet 908
User Datagram Protocol 770, 802
User-Network Interface 882

V
V.19- bis V34-Empfehlungen 825 f
V-Antenne 322
Varaktordiode 502
Varianz 71
Verbindlichkeit 749
Verbindung, virtuelle 738, 767, 801, 884, 887
Verbindungsabbau 6, 723, 745, 799, 895
Verbindungsanforderung 741
Verbindungsannahme 741
Verbindungsaufbau 6, 723, 745, 786, 799, 895
Verbindungsauslösung 741
Verbindungsleitung 817, 843
Verbindungsmultiplex 743
verbindungsorientierter Dienst 853
Verbindungssteuerung, logische 847
Verbundentropie 102 f
Verbundnetz 788, 790
Verbundwahrscheinlichkeit 74, 102 f
Verfügbarkeit 748
Verhältnisgröße, logarithmierte 60
Verkehr 803, 805 f
Verkehrsausscheidungsziffer 822
Verkehrsgüte 795
Verlaufsabtastung 573
Verlustfaktor 276

Verlustsystem 795, 807
Verlustwiderstand 302
Vermittlung 797
Vermittlungseinrichtung 717
Vermittlungsnetz 786
Vermittlungsschicht 715, 736, 771, 905
Vermittlungsstellen 786 f, 794, 816, 827, 830
Vermittlungstechnik 786
Verseilgruppen 274
Versetzerabstand 655
Verstärker 375, 402 ff, 412
Verteilnetz 788
Vertikaldiagramm 299, 315
Vertikalsynchronimpuls 639
Vertraulichkeit 748
Verzerrungen 352, 354 f, 405
Verzweigungsnetz 788 f
Video-Programm-System 642
Video, synthetisches 708
Videosignal 481, 640
Videotext 642, 820
Vielfachzugriff 600, 660, 666 f
Vierdrahttechnik 238
Vierpoloszillator 412
Virtual Terminal Services 751
virtuelle ATM-Verbindung 887
virtuelle Verbindung 738, 767, 801, 884
virtueller Kanal 884
virtueller Pfad 884
Viterbi-Algorithmus 161, 169 f, 173, 559
Viterbi-Decoder 167, 169
Vocoder 192
Vorgruppenmodulation 618 f
Vorwärts-Fehlerkorrektur (Forward Error Correction) 137, 173, 686
VPS (Video-Programm-System) 642

W
Wählverbindungen 6
Wahrscheinlichkeit 66 ff, 74, 102
Wandler, akustisch-elektrischer 434 f, 447
–, elektrisch-optischer 689 f
–, elektrodynamischer 445
–, elektromagnetischer 446
Wartesystem 795, 809

Warte-Verlustsytem 796
Wartewahrscheinlichkeit 809
Wartezeit 796
W-aus-n-Code 140
Weaver, Dritte Methode 479
Wechselspannungsverstärker 402, 406
Wechselverkehr (Halbduplex) 238, 828
Weg-Bandbreite-Produkt 292, 690
Wegefindung 737 f, 771
Wegewahl 903
Weiche, Sende-Empfangs- 238
Weitvermittlungsstelle 827
Wellen, elektromagnetische 11, 260, 282, 294, 701
Wellenausbreitung 294, 331, 340, 514
Wellenebene 304, 313
Wellenlänge 11, 313
Wellenlängenmultiplex 593, 601, 690
Wellenleiterdispersion (Modendispersion) 290 ff, 691
Wellenwiderstand 259, 262 f, 379, 601
Wetterradar 709
Wide Area Network 814 f, 907
Widerstandsbelag 267
Wien-Brücken-Oszillator 410
Wiener-Khintchine, Satz von 84
Winkel-Diversity 349
Winkelmodulation 459, 483
Wireless Local Area Network 851
Wirkung 21
Word-Interleaving 668
World Wide Web 908
Wortfehlerwahrscheinlichkeit 146, 155
Wortsynchronisation 562, 565
Wortverständlichkeit 100, 440, 443

X
X.21 758, 831, 836
X.22 831
X.24 759, 831
X.25 676, 757, 803, 832, 906
X.26 759
X.27 831
X.28 832
X.29 832
XON/XOFF-Verfahren 730

Y

Yagi-Uda-Antenne 320, 635

Z

Zeichen 94
Zeichengabekanal 835, 838, 846
Zeichengabeverfahren (ISDN) 845
Zeichenkanal 616, 618
Zeigerdiagramm 460, 467
–, Amplitudenmodulation 466
–, Frequenzmodulation 486, 499
Zeilensprungverfahren 639
Zeitbereich 20
Zeitfilter 416
Zeitfunktion 460, 481, 495
Zeitgesetz der Nachrichtentechnik 48
Zeitgetrenntlage 238
zeitinvariant 19
zeitlagengleiche Durchschaltung 794
Zeitmultiplex 47, 416, 567, 593, 598, 622, 659, 690, 860, 881
Zeitsprungverfahren 667
zeitvariant 19
Zellen 597, 883
Zellenstrom 881, 885
Zellfehlerrate 889, 892
zellorientierte Datenübertragung 881
zellularer Mobilfunk 672
Zellverlust 888 f, 892
Zentimeterwellen 334
zentraler Zeichengabekanal 835, 838, 846
Zentralmoment 71

Zubringerleitung 804
Zufallscode 140
Zufallsfehlerexponent 142
Zufallsgrößen 68 f
Zufallsmethode 737
Zugangspunkt 817
Zugriffsverfahren 671, 847, 848, 858 f, 867, 900
Zuordnungscode 139, 140
Zustandsdiagramm 106, 163, 167, 457, 460, 508, 514, 761, 885
–, APK 558
–, ASK 520
–, BPSK 510, 525
–, MPSK 536
–, OOK 521
–, QASK 508, 543
–, QPSK 512
Zustandswahrscheinlichkeit 104 f
Zweidrahtleitung (Doppelleitung) 272
–, verdrillte (Twisted Pair) 274 f, 848, 866 f, 890
Zweidrahttechnik 238
Zweikanal-Gegenverkehr 238
Zweipoloszillator 412
Zweitor, rauschendes 364, 369
Zweitore, Kettenschaltung 372
Zweiwegemodell 344, 347, 383
Zweiwegekommunikation 10, 92
Zwischenleitung 804
Zwischenstelle 654
Zwischenverstärker 354

Farbtafel I   *Microstrip-Schaltung – 60 GHz-Empfänger mit Vorverstärker (Werksphoto DaimlerChrysler Aerospace, mit freundlicher Genehmigung)*

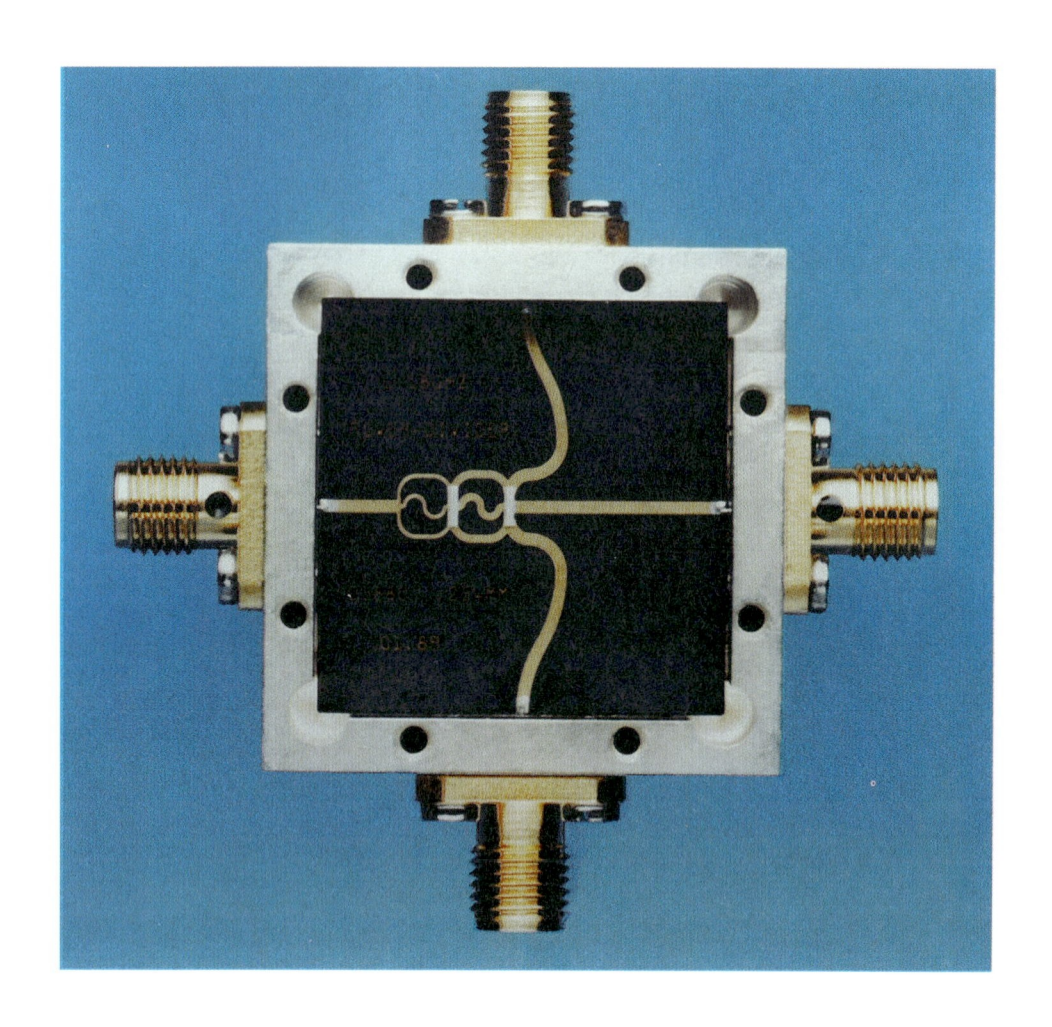

Farbtafel II Microstrip-Schaltung im Gehäuse mit koaxialen Anschlüssen – 6 GHz bis 18 GHz Dreiwege-Leistungsteiler (Werksphoto DaimlerChrysler Aerospace, mit freundlicher Genehmigung)

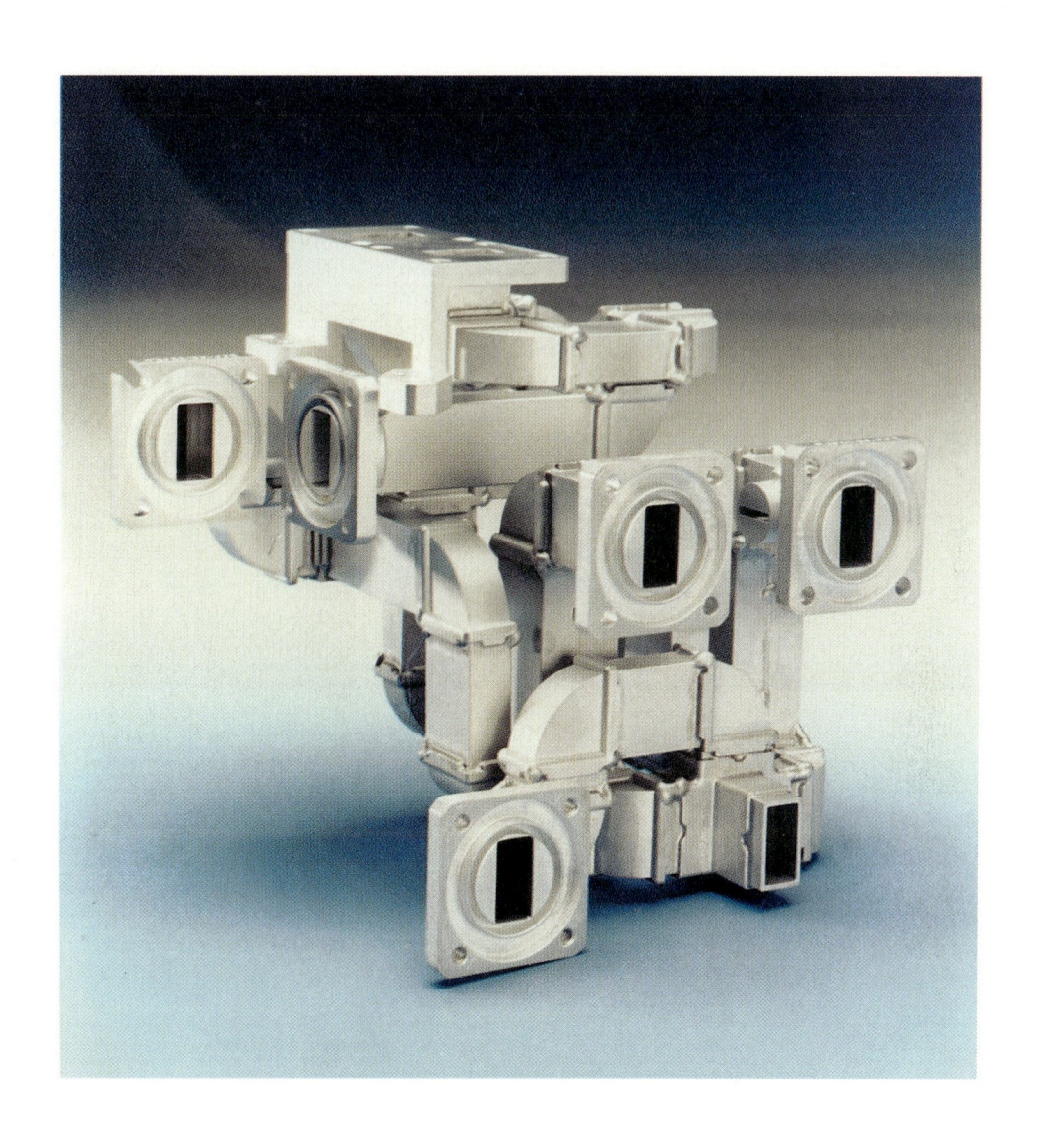

Farbtafel III   Komplexe Hohlleiter-Schaltung (Werksphoto DaimlerChrysler Aerospace, mit freundlicher Genehmigung)

Farbtafel IV   *Antennenfeld für den interkontinentalen Kurzwellen-Rundfunkverkehr (Werksphoto DaimlerChrysler Aerospace, mit freundlicher Genehmigung)*

Farbtafel V   Aperturantenne für den Einsatz in einem Weitbereichsradar zur Überwachung des Flugverkehrs (Werksphoto DaimlerChrysler Aerospace, mit freundlicher Genehmigung)

Farbtafel VI Verschiedene Richtfunk-Antennen beim Torfhaus (Harz) – rechts eine Parabolantenne, links mehrere Muschelantennen (Photo: Autor)

Farbtafel VII   Richtfunkturm beim Torfhaus (Harz) – siehe auch Farbtafel VI
(Photo: Autor)

Gerd Siegmund

Technik der Netze

4., neubearbeitete und erweiterte Auflage 1999. 1071 Seiten. Gebunden.
DM 138,– öS 1007,– sFr 122,–
ISBN 3-7785-2637-5

Mit mehr als 10000 verkauften Exemplaren ist »Technik der Netze« zum Standardwerk geworden. Das Buch gibt in verständlicher Form eine umfassende Darstellung über die Technik der verschiedensten Kommunikationsnetze. Es bildet die Klammer zwischen der Technik der lokalen und der öffentlichen Netze. Gerade mit der Einführung der ATM-Technik wachsen diese bisher streng getrennten Bereiche zusammen. Der Schwerpunkt des Buches liegt in der modernen Vermittlungstechnik, wie sie in der ATM- und ISDN-Technik verwendet wird.

Das Buch wendet sich an Studenten der Nachrichtentechnik an Fachhochschulen, Universitäten und anderen Einrichtungen. Berufstätigen, die sich mit der Daten- oder ISDN-Vermittlungstechnik beschäftigen, dient es als Einarbeitungs- und als Nachschlagewerk für die tägliche Praxis.

Hüthig

Hüthig GmbH, Im Weiher 10, 69121 Heidelberg

Erich Pehl

Digitale und analoge Nachrichtenübertragung
Signale, Codierung, Modulation, Anwendungen

1998. 415 Seiten.
Kartoniert.
DM 88,– öS 642,–
sFr 80,–
ISBN 3-7785-2469-0

Grundlagen und Prinzipien der Nachrichtenübertragung darzustellen und einen Überblick über moderne Übertragungssysteme zu vermitteln, ist das erklärte Ziel dieses Buches. Es enthält allgemeine Grundlagen wie etwa Signaldarstellung, Rauschen, Signalverzerrung, Aufbau analoger und digitaler Nachrichtenübertragungssysteme, physikalische Grundlagen von Leitungs- und Funkstrecken, Modulations- und Demodulationsverfahren, Codierung, Filterung, Korrelation und Verwürfelung. Der inhaltliche Schwerpunkt liegt auf der Darstellung der einzelnen Übertragungssysteme, so z.B. Richtfunk, Satellitenfunk, Mobilfunk, optische Nachrichtenübertragungssysteme und DAB.

Die Software auf der beiliegenden Diskette erlaubt die schnelle Berechnung typischer Übertragungseigenschaften von Leitungen (z.B. Eingangsimpedanz) für beliebige Leitungskenngrößen. Außerdem kann die Impulsverzerrung für beliebige Leitungskenngrößen, Beschaltung und Eingangssignale bestimmt werden. Lichtwellenleiter finden dabei ebenfalls Berücksichtigung. Ein weiteres Programm berechnet die Übertragungseigenschaften von zusammengesetzten Systemen aus bereits bestehenden digitalen und/oder analogen Übertragungssystemen.

Hüthig

Hüthig GmbH, Im Weiher 10, 69121 Heidelberg